HANJIE GONGYI SHIYONG SHOUCE

焊接工艺
实用手册

周文军　张能武　主编

化学工业出版社

·北京·

内 容 提 要

本书从焊接技术人员必须掌握的基础知识入手，深入浅出地对焊接工艺基础知识、焊接材料、常见焊接工艺（焊条电弧焊、埋弧焊、气焊与气割、氩弧焊、二氧化碳气体保护焊、电阻焊、电渣焊、等离子弧焊接等）以及常用金属材料和异种金属材料的焊接工艺进行了详细讲解。本书采用图表结合的形式，突出易懂、易查特点，强调实用性和可操作性，可作为从事焊接相关工作技术人员实际操作中的参考书，也可作为焊接技术的培训教材。

图书在版编目（CIP）数据

焊接工艺实用手册/周文军，张能武主编. —北京：化学工业出版社，2020.5（2023.3重印）
ISBN 978-7-122-36240-7

Ⅰ.①焊⋯　Ⅱ.①周⋯ ②张⋯　Ⅲ.①焊接工艺-技术手册　Ⅳ.①TG44-62

中国版本图书馆 CIP 数据核字（2020）第 030128 号

责任编辑：曾　越　张兴辉　　　　　　　　文字编辑：陈　喆
责任校对：王鹏飞　　　　　　　　　　　　装帧设计：刘丽华

出版发行：化学工业出版社（北京市东城区青年湖南街 13 号　邮政编码 100011）
印　　装：北京建宏印刷有限公司
787mm×1092mm　1/16　印张 33　字数 828 千字　2023 年 3 月北京第 1 版第 4 次印刷

购书咨询：010-64518888　　　　　　　　　售后服务：010-64518899
网　　址：http://www.cip.com.cn
凡购买本书，如有缺损质量问题，本社销售中心负责调换。

定　　价：99.90 元　　　　　　　　　　　　　　　　　版权所有　违者必究

前 言

焊接技术被广泛应用于造船、车辆、建筑、航空、航天、压力容器、电工电子、石油化工机械、矿山、起重及国防等各个行业。随着现代科学的进步，焊接新工艺、新材料、新装备不断涌现，现代化、自动化水平不断提高，为了满足焊接技术人员不断提高理论技术水平和实际动手操作技能的需求，我们组织编写了本手册。

本手册在内容组织和编排上强调实用性和可操作性，从焊接技术人员必须掌握的基础知识入手，深入浅出地对不同的焊接工艺进行了讲解。全书共11章：第一章、第二章介绍了焊接工艺基础知识及焊接材料；第三章至第七章重点介绍了焊条电弧焊、埋弧焊、气焊与气割、氩弧焊、二氧化碳气体保护焊等工艺；第八章介绍了其他焊接工艺方法，包括电阻焊、电渣焊、等离子弧焊接与切割、钎焊、扩散焊、高频焊、激光焊等工艺；第九章至第十一章介绍了常用金属材料及异种金属材料的焊接工艺及典型钢结构的焊接工艺，包括铸铁、碳钢、不锈钢、合金结构钢、低温钢、耐热钢、铝及铝合金、铜及铜合金、钛及钛合金、异种金属材料。本手册在编写过程中，采用了大量的图表，力求内容易懂、易查，能满足各类焊接人员自学和提高的需要。书中所用名词、术语、标准等均贯彻了最新国家标准。本手册可作为从事焊接相关工作技术人员实际操作中的参考书，也可作为焊接技术的培训教材。

本手册由周文军、张能武主编，参加编写的人员还有：刘文花、张华瑞、宋志斌、周斌兴、邵健萍、陶荣伟、钱瑜、陈伟、邓杨、唐艳玲、唐雄辉、许君辉、蒋超、王首中、张云龙、冯立正、龚庆华、王华、祝海钦、刘振阳、莫益栋、陈思、朱立芹、林诚也、黄波、杨杰、陈超、陆逸洲、杨飚、仇学谦、陈妙、胡欣、钟建跃、李恺、顾超、张文佳、黄宇驰、李丽华、施文君、翁学明、徐之萱。在编写过程中得到江南大学机械工程学院、江苏省机械工程学会等单位的大力支持和帮助，在此表示感谢。

由于时间仓促，编者水平有限，书中不足之处在所难免，敬请广大读者批评指正。

编　者

目录

第一章

焊接工艺基础知识

第一节 金属学基本知识

一、金属材料的分类

（一）钢铁材料的分类

1. 生铁的分类

生铁的分类见表1-1。

表 1-1　生铁的分类

分类方法	分类名称		说　明
按化学成分分类	普通生铁		指不含其他合金元素的生铁，如炼钢生铁、铸造生铁都属于这一类生铁
	特种生铁	天然合金生铁	指用含有共生金属（如铜、钒、镍等）的铁矿石或精矿，或用还原剂还原而炼成的一种特种生铁，它含有一定量的合金元素（一种或多种，由矿石的成分来决定），可用来炼钢，也可用于铸造
		铁合金	铁合金和天然合金生铁的不同之处，是在炼铁时特意加入其他成分，炼成含有多种合金元素的特种生铁。铁合金是炼钢的原料之一，也可用于铸造生产。在炼钢时作钢的脱氧剂和合金元素添加剂，用以改善钢的性能。铁合金的品种很多，如按所含的元素来分，可分为硅铁、锰铁、铬铁、钨铁、钼铁、钛铁、钒铁、磷铁、硼铁、镍铁、铌铁、硅锰合金及稀土合金等，其中用量最大的是锰铁、硅铁和铬铁；按照生产方法的不同，可分为高炉铁合金、电炉铁合金、炉外法铁合金、真空碳还原铁合金等
按用途分类	铸造生铁		指用于铸造各种铸件的生铁，俗称翻砂铁。一般含硅量较高（硅的质量分数达3.75%），含硫量稍低（硫的质量分数小于0.06%）。它在生铁产量中约占10%，是钢铁厂中的主要商品铁，其断口为灰色，所以也叫灰口铁
	炼钢生铁		指用于平炉、转炉炼钢用的生铁，一般含硅量较低（硅的质量分数不大于1.75%），含硫量较高（硫的质量分数不大于0.07%）。其是炼钢用的主要原料，在生铁产量中占80%～90%。炼钢生铁质硬而脆，断口呈白色，所以也叫白口铁

2. 铸铁的分类

铸铁的分类见表1-2。

表 1-2　铸铁的分类

分类方法	分类名称	说　明
按化学成分分类	普通铸铁	普通铸铁是指不含任何合金元素的铸铁，一般常用的灰铸铁、可锻铸铁和球墨铸铁等都属于这一类铸铁
	合金铸铁	在普通铸铁内有意识地加入一些合金元素，以提高铸铁某些特殊性能而配制成的一种高级铸铁，如各种耐蚀、耐热、耐磨的特殊性能铸铁都属于这一类铸铁

续表

分类方法	分类名称	说　明
按断口颜色分类	灰铸铁	①这种铸铁中的碳大部分或全部以自由状态的片状石墨形式存在,其断口呈暗灰色,故称为灰铸铁 ②有一定的力学性能和良好的可加工性,是工业上应用最普遍的一种铸铁
	白口铸铁	①白口铸铁是组织中完全没有或几乎完全没有石墨的一种铁碳合金,其中碳全部以渗碳体形式存在,断口呈白亮色 ②硬而且脆,不能进行切削加工,工业上很少直接应用其来制造机械零件。在机械制造中,只能用来制造对耐磨性要求较高的机件 ③可以用激冷的办法制造内部为灰铸铁组织、表层为白口铸铁组织的耐磨零件,如火车轮圈、轧辊、犁铧等。这种铸铁具有很高的硬度和耐磨性,通常又称为激冷铸铁或冷硬铸铁
	麻口铸铁	这是介于白口铸铁和灰铸铁之间的一种铸铁,其组织为珠光体+渗碳体+石墨,断口呈灰白相间的麻点状,故称麻口铸铁,这种铸铁性能不好,极少应用
按生产方法和组织性能分类	普通灰铸铁	普通灰铸铁具有一定的强度、硬度,良好的减振性和耐磨性,具有高的导热性,好的抗热疲劳能力,同时还具有良好的铸造工艺性能,以及可加工性,生产简便,成本低,在工业和民用生活中得到了广泛的应用
	孕育铸铁	①孕育铸铁又称变质铸铁,是在普通灰铸铁的基础上,采用"变质处理",即在铁液中加入少量的变质剂(硅铁或硅钙合金),造成人工晶核,使能获得细晶粒的珠光体和细片状石墨组织的一种高级铸铁 ②这种铸铁的强度、塑性和韧性均比一般灰铸铁要好得多,组织也较均匀一致,主要用来制造力学性能要求较高而截面尺寸变化较大的大型铸铁件
	可锻铸铁	①由一定成分的白口铸铁经石墨化退火后而成,其中碳大部分或全部以团絮状石墨的形式存在,由于其对基体的破坏作用比片状石墨大大减轻,因而比灰铸铁具有较高的韧性,故又称韧性铸铁 ②可锻铸铁实际并不可以锻造,只不过具有一定的塑性而已,通常多用来制造承受冲击载荷的铸件
	球墨铸铁	①球墨铸铁,是通过在浇铸前往铁液中加入一定量的球化剂(如纯镁或其合金)和墨化剂(硅铁或硅钙合金),以促进碳呈球状石墨结晶而获得的 ②由于石墨呈球形,应力大为减轻,其主要减小金属基体的有效截面积,因而这种铸铁的力学性能比普通灰铸铁高得多,也比可锻铸铁好 ③具有比灰铸铁好的焊接性和热处理工艺性 ④和钢相比,除塑性、韧性稍低外,其他性能均接近,是一种同时兼有钢和铸铁优点的优良材料,因此在机械工程上获得了广泛的应用
	特殊性能铸铁	这是一种具有某些特性的铸铁,根据用途的不同,可分为耐磨铸铁、耐热铸铁、耐蚀铸铁等。这类铸铁大部分都属于合金铸铁,在机械制造上应用也较为广泛

3. 钢的分类

钢的分类见表1-3。

表 1-3　钢的分类

分类名称	说　明
按化学成分分类	
碳素钢	①指碳的质量分数≤2%,并含有少量锰、硅、硫、磷和氧等杂质元素的铁碳合金 ②按其含碳量的不同,可分为 工业纯铁:碳的质量分数≤0.04%的铁碳合金 低碳钢:碳的质量分数≤0.25%的钢 中碳钢:碳的质量分数为 0.25%~0.60%的钢 高碳钢:碳的质量分数>0.60%的钢 ③按钢的质量和用途的不同,又分为普通碳素结构钢、优质碳素结构钢和碳素工具钢3大类

分类名称		说　明
按化学成分分类		
合金钢		①在碳素钢基础上,为改善钢的性能,在冶炼时加入一些合金元素(如铬、镍、硅、钼、钨、钒、钛、硼等)而炼成的钢 ②按其合金元素的总含量,可分为 低合金钢:这类钢的合金元素总质量分数≤5% 中合金钢:这类钢的合金元素总质量分数为5%～10% 高合金钢:这类钢的合金元素总质量分数>10% ③按钢中主要合金元素的种类,又可分为 三元合金钢:指除铁、碳以外,还含有另一种合金元素的钢,如锰钢、铬钢、硼钢、钼钢、硅钢、镍钢等 四元合金钢:指除铁、碳以外,还含有另外两种合金元素的钢,如硅锰钢、锰硼钢、铬锰钢、铬镍钢等 多元合金钢:指除铁、碳以外,还含有另外3种或3种以上合金元素的钢,如铬锰钛钢、硅锰钼钒钢等
按用途分类		
结构钢	建筑及工程用结构钢	①用于建筑、桥梁、船舶、锅炉或其他工程上制造金属结构件的钢,多为低碳钢。由于大多要经过焊接施工,故其含碳量不宜过高,一般都是在热轧供应状态或正火状态下使用 ②主要类型如下 a. 普通碳素结构钢:按用途又分为一般用途的普通碳素钢和专用普碳钢 b. 低合金钢:按用途又分为低合金结构钢、耐腐蚀用钢、低温用钢、钢筋钢、钢轨钢、耐磨钢和特殊用途专用钢
	机械制造用结构钢	①用于制造机械设备上的结构零件 ②这类钢基本上都是优质钢或高级优质钢,需要经过热处理、冷塑成形和机械切削加工后才能使用 ③主要类型有优质碳素结构钢、合金结构钢、易切结构钢、弹簧钢、滚动轴承钢
工具钢		指用于制造各种工具的钢。这类钢按其化学成分分为碳素工具钢、合金工具钢、高速钢 按照用途又可分为刃具钢(或称刀具钢)、模具钢(包括冷作模具钢、热作模具钢和塑料模具钢)、量具钢
特殊钢		①指用特殊方法生产,具有特殊物理性能、化学性能和力学性能的钢 ②主要包括不锈耐酸钢、耐热不起皮钢、高电阻合金钢、低温用钢、耐磨钢、磁钢(包括硬磁钢和软磁钢)、抗磁钢和超高强度钢(指$R_m \geqslant 1400MPa$的钢)
专业用钢		指各工业部门专业用途的钢,例如,农机用钢、机床用钢、重型机械用钢、汽车用钢、航空用钢、宇航用钢、石油机械用钢、化工机械用钢、锅炉用钢、电工用钢、焊条用钢等
按品质分类		
普通钢		①含杂质元素较多,其中磷、硫的质量分数均应≤0.07% ②主要用作建筑结构和要求不太高的机械零件 ③主要类型有普通碳素钢、低合金结构钢等
优质钢		①含杂质元素较少,质量较好,其中硫、磷的质量分数均应≤0.04%,主要用于机械结构零件和工具 ②主要类型有优质碳素结构钢、合金结构钢、碳素工具钢和合金工具钢、弹簧钢、轴承钢等
高级优质钢		①含杂质元素极少,其中硫、磷的质量分数均应≤0.03%,主要用于重要机械结构零件和工具 ②属于这一类的钢大多是合金结构钢和工具钢,为了区别于一般优质钢,这类钢的钢号后面,通常加符号"A"或汉字"高"以便识别
按冶炼方法分类		
按冶炼设备分类	平炉钢	①指用平炉炼钢法炼制出来的钢 ②按炉衬材料不同,分酸性和碱性两种,一般平炉都是碱性的,只有特殊情况下才在酸性平炉内炼制 ③平炉炼钢法具有原料来源广、设备容量大、品种多、质量好等优点。平炉钢以往曾在世界钢总产量中占绝对优势,现在世界各国有停建平炉的趋势 ④平炉钢的主要品种是普通碳素钢、低合金钢和优质碳素钢

分类名称		说　明
按冶炼方法分类		
按冶炼设备分类	转炉钢	①指用转炉炼钢法炼制出来的钢 ②除分为酸性和碱性转炉钢外,还可分为底吹、侧吹、顶吹和空气吹炼、纯氧吹炼等转炉钢,常可混合使用 ③我国现在大量生产的为侧吹碱性转炉钢和氧气顶吹转炉钢。氧气顶吹转炉钢有生产速度快、质量高、成本低、投资少、基建快等优点,是当代炼钢的主要方法 ④转炉钢的主要品种是普碳钢,氧气顶吹转炉也生产优质碳素钢和合金钢
	电炉钢	①指用电炉炼钢法炼制出的钢 ②可分为电弧炉钢、感应电炉钢、真空感应电炉钢、电渣炉钢、真空自耗炉钢、电子束炉钢等 ③工业上大量生产的主要是碱性电弧炉钢,生产的品种是优质碳素钢和合金钢
按脱氧程度和浇注方法分类	沸腾钢	①脱氧不完全的钢,浇注时在钢模里产生沸腾,所以称沸腾钢 ②其特点是收缩率高,成本低,表面质量及深冲性能好 ③成分偏析大,质量不均匀,耐蚀性和机械强度较差 ④大量用于轧制普通碳素钢的型钢和钢板
	镇静钢	①脱氧完全的钢,浇注时钢液镇静,没有沸腾现象,所以称镇静钢 ②成分偏析少,质量均匀,但金属的收缩率低(缩孔多),成本较高 ③通常情况下合金钢和优质碳素钢都是镇静钢
	半镇静钢	①脱氧程度介于沸腾钢和镇静钢之间的钢,浇注时沸腾现象较沸腾钢弱 ②钢的质量、成本和收缩率也介于沸腾钢和镇静钢之间。生产较难控制,故目前在钢产量中占比重不大
按制造加工形式分类		
铸钢		①指采用铸造方法生产出来的一种钢铸件,其碳的质量分数一般为 0.15%~0.60% ②铸造性能差,往往需要用热处理和合金化等方法来改善其组织和性能,主要用于制造一些形状复杂、难于进行锻造或切削加工成形,而又要求较高的强度和塑性的零件 ③按化学成分分为铸造碳钢和铸造合金钢;按用途分为铸造结构钢、铸造特殊钢和铸造工具钢
锻钢		①采用锻造方法生产出来的各种锻材和锻件,其质量比铸钢件高,能承受大冲击力 ②塑性、韧性和其他方面的力学性能也都比铸钢件高,用于制造一些重要的机器零件 ③冶金工厂中,某些截面较大的型钢也采用锻造方法来生产和供应一定规格的锻材,如锻制圆钢、方钢和扁钢等
热轧钢		①指用热轧方法生产出的各种热轧钢材。大部分钢材都是采用热轧轧成的 ②热轧常用于生产型钢、钢管、钢板等大型钢材,也用于轧制线材
冷轧钢		①指用冷轧方法生产出的各种钢材 ②与热轧钢相比,冷轧钢的特点是表面光洁,尺寸精确,力学性能好 ③冷轧常用来轧制薄板、钢带和钢管
冷拔钢		①指用冷拔方法生产出的各种钢材 ②特点是精度高,表面质量好 ③冷拔主要用于生产钢丝,也用于生产直径在 50mm 以下的圆钢和六角钢,以及直径在 76mm 以下的钢管
按金相组织分类		
按退火后的金相组织分类	亚共析钢	碳的质量分数<0.80%,组织为游离铁素体+珠光体
	共析钢	碳的质量分数为 0.80%,组织全部为珠光体
	过共析钢	碳的质量分数>0.80%,组织为游离碳化物+珠光体
	莱氏体钢	实际上也是过共析钢,但其组织为碳化物和珠光体的共晶体
按正火后的金相组织分类	珠光体钢、贝氏体钢	当合金元素含量较少,在空气中冷却,如得到珠光体或索氏体、托氏体的,就属于珠光体钢;如得到贝氏体的,就属于贝氏体钢
	马氏体钢	当合金元素含量较高,在空气中冷却就可得到马氏体的,称为马氏体钢
	奥氏体钢	当合金元素含量较高,在空气中冷却,奥氏体直到室温仍不转变的,称为奥氏体钢
	碳化物钢	当含碳量较高并含有大量碳化物组成元素时,在空气中冷却,如得到由碳化物及其基体组织(珠光体或马氏体、奥氏体)所构成的混合物组织的,称为碳化物钢。最典型的碳化物钢是高速钢

续表

分类名称		说　明
		按金相组织分类
按加热、冷却时有无相变和室温时的金相组织分类	铁素体钢	含碳量很低并含有大量的形成或稳定铁素体的元素，如铬、硅等，故在加热或冷却时，始终保持铁素体组织
	半铁素体钢	含碳量较低并含有较多的形成或稳定铁素体的元素，如铬、硅等，在加热或冷却时，只有部分发生 α ⇌ γ 相变，其他部分始终保持 α 相的铁素体组织
	半奥氏体钢	含有一定的形成或稳定奥氏体的元素，如镍、锰等，故在加热或冷却时，只有部分发生 α ⇌ γ 相变，其他部分始终保持 γ 相的奥氏体组织
	奥氏体钢	含有大量的形成或稳定奥氏体的元素，如锰、镍等，故在加热或冷却时，始终保持奥氏体组织

4. 钢产品分类

钢产品分类见表1-4。

表 1-4　钢产品分类

分类	钢产品		说　明
液态钢	液态钢		通过冶炼或直接熔化原料而获得的液体状态钢，用于铸锭或连续浇注或铸造铸钢件
钢锭和半成品	钢锭		将液态钢浇注到具有一定形状的锭模中得到的产品。钢锭模的形状（钢锭的形状）应与经热轧或锻制加工成材的形状近似。按横截面，可把钢锭分为用于轧制型材的钢锭和轧制板材的扁钢锭，用于轧制型材的钢锭的横截面可以是方形、矩形（宽度小于厚度的2倍）、多边形、圆形、椭圆形以及各种异型，用于轧制板材的扁钢锭的横截面是宽度不小于厚度2倍的矩形。为进一步加工的需要，还可以做以下处理 ①用研磨工具或喷枪等清理表面缺陷 ②剪切头尾或剪切成便于进一步加工的长度 ③表面清理后剪切
	半成品		由轧制或锻造钢锭获得的，或者由连铸获得的产品。半成品通常是供进一步轧制或锻造加工成成品用的 这些半成品的横截面可以有各种形状（方形横截面半成品、矩形横截面半成品、板坯、圆坯、管坯、异型坯、VAR 钢锭、ESR 钢锭）；横截面的尺寸沿长度方向是不变的；其公差相对于成品更大一些，棱角更圆钝一些。半成品的侧面允许有轻微的凹入或凸出以及轧制（或锻制）的痕迹，并且可以用切削、火焰重熔或修磨方法进行局部或全部的清理
		方形横截面半成品	按边长，这些半成品通常分为 ①大方坯：边长不小于 200mm ②方坯：边长 50～200mm
		矩形横截面半成品	按横截面尺寸，矩形横截面半成品通常分为 ①大矩形坯：横截面积大于 $40000mm^2$，其宽厚比小于 2 ②矩形坯：横截面积 2500～$40000mm^2$，其宽厚比小于 2
		板坯	厚度不小于 50mm，宽厚比不小于 2。宽厚比大于 4 的称为扁平板坯
		圆坯	圆形横截面的连铸、轧制或锻造半成品
		异型坯	异型半成品横截面积通常大于 $2500mm^2$，用于生产型钢以及经预加工成形的半成品
		管坯	管坯的横截面可以是圆形、方形、矩形或多边形，用于生产钢管的半成品
		VAR 钢锭	使用真空电弧重熔（VAR）炉熔炼金属原料、重熔钢锭或钢坯，得到的圆形钢锭或钢坯的半成品
		ESR 钢锭	使用电渣重熔（ESR）炉熔炼金属原料、重熔钢锭或钢坯，得到的圆形钢锭或钢坯的半成品
轧制成品和最终产品	扁平产品		矩形截面产品，其宽度远远大于厚度。表面通常是光滑的，但可以有规则的凸凹花纹（如钢筋或扁豆形花纹板）。扁平产品又可分为无涂层扁平产品、电工钢、包装用镀锡和相关产品、热轧或冷轧扁平镀层产品、压型钢板、复合产品
	长材		不符合扁平产品定义的产品。长材为等截面，通常具有固定的标准尺寸范围、形状和尺寸公差。长材又可分为盘条、钢丝、热成型棒材、光亮产品、钢筋混凝土用和预应力混凝土用产品、热轧型材、焊接型钢、冷弯型钢、管状产品

续表

分类	钢产品	说　明
其他产品	钢丝绳	由一定数量,一层或多层钢丝股捻成螺旋状而形成的产品,在某些情况下,单股也可为绳
	自由锻产品	通过冲压将钢在合适的温度锻造成接近的尺寸,不需要后续热变形。通常被加工为最终形状,包括预锻产品和辗环机加工的产品,如车轮
	模锻和冲压件	钢在特定温度下,在一个闭口模中受压成型而得到所需的形状和体积
	铸件	成品的形状和最终尺寸是直接将钢水浇铸到沙模、耐火黏土或其他耐火材料铸模(也有很少是金属或石墨永久模冲凝固而得到的未经任何机加工的产品)
	粉末冶金产品	①钢粉末:通常是许多尺寸小于1mm的钢颗粒集合 ②烧结产品:通过压制、烧结钢粉得到的产品,有时还要再压制 ③全密度产品:通过温度和压力(热挤压等)使粉末结合在一起的产品

注:本表摘自 GB/T 15574—2016《钢产品分类》。

(二) 有色金属材料的分类

1. 工业上常见的有色金属

工业上常见的有色金属见表 1-5。

表 1-5　　工业上常见的有色金属

类　型			用　途	品　种
纯金属				铜(纯铜)、镍、铝、镁、钛、锌、铅、锡等
合金	铜合金	黄铜	压力加工用、铸造用	普通黄铜(铜锌合金)
				特殊黄铜(含有其他合金元素的黄铜):铝黄铜、铅黄铜、锡黄铜、硅黄铜、锰黄铜、铁黄铜、镍黄铜等
		青铜		锡青铜(铜锡合金,一般还含有磷或锌、铅等合金元素)
				特殊青铜(铜与除锌、锡、镍以外的其他合金元素的合金):铝青铜、硅青铜、锰青铜、铍青铜、锆青铜、铬青铜、镉青铜、镁青铜等
		白铜	压力加工用	普通白铜(铜镍合金)
				特殊白铜(含有其他合金元素的白铜):锰白铜、铁白铜、锌铜、铝白铜等
	铝合金		压力加工用(变形用)	不可热处理强化的铝合金:防锈铝
				可热处理强化的铝合金:硬铝、锻铝、超硬铝等
			铸造用	铝硅合金、铝铜合金、铝镁合金、铝锌合金等
	镍合金		压力加工用	镍硅合金、镍锰合金、镍铬合金、镍铜合金、镍钨合金等
	锌合金		压力加工用	锌铜合金、锌铝合金
			铸造用	锌铝合金
	铅合金		压力加工用	铅锑合金等
	镁合金		压力加工用	镁铝合金、镁锰合金、镁锌合金等
			铸造用	镁铝合金、镁锌合金、镁稀土合金等
	钛合金		压力加工用	钛与铝、钼等合金元素的合金
			铸造用	钛与铝、钼等合金元素的合金
	轴承合金			铅基轴承合金、锡基轴承合金、铜基轴承合金、铝基轴承合金
	印刷合金			铅基印刷合金

2. 有色金属材料的分类

有色金属材料的分类见表 1-6。

表 1-6　有色金属材料的分类

分类方法	分类名称	说　明
按密度、储量 和分布情况分	有色轻金属	密度＜4.5g/cm³ 的有色金属，如铝、镁、钙等
	有色重金属	密度＞4.5g/cm³ 的有色金属，如铜、镍、铅、锌、锡等
	贵金属	矿源少、开采和提取比较困难、价格比一般金属贵的金属，如金、银和铂族元素及其合金
	稀有金属	在自然界中含量很少，分布稀散或难以提取的金属，如钛、钨、钼、铌等
按化学成分分	铜及铜合金	包括纯铜（紫铜）、铜锌合金（黄铜）、铜锡合金（锡青铜等）、无锡青铜（铝青铜）、铜镍合金（白铜）
	轻金属及轻合金	包括铝及铝合金、镁及镁合金、钛及钛合金
	其他有色金属及其合金	包括铅及其合金、锡及其合金、锌镉及其合金、镍钴及其合金、贵金属及其合金、稀有金属及其合金等
按生产方法 及用途分	有色冶炼合金产品	包括纯金属或合金产品，纯金属可分为工业纯度和高纯度
	铸造有色合金	直接以铸造方式生产的各种形状有色金属材料及机械零件
	有色加工产品	以压力加工方法生产的各种管、线、棒、型、板、箔、条、带等
	硬质合金材料	以难熔硬质合金化合物为基体，以铁、钴、镍作黏结剂，采用粉末冶金法制作而成的一种硬质工具材料
	中间合金	在熔炼过程中为使合金元素能准确而均匀地加入合金中而配制的一种过渡性合金
	轴承合金	制作滑动轴承轴瓦的有色金属材料
	印刷合金	印刷工业专用铅字合金，均属于铅、锑、锡系合金

二、常用金属材料的主要性能

1. 常用金属材料力学性能术语

常用金属材料力学性能术语见表 1-7。

表 1-7　常用金属材料力学性能术语

术　语	符号	释　义
弹性模量	E	低于比例极限的应力与相应应变的比值，杨氏模量为正应力和线性应变下的弹性模量特例
泊松比	μ	低于材料比例极限的轴向应力所产生的横向应变与相应轴向应变的负比值
伸长率	A	原始标距（或参考长度）的伸长与原始标距（或参考长度）之比的百分率
断面收缩率	Z	断裂后试样横截面积的最大缩减量与原始横截面积之比的百分率
抗拉强度	R_m	与最大力 F_m 相对应的应力
屈服强度	—	当金属材料呈现屈服现象时，在试验期间发生塑性变形而力不增加时的应力。应区分上屈服强度和下屈服强度
上屈服强度	R_{eH}	试样发生屈服而力首次下降前的最高应力值
下屈服强度	R_{eL}	在屈服期间不计初始瞬时效应时的最低应力值
规定非比例延伸强度	$R_{p0.2}$	非比例延伸率等于引伸计标距规定百分率时的应力。使用的符号应附脚注说明所规定的百分率，例如 $R_{p0.2}$
规定非比例压缩强度	$R_{pc0.2}$	试样标距段的非比例压缩变形达到规定的原始标距百分比时的压缩应力。使用的符号应附脚注说明所规定的百分率，例如 $R_{pc0.2}$
规定残余延伸强度	$R_{r0.2}$	卸除应力后残余延伸率等于规定的引伸计标距百分率时对应的应力。使用的符号应附脚注说明所规定的百分率，例如 $R_{r0.2}$
布氏硬度	HBW	材料抵抗通过硬质合金球压头施加试验力所产生永久压痕变形的度量单位
努氏硬度	HK	材料抵抗通过金刚石菱形锥体（正四棱锥体或正三棱锥体）压头施加试验力所产生塑性变形和弹性变形的度量单位
马氏硬度	HM	材料抵抗通过金刚石棱锥体（正四棱锥体或正三棱锥体）压头施加试验力所产生塑性变形和弹性变形的度量单位

续表

术　语	符号	释　义
洛氏硬度	HR	材料抵抗通过硬质合金或钢球压头，或对应某一标尺的金刚石圆锥体压头施加试验力所产生永久压痕变形的度量单位
维氏硬度	HV	材料抵抗通过金刚石四棱锥体压头施加试验力所产生永久压痕变形的度量单位
里氏硬度	HL	用规定质量的冲击体在弹性力作用下以一定速度冲击试样表面，用冲头在距试样表面1mm处的回弹速度与冲击速度的比值计算硬度值

注：本表摘自 GB/T 10623—2008《金属材料　力学性能试验术语》。

2. 钢铁材料的铸造收缩率

钢铁材料的铸造收缩率见表1-8。

表 1-8　钢铁材料的铸造收缩率 %

种　类			自由收缩	受阻收缩
灰铸铁	中小型铸铁		1.0	0.9
	中大型铸铁		0.9	0.8
	特大型铸铁		0.8	0.7
	筒形铸件	长度方向	0.9	0.8
		直径方向	0.7	0.5
孕育铸铁	HT250		1.0	0.8
	HT300		1.0	0.8
	HT350		1.5	1.40
	白口铸铁		1.75	1.5
黑心可锻铸铁	壁厚>25mm		0.75	0.5
	壁厚<25mm		1.0	0.75
	白心可锻铸铁		1.75	1.5
	球墨铸铁		1.0	0.8
铸钢	碳钢和低合金钢		1.6～2.0	1.3～1.7
	含铬高合金钢		1.3～1.7	1.0～1.4
	铁素体-奥氏体钢		1.8～2.2	1.5～1.9
	奥氏体钢		2.0～2.3	1.7～2.0

注：1. 此表适合于砂型铸造。
2. 通常简单厚实件的收缩可视为自由收缩，除此之外均视为受阻收缩。
3. 湿砂型、水玻璃砂型的铸造收缩率应比干砂型大些。油砂芯的收缩率介于湿型和干型之间。

3. 常用钢铁材料熔点、热导率及比热容

常用钢铁材料熔点、热导率及比热容见表1-9。

表 1-9　常用钢铁材料熔点、热导率及比热容

材料名称	熔点/℃	热导率 λ/[W/(m·K)]	比热容 c/[kJ/(kg·K)]
灰铸铁	1200	58	0.532
碳钢	1460	47～58	0.49
不锈钢	1450	14	0.51
硬质合金	2000	81	0.80

注：表中的热导率及比热容数值指在0～100℃范围内。

4. 常用钢铁材料的弹性模量与泊松比

常用钢铁材料的弹性模量与泊松比见表1-10。

5. 常用钢材的线胀系数

常用钢材的线胀系数见表1-11。

6. 结构钢的线胀系数

结构钢的线胀系数见表1-12。

表 1-10　常用钢铁材料的弹性模量与泊松比

材料名称	弹性模量 E/GPa	切变模量 G/GPa	泊松比 μ
镍铬钢、合金钢	206	79.38	0.25～0.30
碳钢	196～206	79	0.24～0.28
铸钢	172～202	—	0.3
球墨铸铁	140～154	73～76	—
灰铸铁、白口铸铁	113～157	44	0.23～0.27
可锻铸铁	152	—	—

表 1-11　常用钢材的线胀系数　　　　$10^{-6}℃^{-1}$

材料名称	温度范围/℃								
	20	20～100	20～200	20～300	20～400	20～600	20～700	20～900	20～1000
碳钢	—	10.6～12.2	11.3～13	12.1～13.5	12.9～13.9	13.5～14.3	14.7～15	—	—
铬钢	—	11.2	11.8	12.4	13	13.6	—	—	—
40CrSi	—	11.7	—	—	—	—	—	—	—
铸铁	—	8.7～11.1	8.5～11.6	10.1～12.2	11.5～12.7	12.9～13.2	—	—	17.6

表 1-12　结构钢的线胀系数　　　　$10^{-6}℃^{-1}$

材料牌号	温度范围/℃						
	20～100	20～200	20～300	20～400	20～500	20～600	20～700
10	11.53	12.61	13.0	13.0	14.18	14.6	—
15	11.75	12.41	13.45	13.60	13.85	13.90	—
20	11.16	12.12	12.78	13.38	13.93	14.38	14.81
25	11.18	12.66	13.08	13.47	13.93	14.41	14.88
35	11.7	11.9	12.7	13.4	14.02	14.42	14.88
45	11.59	12.32	13.09	13.71	14.18	14.67	15.08
50	12.0	12.4	—	13.3	14.1	14.1	—
65	11.8	12.6	—	13.3	14.0	14.0	—
20Cr	11.3	11.6	12.5	13.2	13.7	14.2	—
40Cr	11.0	12.0	12.2	12.9	13.5	—	—
12Cr2Ni3A	11.8	13.0	—	14.7	—	15.6	—
12Cr2Ni4A	11.8	13.0	—	14.7	15.0	15.6	—
25CrNiWA	11.0	—	13.0	—	—	14.0	—
37CrNi3A	11.6	13.2	—	13.4	—	13.5	—
40CrNiMoA	11.7	—	12.7	—	—	—	—
35CrMoVA	11.8	12.5	12.7	13.0	13.4	13.7	14.0
38CrMoAlA	11.0	13.1	13.0	13.5	13.5	14.5	—
30CrMnSiA	11.0	11.72	12.92	13.13	13.92	14.23	14.59
30CrMnSiNi2A	11.37	11.67	12.68	12.90	13.53	13.84	13.97
40CrMnSiMoA	12.5	13.0	13.3	—	—	—	—
18CrMn2MoBA	12.37	12.73	13.17	13.60	—	—	—

7. 常用钢铁材料的密度

常用钢铁材料的密度见表 1-13。

表 1-13　常用钢铁材料的密度

材料名称	密度/(g/cm³)	材料名称	密度/(g/cm³)
灰铸铁(≤HT200)	7.2	铸钢	7.8
灰铸铁(≥HT350)	7.35	钢材	7.85
可锻铸铁	7.35	高速钢[$w(W)=18\%$]	8.7
球墨铸铁	7.0～7.4	高速钢[$w(W)=12\%$]	8.3～8.5
白口铸铁	7.4～7.7	高速钢[$w(W)=9\%$]	8.3
工业纯铁	7.87	高速钢[$w(W)=6\%$]	8.16～8.34

8. 不锈钢和工具钢的线胀系数

不锈钢和工具钢的线胀系数见表 1-14。

表 1-14　不锈钢和工具钢的线胀系数　　　　　　　　$10^{-6}℃^{-1}$

材料牌号	温度范围/℃							
	20～100	20～200	20～300	20～400	20～500	20～600	20～700	20～900
12Cr13 (1Cr13)	11.2	12.6	—	14.1	—	14.3	—	—
20Cr13 (2Cr13)	10.5	11.0	11.5	12.0	12.0	—	—	—
30Cr13 (3Cr13)	10.2	11.1	11.6	11.9		12.3	12.8	
12Cr18Ni9 (1Cr18Ni9)	16.6	17.0	17.2	17.5	17.8	18.2	18.6	19.3
14Cr17Ni2 (1Cr17Ni2)	10.3	10.3	11.2	11.8	12.4	—	—	—
17Cr18Ni9 (2Cr18Ni9)	16.0	—			18.5			
13Cr11Ni2W2MoVA (1Cr11Ni2W2MoVA)	9.3	10.3	10.8	11.3	11.7	12.2		
13Cr14Ni3W2VBA (1Cr14Ni3W2VBA)	10.0	10.3	10.6	10.9	11.1	11.2	—	—
40Cr10Si2Mo (4Cr10Si2Mo)	10.0	—	—	—	—	—	—	—
45Cr14Ni14W2Mo (4Cr14Ni14W2Mo)	—		17.0		18.0	—	18.0	19.0
12Cr18Mn9Ni5N (1Cr18Mn8Ni5N)	15.5	16.5	17.0	17.5	18.8			
Cr12MoV	10.9	—	—	11.4		12.2		—
6Cr4Mo3Ni2WV	11.1	11.2	11.9	12.5	13.1	13.1	13.3	—
GCr9	13	13.9	—	15	—	15.2	—	—
GCr15	14	15.1	—	15.6	—	15.8	—	—

注：括号中的牌号为旧牌号。

9. 铁合金的密度及堆密度

铁合金的密度及堆密度见表 1-15。

表 1-15　铁合金的密度及堆密度

铁合金名称	密度/(g/cm³)	堆密度/(g/cm³)	备　　注
硅铁	3.5	1.4～1.6	$w(Si)=75\%$
	5.15	2.2～2.9	$w(Si)=45\%$
高碳锰铁	7.10	3.5～3.7	$w(Mn)=76\%$
中碳锰铁	7.0	—	$w(Mn)=92\%$
电解锰	7.2	3.5～3.7	—
硅锰合金	6.3	3～3.5	$w(Si)=20\%,w(Mn)=65\%$
高碳铬铁	6.94	3.8～4.0	$w(Cr)=60\%$
中碳铬铁	7.28		$w(Cr)=60\%$
低碳铬铁	7.29	2.7～3.0	$w(Cr)=60\%$
金属铬	7.19	3.3 (块重 15kg 以下)	—
硅钙	2.55		$w(Ca)=31\%,w(Si)=59\%$

续表

铁合金名称	密度/(g/cm³)	堆密度/(g/cm³)	备 注
镍板	8.7	2.2	$w(Ni)=99\%$
镍豆	—	3.3～3.9	$w(Ni)=99.7\%$
钒铁	7.0	3.4～3.9	$w(V)=40\%$
钼铁	9.0	4.7	$w(Mo)=60\%$
铌铁	7.4	3.2	$w(Nb)=50\%$
钨铁	16.4	7.2	$w(W)=70\%～80\%$
钛铁	6.0	2.7～3.5	$w(Ti)=20\%$
磷铁	6.34	—	$w(P)=25\%$
硼铁	7.2	3.1	$w(B)=15\%$
铝铁	4.9	—	$w(Al)=50\%$
铝锭	—	1.5	
钴	8.8	—	
铜	8.89	—	
铈镧稀土	—	—	
硅铁稀土	4.57～4.8	—	

10. 金属材料的工艺性能

金属材料的工艺性能是指金属材料适应加工工艺要求的能力。在设计机械零件和选择其加工方法时，都要考虑金属材料的工艺性能。一般来说，按成形工艺方法不同，工艺性能有铸造性、锻造性、焊接性、切削加工性、热处理工艺性能等。另外，常把与材料最终性能相关的热处理工艺性也作为工艺性能的一部分。

（1）铸造性

金属材料的铸造性是指金属熔化成液态后，再铸造成形时所具有的一种特性。通常衡量金属材料铸造性的指标有流动性、收缩率和偏析，见表1-16。

表 1-16 衡量金属材料铸造性能的指标名称、含义和表示方法

指标名称	单位	含义解释	表示方法	有关说明
流动性	cm	液态金属充满铸型的能力称为流动性	流动性通常用浇注法来确定，其大小以螺旋长度来表示。方法是用砂土制成一个螺旋形浇道的试样，它的截面为梯形或半圆形，根据液态金属在浇道中所填充的螺旋长度，就可以确定其流动性	液态金属流动性的大小，主要与浇注温度和化学成分有关 流动性不好，铸型就不容易被金属充满，逐渐由于形状不全而变成废品。在浇注复杂的薄壁铸件时，流动性的好坏显得尤其重要
收缩率（线收缩率）（体收缩率）	%	铸件从浇注温度冷却至常温的过程中，铸件体积的缩小叫体收缩。铸件线尺寸的缩小叫线收缩	线收缩率是以浇注和冷却前后长度尺寸之差与所得尺寸的百分比（%）来表示。体收缩率是以浇注时的体积和冷却后所得的体积之差与所得体积的百分比（%）来表示	收缩是金属铸造时的有害性能，一般希望收缩率越小越好 体收缩影响着铸件形成缩孔、缩松倾向的大小 线收缩影响着铸件内应力的大小、产生裂纹的倾向和铸件的最后尺寸
偏析	—	铸件内部呈现化学成分和组织上不均匀的现象叫偏析	—	偏析的结果，导致铸件各处力学性能不一致，从而降低铸件的质量 偏析小，各部位成分较均匀，就可使铸件质量提高 一般来说，合金钢偏析倾向较大，高碳钢偏析倾向比低碳钢大，因此这类钢需铸后热处理（扩散退火）来消除偏析

（2）锻造性

锻造性是指金属材料在锻造过程中承受塑性变形的性能。如果金属材料的塑性好，易于锻造成形而不发生破裂，就认为锻造性好。铜、铝的合金在冷态下就具有很好的锻造性；碳钢在加热状态下，锻造性也很好；而青铜的可锻性就差些。至于脆性材料，锻造性就更差，如铸铁几乎不能锻造。为了保证热压加工能获得好的成品质量，必须制定科学的加热规范和冷却规范，见表1-17。

表 1-17　锻件加热和冷却规范的内容、含义和使用说明

名称	内容	单位	含义解释	使用说明
加热规范	始锻温度	℃	始锻温度就是开始锻造时的加热最高温度	加热时要防止过热和过烧
	终锻温度	℃	终锻温度是指热锻结束时的温度	终锻温度过低，锻件易于破裂；终锻温度过高，会出现粗大晶粒组织，所以终锻温度应选择某一最合适的温度
冷却规范	①在空气中冷却 ②在密封的箱子中，埋在砂子或炉渣里冷却 ③在炉中冷却	—	—	锻件过分迅速冷却的结果，会产生热应力所引起的裂纹。钢的热导率越小，工件的尺寸越大，冷却必须越慢。因此在确定冷却规范时，应考虑材料的成分、热导率以及其他具体情况

（3）焊接性

用焊接方法将金属材料焊合在一起的性能称为金属材料的焊接性。用接头强度与母材强度相比来衡量焊接性，如接头强度接近母材强度，则焊接性好。一般来说，低碳钢具有良好的焊接性，中碳钢的焊接性中等，高碳钢、高合金钢、铸铁和铝合金的焊接性较差。各种金属材料的焊接难易程度见表1-18。

表 1-18　各种金属材料的焊接难易程度

金属及其合金		焊条电弧焊	埋弧焊	CO_2气体保护焊	惰性气体保护焊	电渣焊	电子束焊	气焊	气压焊	点缝焊	闪光对焊	铝热焊	钎焊
铸铁	灰铸铁	★	●	●	★	★	○	☆	●	●	●	★	○
	可锻铸铁	★	●	●	★	★	○	☆	●	●	●	★	○
	合金铸铁	★	●	●	★	★	○	☆	●	●	●	☆	○
铸钢	碳素钢	☆	☆	☆	★	☆	★	☆	★	★	☆	☆	★
	高锰钢	★	★	★	☆	☆	★	☆	●	★	★	★	★
	纯铁	☆	☆	☆	○	☆	☆	☆	☆	☆	☆	☆	☆
不锈钢	铬钢(马氏体)	☆	☆	★	☆	○	☆	☆	★	○	★	●	○
	铬钢(铁素体)	☆	☆	★	☆	○	☆	☆	★	○	★	●	○
	铬镍钢(奥氏体)	☆	☆	☆	☆	☆	☆	☆	☆	☆	☆	●	★
	耐热合金	☆	☆	☆	☆	●	☆	★	★	☆	☆	●	○
	高镍合金	☆	☆	☆	☆	●	☆	☆	★	☆	☆	●	★
轻金属	纯铝	★	●	●	☆	☆	☆	★	○	☆	☆	●	★
	非热处理铝合金	★	●	●	☆	☆	☆	★	○	☆	☆	●	★
	热处理铝合金	★	●	●	★	☆	☆	★	○	☆	☆	●	★
	纯镁	●	●	●	☆	☆	★	●	○	☆	☆	●	★
	镁合金	●	●	●	☆	☆	★	●	○	☆	☆	●	★
	纯钛	●	●	●	☆	●	☆	●	●	☆	☆	●	○
	钛合金(α相)	●	●	●	☆	●	☆	●	●	☆	●	●	●
	钛合金(其他相)	●	●	●	★	●	☆	●	●	★	●	●	●

续表

金属及其合金		焊条电弧焊	埋弧焊	CO_2气体保护焊	惰性气体保护焊	电渣焊	电子束焊	气焊	气压焊	点缝焊	闪光对焊	铝热焊	钎焊
碳素钢	低碳钢	☆	☆	☆	★	☆	☆	☆	☆	☆	☆	☆	☆
	中碳钢	☆	☆	☆	★	★	☆	☆	☆	☆	☆	☆	★
	高碳钢	☆	★	★	★	☆	☆	☆	☆	●	☆	☆	★
	工具钢	★	★	★	★	—	☆	☆	☆	●	★	★	★
	含铜钢	☆	☆	☆	★	—	☆	☆	☆	☆	☆	★	★
低合金钢	镍钢	☆	☆	☆	★	★	☆	★	☆	☆	☆	★	★
	镍铜钢	☆	☆	—	★	★	☆	★	☆	☆	☆	★	★
	锰钼钢	☆	☆	☆	★	★	☆	★	★	☆	☆	★	★
	碳素钼钢	☆	☆	☆	★	★	☆	☆	☆	—	☆	★	★
	镍铬钢	☆	☆	☆	★	★	☆	☆	☆	●	☆	★	★
	铬钼钢	☆	☆	☆	★	★	☆	☆	☆	●	☆	★	★
	镍铬钼钢	★	☆	★	★	★	☆	☆	☆	●	★	★	★
	镍钼钢	★	☆	★	☆	★	☆	☆	★	●	★	★	★
	铬钢	☆	★	☆	—	★	☆	☆	☆	●	☆	★	★
	铬钒钢	☆	★	☆	—	★	☆	☆	☆	●	☆	★	★
	锰钢	☆	☆	☆	★	★	☆	☆	★	☆	☆	★	★
铜合金	纯铜	★	○	★	☆	●	★	★	○	○	○	●	☆
	黄铜	★	●	★	☆	●	★	★	○	○	○	●	○
	磷青铜	★	○	○	☆	●	★	★	○	○	○	●	○
	铝青铜	★	●	○	☆	●	★	★	○	○	○	●	○
	镍青铜	★	○	○	☆	●	★	★	○	○	○	●	★
锆、铌		●	●	●	★	●	★	★	●	★	●	●	○

注：☆—通常采用，★—有时采用，○—很少采用，●—不采用。

（4）切削加工性

金属材料的切削加工性是指金属在切削加工时的难易程度。切削加工性好坏与多种因素有关，如材料的组织成分、硬度、强度、塑性、韧性、导热性，金属加工硬化程度及热处理等。具有良好切削性能的金属材料，必须具有适宜的硬度（一般希望硬度控制在 170～230HBS）和足够的脆性。在切削过程中，由于刀具易于切入，切屑易碎断，就可减少刀具的磨损，降低刃部受热的温度，使切削速度提高，从而降低工件加工表面的粗糙度。

一般来说，有色金属材料比黑色金属材料的加工性好，铸铁比钢的加工性好，中碳钢比低碳钢的可加工性要好，热轧低碳钢加工表面精度差，切削加工中易出现"粘刀"现象，这是由于它的硬度、强度低而塑性、韧性高的缘故。难切削金属材料，不锈钢和耐热钢是由于它们的强度、硬度（特别是高温强度、硬度）和塑性、韧性都偏高，所以难以加工。

金属材料的加工性中可切削性能的好坏很难用一个指标来评定，通常用"切削率"或"切削加工系数"来相对地表示，亦即"相对切削加工性"。这种表示方法，对于加工部门来说是比较实用的，因而使用较为广泛。

所谓切削率或切削加工系数，是指选用某一钢种作为标准材料（一般选用易切结构钢——Y12，也有采用其他钢种的），取其在切削加工精度、粗糙度相同和刀具寿命一致的情况下，用被试材料与标准材料的最大切削速度之比值来表示。比值以百分数表示的，称为切削率（标准材料的切削率规定为100%）；比值以整数或小数表示的，称为切削加工系数（标准材料的切削加工系数规定为1）。凡切削率高或切削加工系数大的，这种材料的加工性就较好；反之，就不好。

各种金属材料的可加工性，按其相对切削加工性的大小，可以分为 8 级，见表 1-19。

表 1-19 金属材料的加工性级别及其代表性的工件材料举例

加工性级别	各种材料的加工性		以 Y12 为标准材料的切削率/%	代表性的工件材料举例
I	很容易加工的材料	一般有色金属材料	500～2000	镁合金
			>100～250	铸造铝合金、锻铝及防锈铝
				铅黄铜、铅青铜及含铅的锡青铜（如 QSn4-4-4、ZQSn6-6-3 等）
II	易加工的材料	铸铁	80～120	灰铸铁、可锻铸铁、球墨铸铁
III		易切削钢	100	易切削结构钢 Y12(179～229HBS)
			70～90	易切削结构钢 Y15、Y20、Y30、Y40Mn 易切削不锈钢 1Cr14Se、1Cr17Se
		较易切削钢	65～70	正火或热轧的 30 及 35 中碳钢(170～217HBS) 冷作硬化的 20、25、15Mn、20Mn、25Mn、30Mn 正火或调质的 20Cr(170～212HBS) 易切削不锈钢 1Cr14Se
V	普通材料	一般钢铁材料	>50～<65	正火或热轧的 40 中碳钢、45 中碳钢、50 中碳钢及 55 中碳钢(179～229HBS) 冷作硬化的低碳钢 08 钢、10 钢及 15 钢 退火的 40Cr、45Cr(174～229HBS) 退火的 35CrMo(187～229HBS) 退火的碳素工具钢 铁素体不锈钢及铁素体耐热钢
VI		稍难切削材料	>45～50	热轧高碳钢(65 钢、70 钢、75 钢、80 钢及 85 钢) 热轧低碳钢(20 钢、25 钢) 马氏体不锈钢（1Cr13、2Cr13、3Cr13、3Cr13Mo、1Cr17Ni2)
VII		较难切削材料	>40～45	调质的 60Mn(σ_b=700～1000MPa) 马氏体不锈钢(4Cr13、9Cr18) 铝青铜、铬青铜、锆青铜及锰青铜 热轧低碳钢(08 钢、10 钢及 15 钢)
VIII	难加工材料	难切削材料	30～40	奥氏体不锈钢和耐热钢 正火的硅锰弹簧钢 99.5%纯铜，白铜 钨系及钼系高速钢 超高强度钢
IX		很难切削材料	<30	高温合金、钛合金 耐低温的高合金钢

注：本表所列各类材料的切削率，由于资料来源不一，仅供参考。

（5）热处理工艺性能

热处理是指金属或合金在固态范围内，通过一定的加热、保温和冷却方法，以改变金属或合金的内部组织，而得到所需性能的一种工艺操作。

衡量金属材料热处理工艺性能的主要指标有淬硬性、淬透性、淬火变形及开裂趋势、表面氧化及脱碳趋势、过热及过烧敏感趋势、回火稳定性、回火脆性、时效趋势等，见表 1-20。

（6）金属材料的工艺性能试验

钢铁材料的工艺性能试验见表 1-21。

表 1-20　衡量金属材料热处理工艺性能的主要指标名称、含义和评定方法

名称	含义	评定方法	说明
淬硬性	淬硬性是指钢在正常淬火条件下，以超过临界冷却速度所形成的马氏体组织能够达到的最高硬度	以淬火加热时固溶钢的高温奥氏体中的含碳量及淬火后所得到的马氏体组织的数量来具体确定　一般用 HRC 硬度值来表示	淬硬性主要与钢中的含碳量有关。固溶在奥氏体中的含碳量越多，淬火后的硬度值也越高　但在实际操作中，由于工件尺寸、冷却介质的冷却速度以及加热时所形成的奥氏体晶粒度的不同，影响其淬硬性
淬透性	淬透性是指钢在淬火时能够得到的淬硬层深度，它是衡量各个不同钢种接受淬火能力的重要指标之一。淬硬层深度，也叫淬透层深度，是指由钢的表面测量到钢的半马氏体区（组织中马氏体占 50%，其余 50% 为珠光体类型组织）组织处的深度（也有个别钢种如工具钢、轴承钢需要测量到 90% 或 95% 的马氏体区组织处）。钢的淬硬层深度越大，就表明这种钢的淬透性越好	①测定钢的淬透性方法很多，在我国通常采用以下 3 种方法　a. 结构钢末端淬透性试验法　b. 碳素工具钢淬透性试验法　c. 计算法　②淬透性的表示方法主要有　a. 用淬透性值 $J = \dfrac{HRC}{d}$ 表示　HRC——钢中半马氏体区域的硬度值　d——淬透性曲线中半马氏体硬度值区距水冷端处的距离，mm　b. 用淬硬层深度 h 来表示　h——钢件表面至半马氏体区组织的距离，mm　c. 用临界（淬透）直径 D_1 或 D_c 来表示　D_1——冷却强度 $H = \infty$ 时，中心获得半马氏体组织的直径，通常称为理想临界直径，mm　D_c——冷却强度 $H < \infty$ 时，即在水、油或其他冷却介质中冷却时，中心获得半马氏体组织的直径，通常称为实际临界直径，mm	淬透性主要与钢的临界冷却速度有关；临界冷却速度越低，淬透性一般也越高。值得注意的是：淬透性好的钢，淬硬性不一定高；而淬透性低的钢，也可能具有高的淬硬性　钢的淬透性指标在实际生产中具有十分重要的意义，一方面可以供机械设计人员用作考核钢件经热处理后的综合力学性能，看其能否满足使用性能的要求；另一方面供热处理工艺人员在淬火过程中，能否保证不形成裂纹及减少变形等方面，提供理论根据
淬火变形或开裂趋势	钢件的内应力（包括机械加工应力和热处理应力）达到或超过钢的屈服强度时，钢件将发生变形（包括尺寸和形状的改变）；而钢件的内应力达到或超过钢的破断抗力时，钢件将发生裂纹或导致钢件破断	热处理变形程度，常常采用特制的环形试样或圆柱形试样来测量或比较　钢件的裂纹分布及深度，一般采用特制的仪器（如磁粉探伤仪或超声波探伤仪）来测量或判断	淬火变形是热处理的必然趋势，而开裂则往往是可能趋势。如果钢材原始成分及组织质量良好、工件形状设计合理、热处理工艺得当，则可减少变形及避免开裂
表面氧化及脱碳趋势	钢件在炉中加热时，炉内的氧、二氧化碳或水蒸气与钢件表面发生化学反应而生成氧化铁皮的现象叫氧化；同样，在这些炉气的作用下，钢件表面的碳量比内层降低的现象叫脱碳。在热处理过程中，氧化与脱碳往往都是同时发生的	钢件表面氧化层的评定，尚无具体规定；而脱碳层的深度一般都采用金相法，按 GB/T 224—2008《钢的脱碳层深度测定法》规定执行	钢件氧化使钢材表面粗糙不平，增加热处理后的清理工作量，而且又影响淬火时冷却速度的均匀性；钢件脱碳不仅降低淬火硬度，而且容易产生淬火裂纹。所以，进行热处理时应对钢件采取保护措施，以防止氧化及脱碳
过热及过烧敏感趋势	钢件在高温加热时，引起奥氏体晶粒粗大的现象，叫过热；同样，在更高的温度下加热，不仅使奥氏体晶粒粗大，而且晶粒间因氧化而出现氧化物或局部熔化的现象叫过烧	钢件的过烧无需评定　过热趋势则用奥氏体晶粒的大小来评定，粗于 1# 晶粒度的钢属于过热钢	过热与过烧都是钢在超过正常加热温度情况下形成的缺陷，钢件热处理时的过热不仅增加淬火裂纹的可能性，而且又会显著降低钢的力学性能。所以对过热的钢，必须通过适当的热处理加以挽救；但过烧的钢件无法再挽救，只能报废

名称	含　义	评定方法	说　明
回火稳定性	淬火钢进行回火时,合金钢与碳钢相比,随着回火温度的升高,硬度值下降缓慢,这种现象称为回火稳定性	回火稳定性可用不同回火温度的硬度值(即回火曲线)来加以比较、评定	合金钢与碳钢相比,其含碳量相近时,淬火后如果要得到相同的硬度值,则其回火温度要比碳钢高,也就是它的回火稳定性比碳钢好。所以合金钢的各种力学性能全面地优于碳钢
回火脆性	淬火钢在某一温度区域回火时,其冲击韧性会比其在较低温度回火时反而下降的现象叫回火脆性 在250~400℃回火时出现的回火脆性叫第Ⅰ类回火脆性;它出现在所有钢种中,而且在重复回火时不再出现,又称为不可逆回火脆性	回火脆性一般采用淬火钢回火后,快冷与缓冷以后进行常温冲击试验的冲击值之比来表示,即 $$\Delta = \frac{a_k(回火快冷)}{a_k(回火缓冷)}$$ 当 $\Delta > 1$,该钢具有回火脆性;其值越大,则该钢回火脆性倾向越大	钢的第Ⅰ类回火脆性无法抑制,在热处理过程中,应尽量避免在这一温度范围内回火 第Ⅱ类回火脆性可通过合金化或采用适当的热处理规范来加以防止
时效趋势	纯铁或低碳钢件经淬火后,在室温和低温下放置一段时间后,使钢件的硬度及强度增高,而塑性、韧性降低的现象,称为时效	时效趋势一般用力学性能或硬度、在室温或低温下随着时间的延长而变化的曲线来表示	钢件的时效趋势往往给工程带来很大危害,如精密零件不能保持精度,软磁材料失去磁性,某些薄板在长期库存中产生裂纹等。所以,必须引起足够重视,并采取有效的预防措施

表 1-21　钢铁材料的工艺性能试验

名　称	说　明
顶锻试验	需经受打铆、镦头等顶锻作业的金属材料需做常温的冷顶锻试验或热顶锻试验,判定顶锻性能。试验时,将试样锻短至规定长度,如原长度的1/3或1/2等,然后检查试样是否有裂纹等缺陷
冷弯试验	该试验是检验金属材料冷弯性能的一种方法,即将材料试样围绕具有一定直径的弯芯弯到一定的角度或不带弯芯到两面接触(即弯曲180°)后检查弯曲处附近的塑性变形情况,看是否有裂纹等缺陷存在,以判定材料是否合格,弯芯直径 d_0 可等于试样厚度的一半、相等、2倍、3倍等。弯曲角度可为90°、120°、180°
杯突试验	该试验是检验金属材料冲压性能的一种方法。其过程是,用规定的钢球或球形冲头顶压在压模内的试样,直到试样产生第一个裂纹为止。压入深度即为杯突深度。其深度小于规定值者为合格
型材展平弯曲试验	该试验用于检验金属型材在室温或热状态下承受展平弯曲变形的性能,并显示其缺陷。其过程是,用手锤或锻锤将型材的角部锤击展平成为平面,随后以试样棱角的一面为弯曲内面进行弯曲。弯曲角度和热状态试验温度在有关标准中规定
锻平试验	该试验用于检验金属条材、带材、板材及铆钉等在室温或热状态下承受规定程度的锻平变形性能,并显示其缺陷。锻平作业可在压力机、机械锤或锻锤上进行;亦可使用手锤或大锤。对带材和板材试样,应使其宽度增至有关标准的规定值为止,长度应等于该值的2倍。对条材和铆钉,应将试样锻平到头部直径为腿径的1.5~1.6倍,高度为腿径的0.4~0.5倍时为止
缠绕试验	该试验用于检验线材或丝材承受缠绕变形性能,以显示其表面缺陷或镀层的结合牢固性。试验时,将试样沿螺纹方向以紧密螺旋圈缠绕在直径为 D 的芯杆上。D 的尺寸在有关技术条件中规定。缠绕圈数为5~10圈
扭转试验	该试验用于检验直径(或特征尺寸)小于或等于10mm的金属线材扭转时承受塑性变形的性能,并显示金属的不均匀性、表面缺陷及部分内部缺陷。其过程是,以试样自身为轴线,沿单向或交变方向均匀扭转,直至试样裂断或达到规定的扭转次数
反复弯曲试验	该试验是检验金属(及覆盖层)的耐反复弯曲性能并显示其缺陷的一种方法。它适用于截面积小于或等于 $120mm^2$ 的线材、条材和厚度小于或等于5mm的带材及板材。其方法是,将试样垂直夹紧于仪器夹中,在与仪器夹口相互接触线成垂直的平面上沿左右方向做90°反复弯曲,其速度不超过60次/min。弯曲次数由有关标准规定

名 称	说 明
打结拉力试验	该试验用于检验直径较小的钢丝和钢丝绳拆股后的单根钢丝,以代替反复弯曲试验。试验时,将试样打一死结,置于拉力试验机上连续均匀地施加载荷,直至拉断。以试验机上载荷指示器显示的最大载荷(单位为 N)除以试样原横截面面积所得商为结果。单位为 MPa 或 N/mm^2
压扁试验	该试验用于检验金属管压扁到规定尺寸的变形性能,并显示其缺陷。试验时将试样放在两个平行板之间,用压力机或其他方法,均匀地压至有关的技术条件规定的压扁距,用管子外壁压扁距或内壁压扁距,以 mm 表示。试验焊接管时,焊缝位置应在有关技术标准中规定,如无规定时,则焊缝应位于同施力方向成 90°角的位置。试验均在常温下进行,但冬季不应低于-10℃,试验后检查试样弯曲变形处,如无裂缝、裂口或焊缝开裂,即认为试验合格
扩口试验	该试验用于检验金属管端扩口工艺的变形性能。将具有一定锥度(如 1:10、1:15 等)的顶芯压入管试样一端,使其均匀地扩张到有关技术条件规定的扩口率(%),然后检查扩口处是否有裂纹等缺陷,以判定合格与否
卷边试验	该试验用于检验金属管卷边工艺的变形性能。试验时,将管壁向外翻卷到规定角度(一般为90°),以显示其缺陷。试验后检查变形处有无裂纹等缺陷,以判定是否合格
金属管液压试验	该试验用于检验金属管的质量和耐液压强度,并显示其有无漏水(或其他流体)、浸湿或永久变形(膨胀)等缺陷,钢管和铸铁管的液压试验,大都用水作压力介质,所以又称水压试验。该试验虽不是为了进一步加工工艺而进行的试验,但目前标准中习惯上称它为工艺试验

三、常用金属材料的特性和用途

1. 灰铸铁

灰铸铁的特性和应用见表 1-22。

表 1-22 灰铸铁的特性和应用

牌号	主要特性	工作条件	应用举例
HT100	铸造性能好,工艺简便;铸造应力小,不用人工时效处理;减振性优良	负荷极低 对摩擦与磨损无特殊要求 变形很小	盖、外罩、油盘、手轮、手把、支架、底板、重锤等形状简单、不太重要的零件
HT150	铸造性能好,工艺简便;铸造应力小,不用人工时效处理;有一定的机械强度及良好的减振性能	承受中等载荷的零件(弯曲应力<9.81MPa) 摩擦面间的单位面积压力<0.49MPa 下受磨损的零件 在弱腐蚀介质中工作的零件	一般机械制造中的铸件,如支柱、底座、罩壳、齿轮箱、刀架、刀架座、普通机床床身、滑板、工作台、薄壁(质量不大)零件,工作压力不大的管子配件,以及壁厚≤30mm 的耐磨轴套等
HT200 HT250	强度、耐磨性、耐热性均较好,减振性也良好;铸造性能较好,需要进行人工时效处理	承受较大应力的零件(弯曲应力<29.40MPa) 摩擦面间的单位面积压力>0.49MPa(大于 10t) 在磨损下工作的大型铸件压力>1.47MPa 要求一定的气密性或耐弱腐蚀性介质	一般机械制造中较为重要的铸件,如气缸,齿轮,机座,金属切削机床的床身、床面,汽车、拖拉机的气缸体、气缸盖、活塞、刹车轮、联轴器盘,以及汽油机和柴油机的活塞环;具有测量平面的检验工件,如划线平板、V 形铁、平尺、水平仪框架;承受 7.85MPa 以下中等压力的液压缸、泵体、阀体;以及要求有一定耐腐蚀能力的泵壳、容器
HT300 HT350	强度高,耐磨性好;白口倾向大,铸造性能差,需进行人工时效处理	承受高弯曲应力的零件(<49MPa) 摩擦面间的单位面积压力≥1.96MPa 要求保持高度气密性	机械制造中重要的铸件,如床身导轨、车床、冲床、剪床和其他重型机械等受力较大的床身、机座、主轴箱、卡盘、齿轮、凸轮、衬套;大型发动机的曲轴,如气缸体、缸套、气缸盖、高压的液压缸、泵体、阀体、镦锻、热锻模、冷冲模等

2. 耐热铸铁

耐热铸铁的应用见表 1-23。

表 1-23　耐热铸铁的应用

牌　号	使用条件	应用举例
HTRCr	在空气炉气中,耐热温度到 550℃。具有高的抗氧化性和体积稳定性	适用于急冷急热的薄壁细长件。用于炉条、高炉支梁式水箱、金属型、玻璃模等
HTRCr2	在空气炉气中,耐热温度到 600℃。具有高的抗氧化性和体积稳定性	适用于急冷急热的薄壁细长件。用于煤气炉内灰盆、矿山烧结车挡板等
HTRCr16	在空气炉气中,耐热温度到 900℃。具有高的室温及高温强度,高的抗氧化性,但常温脆性较大。耐硝酸的腐蚀	可在室温及高温下作抗磨件使用。用于退火罐、煤粉烧嘴、炉栅、水泥焙烧炉零件、化工机械等零件
HTRSi5	在空气炉气中,耐热温度到 700℃。耐热性较好,承受机械和热冲击能力较差	用于炉条、煤粉烧嘴、锅炉用梳形定位板、换热器针状管、二硫化碳反应瓶等
QTRSi4	在空气炉气中,耐热温度到 650℃。力学性能抗裂性较 RQTSi5 好	用于玻璃窑烟道闸门、玻璃引上机墙板、加热炉两端管架等
QTRSi4Mo	在空气炉气中,耐热温度到 680℃。高温力学性能较好	用于内燃机排气歧管、罩式退火炉导向器、烧结机中后热筛板、加热炉吊梁等
QTRSi4Mo1	在空气炉气中,耐热温度到 800℃。高温力学性能好	用于内燃机排气歧管、罩式退火炉导向器、烧结机中后热筛板、加热炉吊梁等
QTRSi5	在空气炉气中,耐热温度到 800℃。常温及高温性能显著优于 RTSi5	用于煤粉烧嘴、炉条、辐射管、烟道闸门、加热炉中间管架等
QTRAl4Si4	在空气炉气中,耐热温度到 900℃。耐热性良好	适用于高温轻载荷下工作的耐热件
QTRAl5Si5	在空气炉气中,耐热温度到 1050℃。耐热性良好	用于烧结机算条、炉用件等
QTRAl22	在空气炉气中,耐热温度到 1100℃。具有优良的抗氧化能力,较高的室温和高温强度,韧性好,耐高温硫蚀性好	适用于高温(1100℃)、载荷较小、温度变化较缓的工件。用于锅炉用侧密封块、链式加热炉炉爪、黄铁矿焙烧炉零件等

3. 一般工程用铸造碳钢

一般工程用铸造碳钢的特性和应用见表 1-24。

表 1-24　一般工程用铸造碳钢的特性和应用

牌　号	主要特性	应用举例
ZG200-400	低碳铸钢,韧性及塑性均好,但强度和硬度较低,低温冲击韧性大,脆性转变温度低,导磁、导电性能良好,焊接性好,但铸造性差	用于机座、电气吸盘、变速箱体等受力不大,但要求韧性的零件
ZG230-450		用于负荷不大、韧性较好的零件,如轴承盖、底板、阀体、机座、侧架、轧钢机架、箱体、犁柱、砧座等
ZG270-500	中碳铸钢,有一定的韧性及塑性,强度和硬度较高,切削性良好,焊接性尚可,铸造性能比低碳钢好	应用广泛,用于制作飞轮、车辆车钩、水压机工作缸、机架、蒸汽锤气缸、轴承座、连杆、箱体、曲拐
ZG310-570		用于重负荷零件,如联轴器、大齿轮、缸体、气缸、机架、制动轮、轴及辊子
ZG340-640	高碳铸钢,具有高强度、高硬度及高耐磨性,塑性和韧性低,铸造、焊接性均差,裂纹敏感性较大	起重运输机齿轮、联轴器、齿轮、车轮、阀轮、叉头

4. 优质碳素结构钢

优质碳素结构钢的特性和应用见表 1-25。

5. 合金结构钢

合金结构钢的特性和应用见表 1-26。

6. 耐热钢的特性和应用

耐热钢的特性和应用见表 1-27。

表 1-25 优质碳素结构钢的特性和应用

牌号	主 要 特 性	应 用 举 例
08F	优质沸腾钢,强度、硬度低,塑性极好。深冲压,深拉延性好,冷加工性好,焊接性好。成分偏析倾向大,时效敏感性大,故冷加工时,可采用消除应力热处理,或水韧处理,防止冷加工断裂	易轧成薄板、薄带,冷变形材,冷拉钢丝,用作冲压件、压延件,制成各类不承受载荷的覆盖件、渗碳件、渗氮件、氰化件,制作各类套筒件、靠模件、支架件
08	极软低碳钢,强度、硬度很低,塑性、韧性极好,冷加工性好,淬透性、淬硬性极差,时效敏感性比 08F 稍弱,不宜切削加工,退火后,导磁性能好	宜轧制成薄板、薄带,冷变形材,冷拉,冷冲压,焊接件,表面硬化件
10F 10	强度低(稍高于 08 钢),塑性、韧性很好,焊接性优良,无回火脆性。易冷热加工成形,淬透性很差,正火或冷加工后切削性能好	宜用冷轧、冷冲、冷镦、冷弯、热轧、热挤压、热镦等工艺成形,制造要求受力不大,韧性高的零件,如摩擦片、深冲器皿、汽车车身、弹体等
15F 15	强度、硬度、塑性与 10F、10 钢相近。为改善其切削性能,需进行正火或水韧处理,适当提高硬度。淬透性、淬硬性低,韧性、焊接性好	制造受力不大,形状简单,但韧性要求较高或焊接性能较好的中小结构件、螺钉、螺栓、拉杆、起重钩、焊接容器等
20	强度、硬度稍高于 15F、15 钢,塑性、焊接性都好,热轧或正火后韧性好	制作不太重要的中小型渗碳、碳氮共渗件、锻压件,如杠杆轴、变速箱变速叉、齿轮、重型机械拉杆、钩环等
25	具有一定强度、硬度。塑性和韧性好。焊接性、冷塑性、加工性较高,被切削性中等,淬透性、淬硬性差。淬火并低温回火后强韧性好,无回火脆性	焊接件,热锻,热冲压件渗碳后用作耐磨件
30	强度、硬度较高,塑性好,焊接性尚可,可在正火或调质后使用,适于热锻、热压,被切削性良好	用于受力不大,温度<150℃的低载荷零件,如丝杠、拉杆、轴键、齿轮、轴套筒等。渗碳件表面耐磨性好,可作耐磨件
35	强度适当,塑性较好,冷塑性高,焊接性尚可。冷态下可局部镦粗和拉丝。淬透性低,正火或调质后使用	适于制造小截面零件,可承受较大载荷的零件,如曲轴、杠杆、连杆、钩环等,各种标准件、紧固件
40	强度较高,可切削性良好,冷变形能力中等,焊接性差,无回火脆性。淬透性低,易生水淬裂纹,多在调质或正火态使用,两者综合性能相近,表面淬火后,可用于制造承受较大应力件	适于制造曲轴芯轴、传动轴、活塞杆、连杆、链轮、齿轮等。用作焊接件时,需先预热,焊后缓冷
45	最常用中碳调质钢,综合力学性能良好,淬透性低,水淬时易生裂纹。小型件宜采用调质处理,大型件宜采用正火处理	主要用于制造强度高的运动件,如透平机叶轮、压缩机活塞、轴、齿轮、齿条、蜗杆等。焊接件注意焊前预热,焊后消除应力退火
50	高强度中碳结构钢,冷变形能力低,可切削加工性中等。焊接性差,无回火脆性,淬透性较低,水淬时,易生裂纹。使用状态:正火,淬火后回火,高频表面淬火,适用于在动载荷及冲击作用不大的条件下耐磨性高的机械零件	锻造齿轮、拉杆、轧辊、轴摩擦盘、机床主轴、发动机曲轴、农业机械犁铧、重载荷芯轴及各种轴类零件等,及较次要的减振弹簧、弹簧垫圈等
55	具有高强度和硬度,塑性和韧性差,被切削性中等,焊接性差,淬透性差,水淬时易淬裂。多在正火或调质处理后使用,适于制造高强度、高弹性、高耐磨性机件	齿轮、连杆、轮圈、轮缘、机车轮箍、扁弹簧、热轧轧辊等
60	具有高强度、高硬度和高弹性。冷变形时塑性差,可切削性能中等,焊接性不好,淬透性差,水淬易生裂纹,故大型件用正火处理	轧辊、轴类、轮箍、弹簧圈、减振弹簧、离合器、钢丝绳
65	适当热处理或冷作硬化后具有较高强度与弹性。焊接性不好,易形成裂纹,不宜焊接,可切削性差,冷变形塑性低,淬透性不好,一般采用油淬,大截面件采用水淬油冷,或正火处理。特点是在相同组态下,其疲劳强度可与合金弹簧钢相当	宜用于制造截面、形状简单、受力小的扁形或螺形弹簧零件,如气门弹簧、弹簧环等;也宜用于制造高耐磨性零件,如轧辊、曲轴、凸轮及钢丝绳等
70	强度和弹性比 65 钢稍高,其他性能与 65 钢近似	弹簧、钢丝、钢带、车轮圈等

牌号	主 要 特 性	应 用 举 例
75 80	性能与65钢、70钢相似,但强度较高而弹性略低,其淬透性亦不高。通常在淬火、回火后使用	板弹簧、螺旋弹簧、抗磨损零件、较低速车轮等
85	含碳量高的高碳结构钢,强度、硬度比其他高碳钢高,但弹性略低,其他性能与64钢、70钢、75钢、80钢相近似。淬透性仍然不高	铁道车辆、扁形板弹簧、圆形螺旋弹簧、钢丝钢带等
15Mn	含锰(0.7%~1.00%)较高的低碳渗碳钢,因锰高,故其强度、塑性、可切削性和淬透性均比15钢稍高,渗碳与淬火时表面形成软点较少,宜进行渗碳、碳氮共渗处理,得到表面耐磨而心部韧性好的综合性能。热轧或正火处理后韧性好	齿轮、曲柄轴、支架、铰链、螺钉、螺母、铆焊结构件,板材适于制造油罐等。寒冷地区农具,如奶油罐等
20Mn	其强度和淬透性比15Mn钢略高,其他性能与15Mn钢相近	与15Mn钢基本相同
25Mn	性能与Mn钢及25钢相近,强度稍高	与20Mn钢及25钢相近
30Mn	与30钢相比,具有较高的强度和淬透性,冷变形时塑性好,焊接性中等,可切削性良好。热处理时有回火脆性倾向及过热敏感性	螺栓、螺母、螺钉、拉杆、杠杆、小轴、刹车机齿轮
35Mn	强度及淬透性比30Mn钢高,冷变形时的塑性中等。可切削性好,但焊接性较差。宜调质处理后使用	转轴、啮合杆、螺栓、螺母、铆钉,芯轴、齿轮等
40Mn	淬透性略高于40钢。热处理后,强度、硬度、韧性比40钢稍高,冷变形塑性中等,可切削性好,焊接性能差,具有过热敏感性和回火脆性,水淬易裂	耐疲劳件、曲轴、辊子、轴、连杆,高应力下工作的螺钉、螺母等
45Mn	中碳调质结构钢,调质后具有良好的综合力学性能。淬透性、强度、韧性比45钢高,可切削性尚好,冷变形塑性低,焊接性差,具有回火脆性倾向	转轴、芯轴、花键轴、汽车半轴、万向接头轴、曲轴、连杆、制动杠杆、啮合杆、齿轮、离合器、螺栓、螺母等
50Mn	性能与50钢相近,但其淬透性较高,热处理后强度、硬度、弹性均稍高于50钢。焊接性差,具有过热敏感性和回火倾向	用作承受高应力零件、高耐磨零件,如齿轮、齿轮轴、摩擦盘、芯轴、平板弹簧等
60Mn	强度、硬度、弹性和淬透性比60钢稍高,退火态可切削性良好,冷变形塑性和焊接性差。具有过热敏感和回火脆性倾向	大尺寸螺旋弹簧、板簧,各种圆扁弹簧,弹簧环、片,冷拉钢丝及发条
65Mn	强度、硬度、弹性和淬透性均比65钢高,具有过热敏感性和回火脆性倾向,水淬有形成裂纹倾向。退火态可切削加工性尚可,冷变形塑性低,焊接性差	承受中等载荷的板弹簧,直径达7~20mm螺旋弹簧及弹簧垫圈、弹簧环。高耐磨性零件,如磨床主轴、弹簧卡头、精密机床丝杠、犁、切刀、螺旋辊子轴承上的套环、铁道钢轨等
70Mn	性能与70钢相近,但淬透性稍高,热处理后强度、硬度、弹性均比70钢好,具有过热敏感性和回火脆性倾向,易脱碳及水淬时形成裂纹倾向,冷塑性变形能力差,焊接性差	承受大应力、磨损条件下工作零件。如各种弹簧圈、弹簧垫圈、止推环、锁紧圈、离合器盘等

表 1-26　**合金结构钢的特性和应用**

牌号	主 要 特 性	应 用 举 例
20Mn2	具有中等强度,较小截面尺寸的20Mn2和20Cr性能相似,低温冲击韧性、焊接性能较20Cr好,冷变形时塑性高,切削加工性良好,淬透性比相应的碳素钢要高,热处理时有过热、脱碳敏感性及回火脆性倾向	用于制造截面尺寸小于50mm的渗碳零件,如渗碳的小齿轮、小轴,力学性能要求不高的十字头销、活塞销、柴油机套筒、气门顶杆、变速齿轮操纵杆、钢套。热轧及正火状态下用于制造螺栓、螺钉、螺母及铆焊件等
30Mn2	30Mn2强度高,韧性好,并有优良的耐磨性能,当制造截面尺寸小的零件时,具有良好的静强度和疲劳强度,拉丝、冷镦、热处理工艺性都良好,切削加工性中等,焊接性尚可,一般不做焊接件,需焊接时,应将零件预热到200℃以上,具有较高的淬透性,淬火变形小,但有过热、脱碳敏感性及回火脆性	用于制造汽车、拖拉机中的车架、纵横梁、变速箱齿轮、轴、冷镦螺栓、较大截面的调质件,也可制造心部强度较高的渗碳件,如起重机的后车轴等

牌号	主 要 特 性	应 用 举 例
35Mn2	比 30Mn2 的含碳量高,因而具有更高的强度和更好的耐磨性,淬透性也提高,但塑性略有下降,冷变形时塑性中等,切削加工性能中等,焊接性低,且有白点敏感性、过热倾向及回火脆性倾向,水冷易产生裂纹,一般在调质或正火状态下使用	制造直径小于 20mm 的零件时,可代替 40Cr,用于制造直径小于 15mm 的各种冷镦螺栓,力学性能要求较高的小轴、轴套、小连杆、操纵杆、曲轴、风机配件、农机中的锄铲柄、锄铲
40Mn2	中碳调质锰钢,其强度、塑性及耐磨性均优于 40 钢,并具有良好的热处理工艺性及切削加工性,焊接性差,当含碳量在下限时,需要预热至 100～425℃才能焊接,存在回火脆性、过热敏感性,水冷易产生裂纹,通常在调质状态下使用	用于制造重载工作的各种机械零件,如曲轴、车轴、轴、半轴、杠杆、连杆、操纵杆、蜗杆、活塞杆、承载螺栓、螺钉、加固环、弹簧。当制造直径小于 40mm 的零件时,其静强度及疲劳性能与 40Cr 相似,因而可代替 40Cr 制作小直径的重要零件
45Mn2	中碳调质钢,具有较高的强度、耐磨性及淬透性,调质后能获得良好的综合力学性能,适宜于油冷再高温回火,常在调质状态下使用,需要时也可在正火状态下使用,切削加工性尚可,但焊接性能差,冷变形塑性低,热处理有过热敏感性和回火脆性倾向,水冷易产生裂纹	用于制造承受高应力和耐磨损的零件,如果制作直径小于 60mm 的零件,可代替 40Cr 使用,在汽车、拖拉机及通用机械中,常用于制造轴、车轴、万向接头轴、蜗杆、齿轮轴、齿轮、连杆盖、摩擦盘、车厢轴、电车和蒸汽机车轴、重负载机架,冷拉状态中的螺栓与螺母等
50Mn2	中碳调质高强度锰钢,具有高强度、高弹性及优良的耐磨性,并且淬透性亦较高,切削加工性尚好,冷变形塑性低,焊接性能差,具有过热敏感、白点敏感及回火脆性,水冷易产生裂纹,采用适当低调质处理,可获得良好的综合力学性能,一般在调质后使用,也可在正火及回火后使用	用于制造高应力、高磨损工作的大型零件,如通用机械中的齿轮轴、曲轴、连杆、蜗杆、万向接头轴、齿轮等,汽车的传动轴、花键轴、承受强烈冲击负荷的车轴,重型机械中的滚动轴承支撑的主轴,大型齿轮以及手卷簧等。如果用于制作直径小于 80mm 的零件,可代替 45Cr 使用
20MnV	20MnV 钢性能好,可以代替 20Cr、20CrNi 使用,其强度、韧性及塑性均优于 15Cr 和 20Mn2,淬透性亦好,切削加工性尚可,渗碳后,可以直接淬火,不需要第二次淬火来改善心部组织,焊接性较好,但热处理时,在 300～360℃时有回火脆性	用于制造高压容器、锅炉、大型高压管道等的焊接构件(工作温度不超过 450～475℃),也用于制造冷轧、冷拉、冷冲压加工的零件,如齿轮、自行车链条、活塞销等,还广泛用于制造直径小于 20mm 的矿用链环
27SiMn	27SiMn 的性能高于 30Mn2,具有较高的强度和耐磨性,淬透性较高,冷变形时塑性中等,切削加工性良好,焊接性能尚可,热处理时,钢的韧性降低较少,水冷时仍能保持较高的韧性,但有过热敏感性、白点敏感性及回火脆性倾向,大多在调质后使用,也可在正火或热轧供货状态下使用	用于制造高韧性、高耐磨的热冲压件,不需热处理或正火状态下使用的零件,如拖拉机履带销
35SiMn	合金调质钢,性能良好,可以代替 40Cr 使用,还可部分代替 40CrNi 使用,调质处理后具有高的静强度、疲劳强度和耐磨性以及良好的韧性,淬透性良好,冷变形时塑性中等,切削加工性良好,但焊接性能差,焊前应预热,且有过热敏感性、白点敏感性及回火脆性,并且容易脱碳	在调质状态下,用于制造中速、中负载的零件;在淬火回火状态下,用于制造高负载、小冲击振动的零件以及制作截面较大、表面淬火的零件,如汽轮机的主轴和轮毂(直径小于 250mm,工作温度小于 400℃)、叶轮(厚度小于 170mm)以及各种重要紧固件,通用机械中的传动轴、主轴、芯轴、连杆、齿轮、蜗杆、电车轴、发电机轴、曲轴、飞轮及各种锻件,农机中的锄铲柄、犁辕等耐磨件;另外还可制作薄壁无缝钢管
42SiMn	性能与 35SiMn 相近,其强度、耐磨性及淬透性均略高于 35SiMn,在一定条件下,此钢的强度、耐磨及热加工性能优于 40Cr,还可代替 40CrNi 使用	在高频淬火及中温回火状态下,用于制造中速、中载的齿轮传动件;在调质后高频淬火、低温回火状态下,用于制造较大截面的表面高硬度、较高耐磨性的零件,如齿轮、主轴、轴等;在淬火后低、中温回火状态下,用于制造中速、重载的零件,如主轴、齿轮、液压泵转子、滑块等
20SiMn2MoV	高强度、高韧性低碳淬火新型结构钢,有较高的淬透性,油冷变形及裂纹倾向很小,脱碳倾向低,锻造工艺性能良好,焊接性较好,复杂形状零件焊前应预热到 300℃,焊后缓冷,但切削加工性差,一般在淬火及低温回火状态下使用	在低温回火状态下,可代替调质状态下使用的 35CrMo、35CrNi3MoA、40CrNiMoA 等中碳合金结构钢,用于制造较重载荷、应力状况复杂或低温下长期工作的零件,如石油机械中的吊卡、吊环、射孔器以及其他较大截面的连接件

牌号	主 要 特 性	应 用 举 例
25SiMn2MoV	性能与 20SiMn2MoV 基本相同,但强度和淬硬性稍高于 20SiMn2MoV,而塑性及韧性又略有降低	用途和 20SiMn2MoV 基本相同,用该钢制成的石油钻机吊环等零件,使用性能良好,较之 35CrNi3Mo 和 10CrNi3Mo 制作的同类零件更安全可靠,且质量轻,节省材料
37SiMn2MoV	高级调质钢,具有优良的综合力学性能,热处理工艺性良好,淬透性好,淬裂敏感性小,回火稳定性高,回火脆性倾向很小,高温强度较佳,低温韧性也好,调质处理后能得到高强度和高韧性,一般在调质状态下使用	调质处理后,用于制造重载、大截面的重要零件,如重型机器中的齿轮、轴、连杆、转子、高压无缝钢管等,石油化工用的高压容器及大螺栓,制作高温条件下的大螺栓紧固件(工作温度低于 450℃);淬火低温回火后可作为超高强度钢使用,可代替 35CrMo、40CrNiMo 使用
40B	硬度、韧性、淬透性都比 40 钢高,调质后的综合力学性能良好,可代替 40Cr,一般在调质状态下使用	用于制造比 40 钢截面大、性能要求高的零件,如轴、拉杆、齿轮、拖拉机曲轴等;制作小截面尺寸零件,可代替 40Cr 使用
45B	强度、耐磨性、淬透性都比 45 钢好,多在调质状态下使用,可代替 40Cr 使用	用于制造截面较大、强度要求较高的零件,如拖拉机的连杆、曲轴及其他零件;制造小尺寸且性能要求不高的零件,可代替 40Cr 使用
50B	调质后,比 50 钢的综合力学性能要高,淬透性好,正火时硬度偏低,切削性尚可,一般在调质状态下使用,因抗回火性能较差,调质时应降低回火温度 50℃左右	用于代替 50、50Mn、50Mn2 制造强度较高、淬透性较高、截面尺寸不大的各种零件,如凸轮、花键轴、曲轴、惰轮、左右分离叉、轴套等
40MnB	具有高强度、高硬度、良好的塑性及韧性,高温回火后,低温冲击韧性良好,调质或淬火+低温回火后,承受动载荷能力有所提高,淬透性和 40Cr 相近,回火稳定性比 40Cr 低,有回火脆性倾向,冷热加工性良好,工作温度为 -20~425℃,一般在调质状态下使用	用于制造拖拉机、汽车及其他通用机器设备中重要调质零件,如汽车半轴、转向轴、花键轴、蜗杆和机床主轴、齿轮等;可代替 40Cr 制造较大截面的零件,如卷扬机中轴;制造小尺寸零件时,可代替 40CrNi
45MnVB	强度、淬透性均高于 40Cr,塑性和韧性略低,热加工和切削加工性能良好,加热时晶粒长大,氧化脱碳、热处理变形都小,在调质状态下使用	用于代替 40Cr、45Cr 和 45Mn2 制造中、小截面的耐磨的调质件及高频淬火件,如钻床主轴、拖拉机拐轴、机床齿轮、凸轮、花键轴、曲轴、惰轮、左右分离叉、轴套等
15MnVB	低碳马氏体淬火钢可完全代替 40Cr 钢,经淬火低温回火后,具有较高的强度,良好的塑性及低温冲击韧性,较低的缺口敏感性,淬透性好,焊接性能亦佳	采用淬火+低温回火,用以制造高强度的重要螺栓零件,如汽车上的气缸盖螺栓、半轴螺栓、连杆螺栓,亦可用于制造中负载的渗碳零件
20MnVB	渗碳钢,其性能与 20CrMnTi 及 20CrNi 相近,具有高强度、高耐磨性及良好的淬透性,切削加工性、渗碳及热处理工艺性能均较好,渗碳后可直接降温淬火,但淬火变形、脱碳较 20CrMnTi、20Cr、20CrNi 差	常用于制造较大载荷的中小渗碳件,如重型机床上的轴、大模数齿轮、汽车后桥的主从动齿轮
40MnVB	综合力学性能优于 40Cr,具有高强度、高韧性和塑性,淬透性良好,热处理过热敏感性较小,冷拔、切削加工性均好,调质状态下使用	常用于代替 40Cr、45Cr 及 38CrSi,制造低温回火、中温回火及高温回火状态的零件,还可以代替 42CrMo、40CrNi 制造重要调质件,如机床和汽车上的齿轮、轴等
20MnTiB	具有良好的力学性能和工艺性能,正火后切削加工性良好,热处理后的疲劳强度较高	较多用于制造汽车、拖拉机中尺寸较小、中载荷的各种齿轮及渗碳零件,可代替 20CrMnTi 使用
25MnTiBRE	综合力学性能比 20CrMnTi 好,且具有很好的工艺性能及较好的淬透性,冷热加工性良好,锻造温度范围大,正火后切削加工性较好,RE 加入后,低温冲击韧性提高,缺口敏感性降低,热处理变形比铬钢稍大,但可以控制工艺条件予以调整	常用于代替 20CrMnTi、20CrMo,制造中载的拖拉机齿轮(渗碳)、推土机和中、小汽车变速箱齿轮和轴等渗碳、碳氮共渗零件

牌号	主 要 特 性	应 用 举 例
15Cr	低碳合金渗碳钢,比 15 钢的强度和淬透性均高,冷变形塑性高,焊接性良好,退火后切削加工性较好,对性能要求不高且形状简单的零件,渗碳后可直接淬火,但热处理变形较大,有回火脆性,一般均作为渗碳钢使用	用于制造表面耐磨、心部强度和韧性较高、较高工作速度但断面尺寸在 30mm 以下的各种渗碳零件,如曲柄销、活塞销、活塞环、联轴器、小凸轮轴、小齿轮、滑阀、活塞、衬套、轴承圈、螺钉、铆钉等,还可以用作淬火钢,制造要求一定强度和韧性,但变形要求较宽的小型零件
20Cr	比 15Cr 和 20 钢的强度和淬透性高,经淬火+低温回火后,能得到良好的综合力学性能和低温冲击韧性,无回火脆性,渗碳时,钢的晶粒仍有长大的倾向,因而应进行二次淬火以提高心部韧性,不宜降温淬火,冷弯塑性较好,可进行冷拉丝,高温正火或调质后,切削加工性良好,焊接性良好(焊前一般应预热至 100~150℃),一般作为渗碳钢使用	用于制造小截面(小于 300mm),形状简单、较高转速、载荷较小、表面耐磨、心部强度较高的各种渗碳或碳氮共渗零件,如小齿轮、小轴、阀、活塞销、衬套棘轮、托盘、凸轮、蜗杆、牙形离合器等;对热处理变形小、耐磨性要求高的零件,渗碳后应进行一般淬火或高频淬火,如小模数(小于 3mm)齿轮、花键轴、轴等;也可作调质钢用于制造低速、中载(冲击)的零件
30Cr	强度和淬透性均高于 30 钢,冷弯塑性较好,退火或高温回火后的切削加工性良好,焊接性中等,一般在调质后使用,也可在正火后使用	用于制造耐磨或受冲击的各种零件,如齿轮、滚子、轴、杠杆、摇杆、连杆、螺栓、螺母等;还可用作高频表面淬火用钢,制造耐磨、表面高硬度的零件
35Cr	中碳合金调质钢,强度和韧性较高,其强度比 35 钢高,淬透性比 30Cr 略高,性能基本上与 30Cr 相近	用于制造齿轮、轴、滚子、螺栓以及其他重要调质件,用途和 30Cr 基本相同
40Cr	经调质处理后,具有良好的综合力学性能、低温冲击韧性及较低的敏感性,淬透性良好时,可得到较高的疲劳强度,水冷时复杂形状的零件易产生裂纹,冷弯塑性中等,正火或调质后切削加工性好,但焊接性不好,易产生裂纹,焊前应预热到 100~150℃,一般在调质状态下使用,还可以进行碳氮共渗和高频表面淬火处理	它是使用最广泛的钢种之一,调质处理后,用于制造中速、中载的零件,如机床齿轮、轴、蜗杆、花键轴、顶针套等;调质并高频表面淬火后,用于制造表面高硬度、耐磨的零件,如齿轮、轴、主轴、曲轴、芯轴、套筒、销子、连杆、螺钉、螺母、进气阀等;经淬火及中温回火后,用于制造重载、中速冲击的零件,如油泵转子、滑块、齿轮、主轴、套环等;经淬火及低温回火后,用于制造重载、低冲击、耐磨的零件,如蜗杆、主轴、轴、套环等;碳氮共渗处理后,用于制造尺寸较大、低温冲击韧性较高的传动零件,如轴、齿轮等。40Cr 的代用钢有 40MnB、45MnB、35SiMn、42SiMn、40MnVB、42MnV、40MnMoB、40MnWB 等
45Cr	强度、耐磨性及淬透性均优于 40Cr,但韧性稍低,性能与 40Cr 相近	与 40Cr 的用途相似,主要用于制造高频表面淬火的轴、齿轮、套筒、销子等
50Cr	淬透性好,在油冷及回火后,具有高强度、高硬度,水冷易产生裂纹,切削加工性良好,但冷弯形时塑性低,且焊接性不好,有裂纹倾向,焊前预热到 200℃,焊后热处理消除应力,一般在淬火及回火或调质状态下使用	用于制造重载、耐磨的零件,如 600mm 以下的热轧辊、传动轴、齿轮、止推环,支承辊的芯轴、柴油机连杆、挺杆、拖拉机离合器、螺栓、重型矿山机械中耐磨、高强度的油膜轴承套、齿轮;也可用于制造高频表面淬火零件、中等弹性的弹簧等
38CrSi	具有高强度、较高的耐磨性及韧性,淬透性好,低温冲击韧性较高,回火稳定性好,切削加工性尚可,焊接性差,一般在淬火加回火后使用	一般用于制造直径 30~40mm、强度和耐磨性要求较高的各种零件,如拖拉机、汽车等机器设备中的小模数齿轮、拨叉轴、履带轴、小轴、起重钩、螺栓、进气阀、铆钉机压头等
12CrMo	耐热钢,具有高的热强度,且无热脆性,冷变形塑性及切削加工性良好,焊接性能尚好,一般在正火及高温回火后使用	正火回火后,用于制造蒸汽温度 510℃ 的锅炉及汽轮机的主汽管;管壁温度不超过 540℃ 的各种导管、过热器管;淬火回火后,还可制造各种高温弹性零件
15CrMo	珠光体耐热钢,强度优于 12CrMo,韧性稍低,在 500~550℃,持久强度较高,切削加工性及冷应变塑性良好,焊接性尚可(焊前预热至 300℃,焊后热处理)一般在正火及高温回火状态下使用	正火及高温回火后,用于制造蒸汽温度至 510℃ 的锅炉过热器、中高压蒸汽导管及联箱,蒸汽温度至 510℃ 的主汽管;淬火+回火后,可用于制造常温工作的各种主要零件

续表

牌号	主 要 特 性	应 用 举 例
20CrMo	热强性较高,在500～520℃时,热强性仍高,淬透性较好,有回火脆性,冷应变塑性、切削加工性及焊接性均良好,一般在调质或渗碳淬火状态下使用	用于制造化工设备中非腐蚀介质,工作温度250℃以下,氮氢介质的高压管和各种紧固件,汽轮机、锅炉中的叶片、隔板、锻件、轧制型材,一般机器中的齿轮、轴等重要渗碳零件;还可以替代1Cr13钢使用,制造中压、低压汽轮机处在过热蒸汽区压力级工作叶片
30CrMo	具有高强度、高韧性,在低于500℃温度时,具有良好的高温强度,切削加工性良好,冷弯塑性中等,淬透性较高,焊接性能良好,一般在调质状态下使用	用于制造工作温度400℃以下的导管,锅炉、汽轮机中工作温度低于450℃的紧固件,工作温度低于500℃、高压用的螺母及法兰,通用机械中受载荷大的主轴、轴、齿轮、螺栓、螺柱、操纵轮,化工设备中低于250℃,氮氢介质中工作的高压导管以及焊件
35CrMo	高温下具有高的持久强度和蠕变强度,低温冲击韧性较好,工作温度高温可达500℃,低温可至-110℃,并具有高的静载度、冲击韧性及较高的疲劳强度,淬透性良好,无过热倾向,淬火变形小,冷变形时塑性尚可,切削加工性中等,但有第一类回火脆性,焊接性不好,焊前需预热至150～400℃,焊后热处理以消除应力,一般调质处理后使用,也可在高中频表面淬火或淬火及低、中温回火后使用	用于制造承受冲击、弯扭、高载荷的各种机器中的主要零件,如轧钢机人字齿轮、曲轴、锤杆、连杆、紧固件,汽轮发电机主轴、车轴、发动机传动零件,大型电动机轴,石油机械中的穿孔器,工作温度低于400℃的锅炉用螺栓,低于510℃的螺母,化工机械中高压无缝厚壁的导管(温度为450～500℃,无腐蚀性介质)等;还可代替40CrNi,用于制造高载荷传动轴、汽轮发电机转子、大截面齿轮、支承轴(直径小于50mm)等
42CrMo	与35CrMo的性能相近,由于碳和铬含量增加,因而其强度和淬透性均优于35CrMo,调质后有较高的疲劳强度和抗多次冲击能力,低温冲击韧性良好,且无明显的回火脆性,一般在调质后使用	一般用于制造比35CrMo强度要求更高、断面尺寸较大的重要零件,如轴、齿轮、连杆、变速箱齿轮、增压器齿轮、发动机气缸、弹簧、弹簧夹、1200～2000mm石油钻杆接头、打捞工具以及代替含镍较高的调质钢使用
12CrMoV	珠光体耐热钢,具有较高的高温力学性能,冷变形时塑性高,无回火脆性倾向,切削加工性较好,焊接性尚可(壁厚零件焊前应预热,焊后需热处理消除应力),使用温度范围较大,高温达560℃,低温可至-40℃,一般在高温正火及高温回火状态下使用	用于制造汽轮机温度540℃的主汽管道、转向导叶片环、隔板以及温度小于或等于570℃的各种过热器管、导管
35CrMoV	强度较高,淬透性良好,焊接性差,冷变形时塑性低,经调质后使用	用于制造高应力下的重要零件,如500～520℃及以下工作的汽轮机叶轮、高级涡轮鼓风机和压缩机的转子、盖盘、轴盘、发动机轴、强力发动机的零件等
12Cr1MoV	此钢具有蠕变极限与持久强度数值相近的特点,在持久拉伸时,具有高的塑性,其抗氧化性及热强性均比12CrMoV更高,且工艺性与焊接性良好(焊前应预热,焊后热处理消除应力),一般在正火及高温回火后使用	用于制造工作温度不超过570～585℃的高压设备中的过热钢管、导管、散热器管及有关的锻件
25Cr2MoV	中碳耐热钢,强度和韧性均高,低于500℃时,高温性能良好,无热脆倾向,淬透性较好,切削加工性尚可,冷变形塑性中等,焊接性差,一般在调质状态下使用,也可在正火及高温回火后使用	用于制造高温条件下的螺母(小于或等于550℃)、螺栓、螺柱(小于530℃),长期工作温度至510℃左右的紧固件,汽轮机整体转子、套筒、主汽阀、调节阀,还可作为渗氮钢,用以制作阀杆、齿轮等
38CrMoAl	高级渗氮钢,具有很高的渗氮性能和力学性能,良好的耐热性和耐蚀性,经渗氮处理后,能得到高的表面硬度、高的疲劳强度及良好的抗红热性,无回火脆性,切削加工性尚可,高温工作温度可达500℃,但冷变形时塑性低,焊接性差,淬透性低,一般在调质及渗氮使用	用于制造高疲劳强度、高耐磨性、热处理后尺寸精确、强度较高的各种尺寸不大的渗氮零件,如气缸套、座套、底盖、活塞螺栓、检验规、精密磨床主轴、镗杆、精密丝杠和齿轮、蜗杆、高压阀门、阀杆、仿模、滚子、样板、汽轮机的调速器、转动套、固定套、塑料挤压机上的一些耐磨零件

牌号	主要特性	应用举例
40CrV	调质钢,具有高强度和高屈服点,综合力学性能比40Cr要好,冷变形塑性和切削性均属中等,过热敏感性小,但有回火脆性倾向及白点敏感性,一般在调质状态下使用	用于制造变载、高负荷的各种重要零件,如机车连杆、曲轴、推杆、螺旋桨、横梁、轴套支架、双头螺柱、螺钉、不渗碳齿轮、经渗氮处理的各种齿轮和销子、高压锅炉水浆轴(直径小于30mm)、高压气缸、钢管以及螺栓(工作温度小于420℃,30MPa)
50CrV	合金弹簧钢,具有良好的综合力学性能和工艺性,淬透性较好,回火稳定性良好,疲劳强度高,工作温度最高可达500℃,低温冲击韧性良好,焊接性差,通常在淬火并中温回火后使用	用于制造工作温度低于210℃的各种弹簧以及其他机械零件,如内燃机气门弹簧、喷油嘴弹簧、锅炉安全阀弹簧、轿车缓冲弹簧
15CrMn	属淬透性好的渗氮钢,表面硬度高,耐磨性好,可用于代替15CrMo	用于制造齿轮、蜗轮、塑料模子、汽轮机油封和轴套等
20CrMn	渗氮钢,强度、韧性均高,淬透性良好,热处理后所得到的性能优于20Cr,淬火变形小,低温韧性好,切削加工性较好,但焊接性能低,一般在渗碳淬火或调质后使用	用于制造重载大截面的调质零件及小截面的渗碳零件;还可用于制造中等负载、冲击较小的中小零件,代替20CrNi使用,如齿轮、轴、摩擦轮、蜗杆调速器的套筒等
40CrMn	淬透性好,强度高,可替代42CrMo和40CrNi	用于制造在高速和高弯曲负荷工作条件下泵的轴和连杆、无强力冲击负荷的齿轮泵、水泵转子、离合器、高压容器盖板的螺栓等
20CrMnSi	具有较高的强度和韧性,冷变形加工塑性高,冲压性能较好,适于冷拔、冷轧等冷作工艺,焊接性能较好,淬透性较低,回火脆性较大,一般不用于渗碳或其他热处理,需要时,也可在淬火+回火后使用	用于制造强度较高的焊接件,韧性较好的受拉力的零件以及厚度小于16mm的薄板冲压件、冷拉零件、冷冲零件,如矿山设备中的较大截面的链条、链环、螺栓
25CrMnSi	强度较20CrMnSi高,韧性较差,经热处理后,强度、塑性、韧性都好	用于制造拉杆、重要的焊接和冲压零件、高强度的焊接构件
30CrMnSi	高强度调质结构钢,具有很高的强度和韧性,淬透性较高,冷变形塑性中等,切削加工性良好,有回火脆性倾向,横向的冲击韧性差,焊接性能较好,但厚度大于3mm时,应先预热到150℃,焊后,需热处理,一般调质后使用	多用于制造高负载、高速的各种重要零件,如齿轮、轴、离合器、链轮、砂轮轴套、轴套、螺栓、螺母等;也用于制造耐磨、工作温度不高的零件、变载荷的焊接构件,如高压鼓风机的叶片、阀板以及非腐蚀性管道、管子
35CrMnSi	低合金超高强度钢,热处理后具有良好的综合力学性能,高强度,足够的韧性,淬透性、焊接性(焊前预热)、加工成形性均较好,但耐蚀性和抗氧化性能低,使用温度通常不高于200℃,一般是低温回火后使用	用于制造中速、重载、高强度的零件及高强度构件,如飞机起落架等高强度零件、高压鼓风机叶片;在制造中小截面零件时,可以部分替代相应的铬镍钼合金使用
20CrMnMo	高强度的高级渗碳钢,强度高于15CrMnMo,塑性及韧性稍低,淬透性及力学性能比20CrMnTi较高,淬火低温回火后具有良好的综合力学性能和低温冲击韧性,渗碳淬火后具有较高的弯曲强度和耐磨性能,但切削时易产生裂纹,焊接性不好,适于电阻焊接,焊前需预热,焊后需回火处理,切削加工和热加工性良好	常用于制造高硬度、高强度、高韧性的较大的重要渗碳件(其要求均高于15CrMnMo),如曲轴、凸轮轴、连杆、齿轮轴、齿轮、销轴;还可代替12CrNi4使用
40CrMnMo	调质处理后具有良好的综合力学性能,淬透性较好,回火稳定性较高,大多在调质状态下使用	用于制造重载、截面较大的齿轮轴、齿轮,大卡车的后桥半轴、轴、偏心轴、连杆、汽轮机的类似零件;还可代替40CrNiMo使用
20CrMnTi	渗碳钢也可作为调质钢使用,淬火+低温回火后,综合力学性能和低温冲击韧性良好,渗碳后具有良好的耐磨性和弯曲强度,热处理工艺简单,热加工和冷加工性较好,但高温回火时有回火脆性倾向	它是应用广泛、用量很大的一种合金结构钢,用于制造汽车拖拉机中的截面尺寸小于30mm的中载或重载、冲击耐磨且高速的各种重要零件,如齿轮轴、齿圈、齿轮、十字轴、滑动轴承支撑的主轴、蜗杆、牙形离合器;有时还可以代替20SiMoVB、20MnTiB使用

牌号	主 要 特 性	应 用 举 例
30CrMnTi	主要用作钛渗碳钢,有时也可作为调质钢使用,经渗碳及淬火后具有耐磨性好、静强度高的特点,热处理工艺性小,渗碳后可直接降温淬火,且淬火变形很小,高温回火时有回火脆性	用于制造心部强度特高的渗碳零件,如齿轮轴、齿轮、蜗杆等;也可制造调质零件,如汽车、拖拉机上较大截面的主动齿轮等
20CrNi	具有高强度、高韧性、良好的淬透性,经渗碳及淬火后,心部韧性好,表面硬度高,切削加工性尚好,冷变形时塑性中等,焊接性差,焊前应预热到100~150℃;一般经渗碳及淬火回火后使用	用于制造重载大型重要的渗碳零件,如花键轴、轴、键、齿轮、活塞销;也可用于制造高冲击韧性的调质零件
40CrNi	中碳合金调质钢,具有高强度、高韧性及高的淬透性,调质状态下,综合力学性能良好,低温冲击韧性良好,有回火脆性倾向,水冷易产生裂纹,切削加工性良好,但焊接性差,在调质状态下使用	用于制造锻造和冷冲压且截面尺寸较大的重要调质件,如连杆、圆盘、曲轴、齿轮、螺钉等
45CrNi	性能和40CrNi相近,由于含碳量高,因而其强度和淬透性均稍有提高	用于制造各种重要的调质件,与40CrNi用途相近,如制造内燃机曲轴,汽车、拖拉机主轴,连杆、气门及螺栓等
50CrNi	性能比45CrNi更好	可制造重要的轴、曲轴、传动轴等
12CrNi2	低碳合金渗碳结构钢,具有高强度、高韧性及高淬透性,冷变形时塑性中等,低温韧性较好,切削加工性和焊接性较好,大型锻件时有形成白点的倾向,回火脆性倾向小	适于制造心部韧性较高、强度要求不太大的受力复杂的中、小渗碳和碳氮共渗件,如活塞销、轴套、推杆、小轴、小齿轮、齿套等
12CrNi3	高级渗碳钢,淬火加低温回火或高温回火后,均具有良好的综合力学性能,低温韧性好,缺口敏感性小,切削加工性及焊接性尚好,但有回火脆性,白点敏感性较高,渗碳后均需进行二次淬火,特殊情况还需要冷处理	用于制造表面硬度高、心部力学性能良好、重负荷、冲击、磨损等要求的各种渗碳或碳氮共渗零件,如传动轴、主轴、凸轮轴、芯轴、连杆、齿轮、轴套、滑轮、气阀托盘、油泵转子、活塞胀圈、活塞销、万向联轴器十字头、重要螺杆、调节螺钉等
20CrNi3	钢调质或淬火低温回火后都有良好的综合力学性能,低温冲击韧性也较好,此钢有白点敏感倾向,高温回火有回火脆性倾向。淬火到半马氏体硬度,油淬时可淬透φ50~70mm,可切削加工性良好,焊接性中等	多用于制造高载荷条件下工作的齿轮、轴、蜗杆及螺钉、双头螺栓、销钉等
30CrNi3	具有极佳的淬透性,强度和韧性较高,经淬火加低温回火或高温回火后,均具有良好的综合力学性能,切削加工性良好,但冷变形时塑性低,有白点敏感性及回火脆性倾向,一般均在调质状态下使用	用于制造大型的重要零件或热锻、热冲压负荷高的零件,如轴、蜗杆、连杆、曲轴、传动轴、方向轴、前轴、齿轮、键、螺栓、螺母等
37CrNi3	具有高韧性,淬透性很高,油冷可把φ150mm的零件完全淬透。在450℃时抗蠕变性稳定,低温冲击韧性良好。在450~550℃回火时有第二类回火脆性,形成白点倾向较大。由于淬透性很好,必须采用正火及高温回火降低硬度,改善切削加工性,一般在调质状态下使用	用于制造重载、冲击、截面较大的零件,低温、受冲击的零件或热锻、热冲压的零件,如转子轴、叶轮、重要的紧固件等
12Cr2Ni4	合金渗碳钢,具有高强度、高韧性、淬透性良好,渗碳淬火后表面硬度和耐磨性很高,切削加工性尚好,冷变形时塑性中等,但有白点敏感性及回火脆性,焊接性差,焊前需预热,一般在渗碳及二次淬火,低温回火后使用	采用渗碳及二次淬火、低温回火后,用于制造高载荷的大型渗碳件,如各种齿轮、蜗轮、轴等;也可经淬火及低温回火后使用,制造高强度、高韧性的机械零件
20Cr2Ni4	强度、韧性及淬透性均高于12Cr2Ni4,渗碳后不能直接淬火,而在淬火前需进行一次高温回火,以减少表层大量残余奥氏体,冷变形时塑性中等,切削加工性尚可,焊接性差,焊前应预热到150℃,白点敏感性大,有回火脆性倾向	用于制造要求高于12Cr2Ni4性能的大型渗碳件,如大型齿轮、轴等;也可用于制造强度、韧性均高的调质件

续表

牌号	主要特性	应用举例
20CrNiMo	20CrNiMo 钢原系美国 AISI、SAE 标准中的钢号 8720,淬透性能与 20Cr2Ni4 钢相似。虽然钢中 Ni 含量为 20CrNi 钢的一半,但由于加入少量 Mo 元素,使奥氏体等温转变曲线的上部往右移;又因适当提高 Mn 含量,致使此钢的淬透性仍然很好,强度也比 20CrNi 钢高	常用于制造中小型汽车、拖拉机的发动机和传动系统中的齿轮;亦可代替 12CrNi3 钢制造要求心部性能较高的渗碳件、氰化件,如石油钻探和冶金漏天矿用的牙轮钻头的牙爪和牙轮体
40CrNiMoA	具有高的强度、高的韧性和良好的淬透性,当淬硬到半马氏体硬度时(45HRC),水淬临界淬透直径 $\phi \geqslant 100mm$;油淬临界淬透直径 $\phi \geqslant 75mm$;当淬硬到 90% 马氏体时,水淬临界直径为 $\phi 80 \sim 90mm$,油淬临界直径为 $\phi 55 \sim 66mm$。此钢又具有抗过热的稳定性,但白点敏感性高,有回火脆性,钢的焊接性很差,焊前需经高温预热,焊后要进行消除应力处理	经调质后使用,用于制造要求塑性好、强度高及大尺寸的重要零件,如重载机械中高载荷的轴类,直径大于 250mm 的汽轮机轴、叶片、高载荷的传动件、紧固件、曲轴、齿轮等;也可用于制造温度超过 400℃ 的转子轴和叶片等,此外,这种钢还可以进行氮化处理后,用来制作特殊性能要求的重要零件
45CrNiMoVA	这是一种低合金超高强度钢,钢的淬透性高,油中临界淬透直径为 60mm(96% 马氏体),钢在淬火回火后可获得很高的强度,并具有一定的韧性,且可加工成形;但冷变形塑性与焊接性降低。抗腐蚀性能较差,受回火温度的影响,使用温度不宜过高,通常均在淬火、低温(或中温)回火后使用	主要用于制作飞机发动机曲轴、大梁、起落架、压力容器和中小型火箭壳体等高强度结构零部件。在重型机器制造中,用于制作重载荷的扭力轴、变速箱轴、摩擦离合器轴等
18Cr2Ni4W	力学性能比 12Cr2Ni4 钢还低,工艺性能与 12Cr2Ni4 钢相近	用于断面更大、性能要求比 12Cr2Ni4 钢更高的零件
25Cr2Ni4WA	综合性能良好,且耐较高的工作温度	用于制造在动负荷下工作的重要零件,如挖掘机的轴齿轮等

表 1-27 耐热钢的特性和应用

牌 号	特性和应用
5Cr21Mn9Ni4N	以要求高温强度为主的汽油及柴油机用排气阀
2Cr21Ni12N	以抗氧化为主的汽油及柴油机用排气阀
2Cr23Ni13	承受 980℃ 以下反复加热的抗氧化钢。用于加热炉部件,重油燃烧器
2Cr25Ni20	承受 1035℃ 以下反复加热的抗氧化钢。用于炉用部件、喷嘴、燃烧室
1Cr16Ni35	抗渗碳、抗氮化性好的钢种,1035℃ 以下反复加热。用于炉用钢材、石油裂解装置
0Cr15Ni25Ti2MoA1VB	用于耐 700℃ 高温的汽轮机转子、螺栓、叶片、轴
0Cr18Ni9	通用耐氧化钢,可承受 870℃ 以下反复加热
0Cr23Ni13	比 0Cr18Ni9 耐氧化性好,可承受 980℃ 以下反复加热。用于炉用材料
0Cr25Ni20	比 0Cr23Ni13 抗氧化性好,可承受 1035℃ 加热。用于炉用材料、汽车净化装置用材料
0Cr17Ni14W2Mo2	高温具有优良的蠕变强度。用作热交换用部件,高温耐蚀螺栓
4Cr14Ni14W2Mo	有较高的热强性。用于内燃机重负荷排气阀
3Cr18Mn12Si2N	有较高的高温强度和一定的抗氧化性,并且有较好的抗硫及抗增碳性。用于吊挂支架,渗碳炉构件,加热炉传送带、料盘、炉爪
2Cr20Mn9Ni2N	特性和用途同 3Cr18Mn12Si2N,还可用于盐浴坩埚和加热炉管道等
0Cr19Ni13Mo3	高温具有良好的蠕变强度。用作热交换用部件
1Cr18Ni9Ti	有良好的耐热性及抗腐蚀性。用作加热炉管、燃烧室筒体、退火炉罩
0Cr18Ni10Ti	用作在 400~900℃ 腐蚀条件下使用的部件,高温用焊接结构部件
0Cr18Ni11Nb	用作在 400~900℃ 腐蚀条件下使用的部件,高温用焊接结构部件
0Cr18Ni13Si4	具有与 0Cr25Ni20 相当的抗氧化性。用于汽车排气净化装置
1Cr20Ni14Si2 1Cr25Ni20Si2	具有较高的高温强度及抗氧化性,对含硫气氛较敏感,在 600~800℃ 有析出相的脆化倾向。适于制作承受应力的各种炉用构件
2Cr25N	耐高温腐蚀性强,1082℃ 以下不产生易剥落的氧化皮。用于燃烧室
0Cr13A1	由于冷却硬化少,用作燃气轮机叶片、退火箱、淬火台架
00Cr12	耐高温氧化,用作要求焊接的部件、汽车排气阀净化装置、锅炉燃烧室、喷嘴

牌　　号	特性和应用
1Cr17	用作 900℃ 以下耐氧化部件、散热器、炉用部件、油喷嘴
1Cr5Mo	能抗石油裂化过程中产生的腐蚀。用作再热蒸汽管、石油裂解管、锅炉吊架、汽轮机气缸衬套、泵的零件、阀、活塞杆、高压加氢设备部件、紧固件
4Cr9Si2	有较高的热强性，用作内燃机进气阀、轻负荷发动机的排气阀
4Cr10Si2Mo	有较高的热强性，用作内燃机进气阀、轻负荷发动机的排气阀
8Cr20Si2Ni	用作耐磨性为主的吸气阀、排气阀、阀座
1Cr11MoV	有较高的热强性，良好的减振性及组织稳定性。用于蜗轮机叶片、导向叶片
1Cr12Mo	用作汽轮机叶片
2Cr12MoVNbN	用作汽轮机叶片、盘、叶轮轴、螺栓
1Cr12WMoV	有较高的热强性，良好的减振性及组织稳定性。用于蜗轮机叶片、紧固件、转子及轮盘
1Cr13	用作高温结构部件、汽轮机叶片、叶轮、螺栓
1Cr13Mo	用作 800℃ 以下高温、高压蒸汽用机械部件
2Cr13	淬火状态下硬度高，耐蚀性良好。用于汽轮机叶片
1Cr17Ni2	用作具有较高程度的耐硝酸及机酸腐蚀的零件、容器和设备
1Cr11Ni2W2MoV	具有良好韧性和抗氧化性能，在淡水和湿空气中有较好的耐蚀性
0Cr17Ni4Cu4Nb	用作燃气透平压缩机叶片，燃气轮机发动机绝缘材料
0Cr17Ni7Al	用作高温弹簧、膜片、固定器、波纹管

7. 低合金钢

低合金钢的特性和应用见表 1-28。

表 1-28　　低合金钢的特性和应用

钢　　号	特　　性	应　　用
09MnV 09MnNb	强度级别为 294MPa，在热轧或正火状态下使用。塑性良好，韧性、冷弯性及焊接性也较好，耐蚀性一般，09MnNb 可用于 −50℃ 低温	车辆部门的冲压件、建筑金属构件、容器、拖拉机轮圈
09Mn2	强度级别为 294MPa，在热轧或正火状态下使用。焊接性优良，韧性、塑性极高，薄板冲压性能好，低温性能较好	低压锅炉汽包、中低压化工容器、薄板冲压、输油管道、储油罐等
12Mn	强度级别为 294MPa，在热轧状态下使用。综合性能良好（塑性、焊接性、冷热加工性、低中温性能都较好），成本较低	低压锅炉板以及用于金属结构、造船、容器、车辆和有低温要求的工程上
18Nb	强度级别为 294MPa，在热轧状态下使用。为含铌半镇静钢，钢材性能接近镇静钢，成本低于镇静钢，综合力学性能良好，低温性能较好	起重机、鼓风机、原油油罐、化工容器、管道等方面，亦可用于工业厂房的承重结构
09MnCuPTi 10MnSiCu	强度级别为 343MPa，在热轧状态下使用。耐大气腐蚀，塑性、韧性好，焊接性好，冷热加工性好，−50℃ 仍有一定低温韧性，10MnSiCu 能耐硫化氢腐蚀	潮湿多雨地区和有腐蚀剂气氛工业区的车辆、桥梁、电站、矿井等方面的结构件
12MnV	强度级别为 343MPa，在热轧或正火状态下使用。强度、韧性高于 12Mn，其他性能都和 12Mn 接近	车辆及一般金属结构件、机构零件（此钢为一般结构用钢）
12MnPRe	强度级别为 343MPa，在热轧或正火状态下使用。抗大气和海水腐蚀能力良好，塑性、焊接性、低温韧性都很好	船舶、桥梁、建筑、起重机及其他要求耐大气或海水腐蚀的金属结构件
16Mn	强度级别为 343MPa，在热轧或正火状态下使用。综合力学性能好（焊接性及低温韧性、冷冲压及切削性均好），与 Q235 钢相比，强度提高 50%，耐大气腐蚀性能提高 20%～38%，低温冲击韧性也比 Q235 钢优越，但缺口敏感性较碳钢大，价廉，应用广泛	各种大型船舶、车辆、桥梁、管道、锅炉、压力容器、石油储罐、起重及矿山机械、电站设备、厂房钢架等承受动载荷的焊接结构。−40℃ 以下寒冷地区的各种金属结构件，可代替 15Mn 作渗碳零件

续表

钢 号	特 性	应 用
14MnNb	强度级别为 343MPa,在热轧或正火状态下使用,综合力学性能良好,特别是塑性、焊接性能良好,低温韧性相当于 16Mn	工作温度为 -20~40℃ 的容器及其他焊接件
16MnRe	性能同 16Mn,但冲击韧性和冷变形性能较高	和 16Mn 相同(汽车大梁用钢)
10MnPNbRe	强度级别为 392MPa,在热轧状态下使用。综合力学性能、焊接性及耐腐蚀性良好,耐海水腐蚀能力比 16Mn 高 60%,低温韧性也优于 16Mn,冷弯性能特别好,强度高	耐海水及大气腐蚀用钢,用作抗大气及海水腐蚀的港口码头设施、石油井架、车辆、船舶、桥梁等方面的金属结构件
15MnV	强度级别为 392MPa,在热轧或正火状态下使用。与 16Mn 相比,强度级别有所提高,520℃时有一定的热强度,焊接性良好,但缺口及时效敏感性比 16Mn 大,冷加工变形性能也较差,综合性能以薄板最好,推荐使用温度范围为 -20~520℃,低温冲击载荷较大场合使用时最好经正火处理	中高压锅炉汽包、高中压化工容器、大型船舶、桥梁、车辆、起重机及其他较高载荷的焊接结构,可代替 12CrMo 用作锅炉钢管,也可用作低碳马氏体淬火钢制作受力较大的连接构件
15MnTi	强度级别为 392MPa,在正火状态下使用。性能与 15Mn 基本相同,但在正火状态下的焊接性、冷卷及冷冲压加工性能均优于 15MnV,且易进行切削加工,热轧状态时厚度大于 8mm 的钢板,其塑性、韧性均较差	可替代 15MnV 钢制作承受动负荷的焊接结构件,如汽轮机、发电机、弹簧板、水轮机蜗壳、压力容器及船舶、桥梁等
16MnNb	强度级别为 392MPa,在热轧或正火状态下使用。性能和 16Mn 相同,但因加入少量铌,故比 16Mn 有更高的综合力学性能	大型焊接结构,如容器、管道及重型机械设备
14MnVTiRe	强度级别为 441MPa,在热轧或正火状态下使用。综合力学性能、焊接性能良好,特别是低温韧性良好	大型船舶、桥梁、高压容器、重型机械设备及其他焊接结构件
15MnVN	强度级别为 441MPa,在热轧或正火状态下使用。力学性能比 15MnV 高,但热轧状态时的厚钢材(大于 20mm)塑性、韧性较低,正火后则有所改善,热轧状态焊接脆化倾向比较严重。冷热加工性能较好,但冷作时对缺口敏感性较大	大型船舶、桥梁、电站设备、起重机械、机车车辆、中或高压锅炉及压力容器(小截面钢材在热轧状态下使用,板厚或壁厚大于 17mm 的钢材经正火后使用)

8. 不锈钢的特性和应用

不锈钢的特性和应用见表 1-29。

表 1-29　不锈钢的特性和应用

牌 号	特性和应用
奥氏体钢	
1Cr17Mn6Ni5N	节镍钢种,代替牌号 1Cr17Ni7,冷加工后具有磁性。铁道车辆用
1Cr18Mn3Ni5N	节镍钢种,代替牌号 1Cr18Ni9
1Cr18Mn10Ni5Mo3N	对尿素有良好的耐蚀性。可制造尿素腐蚀的设备
1Cr17Ni7	经冷加工有高的强度。铁道车辆、传送带螺栓螺母用
1Cr18Ni9	经冷加工有高的强度,但伸长率比 1Cr17Ni7 稍差。建筑用装饰部件
Y1Cr18Ni9	提高切削性、耐烧蚀性。最适用于自动车床、螺栓、螺母
Y1Cr18Ni9Se	提高切削性、耐烧蚀性。最适用于自动车床、铆钉、螺钉
0Cr19Ni9	作为不锈耐热钢使用最广泛,如食品用设备、一般化工设备、原子能工业用设备
00Cr19Ni10	比 0Cr19Ni9 碳含量更低的钢,耐晶间腐蚀性优越,为焊接后不进行热处理部件类
0Cr19Ni9N	在牌号 0Cr19Ni9 上加氮,强度提高,塑性不降低。使材料的厚度减少。作为结构用高强度部件
0Cr19Ni10NbN	在牌号 0Cr19Ni9 上加氮和铌,具有与 0Cr19Ni9 相同的特性和用途
00Cr18Ni10N	在牌号 00Cr19Ni10 上添加 N,具有以上牌号同样特性,用途与 0Cr19Ni9 相同,但耐晶间腐蚀性更好
1Cr18Ni12	与 0Cr19Ni9 相比,加工硬化性低。施压加工,特殊拉拔,冷镦用

续表

牌　号	特性和应用
0Cr23Ni13	耐腐蚀性、耐热性均比 0Cr19Ni9 好
0Cr25Ni20	抗氧化性比 0Cr23Ni13 好，实际上多作为耐热钢使用
0Cr17Ni12Mo2	在海水和其他各种介质中，耐腐蚀性比 0Cr19Ni9 好，主要作耐点蚀材料
1Cr18Ni12Mo2Ti	用于抵抗酸、磷酸、甲酸、乙酸的设备，有良好的耐晶间腐蚀性
0Cr18Ni12Mo2Ti	用于抵抗酸、磷酸、甲酸、乙酸的设备，有良好的耐晶间腐蚀性
00Cr17Ni14Mo2	为 0Cr17Ni12Mo2 的超低碳钢，比 0Cr17Ni12Mo2 的耐晶间腐蚀性好
0Cr17Ni12Mo2N	在牌号 0Cr17Ni12Mo2 中加入 N，提高强度，不降低塑性，使材料的厚度减薄。用作耐腐蚀性较好的强度较高的部件
00Cr17Ni13Mo2N	在牌号 00Cr17Ni14Mo2 中加入 N，具有以上牌号同样特性，用途与 0Cr17Ni12Mo2N 相同，但耐晶间腐蚀性更好
0Cr18Ni12Mo2Cu2	耐腐蚀性、耐点腐蚀性比 0Cr17Ni12Mo2 好，用于耐硫酸材料
00Cr18Ni14Mo2Cu2	为 0Cr18Ni12Mo2Cu2 的超低碳钢，比 0Cr18Ni12Mo2Cu2 的耐晶间腐蚀性好
0Cr19Ni13Mo3	耐点腐蚀性比 0Cr17Ni12Mo2 好，用作染色设备材料等
00Cr19Ni13Mo3	为 0Cr19Ni13Mo3 的超低碳钢，比 0Cr19Ni13Mo3 的耐晶间腐蚀性好
1Cr18Ni12Mo3Ti	用于抵抗硫酸、磷酸、甲酸、乙酸的设备，有良好的耐晶间腐蚀性
0Cr18Ni12Mo3Ti	用于抵抗硫酸、磷酸、甲酸、乙酸的设备，有良好的耐晶间腐蚀性
0Cr18Ni16Mo5	吸取含氯离子溶液的热交换器、醋酸设备、磷酸设备、漂白装置等，在 00Cr17Ni14Mo2 和 00Cr19Ni13Mo3 不能适用的环境中使用
1Cr18Ni9Ti	用作焊芯、抗磁仪表、医疗器械、耐酸容器及设备衬里输送管道等设备和零件
0Cr18Ni10Ti	添加 Ti 提高耐晶间腐蚀性，不推荐用作装饰部件
0Cr18Ni11Nb	含 Nb 提高耐晶间腐蚀性
0Cr18Ni9Cu3	在牌号 0Cr19Ni9 中加入 Cu，提高冷加工性的钢种。冷镦用
0Cr18Ni13Si4	在牌号 0Cr19Ni9 中增加 Ni，添加 Si，增加耐应力腐蚀断裂性。用于含氯离子环境
奥氏体-铁素体钢	
0Cr26Ni5Mo2	具有双组织、抗氧化性、耐点腐蚀性好，具有高的强度。用作耐海水腐蚀等
1Cr18Ni11Si4AlTi	制作抗高温浓硝酸介质的零件和设备
00Cr18Ni5Mo3Si2	具有铁素体-奥氏体双相组织，耐应力腐蚀破裂性好，耐点蚀性能与 00Cr17Ni13Mo2 相当，具有较高的强度，适于含氯离子的环境。用于炼油、化肥、造纸、石油、化工等工业热交换器和冷凝器等
铁素体钢	
0Cr13Al	从高温下冷却不产生显著硬化。用于汽轮机材料、淬火用部件复合钢材
00Cr12	比 0Cr13 含碳量低，焊接部位弯曲性能、加工性能、耐高温氧化性能好。用作汽车排气处理装置、锅炉燃烧室、喷嘴
1Cr17	它是耐蚀性良好的通用钢种。用于建筑内装饰、燃烧器部件、家庭用具、家用电器部件
Y1Cr17	它比 1Cr17 切削性能高。用于自行车床、螺栓和螺母等
1Cr17Mo	它是 1Cr17 的改良钢种，比 1Cr17 抗盐溶液性强。作为汽车外装材料使用
00Cr30Mo2	高 Cr-Mo 系，C，N 降至极低，耐蚀性很好。用作与乙酸、乳酸等有机酸有关的设备，制造苛性碱设备。耐卤离子应力腐蚀破裂，耐点腐蚀
00Cr27Mo	要求性能、用途、耐蚀性和软磁性与 00Cr30Mo2 类似
1Cr12	作为汽轮机叶片及高应力部件良好的不锈钢耐热钢
1Cr13	具有良好的耐蚀性、机械加工性。用于一般用途和刃具类
0Cr13	用作较高韧性及受冲击负荷的零件，如汽轮机叶片、结构件、不锈钢设备、螺栓、螺母等
Y1Cr13	它是不锈钢中切削性能最好的钢种。用于自行车床
1Cr13Mo	它为比 1Cr13 耐蚀性高的高强度钢种。用于汽轮机叶片、高温部件
2Cr13	淬火状态下，硬度较高，耐蚀性良好。用作汽轮机叶片和一般刀具等
马氏体钢	
3Cr13	它比 2Cr13 淬火后硬度高。用作刃具、喷嘴、阀座、阀门等
Y3Cr13	它是改善 3Cr13 切削性能的钢种

牌　号	特性和应用
3Cr13Mo	用作较高硬度及高耐磨性的热油泵轴、阀片、阀门轴承、医疗器械、弹簧等零件
4Cr13	用作较高硬度及高耐磨性的热油泵轴、阀片、阀门轴承、医疗器械、弹簧等零件
1Cr17Ni2	用于具有较高强度的耐硝酸及有机酸腐蚀的零件、容器和设备
7Cr17	硬化状态下坚硬,但比 8Cr17、11Cr17 韧性高。用作刃具、阀门
8Cr17	硬化状态下比 7Cr17 硬,而比 11Cr17 韧性高。用作刃具、阀门
9Cr18	用于制造不锈钢钢片、机械刃具及剪切刀具、手术刀片、高耐磨设备零件等
Y11Cr17	它是比 11Cr17 提高了切削性的钢种。用于自行车床
11Cr17	在所有不锈钢、耐热钢中,硬度最高。用作喷嘴、轴承
9Cr18Mo	轴承套圈及滚动体用的高碳铬不锈钢
9Cr18MoV	用于制造不锈钢钢片、机械刃具及剪切工具、手术刀、高耐磨设备零件等
0Cr17Ni4Cu4Nb	它是添加铜的沉淀硬化型钢种。用于轴类、汽轮机部件
0Cr17Ni7A1	它是添加铜的沉淀硬化型钢种。用作弹簧、垫、计量器等部件
0Cr15Ni7Mo2A1	用于有一定耐蚀要求的高强度容器、零件及结构件

9. 铸造铝合金

铸造铝合金的主要特性和应用见表1-30。

表 1-30　铸造铝合金的主要特性和应用

牌　号	主要特性	应用举例
ZL101	铸造性能良好,无热裂倾向,线收缩小,气密性高,但稍有产生气孔和缩孔倾向,耐蚀性高,与 ZL102 相近,可热处理强化,具有自然时效能力,强度高,塑性好,焊接性好,切削加工性一般	适用于铸造形状复杂、中等载荷零件,或要求高气密性、耐蚀性、焊接性,且环境温度不超过 200℃的零件,如水泵、传动装置、壳体、抽水机壳体、仪器仪表壳体等
ZL101A	杂质含量较 ZL101 低,力学性能较 ZL101 要好	
ZL102	铸造性能好,密度小,耐蚀性高,可承受大气、海水、二氧化碳、浓硝酸、氨、硫、过氧化氢的腐蚀作用。随铸件壁厚的增加,强度降低程度小,不可热处理强化,焊接性能好,切削加工性,耐热性差,成品应在变质处理下使用	适于铸造形状复杂、低载荷的薄壁零件及耐腐蚀和气密性高、工作温度≤200℃的零件,如船舶零件、仪表壳体、机器盖等
ZL104	铸造性能良好,无热裂倾向,气密性好,线收缩小,但易形成针孔,室温力学性能良好,可热处理强化,耐蚀性能好,可切削性及焊接性一般,铸件需经变质处理	适于铸造形状复杂、薄壁、耐蚀及承受较高静载荷和冲击载荷,工作温度小于 200℃的零件,如气缸体盖,水冷或发动机曲轴箱等
ZL105	铸造性能良好,气密性好,热裂倾向小,可热处理强化,强度较高,塑性,韧性较低,切削加工性良好,焊接性好,但腐蚀性一般	适于铸造形状复杂、承受较高静载荷及要求焊接性好,气密性高及工作温度在 225℃以下的零件,在航空工业中应用也很广泛,如气缸体、气缸头、盖及曲轴箱等
ZL105A	特性与 ZL105 相近,但力学性能优于 ZL105	
ZL106	铸造性能良好,气密性高,无热裂倾向,线收缩小,产生缩松及气孔倾向小,可热处理强化,高温、室温力学性能良好,耐蚀性良好,焊接和可切削加工性也较好	适于铸造复杂、承受高静载荷的零件及要求气密性高,工作温度≤225℃的零件,如泵体、发动机气缸头等
ZL107	铸造流动性及热裂倾向较 ZL102、ZL104 要差,可热处理强化,力学性能较 ZL104 要好,可切削加工性好,但耐蚀性不高,需变质处理	用于铸造形状复杂、承受高负荷的零件,如机架、柴油发动机、汽化器的零件及电气设备的外壳等
ZL108	它是一种常用的主要的活塞铝合金,密度小,热膨胀系数低,耐热性能好,铸造性能好,无热裂倾向,气密性高,线性收缩率小,但有较大的吸气倾向,可热处理强化,高温、室温力学性能均较高,其切削加工性较差,且需变质处理	主要用于铸造汽车、拖拉机发动机活塞和其他在 250℃以下高温中工作的零件
ZL109	性能与 ZL108 相近,也是一种常用的活塞铝合金,价格不如 ZL108 经济实惠	和 ZL108 可互用

续表

牌　号	主 要 特 性	应 用 举 例
ZL110	铸造性能和焊接性能良好,耐蚀性中等,强度高,高温性能好	可用于活塞和其他工作温度较高的零件
ZL111	铸造性能优良,无热裂倾向,线性收缩率小,气密性高,在铸态及热处理后,力学性能优良,高温力学性能也很高,其切削加工性、焊接性均较好,可热处理强化,耐蚀性较差	适于铸造形状复杂、要求高载荷、高气密性的大型铸件及高压气体、液体中工作的零件,如转子发动机缸体、盖,大型水泵的叶轮等重要铸件
ZL114A	成分及性能均与 ZL101A 相近,但其强度较ZL101A 要高	适用于铸造形状复杂、强度高的铸件,但其热处理工艺要求严格,使应用受到限制
ZL115	铸造性能、耐蚀性优良,强度及塑性也较好,且不需变质处理,和 ZL111、ZL114A 一样,是一种高强度铝-硅合金	主要用于铸造形状复杂、高强度及耐蚀的铸件
ZL116	铸造性能好,铸件致密,气密性好,合金力学性能好,耐蚀性好,也是铝-硅系合金中高强度铸铝之一,其价格较高	用于制造承受高液压的油泵壳体,发动机附件,以及外形复杂、高强度、高耐蚀的零件
ZL201	铸造性能不佳,线性收缩率大,气密性低,易形成热裂及缩孔,经热处理强化后,合金具有很高的强度和耐热性,其塑性和韧性也很好,焊接性和切削加工良好,但耐蚀性差	适用于高温(175～300℃)或室温下承受高载荷、形状简单的零件,也可用于低温(-70～0℃)承受高负荷零件,如支架等,是一种用途较广的高强合金
ZL201A	成分、性能同 ZL201,杂质小,力学性能优于 ZL201	
ZL203	铸造性能差,有形成热裂纹和缩松的倾向,气密性一般,经热处理后,有较好的强度和塑性,切削加工性和焊接性良好,耐蚀性差,耐热性差,不需变质处理	适用于需要切削加工、形状简单、中等负荷或冲击负荷的零件,如支架、曲轴箱、飞轮盖等
ZL204A ZL205A	属于高强度耐热合金,其中 ZL205A 耐热性优于 ZL204A	作为受力结构件,广泛应用于航空、航天工业中
ZL207A	属铝-稀土金属合金,其耐热性优良,铸造性能良好,气密性高,不易产生热裂和疏松,但室温力学性能差,成分复杂,需严格控制	可用于铸造形状复杂、受力不大,在高温(≤400℃)下工作的零件
ZL301	系铝镁二元合金,铸件可热处理强化,淬火后,其强度高,且塑性、韧性良好,但在长期使用时有自然时效倾向,塑性下降,且有应力腐蚀倾向,耐蚀性高,是铸铝合金中耐蚀性最优的,切削加工性良好。铸造性能差,易产生显微疏松,耐热性、焊接性较差,且熔铸工艺复杂	用于制造承受高静载荷和冲击载荷,以及要求耐蚀工作环境温度≤200℃的零件,如雷达座、起落架等;还可以用来生产装饰件
ZL303	具有耐蚀性高,与 ZL301 相近,铸造性能、吸气形成缩孔倾向、热裂倾向等均比 ZL301 好,线性收缩率大,气密性一般,铸件不能热处理强化,高温性能较ZL301 好,切割性比 ZL301 好,且焊接性较 ZL301 显著改善,生产工艺简单	适于制造工作温度低于 200℃,承受中等载荷的船舶、航空、内燃机等零件,以及其他一些装饰件
ZL305	系 ZL301 改进型合金,针对 ZL301 的缺陷,添加了Be、Ti、Zn 等元素,使合金自然时效稳定性和抗应力腐蚀能力均提高,且铸造氧化性降低,其他均类似于 ZL301	适用于工作温度低于 100℃的工作环境,其他用途与 ZL301 相同
ZL401	俗称铝锌合金,其铸造性能良好,产生缩孔及热裂倾向小,线性收缩率小,但有较大吸气倾向,铸件有自然时效能力,可切削性及焊接性良好,但需经变质处理,耐蚀性一般,耐热性低,密度大	用于制造形状复杂、承受高静载荷的零件,多用于汽车零件、医药机械、仪器仪表零件及日用品方面
ZL402	铸造性能一般,经时效处理后,可获得较高的力学性能,适于-70～150℃范围内工作,抗应力腐蚀及耐蚀性较好,切削加工性良好,焊接性一般,密度大	用于高静载荷,冲击载荷而不便热处理的零件及要求耐蚀和尺寸稳定的工作情况,如高速整铸叶轮、空压机活塞、精密机械、仪器、仪表等方面

10. 铝及铝合金加工产品的性能特点及用途

铝及铝合金加工产品的性能特点及用途见表1-31。

表 1-31 铝及铝合金加工产品的性能特点及用途

牌 号 新	牌 号 旧	性 能 特 点	用 途 举 例
工业用高纯铝			
1A85、1A90、1A93、1A97、1A99	LG1、LG2、LG3、LG4、LG5	具有塑性高、耐蚀、导电性和导热性好的特点，但强度低	主要用于生产各种电解电容器用箔材、抗酸容器等。产品有板、带、箔
工业用纯铝			
1060、1050A、1035、8A06	L2、L3、L4、L6	具有塑性高、耐蚀、导电性和导热性好的特点，但强度低。不能通过热处理强化，切削性不好。可接受接触焊、气焊	制造一些具有特定性能的结构件，如用铝箔制成垫片及电容器，电子管隔离网、电线、电缆的防护套、网、线芯及飞机通用系统零件及装饰件
1A30	L4-1	特性与上面类似，但其 Fi 与 Si 杂质含量控制严格，工艺与热处理条件特殊	主要用作航天工业及兵器工业纯铝膜片等处的板材
1100	L5-1	强度较低，但延展性、成形性、焊接性和耐蚀性优良	主要生产板材、带材，适合制作各种深冲压制品
防锈铝			
3A21	LF21	它为铝锰系合金，强度低，退火状态塑性高，冷作硬化状态塑性低，耐蚀性好。热处理不可强化，焊接性好，切削加工性不良。它是一种应用最广泛的防锈铝	用在液体或气体介质中工作的低载荷零件，如油箱、油管、液体容器等；线材可制作铆钉
5A02	LF2	它为铝镁系防锈铝，强度、塑性、耐蚀性高，具有较高的抗疲劳强度，热处理不可强化，焊接性好，冷作硬化状态下切削性较好，可抛光	用于制造在液体介质中工作的中等载荷零件，如油箱、油管、液体容器等；线材可制作铆钉等
5A03	LF3	它为铝镁系防锈铝，性能与5A02相似，但焊接性优于 5A02	液体介质中工作的中等载荷零件、焊件、冷冲件
5A05、5805	LF5、LF10	铝镁系防锈铝，抗腐蚀性高，强度与5A03类似，热处理不可强化，退火状态塑性高，半冷作硬化状态时切削加工、焊接性尚好	5A05 多用于在液体环境中工作的零件，如管道、容器等；5805 主要用来制造铆钉
5A06	LF6	具有较高的强度和耐蚀性，退火和挤压状态下塑性良好，切削加工性良好，可氩弧焊、气焊、电焊	多用于制造焊接容器、受力零件、航空工业的骨架及零件、飞机蒙皮
5B06、5A13、5A33	LF14、LF13、LF33	镁含量高，且加入了适量 Ti、Be、Zr 等元素，耐蚀性高，焊接性好，可用冷变形加工进行强化，而不能热处理强化	多用于制造各种焊条的合金
5A43	LF43	系铝、镁、锰合金，成本低、塑性好	多用于民用制品，如铝制餐具、用具
5083、5056	LF4、LF5-1	在不可热处理合金中强度良好。耐蚀性、切削性良好，阳极氧化处理后，表面美观，电焊性好	广泛用于船舶、汽车、飞机、导弹等方面，民用多生产自行车挡泥板
铝			
2A01	LY1	强度低，塑性高，耐蚀性低，电焊焊接良好，切削性尚可，工艺性良好，在制作铆钉时应先进行阳极氧化处理	它是主要的铆接材料，用来制造工作温度小于100℃的中等强度结构用铆钉
2A02	LY2	它为耐热硬铝。强度高，可热处理强化，在淬火及人工时效下使用，切削加工性良好，耐蚀性较 LD7、LD8 耐热锻铝好，在挤压半成品中有形成粗晶环的倾向	用于制造在较高温度（200～300℃）下工作的承力结构件
硬 铝			
2A04、2B11、2B12	LY4、LY8、LY9	LY4 有较好的耐热性，可在 125～250℃下使用；LY9 的强度较高；LY8 强度中等。共同缺点为铆钉必须在淬火后使用	用于制作铆钉

续表

牌 号		性能特点	用途举例
新	旧		
2A10	LY10	有较高的剪切强度,铆钉不受热处理后的时间限制,但耐蚀性不好	用于工作温度低于100℃的要求强度较高的铆钉,可替代2A01、2812、2A11、2A12等合金
2A11	LY11	它是应用最早的标准硬铝。中等强度,可热处理强化,在淬火及自然时效状态下使用,点焊性能良好,气焊和氩弧焊时有裂缝倾向,热态下塑性一般,抗蚀性不高,切削加工性在淬火及时效状态下较好	用于制作中等强度的零件及构件,如空气螺旋桨叶片、螺栓铆钉等,用作铆钉应在淬火后2h内使用
2A12	LY12	高强度硬铝,可热处理强化,在退火及刚淬火状态下塑性中等,点焊性能好,气焊和氩弧焊时有裂缝倾向,抗蚀性不高,切削加工性在淬火及冷作硬化后较好,退火后低	制造高负荷零件,工作温度在150℃以下
2A16、2A17	LY16、LY17	耐热硬铝。常温下强度不高,而在高温下具有较高的蠕变强度,热态下塑性较高,可热处理强化,焊接性能良好,抗蚀性不高,切削加工性较好	用于制造200～350℃下工作的零件,板材可用于制造常温或高温工作下的焊接件
锻 铝			
6A02	LD2	中等强度,在热态和退火状态下可塑性高,易于锻造、冲压,在淬火和自然失效状态下具有与3A21一样好的耐蚀性,易于点焊和氢原子焊,气焊一般,切削加工性在淬火和失效后一般	用于制造高塑性、高耐蚀性、中等载荷的零件及形状复杂的锻件
6B02、6070	LD2-1、LD22	耐蚀性好,焊接性能良好	用于制造大型焊接构件、锻压及挤压件
2A50	LD5	高强度锻铝,热态下可塑性高,易于锻造、冲压,可热处理强化,工艺性能较好,抗蚀性也较好,但有晶间腐蚀倾向,切削加工性和点焊、滚焊、接触焊性能良好,电焊、气焊性能不好	用于制造形状复杂和中等载荷的锻件及模锻件
2B50	LD6	在热压力加工时有很好的工艺性,可进行点焊和滚焊,热处理后易产生应力腐蚀倾向和晶间腐蚀敏感性	可制造形状复杂和中等强度的锻件及模锻件
2A70、2A80、2A90	LD7、LD8、LD9	耐热锻铝,可热处理强化,点焊、滚焊、接触焊性能良好,电焊、气焊性能差,耐热性和切削加工性尚可,LD8的热强性和可塑性比LD7差	用于制造在高温下工作的复杂锻件
2A14	LD10	高强度锻铝,热强性较好,在热态下可塑性差,其他性能同2A50	用于制造形状简单和高载荷的锻件及模锻件
6061、6063	LD30、LD31	强度中等,焊接性优良,冷加工性好,是一种广泛应用、很有前途的合金	广泛用于建筑业门窗、台架等结构件及医疗办公、车辆、船舶、机械等方面
超 硬 铝			
6A03	LC3	铆钉合金,可热处理强化,剪切强度较高,耐蚀性和切削加工性尚可,铆接时不受热处理时间的限制	用作承力结构铆钉,工作温度在120℃以下,可作2A10铆钉合金代用品
7A04、7A09	LC4、LC9	高强度铝合金,在退火和刚淬火状态下可塑性中等,可热处理强化,通常在淬火、人工时效状态下使用,此时得到的强度比一般硬铝高得多,但塑性较低,有应力集中倾向,点焊性能良好,气焊不良,热处理后的切削加工性能良好,退火状态稍差,LC9板材的静疲劳、缺口敏感、抗应力腐蚀性能稍优于LC4	用于制造承力构件和高载荷零件等
特 殊 铝			
4A01	LT1	这是一种含Si 5%的低合金化二元铝硅合金,其力学性能不高,但抗蚀性很高,切削加工性能良好	适用于制造焊条及焊棒,用于焊接铝合金制品

11. 铸造铜合金的牌号、特性和应用

铸造铜合金的牌号、特性和应用见表1-32。

表 1-32　铸造铜合金的牌号、特性和应用

合 金 牌 号	主 要 特 性	应 用 举 例
ZCuSn3Zn8Pb6Ni1	耐磨性较好,易加工,铸造性能好,气密性较好,耐腐蚀,可在流动海水中工作	在各种液体燃料以及海水、淡水和蒸汽(<225℃)工作的零件,压力不大于2.5MPa的阀门和管配件
ZCuSn3Zn11Pb4	铸造性能好,易加工,耐腐蚀	海水、淡水、蒸汽中,压力不大于2.5MPa的管配件
ZCuSn5Pb5Zn5	耐磨性和耐蚀性好,易加工,铸造性能和气密性较好	在较高负荷、中等滑动速度下工作的耐磨、耐蚀零件,如轴瓦、衬套、缸套、活塞、离合器、泵件压盖、蜗轮等
ZCuSn10Pb1	硬度高,耐磨性极好,不易产生咬死现象,有较好的铸造性能和可加工性,在大气和淡水中有良好的耐蚀性	可用于高负荷(20MPa以下)和高滑动速度(8m/s)下工作的耐磨零件,如连杆、衬套、轴瓦、齿轮、蜗轮等
ZCuSn10Pb5	耐腐蚀,特别对稀硫酸、盐酸和脂肪酸的耐蚀性高	结构材料、耐蚀、耐酸的配件以及破碎机衬套、轴瓦
ZCuSn10Zn2	耐蚀性、耐磨性和可切削加工性能好,铸造性能好,铸件致密性较高,气密性较好	在中等及较高负荷和小滑动速度下工作的重要管配件,以及阀、旋塞、泵体、齿轮、叶轮和蜗轮等
ZCuPb10Sn10	润滑性能、耐磨性能和耐蚀性能好,适合用作双金属铸造材料	表面压力高,又存在侧压力的滑动轴承,如轧辊、车辆轴承、负荷峰值60MPa的受冲击的零件,最高峰值达100MPa的内燃机双金属轴瓦,以及活塞销套、摩擦片等
ZCuPb15Sn8	在缺乏润滑剂和用水质润滑剂条件下,滑动性和自润滑性能好,易切削,铸造性能差,对稀硫酸耐蚀性能好	表面压力高,又有侧压力的轴承,可用来制造冷轧机的铜冷却管,耐冲击负荷达50MPa的内燃机双金属轴承,主要用于最大负荷达70MPa的活塞销套、耐酸配件等
ZCuPb17Sn4Zn4	耐磨性和自润滑性能好,易切削,铸造性能差	一般耐磨件,高滑动速度的轴承等
ZCuPb20Sn5	有较高的滑动性能,在缺乏润滑介质和以水为介质时有特别好的自润滑性能,适用于双金属铸造材料,耐硫酸腐蚀,易切削,铸造性能差	高滑动速度的轴承及破碎机、水泵、冷轧机轴承,负荷达40MPa的零件,抗腐蚀零件,双金属轴承,负荷达70MPa的活塞销套
ZCuPb30	有良好的自润滑性,易切削,铸造性能差,易产生比重偏析	要求高滑动速度的双金属轴瓦、减磨零件等
ZCuAl8Mn13Fe3	具有很高的强度和硬度,良好的耐磨性能和铸造性能,合金致密性高,耐蚀性好,作为耐磨件,工作温度不大于400℃,可以焊接,不易钎焊	适用于制造重型机械用轴套,以及要求强度高、耐磨、耐压零件,如衬套、法兰、阀体、泵体等
ZCuAl8Mn13Fe3Ni2	有很高的力学性能,在大气、淡水和海水中均有良好的耐蚀性,腐蚀疲劳强度高,铸造性能好,合金组织致密,气密性好,可以焊接,不易钎焊	要求强度高、耐腐蚀的重要铸件(如船舶螺旋桨、高压阀体、泵体)以及耐压、耐磨零件(如蜗轮、齿轮、法兰、衬套)等
ZCuAl9Mn2	有高的力学性能,在大气、淡水和海水中耐蚀性好,铸造性能好,组织致密,气密性高,耐磨性好,可以焊接,不易钎焊	耐蚀、耐磨零件,形状简单的大型铸件,如衬套、齿轮、蜗轮,以及在250℃以下工作的管配件和要求气密性高的铸件,如增压器内气封
ZCuAl9Fe4Ni4Mn2	在很高的力学性能,在大气、淡水、海水中均有优良的耐蚀性,腐蚀疲劳强度高,耐磨性良好,在400℃以下具有耐热性,可以热处理,焊接性能好,不易钎焊,铸造性能较好	要求强度高、耐蚀性好的重要铸件,是制造船舶螺旋桨的主要材料之一;也可用作耐磨和400℃以下工作的零件,如轴承、齿轮、蜗轮、螺母、法兰、阀体、导向套管

合金牌号	主要特性	应用举例
ZCuAl10Fe3	具有高的力学性能,耐磨性和耐蚀性能好,可以焊接,不易钎焊,大型铸件自700℃空冷可以防止变脆	要求强度高、耐磨、耐蚀的重型铸件,如轴套、螺母、蜗轮,以及250℃以下工作的管配件
ZCuAl10Fe3Mn2	具有高的力学性能和耐磨性,可热处理,高温下耐蚀性和抗氧化性能好,在大气、淡水和海水中耐蚀性好,可以焊接,不易钎焊,大型铸件自700℃空冷可以防止变脆	要求强度高、耐磨、耐蚀的零件,如齿轮、轴承、衬套、管嘴,以及耐热管配件等
ZCuZn38	具有优良的铸造性能和较高的力学性能,可加工性好,可以焊接,耐蚀性较好,有应力腐蚀开裂倾向	一般结构件和耐蚀零件,如法兰、阀座、支架、手柄和螺母等
ZCuZn25Al6Fe3Mn3	有很高的力学性能,铸造性能良好,耐蚀性较好,有应力腐蚀开裂倾向,可以焊接	适用高强、耐磨零件,如桥梁支承板、螺母、螺杆、耐磨板、滑块和蜗轮等
ZCuZn26Al4Fe3Mn3	有很高的力学性能,铸造性能良好,在空气、淡水和海水中耐蚀性较好,可以焊接	要求强度高、耐蚀零件
ZCuZn31Al2	铸造性能良好,在空气、淡水、海水中耐蚀性较好,易切削,可以焊接	适于压力铸造,如电机、仪表等压铸件及造船和机械制造业的耐蚀件
ZCuZn35Al2Mn2Fe1	具有高的力学性能和良好的铸造性能,在大气、淡水、海水中有较好的耐蚀性,可加工性好,可以焊接	管路配件和要求不高的耐磨件
ZCuZn38Mn2Pb2	有较高的力学性能和耐蚀性,耐磨性较好,可加工性良好	一般用途的结构件,船舶、仪表等使用的外形简单的铸件,如套筒、衬套、轴瓦、滑块等
ZCuZn40Mn2	有较高的力学性能和耐蚀性,铸造性能好,受热时组织稳定	在空气、淡水、海水、蒸汽(300℃以下)和各种液体燃料中工作的零件和阀体、阀杆、泵、管接头,以及需要浇注巴氏合金和镀锡零件等
ZCuZn40Mn3Fe1	在高的力学性能,良好的铸造性能和可切削加工性,在空气、淡水、海水中耐蚀性较好,有应力腐蚀开裂倾向	耐海水腐蚀的零件,以及300℃以下工作的管配件,制造船舶螺旋桨等大型铸件
ZCuZn33Pb2	结构材料,给水温度为90℃时抗氧化性能好,电导率为10~14S/m	煤气和给水设备的壳体,机械制造业、电子技术、精密仪器和光学仪器的部分构件和配件
ZCuZn40Pb2	有好的铸造性能和耐磨性,可切削加工性能好,耐蚀性较好,在海水中有应力腐蚀开裂倾向	一般用途的耐磨、耐蚀零件,如轴套、齿轮等
ZCuZn16Si4	具有较高的力学性能和良好的耐蚀性,铸造性能好,流动性高,铸件组织致密,气密性好	接触海水工作的管配件;水泵、叶轮、旋塞和在空气、淡水、油、燃料,以及工作压力为4.5MPa和250℃以下蒸汽中工作的铸件

四、常用元素对金属材料性能的影响

1. 常用元素对铸铁性能的影响

常用元素对铸铁性能的影响见表1-33。

表 1-33　常用元素对铸铁性能的影响

元素名称	对铸铁性能的影响
碳(C)	在铸铁中大多呈自由碳(石墨),对铸铁有良好的减磨性、高的消振性、低的缺口敏感性及优良的切削加工性。铸铁的力学性能除基体组织外,主要取决于石墨的形状、大小、数量和分布等因素。如石墨的形状:灰铸铁呈片状,强度低;可锻铸铁呈团絮状,强度较高;球墨铸铁呈球状,强度高
硅(Si)	硅是强烈促进铸铁石墨化的元素,合适的含硅量是铸铁获得所需组织和性能的重要因素

续表

元素名称	对铸铁性能的影响
锰(Mn)	锰是阻碍铸铁石墨化的元素,适量的锰有利于铸铁基体获得珠光体组织和铁素体组织,并能消除硫的有害影响
硫(S)	硫是有害元素,它阻碍铸铁石墨化,不仅对铸造性能产生有害影响,并使铸铁件变脆
磷(P)	磷是对铸铁石墨化不起显著作用的元素,并使铸铁基体中形成硬而脆的组织,使铸铁件脆性增加

2. 常用元素对钢性能的影响

常用元素对钢性能的影响见表 1-34。

表 1-34 常用元素对钢性能的影响

元素名称	对钢性能的影响
碳(C)	在钢中随着含碳量增加,可提高钢的强度和硬度,但降低塑性和韧性。碳与钢中某些合金元素化合形成各种碳化物,对钢的性能产生不同的影响
硅(Si)	提高钢的强度和耐回火性,特别是经淬火、回火后,能提高钢的屈服极限和弹性极限。含硅量高的钢,其磁性和电阻均明显提高,但硅有促进石墨化倾向,当钢中含碳量高的时候,影响更大。此外,对钢还有脱碳和存在第二类回火脆性倾向。硅元素在钢筋钢、弹簧钢和电工钢中应用较多
锰(Mn)	提高钢的强度和显著提高钢的淬透性,能消除和减少硫对钢产生的热脆性。含锰量高的钢,经冷加工或冲击后具有高的耐磨性,但有促使钢的晶粒长大和增加第二类回火脆性的倾向。锰元素在结构钢、钢筋钢、弹簧钢中应用较多
铬(Cr)	提高钢的强度、淬透性和细化晶粒,提高韧性和耐磨性,但存在第二类回火脆性的倾向。含铬量高的钢,能增大抗腐蚀的能力,与镍元素等配合能提高钢的抗氧化性和热强性,并进一步提高抗腐蚀性。铬是结构钢、工具钢、轴承钢、不锈钢和耐热钢中应用很广的元素
钼(Mo)	钼与钨有相似的作用,还能提高钢的淬透性,在高速工具钢中常以钼代钨,从而减轻含钨高速钢碳化物堆集的程度,提高力学性能
钒(V)	能细化晶粒,提高钢的强度、韧性、耐磨性、热硬性以及耐回火性。在高速工具钢中,经多次回火有二次硬化的作用
钛(Ti)	钛与钒有相似的作用。在以钛为主要合金元素的合金钢中有较小的密度,较高的高温强度,在镍铬不锈钢中有减少晶间腐蚀的作用
镍(Ni)	提高钢的强度,而对塑性和韧性影响不大,含量高时与铬配合能显著提高钢的耐腐蚀性和耐热性。它应用广泛,特别是在不锈钢和耐热钢中
铌(Nb)	能细化晶粒,沉淀强化效果好,使钢的屈服点提高
铜(Cu)	提高钢的耐腐蚀性,同时有固溶强化作用,提高了屈服极限,但钢的塑性、韧性下降。当含铜量超过 0.4%～0.5% 时,使钢件在热加工时表面容易产生裂纹
铝(Al)	能细化晶粒,从而提高钢的强度和韧性。用铝脱氧的镇静钢,能降低钢的时效倾向,如冷轧低碳薄钢板,经精轧后可长期存放,不产生应变时效
硼(B)	微量的硼能显著提高钢的淬透性,但含碳量增加时,使淬透性下降。因此,硼加入含碳量<0.6% 的低碳或中碳钢中作用明显
硫(S)	增加钢中非金属夹杂,使钢的强度降低,在热加工时,容易产生脆性(热脆性),但稍高的含硫量能改善低碳钢的可加工性
磷(P)	增加钢中的非金属夹杂物,使钢的强度和塑性降低,特别是在低温时更严重(冷脆性),但稍高的含磷量能改善低碳钢的可加工性

3. 常用元素对有色金属材料性能的影响

常用元素对有色金属材料性能的影响见表 1-35。

五、钢的焊接性

钢的焊接性指钢材在给定焊接工艺和焊接结构条件下,获得预期焊接接头质量要求的性能。由于焊缝主要经历的是冶金、结晶过程,而焊缝的热影响区主要经历的是焊接循环过程,所以钢的焊接性应从钢的冶金焊接性和合金钢的焊接性两个方面来分析。

表 1-35　常用元素对有色金属材料性能的影响

有色金属名称	元素对有色金属材料性能的影响
铝	①铁(Fe)、Si(硅)　降低铝的塑性,并降低铝的耐腐蚀性和导电性 ②铜(Cu)、镁(Mg)、锰(Mn)、钛(Ti)　均会降低铝的耐腐蚀性和导电性
铝合金	①镁(Mg)　是铝中常见元素,也是铝镁防锈铝中的主要元素,能提高合金的耐腐蚀能力和有良好的焊接性能。当含镁量<5%时,随着含镁量的增加,合金的强度、塑性也能相应提高。当含镁量>5%时,会使合金的抗应力腐蚀和塑性降低 ②锰(Mn)　是铝锰防锈铝中的主要元素,含锰量为 1.0%~1.6%,合金具有较高的强度、塑性、焊接性和优良的抗蚀性 ③铜(Cu)　它与镁配合有强烈的时效强化作用,经时效处理后的合金具有很高的强度和硬度,铜、镁含量低的硬铝(铝-铜-镁系合金)强度较低、塑性高,而铜、镁含量高的硬铝,则强度高、塑性低 ④锌(Zn)　它对铝有显著强化的效果,是超硬铝合金中的主要强化元素。加入铸造铝合金中能显著提高合金的强度,但耐腐蚀性差 ⑤硅(Si)　是铸造铝合金中的常用元素。硅加入铝中有极好的流动性,小的铸造收缩性,良好的耐腐蚀性和力学性能。在加工铝合金中,硅与镁、铜、锰配合,可以改善热加工塑性,提高热处理强化效果,如常见的锻铝,即属铝-镁-硅-铜系合金
铜	铜中杂质元素如氧、硫、铅、铋、砷、磷等,均不同程度降低铜的导电性、导热性和塑性变形能力。含氧的铜在氢气和一氧化碳等还原气体中加热时会产生裂纹(氢病),无氧铜的含氧量≤0.003%
黄铜	①锌(Zn)　它是黄铜的主要元素,当含锌量<32%时,黄铜的强度和塑性随含锌量的增加而提高;当含锌量>32%时,使塑性降低,脆性增加 ②铝(Al)　提高黄铜的强度、硬度和屈服极限,同时改善抗蚀性和铸造性,但会使焊接性能降低,压力加工困难 ③硅(Si)　提高黄铜的强度、硬度和改善铸造性能,但当含硅量过高时,使黄铜的塑性降低 ④锡(Sn)　加入 1%(质量分数)的锡,能显著提高黄铜抗海水和海洋大气的腐蚀性能,并能改善黄铜的切削加工性 ⑤锰(Mn)　提高黄铜的强度、弹性极限而不降低塑性,同时还可提高黄铜在海水和过热蒸汽中的抗腐蚀性 ⑥铁(Fe)　提高黄铜的力学性能及耐磨性,铁与锰配合还可改善黄铜的抗蚀性 ⑦铅(Pb)　改善黄铜的切削加工性,提高耐磨性 ⑧镍(Ni)　提高黄铜的力学性能,又能改善黄铜的压力加工性、抗腐蚀性和热强性
青铜	①锡(Sn)　它是青铜中主要元素,当含锡量<7%时,青铜的强度随含锡量的增加而提高;当含锡量>7%时,其强度、塑性均下降。故压力加工用青铜,含锡量应<6%。铸造用青铜,含锡量达 10%,但铸造性能也不理想。含锡的青铜在大气、海水和蒸汽中的抗腐蚀性均优于黄铜 ②磷(P)　能提高青铜的强度、弹性极限、疲劳极限和耐磨性,也能改善青铜的铸造性,故磷常与铜、锡配合制成锡磷青铜 ③铍(Be)　能提高青铜的强度、硬度和弹性极限、疲劳极限和耐磨性,并有优良的抗腐蚀性和导电性。铍青铜工件受冲击时不产生火花,常用来制造防爆工具 ④铝(Al)　能提高青铜的强度、硬度和弹性极限,并具有抗大气、海水腐蚀的能力,但在过热蒸汽中不稳定 ⑤硅(Si)　能提高青铜的力学性能和抗腐蚀性,硅与锰配制的青铜有良好的弹性,硅与镍配制的青铜有较好的耐磨性和良好的焊接性 ⑥锰(Mn)　能提高青铜的耐热强度,有良好的塑性和耐腐蚀性,如锰与铜锡配制的锰青铜 ⑦铬(Cr)　能提高青铜的导电性,并可通过热处理强化来提高强度,如铬与铜锡配制的铬青铜
白铜	①镍(Ni)　是白铜中的主要元素,能显著提高铜的强度、耐腐蚀性、电阻和热电势,并有优良的冷、热加工工艺性 ②铁(Fe)　与锰配合使用,能细化晶粒,提高强度,并显著改善白铜的耐腐蚀性 ③锌(Zn)　可提高白铜耐腐蚀性和通过固溶强化来提高力学性能。在锌白铜中添加少量铅能改善切削加工性 ④铝(Al)　可进行热处理强化来提高力学性能,并有良好的耐腐蚀性、弹性和耐低温性 ⑤锰(Mn)　能提高电阻和有低的电阻温度系数,可提高塑性,进行冷热压力加工

续表

有色金属名称	元素对有色金属材料性能的影响
镍	镍中的杂质元素，主要是碳、硫和氧。 ①碳(C) 碳在镍中的含量＞2％，在退火后会以石墨形态从晶界析出，使镍产生冷脆性 ②氧(O) 氧在镍中的溶解度极小，超过一定含量会形成NiO而沿晶界析出，也使镍产生冷脆性。此外，含氧量较高的镍，在还原性气氛中，特别是在含氢气氛中退火时，会产生脆性(俗称氢病)，故在镍中氧被视为有害杂质。但在阳极镍的生产中，氧却是有益的添加元素，这主要是氧能得到致密的铸锭组织，提高阳极镍的工艺性能，且这种镍不需要退火，所以这种氧无害 ③硫(S) 硫含量＞0.003％时，会形成低熔点共晶体，在热压力加工过程中容易引起热脆性 ④铁(Fe)、锰(Mn)、硅(Si)、铅(Pb)、铋(Bi) 都会恶化镍的热电性能 ⑤砷(As)、镉(Cd)、磷(P) 可显著降低镍的工艺性能和力学性能
镍合金	①锰(Mn) 提高镍合金的耐热性和耐腐蚀性 ②铜(Cu) 镍中加入铜与少量的铁、锰是著名的蒙乃尔合金。它的强度高、塑性好，在750℃以下的大气中化学稳定性好，在500℃时还保持足够的高温强度，在大气、盐或碱的水溶液及蒸汽和有机物中，耐腐蚀性也很好 ③镁(Mg)、Si(硅) 镍中加少量的镁或硅，其性能与纯镍相似，在电气工业中多制成线材、棒材或带材 ④铬(Cr) 提高镍合金的热电势和电阻，铬与镍配制的镍铬合金常作为电热合金使用 ⑤钨(W) 钨与微量的钙等元素配合，能提高镍的高温强度和良好的电子发射性能，用这类合金制造的电子管氧化物阴极芯，在工作温度下，氧化层会有高的稳定性
锌	①铅(Pb) 铅虽能增加锌的延展性，使它容易轧制成薄板和带，但当用锌镀敷钢材表面时，会降低锌层的强度 ②镉(Cd)和铁(Fe) 会增加锌的硬度和脆性，当含铁的锌用于镀敷钢材表面时，容易产生大量的锌渣，使锌层开裂
锌合金	锌中加入少量铝(2％～6％)和铜(1％～5％)时，可提高其力学性能，但耐腐蚀性较差。在压铸锌合金件时，常添加铝、铜元素，它具有熔点低、流动性好的优点

1. 碳钢的冶金焊接性

碳钢以铁（Fe）为基础，以碳（C）为合金元素，碳含量一般不超过1％。此外，含锰（Mn）量不超过1.2％，含硅（Si）量不超过0.5％，皆不作为合金元素。碳钢中的杂质元素，如硫、磷、氧、氮等，根据碳钢材料的品种、等级的不同，也有严格控制。

碳钢的焊接性主要取决于碳的含量，随着含碳量的增加，焊接性逐渐变差，碳钢焊接性与含碳量的关系见表1-36。

表 1-36 碳钢焊接性与含碳量的关系

名称	含碳量/%	典型硬度	典型用途	焊接性
低碳钢	≤0.15	60HRB	特殊板材和型材、薄板、带材、焊丝	优
	0.15～0.30	90HRB	结构用型材、板材和棒材	良
中碳钢	0.30～0.60	25HRC	机器部件和工具	中(通常需要预热和后热，推荐使用低氢焊接)
高碳钢	≥0.60	40HRC	弹簧、模具、钢轨	劣(必须用低氢焊接方法、预热和后热)

碳钢中的锰和硅对焊接性也有影响，锰、硅含量增加，焊接性变差。锰和硅的影响可以折算为相当于多少碳量的作用，这样把碳、锰、硅对焊接性的影响汇合成一个适用于碳钢的碳当量（C_{eq}）经验公式

$$C_{eq} = C + \frac{Mn}{6} + \frac{Si}{24} \quad (\%) \tag{1-1}$$

由于碳钢中硅（Si）的含量较少，对碳当量值影响甚微。因此，在计量碳当量时往往将上式简化为

$$C_{eq} = C + \frac{Mn}{6} \quad (\%) \tag{1-2}$$

C_{eq} 的增加，则产生冷裂纹的可能性增加，焊接性变差。通常 C_{eq} 值大于 0.4% 时，冷裂纹的敏感性将增大。

焊接性的好坏不只取决于碳、锰硅的含量，还取决于焊接接头的冷却速度。不同碳钢在不同冷却速度下，可能在焊缝和热影响区中形成硬化组织甚至马氏体，马氏体越多，则硬度越高，焊接性也越差。焊后的大量马氏体或它表现的高硬度，在焊接应力下可能引起热影响和焊接的裂纹，从而表现出焊接性变差。因此，测定焊接接头的硬度，可以粗略地判断裂纹倾向或焊接性的优劣。

焊接时，母材已确定，即 C_{eq} 值已确定，改善焊接性，即改善组织、避免裂纹，控制冷却速度就成为至关重要的途径。冷却速度主要取决于：钢材厚度和接头的几何形状；焊接时母材的原始温度；焊接线能量的大小。

碳钢中的杂质，例如硫、磷、氧、氢对焊接接头的裂纹敏感性和力学性能都有重大影响。碳钢中的硫、磷过多，则可能在晶界上形成低熔点的硫、磷化合物，引起焊缝熔合线附近的液化裂纹，甚至焊接热裂纹。另外，高硫含量还可能引起气孔。一般在碳钢中的硫、磷含量低于国家标准中规定的值，并不引起裂纹。

焊缝中的氧、氮含量是影响焊接质量的重要因素之一，正越来越引起人们的重视。焊缝中的氧、氮，不仅以氧化物、氮化物形态存在，有时还以一氧化碳或氮气的气孔形态出现。化合物形态降低焊缝力学性能，特别是使冲击韧性急剧降低；气孔形态则导致焊缝多孔性，降低力学性能。以正常的碳钢焊条为例，一些酸性焊条熔敷金属含氧量为 0.1% 左右，而低氢焊条熔敷金属含氧量仅为 0.02%～0.03%，只有酸性焊条的 1/5～1/3，所以在同一强度等级中，低氢焊条熔敷金属的冲击韧性高于酸性焊条，与其含氧量低有很大关系。

2. 合金钢的焊接性

通常把金属材料在焊接时形成裂纹的倾向及焊接接头的性能变坏的倾向作为评价焊接性的重要指标。合金钢的焊接性主要取决于其化学成分，同时也与结构的复杂程度、刚性、焊接方法、焊接材料和焊接工艺有密切的关系。钢中的碳是对焊接性影响最大的元素，其他合金元素对焊接性的影响为碳的几分之一至十几分之一。按合金成分对钢焊接进行估算，即把合金元素对焊接性的影响的大小折算成相当碳元素的含量，即碳当量 C_{eq}。由国际焊接学会推荐的计算碳当量的经验公式如下

$$C_{eq} = \frac{Mn}{6} + \frac{Cr+Mo+V}{5} + \frac{Ni+Cu}{15} \quad (\%) \tag{1-3}$$

式中，元素符号表示其在钢中所占的百分之比。根据经验，当 $C_{eq} < 0.4\%$ 时，钢材的淬硬倾向不明显，焊接性优良。焊接时不必预热；当 $C_{eq} = 0.4\% \sim 0.6\%$ 时，钢的淬硬倾向逐渐明显，需要采取适当的预热、控制线能量等工艺措施；当 $C_{eq} > 0.6$ 时，淬硬倾向更强，属于难以焊接的材料，需要采取较高的预热温度和严格的工艺措施。

此外，焊接接头的工作环境温度、工件的承载情况和工件接触介质的腐蚀性等，对钢的焊接性有较明显的影响。

第二节 | 焊接工艺资料及参数

一、焊接常用数据

1. 常用金属的熔点与密度

常用金属的熔点与密度见表 1-37。

表 1-37　常用金属的熔点与密度

金属名称	符号	熔点/℃	密度/(g/cm³)	金属名称	符号	熔点/℃	密度/(g/cm³)
铁	Fe	1538	7.85	镁	Mg	650	1.74
铜	Cu	1083	8.96	铅	Pb	327	10.4
铝	Al	660	2.7	锡	Sn	231	7.3
钛	Ti	1677	4.51	银	Ag	960	10.49
镍	Ni	1453	8.9	钨	W	3380	19.3
铬	Cr	1903	7.19	锰	Mn	1244	7.43

2. 常用的热处理方法及用途

常用的热处理方法及用途见表 1-38。

表 1-38　常用的热处理方法及用途

工艺名称	分类	工艺过程	目的与用途
退火	完全退火	将钢件加热至 A_{c3} 以上 30~50℃，保温一段时间，随炉缓冷至 500℃ 以下后出炉空冷	目的是细化晶粒、均匀组织、降低硬度、充分消除应力。用于亚共析钢的铸件、锻件、热轧型材及焊接件
	球化退火	将钢件加热至 A_{c1} 以上 20~30℃，保温一段时间，随炉缓冷至 500℃ 以下后出炉空冷，或在 600~700℃ 等温退火	目的是消除网状渗碳体，为过共析钢和共析钢的淬火进行预处理。用于工具钢、轴承钢锻压后的处理
	去应力退火	将钢加热至 500~650℃，经一段时间保温后缓慢冷却，至 300℃ 以下出炉	消除铸件、锻件、焊接件、热轧件和挤压件的内应力
	扩散退火	钢件加热至 1050~1150℃，保温 10~20h，然后缓慢冷却	均匀组织，但晶粒粗大，之后要进行一次完全退火以细化晶粒
	等温退火	将钢加热至 A_{c3} 以上保温一定时间，冷却至珠光体形成温度（一般为 600~700℃），进行等温转变处理，然后便可快速冷却至常温。合金钢等温 3~4h，碳钢为 1~2h	适用于奥氏体比较稳定的合金钢
正火		将钢加热至 A_{c3} 或 A_{ccm} 以上 40~60℃，保温后从炉中取出，在空气中冷却	细化晶粒，获得一定的综合力学性能
淬火	单液	将钢加热至 A_{c3} 或 A_{c1} 以上 30~50℃，保温后从炉中取出，投入介质（水或油）中冷却。合金钢用油淬；碳钢用水淬	工艺简单
	双液	将钢加热至 A_{c3} 或 A_{c1} 以上 30~50℃，保温后从炉中取出，先投入水中冷却至 300℃，再投入油中缓慢冷却	防止变形和开裂
回火	低温回火	将淬火后的钢加热至 150~250℃，保温一段时间，以适宜的速度冷却	得到回火马氏体组织，保持高硬度和高的耐磨性。用于刃具、滚动轴承及模具的处理

续表

工艺名称	分类	工艺过程	目的与用途
回火	中温回火	将淬火后的钢加热至350～450℃,保温一段时间,以适宜的速度冷却	得到回火屈氏体组织,具有较高弹性和屈服点,韧性好。用于弹簧、滚动轴承及模具的处理
	高温回火	将淬火后的钢加热至500～650℃,保温一段时间,以适宜的速度冷却	获得回火索氏体组织,具有较好的综合力学性能,用于处理连杆、齿轮、轴等

3. 焊缝无损检测的代号

焊缝无损检测的代号见表1-39。

表 1-39　焊缝无损检测的代号

名称	代号	名称	代号	名称	代号
无损检测	NDT	磁粉探伤	MT	射线探伤	RT
声发射检测	AET	中子射线探伤	NRT	测厚	TM
涡流探伤	ET	耐压试验	PRT	超声波探伤	UT
泄漏探伤	LT	渗透探伤	PT	目视检查	VT

二、焊接接头及焊缝形式

1. 焊接接头的特点

焊接接头是一个化学和力学不均匀体,焊接接头的不连续性体现在四个方面:几何形状不连续、化学成分不连续、金相组织不连续、力学性能不连续。

影响焊接接头的力学性能的因素主要有焊接缺陷、接头形状的不连续性、焊接残余应力和变形等。常见的焊接缺陷的形式有焊接裂纹、熔合不良、咬边、夹渣和气孔。焊接缺陷中的未熔全和焊接裂纹,往往是接头的破坏源。接头的形状和不连续性主要是焊缝增高及连接处的截面变化造成的,此处会产生应力集中现象,同时由于焊接结构中存在着焊接残余应力和残余变形,导致接对力学性能的不均匀。在材质方面,不仅有热循环引起的组织变化,还有复杂的热塑性变形产生的材质硬化。此外,焊后热处理和矫正变形等工序,都可能影响接头的性能。

2. 焊接接头的形式

焊接生产中,由于焊件厚度、结构形状和使用条件不同,其接头形式和坡口形式也不同,焊接接头的形式可分为对接接头、搭接接头、T字接头及角接接头4种,见表1-40。

3. 焊缝的基本形状及尺寸

焊缝形状和尺寸通常是指焊缝的横截面而言,各种焊接接头的焊缝形状如图1-1所示。c 为焊缝宽度,简称熔宽;s 为基本金属的熔透深度,简称熔深;h 为焊缝的堆敷高度,称为余高量;焊缝熔宽与熔深的比值称为焊缝形状系数 ψ,即 $\psi = c/s$,焊缝形状系数 ψ 对焊缝质量影响很大,当 ψ 选择不当时,会使焊缝内部产生气孔、夹渣、裂纹等缺陷。通常,形状系数 ψ 控制在 $1.3\sim 2$ 较为合适。这对熔池中气体的逸出以及防止夹渣、裂纹等均有利。

4. 焊缝的空间位置

按施焊时焊缝在空间所处位置的不同,可分为立焊缝、横焊缝、平焊缝及仰焊缝四种形式,如图1-2所示。

表 1-40　焊接接头的形式

形式	说　明
对接接头	对接接头是焊接结构中使用最多的一种接头形式。按照焊件厚度和坡口准备的不同,对接接头一般可分为卷边对接、不开坡口、V 形坡口、X 形坡口、单 U 形坡口和双 U 形坡口等形式,如图 1 所示 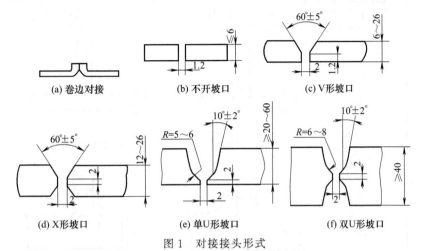 图 1　对接接头形式
搭接接头	搭接接头根据其结构形式和对强度的要求,可分为不开坡口、圆孔内塞焊、长孔内角焊 3 种形式,如图 2 所示 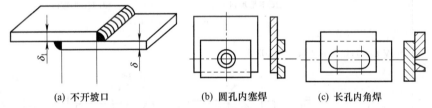 图 2　搭接接头形式 　　不开坡口的搭接接头,一般用于 12mm 以下钢板,其重叠部分≥2($\delta_1+\delta$),并采用双面焊接。这种接头的装配要求不高,接头的承载能力低,所以只用在不重要的结构中 　　当遇到重叠钢板的面积较大时,为了保证结构强度,可根据需要分别选用圆孔内塞焊和长孔内角焊的接头形式。这种形式特别适于被焊结构狭小处以及密闭的焊接结构。圆孔、长孔的大小和数量,应根据板厚和对结构的厚度要求确定 　　开坡口是为了保证焊缝根部焊透,便于清除熔渣,获得较好的焊缝成形,而且坡口能起调节基本金属和填充金属的比例作用。钝边是为了防止烧穿,钝边尺寸要保证第一层焊缝能焊透。间隙也是为了保证根部能焊透 　　选择坡口形式时,主要考虑的因素为:保证焊缝焊透,坡口形状容易加工,尽可能提高生产效率,节省焊条,焊后焊件变形尽可能小 　　钢板厚度在 6mm 以下,一般不开坡口,但重要结构,当厚度在 3mm 时就要求开坡口。钢板厚度为 6～26mm 时,采用 V 形坡口,这种坡口便于加工,但焊后焊件容易发生变形。钢板厚度为 12～60mm 时,一般采用 X 形坡口,这种坡口比 V 形坡口好,在同样厚度下,它能减少焊着金属量 1/2 左右,焊件变形和内应力也比较小,主要用于大厚度及要求变形较小的结构中。单 U 形和双 U 形坡口的焊着金属量更少,焊后产生的变形也小,但这种坡口加工困难,一般用于较重要的焊接结构 　　对于不同厚度的板材焊接时,如果厚度差($\delta_1-\delta$)未超过下表的规定,则焊接接头的基本形式与尺寸应按较厚板选取;否则,应在较厚的板上作出单面或双面的斜边,如图 3 所示。其削薄长度 $L \geqslant 3(\delta-\delta_1)$

厚度差范围 mm

较薄板的厚度	2～5	6～8	9～11	≥12
允许厚度差	1	2	3	4

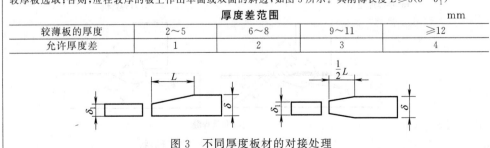

图 3　不同厚度板材的对接处理

续表

形　式	说　明
T字接头	T字接头的形式如图4所示。这种接头形式应用范围比较广,在船体结构中,约70%的焊缝采用这种接头形式。按照焊件厚度和坡口准备的不同,T字接头可分为不开坡口、单边V形坡口、K形坡口以及双U形坡口4种形式 　当T字接头作为一般连接焊缝,并且钢板厚度为2～30mm,可不必开坡口。若T字接头的焊缝,要求承受载荷时,则应按钢板厚度和对结构的强度的要求,开适当的坡口,使接头焊透,以保证接头强度 (a) 不开坡口　　　　　　　(b) 单边V形坡口 (c) K形坡口　　　　　　　(d) 双U形坡口 图4　T字接头的形式
角接接头	角接接头的形式如图5所示。根据焊件厚度和坡口准备的不同,角接接头可分为不开坡口、单边V形坡口、V形坡口以及K形坡口4种形式 (a) 不开坡口　(b) 单边V形坡口　(c) V形坡口　(d) K形坡口 图5　角接接头的形式

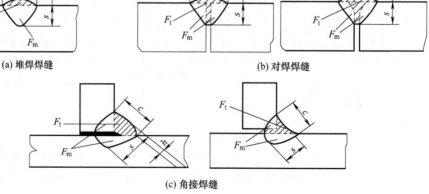

(a) 堆焊焊缝　　　　　　　　(b) 对焊焊缝

(c) 角接焊缝

图1-1　各种焊接接头的焊缝形状

(a) 立焊缝　　　　(b) 横焊缝　　　　(c) 平焊缝　　　　(d) 仰焊缝

图 1-2　各种位置的焊缝

5. 焊缝的符号及应用

焊缝符号一般由基本符号与指引线组成。必要还可以加上辅助符号、补充符号、引出线和焊缝尺寸符号；并规定基本符号和辅助符号用粗实线绘制，引出线用细实线绘制。其主要用于金属熔化焊及电阻焊的焊缝符号表示。

（1）基本符号

根据国标 GB/T 324—2008《焊缝符号表示法》的规定，基本符号是表示焊缝横剖面形状的符号，它采用近似于焊缝横剖面形状的符号来表示。焊缝的基本符号见表 1-41。

表 1-41　焊缝的基本符号

名　称	符　号	图　示
卷边焊缝 （卷边完全熔化）	八	
I 形焊缝	‖	
V 形焊缝	∨	
单边 V 形焊缝	∨	
带钝边 V 形焊缝	Y	
带钝边单边 V 形焊缝	Y	
带钝边 U 形焊缝	Y	
带钝边 J 形焊缝	Ụ	
封底焊缝	⌣	
角焊缝	◿	
塞焊缝或槽焊缝	⊓	

续表

名　称	符　号	图　示
点焊缝	◯	 电阻焊 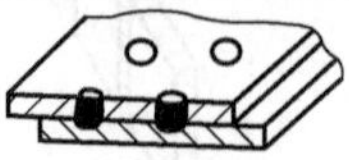　　熔焊
缝焊缝	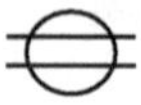 ⊖	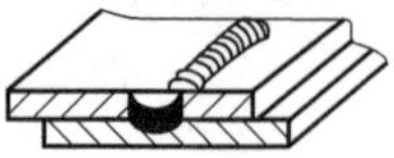 电阻焊 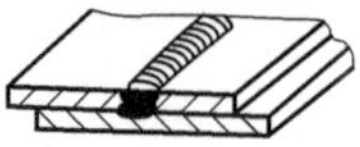　　熔焊
陡边焊缝	 V	
单边陡边焊缝	 V	
端接焊缝	 ‖‖	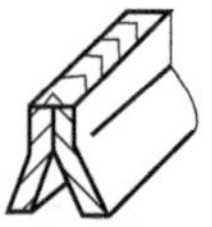
堆焊	 ⌒⌒	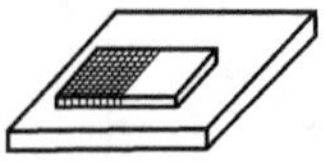

（2）辅助符号

辅助符号是表示焊缝表面形状特征的符号，辅助符号及应用见表1-42。如不需要确切说明焊缝表面形状，可以不用辅助符号。

表 1-42　辅助符号及应用

名称	符号	图　示	说　明	辅助符号应用示例	
				焊缝名称	符号
平面符号	 ——	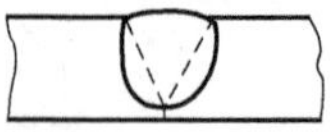	焊缝表面齐平（一般通过加工）	平面V形对接焊缝	
凹面符号	⌣	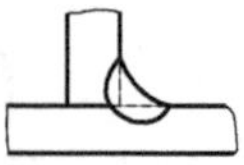	焊缝表面凹陷	凹面角焊缝	
凸面符号	 ⌢	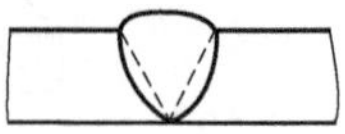	焊缝表面凸起	凸面V形焊缝	
		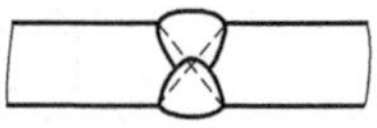		凸面X形对接焊缝	
焊趾平滑过渡符号		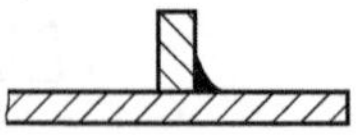	角焊缝具有平滑过渡的表面	平滑过渡融为一体的角焊缝	

（3）补充符号

补充符号是为了补充说明焊缝的某些特征而采用的符号，见表1-43。

三、计量单位的换算

计量单位的换算见表1-44。

表 1-43　补充符号

名　称	符　号	图　示	说　明
带垫板符号	▭		表示焊缝底部有垫板
三面焊缝符号	⊏		表示三面带有焊缝
周围焊缝符号	○		表示环绕工件周围焊缝
现场符号	⚑	—	表示现场或工地上进行焊接
尾部符号	<	—	尾部可标注焊接方法数字代号、验收标准、填充材料等。相互独立的条款可用斜线"/"隔开

表 1-44　计量单位的换算

	名称	千米	米	分米	厘米	毫米	微米	纳米
长度	符号	km	m	dm	cm	mm	μm	nm
	换算	10^3m		10^{-1}m	10^{-2}m	10^{-3}m	10^{-6}m	10^{-9}m
	名称	吨	千克	克	毫克	市斤	两	钱
质量	符号	t	kg	g	mg			
	换算	10^3kg	10^3g		10^{-3}g	500g	50g	5g
	计量单位	力	压力与应力		热和功		质量(英)	
	名称	牛顿	兆帕	大气压	卡	焦耳	磅	盎司
其他单位	符号	N	MPa	atm	cal	J	lb	oz
	换算		10.2atm	0.098MPa	4.18J	0.24 cal	453.6g	28.35g
	计量单位	英制长度				功　率		
	名称	英尺	英寸	磅	马力	千瓦	瓦	毫瓦
	符号	ft	in	yd	ps	kW	W	mW
	换算	12in	25.4mm	3ft	0.736kW	1.36 ps	10^{-3}kW	10^{-3}W

四、焊接电流

焊接电流是最重要的工艺参数，必须选用得当。电流过大，会使焊条芯过热，药皮脱落，又会造成焊缝咬边、烧穿、焊瘤等缺陷，同时金相组织也会因过热而发生变化；若电流过小，则容易造成未焊透、夹渣等缺陷。选择焊接电流应考虑如下问题。

1. 焊接电流的选择

焊接时决定焊接电流的依据很多，如焊条类型、焊条直径、焊件厚度、接头形式、焊缝位置和层数等，但主要是焊条直径和焊缝位置。

焊条直径越大，熔化焊条所需要的电弧热能就越大，故焊接电流应相应增大。焊接电源应随焊条直径的增大而增大，一般按下式进行计算

$$I = Kd \tag{1-4}$$

式中　I——焊接电流，A；

　　　d——焊条直径，mm；

　　　K——经验系数。

焊条直径 d 与经验系数 K 的关系见表 1-45。

表 1-45 焊条直径 d 与经验系数 K 的关系

焊条直径 d/mm	1～2	2～4	4～6
经验系数 K	25～30	30～40	40～60

有的资料上还介绍了另外一个计算焊接电流的公式

$$I = 10d^2 \tag{1-5}$$

式中，各字母的意义与式（1-4）相同。在选择焊接电流时，公式的计算只是一个参数数据，焊接时还应根据电弧的燃烧情况适当调整。为了使用方便，焊接电流可按表 1-46 选择。

表 1-46 焊接电流与焊条直径的关系

焊条直径/mm	2.0	2.5	3.2	4.0	5.0	6.0
平焊电流/A	40～50	60～80	90～120	140～160	200～250	280～350
立焊电流/A	35～45	50～70	80～110	120～140	180～220	—
仰焊电流/A	35～40	45～65	80～100	110～120	—	—

根据以上公式求得的焊接电流只是一个大概数值，实际生产中还要考虑下列因素的影响。

① 焊件导热快时，焊接电流可以小些；而回路电阻高，焊接电流就要大些。

② 如果焊条直径不变，焊接厚板的电流要比焊接薄板的电流要大。使用碱性焊条时，焊接电流一般要比酸性焊条小一些。

③ 焊接平焊缝时，由于运条和控制熔池中的熔化金属比较容易，因此可选用较大的电流进行焊接。立焊与仰焊用焊接电流要比平焊小 15％～20％，而角焊电流比平焊电流要大。

④ 快速焊接电流要大于一般焊速的电流。

2. 焊接电流大小的实际判断

施焊前根据上述公式考虑到各种因素粗略地选好电流后，可在废钢板上引弧进行试焊，然后根据熔池大小、熔化深度、焊条的熔化情况鉴别焊接电流是否适当。

电流适当时，不仅电弧吹力、熔池深浅、焊条熔化速度、飞溅等都适当，而且熔渣和铁水容易分离。焊接的焊缝表面整齐光滑，没有过多的飞溅，成形美观，焊道边缘与基本金属熔和平整，两侧成缓坡状，熔深符合要求。

电流过大时，电弧声音大，弧光强，焊条有较大的爆裂声，熔化金属飞溅多，焊条熔化很快并且过早发红，熔池过大、过深，药皮成块状脱落，焊缝下陷，甚至烧穿。电流过大时焊接的焊缝，其两边飞溅金属增多，焊道过宽，熔池又深又大，表面不整齐。熔池中有时产生裂纹，焊道两侧边缘咬边现象严重。

电流太小时，引燃电弧困难，弧光很弱，电弧断断续续，焊条熔化慢，容易粘在焊件上，金属熔滴堆积在焊件表面，熔化金属与熔渣混在一起分不清楚。电流过小时，由于基本金属加热不足，熔池小，熔深浅，焊缝窄而高且高低不平，波纹不一致，焊缝两侧边缘与基本金属熔和不良，形成急坡。

五、电弧电压

电弧电压是由电弧长度决定的。电弧长，则电弧电压高；电弧短，则电弧电压低。电弧长短对焊缝质量有极大的影响。一般电弧的长度超过焊条的直径称为长弧，小于焊条的直径称为短弧。用长弧焊接时，电弧引燃不稳定，所得到的焊缝质量较差，表面鱼鳞不均匀，焊缝熔深较浅，当焊条熔滴向熔池过渡时，周围空气容易侵入，导致产生气孔，而且熔化金属飞溅严重，造成浪费。因此，施焊时应该采用短弧，才能保证焊缝质量。一般弧长按下述经验公式确定

$$L=(0.5\sim1)d \tag{1-6}$$

式中　L——电弧长度，mm；

　　　d——焊条直径，mm。

六、焊接方法的选择

选择焊接方法时，首先应能满足技术要求及质量要求，在此前提下，尽可能地选择经济效益好、劳动强度低的焊接方法。表 1-47 给出了不同金属材料适用的焊接方法，不同焊接方法适用材料的厚度不同。

表 1-47　不同金属材料适用的焊接方法

材料	厚度/mm	手工电弧焊	埋弧焊	喷射过渡	潜弧	脉冲喷射	短路过渡	管状焊丝气体保护焊	钨极气体保护焊	等离子弧焊	电渣焊	气电立焊	电阻焊	闪光对焊	气焊	扩散焊	摩擦焊	电子束焊	激光焊	火焰钎焊	炉中钎焊	感应加热钎焊	电阻加热钎焊	浸渍钎焊	红外线钎焊	扩散钎焊	软钎焊
铸铁	3~6	○	—	—	—	—	—	—	—	—	—	—	—	—	○	—	—	—	—	○	○	○	—	—	—	○	○
	6~19	○	○	—	—	—	—	○	—	—	—	—	—	—	—	—	—	—	—	○	○	○	—	—	—	○	—
	≥19	○	○	—	—	—	—	○	—	—	—	—	—	—	—	—	—	—	—	—	○	—	—	—	—	—	—
碳钢	≤3	○	○	—	—	○	○	—	○	—	—	—	○	○	○	—	—	○	—	—	○	○	—	○	—	○	○
	3~6	○	○	○	○	○	○	○	○	○	—	—	○	○	○	—	○	○	—	○	○	○	—	○	—	○	—
	6~19	○	○	○	○	○	○	○	○	○	—	○	—	○	○	—	○	○	—	○	○	—	—	—	—	—	—
	≥19	○	○	○	○	—	—	○	○	○	○	○	—	○	—	—	○	○	—	—	—	—	—	—	—	—	—
低合金钢	≤3	○	○	—	—	○	○	○	○	—	—	—	○	○	—	—	—	○	○	—	○	○	—	—	—	○	—
	3~6	○	○	○	○	○	○	○	○	○	—	—	○	○	—	—	○	○	○	○	○	○	—	—	—	○	—
	6~19	○	○	○	○	○	○	○	○	○	○	○	—	○	—	—	○	○	—	○	○	—	—	—	—	—	—
	≥19	○	○	○	○	—	—	○	○	○	○	○	—	○	—	—	○	○	—	—	—	—	—	—	—	—	—
不锈钢	≤3	○	○	—	—	○	○	○	○	○	—	—	○	○	—	—	—	○	○	○	○	○	—	○	—	○	○
	3~6	○	○	○	○	○	○	○	○	○	—	—	○	○	—	—	○	○	○	○	○	○	—	○	—	○	—
	6~19	○	○	○	○	○	○	○	○	○	○	○	—	○	—	—	○	○	—	○	○	—	—	—	—	—	—
	≥19	○	○	○	○	—	—	○	○	○	○	○	—	○	—	—	○	○	—	—	—	—	—	—	—	—	—
镍及其合金	≤3	○	○	—	—	○	○	—	○	○	—	—	○	○	—	—	—	○	○	○	○	○	—	○	—	○	○
	3~6	○	○	○	○	○	○	—	○	○	—	—	○	○	—	—	○	○	○	○	○	○	—	○	—	○	—
	6~19	○	○	○	○	○	○	—	○	○	—	—	—	○	—	—	○	○	—	○	○	—	—	—	—	—	—
	≥19	○	○	○	○	—	—	—	○	○	—	—	—	○	—	—	○	○	—	—	—	—	—	—	—	—	—
铝及其合金	≤3	—	—	—	—	○	○	—	○	○	—	—	○	○	—	—	—	○	○	○	○	○	—	○	—	○	—
	3~6	—	○	○	○	○	○	—	○	○	—	—	○	○	—	—	○	○	○	○	○	○	—	○	—	○	—
	6~19	—	○	○	○	○	○	—	○	○	—	—	—	○	—	—	○	○	—	○	○	—	—	—	—	—	—
	≥19	—	○	○	○	—	—	—	○	○	—	—	—	○	—	—	○	○	—	—	—	—	—	—	—	—	—
钛及其合金	≤3	—	—	—	—	○	○	—	○	○	—	—	○	○	—	—	—	○	○	—	○	—	—	—	—	○	—
	3~6	—	○	○	○	○	○	—	○	○	—	—	○	○	—	—	○	○	○	—	○	—	—	—	—	○	—
	6~19	—	○	○	○	○	○	—	○	○	—	—	—	○	—	—	○	○	—	—	○	—	—	—	—	—	—
	≥19	—	○	—	○	—	—	—	○	○	—	—	—	○	—	—	○	○	—	—	—	—	—	—	—	—	—

续表

材料	厚度/mm	手工电弧焊	埋弧焊	熔化极气体保护焊 喷射过渡	潜弧	脉冲喷射	短路过渡	管状焊丝气体保护焊	钨极气体保护焊	等离子弧焊	电渣焊	气电立焊	电阻焊	闪光对焊	气焊	扩散焊	摩擦焊	电子束焊	激光焊	硬钎焊 火焰钎焊	炉中钎焊	感应加热钎焊	电阻加热钎焊	浸渍钎焊	红外线钎焊	扩散钎焊	软钎焊
铜及其合金	≤3	—	—	○	—	○	—	—	○	○	○	—	—	—	○	—	—	○	—	○	—	○	—	—	—	○	○
	3～6																										
	6～19																										
	≥19																										
镁及其合金	≤3																										
	3～6																										
	6～19																										
	≥19																										
难熔金属	≤3																										
	3～6																										
	6～19																										
	≥19																										

注：○—被推荐的焊接方法。

不同焊接方法对接头类型、焊接位置的适应能力是不同的。电弧焊可焊接各种形式的接头，钎焊、电阻点焊仅适用于搭接接头。大部分电弧焊接方法均适用于平焊位置，而有些方法，如埋弧焊、射流过渡的气体保护焊不能进行空间位置的焊接。表1-48给出了常用焊接方法适用的接头形式及焊接位置。

表1-48　常用焊接方法适用的接头形式及焊接位置

适用条件		手工电弧焊	埋弧焊	电渣焊	熔化极气体保护焊 喷射过渡	潜弧	脉冲喷射	短路过渡	氩弧焊	等离子弧焊	气电立焊	电阻点焊	缝焊	凸焊	闪光对焊	气焊	扩散焊	摩擦焊	电子束焊	激光焊	钎焊
碳钢	对接	☆	☆	☆	☆	☆	☆	☆	☆	☆	☆	☆	☆	☆	☆	☆	☆	☆	☆	☆	☆
	搭接	☆	☆	★	☆	☆	☆	☆	☆	☆	☆	☆	☆	☆	☆	☆	☆	☆	★	☆	☆
	角接	☆	☆	★	☆	☆	☆	☆	☆	☆	★					☆			☆	☆	○
焊接位置	平焊	☆	☆	○	☆	☆	☆	☆	☆	☆	☆	—	—	—	—	☆	—	—	☆	☆	—
	立焊	☆	○	☆	★	○	☆	☆	☆	☆	☆	—	—	—	—	☆	—	—	☆	☆	—
	仰焊	☆	○	○	☆	○	☆	☆	☆	☆	○	—	—	—	—	☆	—	—	☆	☆	—
	全位置	☆	○	○	☆	○	☆	☆	☆	☆	○	—	—	—	—	☆	—	—	☆	☆	—
设备成本		低	中	高	中	中	中	中	低	高	高	高	高	高	高	低	高	高	高	高	低
焊接成本		低	低	低	中	低	中	低	中	中	低	中	中	中	中	中	高	低	高	中	中

注：☆—好，★—可用，○——般不用。

尽管大多数焊接方法的焊接质量均可满足实用要求，但不同方法的焊接质量，特别是焊缝的外观质量仍有较大的差别。产品质量要求较高时，可选用氩弧焊、电子束焊、激光焊等。质量要求较低时，可选用手工电弧焊、CO_2焊、气焊等。

自动化焊接方法对工人的操作技术水平要求较低，但设备成本高，管理及维护要求也高。手工电弧焊及半自动CO_2焊的设备成本低，维护简单，但对工人的操作技术水平要求较高。电子束焊、激光焊、扩散焊设备复杂，辅助装置多，不但要求操作人员有较高的操作水平，还应具有较高的文化层次及知识水平。选用焊接方法时应综合考虑这些因素，以取得最佳的焊接质量及经济效益。

七、焊接速度

焊接速度就是焊条沿焊接方向移动的速度。应该在保证焊缝质量的前提下，采用较大直径的焊条和焊接电流，并按具体条件，适当加大焊接速度，以提高生产效率，保证获得熔深、余高和宽窄都较一致的焊缝。

关于焊条牌号和弧焊电源种类的选择，这里不再重复。焊接时应根据具体工作条件及焊工技术熟练程度，合理选用焊接规范参数。

第三节 焊接辅助工艺

在焊接生产中，为了保证焊接质量，对于一些强度较高的钢，往往要采取适当的辅助工艺措施。具体措施如下。

一、焊前和焊后热处理

1. 焊前热处理

焊前热处理的目的是消除工件的硬度和化学不均匀性。对于一些淬火钢，焊前应进行退火或正火。

预热温度、方法和用途见表1-49。

表 1-49 预热温度、方法和用途

预热温度	预热方法	加热区域	用 途
根据材料和环境温度确定，加热温度一般为 50～400℃，铸铁热焊可达 600～700℃	氧-乙炔焰跟踪加热	焊缝两侧 75mm 以上	适于薄件长焊缝
	高频感应加热		适于薄件长焊缝
	地炉加热	焊缝两侧	厚件短焊缝
	碳火炉整体加热	整体	用于小件

焊件的预热应根据工件的情况和环境灵活掌握。对于同一种钢材，环境温度不同，其预热温度也有差别，具体的预热温度在材料焊接时详述。

2. 焊后热处理

对于淬硬性较高的材料，焊接时会出现较多的淬硬组织和较大的焊接残余应力，从而增大冷裂倾向。因此，对于高强钢的重要焊接结构，往往需要在焊后进行局部或整体热处理。焊后热处理的方法有焊后正火、焊后高温回火、去应力退火和脱氢处理、水淬等，具体工艺见表1-50。

不同材料的焊后热处理温度不同，如果选择不当，不但不会使焊件的性能提高，而且可能使力学性能和物理化学性能恶化，甚至会造成热处理缺陷。表1-51为各种材料的焊后热处理温度。

表 1-50　焊后热处理工艺

工艺名称	工艺方法	用　途
焊后正火	将焊件焊后立即加热至 A_{c3} 或 A_{ccm} 以上 40～60℃，保温一段时间，然后在空气中冷却	消除应力、均匀组织、消除内应力、改善切削加工性能
焊后高温回火	将焊件焊后立即加热至 A_{c1} 以下某一温度，保温一段时间，然后在空气中冷却	消除焊接残余应力、稳定组织、稳定尺寸、减小脆性、防止开裂
去应力退火	将焊件加热至 500～650℃，保温一段时间，然后缓慢冷却	消除焊接残余应力、防止开裂
脱氢处理	将焊件加热到 200℃ 以上，保温 2h	使工件内的氢扩散出来，防止产生延迟裂纹
水淬	为防止高铬铁素体钢析出脆性相，焊后将焊件加热至 900℃ 以下水淬，以得到均一的铁素体组织	使接头组织均匀化，提高塑性和韧性，但只适用于高铬钢

表 1-51　各种材料的焊后热处理温度　　　　　　　　℃

几种结构钢的正火温度		常用金属材料回火温度	
材　料	正火温度	材　　料	回火温度
20	890～920	结构钢	580～680
35	860～890	奥氏体不锈钢	850～1050
45	840～870	铝合金	250～300
16Mn	900～930	镁合金	250～300
14MnNb	900～930	钛合金	550～600
15MnV	950～980	铌合金	1100～1200
15MnTi	950～980	铸铁	600～650
16MnNb	950～980	15MnV	550～570
20Cr	860～890	15MnTi	550～570
20CrMnTi	950～970	16MnNb	550～570
40Cr	850～870	18Mn2MoVA	650～670
40MnB	860～900		
35CrMo	850～870		

二、焊接应力和变形

当没有外力存在时，平衡于弹性物体内部的应力叫做内应力，内应力常产生在焊接构件中，焊接构件由焊接而产生的内应力称为焊接应力。金属结构与零件在焊接过程中，常常会产生各式各样的焊接变形以及焊缝的断裂，影响焊接质量，焊接变形就是由焊接而产生，所谓变形是指物体受到外力作用后，物体本身形状和尺寸发生了变化。

变形分为弹性变形和塑性变形（或永久变形）两种。

弹性变形：物体在外力作用下产生变形，将外力除去后，物体仍能恢复原来的形状。

塑性变形：也叫永久变形，外力除去后，物体不能恢复原来的形状。

焊后焊件中温度冷至室温时，残留在焊件中的变形和应力分别称为焊接残余变形和焊接残余应力。焊接变形和应力直接影响焊接结构的制造质量和使用性能，特别是对焊接裂纹的产生，焊接接头处应力水平的提高有着重要的影响。因此，应了解焊接变形和应力产生的原因、种类和影响因素，以及控制和防止的方法。

（一）焊接应力和变形产生的原因及对焊接结构的影响

1. 焊接应力和变形产生的原因

变形与内应力通常是同时并存于物体内的。下面举例说明一下内应力和变形产生的机理。

例如有一根钢杆，横放在自由移动的支点上（如图 1-3 中的实线所示），对整条钢杆均匀加热，由于钢杆受热膨胀，既变粗又伸长，钢杆的支点也随着钢杆的伸长而自由移动（如图 1-3 中双点画线所示）。这时，钢杆内没有内应力产生。当钢杆均匀冷却时，由于冷却收缩，钢杆又恢复到原来的形状，钢杆也不会产生塑性变形。

如果将钢杆两端固定，仍对钢杆均匀地进行加热，钢杆受热膨胀而变粗伸长；由于钢杆两端已固定不能伸长了，这时钢杆内就产生了内应力，结果使钢杆发生弯曲和扭曲变形。如果内应力超过了钢的屈服点，钢杆就发生塑性变形，钢杆变粗，截面增大。同样，当钢杆冷却后，内部会产生受拉的内应力，而钢杆受热产生的弯曲和扭曲变形则相应减小。但因钢杆加热时有塑性变形，所以钢杆的长度不能恢复到原来的形状，若受拉的内应力大于钢的极限应力数值，钢杆就会断裂，如图 1-4 所示。

图 1-3 钢杆自由伸长

图 1-4 钢杆变形

在焊接过程中，对焊件进行的局部、不均匀的加热和冷却是产生焊接应力和变形的根本原因。焊接以后，焊缝及热影响区的金属收缩（纵向的和横向的），就造成了焊接结构的各种变形。金属内部发生晶粒组织的转变所引起的体积变化也可能引起焊件的变形。因此，实际变形是各种因素综合作用的结果。

焊接残余应力是由于焊缝纵向和横向收缩受到阻碍时，在结构内部产生的一种应力。大多数情况下，焊缝都处在纵向拉应力的状态。

2. 焊接应力和变形对焊接结构的影响

焊接应力和变形对焊接结构的影响见表 1-52。

表 1-52 焊接应力和变形对焊接结构的影响

类 别		说 明
焊接应力的影响		在 20 世纪五六十年代，曾多次发生过船舶、飞机、桥梁、压力容器等焊接结构在瞬间发生断裂破坏的灾难性事故，这是一种远低于材料屈服点的断裂，通常叫做低应力脆断。这种脆断与材料本身的脆性倾向和在结构应力集中部位，或刚性拘束较大的部位，存在着拉伸残余应力有关。这种残余应力导致产生裂纹并使裂纹迅速发展，最后使结构发生断裂破坏 焊接应力还会降低结构刚度，降低受压构件的稳定性，降低机械加工精度，使焊后机械加工或使用过程中的构件发生变形，在某些情况下，还会使在腐蚀介质下工作的焊件产生应力腐蚀 但是必须指出，在一般性结构中存在的焊接应力对结构使用的安全性影响并不大，所以，对于这样的结构，焊后可以不必采取消除应力的措施
焊接变形的影响	降低装配质量	如筒体纵缝横向收缩，与封头装配时就会发生错边，使装配发生困难。错边量大的焊件，在外力作用下将产生应力集中和附加应力，使结构安全性下降
	增加制造成本，降低接头性能	焊件一旦产生焊接变形，常需矫形后才能组装。因此，使生产率下降、成本增加。冷矫形会使材料发生冷作硬化，使塑性下降
	降低结构承载能力	焊接变形产生的附加应力会使结构的实际承载能力下降

(二) 焊接残余应力的分布与影响

当构件上随局部载荷或经受不均匀加热时，都会在局部区域产生塑性变形；当局部外载撤去以后或热源离去，构件温度恢复到原始的均匀状态时，由于在构件内部发生了不能恢复的塑性变形，因而产生了相应的内应力，即称为残余应力。构件中残留下来的变形，即为残余变形。

1. 焊接残余应力的分布

一般厚度不大的焊接结构，残余应力是双向的，即纵向应力 σ_x 和横向应力 σ_y，残余应力在焊件上的分布是不均匀的，分布状况与焊件的尺寸、结构和焊接工艺有关。长板上焊缝中纵向应力 σ_x 的分布如图 1-5 所示，横向应力 σ_y 的分布如图 1-6 所示。

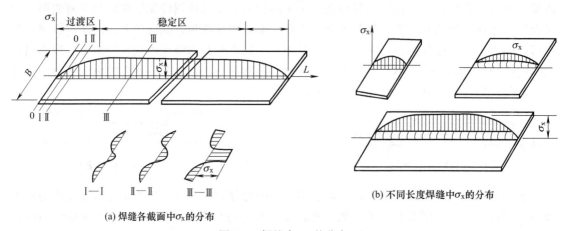

(a) 焊缝各截面中σ_x的分布

(b) 不同长度焊缝中σ_x的分布

图 1-5　焊缝中 σ_x 的分布

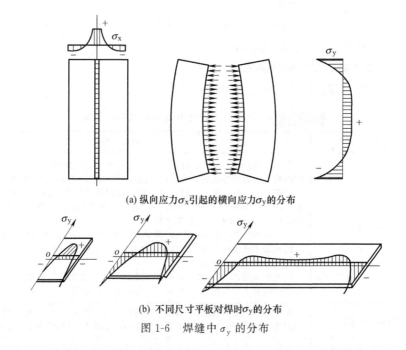

(a) 纵向应力σ_x引起的横向应力σ_y的分布

(b) 不同尺寸平板对焊时σ_y的分布

图 1-6　焊缝中 σ_y 的分布

厚板焊接接头，除纵向应力 σ_x 和横向应力 σ_y 外，还存在较大的厚度方向上的应力 σ_z。3 个方向的内应力分布也是不均匀的，如图 1-7 所示。

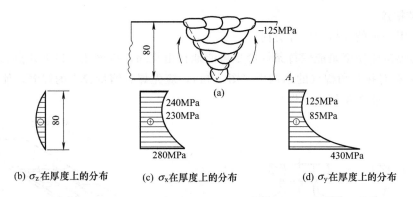

(b) σ_z在厚度上的分布　　(c) σ_x在厚度上的分布　　(d) σ_y在厚度上的分布

图 1-7　厚板多层焊接中的应力分布

2. 焊接残余应力的影响

① 对静载强度的影响。当材质的塑性和韧性较差处于脆性状态，则拉伸应力与外载叠加可能使局部应力首先达到断裂强度，导致结构早期破坏。

② 对结构刚度的影响。当外载产生的应力 σ 与结构中某局部的内应力之和达到屈服点时，就使这一区域丧失了进一步承受外载的能力，造成结构的有效截面积减小，结构刚度也随之降低，使结构的稳定性受到破坏。

③ 如果在应力集中处存在拉伸内应力，就会使构件的疲劳强度降低。

④ 构件中存在的残余应力，在机械加工和使用过程中，由于内应力发生了变化，可能引起结构的几何延续而发生变化，将使结构尺寸失去稳定性。

⑤ 在腐蚀介质中工作的结构，在拉伸应力区会加速腐蚀而引起应力腐蚀的低应力脆断。在高温工作的焊接结构（如高温容器）残余应力又会起加速蠕变的作用。

（三）控制焊接残余应力的措施

1. 设计措施

① 尽量减少焊缝的数量和尺寸，采用填充金属少的坡口形式。

② 焊缝布置应避免过分集中，焊缝间应保持足够的距离，如图 1-8 所示，尽量避免三轴交叉的焊缝，如图 1-9 所示，并且不把焊缝布置在工作应力最严重的区域。

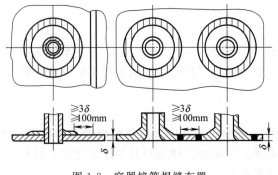

图 1-8　容器接管焊缝布置

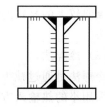

图 1-9　工字梁肋板接头

③ 采用刚性较小的接头形式，如图 1-10 所示，使焊缝能够自由地收缩。

④ 在残余应力为拉应力的区域内，应尽量避免几何不连续性，以免内应力在该处进一步增大。

2. 工艺措施

（1）采用合理的焊接顺序和方向

合理的焊接顺序就是能使每条焊缝尽可能地自由收缩，应该注意以下几点。

① 在具有对接及角焊缝的结构中（图1-11），应先焊收缩量较大的焊缝，使焊缝能较自由地收缩，后焊收缩量较小的焊缝。

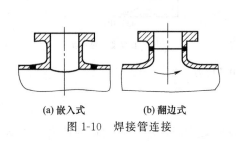

(a) 嵌入式　　(b) 翻边式

图1-10　焊接管连接

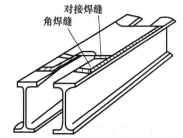

图1-11　按收缩量大小确定焊接顺序

② 拼板焊时（图1-12），先焊错开的短焊缝1、2，后焊直通长焊缝3，使焊缝有较大的横向收缩余地。

③ 工字梁拼接时，先焊在工作时受力较大的焊缝，使内应力合理分布。如图1-13所示，在接头处两端留出一段翼缘角焊缝不焊，先焊受力最大的翼缘对接焊缝1，然后再焊腹板对接焊缝2，最后焊翼缘顶处的角焊缝3。这样，焊后可使翼缘的对接焊缝承受压应力，而腹板对接焊缝承受拉应力，角焊缝最后焊可保证腹板有一定收缩余地，这样焊成的梁疲劳强度高。

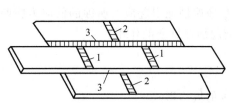

图1-12　拼板焊时选择合理的焊接顺序

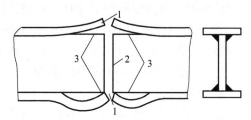

图1-13　按受力大小确定焊接顺序

④ 焊接平面上的焊缝时，应使焊缝的收缩比较自由，尤其是横向收缩更应保证自由。对接焊缝的焊接方向，应当指向自由端。

（2）预热法

预热法是在施焊前，预先将焊件局部或整体加热至150～650℃。对于焊接或焊补那些淬硬倾向较大的材料的焊件，以及刚性较大或脆性材料焊件时，为防止焊接裂纹，常常采用预热法。

（3）冷焊法

冷焊法是通过减少焊件受热来减少焊接部位与结构上其他部位间的温度差。具体做法：尽量采用小的热输入方法施焊，选用小直径焊条，小电流、快速焊及多层多道焊。另外，应用冷焊法时，环境温度应尽可能高，防止裂纹的产生。

（4）留裕度法

焊前，留出焊件的收缩裕度，增加收缩的自由度，以此来减少焊接残余应力。如图1-14所示的封闭焊缝，为减少其切向应力峰值和径向应力，焊接前可将外板进行扳边，如图1-14（a）所示，或将镶块做成内凹形，如图1-14（b）所示，使之储存一定的收缩裕度，可使焊缝冷却时较自由地收缩，达到减少残余应力的目的。

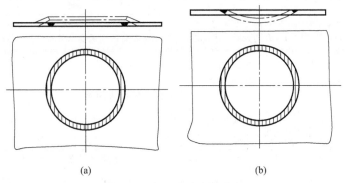

(a)　　　　　　　　　(b)

图 1-14　留裕度法应用实例

（5）开减应力槽法

对于厚度大、刚度大的焊件，在不影响结构强度的前提下，可以在焊缝附近开几个减应力槽，以降低焊件局部刚度，达到减少焊接残余应力的目的。图 1-15 所示为两种开减应力槽的应用实例。

（6）锤击焊缝

焊后可用头部带有小圆弧的工具锤击焊缝，使焊缝得到延展，从而降低内应力。锤击应保持均匀适度，避

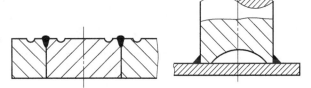

图 1-15　两种开减应力槽的应用实例

免锤击过分，以防止产生裂缝。一般不锤击第一层和表面层。

（7）加热"减应区"法

在焊接结构的适当部位加热，使之伸长，加热区的伸长带动焊接部件，使它产生一个与焊缝收缩方向相反的变形，在冷却时，加热区的收缩与焊缝的收缩方向相同。焊缝就可能比较自由地收缩（图 1-16），从而减少内应力。

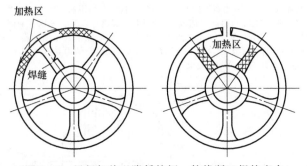

图 1-16　局部加热以降低轮辐、轮缘断口焊接应力

（四）消除焊接残余应力的方法

消除焊接残余应力的方法见表 1-53。

（五）焊接残余变形的形式、因素及矫正措施

焊接残余变形主要由焊接热循环中产生的压缩塑性变形所致，由于塑性变形不可恢复，导致结构收缩而缩短。

表 1-53　　消除焊接残余应力的方法

方法	说　明
整体高温回火	高温保温时间按材料的厚度确定。钢按每 1~2min/mm 计算,一般不少于 30min,不高于 3h。为使板方向上的温度均匀地升高到所要求的温度,当板材表面达到所要求的温度后,还需要一定的均温时间。热处理一般在炉内进行。对于大型容器,也可以采用在容器外壁覆盖绝热层,而在容器内部用火焰或电阻加热的办法来处理。整体高温回火可将残余应力消除 80%~90% 回火温度按材料种类选择,见下表。

各种材料的回火温度　　　　　　　　　　　　　　　　　℃

材料种类	碳钢及低、中合金钢①	奥氏体钢	铝合金	镁合金	钛合金	铌合金	铸　铁
回火温度	580~680	850~1050	250~300	250~300	550~600	1100~1200	600~650

① 含钒低合金钢在 600~620℃回火后,塑性、韧性下降,回火温度宜选 550~600℃。

方法	说　明
局部高温回火	将焊缝及其附近应力较大的局部区域加热到高温回火温度,然后保温及缓慢冷却。多用于比较简单、拘束度较小的接头如管道接头、长的圆筒容器接头以及长构件的对接接头等。局部高温回火可以采用电阻、红外线、火焰和工频感应加热等 局部高温回火难以完全消除残余应力,但可降低其峰值使应力的分布比较平缓。消除应力的效果取决于局部区域内温度分布的均匀程度。为了取得较好的降低应力效果,应保持足够的加热宽度。例如:圆筒接头加热区宽度一般采取 $B=5\sqrt{R\delta}$,长板的对接接头取 $B=W$(图1)。式中,R 为圆筒半径;δ 为管壁厚度;B 为加热区宽度;W 为对接构件的宽度

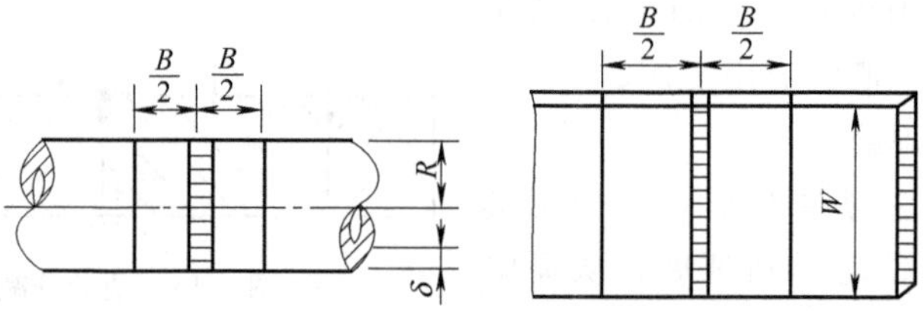

$$B=5\sqrt{R\delta} \qquad B=W$$

(a) 环焊缝　　　　　　　　　　(b) 长构件对接焊缝

图 1　局部热处理的加热区宽度

方法	说　明
机械拉伸法	焊后对焊接构件加载,使具有较高拉伸残余应力的区域产生拉伸塑性变形,卸载后可使焊接残余力降低。加载应力越高,焊接过程中形成的压缩塑性变形就被抵消得越多,内应力也就消除得越彻底 机械拉伸消除内应力对一些焊接容器特别有意义,它可以通过在室温下进行过载的耐压试验来消除部分焊接残余应力
温差拉伸法	在焊缝两侧各用一个适当宽度的氧-乙炔焰炬加热,在焰炬后一定距离外喷水冷却。焰炬和喷水管以相同速度向前移动(图2),由此可造成一个两侧高、焊缝区低的温度场。两侧的金属因受热膨胀,对温度较低的焊接区进行拉伸,使之产生拉伸塑性变形,以抵消原来的压缩塑性变形,从而消除内应力。本法对焊缝比较规则、厚度不大(<40mm)的容器、船舶等板、壳结构具有一定的实用价值,如果工艺参数选择适当,可取得较好的消除应力效果

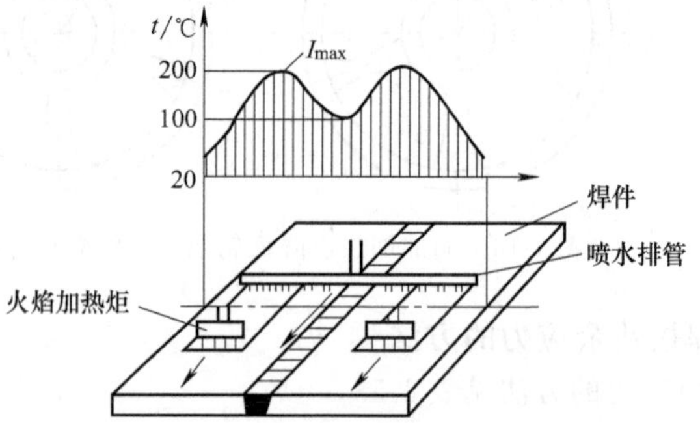

图 2　温差拉伸法

方法	说　明
锤击焊缝法	在焊后用手锤或一定半径半球形风锤锤击焊缝,可使焊缝金属产生延伸变形,能抵消一部分压缩塑性变形,起到减少焊接应力的作用。锤击时注意施力应适度,以免施力过大而产生裂纹

续表

方法	说　明
振动法	本法利用由偏心质量和变速马达组成的激振器,使结构发生共振所产生的循环应力来降低内应力。其效果取决于激振器和构件支点的位置、激振频率和时间。本法设备简单、价廉、处理成本低、时间短,也没有高温回火时金属表面氧化的问题。但是如何控制振动,使之既能降低内应力,而又不使结构发生疲劳破坏等,尚需进一步研究

1. 焊接残余变形的基本形式

　　焊接残余变形的表现形式大致可分为下列 7 类:焊件在焊缝方向发生的纵向收缩变形[图 1-17 (a)];焊件在垂直焊缝方向发生的横向收缩变形 [图 1-17 (b)];挠曲变形(图 1-18);焊件的平面围绕焊缝 e 产生的角位移,称为角变形(图 1-19);发生在承受的压力薄板结构中波浪变形或失稳变形(图 1-20);两焊件的热膨胀系数不一致,发生长度方向的错边,或厚度方向的错边(图 1-21);以及焊件发生的扭曲变形(图 1-22)。

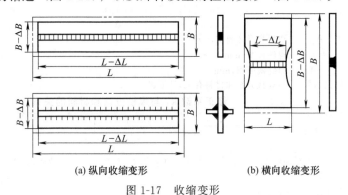

(a) 纵向收缩变形　　　　　　(b) 横向收缩变形

图 1-17　收缩变形

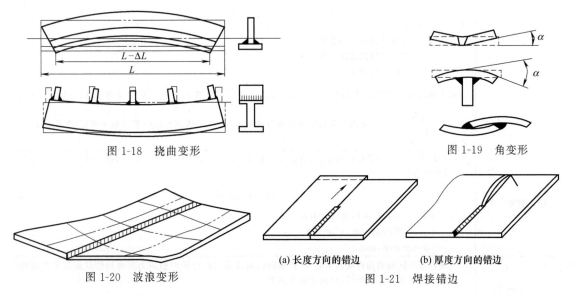

图 1-18　挠曲变形

图 1-19　角变形

图 1-20　波浪变形

(a) 长度方向的错边　　　　(b) 厚度方向的错边

图 1-21　焊接错边

　　对于开放形的断面结构(如工字梁)而言,如果在点焊固定后,不采用适当的夹具夹紧和正确的焊接顺序,可能会产生螺旋变形。这是因为角变形沿焊缝长度逐渐增加。不仅使构件扭转,而且改变焊接顺序

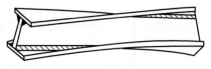

图 1-22　扭曲变形

和方向，把两个相邻的焊缝同时向同一方向焊接，可以克服这种变形。

2. 焊接变形量的计算及影响因素

目前从理论上精确计算焊接残余变形量的大小是十分困难的，在工程上通常采用经验公式进行简化计算，焊接变形量的计算及影响因素见表 1-54。

表 1-54　焊接变形量的计算及影响因素

类　　别	说　　明
纵向收缩变形	纵向收缩变形收缩量的大小，取决于焊缝及其附近的高温区产生的压缩塑性变形量。影响纵向收缩量大小的因素很多，主要包括焊接方法、焊接参数、焊接顺序以及材料的热物理参数。其中焊接热输入是主要的因素，在一般情况下，它与焊接热输入成正比。多层焊时，由于产生的塑性变形区相互重叠，以重叠系数予以修正。对于同样截面积的焊缝，分层越多，每层所用的热输入就越小，因此多层焊所引起的纵向收缩比单层焊小 间断焊的纵向收缩变形比连续焊小，其效果随 a/e 的减小而提高（其中，a 为分段焊缝的长度；e 为焊缝间距）。在工程上，通常根据结构的形式，利用经验公式进行简化计算 对于钢质细长构件（如梁、柱等结构）的纵向收缩，可以通过下式估算其单层焊的纵向收缩量 ΔL $$\Delta L = \frac{k_1 A_H L}{A} \qquad (1)$$ 式中　A_H——塑性变形区面积，mm^2 　　　L——构件长度，mm 　　　A——焊缝截面积，mm^2 修正系数 k_1 与焊接方法和材料有关，见下表

修正系数 k_1 与焊接方法和材料的关系

焊接方法	CO_2	埋弧焊	焊条电弧焊	
材料	低碳钢		低碳钢	奥氏体钢
k_1	0.043	0.071~0.076	0.048~0.057	0.076

类　　别	说　　明
纵向收缩变形	多层焊的纵向收缩量计算时，将上式中 A_H 改为一层焊缝金属的截面积，并将所计算的结果乘以修正系数 k_2。 其中：$k_2 = 1 + 85\varepsilon_s n$ $$\varepsilon_s = \frac{\sigma_s}{E} \qquad (2)$$ 式中　n——层数 　　　ε_s——焊接材料所受的变形 　　　E——焊接材料的弹性模量 　　　σ_s——焊接材料所受的应力 对于两面有角焊缝的 T 形接头，由公式 $\Delta L = \dfrac{k_1 A_H L}{A}$ 计算的收缩量乘以系数 1.15~1.40（公式 $\Delta L = \dfrac{k_1 A_H L}{A}$ 中的 A_H 是指一条角焊缝的截面积）。由于奥氏体钢的热膨胀系数大于低碳钢，所以其变形比低碳钢大
横向收缩变形	横向收缩变形的计算比较复杂，它有很多经验公式，下面给出一个对接接头的横向收缩量的估算公式，可作参考 $$\Delta B = 0.18 \frac{A_H}{\delta} \qquad (3)$$ 式中　ΔB——对接接头的横向收缩量，mm 　　　A_H——焊缝截面积，mm^2 　　　δ——板厚，mm
挠曲变形 （弯曲变形）	当塑性变形区偏离构件截面形心，导致纵向收缩或横向收缩的假想应力偏离构件截面的中性轴线方向而产生弯曲变形，构件的挠曲计算公式为 $$f = \frac{ML^2}{8EI} = \frac{P_f e L^2}{8EI} \qquad (4)$$ 对于钢制构件单道焊缝的挠度，可用下式估算 $$f = \frac{k_1 A_H e L^2}{8I} \qquad (5)$$ 多层焊或双面焊缝的挠度以上式的结果乘以与纵向收缩公式中相同的系数 k_2

续表

类　别	说　明
角变形	角变形的计算比较困难,不同形式的接头,角变形具有不同的特点。角变形的大小通常根据试验以及经验数据来确定 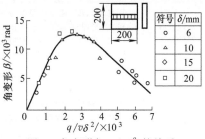 图1　角变形与 $q/v\delta^2$ 的关系 ①堆焊。堆焊是在焊接的表面进行的金属熔敷,因此,堆焊时焊缝正面的温度明显高于背面的温度,会产生较大的角变形。其温度差越大,角变形越大。由于温度与焊接热输入有关,所以热输入较大时,角变形也相应较大。但是,当热输入增大到某一临界值时,角变形不再增加,出现减小的现象,如图1所示。这是因为热输入的进一步增加,使得沿厚度方向的温度梯度减小所致 ②对接接头。对接接头的坡口角度和焊缝截面积形状对角变形的影响较大。坡口越大,厚度方向的横向收缩越不均匀,角变形越大。对称的双 Y 形比 V 形角变形小,但不一定能够使角变形完全消除。对接接头的角变形不但与坡口形式和焊缝截面积有关,还与焊接方式有关。同样的板厚和坡口形式,多层焊比单层焊的角变形大,层数越多,角变形越大;多道焊比多层焊的角变形大。要采用双 Y、双 U 形式的坡口,如果不采用合理的焊接顺序,仍然会产生角变形。一般应两面交替焊接,最好的方法是两面同时焊接。薄板焊接时,由于正反两面温度差较小,角变形没有明显的规律性 ③T 形接头。T 形接头的角变形包括筋板相对于主板的角变形和主板自身的角变形两部分。前者相当于对接接头的角变形,不开坡口的角焊缝相当于坡口 90° 的对接接头产生的角变形,如图 2(b) 中 β' 所示。主板的角变形相当于堆焊产生的角变形,如图 2(c) 中 β'' 所示。通过开坡口,可以减小筋板与主板之间的焊缝夹角,降低 β'' 值。低碳钢各种板厚及焊角 K 与 T 形接头角变形可参照图3进行估计 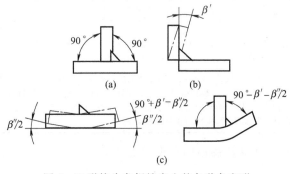 图2　T 形接头角焊缝产生的各种角变形 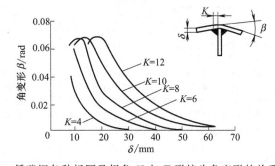 图3　低碳钢各种板厚及焊角 K 与 T 形接头角变形的关系曲线

3. 焊接残余变形的控制与矫正

焊接残余变形的存在对焊接结构的制造精度及使用性能有很大的影响,因此常常在生产过程中采用一些措施对变形进行控制,在生产后对焊接残余变形进行矫正。

（1）控制焊接残余变形的措施

① 设计措施　设计措施说明见表 1-55。

表 1-55　设计措施说明

设计措施	说　明
合理选择焊件尺寸	焊件的长度、宽度和厚度等尺寸对焊接变形有明显影响。以角焊缝为例,板厚对于角焊缝的角变形影响较大,当厚度达到某一数值(钢约为9mm,铝约为7mm)时,角变形最大。另外,在焊接薄板结构时会产生较大的波浪变形。在焊接细长结构时,会产生弯曲变形。因此,需要精心设计焊接结构的尺寸参数(如厚度、宽度、长度和间距等)

焊缝尺寸过大,焊接工作量大,填充金属消耗量大,焊接变形也越大。因此,在设计焊缝尺寸时,在保证结构承载能力的条件下,应尽量采用较小的焊缝尺寸。但是,较小的焊缝尺寸由于冷却速度过快,又容易产生焊接缺陷,如焊接裂纹、热影响区硬度过高等。下表列出了不同厚度典型钢板的最小角焊缝尺寸。表中的板厚为两板厚度中的较大者

钢板的最小角焊缝尺寸　　　　　　　　　　　mm

板　厚	最小角焊缝尺寸 K	
	3 钢	16Mn 钢
7～16	4	6
17～22	6	8
23～32	8	10
33～50	10	12
＞50	12	

由于低合金钢对冷却速度比较敏感,所以在同样厚度条件下,最小焊角尺寸应比低碳钢焊角尺寸大些。

合理地设计坡口形式也有利于控制焊接变形。例如,双 Y 形坡口的对接接头角变形明显小于 V 形坡口对接接头的角变形。但是,为了使双 Y 坡口对接接头角变形消除,还需要进一步精心设计坡口的具体尺寸。

对于受力较大的 T 形接头及十字接头,在保证相同强度的条件下,采用开坡口的焊缝不仅比不开坡口的角焊缝填充金属量小,而且能有效地减小焊缝变形,尤其是对厚板接头来说意义更大。除坡口形状和尺寸要精心设计外,还要注意坡口位置的设计

（该部分对应"合理选择焊缝尺寸和坡口形式"设计措施）

设计措施	说　明
尽量减小不必要的焊缝	焊接结构应该力求焊缝数量少。在设计焊接结构时,为了减轻结构的重量,需要选用板厚较薄的构件,采用加强筋板来提高结构的稳定性和刚度。如果使用加强筋板数量过多,将大大地增加装配和焊接的工作量,成本高,焊接变形量也较大。因此需要选择合适的板厚和筋板数量,以节省焊缝
合理安排焊缝位置	应该设法使焊缝位置对称于焊接结构的中性轴,或者接近于中性轴,避免焊接结构的弯曲变形。焊缝对称于中性轴,有可能使焊缝引起的弯曲变形相互抵消。焊缝接近于中性轴,可以减小由焊缝收缩引起的弯曲力矩,构件的弯曲变形也会减小。焊缝的对称布置在很大程度上取决于结构设计的对称性,所以在设计焊接结构时,应该力求使结构对称

② 工艺措施　工艺措施说明见表 1-56。

表 1-56　工艺措施说明

工艺措施	说　明
反变形法	通过焊前估算结构变形的大小和方向,然后在装配时给予一个反方向的变形量,使之与焊后构件的焊接变形相抵消,达到设计的要求。这是生产中最常用的方法。反变形法(图1)一般有自由反变形法[图1(a)]、塑性反变形法[图1(b)]、弹性反变形法[图1(c)]三种方式。如果能够精确地控制塑性反变形量,可以得到没有角变形的角焊缝,否则得不到良好的效果。正确的塑性预弯曲量随着板厚、焊接条件和其他因素的不同而变化,而且弯曲线必须与焊缝轴线严格配合,这些都给生产带来困难,实际中很少采用。角焊缝通常采用专门的反变形夹具,将垫块放在工件下面,两边用夹具夹紧,变形量一般不超过弹性极限变形量,这种方法比塑性反变形法更可靠,即使反变形量不够准确,也可以减少角变形,不至于残留预弯曲的反变形 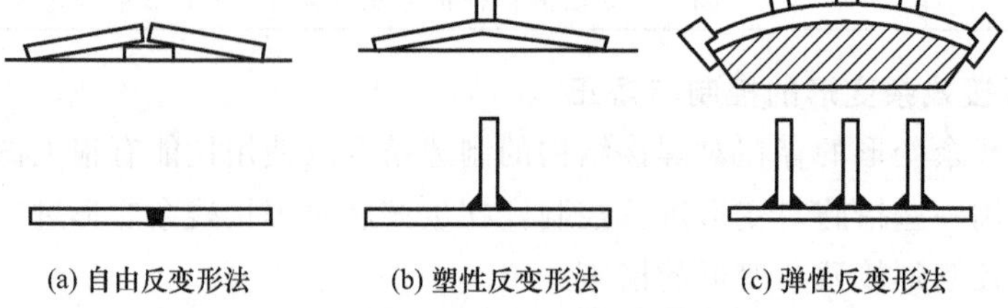

(a) 自由反变形法　　　(b) 塑性反变形法　　　(c) 弹性反变形法

图 1　减少焊接变形的反变形法

工艺措施	说　明
合理选择焊接方法及焊接规范	选用热输入较低的焊接方法,可以有效防止焊接变形。焊缝不对称的细长结构有时可以选用合适的热输入而不必采用反变形或夹具克服挠曲变形。如图 2 中的构件,焊缝 1,2 到中性轴的距离大于焊缝 3,4 到中性轴的距离,若采用相同的规范焊接,则焊缝 1,2 引起的挠曲变形大于焊缝 3,4 引起的挠曲变形,两者不能抵消。如果把焊缝 1,2 适当分层焊接,每层采用小输入,则可以控制挠曲变形 如果焊接时没有条件采用热输入较小的方法,又不能降低焊接参数,可采用水冷或铜冷却块的方法限制和缩小焊接热场分布的方法,减少焊接变形 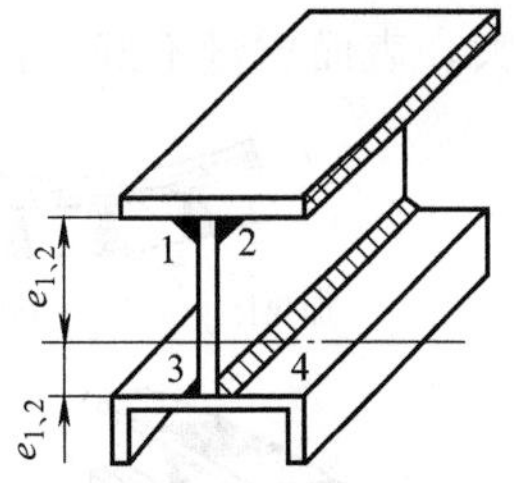 图 2　防止非对称截面挠曲变形的焊接
刚性固定方法	刚性固定方法是在没有反变形的条件下,将焊件加以固定来限制焊接变形。采用这种方法,只能在一定程度上减小变形量,效果不及反变形法。但用这种方法来防止角变形和波浪变形,效果较好。例如,焊接法兰盘时采用直接点固,或压在平台上,或两个法兰盘背对背地固定起来,如图 3 所示 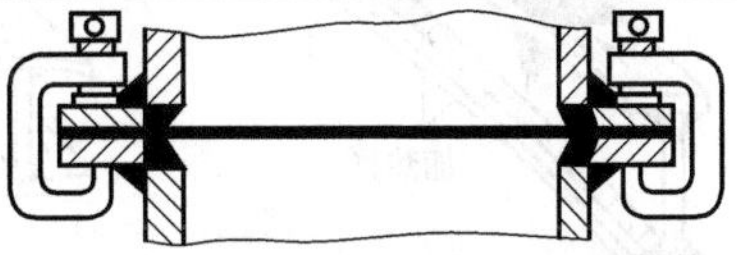 图 3　刚性固定方法焊接法兰盘
采用合理的装配焊接顺序	设计装配焊接顺序主要是考虑不同焊接顺序的焊缝产生的应力和变形之间的相互影响,正确选择装配焊接顺序可以有效地控制焊接变形。如图 4 所示的带盖板的双槽钢焊接工字梁,可以采用 3 种方案进行焊接 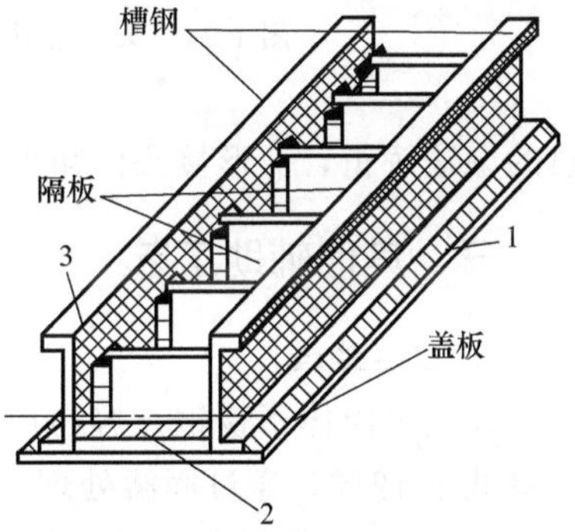 方案 1:先将隔板与槽钢装配在一起,焊接角焊缝 3,角焊缝 3 的大部分在槽钢的中性轴以下,它的横向收缩产生上挠度 f_3。再将盖板与槽钢装配起来,焊接角焊缝 1,角焊缝 1 在构件断面的中性轴以下,它纵向收缩引起上挠度 f_1。最后焊接角焊缝 2,角焊缝 2 也位于断面的中性轴以下,它的横向收缩产生上挠度 f_2。构件最终的挠曲变形为 $f_1+f_2+f_3$ 方案 2:先将槽钢与盖板装配在一起,焊接角焊缝 1,它纵向收缩引起上挠度 f_1。再装配隔板,焊接角焊缝 2,它的横向收缩产生上挠度 f_2。最后焊接角焊缝 3,此时角焊缝 3 的大部分在构件断面的中性轴以上,它的横向收缩产生下挠度 f'_3。构件最终的挠度为 $f_1+f_2-f'_3$ 图 4　带盖板的双槽钢焊接工字梁(1~3 为角焊缝) 方案 3:先将隔板与盖板装配在一起,焊接角焊缝 2,盖板在自由状态下焊接,只能产生横向收缩和角变形,若采用压板将盖板紧压在平台上,是可以控制角变形的。此时盖板没有与槽钢连接,因此焊缝 2 的收缩不引起挠曲变形,$f_2=0$。再装配槽钢,焊接角焊缝 1,引起上挠度 f_1。最后焊接角焊缝 3,引起下挠度 f'_3。构件最终的挠度为 $f_1-f'_3$ 比较以上 3 种方案可以看出,不同的装配焊接顺序导致不同的变形结果,方案 1 挠曲变形最大,方案 3 挠曲变形最小

（2）矫正焊接变形的方法

尽管在焊接结构的设计和生产中采取了许多控制焊接变形的措施,但是焊接残余变形难以完全消除。在必要时,还必须对焊接结构进行分析来矫正残余变形。矫正焊接残余变形的方法一般分为两大类。

① 机械矫正法　利用外力使构件产生与焊接变形方向相反的塑性变形,使两者相互抵消。在薄板结构中,如果焊缝比较规则（直焊缝或环焊缝）,采用圆盘形辊轮碾压焊缝及其两侧,使之伸长来达到消除焊接残余变形的目的。这种方法效率高,质量也好。对于塑性较好的材料（如铝）,效果更佳。

图 1-23 所示为用加压机械来矫正工字梁焊接

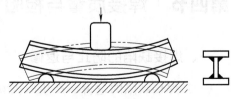

图 1-23　机械矫正法

变形的例子。除采用压力机外，还可以用锤击法来延展焊缝及其周围压缩塑性变形区域，达到消除焊接变形的目的。这种方法比较简单，经常用来矫正不太厚的板结构。其缺点是劳动强度大，表面质量不好，锤击力不易控制。

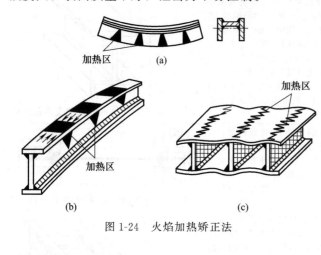

图 1-24　火焰加热矫正法

② 火焰加热矫正法　利用火焰局部加热时产生的压缩塑性变形，使较长的金属在冷却后产生收缩来达到矫正变形的目的。火焰加热可采用一般气焊焊炬，矫正效果的好坏，关键在于正确选择加热位置、加热范围和加热形状，如图 1-24 所示。

图 1-24（a）所示为非对称 π 形结构，可以在上下盖板采用三角形加热的办法矫正。非对称工字梁〔如图 1-24（b）所示〕的上挠曲变形，可在上盖板用矩形加热和腹板用三角形加热的办法矫正，T 形接头的角变形可在翼板背面加热进行矫正，如图 1-24（c）所示。

三、其他辅助工艺

1. 固溶处理

焊接奥氏体不锈钢，容易产生抗晶间腐蚀能力下降的问题，即晶间因产生碳化铬使其铬含量低于 12%，通过固溶处理，可以使碳化铬分解，并使碳和铬都固溶到钢中，使其恢复抗腐蚀能力。固溶处理是将焊后的不锈钢焊件加热至 $1000 \sim 1150\,℃$，保温一段时间，使碳完全溶解在奥氏体中，然后使其快速（水中）冷却的工艺。保温时间根据焊件厚度确定，工件越厚，保温时间越长，保温时间按 $2\mathrm{min/mm}$ 计算。此工艺只用于不锈钢和奥氏体耐热钢焊件。

2. ACI 焊道

为了改善熔合区的韧性和抗裂性，特别是对于可能产生一定硬化倾向的低合金高强钢，同时也为了消除可能的应力集中根源（咬边缺陷等），推荐在熔合线表面焊接一道焊道，称为 ACI 焊道，如图 1-25 所示。ACI 焊道对前一焊道也有退火作用。

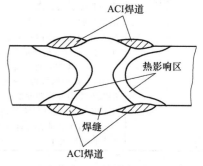

图 1-25　ACI 焊道的运用

第四节 | 焊接质量与检验

一、焊接缺陷的防止与返修

（一）焊接缺陷的危害、产生原因和防止方法

焊接过程中焊接接头产生的金属不连续、不致密或连接不良的现象叫做焊接缺陷。严重

的焊接缺陷将直接影响产品结构的安全使用。经验证明，焊接结构的失效、破坏以致发生事故，绝大部分并不是由于结构强度不足，而往往是各种焊接缺陷影响所致。由于焊接工艺自身的特点，要在焊接接头中避免一切缺陷，实际上是不可能的。但是尽量提高操作技能水平，将焊接缺陷控制在允许的范围内，则是每一个焊工应该争取达到的目标。

焊接缺陷可能出现在焊缝和热影响区中，也可能出现在焊件中，但以出现在焊缝中最为多见。常见的焊接缺陷有焊缝表面尺寸不符合要求、夹渣、气孔、焊接裂纹、未焊透、未熔合、焊瘤、下塌、凹坑、弧坑和烧穿、咬边等。

焊接缺陷类型、产生原因和防止方法见表1-57。

表 1-57　焊接缺陷类型、产生原因和防止方法

缺 陷 类 型	产 生 原 因	防 止 方 法
焊缝表面尺寸不符合要求(焊缝外表形状高低不平、焊波宽窄不齐、余高过大或过小、角焊缝焊脚尺寸不等,均属焊缝表面尺寸不符合要求)	①焊接技术不熟练,焊条送进和移动速度不均匀;运条手法不正确;焊条与焊件夹角太大或太小;焊接时焊工的手在不断地抖动等 ②焊件坡口开得不当,如用手工气割割出的坡口,其平直度、坡口角度往往达不到要求 ③焊件装配质量不高,如产生错边、装配间隙不均匀等 ④焊接参数选择不当,如焊接电流和电弧电压过大或过小 ⑤焊缝位置可达性不好,焊工不能灵活地运条 ⑥焊工护目遮光镜片遮光号太大,焊工看不清焊接位置	①努力提高焊工的操作技能水平,苦练基本功 ②尽量采用金属切削方法加工焊件的坡口面,如用刨边机刨直缝、立式车床车环缝等 ③提高装配质量,推广使用工、夹、模具装配焊件 ④选择适当的焊接参数,在焊机上装设电流表和电压表,以保证所选用焊接参数的正确性 ⑤改进设计,改善焊接位置的可达性 ⑥正确选用护目遮光镜片的遮光号
夹渣	①前道焊道除渣不干净,如采用 E5015 碱性焊条时,在焊缝的焊趾处(焊缝和母材的交界处)焊渣难于清除 ②焊条的摆动幅度过宽,使液态熔渣在焊道边缘处凝固 ③焊条的前进速度不均匀 ④焊件倾角太大,使熔渣流至电弧之前 ⑤在深坡口的底层焊接时,因熔渣数量过多而流向电弧的前方 ⑥焊条直径太粗,焊接电流太小,使熔渣和液态金属分辨不清,搅和在一起	①在后焊焊道施焊之前,应彻底除渣。如采用角向磨光机等机动工具代替手工工具(錾子),清除焊趾处的焊渣 ②限制焊条摆动的宽度,使紧邻于熔池后面的熔渣在全宽度上都保持熔融状态 ③采取均匀一致的焊接速度 ④减少焊件倾角 ⑤加大焊条的角度或提高焊接速度,以增加电弧的后吹力,使液态熔渣保持在电弧后面。有可能时可采用上坡焊 ⑥采用直径较细的焊条和较大的焊接电流
气孔	①焊件金属表面受锈、油、水分或脏物污染 ②焊条药皮中水分过大 ③焊接电弧长度拉得过长 ④焊接电流过大 ⑤焊接速度过快 ⑥使用 E5015 碱性焊条时,电源采用直流正接 ⑦焊接电弧发生偏吹	①用角向磨光机清除焊件表面及焊口内侧的污物,清除宽度应控制在焊口两侧各 20mm 范围内 ②严格按工艺要求规定的烘干温度在焊前烘焙焊条。如 E4303 酸性焊条为 75~150℃;E5015 碱性焊条为 350~450℃,并坚持使用焊条保温筒,务必做到随用随取 ③尽量采用短弧焊,特别是在使用碱性焊条时不要随意拉长电弧 ④减小焊接电流,避免焊条末端药皮发红 ⑤降低焊接速度,利用运条动作,加强液态金属搅动,使熔池内的气体能顺利地逸出 ⑥采用碱性焊条时,电源一定要接成直流反接 ⑦防止电弧偏吹,不要使用偏心度超过标准的焊条

续表

缺陷类型	产生原因	防止方法
焊接裂纹	在焊接应力及其他致脆因素的共同作用下，焊接接头中局部地区的金属原子结合力遭到破坏，形成新界面所产生的缝隙，叫做焊接裂纹。焊接裂纹往往具有尖锐的缺口和大的长宽比。相对于焊缝的位置而言，焊接裂纹有的是纵向的，有的是横向的，出现的部位有的在焊缝上、焊趾处或热影响区上，有的在表面，也有的在内部。产生焊接裂纹的原因是 ①焊接熔池中含有较多的 C、S、P 等有害元素，致使在焊缝中生成裂纹，这种焊接裂纹叫做热裂纹 ②焊接熔池中含有较多的氢，在焊接过程中向热影响区扩散，致使在焊趾、焊根和热影响区生成裂纹，这种裂纹叫做冷裂纹 ③结构刚度大，焊接过程中产生较大的应力 ④焊接接头冷却速度太快。如在冬季施焊，室温太低，或焊件厚度较大，导致焊缝散热太快 ⑤焊接参数选择不当，若焊接电流太大，形成深而窄的焊缝，这种焊缝中心很容易产生裂纹 ⑥焊道结束时弧坑没有填满，致使弧坑中产生裂纹	①将焊件整体或局部的焊口处进行焊前预热，预热温度 $100\sim300℃$。母材的含碳量、合金元素含量越高，预热温度也越高。预热方法是用气体火焰、远红外加热器和喷灯等进行加热 ②限制焊接原材料中 C、S、P 的含量。如对 H08A 焊丝，要求 $\omega(C)\leqslant0.10\%$，$\omega(S)\leqslant0.03\%$，$\omega(P)\leqslant0.03\%$ ③尽量降低焊接熔池中氢的含量，如焊前做好焊接接头附近的清洁工作，烘干焊条，使用药皮中含氢量较低的碱性焊条等 ④采用合理的焊接顺序和方向，以降低结构刚性 ⑤若环境温度太低，焊前又无条件预热的，不要进行焊接 ⑥焊道结束进行收弧时，应采用断弧法，使熔滴填满弧坑，或采用收弧板将弧坑引至焊件外侧
未焊透	形成未焊透的原因是，焊接速度太快，坡口钝边过厚，坡口角度太小，装配间隙过小，焊条角度不正确使熔池偏于一侧，焊接电流过小，弧长过长，焊接时电弧有偏吹现象等	正确选用和加工坡口尺寸，保证必需的装配间隙和合适的钝边尺寸，还应正确选用焊接电流和焊接速度，焊缝背面挑焊根后再进行焊接等
未熔合	熔焊时，焊道与母材之间或焊道与焊道之间，部分未完全熔化结合，叫做未熔合。产生未熔合的原因是，层间清渣不干净，焊接电流太小，焊条偏心，焊条摆动幅度太窄等	加强层间清渣，适当增加焊接电流，不使用偏心焊条，操作时注意焊条摆动的幅度等
焊瘤	焊接过程中，熔化金属流淌到焊缝之外未熔化的母材上所形成的金属瘤叫做焊瘤。焊瘤经常发生在立焊、横焊和仰焊的焊缝中。产生焊瘤的主要原因是，操作技能不熟练，焊条直径太粗，焊接电流太大，焊条倾角不合适和运条不当	防止焊瘤的措施是提高焊工的操作技能，加强基本功的训练
下塌	单面熔焊时，由于焊接工艺选择不当，焊缝金属过量透过背面，而使焊缝正面塌陷、背面凸起的现象，叫做下塌。形成下塌的原因是装配间隙和焊接电流过大	减小装配间隙和焊接电流
凹坑	焊后在焊缝表面或焊缝背面形成的低于母材表面的局部低洼部分叫做凹坑。焊缝背面的凹坑通常又叫做内凹。产生凹坑的原因是电弧拉得过长，焊条倾角不当和装配间隙过大	压短弧长、调整焊条倾角和适当减小装配间隙
弧坑	熔焊时，在焊条末端灭弧时的焊缝金属低于焊缝表面的现象叫做弧坑。产生弧坑的原因是熔池金属在电弧吹力下向后移动又没有新的填充金属添加所致	采用断续灭弧法或用收弧板，将弧坑引至焊件外面

续表

缺陷类型	产　生　原　因	防　止　方　法
烧穿	焊接过程中,熔化金属自坡口背面流出,形成穿孔的缺陷,叫做烧穿。产生烧穿的原因是焊件加热过大。如焊接电流和装配间隙太大,焊接速度过慢以及电弧在焊缝处停留时间过长等	减小焊接电流和适当增加焊接速度,严格控制焊件的装配间隙,并保证这种间隙在整个焊缝长度上的一致性
咬边	由于焊接参数选择不当,或操作方法不正确,而在沿焊趾的母材部位生成的沟槽或凹陷,叫做咬边。咬边通常是由于焊接电流太大、弧长过长和焊条摆动速度过快而引起的。横焊或立焊时,焊条直径太粗和焊条角度不正确也能造成咬边	进一步提高操作技能。焊接速度必须满足所熔敷的焊缝金属完全充填于母材所有已熔化的部分。采用焊条摆动操作工艺时,在焊缝的每侧必须稍做停顿,焊接过程中尽量采用短弧焊

(二) 焊接缺陷的返修

1. 焊接缺陷的清除方法

焊接缺陷的返修包括产品制造过程中的返修以及使用过程中的返修。超标焊接缺陷的存在,对于重要的焊接结构,如锅炉、压力容器,会影响其安全运行和工作寿命,因此,当发现超过允许值的焊接缺陷,都必须彻底将其清除。

根据产品的材质、缺陷所在部位和大小,焊接缺陷的清除方法可分别采用碳弧气刨、气割或风铲。

对于低碳钢或屈服点≤392MPa的普通低合金高强度钢及厚度在20mm以下的09Mn2V钢,可采用碳弧气刨或气割的方法来清除缺陷。

当焊缝的缺陷只是局部的、断续存在时,用碳弧气刨的方法清除较好。若产品的焊缝需整条返修时,可用气割将其割开,并切出坡口,用砂轮修磨平整后,再重新组装、焊接。

对于不适合碳弧气刨和气割的钢材及焊缝,可采用机械加工或手工铲磨的方法来清除焊接缺陷。

凡是对冷裂纹敏感的屈服点>392MPa的低合金高强度钢、铬钼耐热钢及耐腐蚀性能要求高的不锈钢和复合钢板等,当存在有少量的表面或内部缺陷时,可使用风铲、砂轮等去除缺陷或铲磨坡口。对于内部存在的大量缺陷或接头性能不合格的,如高压厚壁容器筒体的规则焊缝,在条件允许的情况下,可在机床上进行机械加工来清除需返修的焊缝。

返修焊道清除缺陷后的坡口表面要呈圆滑过渡,不能有尖锐棱角,如图1-26所示。

2. 返修焊缝的操作要点

焊缝返修一般是在产品刚性拘束较大的条件下进行的,返修次数多,会影响产品的质量,故应力求一次返修成功。焊缝返修的操作要点如下。

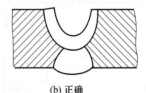

(a) 不正确　　　　　(b) 正确

图1-26　返修焊道坡口的加工

① 根据对焊缝质量检验的结果,由检验人员对有缺陷的部位做出标记,确定缺陷的性质,并分析缺陷的产生原因,在清除焊缝缺陷后,由经过考试合格并焊接质量一贯优良的优秀焊工担任焊缝返修工作。

② 产品焊接时若需要预热,返修时也应在相应预热条件下进行焊接。当返修工作环境

温度低于 0℃时，应采取相应的预热措施。

③ 原则上应采用与原产品焊接时同样的焊接材料及焊接工艺进行返修、补焊。焊接时，宜采用多层多道、小电流、焊条不摆动焊法，以防止返修部位的焊缝过热或产生过量的变形。

④ 补焊时要严格控制层间温度，注意每道焊缝的起弧与收弧处的焊接质量。同一层焊缝的相接两焊道间的起弧与收弧处必须相互错开一定距离。每焊完一层后要仔细检查，确保无缺陷后，再焊下一层。

⑤ 返修部位的焊缝必要时需修磨表面，使其外形与原焊缝外形基本一致，并按原焊缝的探伤要求严格检查。如再发现超标缺陷，应再次修补，但修补次数不能超过标准规定的允许返修次数。

⑥ 对要求焊后热处理的焊件，应在热处理前进行返修。如在热处理后还需进行返修，则返修后应重新进行热处理。

⑦ 焊缝缺陷的清除和补焊，都不允许在带压或承载状态下进行。

二、焊接质量检验

(一) 焊缝外观检查

焊后（层间），将焊缝表面的焊渣清理干净，用肉眼或低倍放大镜检查焊接接头处有无外部可见缺陷，如外表存在气孔、表面裂纹、咬边、内凹、焊瘤、弧坑和烧穿等，再用焊缝万能量规检查焊缝表面的几何尺寸，如焊缝余高、余高差、焊缝宽度、宽度差、焊脚尺寸等。

(二) 焊缝无损检测

1. 射线探伤

采用 X 射线或 γ 射线照射焊接接头检查内部缺陷的无损检验法叫做射线探伤。

（1）缺陷性质的辨别

射线通过不同厚度或不同材料时，其衰减不同，因而在底片上产生不同程度的明暗影像：母材呈黑色，焊缝呈浅白色，当焊缝中有缺陷时，又出现不同形状、不同深度的暗黑色。缺陷性质的辨别见表 1-58。

表 1-58　缺陷性质的辨别

缺陷性质	简　图	辨　别
局部咬边	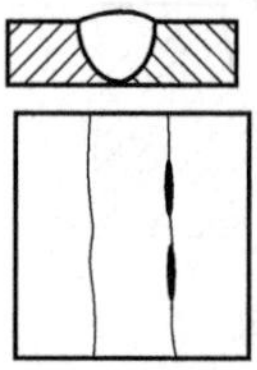	底片上在焊缝和母材的交界处出现局部黑色条纹
内凹	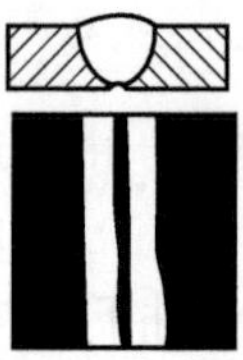	底片上在焊缝中间出现一条不规则的黑色条纹

缺陷性质	简　图	辨　别
裂纹	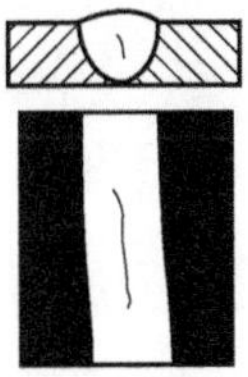	裂纹在底片上多呈略带曲折的波浪形细条纹,有时也呈直线细纹,轮廓较分明,中部稍宽、两端较尖细
未焊透	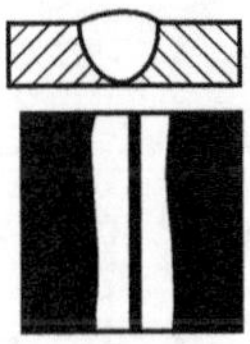	未焊透在底片上呈断续的或连续的黑直线
气孔		焊条电弧焊的气孔在底片上多呈黑色圆形或椭圆形,其黑度是中心处较深,并均匀地向边缘减小,形式有密集的、连续的或分散分布的几种。埋弧焊焊缝中所产生的气孔通常较大,有时直径可达几毫米,黑度也较深
夹渣	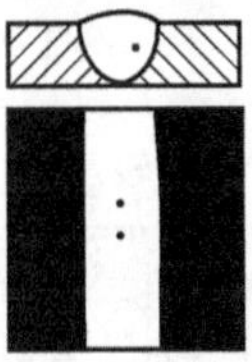	夹渣在底片上多呈不同形状的点或条状。点状夹渣呈单独黑点,外观不规则并带有棱角,黑度较均匀。条状夹渣是宽而短的粗线条状,宽度不太一致

（2）质量标准

根据 GB/T 3323—2005《钢熔化焊对接接头射线照相和质量分级》的规定,根据底片上缺陷的性质、形状、大小和密集程度,将底片的质量分为Ⅰ、Ⅱ、Ⅲ、Ⅳ四级,其中Ⅰ级底片质量最高,Ⅳ级底片质量最差。各种产品焊缝射线探伤后质量要求达到的等级,可根据该产品的受力状况和工作介质,在产品设计的图样上和技术要求中予以规定。

2. 超声探伤

利用超声波探测材料内部缺陷的无损检验法叫做超声探伤,其原理如图 1-27 所示。超声波探头发射的超声波,一部分通过耦合剂（油）的作用传播到焊件表面,产生发射脉冲波;另一部分进入焊件内部,在焊件底面又被反射回来,产生底面反射波。若焊件内部有缺陷,缺陷上反射回去的超声波在荧光屏上又产生缺陷反射波。根据缺陷反射波的形状、大小和位置,可以间接判断焊接缺陷的性质、大小和位置。

3. 磁粉探伤

利用在强磁场中,铁磁性材料表层缺陷产生的漏磁场吸附磁粉的现象而进行的无损检验法叫做磁粉探伤,其原理如图 1-28 所示。

磁粉探伤时,将焊件放至两磁极之间,焊缝上撒上铁粉,则在铁粉聚集处的下面,就是焊接缺陷。

三种无损检验方法的比较见表 1-59。

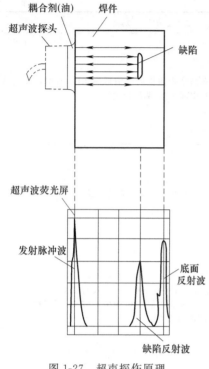

图 1-27 超声探伤原理

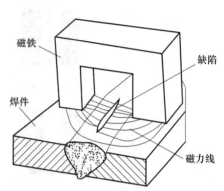

图 1-28 磁粉探伤原理

表 1-59 三种无损检验方法的比较

检验方法	能探测的缺陷	检验厚度	质量判断
磁粉探伤	表面及近表面的缺陷（微裂纹、未焊透、气孔）	表面及近表面，深度不超过 5mm	能判断缺陷位置，但深度不能确定
超声探伤	内部缺陷（裂纹、未焊透、气孔、夹渣）	下限 5mm，上限无限制	能间接判断缺陷性质及位置
射线探伤	内部缺陷（裂纹、未焊透、气孔、夹渣）	X 射线可探至 60mm，γ 射线可探至 150mm	能直接判断缺陷性质、大小、形状和位置

（三）力学性能试验

将被试验的焊接接头（或焊缝）按规定要求制成各种形状的试样，在专门的设备上进行拉伸、弯曲和冲击等试验，以测定焊接接头（或焊缝）的强度、塑性、硬度和冲击韧性等性能，叫做力学性能试验（表 1-60）。

表 1-60 力学性能试验方法比较

类 别	说 明	试验方法简图
拉伸试验	在拉伸机上将板状或圆棒试样进行纵向拉伸，直至断裂，用以测定焊缝或焊接接头的抗拉强度、屈服强度、伸长率和断面收缩率	

类 别	说 明	试验方法简图
弯曲试验	在压力机上对板状试样加上一定的载荷,使试样弯曲一个角度,检查其拉伸面上有无裂纹的试验方法 弯曲试验的目的是检查焊接接头的塑性,同时可反映各区域的塑性差别、暴露焊接缺陷和考核熔合线的质量;弯曲试验可分为以下3种 ①面弯。弯曲后焊缝正面成为拉伸面 ②背弯。弯曲后焊缝背面成为拉伸面 ③侧弯。弯曲后焊缝一个侧面成为拉伸面	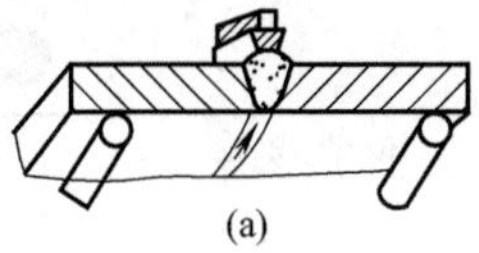 (a) 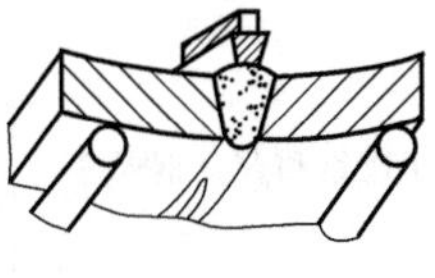 (b)
冲击试验	将加工成长方体的一个试样,在冲击试验机上加上一定的冲击载荷将试样打断,以测定焊接接头的冲击韧性的试验方法 冲击试验的试样中间应开一缺口,便于试验时打断。缺口形状有夏比U形缺口试样和夏比V形缺口试样两种,目前推广使用的是V形缺口试样。缺口位置可分别放在焊缝、熔合线和热影响区3处,以检查测试这3处的冲击韧性	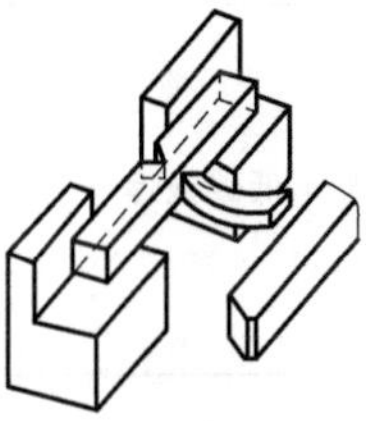
硬度试验	将焊接接头的断面磨平,在硬度计上打上硬度,用以测定焊接接头各区域上的硬度,并可间接判定材料焊接性的试验方法	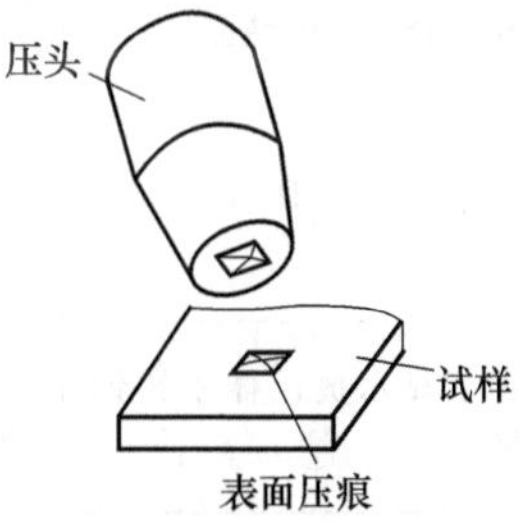 压头 试样 表面压痕

(四) 焊接接头的金相检验

1. 金相检验的目的

焊接接头金相检验的目的是了解焊接接头各部位的金相组织。通过对金相组织的分析,可以获得焊缝金属中各种显微氧化类杂物的数量、氢白点的分布情况、晶粒度以及热影响区的组织状况。据此研究焊接接头各项性能优劣的原因,为改进焊接工艺、制定热处理规范、选择焊接材料或钢材等提供资料。

2. 对试样的要求

金相检验的试样可以从焊接构件上或专制的试片上切取。切取的方法是:可用剪、锯、刨、铣或砂轮切割 (但应避免将试样加热到150℃以上),然后用砂纸打磨或磨削加工,再经细砂纸精磨。这种方法制备的试样可以做宏观金相检验。对于微观金相检验用的试样,尚需在精磨的基础上进行抛光,使试样达到无擦痕、无划痕的镜面状态。

制备好的试样用水冲洗干净,再用酒精或汽油除去磨片表面上的油污,然后将磨片浸入浸蚀剂或用浸过浸蚀剂的棉花在磨面上擦拭,使光亮的磨面逐渐变成银灰色或暗灰色。浸蚀时间随着金属的化学成分不同而异,浸蚀的深度则依试样的用途而定。对于宏观试样,通常采用深浸蚀;而微观试样,则采用浅浸蚀。经过浸蚀的试样表面的浸蚀剂立即用流动水冲洗掉,然后用酒精冲掉试样表面的水分并用热风吹干。

3. 常用的宏观试样腐蚀剂

常用的各种钢及焊接接头宏观试样腐蚀剂见表 1-61。

表 1-61 常用的各种钢及焊接接头宏观试样腐蚀剂

试剂用途	试剂成分	腐蚀特点	备　注
用于碳钢和合金钢焊缝	硝酸水溶液 10%～20%	室温腐蚀时间 5～20min	腐蚀后若再用 10%过硫酸铵水溶液腐蚀,可更好地显示粗晶组织
	盐酸 50mL;水 50mL	热煮 65～75min,保持 10min	能很好地显示各区宏观组织,根据不同材料腐蚀时间可延长或缩短
	过饱和氯化高铁 3mL;硝酸 2mL;水 1mL	室温腐蚀 2～20min	作用强烈,组织很清晰
用于显示低碳钢焊缝	二氧化铜 1g 氯化铁 3g 过氯化锡 0.5g 盐酸 50g 水 500mL 酒精 50g	腐蚀到出现组织为止,在冲洗过程中用棉花把铜从试件上擦掉	硫、磷富集区比其他区要亮,多腐蚀及重复抛光
用于显示低碳钢、低合金钢和中合金钢的结晶层	硫酸水溶液 20%	煮沸 6～8h 到出现组织为止,冲洗时,小心擦拭	如重复腐蚀,需重新抛光
	苦味酸饱和水溶液	腐蚀 3～4h,然后抛光重新腐蚀,需进行 5～6 次	—
用于显示各种合金钢的焊缝	氯化铜 35g;过氯化铵 53g;水 1000mL	腐蚀 30～90s,在冲洗过程中用棉花擦掉铜	显现白点、裂缝、气孔、金属流线。富硫、磷区比其他区要暗
用于显示奥氏体不锈钢焊缝	盐酸 500mL;硫酸 25mL;硫酸铜 100mL;水 200mL	腐蚀到出现组织为止	为清晰地显示塑性变形痕迹,腐蚀之前需要把磨片抛光
用于显示奥氏体铝、铜合金的焊缝组织	硫酸铜 30g 盐酸 150mL 硫酸 10mL 水 150mL	用棉花擦拭到出现组织为止	作用强烈
用于显示铜及铜基合金的焊缝	相对密度 1.2～1.3 硝酸	短时间腐蚀	适用于紫铜和黄铜
用于显示铝焊缝铝合金	硝酸 300mL 盐酸 100mL	用棉花擦拭到出现组织为止	适用于铜合金
用于显示铝焊缝合金	10%的盐酸水溶液 100mL;氯化铁 30g	腐蚀到出现组织为止	

4. 宏观金相检验

宏观金相检验是肉眼或采用放大 30 倍左右的放大镜直接进行观察。它可以确定焊接接头的组织结构及各区域的界线。还可以确定未焊透程度以及检查焊缝的夹杂、裂纹、气孔、偏析、缩孔等缺陷。宏观金相检验是在金属磨面上进行的,也可直接在焊缝断面上观察到某些低倍缺陷。通过对焊缝断口的观察,可以确定其是塑性破坏还是脆性破坏,也可发现气孔、裂纹、夹杂、未焊透等缺陷。

（1）金相宏观分析

将焊接接头断面磨成宏观金相试样,以检查断面上各种焊接缺陷的存在情况,并可观察到焊接熔池的形状和尺寸。角焊缝通常进行此项试验。

（2）断口检验

断口检验是用以检查管子焊缝内部质量的一种专门检验方法。检验前，事先在焊缝表面沿焊波方向车一条沟槽，槽深约为焊缝厚度的 1/3，然后用拉力机将管子试样拉断，观察试样断口处存在的缺陷种类和大小。断口检验对"未熔合"缺陷较敏感。

（3）宏观金相检验的方法和对象

宏观金相检验的方法和对象见表 1-62。

表 1-62　宏观金相检验的方法和对象

方　　法	检验内容	检验对象	备　　注
宏观组织（粗晶）分析	焊缝一次结晶组织的粗细程度和方向性；熔池形状、尺寸；焊接接头各区域的界线和尺寸；裂纹、气孔、夹杂、未焊透等焊接缺陷	焊接接头，一般取横断面	也可取接头表面层，进行产品的非破坏性检验
断口分析	断口组成；裂尖及扩展方向；是塑性断裂还是脆性断裂；是晶间断裂、穿晶断裂还是复合断裂；组织及其对断裂的影响	冲击、拉伸、弯曲、疲劳试验等试样的断口和折断试验法的断口；破坏试验、废品的断口	尽可能配以电子显微镜和电子探镜做断口分析，对断裂性质、断裂原因做进一步分析和判断
硫、磷、氧化物偏析	硫、磷、氧化物的偏析程度（数量、大小、分布等）	焊接接头，一般取横断面	
钻孔试验法	焊缝中气孔、夹杂，焊接接头熔合线附近未焊透，焊缝和热影响区的裂纹	不能使用其他方法检验的产品部位	只有在不得已的情况下偶尔使用

5. 微观金相检验

微观金相检验是借助显微镜来进一步查明焊接接头的详细的组织状态。通过微观金相检验可以确定：熔化区、热影响区及母材的组织特征、晶粒大小及大致的力学性能；焊缝金属及热影响区的冷却速度；合金钢焊接时碳化物的析出情况；焊接接头的显微缺陷（如气孔、夹杂、显微裂纹、过热及过烧）。

第二章

焊接材料

第一节 焊条

一、焊条的组成及作用

焊条是涂有药皮的供焊条电弧焊用的熔化电极，它由药皮和焊芯两部分组成，如图 2-1 所示。药皮是涂在焊芯表面上的涂料层，焊芯是焊条被药皮包覆的金属芯。焊条前端的药皮有 45°左右的倒角，便于引弧；尾部有一段裸焊芯，约占焊条总长的 1/16，一般长 15～25mm，便于焊钳夹持和导电。焊条直径实际是指焊芯直径，通常分为 1.6mm、2.0mm、2.5mm、3.2mm、4.0mm、5.0mm、6.0mm 等几种，其长度一般为 200～450mm。

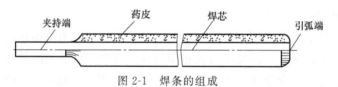

图 2-1　焊条的组成

焊条要满足引弧容易、燃烧平稳、无过多的烟雾和飞溅、焊条熔化端部能形成喇叭形套筒、保证熔敷金属具有一定的抗裂性及所要求的力学性能和化学成分、焊后焊缝成形正常、焊渣容易清除等要求，以保证正常的焊接过程。

1. 焊芯

焊条中被药皮包裹的具有一定长度和直径的金属芯称为焊芯。焊接时，焊芯有两个作用：一是导通电流，维持电弧稳定燃烧；二是作为填充的金属材料与熔化的母材共同形成焊缝金属。

焊条电弧焊时，焊芯熔化形成的填充金属占整个焊缝金属的 50%～70%，所以，焊芯的化学成分及各组成元素的含量，将直接影响焊缝金属的化学成分和力学性能。碳钢焊芯中各组成元素对焊接过程和焊缝金属性能的影响见表 2-1。

表 2-1　碳钢焊芯中各组成元素对焊接过程和焊缝金属性能的影响

组成元素	影 响 说 明	质量分数
碳(C)	焊接过程中碳是一种良好的脱氧剂，在高温时与氧化合生成 CO 或 CO_2 气体，这些气体从熔池中逸出，在熔池周围形成气罩，可减小或防止空气中氧、氮与熔池的作用，所以碳能减少焊缝中氧和氮的含量。但碳含量过高时，由于还原作用剧烈，会增加飞溅和产生气孔的倾向，同时会明显地提高焊缝的强度、硬度，降低焊接接头的塑性，并增大接头产生裂纹的倾向	小于 0.10% 为宜

续表

组成元素	影 响 说 明	质量分数
锰（Mn）	焊接过程中锰是很好的脱氧剂和合金剂。锰既能减少焊缝中氧的含量，又能与硫化合生成硫化锰（MnS）起脱硫作用，可以减小热裂纹的倾向。锰可作为合金元素渗入焊缝，提高焊缝的力学性能	$0.30\%\sim0.55\%$
硅（Si）	硅也是脱氧剂，而且脱氧能力比锰强，与氧形成二氧化硅（SiO_2）。但它会增加熔渣的黏度，黏度过大会促使非金属夹杂物的生成。过多的硅还会降低焊缝金属的塑性和韧性	一般限制在 0.04% 以下
铬（Cr）和镍（Ni）	对碳钢焊芯来说，铬与镍都是杂质，是从炼钢原料中混入的。焊接过程中铬易氧化，形成难熔的氧化铬（Cr_2O_3），使焊缝产生夹渣。镍对焊接过程无影响，但对钢的韧性有比较明显的影响。一般低温冲击值要求较高时，可以适当掺入一些镍	铬的质量分数一般控制在 0.20% 以下，镍的质量分数控制在 0.30% 以下
硫（S）和磷（P）	硫、磷都是有害杂质，会降低焊缝金属的力学性能。硫与铁作用能生成硫化铁（FeS），它的熔点低于铁，因此使焊缝在高温状态下容易产生热裂纹。磷与铁作用能生成磷化铁（Fe_3P 和 Fe_2P），使熔化金属的流动性增大，在常温下变脆，所以焊缝容易产生冷脆现象	一般不大于 0.04%，在焊接重要结构时，要求硫与磷的质量分数不大于 0.03%

（1）焊芯的作用

作为电极产生电弧。焊芯在电弧的作用下熔化后，作为填充金属与熔化了的母材混合形成焊缝。

（2）焊芯分类及牌号

① 焊芯分类 根据 GB/T 14957—1994《熔化焊用钢丝》标准规定，专门用于制造焊芯和焊丝的钢丝的钢材可分为碳素结构钢和合金结构钢两类。

② 焊芯牌号编制 焊芯牌号一律用汉语拼音字母 H 作字首，其后紧跟钢号，表示方法与优质碳素结构钢、合金结构钢相同。若钢号末尾注有字母 A，则为高级优质焊丝，硫、磷含量较低，其质量分数≤0.03%。若末尾注有字母 E 或 C 为特级焊条钢，硫、磷含量更低，E 级硫、磷质量分数≤0.02%，C 级硫、磷质量分数≤0.015%。

2. 药皮

压涂在焊芯表面的涂料层称为药皮。由于焊芯中不含某些必要的合金元素，且焊接过程中要补充焊芯烧损（氧化或氮化）的合金元素，所以焊缝具有的合金成分均需通过药皮添加。

（1）药皮的作用

药皮的作用及说明见表 2-2。

表 2-2 药皮的作用及说明

药皮作用	说 明
稳弧作用	焊条药皮中含有稳弧物质，可保证电弧容易引燃和燃烧稳定
保护作用	焊条药皮熔化后产生大量的气体笼罩着电弧区和熔池，基本上能把熔化金属与空气隔绝开，保护熔融金属，熔渣冷却后，在高温焊缝表面上形成渣壳，可防止焊缝表面金属不被氧化并减缓焊缝的冷却速度，改善焊缝金属的危害
冶金作用	药皮中加有脱氧剂和合金剂，通过熔渣与熔化金属的化学反应，可减少氧、硫有害物质对焊缝金属的危害，使焊缝金属获得符合要求的力学性能
渗合金	由于电弧的高温作用，焊缝金属中所含的某些合金元素被烧损（氧化或氮化），这样会使焊缝的力学性能降低。通过在焊条药皮中加入铁合金或纯合金元素，使之随药皮的熔化而过渡到焊缝金属中去，以弥补合金元素烧损和提高焊缝金属的力学性能
改善焊接的工艺性能	通过调整药皮成分，可改变药皮的熔点和凝固温度，使焊条末端形成套筒，产生定向气流，有利于熔滴过渡，可适应各种焊接位置的需要

（2）焊条药皮组成物分类

焊条药皮为多种物质的混合物，主要有以下 4 种（表 2-3）。

表 2-3　焊条药皮组成物分类

类　别	说　明
矿物类	主要是各种矿石、矿砂等。常用的有硅酸盐矿、碳酸盐矿、金属矿及萤石矿等
铁合金和金属类	铁合金是铁和各种元素的合金。常用的有锰铁、硅铁、铝粉等
化工产品类	常用的有水玻璃、钛白粉、碳酸钾等
有机物类	主要有淀粉、糊精及纤维素等

焊条药皮的组成较为复杂，每种焊条药皮配方中都有多种原料。根据焊条药皮组成物的作用不同可分为稳弧剂、造渣剂、造气剂、脱氧剂、合金剂、稀渣剂、黏结剂和增塑剂 8 类（表 2-4）。

表 2-4　焊条药皮组成

类别	说　明
稳弧剂	稳弧剂主要由碱金属或碱金属的化合物组成，如钾、钠、钙的化合物等。主要作用是改善焊条引弧性能和提高焊接电弧的稳定性
造渣剂	这类药皮组成物能熔成一定密度的熔渣浮于液态金属表面，使之不受空气侵入，并具有一定的黏度和透气性，与熔池金属进行必需的冶金反应能力，保证焊缝金属的气量和成形美观。如钛铁矿、赤铁矿、金红石、长石、大理石、萤石、钛白粉等
造气剂	造气剂的主要作用是产生保护气体，同时也有利于熔滴过渡。这类组成物有碳酸盐类矿物和有机物，如大理石、白云石和木粉、纤维素等
脱氧剂	脱氧剂的主要作用是对熔渣和焊缝金属脱氧。常用的脱氧剂有锰铁、硅铁、钛铁、铝铁、石墨等
合金剂	合金剂的主要作用是向焊缝金属中渗入必要的合金成分，补偿已经烧损或蒸发的合金元素和补加特殊性能要求的合金元素。常用的合金剂有铬、钼、锰、硅、钛、钒的铁合金等
稀渣剂	稀渣剂的主要作用是降低焊接熔渣的黏度，增加熔渣的流动性。常用稀渣剂有萤石、长石、钛铁矿、金红石、锰矿等
黏结剂	黏结剂的主要作用是将药皮牢固地黏结在焊芯上。常用黏结剂是水玻璃
增塑剂	增塑剂的主要作用是改善涂料的塑性和滑性，使之易于用机器涂在焊芯上。如云母、白泥、钛白粉等

（3）焊条药皮的类型

根据药皮组成中主要成分的不同，焊条药皮可分为 8 种不同的类型（表 2-5）。

表 2-5　焊条药皮的类型

类　型	说　明
氧化钛型（简称钛型）	药皮中氧化钛的质量分数大于或等于 35%，主要从钛白粉和金红石中获得
钛钙型	药皮中氧化钛的质量分数大于 30%，钙和镁的碳酸盐矿石的质量分数为 20% 左右
钛铁矿型	药皮中含钛铁矿的质量分数大于或等于 30%
氧化铁型	药皮中含有大量氧化铁及较多的锰铁脱氧剂
纤维素型	药皮中有机物的质量分数在 15% 以上，氧化钛的质量分数为 30% 左右
低氢型	药皮主要组成物是碳酸盐和氟化物（萤石）等碱性物质
石墨型	药皮中含有较多的石墨
盐基型	药皮主要由氯化物和氟化物组成

常用焊条药皮的类型、主要成分及其工艺性能见表 2-6。

表 2-6   常用焊条药皮的类型、主要成分及其工艺性能

类型	主要成分	工艺性能	适用范围
钛型	氧化铁（金红石或钛白粉）	焊接工艺性能良好，熔深较浅。交直流两用，电弧稳定，飞溅小，脱渣容易。能进行全位置焊接，焊缝美观，但焊接金属塑性和抗裂性能较差	用于一般低碳钢结构的焊接，特别适用于薄板焊接
钛钙型	氧化钛与钙和镁的碳酸盐矿石	焊接工艺性能良好，熔深一般。交直流两用，飞溅小，脱渣容易	用于较重要的低碳钢结构和强度等级较低的低合金结构钢一般结构的焊接
钛铁矿型	钛铁矿	焊接工艺性能良好，熔深较浅。交直流两用，飞溅一般，电弧稳定	
氧化铁型	氧化铁矿及锰铁	焊接工艺性能差，熔深较大，熔化速度快，焊接生产率高。飞溅稍多，但电弧稳定，再引弧容易。立焊与仰焊操作性差。焊缝金属抗裂性能良好。交直流两用	用于较重要的低碳钢结构和强度等级较低的低合金结构钢的焊接，特别适用于中等厚度以上钢板的平焊
纤维素型	有机物与氧化钛	焊接时产生大量气体，保护熔敷金属，熔深大。交直流两用，电弧弧光强，熔化速度快。熔渣少，脱渣容易，飞溅一般	用于一般低碳钢结构的焊接，特别适宜于向下立焊和深熔焊接
低氢型	碳酸钙（大理石或石灰石）、萤石和铁合金	焊接工艺性能一般，焊前焊条需烘干，采用短弧焊接。焊缝多具有良好的抗裂性能、低温冲击性能和力学性能	用于低碳钢及低合金结构钢的重要结构的焊接

二、焊条的类型和用途

（一）铸铁焊条（GB/T 10044—2006）

1. 铸铁焊条的直径和长度

铸铁焊条的直径和长度见表 2-7。

表 2-7   铸铁焊条的直径和长度   mm

焊芯类别	焊条直径		焊条长度	
	基本尺寸	极限偏差	基本尺寸	极限偏差
铸造焊芯	4.0	±0.3	350～400	±4.0
	5.0、6.0、8.0、1.0		350～500	
冷拔焊芯	2.5	±0.5	200～300	±2.0
	3.2、4.0、5.0		300～450	
	6.0		400～500	

注：允许以直径 3mm 的焊条代替直径 3.2mm 的焊条，以直径 5.8mm 的焊条代替直径 6.0mm 的焊条。

2. 铸铁焊条型号及用途

铸铁焊条型号及用途见表 2-8。

表 2-8   铸铁焊条型号及用途

型 号	药皮类型	焊接电流	主要用途
EZFe-1	氧化型	交、直流	用于一般铸铁件缺陷的修补及长期使用的旧钢锭模。焊后不宜进行切削加工
EZFe-2	钛钙铁粉	交、直流	一般灰口铸铁件的焊补
EZC	石墨型	交、直流	工件预热至 400℃ 以上的一般灰铸铁件的焊补
EZCQ	石墨型	交、直流	焊补球墨铸铁件
EZNi-1	石墨型	交、直流	焊补重要的薄铸铁件和加工面

型　号	药皮类型	焊接电流	主　要　用　途
EZNiFe-1	石墨型	交、直流	用于重要灰铸铁及球墨铸铁的焊补。对含磷较高的铸铁件焊接，也有良好的效果
EZNiFeCu	石墨型	交、直流	
EZNiCu-1	石墨型	交、直流	适用于灰铸铁件的焊补。焊前可不进行预热，焊后可进行切削加工

注：1. EZ 表示铸铁用焊条。

2. 焊条主要尺寸：①冷拔焊芯直径为 2.5mm、3.2mm、4mm、5mm、6mm；长度为 200～500mm。②铸造焊芯直径为 4mm、5mm、6mm、8mm、10mm；长度为 350～500mm。

（二）堆焊焊条（GB/T 984—2001）

堆焊主要用于提高工件表面的耐磨性、耐腐蚀性、耐热性等，也用于修复磨损或腐蚀的表面。按照 GB/T 984—2001《堆焊焊条》标准，堆焊焊条的型号，按熔敷金属化学成分和药皮类型划分。

1. 堆焊焊条药皮类型

堆焊焊条药皮类型见表 2-9。

表 2-9　堆焊焊条药皮类型

药皮类型	焊条型号	焊接电源	药皮特点说明
特殊型	ED××-00	交流或直流	—
钛钙型	ED××-03	交流或直流	药皮含 30% 以上的氧化钛和 20% 以下的钙或镁的碳酸盐矿石。熔渣流动性良好，电弧较稳定，熔深适中，脱渣容易，飞溅少，焊波美观
石墨型	ED××-08	直流	药皮主要由碳酸盐和萤石组成，碱性熔渣，流动性好，焊接工艺性能一般，焊波较弱，焊接时要求药皮很干燥，电弧很短。这类焊条具有良好的抗热裂和力学性能
低氢钠型	ED××-15	交流或直流	同低氢钠型焊条的各种特性。在药皮中加入稳弧剂，可用交流电源施焊
低氢钾型	ED××-16	交流或直流	除含有碱性药皮外，加入了较多的石墨，使焊缝获得较高的游离碳或碳化物。焊接时烟雾较大，工艺性较好，飞溅少，熔深较浅，引弧容易。这种焊条药皮强度较差，在包装、运输、保管中应注意。施焊时，一般宜选用小规范

2. 堆焊焊条的尺寸

堆焊焊条的尺寸见表 2-10。

表 2-10　堆焊焊条的尺寸　　　　　　mm

类别	冷拔焊芯		铸造焊芯		复合焊芯		碳化钨管状焊芯	
	直径	长度	直径	长度	直径	长度	直径	长度
基本尺寸	2.0	230～300	3.2	230～350	3.2	230～350	2.5	230～350
	2.5		4.0		4.0		3.2	
	3.2	300～50	5.0		5.0		4.0	
	4.0						5.0	
	5.0	350～450	6.0	300～350	6.0	300～350	6.0	300～350
	6.0		8.0		8.0		8.0	
	8.0							
极限偏差	±0.08	±3.0	±0.5	±10	±0.5	±10	±10	±10

注：根据供需双方协议，也可生产其他尺寸的堆焊焊条。

3. 堆焊焊条的型号及用途

堆焊焊条型号及用途见表 2-11。

表 2-11　堆焊焊条型号及用途

型　号	药皮类型	焊接电流	堆硬层硬度(HRC)≥	用　途
EDPMn2-15	低氢钠型	直流反接	22	低硬度常温堆焊及修复低碳、中碳和低合金钢零件的磨损表面。堆焊后可进行加工
EDPCrMo-A1-03	钛钙型	交、直流	22	用于受磨损的低碳钢、中碳钢或低合金钢机件表面,特别适用于矿山机械与农业机械的堆焊与修补
EDPMn3-15	低氢钠型	直流反接	28	用于堆焊受磨损的中、低碳钢或低合金钢的表面
EDPCuMo-A2-03	钛钙型	交、直流	30	用于受磨损的低、中碳钢或低合金钢机件表面,特别适宜于矿山机械与农业机械磨损件的堆焊与修补
EDPMn6-15	低氢钠型	直流反接	50	用于堆焊常温高硬度磨损机件表面
EDPCrMo-A3-03	钛钙型	交、直流	40	用于常温堆焊磨损的零件
EDPCrMo-A4-03	钛钙型	交、直流	50	用于单层或多层堆焊各种磨损的机件表面
EDPMn-A-16 EDPMn-B-16	低氢钾型	交、直流反接	(HB)170	用于堆焊高锰钢表面的矿山机械或锰钢道岔
EDPCrMn-B-16	低氢钾型	交、直流反接	20	用于耐气蚀件和高锰钢
EDD-D-15	低氢钠型	直流反接	55	用于中碳钢刀具毛坯上堆焊刀口,达到整体高速度,亦可作刀具和工具的修复
EDRCrMoWV-A1-03	钛钙型	交、直流	55	用于堆焊各种冷冲模及切削刀具,亦可修复要求耐磨性能的机件
EDRCrW-15	低氢钠型	直流反接	48	用于铸、锻钢上堆焊热锻模
EDRCrMnMo-15	低氢钠型	直流反接	40	
EDCr-A1-03	钛钙型	交、直流	40	为通用性表面堆焊焊条,多用于堆焊碳钢或合金钢的轴、阀门等
EDGr-A1-15	低氢钠型	直流反接	40	
EDCr-A2-15	低氢钠型	直流反接	37	多用于高压截止阀密封面
EBCr-B-03	钛钙型	交、直流	45	多用于碳钢或合金钢的轴、阀门等
EDCr-B-15	低氢钠型	直流反接	45	
EDCrNi-C-15	低氢钠型	直流反接	37	多用于高压阀门密封面
EDZCr-C-15	低氢钠型	直流反接	48	用于堆焊要求耐强烈磨损、耐腐蚀或耐气蚀的场合
EDCoCr-A-03	钛钙型	交、直流	40	用于堆焊在 650℃ 时仍保持良好的耐磨性和一定的耐腐蚀性的场合
EDCoCr-B-03	钛钙型	交、直流	44	

注：1. ED 表示堆焊焊条。

2. 焊条主要尺寸：焊芯直径为 3.2mm、4mm、5mm、6mm、7mm、8mm；焊芯长度为 300mm、350mm、400mm、450mm。

（三）镍及镍合金焊条（GB/T 13814—2008）

1. 镍及镍合金焊条尺寸及夹持端长度

镍及镍合金焊条尺寸及夹持端长度见表 2-12。

表 2-12　镍及镍合金焊条尺寸及夹持端长度　　　　mm

焊条直径	2.0	2.5	3.2	4.0	5.0
焊条长度	230～300			250～350	
夹持端长度	10～20			15～25	

2. 镍及镍合金焊条熔敷金属力学性能

镍及镍合金焊条熔敷金属力学性能见表 2-13。

表 2-13 镍及镍合金焊条熔敷金属力学性能

焊条型号	化学成分代号	屈服强度[1] R_{eL}/MPa	抗拉强度 R_m/MPa	伸长率 A/%
		≥		
镍				
ENi2061	NiTi3	200	410	18
ENi2061A	NiNbTi			
镍 铜				
ENi4060	NiCu30Mn3Ti	200	480	27
ENi4061	NiCu27Mn3NbTi			
镍 铬				
ENi6082	NiCr20Mn3Nb	360	600	22
ENi6231	NiCr22W14Mo	350	620	18
镍 铬 铁				
ENi6025	NiCr25Fe10AlY	400	690	12
ENi6062	NiCr15Fe8Nb	360	550	27
ENi6093	NiCr15Fe8NbMo	360	650	18
ENi6094	NiCr14Fe4NbMo			
ENi6095	NiCr15Fe8NbMoW			
ENi6133	NiCr16Fe12NbMo	360	550	27
ENi6152	NiCr30Fe9Nb			
ENi6182	NiCr15Fe6Mn			
ENi6333	NiCr25Fe16CoNbW	360	550	18
ENi6701	NiCr36Fe7Nb	450	650	8
ENi6702	NiCr28Fe6W			
ENi6704	NiCr25Fe10Al3YC	400	690	12
ENi8025	NiCr29Fe30Mo	240	550	22
ENi8165	NiCr25Fe30Mo			
镍 钼				
ENi1001	NiMo28Fe5	400	690	22
ENi1004	NiMo25Cr5Fe5			
ENi008	NiMo19WCr	360	650	22
ENi1009	NiMo20WCu			
ENi062	NiMo24Cr8Fe6	360	550	18
ENi066	NiMo28	400	690	22
ENi1067	NiMo30Cr	350	690	22
ENi1069	NiMo28Fe4Cr	360	550	20
镍 铬 钼				
ENi6002	NiCr22Fe18Mo	380	650	18
ENi6012	NiCr22Mo9	410	650	22
ENi6022	NiCr21Mo13W3	350	690	22
ENi6024	NiCr26Mo14			
ENi6030	NiCr29Mo5Fe15W2	350	585	22
ENi6059	NiCr23Mo16	350	690	22
ENi6200	NiCr23Mo16Cu2	400	690	22
ENi6275	NiCr16Mo16Fe5W3			
ENi6276	NiCr15Mo15Fe6W4			
ENi6205	NiCr25Mo16	350	690	22
ENi6452	NiCr19Mo15			
ENi6455	NiCr16Mo15Ti	300	690	22
ENi6620	NiCr14Mo7Fe	350	620	32
ENi6625	NiCr22Mo9Nb	420	760	27
ENi6627	NiCr21MoFeNb	400	650	32

续表

焊条型号	化学成分代号	屈服强度[①] R_{eL}/MPa	抗拉强度 R_m/MPa	伸长率 A/%
		≥		
ENi6650	NiCr20Fe14Mo11WN	420	660	30
ENi6686	NiCr21Mo16W4	350	690	27
ENi6985	NiCr22Mo7Fe19	350	620	22
镍铬钴钼				
ENi6117	NiCr22Co12Mo	400	620	22

① 屈服发生不明显时，应采用 0.2% 的屈服强度（$R_p0.2$）。

（四）铜及铜合金焊条（GB/T 3670—1995）

焊芯直径 3.2mm、4mm、5mm；焊条长度为 350mm。

铜及铜合金焊条牌号及用途见表 2-14。

表 2-14　铜及铜合金焊条牌号及用途

牌号	型号	药皮类型	焊接电源	焊芯材质	主要用途
T107	TCu	低氢型	直流	纯铜	焊接铜零件，也可用于堆焊耐海水腐蚀碳钢零件
T207	TCuSi-B	低氢型	直流	硅青铜	焊接铜、硅青铜和黄铜零件，或堆焊化工机械、管道内衬
T227	TCuSn-B	低氢型	直流	锡磷青铜	用于铜、黄铜、青铜、铸铁及钢零件；广泛用于堆焊锡磷青铜轴衬、船舶推进器叶片等
T237	TCuAl-C	低氢型	直流	铝锰青铜	用于铝青铜及其他铜合金焊接，也适用于铜合金与铜的焊接
T307	TCuNi-B	低氢型	直流	铜镍合金	焊接导电铜排、铜热交换器等，或堆焊耐海水腐蚀铜零件以及焊接有耐腐蚀要求的镍基合金

（五）铝及铝合金焊条（GB/T 3669—2001）

焊芯直径 3.2mm、4mm、5mm；焊条长度为 345~355mm。

铝及铝合金焊条牌号及用途见表 2-15。

表 2-15　铝及铝合金焊条牌号及用途

牌号	型号	药皮类型	焊接电源	焊芯材质	主要用途
L109	TAl	盐基型	直流	纯铝	焊接纯铝板、纯铝容器
L209	TAlSi	盐基型	直流	铝硅合金	焊接铝板、铝硅铸件、一般铝合金、锻铝、硬铝（铝镁合金除外）
L309	TAlMn	盐基型	直流	铝锰合金	焊接铝锰合金、纯铝、其他铝合金

（六）不锈钢焊条（GB/T 983—2012）

不锈钢焊条型号见表 2-16。

（七）碳钢焊条（GB/T 5117—2012）

1. 碳钢焊条型号

碳钢焊条的型号按熔敷金属力学性能、药皮类型、焊接位置、电流类型、熔敷金属化学成分和焊后状态等进行划分。焊条型号由 5 部分组成。

① 第一部分用字母 E 表示焊条。

② 第二部分为字母 E 后面的紧邻两位数字，表示熔敷金属的最小抗拉强度代号，见表 2-17。

③ 第三部分为字母 E 后面的第三和第四两位数字，表示药皮类型、焊接位置和电源类型，见表 2-18。

表 2-16 不锈钢焊条型号

型　　号	药皮类型	焊接位置	抗拉强度 σ_b/MPa	延伸率 δ/%	焊接电流
FA10-16	钛钙型				交或直流正、反接
E410-15	低氢型		450	15	直流反接
E430-16	钛钙型				交或直流正、反接
E430-15	低氢型				直流反接
E308L-16			510		交或直流正、反接
E308-16	钛钙型		550	30	
E308-15	低氢型				直流反接
E347-16	钛钙型		520		交或直流正、反接
E347-15	低氢型				直流反接
E318V-16	钛钙型	平、立、仰、横焊	540		交或直流正、反接
E318V-15	低氢型				直流反接
E309-16	钛钙型			25	交或直流正、反接
E309-15	低氢型				直流反接
E309Mo-16	钛钙型		550		交或直流正、反接
E310-16	钛钙型				
E310-15	低氢型				直流反接
E310Mo-16	钛钙型			25	交或直流正、反接
E16-25MoN-16	钛钙型		610	30	交或直流正、反接
E16-25MoN-15	低氢型				直流交接

注：1. 型号中，E 表示焊条。如有特殊要求的化学成分，则用该成分的元素符号标注在数字后面；另用字母 L 和 H，分别表示较低、较高碳含量；R 表示碳、磷、硅含量均较低。

2. 焊条尺寸：直径为 2mm、2.5mm、3.2mm、4mm、5mm、6mm、7mm、8mm；长度为 200mm、250mm、300mm、350mm、400mm、450mm。

表 2-17 碳钢焊条熔敷金属抗拉强度代号

抗拉强度代号	43	50	55	57
最小抗拉强度/MPa	430	490	550	570

表 2-18 碳钢焊条药皮类型代号

代号	药皮类型	焊接位置[①]	电源类型
03	钛型	全位置[②]	交流和直流正、反接
10	纤维素	全位置	直流反接
11	纤维素	全位置	交流和直流反接
12	金红石	全位置[②]	交流和直流正接
13	金红石	全位置[②]	交流和直流正、反接
14	金红石＋铁粉	全位置[②]	交流和直流正、反接
15	碱性	全位置[②]	直流反接
16	碱性	全位置[②]	交流和直接反接
18	碱性＋铁粉	全位置[②]	交流和直接反接
19	钛铁矿	全位置[②]	交流和直流正、反接
20	氧化铁	全位置[②]	交流和直接正接
24	金红石＋铁粉	PA、PB	交流和直接正、反接
27	氧化铁＋铁粉	PA、BP	交流和直接正、反接
28	碱性＋铁粉	PA、PB、PC	交流和直接反接
40	不做规定	由制造商确定	由制造商确定
45	碱性	全位置	直流反接
48	碱性	全位置	交流和直流反接

① 焊接位置见 GB/T 16672—1996《焊缝　工作位置　倾角和转角的定义》，其中 PA 表示平焊、PB 表示平角焊、PC 表示横焊、PG 表示向下立焊。

② 此处"全位置"并不一定包含向下立焊，由制造商确定。

④ 第四部分为熔敷金属的化学成分分类代号，可为"无标记"或一字线"—"后的字母、数字或字母和数字的组合，见表 2-19。

表 2-19　碳钢焊条熔敷金属化学成分分类代号

分 类 代 号	主要化学成分的名义含量(质量分数)/%				
	Mn	Ni	Cr	Mo	Cu
无标记、—1、—P1、—P2	1.0	—	—	—	—
—1M3	—	—	—	0.5	—
—3M2	1.5	—	—	0.4	—
—3M3	1.5	—	—	0.5	—
—N1	—	0.5	—	—	—
—N2	—	1.0	—	—	—
—N3	—	11.5	—	—	—
—3N3	1.5	1.5	—	—	—
—N5	—	2.5	—	—	—
—N7	—	3.5	—	—	—
—N13	—	6.5	—	—	—
—N2M3	—	1.0	—	0.5	—
—NC	—	0.5	—	—	0.4
—CC	—	—	0.5	—	0.4
—NCC	—	0.2	0.6	—	0.5
—NCC1	—	0.6	0.6	—	0.5
—NCC2	—	0.3	0.2	—	0.5
—G	其他成分				

⑤ 第五部分为熔敷金属的化学成分代号之后的焊后状态代号，其中"无标记"表示焊态，"P"表示热处理状态，"AP"表示焊态和焊后热处理两种状态均可。除以上强制分类代号外，根据供需双方协商，可在型号后依次附加可选代号：a. 字母 u，表示在规定试验温度下，冲击吸收能量可以达到 47J 以上；b. 扩散氢代号 HX，其中 X 代表 15、10 或 5，分别表示每 100g 熔敷金属中扩散氢含量的最大值（mL）。

碳钢焊条的尺寸及公差见表 2-20，碳钢焊条型号及性能见表 2-21。

表 2-20　碳钢焊条的尺寸及公差（GB/T 25775—2010）　　　　　　　mm

焊芯直径	1.6、2.0、2.5	3.2、4.0、5.0、6.0	8.0
直径公差	±0.06	±0.10	0.10
焊条长度	200～350	275～450①	275～450①
长度公差	±5	±5	±5

① 于特殊情况，如重力焊焊条，焊条长度最大可至 1000mm。
注：根据供需双方协商，允许制造成其他尺寸的焊接材料。

2. 碳钢焊条焊接工艺性能比较

碳钢焊条焊接工艺性能比较见表 2-22。

3. 碳钢焊条药皮类型及用途

碳钢焊条药皮类型及用途见表 2-23。

(八) 结构钢焊条

选用结构钢焊条，应根据线材强度等级，一般按"等强"原则选择，另外，要考虑焊缝在结构中的承载能力，对于重要结构，应选用碱性低氢型、高韧性焊条。常用结构钢焊条牌号及主要用途见表 2-24。

表 2-21　碳钢焊条型号及性能

型　号	药皮类型	焊接位置	抗拉强度 σ_b/MPa	延伸率 δ/%	焊接电源
E4300	特殊型	平、立、仰、横焊	430	20	交、直流
E4301	钛铁矿型				
E4303	钛钙型				
E4310	高纤维素钠型				直流反接
E4311	高纤维素钾型				交、直流反接
E4312	高钛钠型			16	交、直流正接
E4313	高钛钾型				交、直流
E4315	低氢钠型			20	直流反接
E4316	低氢钾型				交、直流反接
E4320	氧化铁型	平焊、平角焊			交、直流反接
E4322		平角焊		不要求	交、直流正接
E4323	铁粉钛钙型	平焊、平角焊		20	交、直流反接
E4324	铁粉钛型			16	
E4327	铁粉氧化铁型	平焊平角焊	430	20	交、直流 交、直流正接
E4328		平、平角焊			交、直流反接
E5001	钛铁矿型	平、立、仰、横焊	490	20	交、直流
E5003	钛钙型				直流反接
E5010	高纤维素钠型				交、直流反接
E5011	高纤维素钾型			16	交、直流
E5014	铁粉钛型				直流反接
E5015	低氢钠型			20	交、直流反接
E5016	低氢钾型				
E5018	铁粉低氢钾型			16	直流反接
E5018M	铁粉低氢型				
E5023	铁粉钛钙型	平、平角焊		20	交流或直流、反接
E5024	铁粉钛型				
E5027	铁粉氧化铁型				交流或直流正接
E5028	铁粉低氢型	平、仰、横、立、向下焊			交流或直流反接
E5048					

表 2-22　碳钢焊条焊接工艺性能比较

焊接工艺性能	J421 高钛钾型	J422 钛钙型	J423 钛铁矿型	J424 氧化铁型	J425 高纤维素钾型	J426 低氢钾型	J427 低氢钠型
熔渣特性	酸性,短渣	酸性,短渣	酸性,较短渣	酸性,长渣	酸性,较短渣	碱性,短渣	碱性,短渣
电弧稳定性	柔和、稳定	稳定	稳定	稳定	稳定	较差,交、直流	较差,直流
电弧吹力	小	较小	稍大	最大	最大	稍大	稍大
飞溅	少	少	中	中	多	较多	较多
焊缝外观	纹细、美	美	美	稍粗	稍粗	粗	稍粗
熔深	小	中	稍大	最大	大	中	中
咬边	小	小	中	大	小	小	小
焊脚形状	凸	平	平、稍凸	平	平	平或凸	平或凸
脱渣性	好	好	好	好	好	较差	较差
熔化系数	中	中	稍大	大	大	中	中
粉尘	少	少	稍大	多	少	多	多
平焊	易	易	易	易	易	易	易
立向上焊	易	易	易	不可	极易	易	易
立向下焊	易	易	易	不可	易	易	易
仰焊	稍易	稍易	困难	不可	极易	稍难	稍难

表 2-23 碳钢焊条药皮类型及用途

药皮类型	焊条型号	药皮类型及工艺性能	主要用途
钛铁矿型	E4301 E5001	药皮中含有钛铁矿大于或等于30%，熔渣流动性良好，电弧吹力较大，熔深大，熔渣覆盖性好，容易脱渣，飞溅一般，焊波整齐，适用于全位置焊接，焊接电源为交流或直流正、反接	焊接较重要的碳钢结构
钛钙型	E4303 E5003	药皮中含有30%以上的氧化钛和20%以下的钙或镁的碳酸盐矿，熔渣流动性良好，容易脱渣，电弧稳定，熔深适中，飞溅少，焊波整齐，适用于全位置焊接，焊接电源为交流或直流正、反接	碳钢结构
铁粉钛钙型	E4323 E5023	熔敷效率高，适用于平焊、平角焊，药皮类型及工艺性能与钛钙型基本相似，焊接电源为交流或直流正、反接	焊接较重要的碳钢结构
高纤维素钠型	E4310 E5010	药皮中纤维素含量较高，电弧稳定，焊接时有机物在电弧区分解，产生大量气体，保护熔敷金属。电弧吹力大，熔深大，熔化速度快，熔渣少，脱渣容易，熔渣覆盖较差。通常，限制采用大电流焊接，这类焊条适用于全位置焊接，特别适合立焊、仰焊的多道焊及有较高射线探伤要求的焊缝。焊接电流为直流反接	主要用于一般碳钢结构，如管道焊接等
高纤维素钾型	E4311 E5011	药皮在高纤维素钠型焊条的基础上添加了少量的钛与钾化合物，电弧稳定。焊接电源为交流或直流反接。适用于全位置焊接，焊接工艺性能与高纤维素钠型焊条相似，但采用直流反接时熔深较浅	
高钛钠型	E4312	药皮中含有35%以上的氧化钛，还含有少量的纤维素、锰、铁、硅酸盐及钠水玻璃等。电弧稳定，再引弧容易，适用于立向上或立向下焊接。焊接电源为交流或直流正接	主要焊接一般低碳钢结构、薄板，也可用于盖面焊
高钛钾型	E4313	药皮与高钛钠型相同外，采用钾水玻璃作黏结剂，电弧比高钛钠型稳定，工艺性能好，焊缝成形比高钛钠型好。这类焊条适用于全位置焊接。焊接电源为交流或直流正、反接	
铁粉钛型	E5014 E4324	药皮在高钛钾型的基础上添加了铁粉，熔敷效率高，适用于全位置焊接。焊缝表面光滑，焊波整齐，脱渣性好，角焊缝略凸。焊接电源为交流或直流正、反接	主要焊接一般低碳钢结构
	E5024	药皮与E5014相同，但铁粉量高，药皮较厚，熔敷效率高，适用于平焊、平角焊，飞溅少，焊缝表面光滑。焊接电源为交流或直流正、反接	
氧化铁型	E4320	药皮中含有大量的氧化铁及较多的锰铁脱氧剂，电弧吹力大，熔深大，电弧稳定，再引弧容易，熔化速度快，覆盖性好，焊缝成形美观，飞溅稍大，焊接电源为交流或直流正、反接	主要用于较重要的碳钢结构，不宜焊接薄板，适用于平焊、平角焊
	E4322	药皮工艺性能基本与E4320相似，但焊缝较凸，焊接电源为交流或直流正、反接	适用于薄板的高速焊、单道焊
铁粉氧化铁型	E4327 E5027	药皮工艺性能基本与E4320相似，添加了大量铁粉，熔敷效率很高，电弧吹力大，焊缝成形好，飞溅少，脱渣性好，焊缝稍凸，适用于交流或直流正接，可大电流进行焊接	主要用于较重要的碳钢结构，不宜焊接薄板，适用于平焊、平角焊
低氢钠型	E4315 E5015	药皮主要组成物是碳酸盐矿和萤石，碱度较高，熔渣流动性好，焊接工艺性能一般，焊波较粗，角焊缝凸，熔深适中，脱渣性尚可。焊接时要求焊条进行烘干，并采用短弧焊。这类焊条可全位置焊接，焊缝金属具有良好的抗裂性能和力学性能。焊接电源为直流反接	主要用于重要的碳钢结构，也可焊接与焊条强度相当的低合金结构钢结构
低氢钾型	E4316 E5016	药皮在低氢钠型的基础上添加了稳弧剂、钾水玻璃等，电弧稳定。工艺性能、焊接位置与低氢钠型相同，焊缝金属具有良好的抗裂性能和力学性能。焊接电源为交流或直流反接	
	E5016-1	除取E5016的锰含量上限外，其工艺性能和焊缝化学成分与E5016一样。这类焊条可全位置焊接，焊缝成形好，但角焊缝较凸	用于焊缝脆性转变温度较低的结构

续表

药皮类型	焊条型号	药皮类型及工艺性能	主要用途
铁粉低氢型	E5018	药皮在 E5015、E5016 的基础上添加约 25% 左右的铁粉,药皮略厚,焊接电源为交流或直流反接。焊接时,应采用短弧。飞溅较少,熔深适中,熔敷效率高	主要焊接重要的碳钢结构,也可焊接与焊条强度相当的低合金结构钢结构,E4328、E5028 适用于平焊、平角焊
	E5048	具有良好的立向下焊性能,其余与 E5018 相同	
	E4328 E5028	药皮与 E5016 焊条相似,但添加了大量铁粉,药皮很厚,熔敷效率高。焊接电源为交流或直流反接	
	E5018M	低温冲击韧性好,耐吸潮性优于 E5018,为获得最佳力学性能,焊接采用直流反接	主要焊接重要的碳钢结构、高强度低合金结构钢
	E5018-1	除取 E5018 的锰含量上限外,其余与 E5018 相似	用于焊缝脆性转变温度较低的结构

表 2-24　常用结构钢焊条牌号及主要用途

型　号	牌　号	药皮类型	电　源	主　要　用　途
—	J350	—	直　流	专用于微碳纯铁氨合成塔内件等焊接
E4300	J420G	特殊型	交、直流	用于高温高压电站碳钢管道的焊接
E4313	J421	高钛钾型		焊接一般薄板碳钢结构,高效率焊条
	J421X			
E4324	J421Fe	铁粉钛型		焊接较重要的碳钢结构,高效率焊条
	J421Fe-13			
E4303	J422	钛钙型		
	J422Fe			
E4323	J422Fe-13	铁粉钛型		焊接较重要碳钢结构,高速重力焊条。常用于焊低碳钢结构
	J422Fe-16			
E4301	J421FeZ-13	钛铁矿型		
	J433			
E4320	J424	氧化铁型		
E4327	J424Fe-14	铁粉氧化铁型		焊接低碳钢结构,高效率焊条
E4311	J425	高纤维素钾型		焊接低碳钢结构,适用于立向下焊
E4316	J426	低氢钾型	直　流	焊接重要结构的低碳钢、一般低合金钢结构等,如锅炉、压力容器、压力管道等
E4315	J427	低氢钠型		
	J427Ni			
5024	J501Fe-15	铁粉钛型		焊接 16Mn 钢及某些低合金钢结构
	J501Fe-18			焊接低碳钢及船用 A 级、D 级钢结构
	J501Z-18			焊接低碳钢及低合金钢平角焊,高效率焊条
5003	J502	钛钙型		焊接 16Mn 钢及某些低合金钢结构
	J502Fe			焊接低碳钢及一般低合金钢结构,高效率焊条
5023	J502Fe-15	铁粉钛钙型		
	J502Fe-16			
—	J502CuP	钛钙型	交、直流	用于铜磷系列耐大气、海水、硫化氢等腐蚀的结构,如机车车辆、近海工程结构等
E5003-G	J502Cu7Ni			
	J502WCu			
	J502CuCrNi			
E5001	J503	钛铁矿型		焊接 16Mn 钢及某些同等级低合金钢结构
	J503Z			焊接 16Mn 及低合金钢结构,重力高效率焊条
E5027	J504Fe	铁粉氧化铁型		焊接 16Mn 及同等级的低合金钢结构,高效率焊条
	J504Fe-14			
E5011	J505	高纤维素钾型		焊接 16Mn 钢及某些低合金钢结构
	J505MoD			用于不清焊根的打底层焊接
E5016	J506	低氢钾型		焊接中碳钢及重要的低合金钢结构
	J506GM			用于压力容器、石油管道船舶等结构

型　号	牌　号	药皮类型	电　源	主要用途
E5016	J506X	低氢钾型	交、直流	抗拉强度为 490MPa 级,立向下焊条
	J506DF			同 J506 焊条,发尘量低,可用于容器内焊接
	JU506D			用于不清焊根的打底层焊接
E5018	J506Fe	铁粉低氢型		焊接 16Mn 钢及低合金钢结构,高效率焊条
	J506LMA			用于低碳钢、低合金钢的船舶结构
E5018-1	J506Fe-1	铁粉低氢型		用于焊接 16MnR 钢及低合金钢结构
E5028	J506Fe-16			焊接 16Mn、16MnR 等钢以及某些低合金钢结构,高效率焊条
	J506Fe-18			
E5016-G	J506WCu	低氢钾型		用于耐大气腐蚀结构焊接,如 09MnCuPTi 钢
	J506G			适用于采油平台、高压容器、船舶等重要结构的焊接
	J506RH			
	J506CuNi			适用于 490MPa 级耐候钢结构焊接
E5015	J507	低氢钠型	直流	焊接低合金、中碳钢,如 16MnR 钢等重要的低合金钢结构
	J507H			
	J507DF			低尘焊条,适于密闭容器内焊接
	J507X			强度为 490MPa 级,立向下焊条
	J507XG			用于管子的立向下焊
	J507D			用于管道用厚壁容器的打底层焊
E5018	J507FeNi	铁粉低氢型	交、直流	用于中碳钢或低温压力容器的焊接
	J507Fe			高效焊条,焊接重要低合金钢结构
E5028	J507Fe-16			
E5015-G	J507CuNi	低氢钠型	直流	适用于 490MPa 级耐候钢结构焊接
	J507R			用于锅炉、压力容器、船舶、海洋工程等重要结构的焊接
	J507GR			
	J507RH			用于船舶、高压容器等重要设备焊接
	J507Mo			用于耐高温硫化物钢,如 12A1MoV、12SiMoVNb 等钢的焊接
	J507MoNb			
	J507MoW			用于耐大气、海水腐蚀钢结构的焊接
	J507CrNi			
	J507MoWNbB			用于耐高温氢、氮、氨腐蚀钢,如 12SiMoVNb 钢的焊接
	J507NiCrP			用于耐大气、海水腐蚀钢的焊接
	J507SL			用于厚度 8mm 以下低碳钢、低合金钢表面渗铝结构
E5501-G	J533	钛铁矿型	交、直流	焊接相应强度等级低合金钢结构
E5516-G	J556	低氢钾型		焊接中碳钢及低合金钢结构,如 15MnTi、15MnV 钢等
E5515-G	J557	低氢钠型	直流	焊接中碳钢及相应强度低合金钢结构,如 14MnMoV 钢等
	J557Mo			
	J557MoV			
E5516-G	J556RH	低氢钾型	交、直流	用于海上平台、压力容器等结构焊接
E6016-D1	J606			焊接中碳钢及相应强度等级低合金钢结构,如 15MnVN 钢等
E6015-D1	J607	低氢钠型	直流	
E6015	J607RH			焊接相应强度等级低合金钢结构
E7015	J707			焊接相应强度等级低合金钢结构,如 18MnMoNb 等
E7515	J757			焊接相应强度等级低合金钢重要结构
E8515	J857			焊接相应强度等级低合金钢重要结构,如 30CrMo 等

（九）加强钢焊条（GB/T 5118—2012）

1. 加强钢焊条熔敷金属抗拉强度代号

加强钢焊条熔敷金属抗拉强度代号见表 2-25。

表 2-25　加强钢焊条熔敷金属抗拉强度代号

抗拉强度代号	50	52	55	62
最小抗拉强度/MPa	490	520	550	620

2. 加强钢焊条型号

加强钢焊条型号见表 2-26。

表 2-26　热强钢焊条型号

型号	药皮类型	焊接位置	抗拉强度 R_m/MPa ≥	断后伸长率 A/% ≥	电流类型
E5003-×	钛钙型	平、立、仰、横焊	490	20	交流或直流正、反接
E5010-×	高纤维素钠型				直流反接
E5011-×	高纤维素钾型				交流或直流反接
E5015-×	低氢钠型				直流反接
E5016-×	低氢钾型			22	交流或直流反接
E5018-×	铁粉低氢型				
E5020-×	高氧化铁型	平角焊		20	交流或直流正接
		平焊			交流或直流正、反接
E5027-×	铁粉氧化铁型	平角焊			交流或直流正接
		平焊			交流或直流正、反接
E5500-×	特殊型	平、立、仰、横焊	550	14	交流或直流
E5503-×	钛钙型				
E5510-×	高纤维素钠型			17	直流反接
E5511-×	高纤维素钾型				交流或直流反接
E5513-×	高钛钙型			14	交流或直流
E5515-×	低氢钠型			17	直流反接
E5516-×	低氢钾型			17	交流或直流反接
E5518-×	铁粉低氢型				
E5516-C3	低氢钾型			22	
E5518-C3	铁粉低氢型				
F6000-×	特殊型	平、立、仰、横焊	590	14	交流或直流正、反接
E6010-×	高纤维素钠型			15	直流反接
E6011-×	高纤维素钾型				交流或直流反接
E6013-×	高钛型			14	交流或直流反接
E6015-×	低氢钠型			15	直流反接
E6016-×	低氢钾型		590	15	交流或直流反接
E6018-×	铁粉低氢型				
E6018-M				22	
E7010-×	高纤维素钠型	平、立、仰、横焊	690	15	直流反接
E7011-×	高纤维素钾型				交流或直流反接
E7013-×	高钛型			13	交流或直流正、反接
E7015-×	低氢钠型			15	直流反接
E7016-×	低氢钾型				交流或直流反接
E7018-×	铁粉低氢型				
E7018-M				18	
E7515-×	低氢钠型		740	13	直流反接
E7516-×	低氢钾型				交流或直流反接

续表

型号	药皮类型	焊接位置	抗拉强度 R_m/MPa ≥	断后伸长率 A/% ≥	电流类型
E7518-×	铁粉低氢型	平、立、仰、横焊	740	13	交流或直流反接
E7518-M				18	
E8015-×	低氢钠型		780	13	直流反接
E8016-×	低氢钾型				交流或直流反接
E8018-×	铁粉低氢型				
E8515-×	低氢钠型		830	12	直流反接
E8516-×	低氢钾型				交流或直流反接
E8518-×	铁粉低氢型				
E8518-M				15	
E9015-×	低氢钠型		880	12	直流反接
E9016-×	低氢钾型				交流或直流反接
E9018-×	铁粉低氢型				
E10015-×	低氢钠型		980		直流反接
E10016-×	低氢钾型				交流或直流反接
E10018-×	铁粉低氢型				

注：后缀×代表熔敷金属化学成分分类代号。例如：A—碳钼钢焊条；B—铬钼钢焊条；C—镍钢焊条；NM—镍钼钢焊条；D—锰钼钢焊条等。

（十）低合金钢焊条

低合金钢焊条按熔敷金属的抗拉强度分为 E50、E55、E60、E70、E80、E85、E90、E100 等系列。低合金钢焊条的分类见表 2-27。

此外，碳钢及合金钢焊条，在改进工艺性能、改善劳动条件、提高焊接效率和提高焊缝金属性能等方面，开发出了一批新的产品，这些新型焊条的型号及用途见表 2-28。

表 2-27　低合金钢焊条的分类

焊条型号	药皮类型	焊接位置	电流种类
E50 系列：熔敷金属的抗拉强度≥490MPa(50kgf/mm²)			
E5003-×	钛钙型	平、立、横、仰	交流或直流正、反接
E5010-×	高纤维素钠型		直流反接
E5011-×	高纤维素钾型		交流或直流反接
E5015-×	低氢钠型		直流反接
E5016-×	低氢钾型		交流或直流反接
E5018-×	铁粉氧化铁型		
E5020-×	高氧化铁型	平	交流或直流正接
		平	交流或直流正、反接
E5027-×	铁粉氧化铁型	平	交流或直流正接
		平	交流或直流正、反接
E5500-×	特殊型	平、立、横、仰	交流或直流正、反接
E5503-×	钛钙型		
E5510-×	高纤维素钠型		直流反接
E5511-×	高纤维素钾型		交流或直流反接
E5513-×	高钛钾型		交流或直流正、反接
E5515-×	低氢钠型		直流反接
E5516-×	低氢钾型		交流或直流反接
E5518-×	铁粉低氢钾型		
E60 系列：熔敷金属的抗拉强度≥590MPa(60kgf/mm²)			
E6000-×	特殊型	平、立、横、仰	交流或直流正、反接
E6010-×	高纤维素钠型		直流反接

焊条型号	药皮类型	焊接位置	电流种类
E6011-×	高纤维素钾型		交流或直流反接
E6013-×	高钛钾型		交流或直流正、反接
E6015-×	低氢钠型	平、立、横、仰	直流反接
E6016-×	低氢钾型		交流或直流反接
E6018-×	铁粉低氢钾型		
E70 系列：熔敷金属的抗拉强度≥690MPa(70kgf/mm^2)			
E7010-×	高纤维素钠型		直流反接
E7011-×	高纤维素钾型		交流或直流反接
E7003-×	高钛钾型	平、立、横、仰	交流或直流正、反接
E7015-×	低氢钠型		直流反接
E7016-×	低氢钾型		交流或直流反接
E7018-×	铁粉低氢钾型		
E80 系列：熔敷金属的抗拉强度≥780MPa(80kgf/mm^2)			
E8015-×	低氢钠型		直流反接
E8016-×	低氢钾型	平、立、横、仰	交流或直流反接
E8018-×	铁粉低氢钾型		
E85 系列：熔敷金属的抗拉强度≥830MPa(85kgf/mm^2)			
E8515-×	低氢钠型		直流反接
E8516-×	低氢钾型	平、立、横、仰	交流或直流反接
E8518-×	铁粉低氢钾型		
E90 系列：熔敷金属的抗拉强度≥880MPa(90kgf/mm^2)			
E9015-×	低氢钠型		直流反接
E9016-×	低氢钾型	平、立、横、仰	交流或直流反接
E9018-×	铁粉低氢钾型		
E100 系列：熔敷金属的抗拉强度≥980MPa(100kgf/mm^2)			
E10015-×	低氢钠型		直流反接
E10016-×	低氢钾型	平、立、横、仰	交流或直流反接
E10018-×	铁粉低氢钾型		

注：后缀×代表熔敷金属化学成分分类代号，如 A1、B1、B2 等。

表 2-28   新型焊条的型号及用途

名 称	型号（牌号）	主 要 用 途
盖面焊条	E5016(J506GM)	用于船舶、工程机械、压力容器等表面焊缝
底层焊条	E5011、E5016、FA015 (J505MoD、J506D、J507D)	专用于厚壁容器及钢管的打底层焊、单面焊双面成形焊缝
低尘低毒焊条	E5016、E5015 (J506DF、J507DF)	主要用于通风不良时的低碳钢、低合金钢焊接，如 Q345、16MnR、09Mn2V 等钢的焊接
铁粉高效焊条	E5024、E5023、E5028 等 (J501Fe15、J506Fe16、J506Fe18 等)	熔敷效率高达 130%，主要用于低合金钢焊接，如 Q345、16MnR 等钢的焊接
重力焊条	E5024、E5001 等 (JS01218、J503Z 等)	名义效率可达 130%，焊条较长（500～1000mm），在引弧端涂有引弧剂，主要用于低合金钢，如 Q345、16Mn 等
立向下焊条	E5016、E5015(J506X、J507X)	主要用于低碳钢、低合金钢焊接，角接、搭接的焊缝
管子立向下焊条	E5015 (J507XG)	主要用于钢管对接的向下焊，单面焊双面成形，如天然气管道的焊接等
超低氢焊条	E5016-1、E5015-1 (J506H、J507H)	按国际标准 ISO 规定，焊后用水银法测定，熔敷金属扩散氢含量小于 5mL/100g 的焊条为超低氢焊条，主要用于压力容器、采油平台等重要结构
高韧性焊条	E5015G (J507GH)	能满足压力容器、锅炉、船舶、海洋工程的低温韧性要求，有良好的断裂韧性

名　称	型号(牌号)	主要用途
高韧性超低氢焊条	ES016-G、E5015-G、E5516-G、E6015-G、E7015-G (J506RH、J507RH、J556RH、J607RH、J707RH)	焊缝有良好的抗裂性和低温韧性,主要用于压力容器、采油平台等重要焊接结构
耐吸潮焊条	E5018(J506LMA)	主要用于高湿度条件下焊接,从焊条烘干箱中取出后,在使用期内,药皮能符合含水率的规定

（十一）有色金属焊条（GB/T 3669—2001）

有色金属焊条型号见表 2-29。

表 2-29　有色金属焊条型号

型号	抗拉强度 /MPa	延伸率 δ /%	用　途
ECu	170	20	用于脱氧铜、无氧铜及韧性(电解)铜的焊接。也可用于这些材料的修补和堆焊以及碳钢和铸铁上堆焊。用脱氧铜可得到机械和冶金上无缺陷焊缝
ECuSi-A ECuSi-B	250 270	22 20	用于焊接铜-硅合金 ECuSi 焊条,偶尔用于铜,异种金属和某些铁基金属的焊接,硅青铜焊接金属很少用作堆焊承截面,但常用于经受腐蚀的区域堆焊
ECuSn-A ECuSn-B	250 270	15 12	ECuSn 焊条用于连接类似成分的磷青铜。它们也用于连接黄铜。如果焊缝金属对于特定的应用具有满意的导电性和耐腐蚀性,也可用于焊接铜 ECuSn-B 焊条具有较高的锡含量,因而焊缝金属比 ECuSn-A 焊缝金属具有更高的硬度及拉伸和屈服强度
ECuNi-A ECuNi-B	270 350	20 20	ECuNi 类焊条用于锻造的或铸造的 70/30、80/20 和 90/10 铜镍合金的焊接,也用于焊接铜-镍包覆钢的包覆,通常不需预热
ECuAl-A ECuAl-B ECuAl-C ECuAlNi ECuMnAlNi	410 450 390 490 520	20 10 15 13 15	用在连接类似成分的铝青铜、高强度铜-锌合金、硅青铜、锰青铜、某些镍基合金、多数黑色金属与合金及异种金属的连接。ECuAl-A 焊条用于修补铝青铜和其他铜合金铸件;ECuAl-B 焊接金属也用于高强度耐磨和耐腐蚀承受面的堆焊;ECuAlNi 焊条用于铸造和锻造的镍-铝青铜材料的连接或修补。这些焊接金属也可用于在盐和微水中需高耐腐蚀、耐浸蚀或气蚀的应用中;ECuMnAlNi 焊条用于铸造或锻造的锰-镍铝青铜材料的连接或修补,具有耐蚀性
TAl TAlSi TAlMn	64 118 118	— — —	TAl 用于纯铝及要求不高的铝合金工件焊接。TAlSi 用于铝、铝硅合金板材、铸件、一般铝合金及硬铝的焊接,不宜焊镁合金。TAlMn 除用于焊接铝锰合金外,也可用于焊接纯铝及其他铝合金

注：焊条尺寸（mm）：铜基焊条直径为 2.5、3.2、4、5、6；长度为 300、350。铝基焊条直径为 3.2、4、5、6；长度为 345、350、355。

三、焊条的选择、使用及保管

1. 焊条的选择

正确地选择焊条,拟定合理的焊接工艺,才能保证焊接接头不产生裂纹、气孔、夹渣等缺陷,才能满足结构接头的力学性能和其他特殊性能的要求,从而保证焊接产品的质量。在金属结构的焊接中,选用焊条应注意以下几条原则。

① 考虑母材的力学性能和化学成分　焊接结构通常是采用一般强度的结构钢和高强度结构钢。焊接时,应根据设计要求,按结构钢的强度等级来选用焊条。值得注意的是,钢材一般按屈服强度等级来分级,而焊条是按抗拉强度等级来分级的。因此,应根据钢材的抗拉强度等级来选择相应强度或稍高强度的焊条。但焊条的抗拉强度太高会使焊缝强度过高而对接头有害。同时,还应考虑熔敷金属的塑性和韧性不低于母材。当要求熔敷金属具有良好的塑性和韧性时,一般可选择强度低一级的焊条。

对合金结构钢来说,一般不要求焊缝与母材成分相近,只有焊接耐热钢、耐蚀钢时,为了保证焊接接头的特殊性能，则要求熔敷金属的主要合金元素与母材相同或相近。当母材中碳、硫、磷等元素含量较高时，应选择抗裂性好的低氢型焊条。

② 考虑焊接结构的受力情况　由于酸性焊条的焊接工艺性能较好，大多数焊接结构都可选用酸性焊条焊接。但对于受力构件，或工作条件要求较高的部位和结构，都要求具有较高的塑性、韧性和抗裂性能，则必须使用碱性低氢型焊条。

③ 考虑结构的工作条件和使用性能　根据焊件的工作条件，包括载荷、介质和温度等，选择相应的能满足使用要求的焊条。例如：高温或低温条件下工作的焊接结构，应分别选择耐热钢焊条和低温钢焊条；接触腐蚀介质的焊接结构，应选择不锈钢焊条；承受动载荷或冲击载荷的焊接结构，应选择强度足够、塑性和韧性较好的碱性低氢型焊条。

④ 考虑劳动条件和劳动生产率　在满足使用性能的情况下，应选用高效焊条，如铁粉焊条、下行焊条等。当酸性焊条和碱性焊条都能满足焊接性能要求时，应选用酸性焊条。

2. 焊条的使用

应熟悉各种焊条的类别、性能、用途以及使用要点。了解焊条的说明书中各项技术指标，合理、正确使用焊条。焊条的药皮容易吸潮，使焊缝产生气孔、氢致裂纹等缺陷。为了保证焊接质量，焊条在使用前必须进行烘干。烘干焊条时，由于各种焊条药皮的组成不同，对烘干的温度要求也不一样。因此，对不同牌号的焊条，不能同时放在一起烘干。各种焊条的烘干规范见表 2-30。

表 2-30　各种焊条的烘干规范

焊条种类	型号（牌号）	吸潮度/%	烘干温度/℃	保温时间/min
低碳钢焊条	钛钙型 J422	≥2	150～200	
	钛铁矿型 J423	≥5	150～200	30～60
	低氢钠型 J427	≥0.5	300～400	
高强度钢、低温钢、耐热钢焊条	高强度钢 J507、J557、J607、J107		300～400	30～60
	低温钢（低氧型）	≥0.5	350～400	60
	耐热钢		350～400	60
不锈钢焊条	铬不锈钢			
	（低氢型）		300～350	
	（钛钙型）	≥1	200～250	30～60
	奥氏体不锈钢			
	（低氢型）		300～350	
	（钛钙型）		200～250	
堆焊焊条	钛钙型	≥2	150～250	
	低碳钢焊芯（低氢型）	≥0.5	300～350	30～60
	合金钢焊芯（钛钙型）	≥1	150～250	
铸铁焊条	石墨型 Z308 等	≥1.5	70～120	30～60
	低氢型 Z116 等	≥0.5	300～350	
铜、镍及其合金焊条	低氢型		300～350	30～60
	钛钙型	12	200～250	30～60
	石墨型		70～150	30

3. 焊条的保管

焊条的保管直接影响着焊接质量。因此，《焊条质量管理规程》对焊条的生产制造、入库保管、施工使用等都有明确的规定。

① 对入库的焊条，应具有生产厂出具的产品质量保证书或合格证书。在焊条的包装上，标有明确的型号（牌号）标识。

② 对焊接锅炉、压力容器等重要承载结构所用的焊条，还必须在使用前，进行质量复验。否则不准使用。

③ 对存放焊条的一级库房，要求干燥、通风良好，室内温度一般保持在 10～15℃，最少不能低于 5℃，相对湿度小于 60%。

④ 在库内存放的焊条，不准堆放在地面上，要用木方垫高，一般距地面应不少于200mm。各种焊条应设好标识，按品种、牌号、批次、规格等分类堆垛。垛间及四周墙壁之间，应留有一定的距离，上下左右都能使空气流通，防止焊条受潮。

第二节 ┃ 焊丝

焊丝是焊接时作为填充金属或同时作为导电的金属丝，是埋弧焊、气体保护焊、电渣焊等各种焊接工艺方法的焊接材料。

一、焊丝的分类

焊丝的分类方法很多，可分别按其适用的焊接方法、被焊材料、制造方法与焊丝的形状等从不同角度对焊丝进行分类。目前较常用的是按制造方法和其适用的焊接方法进行分类，焊丝有实芯焊丝和药芯焊丝两类。

1. 实芯焊丝的分类

实芯焊丝是目前最常用的焊丝，由热轧线材经拉拔加工而成，为了防止焊丝生锈，需对焊丝（除不锈钢焊丝）表面进行特殊处理，目前主要是镀铜处理，包括电镀、浸铜及化学镀铜处理等方法。

实芯焊丝包括埋弧焊、电渣焊、CO_2 气体保护焊、氩弧焊、气焊以及堆焊用的焊丝。实芯焊丝的分类及特点见表 2-31。

表 2-31　实芯焊丝的分类及特点

分　类	第二层次分类	特　点
埋弧焊、电渣焊焊丝	低碳钢用焊丝	埋弧焊、电渣焊时电流大，要采用粗焊丝，焊丝直径 3.2～6.4mm
	低合金高强钢用焊丝	
	Cr-Mo 耐热钢用焊丝	
	低温钢用焊丝	
	不锈钢用焊丝	
	表面堆焊用焊丝	焊丝因含碳或合金元素较多，难于加工制造，目前主要采用液态连铸拉丝方法进行小批量生产
气体保护焊焊丝	TIG 焊用焊丝	一般不加填充焊丝，有时加填充焊丝。手工填丝为切成一定长度的焊丝，自动填丝时采用盘式焊丝
	MIG、MAG 焊用焊丝	主要用于焊接低合金钢、不锈钢等
	CO_2 焊用焊丝	焊丝成分中应有足够数量的脱氧剂，如 Si、Mn、Ti 等。如果合金含量不足，脱氧不充分，将导致焊缝中产生气孔；焊缝力学性能（特别是韧性）将明显下降
	自保护焊用焊丝	除提高焊丝中的 C、Si、Mn 的含量外，还要加入强脱氧元素 Ti、Zr、Al、Ce 等

（1）埋弧焊和电渣焊用焊丝

埋弧焊和电渣焊时焊剂对焊缝金属起保护和冶金处理作用，焊丝主要作为填充金属，同时向焊缝添加合金元素,两者直接参与焊接过程中的冶金反应,焊缝成分和性能是由焊丝和焊剂共同决定的。

根据被焊材料的不同,埋弧焊焊丝又分为低碳钢用焊丝、低合金高强钢用焊丝、Cr-Mo耐热钢用焊丝、低温钢用焊丝、不锈钢用焊丝、表面堆焊用焊丝等。

(2) 气体保护焊用焊丝

气体保护焊分为惰性气体保护焊(TIG、MIG)和活性气体保护焊(MAG)。惰性气体主要采用 Ar 气,活性气体主要采用 CO_2 气体。MIG 焊接时一般采用 Ar+O_2 2% 或 Ar+CO_2 5%;MAG 焊接时采用 CO_2、Ar+CO_2 或 Ar+O_2。

根据焊接方法的不同,气体保护焊用焊丝分为 TIG 焊接用焊丝,MIG 和 MAG 焊接用焊丝,CO_2 焊接用焊丝等。

(3) 自保护焊接用实芯焊丝

利用焊丝中含有的合金元素在焊接过程中进行脱氧、脱氮,以消除从空气中进行焊接熔池的氧和氮的不良影响。因此,除提高焊丝中的 C、Si、Mn 含量外,还要加入强脱氧元素 Ti、Zr、Al、Ce 等。

2. 药芯焊丝的分类

药芯焊丝是将药粉包在薄钢带内卷成不同的截面形状经轧拔加工制成的焊丝。药芯焊丝也称为粉芯焊丝、管状焊丝或折叠焊丝,用于气体保护焊、埋弧焊和自保护焊,是一种很有发展前途的焊接材料。药芯焊丝粉剂的作用与焊条药皮相似,区别在于焊条的药皮涂敷在焊芯的外层,而药芯焊丝的粉剂被钢带包裹在芯部。药芯焊丝可以制成盘状供应,易于实现机械化焊接。

药芯焊丝的分类较复杂,根据焊丝结构,药芯焊丝可分为有缝焊丝和无缝焊丝两种。无缝焊丝可以镀铜、性能好、成本低,已成为今后发展的方向。

(1) 按是否使用外加保护气体分类

根据是否有保护气体,药芯焊丝可分为气体保护焊丝(有外加保护气)和自保护焊丝(无外加保护气)。气体保护药芯焊丝的工艺性能和熔敷金属冲击性能比自保护的好,但自保护药芯焊丝具有抗风性,更适合室外或高层结构现场使用。

药芯焊丝可作为熔化极(MIG、MAG)或非熔化极(TIG)气体保护焊的焊接材料。TIG 焊接时,大部分使用实芯焊丝作填充材料。焊丝内含有特殊性能的造渣剂,底层焊接时不需充氩保护,芯内粉剂会渗透到熔池背面,形成一层致密的熔渣保护层,使焊道背面不受氧化,冷却后该焊渣很易脱落。

MAG 焊接是 CO_2 气体保护焊和 Ar 加超过 5% 的 CO_2 或超过 2% 的 O_2 等混合气体保护焊的总称。由于加入了一定量的 CO_2 或 O_2,氧化性较强。MIG 焊接是纯 Ar 或在 Ar 中加少量活性气体(≤2% 的 O_2 或 ≤5% 的 CO_2)的焊接。

气电立焊用药芯焊丝是专用于气体保护强制成形焊接方法的一种焊丝。为了向上立焊,熔渣不能太多,故该焊丝中造渣剂的比例为 5%~10%,同时含有大量的铁粉和适量的脱氧剂、合金剂和稳弧剂,以提高熔敷效率和改善焊缝性能。

(2) 按药芯焊丝的截面结构分类

药芯焊丝的截面形状对焊接工艺性能与冶金性能有很大影响。根据药芯焊丝的截面形状可分为简单断面的"O"形和复杂断面的折叠形两类,折叠形又可分为梅花形、T 形、E 形和中间填丝形等。药芯焊丝的截面形状示意图见 2-2。

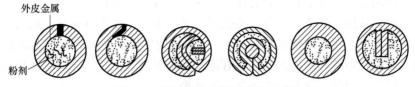

图 2-2　药芯焊丝的截面形状示意图

一般来说，药芯焊丝的截面形状越复杂越对称，电弧越稳定，药芯的冶金反应和保护作用越充分。但是随着焊丝直径的减小，这种差别逐渐缩小，焊丝直径一般采用 O 形截面，大直径（≥2.4mm）药芯焊丝多采用 E 形、T 形等折叠形复杂截面。

（3）按药芯中有无造渣分类

药芯焊丝芯部粉剂的成分与焊条药皮相似，根据药芯焊丝内填料粉剂中有无造渣剂可分成熔渣型（有造渣剂）和金属粉型（无造渣剂）两类。在熔渣型药芯焊丝中加入粉剂，主要是为了改善焊缝金属的力学性能、抗裂性及焊接工艺性能。

这些粉剂有脱氧剂（硅铁、锰铁）、造渣剂（金红石、石英等）、稳弧剂（钾、钠等）、合金剂（Ni、Cr、Mo 等）及铁粉等。按照造渣剂的种类及渣的碱度可分为钛型（又称金红石型、酸性渣）、钛钙型（又称金红石碱型、中性或弱碱性渣）、钙型（碱性渣）。

钛型渣系药芯焊丝的焊道成形美观，全位置焊接工艺性能优良，电弧稳定，飞溅小，但焊缝金属的韧性和抗裂性稍差。钙型渣系药芯焊丝焊缝金属的韧性和抗裂性优良，但焊道成形和焊接工艺性稍差。钛钙型渣系介于上述二者之间。几种典型药芯焊丝中的粉剂及熔渣成分见表 2-32。

表 2-32　几种典型药芯焊丝中的粉剂及熔渣成分　%

成分	钛型（酸性渣）		钛钙型（碱性或中性渣）		钙型（碱性渣）	
	粉剂	熔渣	粉剂	熔渣	粉剂	熔渣
SiO_2	21.0	16.8	17.8	16.1	7.5	14.8
Al_2O_3	2.1	4.2	4.3	4.8	0.5	—
TiO_2	40.5	50.0	9.8	10.8	—	—
ZrO_2	—	—	6.2	6.7	—	—
CaO	0.7	—	9.7	10.0	3.2	11.3
Na_2O	1.6	2.8	1.9	—	—	—
K_2O	1.4	—	1.5	2.7	0.5	—
CaF_2	—	—	18.0	24.0	20.5	43.5
MnO	—	21.3	—	22.8	—	20.4
Fe_2O_3	—	5.7	—	2.5	—	10.3
CO_2	0.5				2.5	
C	0.6		0.3		1.1	
Fe	21.1		24.7		55.0	
Mn	15.8		13.0		7.2	
AWS 型号	E70T-1 或 E70T-2		E70T-1		E70T-1 或 E70T-5	

金属粉型药芯焊丝几乎不含造渣剂，焊接工艺性能类似于实芯焊丝，但电流密度更大。具有熔敷效率高、熔渣少的特点，抗裂性能优于熔渣型药芯焊丝。这种焊丝粉芯中大部分是金属粉（铁粉、脱氧剂等），其造渣量仅为熔渣型药芯焊丝的 1/3，多层焊可不清渣，使焊接生产率进一步提高，此外，还加入了特殊的稳弧剂，飞溅小，电弧稳定，而且焊缝扩散氢含量低，抗裂性能得到改善。

目前我国药芯焊丝产品品种主要有钛型气保护、碱性气保护和耐磨堆焊（主要是埋弧堆焊类）三大系列，适用于碳钢、低合金高强钢、不锈钢等，大体可满足一般工程结构焊接需求。在产品质量方面，用于结构钢焊接的 E71T-1 钛型气保护药芯焊丝产品质量已经有了突破性的提高，而碱性药芯焊丝的产品质量有待进一步提高。在气体保护电弧焊中，以药芯焊丝代替实芯焊丝进行焊接，这在技术上是一大进步。

二、焊丝的品种及焊接规范

（一）铸铁焊丝（GB/T 10044—2006）

铸铁焊丝根据熔敷金属或本身的化学成分及用途划分型号。

对于填充焊丝，字母 R 表示填充焊丝，字母 Z 表示用于铸铁焊接，"RZ"后面用焊丝的主要化学元素或熔敷金属类型代号表示，再细分时用数字表示。

对于气体保护焊焊丝，字母 ER 表示气体保护焊焊丝，字母 Z 表示用于铸铁焊接，在字母 ERZ 后面用焊丝主要化学元素符号或熔敷金属类型代号表示。

对于药芯焊丝，字母 ET 表示药芯焊丝，ET 后面的数字 3 表示药芯焊丝为自保护类型，3 后面的 Z 表示用于铸铁焊接，ET3Z 后用焊丝熔敷金属的主要化学元素符号或金属类型代号表示。

1. 铸铁焊接用焊丝的类别与型号

铸铁焊接用焊丝的类别与型号见表 2-33。

表 2-33　铸铁焊接用焊丝的类别与型号

类　别	型　号	名　称
铁基填充焊丝	RZC	灰口铸铁填充焊丝
	RZCH	合金铸铁填充焊丝
	RZCQ	球墨铸铁填充焊丝
镍基气体保护焊焊丝	ERZNi	纯镍铸铁气体保护焊焊丝
	ERZNiFeMn	镍铁锰铸铁气体保护焊焊丝
镍基药芯焊丝	ET3ZNiFe	镍铁铸铁自保护药芯焊丝

2. 铸铁焊接用填充焊丝的直径及偏差

铸铁焊接用填充焊丝的直径及偏差见表 2-34。

表 2-34　铸铁焊接用填充焊丝的直径及偏差　　　　mm

焊丝类别	焊丝横截面尺寸		焊丝长度	
	基本尺寸	极限偏差	基本尺寸	极限偏差
铁基填充焊丝	3.2	±0.8	400～500	±5
	4.0、5.0、6.0、8.0、10.0		450～50	
	12.0		550～650	

3. 铸铁焊接用气体保护焊焊丝和药芯焊丝的直径及偏差

铸铁焊接用气体保护焊焊丝和药芯焊丝的直径及偏差见表 2-35。

表 2-35　铸铁焊接用气体保护焊焊丝和药芯焊丝的直径及偏差　　　　mm

基本尺寸	极限偏差
1.0、1.2、1.4、1.6	±0.05
2.0、2.4、2.8、3.0	±0.08
3.2、4.0	±0.10

注：焊丝截面有圆形与方形两种。

（二）碳钢药芯焊丝（GB/T 10045—2001）

碳钢药芯焊丝根据熔敷金属的力学性能、焊接位置及焊丝类别特点（包括保护类型、电流类型、渣系特点等）划分型号。

碳钢药芯焊丝型号的表示方法为 E×××T-×ML，各符号含义说明如下：

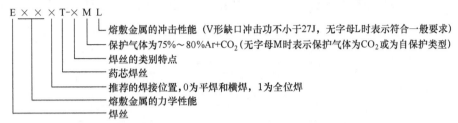

- 熔敷金属的冲击性能（V形缺口冲击功不小于27J，无字母L时表示符合一般要求）
- 保护气体为75%～80%Ar+CO_2（无字母M时表示保护气体为CO_2或为自保护类型）
- 焊丝的类别特点
- 药芯焊丝
- 推荐的焊接位置，0为平焊和横焊，1为全位焊
- 熔敷金属的力学性能
- 焊丝

1. 碳钢药芯焊丝的特点及应用

碳钢药芯焊丝的特点及应用见表 2-36。

表 2-36　碳钢药芯焊丝的特点及应用

型号	特点及应用性能
E×××T-1、E×××T-1M 类	这类焊丝使用 CO_2 保护气体。也可使用 Ar+CO_2 混合气体，随着混合气体中 Ar 的增加，使焊缝中锰和硅含量增加，从而提高焊缝金属的抗拉强度，并影响冲击性能。混合气一般为 Ar75%～80%+CO_2，采用直流反接（DCEP），可全位置焊接；喷射过渡，飞溅小，焊道形状平滑、微凸；熔渣适中，多以氧化钛型为主，熔敷速度高
E×××T-2、E×××T-2M 类	这类焊丝主要用于平焊、角焊的单道焊。焊丝中含有较高的脱氧剂，具有良好的力学性能。焊丝为熔滴过渡，其他性能与 E×××T-1，E×××T-1M 类相似
E×××T-3 类	这类焊丝为自保护型，采用直流反接，熔滴为喷射过渡，焊接速度快。适用于平焊、横焊和立焊（最多倾斜 20°）的单道焊。因这类焊丝硬化性敏感，一般不在下列情况下使用：母材厚度超过 4.8mm 的 T 形或搭接接头；母材厚度超过 6.4mm 的对接或角接接头
E×××T-4 类	这类焊丝为自保护型，采用直流反接，熔滴为颗粒过渡，特点是熔敷效率非常高，焊缝含硫量低，抗热性能好。一般用于非底层的浅熔深焊接
E×××T-5、E×××T-5M 类	这类焊丝使用 CO_2 保护气体。也可使用 Ar+CO_2 混合气体，混合气一般为 Ar75%～80%+CO_2，主要用于平焊的单道焊，粗熔滴过渡，焊道微凸，熔渣为不完全覆盖薄渣。氧化物—氟化物为主要渣系，熔敷金属具有优异的抗裂冲击韧性和抗热裂、冷裂性能。焊接采用直流正接，可全位置焊接，但工艺性能不如氧化铁型焊丝
E×××T-6 类	这类焊丝为自保护型，采用直流反接，熔滴为喷射过渡。渣系特点是熔敷金属具有良好的抗冲击韧性、良好的焊缝根部熔透性和优异的脱渣性，宜用于深坡口焊接
E×××T-7 类	这类焊丝为自保护型，采用直流反接，熔滴为细熔滴或喷射过渡，能用大直径焊丝在平焊或横焊位置焊接，焊缝含硫量非常低，抗裂性好
E×××T-8 类	这类焊丝为自保护型，采用直流反接，熔滴为细熔滴或喷射过渡，适用于全位置焊接，有较好的低温冲击韧性
E×××T-9、E×××T-9M 类	这类焊丝采用 Ar+CO_2 混合气体，混合气一般为 Ar75%～80%+CO_2，大直径焊丝（大于 2.0mm）用于平焊、横焊；小直径焊丝则可全位置操作。其熔滴过渡和焊接特性与 E×××-T1、E×××T-1M 焊丝相似
E×××T-10 类	这类焊丝为自保护型，采用直流正接（DCEN），熔滴为细熔滴形式过渡，适用于平焊、横焊和立焊（最多倾斜 20°）位置的高道焊
E×××T-11 类	这类焊丝为自保护型，采用直流正接，熔滴具有平稳的喷射过渡，一般用于单道或多道全位置焊接。除非保证预热和层间温度，一般不用于厚度超过 19mm 的钢材
×××T-12、E×××T-12 类	这类焊丝降低了含锰量，满足 ASME 标准第Ⅺ章中 A-1 组的化学成分要求，抗裂性和硬度相应降低。其熔滴过渡及操作性能与 E×××-T1、E×××T-1M 类相似
E×××T-13 类	这类焊丝为自保护型，采用直流正接，通常采用短弧焊接，可用于多种壁厚管道的打底层焊接，一般不推荐用于多道焊
E×××T-14 类	这类焊丝为自保护型，采用直流正接，熔滴具有平稳的喷射过渡。其特点是全位置高速焊，常用于镀锌、镀铝的涂层钢板
E×××T-G 类	这类焊丝多用于多道焊，它是现有标准中未作规定的焊丝

2. 碳钢药芯焊丝焊接位置、保护类型、极性和适用性要求

碳钢药芯焊丝焊接位置、保护类型、极性和适用性要求，见表 2-37。

表 2-37　碳钢药芯焊丝焊接位置、保护类型、极性和适用性要求

型号	焊接位置[①]	外加保护气[②]	极性[③]	适用性[④]
E500T-1	H、F	CO_2	DCEP	M
E500T-1M	H、F	Ar75%～80%＋CO_2	DCEP	M
E501T-1	H、E、VU、OH	CO_2	DCEP	M
E501T-1M	H、F、VU、OH	Ar75%～80%＋CO_2	DCEP	M
E500T-2	H、F	CO_2	DCEP	S
E500T-2M	H、F	Ar75%～80%＋CO_2	DCEP	S
E501T-2	H、E、VU、OH	CO_2	DCEP	S
E501T-2M	H、E、VU、OH	Ar75%～80%＋CO_2	DCEP	S
E500T-3	H、F	无	DCEP	S
E500T-4	H、F	无	DCEP	M
E500T-5	H、F	CO_2	DCEP	M
E500T-5M	H、F	Ar75%～80%＋CO_2	DCEP	M
E501T-5	H、E、VU、OH	CO_2	DCEP 或 DCEN[⑤]	M
E501T-5M	H、E、VU、OH	Ar75%～80%＋CO_2	DCEP 或 DCEN[⑤]	M
E500T-6	H、F	无	DCEP	M
E500T-7	H、F	无	DCEP	M
E501T-7	H、F、VU、OH	无	DCEP	M
E500T-8	H、F	无	DCEP	M
E501T-8	H、F、VU、OH	无	DCEP	M
E500T-9	H、F	CO_2	DCEP	M
E500T-9M	H、F	Ar75%～80%＋CO_2	DCEP	M
E501T-9	H、E、VU、OH	CO_2	DCEP	M
E501T-9M	H、E、VU、OH	Ar75%～80%＋CO_2	DCEP	M
E500T-10	H、F	无	DCEP	S
E500T-11	H、F	无	DCEP	M
E501T-11	H、F、VU、OH	无	DCEP	M
E500T-12	H、F	CO_2	DCEP	M
E500T-12M	H、F	Ar75%～80%＋CO_2	DCEP	M
E501T-12	H、E、VU、OH	CO_2	DCEP	M
E501T-12M	H、E、VU、OH	Ar75%～80%＋CO_2	DCEP	M
E431T-13	H、E、VD、OH	无	DCEP	S
E501T-13	H、E、VD、OH	无	DCEP	S
E501T-14	H、E、VD、OH	无	DCEP	S
E××0T-G	H、F	—	—	M
E××1T-G	H、F、VD 或 VU、OH	—	—	M
E××0T-GS	H、F	—	—	S
E××1T-GS	H、F、VD 或 VU、OH	—	—	S

① H 为横焊，F 为平焊，OH 为仰焊，VD 为立向下焊，VU 为立向上焊。

② 对于使用外加保护气的焊丝（E×××T-1，E×××T-1M，E×××T-2，E×××T-2M，E×××T-5，E×××T-5M，E×××T-9，E×××T-9M 和 E×××T-12，E×××T-12M），其金属的性能随保护气类型不同而变化。用户在未向焊丝制造商咨询前不应使用其他保护气。

③ DCEP 为直流电源，焊丝接正极；DCEN 为直流电源，焊丝接负极。

④ M 为单道和多道焊，S 为单道焊。

⑤ E501T-5 和 E501T-5M 型焊丝可在 DCEN 极性下使用改善不适当位置的焊接性，推荐的极性请咨询制造商。

3. 碳钢药芯焊丝熔敷金属的力学性能

碳钢药芯焊丝熔敷金属的力学性能见表 2-38。

表 2-38 碳钢药芯焊丝熔敷金属的力学性能

型号	抗拉强度 R_m/MPa	屈服强度 R_p 或 $R_{p0.2}$/MPa	伸长率 A /%	V 形缺口冲击	
				试验温度/℃	冲击功/J
E50×T-1、E50×T-1M[①]	480	400	22	−20	27
E50×T-2、E50×T-2M[②]	480	—	22	—	—
E50×T-3[②]	480	—	—	—	—
E50×T-4	480	400	—	—	—
E50×T-5、E50×T-5M[①]	480	400	22	−30	27
E50×T-6[①]	480	400	22	−30	27
E50×T-7	480	400	22	—	—
E50×T-8[②]	480	400	22	−30	27
E50×T-9、E50×T-9[①]	480	400	22	−30	27
E50×T-10[②]	480	—	—	—	—
E50×T-11	480	400	20	—	—
E50×T-12、E50×T-12[①]	480~620	400		−30	27
E50×T-13[②]	415	—	—	—	—
E50×T-13[②]	480	—	—	—	—
E50×T-14[②]	480	—	22	—	—
E43×T-G	415	330	22	—	—
E50×T-G	480	400	22	—	—
E43×T-GS[②]	415	—	—	—	—
E50×T-GS[②]	480	—	—	—	—

① 表中所列单值均为最小值。

② 这些型号主要用于单焊道而不用于多焊道。因为只规定了抗拉强度，所以只要求做横向拉伸和纵向辊筒弯曲（缠绕式导向弯曲）试验。

（三）低合金钢药芯焊丝

低合金钢药芯焊丝特点及保护类型见表 2-39。低合金钢药芯焊丝类型、特点及应用见表 2-40。

表 2-39 低合金钢药芯焊丝特点及保护类型

型号	焊丝渣系特点	保护类型	电流种类
E×××T1-×	渣系以金红石为主体，熔滴以喷射或细滴过渡	气保护	直流，焊丝接正极
E×××T4-×	渣系具有强脱硫作用，熔滴呈粗滴过渡	自保护	直流，焊丝接正极
E×××T5-×	氧化钙-氟化物碱性渣系，熔滴呈粗滴过渡	气保护	直流，焊丝接正极
E×××T8-×	渣系具有强脱硫作用	自保护	直流，焊丝接负极
E×××TX-G	渣系、电弧特性、焊缝成形及极性不作规定		

表 2-40 低合金钢药芯焊丝类型、特点及应用

类 型	特点及应用
T1 类焊丝	以 CO_2 气体为保护气，必要时也可采用 $Ar+CO_2$ 的混合气体。直径≥2.0mm 时，用于平焊位置和横焊角焊缝；直径≤1.6mm，可用于全位置。这类焊丝的特征是熔滴呈喷射过渡，飞溅损失小，焊道表面平或微凸起，熔渣体积适中，可完全覆盖焊道。熔渣为金红石主体的渣系
T4 类焊丝	自保护型焊丝，采用直流正极性焊接。适合于平焊位置和横焊位置的单道焊或多道焊。这类焊丝的熔滴呈粗滴过渡。渣系特点是具有较强的脱硫能力，焊缝金属具有很好的抗裂性能
T5 类焊丝	采用 CO_2 气体作保护气，也可采用 $Ar+CO_2$ 的混合气体。用于平焊位置的单道焊或双道焊，直流正极性焊接，采用 $Ar+CO_2$ 的混合气体，可在非推荐位置平行焊接。熔滴呈粗滴过渡，焊道表面微凸，熔渣薄且不能完全覆盖焊道，具有氧化钙-氟化物碱性渣系
T8 类焊丝	自保护型焊丝，采用直流，焊丝接负极，可用于全位置的单道焊或多道焊。渣系具有产生较高的低温冲击性能的特点，还具有较高的脱硫能力，焊缝金属抗裂性能好
T×-G 类焊丝	新型多道焊用焊丝。对于渣系、电弧特征、焊缝外形及极性等都不作规定

（四）埋弧焊用碳钢焊丝（GB/T 5293—1999）

埋弧焊用碳钢焊丝的型号根据焊丝焊剂组合的熔敷金属力学性能、热处理状态进行划分。焊丝焊剂组合的型号 F×××-H××A 编制方法如下：

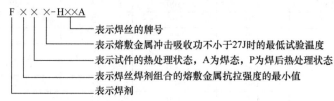

如果需要标注扩散氢含量，可选用附加代号 H× 表示。

1. 埋弧焊用碳钢焊丝直径及其极限偏差

埋弧焊用碳钢焊丝直径及其极限偏差见表 2-41。

表 2-41　埋弧焊用碳钢焊丝直径及其极限偏差　　　　mm

直径	1.6、2.0、2.5	3.2、4.0、5.0、6.0
极限偏差	0 −0.10	0 −0.12

注：根据供需双方协议，可生产其他尺寸的焊丝。

2. 埋弧焊用碳钢焊丝参考焊接规范

埋弧焊用碳钢焊丝参考焊接规范见表 2-42。

表 2-42　埋弧焊用碳钢焊丝参考焊接规范

焊丝规格 /mm	焊接电流 /A	电弧电压 /V	电流种类	焊接速度 /(m/h)	道间温度 /℃	焊丝伸出长度 /mm
1.6	350			18		13～19
2.0	400			20		13～19
2.5	450			21		19～32
3.2	500	20	30±2	直流或交流	23	±1.5	135～165	22～35
4.0	550			25		22～35
5.0	600			26		215～38
6.0	650			27		215～38

（五）埋弧焊用低合金钢焊丝（GB/T 12470—2003）

1. 埋弧焊用低合金钢焊丝直径及其极限偏差

埋弧焊用低合金钢焊丝直径及其极限偏差见表 2-43。

表 2-43　埋弧焊用低合金钢焊丝直径及其极限偏差　　　　mm

公称直径	极限偏差	
	普通精度	较高精度
1.6、2.0、2.5、3.0	−0.10	−0.06
3.2、4.0、5.0、6.0、6.4	−0.12	−0.08

注：根据供需双方协议，可生产使用其他尺寸的焊丝。

2. 埋弧焊用低合金钢焊丝焊接及热处理规范

埋弧焊用低合金钢焊丝焊接及热处理规范见表 2-44。

（六）气体保护电弧焊用碳钢、低合金钢焊丝（GB/T 8110—2008）

焊丝按化学成分分为碳钢、碳钼钢、铬钼钢、镍钢、锰钼钢和低合金钢 6 类。焊丝型号按化学成分和采用熔化极气体保护电弧焊时熔敷金属的力学性能进行划分。

表 2-44　埋弧焊用低合金钢焊丝焊接及热处理规范

焊丝规格 /mm	焊接电流 /A	电弧电压 /V	电流种类	焊接速度 /(m/h)	焊丝伸出 长度/mm	道间温度 /℃	焊后热处理 温度/℃
1.6	250～350	26～29	直流或 交流	18	13～19	150±15	620±15
2.0	300～400						
2.5	350～450	27～30		22	19～32		
3.0	400～500			23	25～38		
3.2	425～525						
4.0	475～575			25			
5.0	550～650						
6.0	625～725	28～31		29	32～44		
6.4	700～800	28～32		31	38～50		

注：1. 当熔敷金属含 Cr1.00%～1.50%、Mo0.40%～0.65% 时，预热及道间温度为 150℃±15℃，焊后热处理温度为 690℃±15℃。

2. 当熔敷金属含 Cr1.75%～2.25%、Mo0.40%～0.65%、Cr2.00%～2.50%、Mo0.90%～1.20% 时，预热及道间温度为 205℃±15℃，焊后热处理温度为 690℃±15℃。

3. 当熔敷金属含 Cr0.60% 以下、Ni0.40%～0.80%、Mo0.25% 以下；Ti+V+Zr0.03% 以下；Cr0.65% 以下、Ni2.00%～2.80%、Mo0.30%～0.80%；Cr0.65% 以下、Ni1.5%～2.25%、Mo0.60% 以下时，预热及道间温度为 150℃±15℃，焊后热处理温度为 690℃±15℃。

4. 仲裁试验时，应采用直流反接施焊。

5. 试件装炉时的炉温不得高于 315℃，然后以不大于 220℃/h 的升温速度加热到规定温度。保温 1h。保温后以不大于 195℃/h 的冷却速度炉冷至 315℃ 以下任一温度出炉，然后空冷至室温。

6. 根据供需双方协议，也可采用其他热处理规范。

焊丝型号由 3 部分组成，各部分含义如下：

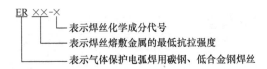

ER ××-×
└─ 表示焊丝化学成分代号
└── 表示焊丝熔敷金属的最低抗拉强度
└─── 表示气体保护电弧焊用碳钢、低合金钢焊丝

根据供需双方协商，可在型号后附加扩散氢代号 H×，其中×代表 15、10 或 5。

1. 气体保护电弧焊用碳钢、低合金钢焊丝焊接规范

气体保护电弧焊用碳钢、低合金钢焊丝焊接规范见表 2-45。

表 2-45　气体保护电弧焊用碳钢、低合金钢焊丝焊接规范

焊丝类别	焊丝直径 /mm	电弧电压 /V	焊接电流[①] /A	极性	电极端与工件 距离/mm	焊接速度 /(mm/s)	送丝速度 /(mm/s)
碳钢	1.2	27～32	260～290	直接反流	19±3	5.5±10	190±10
	1.6	25～30	330～360		19±3	5.5±10	100±5
低合金钢	1.2	27～32	300～360		22±3	5.5±10	190±10
	1.6	25～30	340～420		22±3	5.5±10	100±5

① 对于 ER55-D2 型号焊丝，直径 1.2mm 焊丝的焊接电流 260～320A，直径 1.6mm 焊丝的焊接电流为 330～410A。

注：如果不采用直径 1.2mm 或 1.6mm 的焊线进行试验，焊接规范应根据需要适当改变。

2. 气体保护电弧焊用碳钢、低合金钢焊丝直径及其允许偏差

气体保护电弧焊用碳钢、低合金钢焊丝直径及其允许偏差见表 2-46。

（七）埋弧焊用不锈钢焊丝（GB/T 17854—1999）

1. 埋弧焊用不锈钢焊丝直径及其极限偏差

埋弧焊用不锈钢焊丝直径及其极限偏差见表 2-47。

2. 埋弧焊用不锈钢焊丝参考焊接规范

埋弧焊用不锈钢焊丝参考焊接规范见表 2-48。

表 2-46 气体保护电弧焊用碳钢、低合金钢焊丝直径及其允许偏差　　　mm		
包装形式	焊丝直径	允许偏差
直条	1.2、1.6、2.0、2.4、2.5	+0.01 -0.04
	3.0、3.2、4.0、4.8	+0.01 -0.07
焊丝卷	0.8、0.9、1.0、1.2、1.4、1.6、2.0、2.4、2.5	+0.01 -0.04
	2.8、3.0、3.2	+0.01 -0.07
焊丝桶	0.9、1.0、1.2、1.4、1.6、2.0、2.4、2.5	+0.01 -0.04
	2.8、3.0、3.2	+0.0 -0.07
焊丝盘	0.5、0.6	+0.01 -0.03
	0.8、0.9、1.0、1.2、1.4、1.6、2.0、2.4、2.5	+0.01 -0.04
	2.8、3.0、3.2	+0.01 -0.07

注：根据供需双方协议，可生产其他尺寸及偏差的焊丝。

表 2-47 埋弧焊用不锈钢焊丝直径及其极限偏差　　　mm		
直径	1.6、2.0、2.5	3.2、4.0、5.0、6.0
极限偏差	0 -0.10	0 -0.12

注：根据供需双方协议，可生产其他尺寸的焊丝。

表 2-48 埋弧焊用不锈钢焊丝参考焊接规范						
焊丝直径/mm	焊接电流/A	焊接电压/V	电流种类	焊接速度/(m/h)		焊丝伸出长度/mm
3.2	500	±20	交流或 直流	23	±1.5	22～35
4.0	550			25		25～38

（八）低合金钢药芯焊丝（GB/T 17493—2008）

低合金钢药芯焊丝按药芯类型分为非金属粉型药芯焊丝和金属粉型药芯焊丝。非金属粉型药芯焊丝按化学成分分为钼钢、铬钼钢、镍钢、锰钼钢和其他低合金钢 5 类。金属粉型药芯焊丝按化学成分分为铬钼钢、镍钢、锰钼钢和其他低合金钢 4 类。

非金属粉型药芯焊丝型号按熔敷金属的抗拉强度和化学成分、焊接位置、药芯类型和保护气体进行划分。金属粉型药芯焊丝型号按熔敷金属的抗拉强度和化学成分进行划分。

非金属粉型药芯焊丝型号的表示方法为 E×××T×-×× （-JH×）。各符号含义说明如下：

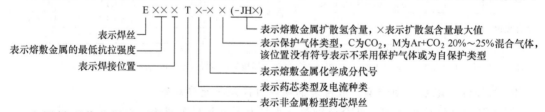

金属粉型药芯焊丝型号的表示方法为 E××C-× （-H×）。各符号含义说明如下：

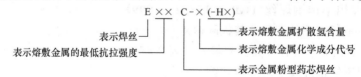

×符号表示扩散氢含量最大值。

1. 低合金钢药芯焊丝药芯类型、保护气体及电流种类

低合金钢药芯焊丝药芯类型、保护气体及电流种类见表2-49。

表 2-49　低合金钢药芯焊丝药芯类型、保护气体及电流种类

焊丝	药芯类型	药芯特点	型号	焊接位置	保护气体[①]	电流种类
非金属粉型	1	金红石型,熔滴呈喷射过渡	E××0T1-×C	平、横	CO_2	直接反流
			E××0T1-×M		Ar+$CO_2$20%～25%	
			E××1T1-×C	平、横、仰、立向上	CO_2	
			E××1T1-×M		Ar+$CO_2$20%～25%	
	4	强脱硫、自保护型,熔滴呈粗滴过渡	E××0T4-×	平、横	—	
	5	氧化钙-氟化物型,熔滴呈粗滴过渡	E××0T5-×C	平、横	CO_2	
			E××0T5-×M		Ar+$CO_2$20%～25%	
			E××1T5-×C	平、横、仰、立向上	CO_2	直接反流或正接[②]
			E××1T5-×M		Ar+$CO_2$20%～25%	
	6	自保护型,熔滴呈喷射过渡	E××0T5-×	平、横	—	直接反流
	7	强脱硫、自保护型,熔滴呈喷射过渡	E××1T7-×	平、横、仰、立向上		直接反流
	8	自保护型,熔滴呈喷射过渡	E××0T8-×	平、横		
			E××1T8-×	平、横、仰、立向上		
	11	自保护型,熔滴呈喷射过渡	E××0T11-×	平、横		
			E××1T11-×	平、横、仰、立向上		
	X[③]	③	E××0T×-G	平、横		③
			E××1T×-G	平、横、仰、立向上或向下		
			E××0T×-GC	平、横	CO_2	
			E××1T×-GC	平、横、仰、立向上或向下		
			E××0T×-GM	平、横	Ar+$CO_2$20%～25%	
			E××1T×-GM	平、横、仰、立向上或向下		
	G	不规定	E××0TG-×	平、横	不规定	不规定
			E××1TG-×	平、横、仰、立向上或向下		
			E××0TG-G	平、横		
			E××1TG-G	平、横、仰、立向上或向下		
金属粉型		主要为纯金属和合金。熔渣极少,熔滴呈喷射过渡	E××C-B2、E××C-B2L E××C-B3、E××C-B3L E××C-B6、E××C-B8 E××C-Ni1、E××C-Ni2、E××C-Ni3 E××C-D2	不规定	Ar+$O_2$1%～5%	不规定
			E××C-B9 E××C-K3、E××C-K4 E××C-W2		Ar+$O_2$5%～25%	
		不规定	E××C-G		不规定	

① 为保证焊缝金属性能,应采用表中规定的保护气体。如供需双方协商,也可采用其他保护气体。

② 某些E××1-×C、E××1-×M焊丝,为改善立焊和仰焊的焊接性,焊丝制造厂也可能推荐采用直接正接。

③ 可以是上述任一种药芯类型,其药芯特点及电流种类应符合该类药芯焊丝相对应的规定。

2. 低合金钢药芯焊丝熔敷金属力学性能

低合金钢药芯焊丝熔敷金属力学性能见表 2-50。

表 2-50 低合金钢药芯焊丝熔敷金属力学性能

型 号[①]	试样状态	抗拉强度 R_m/MPa	规定非比例延伸强度 $R_{p0.2}$/MPa	断后伸长率 A/% ≥	冲击性能[②] 吸收功 A_{kV}/J ≥	冲击性能[②] 试验温度/℃
金属粉型						
E49C-B2L	焊后热处理	≥515	≥440	19	—	—
E55C-B2	焊后热处理	≥550	≥470	19	—	—
E55C-B3L	焊后热处理	≥550	≥470	19	—	—
E62C-B3	焊后热处理	≥620	≥540	17	—	—
E55C-B6	焊后热处理	≥550	≥470	17	—	—
E55C-B8	焊后热处理	≥550	≥470	17	—	—
E62C-B9	焊后热处理	≥620	≥410	16	—	—
E49C-Ni2	焊态	≥490	≥400	24	27	−60
E55C-Ni1	焊态	≥550	≥470	24	27	−45
E55C-Ni2	焊后热处理	≥550	≥470	24	27	−60
E55C-Ni3	焊后热处理	≥550	≥470	24	27	−75
E62C-D2	焊态	≥620	≥540	17	27	−30
E62C-K3	焊态	≥620	≥540	18	27	−30
E69C-K3	焊态	≥690	≥610	16	27	−50
E76C-K3	焊态	≥760	≥680	15	27	−50
E76C-K4	焊态	≥760	≥680	15	27	−50
E83C-K4	焊态	≥830	750	15	27	−50
E55C-W2	焊态	≥550	≥470	22	27	−30
非金属粉型						
E49×T5-A1C，E49×T5-A1M	焊后热处理	490～620	≥400	20	27	−30
E55×T1-A1C，E55×T1-A1M	焊后热处理	550～690	≥470	19	—	—
E55×T1-B1C，E55×T1-B1M、E55×T1-B1LC，E55×T1-B1LM	焊后热处理	550～690	≥470	19	—	—
E55×T1-B2C，E55×T1-B2M、E55×T1-B2LC，E55×T1-B2LM、E55×T1-B2HC，E55×T1-B2HM	焊后热处理	550～690	≥470	19	—	—
E62×T1-B3C，E62×T1-B3M、E62×T1-B3LC，E62×T1-B3LM、E62×T1-B3HC，E62×T1-B3HM	焊后热处理	620～760	≥540	17	—	—
E69×T1-B3C，E69×T1-B3M	焊后热处理	690～830	≥610	16	—	—
E55×T1-B6C，E55×T1-B6M、E55×T1-B6LC，E55×T1-B6LM、E55×T5-B6C，E55×T5-B6M、E55×T5-B6LC，E55×T5-B6LM	焊后热处理	550～690	≥470	19	—	—
E55×T1-B8C，E55×T1-B8M、E55×T1-B8LC，E55×T1-B8LM、E55×T5-BSC，E55×T5-BSM、E55×T5-B8LC，E55×T5-B8LM	焊后热处理	550～690	≥470	19	—	—
E62×T1-B9C，E62×T1-B9M	焊后热处理	620～830	≥540	16	—	—
E43×T1-Ni1C，E43×T1-Ni1M	焊态	430～550	≥340	22	27	−30
E49×T6-Ni1	焊态	490～620	≥400	200	27	−30
E49×T8-Ni1	焊态	490～620	≥400	200	27	−30
E55×T1-Ni1C，E55×T1-Ni1M	焊态	550～690	≥470	19	27	−30
E55×T5-Ni1C，E55×T5-Ni1M	焊后热处理	550～690	≥470	19	27	−50
E49×T8-Ni2	焊态	490～620	≥400	20	27	−30
E55×T8-Ni2	焊态	550～690	≥470	19	27	−30

续表

型　号①	试样状态	抗拉强度 R_m/MPa	规定非比例延伸强度 $R_{p0.2}$/MPa	断后伸长率 A/% ≥	冲击性能② 吸收功 A_{KV}/J	冲击性能② 试验温度/℃
E55×T1-Ni2C，E55×T1-Ni2M	焊态	550~690	≥470	19		−40
E55×T5-Ni2C，E55×T5-Ni2M	焊后热处理					−60
E62×T1-Ni2C，E62×T1-Ni2M	焊态	620~760	≥540	17		−40
E55×T5-Ni3C，E55×T5-Ni3M	焊后热处理	550~690	≥470	19		−70
E62×T5-Ni3C，E62×T5-Ni3M		620~760	≥540	17		−70
E55×T11-Ni3	焊态	550~690	≥470	19		−20
E62×T1-D1C，E62×T1-D1M	焊态	620~760	≥540	17		−40
E62×T5-D2C，E62×T5-D2N	焊后热处理					−50
E69×T5-D2C，E69×T5-D2M		690~830	≥610	16		−40
E62×T1-D3C，E62×T1-D3M	焊态	620~760	≥540	17		−30
E55×T5-K1C，E55×T5-K1M		550~690	≥470	19		−40
E49×T4-K2	焊态	490~620	≥400	20		−20
E49×T7-K2						−30
E49×T8-K2					27	−30
E49×T11-K2						−20
E55×T8-K2 E55×T1-K2C，E55×T1-K2M、 E55×T5-K2C，E55×T5-K2M		550~690	≥470	19		−30
E62×T1-K2C，E62×T1-K2M		620~760	≥540	17		−20
E62×T5-K2C，E62×T5-K2M						−50
E69×T1-K3C，E69×T1-K3M		690~830	≥610	16		−20
E69×T5-K3C，E69×T5-K3M						−50
E76×T1-K3C，E76×T1-K3M		760~900	≥680	15		−20
E76×T5-K3C，E76×T5-K3M						−50
E76×T1-K4C，E76×T1-K4M						−20
E76×T5-K4C，E76×T5-K4M						−50
E83×T5-K4C，E83×T5-K4M		830~970	≥745	14		−50
E83×T1-K5C，E83×T1-K5M					—	
E49×T5-K6C，E49×T5-K6M		490~620	≥400	20		−60
E43×T8-K6		430~550	≥340	22	27	−30
E49×T8-K6		490~620	≥400	20		−30
E69×T1-K7C，E69×T1-K7M	焊态	690~830	≥610	16	27	−50
E62×T8-K8		620~760	≥540	17		−30
E69×T1-K9C，E69×T1-K9M		690~830③	560~670	18	47	−50
E55×T1-W2C，E55×T1-W2M		550~690	≥70	19	27	−30

① 在实际型号中，"×"用相应的符号替代。

② 非金属粉型焊丝型号中带有附加代号"J"时，对于规定的冲击吸收功，试验温度应降低10℃。

③ 对于 E69×T1-K9C，E69×T1-K9M 所示的抗拉强度范围不是要求值，而是近似值。

注：对于 E×××T-G、E×××T-GC、E×××T-GM、E×××TG-× 和 E×××TG-G 型焊丝，熔敷金属冲击性能由供需双方商定。

对于 E××G-G 型焊丝，除熔敷金属抗拉强度外，其他力学性能由供需双方商定。

（九）铝及铝合金焊丝 （GB/T 10858—2008）

焊丝按化学成分分为铝、铝铜、铝锰、铝硅、铝镁 5 类。焊丝型号按化学成分进行划分。焊丝型号由三部分组成：第一部分为字母 SA1，表示铝及铝合金焊丝；第二部分为四位数字，表示焊丝型号；第三部分为可选部分，表示化学成分代号。

圆形铝及铝合金焊丝的直径及其允许偏差见表 2-51。

表 2-51　圆形铝及铝合金焊丝的直径及其允许偏差　　mm

包装形式	焊丝直径	允许偏差
直条①	1.6、1.8、2.0、2.4、2.5、2.8、3.0、3.2、4.0、4.8、5.0、6.0、6.4	±0.1
焊丝卷②		
直径 100mm 和 200mm 焊丝盘	0.8、0.9、1.0、1.2、1.4、1.6	±0.01
直径 270mm 和 300mm 焊丝盘	0.8、0.9、1.0、1.2、1.4、1.6、2.0、2.4、2.5、2.8、3.0、3.2	−0.04

① 铸造直条填充丝不规定直径偏差。

② 当用于手工填充丝时，其直径允许偏差为 ±0.1mm。直条铝及铝合金焊丝长度为 500～1000mm，允许偏差为 ±5mm。

注：根据供需双方协议，可生产其他尺寸、偏差的焊丝。

（十）不锈钢药芯焊丝

焊丝根据熔敷金属化学成分、焊接位置、保护气体及焊接电流类型划分型号。在焊丝型号表示方法中，字母 E 表示焊丝；字母 R 表示填充焊丝，后面的三、四位数字表示焊丝熔敷金属化学成分分类代号，如有特殊要求的化学成分，将其元素符号附加在数字后面，或者用字母 L 表示碳含量较低、H 表示碳含量较高、K 表示焊丝应用于低温环境；最后用字母 T 表示药芯焊丝，之后用一位数字表示焊接位置，0 表示焊丝适用于平焊或横焊位置焊接，1 表示焊丝适用于全位置焊接；"-"后面的数字表示保护气体及焊接电流类型。

1. 不锈钢药芯焊丝保护气体、电流类型及焊接方法

不锈钢药芯焊丝保护气体、电流类型及焊接方法见表 2-52。

表 2-52　不锈钢药芯焊丝保护气体、电流类型及焊接方法

型号	保护气体	电流类型	焊接方法
E×××T×-1	CO_2	直流反接	FCAW
E×××T×-3	无(白保护)		
E×××T×-4	AJ75%～80%＋CO_2		
E×××T1-5	Ar100%	直流正接	GTAW
E×××T×-G	不规定	不规定	FCAW
E×××T1-G			GTAW

注：FCAW 为药芯焊丝电弧焊，GTAW 为钨极惰性气体保护焊。

2. 不锈钢药芯焊丝熔敷金属的拉伸性能

不锈钢药芯焊丝熔敷金属的拉伸性能见表 2-53。

表 2-53　不锈钢药芯焊丝熔敷金属的拉伸性能

型号	抗拉强度 R_m/MPa	伸长率 A/%	热处理
E307T×-×	590	30	
E308T×-×	550	35	
E308LT×-×	520		
E308HT×-×	550		
E308MoT×-×			
E308LMoT×-×	520		
E309T×-×	550	25	
E309LNbT×-×	520		
E309LT×-×			
E309MoT×-×	550		
E309LMoT×-×	520		
E309LNiMoT×-×			
E310T×-×	550		
E312T×-×	660	22	

型号	抗拉强度 R_m/MPa	伸长率 A/%	热处理
E316T×-×	520	30	
E316L×-×	485		
E317LT×-×	520	20	
E347T×-×		25	
E409T×-×	450	15	
E410T×-×	520	20	①
E410NiMoT×-×	760	15	②
E410NiTiT×-×			
E430T×-×	450		③
E502T×-×	415	20	④
E505T×-×			
E308HMoT0-3	550	30	—
E316LKT0-3	485		
E2209To-×	690	20	
E2553To-×	760	15	
E×××T×-G	—	不规定	
R308LT1-5	520	35	
R309LT1-5			—
R316LT1-5	485	30	
R347T1-5	520		

① 加热到 730～760℃保温 1h 后，以不超过 55℃/h 的速度随炉冷至 315℃，出炉空冷至室温。

② 加热到 595～620℃保温 1h 后，出炉空冷至室温。

③ 加热到 760～790℃保温 4h 后，以不超过 55℃/h 的速度随炉冷至 590℃，出炉空冷至室温。

④ 加热到 840～870℃保温 2h 后，以不超过 55℃/h 的速度随炉冷至 590℃，出炉空冷至室温。

（十一）铜及铜合金焊丝（GB/T 9460—2008）

焊丝按化学成分分为铜、黄铜、青铜、白铜四类。焊丝型号按化学成分进行划分。焊丝型号由 3 部分组成：第一部分为字母 SCu，表示铜及铜合金焊丝；第二部分为四位数字，表示焊丝型号；第三部分为可选部分，表示化学成分代号。

铜及铜合金焊丝的直径及其允许偏差见表 2-54。

表 2-54　铜及铜合金焊丝的直径及其允许偏差　　　　　　　　　mm

包装形式	焊丝直径	允许偏差
直条①	1.6、1.8、2.0、2.4、2.5、2.8、3.0、3.2、4.0、4.8、5.0、6.0、6.4	±0.1
焊丝卷②		
直径 100mm 和 200mm 焊丝盘	0.8、0.9、1.0、1.2、1.4、1.6	±0.01
直径 270mm 和 300mm 焊丝盘	0.5、0.8、0.9、1.0、1.2、1.4、1.6、2.0、2.4、2.5、2.8、3.0、3.2	−0.04

① 当用于手工填充丝时，其直径允许偏差为±0.1mm。

② 直条铜及铜合金焊丝长度为 500～1000mm，允许偏差为±5mm。

注：根据供需双方协议，可生产其他尺寸、偏差的焊丝。

（十二）镍及镍合金焊丝

焊丝按化学成分分为镍、镍铜、镍铬、镍铬铁、镍钼、镍铬钼、镍铬钴、镍铬钨 8 类。焊丝型号按化学成分进行划分。焊丝型号由 3 部分组成：第一部分为字母 SNi，表示镍及镍合金焊丝；第二部分为四位数字，表示焊丝型号；第三部分为可选部分，表示化学成分代号。

镍及镍合金焊丝的直径及其允许偏差见表 2-55。

表 2-55　　镍及镍合金焊丝的直径及其允许偏差　　　　　mm

包装形式	焊丝直径	允许偏差
直条①	1.6、1.8、2.0、2.4、2.5、2.8、3.0、3.2、4.0、4.8、5.0、6.0、6.4	±0.1
焊丝卷②		
直径 100mm 和 200mm 焊丝盘	0.8、0.9、1.0、1.2、1.4、1.6	±0.01
直径 270mm 和 300mm 焊丝盘	0.5、0.8、0.9、1.0、1.2、1.4、1.6、2.0、2.4、2.5、2.8、3.0、3.2	−0.04

① 当用于手工填充丝时，其直径允许偏差为±0.1mm。
② 直条铜及铜合金焊丝长度为 500～1000mm，允许偏差为±5mm。
注：根据供需双方协议，可生产其他尺寸、偏差和包装形式的焊丝。

三、焊丝的选用和保管

1. 焊丝的选用

① 焊丝一般以焊丝盘、焊丝卷及焊丝筒的形式供货。焊丝表面必须光滑平整，如果焊丝生锈，必须用焊丝除锈机除去表面氧化皮才能使用。

② 对同一型号的焊丝，当使用 $Ar-O_2-CO_2$ 为保护气体焊接时，熔敷金属中的 Mn、Si 和其他脱氧元素的含量会大大减少，在选择焊丝和保护气体时应给予注意。

③ 一般情况下，实芯焊丝和药芯焊丝对水分的影响不敏感，不需做烘干处理。

④ 焊丝购货后应存放于专用焊材库（库中相对湿度应低于60%），对于已经打开包装的未镀铜焊丝或药芯焊丝，如无专用焊材库，应在半年内使用。

2. 焊丝的储存与保管

（1）焊丝的储存

① 在仓库中储存未打开包装的焊丝，库房的保管条件为：室温 10～15℃（最高为40℃），最大相对湿度为60%。

② 存放焊丝的库房应该保持空气的流通，没有有害气体或腐蚀性介质（如 SO_2 等）。

③ 焊丝应放在货架上或垫板上，存放焊丝的货架或垫板距离墙或地面的距离应不小于250mm，防止焊丝受潮。

④ 进库的焊丝，每批都应有生产厂家的质量保证书和产品质量检验合格证书。焊丝的内包装上应有标签或其他方法标明焊丝的型号、国家标准号、生产批号、检验员号、焊丝的规格、净质量、制造厂名称及地址、生产日期等。

⑤ 焊丝在库房内应按类别、规格分别堆放，防止混用、误用。

⑥ 尽量减少焊丝在仓库内的存放期限，按"先进先出"的原则发放焊丝。

⑦ 发现包装破损或焊丝有锈迹时，要及时通报有关部门，经研究、确认之后再决定是否用于产品的焊接。

（2）焊丝在使用中的保管

① 打开包装的焊丝，要防止油、污、锈、垢的污染，保持焊丝表面的洁净、干燥，并且在 2 天内用完。

② 焊丝当天没用完，需要在送丝机内过夜时，要用防雨雪的塑料布等将送丝机（或焊丝盘）罩住，以减少与空气中潮湿气体接触。

③ 对于焊丝盘内剩余的焊丝，若在两天以上不用时，应该从焊机的送丝机内取出，放回原包装内，并将包装的封口密封，然后再放入有良好保管条件的焊丝仓库内。

④ 对于受潮较严重的焊丝，焊前应烘干，烘干温度为 120～150℃，保温时间为 1～2h。

第三节 焊剂

焊剂是指焊接时，能够熔化形成熔渣和气体，对熔化金属起保护作用的一种颗粒状物质。焊剂的作用与电焊条药皮相类似，主要用于埋弧焊和电渣焊。

对焊剂的基本要求：具有良好的工艺性能。焊剂应有良好的稳弧、造渣、成形和脱渣性，在焊接过程中，生成的有害气体要尽量少；具有良好的冶金性能。通过适当的焊接工艺，配合相应的焊丝，能获得所需的化学成分和力学性能的焊缝金属，并有良好的焊缝成形。

一、埋弧焊剂的分类

埋弧焊剂的分类和说明见表 2-56。

表 2-56 埋弧焊剂的分类和说明

分类方法	类 别	说 明
按制造方法分类	熔炼焊剂	根据焊剂的形态不同，有玻璃状、结晶状、浮石状等熔炼焊剂
	烧结焊剂	把配制好的焊剂湿料，加工成所需颗粒，在 750～1000℃ 下烘焙、干燥制成的焊剂
	陶质焊剂	把配制好的焊剂湿料，加工成所需颗粒，在 30～500℃ 下烘焙、干燥制成的焊剂
按焊剂碱度分类	碱性焊剂	碱度 $B_1>1.5$
	酸性焊剂	碱度 $B_1<1$
	中性焊剂	碱度 $B_1=1.0～1.5$
按主要成分含量分类	高硅型(含 $SiO_2>30\%$)、中硅型(含 SiO_2 10%～30%)、低硅型($SiO_2<10\%$)	
	高锰型(含锰 $MnO>30\%$)、中锰型(含 MnO 2%～15%)、无锰型(含 $MnO<2\%$)	
	高氟型(含 $C>30\%$)、中锰型(含 $MnO2\%～15\%$)、无锰型(含 $MnO<2\%$)	

二、埋弧焊剂型号、性能、牌号及用途

1. 低合金钢埋弧焊用焊丝和焊剂 （GB/T 12470—2003）

（1）型号

完整的焊丝-焊剂型号示例如下：

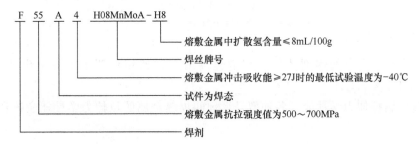

熔敷金属冲击吸收能量见表 2-57。

熔敷金属拉伸强度见表 2-58。

（2）熔敷金属中扩散氢含量

熔敷金属中扩散氢含量见表 2-59。

表 2-57　熔敷金属冲击吸收能量

焊剂型号	冲击吸收功/J	试验温度/℃
F×××0-H×××		0
F×××2-H×××		−20
F×××3-H×××		−30
F×××4-H×××		−40
F×××5-H×××	≥27	−50
F×××6-H×××		−60
F×××7-H×××		−70
F×××10-H×××		−100
F×××Z-H×××	不要求	

表 2-58　熔敷金属拉伸强度

焊剂型号	拉伸强度 σ_b/MPa	屈服强度 $\sigma_{0.2}$ 或 σ_a/MPa	伸长率 δ_b/%
F48××-H×××	480~660	400	22
F55××-H×××	550~700	470	20
F62××-H×××	620~760	540	17
F69××-H×××	690~830	610	16
F76××-H×××	760~900	680	15
F83××-H×××	830~970	740	14

注：表中单值均为最小值。

表 2-59　熔敷金属中扩散氢含量

焊剂型号	扩散氢含量/(mL/100g)	焊剂型号	扩散氢含量/(mL/100g)
F××××-H×××-H16	16.0	F××××-H×××-H4	4.0
F××××-H×××-H8	8.0	F××××-H×××-H12	2.0

注：1. 表中单值均为最大值。

2. 此分类代号为可选择的附加性代号。

3. 如标注熔敷金属扩散氢含量代号时，应注明采用的测定方法。

2. 碳素钢埋弧焊用焊剂（GB/T 5293—1999）

① 型号表示方法。焊剂的型号根据埋弧焊焊缝金属的力学性能划分。焊剂型号的表示方法如下：

满足如下技术要求的焊剂才能在焊剂包装或焊剂使用说明书上标记出"符合 GB/T 5293—1999 HJ$X_1 X_2 X_3$-H×××"。

② 焊缝金属拉伸力学性能。各种型号焊剂的焊缝金属的拉伸力学性能应符合表 2-60 的规定。

表 2-60　焊缝金属拉伸力学性能要求

焊剂型号	抗拉强度/MPa	屈服强度/MPa	伸长率/%
HJ3$X_2 X_3$-H×××	412~550	≥304	
HJ4$X_2 X_3$-H×××	412~550	≥330	≥22.0
HJ5$X_2 X_3$-H×××	480~5647	≥400	

③ 试样状态。各种型号焊剂的焊缝金属的试样状态应符合表 2-61 的规定。

表 2-61 试样状态

焊剂型号	试样状态	焊剂型号	试样状态
$HJX_1 0K_2$-H×××	焊态	$HJX_1 1K_3$-H×××	焊后热处理状态

④ 焊缝金属的冲击值。各种型号焊剂的焊缝金属的冲击值应符合表 2-62 的规定。

表 2-62 焊缝金属冲击值要求

焊剂型号	试验温度/℃	冲击值/(J/cm^2)
$HJX_1 X_2 0$-H×××		无要求
$HJX_1 X_2 1$-H×××	0	
$HJX_1 X_2 2$-H×××	−20	
$HJX_1 X_2 3$-H×××	−30	≥34
$HJX_1 X_2 4$-H×××	−40	
$HJX_1 X_2 5$-H×××	−50	
$HJX_1 X_2 6$-H×××	−60	

⑤ 焊接试板射线探伤。焊接试板应达到 GB/T 3323—2005《金属熔化焊焊接头射线照相》的 I 极标准。

⑥ 焊剂颗粒度。焊剂颗粒度一般分为两种：一种是普通颗粒度，粒度为 40～8 目；另一种是细颗粒度，粒度为 60～14 目。进行颗粒度检验时，对于普通颗粒度的焊剂，颗粒度小于 40 目的不得大于 5%；颗粒度大于 8 目的不得大于 20%。对于细颗粒度的焊剂，颗粒度小于 60 目的不得大于 5%；颗粒度大于 14 目的不得大于 2%。若需方要求提供其他颗粒度焊剂，由供需双方协商确定颗粒度要求。

⑦ 焊剂含水率。出厂焊剂中水的质量分数不得大于 0.1%。

⑧ 焊剂机械夹杂物。焊剂中机械夹杂物（碳粒、铁屑、原材料颗粒、铁合金凝珠及其他杂物）的质量分数不得大于 0.3%。

⑨ 焊剂的焊接工艺性能。按规定的工艺参数进行焊接时，焊道与焊道之间及焊道与母材之间均熔合良好，平滑过渡没有明显咬边；渣壳脱离容易；焊道表面成形良好。

⑩ 焊剂的硫、磷含量。焊剂的硫质量分数不得大于 0.06%；磷含量不得大于 0.08%。若需方要求提供硫、磷含量更低的焊剂时，由供需双方协商确定硫、磷含量要求。

3. 国产焊剂牌号的表示方法

（1）熔炼焊剂

熔炼焊剂的牌号的含义如下。

① 牌号用"HJ"表示熔炼焊剂。

② 第一位数字表示焊剂中氧化锰含量，见表 2-63。

③ 第二位数字表示二氧化硅及氟化钙含量，见表 2-64。

④ 第三位数字表示同一类型焊剂的不同牌号，按 0、1、2……顺序排列，见表 2-65。

表 2-63 氧化锰含量

牌号	焊剂种类	氧化锰含量/%	牌号	焊剂种类	氧化锰含量/%
HJ1××	无锰	<2	HJ3××	中锰	10～30
HJ2××	低锰	2～15	HJ4××	高锰	>30

表 2-64　二氧化硅及氟化钙含量

牌　　号	焊剂种类	二氧化硅及氟化钙含量/%	
		SiO_2	CaF_2
HJ×1×	低硅低氟	≤10	≤10
HJ×2×	中硅低氟	10～30	≤10
HJ×3×	高硅低氟	≥30	≤10
HJ×4×	低硅中氟	≤10	10～30
HJ×5×	中硅中氟	10～30	10～30
HJ×6×	高硅中氟	≥30	10～30
HJ×7×	低硅高氟	≤10	≥30
HJ×8×	中硅高氟	10～30	≥30

熔炼焊剂的牌号、类型及成分见表 2-65。

表 2-65　熔炼焊剂牌号、类型及成分

牌号	焊剂类型	焊剂组成成分/%
HJ130	无锰高硅低氟	$SiO_2$35～40,$CaF_2$4～7,MgO14～19,CaO10～18,$Al_2O_3$12～16,$TiO_2$7～11,FeO2.0,S≤0.05,P≤0.05
HJ131	无锰高硅低氟	$SiO_2$34～38,$CaF_2$2～5,CaO48～55,$Al_2O_3$6～9,R_2O≤3,FeO≤1.0,S≤0.05,P≤0.08
HJ150	无锰中硅中氟	$SiO_2$21～23,$CaF_2$25～33,$Al_2O_3$28～32,MgO9～13,CaO5～7,S≤0.08,P≤0.08
HJ151	无锰中硅中氟	$SiO_2$24～30,$CaF_2$18～14,$Al_2O_3$22～30,MgO13～20,其他元素总量≤8,CaO≤6,FeO≤1.0,S≤0.07,P≤0.08
HJ172	无锰低硅高氟	MnO1～2,$SiO_2$3～6,$CaF_2$45～55,$Al_2O_3$28～35,CaO2～5,$ZrO_2$2～4,NaF2～3,R_2O≤3,FeO≤0.8,S≤0.05,P≤0.05
HJ230	低锰高硅低氟	MnO5～10,$SiO_2$40～46,$CaF_2$7～11,$Al_2O_3$10～17,MgO10～14,CaO8～14,FeO≤1.5,S≤0.05,P≤0.05
Hj250	低锰中硅中氟	MnO5～8,$SiO_2$18～22,$CaF_2$23～30,$Al_2O_3$18～23,MgO12～16,CaO4～8,R_2O≤3,FeO≤1.5,S≤0.05,P≤0.05
HJ251	低锰中硅中氟	MnO7～10,$SiO_2$18～22,$CaF_2$23～30,$Al_2O_3$18～23,MgO14～17,CaO3～6,FeO≤1.0,S≤0.08,P≤0.05
HJ252	低锰中硅中氟	MnO2～5,$SiO_2$18～22,$CaF_2$18～24,$Al_2O_3$22～28,MgO17～23,CaO2～7,FeO≤1.0,S≤0.07,P≤0.08
HJ260	低锰高硅中氟	MnO2～4,$SiO_2$29～34,$CaF_2$20～25,$Al_2O_3$19～24,MgO15～18,CaO4～7,FeO≤1.0,S≤0.07,P≤0.07
HJ330	中锰高硅低氟	MnO22～26,$SiO_2$44～48,$CaF_2$3～6,MgO16～20,Al_2O_3≤4,CaO4～3,FeO≤1.5,R_2O≤1,S≤0.06,P≤0.08
HJ350	中锰中硅中氟	MnO14～19,$SiO_2$30～35,$CaF_2$14～20,$Al_2O_3$13～18,CaO10～18,FeO≤1.0,S≤0.06,P≤0.07
HJ351	中锰中硅中氟	MnO14～19,$SiO_2$30～35,$CaF_2$14～20,$Al_2O_3$13～18,CaO10～18,$TiO_2$2～4,FeO≤1.0,S≤0.04,P≤0.05
HJ360[①]	中锰中硅中氟	MnO20～26,$SiO_2$33～37,$CaF_2$10～19,$Al_2O_3$11～15,MgO5～9,CaO4～7,FeO≤1.0,S≤1.0,P≤1.0
HJ430	高锰高硅低氟	MnO38～47,$SiO_2$38～45,$CaF_2$5～9,$Al_2O_3$11～15,MgO5～9,CaO≤6,Al_2O_3≤5,FeO≤1.8,S≤0.06,P≤0.08
HJ431	高锰高硅低氟	MnO34～38,$SiO_2$40～44,$CaF_2$3～7,MgO5～8,CaO≤3,Al_2O_3≤4,Fe≤1.8,S≤0.06,P≤0.08
HJ433	高锰高硅低氟	MnO40～47,$SiO_2$42～45,$CaF_2$2～4,CaO≤4,Al_2O_3≤3,FeO≤1.8,R_2O≤0.5,S≤0.06,P≤0.08
HJ434	高锰高硅低氟	MnO35～40,$SiO_2$40～45,$CaF_2$4～8,CaO3～9,$TiO_2$1～8,Al_2O_3≤6,MgO5,FeO≤1.5,S≤0.05,P≤0.05

① 用于电渣焊,其余均用于弧焊。

（2）烧结焊剂

烧结焊剂的牌号含义如下。

① 牌号用"SJ"表示烧结焊剂。

② 第一数字表示型号规定的渣系类型。

③ 第二位、第三位数字表示同一渣系类型焊剂的不同牌号，按 01、02、…、09 顺序排列。

常用烧结焊剂牌号及主要用途列于表 2-66。

表 2-66　常用烧结焊剂牌号及主要用途

牌号	焊剂类型	主要用途
SJ101	氟碱型	用于埋弧焊、焊接多种低合金结构钢，如压力容器、管道、锅炉等
SJ301	硅钙型	
SJ401	硅锰型	配合 H08MnA 焊丝，焊接低碳钢及低合金钢
SJ501	铝钛型	用于埋弧焊，配合 H08MnA、H10Mn2 等焊丝，焊接低碳钢、低合金钢，如 16MnR、16MnV 等
SJ502	铝钛型	

各种常用埋弧焊剂配用焊丝及主要用途列于表 2-67。

表 2-67　各种常用埋弧焊剂配用焊丝及主要用途

牌号	焊剂粒度/mm	配用焊丝	适用电源种类	主要用途
HJ130	0.4～3	H10Mn2	交、直流	优质碳素结构钢
HJ131	0.25～1.6	Ni 基	交、直流	Ni 基合金钢
HJ150	0.25～3	2Cr13、3Cr2W8	直流	轧辊堆焊
HJ172	0.25～2	相应钢焊丝	直流	高铬铁体钢
HJ173	0.25～2.5	相应钢焊丝	直流	Mn-Al 高合金钢
HJ230	0.4～3	H08MnA、H10Mn2	交、直流	优质碳素结构钢
HJ250	0.4～3	低合金高强度钢	直流	低合金高强度钢
HJ251	0.4～3	CrMo 钢	直流	珠光体耐热钢
HJ260	0.25～2	不锈钢	直流	不锈钢、轧辊堆焊等
HJ330	0.4～3	H08MnA、H10Mn2	交、直流	优质碳素结构钢
HJ350	0.4～3	MnMo、MnSi 高强度焊丝	交、直流	重要结构高强度钢
HJ430	0.14～3	H08Mn	交、直流	优质碳素结构钢
HJ431	0.25～1.6	H08MnA、H10MnA	交、直流	优质碳素结构钢
HJ433	0.25～3	H08A	交、直流	普通碳素钢
SJ101	0.3～2	H08MnA、H10MnMoA	交、直流	低合金结构钢
SJ301	0.3～2	H10Mn2、H08CrMnA	交、直流	普通结构钢
SJ401	0.3～2	H08A	交、直流	低碳钢、低合金钢
SJ501	0.3～2	H08A、H08MnA	交、直流	低碳钢、低合金钢
SJ502	0.3～2	H08A	交、直流	重要低碳钢及低合金结构钢

三、焊剂的使用与保管

焊剂的使用与保管说明见表 2-68。

为了保证焊接质量，焊剂在保存时应注意防止受潮，搬运焊剂时，防止包装破损。使用前，必须按规定温度烘干并保温，酸性焊剂在 250℃烘干 2h；碱性焊剂在 300～400℃烘干 2h，焊剂烘干后应立即使用。使用回收的焊剂，应清除掉其中的渣壳、碎粉及其他杂物，与新焊剂混合均匀并按规定烘干后使用。使用直流电源时，均采用直流反接。

表 2-68 焊剂的使用与保管说明

项　　目	说　　明
焊剂的基本要求	①焊剂应具有良好的冶金性能。焊剂配以适宜的焊丝,选用合理的焊接规范,焊缝金属应具有适宜的化学成分和良好的力学性能,以满足焊接产品的设计要求 ②应有较强的抗气孔和抗裂纹能力 ③焊剂应有良好的焊接工艺性 ④焊剂应有一定的粒度。焊剂的粒度一般分为两种:一是普通粒度[2.5～0.45mm(8～40目)];二是细粒度[1.25～0.28mm(14～60目)]。小于规定粒度的细粉一般不大于 5%,大于规定粒度的粗粉不大于 2% ⑤焊剂应具有较低的含水率和良好的抗潮性 ⑥焊剂中机械夹杂物(炭粒、铁屑、原料颗粒及其他杂物)的质量分数不应大于 0.30% ⑦焊剂应有较低的硫、磷含量。其质量分数一般为 $\omega(S)\leqslant0.06\%$,$\omega(P)\leqslant0.08\%$
焊剂选择原则	①焊接低碳钢时,一般选择高硅高锰型焊剂。若采用含 Mn 的焊丝,则应选择中锰、低锰或无锰型焊剂 ②焊接低合金高强度钢时,可选择中锰中硅或低锰中硅等中性或弱碱性焊剂。为得到更高的韧性,可选用碱度高的熔炼型或烧结型焊剂,尤以烧结型为宜 ③焊接低温钢时,宜选择碱度较高的焊剂,以获得良好的低温韧性。若采用特制的烧结焊剂,它向焊缝中过渡 Ti、B 元素,可获得更优良的韧性 ④耐热钢焊丝的合金含量较高时,宜选择扩散氢量低的焊剂,以防止产生焊接裂纹 ⑤焊接奥氏体等高合金钢时,应选择碱度较高的焊剂,以降低合金元素的烧损,故熔炼型焊剂以无锰中硅高氟型为宜
焊剂在使用时的注意事项	①使用前应将焊剂进行烘干,熔炼型焊剂通常在 250～300℃焙烘 2h,烧结焊剂通常在 300～400℃焙烘 2h ②焊剂堆高影响到焊缝外观和 X 射线合格率。单丝焊接时,焊剂堆高通常为 25～35mm;双丝纵列焊接时,焊剂堆高一般为 30～45mm ③当采用回收系统反复使用焊剂时,焊剂中可能混入氧化铁皮和粉尘等,焊剂的粒度分布也会改变。为保持焊剂的良好特性,应随时补加新的焊剂,且注意清除焊剂中混入的渣壳等杂物 ④注意清除坡口上的锈、油等污物,以防止产生凹坑和气孔 ⑤采用直流电源时,一般均采用直流反接,即焊丝接正极

第四节 | 钎料和钎剂

一、钎料

(一) 钎料的分类及对钎料的基本要求

1. 钎料的分类

钎料通常按熔化的温度范围分为两大类。液相线温度低于 450℃时称为软钎料,也称作易熔钎料或低温钎料。液相线高于 450℃的称为硬钎料,也称为难熔钎料或高温钎料。

2. 对钎料的基本要求

钎料指钎焊时用作形成焊缝的填充材料。钎料又称焊料,是钎焊过程中在低于母材熔点的温度下熔化并填充接头间隙的金属或合金。为符合钎焊工艺要求和获得优质的钎焊接头,钎料应满足以下几项基本要求。

① 钎料应具有合适的熔化温度范围,至少应比母材的熔化温度范围低几十摄氏度。

② 在钎焊温度下,应具有良好的润湿性,以保证充分填满钎缝间隙。

③ 钎料与母材应有扩散作用,以使其形成牢固地结合。

④ 钎料应具有稳定和均匀的成分,尽量减少钎焊过程中合金元素的损失。

⑤ 所获得的钎焊接头应符合产品的技术要求，满足力学性能、物理化学性能、使用性能方面的要求。

⑥ 钎料的经济性要好。应尽量少含或不含稀有金属和贵重金属。

（二）软钎料的类型、牌号及用途

软钎料用于低温钎焊。它包括锡基、铅基、镉基、金基、镓基、铋基、铟基钎料等。软钎料可以制成丝状、片状、粉状及膏状等。

1. 低熔点钎料

低熔点钎料主要指镓基、铋基、铟基钎料。镓基钎料熔点很低，一般为 $10 \sim 30℃$。渗入 Cu、Ni 或 Ag 粉制成复合钎料，涂在要焊的位置，在一定温度下，放置 $24 \sim 48h$，因扩散形成钎焊接头。这种钎焊多用于砷化镓元件及微电子器件的钎焊。铋的熔点 271℃，它与铅、锡、镉、铟等元素能形成低熔点共晶，铋基钎料较脆，对钢、铜的润湿差，若钎焊钢和铜时，需在表面镀锌、锡或银。这种钎料适用于热敏感元器件的钎焊和加热温度受限制的工件钎焊。铟的熔点 156.4℃，它与锡、铅、锌、镉、铋等元素形成低熔点共晶。铟基钎料在碱性介质中抗腐蚀能力较强，对金属和非金属都有较高的润湿能力。钎焊的接头电阻率低，导电性好，延伸性好，适合不同热胀系数材料的钎焊。在真空器件、玻璃、陶瓷和低温超导器件钎焊领域获得了广泛应用。

2. 真空级钎料

真空级钎料的特点和应用范围见表 2-69。

表 2-69 真空级钎料的特点和应用范围

型号（牌号）	特点及应用范围
BAg99.5-V(DHLAg)	用于分步钎焊的第一步
BAg72Cu-V(DHLAgCu28)	应用广泛，流性好，适用于分步焊的最后一步，焊黑色金属、母材表面需镀铜或镍
BAg71CuNi-V(DHLAgC28-1)	对黑色金属的润湿能力优于 BAg72Cu-V，可用于黑色金属钎焊
BAg50Cu-V(DHLAgCu50)	可以润湿黑色金属，与 BAg72Cu-V 配合可进行分步焊
BCu99.95-V(DHLCu)	用于分步焊第一步钎焊
BAg68CuPd-V(DHLAgCu27-5)	钯大大改善了对黑色金属的润湿能力，用途与 BAg72Cu-V 类似
BAg68CuPd-V(DHLCuGe12)	金镍和金铜钎料的代用品
DHLAuCu20	用于工作温度高的场合
DHLAuNi17.5	
HLAgCu24-15	
HLAgCu28-10	—
HLAgCu31-10	

注：表格内数值表示千分数。

3. 铅基钎料

铅基钎料耐热性比锡基钎料好，可以钎焊铜和黄铜接头。HLAgPh97 抗拉强度达 30MPa，工作温度在 200℃时仍然有 11.3MPa，可钎焊在较高温度环境中的器件。在铅银合金中加入锡，可以提高钎料的润湿能力，加 Sb 可以代替 Ag 的作用。铅基钎料的牌号和熔化温度见表 2-70。

4. 锡基钎料

锡铅合金是应用最早的一种软钎料。含锡量在 61.9% 时，形成锡铅低熔点共晶，熔点 183℃。随着含铅量的增加，强度提高，在共晶成分附近强度更高。锡在低温下发生锡疫现

表 2-70　铅基钎料的牌号和熔化温度

钎料牌号	熔化温度/℃	
	液相线	固相线
HLAgPb97	300	305
HLAgPb92-5.5	295	305
HLAgPb83.5-15-1.5	265	270
HLAgPb65-30-5	225	235
Pb90AgIn	290	294

象,因此锡基钎料不宜在低温工作的接头钎焊。铅有一定的毒性,不宜钎焊食品用具。在锡铅合金基础上,加入微量元素,可以提高液态钎料的抗氧化能力,适用于波峰焊和浸沾钎焊。加入锌、锑、铜的锡基钎料,有较高的抗蚀性、抗蠕变性,焊件能承受较高的工作温度。这种钎料可制成丝、棒、带状供货,也可制成活性松香芯焊丝。松香芯焊丝常用的牌号有 HH50G、HH60G 等。

锡基钎料的牌号和用途见表 2-71。

表 2-71　锡基钎料的牌号和用途

牌　号	熔点/℃		用　　途
	固相线	液相线	
HLSn90Pb,料 604	183	220	钣金件钎焊,机械零件、食品盒钎焊
HLSn60Pb,料 600	183	193	印制电路板波峰焊、浸沾钎焊、电器钎焊
HLSn50Pb,料 613	183	210	电器、散热器、钣金件钎焊
HLSn40Pb2,料 603	183	235	电子产品、散热器、钣金件钎焊
HLSn30Pb2,料 602	183	256	电线防腐套、散热器、食品盒钎焊
HLSn18Pb60-2,料 601	244	277	灯泡基底、散热器、钣金件、耐热电器元件钎焊
HLSn55Pb9-6	295	305	灯泡、钣金件、汽车车壳外表面涂饰
HLSn25Pb73-2	—	265	电线防腐套、钣金件钎焊
HLSn55Pb45	183	200	电子、机电产品钎焊

5. 镉基钎料

镉基钎料是软钎料中耐热性最好的一种,具有良好的抗腐蚀能力。这种钎料含银量不宜过高,超过 5％时熔化温度将迅速提高,结晶区间变宽。镉基钎料用于钎焊铜及铜合金时,加热时间要尽量缩短,以免在钎缝界面生成铜镉脆化物相,使接头强度大为降低。镉基钎料的牌号和用途见表 2-72。

表 2-72　镉基钎料的牌号和用途

钎料牌号	熔化温度/℃	抗拉强度/MPa	用　　途
HLAgCd96-1	234～240	110	用于较高温度的铜及铜合金零件,如散热器等件
Cd84ZnAgNi	360～380	147	用于 300℃工作的铜合金零件
Cd82ZnAg	270～280	—	
Cd79ZnAg	270～285	200	用途同上,但加锌可减少液态氧化
HL508	320～360	—	

(三) 硬钎料的类型、牌号及用途

1. 铝基钎料

铝基钎料是用于焊接铝及铝合金构件。以铝合金为基础,根据不同的工艺要求,加入铜、锌、镁、锗等元素,组成不同牌号的铝基钎料。可满足不同的钎焊方法、不同铝合金工件钎焊的需要。

铝基钎料的特性和用途见表 2-73。

表 2-73　铝基钎料的特性和用途

钎料牌号	熔化温度范围/℃	特性和用途
HLAlSi7.5	577～613	流动性差,对铝的熔蚀小,制成片状,用于炉中钎焊和浸粘钎焊
HLAlSi10	577～591	制成片状,用于炉中钎焊和浸沾钎焊,钎焊温度比 HLAlSi7.5 低
HLAlSi12	577～582	它是一种通用钎料,适用于各种钎焊方法,具有极好的流动性和抗腐蚀性
HLAlSiCu10	521～583	适用于各种钎焊方法。钎料的结晶温度间隔较大,易于控制钎料流动
AL12SiSrLa	572～597	铈、镧的变质作用使钎焊接头延性优于用 HLAlSi 钎料钎焊的接头延性
HL403	516～560	适用于火焰钎焊。熔化温度较低,容易操作,钎焊接头的抗腐蚀性低于铝硅钎料
HL401	525～535	适用于火焰钎焊。熔化温度低,容易操作,钎料脆,接头抗腐蚀性比用铝硅钎料钎焊的低
F62	480～500	用于钎焊固相线温度低的铝合金,如 LH11,钎焊接头的抗腐蚀性低于铝硅钎料
A160GeSi	440～460	铝基钎料中熔点最低的一种,适用于火焰钎焊,性能较脆,价贵
HLAlSiMg 7.5-1.5	559～607	真空钎焊用片状钎料,根据不同钎焊温度要求选用
HLAlSiMg 10-1.5	559～579	
HLAlSiMg 12-1.5	559～569	真空钎焊用片状、丝状钎料,钎焊温度比 HLAlSiMg7.5-1.5 和 HLAlSiMg10-1.5 钎料低

2. 银基钎料（GB/T 10046—2008）

银基钎料主要用于气体火焰钎焊、炉中钎焊或浸粘钎焊、电阻钎焊、感应钎焊和电弧钎焊等,可钎焊大部分黑色和有色金属（熔点低的铝、镁除外）,一般必须配用银钎焊溶剂。

银基钎料的主要特性和用途见表 2-74。

表 2-74　银基钎料的主要特性和用途

牌　　号	主要特性和用途
GAg72Cu	不含易挥发元素,对铜、镍润湿性好,导电性好。用于铜、镍真空和还原性气氛中钎焊
BAg72CuLi	锂有自钎剂作用,可提高对钢、不锈钢的润湿能力。适用保护气氛中沉淀硬化不锈钢和 1Cr18Ni9Ti 的薄件钎焊。接头工作温度达 428℃。若沉淀硬化热处理与钎焊同时进行,改用 BAg92CuLi 效果更佳
BAg10CuZn	含 Ag 少,价格便宜。钎焊温度高,接头延伸性差。用于要求不高的铜、铜合金及钢件钎焊
BAg25CuZn	含 Ag 较低,有较好的润湿和填隙能力。用于表面平滑、强度较高的工件,在电子、食品工业中应用较多
BAg45CuZn	其性能和作用与 BAg25CuZn 相似,但熔化温度稍低。接头性能较优越,要求较高时可选
BAg50CuZn	与 BAg45CuZn 相似,但结晶区间扩大了。适用钎焊间隙不均匀或要求圆角较大的零件
BAg60CuZn	不含挥发性元素。用于电子器件保护气氛和真空钎焊,与 BAg50Cu 配合可进行分步焊,BAg50Cu 用于前步,BAg60CuSn 用于后步
BAg40CuZnCd	熔化温度是银基钎料中最低的,钎焊工艺性能很好。常用于铜、铜合金、不锈钢的钎焊,尤其适宜要求焊接温度低材料,如铍青铜、铬青铜、调质钢的钎焊。焊接要注意通风
BAg50CuZnCd	与 BAg40CuZnCd 和 BAg45CuZnCd 相比,钎料加工性能较好,熔化温度稍高,用途相似
BAg35CuZnCd	结晶温度区间较宽,适用于间隙均匀性较差的焊缝钎焊,但加热速度应快,以免钎料在熔化和填隙产生偏析
BAg50CuZnCdNi	Ni 提高抗蚀性,防止了不锈钢焊接接头的界面腐蚀。Ni 还提高了对硬质合金的润湿能力,适用于硬质合金钎焊
BAg40CuZnSnNi	取代 BAg35CuZnCd,可以用于火焰、高频钎焊,可以焊接接头间隙不均匀的焊缝
BAg56CuZnSn	用锡取代镉,减小毒性,可代替 BAg50CuZnCd,钎料,钎焊铜、铜合金、钢和不锈钢等,但工艺性稍差
BAg85Mn(HL320)	银基合金中高温性能最好的一种,可以用于工作温度 427℃ 以下的零件,但对不锈钢接头有焊缝腐蚀倾向
BAg70CuTi2.5(TY-3) BAg70 CuTi4.5(TY-8)	这类银、铜、钛合金对 75 氧化铝陶瓷、95 氧化铝陶瓷、镁、橄榄石瓷、滑石瓷、氧化铝、氮化硅、碳化硅、无氧铜、可伐合金、钼、铌等均有良好的润湿性。因此可以不用金属化处理,直接进行陶瓷钎焊及陶瓷与金属的钎焊

3. 铜基钎料（GB/T 6418—2008）

铜基钎料主要用于钎焊铜和铜合金，也钎焊钢件及硬质合金刀具，钎焊时必须配用钎焊熔剂（铜磷钎料钎焊紫铜除外）。

铜基钎料的主要用途见表2-75。

表 2-75　铜基钎料的主要用途

牌　号	主　要　用　途
BCu	主要用于还原性气氛、惰性气氛和真空条件下，钎焊碳钢、低合金钢、不锈钢和镍、钨、钼及其合金制件
BCu54Zn（H62、HL103、HL102、HL101）	H62用于受力大的铜、镍、钢制件钎焊 HL103 延性差，用于不受冲击和弯曲的铜及其合金制件 HL102 性能较脆，用于不受冲击和弯曲的、含铜量大于69%的铜合金制件钎焊 HL101 性能较脆，用于黄铜制件钎焊
BCu58ZnMn（HL105）	由于Mn提高了钎料的强度、延伸性和对硬质合金的润湿能力，所以，广泛地用于硬质合金刀具、横具和矿山工具钎焊
BCu48ZnNi-R	用于有一定耐高温要求的低碳钢、铸铁、镍合金制件钎焊，也可用于硬质合金工具的钎焊
BCu92PSb（HL203）	用于电机与仪表工业中不受冲击载荷的铜和黄铜件的钎焊
BCu80PAg	银提高了钎料的延伸性和导电性，用于电冰箱、空调器电机和行业中，要求较高的部件钎焊
BCu80PSnAg	用于要求钎焊温度较低的铜及其合金的钎焊，若要进一步提高接头导电性，可改用HLAgCu70-5 或 HLCuP6-3
HLCuGe10.5	HLCuGe10.5 和 HLCuGe12、HLCuGe8 主要用于铜、可代合金、钼的真空制件的钎焊
HLCuNi30-2-0.2	600℃以下接受不锈钢强度，主要用于不锈钢件钎焊。若要降低焊接温度，可改用HLCuZ 钎料。若用火焰钎，需要改善工艺性时，可改用 HLCuZa 钎料
HLCu4	用气体保护焊不锈钢，钎焊马氏体不锈钢时，可将淬火处理与钎焊工序合并进行。接头工作温度高达 538℃

（四）钎料的选用

钎焊时钎料的选择原则有以下几方面。

① 根据钎焊接头的使用要求选择。对于钎焊接头强度要求不高，或工作温度不高的接头，可采用软钎焊。对于高温强度、抗氧化性要求较高的接头，应采用镍基钎料。

② 根据钎料与母材的相互作用选择。应当选择避免与母材形成化合物的钎料，因为化合物大多硬而脆，使钎焊接头变脆、质量变坏。

③ 根据钎焊方法及加热温度选择。不同的钎焊方法对于钎料的要求不同。真空钎焊要求钎料不含高蒸气压元素。烙铁钎焊只适用于熔点较低的软钎料。电阻钎焊则要求钎料的电阻率高一些。

对于已经调质处理的焊件，应选择加热温度低的钎料，以免使焊件退火。对于冷作硬化的铜材，应选用钎焊温度低于300℃的钎料，以防止母材钎焊后发生软化。

④ 根据经济情况选择。在满足使用要求及钎焊技术要求的条件下，选用价格便宜的钎料。

各种材料组合所适用的钎料见表2-76。

二、钎剂

钎剂是钎焊时使用的熔剂。它的作用是清除钎料和母材表面的氧化物，并保护焊件和液

表 2-76　各种材料组合所适用的钎料

材料	Al及其合金	Be、V、Zr及其合金	Cu及其合金	Mo、Nb、Ta、W及其合金	Ni及其合金	Ti及其合金	碳素钢及低合金钢	铸铁	工具钢	不锈钢
铸铁	不推荐	Ag-	Ag-Sn-Pb Au Cu-Zn Cd	Ag-Cu Ni	Ag-Cu Cu-Zn Ni	Ag-	Ag-Cu-Zn Sn-Pb	Ag-Cu-Zn Ni Sn-Pb	—	—
碳素钢及低合金钢	Al-Si	Ag-	Ag-Sn-Pb Au Cu-Zn Cd	Ag-Cu Ni	Ag-Sn-Pb Au-Cu-Ni	Ag-	Ag-Cu-Zn Au-Ni-Cd-Sn-Pb Cu	—	—	—
工具钢	不推荐	不推荐	Ag-Cu-Zn Ni	不推荐	Ag-Cu Cu-Zn Ni	不推荐	Ag-Cu Cu-Zn Ni	Ag-Cu-Zn Ni	Ag-Cu Cu-Ni-	
不锈钢	Al-Si	Ag-	Ag-Cd-Au-Sn-P Cu-Zn	Ag-Cu Ni-	Ag-Ni-Au-Pb-Cu-Sn-Pb-Mn-	Ag-	Ag-Sn-Pb Au-Cu-Ni-	Ag-Cu-Ni-Sn-Pb	Ag-Cu-Ni-	Ag-Ni Au-Pd-Cu-Sn-Pb Mn
Al及其合金	Al-Sn-Zn Zn-Al Zn-Cd	—	—	—	—	—	—	—	—	—
Be、V、Zr及其合金	不推荐	无规定	—	—	—	—	—	—	—	—
Cu及其合金	Sn-Zn Zn-CA Zn-Al	Ag-	Ag-Cd-Cu-P Sn-Pb	—	—	—	—	—	—	—
Mo、Nb、Ta、W及其合金	不推荐	无规定	Ag-	无规定	—	—	—	—	—	—
Ni及其合金	不推荐	Ag-	Ag-Au-Cu-Zn	Ag-Au-Ni-	Ag-N-Au-Pd-Cu-Mn-	—	—	—	—	—
Ti及其合金	Al-Si	无规定	Ag-	无规定	Ag-	无规定	—	—	—	—

态钎料在钎焊过程中免于氧化,改善液态钎料对焊件的润湿性。钎焊时使用钎剂的目的是促进钎缝的形成,即保证钎焊过程顺利进行以及获得优质的钎焊接头。对于大多数钎焊方法,钎剂是不可缺少的。

（一）对钎剂的基本要求

对钎剂的基本要求如下。

① 钎剂应具有足够的去除母材及钎料表面氧化物的能力。

② 钎剂的熔点及最低活性温度应低于钎料的熔点。

③ 钎剂在钎焊温度下具有足够的润湿性。

④ 钎剂中各组分的气化（蒸发）温度应比钎焊温度高,以避免钎剂挥发而丧失作用。

⑤ 钎剂以及清除氧化物后的生成物,其密度均应尽量小,以利于浮在表面,不在钎缝中形成夹渣。

⑥ 钎剂及其残渣对钎料及母材的腐蚀性要小。

⑦ 钎剂的挥发物应当无毒性。

⑧ 钎焊后,残留钎剂及钎焊残渣应当容易清除。

⑨ 钎剂原料供应充足、经济性合理。

钎剂的分类通常与钎料的分类相应，可分为软钎剂和硬钎剂两大类。不同的钎料、母材和钎焊方法，要用不同的钎剂。

(二) 钎剂的分类、牌号与用途

1. 软钎剂

软钎剂是在450℃以下配合软钎料进行钎焊时使用的钎剂，可分为两种。

① 一般用途的软钎剂　这类钎剂主要是指铜及铜合金、钢、镀锌铁皮等材料软钎焊时所用的钎剂。这类钎剂可以只采用氯化锌，加少量氯化铵可增加其活性。钎焊不锈钢时必须加一些盐酸，以增加钎剂的去膜作用。钎焊怕腐蚀的铜零件时，可以用松香、松香酒精溶液等非腐蚀性钎剂，还可适当加些氯化锌增加活性，如电子电气零件的软钎焊中应用的焊锡膏就属此类。几种一般用途软钎剂见表2-77。

表 2-77　几种一般用途软钎剂

牌　号	组成(质量分数)/%	用　途
RJ1	氧化锌40，水60	钎焊钢、铜及铜合金
RJ	氧化锌25，水75	钎焊钢、铜及铜合金
RJ4	氧化锌18，氯化铵5，水76	钎焊铜及铜合金
RJ5	氧化锌25，盐酸25，水50	钎焊不锈钢、碳素钢、铜合金
RJ11	磷酸30，水40	钎焊不锈钢、铸铁
焊锡膏	氯化锌20，氯化铵5，凡士林75	钎焊钢、铜及铜合金
QJ205	氯化锌50，氯化铵15，氯化镉30，氯化钠5	钎焊钢、铝青铜、铝黄铜

② 铝及铝合金用软钎剂　钎焊铝及铝合金的软钎剂按其组成可分为有机钎剂和反应钎剂两类。

有机钎剂的主要组成为有机物的三乙醇胺，为了提高活性，还加入氟硼酸或氟硼酸盐。钎焊时应避免温度，超过275℃，因为高于此温度，三乙醇胺极易迅速碳化，使钎剂丧失活性。

反应钎剂通常含锌、锡等重金属氯化物，为了改善润湿性，还含有氯化铵或溴化铵等。钎焊温度应高于钎剂的反应温度，否则尽管钎剂已熔化，但仍不能使钎料润湿母材。钎焊铝及铝合金用软钎剂的组成及特性见表2-78。

表 2-78　钎焊铝及铝合金用软钎剂的组成及特性

类别	牌号	组成(质量分数)/%	钎焊温度/℃	特性与用途
有机钎剂	QJ204	氟硼酸镉10，氟硼酸锌2.5，氟硼酸铵5，三乙醇胺82.5	180～275	腐蚀性小，用于钎焊铝及铝合金的软钎焊
	—	氟硼酸镉10，氟硼酸铵8，三乙醇胺82		
	—	氟硼酸镉7，氟硼酸10，三乙醇胺83		
反应钎剂	QJ203	氯化锌55，氯化亚锡28，溴化铵15，氟化钠2	300～350	熔点160℃，极易吸潮，活性强。用于钎焊铝及铝合金，也可用于钎焊铜和铜合金、钢等，常用于铝芯电缆接头的软钎焊
	—	氯化锌88，氯化铵10，氟化钠2	330～380	
	—	氯化锌65，氯化铵25，氟化钾10	330～450	
	—	氯化亚锡88，氯化铵10，氟化钠2	330～350	

2. 硬钎剂

硬钎剂就是在450℃以上配合硬钎料使用的钎剂，它可分铜基和银基钎料用钎剂两种。

配合铜基和银基钎料用的钎剂主要由硼化物组成。对熔点高的钎料及表面氧化膜容易去除的金属，可以用纯的硼砂。熔点较低的钎料及表面氧化膜不易去除的金属，则要调整钎剂的组成，可由几种盐配成。由硼砂和硼酸等组成的钎剂可与黄铜钎料、银钎料配合，用来钎焊碳钢、铸铁、铜及铜合金等。但对于表面存在铬、钛氧化物的不锈钢和耐热钢等，钎剂中必须加入去膜能力更强的氟化物或氟硼化物，以提高钎剂的活性。常用硬钎剂的组成和用途见表 2-79。

表 2-79　常用硬钎剂的组成和用途

牌号	组成(质量分数)/%	钎焊温度/℃	用　途
Y-11	硼砂 100	800～1500	用铜基钎料钎焊碳钢、铜、铸铁和硬质合金
Y-12	硼砂 25,硼酸 75	800～1500	用铜基钎料钎焊碳钢、铜、铸铁和硬质合金
YJ6	硼砂 15,硼酸 80,氟化钙 5	800～1500	用铜基钎料钎焊不锈钢和高温合金
YJ7	硼砂 50,硼酸 35,氟化钾 15	650～850	用银基钎料钎焊钢、铜合金、不锈钢和高温合金
YJ8	硼砂 50,硼酸 10,氟化钾 40	＞800	用铜基钎料钎焊硬质合金
YJ11	硼砂 95,过锰酸钾 5	＞800	用锌基钎料钎焊铸铁
QJ101	硼酐 30,氟硼酸钾 70	550～850	用银基钎料钎焊铜及铜合金、钢、不锈钢和高温合金
QJ102	氟化钾 42,硼酐 35,氟硼酸钾 23	350～850	用银基钎料钎焊铜及铜合金、钢、不锈钢和高温合金
Q1103	氟硼酸钾＞95,碳酸钾＜5	550～750	用银基铜锌镉钎料钎焊铜及铜合金、钢和不锈钢
Q1105	氯化镉是 29～31,氯化锂 24～26,氯化钾 24～26,氯化锌 13～16,氯化铵 4.5～5.5	450～600	钎焊铜及铜合金
200	硼酐 66±2,脱水硼砂 19±2,氟化钙 15±1	850～1150	用铜基钎料或镍基钎料钎焊不锈钢和高温钢
201	硼酐 77±1,脱水硼砂 12±1,氟化钙 10±0.5	850～1150	用铜基钎料或镍基钎料钎焊不锈钢和高温钢
F301	硼砂 30,硼酸 70	650～850	用铜基钎料钎焊碳钢、铜、铸铁和硬质合金等
铸铁钎剂	硼酸 40～45,碳酸锂 11～18,碳酸钠 24～27,氟化钠＋氯化钠 10～20(两者比例 27～73)	650～750	用银基钎料和低熔点铜基钎料钎焊和修补铸铁

3. 铝基钎料用钎剂

铝基钎料主要用来钎焊铝及其合金，配合它使用的钎剂主要由金属卤化物组成。碱金属及碱土金属的氯化物低熔共晶是这类钎剂的基本组分，为了提高钎剂的去膜作用，必须加入氟化物，为了增强用于火焰钎焊钎剂的活性，通常还加入能与铝反应的重金属卤化物。适合于火焰钎焊的铝基钎料用钎剂的组成见表 2-80。

表 2-80　适合于火焰钎焊的铝基钎料用钎剂的组成

牌号	组成(质量分数)/%	钎焊温度/℃	特性与用途
Q1201	氟化锂 31～35,氟化钾 47～50,氟化钠 9～11,氯化锌 6～10	450～620	熔点420℃,极易吸潮,能有效去除氧化铝膜,促进钎料浸流,活性极强。用于火焰钎焊铝及铝合金
QJ207	氯化钠 18～22,氯化锂 25.5～29.5,氯化锌 1.5～2.5,氟化钙 1.5～2.5,氟化锂 2.5～4.0	560～620	熔点550℃,极易吸潮,黏度小,润湿性强,流动性好,焊缝光滑。用于钎焊铝及铝合金,适用于火焰钎焊及炉中钎焊时作为助熔剂

4. 气体钎剂

气体钎剂主要用于炉中钎焊和火焰钎焊。它是一种特殊类型的钎剂，最大的优点是钎焊后没有固态残渣，钎焊后不需清洗。炉中钎焊最常用的气体钎剂是三氟化硼，是氟硼酸钾在

800~900℃分解后的产物，添加在惰性气体中使用，主要用于高温下钎焊不锈钢等。气体火焰钎焊时，可采用含硼有机化合物的蒸气代替硼砂作为钎剂。如用黄铜钎料钎焊时，常用硼酸甲酯及甲醇组成的气体钎剂，由乙炔带入火焰中与氧发生反应形成硼酐而起钎剂作用。

（三）钎剂的选择和使用

1. 焊剂选择原则

① 焊接低碳钢时，一般选择高硅高锰型焊剂。若采用含 Mn 的焊丝，则应选择中锰、低锰或无锰型焊剂。

② 焊接低合金高强度钢时，可选择中锰中硅或低锰中硅等中性或弱碱性焊剂。为得到更高的韧性，可选用碱度高的熔炼型或烧结型焊剂，尤以烧结型为宜。

③ 焊接低温钢时，宜选择碱度较高的焊剂，以获得良好的低温韧性。若采用特制的烧结焊剂，它向焊缝中过渡 Ti、B 元素，可获得更优良的韧性。

④ 耐热钢焊丝的合金含量较高时，宜选择扩散氢量低的焊剂，以防止产生焊接裂纹。

⑤ 焊接奥氏体等高合金钢时，应选择碱度较高的焊剂，以降低合金元素的烧损，故熔炼型焊剂以无锰中硅高氟型为宜。

2. 焊剂使用注意事项

① 使用前应将焊剂进行烘干，熔炼型焊剂通常在 250~300℃焙烘 2h，烧结焊剂通常在 300~400℃焙烘 2h。

② 焊剂堆高影响到焊缝外观和 X 射线合格率。单丝焊接时，焊剂堆高通常为 25~35mm；双丝纵列焊接时，焊剂堆高一般为 30~45mm。

③ 当采用回收系统反复使用焊剂时，焊剂中可能混入氧化铁皮和粉尘等，焊剂的粒度分布也会改变。为保持焊剂的良好特性，应随时补加新的焊剂，且注意清除焊剂中混入的渣壳等杂物。

④ 注意清除坡口上的锈、油等污物，以防止产生凹坑和气孔。

三、钎料及钎剂的选用

1. 钎焊碳钢和低合金钢钎料及钎剂的选用

碳钢和低合金钢的钎焊，首先取决于表面形成氧化膜的成分和结构，其次是钎焊过程中所发生的组织变化。

碳钢表面上能形成 $\alpha\text{-}Fe_2O_3$、$r\text{-}Fe_2O_3$、Fe_3O_4 和 FeO 四类氧化物；对低合金钢来说，除上述氧化物外，随所含合金元素的不同和含量的增大，还可能生成其他氧化物，其中影响最大的是 Cr 和 Al 的氧化物，它们的稳定性大，为去除这些氧化物，需要使用活性较大的钎剂或露点较低的保护气体。对淬火钢或调质钢零件，还必须考虑由于钎焊所产生的退火软化等现象。钎焊碳钢、低合金钢时钎料及钎剂的选用见表 2-81。

2. 钎焊不锈钢钎料及钎剂的选用

根据不锈钢结构的用途、钎焊温度、接头性能要求及造价等，可选用锡铅钎料、银基钎料、铜基钎料、锰基钎料、镍基钎料或贵金属钎料等。

一般来说，软钎料（主要是锡铅钎料）用于承受负荷不大零件的钎焊；硬钎料中以银基钎料应用最为广泛，但当钎焊接头的工作温度高于银基钎料，而不能满足要求时，则可选用铜基、锰基、镍基或贵金属钎料。

表 2-81　钎焊碳钢、低合金钢时钎料及钎剂的选用

钎料		钎　剂	钎焊方法	说　明
类别	牌号			
锡铅	HLSn60PbA HLSn90PbA HLSn40PbSbA HLSn30PbSbA HLSn18PbSbA	$ZnCl_2$ 水溶液 $ZnCl_2$-NH_4Cl 水溶液 $ZnCl_2$-19-HCl_3 $NH_4Cl_3HF1H_2O$	烙铁钎焊、火焰钎焊、浸渍钎焊、感应钎焊、电阻钎焊、气保护钎焊、真空钎焊等	碳素钢及低合金钢用软钎料,包括锡铅、镉基及锌基等钎料;用硬钎料钎焊碳素钢及低合金钢时,通常使用铜基(包括纯铜和黄钢)和银基钎料,纯铜作钎料时,主要用于气体保护钎焊和真空钎焊,黄铜用于火焰钎焊、感应钎焊、浸渍钎焊和气体保护炉中钎焊等;银基钎料具有与铜基钎料相差不多的强度,但钎焊温度低,润湿性好,操作方便,一般用于重要结构的钎焊;真空钎焊一般选用 HL310,保护气体中钎焊选用 HL309;对钎缝不要求高强度的调质钢,可选用熔点低的软钎料 HL600 进行钎焊
铜锌	BCu60ZnSn-R(丝 221) BCu58ZnFe-R(丝 222) HS224	$Na_2B_4O_7$(脱水) Na_2-B_4O_7-H_3BO_3 气剂 301		
银基	BAg45CuZn BAg50CZuZn BAg40CuZnCdNi BAg50CuZnCd BAg40CuZnSnNi	QJ101 QJ102 QJ104		
	HL309 HL310	保护气体中钎焊 真空钎焊		

对不锈钢钎焊前的清理要求比碳钢更为严格,因为不锈钢表面的氧化膜,更难以利用钎剂或还原性气氛而加以脱除。不锈钢钎焊前的清理包括脱脂和待焊表面的机械清理或酸洗清洗等。应避免用金属刷子擦刷其表面。清理干净后的表面应防止被灰尘、油脂、指痕等重新沾污,最好立即进行钎焊。钎焊不锈钢时钎料及钎剂的选用见表 2-82。

表 2-82　钎焊不锈钢时钎料及钎剂的选用

钎料		钎剂	钎焊方法	说　明
类别	牌号			
软钎料(锡铅)	HLSn18PbSbA HLSn30PbSbA HLSn40PbSbA HLSn90PbA	$ZnCl_2$ 25%-HCl 25% $ZnCl_2$-NH_4Cl-HCl 50% H_3PO_4	烙铁、火焰、感应、炉中钎焊、保护气体钎焊等	不锈钢软钎焊主要采用 Sn-Pb,银基钎料是不锈钢最常用的钎料;对马氏体不锈钢,为了保证不发生退火软化,应选用 HLAgCd26-17-0.3 的钎料;对铁素体不锈钢,应采用专用的银钎料;当硬钎焊不锈钢时,仅采用硼砂-硼酸混合物的活性是不够的,用铜基钎料应选用含 CaF_2 的 201 钎剂,用银基钎料应选用 QJ101、QJ102 等氟硼酸钾或氟化钾的钎剂;真空钎焊钎料中应不含易蒸发的 Zn;在保护气氛中钎焊不锈钢,可采用含 Li 的自钎剂钎料 在钎焊接头的工作温度高时,银基钎料无法满足要求,可采用铜基、锰基、镍基或贵金属钎料。在可能条件下尽量选用标准钎料
银基	BAg10CuZn BAg25CuZn BAg45CuZn BAg72Cu BAg72CuNiLi BAg50CuZnCdNi	QJ101 QJ102 QJ103 (真空) (保护气氛中钎焊)		
铜基	HLCuNi30-2-0.5 Cu58.5 Mn31.5 Co10	B_2O_3 66±2 CaF_2 15 $Na_2B_4O_7$ 19±2		
锰基	QMn1	气保护		
镍基	BNi71CrSi BNi76CrP	真空 气保护		
贵金属	HLAuNi17.5 Ag-21Cu-25Pd	真空		

3. 钎焊工具钢及硬质合金钎料及钎剂的选用

工具钢和硬质合金的钎焊,主要用于连接组合刀具与刀把(一般为中碳钢或低合金钢)以及整体刀具(如带锯)等的制造。其特点是承受应力大,特别是当承受压缩、弯曲、冲击或交变载荷的作用时,要求钎焊接头的强度高、质量可靠。对工具钢来说,还必须使其组织

和性能不受钎焊过程的损害，防止受热退火、高温氧化和脱碳等，以保证其使用性能。对硬质合金来说，由于它的线胀系数仅为普通钢的 $1/3 \sim 1/2$，两者相差很大，钎焊会产生很大应力，甚至产生裂纹。因此，应采取措施，以减小钎焊应力（如降低钎焊温度），预热、焊后缓冷，选用塑性好的钎料，加补偿垫片，改进钎焊接头结构等。钎焊工具钢、硬质合金时钎料及钎剂的选用见表 2-83。

表 2-83 钎焊工具钢、硬质合金时钎料及钎剂的选用

钎焊钎料	钎料牌号或成分（质量分数）/%	钎剂牌号或成分（质量分数）/%	钎焊方法	说　明
工具钢	BCu58Mn(HL105)	脱水硼砂或硼砂和硼酸的混合物	火焰钎焊、感应钎焊、炉中钎焊、电阻钎焊、浸沾钎焊等	钎焊工具钢、硬质合金时，通常采用铜基或银基钎料，应用最广的铜基钎料是黄铜；铜基钎料一般采用硼砂（脱水）或硼砂与硼酸的混合物作为钎剂，当钎焊含碳化钛高硬质合金时，可用含 CaF_2 的 QJ200 或 QJ201 硬钎剂；银基钎料具有熔化温度低、接头热应力小，不易开裂、润湿性好、强度高和良好的综合性能，可配用 QJ102 钎剂
	锰铁 80、硼砂 20(1250℃)	200# 黄铜 B_2O_3 66 $Na_2B_4O_7$（脱水）19 NaF_2 15		
	锰铁 60、硼砂 30、玻璃 10(1250℃)			
	Ni30、Cu70(1220℃)	脱水硼砂或硼砂和硼酸的混合物（YJ2、YJ8）		
	Ni12、Fe13、Mn4.5、Si1.5、Cu 余量(1280℃)			
	Ni9、Fe17、Mn20.5、Si1、Cu 余量(1250℃)			
硬质合金	BCu58ZnMn(HL105)	B_2O_3 66、$Na_2B_4O_7$ 19、CaF_2 15 或 H_2BO_3 80、$Na_2B_4O_7$ 14.5、CaF_2 5.5		
	Cu-25Mn-20Zn-0.2Si			
	841#(Cu41~52、Mn2~4.5、Ni+Co0.5~2、Sn0.5~1、Zn 余量)			
	BAg50CuZnCdNi	QJ102		

4. 钎焊铜及铜合金钎料及钎剂的选用

铜及铜合金具有良好的导电性、导热性和耐腐蚀性，易于加工成形。在其制造中经常采用钎焊。铜及铜合金的钎焊性同样取决于表面所形成的氧化物及钎焊过程中材料性能的变化。

铜（纯铜）表面形成 Cu_2O 和 CuO 两种氧化物，易被还原性气体还原，钎剂也容易去除，有很好的钎焊性。铜合金表面除形成 Cu_2O、CuO 外，由于成分不同，还可能生成 ZnO、SnO_2、CdO 和 NiO 等，这些氧化物都易去除；硅青铜、锰青铜、铍青铜表面的 SiO_2、MnO、BeO 等也不难去除，故均有较好的钎焊性。铝青铜表面的 Al_2O_3 难以去除，钎焊困难。另外由于铅黄铜、硅青铜、白铜等在局部快速加热时，有应力腐蚀倾向，硅青铜有热脆倾向，铍青铜在淬火时效状态下使用等，因此钎焊时均需充分考虑钎焊温度对合金性能的影响。钎焊铜及铜合金时钎料及钎剂的选用见表 2-84。

5. 钎焊铝及铝合金钎料及钎剂的选用

铝及铝合金广泛应用于航天、航空、电子、冶金、机械制造和轻工等部门。典型铝及铝合金的钎焊性和软、硬钎焊时钎料及钎剂的选用，分别见表 2-85～表 2-87。钎焊铝与其他金属时钎料及钎剂的选用见表 2-88。

6. 钎焊铸铁及异种金属钎料及钎剂的选用

铸铁的钎焊主要用于钎补，故软钎焊用途不大，主要是采用硬钎焊。钎焊铸铁的困难在于组织中的石墨可使钎料润湿作用变坏，妨碍形成良好的结合，影响钎焊接头的质量。钎焊铸铁时钎料与钎剂的选用见表 2-89。

表 2-84　钎焊铜及铜合金时钎料及钎剂的选用

钎料		钎剂牌号或成分 (质量分数)/%	钎焊方法	说　明
类别	牌号			
软钎料　Sn-Pb	HLSn60PbA HLSn18PbSbA HLSn30PbSbA HLSn40PbSbA HLSn90PbA	松香酒精溶液活性松香和 $ZnCl_2+NH_4Cl$ 水溶液 $ZnCl_2+HCl$ 溶液磷酸溶液	烙铁钎焊、火焰钎焊、浸沾钎焊、感应钎焊、电阻钎焊、炉中钎焊等	铜及铜合金的软钎料有锡铅钎料、镉基钎料及锌基钎料;Sn-Pb 钎料可选用松香酒精溶液钎剂;钎焊黄铜、铍青铜时,应采用活性松香和 $ZnCl_2+NH_4Cl$ 水溶液;钎焊铝青铜、铝黄铜、铬青铜和硅青铜时,则需用 $ZnCl_2+HCl$ 溶液;对锰白铜,则应采用磷酸溶液;如钎焊温度要求较高,则采用 $ZnCl_2$ 水溶液;镉基钎料配合剂 205 时去除氧化物的能力强;钎焊包括铝青铜在内的所有铜 Cu-Zn 钎料或黄铜钎焊钢时,可采用 $Na_2B_4O_7$ 或 $Na_2B_4O_7+H_3BO_3$ 作钎剂;对铝青铜,应采用在常用的钎剂中另加质量分数为 10%~20% 的铝钎剂或氟硅酸钠;硬钎料钎焊铍青铜时,应选用固相线温度高于其淬火温度 (780℃) 的钎料(如 BAg10Cu-Zn 等),钎焊后再淬火时效;对已淬火时效的铍青铜,也可选用 BAg40CuZnCd 钎料,在 650℃ 左右快速钎焊,然后在 300℃ 进行时效处理
耐热软钎料　Sn-Ag	HL605	$ZnCl_2$ 水溶液		
Pb-Ag	HLAgPb97 HL606			
Cd-Ag	HL503	QJ205		
Cd-Zn	HL506			
硬钎料　Cu-Zn	HL101 HL102 BCu54Zn (HL103)	$Na_2B_4O_7$ $Na_2B_4O_7\,25\%+$ $H_3PO_3\,75\%$ 气剂 301 $Na_2B_4O_7+H_3PO_3$ 气剂 105 组成为 $CoCl_2\,30$、$LiCl25$、$KCl25$、$ZnCl_2\,15$、NH_4Cl5 QJ101 QJ102 QJ103 对铝青铜钎焊时: QJ101~QJ103 加入 10% 的铝钎剂或硅氟酸钠		
黄铜	H62			
锡黄铜	BCu60ZnSn-R (丝 221)			
铁黄铜	BCu58ZnFe-R (丝 222)			
硅黄铜	丝 224			
Cu-P	BCu93P (HL201) BCu94P (HL202)			
Cu-P-Sb	BCu92PSb (HL203) BCu80PAg			
Cu-Ag-P	(HL204) BCu80PSnAg (HL207)HL205			
Ag 基	BAg10CuZn (HL301) BAg25CuZn (HL302) BAg45CuZn (HL303) BAg50CuZn (HL304) BAg72Cu (HL308) BAg35CuZnCd (HL314) BAg40CuZnCdNi (HL312)			

表 2-85　典型铝及铝合金的钎焊性

类别	牌号	熔化温度范围/℃	软钎焊性	硬钎焊性
纯铝	L2~L6	558~617	优	优
防锈铝 (非热处理强化)	LF21	643~654	优	优
	LF1	634~654	良	优

续表

类别	牌号	熔化温度范围/℃	软钎焊性	硬钎焊性
防锈铝 （非热处理强化）	LF2	627～652	困难	良
	LF3	—	困难	差
	LF5	568～638	困难	差
硬铝	LY11	515～641	差	差
	LY12	505～638	差	差
锻铝	LD2	593～651	良	良
	LD6	528～536	良	困难
超硬铝	LC4	477～638	差	差
铸造铝合金	ZL102	577～582	差	困难
	ZL202	549～582	良	困难
	ZL301	525～615	差	差

表 2-86　铝及铝合金软钎焊时钎料及钎剂的选用

钎料	熔化温度/℃	钎料组成	操作	润湿性	强度	耐腐蚀性	对母材的影响
低温软钎料	150～260	Sn-Zn 系 Sn-Pb 系 Sn-Pb-Cd 系	容易	较好 较差 较好	低	差	无
中温软钎料	260～370	Zn-Cd 系 Zn-Sn 系	中等	优良	中等	中	热处理强化合 金有软化现象
高温软钎料	370～430	Zr-Al 系	较难	良	好	较好	热处理强化合 金有软化现象

表 2-87　铝及铝合金硬钎焊时钎料及钎剂的选用

钎料牌号	钎焊温度/℃	钎焊方法	可钎焊的金属
HLAlSi7.5	599～621	浸渍、炉中	L2～L6、LF21
HLAlSi10	588～604	浸渍、炉中	L2～L6、LF21
HLAlSi12(HL400)	582～604	浸渍、炉中、火焰	L2～L6、LF21、LF1、LF2、LD2
HLAlSiCu10-4(HL402)	585～604	浸渍、炉中、火焰	
HL403	562～582	火焰、炉中	
HL	555～576	火焰	L2～L6、LF21、LF1、LF2、 LD2、LD5、ZL102、ZL202
B62	500～550	火焰	
HLAlSiMg7.5-1.5	599～621	真空炉中	L2～L6、LF21
HLAlSiMg10-1.5	588～604	真空炉中	L2～L6、LF21、LD2
HLAlSiMg12-1.5	582～604	真空炉中	L2～L6、LF21、LD2

表 2-88　钎焊铝与其他金属时钎料及钎剂的选用

钎焊种类	钎焊金属	钎料	钎剂
软钎料	铝与铜、黄铜、镍、银、锌等	锡铅钎料	非腐蚀性钎剂
	铝与铜、黄铜、银、镍、不锈钢、低碳钢	锡基：Sn55ZnAgAl 镉基：Cd82.5Zn 锌基：Zn60Cd、Zn58Sn Cu、Zn95Al	反应钎剂如 53203
硬钎料	铝与镍、镍合金、铍	铝基钎料	铝钎剂
	铝与钢		
	铝与铝合金		
	铝与钛、锆、钼和铜		

表 2-89 钎焊铸铁时钎料与钎剂的选用

钎料	钎剂	钎焊方法	说明
铜基 BCu60ZnSn-R BCu58ZnFe-R	$Na_2B_4O_7$ 或 $Na_2B_4O_7 + H_3BO_3$	火焰钎焊、炉中钎焊、感应钎焊	硬钎焊时常用铜基或银基钎料。铜基钎料除可采用标牌号外,还可采用非标准钎料以获得良好效果,接头强度可达 205MPa。其钎料的成分(质量分数)为 Cu49%、Mn10%、Ni4%、Sn0.5%、Al0.4%,余为 Zn。采用铜基钎料,一般可配用硼砂或硼砂与硼酸的混合物,质量分数为 $H_3BO_3$40%、$LiCO_3$16%、$Na_2CO_3$24%、NaF5.4% 和 NaCl14.6%。银基钎料熔化温度低,工艺性能好,结合力强,特别适用于钎焊球墨铸铁,可配用 QJ102 钎剂
银基 BAg50CuZnCdNi	QJ102		

第五节 其他焊接材料

一、气体保护焊用钨极材料

由金属钨棒作为 TIG 焊或等离子弧焊的电极为钨电极,简称钨极,属于不熔化电极的一种。

对于不熔化电极的基本要求是:能传导电流,较强的电子发射能力,高温工作时不熔化和使用寿命长等。金属钨能导电,其熔点(3141℃)和沸点(5900℃)都很高,电子逸出功为 405Ev,发射电子能力强,是最适合作电弧焊的不熔化电极。

国内外常用钨极主要有纯钨极、钍钨极、铈钨极和锆钨极四种,其牌号及特征见表 2-90。

表 2-90 钨电极的牌号及特性

钨极类型	牌号	特性
纯钨极	W_1 W_2	熔点、沸点高,不易熔化蒸发、烧损。但电子发射能力较差,不利于电弧稳定燃烧。另外,电流承载能力低,抗污染性能差
钍钨极	WTh-7 WTh-10 WTh-15	电子发射能力强,允许电流密度大,电弧燃烧稳定,寿命较长。但钍元素具有一定的放射性,使用中磨削时要注意安全防护
铈钨极	WCe-20	电子逸出功低,引弧和稳定不亚于钍钨极,化学稳定性高,允许电流密度大,无放射性,适用于小电流焊接
锆钨极	WZr	性能介于纯钨极和钍钨极之间。在需要防止电极污染焊缝金属的特殊条件下使用,焊接时,电极尖端易保持半球形,适用交流焊接

二、气体保护焊用气体

气体保护焊时,保护气体即是焊接区的保护介质,也是产生电弧的气体介质。因此,保护气体的特性不仅影响保护效果,而且也影响电弧和焊丝金属熔滴过渡特性、焊接过程冶金特性以及焊缝的成形与质量等。例如,保护气体的密度对保护作用就有明显的影响。如果选用的保护气体密度比空气大,则从喷嘴喷出后易排挤掉焊接区中的空气,并在熔池及其附近区域的表面上造成良好的覆盖层,起到良好的保护作用。

保护气体的电、热物理性能,如离解能、电离电位、热容量及热导率等,它们不仅影响电弧的引燃特性、稳弧特性及弧态，而且影响到对焊件的加热和焊缝成形尺寸，见表 2-91。

表 2-91　保护气体的物理性能

气体	电离势 /V	热场地率(300K) /[MW/(m·K)]	热容量(300K) /[J/(mol·K)]	分解度 5000K	电弧电压 /V	稳弧性
He	24.5	156.7	150.05	不分解	—	好
Ar	15.7	17.9	15.01	不分解	—	极好
N_2	14.5	26.0	29.12	0.038	20～30	满意
CO_2	14.3	16.8	31.17	0.99	26～28	好
O_2	13.6	26.3	29.17	0.97	—	—
H_2	13.5	186.9	28.84	0.96	4565	好
空气	—	26.2	29.17			

保护气体的物理化学性能，不仅决定焊接金属（如电极与焊件）是否产生冶金反应与反应剧烈程度，还影响焊丝末端、过渡熔滴及熔池表面的形态等，最终会影响到焊缝成形与质量。

因此在气体保护焊工作中，尤其是用熔化极焊接时，不能仅从保护作用角度来选定保护气体种类，而应根据上述各方面的要求，综合考虑选用合适的保护气体，以获得最好的焊接工艺与保护性能。所以合理选用保护气体是一项很重要且具有实际意义的工作，其选用说明见表 2-92。

表 2-92　保护气体的选用说明

类别	说　明
氢气	氢气是一种还原性气体，在一定的条件下能使某些金属氧化物或氮化物还原。氢的比重很小，且热导率大，因此用氢作焊接保护气，对电弧有较强的冷却作用。另外，氢是一种分子气体，在弧柱中会吸热分解成原子氢，这样将产生两种对立的作用：一是原子氢流到较冷的焊件表面上时，会复合成分子氢而释放出化学能，对焊件起补充加热作用；二是原子氢在高温时能溶解于液体金属中，其溶解度随温度降低而减小。因此，液体金属冷凝时析出的氢若来不及外逸，易在焊缝金属中出现气孔、白点等缺陷。所以单纯用氢气作焊接保护气，只在原子氢焊时采用，因为原子氢焊成的焊缝金属冷却速度较慢，能使金属中溶解的氢析出并外逸，故不易引起焊缝产生缺陷
氩气	氩气是一种惰性气体，几乎不与任何金属产生化学反应，也不溶于金属中。氩气的热物理性能使得其在焊接区中能起到良好的保护作用，具有很好的稳弧特性。因此，在气体保护焊中，氩气主要用作焊接有色金属及其合金、活泼金属及其合金以及不锈钢与高温合金等 氩气作为焊接保护气，一般要求纯度在 99.9%～99.999% 的范围内。不同材料氩弧焊时，对氩气纯度的要求见表 1 表 1　不同材料对氩弧焊氩气的纯度要求<table><tr><td>焊接材料</td><td>采用的电流种类及电源极性</td><td>氩气纯度/%</td></tr><tr><td>钛及钛合金</td><td>直流,正极性</td><td>99.98</td></tr><tr><td>铝及铝合金</td><td>交流</td><td>99.9</td></tr><tr><td>镁合金</td><td>交流</td><td>99.9</td></tr><tr><td>铜及铜合金</td><td>直流,正极性</td><td>99.7</td></tr><tr><td>不锈钢和耐热钢</td><td>直流,正极性</td><td>99.7</td></tr></table>
氮气	氮气也是一种分子气体，但在高温下不像氢气那么容易分解 氮对铁、钛等金属在高温时有较强的化学作用，且容易和氧化合成一氧化氮而进入熔池，使焊缝金属发脆，因而焊接这些金属不能用氮气保护焊。但是氮对铜不产生化学作用，同时氮是促进奥氏体化的元素，在奥氏体不锈钢中有较大的溶解度，所以在焊接铜及其合金或者用氮合金化奥氏体钢时，可采用氮作为焊接保护气。此外，在等离子弧切割工作中，也常采用氮作离子气与保护气
氦气	氦气也是一种惰性气体，其电离电位很高，故焊接时引弧困难，电弧引燃特性差。但是氦气和氩气比较，由于氦气的电离电位高、热导率大，故在相同的焊接电流和电弧长度下，氦弧的电弧电压比氩弧的高，使电弧具有较大的电功率，传递给焊件的热量也较大。可用于厚板、高热导率或高熔点的金属、热敏感材料 氦气作为保护气体，由于密度比空气小，故要有效地保护焊接区，其流量应比氩气大得多。另外，氦比氩更稀缺，价格也非常昂贵。目前多数国家只在特殊场合下，如焊接核反应堆时，才选用氦气作保护气

续表

类别	说　明
二氧化碳	CO_2是一种多原子气体，它在高温时要吸热分解成一氧化碳和氧气。因此，用CO_2气体作焊接保护气，对电弧有较强的冷却作用，且具有氧化性。焊接试验表明，若用CO_2气体作保护气体，必须采取有效的工艺措施，如采用具有较强脱氧能力的焊丝或另加焊剂等，才能保证焊缝金属的冶金质量。CO_2气体主要用于焊接低碳钢和低合金结构钢。焊接用液态二氧化碳技术要求见表2

表 2　焊接用液态二氧化碳技术要求　　　　　　　　　　　%

指标名称	I 类	II 类		
		一级	二级	三级
CO_2含量	≥99.8	≥99.5	≥99.0	≥99.0
水分含量	≤0.005	≤0.05	≤0.10	

类别	说　明
二氧化碳	随着焊接技术的发展，尤其是熔化极气体保护焊的发展和逐步扩大应用范围，选择保护气体时要考虑的因素也随之增加，一般有如下几方面。 ①保护气体应对焊接区中的电弧与金属（包括电极、填充焊丝、熔池与处于高温的焊缝及其邻近区域）起到良好的保护作用 ②保护气体作为电弧的气体介质，应有利于引燃电弧和保持电弧稳定燃烧（稳定电弧阴极斑点、减小电弧飘荡等） ③保护气体应有助于提高对焊件的加热效率，改善焊缝成形 ④熔化极气体保护焊时，保护气体应促使获得要求的熔滴过渡特性，减少金属飞溅 ⑤保护气体对在焊接过程中的有害冶金反应应能进行控制 ⑥保护气体应容易制取和价格低廉，以降低焊接生产成本

根据上述原则，目前可供选用的保护气体除单一成分的气体外，还广泛采用由不同成分气体组成的混合保护气，其目的是使混合保护气具有良好的综合性能，以适应不同的金属材料和焊接工艺的需要，促使获得最佳的保护效果、电弧特性、熔滴过渡特性以及焊缝成形与质量等。

三、碳弧气刨用碳电极

焊接生产常用的碳棒有圆碳棒和矩形碳棒两种。前者主要用于焊缝清根、背面开槽及清除焊接缺陷等，后者用于刨除焊件上残留的临时焊道和焊疤、清除焊缝余高和焊瘤，有时也用作碳弧切割。

对碳棒的要求是导电良好、耐高温、不易折断和价格低廉等。一般采用镀铜实心碳棒，镀铜层厚为0.3～0.4mm。碳棒的质量和规格都由国家标准规定。根据各种刨削工艺需要，可以采用特殊的碳棒。如用管状碳棒可扩宽槽道底部；用多角形碳棒可获得较深或较宽的槽道；用于自动碳弧气刨的头尾可以自动接续的自动气刨碳棒；加有稳弧剂的碳棒可用于交流电气刨。

第三章

焊条电弧焊

第一节 | 焊条电弧焊的特点和应用范围

一、焊条电弧焊特点

焊条电弧焊的方法如图 3-1 所示。它是利用焊条与焊件间产生的电弧，作为熔化焊时的热源。焊条电弧焊的特点是：设备简单，操作方便、灵活，可达性好，能进行全位置焊接，适合焊接多种金属。电弧偏吹是焊条电弧焊时的一种常见现象。电弧偏吹即弧柱轴线偏离焊条轴线的现象如图 3-2 所示。

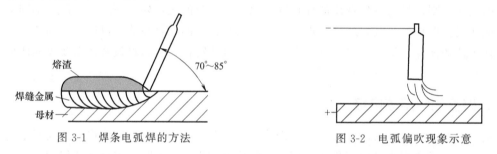

图 3-1　焊条电弧焊的方法　　　　图 3-2　电弧偏吹现象示意

电弧偏吹的种类：由于弧柱受到气流的干扰或焊条药皮偏心所引起的偏吹；采用直流焊机焊接角焊缝时引起的偏吹；由于某一磁性物质改变磁力线的分布而引起的偏吹。

克服偏吹的措施：尽量避免在有气流影响下焊接；焊条药皮的偏心度应控制在技术标准之内；将焊条顺着偏吹方向倾斜一个角度；焊件上的接地线尽量靠近电弧燃烧处；加磁钢块，以平衡磁场；采用短弧焊接或分段焊接的方法。

二、焊条电弧焊应用范围

焊条电弧焊的应用范围见表 3-1。

表 3-1　焊条电弧焊的应用范围

焊件材料	适用厚度/mm	主要接头形式
低碳钢、低合金钢	2～50	对接、T形接、搭接、端接、堆焊
铝、铝合金	≥3	对接
不锈钢、耐热钢	≥2	对接、搭接、端接
紫铜、青铜	≥2	对接、堆焊、端接
铸铁	—	对接、堆焊、补焊
硬质合金	—	对接、堆焊

第二节 | 焊条电弧焊的常用设备与工、量具

一、焊条电弧焊的常用设备

（一）焊条电弧焊机的种类及对弧焊电源的要求

1. 焊条电弧焊机的种类

焊条电弧焊机是专门在焊接电路中为焊接电弧提供电能的设备，也称为弧焊电源。

焊条电弧焊机按产生的电流分类，可分为交流电源和直流电源两大类。交流电源有弧焊变压器；直流电源有弧焊整流器、弧焊发电机和弧焊逆变器，其说明见表 3-2。

表 3-2　焊条电弧焊机的种类

种类	说　明
弧焊变压器	弧焊变压器是一种具有下降外特性的降压变压器，通常又称为交流弧焊机。获得下降外特性的方法是在焊接网路中串联一可调电感，此电感可以是一个独立的电抗器，也可以利用弧焊变压器本身的漏磁来代替
弧焊整流器	弧焊整流器是一种将交流电经变压、整流转换成直流电的焊接电源。采用硅整流器做整流元件称为硅整流焊机，采用晶闸管（可控硅）的称为晶闸管整流弧焊机
弧焊发电机	弧焊发电机也称为直流弧焊机，它是柴油（汽油）机和特种直流发电机的组合体，用以产生适用于焊条电弧焊的直流电，多用于野外没有电源的地方进行焊接施工
弧焊逆变器	弧焊逆变器是一种新型、高效、节能的直流焊接电源，该焊机具有极高的综合指标，它作为直流焊接电源的更新换代产品受到重视

2. 对弧焊电源的基本要求

对弧焊电源的基本要求见表 3-3。

表 3-3　对弧焊电源的基本要求

要求	说　明
对电源外特性的要求	弧焊电源电弧电压与焊接电流之间的关系称为电源的外特性，外特性用曲线来表示，称为外特性曲线。 弧焊电源外特性曲线的形状对电弧及焊接参数的稳定性有重要的影响。在焊接时，弧焊电源供电，电弧作为用电负载，为保证电源-电弧系统的稳定性，必须使弧焊电源外特性曲线的形状与电弧静特性曲线的形状适当配合。电源外特性曲线如下图所示，可供不同的弧焊方法及工作条件选用 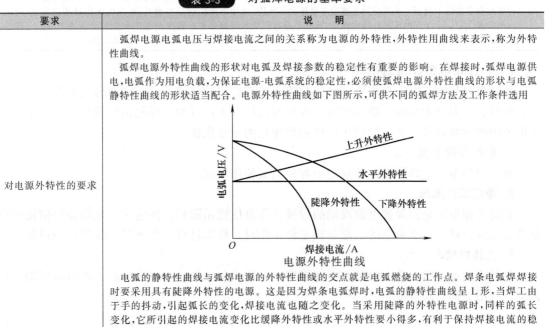 电源外特性曲线 电弧的静特性曲线与弧焊电源的外特性曲线的交点就是电弧燃烧的工作点。焊条电弧焊焊接时要采用具有陡降外特性的电源。这是因为焊条电弧焊时，电弧的静特性曲线呈 L 形，当焊工由于手的抖动，引起弧长的变化，焊接电流也随之变化。当采用陡降的外特性电源时，同样的弧长变化，它所引起的焊接电流变化比缓降外特性或水平外特性要小得多，有利于保持焊接电流的稳定，从而使焊接过程稳定

要求	说　明
对空载电压的要求	当焊机接通电网而输出端没有接负载（即没有电弧）时,焊接电流为零,此时输出端的电压称为空载电压,常用 $U_空$ 表示。引弧时,空载电压太低,引弧将发生困难,电弧燃烧也不稳定;空载电压高虽然容易引弧,但不是越高越好。因为空载电压越高,不仅电源容量越大（电源的额定容量和空载电压成正比）,制造成本越高,而且越容易造成触电事故。因此,我国有关标准中规定最大空载$U_{空最大}$为 弧焊变压器　$U_{空最大}\leqslant 80V$ 弧焊整流器　$U_{空最大}\leqslant 90V$ 弧焊发电机　$U_{空最大}\leqslant 100V$（单头焊机） 　　　　　　$U_{空最大}\leqslant 60V$（多头焊机）
对短路电流的要求	当电极和焊件短路时,电压为零。此时焊机的输出电流称为短路电流,常用 $I_短$ 来表示。在引弧和熔滴过渡时,经常发生短路。如果短路电流过大,不但会使焊条过热、药皮脱落、焊接飞溅增大,而且还会引起弧焊电源过载而烧坏。如果短路电流过小,则会使焊接电弧和熔滴过渡发生困难,导致焊接过程难以继续进行。所以,陡降外特性电源应具有适当的短路电流,通常规定短路电流等于焊接电流的 1.25～1.5 倍
对电源动特性的要求	焊接过程中,电弧总在不断地呈动负载变化。弧焊电源的动特性就是指弧焊电源对动负载所输出的电流、电压与时间的关系,用它来表示弧焊电源对负载瞬时变化的反应能力。弧焊电源动特性对电弧稳定性、熔滴过渡、飞溅及焊缝成形等有很大影响,它是直流弧焊电源的一项重要技术指标。对动特性的具体要求,主要有如下几点 　①合适的瞬时短路电流峰值。焊条电弧焊时,由于引弧和熔滴过渡等均会造成焊接电路的短路现象,为了有利于引弧,加速金属的熔化和过渡,同时为了缩短电源处于短路状态的时间,应适当增大瞬时短路电流。但是,过高的短路电流会导致焊条与焊件的过热,甚至使焊件烧穿,还会引起飞溅的增加以及电源的过载。所以,必须有合适的瞬时短路电流峰值,通常规定短路电流不大于工作电流的 1.5 倍 　②合适的短路电流上升速度。短路电流上升速度是否合适,对焊条电弧焊或其他熔化极电弧焊的引弧和熔滴过渡均有一定的影响。一般要求有合适的短路电流上升速度,它也是标志弧焊电源动特性的一个重要指标 　③达到恢复电压最低值的时间要适当。为了保持弧焊电源的稳定燃烧,对弧焊电源来说,从短路到复燃时,要求能在较短的时间内达到恢复电压的最低值（$\geqslant 30V$）,这样才能使电弧在极短的时间内重复引燃,保持电弧的持续、稳定
对弧焊电源调节特性的要求	当弧长一定时,每一条电源外特性曲线和电弧静特性曲线的交点中,只有一个稳定工作点,即只有一个对应的电流值和电压值。所以,选用不同的焊接参数时,要求电源能够通过调节,得出不同的电源外特性曲线,即要求电源的焊接电流必须在较宽的范围内均匀灵活地调节。一般要求焊条电弧焊电源的电流调节范围为弧焊电源额定焊接电流的 0.25～1.2 倍

（二）焊条电弧焊机的铭牌

每台弧焊机出厂时,在焊机的明显位置上钉有焊机的铭牌,铭牌的内容主要有焊机的名称、型号、主要技术参数、绝缘等级、焊机制造厂、生产日期和焊机出厂编号等,其中,焊机铭牌中的主要技术参数是焊接生产中选用焊机的主要依据。

1. 额定焊接电压

额定焊接电压是指焊接电源规定的焊接电流使用限额。

2. 额定工作电压

额定工作电压是指焊接电源规定的焊接工作电压使用限额。按电流、电压额定值使用设备是最经济合理、安全可靠的。超过额定值工作时,称为过载,严重过载将使设备损坏。

3. 负载持续率

负载持续率是指在选定的工作时间周期内,焊机负载的时间占选定的工作时间周期的百分率,可用下面公式表示

$$DY_N = \frac{t}{T} \times 100\%$$

(3-1)

式中 DY_N——负载持续率，%；

t——选定工作时间周期内负载的时间，min；

T——选定的工作时间周期，min。

我国有关标准规定，焊条电焊机所选定的工作时间周期为 5min。如果在 5min 内，焊接时间为 3min，则负载持续率为 60%，对一台焊机来说，随着实际焊接时间的增多，间歇时间减少，那么负载持续率便会不断增高，焊机便会更容易发热、升温，甚至烧毁。因此，焊工必须按规定的额定负载持续率使用。

（三）电弧焊机型号及其代表符号

电弧焊机型号及其代表符号见表 3-4。

表 3-4 电弧焊机型号及其代表符号

第一字位		第二字位		第三字位		第四字位		第五字位	
代表字母	大类名称	代表字母	小类名称	代表字母	附注特征	数字序号	系列序号	单位	基本规格
A	弧焊发电机	X P D	下降特性 平特性 多特性	省略 D Q C T H	电动机驱动 单纯弧焊发电机 汽油机 驱动柴油机 驱动拖拉机 汽车驱动	省略 1 2	直流 交流发电机整流 交流	A	额定焊接电流
Z	弧焊整流器	X P D	下降特性 平特性 多特性	省略 M L E	一般电源 脉冲电源 高空载电压 交、直流两用电源	省略 1 3 4 5 6 7	磁放大器或饱和电抗器式 动铁芯式 动线圈式 晶体管式 晶闸管式 变换抽头式 变频、逆变	A	额定焊接电流
B	弧焊变压器	X P	下降特性 平特性	L	高空载电压	省略 1 2 3 5 6	磁放大器或饱和电抗器式 动铁芯式 串联电抗器式 动线圈式 晶闸管式 变换抽头式	A	额定焊接电流
M	埋弧焊机	Z B U D	自动焊 半自动焊 堆焊 多用	省略 J E M	直流 交流 交、直流 脉冲	省略 2 3 9	焊车式 横臂式 机床式 焊头悬挂式	A	额定焊接电流
W	TIC焊机	Z S D Q	自动焊 手工焊 点焊 其他	省略 J E M	直流 交流 交、直流 脉冲	省略 1 2 3 4 5 6 7 9	焊车式 全位置焊车式 横臂式 机床式 旋转焊头式 台式 焊接机器人 变位式 真空充气式	A	额定焊接电流

续表

第一字位		第二字位		第三字位		第四字位		第五字位	
代表字母	大类名称	代表字母	小类名称	代表字母	附注特征	数字序号	系列序号	单位	基本规格
N	MIG/MAG 焊机	Z	自动焊	省略		省略	焊车式	A	额定焊接电流
		B	半自动焊	M	直流	1	全位置焊车式		
						2	横臂式		
		D	点焊			3	机床式		
		U	堆焊	C	脉冲	4	旋转焊头式		
						5	台式		
					驱动柴油机	6	焊接机器人		
		G	切割			7	变位式		

（四）焊条电弧焊机的工作原理、特点及参数

1. 交流焊条电弧焊机

交流焊条电弧焊机，简称交流弧焊机，也称为交流手工电弧焊变压器（简称为弧焊变压器），是焊条电弧焊焊接电源中最简单的一类，具有成本低、效率高、使用可靠、维修方便等优点。交流弧焊机工作原理如图 3-3 所示。

交流弧焊机是一种特殊降压变压器，不仅可用来获得下降外特性，同时还可用来稳定焊接电弧和调节焊接电流。交流弧焊机获得下降外特性

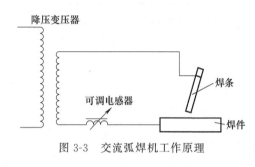

图 3-3　交流弧焊机工作原理

的方法是在焊接回路中串一可调电感器，此电感器可以是一个独立的电抗器，也可以利用弧焊变压器本身的漏磁来代替。

目前，使用的交流弧焊机种类很多，一般常用的有动铁芯漏磁式、同体组合电抗器式、动圈式和抽头式 4 种。

（1）动铁芯漏磁式交流弧焊机

工作原理：BX1-330 型交流弧焊机的陡降外特性是靠动铁芯的漏磁作用而获得的。调节焊接参数时，只需移动动铁芯的位置，改变漏磁磁通，即可调节焊接电流，其电流变化与动铁芯移动距离呈线性关系，故电流调节均匀。BX1-330 型交流弧焊机电流的调节分为粗调节和细调节两部分。

电流粗调节是通过改变交流弧焊机二次接线板上的接线来改变焊接电流大小。接法一：焊接电流的调节范围为 50～180A，空载电压为 70V。接法二：焊接电流的调节范围为 160～450A，空载电压为 60V。电流粗调节时，为防止触电，应在切断电源的情况下进行。调节前，各连接螺栓要拧紧，防止接触电阻过大而引起发热、烧损连接螺栓和连接板。

电流细调节是通过交流弧焊机侧面的旋转手柄来改变活动铁芯的位置进行的。当手柄逆时针旋转时，活动铁芯向外移动，漏磁减少，焊接电流增加；当手柄顺时针旋转时，活动铁芯向内移动，漏磁加大，焊接电流减小。

动铁芯式交流弧焊机结构简单，使用和维护方便，是目前用得较广泛的一种交流弧焊电源。其产品还有 BX1-160、BX1-400、BX1-630 等。

特点：该变压器具有 3 个铁芯柱，其中两个为固定的主铁芯，中间放一个活动铁芯作为一、二次线圈间的漏磁分路。变压器的一次线圈为筒形，绕在一个主铁芯柱上，二次线圈一

部分绕在一次线圈外面，另一部分兼作电抗线圈，绕在另一个主铁芯上。弧焊变压器一侧装有接线板，供接网路用；另一侧为二次接线板，供焊机回路用。

(2) 同体组合电抗器式交流弧焊机

工作原理：同体组合电抗器式交流弧焊机与动铁芯漏磁式交流弧焊机的工作原理基本相同，调节焊接电流只需改变活动铁芯和固定铁芯的间隙。只是由于同体组合电抗器式交流弧焊机与电抗器有一个共同的磁轭，使结构变得紧凑，并能部分节省铁芯的材料。

当弧焊变压器短路时，电抗线圈通过很大的短路电流，产生很大的电压降，使二次线圈的电压接近于零，从而限制了短路电流；当弧焊变压器空载时，由于没有焊接电流通过，电抗线圈不产生电压降，因此，空载电压基本上等于二次电压，此时便于引弧；当弧焊变压器焊接时，由于有焊接电流通过，电抗线圈产生电压降，从而获得陡降的外特性。

特点：同体组合电抗器式交流弧焊机由一台具有平特性的降压变压器上面叠加一个电抗器组成，铁芯形状为一个 H 形，并在上部装有活动铁芯，变压器与电抗器有一个共同的磁轭。变压器初级线圈分别绕在变压器侧柱上，次级线圈与电抗器线圈串联后向电弧供电，电抗器铁芯中间留有可调的间隙，以调节焊接电流。

这类弧焊变压器多用作大功率电源，如 BX2-1000 用于埋弧焊电源。

(3) 动圈式交流弧焊机

工作原理：由于变压器的一、二次线圈分成两部分安放，使得两者之间造成较大的漏磁，焊接时使二次电压迅速下降，从而获得下降的外特性。变压器的一次线圈、二次线圈间距离增大，漏磁感抗增大，输出电流减小；反之，则输出电流增大。其调节特性曲线如图 3-4 所示，从图中可以看到，当 δ 增大到一定程度后，δ 再增加，电流变化就不太明显了。因此，这种弧焊变压器常有一大、小电流转换开关，如 BX3-400 型。

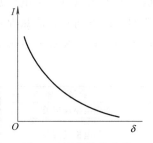

图 3-4　调节特性曲线

这种焊机的优点是没有活动铁芯，不会出现由于铁芯的振动而造成小电流焊接时电弧不稳的现象，焊机的缺点是焊接电流调节下限将受到铁芯高度的限制，所以只能制成中等容量的焊机；焊机消耗的电工材料较多，经济性较差；焊机较重，机动性差。该焊机适用于不经常移动的固定地点焊接施工，其中 BX3-120 型和 BX3-300 型主要用于焊条电弧焊；BX3-1-400 型和 BX3-1-500 型空载电压略高，用作钨极氩弧焊电源。

特点：动圈式交流弧焊机是一种应用较广泛的交流弧焊电源。变压器的一次和二次线圈匝数相等，绕于一高而窄的口字形铁芯上。一次线圈固定于铁芯底部，二次线圈可用丝杠带动上下移动，在一次和二次线圈间形成漏磁磁路。

(4) 抽头式交流弧焊机

抽头式交流弧焊机的基本工作原理与动圈式交流弧焊机相似。一次线圈分绕在口字形铁芯的两个心柱上，二次线圈仅绕在一个心柱上，所以一、二次线圈之间产生较大的漏磁，从而获得下降外特性。一次线圈常做出较多的抽头，利用转换开关调节一次线圈在两心柱上的匝数比，以调节焊接电流。抽头式交流弧焊机结构紧凑，无活动部分，故无振动，但其电流调节是有级调节，不能细调。

常用交流弧焊机（弧焊电源）的技术数据见表 3-5。

表 3-5　常用交流弧焊机（弧焊电源）的技术数据

型号	BX1-400	BX1-500	BX3-300	BX3-500	BX6-120	BX-500 CBA-500
结构形式	动铁芯式	动铁芯式	动圈式	动圈式	抽头式	同体式
空载电压/V	77	—	75/60	70/60	50	80
电流调节范围/A	100～480	100～500	接Ⅰ40～150 接Ⅱ120～380	接Ⅰ60～200 接Ⅱ180～655	45～160	150～500
额定负载 持续率/%	60	60	60	60	35	60
功率因数	0.55	0.65	0.53	0.52	0.75	0.52
效率/%	84.5	80	82.5	87	—	86
质量/kg	144	310	190	167	20	290
用途	焊条电弧焊电源	焊条电弧焊电源、切割电源	焊条电弧焊电源、切割电源	焊条电弧焊电源	手提式焊条电弧焊电源	焊条电弧焊电源、电弧切割电源

2. 直流焊条电弧焊机

直流焊条电弧焊机（简称直流弧焊机）分为旋转式直流电弧焊机和整流弧焊机两类。

（1）旋转式直流电弧焊机

① 旋转式直流电弧焊机又称为直流弧焊发电机。直流弧焊发电机主要由三相交流电动机、发电机电枢、发电机励磁极及线圈、换向片、电刷、控制盘等组成。根据获得陡降外特性的方法不同，直流弧焊发电机主要有加强电枢反应类、利用电枢反应和串联去磁线圈类两种类型。直流弧焊发电机的分类见表 3-6。

表 3-6　直流弧焊发电机的分类

类型	形　式		型号举例
加强电枢反应类	三电刷裂极式		AX-320；AX-320-1
利用电枢反应和 串联去磁线圈类	换向极去磁式		AX3-300-1；AX4-300-1
	差复励式	并励线圈	AX1-500；AX-165
		他励线圈	AX7-500；AX9-500

② 柴（汽）油发电机驱动的直流弧焊发电机可组装成汽车式，用汽车的发动机驱动一台或两台发电机。它适用于野外无电源的地区，特别是在野外沼泽地或丘陵山坡地区的大口径输气管道的施工。它有拖车式柴（汽）油机驱动的 AXC 型和汽车驱动的 AXH 型。柴油机驱动直流弧焊发电机的型号及技术参数见表 3-7，越野汽车焊接工程车的型号及技术参数见表 3-8。

表 3-7　柴油机驱动直流弧焊发电机的型号及技术参数

型号	AXC-160	AXC-200	AXC-315	AXC-400
配用柴油机型号	S195L	S195L	295G	495J
额定焊接电流/A	160	200	315	400
额定负载持续率/%	60	35	60	60
工作电压/V	22～28	21.4～28	28	23～39
空载电压/V	42～65	40～70	50～80	65～90
焊接电流调节范围/A	32～200	40～200	40～320	40～480
输出功率/kW	5	5.6	9.6	14.1
额定转速/(r/min)	2900	2000	1500	2000
机组净重/kg	315	320	1400	1200
机组外形尺寸（长×宽×高） /mm×mm×mm	—	1350×735×840	3600×1500×1510	2470×1680×1790

表 3-8　越野汽车焊接工程车的型号及技术参数

型号	AXH-200	AXH-250	AXH-400	AXH-315
额定焊接电流/A	200	250	400	315
额定负载持续率/%	35	60	60	60
工作电压/V	21.4~28	30	23~39	32.6
空载电压/V	40~70	50~90	65~90	50~80
焊接电流调节范围/A	40~200	50~315	65~480	45~320
输出功率/kW	5.6	7.5	14.1	9.6
额定转速/(r/min)	2000	1500	2000	1450
柴油机型号	S195L	—	495J	—
汽车底盘	—	—	跃进 134	—
工程车发动机功率/kW	—	88	—	—

③ 市场上还有一种小型直流弧焊发电机，从焊机的质量和性能上都能满足焊接要求，并且售价低廉，维修简单，焊接生产中搬运轻便、灵活。小型直流弧焊机的型号及技术参数见表 3-9。

表 3-9　小型直流弧焊机的型号及技术参数

型号	ZX5-63	ZX5-100
电源电压/V	220	220
空载电压/V	76	76
额定焊接电流/A	63	100
电流调节范围/A	8~63	8~100
额定负载持续率/%	35	35
额定输入容量/kV·A	2.6	4.2
频率/Hz	50	50
质量/kg	8	13

（2）整流弧焊机

整流弧焊机是一种把交流电经过变压、整流获得直流电，供给电弧负载的电源。与直流弧焊发电机相比，它没有机械旋转部分，是静态的直流弧焊电源。它具有噪声小、省电、省料、效率高和制造维护简单等优点。随着半导体技术的发展、整流技术的进步，焊接整流器的性能已经有显著提高，并已经取代了直流弧焊发电机。采用硅整流器作整流元件的弧焊机称为硅整流弧焊机，采用晶闸管（可控硅）作整流元件的弧焊机称为晶闸管整流弧焊机。

① 硅整流弧焊机，又称为硅弧焊整流器。硅整流弧焊机结构由硅整流器组、三相降压变压器、三相磁饱和电抗器、输出电抗器、通风机组等部分组成。

硅整流弧焊机通常分为动铁芯式整流弧焊机和动圈式整流弧焊机，其中常用的是动铁芯式整流弧焊机。

② 晶闸管整流弧焊机，又称为晶闸管式弧焊整流器。晶闸管整流弧焊机的基本特征是晶闸管桥的作用，用电子触发电路控制晶闸管的通断特性，并采用闭环反馈的方式来控制外特性，从而可获得平特性、下降特性等各种形状的外特性，所以焊接电流、电弧电压可以在很宽的范围内均匀、精确、快速地调节，不仅可达到焊接电流无级调节，还容易实现电网电压补偿，它是目前应用很广泛的一种直流焊接电源。

晶闸管整流弧焊机都带有电弧推力调节装置，作用是增强焊接过程中电弧的吹力，还可以调节电弧吹力强度，并以此来改变焊接电弧穿透力，确保焊接过程中容易引弧，促进熔滴过渡，减小焊接飞溅。

　　晶闸管整流弧焊机还具有连弧焊和断弧焊操作选择装置，以调节电弧长度。当选择断弧焊时，配以适当的推力电流，可以保证焊条一碰焊件就能引燃电弧，电弧拉到一定长度就熄灭，当焊条与焊件短路，"防粘"功能可迅速将电流减小，而使焊条完好无损地脱离焊件，从而迅速再引弧，这样可以大大提高单面焊双面成形根部焊缝的质量。

　　由于大量采用集成电路，可将自动控制系统分离，做成很小的控制板。有的控制板还用环氧树脂浸封，提高了系统的可靠性。一旦出现故障，只需更换控制板，即可恢复使用。常用的整流弧焊机技术参数见表 3-10。

表 3-10　常用的整流弧焊机技术参数

类型		动铁芯式			晶闸管式		
型号		ZXE1-160	ZXE1-300	ZXE1-500	ZX5-800	ZX5-250	ZX5-400
输出	额定焊接电流/A	160	300	500	800	250	400
	电流调节范围/A	交流:80~160 直流:70~150	50~300	交流:100~500 直流:90~450	100~800	50~250	40~400
	额定工作电压/V	27	32	交流:24~40 直流:24~38	—	30	36
	空载电压/V	80	60~70	80(交流)	73	55	60
	额定负载持续率/%	35	35	60	60	60	60
	额定输出功率/kW						
输入	电压/V	380	380	380	380	380	380
	额定输入电流/A	40	59	—	—	23	37
	相数	1	1	1	3	3	3
	频率/Hz	50	50	50	50	50	50
	额定输入容量/kV·A	15.2	22.4	41	—	15	24
功率因素		—	—	—	0.75	0.7	0.75
效率/%		—	—	—	75	70	75
质量/kg		150	200	250	300	160	200
用途		焊条电弧焊,交、直流钨极氩弧焊			焊条电弧焊、钨极氩弧焊,碳弧切割电源	焊条电弧焊电源	焊条电弧焊电源,特别适用于低氢型焊条焊接低碳钢、中碳钢以及低合金结构钢

　　③ 变式整流弧焊机，又称为逆变式弧焊整流器。逆变式整流弧焊机是一种新型的弧焊电源，其整流元件的发展经历了晶闸管（可控硅）、晶体管、场效应管（MOS-FET）、绝缘门极晶体管（IGBT）逆变 4 代。这种电源已应用于钨极氩弧焊、熔化极气体保护焊、焊条电弧焊和等离子切割等，特别是在机械化、自动化焊机中占有很大的比重。

　　由于逆变式整流弧焊机主变压器的工作频率提高了，使得主变压器的体积大大减小，体积可为同样额定电流的整流式焊机的 1/10~1/6。因此逆变焊机不仅节约材料，而且轻便灵活，适应性好，特别适宜移动焊接。逆变电源功率因数达 0.95 以上，总体效率可以达到 85%~92%，比传统焊机平均节电 25%~60%，空载时电耗只有 30~50W，节能效果明显。

由于逆变式整流弧焊机全部采用电子控制，在焊接过程中能提供最好的电弧指向性、电弧稳定性和动、静特性。例如，由开始通电到设定电流值的时间约为 0.2ms，而三相晶闸管焊接电源则需 30ms。这意味着焊接电流超速上升，实现了名副其实的瞬间起弧。逆变式整流弧焊机的外特性曲线具有外拖的陡降恒流特性。焊工在焊接过程中，若因某种原因电弧突然缩短，电弧电压降低到某一值时，外特性曲线出现外拖，此时，输出电流增大，加速熔滴过渡，电弧仍能稳定燃烧，不会发生焊条与焊件黏着现象。

采用电子控制的另一个优点是容易实现遥控和计算机控制，尤其适合作为机械化焊接、自动化焊接和弧焊机器人配套使用。它装有数字显示的电流调节系统和很强的电网波动补偿系统，使电流的稳定性高、飞溅小，焊接过程稳定；其各种特性均能大范围无级自动或手动调节，焊接适应性好；可一机多用，完成多种焊接和切割过程。逆变电源普遍采用模块化设计，方便维修。如 ZX7-315 电源内的元器件，按其发挥的功能被设计成若干个独立的安装单元，每个单元均可方便地拆换下来单独进行检修，因此整机维护、修理方便。常用的逆变式整流弧焊机技术参数见表 3-11。

表 3-11　常用的逆变式整流弧焊机技术参数

类型	晶闸管		场效应管		IGBT 管		
型号	ZX7-300S/ST	ZX7-630S、ST	ZX7-315	ZX7-400	ZX7-160	ZX7-315	ZX7-630
电源	三相、380V、50Hz		三相、380V、50Hz		三相、380V、50Hz		
额定输入功率 /kV·A	—	—	11.1	16	4.9	12	32.4
额定输入电流 /A	—	—	17	22	7.5	18.2	49.2
额定焊接电流 /A	300	630	315	400	160	315	630
额定负载持续率/%	0	60	60	60	60	60	60
最高空载电压 /V	70～80	70～80	65	65	75	75	75
焊接电流调节范围/A	Ⅰ挡：30～70 Ⅱ挡：90～300	Ⅰ挡：60～210 Ⅱ挡：180～630	50～315	60～400	16～160	30～315	60～630
效率/%	83	83	90	90	≥90	≥90	≥90
外形尺寸（长×宽×高）/ mm×mm×mm	640×355×470	720×400×560	450×200×300	560×240×355	500×290×390		550×320×390
质量/kg	58	98	25	30	25	35	45
用途	S 为焊条电弧焊电源 ST 为焊条电弧焊、氩弧焊两用电源		具有电流响应速度快，静、动特性好，功率因数高、空载电流小、效率高等特点。适用于各种低碳钢、低合金钢及不同类型结构钢的焊接		采用脉冲宽度调制（PWM），20kHz 绝缘门极双极型晶体管（IGBT）模块逆变技术。具有引弧迅速可靠、电弧稳定、飞溅小、体积小、高效节能、焊缝成形好、可"防黏"等特点。用于焊条电弧焊、碳弧气刨电源		

3. 交、直流弧焊机的优缺点比较

交、直流弧焊机的优缺点比较见表 3-12。

表 3-12　　交、直流弧焊机的优缺点比较

电源种类	直　流		交流
焊机类型	弧焊发电机	弧焊整流器	弧焊变压器
电弧稳定性	强	较强	差
极性可换性	有	有	无
弧焊电源价格比/%	100	105~115	30~40
制造材料价格比/%	100	60~65	20~30
生产弧焊电源工时比/%	100	50~70	20~30
每台占用面积/m²	1.5~2.0	1.0~1.5	1.0~1.2
功率因数	0.86~0.90	0.65~0.70	0.30~0.40
效率/%	30~60	60~75	65~90
空载功率损耗/kW	2.0~3.0	0.1~0.35	0.2
噪声	大	很小	较小
构造与维修	较繁	较简单	简单
供电电源	三相	一般三相	一般单相
每千克熔敷金属耗电/W·h	6~8	3.4~4.2	3~4
触电危险性	较低	较低	较高

（五）弧焊变压器结构特点及参数

弧焊变压器是一种最简单的弧焊电源，它提供交流输出，通常用于焊条电弧焊。弧焊变压器的伏安特性，通常为恒流特性。

弧焊变压器分为串联电抗器式和增强漏磁式两大类。串联电抗器式弧焊变压器为了获得满足电弧焊所需的陡降外特性，需要较大的串联电感，其电感的体积、重量与变压器相当。为了节约材料，减小体积和重量，实际上在弧焊变压器中，除多站式电源外，已经很少采用串联电感的方式，而是采用特殊的结构设计，使变压器的一次与二次线圈之间有较大的漏磁，这个漏磁可以起到与串联电感相同的作用，这也正是弧焊变压器与一般变压器在设计上与结构上的最大不同。增强漏磁式弧焊变压器一般采用移动铁芯、移动绕组和改变绕组抽头匝数3种方式改变漏磁，分别称为动铁芯式弧焊变压器、动圈式弧焊变压器和抽头式弧焊变压器。

1. 动铁芯式弧焊变压器

动铁芯式弧焊变压器的结构示意图如图 3-5 所示。

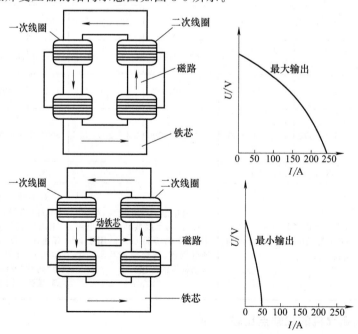

图 3-5　动铁芯式弧焊变压器的结构示意图

动铁芯式弧焊变压器一般只适宜制成中、小容量的弧焊电源。常用动铁芯式交流弧焊变压器的型号与技术数据见表 3-13。

表 3-13　常用动铁芯式交流弧焊变压器的型号与技术数据

型号	电源电压/V	输入容量/kV·A	额定工作电压/V	空载电压/V	额定焊接电流/A	电流调节范围/A	负载持续率/%
BX1-125	380/200	7.9	23	55	125	40～125	20
BX1-160	380/200	9.9～11.2	24.4	55～57	160	40～160	20
BX1-200	380/200	10.6～14.7	26～28	50～70	200	40～200	20/35
BX1-250	380/200	17.1～18.5	28～30	60～70	250	50～250	20/35/60
BX1-315	380/200	22.5～25.5	30.6～32.5	72～76	315	60～315	20/35/60
BX1-400	380	29～32	36	74～76	400	80～400	35/60
BX1-500	380	38～41	40	75～78	500	100～500	35/60
BX1-630	380	49.6～52.5	41	75～80	630	125～630	35/60

2. 动圈式弧焊变压器

动圈式弧焊变压器的结构示意图如图 3-6 所示。

变压器的一次和二次线圈部分为两组线圈，它们之间的耦合不是很紧密，而是通过调整线圈间的距离来改变耦合程度。两者之间距离越近，漏磁越小，等效串联电感也越小。一次和二次线圈之间距离最近时，输出电流最小；一次和二次线圈之间距离最远时，输出电流最大。

在动圈式结构中，常固定二次线圈，移动一次线圈，这是因为一次线圈的电流较小，电缆截面积也较小，易于弯曲。动圈式弧焊变压器相对比动铁芯式结构受力小，且噪声低，动圈位置稳定，输出的焊接电流也较稳定。常用动圈式交流弧焊变压器的型号与技术数据见表 3-14。

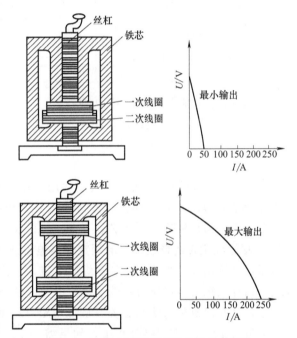

图 3-6　动圈式弧焊变压器的结构示意图

表 3-14　常用动圈式交流弧焊变压器的型号与技术数据

型号	电源电压/V	输入容量/kV·A	额定工作电压/V	空载电压/V	额定焊接电流/A	电流调节范围/A	负载持续率/%
BX-160	380/200	12.9	24.4～26.4	78	160	32～160	20/35
BX-250	380/200	18.4	28～30	78/70	250	50～250	20/35/60
BX-300	380/200	20～24	30～32	78/70	300	60～300	20/35/60
BX-315	380	22.5～25	32.6	75/70	315	60～315	35/60
BX-400	380	28.9～31	36	75/70	400	80～400	35/60
BX-500	380	30～40	40	75/70	500	100～500	35/60
BX-630	380	45～50.5	44	78/70	630	120～630	35/60
BX-800	380	65～69.5	44	75/80	800	150～850	60/100

3. 抽头式弧焊变压器

抽头式弧焊变压器用于小功率的交流焊条电弧焊，它是一种特殊的变压器。这种变压器

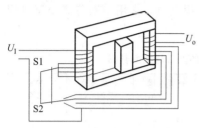

图 3-7　抽头式弧焊变压器示意图

采用有固定漏磁旁路的铁芯，如图 3-7 所示。

抽头式弧焊变压器的特点是结构简单，作为一种简易电源，用于要求不高的焊接场合。焊机一次线圈分两部分，二次线圈的 S1 和 S2 是双刀同轴开关。通过这个开关改变抽头位置，达到不改变电压而调节焊接电流的目的。常用抽头式弧焊变压器的型号与技术数据见表 3-15。

表 3-15　常用抽头式弧焊变压器的型号与技术数据

型号	电源电压/V	输入容量/kV·A	额定工作电压/V	空载电压/V	额定焊接电流/A	电流调节范围/A	负载持续率/%
BX6-125	380/Z00	8～8.7	23	48～55	125	40～125	20
BX6-160	380/200	9～12	24.4	54～65	160	50～160	20
BX6-200	380/200	12～15	26～28	54～60	200	60～200	20/35
BX6-250	380/200	13～18	28～30	50～56	250	70～250	20/35/60
BX6-315	380/200	19～33	32.6	72	315	75～315	20/35/60
BX6-400	380	28	36	72	400	80～400	35/60
BX6-500	380	40	40	76	500	100～500	35/60

（六）焊条电弧焊机的选用原则

1. 根据焊条药皮分类选用焊机

① 当选用酸性焊条焊接低碳钢时，首先应该考虑选用交流弧焊变压器，如 BX1-160、BX1-400、BX2-125、BX2-400、BX3-100、BX6-160、BX6-400 等。

② 当选用低氢钠型焊条时，只能选用直流弧焊机反接法才能进行焊接，可以选用硅整流式弧焊整流器，如 ZXG160、ZXG400 等；三相动圈式弧焊整流器，如 ZX3-160、ZX3-400 等；晶闸管式弧焊整流器，如 ZX5-250、ZX5-400 等。

2. 根据额定负载持续率下的额定焊接电流选用焊机

弧焊电源铭牌上所给出的额定焊接电流，是指在额定负载持续率下允许使用的最大焊接电流。弧焊电源的负荷能力受电子元器件允许的极限温升所制约，而温升既取决于焊接电流的大小，又与焊机负荷状态有关。例如 BX2-125 焊机，在额定负载持续率为 60% 时，额定焊接电流为 125A；在焊接过程中，如果需要 125A 焊接电流，可选用 BX2-160 焊机，其焊接效率将比用 BX2-125 焊机提高近 1 倍，因为 BX2-160 在焊接电流为 125A 时，负载持续率可达 100%。不同负载持续率下电焊机的额定焊接电流值见表 3-16。

表 3-16　不同负载持续率下电焊机的额定焊接电流值

负载持续率/%	100	80	60	40	20
焊接电流/A	116	130	150	183	260
	230	257	300	363	516
	387	434	500	611	868

3. 根据工件厚度和使用焊条的直径选用焊机

焊接工件较厚、使用的焊条直径较粗时，应选择输入容量较大的（功率）电弧焊机；焊接工件较薄、使用的焊条直径较细时，应选择输出容量较小、电流调节范围下限较低的电弧焊机。

4. 根据焊接现场有无外接电源选用焊机

① 当焊接现场用电方便时，可以根据焊件的材质、焊件的重要程度选用交流弧焊机或

各种整流弧焊机。

② 当焊接现场在流动性大的野外时，应考虑选用重量较小的交流弧焊机 BX1-120、BX-120、BX-200、BX5-120、BX6-120，或直流弧焊机 ZX-160、ZX7-200S/ST、ZX7-315S/ST、ZX7-500S/ST 等，或选用越野汽车焊接工程车，如 AXH-200、AXH-400 等。这两种焊机在野外作业很方便，焊机随车行走，特别适合野外长距离架设管道的焊接。

5. 根据焊机的主要功能选用焊机

目前市场上的焊机品种很多，所以，在选用焊接设备时，要注意该焊机的功能及特点。如长期用酸性焊条焊接焊件，则应首选弧焊变压器；如使用低氢钠型焊条焊接焊件，就应准备弧焊发电机或弧焊整流器；当焊件既需用酸性焊条，又需用低氢钠型焊条焊接时，可以配备 ZXE1 系列交、直流两用硅整流式弧焊整流器，能一机两用，既完成了焊接任务，又可以节省焊机购置费用；当需要质量轻、节能型焊机时，应该首选 ZX7 系列焊机。

6. 根据自有资金选用焊机

在相同负载持续率和相同焊接电流值条件下，弧焊变压器的价格最便宜；其次是弧焊整流器，其价格是弧焊变压器的 2 倍；越野汽车焊接工程车是弧焊变压器价格的 14 倍；AXD 直流弧焊发电机价格是弧焊变压器价格的 1～3 倍。

若企业自有资金雄厚，可选购综合性能好的焊机，如直流弧焊机 ZX5-400、ZX5-400B 和 IGBT 逆变弧焊机等；若企业自有资金紧张，可选用 BX 系列、BX3 系列或 ZX 系列焊机。

选用焊机在考虑上述原则时，还应注意与企业的维护能力相适应，且符合工业安全卫生标准的要求。

（七）焊条电弧焊机的正确使用与维护保养

1. 弧焊机的接线和安装

应由专门的电工负责，焊工不得自行操作。焊机应尽可能放在通风良好、干燥、无腐蚀介质、远离高温和粉尘不多的地方。对于弧焊整流器，还要特别注意冷却保护。弧焊机通过电源线、开关与供电网路连接，通过焊接电缆与焊接手把、工件连接时称为外部接线。

① 弧焊机有两排接线柱，一排较细，它与供电网络连接，接线时注意电压数值和相数应与弧焊机铭牌上标注的要求相一致，否则有可能烧损焊机；另一排接线较粗，只有两个接线柱，与焊接电缆连接，直流弧焊机的接线柱有正负两极之分，供使用时选择。

② 正确选择电源线、开关等。电源线应采用耐压为 500V 重型橡胶套电缆，导线单位截面面积的额定输入电流值为 5～10A/mm²，如果是铝芯导线，截面面积应增大 1.6 倍，并略有余量。电源开关有闸刀开关、铁壳开关和自动空气开关，额定电压为 500V，额定电流≥弧焊机额定初级输入电流。熔丝的额定电流应与开关一致。

焊接电缆应采用细铜丝绞成的胶单芯橡胶套电缆，单位截面面积上电流值按 4～10A/mm² 选择。

③ 弧焊机外壳必须牢靠接地，注意不能用接零来代替接地，接地线的截面面积应＞6mm²。

④ 将同一家制造厂生产的相同型号的弧焊机串联使用可得到两倍的空载电压；并联使用可得到两倍的额定焊接电流，但要注意每台焊机的焊接电流应大致相等。此外，直流电流有正、负极之分，外部接线不能搞错。

⑤ 一次电压和接法必须与标牌的规定相符，线的直径要合适。在几台弧焊机同时焊接的情况下，接线时要考虑三相负载的平衡。一次绕组上必须有开关及熔断器。熔丝额定电流要合适，确实能起到防止过载的作用。焊条电弧焊机一次绕组、熔断器和铁壳开关的选用见表 3-17。

2. 弧焊机的操作方法

① 弧焊机的开机顺序：接通电源开关—合上弧焊电源的开关—调节电流或变换极性—

试焊—焊接。

关机顺序：停止焊接—断开弧焊电源的开关—断开电源开关。

表 3-17　焊条电弧焊机一次绕组、熔断器和铁壳开关的选用

焊机类型	电源型号	YHC 型一次绕组规格/根数×mm²	熔断器额定电流/A	铁壳开关额定容量/V·A
弧焊变压器	BX3-300	2×10～2×16	50～60	500×60
	BX1-300	2×10～2×16	60～70	500×60
	BX-500	2×16～2×25	90	500×100
弧焊发电机	AX-320	3×6～3×10	60	500×60
	AX-500	3×10～3×16	100	500×100
弧焊整流器	ZXG-300	4×6～4×10	40	500×60
	ZXG-500	4×14～4×16	60	500×100

② 弧焊发电机的电源开关必须采用磁力启动器，并且必须使用降压启动器；启动电焊机时，电焊钳和焊件不能接触，以防短路。在合、拉电源闸刀开关时，头部不得正对电闸。电焊机不得在输出端短路状态下启动。

③ 在焊接过程中，不能长时间短路，不得超载使用，特别是弧焊整流器在大电流工作时，长时间短路易使硅整流器损坏。调节焊接电流和变换极性连接时，应在空载下进行。焊接电源必须在标牌上规定的电流调节范围内及相应的负载持续率下使用。许多焊条电弧焊机电流调节范围的上限电流都大于额定焊接电流，但应特别注意，只有在负载率小于额定负载持续率时使用才是安全的。使用焊接电流与负载持续率的关系见表 3-16。

④ 露天使用时，要防止灰尘和雨水侵入电焊机内部。搬运电焊机时，特别是弧焊整流器，不应使之受到较剧烈的振动，保持焊接电缆与电焊机接线柱的接触良好。每台电焊机机壳都应有可靠的地线，以确保安全。地线的截面面积，铜线不得小于 6mm²，铝线不得小于 12mm²。

3. 弧焊机的维护保养

（1）焊条电弧焊焊机的安全操作

① 焊机的空载电压应符合有关焊机标准的安全要求。直流弧焊机最高空载电压不得超过 100V，交流弧焊机最高空载电压不得超过 80V。

② 焊机安装应由正式电工担任，一、二次绕组接线要牢固，焊机外壳要牢固接地。交流弧焊机一般是单相的，若多台焊机安装时，应分在三相电网上，尽量使三相平衡。

③ 焊机的电源开关必须独立专用，其容量应大于焊机的容量，当焊机超负荷时，应能自动切断电源，并应设置在便于操作的位置。

④ 焊机的一次输入端裸露接线柱，必须设有防护罩或完好的保护装置。一次电源线的长度一般不超过 2～3m，若在特殊情况下需要较长的电源线，应用立柱或沿墙壁用瓷瓶隔离架设，其高度必须距地面 2.5m 以上，不允许将电源线拖在地面上。

⑤ 焊机必须平稳地安放在通风良好、干燥的地方，避免焊机受到剧烈振动和碰撞，若在室外使用，必须有防雨雪的防护设施。焊机受潮应当用人工的方法进行干燥，受潮严重的必须进行检修。

⑥ 平时要经常观察、检查焊机，发现问题及时处理，每半年进行一次焊机的维护保养。

（2）焊条电弧焊安全防护

① 焊工所用的护目镜片应根据焊接电流的大小和焊工的视力状况合理选择。

② 焊工应穿白色帆布工作服，工作服的口袋应有袋盖，裤长应罩住鞋面。工作服潮湿

时，不允许焊接操作。

③ 焊工手套应选用皮革、棉帆布和皮革合制，其长度不应小于 300mm。

④ 焊工应穿绝缘防护鞋，其橡胶鞋底应经耐压 5000V 的试验合格，在有积水的地面焊接时，应穿耐压 6000V、试验合格的防水绝缘橡胶鞋。

⑤ 焊工使用移动式照明灯的电源线应完好无损，开关无漏电，电压在 36V 以下的灯泡应有金属网罩防护。

（八）焊条电弧焊设备常见故障与维修

1. 直流弧焊机常见故障与维修

直流弧焊发电机常见故障、原因及其排除方法见表 3-18。

表 3-18　直流弧焊发电机常见故障、原因及其排除方法

故障现象	故障原因	排除方法
电动机反转	三相异步电动机与电网接线错误	将三相线火线的任意两线调换
电动机不启动并发出"嗡嗡"声	三相熔丝中某一相烧断；电动机定子线圈断线	更换熔丝；排除断线现象
焊接过程电流忽大忽小	网络电压波动；电缆与焊件接触不良；电流调节器可动部分松动；电刷与整流子接触不好	使电缆与焊件接触良好；固定好电流调节器松动部分；使电刷与整流子接触良好
电刷有火花，使整流子发热	电刷没磨好；电刷盒的弹簧压力弱；电刷在刷盒中跳动或摆动；电刷架歪曲或未拧紧；电刷与整流片边缘不平行；整流子云母片突出；整流子脏污	根据电刷维护方法研磨电刷，换用新电刷时，一次的更换数量不得超过总数的 1/3；调整压力，必要时更换框架；检查电刷在刷夹中的间隙，电刷应能自由移动，电刷与刷夹间隙不超过 0.3mm；检查刷架并固定好；割除突出的云母片，并打磨整流子；校正各组电刷，使其与整流子排成一直线；用略蘸汽油的干净抹布擦净整流子
整流子大部分烧黑	整流子振动；整流子在刷夹中卡住	用百分表检查整流子，如摆动超过 0.03mm，需进行加工；检查刷架并固定好；割除突出的云母片，并打磨整流子；校正各组电刷，使其与整流子排成一直线；用略蘸汽油的干净抹布擦净整流子
电刷下有火花，且个别整流片下有炭迹	整流子分离，即个别整流片突出或凹下	如故障不显著，可用油石研磨，若磨后无效，则需机加工
一组电刷中的个别电刷跳火	电刷与整流子接触不良；在无火花电刷的刷绳间接触不良，引起相邻电刷过载并跳火	仔细观察接触表面并松开接线，认真清除污物；更换不正常的电刷
发电机不发电	整流子不干净；激磁电路断线；自激式发电机已去磁	擦拭整流子；检查激磁回路的各连接处；充磁
电机运转中断	负荷超过允许值；整流子过热、污垢多或电刷压力较大，整流子表面不平，导致换向不良	降低电机负荷；擦拭、研磨整流子；换向不良应找出原因并排除；电刷压力不应人为增加；机组经常擦拭并用压缩空气吹净
发电机电枢强烈发热	长时间超负荷工作；电枢绕组短路；整流子短路	停止工作；擦拭整流子并排除短路
导线接触处过热	接线处电阻过大或接线处螺母过松	清理接线处表面，拧紧螺母

2. 弧焊变压器常见故障与维修

弧焊变压器也称交流弧焊机，其构造简单，发生故障的可能性非常少，其常见故障、产生原因及排除方法见表 3-19。

表 3-19　弧焊变压器的常见故障、产生原因及排除方法

常见故障	产生原因	排除方法
焊机外壳带电	①焊机没有接地或接触不良 ②一次、二次绕组与机壳相碰而产生漏电 ③电源线或焊接电缆线与机壳相碰	①检查接地情况并保证接地良好 ②检查绕组与机壳有无接触并消除接触 ③检查各接线,消除接线与机壳的接触
空载电压低、引不起弧	①电源网路电压不足 ②焊接电缆接头接触不良产生阻抗	①调整电源电压达到要求 ②检查接头,紧固接头
输入电路的熔丝熔断	①输入电源线的接头相碰或与机壳相碰发生短路 ②输入电源线裸露处与外部金属相碰发生短路	①检查输入线路,消除接头相碰发生的短路 ②检查输入线路的绝缘,消除裸露现象
焊机过热	①焊机过载使用 ②焊机一次、二次绕组发生短路 ③活动铁芯紧固件绝缘损坏	①按规定使用 ②检查绕组,做好绝缘,消除短路 ③更换紧固件的外部绝缘
焊机发出较大的"嗡嗡"声	①焊机机械调节机构松动,产生振动 ②一次、二次绕组发生短路而产生振动 ③铁芯振动声	①消除调节机构松动的现象 ②找出短路点,做好绝缘处理,消除短路 ③夹紧铁芯片,消除松动现象

3. 弧焊整流器常见故障分析和维修

弧焊整流器的主变压器及电抗器等部件也是由铁芯、导线绕组等构成,其发生故障的特征与弧焊变压器大致相同,可参照表 3-19 弧焊变压器的常见故障处理方法。对于弧焊整流器的整流器及控制部分,应按具体特点正确使用和维修。其常见故障、产生原因及排除方法见表 3-20。

表 3-20　弧焊整流器的常见故障、产生原因及排除方法

常见故障	产生原因	排除方法
机壳带电	①焊机没有接地或接地线接触不良 ②电源线及其连接处与机壳相碰 ③主变压器、电抗器、整流器及控制线路与机壳相碰	①做好接地保护 ②检查接线处,消除与机壳接触现象 ③检查各部件及其连接线路,消除与机壳接触现象
焊机输出电压低、引不起弧	①输入的电源电压过低 ②焊机的磁力启动器接触不良,产生压降 ③电源线与电源线的连接处接触不良	①电源电压调节到规定值 ②检查磁力启动器,使各触点良好接触 ③检查接头处,使其良好接触
冷却风机故障	①风机开关接触不良 ②风扇电动机线圈短路 ③风扇熔丝熔断	①调整好开关或更换开关 ②检查风扇电动机,修复线圈 ③更换熔丝
焊接电流不稳	①主回路交流接触器抖动,接触不良 ②控制回路接触不良,影响控制回路导通	①检查交流接触器,消除抖动 ②检查控制回路,消除故障点
焊接电流调控失效	①控制回路发生短路 ②控制元件被击穿失效 ③控制线圈匝间短路	①检查控制回路,消除短路 ②检查控制元件,更换失效元件 ③检查短路点,消除短路
焊接电压突然下降	①整流元件被击穿失效 ②控制回路发生断路失效 ③主回路发生短路	①检查整流元件,更换击穿失效元件 ②检查断路点,处理复原 ③检查主回路各部分,消除短路

4. ZX7 系列晶闸管逆变弧焊整流器常见故障及排除

ZX7 系列晶闸管逆变弧焊整流器常见故障、原因及排除方法见表 3-21。

二、焊条电弧焊的常用工具

焊条电弧焊常用工具包括电焊钳、焊接电缆、护目镜、焊接面罩、焊条保温筒、焊条烘干箱等。

表 3-21　**ZX7 系列晶闸管逆变弧焊整流器常见故障、原因及排除方法**

故障现象	故障原因	排除方法
开机后指示灯不亮,风机不转	电源缺相;自动空气开关 S1 损坏;指示灯接触不良或损坏	解决电源缺相;更换自动空气开关 S1;清理指示灯接触面或更换指示灯
开机后电源指示灯不亮,电压表指示 70～80V,风机和焊机工作正常	电源指示灯接触不良或损坏	清理指示灯接触面;更换损坏的指示灯
开机后焊机无空载电压输出	电压表损坏;快速晶闸管损坏;控制电路板损坏	更换电压表;更换损坏的晶闸管;更换损坏的控制电路板
开机后焊机能工作,但焊接电流偏小,电压表指示不为 70～80V	三相电源缺相;换向电容可能有个别的损坏;控制电路板损坏;三相整流桥损坏;焊钳电缆截面面积太小	恢复缺相电源;更换损坏的换向电容;更换损坏的控制电路板;更换损坏的三相整流桥;更换大截面面积电缆线
焊机电源一接通,自动空气开关就立即断电	快速晶闸管有损坏;快速整流管有损坏;控制电路板有损坏;电解电容个别的有损坏;过压保护板损坏;压敏电阻有损坏;三相整流桥有损坏	更换快速晶闸管;更换损坏的快速整流管;更换损坏的控制电路板;更换损坏的电解电容;更换过压保护板;更换损坏的压敏电阻;更换损坏的三相整流桥
控制失灵	遥控插头座接触不良;遥控电线内部断线或调节电位器损坏;遥控开关没放在遥控位置上	对插座进行清洁处理,使之接触良好;更换导线或更换电位器;将遥控选择开关置于遥控位置上
焊接过程中出现连续断弧现象	输出电流偏小;输出极性接反;焊条牌号选择不对;电抗器有匝间短路或绝缘不良的现象	增大输出电流;改变焊机输出极性;更换焊条;检查及维修电抗器匝间短路或绝缘不良的现象

1. 电焊钳

电焊钳的作用是夹持焊条并导电,型号有 160A 型、300A 型和 500A 型等。常用电焊钳的型号及技术参数见表 3-22。

表 3-22　**常用电焊钳的型号及技术参数**

型号	160A 型		300A 型		500A 型	
额定焊接电流/A	160		300		500	
负载持续率/%	60	35	60	35	60	30
焊接电流/A	160	220	300	400	500	560
适用焊条直径/mm	1.6～4		2～5		3.2～8	
连接电缆截面面积/mm²	25～35		35～50		70～95	
手柄温度/℃	≤40		≤40		≤40	
外形尺寸(长×宽×高)/mm×mm×mm	220×70×30		235×80×36		258×86×38	
质量/kg	0.24		0.34		0.40	

注:小于最小截面面积时,必须用导电良好的材料填充到最小截面面积内。

目前市场上有一种获国家专利的不烫手焊钳,能安全通过的最大电流可达 500A。在焊接过程中,手柄温度较低(≤11℃),主要性能超过了国际标准,不烫手电焊钳的型号及特点见表 3-23。

表 3-23　**不烫手电焊钳的型号及特点**

型号	专利号	特点
QY-91(超轻)型	发明专利号:891072055	焊接电缆线可以从手柄腔内引出,也可以从手柄前的旁通腔内引出,使手柄内无高温电缆线,减少热源 90%,从而达到不烫手的目的,不影响传统使用习惯
QY-93(加长)型	实用新型专利号:9112299363	焊接电缆线紧固接头延伸在手柄尾端后的护套内,采用特殊的结构使手柄内热辐射减少 80%,从而达到不烫手的目的,安装电缆线极为省事
QY95(三叉)型	申请专利号:9324260DX	焊钳为 3 根圆棒形式,设有防电弧辐射热护罩;维修方便,焊钳头部细长,适合各种环境焊接,手柄升温低而不烫手

2. 护目镜和焊接面罩

(1) 护目镜

焊接面罩上观察焊缝熔池的窗口处装有护目镜片。选择护目镜亮度色号可根据所使用的焊接电流大小，一般不宜太亮，以能清楚分辨熔池的铁水和熔渣为宜。焊工护目镜片的选用可参照表 3-24。

表 3-24　焊工护目镜片的选用

工种	护目镜片色号			镜片尺寸 (长×宽×高)/mm×mm×mm
	适用电流/A			
	30~80	80~200	≥200	
电焊工	6~7	8~10	11~12	25×505×10
碳弧气刨工	—	10~12	12~14	2×50×107
辅助焊工	3~4			

(2) 焊接面罩

焊接面罩是防止焊接过程中由于电弧飞溅，以及弧光辐射线，对焊工面部和颈部损伤的遮蔽工具，焊接面罩有手持式和头盔式两种。

① GSZ 光控电焊面罩　GSZ 光控电焊面罩正逐渐取代老式面罩。主要特点是能有效防止电光性眼炎；可瞬时自动调光、遮光；防红外线、防紫外线；能彻底解决盲焊，省时省力，节能高效。GSZ 光控电焊面罩的技术参数见表 3-25。

表 3-25　GSZ 光控电焊面罩的技术参数

观察窗口尺寸/mm×mm		90×40
滤光玻璃(护目镜片)安装尺寸/mm×mm		96×48
自动调光遮光时间/s		0.012
亮态遮光号(可见光透光率)/%		4
紫外线透过尺寸 210~365nm		<0.0002%
红外线透过尺寸	780~1300 nm	<0.002%
	1300~2000 nm	<0.002%
暗态遮光号		6、11、14
自动变态响应时间/s		<0.03
电源电压/V		3
面罩壳燃烧速度/(mm/min)		<50
工作温度/℃		-5~50
相对湿度/%		≤90
面罩质量/g		500

② 光控全塑电焊面罩　光控全塑电焊面罩系列产品的技术参数见表 3-26。

表 3-26　光控全塑电焊面罩系列产品的技术参数

型号	名称	技术参数	质量
GSZ-A11	光控手持式电焊面罩	适用 200A 以下焊接电流 遮光号 11 响应时间<30s	460g
GSZ-A14	光控手持式电焊面罩	适用 200~400A 焊接电流 遮光号 14 响应时间<30s	490g
GSZ-B11	光控头盔式电焊面罩	适用逆变弧焊机、氩弧焊机 遮光号 7~11 响应时间<15s	570g

续表

型号	名称	技术参数	质量
GSZ-B14	光控头盔式电焊面罩	适用 400A 以下焊接电流 遮光号 11～14 响应时间＜15s	600g
GSZ-C11	光控头盔式防护面罩	适用等离子弧切割用 遮光号 7～11 响应时间＜15s	570g
BHP-A	特种外保护片	108mm×50mm 配 SZ-A、GSZ-A 及其他面罩，耐磨不粘焊渣，使用寿命 500h，比普通外保护片延长使用寿命 10～20 倍	
BHP-B	特种外保护片	118mm×65mm 配 SZ-B 或 GSZ-B 面罩，不粘焊渣，使用寿命 500h，比普通外保护片延长使用寿命 10～20 倍	

3. 焊接电缆

焊接用电缆是多股细铜线电缆，一般有 YHH 型电焊用橡胶套电缆和 YHHR 型电焊用橡胶套特软电缆两种。选用电缆应按所选取的焊接电流值，电缆长度以 20～30m 为宜。焊接用电缆技术参数见表 3-27。

表 3-27 焊接用电缆技术参数

电缆型号	标称截面面积 /mm²	线芯直径 /mm	电缆外径 /mm	电缆质量 /（kg/km）	额定电流 /A
YHH 型电焊用橡胶套电缆	16	6.23	11.5	282	120
	25	7.50	12.6	397	150
	35	9.23	15.5	557	200
	50	10.50	17.0	737	300
	70	12.95	20.6	990	450
	95	14.70	22.8	1339	600
	120	17.15	25.6	—	—
	150	18.90	27.3	—	—
YHHR 型电焊用橡胶套特软电缆	6	3.96	8.5	—	35
	10	34.89	9.0	—	60
	16	6.15	10.8	282	100
	25	8.00	13.0	397	150
	35	9.00	14.5	557	200
	50	10.60	16.0	737	300
	70	12.95	20.0	990	450
	95	14.70	22.0	1339	600

4. 焊条保温筒

焊条保温筒的作用是保存焊工施焊使用的焊条，并能给其加热保温的工具。其中加热器电源是利用弧焊机的二次电压，并可以控制升温。焊条保温筒使用方便，便于携带，焊接作业时低氢焊条更需配备保温筒。常用焊条保温筒型号及技术参数见表 3-28。

表 3-28 常用焊条保温筒型号及技术参数

型号	形式	质量/kg	温度/℃
TRG-5	立式	5	
TRG-5W	卧式	5	200
TRG-2.5	立式	2.5	

续表

型号	形式	质量/kg	温度/℃
TRG-2.5B	背包式	2.5	
TRG-2.5C	顶出式	2.5	200
W-3	立卧两用	5	
PR-1	立式	5	300

5. 焊条烘干箱

ZYH 远红外系列焊条烘干箱采用自动报警、定时报警装置。它的控制精度高、操作方便、热效率高、加热均匀。ZYH 远红外系列焊条烘干箱的型号及技术参数见表 3-29。

表 3-29　ZYH 远红外系列焊条烘干箱的型号及技术参数

产品型号	额定功率/kW	可装焊条质量/kg	焊条长度/mm	最高温度/℃
ZYH-100	7.8	100	400	500
ZYH-60	3.6	60	400	500
ZYH-30	2.8	30	400	500

6. 其他辅助工具

① 电缆快速接头用于电缆与电缆、电缆与弧焊电源的连接，电缆快速接头、快速连接器的型号及技术参数见表 3-30。

表 3-30　电缆快速接头、快速连接器的型号及技术参数

快速接头			快速连接器		
型号	额定电流/A ≤	备　注	型号	额定电流/A ≤	备　注
DKJ-16	160		DKL-16	160	
DKJ-35	250		DKL-25	250	
DKJ-50	315	该产品由插头、插座两部分组成,能快速地将电缆连接在弧焊电源的两端	DKL-50	315	能快速地将两根电缆线连接在一起
DKJ-70	400		DKL-70	400	
DKJ-95	630		DKL-95	630	
DKJ-120	800		DKL-120	800	

② 焊接常用装配夹具。装配夹具包括夹紧工具，如弓状楔形夹、螺旋弓形夹、带拉板楔条夹等；压紧夹具，如杠杆压紧工具、固定螺旋栓压板、楔条压紧工具；拉紧工具，如螺旋拉紧工具、杠杆螺旋拉紧器；撑具，如螺旋撑具、千斤顶等。

③ 清洁工具和焊缝修整工具。a. 手动工具，如錾子、钢丝刷、锉刀、锯条、手锤等。锅炉压力容器焊工还需有焊工代号钢字码。b. 气动工具，如气动刮铲、长柄气动打渣机、气动针刺打渣机、轻便气动钢刷机、气动角向砂轮机等。

三、焊条电弧焊的常用量具

1. 电流表

电流表是用来测量电流大小的仪表。根据测量电流的种类，可分为直流电流表和交流电流表，如图 3-8 所示。

使用电流表应注意的事项如下。

① 根据被测电流的大小以及是交流还是直流选择所需电流表的规格和量程。在任何情况下，所用电流表的最大量程不能小于电路中的最大电流。

② 测量前，应校准电流表的"0"点。如果测量前表针不指在"0"位置，可以转动调

(a) 直流电流表　　　　　　　　(b) 交流电流表

图 3-8　电流表

整旋钮进行调整。否则，测量的数值不准确。

③ 不论是交流电流表还是直流电流表，都必须与负载串联使用。使用直流电流表时，必须让电流从标有"＋"号的接线柱流进，从标有"－"号的接线柱流出，交流电流表则无此限制。

2. 电压表

电压表是用来测量电压大小的仪表。根据测量电压的种类，可分为直流电压表和交流电压表，如图 3-9 所示。

使用电压表应注意的事项如下。

① 根据被测电压的高低以及是交流还是直流选择所需电压表的规格和量程。在任何情况下，所用电压表的最大量程不能小于电路中的最高电压。

② 测量前，应校准电压表的"0"点。如果不在"0"点，可以转动调整旋钮进行调整。否则，测量的数值不准确。

③ 不论是交流电压表还是直流电压表，都必须与负载并联使用。使用直流电压表时，表上的"＋"号和"－"号接线柱，要分别与电路的高、低电位端相接，交流电压表则无此限制。

3. 万用表

万用表是维修电气设备常用的携带式仪表，如图 3-10 所示。由于它可以测量电阻、交流电压、直流电压和较小的直流电流，而且每一个测量项目又都有几个量程，所以称为万用表。

(a) 直流电压表　　　　　　　　(b) 交流电压表

图 3-9　电压表

图 3-10　万用表

技能技巧：

使用万用表应在平时测量中养成正确的测量习惯，每当表笔接触被测线路前，应对表再做一次全面检查，看一看各部分的位置是否有误。使用后，必须将转换开关旋到交流电压最高量程挡，以免下次使用时因误操作而损坏万用表。

第三节 | 焊条电弧焊工艺

一、焊接工艺参数的选择

1. 电源种类及极性

焊接电源种类的选择主要根据焊条药皮类型，低氢钠型焊条采用直流反接；低氢钾型焊条和酸性焊条直流、交流均可采用，一般可用交流。

极性是指直流焊机输出端正、负极的接法。焊件接正极，焊钳、焊条接负极称为正接；焊件接负极，焊钳、焊条接正极称为反接。

焊条电弧焊要求采用陡降外特性的直流或交流电源。电弧类型对电弧的稳定性、电弧偏吹（磁偏）和噪声的影响见表3-31。碱性焊条一般采用直流反接；酸性焊条交流和直流正、反接均可，在用直流焊机焊接时，焊厚板用正接，焊薄板用反接。直流弧焊机正接和反接如图3-11所示，低氢钠型和低氢钾型焊条用反接。

表3-31 电弧类型对电弧的稳定性、电弧偏吹（磁偏）和噪声的影响

焊机类型	弧焊发电机	弧焊整流器	弧焊变压器
电源种类	直流	直流	交流
电弧稳定性	好	好	较差
电弧偏吹	较大	较大	很小
噪声	很小	很小	较小

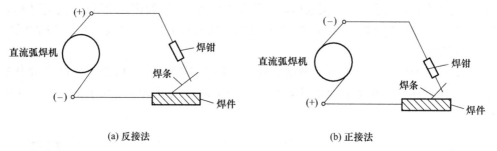

(a) 反接法　　　　　　　(b) 正接法

图3-11 直流弧焊机正接和反接

2. 焊接规范的选择

（1）常用的焊条电弧焊焊接参数

常用的焊条电弧焊焊接参数见表3-32。

表3-32 常用的焊条电弧焊焊接参数

焊缝空间位置	焊缝断面形式	焊件厚度或焊脚尺寸/mm	第一层焊缝		其他各层焊缝		封底焊缝	
			焊条直径/mm	焊接电流/A	焊条直径/mm	焊接电流/A	焊条直径/mm	焊接电流/A
平对接焊		2	2	55~60	—	—	2	55~60
		2.5~3.5	3.2	90~120	—	—	3.2	90~120
		3.2	3.2	100~130	—	—	3.2	100~130
		4~5	4	160~200	—	—	4	160~210
			5	200~260	—	—	5	220~250

续表

焊缝空间位置	焊缝断面形式	焊件厚度或焊脚尺寸/mm	第一层焊缝 焊条直径/mm	第一层焊缝 焊接电流/A	其他各层焊缝 焊条直径/mm	其他各层焊缝 焊接电流/A	封底焊缝 焊条直径/mm	封底焊缝 焊接电流/A
平对接焊		5~6	4	160~210	—	—	3.2	100~130
							4	180~210
		≥8	4	160~210	4	160~210	4	180~210
					5	220~280	5	220~260
		≥12	4	160~210	4	160~210	—	—
					5	220~280	—	—
立对接焊		2	2	50~55	—	—	2	50~55
		2.5~4	3.2	80~110			3.2	80~110
		5~6	3.2	90~120	—	—	3.2	90~120
		7~10	3.2	90~120	4	120~160	3.2	90~120
			4	120~160			3.2	90~120
		≥11	3.2	90~120	4	120~160	3.2	90~120
			4	120~160	5	160~200		
		12~18	3.2	90~120	4	120~160	—	—
			4	120~160				
		≥19	3.2	90~120	4	120~160	—	—
			4	120~160	5	160~200		
横对接焊		2	2	50~55	—	—	2	50~55
		2.5	3.2	80~110	—	—	3.2	80~110
		3~4	3.2	90~120	—	—	3.2	90~120
			4	120~160	—	—	4	120~160
		5~8	3.2	90~120	3.2	90~120	3.2	90~120
					4	140~160	4	120~160
		≥9	3.2	90~120	4	140~160	3.2	90~120
			4	140~160			4	120~160
		14~18	3.2	90~120	4	140~160	—	—
			4	140~160				
		≥19	4	140~160	4	140~160	—	—
仰对接焊		2	—	—	—	—	2	50~65
		2.5	—	—	—	—	3.2	80~110
		3~5	—	—	—	—	3.2	90~110
							4	120~160
		5~8	3.2	90~120	3.2	90~120	—	—
					4	140~160		
		≥9	3.2	90~120	4	140~160	—	—
			4	140~160				
		12~18	3.2	90~120	4	140~160	—	—
			4	140~160				
		≥19	4	140~160	4	140~160	—	—
平角接焊		2	2	55~65	—	—	—	—
		3	3.2	100~120	—	—	—	—
		4	3.2	100~120	—	—	—	—
			4	160~200	—	—	—	—
		5~6	4	160~200	—	—	—	—
			5	220~280	—	—	—	—
		≥7	4	160~200	5	220~230	—	—
			5	220~280	5	220~230	—	—

焊缝空间位置	焊缝断面形式	焊件厚度或焊脚尺寸/mm	第一层焊缝		其他各层焊缝		封底焊缝	
			焊条直径/mm	焊接电流/A	焊条直径/mm	焊接电流/A	焊条直径/mm	焊接电流/A
平角接焊		—	4	160~200	4	160~200	4	160~220
					5	220~280		
立角接焊		2	2	50~60	—	—	—	—
		3~4	3.2	90~120	—	—	—	—
		5~8	3.2	90~120	—	—	—	—
			4	120~160				
		9~12	3.2	90~120	4	120~160	—	—
			4	120~160				
		—	3.2	90~120	4	120~160	3.2	90~120
			4	120~160				
仰角接焊		2	2	50~60	—	—	—	—
		3~4	3.2	90~120	—	—	—	—
		5~6	4	120~160	—	—	—	—
		≥7	4	140~160	4	140~160	—	—
		—	3.2	90~120	4	140~160	3.2	90~120
			4	140~160			4	140~160

（2）焊接电弧电压的选择

电弧电压主要由电弧长度决定。一般电弧长度为焊条直径 1/2～1 倍，相应的电弧电压为 16～25V。碱性焊条弧长应为焊条直径的 1/2，酸性焊条的弧长应等于焊条直径。

（3）焊条直径的选择

焊条直径的选择见表 3-33。

表 3-33　焊条直径的选择

选择种类	参数说明
按焊件厚度选择	开坡口多层焊的第一层和非平焊位置焊缝焊接，应该采用比平焊缝小的焊条直径。焊条直径与焊件厚度的关系见下表

焊条直径与焊件厚度的关系　　　　mm

焊件厚度	≤1.5	2	3	4~5	6~12	>13
焊条直径	1.5	2	3.2	3.2~4	4~5	4~6

选择种类	参数说明
按焊接位置选择	为了在焊接过程中获得较大的熔池，减少熔化金属下淌，在焊件厚度相同的条件下，平焊位置所用的焊条直径，比其他焊接位置要大一些；立焊位置所用的焊条直径≤5mm；横焊及仰焊时，所用的焊条直径≤4mm
按焊接层次选择	多层多道焊缝进行焊接时，如果第一层焊道选用的焊条直径过大，焊接坡口角度、根部间隙过小，焊条不能深入坡口根部，导致产生未焊透缺陷。所以，多层焊道的第一层焊道应采用的焊条直径为 2.5～3.2mm，以后各层焊道可根据焊件厚度选用较大直径焊条焊接

（4）焊接电流数值的选择

焊接电流数值的选择见表 3-34。

表 3-34　焊接电流数值的选择

选择种类	参数说明
按焊条直径选择	①查表法。各种直径焊条适用的焊接电流参考值见下表。

各种直径焊条适用的焊接电流参考值

焊条直径/mm	1.6	2.0	2.5	3.2	4.0	5.0	5.8
焊接电流/A	25~40	40~65	50~80	100~130	160~210	200~270	260~300

续表

选择种类	参 数 说 明
按焊条直径选择	②计算法。用经验公式计算 $$I = (30 \sim 50)d$$ 式中　I——焊接电流，A； 　　　d——焊条直径，mm
按焊接位置选择	平焊时，可选择较大的电流进行焊接。横焊、立焊、仰焊时，焊接电流应比平焊位置小10%～20%
按焊缝层数选择	打底焊道，特别是单面焊双面成形焊道应选择较小的焊接电流，填充焊道可使用较大的焊接电流，盖面焊道使用的电流要稍小些。判断选择的电流是否合适有以下几种方法 ①看飞溅。电流过大时，有较大颗粒的钢水向熔池外飞溅，爆裂声大；电流过小时，熔渣和钢水不易分清 ②看焊缝成形。电流过大时，熔深大，焊缝下陷，焊缝两侧易咬边；电流过小时，焊缝窄而高，两侧与母材熔合不良 ③看焊条熔化状况。电流过大时，焊条熔化很快，并会过早发红；电流过小时，电弧不稳定，焊条易粘在焊件上

（5）焊接速度的选择

焊接速度是指焊条在焊缝轴线方面的移动速度，它影响焊缝成形、焊缝区的金相组织和生产率。焊速的大小应根据焊缝所需的线能量 E（J/cm）、焊接电流 I（A）与电弧电压 U（V）综合考虑确定。焊接速度 v(cm/min) 与 E、I、U 的关系为

$$v = \frac{IU}{E} \times 60 \quad (\text{cm/min}) \tag{3-2}$$

6mm 厚的钢板平对焊，选用焊条直径 4mm、焊接电流 160～170A、电弧电压 20～24V，根据板厚及工件结构形式，线能量取 13714～15300J/cm 时，焊接速度应为 14～16cm/min。

焊接速度和电弧电压对焊条电弧焊一般不做具体硬性数值规定，焊工可以根据焊缝成形等因素较灵活地掌握。原则是保证焊缝具有所要求的外形尺寸，保证熔合良好。焊接那些对焊接线能量有严格要求的材料时，焊接速度按工艺文件规定掌握。在焊接过程中，焊工应随时调整焊接速度，以保证焊缝的高低和宽窄的一致性。如果焊接速度太慢，则焊缝会过高或过窄，外形不整齐，焊接薄板时甚至会烧穿；如果焊接速度太快，焊缝较窄，则会发生未焊透的缺陷。

（6）焊接层数的选择

焊接层数的确定原则是保证焊缝金属有足够的塑性。在保证焊接质量的前提下，采用大直径焊条和大电流焊接，以提高劳动生产率。在进行多层多道焊接时，对低碳钢和16Mn等普通低合金钢，焊接层数对接头质量影响不大，但如果层数过少，每层焊缝厚度过大时，对焊缝金属的塑性有一定的影响。对于其他钢种，都应采用多层多道焊，一般每层焊缝的厚度≤5mm。多层焊和多层多道焊如图 3-12 所示。

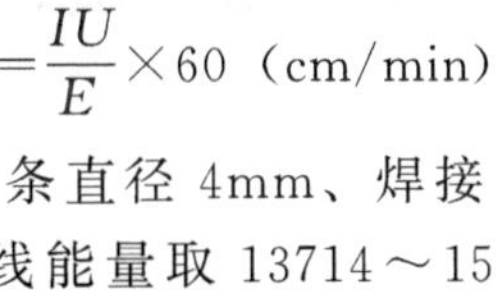

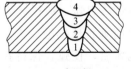

(a) 多层焊 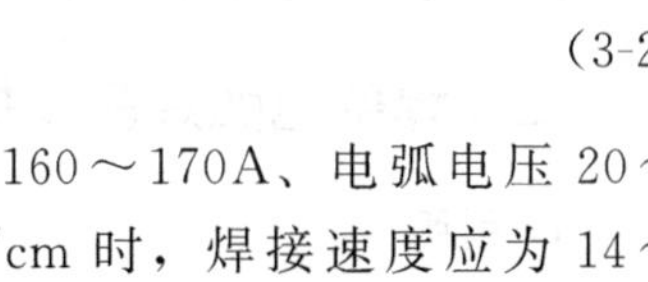　　　　(b) 多层多道焊

图 3-12　多层焊和多层多道焊

（7）焊接热输入的选择

焊接热输入又称为焊接线能量，是指熔焊时由焊接能源输给单位长度焊缝的热能。当焊接电流、电弧电压、焊接速度选定以后，焊接热输入就已被确定，其相互之间的关系为

$$q = \frac{IU}{v}\eta \tag{3-3}$$

式中 q——单位长度焊缝的热输入，J/mm；

I——焊接电流，A；

U——电弧电压，V；

v——焊接速度，mm/s；

η——热效率。

焊条电弧焊时，$\eta=0.7\sim0.8$；埋弧焊时，$\eta=0.8\sim0.95$；TIG 时，$\eta=0.5$。

例如：焊接 Q345（16Mn）钢时，要求焊接时热输入不超过 28kJ/cm，如果选用焊接电流为 180A，电弧电压为 28V 时，试计算焊接速度是多少？

已知：$I=180A$，$q=2800J/mm$，$U=28V$，取 $\eta=0.7$。

解 $q=\dfrac{IU}{v}\eta=\dfrac{180\times28\times0.7}{2800}=1.26$（mm/s）

应选用的焊接速度为 1.26mm/s。

热输入对低碳钢焊接接头性能影响不大，因此，对低碳钢的焊条电弧焊，一般不规定热输入。对于低合金钢和不锈钢而言，热输入太大时，焊接接头的性能将受到影响；热输入太小时，有的钢种在焊接过程中会出现裂纹缺陷，因此，对这些钢种焊接工艺规定热输入量。

二、焊条电弧焊基本操作

1. 引弧

焊条电弧焊时的电弧引燃有划擦法和直击法两种方法，如图 3-13 所示。划擦法便于初学者掌握，但容易损坏焊件表面，当位置狭窄或焊件表面不允许损伤时，就要采用直击法。直击法必须熟练地掌握好焊条离开焊件的速度和距离。

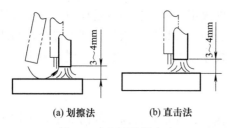

(a) 划擦法　　**(b) 直击法**

图 3-13   电弧引燃方法

划擦法是将焊条在焊件上划动一下（划擦长度约 20mm）即可引燃电弧。当电弧引燃后，立即使焊条末端与焊件表面的距离保持在 3～4mm，以后使弧长保持在与所用焊条直径相适应的范围内就能保持电弧稳定燃烧，如图 3-13（a）所示。使用碱性焊条时，一般使用划擦法，而且引弧点应选在焊缝起点 8～10mm 的焊缝上，待电弧引燃后，再引向焊缝起点进行施焊。用划擦法由于再次熔化引弧点，可将已产生的气孔消除。如果用直击法引弧，则容易产生气孔。

直击法是将焊条末端与焊件表面垂直地接触一下，然后迅速把焊条提起 3～4mm，产生电弧后，使弧长保持在稳定燃烧范围内［图 3-13（b）所示］。在引弧时，如果发生焊条粘住焊件的现象，不要慌张，只要将焊条左右摆动几下，就可以脱离焊件。如果焊条还不能脱离焊件，就应立即使焊钳脱离焊条，待焊条冷却后，用手将焊条扳掉。

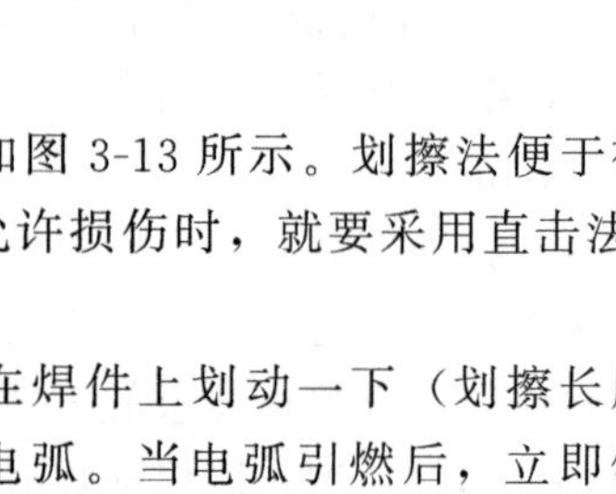

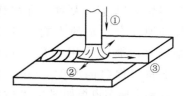

图 3-14   焊条的 3 个基本运动方向
①—朝熔池方向逐渐送进；
②—沿焊接方向逐渐移动；
③—做横向摆动

2. 运条

电弧引燃后，焊条要有 3 个基本方向的运动，才能使焊缝成形良好。这 3 个方向的运动是：朝熔池方向逐渐送进，沿焊接方向逐渐移动，做横向摆动，如图 3-14 所示。

焊条朝熔池方向逐渐送进，主要是为了维持所要求的电弧长度。因此，焊条的送进速度应该与焊条熔化速度相适应；焊条沿焊接方向逐渐移动，主要是使熔池金属形成焊缝。焊条的移动速度，对焊缝质量影响很大。若移动速度太慢，则熔化金属堆积过多，加大了焊缝的断面，并且使焊件加热温度过高，使焊缝组织发生变化，薄件则容易烧穿；移动速度太快，则电弧来不及熔化足够的焊条和基本金属，造成焊缝断面太小以及形成未焊透等缺陷。所以，焊条沿着焊接方向移动的速度，应根据电流大小、焊条直径、焊件厚度、装配间隙及坡口形式等来选取。

焊条横向摆动主要是为了获得一定宽度的焊缝，其摆动范围与所要求的焊缝宽度、焊条直径有关。摆动范围越大，所得焊缝越宽、运条方法应根据接头形式、间隙、焊缝位置、焊条直径与性能、焊接电流强度及焊工技术水平等确定，常用的运条方法有直线形运条法、锯齿形运条法、月牙形运条法、三角形运条法、圆圈形运条法、"8"字形运条法等，具体见表 3-35。

表 3-35　运条方法及应用

名称		图示	特点及应用
直线形运条法	普通直线运条		焊接时要保持一定弧长，并沿焊接方向做不摆动的直线前进 由于焊条不做横向摆动，电弧较稳定，所以能获得较大的熔深，但焊缝的宽度较窄，一般不超过焊条直径的 1.5 倍。此法仅用于板厚 3～5mm 的不开坡口的对接平焊，多层焊的第一层焊道或多层多道焊
	往复运条	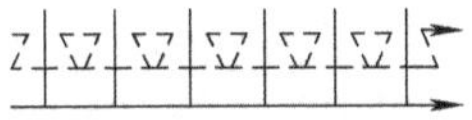	焊条末端沿焊缝的纵向做来回直线形摆动 焊接速度快，焊缝窄、散热快。此法适用于薄板和接头间隙较大的多层焊的第一层焊道
	小波浪运条		适用于焊接填补薄板焊缝和不加宽的焊缝
锯齿形运条法			焊条末端做锯齿形连续摆动及向前移动，并在两边稍停片刻，以获得较好的焊缝成形 操作容易，所以在生产中应用较广，大多数用于较厚钢板的焊接。其适用范围有平焊、仰焊、立焊的对接接头和立焊的角接接头
月牙形运条法		 (a) 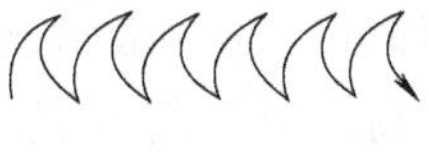 (b)	使焊条末端沿着焊接方向做月牙形的左右摆动，摆动速度要根据焊缝的位置、接头形式、焊缝宽度和电流强度来决定。同时，还要注意在两边做片刻停留，使焊缝边缘有足够的熔深，并防止产生咬边现象 图(a)：余高较高，金属熔化良好，有较长的保温时间，易使气体析出和熔渣浮到焊缝表面上来，对提高焊缝质量有好处，适用于平焊、立焊和焊缝的加强焊 图(b)：余高较高，金属熔化良好，有较长的保温时间，易使气体析出和熔渣浮到焊缝表面上来，对提高焊缝质量有好处，主要在仰焊等情况下使用
三角形运条法	斜三角形	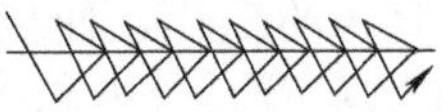	焊条末端做连续的三角形运动，并不断向前移动。能够借焊条的摇动来控制熔化金属，促使焊缝成形良好，适用于平、仰位置的 T 字接头的焊缝和有坡口的横焊缝
	正三角形	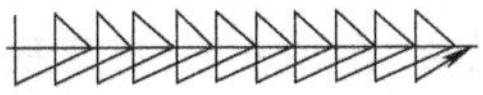	焊条末端做连续的三角形运动，并不断向前移动。一次能焊出较厚的焊缝断面，焊缝不易产生夹渣等缺陷，有利于提高生产效率，只适用于开坡口的对接接头和 T 字接头焊缝的立焊

名称		图示	特点及应用
圆圈形运条法	正圆圈	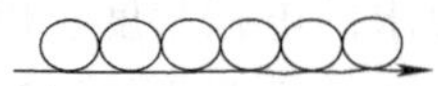	焊条末端连续做圆圈形运动,并不断前移。熔池存在时间长,熔池金属温度高,有利于溶解在熔池中的氧、氮等气体析出和便于熔渣上浮。只适用于焊接较厚焊件的平焊缝
	斜圆圈	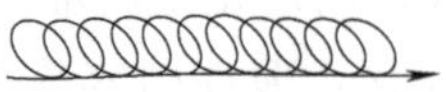	焊条末端连续做圆圈形运动,并不断前移。有利于控制熔化金属不受重力的影响而产生下淌,适用于平、仰位置的T字接头的焊缝和对接接头的横焊缝
	椭圆圈	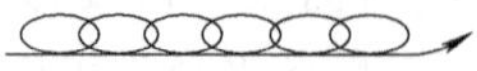	焊条末端连续做圆圈形运动,并不断前移。适用于对接、角接焊缝的多层加强焊
	半圆圈		焊条末端连续做圆圈形运动,并不断前移。适用于平焊和横焊位置
"8"字形运条法	单"8"字形	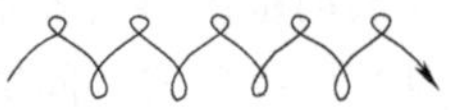	焊条末端连续做"8"字形运动,并不断前移。适用于厚板有坡口的对接焊缝。如焊两个厚度不同的焊件时,焊条应在厚度大的一侧多停留一会儿,以保证加热均匀,并充分熔化,使焊缝成形良好
	双"8"字形	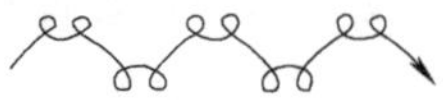	

　　焊条电弧焊时,焊缝表面成形的好坏、焊接生产效率的高低、各种焊接缺陷的产生等,都与焊接运条的手法、焊条的角度和动作有着密切的关系,焊条电弧焊运条时焊条角度和动作的作用见表3-36。

表 3-36　焊条电弧焊运条时焊条角度和动作的作用

焊条角度和动作	作用
焊条角度	①防止立焊、横焊和仰焊时熔化金属下坠 ②能很好地控制熔化金属与熔渣分离 ③控制焊缝熔池深度 ④防止熔渣向熔池前部流淌 ⑤防止咬边等焊接缺陷
沿焊接方向移动	①保证焊缝直线施焊 ②控制每道焊缝的横截面积
横向摆动	①保证坡口两侧及焊道之间相互很好地熔合 ②控制焊缝获得预定的熔深与熔宽
焊条送进	①控制弧长,使熔池有良好的保护 ②促进焊缝形成 ③使焊接连续不断地进行 ④与焊条角度的作用相似

3. 焊缝的起头、接头及收尾

　　① 起头操作　焊缝的起头就是指刚开始焊接的部分。在一般情况下,由于焊件在未焊之前温度较低,而引弧后又不能迅速使这部分温度升高,所以起点部分的熔深较浅,使焊缝的强度减弱。因此,应该在引弧后先将电弧稍拉长,对焊缝端头进行必要的预热,然后适当缩短电弧长度进行正常焊接。

　　② 接头操作　由于焊缝接头处温度不同和几何形状的变化,使接头处最容易出现未焊透、焊瘤和密集气孔等缺陷。当接头处外形出现高低不平时,将引起应力集中,故接头技术是焊接操作技术中的重要环节。焊缝接头方式可分4种,如图3-15所示。

　　如何使焊缝接头均匀连接,避免产生过高、脱节、宽窄不一致的缺陷,这就要求焊工在焊缝接头时选用恰当的方式,见表3-37。

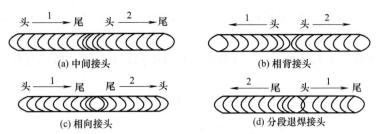

图 3-15 焊缝接头的方式

表 3-37 焊缝接头的类型及说明

接头类型	说　　　明
中间接头	这种接头方法是使用最多的一种。在弧坑前约 10mm 处引弧,电弧可比正常焊接时略长些(低氢型焊条电弧不可拉长,否则容易产生气孔),然后将电弧后移到原弧坑的 2/3 处,填满弧坑后即向前进入正常焊接,如图 1(a)所示。采用这种接头法必须注意后移量:若电弧后移太多,则可能造成接头过高;若电弧后移太少,会造成接头脱节、弧坑未填满。此接头法适用于焊及多层焊的表层接头 （图） (a) 焊缝表层接头方法　　(b) 焊缝根部接头方法 图 1　从焊缝末尾处起焊的接头方法 在多层焊的根部焊接时,为了保证根部接头处能焊透,常采用的接头方法是:当电弧引燃后,将电弧移到如图 1(b)中 1 的位置,这样电弧一半的热量将一部分弧坑重新熔化,电弧另一半热量将弧坑前方的坡口熔化,从而形成一个新的熔池,此法有利于根部接头处的焊透 当弧坑存在缺陷时,在电弧引燃后应将电弧移至如图 1(b)中 2 的位置进行接头。这样,由于整个弧坑重新熔化,有利于消除弧坑中存在的缺陷。用此法接头时,焊缝虽然较高些,但对保证质量有利。在接头时,更换焊条越快越好,因为在熔池尚未冷却时进行接头,不仅能保证接头质量,而且可使焊缝外表美观
相背接头	相背接头是两条方向不同的焊缝在起焊处相连接的接头。这种接头要求先焊的焊缝起头处略低些,一般削成缓坡,清理干净后,再在斜坡上引弧。先稍微拉长电弧(但碱性焊条不允许拉长电弧)预热,形成熔池后,压低电弧,在交界处稍顶一下,将电弧引向起头处,并覆盖前焊缝的端头处,即可上铁水,待起头处焊缝焊平后,再沿焊接方向移动,如图 2 所示。若温度不够高就上铁水,会形成未焊透和气孔缺陷。上铁水后,停步不前,则会出现塌腰或焊瘤以及熔滴下淌等 （图 2） 图 2　从焊缝端头处起焊的接头方式
相向接头	相向接头是两条焊缝在结尾处相连接的接头。其接头方式要求后焊焊缝焊到先焊焊缝的收尾处时,焊接速度应略慢些,以便填满前焊缝的弧坑,然后以较快的焊接速度再略向前焊一些熄弧,如图 3 所示。对于先焊焊缝,由于处于平焊,焊波较低,一般不再加工,关键在于后焊焊缝靠近平焊时的运条方法。当间隙正常时,采用连弧法,强规范,使先焊焊缝尾部温度急升,此时,对准尾部压低电弧,听见"噗"的一声,即可向前移动焊条,并用反复断弧收尾法收弧 （图 3） 10~2 图 3　焊缝端头处的熄弧方式
分段退焊接头	分段退焊接头的特点是焊波方向相同,头尾温差较大。其接头方式与相向接头方式基本相同,只是前焊缝的起头处,与第二种情况一样,应略低些。当后焊焊缝靠近先焊焊缝起头处时,改变焊条角度,使焊条指向先焊焊缝的起头处,拉长电弧,待形成熔池后,再压低电弧,往回移动,最后返回原来熔池处收弧。接头连接的平整与否,不但要看焊工的操作技术,而且还要看接头处温度的高低。温度越高,接得越平整。所以中间接头要求电弧中断时间要短,换焊条动作要快。多层焊时,层间接头要错开,以提高焊缝的致密性

③ 收尾操作 焊缝的收尾是指一条焊缝焊完时，应把收尾处的弧坑填满。如果收尾时立即拉断电弧，则会形成低于焊件表面的弧坑。过深的弧坑使焊缝收尾处强度减弱，容易造成应力集中而导致产生裂纹。因此，在焊缝收尾时不允许有较深的弧坑存在。一般收尾方法有以下 3 种。

a. 划圈收尾法。即焊条移至焊缝终点时，做圆圈运动，直到填满弧坑再拉断电弧。此法适用于厚板收尾。

b. 反复断弧收尾法。即焊条移到焊缝终点时，在弧坑处反复熄弧、引弧数次，直到填满弧坑为止。此法一般用于薄板和大电流焊接。但碱性焊条不宜采用此法，否则容易产生气孔。

c. 回焊收尾法。即焊条移至焊缝收尾处立即停住，并且改变焊条角度回焊一小段后灭弧。此法适用于碱性焊条。

4. 打底焊

打底焊是在对接焊缝根部或其背面先焊一道焊缝，然后再焊正面焊缝。

① 平对接焊缝背面打底焊时，焊接速度比正面焊缝要快些。

② 横对接焊缝的打底焊，焊条直径一般选用 3.2mm，焊接电流稍大些，采用直线运条法。

③ 一般焊件的打底焊，在焊接正面焊缝前可不铲除焊根，但应将根部熔渣彻底清除，然后用直径 3.2mm 焊条焊根部的第一道焊缝，电流应稍大一些。

④ 对重要结构的打底焊，在焊正面焊缝前应先铲除焊根，然后焊接。

⑤ 不同长度焊缝及多层焊的焊接顺序见表 3-38。

表 3-38 不同长度焊缝及多层焊的焊接顺序

名称	简图	焊缝长度及层数
直通焊缝	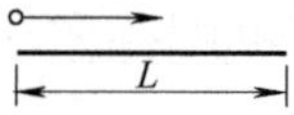	短焊缝（＜1000mm）
分段退焊	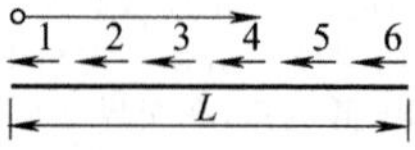	中长焊缝（300～1000mm）
从中间向两端（逆向焊）	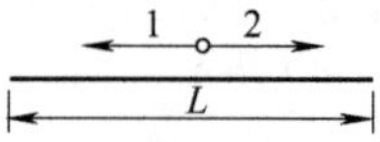	
从中间向两端分段退焊	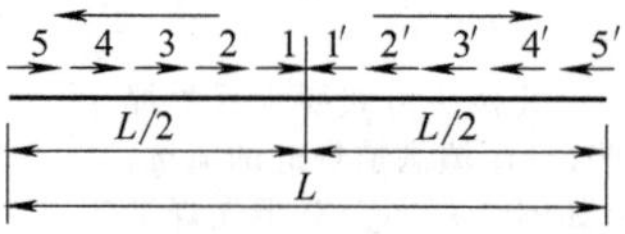	长焊缝（＞1000mm）
直通式	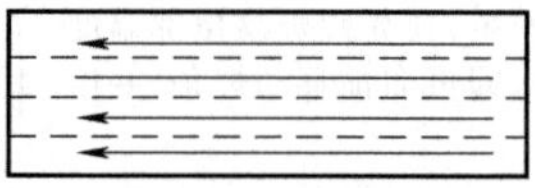	多层焊
串级式	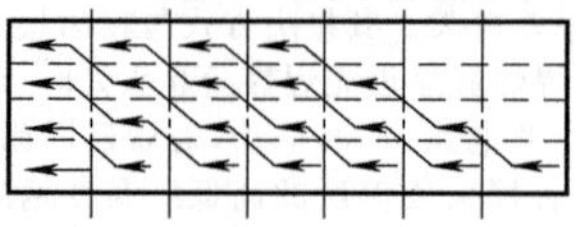	多层焊

续表

名称	简图	焊缝长度及层数
驼峰式		多层焊

三、焊条电弧焊不同位置的操作工艺

(一) I 形坡口对接立焊操作工艺

1. I 形坡口对接立焊的焊接特点

焊缝倾角为 90°（立向上）、270°（立向下）的焊接位置叫做立焊位置。当对接接头焊件板厚＜6mm 时，且处于立焊位置时的操作，叫做 I 形坡口的对接立焊。

立焊时的主要困难是熔池中的熔化金属受重力的作用下淌，使焊缝成形困难，并容易产生焊瘤以及在焊缝两侧形成咬边。由于熔化金属和熔渣在下淌的过程中不易分开，在焊缝中还容易产生夹渣。因此，与平焊相比，立焊是一种操作难度较大的焊接方法。

2. 焊前准备

焊前准备见表 3-39。

表 3-39　焊前准备

准　备	说　明
选焊机	选用交、直流弧焊机各一台,其参考型号为 BX-330、ZX5-400、ZX-315
选焊条	焊条选用一律采用 E4303 酸性焊条和 E5015 碱性焊条两种型号的焊条,直径为 3.2mm 和 4.0mm
选焊件	采用 Q235A 低碳钢板,厚度＜6mm,长×宽为 300mm×125mm
辅助工具和量具	角向磨光机、焊条保温筒、錾子、敲渣锤、钢丝刷和焊缝万能量规等

3. 焊接操作工艺

（1）操作要领

立焊的操作方法有两种：一种是由下而上施焊；另一种是由上向下施焊。目前生产中应用最广泛的是由下而上施焊，焊工培训中应以此种施焊方法为重点。

立焊操作时，焊钳夹持焊条后，焊条与焊钳应成一直线，焊工的身体不要正对焊缝，要略偏向左侧，以使握焊钳的右手便于操作。

① 对接接头立焊时，焊条与焊件的角度左、右方向各为 90°，向下与焊缝成 60°～80°；而角接接头时，焊条与两板之间各为 45°，向下与焊缝成 60°～90°。立焊时的焊条角度如图 3-16 所示。

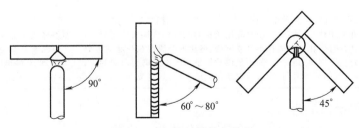

图 3-16　立焊时的焊条角度

② 焊接时采用较小直径的焊条，常用焊条直径为 2.5～4mm，很少采用直径为 5mm 的

焊条。

③ 采用较小的焊接电流,通常比对接平焊时要小 10％～15％。

④ 尽量采用短弧焊接,即电弧长度应短于焊条直径,利用电弧的吹力托住熔化的液态金属,缩短熔滴过渡到熔池中去的距离,使熔滴能顺利到达熔池。

（2）操作手法

I 形坡口的对接立焊操作手法有跳弧法和灭弧法两种,见表 3-40。

表 3-40　I 形坡口的对接立焊操作手法

操作手法	说　　明
跳弧法	图 1 所示为立焊跳弧法,其要领是当熔滴脱离焊条末端过渡到对面的熔池后,立即将电弧向焊接方向提起,使熔化金属有凝固的机会(通过护目玻璃可以看到熔池中白亮的熔化金属迅速凝固,白亮部分迅速缩小),随后即将电弧拉向熔池,当熔滴过渡到熔池后,再提起电弧。为了不使空气侵入熔池,电弧离开熔池的距离应尽可能短些,最大弧长不应超过 6mm。运条方法采用月牙形运条法和锯齿形运条法 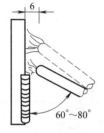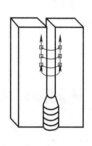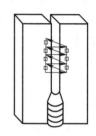 (a) 直线形跳弧法　　(b) 月牙形运条法　　(c) 锯齿形运条法 图 1　立焊跳弧法
灭弧法	其要领是当熔滴脱离焊条末端过渡到对面的熔池后,立即将电弧拉断熄灭,使熔化金属有瞬时凝固的机会,随后重新在弧坑处引燃电弧,使燃弧-灭弧交替进行。灭弧的时间在开始焊接时可以短些,随着焊接时间的增长,灭弧时间也要稍长一些,以避免烧穿及形成焊瘤。在焊缝收尾时灭弧法用得比较多,因为这样可以避免收弧时熔池宽度增加,产生烧穿及焊瘤等缺陷 采用跳弧法和灭弧法进行焊接时,电弧引燃后都应将电弧稍微拉长,以便对焊缝端头进行预热,然后再压低电弧进行焊接。施焊过程中要注意熔池形状,如发现椭圆形熔池的下部边缘由比较平直的轮廓逐渐鼓肚变圆,即表示温度已稍高或过高,如图 2 所示,此时应立即灭弧,让熔池降温,以避免产生焊瘤。待熔池瞬时冷却后,从熔池处引弧继续焊接 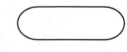 (a) 温度过高　　　(b) 温度稍高　　　(c) 温度正常 图 2　立焊时熔池形状与熔池温度的关系 对接立焊的焊接接头操作也较困难,容易产生夹渣和焊缝过高凸起等缺陷。因此接头时更换焊条的动作要迅速,并采用热接法。热接法是先用较长的电弧预热接头处,预热后将焊条移至弧坑一侧,接着进行接头。接头时,往往有熔化的金属拉不开或熔渣、熔化的金属混在一起的现象。这种现象主要是由于接头时更换焊条的时间过长、引弧后预热时间不足以及焊条角度不正确而引起的。此时必须将电弧稍微拉长一些,并适当延长在接头处的停留时间,同时将焊条角度增大(与焊缝成 90°),使熔渣自然滚落下来便于接头

（二）立角焊操作工艺

T 形接头焊件处于立焊位置时的焊接操作称为立角焊。

1. 焊前准备

立角焊焊前准备见表 3-41。

| 表 3-41 | 立角焊焊前准备 |

准备	操作技能
选焊机	选用直流弧焊机,其参考型号是 ZX5-400、ZX-315
选焊条	选用 E5015 碱性焊条,直径为 3.2mm、4.0mm
焊件	采用 Q235A 低碳钢板,尺寸为 10mm×125mm×300mm

| 焊接参数 | 立角焊的焊接参数见下表
立角焊的焊接参数 |

焊接参数	焊层		
	第一层焊缝	其他各层焊缝	封底焊缝
焊条直径/mm	3.2	4.0	4.0	3.2
焊接电流/A	90~120	120~160	120~160	90~120

2. 焊接操作工艺

立角焊与对接立焊的操作有相似之处,例如都应采用小直径焊条和短弧焊接。其操作特点如下。

① 由于立角焊电弧的热量向焊件的三向传递,散热快,所以在与对接立焊相同的条件下,焊接电流可稍大些,以保证两板熔合良好。

② 焊接过程中应保证焊件两侧能均匀受热,因此应注意焊条的位置和倾斜角度。如两焊件板厚相同,则焊条与两板的夹角应左右相等,而焊条与焊缝中心线的夹角保持 75°~90°。

③ 立角焊的关键是控制熔池金属。焊条要按熔池金属的冷却情况有节奏地上、下摆动。施焊过程中,当引弧后出现第一个熔池时,电弧应较快提高,当看到熔池瞬间冷却成为一个暗红点时,应将电弧下降到弧坑处,并使熔池下落处与前面熔池重叠 2/3,然后再提高电弧,这样就能有节奏地形成立角焊缝。操作时应注意,如果前一个熔池还未冷却到一定程度,就急忙下降焊条,会造成熔滴之间熔合不良;如果焊条的位置放得不正确,会使焊波脱节,影响焊缝美观和焊接质量。

④ 焊条的运条方法应根据不同板厚和焊脚尺寸进行选择。对于焊脚尺寸较小的焊缝,可采用直线往复形运条法;对于焊脚尺寸较大的焊缝,可采用月牙形、三角形和锯齿形等运条法,如图 3-17 所示。为了避免出现咬边等缺陷,除选用合适的电流外,焊条在焊缝的两侧应稍停留片刻,使熔化金属能填满焊缝两侧边缘部分。焊条摆动的宽度应不大于所要求的焊脚尺寸,例如要求焊出 10mm 宽的焊脚时,焊条摆动的宽度应在 8mm 以内。

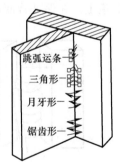

⑤ 当遇到局部间隙超过焊条直径时,可预先采取向下立焊的方法,使熔化金属把过大的间隙填满后,再进行正常焊接。这样做一方面可提高效率,另一方面还可大大减少金属的飞溅和电弧的偏吹(由两板连接窄缝中的气流所引起的电弧偏吹)。

图 3-17 立角焊焊条运条法

(三)厚板的对接立焊操作工艺

1. 厚板对接立焊的焊接特点

厚板开坡口的目的是达到在焊件厚度方向上全焊透。焊层分为打底层、填充层和盖面层 3 个层次。打底层焊道要求能熔透焊件根部,所以是一种单面焊双面成形的操作工艺。

2. 焊前准备

焊前准备见表 3-42。

表 3-42   焊前准备

操作项目	操作技能
选焊机	采用直流弧焊机,其参考型号是 ZX5-400、ZX-315
选焊条	选用 E5015 碱性焊条,直径为 3.2mm
焊件	采用 Q235A 低碳钢板,尺寸为 10mm×125mm×300mm,开 60°Y 形坡口,钝边尺寸为 0,反变形角度为 2°,起弧端和收弧端的装配间隙分别为 2.5mm 和 3.0mm
焊接参数	各层次的焊接参数:各层焊条直径为 3.2mm。焊接电流:打底层为 70～80A;填充层为 100～120A;盖面层为 90～110A

3. 焊接操作工艺

（1）打底层的焊接

引燃电弧后,以锯齿形运条做横向摆动并向上施焊。焊条的下倾角为 45°～60°,待电弧运动至定位焊点上边缘时,焊条倾角也相应变为 90°,同时将弧柱尽力往焊缝背面送入,当电弧从坡口的一侧向另一侧运行时,如果听到穿透坡口的"扑扑"声,则表示根部已经熔透。焊接时采用断弧法,灭弧动作要迅速,灭弧时间应控制到熔池中心的金属尚有 1/3 未凝固,就重新引燃电弧;每当电弧移到坡口左（右）侧的瞬间,在右（左）侧可看到坡口根部被熔化的缺口,缺口的深度应控制在 0.8～1mm,如图 3-18 所示。熔孔大小应保持均匀,孔距一致,以保证根部熔透均匀,背面焊缝饱满、宽窄、高低均匀。立焊节奏比平焊稍慢,每分钟灭弧 30～40 次。每点焊接时,电弧燃烧时间稍长,所以焊肉比平焊厚。操作时应注意观察和控制熔池形状及焊肉的厚度,如图 3-19 所示。若熔池的下部边缘由平缓变得下凸,即如图 3-19（a）所示变成图 3-19（b）所示时,说明熔池温度过高,熔池金属过厚。此时应缩短电弧燃烧时间,延长灭弧时间,以降低熔池温度,使铁水不下坠而出现焊瘤。焊条接头时的操作要领与平焊基本相同,但换焊条后重新引弧的位置应在离末尾熔池 5～6mm 的焊道上。在保证背面成形良好的前提下,焊道越薄越好,因为焊道过厚容易产生气孔。

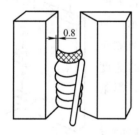

图 3-18   熔孔位置及大小状

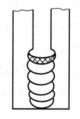 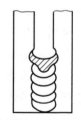

(a) 温度合适呈椭圆形   (b) 温度过高边缘下凸

图 3-19   熔池边缘的形状

（2）填充层的焊接

焊条的下倾角为 70°～80°,电弧在坡口两侧停留的时间应稍长。为避免产生夹渣、气孔等内在缺陷,施焊时应压低弧,以匀速向上运条。

（3）盖面层的焊接

焊条的下倾角为 45°～60°,运条方法可根据对焊缝余高的不同要求加以选择。如要求余高稍大,焊条可做月牙形摆动;如要求稍平,则可做锯齿形摆动。运条速度要均匀,摆动要有规律，如图 3-20 所示，运条到 a、b 两点时，应将电弧进一步缩短并稍作停留，以有利于熔滴过渡并防止咬边。从 a 摆动到 b 时，速度应稍快些，以防止产生焊瘤。有时盖面层焊缝也可采用稍大的焊接电流，用快速摆动法采用短弧运条，使焊条末端紧靠熔池快速摆动，并在坡口边缘稍作停留，以防咬边。这样焊出的盖面层焊缝不仅焊肉较薄，而且焊波较细，平整美观。

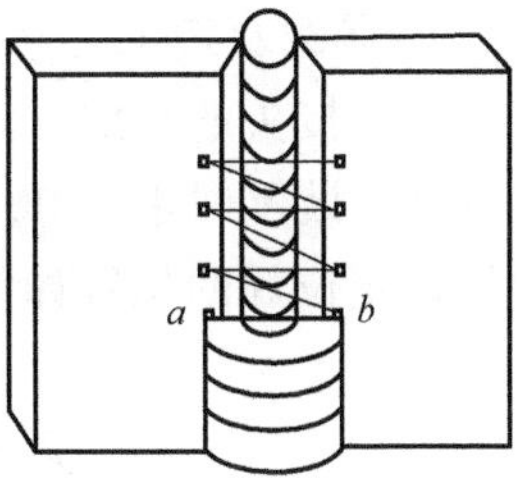

图 3-20　盖面层的运条

　　厚板对接立焊焊缝的质量要求及检验方法与平板对接平焊位置单面焊双面成形基本相同，只是焊缝的余高可放宽至 $0\sim4$mm、余高差为 $\leqslant3$mm。

（四）T 形、搭接、角接接头角焊操作工艺

1. 角焊的特点

　　焊接结构中，除大量采用对接接头外，还广泛采用 T 形接头、搭接接头和角接接头等接头形式（图 3-21），这些接头形成的焊缝叫角焊缝。焊工进行这些接头横焊位置角焊缝的焊接，叫做平角焊。角焊时除焊接缺陷应在技术条件允许的范围之内这个要求之外，主要要求角焊缝的焊脚尺寸符合技术要求，以保证接头的强度。

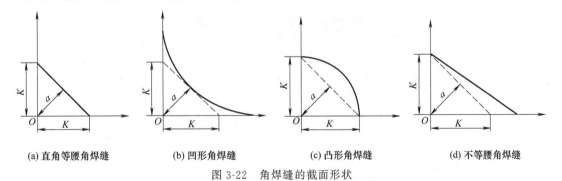

(a) T 形接头　　　　　(b) 搭接接头　　　　　(c) 角接接头

图 3-21　平角焊的接头形貌

　　角焊缝按其截面形状可分为 4 种（图 3-22），应用最多的是截面为直角等腰角焊缝，焊工在培训过程中应力求焊出这种形状的角焊缝。

(a) 直角等腰角焊缝　　　　(b) 凹形角焊缝　　　　(c) 凸形角焊缝　　　　(d) 不等腰角焊缝

图 3-22　角焊缝的截面形状

2. 焊前准备

焊前准备见表 3-43。

表 3-43　焊前准备

操作项目	操作技能
选焊机	选用交、直流弧焊机各一台，其参考型号为 BX-400、ZX5-400 及 ZX-315
选焊条	选用 E4303 和 E5015 两种型号的焊条，直径为 3.2～5mm
焊件	采用 Q235A 低碳钢板，厚为 8～20mm，长×宽为 400mm×150mm。钢板对接处用角向磨光机打磨至露出金属光泽
辅助工具和量具	角向磨光机、焊条保温筒、角尺、錾子、敲渣锤、钢丝刷及焊缝万能量规等

3. 装配及定位

T形接头的装配方法如图 3-23 所示。在立板与横板之间预留 1～2mm 间隙,以增加熔透深度。装配时手拿 90°角尺,以检查立板的垂直度,然后用直径为 3.2mm 的焊条进行定位焊,定位焊的位置如图 3-24 所示。

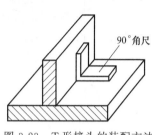

图 3-23　T形接头的装配方法

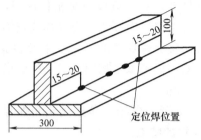

图 3-24　定位焊的位置

4. 焊接操作

角焊焊接时,首先要保证足够的焊脚尺寸。焊脚尺寸值在设计图样上均有明确规定,练习时可参照表 3-44 进行选择。

表 3-44　角焊的焊脚尺寸　　　　　　　　　　　　　　　　mm

钢板厚度	>8～9	>9～12	>12～16	>16～20	>20～24
最小焊脚尺寸	4	5	6	8	10

注意:角焊操作时,易产生咬边、未焊透、焊脚下垂等缺陷。

角焊的焊接方式有单层焊、多层焊和多层多道焊 3 种(表 3-45)。采用哪一种焊接方式取决于所要求的焊脚尺寸的数值。通常当焊脚尺寸在 8mm 以下时,采用单层焊;焊脚尺寸为 8～10mm 时,采用多层焊;焊脚尺寸大于 10mm 时,采用多层多道焊。

表 3-45　角焊的焊接操作技能

操作项目	操作技能
单层焊	焊接时的焊接参数见下表。由于角焊焊接热量往板的 3 个方向扩散,散热快,不易烧穿,所以使用的焊接电流可比相同板厚的对接平焊大 10% 左右。焊条的角度,两板厚度相等时为 45°,两板厚度不等时应偏向厚板一侧(图 1),以便使两板的温度趋向均匀

单层焊的焊接参数

焊脚尺寸/mm	3	4		5～6		7～8	
焊条直径/mm	3.2	3.2	4	4	5	4	5
焊接电流/A	100～120	100～120	160～180	160～180	200～220	180～200	220～240

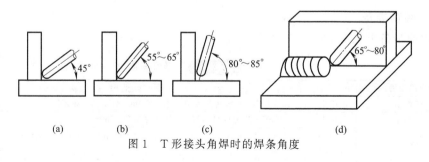

(a)　　　　(b)　　　　(c)　　　　　　(d)

图 1　T形接头角焊时的焊条角度

操作项目	操作技能
单层焊	焊脚尺寸小于5mm的焊缝,可采用直线形运条法和短弧进行焊接,焊接速度要均匀,焊条与横板成45°夹角,与焊接方向成65°~80°夹角,其中E4303焊条采用较小的夹角,E5015焊条采用较大的夹角。焊条角度过小,会造成根部熔深不足;角度过大,熔渣容易跑到电弧前方形成夹渣。操作时,可以将焊条端头的套管边缘靠在焊缝上,并轻轻地压住它。当焊条熔化时,套管会逐渐沿着焊接方向移动,这样不仅操作方便,而且熔深较大,焊缝外形美观 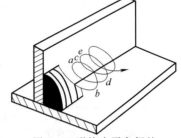 图2 T形接头平角焊的斜圆圈形运条法 焊脚尺寸在5~8mm时,可采用斜圆圈形或反锯齿形运条法进行焊接,但要注意各点的运条速度不能一样,否则容易产生咬边、夹渣等缺陷。正确的运条方法如图2所示。当焊条从a点移动至b点时,速度要稍慢些,以保证熔化金属和横板熔合良好;从b点至c点的运条速度要稍快,以防止熔化金属下淌,并在c点稍作停留,以保证熔化金属和立板熔合良好;从c点至d点的运条速度又要稍慢些,才能避免产生夹渣现象及保证焊透;由d点至e点的运条速度也稍快,到e点处也稍做停留,如此反复进行练习。在整个运条过程中都应采用短弧焊接,最后在焊缝收尾时要注意填满弧坑,以防产生弧坑裂纹
多层焊	焊脚尺寸为8~10mm时,可采用两层两道焊接法。焊第一层时,采用直径3.2mm的焊条,焊接电流稍大(100~120A),以获得较大的熔深。采用直线形运条法,收尾时应把弧坑填满或略高些,以便在第二层焊接收尾时,不会因焊缝温度增高而产生弧坑过低的现象 焊第二层之前,必须将第一层的焊渣清除干净。发现有夹渣,应用小直径焊条修补后方可焊第二层,这样才能保证层与层之间紧密熔合。焊接第二层时,可用直径4mm的焊条,焊接电流不宜过大,焊接电流过大会产生咬边现象(一般为160~200A)。运条方法采用斜圆圈形,如发现第一层焊道有咬边,第二层焊道覆盖上去时应在咬边处适当多停留一些时间,以消除咬边缺陷
多层多道焊	焊脚尺寸大于10mm时,应采用多层多道焊。因为采用多层焊时焊脚表面较宽,坡度较大,熔化金属容易下淌,不仅操作困难,而且也影响焊缝成形,所以采用多层多道焊较合适;焊脚尺寸在10~12mm时,可用二层三道焊接。焊第一层(第一道)焊缝时,可用直径3.2mm的焊条和较大的焊接电流,用直线形运条法,收尾时要特别注意填满弧坑,焊完后将焊渣清除干净 焊第二条焊道时,应覆盖第一层焊缝的2/3以上,焊条与水平板的角度要稍大些,如图3中a点所示,一般为45°~55°,以使熔化金属与水平板熔合良好。焊条与焊接方向的夹角仍为65°~80°,运条时采用斜网圈形法,运条速度与多层焊时相同,所不同的是在c、e点位置(图2)不需停留 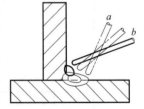 图3 多层多道焊各焊道的焊条角度 焊第三条焊道时,应覆盖第二条焊道的1/3~1/2。焊条与水平板的角度为40°~45°,如图3中b点所示。如角度太大,易产生焊道下偏现象。运条仍用直线形,速度要保持均匀,但不宜太慢,否则易产生焊瘤,影响焊缝成形 如果第二条焊缝覆盖第一层大于2/3,焊接第三道时,可采用直线往复形运条,以免第三条焊道过高。如果第二条焊道覆盖第一条太少,第三条焊道可采用斜网圈形运条法,运条时在立板上要稍作停留,以防止咬边,并弥补由于第二条焊道覆盖过少而产生的焊脚下偏现象;如果焊脚尺寸大于12mm,可采用3层6道、4层10道焊接。焊脚尺寸越大,焊接层数、道数就越多(图4)。操作仍按上述方法进行,但是过大的焊脚尺寸,非但增加焊接工作量,而且不适于承受重载荷或动载荷,此时比较适合的工艺措施是在立板上开坡口,坡口可开在立板的两侧(双单边V形坡口)和开在立板的一侧(单边V形坡口),如图5所示。立板与水平板之间留有2~3mm的间隙,以保证焊透。对于开坡口的T形接头,其操作方法与多层多道焊相同,只是其焊脚尺寸较小 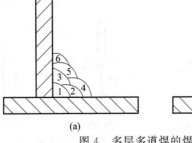 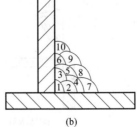 　　　　(a)　　　　　　　　　　(b) 图4 多层多道焊的焊道排列

操作项目	操作技能
多层多道焊	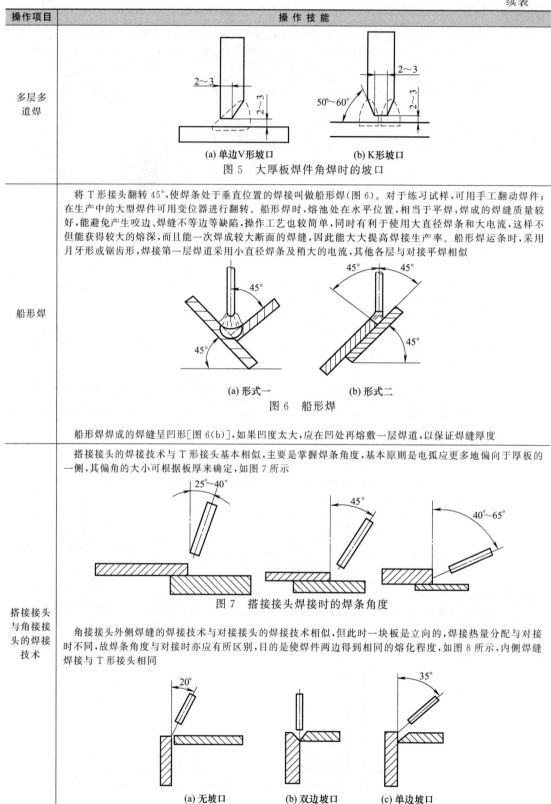

图 5　大厚板焊件角焊时的坡口

| | 将 T 形接头翻转 45°,使焊条处于垂直位置的焊接叫做船形焊(图 6)。对于练习试样,可用手工翻动焊件;在生产中的大型焊件可用变位器进行翻转。船形焊时,熔池处在水平位置,相当于平焊,焊成的焊缝质量较好,能避免产生咬边、焊缝不等边等缺陷,操作工艺也较简单,同时有利于使用大直径焊条和大电流,这样不但能获得较大的熔深,而且能一次焊成较大断面的焊缝,因此能大大提高焊接生产率。船形焊运条时,采用月牙形或锯齿形,焊接第一层焊道采用小直径焊条及稍大的电流,其他各层与对接平焊相似 |
| 船形焊 | |

(a) 形式一　　(b) 形式二

图 6　船形焊

船形焊焊成的焊缝呈凹形[图 6(b)],如果凹度太大,应在凹处再熔敷一层焊道,以保证焊缝厚度

搭接接头的焊接技术与 T 形接头基本相似,主要是掌握焊条角度,基本原则是电弧应更多地偏向于厚板的一侧,其偏角的大小可根据板厚来确定,如图 7 所示

图 7　搭接接头焊接时的焊条角度

搭接接头与角接接头的焊接技术	角接接头外侧焊缝的焊接技术与对接接头的焊接技术相似,但此时一块板是立向的,焊接热量分配与对接时不同,故焊条角度与对接时亦应有所区别,目的是使焊件两边得到相同的熔化程度,如图 8 所示,内侧焊缝焊接与 T 形接头相同

(a) 无坡口　　(b) 双边坡口　　(c) 单边坡口

图 8　角接接头焊接时的焊条角度

（五）垂直管板焊操作工艺

垂直管板焊操作技能见表 3-46。

表 3-46　垂直管板焊操作技能

操作项目		操作技能
垂直管板焊接的特点		由管子和平板（上开孔）组成的焊接接头叫做管板接头。管板接头的焊接位置可分为垂直俯位和垂直仰位两种；若按焊件的位置转动与否，可分为全位置焊接与水平固定焊。垂直俯位管板试件分插入式和骑座式两种，插入式管板试件焊后仅要求一定的外表成形和熔深；骑座式管板试件则要求全焊透
插入式管板试件的焊接	焊前准备	①选焊机　选用直流弧焊机，其参考型号为 ZX5-400、ZX7-400、ZX5-315。焊机上必须装设经过定期校核的电流表和电压表 ②选焊条　焊条选用一律采用 E5015 碱性焊条，直径为 2.5～3.2mm，焊前经 400℃烘干，使用时存放于焊条保温筒内，随用随取 ③选焊件　管子采用 φ32mm×3mm～φ60mm×5mm 的 20 无缝钢管，平板采用厚度为 12～16mm 的 Q235A 低碳钢板，并在钢板上钻孔，孔径应比管子大 0.5mm，以便管子插入装配 ④辅助工具和量具　包括角向磨光机、焊条保温筒、角尺、錾子、敲渣锤、钢丝刷及焊缝万能量规等
	焊接操作	焊接层次共两层：先采用直径为 2.5mm 的焊条进行定位焊（定位焊一点的长度为 5～10mm），接着在定位焊缝的对面进行起焊，用直径为 2.5mm 的焊条进行打底层的焊接，焊接电流为 85～100A，焊条与平板的夹角为 40°～45°，焊条不做摆动，操作方法与平角焊基本相同，焊完后用敲渣锤进行清渣，再用钢丝刷清扫焊缝表面，焊缝接头处可用角向磨光机磨去凸起部分，然后焊接盖面层。盖面层用直径为 3.2mm 的焊条，焊接电流为 110～125A，焊条与平板的夹角为 50°～60°。焊接时焊条采用月牙形摆动，以保证一定的焊脚尺寸 插入式管板试件有固定和转动两种形式。对这种试件固定焊时，试件本身不动，操作者依着焊接位置挪动身体；转动焊接时，试件放在变位器上依所需的焊接速度进行转动，简单的可用手进行转动。对焊工进行培训时，这两种形式都应该进行训练，先练习转动式，再练习固定式，因为固定式操作难度较大，应以固定式为主
骑座式管板试件的焊接	焊前准备	将管子置于板上，中间留有一定的间隙，管子预先开好坡口，以保证焊透，所以是属于单面焊双面成形的焊接方法，焊接难度要比插入式管板试件大得多 焊机型号、焊条型号、试件材料和规格以及辅助工具和量具与插入式管板试件相同。但管子应预先用机加工开成单边 V 形坡口，坡口角度为 50°，并用角向磨光机在管子端部磨出 1～1.5mm 的钝边
	装配和定位焊	管子和平板间要预留 3～3.2mm 的装配间隙，方法是直接用直径为 3.2mm 的焊芯填在中间。定位焊只焊一点，焊接时用直径为 2.5mm 的焊条，先在间隙的下部板上引弧，然后迅速地向斜上方拉起，将电弧引至管端，将管端的钝边处局部熔化。在此过程中产生 3～4 滴熔滴，然后熄弧，一个定位焊点即焊成。焊接电流为 80～95A
	焊接操作	焊接分两层：打底焊采用直径为 2.5mm 的焊条，焊接电流为 80～95A，焊条与平板的倾斜角度为 15°～25°，采用断弧法。先在定位焊点上引弧，此时管子和平板之间为固定装配间隙而放的定位焊芯不必去掉。焊接时，将焊条适当向里伸，听到"扑扑"声即表示已经熔穿。由于金属的熔化，即可在焊条根部看到一个明亮的熔池（图 1）。每个焊点的焊缝不要太厚，以便第二个焊点在其上引弧焊接，如此逐步进行打底层的焊接。当一根焊条焊接结束收尾时，要将弧坑引到外侧，否则在弧坑处往往会产生缩孔。收尾处可用锯条片在弧坑处来回锯几下，或用角向磨光机磨削弧坑，然后换上焊条，再在弧坑处引弧焊接。当焊到管子周长的 1/3 处，即可将间隙中的填充焊芯去掉，继续进行焊接 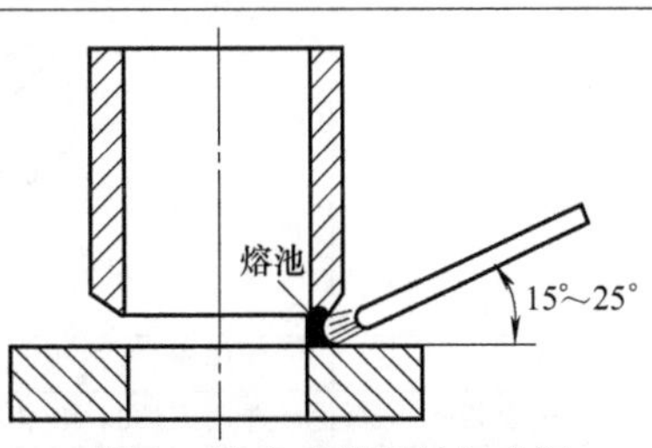 打底层焊完后，可用角向磨光机进行清渣，再磨去接头过高的焊缝，然后进行盖面层的焊接。盖面层采用直径为 3.2mm 的焊条，焊接电流 110～125A，与平板的倾角为 40°～45°，操作方法与插入式管板试件相同

熔池　15°～25°

图 1　骑座式管板的打底焊

操作项目	操作技能
质量标准	对焊缝的外表要求是：焊缝两侧应圆滑过渡到母材，焊脚尺寸对于插入式管板试件为管子壁厚＋(2～4mm)；对于骑座式管板试件为管子壁厚＋(3～6mm)。焊缝凸度或凹度不大于1.5mm，焊缝表面不得有裂纹、未熔合、夹渣、气孔和焊瘤，咬边深度应≤0.5mm，总长度不超过焊缝长度的20％。对于骑座式管板试件，焊后应进行通球检验，通球直径为管内径的85％。两种管板试件焊后均应进行金相宏观检验，金相试样的截取位置如图2所示。试样的检查面应用机械方法截取、磨光，再用金相砂纸按由粗到细的顺序磨制，然后用浸蚀剂浸蚀，使焊缝金属和热影响区有一个清晰的界限，该面上的焊接缺陷用肉眼或5倍放大镜检查。每个金相试样检查面经宏观检验应符合下列要求 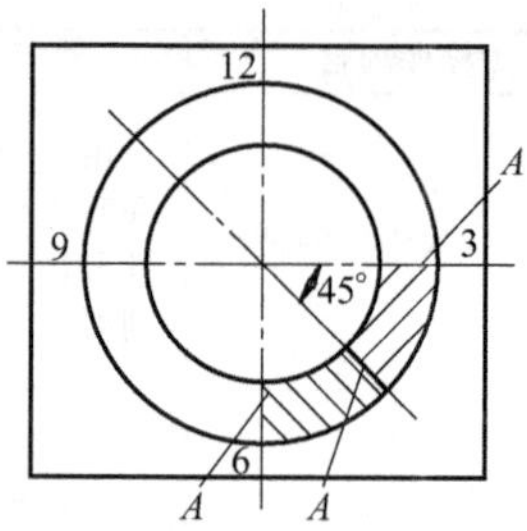 ① 没有裂纹和未熔合 ② 骑座式管板试件未焊透的深度不大于15％管子壁厚；插入式管板试件在接头根部熔深不小于0.5mm ③ 气孔或夹渣的最大尺寸不超过1.5mm；气孔或夹渣大于0.5mm且不大于1.5mm时，其数量不多于一个，只有小于或等于0.5mm的气孔或夹渣时，其数量不多于3个

图 2 管板金相试样的截取位置
(A 面为金相宏观检查面)

操作项目	操作技能
管板焊接的操作注意事项	①管板试件的焊缝是角焊缝，垂直俯位的焊接位置适于平角焊，但其操作比T形接头的横角焊更困难。所以参加培训的焊工应在掌握T形接头平角焊的基础上，再进行管板接头的焊接 ②焊接插入式管板试件时，一律要焊两层，不应用大直径焊条焊一层。因为在产品上，这种接头往往要承受内压，如果只焊一层，虽然可以达到所需的焊脚尺寸，但由于焊缝内部存在缺陷，工作时往往会发生焊缝泄漏、渗水、渗气和渗油的现象 ③管板试件垂直俯位的焊接位置虽适于平角焊，但其焊缝轨迹是圆弧形，若操作不当，在焊接过程中焊条倾角、焊接速度等会发生改变，影响焊缝质量，所以其难度比焊直缝要大 ④骑座式管板的操作难度比插入式管板大得多，因为其打底层焊缝要达到双面成形的要求，并且操作方法与平板对接单面焊双面成形也不一样，焊工应在培训过程中注意摸索掌握。但是骑座式管板焊后只做金相宏观检验，不做射线探伤和弯曲试验，所以其试样合格率相对要高一些

(六) 厚板对接焊的操作工艺

1. 焊前准备

焊前准备见表 3-47。

表 3-47　焊前准备

准备	说明
开坡口	根据设计或工艺需要，在厚板焊件的等焊部位加工成一定几何形状的沟槽叫坡口。坡口的形式很多，常用的有Y形、双Y形和带钝边U形坡口三种，如下图所示。开坡口的目的是保证厚板焊接时在厚度方向上能全部焊透 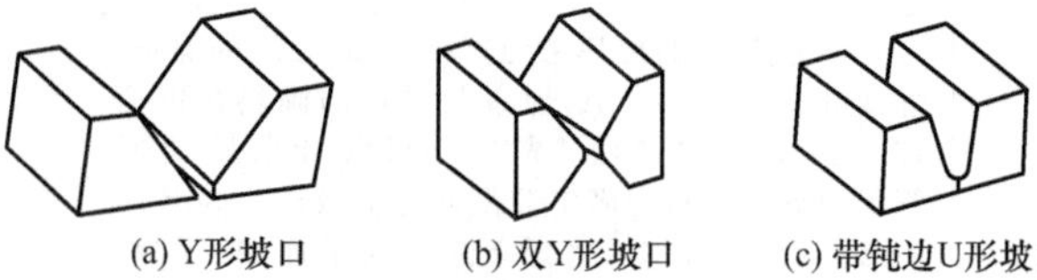 (a) Y形坡口　　(b) 双Y形坡口　　(c) 带钝边U形坡口 厚板常用的坡口形式
选焊机	选用交、直流弧焊机各一台，其参考型号是 BX1-400、ZX5-400、ZX-315
选焊条	选用 E4303 和 E5015 两种型号的焊条，直径为 3.2～4mm
选焊件	焊件选用 Q235A 低碳钢板，厚度为 12～16mm，长×宽为 300mm×125mm，分别加工成Y形、双Y形和带钝边U形坡口
辅助工具和量具	角向磨光机、焊条保温筒、錾子、敲渣锤、钢丝刷、焊缝万能量规等

2. 厚板对接焊的焊接操作工艺

开坡口的厚板对接可用多层焊法或多层多道焊法（图 3-25）。多层焊是指熔敷两条焊道完成。多层多道焊是指有的层次要由两条以上的焊道所组成。

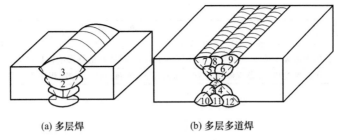

(a) 多层焊　　　　　　　(b) 多层多道焊

图 3-25　厚板的对接焊

（1）运条方法

厚板对接焊时，为了获得较宽的焊缝，焊条在送进和移动的过程中，还要做必要的横向摆动，常用的运条方法及应用见焊条电弧焊基本操作。

（2）操作工艺

焊接第一层（打底层）的焊道时，选用直径为 3.2mm 的焊条，运条方法根据装配间隙的大小而定。间隙小时可用直线形运条法；间隙大时，用直线往复形运条法，以防烧穿。打底层焊接结束后，用角向磨光机或錾子将焊渣清除干净，特别是焊趾处的焊渣。然后陆续焊接二、三、四层，此时焊条直径可增大至 4mm。由于第二层焊道并不宽，可采用直线形或小锯齿形运条，以后各层采用锯齿形运条，但摆动范围应逐渐加宽，每层焊道不应太厚，否则熔渣会流向熔池前面，造成焊接缺陷。多层多道焊时，每条焊道施焊只需采用直线形运条，可不做横向摆动。

（七）平板对接焊单面焊双面成形操作工艺

1. 单面焊双面成形操作技术的特点

锅炉及压力容器等重要构件，要求采用全焊透焊缝，即在构件的厚度方向上要完全焊透。全焊透焊缝可以采用以下两种焊接工艺来完成：对于一些大型容器，可以采用双面焊接工艺，即在一面焊接后，用碳弧气刨在另一面挑除焊根再进行焊接；但是对于一些直径较小的容器（如容器内径小于 500mm，此时人无法进入内部施焊）及管道，内部无法进行焊接，只能在外面单向焊接。此时为了达到全焊透的要求，焊工就要以特殊的操作方法，在坡口背面不采用任何辅助装置（如加垫板）的条件下进行焊接，使背面焊缝有良好的成形，这种只从单面施焊而获取正反两面成形良好的高效施焊方法叫做单面焊双面成形。

技能技巧：

单面焊双面成形是焊条电弧焊中难度较大的一种操作技能。平板对接平焊位置的单面焊双面成形操作，它是板状试件各种位置以及管状试件单面焊双面成形操作的基础，因此焊工应该熟练掌握这种技术。

2. 焊前准备

焊前准备见表 3-48。

表 3-48　**焊前准备**

项目	说　明
准备	选用直流弧焊机,其参考型号为 ZX5-400 或 ZX-315。焊机上必须装设经过定期校核并在合格使用期内的电流表和电压表
选焊条	一律采用 E5015 碱性焊条,直径为 3.2mm 和 4mm 两种。焊条焊前应经 400℃烘干,保温 2h,入炉或出炉温度应≤100℃,使用时需将焊条放在焊条保温筒内,随用随取。焊条在炉外停留时间不得超过 4h,并且反复烘干次数不能多于 3 次,药皮开裂和偏心度超标的焊条不得使用

续表

项目	说　明
选焊件	采用 Q235A 低碳钢板,厚度为 12～16mm,长×宽为 300mm×125mm,用剪床或气割下料,然后用刨床加工成 Y 形坡口。若用气割下料,坡口边缘的热影响区应刨去
辅助工具和量具	角向磨光机、焊条保温桶、錾子、敲渣锤、钢丝刷、划针、样冲、焊缝万能量规等

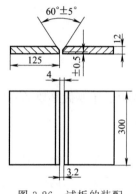

图 3-26　试板的装配

3. 装配定位

(1) 准备试板

装配定位的目的是,将两块试板装配成合乎要求的 Y 形坡口试样。将每块试板的坡口面及坡口边缘 20mm 以内处用角向磨光机打磨,将表面的铁锈、油污等清除干净,露出金属光泽。然后将试板夹在台虎钳上磨削钝边,根据焊工个人操作技能要求,钝边尺寸为 0.5～1mm。最后在距坡口边缘一定距离（如 100mm）的钢板表面,用划针划上与坡口边缘平行的平行线,并打上样冲眼,作为焊后测量焊缝坡口每侧增宽的基准线。

(2) 装配

将两块试板装配成 Y 形坡口的对接接头,装配间隙起焊处为 3.2mm,终焊处为 4mm,如图 3-26 所示（方法是分别用直径为 3.2mm 和 4mm 的焊条芯夹在两头）。放大装配间隙的目的是克服试板在焊接过程中的横向收缩,否则终焊处会由于焊缝的横向收缩使装配间隙减少,影响反面焊缝质量。将装配好的试板在坡口两侧距端头 20mm 以内处进行定位焊,定位焊用直径为 3.2mm 的 E5015 焊条,定位焊缝长 10～15mm。

(3) 反变形

试板焊后,由于焊缝在厚度方向上的横向收缩不均匀,两侧钢板会离开原来位置向上翘起一个角度,这种变形叫角变形（图 3-27）。角变形的大小用变形角 α 来度量。对于厚度为 12～16mm 的试板,变形角应控制在 3°以内,因此需采取预防措施,否则焊后的角变形值肯定要超差。常用的预防措施是采用反变形法,即焊前将钢板两侧向下折弯,产生一个与焊后角变形相反方向的变形。方法是用两手拿住其中一块钢板的两端,轻轻磕打另一块,使两板之间呈一夹角,作为焊接反变形量,反变形角 θ 为 4°～5°。角 θ 如无专用量具测量,可采用下述方法:将水平尺搁于钢板两侧,中间如正好让一根直径为 4mm 的焊条通过,则反变形角合乎要求,如图 3-28 所示。

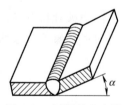

图 3-27　试板的角变形

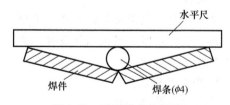

图 3-28　反变形角的测量

4. 操作工艺

单面焊双面成形的主要要求是试板背面能焊出质量符合要求的焊缝,其关键是正面打底层的焊接。打底层的焊接目前有断弧焊和连弧焊两种方法。断弧焊施焊时,电弧时灭时燃,靠调节电弧燃、灭时间的长短来控制熔池的温度,因此工艺参数选择范围较宽,是目前常用的一种打底层方法;连弧焊施焊时,电弧连续燃烧,采取较小的根部间隙,选用较小的焊接电流,焊接时电弧始终保持燃烧而且做有规则的摆动,使熔滴均匀过渡到熔池,整条焊道处于缓慢加热、缓慢冷却的状态。这样,不但焊缝和热影响区的温度分布均匀,而且焊缝背面的成形也细密、整齐,从而保证焊缝的力学性能和内在质量。据经验统计,采用连弧焊焊接的试板,其背弯合格率较高。此外,连弧焊仅要求操作者保持平稳和均匀的运条,手法变化不大,易为焊工所掌握,是目前推广使用的一种打底层焊接方法。

(1) 打底层的断弧法

焊条直径为 3.2mm,焊接电流为 95～105A。焊接从试板间隙较小的一端开始,首先在定位焊缝上引燃电弧,再将电弧移到与坡口根部相接之处,以稍长的电弧(弧长约 3.2mm)在该处摆动 2～3 个来回进行预热,然后立即压低电弧(弧长约 2mm),约 1s 后可以听到电弧穿透坡口而发出的"扑扑"声,同时可以看到定位焊缝以及相接的坡口两侧金属开始熔化,并形成熔池,这时迅速提起焊条,熄灭电弧。此处所形成的熔池是整条焊道的起点,常称为熔池座。

熔池座建立后即转入正式焊接。焊接时采用短弧焊,焊条与焊件之间的夹角为 30°～50°,如图 3-29 所示。正式焊接重新引燃电弧的时间应控制在熔池座金属未完全凝固,熔池中心半熔化,在护目玻璃下观察该部分呈黄亮色的状态。重新引燃电弧的位置在坡口的某一侧,并且压住熔池座金属约 2/3 的地方。电弧引燃后立即向坡口的另一侧运条,在另一侧稍作停

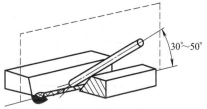

图 3-29 焊条与焊件的夹角

顿之后,迅速向斜后方提起焊条,熄灭电弧,这样便完成了第一个焊点的焊接,电弧移动的轨迹,如图 3-30 中从 1 到 2 实线所画箭头。电弧从开始引燃以及整个加热过程,其 2/3 是用来加热坡口的正面和熔池座边缘的金属,使在熔池座的前沿形成一个大于间隙的熔孔。另外 1/3 的电弧穿过熔孔加热坡口背面的金属,同时将部分熔滴过渡到坡口的背面。这样贯穿坡口正、反两面的熔滴,就与坡口根部及熔池座金属形成一个穿透坡口的熔池,灭弧瞬间熔池金属凝固,即形成一个穿透坡口的焊点。熔孔的轮廓是由熔池边缘和坡口两侧被熔化的缺口构成。坡口根部被熔化的缺口,只有当电弧移到坡口另一侧的时候,在坡口的这一侧方可看到,因为电弧所在一侧的熔孔被熔渣盖住了。单面焊双面成形焊道的质量,主要取决于熔孔的大小和熔孔的间距。因此,每次引弧的间距和电弧燃、灭的节奏要保持均匀和平稳,以保证坡口根部熔化深度一致,熔透焊道宽窄、高低均匀。平板对接平焊位置时的熔化缺口以

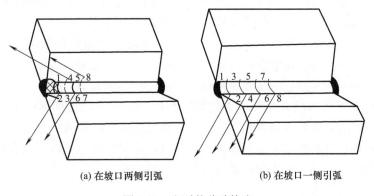

(a) 在坡口两侧引弧　　　　　(b) 在坡口一侧引弧

图 3-30 电弧的移动轨迹

$0.5^{+0.2}_{0}$mm 为宜，如图 3-31 所示。一个焊点的焊接，从引弧到熄弧大概只用 1～1.5s，焊接节奏较快，因此坡口根部熔化的缺口不太明显，不仔细观察可能看不到。如果节奏太慢，燃弧时间过长，则熔池温度过高，熔化缺口太大。这样，坡口背面可能形成焊瘤，甚至出现焊穿现象。若灭弧时间过长，则熔池温度偏低，坡口根部可能未被熔透或产生内凹现象。所以灭弧时间应控制到熔池金属尚有 1/3 未凝固就重新引弧。

下一个焊点的焊接操作与上述相同，引弧位置可以在坡口的另一侧，电弧做与上一焊点电弧移动轨迹相对称的动作，见图 3-30（a）中从 3 到 4 虚线所画箭头。引弧位置也可以在坡口的同一侧，重复上一个焊点电弧移动的动作，其电弧移动轨迹如图 3-30（b）所示。

断弧法每引燃、熄灭电弧一次，完成一个焊点的焊接，其节奏应控制在灭弧 45～55 次/min。由于每个焊点都与前一焊点重叠 2/3，所以每个焊点只使焊道前进 1～1.5mm。打底层焊道正、反两面的高度应控制在 2mm 左右。

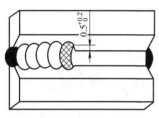

图 3-31　熔孔位置及大小

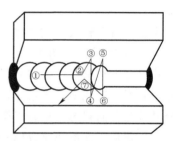

图 3-32　更换焊条时的电弧轨迹

当焊条长度只剩下约 50mm 时，需做更换焊条的准备。此时应迅速压低电弧向熔池边缘连续过渡几个熔滴，以便使背面熔池饱满，防止形成冷缩孔，然后动作迅速地更换焊条，并在如图 3-32 所示①的位置重新引燃电弧。电弧引燃后以普通焊速沿焊道将电弧移到搭接末尾焊点的 2/3 处的②位置，在该处以长弧摆动两个来回。待该处金属有了"出汗"现象之后，在⑦位置压低电弧，并停留 1～2s，待末尾焊点重熔并听到"扑扑"声时，迅速将电弧沿坡口侧后方拉长并熄灭，此时更换焊条的操作即告结束。

（2）打底层的连弧法

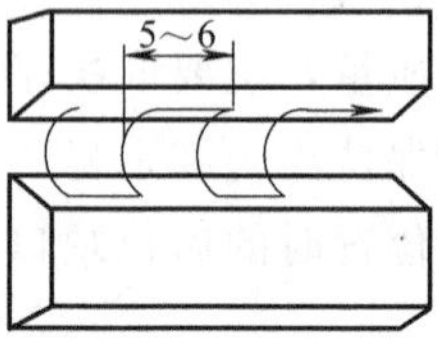

焊条直径为 3.2mm，焊接电流为 75～85A，装配间隙起焊端为 3mm，终焊端为 3.2mm，坡口钝边尺寸为 0，反变形角度为 3°～4°。操作时，从定位焊缝上引燃电弧后，焊条即在坡口内做侧 U 形运条，如图 3-33 所示。电弧从坡口的一侧到另一侧做一次侧 U 形运动之后，即完成一个焊点的焊接。焊接频率为每分钟完成 50 个左右的焊点，逐个焊点重叠 2/3，一个焊点可使焊道沿焊接方向增长约 1.5mm。焊接过程中熔孔明显可见，坡口根部熔化缺口为 1mm 左右，电弧穿透坡口的"扑扑"声非常清楚，一根焊条可焊长约 80mm 的焊缝。

图 3-33　连弧法焊接电弧运行轨迹

接头时，应该先在弧坑后 10mm 处引弧，然后以正常运条速度运至熔池的 1/2 处，将焊条下压，击穿熔池，再将焊条提起 1～2mm，使之在熔化熔孔前沿的同时，向前运条（以弧柱的 1/3 能在试件背面燃烧为宜）施焊；收弧时，应缓慢将焊条向左或右后方带一下，随后就将其提起收弧，这样可以避免在弧坑表面产生冷缩孔。

（3）其他各层的焊接

焊条的直径为 4mm，填充层采用焊接电流为 150～170A，盖面层采用焊接电流为

140～160A，焊条的右倾角应小于90°，以防熔渣超前而产生夹渣。电弧长度控制在2mm左右，过长易产生气孔。层间应用角向磨光机严格清渣，焊道接头处容易超过高度，可进行打磨或采用层间反向焊接。最后一条填充焊道焊完后，其表面应离试板表面约1.5mm，然后进行盖面层的焊接。盖面层施焊时，电弧的1/3弧柱应将坡口边缘熔合1.5～2mm（不能超过）。摆动焊条时，要使电弧在坡口边缘稍做停留，待液态金属饱满后，再运至另一侧，以避免焊趾处产生咬边；板厚为12mm的试板可焊4层；板厚为16mm的试板可焊5层。

四、常见焊条电弧焊缺陷及预防措施

常见焊条电弧焊缺陷及预防措施见表3-49。

表 3-49　常见焊条电弧焊缺陷及预防措施

缺陷名称		产生原因	预防措施
外观缺陷	咬边	①焊接电流过大 ②电弧过长 ③焊接速度加快 ④焊条角度不当 ⑤焊条选择不当	①适当减小焊接电流 ②保持短弧焊接 ③适当降低焊接速度 ④适当改变焊接过程中焊条的角度 ⑤按照工艺规程,选择合适的焊条牌号和焊条直径
	焊瘤	①焊接电流太大 ②焊接速度太慢 ③焊件坡口角度、间隙太大 ④坡口钝边太小 ⑤焊件的位置安装不当 ⑥熔池温度过高 ⑦焊工技术不熟练	①适当减小焊接电流 ②适当提高焊接速度 ③按标准加工坡口角度及留间隙 ④适当加大钝边尺寸 ⑤焊件的位置按图组成 ⑥严格控制熔池温度 ⑦不断提高焊工技术水平
	表面凹痕	①焊条吸潮 ②焊条过烧 ③焊接区有脏物 ④焊条含硫或含碳、锰量高	①按规定的温度烘干焊条 ②减小焊接电流 ③仔细清除待焊处的油、锈、垢等 ④选择性能较好的低氢型焊条
未熔合		①电流过大,焊速过高 ②焊条偏离坡口一侧 ③焊接部位未清理干净	①选用稍大的电流,放慢焊速 ②焊条倾角及运条速度适当 ③注意分清熔渣、钢水,焊条有偏心时,应调整角度使电弧处于正确方向
气孔		①电弧过长 ②焊条受潮 ③油、污、锈焊前没清理干净 ④母材含硫量高 ⑤焊接电弧过长 ⑥焊缝冷却速度太快 ⑦焊条选用不当	①缩短电弧长度 ②按规定烘干焊条 ③焊前应彻底清除待焊处的油、污、锈等 ④选择焊接性能好的低氢焊条 ⑤适当缩短焊接电弧的长度 ⑥采用横向摆动运条或者预热,减慢冷却速度 ⑦选用适当的焊条,防止产生气孔
未焊透		①坡口角度小 ②焊接电流过小 ③焊接速度过快 ④焊件钝边过大	①加大坡口角度或间隙 ②在不影响熔渣保护前提下,采用大电流、短弧焊接 ③放慢焊接速度,不使熔渣超前 ④按标准规定加工焊件的钝边
烧穿		①坡口形状不当 ②焊接电流太大 ③焊接速度太慢 ④母材过热	①减小间隙或加大钝边 ②减小焊接电流 ③提高焊接速度 ④避免母材过热,控制层间温度

缺陷名称		产生原因	预防措施
夹渣		①焊件有脏物及前层焊道清渣不干净 ②焊接速度太慢,熔渣超前 ③坡口形状不当	①焊前清理干净焊件被焊处及前条焊道上的脏物或残渣 ②适当加大焊接电流和焊接速度,避免熔渣超前 ③改进焊件的坡口角度
满溢		①焊接电流过小 ②焊条使用不当 ③焊接速度过慢	①加大焊接电流,使母材充分熔化 ②按焊接工艺规范选择焊条直径和焊条牌号 ③增加焊接速度
裂纹	热裂纹	①焊接间隙大 ②焊接接头拘束度大 ③母材硫含量大	①减小间隙,充分填满弧坑 ②用抗裂性能好的低氢型焊条 ③用焊接性好的低氢型焊条或高锰、低碳、低硫、低硅、低磷的焊条
	冷裂纹	①焊条吸潮 ②焊接区急冷 ③焊接接头拘束度大 ④母材含合金元素过多 ⑤焊件表面油污多	①按规定烘干焊条 ②采用预热或后热,减慢冷却速度 ③焊前预热,用低氢型焊条,制订合理的焊接顺序 ④焊前预热,采用抗裂性能较好的低氢焊条 ⑤焊接时要保持熔池低氢
焊缝形状不符合要求		①焊接顺序不正确 ②焊接夹具结构不良 ③焊前准备不好,如坡口角度、间隙、收缩余量	①执行正确的焊接工艺 ②改进焊接夹具的设计 ③按焊接工艺规定执行
焊缝尺寸不符合要求		①焊接电流过大或过小 ②焊接速度不适当,熔池保护不好 ③焊接时运条不当 ④焊接坡口不合格 ⑤焊接电弧不稳定	①调整焊接电流到合适的大小 ②用正确的焊接速度焊接,均匀运条,加强熔渣保护熔池的作用 ③改进运条方法 ④按技术要求加工坡口 ⑤保持电弧稳定

第四章
埋弧焊

第一节 | 埋弧焊的工作原理、特点及应用范围

一、埋弧焊的工作原理及特点

1. 工作原理

埋弧焊是利用焊丝与焊件之间的焊剂层下燃烧的电弧产生热量，熔化焊丝、焊剂和母材金属而形成焊缝，以达到连接被焊工件的目的。在埋弧焊中，颗粒状焊剂对电弧和焊接区起机械保护和合金化作用，而焊丝则用作填充金属。

埋弧焊的焊接过程如图 4-1 所示。焊剂由软管流出后，均匀地堆敷在装配好的焊件上，堆敷高度一般为 40~60mm。焊丝由送丝机构送进，经导电嘴送往焊接电弧区。焊接电源的两极，分别接在导电嘴和焊件上。而送丝机构、焊丝盘、焊剂漏斗和操纵盘等全部都装在一个行走机构——焊车上。在设置好焊接参数后，焊接时按下启动按钮，焊接过程便可自动进行。

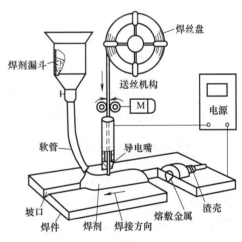

图 4-1 埋弧焊的焊接过程

埋弧焊是在焊剂层下燃烧进行焊接的方法。焊接过程自动或半自动进行，焊剂相当于焊条的药皮，它在焊接过程中所起的作用比药皮更为完善。埋弧焊的电弧是掩埋在颗粒状焊剂下的，如图 4-2 所示。当焊丝和焊件之间引燃电弧，电弧热使焊件、焊丝和焊剂熔化以致部分蒸发，金属焊剂的蒸发气体形成一个气泡，电弧就在这个气泡内燃烧。气泡的上部被一层烧化了的焊剂——熔渣所构成的外膜所包围，这层渣膜不仅很好地隔离了空气跟电弧和熔池的接触，而且使有碍操作的弧光辐射不再散射出来。不仅能很好地将熔池与空气隔开，而且可隔绝弧光的辐射，因此焊缝质量高，劳动条件好。

2. 特点

埋弧焊与焊条电弧焊相比有以下优点。

① 焊缝的化学成分较稳定，焊接规范参数变化小，单位时间内熔化的金属量和焊剂的数量很少发生变化。

② 焊接接头具有良好的综合力学性能。由于熔渣和焊剂的覆盖层使焊缝缓冷，熔池结晶时间较长，冶金反应充分，缺陷较少，并且焊接速度大。

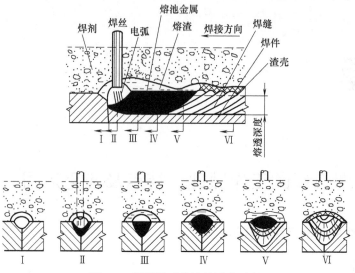

图 4-2 埋弧焊时焊缝的形成过程

③ 适于厚度较大构件的焊接。它的焊丝伸出长度小，可采用较大的焊接电流（埋弧焊的电流密度达 $100\sim150A/mm^2$）。

④ 质量好。焊接规范稳定，熔池保护效果好，冶金反应充分，性能稳定，焊缝成形光洁、美观。

⑤ 减少电能和金属的消耗。埋弧焊时电弧热量集中，减少了向空气中散热及金属蒸发和飞溅造成的热量损失。

⑥ 熔深大，焊件坡口尺寸可减小或不开坡口。

⑦ 容易实现自动化、机械化操作，劳动强度低，操作简单，生产效率高。

二、埋弧焊的应用范围

埋弧焊是工业生产中高效焊接方法之一，它不仅可以焊接各种钢板结构，而且可以焊接碳素结构钢、低合金结构钢、不锈钢、耐热钢、复合钢材等，在造船、锅炉、桥梁、起重机械及冶金机械制造业中应用最广泛。

第二节 焊接工艺参数选择

一、焊接工艺参数对焊缝质量的影响

焊接工艺参数对焊缝质量的影响见表 4-1。

表 4-1 焊接工艺参数对焊缝质量的影响

类别	图示	说　明
焊接电流 I		I 增大（焊速一定时），生产率提高，熔合比 r 与熔深 t 增大；I 过大，会造成烧穿和增大热影响区

类别	图示	说　明
焊接电压 U	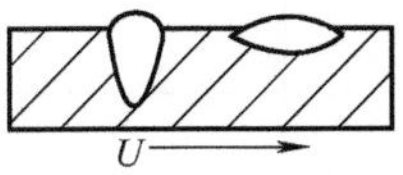	U 过大,焊剂熔化量增加,电弧不稳,熔深减小,严重时会产生咬边;电弧过长(即 U 过大)时,还会使焊缝产生气孔
焊接速度 v	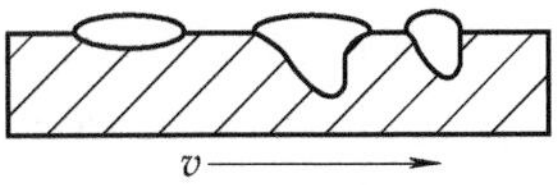	v 增大,母材熔合比减小;v 过大容易造成咬边、未焊透、电弧偏吹、气孔等缺陷,焊缝成形变差;v 过小,焊缝增强高度 h 过大,形成大熔池、满溢,焊缝成形粗糙,容易引起夹渣等缺陷。如 v 过小而电压又过大时,容易引起裂纹
焊丝直径与伸出长度	—	焊丝直径减小(I 一定时),电流密度增加,熔深增大,焊缝形状系数减小;焊丝伸出长度增大,熔敷速度和增强高度增大
焊剂层厚度	—	厚度过小,电弧保护不良,易产生气孔和裂纹;厚度过大,焊缝形状变窄,形状系数减小
焊丝与焊件位置	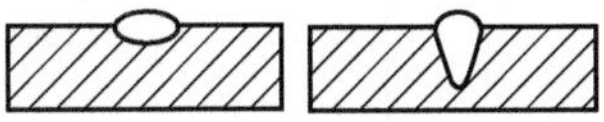 (a) 前倾位置　(b) 后倾位置	单丝焊时,一般用垂直位置;焊丝前倾,可增大焊缝形状系数,常用于薄板(相当于下坡焊);焊丝后倾熔深与增强高度增大,熔宽明显减小,焊缝成形不良,一般仅用于多弧焊的前导焊丝(相当于上坡焊)
装配间隙与坡口大小	—	间隙与坡口角度增大(当其他参数不变时),熔合比 r 与增强高度 h 减小,同时熔深 t 增大,而焊缝高度($h+t$)保持不变

① 工艺参数对焊缝形状、主焊缝组成比例的影响(交流)见表 4-2。

② 埋弧焊焊缝坡口的基本形式和尺寸,见表 4-3。

表 4-2　工艺参数对焊缝形状、主焊缝组成比例的影响(交流)

焊缝特征	当下列各值增大时,焊缝特征的变化										
	焊接电流 ≤1500A	焊丝直径	电弧电压		焊接速度		焊丝后倾角度	焊件倾斜角		间隙和坡口①	焊剂颗粒尺寸②
			22~24V;32~34V	34~36V;50~60V	10~40m/h	40~100m/h		下坡焊	上坡焊		
熔化深度	剧增	减	稍增	稍减	几乎不变	减	剧减	减	稍增	几乎不变	稍增
熔化宽度	稍增	增	增	剧增(但直流正接除外)③	减		增	增	稍减	几乎不变	稍增
增强高度	剧增	减	减		稍增		减	减	稍减	减	稍增
形状系数	剧增	增	增	剧增(但直流正接除外)③	减	稍增	减	增	减	几乎不变	增
$b:h$	剧增	增	增	剧增(但直流正接除外)③	减		剧增	增	减	增	增
母材熔合比	剧增	减	稍增	几乎不变	剧增	增	减	减	稍增	减	稍增

① 板缘坡口的深度和宽度都不超过在板上堆焊时的深度和宽度。

② 当其他条件相同时,在浮石状焊剂下焊成的焊缝,与在玻璃状焊剂下焊成的焊缝比较,具有较小的熔深和较大的熔宽。焊剂中含有容易电离物质越多,熔深越大。

③ 采用直流电源反接施焊时,焊缝尺寸和焊缝形状的变化特征,与交流电焊时相同;但直流反接与直流正接相比,反接的熔深要比正接时大。

表 4-3   埋弧焊焊缝坡口的基本形式和尺寸

符号	厚度范围/mm	坡口形式	焊接形式
‖	6～13	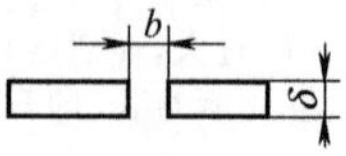	单面焊
⊍	6～24		双面焊
⊔	3～12	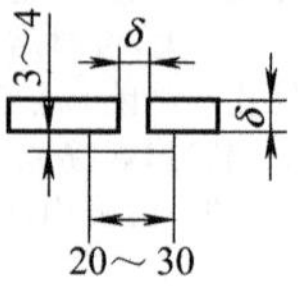	单位面焊
Y	10～24	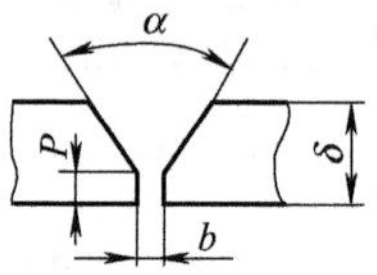	单面焊
 ⅄	10～30		双面焊
 X	24～60	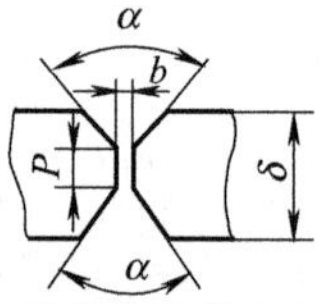	双面焊
Y	>30	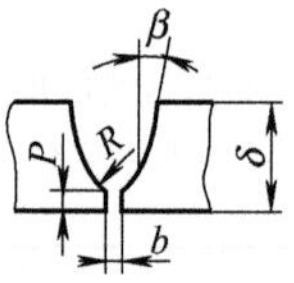	单面焊
⅄	>30		双面焊
 ⊳	20～50	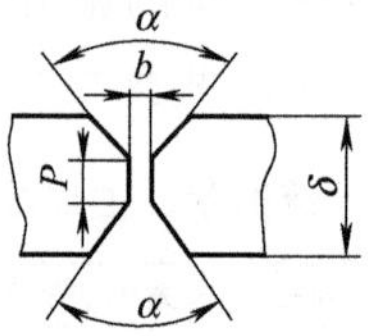	双面焊
 ⅁	10～20	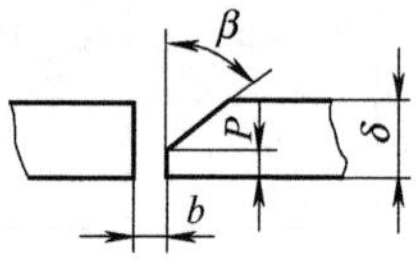	双面焊
 X	50～160	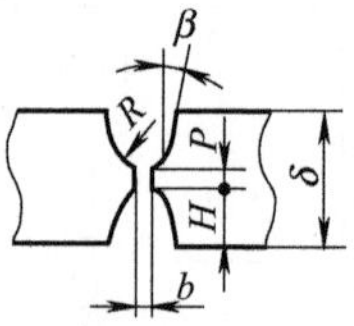	双面焊
K	>30		双面焊

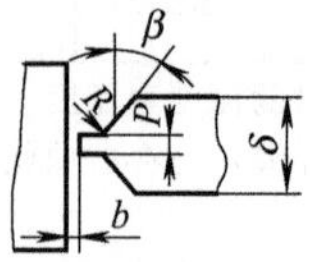

续表

符号	厚度范围/mm	坡口形式	焊接形式
K	20～30		双面焊

二、焊接电源的选择

1. 焊接电源的选用

① 外特性　埋弧自动焊的电源，当选用等速送丝的自动焊机时，宜选用缓降外特性；如果采用电弧自动调节系统的自动焊机时，选用陡降外特性。对于细丝焊接薄板时，则用直流平特性的电源。

② 极性　通常选用直流反接，也可采用交流电源。

2. 焊接电流与相应的电弧电压

焊接电流与相应的电弧电压见表 4-4。

表 4-4　焊接电流与相应的电弧电压

焊接电流/A	600～700	700～850	850～1000	1000～1200
电弧电压/V	36～38	38～40	40～42	42～44

3. 不同直径焊丝适用的焊接电流范围

不同直径焊丝适用的焊接电流范围见表 4-5。

表 4-5　不同直径焊丝适用的焊接电流范围

焊丝直径/mm	2	3	4	5	6
电流密度/A·mm^2	63～126	50～85	40～63	35～50	28～42
焊接电流/A	200～400	350～600	500～800	700～1000	800～1200

三、焊接速度对焊缝成形的影响

焊接速度对焊缝成形的影响存在一定的规律，如图 4-3 所示，在其他参数不变的情况下，焊接速度增大时，熔宽和余高明显减小，熔深有所增加。但是，当焊速增大到 40m/h 以上时，熔深则随焊接速度的增大而减小。

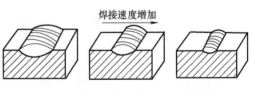

图 4-3　焊接速度对焊缝成形的影响

焊接速度是衡量焊接生产率高低的重要指标，从提高生产率的角度考虑，焊接速度当然是越快越好，但是焊接速度过快，电弧对焊件加热不足，使熔合比减小，还会造成咬边、未焊透及气孔等缺陷；减小焊接速度，使气孔易从正在凝固的熔化金属中逸出，能降低形成气孔的可能性；但焊接速度过慢，将导致熔化金属流动不畅，易造成焊缝波纹粗糙和夹渣，甚至烧穿焊件。

四、焊件位置对焊缝的影响

焊件处于倾斜位置时有上坡焊和下坡焊之分，如图 4-4 所示。上坡焊时，焊缝厚度和余

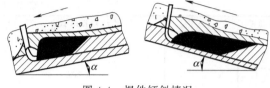

图 4-4　焊件倾斜情况

高增大而焊缝宽度减小，形成窄而高的焊缝；下坡焊时，焊缝厚度和余高减小而焊缝宽度增大，液态金属容易下淌。因此，焊件的倾斜角不得超过 6°～8°。焊件位置对焊缝的影响如图 4-5 所示。

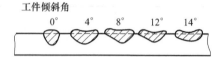
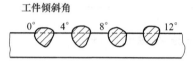

图 4-5　焊件位置对焊缝的影响

五、不同接头形式的焊接

不同接头形式的焊接方法见表 4-6。

表 4-6　不同接头形式的焊接方法

类别		图示	说明
对接	单面焊	(a) 焊剂垫 (b) 铜垫板 (c) 锁底	用于 20mm 以下中、薄板的焊接。焊件不开坡口，留一定间隙，背面采用焊剂垫或焊剂-铜垫，以达到单面焊双面成形。也可采用铜垫板或锁底对接
	双面焊		适用于中、厚板焊接。留间隙双面焊的第一面焊缝在焊剂垫上焊接，也可在焊缝背面用纸带承托焊剂，起衬垫作用；也可在焊第二面焊缝前，用碳弧气刨刨清好焊根后再进行焊接
角接	垂直焊丝船形焊		由于熔融金属容易流入间隙，常用垫板或焊剂垫衬托焊缝，焊后除掉。应掌握组装间隙，最大不超过 1mm
	填角焊		每道焊缝的焊脚高度在 10mm 以下。对焊脚大于 10mm 的焊缝，必须采用多层焊

类别	图示	说　　明
环焊缝		为防止熔池中液态金属和熔渣从转动的焊件表面流失,焊丝位置要偏离焊件中心线一定距离 a , a 值随着焊件直径的增大而减小,可根据试验来确定

六、焊丝直径、倾角及伸出长度

1. 焊丝直径

当焊接电流不变时,随着焊丝直径的增大,电流密度减小,电弧吹力减弱,电弧的摆动作用加强,使焊缝宽度增加而焊缝厚度减小;焊丝直径减小时,电流密度增大,电弧吹力增大,使焊缝厚度增加。故用同样大小的电流焊接时,小直径焊丝可获得较大的焊缝厚度,不同直径的焊丝所适用的焊接电流范围见表4-5。

2. 焊丝倾角

通常认为焊丝垂直水平面的焊接为正常状态,如果焊丝在焊接接方向上具有前倾和后倾,其焊缝形状也不同,前倾焊熔深增大,焊缝宽度和余高减小,如图4-6所示。如果焊接平角焊缝,焊丝还要与竖板成约30°的夹角,如图4-7所示。

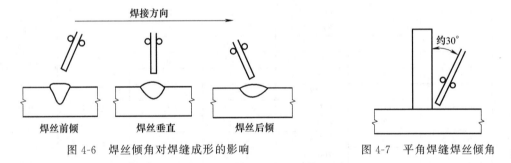

图 4-6　焊丝倾角对焊缝成形的影响　　　　　图 4-7　平角焊缝焊丝倾角

3. 焊丝伸出长度

焊丝伸出长度是从导电嘴端算起,伸出导电嘴外的焊丝长度。焊丝伸出过长时,焊丝熔化速度加快,使熔深减小,余高增加;若伸出长度太短,则可损坏导电嘴。一般要求焊丝伸出长度为 30～35mm。

七、装配定位焊和衬垫单面焊双面成形

1. 装配定位焊

焊件的焊前组合装配应尽可能使用夹具,以保证定位焊的准确性。一般情况下,定位焊结束后,应将夹具拆除。若需带夹具进行焊接时,夹具应离焊接部位远些,以免焊上。轻而薄的焊件采用夹具固定或定位焊固定均可;而中等厚度或大而重的焊件,必须采用定位焊固定。由于定位焊的目的是保证焊件固定在预定的相对位置上,因此要求定位焊缝应能承受结构自重或焊接应力而不破裂。而自动焊时,第一道焊道产生的应力比手弧焊时要大得多。因

此，对埋弧自动焊定位焊的有效长度应按表 4-7 选择。

表 4-7 定位焊焊道长度与焊件厚度的关系 mm

焊件厚度	定位焊道长度	备注
<3.0	40~50	300mm 内 1 处
3.0~25	50~70	300~500mm 内 1 处
≥25	70~90	250~300mm 内 1 处

定位焊后，应及时将焊道上的渣壳清除干净，同时还必须检查有无裂纹等缺陷产生。如果发现缺陷，应将该段定位焊道彻底铲除，重新施焊。焊件定位焊固定后，如果接口间隙在 0.8~2mm，可先用手弧焊封底，以防自动焊时产生烧穿。如果根部间隙超过 2mm，则应去除定位焊道，并用砂轮等工具对坡口面进行整形，然后再进行组装。定位焊后的焊件，应尽快进行埋弧目动焊。

2. 衬垫单面焊双面成形

① 焊剂垫上的单面焊双面成形。埋弧焊时焊缝成形的质量主要与焊剂垫的托力及根部的间隙有关。所用焊剂垫尽可能选用细颗粒焊剂，焊接参数见表 4-8。

② 铜衬垫上单面焊双面成形。铜衬垫的截面尺寸和焊接参数见表 4-9 和表 4-10。

表 4-8 焊剂垫上单面对接焊的焊接参数

根部 /mm	根部间隙 /mm	焊丝直径 /mm	焊接电流 /A	电弧电压 /V	焊接速度 /(cm/min)	电流种类	焊剂垫压力 /kPa
3	0~0.5	1.6	275~300	28~30	56.7	交流电	81
		2	275~300	28~30	56.7		
		3	400~425	25~28	117		
4		2	375~400	28~30	66.7		101~152
		4	425~450	28~30	83.3		101
5	0~2.5	2	425~550	32~34	58.3		101~152
		4	575~625	28~30	76.7		101
6	0~3.0	2	475	32~34	50		101~152
			600~650	28~32	67.5		
7		4	650~700	30~34	61.7		
8	0~3.5		725~775	30~36	56.7		
10	3~4		700~750	34~36	50		
12	4~5		750~800	36~40	45		
14		5	850~900	36~40	42		
16			900~950	38~42	33		
18	5~6		950~1000	40~44	28		
20			950~1000	40~44	25		

表 4-9 铜衬垫的截面尺寸 mm

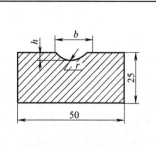

焊件厚度	槽宽 b	槽深 h	曲率半径 r
4~6	10	2.5	7.0
6~8	12	3.0	7.5
8~10	14	3.5	9.5
12~14	18	4.0	12

表 4-10　铜衬垫的焊接参数

根部/mm	根部间隙/mm	焊丝直径/mm	焊接电流/A	电弧电压/V	焊接速度/(cm/min)
3	2	3	380～420	27～29	78.3
4	2～3	4	450～500	29～31	68
5	2～3	4	520～560	31～33	63
6	3	4	550～600	33～35	63
7	3	4	640～680	35～37	58
8	3～4	4	680～720	35～37	53.3
9	3～4	4	720～780	36～38	46
10	4	4	780～820	38～40	46
12	5	4	850～900	39～40	38
13	5	4	880～920	39～41	36

八、焊接工艺参数的选择方法

由于埋弧自动焊工艺参数的内容较多，而且在各种不同情况下的组合对焊缝成形和焊接质量可产生不同或相似的影响，因此选择埋弧自动焊的工艺参数是一项较为复杂的工作。

选择埋弧自动焊工艺参数时，应达到焊缝成形良好，接头性能满足设计要求，并要有高质量和低消耗。其步骤如下。

① 根据生产经验参数或查阅类似情况下所用的焊接工艺参数作为参考。

② 进行试焊，试焊时所采用的试件材料、厚度和接头形式、坡口形式等完全与生产焊件相同，尺寸大小允许不一样，但不能太小。

③ 经过试焊和必要的检验，最后确定出合适的工艺参数。

第三节 │ 埋弧焊的操作工艺

焊接规范的选择不仅要保证电弧稳定，焊缝形状尺寸符合要求，焊缝表面成形光洁整齐，无气孔、裂纹、夹渣、未焊透等缺陷，而且要求生产效率高和成本低。在实际生产中，要根据接头的形式、焊接位置和焊件厚度等不同情况，进行焊接工艺评定和制定工艺规程，焊工应按工艺规程施焊。当需要焊工选择焊接规范时，一般有 3 种方法。

① 查表　查阅类似焊接情况所用的焊接规范表，作为制定新规范的参考。

② 试验　在与焊件相同的焊接试样板上试焊，最后确定规范。

③ 经验　根据焊工在实践中积累的经验，确定最佳焊接规范。

通过上述方法确定的焊接规范，必须在实际生产中加以修正，以便制定出更切合实际的规范。

一、焊前准备

埋弧焊的焊前准备主要是坡口制备和装配。

由于埋弧焊可使用较大规范，所以焊件厚度 $\delta < 14$mm 的钢板可以不开坡口；当焊件厚度 δ 为 14～22mm 时，一般开 V 形坡口；当焊件厚度 δ 为 22～50mm 时，可开 X 形坡口；更厚的焊件多开 U 形坡口，以减少坡口的宽度。U 形坡口还能改善多层焊第一道焊缝的脱渣性。当要求以小的线能量焊接时，有时较薄的焊件也可开 U 形坡明。V 形和 X 形坡口角

度一般为 $60°\sim80°$，以利于提高焊接质量和生产效率。

坡口的加工可采用刨边机、气割机、碳弧气刨及其他机械设备，坡口边缘的加工必须符合技术要求，焊前应对坡口及焊接部位的表面铁锈、氧化皮、油污清除干净，以保证焊接质量。对重要产品，应在距坡口边缘 30mm 范围内打磨出金属光泽。

埋弧焊的焊前装配必须给以足够重视，否则会影响焊缝的质量，具体要按产品的技术要求执行。焊件装配要求间隙均匀，高低平整无错边。装配点固焊时要求使用的焊条与焊件材料性能相符，定位焊缝一般应在第一道焊缝的背面，长度大于 30mm。在直焊缝组装时，需要加与坡口形状相似截面的引弧板和收弧板。

二、基本操作

埋弧焊一般采用 MZ-1000 型埋弧焊机，它的基本操作包括焊前准备、起弧、焊接、停止 4 个过程，其说明见表 4-11。

表 4-11   埋弧焊基本操作

操作	说　　明
焊前准备	①把自动焊车放在焊件的工作位置上，将焊接电源的两极分别接在导电嘴和焊件上 ②将准备好的焊剂和焊丝分别装入焊丝盘和焊剂漏斗内。焊丝在焊丝盘中绕制要注意绕向，防止搅在一起，不利于送丝 ③闭合弧焊电源的闸刀开关和控制线路的电源开关 ④焊车的控制是通过改变焊车电动机的电枢电压大小和极性来实现。使焊接小车处在"空载"位置上，设定所需焊速。设定时先测出小车在固定时间内行走的距离，然后根据该距离算出小车的速度 ⑤焊丝被夹在送丝滚轮和从动压紧轮之间，夹紧力的大小，可通过弹簧机构调整，焊丝往下送出之后，由矫直滚轮矫直，再经导电嘴，最后进入电弧区。按焊丝向下的按钮，使焊丝对准焊缝，并与焊件接触，但不要太紧。导电嘴的高低可通过升降机构的调节手轮来调节，以保证焊丝有合适的伸出长度 ⑥将开关的指针转动在"焊接"位置上 ⑦按照焊接的方向，将自动焊车的换向开关指针转到向左或向右的位置上 ⑧按照预先选择好的焊接规范进行调整。焊接电流通过调节电流调节旋钮改变直流控制绕组中的电流大小，从而达到电流的调节。电流调节也可实现"远控"（即在焊接小车上调节），这时将转换开关打至"远控" ⑨将自动焊车的离合器手柄向下扳，使主动轮与自动焊车减速器相连接 ⑩开启焊剂漏斗的闸门，使焊剂堆敷在预焊部位。调节好焊剂的堆积高度，一般为 30～50mm，以在焊接时刚好看不见红色熔融状态的熔渣为准，以免粘渣而影响焊缝成形
起弧	焊机的起弧方式有两种：短路回抽引弧和缓慢送丝引弧 ①短路回抽引弧时，引弧前让焊丝与工件轻微接触，按下"焊接"起焊，则为短路引弧。因焊丝与工件短接，导致电弧电压为零，然后焊丝回抽，同时，短路电流烧化短路接触点，形成高温金属蒸气，随后建立的电场形成电弧 ②当焊丝未与工件接触时，按下"焊接"按钮起焊时，为缓慢送丝引弧。这时，弧焊电源输出空载电压，"焊接"按钮需要持续按下，使送丝速度减小。这样便形成慢送丝。焊丝慢送进直到与工件短接，焊丝回抽，形成电弧，完成引弧过程
焊接	按上面的方法使焊丝提起随即产生电弧，然后焊丝向下不断送进，同时自动焊车开始前进。在焊接过程中，操作者应留心观察自动焊车的行走，注意焊接方向不偏离焊缝外，同时还应控制焊接电流、电弧电压的稳定，并根据已焊的焊缝情况不断修正焊接规范及焊丝位置。另外，还要注意焊剂漏斗内的焊剂量（焊剂在必要时需进行添加），以及焊剂垫等其他工艺措施正常与否，以免影响焊接工作的正常进行
停止	焊接结束时，应按下列顺序停止焊机的工作 ①关闭焊剂漏斗的闸门 ②按"停止"按钮时，必须分两步进行，首先按下一半（这时手不要松开），使焊丝停止送进，此时电弧仍继续燃烧，接着将自动焊车的手柄向下扳，使自动焊车停止前进。在这过程中，电弧慢慢拉长，弧坑逐渐填满，等电弧自然熄灭后，再继续将"停止"按钮按到底，切断电源，使焊机停止工作 ③扳下自动焊车手柄，并用手把它推到其他位置；同时回收未熔化的焊剂，供下次使用，并清除焊渣，检查焊缝的外观质量

三、对接直缝的焊接操作工艺

对接直缝的焊接是埋弧焊常见的焊接工艺，该工艺有两种基本类型，即单面焊和双面焊，同时，它们又可分为有坡口、无坡口和有间隙、无间隙等形式。根据焊件厚薄的不同，又可分为单层焊和多层焊；根据防止熔化金属泄漏的不同情况，又有各种衬垫法和无衬垫法。

1. 焊剂垫法埋弧焊

在焊接对接焊时，为防止熔池和熔渣的泄漏，在焊接直缝的第一面时，常用焊剂垫作为衬垫进行焊接。焊剂垫的焊剂应尽量使用适合于施焊件的焊剂，并需烘干及经常过筛和去灰。焊接时焊剂垫必须与焊件背面贴紧，并保持焊剂的承托力在整个焊缝长度上均匀一致。在焊接过程中，要注意防止因焊件受热变形而发生焊件与焊剂垫脱空，以致造成焊穿，尤其应防止焊缝末端出现这种现象。直缝焊接的焊剂垫应用如图 4-8 所示。

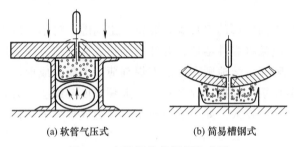

(a) 软管气压式   (b) 简易槽钢式

图 4-8　直缝焊接的焊剂垫应用

（1）无坡口预留间隙双面埋弧焊

在焊剂垫上进行无坡口的双面埋弧焊，为保证焊缝，必须预留间隙，钢板厚度越大，间隙也应越大。通常在定位焊的反面进行第一面焊缝的施焊。第一面的焊缝熔深一般要超过板厚的 1/2～2/3，表 4-12 的规范可供施焊时参考。第二面焊缝使用的规范可与第一面相同或稍许减小。对重要产品在焊接第二面时，需挑焊根进行焊缝根部清理。焊根清理可用碳弧气刨、机械挑凿或砂轮打磨。

表 4-12　留间隙双面埋弧焊规范

焊件厚度/mm	装配间隙/mm	焊接电流/A	电弧电压/V		焊接速度/(m/h)
			交流	直流	
10～12	2～3	750～800	34～36	32～34	32
14～16	3～4	775～825	34～36	32～34	30
18～20	4～5	800～850	36～40	34～36	25
22～24	4～5	850～900	38～42	36～38	23
26～28	5～6	900～950	38～42	36～38	20

为施工方便，焊剂垫可在焊缝背面用水玻璃粘贴一条宽约 50mm 的纸带，起衬垫的作用，也可以采用其他形式的衬垫。

不开坡口的对接缝埋弧焊要求装配间隙均匀平直，不允许局部间隙过大。但实际生产中常常存在对接板缝装配间隙不均匀、局部间隙偏大的情况。这种情况如不及时调整焊接参数，极易造成局部烧穿缺陷，甚至使焊接过程中断，需要进行返修，浪费工时和材料。由于局部间隙过大，即使调解参数焊完这一小段后，还需重新将参数调节到原来规定值。因此焊工在实际操作时非常紧张，不能马上将焊接参数稳定下来，焊接质量也很不稳定。焊接时如遇到局部间隙偏大，可采用右手把"停止"按钮按下一半的操作方法，其目的是减慢焊丝的给送速度，并保证焊接电弧维持燃烧，使焊接能够顺利进行。操作时可根据间隙大小和具体焊接情况分别对待；也可以采用间断按法，即间断给送焊丝。操作时，一边按下按钮，一边观察情况。如果焊机电弧发蓝光，则按钮仍按一半；如焊接电弧发红光，表明可能引起烧穿。此时焊工要特别注意控制焊丝的给送，避免烧穿。焊过这一段间隙偏大的板缝后，再松开按钮，恢复正常操作。焊完后应检查焊缝，如发现局部焊缝达不到焊缝尺寸要求，需进行补焊。如遇到局部间隙偏小，也可以同样采取按"停止"按钮，以控制焊丝给送速度的方法进行焊接。

（2）无坡口单面焊双面成形埋弧焊

这种焊接工艺，主要是采用较大的焊接电流，将焊件一次焊透，并使焊接熔池在焊剂垫上冷却凝固，以达到一次成形的目的。这样，可提高生产效率，减轻劳动强度，改善劳动条件。

在焊剂垫上单面焊双面成形的埋弧焊，要留一定间隙，可不开坡口，将焊剂均匀地承托在焊件背面。焊接时，电弧将焊件熔透，并使焊剂垫表面的部分焊剂熔化，形成一层液态薄膜，使熔池金属与空气隔开，熔池则在此液态焊剂薄层上凝固成形，形成焊缝。为使焊接过程稳定，最好使用直流反接法焊接，焊剂垫的焊剂颗粒度要细些。另外，焊剂垫对焊剂的承托力对焊缝双面成形的影响较大。如果压力较小，会造成焊缝下塌；压力较大，则会使焊缝背面上凹；压力过大时，甚至会造成焊缝穿孔。无坡口单面焊双面成形埋弧焊所采用的方法见表 4-13。

表 4-13　无坡口单面焊双面成形埋弧焊所采用的方法

方法	说　明
磁平台 （焊剂垫法）	用电磁铁将下面有焊剂垫的待焊钢板吸紧在平台上，适用于 8mm 以下的薄钢板对接焊。其工艺参数见表 4-8
门压力架 （焊剂铜垫法）	焊缝下部用焊剂—铜垫托住，具体形式见表 4-9。焊件预留一定间隙，利用横跨焊件而带有若干个气压缸或液压缸的龙门架，通过压梁压紧，从正面一次完成焊接，双面成形。采用焊剂-铜垫的交流埋弧焊工艺参数，见表 4-10
水冷滑块铜垫法	此法利用装配间隙把水冷短铜滑块贴紧在焊缝背面，并夹装在焊接小车上跟随电弧一起移动，以强制焊缝成形，滑块长度以保持熔池底部凝固不漏为宜
热固化焊剂衬垫法	用酚醛或苯酚树脂作热固化剂，在焊剂中加入一定量的铁合金，制成条状的热固化剂软垫，粘贴在焊缝背面，并用磁铁夹具等固定进行焊接的方法，热固化焊剂垫的结构及安装方法如下图所示 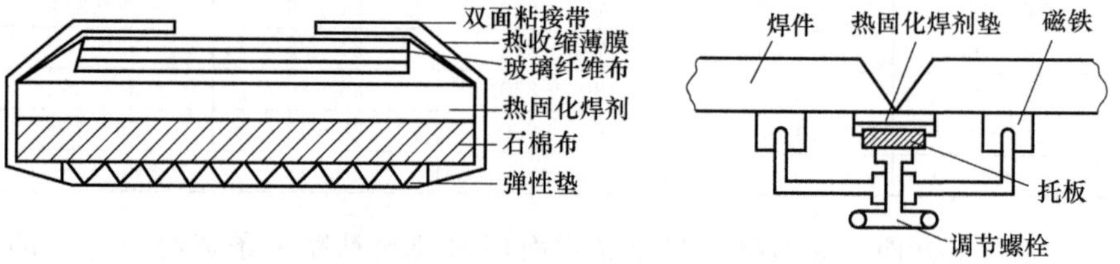 （a）结构　　（b）安装方法 热固化焊剂垫的结构及安装方法

（3）开坡口预留间隙双面埋弧焊

对于厚度较大的焊件，当不允许使用较大的线能量焊接或不允许有较大的余高时，可采用开坡口焊接，坡口形式由板厚决定。表 4-14 为开坡口预留间隙双面埋弧焊（单道）焊接规范。

表 4-14 开坡口预留间隙双面埋弧焊（单道）焊接规范

焊件厚度 /mm	坡 口 形 式	焊丝直径 /mm	焊接顺序	焊接电流 /A	电弧电压 /V	焊接速度 /(m/h)
14		5	1	830～850	36～38	25
		5	2	600～620	36～38	45
16		5	1	830～850	36～38	20
	70°	5	2	600～620	36～38	45
18		5	1	830～860	36～38	20
		5	2	600～620	36～38	45
22		6	1	1050～1150	38～40	18
		5	2	600～620	36～38	45
24		6	1	1100	38～40	24
	70°	5	2	800	36～38	28
30		6	1	1000～1100	38～40	18
	70°	6	2	900～1000	36～38	20

2. 手工焊封底埋弧焊

对于无法使用焊剂垫进行埋弧焊的对接直缝（包括环缝），可先手工焊封底后再焊。这类焊缝接头可根据板厚的不同，分别采用单面坡或双面坡口，一般在厚板手工封底焊的部分采用 V 形坡口，并保证封底厚度大于 8mm，以免在焊接另一面时被焊穿。

3. 锁底连接法埋弧焊

在焊接无法使用衬垫的焊件时，可采用锁底连接法。焊后可根据设计要求保留或车去锁底的突出部分。焊接规范视坡口情况、锁底厚度及焊件形状等情况而定。

4. 悬空焊

当无法或不便采用焊剂垫时，可将坡口钝边增加到 8mm 左右，不留间隙（或装配间隙小于 1mm），在背面无衬托条件下悬空焊接。正面焊缝的熔深通常为焊件厚度的 40%～50%，背面焊缝，为保证焊透，熔深应达到板厚的 60%～70%。悬空焊焊接规范可参考表 4-15。

表 4-15 悬空焊焊接规范

焊件厚度/mm	焊丝直径/mm	焊接顺序	焊接电流/A	电弧电压/V	焊接速度/(m/h)
15	5	正	800～850	34～36	38
		背	850～900	36～38	26
17	5	正	850～900	35～37	36
		背	900～950	37～39	26
18	5	正	850～900	36～38	36
		背	900～950	38～40	24
20	5	正	850～900	36～38	35
		背	900～1000	38～40	24
22	5	正	900～950	37～39	32
		背	1000～1050	38～40	24

由于在实际操作时，往往无法测出熔深的大小，通常靠经验来估计焊件的熔透与否。如在焊接时，观察熔池背面热场的颜色和形状，或观察焊缝背面氧化物生成的多少和颜色等；对于 5～14mm 厚度的焊件，在焊接时熔池背面热场应呈红到淡黄色（焊件越薄，颜色应越

浅）。如果热场颜色呈淡黄或白亮色，则表明将要焊穿，必须迅速改变焊接规范。如果此时热场前端呈圆形，则可提高焊接速度；若热场前端已呈尖形，说明焊接速度较快，必须立即减小焊接电流，并适当增加电弧电压。如果焊缝背面热场颜色较深或较暗，则说明焊速太快或焊接电流太小，应当降低焊接速度或增加焊接电流，但上述方法不适用于厚板多层焊的后几层的焊接。

观察焊缝背面氧化物生成的多少和颜色是在焊后进行的。热场的温度越高，焊缝背面被氧化的程度就越严重。如果焊缝背面氧化物呈深灰色且厚度较大并有脱落或裂开现象，则说明焊缝已有足够熔深；当氧化物呈赭红色，甚至氧化膜也未形成，这就说明被加热的温度较低，熔深较小，有未焊透的可能（较厚钢板除外）。

5. 多层埋弧焊

对于较厚钢板，常采用开坡口的多层焊。无论单面或双面埋弧焊，焊接接头都必须留有大于 4mm 的钝边，如果一面用手工焊封底，钝边可在 2mm 左右。图 4-9 所示为厚板埋弧自动焊接形式。

多层焊的质量，很大程度上取决于第一道自动焊焊接的工艺是否合理，以后各层焊道焊接顺序及位置的合理分布、成形恰当与否；多层焊的第一层焊缝既要保证焊透，又要避免焊穿和产生裂纹，故规范需选择适中，一般不宜偏大。同时由于第一层焊缝位置较深，允许焊缝的宽度应较小，否则容易产生咬边和夹渣等缺陷，因此电弧电压要低些。一般多层焊在焊接第一、二层焊缝时，焊丝位置是位于接头中心的，随着层数的增加，应开始采用分道焊（同一层分几道焊，如图 4-10 所示），否则易造成边缘未熔合和夹渣现象。

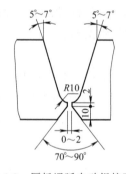

图 4-9　厚板埋弧自动焊接形式

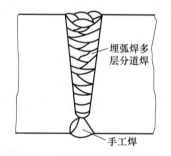

图 4-10　多层埋弧焊焊道分布

当焊接靠近坡口侧边的焊道时，焊丝应与侧边保持一定距离，一般约等于焊丝的直径，这样焊缝与侧边能形成稍具凹形的圆滑过渡，既保证熔合，又利于脱渣。随着层数增加，可适当增大焊接的线能量，以提高焊接生产效率，但也不宜使焊接的层间温度过高，否则，不仅会影响焊缝成形和脱渣，还会降低接头的强度，尤其在焊接低合金钢时更明显。因此，在焊接过程中应控制层间温度，一般不高于 320℃。在盖面焊时，为保证表面焊缝成形良好，焊接规范应适当减小，但应适当提高电弧电压。多层焊的焊接规范见表 4-16。

表 4-16　多层焊的焊接规范

焊缝层次	焊接电流/A	电弧电压/V	焊接速度/(m/h)
第一、二层	600～700	35～37	28～32
中间各层	700～850	36～38	25～30
盖面	650～750	38～42	28～32

四、角焊缝的焊接操作技能

埋弧焊的角焊缝，一般采用斜角埋弧焊和船形埋弧焊两种形式。

1. 斜角埋弧焊

斜角埋弧焊是在焊件不易翻转的情况下采用的一种方法，即焊丝倾斜，如图 4-11 所示。

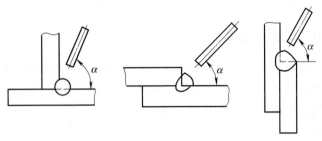

图 4-11　斜角埋弧焊示意图

　　这种工艺对装配间隙的要求不高，但单道焊缝的焊脚高一般不能超过 8mm，所以必须采用多道焊。同时，由于焊丝位置不当，容易产生竖直面咬边或未熔合现象，因此要求焊丝与水平面的夹角 α 不能过大或过小，一般为 $45°\sim75°$，并要选择距竖直面适当距离。电弧电压也不宜过高，这样可防止熔渣过多易流失而影响成形。该工艺一般采用细焊丝，可减小熔池体积，防止熔池金属流溢。斜角埋弧自动焊的焊接规范见表 4-17。

表 4-17　斜角埋弧自动焊的焊接规范

焊脚高度/mm	焊丝直径/mm	电源类型	焊接电流/A	电弧电压/V	焊接速度/(m/h)
3	2	直流	200～220	25～28	60
4	2	交流	280～300	28～30	55
4	2	交流	350	28～30	55
5	2	交流	375～400	30～32	55
5	3	交流	450	28～30	55
7	2	交流	375～400	30～32	28
7	3	交流	500	30～32	48

2. 船形埋弧焊

　　图 4-12 所示为船形埋弧焊示意图。船形埋弧焊容易保证焊接质量，因为焊丝是处于垂直状态，熔池处于水平位置，所以一般易于翻转焊件的角焊缝常用这种船形焊法；但电弧电压不宜过高，否则易产生咬边。另外，焊缝的熔宽与熔深的比值（即焊缝形状系数）应小于 2，这样可避免根部未焊透；装配间隙应小于 1.5mm，否则应在焊缝背面设衬垫，以免焊穿或熔池泄漏。船形埋弧焊的焊接规范见表 4-18。

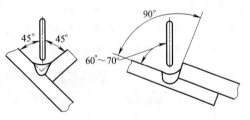

图 4-12　船形埋弧焊示意图

表 4-18　船形埋弧焊的焊接规范

焊脚高度/mm	焊丝直径/mm	焊接电流/A	电弧电压/V	焊接速度/(m/h)
6	2	450～475	34～36	40
8	3	550～600	34～36	30
8	4	575～625	34～36	30

续表

焊脚高度/mm	焊丝直径/mm	焊接电流/A	电弧电压/V	焊接速度/(m/h)
10	3	600～650	34～36	23
10	4	650～700	34～36	23
12	3	600～650	34～36	15
12	4	725～775	36～38	20
12	5	775～825	36～38	18

五、埋弧焊的堆焊操作技能

埋弧堆焊的方法有单丝埋弧堆焊、多丝埋弧堆焊和带极埋弧堆焊 3 种。为达到堆焊层的特殊性能要求，必须要减小焊件金属对堆敷金属的稀释率，即要求熔合比要小，埋弧焊工艺方法的选择和焊接规范的制定，就必须基于这一原则。

1. 单丝埋弧堆焊

单丝埋弧堆焊适用于堆焊面积小或需要对工件限制线能量的场合。一般使用的焊丝为 $\phi1.6\sim4.8$mm，焊接电流为 $160\sim500$A。交、直流电源均可。为了减小堆焊焊缝的稀释率，应尽量减小熔深，可采用降低电流、增加电压、减小焊速、增大焊丝直径、焊丝前倾、采用下坡焊等措施来实现。在不增加焊接电流的前提下，提高焊丝的熔化率，也可减小熔合比值，具体情况如下。

① 加大焊丝的伸出长度，使焊丝在熔化前产生较大的电阻热，以提高焊丝的熔化率，采用专用的导电导向嘴，可把焊丝的伸出长度加大到 $100\sim300$mm。

② 在焊丝熔化前，另接电源对焊丝进行连续的电阻加热，即热焊丝。

③ 采用焊丝摆动的方法减少熔深。

④ 还可在单丝焊的同时，向电弧区连续送进冷焊丝，充分利用单丝焊电弧的热量来提高填充金属熔化量，降低熔合比。

2. 多丝埋弧堆焊

多丝埋弧堆焊包括串列双丝双弧埋弧焊、并列多丝埋弧焊和串联电弧堆焊等多种形式。采用串列双丝双弧埋弧焊时，第一个电弧电流较小，而后一电弧采用大电流，这样可使堆焊层及其附近冷却较慢，从而可减少淬硬和开裂倾向；采用并列多丝埋弧焊时，可加大焊接电流，提高生产效率，而熔深可较浅；采用串联电弧堆焊时，由于电弧发生在焊丝之间，因而熔深更浅，稀释率低，熔敷系数高，此时为了使两焊丝均匀熔化，宜采用交流电源，如图 4-13 所示。不锈钢并列双丝埋弧堆焊的焊接规范见表 4-19。

表 4-19　不锈钢并列双丝埋弧焊的焊接规范

焊缝层次	焊丝直径/mm	焊接电流/A	电弧电压/V	焊接速度/(cm/min)	焊丝间距/mm
过渡层	$\phi3.2$	400～450	32～34	38	8
复层	$\phi3.2$	550～600	38～40	38	8

3. 带极埋弧堆焊

带极埋弧堆焊可进一步提高熔敷速度。焊道宽而平整，外形美观，熔深浅而均匀，稀释率低，最低可达 10%。一般带极厚 $0.4\sim0.8$mm，宽约 60mm。如果借助外加磁场来控制电弧，则可用 180mm 宽的带极进行堆焊。带极堆焊设备可用一般自动埋弧焊机改进，也可用专用设备，电源采用直流反接。带极埋弧堆焊如图 4-14 所示。

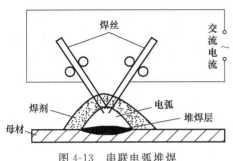

图 4-13 串联电弧堆焊

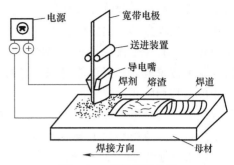

图 4-14 带极埋弧堆焊

焊接时，为便于引弧，应将带极端加工成尖形。焊接时采用较低的焊速，一般以得到相当于或稍大于带极宽度的焊缝为宜，实践证明，提高焊速将明显增大焊缝的稀释率，焊接电流的选择应以不增大焊缝的稀释率为准，电弧电压的变化对稀释率影响不大。为保证焊缝成形良好，减少合金元素的烧损，应该选用适当的电弧电压。带极埋弧堆焊的焊剂消耗量一般是丝极的 1/2～2/3。对于大面积的带极埋弧堆焊，必须在操作时注意，同一层焊缝每条焊道间的紧密搭边，既要保证堆焊层高度的一致，又要防止焊道间出现凹陷。但堆焊不锈钢时，往往采用过渡层来逐渐获得所需的堆焊成分，在堆焊过渡层时，搭边量不宜过大，以防脆化。后一层堆焊时，必须使上下两层焊道合理交叉，以免产生缺陷。不锈钢带极埋弧堆焊的焊接规范见表 4-20。

表 4-20　不锈钢带极埋弧堆焊的焊接规范

焊缝层次	焊丝直径/mm	焊接电流/A	电弧电压/V	焊接速度/(cm/min)
过渡层	0.6	600～650	38～40	15～18
复层	0.6	650～700	38～40	15～18

六、环缝对接焊的操作技能

1. 环缝对接焊的操作特点

圆柱形筒体筒节的对接焊缝叫做环缝。环缝焊接与直缝焊接最大的不同点是，焊接时必须将焊件置于滚轮架上，由滚轮架带动焊件旋转，焊机固定在操作机上不动，仅有焊丝向下输送的动作，如图 4-15 所示。因此，焊件旋转的线速度就是焊接速度。如果是焊接筒体内的环缝，则需将焊机置于操作机上，操作机伸入筒体内部进行焊接。环缝对接焊的焊接位置属于平焊位置。

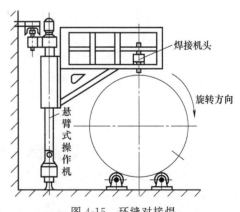

图 4-15　环缝对接焊

环缝焊接时一个重要的技术关键是焊丝相对于筒体的位置。环缝焊接虽属平焊，但当筒体旋转时，常常因焊丝位置不当而造成焊缝成形不良。例如，焊接外环缝时，将焊丝对准环缝的最高点，如图 4-16 所示，焊接过程中，随着筒体转动，熔池便处于电弧的右下方，所以相当于上坡焊，结果使焊缝厚度和余高增加，宽度减小。同样，焊接内环缝时，如将焊丝对准环缝的最低点，熔池便处于电弧的左上方，所以相当于下坡焊，结果使焊缝厚度变浅，宽度和余高减小，严重时将造成焊缝中部下凹。筒体直径越小，上述现象越突出。解决的方法是：在进行环缝埋弧焊时，将焊丝逆筒体旋转方向相对于筒体中心有一个偏移量 a，如图 4-17 所示，使内、外环缝焊接时，焊接熔池能基本上保持在水平位置凝固，因此能得到良好的焊缝成形。但是，应严格控制焊丝的偏移量，太大或太小的偏移均将恶化焊缝的外表成形，如图 4-18 所示。在外环缝上偏移太小或在内环缝上偏移太大，均会造成深熔、狭窄、凸度相当大的焊缝形状，并且还可能产生咬边。如果外环缝上偏移太大或内环缝上偏移太小，会形成浅熔而凹形的焊缝。正确的焊丝相对筒体中心的偏移量可参照表 4-21 进行选择。

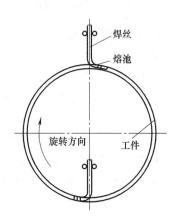

图 4-16　焊丝位于筒体最高点上

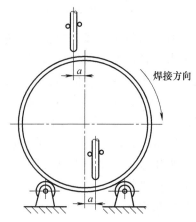

图 4-17　环缝焊接时焊丝偏移量 a

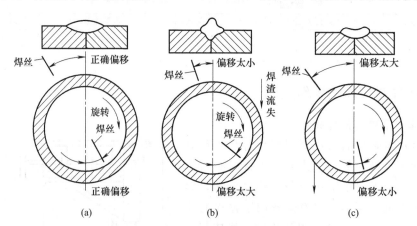

(a)　　　　　　　　(b)　　　　　　　　(c)

图 4-18　焊丝偏移量对焊缝形状的影响

表 4-21　焊丝相对筒体中心的偏移量　　　　　　　　　　mm

筒体直径	偏移量 a	筒体直径	偏移量 a
800～1000	20～25	＜2000	35
＜1500	30	＜3000	40

环缝对接焊根据焊件的厚度，也可分成不开坡口（I形坡口）和开坡口两种形式，其焊接方法基本相同。由于环缝对接焊焊后焊件不产生角变形，所以内、外环缝不必交替焊接。为了便于安放焊剂垫，所以总是先焊内环缝，后焊外环缝。

2. 选用材料及装配定位

① 焊件　直径 2000mm 的筒体 2 节，壁厚 16mm，采用 Q235A 低碳钢板。

② 辅助装置　焊接内、外环缝的操作机，焊接滚轮架，内环缝焊接用焊剂垫。

③ 装配定位　焊前首先将接头及边缘两侧的铁锈、油污等用角向磨光机打磨干净至露出金属光泽，再进行装配定位。装配时要保证对接处的错边量在2mm以内，以保证焊缝质量。对接处不留间隙，局部间隙不大于1mm。定位焊采用直径4mm、型号为E4303的焊条，定位焊缝长20～30mm，间隔300～400mm，直接焊在筒体外表，不装引弧板和引出板（无法装）。定位焊结束后，清除定位焊缝表面渣壳，用钢丝刷清除定位焊缝两侧的飞溅物。

3. 焊接操作

焊接操作方法见表4-22。

表 4-22　焊接操作方法

方法	说　明
装设焊剂垫	筒体环缝先焊内环缝，后焊外环缝。焊接内环缝时，为防止间隙和熔渣从间隙中流失，应在筒体外侧下部装设焊剂垫。常用的焊剂垫有连续带式焊剂垫和圆盘式焊剂垫两种 ①连续带式焊剂垫。连续带式焊剂垫的构造如图1所示。带宽200mm，绕在两只带轮上，一只带轮固定，另一只带轮通过丝杠调节机构做横向移动，以放松或拉紧带。使用前，在带的表面撒上焊剂，将筒体压在带上，拉紧可移带轮，使焊剂垫对筒体产生承托力。焊接时，由于筒体的转动带带旋转，使熔池外侧始终有焊剂承托。焊剂垫上的焊剂在焊接过程中会部分撒落，这时应再添加一些焊剂，以保证焊剂垫上始终有一层焊剂存在 ②圆盘式焊剂垫。圆盘式焊剂垫的构造如图2所示。工作时，将焊剂装在网盘内，圆盘与水平面成45°角。摇动手柄即可转动丝杠，使圆盘上、下升降。焊剂垫应压在待焊筒体环缝的下面（容器环缝位于圆盘最高部位，略偏里些），焊接时，由于筒体的旋转带动圆盘随之转动，焊剂便不断进到焊接部位。由于圆盘倾角较小，焊剂一般不会流失，但焊接时仍应注意经常在圆盘上保持有足够的焊剂，升降丝杠必须有足够的行程，以适应不同直径筒体的需要 圆盘式焊剂垫的主要优点是焊剂能始终可靠地压向焊缝，本身体积较小，使用时比较方便灵活 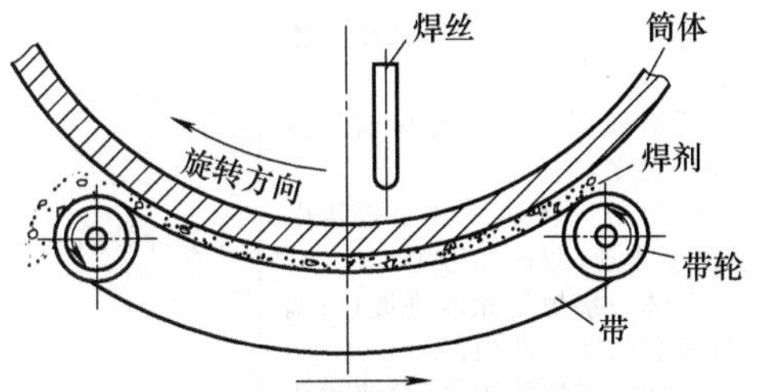 图 1　连续带式焊剂垫 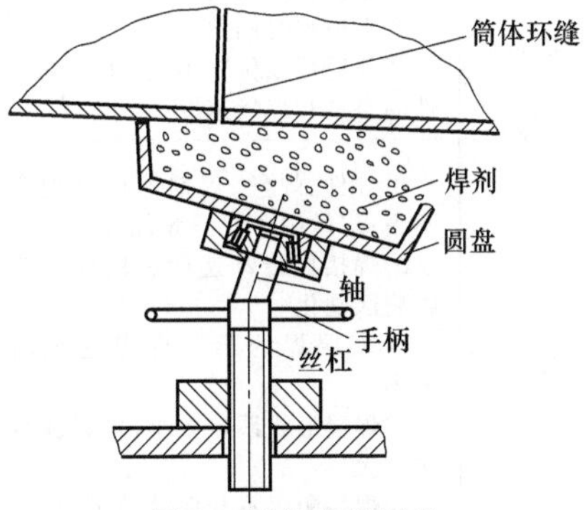　　　　图 2　圆盘式焊剂垫
选用焊接参数	焊丝牌号 H08A，直径 5mm，焊剂牌号 HJ431，焊接电流 700～720A，电弧电压 38～40V，焊接速度 28～30m/h（筒体旋转的线速度），焊丝相对筒体中心线的偏移量为 35mm
焊接操作	将焊剂垫安放在待焊部位，检查操作机、滚轮架的运转情况，全部正常后，将装配好的筒体吊运至滚轮架上，使筒体环缝对准焊剂垫并压在上面。驱动内环缝操作机，使悬臂伸入筒体内部，调整焊机的送丝机构，使焊丝对准环缝的拼接处。为了使焊机启动和筒体旋转同步，事先应将滚轮架驱动电动机的开关接在焊机的"启动"按钮上。这样当焊工按下"启动"按钮时，焊丝引弧和筒体旋转同时进行，可立即进入正常的焊接过程。焊接收尾时，焊缝必须首尾相接，重叠一定长度，重叠长度至少要达到一个熔池的长度 内环缝焊毕后，将筒体仍置于滚轮架上，然后在筒体外面对接口处用碳弧气刨清根。碳弧气刨清根的工艺参数为：直径 8mm 的圆形实心炭棒，刨削电流 320～360A，压缩空气压力 0.4～0.6MPa，刨削速度控制在 32～40m/h 以内。气刨后的刨槽深度要求 6～7mm，宽度 10～12mm。气刨时可随时转动滚轮架，以达到气刨的合适位置。刨槽应力求深浅、宽窄均匀。气刨结束后，应彻底清除刨槽内及两侧的熔渣，用钢丝刷刷干净 最后焊接外环缝。将操作机置于筒体上方，调节焊丝对准环缝的拼接处，焊丝偏移量为 35mm，操作方法及工艺参数不变。焊前应松开焊剂垫，使其脱离筒体，让筒体在焊接外环缝时能自由灵活转动。全部焊接工作结束后，清除焊缝表面渣壳，检查焊缝外表质量

续表

方法	说　明
小直径筒体的焊接	直径小于 500mm 的筒体进行外环缝焊接时,由于筒体表面的曲率较大,焊剂往往不能停留在焊接区域周围,容易向两侧散失,使焊接过程无法进行。在生产中通常采用一种保留盒,将焊接区域周围的焊剂保护起来,如图 3 所示。焊接时,保留盒轻轻靠在筒体上,不随筒体转动。待焊接结束后,再将保留盒去掉 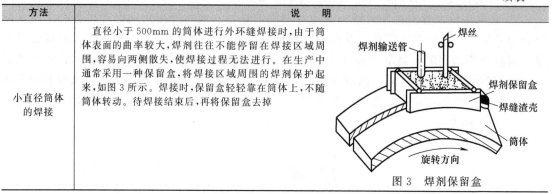 图 3　焊剂保留盒

七、埋弧焊的常见缺陷与预防措施

埋弧焊常见缺陷有焊缝表面成形不良、咬边、未焊透、气孔、裂纹、内部夹渣等,其产生原因及预防措施见表 4-23。

表 4-23　埋弧焊缺陷的产生原因及预防措施

缺陷名称	产生原因	预防措施	消除方法
宽度不均匀	①焊接速度不均匀 ②焊丝送进速度不均匀 ③焊丝导电不良	①找出原因排除故障 ②找出原因排除故障 ③更换导电嘴被套(导电块)	根据具体情况,部分可用焊条电弧焊焊补修整并磨光
余高过大	①电流太大而电压过低 ②上坡焊时倾角过大 ③环缝焊接位置不当,相对于焊件的直径和焊接速度	①调节规范 ②调整上坡焊倾角 ③相对于一定的焊件直径和焊接速度,确定适当的焊接位置	去除表面多余部分,并打磨圆滑
裂纹	①焊件、焊丝、焊剂等材料配合不当;焊丝中含 C,S 量较高 ②焊接区冷却速度过快导致热影响区硬化 ③多层焊的第一道焊缝截面过小 ④焊缝形状系数太小;角焊缝熔深太大 ⑤焊接顺序不合理;焊件刚度大	①合理选配焊接材料;选用合格的焊丝 ②适当降低焊速以及焊前预热和焊后缓冷 ③焊前适当预热或减小焊接电流,降低焊速(双面焊适用) ④调整焊接规范和改进坡口;调整规范和改变极性(直流) ⑤合理安排焊接顺序;焊前预热及焊后缓冷	去除缺陷后补焊
中间凸起而两边凹陷	焊剂圈过低并有粘渣,焊接时熔渣被粘渣拖压	升高焊剂圈,使焊剂覆盖高度达 30～40mm	①升高焊剂圈,去除粘渣 ②适当焊补或去除重焊
咬边	①焊丝位置或角度不正确 ②焊接规范不当	①调整焊丝 ②调节规范	打磨,必要时补焊
未熔合	①焊丝未对准 ②焊缝局部弯曲过度	①调整焊丝 ②精心操作	去除缺陷部分后,补焊
未焊透	①焊接规范不当(如焊接电流过小,电弧电压过高) ②坡口不合适 ③焊丝未对准	①调整规范 ②修整坡口 ③调节焊丝	去除缺陷部分后补焊,严重的需要整条退修
焊穿	焊接规范及其他工艺因素配合不当	选择适当规范	缺陷处修整后补焊

缺陷名称	产生原因	预防措施	消除方法
内部夹渣	①多层焊时,层间清渣不干净 ②多层分道焊时,焊丝位置不当	①层间清渣彻底 ②每层焊后发现咬边夹渣,必须清除修复	去除缺陷补焊
气孔	①接头未清理干净或潮湿 ②焊剂潮湿 ③焊剂(特别是焊剂垫)中混有污物 ④焊剂覆盖层厚度不当或焊剂漏斗阻塞 ⑤焊丝表面清理不够 ⑥电压过高	①接头必须清理干净或加热去潮 ②焊剂按规定烘干 ③焊剂必须过筛、吹灰、烘干 ④调节焊剂覆盖层高度,疏通焊剂漏斗 ⑤焊丝必须清理,清理后应尽快使用 ⑥调整电压	去除缺陷后补焊
焊缝金属焊瘤	①焊接速度过慢 ②电压过大 ③下坡焊时倾角过大 ④环缝焊接位置不当 ⑤焊接时前部焊剂过少 ⑥焊丝向前弯曲	①调节焊速 ②调节电压 ③调整下坡焊倾角 ④相对于一定的焊件直径和焊接速度,确定适当的焊接位置 ⑤调整焊剂覆盖状况 ⑥调节焊丝矫直部分	去除焊瘤后,适当刨槽并重新覆盖

第五章

气焊与气割

气焊与气割是以氧-乙炔焰为热源进行焊接和切割，虽然现代焊接技术中，气焊的用途越来越少，气割的用途也很有限，但它仍然是一种应用很广泛且不可替代的焊割技术。

第一节 | 气焊

气焊是利用可燃气体和氧气混合燃烧所产生的高热来熔化焊件和焊丝而进行焊接的一种方法。

一、气焊的特点与应用范围

1. 气焊的特点

气焊的优点是火焰的温度比焊条电弧温度低，火焰长度与熔池的压力及热输入调节有关。焊丝和火焰各自独立，熔池的温度、形状，以及焊缝尺寸、焊缝背面成形等容易控制，同时便于观察熔池。在焊接过程中利用气体火焰对工件进行预热和缓冷，有利于焊缝成形，确保焊接质量。气焊设备简单，焊炬尺寸小，移动方便，便于无电源场合的焊接。适合焊接薄件及要求背面成形的焊接。

缺点是气焊温度低，加热缓慢，生产率不高，焊接变形较大，过热区较宽，焊接接头的显微组织较粗大，力学性能也较差。

氧-乙炔火焰的种类见表 5-1。各种金属材料气焊时所采用的火焰见表 5-2。

表 5-1　氧-乙炔火焰的种类

种类	火焰形状	O_2/C_2H_2	特点
碳化焰		<1.1	乙炔过剩，火焰中有游离状碳及过多的氢，焊低碳钢等,有渗碳现象。最高温度 2700～3000℃
还原焰	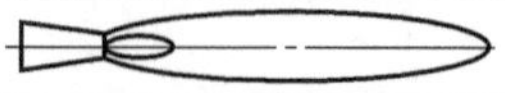	≈1	乙炔稍多,但不产生渗碳现象。最高温度 2930～3040℃
中性焰	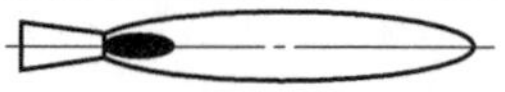	1.1～1.2	氧与乙炔充分燃烧,没有氧或乙炔过剩。最高温度 3050～3150℃
氧化焰	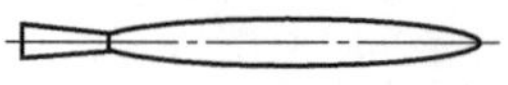	>1.2	氧过剩,火焰有氧化性。最高温度 3100～3300℃

注：还原焰也称"乙炔稍多的中性焰"。

表 5-2　各种金属材料气焊时所采用的火焰

焊件材料	火焰种类
低碳钢、中碳钢、不锈钢、铝及铝合金、铅、锡、灰铸铁、可锻铸铁	中性焰或乙炔稍多的中性焰
低碳钢、低合金钢、高铬钢、不锈钢、紫铜	中性焰
青铜	中性焰或氧稍多的轻微氧化焰
高碳钢、高速钢、硬质合金、蒙乃尔合金	碳化焰
纯镍、灰铸铁及可锻铸铁	碳化焰或乙炔稍多的中性焰
黄铜、锰铜、镀锌铁皮	氧化焰

2. 气焊的应用范围

气焊常用于薄板焊接、熔点较低的金属（如铜、铝、铅等）焊接、壁厚较薄的钢管焊接，以及需要预热和缓冷的工具钢、铸铁的焊接（焊补），见表5-3。

表 5-3　气焊的应用范围

焊件材料	适用厚度/mm	主要接头形式
低碳钢、低合金钢	≤2	对接、搭接、端接、T形接
铸 铁	—	对接、堆焊、补焊
铝、铝合金、铜、黄铜、青铜	≤14	对接、端接、堆焊
硬质合金	—	堆焊
不锈钢	≤2	对接、端接、堆焊

二、气焊设备及工具

（一）气焊设备和工具的规格、参数及特点

1. 气焊设备的配置

气焊设备主要由氧化瓶、乙炔瓶（乙炔发生器）、减压器、回火防止器、焊炬和乙炔管等组成。气焊设备的配置如图5-1所示。

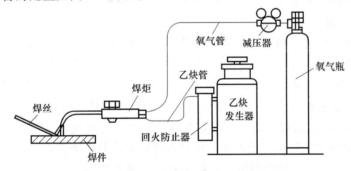

图 5-1　气焊设备的配置

2. 氧气瓶

氧气瓶由瓶体、瓶帽、瓶阀和瓶箍等组成，瓶阀的一侧装有安全膜，当瓶内压力超过规定值时，安全膜片即自行爆破，从而保护了氧气瓶的安全。

氧气瓶是储存和运输氧气的一种高压容器，其外表涂天蓝色，瓶体上用黑漆标注"氧气"字样。常用气瓶的容积为40L，在1.5MPa压力下，可储存6m³的氧气。由于氧气瓶的压力高，而且氧气是极活泼的助燃气体，因此必须严格按照使用规则使用。

当瓶内压力为15MPa表压时，该氧气瓶的氧气储存量为6000L，即6m³。最常见的容积为40L。氧气瓶的规格见表5-4。

表 5-4　氧气瓶的规格

气瓶容积 /L	气瓶外径 /mm	瓶体高度 /mm	质量 /kg	工作压力 /MPa	水压试验压力 /MPa	名义装气量 /m³	瓶阀型号
33		1150±20	45±2			5	
40	φ219	1370±20	55±2	15	22.5	6	QF-2铜阀
44		1490±20	57±2			6.5	

氧气瓶的瓶阀是开闭氧气的阀门，分为活瓣式和隔膜式。氧气瓶瓶阀的类型见表5-5。

表 5-5　氧气瓶瓶阀的类型

瓶阀名称	型号	与瓶体连接螺纹	与减压器连接螺纹	应用特点
隔膜式 氧气瓶阀	QF-1	$\phi 27.8 \times 14$ 牙/in 的锥形尾	管螺纹 G5/8″	气密性好,开启、关闭需用专用扳手,使用 不便,易损坏
活瓣式 氧气瓶阀	QF-2			气密性稍差,但可直接用手开关。使用方 便,目前普遍使用

3. 乙炔瓶

乙炔瓶是用来储存和运输乙炔的容器，乙炔瓶外表涂成白色，并标有红色的"乙炔"和"不可近火"的字样，瓶内装满浸透丙酮的多孔性填料（硅酸钙颗粒等）。使用乙炔瓶必须配备乙炔减压器，以便调节乙炔的压力。乙炔瓶的规格见表5-6。

乙炔瓶阀是控制乙炔瓶内乙炔进出的阀门，它没有旋转的手柄，需用专门的方孔套筒扳手旋转阀杆上的方形端头，有时可用活动扳手开关，但要注意不能打滑，以免撞击金属产生火星。

表 5-6　乙炔瓶的规格

公称容积/L	10	16	25	40	63
公称直径/mm	180	200	224	250	300

4. 液化石油气瓶

液化石油气瓶由底座、瓶体、瓶嘴、耳片和护罩组成，常用液化石油气瓶按可装质量有15kg和50kg两种，钢瓶表面涂成灰色，并涂有红色"油化石油气"字样，液化石油气瓶的设计压力为1.6MPa，这是按照液化石油气的主要成分丙烷在48℃时的饱和蒸气压确定的。钢瓶内容积是按液态丙烷在60℃时恰好充满整个钢瓶设计的。所以，正常情况下，钢瓶内压力不会达到1.6MPa，按规定量充装，钢瓶内总会有一定的气态空间。钢瓶的使用温度为－40～60℃，以免发生危险。液化石油气瓶型号及技术参数见表5-7。

表 5-7　液化石油气瓶型号及技术参数

型　号	YSP-10	YSP-15	YSP-50
钢瓶内直径/mm	314	314	400
底座外直径/mm	240	240	400
护罩外直径/mm	190	190	—
钢瓶高度/mm	535	680	1215
液体容积/L	≥23.5	≥35.5	≥118
可装质量/kg	≤10	≤15	≤50

5. 气焊、气割用高压气体容器的技术参数

用于气焊、气割的高压气体容器的充填压力、试验压力、使用压力（指为确保安全，气瓶中的高压气体经减压后的气体压力）、满瓶量（指充填质量或气体在101.325kPa气压下的容积）见表5-8。

表 5-8　气焊、气割用高压气体容器的技术参数

瓶装气体	充填压力/MPa	试验压力/MPa	使用压力/MPa	满瓶量/kg(L)
氧气	14171(35℃)	2215	1.25	(6000)
乙炔	1125(15℃)	5188	0115	5～7(4000～6000)

注：满瓶量指容积为40L的气瓶数据。括号内的数值为容积L，不加括号的数值为质量kg。

6. 减压器

减压器又称为压力调节器或气压表，其作用是将储存在气瓶内的高压气体减压到所需的

压力并保持稳定。

（1）减压器分类

减压器按用途不同分为集中式和岗位式，按构造不同分为单级式和双级式，按工作原理不同分为正作用式、反作用式和双级混合式。减压器的类型和使用特点见表5-9。

表 5-9 减压器的类型和使用特点

类型	使用特点
单级反作用式	气瓶中的高压气体促使减压活门关闭，故当气瓶中气压下降时，活门开启度增大，输出气体压力反而略有上升，这种特性称为反作用式，容易保证活门气密性，并且气体可充分利用。目前生产的单级减压器多属此类
单级正作用式	与反作用式相反，气瓶中的高压气体促使减压活门开启，随气瓶内压力下降，输出气体压力减少，目前这种类型的减压器已用得很少
双级混合式	双级混合式是正作用式与反作用式的组合形式，气体经两级减压，输出气体压力稳定，不受气瓶内压力变化的影响，并使气体温度降低的趋势缓和，减轻了冻结现象，输出流量也较大，缺点是结构复杂，耗料多

（2）常用减压器型号及技术参数

常用减压器型号及技术参数见表5-10。

表 5-10 常用减压器型号及技术参数

减压器型号	QD-1	QD-2A	QD-3A	DJ-6	SJ7-10	QD-20
名称	单级氧气减压器				双级氧气减压器	单级乙炔减压器
进气口最高压力/MPa	15	15	15	15	15	2
最高工作压力/MPa	2.5	1.0	0.2	2	2	0.15
工作压力调节范围/MPa	0.1~2.5	0.1~1.0	0.01~0.2	0.1~2	0.1~2	0.01~0.15
最大放气能力/(m³/h)	80	40	10	180	—	0
出气口孔径/mm	6	5	3	—	5	4
压力表规格/MPa	0~25 0~4.0	0~25 0~1.6	0~25 0~0.4	0~25 0~4	0~25 0~4	0~2.5 0~0.25
安全阀泄气压力/MPa	2.9~3.9	1.15~1.6	—	2.2	2.2	0.18~0.24
进气口连接螺纹/mm	G15.875	G15.875	G15.875	G15.875	G15.875	夹环连接
质量/kg	4	2	2	2	3	2
外形尺寸 /mm×mm×mm	200×200× 200	165×170× 160	165×170× 160	170×200× 142	200×170× 220	170×185× 315

7. 焊炬

焊炬又称为焊枪、龙头、烧把和熔接器，其作用是将可燃气体与氧气按一定比例混合，并形成具有一定热能的焊接火焰，它是气焊及软、硬钎焊时，用于控制火焰进行焊接的主要器具之一。

焊炬按气体的混合方式不同分为射吸式焊炬和等压式焊炬两类；按火焰的数目不同分为单焰和多焰两类；按可燃气体的种类不同分为乙炔用、氢气用、汽油用等；按使用方法不同分为手工和自动两类。

常用焊炬的分类和特点见表5-11。

（1）射吸式焊炬

射吸式焊炬又称低压焊炬。乙炔靠氧气的射吸作用吸入射吸管，因此，它适用于低压及中压（0.001~0.1MPa）乙炔。射吸式焊炬型号及技术参数见表5-12。

表 5-11　常用焊炬的分类和特点

类别	工作原理	优点	缺点
射吸式	使用的氧气压力较高而乙炔压力较低,利用高压氧从喷嘴喷出时的射吸作用,使氧与乙炔均匀地按比例混合	工作压力在 0.001MPa 以上即可使用,通用性强,低、中压乙炔都可用	较易回火
等压式	使用的乙炔压力与氧气压力相等或接近,乙炔与氧气的混合是在焊(割)嘴接头与焊(割)嘴的空隙内完成的,主要用于割炬	火焰燃烧稳定,不易回火	只能使用中压、高压乙炔,不能用低压乙炔

表 5-12　射吸式焊炬型号及技术参数

型号	焊嘴号码	焊嘴孔径/mm	焊接低碳钢最大厚度/mm	气体压力/MPa		气体消耗量/(m³/h)		焰芯长度/mm	焊炬总长度/mm
				氧气	乙炔	氧气	乙炔		
H01-2	1	0.5	0.5~2	0.1	0.001~0.10	0.033	0.04	3	300
	2	0.6		0.125		0.046	0.05	4	
	3	0.7		0.15		0.065	0.08	5	
	4	0.8		0.175		0.10	0.12	6	
	5	0.9		0.2		0.15	0.17	8	
H01-6	1	0.9	2~6	0.2	0.001~0.10	0.15	0.17	8	400
	2	1.0		0.25		0.20	0.24	10	
	3	1.1		0.3		0.24	0.28	11	
	4	1.2		0.35		0.28	0.33	12	
	5	1.3		0.0		0.37	0.43	13	
H01-12	1	1.4	6~12	0.4	0.001~0.10	0.37	0.43	13	500
	2	1.6		0.45		0.49	0.58	15	
	3	1.8		0.5		0.65	0.78	17	
	4	2.0		0.6		0.86	1.05	18	
	5	2.2		0.7		1.10	1.21	19	
H01-20	1	2.4	12~20	0.6	0.001~0.10	1.25	1.50	20	600
	2	2.6		0.65		1.45	1.70	21	
	3	2.8		0.7		1.65	2.0	21	
	4	3.0		0.75		1.95	2.3	21	
	5	3.2		0.8		2.25	2.6	21	

注：1. 型号中 H 表示焊（Han）的第一个字母；0 表示手工；1 表示射吸；2、6、12、20 分别表示焊接低碳钢最大厚度为 2mm、6mm、12mm 和 20mm，全书同。

2. 焰芯长度指氧气压力符合本表，乙炔压力为 0.006~0.008MPa 时的数据。

（2）等压式焊炬

等压式焊炬是氧气与可燃气体压力相等，混合室出口压力低于氧气及燃气压力的焊炬。压力相等或相近的氧气、乙炔气同时进入混合室。工作时可燃气体流量保持稳定，火焰燃烧也稳定，并且不易回火，但它仅适用于中压乙炔。等压式焊炬型号及技术参数见表 5-13。

表 5-13　等压式焊炬型号及技术参数

型号	焊嘴号码	焊嘴孔径/mm	焊接低碳钢最大厚度/mm	气体压力/MPa		焰芯长度≥/mm	焊炬总长度/mm
				氧气	乙炔		
H02-12	1	0.6	0.5~12	0.2	0.02	4	500
	2	1.0		0.25	0.03	11	
	3	1.4		0.3	0.04	13	
	4	1.8		0.35	0.05	17	
	0	2.2		0.4	0.06	20	
H02-20	1	0.6	0.5~20	0.2	0.02	4	600
	2	1.0		0.25	0.03	11	
	3	1.4		0.3	0.04	13	
	4	1.8		0.35	0.05	17	
	0	2.0		0.4	0.06	20	
	6	2.6		0.5	0.07	21	
	7	3.0		0.6	0.08	21	

8. 气焊辅助工具

① 护目镜　气焊、气割时使用护目镜，主要是保护焊工的眼睛不受火焰亮光的刺激，以便在焊接过程中能够仔细地观察熔池金属，又可防止飞溅金属微粒进入眼睛内。护目镜的镜片颜色的深浅，根据焊工的需要和被焊材料性质进行选用。颜色太深或太浅都会妨碍对熔池的观察，影响工作效率，一般宜用 3 号到 7 号的黄绿色镜片。

② 点火枪　使用手枪式点火枪点火最为安全方便。当用火柴点火时，必须把划着了的火柴从焊嘴或割嘴的后面送到焊嘴或割嘴上，以免手被烧伤。

③ 橡胶管　按其所输送的气体不同分为氧气和乙炔两种橡胶管。a. 氧气橡胶管。氧气橡胶管由内、外胶层和中间纤维组成，其外径为 18mm，内径为 8mm，工作压力为 1.5MPa。b. 乙炔橡胶管。其结构与氧气橡胶管相同，但其管壁较薄，其外径为 16mm，内径为 10mm，工作压力 0.3MPa。

④ 橡胶管接头　橡胶管接头是橡胶管与减压器、焊（割）炬以及乙炔发生器和乙炔供应点等的连接接头。橡胶管接头如图 5-2 所示。根据 GB/T 5107—2008《气焊设备　焊接、切割和相关工艺设备用软管接头》规定，它由螺纹接头、螺纹部分和软管接头 3 部分组成，燃气与氧气软管接头分别为 $\phi6mm$、$\phi8mm$、$\phi10mm$ 三种（即胶管孔径的）规格，而其螺纹部分则有 M12×1.25、M16×1.5、M18×5 三种，即减压器、焊（割）炬、乙炔发生器等螺纹接头规格。

为区别氧气橡胶管接头和乙炔橡胶管接头，在乙炔管接头的螺母表面刻有 1～2 条槽，如图 5-2（b）所示，且不得用含铜量在 70% 以上的铜合金接头，否则将酿成严重事故。接头螺母的螺纹一般为 M16×1.5。焊炬、割炬用橡胶管禁止接触油污及漏气，并严禁互换使用。

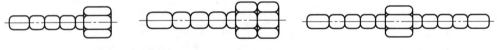

(a) 连接氧气橡胶管用的接头　　　(b) 连接乙炔橡胶管用的接头　　　(c) 连接两根橡胶管用的接头

图 5-2　橡胶管接头

⑤ 其他工具　清理焊缝、割缝的工具，如钢丝刷、錾子、手锤及锉刀。连接和启闭气体通路的工具，如钢丝钳、铁丝卡子、胶管夹头及扳手等。清理焊嘴或割嘴用的通针，每个气焊工都应备有粗细不等的钢质通针一组，以便清除堵塞焊嘴或割嘴的脏物。

（二）气焊设备的正确使用

气焊设备的正确使用方法见表 5-14。

表 5-14　气焊设备的正确使用方法

使用方法	说　明
氧气瓶、氧气减压器、氧气胶管与焊炬的连接	使用氧气瓶前，应稍打开瓶阀，吹去瓶阀上黏附的细屑或脏物后立即关闭。开启瓶阀时，操作者应站在瓶阀气体喷出方向的侧面并缓慢开启，避免氧气流朝向人体，以及易燃气体或火源喷出 在使用氧气减压器前，调压螺钉应向外旋出，使减压器处于非工作状态。将氧气减压器拧在氧气瓶瓶阀上（拧足 5 个螺扣以上），再把氧气胶管的一端在减压器出气口接牢，另一端在焊炬的氧气接头上接牢
溶解乙炔瓶、乙炔减压器、乙炔胶管与焊炬的连接	使用前，乙炔气瓶必须直立放置 20min 以上，严禁在地面上卧放，将乙炔减压器上的调压螺钉松开，使减压器处于非工作状态。将夹环上的紧固螺钉松开，把乙炔减压器上的连接管对准乙炔气瓶的进出气口并夹紧，再把乙炔胶管的一端与乙炔减压器上的出气管接牢，另一端与焊炬上的乙炔接头相接

使用方法	说　明
采用乙炔瓶进行氧-乙炔焊的使用方法	①将焊炬上的氧气阀和乙炔阀顺时针方向旋转关好。逆时针旋转打开氧气瓶阀,减压器高压表由压力表指示,顺时针方向旋转调压螺钉到适当指示值。打开乙炔瓶阀,逆时针方向旋转3/4圈(用专用套筒),减压器的高压表由压力表指示,再顺时针方向旋转调压螺钉到适当的指示值 ②先逆时针方向旋转焊炬上的氧气阀,然后逆时针方向旋转焊炬上的乙炔阀,放出胶管中的混合气体(与空气混合),点燃火焰,随即调节火焰能率及火焰的种类 ③停止焊接时,先关闭乙炔阀,火焰熄灭,并立即关闭氧气阀。结束焊接时(或下班时),应关闭氧气瓶阀和乙炔瓶阀,打开焊炬上气阀,放出胶管内的剩余气体,减压器压力表上的指针回到"0"位,旋松调压螺钉,关闭焊炬的气阀
溶解乙炔瓶组及乙炔站、液化石油气瓶组站、氧气瓶组站	氧气、乙炔或液化石油气用量比较集中的场所、车间可用3瓶以上的气瓶连接,由汇流排导出(单个液化石油气瓶应在出口处加装减压器),或由乙炔站集中向车间供气。氧气瓶汇流排供气布置如图1所示,溶解乙炔瓶汇流排供气布置如图2所示,乙炔站集中向车间供气布置如图3所示,液化石油气瓶集中供气布置如图4所示 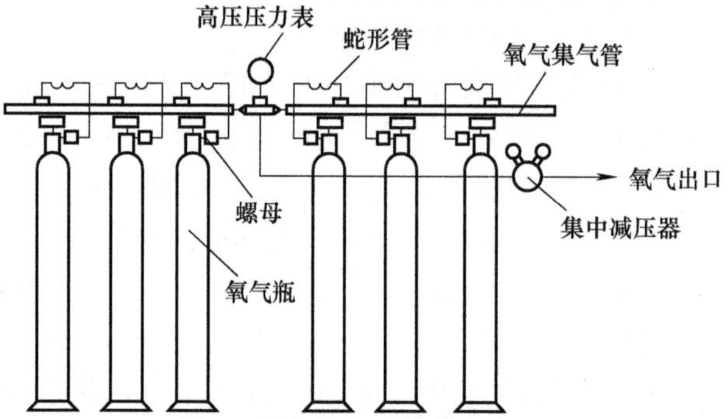 图1　氧气瓶汇流排供气布置 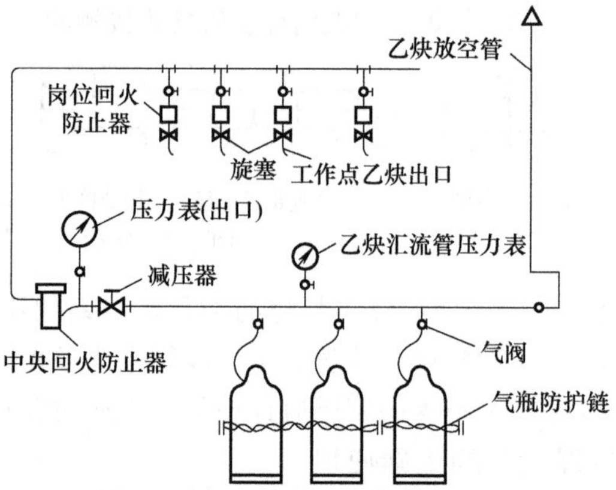 图2　溶解乙炔瓶汇流排供气布置 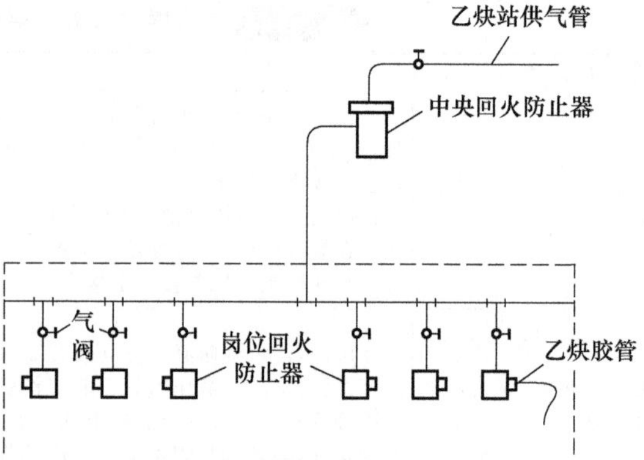 图3　乙炔站集中向车间供气布置

使用方法	说　明
溶解乙炔瓶组及乙炔站、液化石油气瓶组站、氧气瓶组站	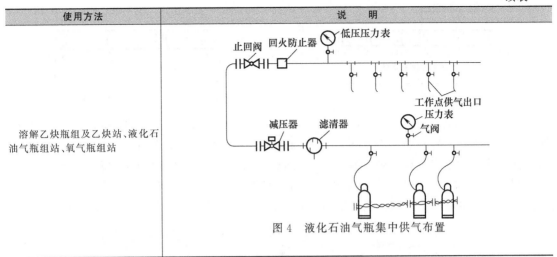 图 4　液化石油气瓶集中供气布置

三、气焊焊接工艺的参数与规范选择原则

气焊焊接工艺的参数规范选择原则见表 5-15。

表 5-15　**气焊焊接工艺的参数与规范选择原则**

参　数	规范选择原则					
焊丝直径	焊件厚度/mm	1.0～2.0	2.0～3.0	3.0～5.0	5.0～10	10～15
	焊丝直径/mm	1.0～2.0	2.0～3.0	3.0～4.0	3.0～5.0	4.0～10
焊嘴与焊件夹角	焊嘴与焊件夹角根据焊件厚度、焊嘴大小、施焊位置来确定。焊接开始时夹角大些；接近结束时角度要小					
焊接速度	焊接速度随所用火焰强度弱及操作熟练的程度而定，在保证焊件熔透的前提下，应尽量提高焊接速度					
焊嘴号码	根据焊件厚度和材料性质而定					

四、气焊焊前准备与基本操作工艺

（一）气焊焊前准备

1. 焊前清理

气焊前必须清理工件坡口两侧和地丝表面的油污、氧化物等。用汽油、煤油等溶剂清洗，也可用火焰烧烤。除氧化膜可用砂纸、钢丝刷、锉刀、刮刀、角向砂轮机等机械方法清理，也可用酸或碱溶解金属表面氧化物。清理后用清水冲洗干净，再用火焰烘干后进行焊接。

2. 定位焊和点固焊

为了防止焊接时产生过大的变形，在焊接前，应将焊件在适当位置实施一定间距的点焊定位。对于不同类型的焊件，定位方式略有不同。

① 薄板类焊件的定位焊从中间向两边进行。定位焊焊缝长为 5～7mm，间距为 50～100mm。定位焊的顺序应由中间向两边依次交替点焊，直到整条焊缝布满为止，如图 5-3 所示。

② 厚板（$\delta \geqslant 4$mm）定位焊的焊缝长度 20～30mm，间距 200～300mm。定位焊顺序从焊缝两端开始向中间进行，如图 5-4 所示。

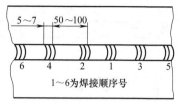

图 5-3　薄板定位焊顺序

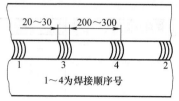

图 5-4　厚板定位焊顺序

③ 管子定位焊（图 5-5）的焊缝长度均为 5～15mm，管径＜100mm 时，将管周均分 3 处，定位焊 2 处，另一处作为起焊点，如图 5-5（a）所示；管径在 100～300mm 时，将管周均分 4 处，对称定位焊 4 处，在 1、4 之间作为起焊点，如图 5-5（b）所示；管径在 300～500mm 时，将管周均分 8 处，对称定位焊 7 处，另一处作为起焊点，如图 5-5（c）所示。定位焊缝的质量应与正式施焊的焊缝质量相同，否则应铲除或修磨后重新定位焊接。

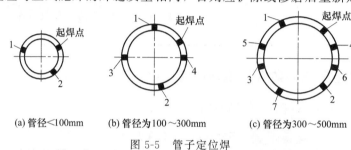

(a) 管径＜100mm　　(b) 管径为100～300mm　　(c) 管径为300～500mm

图 5-5　管子定位焊

④ 预热。施焊时先对起焊点预热。

（二）气焊基本操作工艺

1. 焊炬的操作工艺

焊炬的操作工艺见表 5-16。

表 5-16　焊炬的操作工艺

工　艺	说　明
焊炬的握法	一般操作者多用左手拿焊丝，右手握住焊炬的手柄，将大拇指放在乙炔开关位置，由拇指向伸直方向推动乙炔开关，将食指拨动氧气开关，有时也可用拇指来协助打开氧气开关，这样可以随时调节气体的流量
火焰的点燃	先逆时针方向微开氧开关放出氧气，再逆时针方向旋转乙炔开关放出乙炔，然后将焊嘴靠近火源点火，点火后应立即调整火焰，使火焰达到正常形状。开始练习时，可能出现连续的放炮声，原因是乙炔不纯，应放出不纯的乙炔，然后重新点火；有时会出现不易点燃的现象，多是因为氧气量过大，应重新微关氧气开关。点火时，拿火源的手不要正对焊嘴，也不要将焊嘴指向他人，以防烧伤
火焰的调节	开始点燃的火焰多为碳化焰，如要调成中性焰，则要逐渐增加氧气的供给量，直至火焰的内焰与外焰没有明显的界线时，即为中性焰。如果再继续增加氧气或减少乙炔，就得到氧化焰；若增加乙炔或减少氧气，即可得到碳化焰
火焰的熄灭	焊接工作结束或中途停止时，必须熄灭火焰。正确的熄灭方法是：先顺时针方向旋转乙炔阀门，直至关闭乙炔，再顺时针方向旋转氧气阀门关闭氧气，以避免出现黑烟和火焰倒袭。关闭阀门，不漏气即可，不要关得太紧，以防止磨损过快，降低焊炬的使用寿命
火焰的异常现象及消除方法	点火和焊接中发生的火焰异常现象，应立即找出原因，并采取有效措施加以排除

火焰的异常现象及消除方法见表 5-17。

2. 焊炬和焊丝的摆动

焊炬和焊丝的摆动方式与焊件厚度、金属性质、焊件所处的空间位置及焊缝尺寸等有关。焊炬和焊丝的摆动应包括 3 个方向的动作。

表 5-17　火焰的异常现象及消除方法

异常现象	产生原因	消除方法
火焰熄灭或火焰强度不够	①乙炔管道内有水 ②回火保险器性能不良 ③压力调节器性能不良	①清理乙炔橡胶管,排除积水 ②把回火保险器的水位调整好 ③更换压力调节器
点火时有爆声	①混合气体未完全排除 ②乙炔压力过低 ③气体流量不足 ④焊嘴孔径扩大、变形 ⑤焊嘴堵塞	①排除焊炬内的空气 ②检查乙炔发生器 ③排除橡胶管中的水 ④更换焊嘴 ⑤清理焊嘴及射吸管积炭
脱水	乙炔压力过高	调整乙炔压力
焊接中产生爆声	①焊嘴过热,黏附脏物 ②气体压力未调好 ③焊嘴碰触焊缝	①熄灭后仅开氧气进行水冷,清理焊嘴 ②检查乙炔和氧气的压力是否恰当 ③使焊嘴与焊缝保持适当距离
氧气倒流	①焊嘴被堵塞 ②焊炬损坏无射吸力	①清理焊嘴 ②更换或修理焊炬
回火(有"嘘嘘"声,焊炬把手发烫)	①焊嘴孔道污物堵塞 ②焊嘴孔道扩大、变形 ③焊嘴过热 ④乙炔供应不足 ⑤射吸力降低 ⑥焊嘴离工件太近	①关闭氧气,如果回火严重时,还要拨开乙炔胶管 ②关闭乙炔 ③水冷焊炬 ④检查乙炔系统 ⑤检查焊炬 ⑥使焊嘴与焊缝熔池保持适当距离

第一个动作:沿焊接方向移动。不间断地熔化焊件和焊丝,形成焊缝。

第二个动作:焊炬沿焊缝做横向摆动。这会使焊缝边缘得到火焰的加热,并很好地熔透,同时借助火焰气体的冲击力把液体金属搅拌均匀,使熔渣浮起,从而获得良好的焊缝成形,同时,还可避免焊缝金属过热或烧穿。

第三个动作:焊丝在垂直于焊缝的方向送进并做上下移动。如在熔池中发现有氧化物和气体,可用焊丝不断地搅动金属熔池,使氧化物浮出或排出气体。

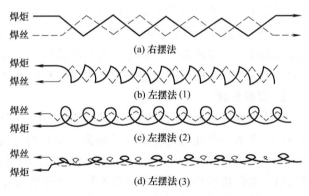

图 5-6　平焊时常见的焊炬和焊丝的摆动方法

平焊时常见的焊炬和焊丝的摆动方法如图 5-6 所示。

3. 焊接方向

气焊时,按照焊炬和焊丝的移动方向,可分为右向焊法和左向焊法两种,如图 5-7 所示。

① 右向焊法。如图 5-7 (a) 所示,焊炬指向焊缝,焊接过程从左向右,焊炬在焊丝面前移动。焊炬火焰直接指向熔池,并遮盖整个熔池,使周围空气与熔池隔离,所以能防止焊缝金属的氧化和减少产生气孔的可能性,同时还能使焊好的焊缝缓慢冷却,改善了焊缝组织。由于焰芯距熔池较近,火焰受焊缝的阻挡,火焰的热量较集中,热量的利用率也较高,使熔深增加,并提高生产效率。所以右向焊法适合焊接厚度较大以及熔点和热导率较高的焊件。右向焊法不易掌握,一般较少采用。

② 左向焊法。如图 5-7 (b) 所示,焊炬是指向焊件未焊部分,焊接过程自右向左,而

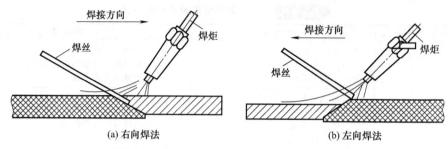

图 5-7　右向焊法和左向焊法

且焊炬是跟着焊丝走。由于左向焊法火焰指向焊件未焊部分，对金属有预热作用，因此，焊接薄板时生产效率很高，这种方法操作简便，容易掌握，是普遍应用的方法。但左向焊法的缺点是焊缝易氧化，冷却较快，热量利用率低，故适用于薄板的焊接。

4. 焊缝的起头、连接和收尾

① 焊缝的起头。由于刚开始焊接，焊件起头的温度低，焊炬的倾斜角应大些，对焊件进行预热并使火焰往复移动，保证起头处加热均匀，一边加热一边观察熔池的形成，待焊件表面开始发红时，将焊丝端部置于火焰中进行预热，一旦形成熔池，立即将焊丝伸入熔池，焊丝熔化后，即可移动焊炬和焊丝，并相应减少焊炬倾斜角进行正常焊接。

② 焊缝的连接。在焊接过程中，因中途停顿又继续施焊时，应用火焰把连接部位 5～10mm 的焊缝重新加热熔化，形成新的熔池，再加少量焊丝或不加焊丝重新开始焊接，连接处应保证焊透和焊缝整体平整及圆滑过渡。

③ 焊缝的收尾。当焊到焊缝的收尾处时，应减少焊炬的倾斜角，防止烧穿，同时要增加焊接速度，并多添加一些焊丝，直到填满为止，为了防止氧气和氮气等进入熔池，可用外焰对熔池保护一定的时间（如表面已不发红）后再移开。

5. 焊后处理

焊后残存在焊缝及附近的熔剂和焊渣要及时清理干净，否则会腐蚀焊件。清理时，先在 60～80℃ 热水中用硬毛刷洗刷焊接接头，重要构件洗刷后，再放入 60～80℃、质量分数为 2%～3% 的铬酐水溶液中浸泡 5～10min，然后再用硬毛刷仔细洗刷，最后用热水冲洗干净。清理后，若焊接接头表面无白色附着物，即可认为合格，或用质量分数为 2% 硝酸银溶液滴在焊接接头上，若没有产生白色沉淀物，则说明清洗干净。

铸造合金补焊后，为消除内应力，可进行 300～350℃ 退火处理。

五、各种焊接位置气焊的操作工艺

气焊时经常会遇到各种不同焊接位置的焊缝，有时同一条焊缝就会遇到几种不同的焊接位置，如固定管子的吊焊。熔焊时，焊件接缝所处的空间位置称为焊接位置，焊接位置可用焊缝倾角和焊缝转角来表示，分为平焊、平角焊、立焊、横焊和仰焊等。

1. 平焊位置气焊操作

图 5-8 所示为水平旋转的钢板平对接焊。焊缝倾角在 0°～5°、焊缝转角在 0°～10° 的焊接位置称为平焊位置，在平焊位置进行的焊接即为平焊。水平放置的钢板平对接焊是气焊焊接操作的基础。平焊的操作要点如下。

① 采用左焊法，焊炬的倾角 40°～50°，焊丝的倾角也是 40°～50°。

② 焊接时，当焊接处加热至红色时，尚不能加入焊丝，必须待焊接处熔化并形成熔池时，才可加入焊丝。当焊丝端部粘在池边沿上时，不要用力拔焊丝，可用火焰加热粘住的地方，让焊丝自然脱离。如熔池凝固后还想继续施焊，应将原熔池周围重新加热，待熔化后再加入焊丝继续焊接。

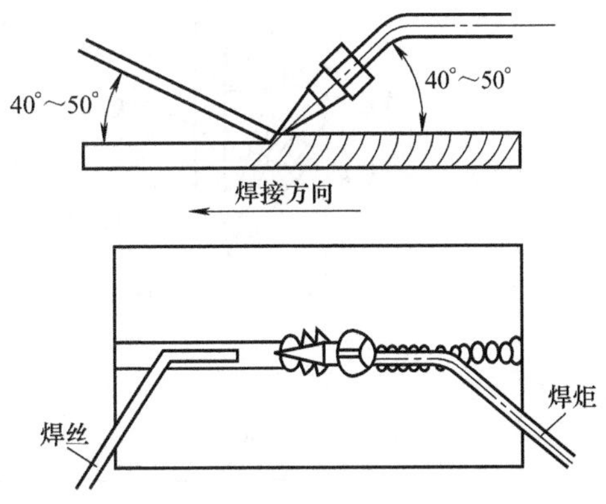

③ 焊接过程中，若出现烧穿现象，应迅速提起火焰或加快焊速，减小焊炬倾角，多加焊丝，待穿孔填满后，再以较快的速度向前施焊。

④ 如发现熔池过小或不能形成熔池，焊丝熔滴不能与焊件熔合，而仅仅敷在焊件表面，表明热量不够，这是由于焊炬移动过快造成的。此时应降低焊接速度，增加焊炬倾角，待形成正常熔池后，再向前焊接。

⑤ 如果熔池不清晰且有气泡，出现火花、飞溅等现象，说明火焰性质不适合，应及时调节成中性焰后再施焊。

⑥ 如发现熔池内的液体金属被吹出，说明气体流量过大或焰芯离熔池太近，此时应立即调整火焰能率，或使焰芯与熔池保持正确距离。

⑦ 焊接时除开头和收尾另有规范外，应保持均匀的焊接速度，不可忽快忽慢。对于较长的焊缝，一般应先做定位焊，再从中间开始向两边交替施焊。

图 5-8　水平旋转的钢板平对接焊

2. 平角焊位置气焊操作

平角焊焊缝倾角为 0°，将互相成一定角度（多为 90°）的两焊件焊接在一起的焊接方法称为平角焊。平角焊时，由于熔池金属的下淌，往往在立板处产生咬边和焊脚两边尺寸不等两种缺陷，如图 5-9 所示，操作要点如下。

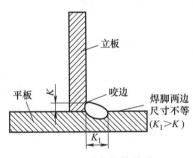

图 5-9　平角焊接缺陷

① 起焊前预热，应先加热平板至暗红色再逐渐将火焰转向立板，待起焊处形成熔池后，方可加入焊丝施焊，以免造成根部焊不透的缺陷。

② 焊接过程中，焊炬与平板之间保持 45°～50° 夹角，与立板保持 20°～30° 夹角，焊丝与焊炬夹角约为 100°，焊丝与立板夹角为 15°～20°，如图 5-10 所示。焊接过程中，焊丝应始终浸入熔池，以防火焰对熔化金属加热过度，避免熔池金属下淌。操作时，焊炬做螺旋式摆动前进，可使焊脚尺寸相等。同时，应注意观察熔池，及时调节倾角和焊丝填充量，防止咬边。

③ 接近收尾时，应减小焊炬与平面之间的夹角，提高焊接速度，并适当增加焊丝填充量。收尾时，适当提高焊炬，并不断填充焊丝，熔池填满后，方可撤离焊炬。

3. 横焊位置气焊操作

焊缝倾角为 0°～5°、焊缝转角为 70°～90° 的对接焊缝，或焊缝倾角为 0°～5°、焊缝转角为 30°～55° 的角焊缝的焊接位置称为横焊位置，如图 5-11 所示。平板横对接焊由于金属熔池下淌，焊缝上边容易形成焊瘤或未熔等缺陷，横焊操作要点如下。

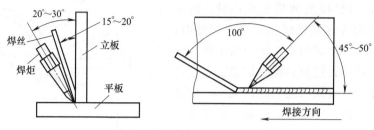

图 5-10 平角焊位置气焊操作

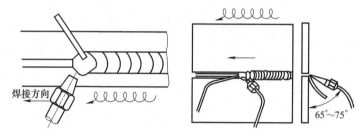

图 5-11 横焊位置气焊操作

① 选用较小的火焰能率（比立焊的稍小些）。适当控制熔池温度，既保证熔透，又不能使熔池金属因受热过度而下坠。

② 操作时，焊炬向上倾斜，并与焊件保持 65°～75°，利用火焰的吹力来托住熔池金属，防止下淌，焊丝要始终浸在熔池中，并不断把熔化金属向上边推去，焊丝做来回半圆形或斜环形摆动，并在摆动的过程中被焊接火焰加热熔化，以避免熔化金属堆积在熔池下面而形成咬边、焊瘤等缺陷。在焊接薄件时，焊嘴一般不做摆动；焊接较厚件时，焊嘴可做小的环形摆动。

③ 为防止火焰烧手，可将焊丝前端 50～100mm 处加热弯成＜90°（一般为 45°～60°），手持的一端宜垂直向下。

4. 立焊位置气焊操作

焊缝倾角在 80°～90°、焊缝转角在 0～180° 的焊接位置称为立焊位置，焊缝处于立面上的竖直位置。立焊时熔池金属更容易下淌，焊缝成形困难，不易得到平整的焊缝。立焊的操作要点如下。

① 立焊时，焊接火焰应向上倾斜，与焊件成 60° 夹角，并应少加焊丝，采用比平焊小 15% 左右的火焰能率进行焊接。焊接过程中，在液体金属即将下淌时，应立即把火焰向上提起，待熔池温度降低后，再继续进行焊接。一般为了避免熔池温度过高，可以把火焰较多地集中在焊丝上，同时增加焊接速度来保证焊接过程的正常进行。

② 要严格控制熔池温度，不能使熔池面积过大，深度也不能过深，以防止熔池金属下淌。熔池应始终保持扁圆或椭圆形，不要形成尖形。焊炬沿焊接方向向上倾斜，借助火焰的气流吹力托住熔池金属，防止下淌。

③ 为方便操作，将焊丝弯成 120°～140° 便于手持焊丝正确施焊。焊接时，焊炬不做横向摆动，只做单一上下跳动，给熔池一个加快冷却的机会，保证熔池受热适当，焊丝应在火焰气流范围内做环形运动，将熔滴有节奏地添加到熔池中。

④ 立焊 2mm 以下厚度的薄板，应加快焊速；使液体金属不等下淌就会凝固。不要使焊

接火焰做上下的纵向摆动，可做小的横向摆动，以疏散熔池中间的热量，并把中间的液体金属带到两侧，以获得较好的成形。

⑤ 焊接 4～21mm 厚的工件可以不开坡口，为了保证熔透，应使火焰能率适当大些。焊接时，在起焊点应充分预热，形成熔池，并在熔池上熔化出一个直径相当于工件厚度的小孔，然后用火焰在小孔边缘加热熔化焊丝，填充圆孔下边的熔池，一边向上扩孔，一边填充焊丝完成焊接。

⑥ 焊接 5mm 以上厚度的工件应开坡口，最好也能先烧一个小孔，将钝边熔化掉，以便焊透。

平板的立焊一般采用自下而上的左焊法，焊炬和焊丝的相对位置如图 5-12 所示。

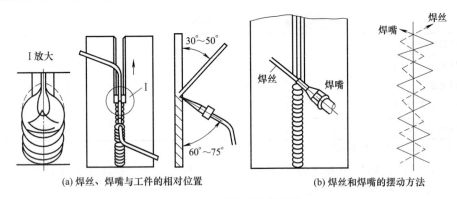

(a) 焊丝、焊嘴与工件的相对位置　　　　(b) 焊丝和焊嘴的摆动方法

图 5-12　立焊位置气焊操作

5. 仰焊位置气焊操作

焊缝倾角在 0°～15°、焊缝转角在 165°～180°的对接焊缝，焊缝倾角在 0°～15°、焊缝转角在 115°～180°的角焊缝的焊接位置称为仰焊位置。焊接火焰在工件下方，焊工需仰视工件方能进行焊接，平板对接仰焊操作如图 5-13 所示。

仰焊由于熔池向下，熔化金属下坠，甚至滴落，劳动条件差，生产效率低，所以难以形成满意的熔池及理想的焊缝形状和焊接质量，仰焊一般用于焊接某些固定的焊件。仰焊操作要点如下。

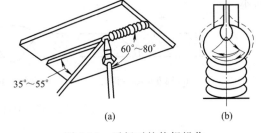

(a)　　　　　　(b)

图 5-13　平板对接仰焊操作

① 选择较小的火焰能率，所用焊炬的焊嘴较平焊时小一号。严格控制熔池温度、形状和大小、保持液态金属始终处于黏团状态。应采用较小直径的焊丝，以薄层堆敷上去。

② 焊带坡口或较厚的焊件时，必须采取多层焊，防止因单层焊熔滴过大而下坠。

③ 对接头仰焊时，焊嘴与焊件表面成 60°～80°，焊丝与焊件夹角 35°～55°［图 5-13（a）］。在焊接过程中，焊嘴应不断做扁圆形横向摆动，焊丝做之字形运动，并始终浸在熔池中，如图 5-13（b）所示，以疏散熔池的热量，让液体金属尽快凝固，可获得良好的焊缝成形。

④ 仰焊可采用左焊法，也可用右焊法。左焊法便于控制熔池和送入焊丝，操作方便，采用较多；右焊法焊丝的末端与火焰气流的压力能防止熔化金属下淌，使得焊缝成形较好。

⑤ 仰焊时应特别注意操作姿势，防止飞溅金属微粒和金属熔滴烫伤面部及身体，并应选择较轻便的焊炬和细软的橡胶管，以减轻焊工的劳动强度。

六、管子的气焊操作工艺

管子气焊时，一般采用对接头。管子的用途不同，对其焊接质量的要求也不同，质量要求高的管子的焊接，如电站锅炉管等，往往要求单面焊双面成形，以满足较高工作压力的要求。对于要求中压以下的管子，如水管、风管等，则应要求对接接头不泄漏，且要达到一定的强度。当壁厚≤2.5mm 时，可不开坡口；当壁厚＞2.5mm 时，为使焊缝全部焊透，需将管子开成 V 形坡口，并留有钝边，管子气焊时的坡口形式及尺寸见表5-18。

表 5-18　管子气焊时的坡口形式及尺寸

管壁厚度/mm	≤2.5	＞2.5～6	＞6～10	＞10～15
坡口形式	—	V 形	V 形	V 形
坡口角度	—	60°～90°	60°～90°	60°～90°
钝边/mm	—	0.5～1.5	1～2	2～3
间隙/mm	1～1.5	1～2	2～2.5	2～3

注：采用右焊法时坡口角度为60°～70°

管子对接时坡口的钝边和间隙大小均要适当（图 5-14），不可过大或过小。当钝边太大、间隙过小时，焊缝不易焊透，如图 5-14（a）所示，导致降低接头的强度；当钝边太小、间隙过大时，容易烧穿，使管子内壁产生焊瘤，会减少管子的有效截面积，增加气体或液体在管内的流动阻力，如图 5-14（b）所示；接头一般可焊两层，应防止焊缝内外表面凹陷或过分凸出，一般管子焊缝的加强高度不得超过管子外壁表面 1～2mm（或为管子壁厚的 1/4），其宽度应盖过坡口边缘 1～2mm，并应均匀平滑地过渡到母材金属，如图 5-14（c）所示。

(a) 钝边太大，间隙过小　　　(b) 钝边太小，间隙过大　　　(c) 合格

图 5-14　管子对接时坡口的钝边和间隙

普通低碳钢管件气焊时，采用 H08 等焊丝，基本上可以满足产品要求。但焊接电站锅炉 20 钢管等重要的低碳钢管子时，必须采用低合金钢焊丝，如 H08MnA 等。

管子的气焊操作工艺见表5-19。

表 5-19　管子的气焊操作工艺

操作工艺	说　明
水平固定管的气焊操作	水平固定管环缝包括平、立、仰 3 种空间位置的焊接，也称全位置焊接。焊接时，应随着焊接位置的变化而不断调整焊嘴与焊丝的夹角，使夹角保持基本不变。焊嘴与焊丝的夹角，通常应保持在 90°；焊丝、焊嘴和工件的夹角，一般为 45°。根据管壁的厚薄和熔池形状的变化，在实际焊接时适当调整和灵活掌握，以保持不同位置时的熔池形状，既保证熔透，又不致过烧和烧穿。水平固定管全位置焊接的分布如图 1 所示。在焊接过程中，为了调整熔池的温度，建议焊接火焰不要离开熔池，利用火焰的温度分布（图 2）进行调节

操作工艺	说　明

水平固定管的气焊操作

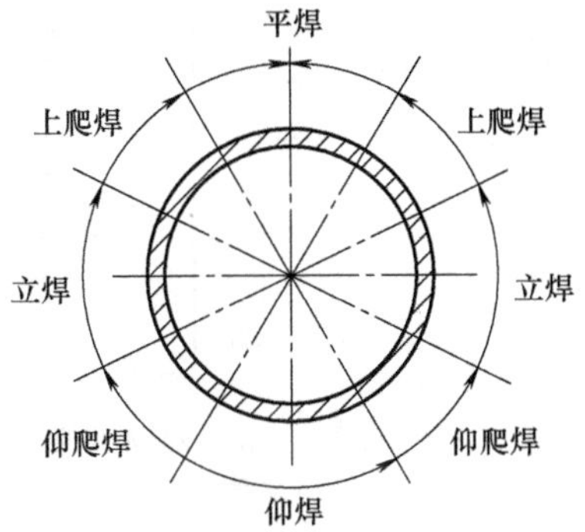

图 1 水平固定管全位置焊接的分布

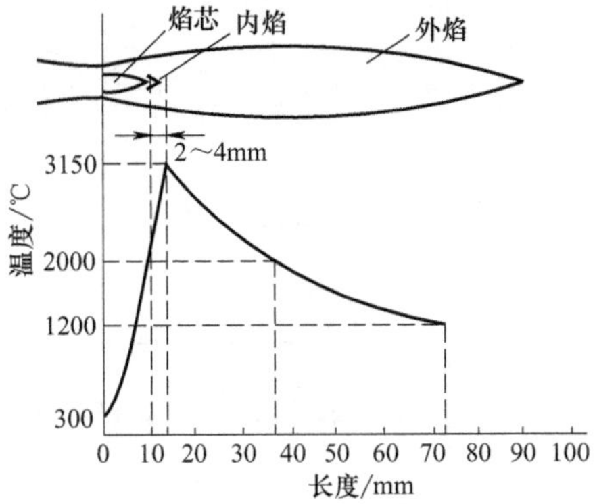

图 2 中性焰的温度分布

当温度过高时，将焊嘴对着焊缝熔池向里送进一点，一般为 2～4mm 的调节范围。其火焰温度可在 1000～3000℃ 的范围内进行调节，这样操作既能调节熔池温度，又不使焊嘴火焰离开熔池，让空气有侵入的机会，同时又保证了焊缝底部不产生内凹和未焊透，特别是在第一层焊接时采用这种方法更为有利。因这种操作方法焊嘴送进距离很小，内焰的最高温度处至焰芯的距离，通常只有 2～4mm，所以难度较大，不易控制

水平固定管的焊接，应先进行定位焊，然后再正式焊接。在焊接前半圈时，起点和终点都要超过管子的竖直中心线 5～10mm；焊接后半圈时，起点和终点都要和前段焊缝搭接一段，以防止起焊处和收口处产生缺陷。搭接长度一般为 10～20mm，如图 3 所示

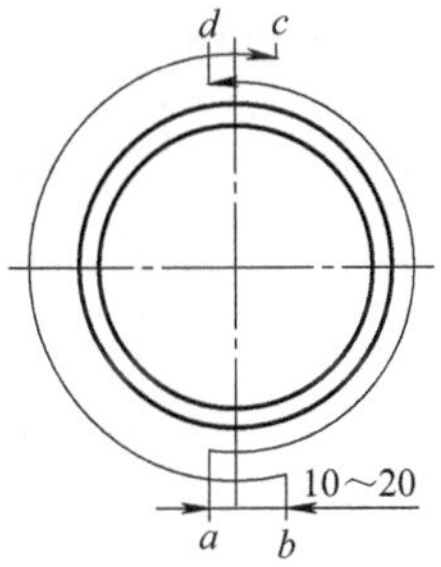

a、d 先焊半圈的起点和终点
b、c 后焊半圈的起点和终点
图 3　水平固定管的焊接

转动管子的气焊操作

由于管子可以自由转动，因此，焊缝熔池始终可以控制在方便的位置上施焊。若管壁<2mm 时，最好处于水平位置施焊；对于管壁较厚和开有坡口的管子，不应处于水平位置焊接，而应采用爬坡焊。因为管壁厚，填充金属多，加热时间长，如果熔池处于水平位置，不易得到较大的熔深，也不利于焊缝金属的堆高，同时易使焊缝成形不良。采用左焊法时，则应始终控制在与管子垂直中心线成 20°～40°角的范围内进行焊接，如图 4(a) 所示。可加大熔深，并能控制熔池形状，使接头均匀熔透。同时使填充金属熔滴自然流向熔池下部，使焊缝成形快，且有利于控制焊缝的高度，更好地保证焊接质量。每次焊接结束时，要填满熔池，火焰应慢慢离开熔池，以避免出现气孔、凹坑等缺陷。采用右焊法时，火焰吹向熔化金属部分，为防止熔化金属因火焰吹力而造成焊瘤，熔池应控制在与管子垂直中心线成 10°～30°角的范围内，如图 4(b) 所示。当焊接直径为 200～300mm 的管子时，为防止变形，应采用对称焊法

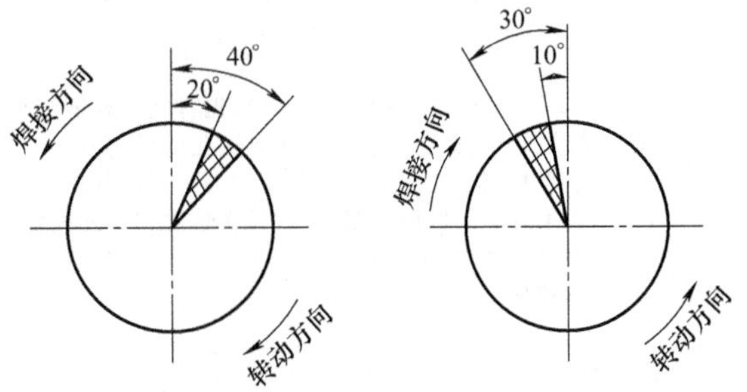

(a) 左向爬坡焊　　(b) 右向爬坡焊
图 4　转动管子的焊接

主管与支管的装配气焊操作

主管与支管的连接件通常称为三通。图 5(a) 所示为主管水平放置，支管垂直向上的等径固定三通的焊接顺序；图 5(b) 所示为主管竖直、支管水平旋转的不等径固定三通的焊接顺序。三通的装配气焊操作要点：等径三通和不等径三通的定位焊位置和焊接顺序如图 5 所示，采用这种对称焊顺序可以避免焊接变形；管壁厚度不等时，火焰应偏向较厚的管壁一侧；焊不等径三通时，火焰应偏向直径较大的管子一侧；选用的焊嘴要比焊同样厚度的对接接头大一号；焊接中碳钢钢管三通时，要先预热到 150～200℃，当与低碳钢管厚度相同时，应选比焊低碳钢小一号的焊嘴

操作工艺	说 明
主管与支管的装配气焊操作	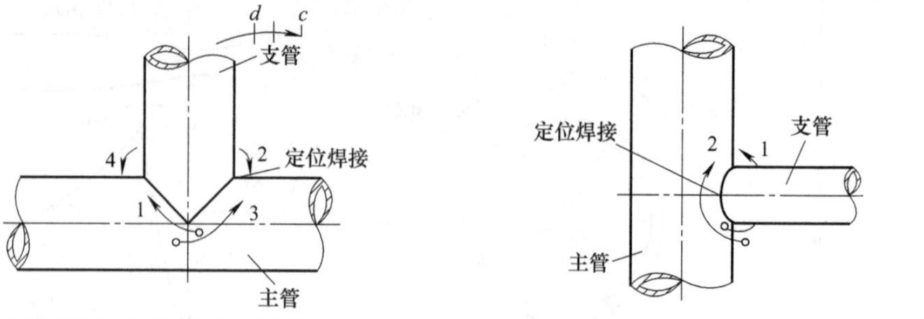 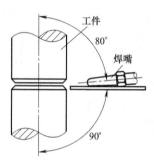 (a) 主管水平放置、支管垂直向上的等径固定三通　(b) 主管垂直、支管水平放置的不等径固定三通 图 5　三通的焊接顺序(1～4 为焊接顺序号)
垂直固定管的气焊操作	管子垂直立放,接头形成横焊缝,其操作特点与直缝横焊相同,只需随着环形焊缝的前进而不断地变换位置,以始终保持焊嘴、焊丝和管子的相对位置不变,从而更好地控制焊缝熔池的形状。垂直固定管常采用对接接头形式。通常采用右焊法,焊嘴、焊丝与管子轴线的夹角如图 6 所示。焊嘴、焊丝与管子切线方向的夹角如图 7 所示。垂直固定管的气焊操作要点如下 图 6　焊嘴、焊丝与管子轴　　　图 7　焊嘴、焊丝与管子切 　　　线的夹角　　　　　　　　　　线方向的夹角 采用右焊法,在开始焊接时,先将被焊处适当加热,然后将熔池烧穿,形成一个熔孔,这个熔孔一直保持到焊接结束,如图 8 所示。形成熔孔的目的有两个:一是使管子熔透,以得到双面成形;二是通过控制熔孔的大小来控制熔池的温度。熔孔的大小应控制在等于或稍大于焊丝直径。熔孔形成后,开始填充焊丝。施焊过程中焊炬不做横向摆动,而只在熔池和熔孔间做前后微摆动,以控制熔池温度。若熔池温度过高,为使熔池得以冷却,火焰不必离开熔池,可将火焰的焰芯朝向熔孔,内焰区仍然笼罩着熔池和近缝区,保护液态金属不被氧化 图 8　熔孔和运条范围 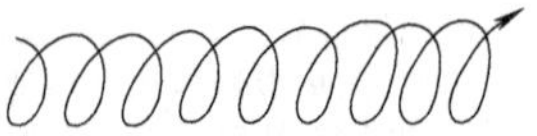　　　　　图 9　r 形运条法 在施焊过程中,焊丝始终浸在熔池中,不停地以 r 形往上挑钢水,如图 9 所示。运条范围不要超过管子对口下部坡口的 1/2 处,如图 8 所示,要在 a 范围内上下运条,否则容易造成熔滴下附现象。焊缝因一次焊成,所以焊接速度不可太快,必须将焊缝填满,并有一定的加强高度。如果采用左焊法,需进行多层焊,其焊接顺序如图 10 所示

图中部分:
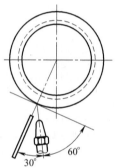

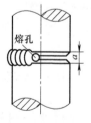

操作工艺	说　明
垂直固定管的气焊操作	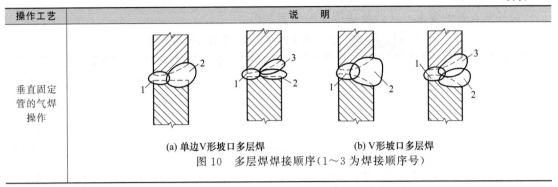 (a) 单边V形坡口多层焊　　　(b) V形坡口多层焊 图 10　多层焊焊接顺序（1～3 为焊接顺序号）

第二节 ｜ 气割

一、气割的特点与应用范围

气割是利用气体火焰的热能将工件切割处预热到燃烧温度（燃点），再向此处喷射高速切割氧流，使金属燃烧，生成金属氧化物（熔渣），同时放出热量，熔渣在高压切割氧的吹力下被吹掉。所放出的热和预热火焰又将下层金属加热到燃点，这样继续下去逐步将金属切开。所以，气割是一个预热—燃烧—吹渣的连续过程，即金属在纯氧中的燃烧过程。

1. 气割的特点

气割的优点是设备简单、使用灵活、操作方便，生产效率高，成本低。能在各种位置上进行切割，并能在钢板上切割各种形状复杂的零件；气割的缺点是对切口两侧金属的成分和组织产生一定的影响，并会引起工件的变形等。常用材料的气割特点见表 5-20。

表 5-20　常用材料的气割特点

材料类别	气割特点
碳钢	低碳钢的燃点（约 1350℃）低于熔点，易于气割；随着碳含量的增加，燃点趋近熔点，淬硬倾向增大，气割过程恶化
铸铁	碳、硅含量较高，燃点高于熔点；气割时生成的二氧化硅熔点高，黏度大，流动性差；碳燃烧生成的一氧化碳和二氧化碳降低氧气流的纯度；不能用普通气割方法，可采用振动气割方法切割
高铬钢和铬镍钢	生成高熔点的氧化物（Cr_2O_3、NiO）覆盖在切口表面，阻碍气割过程的进行；不能用普通气割方法，可采用振动气割法切割
铜、铝及其合金	导热性好，燃点高于熔点，其氧化物熔点很高，金属在燃烧（氧化）时，放热量少，不能气割

2. 气割的应用范围

气体火焰切割主要用于切割纯铁、各种碳钢、低合金钢及钛等，其中淬火倾向大的高碳钢和强度等级高的低合金钢气割时，为了避免切口处淬硬或产生裂纹，应采取适当加大预热火焰能率、放慢切割速度，甚至切割前先对工件进行预热等工艺措施，厚度较大的不锈钢板和铸铁件冒口，可以采用特种气割方法进行气割。随着各种自动、半自动气割设备和新型割嘴的应用，特别是数控火焰切割技术的发展，使得气割可以代替部分机械加工。有些焊接坡口可一次直接用气割方法切割出来，切割后可直接进行焊接。气体火焰切割精度和效率的大幅度提高，使气体火焰切割的应用领域更加广阔。

3. 气割火焰

对气割火焰的要求、获得及适用范围见表 5-21。

表 5-21 对气割火焰的要求、获得及适用范围

项目	说 明
对气割火焰 的要求	气割火焰是预热的热源,火焰的气流又是熔化金属的保护介质。气割时要求火焰应有足够的温度,体积要小,焰芯要直,热量要集中,还要求火焰具有保护性,以防止空气中的氧、氮对熔化金属的氧化及污染
气割火焰 的获得及 适用范围	氧与乙炔的混合比不同,火焰的性能和温度也各异。为获得理想的气割质量,必须根据所切割材料来正确地调节和选用火焰 ①碳化焰 打开割炬的乙炔阀门点火后,慢慢地开放氧气阀增加氧气,火焰即由橙黄色逐渐变为蓝白色,直到焰芯、内焰和外焰的轮廓清晰地呈现出来,此时即为碳化焰。视内焰长度(从割嘴末端开始计量)为焰芯长度的几倍,而把碳化焰称为几倍碳化焰 ②中性焰 在碳化焰的基础上继续增加氧气,当内焰基本上看不清时,得到的便是中性焰。如发现调节好的中性焰过大需调小时,先减少氧气量,然后将乙炔调小,直到获得所需的火焰为止。中性焰适用于切割件的预热 ③氧化焰 在中性焰基础上再加氧气量,焰芯变得尖而短,外焰也同时缩短,并伴有"嘶嘶"声,此时即为氧化焰。氧化焰的氧化度,以其焰芯长度比中性焰的焰芯长度的缩短率来表示,如焰芯长度比中性焰的焰芯长度缩短 1/10,则称为 1/10 或 10%氧化焰。氧化焰主要适用于切割碳钢、低合金钢、不锈钢等金属材料,也可作为氧丙烷切割时的预热火焰

二、气割的应用条件

气割的实质是被切割材料在纯氧中燃烧的过程,不是熔化过程。为使切割过程顺利进行,被切割金属材料一般应满足以下条件。

① 金属在氧气中的燃点应低于金属的熔点,气割时金属在固态下燃烧,才能保证切口平整。如果燃点高于熔点,则金属在燃烧前已经熔化,切口质量很差,严重时无法进行切割。

② 金属的熔点应高于其氧化物的熔点,在金属未熔化前,熔渣呈液体状态从切口处被吹走,如果生成的金属氧化物熔点高于金属熔点,则高熔点的金属氧化物将会阻碍下层金属与切割氧气流的接触,使下层金属难以氧化燃烧,气割过程就难以进行。

高铬或铬镍不锈钢、铝及其合金、高碳钢、灰铸铁等氧化物的熔点均高于材料本身的熔点,所以就不能采用氧气切割的方法进行切割。如果金属氧化物的熔点较高,则必须采用熔剂来降低金属氧化物的熔点。常用金属材料及其氧化物的熔点见表 5-22。

表 5-22 常用金属材料及其氧化物的熔点 ℃

金属材料名称	熔 点		金属材料名称	熔 点	
	金属	氧化物		金属	氧化物
黄铜,锡青铜	850~900	1236	纯铁	1535	1300~1500
铝	657	2050	低碳钢	约 1500	1300~1500
锌	419	1800	高碳钢	1300~1400	1300~1500
铬	1550	约 1900	铸铁	约 1200	1300~1500
镍	1450	约 1900	紫铜	1083	1236
锰	1250	1560~1785			

③ 金属氧化物的黏度应较低,流动性应较好,否则,会粘在切口上,很难吹掉,影响切口边缘的整齐。

④ 金属在燃烧时应能放出大量的热量,用此热量对下层金属起到预热作用,维持切割过程的延续。如低碳钢切割时,预热金属的热量少部分由氧乙炔火焰供给(占 30%),而大部分热量则依靠金属在燃烧过程中放出的热量供给(占 70%)。金属在燃烧时放出的热量越多,预热作用也就越大,越有利于气割过程的顺利进行。若金属的燃烧不是放热反应,而是吸热反应,则下层金属得不到预热,气割过程就不能顺利进行。

⑤ 金属的导热性能应较差,否则,由于金属燃烧所产生的热量及预热火焰的热量很快地传散,切口处金属的温度很难达到燃点,切割过程就难以进行。铜、铝等导热性较强的非铁金属,不能采用普通的气割方法进行切割。金属中含阻碍切割过程进行和提高金属淬硬性的成分及杂质要少。合金元素对钢的气割性能的影响见表 5-23。

表 5-23 合金元素对钢的气割性能的影响

元素	影 响
C	$\omega(C)<0.25\%$,气割性能良好;$\omega(C)<0.4\%$,气割性能尚好;$\omega(C)>0.5\%$,气割性能显著变坏;$\omega(C)>1\%$,不能气割
Mn	$\omega(Mn)<4\%$,对气割性能没有明显影响,含量增加,气割性能变坏;当 $\omega(Mn)\geqslant14\%$ 时,不能气割;当钢中 $\omega(C)>0.3\%$,且 $\omega(Mn)>0.8\%$ 时,淬硬倾向和热影响区的脆性增加,不宜气割
Si	硅的氧化物使熔渣的黏度增加。钢中硅的一般含量对气割性能没有影响,$\omega(Si)<4\%$ 时,可以气割;含量增大,气割性能显著变坏
Cr	铬的氧化物熔点高,使熔渣的黏度增加;$\omega(Cr)\leqslant5\%$ 时,气割性能尚可;含量大时,应采用特种气割方法
Ni	镍的氧化物熔点高,使熔渣的黏度增加;$\omega(Ni)<7\%$,气割性能尚可,含量较高时,应采用特种气割方法
Mo	钼提高钢的淬硬性;$\omega(Mo)<0.25\%$ 时,对气割性能没有影响
W	钨增加钢的淬硬倾向,氧化物熔点高;一般含量对气割性能影响不大,含量接近 10% 时,气割困难;超过 20% 时,不能气割
Cu	$\omega(Cu)<0.7\%$ 时,对气割性能没有影响
Al	$\omega(Al)<0.5\%$ 时,对气割性能影响不大;$\omega(Al)$ 超过 10% 则不能气割
V	含有少量的钒,对气割性能没有影响
S,P	在允许的含量内,对气割性能没有影响

注:ω 为质量分数,括号内表示某元素。

当被切割材料不能满足上述条件时,则应对气割方式进行改进(如采用振动气割、氧熔剂切割等),或采用其他切割方法(如等离子弧切割)来完成材料的切割任务。

三、常用金属材料的气割性能

常用金属材料的气割特点见表 5-24。

表 5-24 常用金属材料的气割特点

材料	说 明
碳钢	低碳钢的燃点(约 1350℃)低于熔点,易于气割,但随着含碳量的增加,燃点趋近熔点,淬硬倾向增大,气割过程恶化
铸铁	含碳、硅量较高,燃点高于熔点;气割时生成的二氧化硅熔点高,黏度大,流动性差;碳燃烧生成的一氧化碳和二氧化碳会降低氧气流的纯度,不能用普通气割方法,可采用振动气割方法切割
高铬钢和铬镍钢	生成高熔点的氧化物(Cr_2O_3、NiO)覆盖在切口表面,阻碍气割过程的进行,不能用普通气割方法,可采用振动气割法切割
铜、铝及其合金	导热性好,燃点高于熔点,其氧化物熔点很高,金属在燃烧(氧化)时放热量少,不能气割

综上所述,氧气切割主要用于切割低碳钢和低合金钢,广泛用于钢板下料、开坡口,在钢板上切割出各种外形复杂的零件等。在切割淬硬倾向大的碳钢和强度等级高的低合金钢

时，为了避免切口淬硬或产生裂纹，在切割时，应适当加大火焰能率和放慢切割速度，甚至在切割前进行预热。对于铸铁、高铬钢、铬镍不锈钢、铜、铝及其合金等金属材料，常用氧熔剂切割、等离子弧切割等其他方法进行切割。

四、气割工艺参数的选择

气割工艺参数主要包括切割氧压力、气割速度、预热火焰的能率、割嘴与割件间的倾斜角以及割嘴与割件表面间的距离等因素。

1. 切割氧压力

气割时，氧气的压力与割件厚度、割嘴号码以及氧气纯度等因素有关。割件越厚，要求氧气的压力越大；割件较薄时，则要求氧气的压力就较低。氧气的压力有一定范围，如氧气压力过低，会使气割过程氧化反应减慢。同时在割缝背面形成粘渣，甚至不能将割件割穿。相反，氧气压力过高，不仅造成浪费，而且对割件产生强烈的冷却作用，使割缝表面粗糙，割缝加大，气割速度反而减慢。

随着割件厚度的增加，选择的割嘴号码应增大，使用的氧气压力也相应地增大。常用割炬的型号及主要技术参数见表 5-25。

表 5-25 常用割炬的型号及主要技术参数

割炬型号	G01-30			G01-100			G01-300				G01-100		
结构形式	射吸式			射吸式			射吸式				等压式		
割嘴号码	1	2	3	1	2	3	1	2	3	4	1	2	3
割嘴孔径/mm	0.6	0.8	1.0	1.0	1.3	1.6	1.8	2.2	2.6	3.0	0.8	1.0	1.2
割件厚度/mm	2~10	10~20	20~30	10~25	25~50	50~100	100~150	150~200	200~250	250~300	5~10	10~25	25~40
氧气压力/MPa	0.20	0.25	0.30	0.20	0.35	0.50	0.50	0.65	0.80	1.00	0.25	0.30	0.35
乙炔压力/kPa	1~100			1~100			1~100				25~100	30~100	40~100
氧气消耗量/(m³/h)	0.8	1.4	2.2	2.5	3.8	6.5	10	13	16	23	—	—	—
乙炔消耗量/(L/h)	210	240	310	380	450	580	630	950	1180	1450	—	—	—
割嘴形状	环形			环形或梅花形			梅花形				梅花形		

氧气纯度对气割速度、气体消耗量以及割缝质量有很大的影响。氧气的纯度低，金属氧化缓慢，使气割时间增加，而且气割单位长度割件的氧气消耗量也增加。例如，在氧气纯度为 97.5%~99.5% 的范围内，每降低 1% 时，1m 长的割缝气割时间增加 10%~15%，而氧气消耗量增加 25%~35%。

2. 气割速度

气割速度与割件厚度和使用的割嘴形状有关。割件越厚，气割速度越慢；反之割件越薄，则气割速度越快。气割速度太慢，会使割缝边缘熔化；速度过快，则会产生很大的后拖量或割不穿。气割速度的选择正确与否，主要根据割缝后拖量来判断。后拖量就是在氧气切割过程中，割件的下层金属比上层金属燃烧迟缓的距离。不同厚度的低碳钢板的气割速度见表 5-26。

气割时，后拖量是不可避免的，在气割厚板时更为显著，因此要求采用的气割速度，应该以割缝产生的后拖量比较小且不影响效率为原则。

表 5-26	不同厚度的低碳钢板的气割速度		
板厚/mm	气割速度/(mm/min)	板厚/mm	气割速度/(mm/min)
>3	50～80	12～25	30～45
3～6	40～60	25～50	25～40
6～12	35～50	50～100	15～30

3. 预热火焰的能率

预热火焰的作用是把金属割件加热，并始终保持能在氧气流中燃烧的温度，同时使钢材表面上的氧化皮剥离和熔化，便于切割氧射流与铁化合。预热火焰对金属加热的温度，低碳钢时为 1100～1150℃。目前采用的可燃气体有乙炔和丙烷（液化石油气）两种，由于乙炔与氧混合燃烧后具有较高的温度，因此切割时间比丙烷短。

气割时，预热火焰均采用中性焰，或轻微的氧化焰。碳化焰不能使用，因为碳化焰中有剩余的碳，会使割件的切割边缘增碳。调整火焰时，应在切割氧射流开启前进行，以防止预热火焰发生变化。

预热火焰的能率以可燃气体（乙炔）每小时消耗量（L/h）表示。预热火焰能率与割件厚度有关。割件越厚，火焰能率应越大；但火焰能率过大时，会使割缝上缘产生连续珠状钢粒，甚至熔化成圆角，同时造成割件背面粘渣增多而影响气割质量。当火焰能率过小时，割件得不到足够的热量，迫使气割速度减慢，甚至使气割过程发生困难，这在厚板气割时更应注意。

当气割薄钢板时，因气割速度快，可采用稍大些的火焰能率，但割嘴应离割件远些，并保持一定的倾斜角度，防止气割中断；而当气割厚钢板时，由于气割速度较慢，为了防止割缝上缘熔化，可相对地采用较小的火焰能率。

在生产中，预热火焰的能率通过选择割炬和割嘴来实现。不同厚度的材料所用的割炬和割嘴可查表 5-25。

4. 割嘴与割件间的倾斜角

割嘴与割件间的倾斜角，直接影响气割速度和后拖量。当割嘴向气割方向前倾一定角度时，能使氧化燃烧而产生的熔渣吹向切割线的前缘，这样可充分利用燃烧反应产生的热量来减少后拖量，从而促使气割速度提高。进行直线切割时，应充分利用这一特性。

割嘴倾斜角的大小，主要根据割件厚度而定。如果倾斜角选择不当，不但不能提高气割速度，反而使气割发生困难，同时，增加氧气的消耗量。

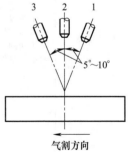

图 5-15　割嘴的倾角与工件厚度的关系

当气割 6～30mm 厚钢板时，割嘴应垂直于割件。气割小于 6mm 钢板时，割嘴可前倾 5°～10°，如图 5-15 所示中 1 的方位。气割大于 30mm 厚钢板时，开始气割应将割嘴后倾 5°～10°，如图 5-15 所示中 3 的方位，待割穿后割嘴垂直于割件，当快割完时，割嘴逐渐前倾 5°～10°，如图 5-15 所示中 1 的方位。

5. 割嘴与割件表面间的距离

割嘴与割件表面间的距离，根据预热火焰的长度及割件的厚度而定，一般为 3～5mm，因为这样的加热条件好，同时割缝渗碳的可能性最小。如果焰心触及割件表面，不但会引起割缝上缘熔化，而且有使割缝渗碳的可能。

当气割 20mm 左右的中厚钢板时，火焰要长些，割嘴与割件表面的距离可增大。在气割 20mm 以上厚钢板时，由于气割速度较慢，为了防止割缝上缘熔化，所需的预热火焰应短些，割嘴与割件的距离可适当减小，这样还能够对保持切割氧的纯度有利，也提高了气割的质量。

除上述 5 个因素外，影响气割质量的因素还有钢材质量及其表面状况（氧化皮、涂料等）；割件的割缝形状（直线、曲线或坡口等）；可燃气体的种类和供给方式以及割嘴形式等，应根据实际情况应用。

五、气割基本操作工艺

（一）手工气割基本操作

1. 手工气割的一般操作

手工气割的一般操作见表 5-27。

表 5-27　手工气割的一般操作

操作步骤	说　明
气割前的准备	为了保证气割质量，必须掌握操作方法。气割前，要仔细地检查工作场地是否符合安全生产的要求，同时检查乙炔气瓶、减压器、管路及割炬的工作状态是否正常。开启乙炔瓶阀及调节乙炔减压器，开启氧气瓶阀以及调节氧气减压器，将氧气调节到所需的工作压力 将割件放在割件架上，或把割件垫高至与地面保持一定距离，切勿在离水泥地很近的位置或直接放在水泥地面上切割，防止水泥发生爆溅。然后将割件表面的污垢、油漆以及铁锈等清除掉 根据割件厚度选择火焰能率(即割嘴号码)，并点火调整好预热火焰(中性焰)。然后试开切割氧气阀，检查切割氧(风线)是否细而直的射流喷出。同时检查预热火焰是否正常，若不正常(焰心呈尖状)，应调好。如果风线不好，可用通针通割嘴的喷射孔
气割过程	气割开始时，首先将切割边缘用预热火焰加热到燃烧温度，实际上是将割件表面加热至接近熔化的温度(灼红尚未熔化状态)，再开启切割氧，按割线进行切割 气割过程中，火焰焰心离开割件表面的距离为 3～6mm。割嘴与割件的距离要求在整个气割过程中保持均匀，否则会影响气割质量 在手工气割中，可采用割嘴沿气割方向前倾 20°～30°，如图 1 所示，以提高气割速度 气割质量在很大程度上与气割速度有关，从熔渣的流动方向可以判断气割速度是否适宜。气割速度正常时，熔渣的流动方向基本上与割件表面相垂直，如图 2(a)所示。当气割速度过高时，熔渣将成一定的角度流出，即产生较大的后拖量，如图 2(b)所示 在气割较长的直线或曲线形板材时，一般割 300～500mm 后应移动一下位置。此时先关闭切割氧调节阀，将割炬火焰离开割件，然后移动身体的位置，再将割件气割表面预热到燃点，并缓慢地开启切割氧继续切割。对薄板切割时，可先开启切割氧射流，然后将割炬的火焰对准切割处继续气割 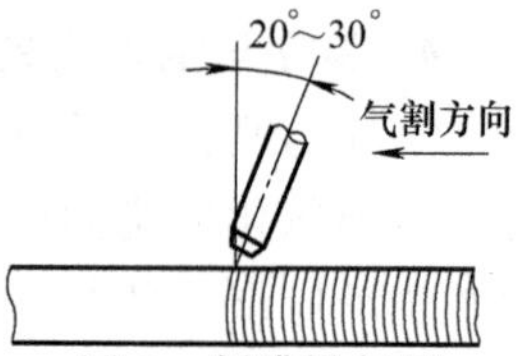 图 1　割嘴沿气割方向前倾 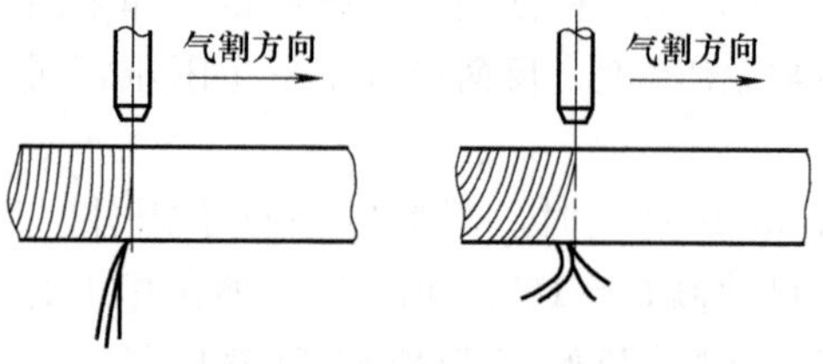 (a) 速度适当　　　(b) 速度过快 图 2　气割速度与熔渣流动方向的关系
气割结束	当将近气割结束时，割嘴应略向气割方向前倾一定角度，使割缝下部的钢板先割穿，并注意余料的下落位置，然后将钢板全部割穿，这样收尾的割缝较平整 气割结束后，应迅速地关闭切割氧调节阀，并将预热火焰的乙炔调节阀和氧气调节阀先后关闭。然后将氧气减压器的调节螺钉旋松，关闭氧气瓶阀和乙炔输送阀 气割过程中，若发生回火而使火焰突然熄灭的情况，可先关闭切割氧和预热火焰氧气阀门，待几秒后，由于乙炔阀门未关闭，而重新点燃火焰，此时，继续开启预热火焰氧气阀门进行工作，但操作要求熟练

2. 薄板气割的工艺要点

薄钢板（4mm 以下）气割时，易引起切口上边缘熔化，下边缘挂渣；又容易引起割后变形；还容易出现割开后又熔合到一起的情况。薄板气割的工艺要点见表 5-28。

表 5-28　薄板气割的工艺要点

工艺	说　明
单板切割	为了防止产生上述缺陷，气割时常采取以下措施 ①选用 G01-30 型割炬和小号割嘴 ②采用小的火焰能率 ③割嘴后倾角度加大到 30°～45° ④割嘴与割件间距加大到 10～15mm ⑤加快切割速度
多层气割	成批生产时，可采取多层气割法气割，即把多层薄钢板叠放在一起，用气割一次割开。多层气割应注意按下面操作要点进行 ①将待切割的钢板表面清理干净，并平整好 ②将钢板叠放在一起，上下钢板应错位，使端面形成 3°～5°的倾斜角，见右图 ③用夹具将多层钢板夹紧，使各层紧密相贴；如果钢板的厚度太薄，应用两块 6～8mm 的钢板作为上下盖板，以保证夹紧效果 ④按多层叠在一起的厚度选择割炬和割嘴，气割时割嘴始终垂直于工件的表面

多层气割

3. 大厚度钢板气割的工艺要点

大厚度钢板气割的工艺要点见表 5-29。

表 5-29　大厚度钢板气割的工艺要点

项目	说　明
大厚度钢板气割的主要困难	5～20mm 属于中厚度钢板，按上述方法气割即可以得到良好的割口。20～60mm 是厚钢板，一般超过 100mm 厚度的为大厚度钢板。大厚度钢板气割的主要困难如下 ①割件沿厚度方向加热不均匀，使下部金属燃烧比上部金属慢，切割后拖量大，有时甚至割不透。厚度在 50mm 以下的钢板只要气割工艺参数合适是不会产生后拖量的，当厚度超过 60mm 时，无论采取什么措施，也很难消除后拖量，只能努力使后拖量减小 ②较大的氧气压力和较大流量的气流的冷却作用，降低了切口的温度，使切割速度缓慢 ③熔渣较多，易造成切口底部熔渣堵塞，影响气割的顺利进行 由于上述困难，厚板气割时应采取一些必要的措施
大厚度钢板气割的工艺要点	由于大厚度钢板气割有如上难点，切割时应采取如下方法 ①采用大号割炬和割嘴，以获得大的火焰能率。当厚度不大于 30mm 时，可采用 G01-30 型割炬；当厚度为 25～100mm 时，应采用 G01-100 型割炬，或 G02-100 型等压式割炬；当厚度超过 100mm 时，应选用 G01-300 型或 G02-300 型割炬 ②由于耗气量大，应采取氧气瓶排和溶解乙炔气瓶排供气，以增加连续工作时间。切割大厚度工件的氧气和乙炔消耗量大，最大时一瓶氧气只能用十几分钟，故需要连成瓶排使用，才能保证连续切割。一般可连成 5 瓶一排，若仍不能满足要求，可以 10 瓶一排 ③使用等压式割炬，以减小回火的可能。等压式割炬的乙炔压力相对较高，故不易回火 ④采用底部补充加热。当工件太厚时，靠预热火焰使上下均匀受热是不可能的，可在割件底部附加热源补充加热，以提高割件底部的温度 采取以上措施，能有效地提高大厚度工件的气割质量

4. 几种特殊情况的气割

几种特殊情况的气割工艺见表 5-30。

表 5-30　几种特殊情况的气割工艺

工艺	说　明
开孔零件的气割	气割厚度小于 50mm 的开孔零件时,可直接开出气割孔。先将割嘴垂直于钢板进行预热,当起割点钢板呈暗红色时,可稍开启切割氧。为防止飞溅熔渣堵塞割嘴,要求割嘴应稍后倾 15°～20°,并使割嘴与割件距离大些。同时,沿气割方向缓慢移动割嘴,再逐渐增加切割氧压力,并将割嘴角度转为垂直位置,将割件割穿,然后按要求的形状继续气割。如手工割圆时,可采用简易划规式割圆器
钢管及方钢、圆钢的气割	气割固定或可转动钢管时,要掌握以下要领:一是预热时,火焰应垂直于管子的表面,待割透后将割嘴逐渐前倾,直到接近钢管的切线方向后,再继续气割;二是割嘴与钢管表面的相对运动总是使割嘴向上移动。另外,一般气割固定管是从管子下部开始,对可转动钢管的气割则不一定,但气割结束时均要使割嘴的位置在钢管的上部,以有利于操作安全和避免断管下坠碰坏割嘴。 　　当方钢的边长不大时,与切割钢板相同;当方钢的边长很大时,无法直接割透,则按图(a)所示的方法和顺序切割,即先切割①区,再切割②区,最后切割③区。 　　圆钢气割可从横向一侧开始,先垂直于表面预热,如图(b)所示的割炬位置 1。随后在慢慢打开切割氧气的同时,将割嘴转为与地面相垂直的位置,如图(b)所示的割炬位置 2,这时加大切割氧流,使圆钢割透。割嘴在向前移动的同时,稍作横向摆动。如果圆钢的直径很大,无法一次割透,割至直径 1/4～1/3 深度后,再移至图(b)所示的割炬位置 3 继续切割 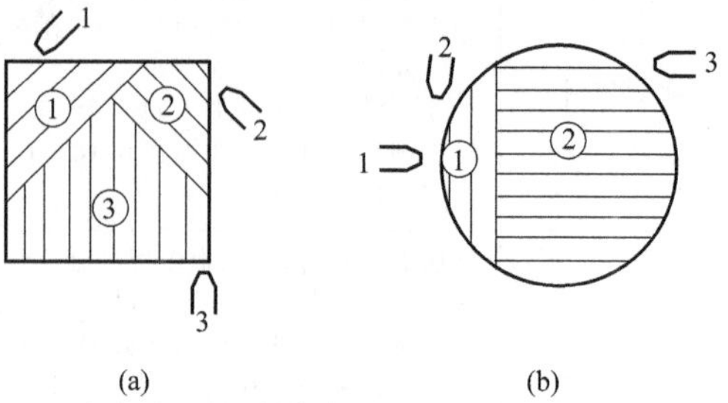 方钢与圆钢的气割(1～3 为切割顺序)
复合钢板的气割	气割不锈复合钢板时,碳钢面必须朝上,割嘴应前倾以增加切割氧流所经过的碳钢的厚度,同时,必须使用较低的切割氧压力和较高的预热火焰氧气压力。如气割(16＋4)mm 复合板时,预热氧压力(0.7MPa)约为切割氧压力的 3 倍。它的最佳工艺参数为:切割速度 360～380mm/min;氧气管道压力 0.7～0.8MPa;采用 G01-300 割炬、2 号割嘴;割嘴与工件距离 5～6mm

5. 提高手工气割质量和效率的方法

① 提高工人操作技术水平。

② 根据割件的厚度,正确选择合适的割炬、割嘴、切割氧压力、乙炔压力和预热氧压力等气割参数。

③ 选用适当的预热火焰能率。

④ 气割时,割炬要端平稳,使割嘴与割线两侧的夹角为 90°。

⑤ 要正确操作,手持割炬时人要蹲稳。操作时呼吸要均匀,手勿抖动。

⑥ 掌握合理的切割速度,并要求均匀一致。气割的速度是否合理,可通过观察熔渣的流动情况和切割时产生的声音加以判别,并灵活控制。

⑦ 保持割嘴整洁,尤其是割嘴内孔要光滑,不应有氧化铁渣的飞溅物粘到割嘴上。

⑧ 采用手持式半机械化气割机,它不仅可以切割各种形状的割件,具有良好的切割质量,还由于它保证了均匀稳定的移动,所以可装配快速割嘴,大大提高切割速度。如将 G01-30 型半自动气割机改装后,切割速度可从 7～75cm/min 提高到 10～240cm/min,并可采用可控硅无级调整。

⑨ 手工割炬如果装上电动匀走器,如图 5-16 所示,利用电动机带动滚轮使割炬沿割线匀速行走,既减轻劳动强度,又提高了气割质量。

(二) 氧液化石油气切割操作

1. 切割优点

氧液化石油气切割的优点是:①成本低,切割燃料费比氧乙炔切割降低 15％～30％;②火焰温度较低(约 2300℃),不易引起切口上缘熔化,切口齐平,下缘粘渣少、易铲除,

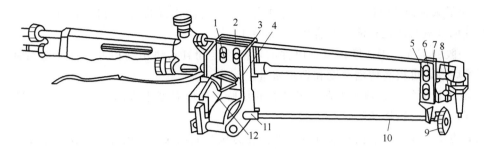

图 5-16　手工气割电动匀走器结构

1—螺钉；2—机架压板；3—电动机架；4—开关；5—滚轮架；6—滚轮架压板；
7—辅轮架；8—辅轮；9—滚轮；10—轴；11—联轴器；12—电动机

表面无增碳现象，切口质量好；③液化石油气的汽化温度低，不需使用汽化器，便可正常供气；④气割时不用水，不产生电石渣，使用方便，便于携带，适于流动作业；⑤适宜于大厚度钢板的切割，氧液化石油气火焰的外焰较长，可以到达较深的切口内，对大厚度钢板有较好的预热效果；⑥操作安全，液化石油气化学活泼性较差，对压力、温度和冲击的敏感性低。燃点为 500℃ 以上，回火爆炸的可能性小。

2. 切割缺点

氧液化石油气切割的缺点是：①液化石油气燃烧时火焰温度低，因此，预热时间长，耗氧量较大；②液化石油气密度大（气态丙烷为 $1.867kg/m^3$），对人体有麻醉作用，使用时应防止漏气和保持良好的通风。

3. 预热火焰与割炬的特点

氧液化石油气预热火焰与割炬的特点是：①氧液化石油气火焰与氧乙炔火焰构造基本一致，但液化石油气耗氧量大，燃烧速度约为乙炔焰的 27%，温度约低于 500℃，但燃烧时发热量比乙炔高出 1 倍左右；②为了适应燃烧速度低和氧气需要量大的特点，一般采用内嘴芯为矩形齿槽的组合式割嘴；③预热火焰出口孔道总面积应比乙炔割嘴大 1 倍左右，且该孔道与切割氧孔道夹角为 10° 左右，以使火焰集中；④为了使燃烧稳定，火焰不脱离割嘴，内嘴芯顶端至外套出口端距离应为 1～1.5mm；⑤割炬多为射吸式，且可用氧乙炔割炬改制。氧液化石油气割炬技术参数见表 5-31。

表 5-31　氧液化石油气割炬技术参数

割炬型号	G07-100	G07-300	割炬型号	G07-100	G07-300
割嘴号码	1～3	1～4	可换割嘴个数	3	4
割嘴孔径/mm	1～1.3	2.4～3.0	氧气压力/MPa	0.7	1
切割厚度/mm	100 以内	300 以内	丙烷压力/MPa	0.03～0.05	0.03～0.05

4. 气割参数的选择

氧液化石油气气割参数的选择如下。

① 预热火焰。一般采用中性焰。切割厚件时，起割用弱氧化焰（中性偏氧），切割过程中用弱碳化焰。

② 割嘴与割件表面间的距离。一般为 6～12mm。

5. 氧液化石油气气割操作

① 由于液化石油气的燃点较高，故必须用明火点燃预热火焰，再缓慢加大液化石油气流量和氧气量。

② 为了减少预热时间，开始时采用氧化焰（氧与液化石油气混合比为 5:1），正常切割时用中性焰（氧与液化石油气混合比为 3.5:1）。

③ 一般的工件气割速度稍低，厚件的切割速度和氧乙炔切割相近。直线切割时，适当选择割嘴后倾，可提高切割速度和切割质量。

④ 液化石油气瓶必须放置在通风良好的场所，环境温度不宜超过 60℃，要严防气体泄漏，否则，有引起爆炸的危险。

除上述几点外，氧液化石油气气割的操作方法与氧乙炔气割的操作方法基本相同。

（三）氧熔剂气割操作

氧熔剂气割法又称为金属粉末切割法，是向切割区域送入金属粉末（铁粉、铝粉等）的气割方法。可以用来切割常规气体火焰切割方法难以切割的材料，如不锈钢、铜和铸铁等。虽然氧熔剂气割方法设备比较复杂，但切割质量比振动切割法好。在没有等离子弧切割设备的场合，是切割一些难切割材料的快速和经济的切割方法。

氧熔剂气割是在普通氧气切割过程中在切割氧气流内加入纯铁粉或其他熔剂，利用它们的燃烧热和除渣作用实现切割的方法。通过金属粉末的燃烧产生附加热量，利用这些附加热量生成的金属氧化物使得切割熔渣变稀薄，易于被切割氧气流排除，从而达到实现连续切割的目的。金属粉末切割的工作原理如图 5-17 所示。

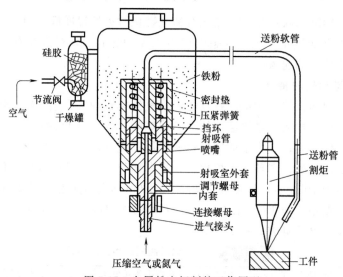

图 5-17　金属粉末切割的工作原理

对切割熔剂的要求是在被氧化时能放出大量的热量，使工件达到能稳定的进行切割的温度，同时要求熔剂的氧化物应能与被切割金属的难熔氧化物进行激烈的相互作用，并在短时间内形成易熔、易于被切割氧气流吹出的熔渣。熔剂的成分主要是铁粉、铝粉、硼砂、石英砂等，铁粉与铝粉在氧气流中燃烧时放出大量的热，使难熔的被切割金属的氧化物熔化，并与被切割金属表面的氧化物熔在一起；加入硼砂等可使熔渣变稀，易于流动，从而保证切割过程的顺利进行。

氧熔剂气割方法的操作要点在于除有切割氧气的气流外，同时还有由切割氧气流带出的粉末状熔剂吹到切割区，利用氧气流与熔剂对被切割金属的综合作用，借以改善切割性能，达到切割不锈钢、铸铁等金属的目的。氧熔剂气割所用的设备、器材与普通气割设备大体相同，但比普通氧燃气气割多了熔剂及输送熔剂所需的送粉装置。切割厚度＜300mm 的不锈钢可以使用一般氧气切割用的割炬和割嘴（包括低压扩散型割嘴）；切割更厚的工件时，则需使用特制的割炬和割嘴。氧熔剂气割按照输送熔剂的方式不同，可分为体内送粉式和体外送粉式两种，如图 5-18 所示。

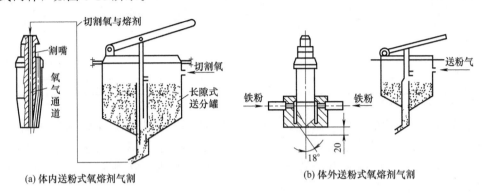

(a) 体内送粉式氧熔剂气割　　　　(b) 体外送粉式氧熔剂气割

图 5-18　金属粉末切割的工作原理

1. 体内送粉式

体内送粉式氧熔剂气割是利用切割氧通入长隙式送粉罐后，把熔剂粉带入割炬而喷到切割部位的。为防止铁粉在送粉罐中燃烧，一般采用 0.5～1mm 的粗铁粉，由于铁粉粒度大，送粉速度快，铁粉不能充分燃烧，只适于切割厚度<500mm 的工件。

2. 体外送粉式

体外送粉式氧熔剂气割是利用压力为 0.04～0.06MPa 的空气或氮气，单独将细铁粉（>140 目）由嘴芯外部送入火焰加热区的。由于铁粉粒度小，送粉速度慢，铁粉能充分燃烧放出大量的热量，有效地破坏切口表面的氧化膜，因此，体外送粉式氧熔剂气割可用于切割厚度>500mm 的工件。

采用氧熔剂气割不锈钢、铸铁，其切割厚度可大大提高，目前，国内已能切割厚度为 1200mm 的金属材料。内送粉式和外送粉式不锈钢氧熔剂的气割参数分别见表 5-32 和表 5-33。

表 5-32　**1Cr18Ni9Ti 不锈钢氧熔剂的气割参数**（内送粉式）

参　　数	板厚/mm					
	10	20	30	40	70	90
割嘴号码	1	1	2	2	3	3
氧气压力/kPa	440	490	540	590	690	780
氧气耗量/(kL/h)	1.1	1.3	1.6	1.75	2.3	3.0
燃气(天然气)/(kL/h)	0.11	0.13	0.15	0.18	0.23	0.29
铁粉耗量/(kg/h)	0.7	0.8	0.9	1.0	2.0	2.5
切割速度/(mm/min)	230	190	180	1 60	120	90
切口宽度/mm	10	10	11	11	12	12

注：铁粉粒度为 0.1～0.05mm。

切割不锈钢及高铬钢时，可采用铁粉作为熔剂；切割高铬钢时，可采用铁粉与石英砂按 1∶1 比例混合的熔剂。切割时，割嘴与金属表面距离应比普通气割时稍大些，一般为 15～20mm，否则容易引起回火。切割速度比切割普通低碳钢稍低一些，预热火焰能率比普通气割高 15％～25％。氧熔剂气割铸铁时，所用熔剂为 65％～70％的铁粉加 30％～35％的高炉

表 5-33　18-8 不锈钢氧熔剂的气割参数（外送粉式）

参　数	板厚/mm				
	5	10	30	90	200
氧气压力/kPa	245	315	295	390	490
氧气耗量/(kL/h)	2.64	4.68	8.23	14.9	23.7
乙炔压力/kPa	20	20	25	25	40
乙炔耗量/(kL/h)	0.34	0.46	0.73	0.90	1.48
铁粉耗量/(kg/h)	9	10	10	12	15
切割速度/(mm/min)	416	366	216	150	50

注：铁粉粒度为 0.1～0.05mm。

磷铁，割嘴与工件表面的距离为 30～50mm。与普通气割参数相比，氧熔剂气割的预热火焰能率要大 15%～25%，割嘴倾角为 5°～10°，割嘴与工件表面距离要大些，否则，容易引起割炬回火。氧熔剂气割铜及其合金时，应进行整体预热，割嘴距工件表面的距离为 30～50mm。

铸铁氧熔剂的气割参数见表 5-34。

表 5-34　铸铁氧熔剂的气割参数

参　数	厚度/mm					
	20	50	100	150	200	300
切割速度/(mm/min)	80～130	60～90	40～50	25～35	20～30	15～22
氧气消耗量/(m³/h)	0.70～1.80	2～4	4.50～8	8.50～14.50	13.5～22.5	17.50～-43
乙炔消耗量/(m³/h)	0.10～0.16	0.16～0.25	0.30～0.45	0.45～0.65	0.60～0.87	0.90～1.30
熔剂消耗量/(kg/h)	2～3.50	3.50～6	6～10	9～13.5	11.50～14.50	17

氧熔剂气割紫铜、黄铜及青铜时，采用的熔剂成分是铁粉 70%～75%、铝粉 15%～20%、磷铁 10%～15%。切割时，先将被切割金属预热到 200～400℃。割嘴和被切割金属之间的距离根据金属的厚度决定，一般为 20～50mm。

第六章

氩弧焊

第一节 | 氩弧焊的基本知识

氩弧焊是用氩气作为保护气体的一种气电焊方法，如图 6-1 所示。它是利用从喷嘴喷出的氩气，在电弧区形成连续封闭的气层，使电极和金属熔池与空气隔绝，防止有害气体（如氧、氮等）侵入，起到机械保护作用。同时，由于氩气是一种惰性气体，既不与金属起化学反应，也不溶解于液体金属，从而被焊金属中的合金元素不会烧损，焊缝不易产生气孔。因此，氩气保护是很有效和可靠的，并能得到较高的焊接质量。

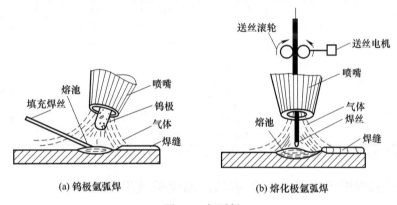

(a) 钨极氩弧焊　　　　　　　(b) 熔化极氩弧焊

图 6-1　氩弧焊

一、氩弧焊的特点、分类及应用范围

1. 氩弧焊的特点及分类

① 可焊的材料范围很广，几乎所有的金属材料都可进行氩弧焊，特别适宜化学性质活泼的金属和合金，常用于奥氏体不锈钢和铝、镁、钛、铜及其合金的焊接，也用于锆、钽、钼等稀有金属的焊接。

② 由于氩气保护性能优良，氩弧温度又很高，因此在各种金属和合金焊接时，不必配制相应的焊剂或熔剂，基本上是金属熔化与结晶的简单过程，能获得较为纯净的质量良好的焊缝。

③ 氩弧焊时，由于电弧受到氩气流的压缩和冷却作用，电弧加热集中，故热影响区小，因此焊接变形与应力均较小，尤其适用于薄板焊接。

④ 由于明弧易于观察，焊接过程较简单，也就容易实现焊接的机械化和半机械化，并且能在各种空间位置进行焊接。

由于氩弧焊具有这些显著的特点，所以早在 20 世纪 40 年代就已推广应用，之后发展迅速，目前在我国国防、航空、化工、造船、电器等工业部门应用较为普遍。随着有色金属、高合金钢及稀有金属的结构产品日益增多，氩弧焊技术的应用将越来越广泛。

氩弧焊按所用的电极不同，分为非熔化极（钨极）氩弧焊和熔化极氩弧焊两种。氩弧焊有手工、半自动和自动 3 种操作形式，如图 6-2 所示。

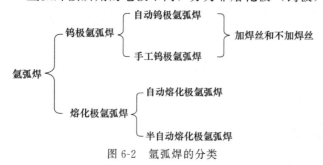

图 6-2 氩弧焊的分类

2. 氩弧焊的应用范围

氩弧焊几乎可用于所有钢材、有色金属及合金的焊接。通常，多用于焊接铝、镁、钛及其合金以及低合金钢、耐热钢等。对于熔点低和易蒸发的金属（如铅、锡、锌等）焊接较困难。熔化极氩弧焊常用于中、厚板的焊接，焊接速度快，生产效率要比钨极氩弧焊高几倍。氩弧焊也可用于定位点焊、补焊，反面不加衬垫的打底焊等。氩弧焊的应用范围见表 6-1。

表 6-1 氩弧焊的应用范围

焊件材料	适用厚度/mm	焊接方法	氩气纯度/%	电源种类
铝及铝合金	0.5～4	钨极手工及自动	99.9	交流或直流反接
	>6	熔化极自动及半自动	99.9	直流反接
镁及镁合金	0.5～5	钨极手工及自动	99.9	交流或直流反接
	>6	熔化极自动及半自动	99.9	直流反接
钛及钛合金	0.5～3	钨极手工及自动	99.98	直流正接
	>6	熔化极自动及半自动	99.98	直流反接
铜及铜合金	0.5～5	钨极手工及自动	99.97	直流正接或交流
	>6	熔化极自动及半自动	9 9.97	直流反接
不锈钢及耐热钢	0.5～3	钨极手工及自动	99.97	直流正接或交流
	>6	熔化极自动及半自动	99.97	直流反接

注：钨极氩弧焊用陡降外特性的电源；熔化极氩弧焊用平或上升外特性电源。

二、氩气的保护效果的影响因素与提高保护效果要点

氩气的保护效果的影响因素主要有喷嘴、焊炬进气方式、气体流量、喷嘴与焊件距离和夹角、焊接速度、焊接接头形式、"阴极破碎"作用、用交流电源焊接存在的问题、引弧稳弧措施、直流分量的影响及消除。其提高保护效果要点见表 6-2。

表 6-2 提高保护效果要点

影响因素	提高保护效果要点说明
喷嘴	氩气保护喷嘴包括钨极氩弧焊用喷嘴和熔化极氩弧焊用喷嘴(图 1) 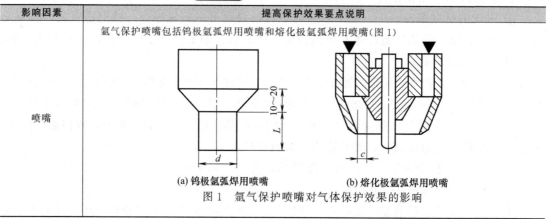 (a) 钨极氩弧焊用喷嘴　(b) 熔化极氩弧焊用喷嘴　图 1 氩气保护喷嘴对气体保护效果的影响

影响因素	提高保护效果要点说明
喷嘴	(1)钨极氩弧焊用喷嘴 ①圆柱末端锥形部分有缓冲气流作用,可改善保护效果,长度以 10～20mm 为宜 ②圆柱部分的长度 L 不应小于喷嘴孔径,以 1.2～1.5 倍为好 ③喷嘴孔径 d 一般可选用 8～20mm,喷嘴孔径加大,虽然增加了保护区,但氩气消耗增大,可见度变差 ④喷嘴的内壁应光滑,不允许有棱角、沟槽,喷嘴口不能为圆角,不得沾上飞溅物 (2)熔化极氩弧焊用喷嘴 ①喷嘴内壁与送丝导管之间的间隙 c,对气流的保护作用有较大的影响。当喷嘴孔径为 25mm 时,间隙 c 以 4mm 左右为宜 ②导电嘴应制成 4°～5°的锥形,其端面距喷嘴端面 4～8mm 为宜 ③导电嘴要与喷嘴同心
焊炬进气方式	焊炬进气方式对气体保护效果的影响如图 2 所示 ①焊炬的进气方式有径向和轴向两种,一般径向进气较好,进气管在焊炬的上部 ②为使氩气从喷嘴喷出时,成为稳定层流,提高气体保护效果,焊炬应有气体透镜(类似过滤装置)或设挡板及缓冲室 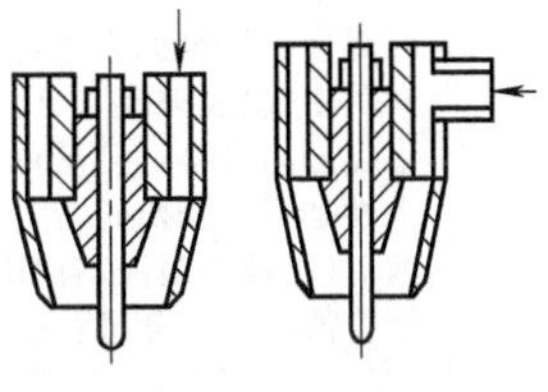 (a) 轴向进气　(b) 径向进气 图 2　焊炬进气方式对气体保护效果的影响
气体流量	①喷嘴孔径一定时,气体流量增加,保护性能提高。但超过一定限度时,反而使空气卷入,破坏保护效果 ②对于孔径为 12mm 左右的喷嘴,气体流量为 10～15L/min 时,保护效果最好
喷嘴与焊件距离和夹角	喷嘴与焊件距离和夹角对气体保护效果的影响如图 3 所示 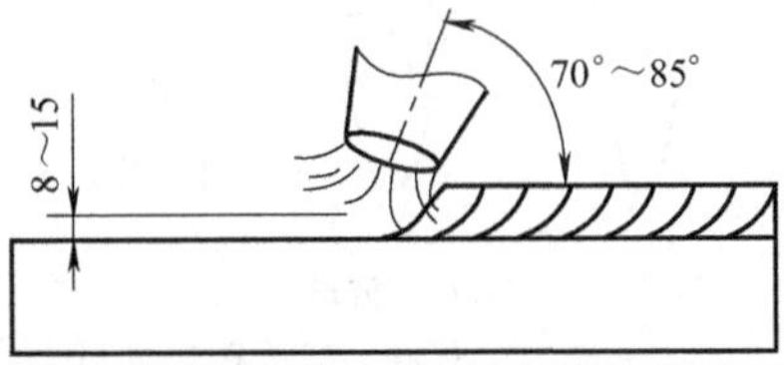 图 3　喷嘴与焊件距离和夹角对气体保护效果的影响 ①当喷嘴和流量一定时,喷嘴与焊件距离越小,保护效果越好;但会影响焊工视线 ②喷嘴与焊件距离加大,需增加气体流量 ③对于孔径为 8～12mm 的喷嘴,距离一般不超过 15mm ④平焊时,喷嘴与焊件间的夹角一般为 70°～85°
焊接速度	焊接速度对气体保护效果的影响如图 4 所示 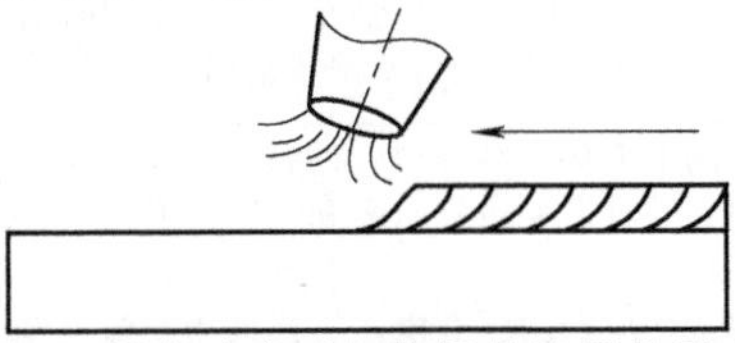 图 4　焊接速度对气体保护效果的影响 ①为不破坏氩气流对熔池的保护作用,焊接速度不宜太快 ②提高焊接效率,应以焊后的焊缝金属和母材不被氧化为准则,尽量提高焊接速度
焊接接头形式	焊接接头形式对气体保护效果的影响如图 5 所示 ①T 形接头、对接接头的保护效果较好 ②角接头、端接头因气流散失大,保护效果较差 ③为提高保护效果,可设临时挡板

影响因素	提高保护效果要点说明
焊接接头形式	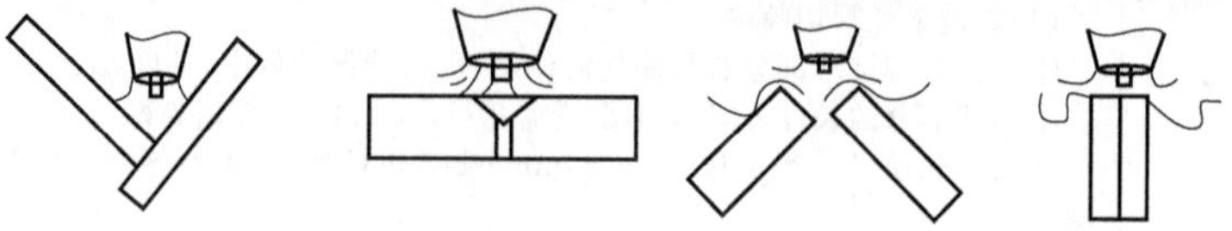 (a) T形接头　　(b) 对接接头　　(c) 角接接头　　(d) 端接头 图5　焊接接头形式对气体保护效果的影响
"阴极破碎"作用	氩弧焊时,氩气电离后形成大量正离子,并高速向阴极移动。当采用直流反接时,工件是阴极,即氩的正离子流向工件,它撞在金属熔池表面上,能够将高熔点且又致密的氧化膜撞碎,使焊接过程顺利进行,这种现象称为"阴极破碎"作用(或"阴极雾化"作用)。而在直流正接时,没有"破碎"作用,因为撞在工件表面的是电子,电子质量要比正离子质量小得多,撞击力量很弱,所以不能使氧化膜破碎,此时焊接过程也无法进行 利用"阴极破碎"作用,在焊接铝、镁及其合金时,可以不用熔剂,而是靠电弧来去除氧化膜,得到成形良好的焊缝。但是直流反接时,其许用电流很小,效果也不好,所以一般都采用交流电源。交流电极性是不断变换的,在正极性的半波里(钨极为阴极),钨极可以得到冷却,以减小烧损;在反极性的半波里(钨极为阳极)有"阴极破碎"作用,熔池表面氧化膜可以得到清除。但是,采用交流电源时,必须解决消除直流分量及引弧和稳弧的问题
用交流电源焊接存在的问题	交流钨极氩弧焊的电流和电压的波形如图6所示 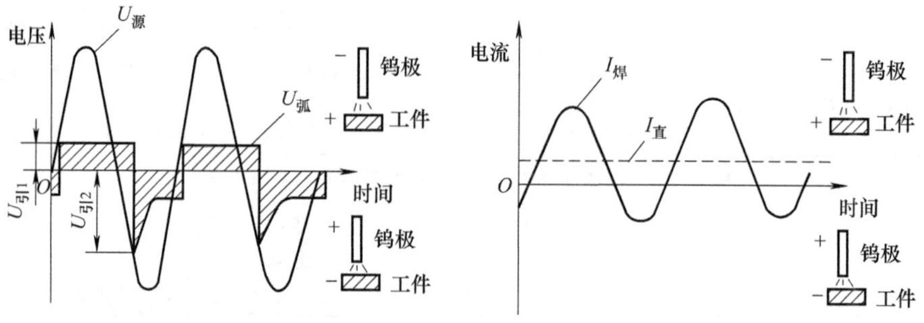 (a) 电压波形　　　　　　　　　　(b) 电流波形 图6　交流钨极氩弧焊的电压和电流波形 $U_源$—电源电压;$U_弧$—电弧电压;$U_{引1}$—正半波引弧电压; $U_{引2}$—负半波引弧电压;$I_焊$—焊接电流;$I_直$—直流分量 由图6所示可以看出,不仅两个半波的电弧电压不等,而且电弧电流也不等,在交流电路里焊接电流相当于由两部分组成,一部分是真正的交流电,另一部分是直流电,它叠加在交流部分上,在焊接的交流电路里产生的这部分直流电称为直流分量 由于直流分量减弱了"阴极破碎"作用,难以去除铝、镁及其合金焊接时熔池表面的氧化膜,并使电弧不稳,焊缝易出现未焊透、成形差等缺陷。同时,直流分量相当于焊接回路中通过直流电,以致焊接变压器的铁芯产生直流磁通,使铁芯饱和,这对焊接变压器是很不利的
引弧和稳弧措施	因为氩气的电离势较高,故难以电离,引弧困难。采用交流电源时,由于电流每秒有100次经过零点,电弧不稳,并且需要重复引燃和稳定电弧,所以氩弧焊必须采取引弧与稳弧的措施,通常有以下3种方法 ①提高焊接变压器的空载电压。当采用交流电源焊接时,把焊接变压器的空载电压提高到200V,电弧容易引燃,且燃烧稳定。如果没有高空载电压的焊接变压器,可用3台普通的同型号焊接变压器串联起来,但此法是不安全、不经济的,应尽量少用 ②采用高频振荡器。高频振荡器是一个高频高压发生器,利用它将普通的工频低压交流电变换成高频高压的交流电,其输出电压为2500～3000V,频率为150～260kHz。高频振荡器与焊接电源并联或串联使用,必须防止高频电流的回输,焊接时只起到第一次引弧的作用,引弧后应马上切断。这是目前氩弧焊最常用的引弧方法 ③采用脉冲稳弧器。交流电源的电弧不稳定,是因为负半波引燃电压高,电流通过零点之后重新引燃困难。所以在负半波开始的一瞬间,可以外加一个比较高的脉冲电压(一般为200～300V),以使电弧重新引燃,从而达到稳定电弧的目的,这就是脉冲稳弧器的作用。焊接时脉冲稳弧器常和高频振荡器一起使用

影响因素	提高保护效果要点说明
直流分量的影响及消除	使用交流焊机焊接铝、镁合金时，由于隔离直流分量的电容损坏，或电瓶电压不足，会使电弧不稳，保护效果恶化，可采用以下3种方法消除直流分量（图7） 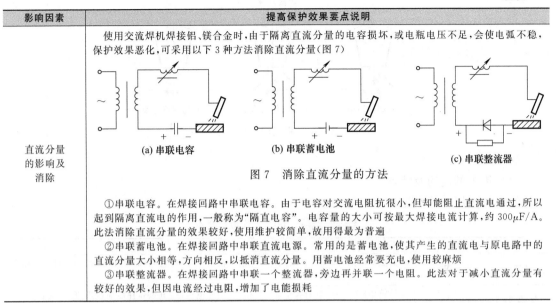 图7　消除直流分量的方法 ①串联电容。在焊接回路中串联电容。由于电容对交流电阻抗很小，但却能阻止直流电通过，所以起到隔离直流电的作用，一般称为"隔直电容"。电容量的大小可按最大焊接电流计算，约 $300\mu F/A$。此法消除直流分量的效果较好，使用维护较简单，故得最为普遍 ②串联蓄电池。在焊接回路中串联直流电源。常用的是蓄电池，使其产生的直流电与原电路中的直流分量大小相等，方向相反，以抵消直流分量。用蓄电池经常要充电，使用较麻烦 ③串联整流器。在焊接回路中串联一个整流器，旁边再并联一个电阻。此法对于减小直流分量有较好的效果，但因电流经过电阻，增加了电能损耗

图7中：(a) 串联电容　(b) 串联蓄电池　(c) 串联整流器

三、氩弧焊焊接参数

钨极氩弧焊焊接参数主要是焊接电流、焊接速度、电弧电压、钨极直径和形状、氩气流量与喷嘴直径等。这些参数的选择主要根据焊件的材料、厚度、接头形式以及操作方法等因素来决定。

1. 电弧电压

电弧电压增加或减小，焊缝宽度将稍有增大或减小，而熔深稍有下降或稍微增加。当电弧电压太高时，由于气体保护不好，会使焊缝金属氧化和产生未焊透缺陷。所以钨极氩弧焊时，在保证不产生短路的情况下，应尽量采用短弧焊接，这样气体保护效果好，热量集中，电弧稳定，焊透均匀，焊件变形也小。

2. 焊接电流

随着焊接电流增加或减小，熔深和熔宽将相应增大或减小，而余高则相应减小或增大。当焊接电流太大时，不仅容易产生烧穿、焊缝下陷和咬边等缺陷，而且还会导致钨极烧损，引起电弧不稳及钨夹渣等缺陷；反之，焊接电流太小时，由于电弧不稳和偏吹，会产生未焊透、钨夹渣和气孔等缺陷。

3. 焊接速度

氩气的保护效果如图6-3所示。当焊枪不动时，氩气保护效果如图6-3（a）所示。随着焊接速度增加，氩气保护气流遇到空气的阻力，使保护气体偏到一边，正常焊接速度时氩气保护情况如图6-3（b）所示，此时，氩气对焊接区域仍保持有效保护。当焊接速度过快时，氩气流严重偏移一侧，使钨极端头、电弧柱及熔池的一部分暴露在空气中，此时，氩气保护情况如图6-3（c）所示，这使氩气保护作用破坏，焊接过程无法进行。因此，钨极氩弧焊采用较快的焊接速度时，必须采用相应的措施来改善氩气的保护效果，如加大氩气流量或将焊接后倾一定角度，以保持氩气良好的保护效果。通常，在室外焊接都需要采取必要的防风措施。

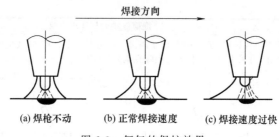

图 6-3　氩气的保护效果

4. 钨极

（1）钨极的选用及特点

钨极的选用及特点见表 6-3。

表 6-3　钨极的选用及特点

钨极种类	牌号	特　点
纯钨	W1、W2	熔点和沸点都较高,其缺点是要求有较高的工作电压。长时间工作时,会出现钨极熔化现象
铈钨极	WCe20	纯钨中加入一定量的氧化铈,其优点是引弧电压低,电弧弧柱压缩程度好,寿命长,放射性剂量低
钍钨极	WTh7、WTh10、WTh15、WTh30	由于加入了一定量的氧化钍,使纯钨的缺点得以克服,但有微量放射线

（2）钨极直径

钨极直径的选择主要是根据焊件的厚度和焊接电流的大小来决定。当钨极直径选定后,如果采用不同电源极性时,钨极的许用电流也要做相应的改变。不同电源极性和不同直径钍钨极的许用电流范围见表 6-4。

表 6-4　不同电源极性和不同直径钍钨极的许用电流范围

电极直径/mm	许用电流范围/A		
	交流	直流正接	直流反接
1.0	15～80	—	20～60
1.6	70～150	10～20	60～120
2.4	150～250	15～30	100～180
3.2	250～400	25～40	160～250
4.0	400～500	40～55	200～320
5.0	500～750	55～80	290～390
6.4	750～1000	80～125	340～525

（3）钨极端部形状

钨极端部形状对电弧稳定性和焊缝的成形有很大影响,端部形状主要有锥台形、圆锥形、半球形和平面形,各自的适用范围见 6-5,一般选用锥台形的效果比较理想。

表 6-5　钨极端部形状的适用范围

钨极端部形状	简图	适用范围	电弧稳定性	焊缝成形
平面形		—	不好	一般

续表

钨极端部形状	简图	适用范围	电弧稳定性	焊缝成形
半球形		交流	一般	焊缝不易平直
圆锥形		直流正接，小电流	好	焊道不均匀
锥台形	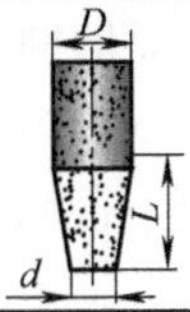	直流正接，大电流，脉冲 TIG 焊	好	良好

5. 喷嘴直径和氩气流量

（1）喷嘴直径

喷嘴直径的大小直接影响保护区的范围。如果喷嘴直径过大，不仅浪费氩气，而且会影响焊工视线，妨碍操作，影响焊接质量；反之，喷嘴直径过小，则保护不良，使焊缝质量下降，喷嘴本身也容易被烧坏。一般喷嘴直径为 5～14mm，喷嘴的大小可按经验公式确定

$$D=(2.5～3.5)d \tag{6-1}$$

式中　D——喷嘴直径，mm；

　　　d——钨极直径，mm。

喷嘴距离工件越近，则保护效果越好。反之，保护效果越差。但过近造成焊工操作不便，一般喷嘴至工件距离宜为 10mm 左右。

（2）氩气流量

气体流量越大，保护层抵抗流动空气影响的能力越强，但流量过大，易使空气卷入，应选择恰当的气体流量。氩气纯度越高，保护效果越好。氩气流量可以按照经验公式来确定

$$Q=KD \tag{6-2}$$

式中　Q——氩气流量，L/min；

　　　D——喷嘴直径，mm；

　　　K——系数（$K=0.8～1.2$）；使用大喷嘴时 K 取上限，使用小喷嘴时取下限。

第二节　氩弧焊焊接工艺与基本操作工艺

一、氩弧焊焊接工艺

（一）氩弧焊的基本操作

1. 引弧

手工钨极氩弧焊的引弧方法有以下两种。

① 高频或脉冲引弧法　首先提前送气 3～4s，并使钨极和焊件之间保持 5～8mm 距离，然后接通控制开关，再在高频高压或高压电脉冲的作用下，使氩气电离而引燃电弧。这种引

弧方法的优点是能在焊接位置直接引弧，能保证钨极端部完好，钨极损耗小，焊缝质量高。它是一种常用的引弧方法，特别是焊接有色金属时使用更为广泛。

② 接触引弧法　当使用无引弧器的简易氩弧焊机时，可采用钨极直接与引弧板接触进行引弧。由于接触的瞬间会产生很大的短路电流，钨极端部很容易被烧损，因此一般不宜采用这种方法，但因焊接设备简单，故在氩弧焊打底、薄板焊接等方面仍得到应用。

2. 定位焊

为了固定焊件的位置，防止或减小焊件的变形，焊前一般要对焊件进行定位焊。定位焊点的大小、间距以及是否需要添加焊丝，这要根据焊件厚度、材料性质以及焊件刚性来确定。对于薄壁焊件和容易变形、容易开裂以及刚性很小的焊件，定位焊点的间距要短些。在保证焊透的前提下，定位焊点应尽量小而薄，不宜堆得太高，并要注意点焊结束时，焊枪应在原处停留一段时间，以防焊点被氧化。

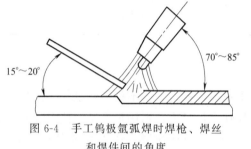

图 6-4　手工钨极氩弧焊时焊枪、焊丝和焊件间的角度

3. 运弧

手工钨极氩弧焊时，在不妨碍操作的情况下，应尽可能采用短弧焊，一般弧长为 4～7mm。喷嘴和焊件表面间距不应超过 10mm。焊枪应尽量垂直或与焊件表面保持 70°～85° 夹角，焊丝置于熔池前面或侧面，并于焊件表面呈 15°～20° 夹角（图 6-4）。焊接方向一般由右向左，环缝由下向上。焊枪的运动形式有以下几种。

① 焊枪等速运行　此法电弧比较稳定，焊后焊缝平直均匀，质量稳定，因此，它是常用的操作方法。

② 焊枪断续运行　该方法是为了增加熔透深度，焊接时将焊枪停留一段时间，当达到一定的熔深后添加焊丝，然后继续向前移动，此法主要适宜于中厚板的焊接。

③ 焊枪横向摆动　焊接时，焊枪沿着焊缝做横向摆动。此法主要用于开坡口的厚板及盖面层焊缝，通过横向摆动来保证焊缝两边缘良好地熔合。

④ 焊枪纵向摆动　焊接时，焊枪沿着焊缝纵向往复摆动，此法主要用在小电流焊接薄板时，可防止焊穿和保证焊缝良好成形。

4. 填丝

焊丝填入熔池的方法一般有下列几种。

① 间歇填丝法　当送入电弧区的填充焊丝在熔池边缘熔化后，立即将填充焊丝移出熔池，然后再将焊丝重复送入电弧区。以左手拇指、食指、中指捏紧焊丝，焊丝末端应始终处于氩气保护区内。填丝动作要轻，不得扰动氩气保护层，防止空气侵入。这种方法一般适用于平焊和环缝的焊接。

② 连续填丝法　将填充焊丝末端紧靠熔池的前缘连续送入。采用这种方法时，送丝速度必须与焊接速度相适应。连续填丝时，要求焊丝比较平直，用左手拇指、食指、中指配合动作送丝，无名指和小指夹住焊丝控制方向。此法特别适用于焊接搭接和角接焊缝。

③ 靠丝法　焊丝紧靠坡口，焊枪运动时，既熔化坡口，又熔化焊丝。此法适用于小直径管子的氩弧焊打底。

④ 焊丝跟着焊枪做横向摆动　此法适用于焊波要求较宽的部位。

⑤ 反面填丝法　该方法又叫内填丝法，焊枪在外，填丝在里面，适用于管子仰焊部位

的氩弧焊打底，对坡口间隙、焊丝直径和操作技术要求较高。

无论采用哪一种填丝方法，焊丝都不能离开氩气保护区，以免高温焊丝末端被氧化，而且焊丝不能与钨极接触发生短路或直接送入电弧柱内；否则，钨极将被烧损或焊丝在弧柱内发生飞溅，破坏电弧的稳定燃烧和氩气保护气氛，造成夹钨等缺陷。为了填丝方便、焊工视野宽和防止喷嘴烧损，钨极应伸出喷嘴端面。伸出长度一般是：焊铝、铜时钨极伸出长度为2～3mm，管道打底焊时为5～7mm。钨极端头与熔池表面距离2～4mm，若距离小，焊丝易碰到钨极。在焊接过程中，由于操作不慎，钨极与焊件或焊丝相碰时，熔池会立即被破坏而形成一阵烟雾，从而造成焊缝表面的污染和夹钨现象，并破坏了电弧的稳定燃烧。此时必须停止焊接，进行处理。处理的方法是将焊件的被污染处，用角向磨光机打磨至露出金属光泽，才能重新进行焊接。当采用交流电源时，被污染的钨极应在别处进行引弧燃烧清理，直至熔池清晰而无黑色时，方可继续焊接，也可重新磨下换钨极；而当采用直流电源焊接时，发生上述情况，必须重新磨下换钨极。

5. 收弧

收弧时常采用以下几种方法。

① 增加焊速法　当焊接快要结束时，焊枪前移速度逐渐加快，同时逐渐减少焊丝送进量，直到焊件不熔化为止。此法简单易行，效果良好。

② 焊缝增高法　与增加焊速法正好相反，焊接快要结束时，焊接速度减慢，焊枪向后倾角加大，焊丝送进量增加，当弧坑填满后再熄弧。

③ 电流衰减法　在新型的氩弧焊机中，大部分都有电流自动衰减装置，焊接结束时，只要闭合控制开关，焊接电流就会逐渐减小，从而熔池也就逐渐缩小，达到与增加焊速法相似的效果。

④ 应用收弧板法　将收弧熔池引到与焊件相连的收弧板上去，焊完后再将收弧板割掉。此法适用于平板的焊接。

（二）各种位置的焊接操作

各种位置的焊接操作见表6-6。

表 6-6　各种位置的焊接操作

焊接类型	操作说明
平焊	平焊时要求运弧尽量走直线，焊丝送进要求规律，不能时快时慢，钨极与焊件的位置要准确，焊枪角度要适当。几种常见接头形式平焊时焊枪、焊丝和焊件间的夹角如下图所示 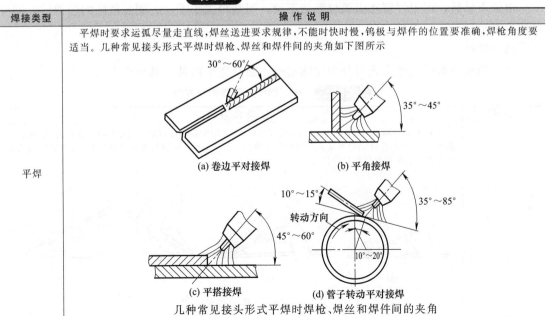 (a) 卷边平对接焊　　(b) 平角接焊 (c) 平搭接焊　　(d) 管子转动平对接焊 几种常见接头形式平焊时焊枪、焊丝和焊件间的夹角

续表

焊接类型	操作说明
横焊	横焊虽然比较容易掌握,但要注意掌握好焊枪的水平角度和垂直角度,焊丝也要控制好水平和垂直角度。如果焊枪角度掌握不好或送丝速度跟不上,很可能产生上部咬边、下部成形不良等缺陷
直焊	立焊比平焊难度要大,主要是焊枪角度和电弧长短在垂直位置上不易控制。立焊时以小规范为佳,电弧不宜拉得过长,焊枪下垂角度不能太小,否则会引起咬边、焊缝中间堆得过高等缺陷。焊丝送进方向以操作者顺手为原则,其端部不能离开保护区
仰焊	仰焊的难度最大,对有色金属的焊接更加突出。焊枪角度与平焊相似,仅位置相反。焊接时电流应小些,焊接速度要快,这样才能获得良好的成形

二、氩弧焊焊接操作技能

(一)手动钨极氩弧焊的操作工艺

1. 基本操作技术

手工钨极氩弧焊的基本操作技术主要包括引弧、送丝、运弧和填丝、焊枪的移动、接头、收弧、左焊法和右焊法、定位焊等,其操作方法如下。

(1)引弧

手工钨极氩弧焊的引弧方法有高频或脉冲引弧和接触引弧两种,如图6-5所示。

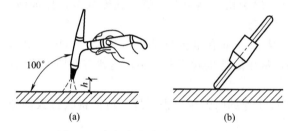

图6-5　高频或脉冲引弧和接触引弧

① 高频或脉冲引弧　在焊接开始时,先在钨极与焊件之间保持3～5mm的距离,然后接通控制开关,在高压高频或高压脉冲的作用下,击穿间隙放电,使氩气电离而引燃电弧。能保证钨极端部完好,钨极损耗小,焊缝质量高。

② 接触引弧　焊前用引弧板、铜板或炭棒与钨极直接接触进行引弧。接触的瞬间产生很大的短路电流,钨极端部容易损坏,但焊接设备简单。

电弧引燃后,焊炬停留在引弧位置处不动,当获得大小不一、明亮清晰的熔池后,即可往熔池里填丝,开始焊接。

(2)送丝

手工钨极氩弧焊送丝方式可分为连续送丝、断续送丝两种,其操作方法见表6-7。

表6-7　手工钨极氩弧焊操作方法

类型	操作方法
连续送丝	①如图1(a)所示,用左手的拇指、食指捏住焊丝,并用中指和虎口配合托住焊丝。送丝时,拇指和食指伸直,即可将捏住的焊丝端头送进电弧加热区。然后,再借助中指和虎口托住焊丝,迅速弯曲拇指和食指向上倒换捏住焊丝的位置 （a）　　（b）　　（c）　　（d） 图1　连续送丝方式

类型	操 作 方 法
连续送丝	②如图1(b)所示,用左手的拇指、食指和中指相互配合送丝。这种送丝方式一般比较平直,手臂动作不大,无名指和小指夹住焊丝,控制送丝的方向,等焊丝即将熔化完时,再向前移动 ③如图1(c)所示,焊丝夹在左手大拇指的虎口处,前端夹持在中指和无名指之间,用大拇指来回反复均匀用力,推动焊丝向前送进熔池中,中指和无名指的作用是夹稳焊丝和控制及调节焊接方向 ④如图1(d)所示,焊丝在拇指和中指、无名指中间,用拇指捻送焊丝向前连续送进
断续送丝	如图2所示,断续送丝时,送丝的末端始终处于氩气的保护区内,靠手臂和手腕的上、下反复动作,将焊丝端部熔滴一滴一滴地送入熔池内 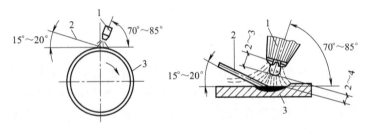 图 2　断续送丝方式

（3）运弧和填丝

手工氩弧焊的运弧技术与电弧焊不同,与气焊的焊炬运动有点相似,但要严格得多。焊炬、焊丝和焊件相互间需保持一定的距离,如图6-6所示。焊件方向一般由右向左,环缝由下向上,焊炬以一定速度前移,其倾角与焊件表面成70°～85°,焊丝置于熔池前面或侧面与焊件表面成15°～20°。

图 6-6　氩弧焊时焊炬与焊丝的位置

焊丝填入熔池的方法有以下几种。

①焊丝做间歇性运动。填充焊丝送入电弧区,在熔池边缘熔化后,再将焊丝重复送入电弧区。

②填充焊丝末端紧靠熔池的前缘连续送入,送丝速度必须与焊接速度相适应。

③焊丝紧靠坡口,焊炬运动,既熔化坡口,又熔化焊丝。

④焊丝跟着焊炬做横向摆动。

⑤反面填丝或称内填丝,焊炬在外,填丝在里面。

为送丝方便,焊工应视野宽广,并防止喷嘴烧损,钨极应伸出喷嘴端面,焊铝、铜时为2～3mm;管子打底焊时为5～7mm;钨极端头与熔池表面距离2～4mm。距离小,焊丝易碰到钨极。在焊接过程中,应小心操作,如操作不当,钨极与焊件或焊丝相碰时,熔池会被"炸开",产生一阵烟雾,造成焊缝表面污染和夹钨现象,破坏了电弧的稳定燃烧。

（4）焊枪的移动

手工钨极氩弧焊焊枪的移动方式一般都是直线移动,但也有个别情况下做小幅度横向摆动。焊枪的直线移动有直线匀速移动、直线断续移动和直线往复移动3种（图6-7）,其适用

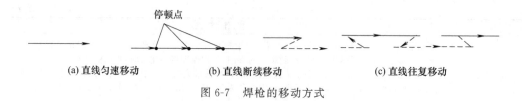

(a) 直线匀速移动　　　　(b) 直线断续移动　　　　(c) 直线往复移动

图 6-7　焊枪的移动方式

范围如下。

①直线匀速移动　适合不锈钢、耐热钢、高温合金薄钢板焊接。

②直线断续移动　适合中等厚度 3～6mm 材料的焊接。

③直线往复移动　主要用于铝及铝合金薄板材料的小电流焊接。

焊枪横向摆动的方式有圆弧之字形摆动、圆弧之字形侧移摆动和 r 形摆动 3 种（图 6-8），其适用范围如下。

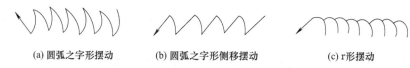

(a) 圆弧之字形摆动　　　　(b) 圆弧之字形侧移摆动　　　　(c) r形摆动

图 6-8　焊枪横向摆动的方式

① 圆弧之字形摆动　适合于大的 T 形角焊缝、厚板搭接角焊缝、Y 形及双 Y 形坡口的对接焊接、有特殊要求而加宽焊缝的焊接。

② 圆弧之字形侧移摆动　适合不平齐的角焊缝、端焊缝，不平齐的角接焊、端接焊。

③ r 形摆动　适合厚度相差悬殊的平面对接焊。

（5）接头

焊接时不可避免会有接头，在焊缝接头处引弧时，应把接头处做成斜坡形状，不能有影响电弧移动的盲区，以免影响接头的质量。重新引弧的位置为距焊缝熔孔前 10～15mm 处的焊缝斜坡上。起弧后，与焊缝重合 10～15mm，一般重叠处应减少焊丝或不加焊丝。

（6）收弧

焊接终止时要收弧，收弧不好会造成较大的弧坑或缩孔，甚至出现裂纹。常用的收弧方法有增加焊速法、焊缝增高法、电流衰减法和应用收弧板法。

① 增加焊速法　焊炬前移速度在焊接终止时要逐渐加快，焊丝进给量逐渐减少，直到焊件不熔化时为止。焊缝从宽到窄，此法简易可行，效果良好，但焊工技术要较熟练才行。

② 焊缝增高法　与增加焊速法相反，焊接终止时，焊接速度减慢，焊炬向后倾斜角度加大，焊丝送进量增加，当熔池因温度过高，不能维持焊缝增高量时，可停弧再引弧，使熔池在不停止氩气保护的环境中，不断凝固、不断增高而填满弧坑。

③ 电流衰减法　焊接终止时，将焊接电流逐渐减小，从而使熔池逐渐缩小，达到与增加焊速法相似的效果。如用旋转式直流焊机，在焊接终止时，切断交流电动机的电源，直流发电机的旋转速度逐渐降低，焊接电流也跟着减弱，从而达到衰减的目的。

④ 应用收弧板法　将收弧熔池引到与焊件相连的另一块板上去。焊完后，将收弧板割掉。这种方法适用于平板的焊接。

（7）左焊法和右焊法

左焊法与右焊法如图 6-9 所示。在焊接过程中，焊丝与焊枪由右端向左端移动，焊接电弧指向未焊部分，焊丝位于电弧运动的前方，称为左焊法。如在焊接过程中，焊丝与焊枪由左端向右施焊，焊接电弧指向已焊部分，填充焊丝位于电弧运动的后方，则称为右焊法。左焊法与右焊法的优缺点见表6-8。

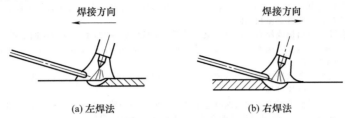

图 6-9　左焊法和右焊法

表 6-8　左焊法与右焊法的优缺点

项目	说　　明
左焊法的优缺点	①焊工视野不受阻碍，便于观察和控制熔池情况 ②焊接电弧指向未焊部分，既可对未焊部分起预热作用，又能减小熔深，有利于焊接薄件(特别是管子对接时的根部打底焊和焊易熔金属) ③操作简单方便，初学者容易掌握 ④主要是焊大工件，特别是多层焊时，热量利用率低，因而影响提高熔敷效率
右焊法的优缺点	①由于右焊法焊接电弧指向已凝固的焊缝金属，使熔池冷却缓慢，有利于改善焊缝金相组织，减少气孔、夹渣的可能性 ②由于电弧指向焊缝金属，因而提高了热利用率，在相同的热输入时，右焊法比左焊法熔深大，因而特别适合于焊接厚度较大、熔点较高的焊件 ③由于焊丝在熔池后方，影响焊工视线，不利于观察和控制熔池 ④无法在管道上(特别是小直径管)施焊 ⑤较难掌握

（8）定位焊

为了防止焊接时工件受热膨胀引起变形，必须保证定位焊缝的距离，可按表6-9选择。定位焊缝将来是焊缝的一部分，必须焊牢，不允许有缺陷，如果该焊缝要求单面焊双面成形，则定位焊缝必须焊透。必须按正式的焊接工艺要求焊定位焊缝，如果正式焊缝要求预热、缓冷，则定位焊前也要预热，焊后要缓冷。

表 6-9　定位焊缝的间距　　　　　　　　　　　　mm

板厚	0.5～0.8	0.8～2	>2
定位焊缝的间距	约20	50～100	约200

定位焊缝不能太高，以免焊接到定位焊缝处接头困难，如果碰到这种情况，最好将定位焊缝磨低些，两端磨成斜坡，以便焊接时易于接头。如果定位焊缝上发现裂纹、气孔等缺陷，应将该段定位焊缝打磨掉重焊，不允许用重熔的办法修补。

2. 各种位置焊接操作要领

（1）平敷焊焊接操作要领。

平敷焊焊接操作要领见表6-10。

表 6-10　平敷焊焊接操作要领

操作项目	操作要领
引弧	采用短路方法(接触法)引弧时，为避免打伤金属基体或产生夹钨，不应在焊件上直接引弧。可在引弧点近旁放一块紫铜板或石墨板，先在其上引弧，使钨极端头加热至一定温度后，立即转到待焊处引弧 短路引弧根据紫铜板安放位置的不同分为压缝式和错式两种。压缝式就是紫铜板放在焊缝上；错式就是紫铜板放在焊缝旁边。采用短路方法引弧时，钨极接触焊件的动作要轻而快，防止碰断钨极端头，或造成电弧不稳定而产生缺陷 这种方法的优点是焊接设备简单，但在钨极与紫铜板接触过程中会产生很大的短路电流，容易烧损钨极

续表

操作项目	操作要领
收弧	焊接结束时,由于收弧的方法不正确,在收弧板处容易产生弧坑和弧坑裂纹、气孔以及烧穿等缺陷。因此在焊后要将引出板切除 在没有引出板或没有电流自动衰减装置的氩弧焊收弧时,不要突然拉断电弧,要往熔池里多填充金属,填满弧坑,然后缓慢提起电弧。若还存在弧坑缺陷,可重复收弧动作。为了确保焊缝收尾处的质量,可采取以下几种收弧方法 ①当焊接电源采用旋转式直流电焊机时,可切断带动直流电焊机的电动机电源,利用电动机的惯性达到衰减电流的目的 ②可用焊枪手把上的按钮断续送电的方法使弧坑填满,也可在焊机的焊接电流调节电位器上接出一个脚踏开关,当收弧时迅速断开开关,达到衰减电流的目的 ③当焊接电源采用交流电焊机时,可控制调节铁芯间隙的电动机,达到电流衰减的目的
焊接操作	选用60～80A焊接电流,调整氩气流量。右手握焊枪,用食指和拇指夹住枪身前部,其余三指触及焊件作为支点,也可用其中两指或一指作为支点。要稍用力握住,这样能使焊接电弧稳定。左手持焊丝,严防焊丝与钨极接触,若焊丝与钨极接触,易产生飞溅、夹钨,影响气体保护效果,焊道成形差 为了使氩气能很好地保护熔池,应使焊枪的喷嘴与焊件表面成较大的夹角,一般为80°左右,填充焊丝与焊件表面夹角以10°左右为宜,在不妨碍视线的情况下,应尽量采用短弧焊以增强保护效果,如下图所示 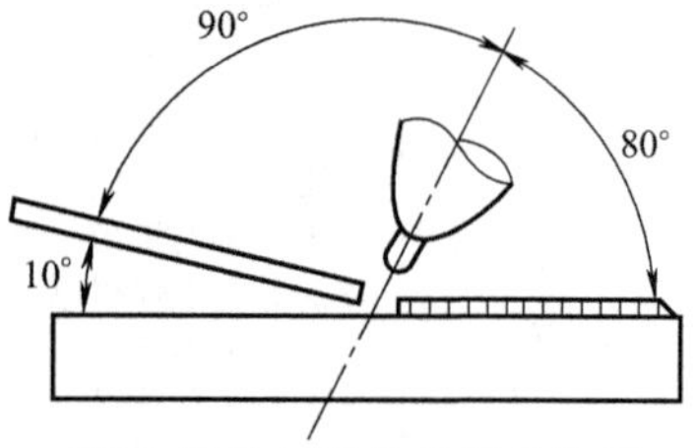 焊枪、焊件与焊丝的相对位置 平敷焊时,普遍采用左焊法进行焊接。在焊接过程中,焊枪应保持均匀的直线运动,焊丝做往复运动。但应注意以下事项 ①观察熔池的大小 ②焊接速度和填充焊丝应根据具体情况密切配合好 ③尽量减少接头数量 ④要计划好焊丝长度,尽量不要在焊接过程中更换焊丝,以减少停弧次数。若中途停顿,再继续焊时,要用电弧把原熔池的焊道金属重新熔化,形成新的熔池后再加焊丝,并与前焊道重叠5mm左右,在重叠处要少加焊丝,使接头处圆滑过渡 ⑤第一条焊道到焊件边缘终止后,再焊第二条焊道。焊道与焊道间距为30mm左右,每块焊件可焊3条焊道 在焊接铝板时,由于铝合金材料的表面覆盖着氧化铝薄膜,阻碍了焊缝金属的熔合,导致焊缝产生气孔、夹渣及未焊透等缺陷,恶化焊缝的成形。因而,必须严格清除焊接处和焊丝表面的氧化膜及油污等杂质。清理方法有化学清洗法和机械清理法两种,其适用场合如下。 ①化学清洗法。除油污时用汽油、丙酮、四氯化碳等有机溶剂擦净铝表面。也可用配成的溶液来清洗铝表面的油污,然后将焊件或焊丝放在60～70℃的热水中冲洗黏附在焊件表面的溶液,再在流动的冷水中洗干净;除氧化膜时,首先将焊件和焊丝放在碱性溶液中侵蚀,取出后用热水冲洗,随后将焊件和焊丝放在30%～50%的硝酸溶液中进行中和,最后将焊件和焊丝在流动的冷水中冲洗干净,并烘干;适用于清洗焊丝及尺寸不大的成批焊件 ②机械清理法。在去除油污后,用钢丝刷将焊接区域表面刷净,也可用刮刀清除氧化膜至露出金属光泽。一般用于尺寸较大、生产周期较长的焊件

（2）平角焊焊接操作要领。

平角焊焊接操作要领见表6-11。

表6-11　平角焊焊接操作要领

操作项目	图　示	操作要领
定位焊	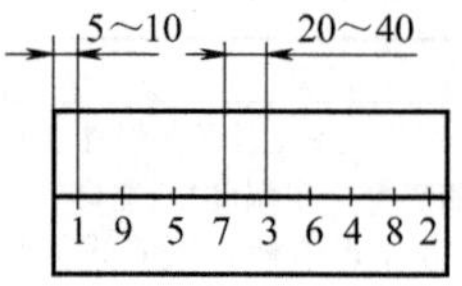 (a) 定位焊点先定两头	定位焊焊缝的距离由焊件厚度及焊缝长度来决定。焊件越薄,焊缝越长,定位焊缝距离越小。焊件厚度为2～4mm时,定位焊缝间距一般为20～40mm,定位焊缝距两边缘5～10mm

操作项目	图 示	操 作 要 领
定位焊	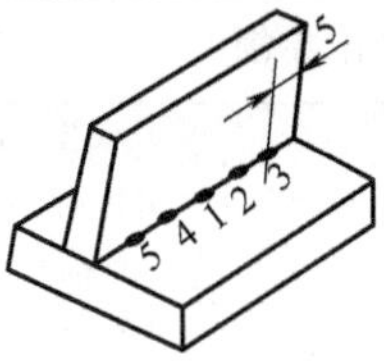 (b) 定位焊点先定中间 定位焊点的顺序	定位焊缝的宽度和余高不应大于正式焊缝的宽度和余高。定位焊点的顺序如左图所示。从焊件两端开始定位焊时,开始两点应在距边缘5mm外;第3点在整个接缝中心处;第4、5两点在边缘和中心点之间,以此类推。从焊件接缝中心开始定位焊时,从中心点开始,先向一个方向定位,再往相反方向定位其他各点
校正	—	定位焊后再进行校正,它对焊接质量起着很重要的作用,是保证焊件尺寸、形状和间隙大小,以及防止烧穿的关键
焊接	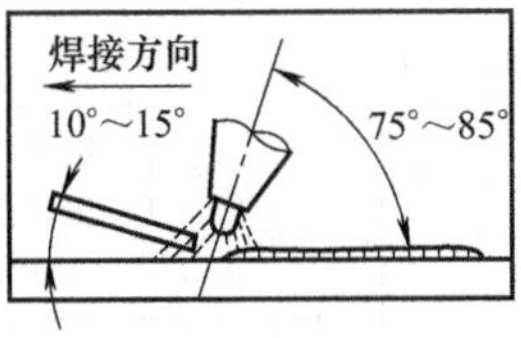 (a) 水平面焊 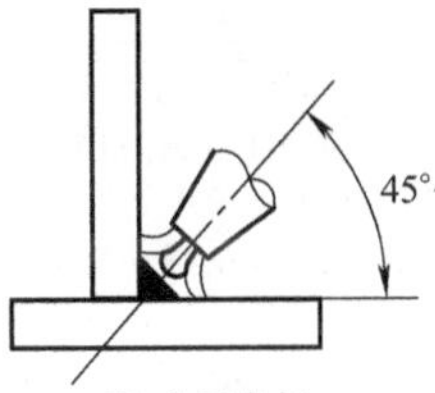 (b) 内平角焊 平角焊时焊丝、焊枪与焊件的相对位置	用左焊法,焊丝、焊枪与焊件之间的相对位置如左图所示。进行内角焊时,由于液体金属容易流向水平面,很容易使垂直面咬边。因此焊枪与水平板夹角应大些,一般为45°~60°。钨极端部偏向水平面上,使熔池温度均匀。焊丝与水平面为10°~15°的夹角。焊丝端部应偏向垂直板,若两焊件厚度不相同时,焊枪角度偏向厚板一边。在焊接过程中,要求焊枪运行平稳,送丝均匀,保持焊接电弧稳定燃烧,以保证焊接质量
船形角焊	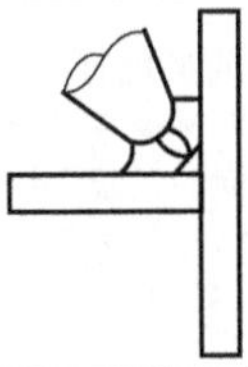	将T字形接头或角接接头转动45°,使焊接成水平位置,称为船形焊接。船形焊可避免平角焊时液体金属流到水平表面,导致焊缝成形不良的缺陷。船形焊时对熔池保护性好,可采用大电流,使熔深增加,而且操作容易掌握,焊缝成形也好
外平角焊	 图1 外平角焊 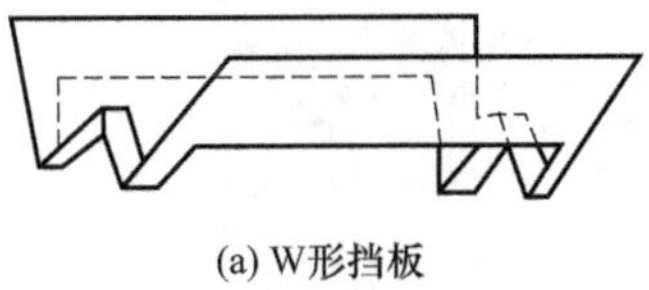 (a) W形挡板  (b) 应用 图2 W形挡板的应用	外平角焊是在焊件的外角施焊,操作比内角焊方便。操作方法和平对接焊基本相同。焊接间隙越小越好,以避免烧穿,如图1所示。焊接时用左焊法,钨极对准焊缝中心线,焊枪均匀平稳地向前移动,焊丝断续地向熔池中填充金属 如果发现熔池有下陷现象,而加速填充焊丝还不能解除下陷现象,就要减小焊枪的倾斜角,并加快焊接速度。造成下陷或烧穿的原因主要是:电流过大;焊丝太细;局部间隙过大或焊接速度太慢等 如发现焊缝两侧的金属温度低,焊件熔化不够,就要减慢焊接速度,增大焊枪角度,直至达到正常焊接 外平角焊保护性差,为了改善保护效果,可用W形挡板,如图2所示

(3) 不锈钢薄板的焊接操作要领

不锈钢薄板的焊接操作要领见表 6-12。

表 6-12 不锈钢薄板的焊接操作要领

<table>
<tr><th>操作项目</th><th>操作要领</th></tr>
<tr><td>矫平</td><td>先对焊件进行矫平。为了防止焊缝增碳，产生气孔，降低焊缝的耐腐蚀性，在焊件坡口两侧各 20～30mm，用汽油、丙酮或用质量分数为 50%的浓碱水、体积分数为 15%的硝酸溶液擦洗焊件待焊处表面，将油、垢、漆等污物清理干净，然后用清水冲洗、擦干，严禁用砂轮打磨</td></tr>
<tr><td>技术要求</td><td>焊件装配技术要求如下
①装配平整，单面焊双面成形
②坡口为 I 形，预留 4°～5°的反变形角，根部间隙为 0～0.5mm，错边量≤0.3mm</td></tr>
<tr><td>定位焊</td><td>定位焊时，为了在焊接过程中减小变形，防止定位焊焊缝开裂，定位焊缝数量可以有 3 条，其位置在焊件的两端和中间各一个，其焊接参数见下表
不锈钢薄板焊接参数
<table>
<tr><th>焊接层数</th><th>焊接电流/A</th><th>焊接速度/(mm/min)</th><th>氩气流量/(L/min)</th><th>钨极直径/mm</th><th>喷嘴直径/mm</th><th>钨极伸出长度/mm</th><th>喷嘴至焊件距离/mm</th></tr>
<tr><td>定位焊</td><td>65～85</td><td>80～120</td><td>4～6</td><td>2</td><td>10</td><td>5～7</td><td>≤12</td></tr>
<tr><td>焊全缝</td><td>65～80</td><td>80～120</td><td>4～6</td><td>2</td><td>10</td><td>5～7</td><td>≤12</td></tr>
</table></td></tr>
<tr><td>正常焊接</td><td>不锈钢薄板 I 形坡口平对接手工钨极氩弧焊采用单面焊双面成形，一般都使用短弧左焊法。首先在焊件右端的始焊端定位焊缝处起弧，焊枪不移动，也不加焊丝，对坡口根部进行预热，待焊缝端部及坡口根部熔化并形成一个熔池后，再添加焊丝。填丝时，保持焊丝送丝角度为 15°～20°，沿着坡口间隙尽量把焊丝端部送入坡口根部。此时，电弧沿坡口间隙深入根部并向左移动施焊。焊接过程中，焊枪、焊丝的角度要保持稳定，并随时注意观察熔池的变化，防止产生烧穿、塌陷、未焊透等缺陷
在焊丝用完或因其他原因而暂时停止焊接时，可以松开焊枪上的按钮开关停止送丝。然后，看焊枪上是否有电流衰减控制功能。当焊枪有电流衰减控制功能时，则仍保持喷嘴高度不变，待焊接电弧熄灭、熔池冷却后再移开焊枪和焊丝；若焊枪没有电流衰减控制功能，将焊接电弧沿坡口左移后再抬高焊枪灭弧，防止弧坑焊道及焊丝端部高温氧化
焊接接头时，先将焊缝上的氧化膜打磨干净，然后将接头处的弧坑打磨成缓坡形，在弧坑处引弧、加热，使弧坑处焊道重新熔化，与熔池连成一体，然后再填焊丝，转入正常焊接
当焊接到焊缝的最左边时(焊件焊缝的终点)，首先减小焊枪的角度，将电弧的热量集中在焊丝上，使焊丝的熔化量加大，填满弧坑；然后切断电流开关，焊接电流开始衰减，熔池也在不断地缩小，同时应将焊丝抽离熔池，但又不能使焊丝脱离氩气保护区。在氩气延时 3～4s 后，再关闭气阀，移开焊枪和焊丝</td></tr>
</table>

(二) 自动钨极氩弧焊的操作技能

图 6-10 所示为小车式自动钨极氩弧焊原理，焊接小车与埋弧焊小车相似，在生产中，为节省成本，也可将埋弧焊接小车改造成自动钨极氩弧焊设备使用。

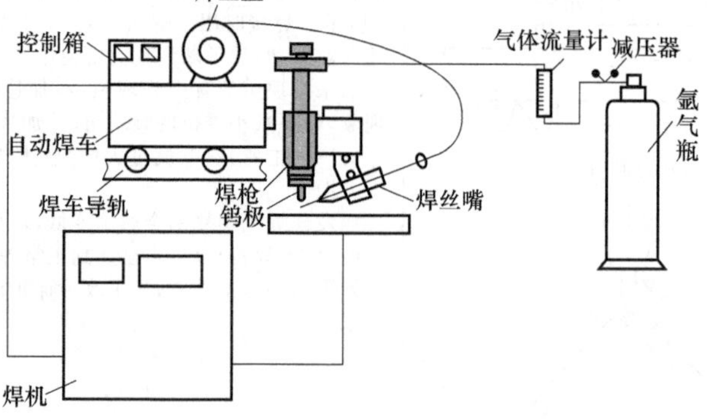

图 6-10 小车式自动钨极氩弧焊原理

根据钨极氩弧焊的特点，电极是不熔化的，所使用的电流密度不大，电弧具有下降并过渡到平直的外特性。因此，只需要一般陡降的外特性电源，便可以保证电弧燃烧和焊接规范的稳定。

焊枪在焊接电流180A以下可采用自然冷却，焊接电流在180A以上的必须用水冷却；同时，焊枪要求应接触和导电良好，保证有足够的有效保护区域和气流挺度，焊枪上所有转动零件的同心度不应大于0.2mm。如果焊接时需加填焊丝，送焊丝的焊丝嘴应随着焊丝直径的不同而更换。如所使用的焊丝直径为0.8mm、1mm、1.6mm和3mm，则焊丝嘴的内径相应以0.9mm、1.1mm、1.65mm和2.1mm为宜。

1. 焊前准备

对于焊件焊前焊缝坡口准备及工件的清理工作与手工钨极氩弧焊相同，可参考相应内容。但要注意的是，自动钨极氩弧焊对坡口组对的质量要求高，组对后的错边量越小越好。自动钨极氩弧焊允许的局部间隙与错边量见表6-13。如果对接间隙超过表6-13所允许的数值，在焊接时容易出现烧穿。

表 6-13　自动钨极氩弧焊允许的局部间隙与错边量　　　　mm

焊接方式	线材厚度	允许的局部间隙	允许的错边量
不加填焊丝	0.8~1	0.15	0.15
	1~1.5	0.2	0.2
	1.5~2	0.3	0.2
加填焊丝	0.8~1	0.2	0.15
	1~1.5	0.25	0.2
	1.5~2	0.3	0.2

2. 焊接规范的影响

焊接规范参数是控制焊缝尺寸的重要因素。不加填焊丝的自动钨极氩弧焊的焊缝形状如图6-11所示。

要想获得理想的焊缝形状和优质的焊接接头，除使用正确的焊接技术外，还必须选择合适的焊接规范。影响焊缝尺寸的焊接规范参数有焊接电流、焊接速度和电弧长度，此外，钨极直径和对接间隙也有一定的影响。

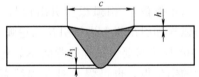

图 6-11　自动钨极氩弧焊（不加填焊丝）的焊缝形状

c—焊缝宽度；h—凹陷量；h_1—背部焊透高度

焊接电流 I、电弧长度 L 和焊接速度 v 对焊缝形状及尺寸的影响如图6-12所示。

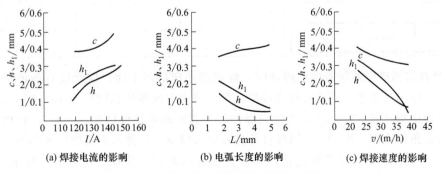

(a) 焊接电流的影响　　(b) 电弧长度的影响　　(c) 焊接速度的影响

图 6-12　焊接参数对焊缝形状及尺寸的影响

从图 6-12 中可以看到，随着焊接电流的增加，焊缝形状尺寸相应增加；相反，随着焊接电流的减小，焊缝形状尺寸也相应减小，如图 6-12（a）所示。随着电弧长度增加，焊缝宽度稍有增加，而凹陷量和背部焊透高度稍有减小；反之，随着电弧长度的减小，焊缝宽度稍有减小，而凹陷量和背部焊透高度稍有增加，如图 6-12（b）所示。随着焊接速度的增加，焊缝形状尺寸相应地减小；反之，随着焊接速度的减小，焊缝形状尺寸相应地增加，如图 6-12（c）所示。

3. 自动钨极氩弧焊焊接操作

自动钨极氩弧焊的操作技术比手工钨极氩弧焊要容易掌握，但同样需要经过培训才能熟练掌握。其焊接操作技能如下。

① 焊件可用加填焊丝或不加填焊丝的手工钨极氩弧焊进行定位焊，定位焊合格后，要将定位焊点与基本金属打磨齐平后再进行焊接。如果将焊件在焊接夹具上固定后进行焊接，则可不用进行定位焊。

② 焊接前，应使钨极中心对准焊件的对接缝，其偏差不得超过±0.2mm。钨极伸出喷嘴的长度应为 5～8mm，即喷嘴到焊件间的距离应为 7～10mm，钨极端头到焊件间的距离，即电弧长度应为 0.8～3mm。其中，对于不加填焊丝的自动钨极氩弧焊，弧长最好为 0.8～2mm；对于加填焊丝的自动钨极氩弧焊，弧长最好为 2.5～3mm。

③ 引弧前要先送氩气，以吹净焊枪和管路中的空气，并调整好所需要的氩气流量，然后按下"启动"按钮，使焊接电源与自动焊车电源接通。采用高频引弧时，可用高频振荡器引弧，但电弧引燃后，应立即切断振荡器电源，也可采用接触法引弧，用碳棒轻轻触及钨极，使钨极与引弧板短路而引燃电弧。

④ 停止焊接时，按停止按钮，切断焊接电源与自动焊车电源。电弧熄灭后，再停止送氩气，以防止钨极被氧化。

⑤ 为了消除直焊缝的起始端和末端的烧缺，应在焊缝的起始端和末端加装引弧板和引出板（熄弧板），引弧板和引出板与焊件材料相同，厚度相同，尺寸为 30mm×40mm，并在引弧板和引出板上进行引弧和熄弧的操作。

⑥ 焊接需要保护焊缝背面不氧化的材料（如奥氏体不锈钢）时，应在焊缝背面垫上带沟槽的铜垫板，也可焊接时在焊缝背面通氩气，其流量为焊接时保护气体流量的 30%～50%。铜垫板的沟槽尺寸见表 6-14。

表 6-14　铜垫板的沟槽尺寸　　　　　　　　　　　　　　　　　mm

图　　示	线材厚度	铜垫板沟槽尺寸	
		宽度 a	深度 b
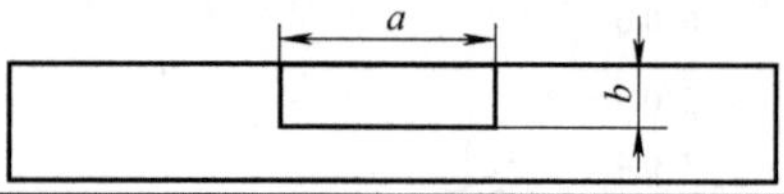	0.8～1.5	2～4	0.5
	1.5～3	3～6	0.8

⑦ 当自动钨极氩弧焊需加填焊丝时，焊丝表面应清理干净，焊丝应有条理地盘绕在焊丝盘内，并应均匀送进，不应有打滑现象。焊丝伸出焊丝嘴的长度应为 10～15mm，焊丝与钨极的夹角应保持在 85°～90°，焊丝与焊件水平方向的夹角保持在 5°～10°，钨极与焊件水平方向的夹角保持在 80°～85°。钨极自动氩弧焊时焊丝、焊件与钨极的位置如图 6-13 所示。

⑧ 自动钨极氩弧焊焊接环缝前，焊件必须进行对称定位焊，定位焊点要求熔透均匀。正式焊接前，必须掌握好焊枪与环缝焊件中心之间的偏移角度，其角度的大小主要与焊接电

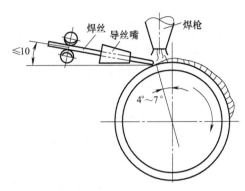

图 6-14 自动钨极氩弧焊焊接环缝

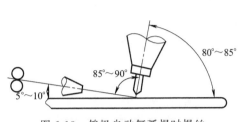

图 6-13 钨极自动氩弧焊时焊丝、
焊件与钨极的位置

流、焊件转动速度及焊件直径等参数有关。偏移一定的角度便于送丝和保证焊缝的良好成形。在引弧后，应逐渐增加焊接电流到正常值，同时输送焊丝，进行正常焊接。在焊接收尾时，应使焊缝重叠 25～40mm 的长度。重叠开始后，降低送丝速度，同时，衰减焊接电流到一定数值后，再停止送丝切断电源，以防止在收弧时产生弧坑缩孔和裂纹等缺陷。自动钨极氩弧焊焊接环缝如图 6-14 所示。

（三）熔化极氩弧焊的操作技能

1. 熔化极氩弧焊的特点

钨极氩弧焊时，为防止钨极的熔化与烧损，焊接电流不能太大，所以焊缝的熔深受到限制。当焊件厚度在 6mm 以上时，就要开坡口采取多层焊，故生产效率不高。而熔化极氩弧焊由于电极是焊丝，焊接电流可大大增加且热量集中，利用率高，所以可以用于焊接厚板焊件，并且容易实现自动化。在焊接过程中，通常电弧非常集中，焊缝截面具有较大熔深的蘑菇状，如图 6-15 所示。

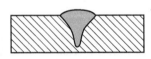

图 6-15 熔化极氩弧焊的焊缝截面

2. 焊前准备

① 坡口形式。熔化极氩弧焊的坡口形式详见 GB/T 985.1—2008《气焊、焊条电弧焊、气体保护焊和高能束焊的推荐坡口》。

② 焊前清理焊丝、焊件被油、锈、水、尘污染后会造成焊接过程不稳定、焊接质量下降、焊缝成形变形，出现气孔、夹渣等缺陷。因此，焊前应将焊丝、焊缝接口及其 20mm 之内的近缝区，严格地去除金属表面的氧化膜、油脂和水分等脏物，清理方法因材质不同而有所差异。

焊前清理包括脱脂清理、化学清理、机械清理和化学机械清理 4 种。

3. 熔化极氩弧焊工艺参数选择

熔化极氩弧焊工艺参数选择见表 6-15。

表 6-15　熔化极氩弧焊工艺参数选择

焊丝材料	各种直径焊丝的临界电流及最大电流值/A			
	1.2mm	1.6mm	2mm	2.5mm
铝合金	95/105	120/140	135/160	180/220
	220/230	300/350	360/370	400/420
铜	120/140	150/170	180/210	230/260
	320/340	370/380	410/420	460/480

续表

焊丝材料	各种直径焊丝的临界电流及最大电流值/A			
	1.2mm	1.6mm	2mm	2.5mm
不锈钢(18-8Ti)	190/210	220/240	260/280	320/330
	310/330	450/460	500/550	560/600
碳钢	230/250	260/280	300/320	350/370
	320/330	490/500	550/560	600/620

4. 熔化极混合气体保护的气体选择

熔化极混合气体保护的气体选择见表 6-16。

表 6-16　熔化极混合气体保护的气体选择

保护气体	说　明
碳钢及低合金钢	
氩＋二氧化碳 15%～20%	既能实现频率稳定的熔滴过渡,也能实现稳定的无飞溅喷射和脉冲射流过渡。焊缝成形比纯氩或纯二氧化碳好。可焊接细晶结构钢,焊缝力学性能良好
氩＋二氧化碳 10%	适合于镀锌铁板的焊接,焊渣极少
氩＋氧 1%～2%	可降低焊缝金属含氢量,提高低合金高强钢焊缝韧性
氩＋二氧化碳 5%＋氧 2%	可实现喷射和脉冲射流过渡
氩＋二氧化碳 5%＋氧 6%	可用于各种板厚的射流或短路焊接,特别适合薄板焊接,速度高,间隙搭桥性好,飞溅极少。可焊接细晶钢、锅炉钢、船用钢及某些高强钢等
氩＋二氧化碳 15%＋氧 5%	与上述相似,但熔深大,焊缝成形良好
氩＋氧 5%～15%	增加熔深,提高生产率,含氢量低于二氧化碳
不　锈　钢	
氩＋氧 1%～5%	用于喷射及脉冲氩弧焊,可改善熔滴过渡,增大熔深,减少飞溅,消除气孔,焊脚整齐
氩＋氧 2%＋二氧化碳 5%	可改善短路或脉冲焊的熔滴过渡,但焊缝可能有少量增碳现象
铝及铝合金	
氩＋二氧化碳 1%～3%	可简化焊丝和焊件表面清理,能获得无气孔、强度及塑性好的焊缝。焊缝外观较平滑
氩＋氮 0.2%	特别有利于消除气孔
氩＋氮	含氮量小于或等于10%,可提高热输入量,宜用于厚板焊接;含氮量大于10%,产生过多飞溅
铜及铜合金	
氩＋氮 20%	可提高热功率,降低焊件预热温度,但飞溅较大
钛、锆及其合金	
氩＋氮 25%	可提高热输入量,使焊缝金属润滑性改善,适用于平位射流过渡焊、全位置脉冲及短路过渡氩弧焊
镍　基　合　金	
氩＋氮 15%～22%	可提高热输入量,改善熔融特性,同时消除熔融不良现象

5. 熔化极氩弧焊焊接规范选择

熔化极氩弧焊主要的焊接参数有焊丝直径、过渡形式、电弧电压、焊接电流与极性、焊接速度、喷嘴直径、焊丝伸出长度和氩气流量等。

(1) 焊丝直径

焊丝直径根据工件的厚度、施焊位置来选择,薄板焊接和空间位置的焊接通常采用细丝(直径≤1.6mm);平焊位置的中等厚度板和大厚度板焊接通常采用粗丝。在平焊位置焊接大厚度板时,最好采用直径为 3.2～5.6mm 的焊丝,利用该范围内的焊丝时,焊接电流可用到 500～1000A,这种粗丝大电流焊的优点是熔透能力大、焊道层数少、焊接生产率高、焊接变形小。焊丝直径的选择见表 6-17。

表 6-17　焊丝直径的选择

焊丝直径/mm	工件厚度/mm	施焊位置	熔滴过渡形式
0.8	1~3	全位置	短路过渡
1.0	1~6	全位置、单面焊双面成形	短路过渡
1.2	2~12		
	中等厚度、大厚度	打底	
1.6	6~25	平焊、横焊或立焊	射流过渡
	中等厚度、大厚度		
2.0	中等厚度、大厚度		

（2）过渡形式

焊丝直径一定时，焊接电流的选择与熔滴过渡类型有关。电流较小时，为细颗粒（滴状）过渡，若电弧电压较低，则为短路过渡；当电流达到临界电流值时，为喷射过渡。MIG 焊喷射过渡的临界电流范围见表 6-18。

表 6-18　MIG 焊喷射过渡的临界电流范围

焊丝材料	焊丝直径/mm			
	1.2	1.6	2	2.5
	电流范围/A			
铝合金	$\frac{95\sim105}{220\sim230}$	$\frac{120\sim140}{300\sim350}$	$\frac{135\sim160}{360\sim370}$	$\frac{190\sim220}{400\sim420}$
铜	$\frac{120\sim140}{320\sim340}$	$\frac{150\sim170}{370\sim380}$	$\frac{180\sim210}{410\sim420}$	$\frac{230\sim260}{460\sim490}$
不锈钢 (18-8Ti)	$\frac{190\sim210}{310\sim330}$	$\frac{220\sim240}{450\sim460}$	$\frac{260\sim280}{500\sim550}$	$\frac{320\sim330}{560\sim600}$
碳钢	$\frac{230\sim250}{320\sim330}$	$\frac{260\sim280}{490\sim500}$	$\frac{300\sim320}{550\sim560}$	$\frac{350\sim370}{600\sim620}$

注：表中分子为临界值，分母为最大值。

（3）焊接电流与极性

由于短路过渡和粗滴过渡存在飞溅严重、电弧复燃困难及焊接质量差等问题，生产中一般都不采用，而采用喷射过渡的形式。熔化极氩弧焊时，当焊接电流增大到一定数值，熔滴的过渡形式会发生一个突变，即由原来的粗滴过渡转化为喷射过渡，这个发生转变的焊接电流值称为"临界电流"。不同直径和不同成分的不锈钢焊丝，具有不同的临界电流值，见表6-19。低碳钢熔化极氩弧焊的典型焊接电流见表 6-20。

表 6-19　不锈钢焊丝的临界电流值

焊丝直径/mm	0.8	1	1.2	1.6	2	2.5	3
临界电流/A	160	180	210	240	280	300	350

表 6-20　低碳钢熔化极氩弧焊的典型焊接电流

焊丝直径/mm	焊接电流/A	熔滴过渡方式	焊丝直径/mm	焊接电流/A	熔滴过渡方式
1.0	40~150	短路过渡	1.6	270~500	射流过渡
1.2	80~180		1.2	80~220	
1.2	220~350	射流过渡	1.6	100~270	脉冲射过渡

焊接电流增加时，熔滴尺寸减小，过渡频率增加。因此焊接时，焊接电流不应小于临界电流值，以获得喷射过渡的形式，但当电流太大时，熔滴过渡会变成不稳定的非轴向喷射过渡，同样飞溅增加，因此不能无限制地增加电流值。另外，直流反接时，只要焊接电流大于

临界电流值，就会出现喷射过渡，直流正接时却很难出现喷射过渡，故生产上都采用直流反接。

（4）电弧电压

对应于一定的临界电流值，都有一个最低的电弧电压值与之相匹配。电弧电压低于这个值，即使电流比临界电流大很多，也得不到稳定的喷射过渡。最低的电弧电压（电弧长度）根据焊丝直径来选定，其关系式为

$$L = Ad \tag{6-3}$$

式中　L——弧长，mm；

　　　d——焊丝直径，mm；

　　　A——系数（纯氩，直流反接，焊接不锈钢时取 2～3）。

常用金属材料熔化极气体保护焊的电弧电压见表 6-21。

表 6-21　常用金属材料熔化极气体保护焊的电弧电压　　　　　　　　V

母材材质	自由过渡(φ1.6mm 焊丝)					短路过渡(φ0.9mm 焊丝)			
	CO_2	$Ar+O_2$ 1%~5%	Ar25%+He75%	Ar	He	CO_2	Ar75%+CO_2 25%	$Ar+O_2$ 1%~5%	Ar
碳钢	30	28	—	—	—	20	19	18	17
低合金钢									
不锈钢	—	26		24		—	21	19	18
镍		—	28	26	30				22
镍-铜合金									
镍-铬-铁合金									
硅青铜		28					—		
铝青铜	—	—	30	28	32	—			23
磷青铜		23							
铜			33	30	36				24
铜-镍合金	—		30	28	32			22	23
铝			29	25	30		—		19
镁			28	26	—				16

注：表中气体所占比值为体积分数。

（5）焊接速度

焊接速度是重要焊接参数之一。焊接速度与焊接电流适当配合才能得到良好的焊缝成形。在热输入不变的条件下，焊接速度过大，熔宽、熔深减小，甚至产生咬边、未熔合、未焊透等缺陷。如果焊接速度过慢，不但直接影响了生产率，而且还可能导致烧穿、焊接变形过大等缺陷。

自动熔化极氩弧焊的焊接速度一般为 25～150m/h；半自动熔化极氩弧焊的焊接速度一般为 5～60m/h。

（6）焊丝伸出长度

焊丝伸出长度增加可增强其电阻热作用，使焊丝熔化速度加快，可获得稳定的射流过渡，并降低临界电流。

一般焊丝伸出长度为 13～25mm，视焊丝直径等条件而定。

（7）喷嘴直径及气体流量

熔化极氩弧焊对熔池的保护要求较高，如果保护不良，焊缝表面便起皱皮，所以熔化极氩弧焊的喷嘴直径及气体流量比钨极氩弧焊都要相应地增大，保护气体的流量一般根据电流大小、喷嘴直径及接头形式来选择。对于一定直径的喷嘴，应有一最佳的流量范围。流量过

大，则易产生紊乱；流量过小，则气流的挺度差，保护效果不好。通常喷嘴直径为 20mm 左右，气体流量为 $10\sim60L/min$，喷嘴至焊件距离为 $8\sim15mm$。氩气流量则为 $30\sim60L/min$。

气体流量最佳范围通常需要利用试验来确定，保护效果与焊缝表面颜色之间的关系见表 6-22。

表 6-22　保护效果与焊缝表面颜色之间的关系

母材	最好	良好	较好	不良	最差
不锈钢	金黄色或银色	蓝色	红灰色	灰色	黑色
钛及钛合金	亮银白色	橙黄色	蓝紫色	青灰色	白色氧化钛粉末
铝及铝合金	银白色有光亮	白色(无光)	灰白色	灰色	黑色
紫铜	金黄色	黄色	—	灰黄色	灰黑色
低碳钢	灰白色有光亮	灰色	—	—	灰黑色

（8）喷嘴工件的距离

喷嘴高度应根据电流的大小选择，该距离过大时，保护效果变差；过小时，飞油颗粒堵塞喷嘴，且阻挡焊工的视线。喷嘴高度推荐值见表 6-23。

表 6-23　喷嘴高度推荐值

电流大小/A	<200	200~250	250~500
喷嘴高度/mm	10~15	15~20	20~25

（9）焊丝位置

焊丝与工件间的夹角角度影响焊接热输入，从而影响熔深及熔宽。

① 行走角　在焊丝轴线与焊缝轴线所确定的平面内，焊丝轴线与焊缝轴线的垂线之间的夹角称为行走角。

② 工作角　焊丝轴线与工件法线之间的夹角称为工作角。

6. 自动熔化极氩弧焊操作要点

平焊位置的长焊缝或环形焊缝的焊接一般采用自动熔化极氩弧焊，但对焊接参数及装配精度都要求较高。自动熔化极氩弧焊操作要点见表 6-24。

表 6-24　自动熔化极氩弧焊操作要点

操作	说　明
板对接平焊	焊缝两端加接引弧板与引出板，坡口角度为 60°，钝边为 0~3mm，间隙为 0~2mm，单面焊双面成形。用垫板保证焊缝的均匀焊透，垫板分为永久型垫板和临时性铜垫板两种
环焊缝	环焊缝自动熔化极氩弧焊有两种方法：一种是焊炬固定不动而工件旋转；另一种是焊炬旋转而工件不动。焊前各种焊接参数必须调节恰当，符合要求后即可开机进行焊接 ①焊炬固定不动　焊炬固定在工件的中心垂直位置，采用细焊丝，在引弧处先用手工钨极氩弧焊不加焊丝焊接 15~30mm，并保证焊透，然后在该段焊缝上引弧进行熔化极氩弧焊。焊炬固定在工件中心水平位置，为了减少熔池金属流动，焊丝必须对准焊接熔池，其特点是焊缝质量高，能保证接头根部焊透，但余高较大 ②焊炬旋转工件固定　在大型焊件无法使工件旋转的情况下选用。工件不动，焊炬沿导轨在环形工件上连续回转进行焊接。导轨要固定，安装正确，焊接参数应随焊炬所处的空间位置进行调整。定位焊位置处于水平中心线和垂直中心线上，对称焊 4 点

7. 半自动熔化极氩弧焊操作要点

半自动熔化极氩弧焊操作要点见表 6-25。

表 6-25　半自动熔化极氩弧焊操作要点

操作	说　明
引弧	常用短路引弧法。引弧前应先剪去焊丝端头的球形部分,否则,易造成引弧处焊缝缺陷。引弧前焊丝端部应与工件保持2~3mm的距离。引弧时焊丝与工件接触不良或接太紧,都会造成焊丝成段爆断。焊丝伸出导电嘴的长度:细焊丝为8~14mm,粗焊丝为10~20mm
引弧板	为了消除在引弧端部产生的飞溅、烧穿、气孔及未焊透等缺陷,要求在引弧板上引弧,如不采用引弧板而直接在工件上引弧时,应先在离焊缝处5~10mm的坡口上引弧,然后再将电弧移至起焊处,待金属熔池形成后再正常向前焊接
定位焊	采用大电流,快速送丝,短时间的焊接参数进行定位焊,定位焊缝的长度,间距应根据工件结构截面形状和厚度来确定
左焊法和右焊法	根据焊炬的移动方向,熔化极气体保护焊可分为左焊法和右焊法两种。焊炬从右向左移动,电弧指向待焊部分的操作方法称为左焊法。焊炬从左向右移动,电弧指向已焊部分的操作方法称为右焊法。左焊法时熔深较浅,熔宽较大,余高较小,焊缝成形好;而右焊法时焊缝深而窄,焊缝成形不良。因此一般情况下采用左焊法。用右焊法进行平焊位置的焊接时,行走角一般保持在5°~10°
焊炬的倾角	焊炬在施焊时的倾斜角对焊缝成形有一定的影响。半自动熔化极氩弧焊时,左焊法和右焊法时的焊炬角度及相应的焊缝成形情况如下图所示 （a）左焊法　　　　（b）右焊法 左焊法和右焊法
不同位置	①板对接平焊　右焊法时电极与焊接方向夹角为70°~88°,与两侧表面成90°的夹角,焊接电弧指向焊缝,对焊缝起缓冷作用。左焊法时电极与焊接方向的反方向夹角为70°~85°,与两侧表面成90°夹角,电弧指向未焊金属,有预热作用,焊道窄而熔深小,熔融金属容易向前流动,左焊法焊接时,便于观察焊接轴线和焊缝成形。焊接薄板短焊缝时,电弧直线移动,焊长焊缝时,电弧斜锯齿形横向摆动幅度不能太大,以免产生气孔。焊接厚板时,电弧可做锯齿形或圆形摆动 ②T形接头平角焊　采用长弧焊右焊法时,电极与垂直板夹角为30°~50°,与焊接方向夹角为65°~80°,焊丝轴线对准水平板处距垂直立板根部为1~2mm。采用短弧焊时,电极与垂直立板成45°,焊丝轴线直接对准垂直立板根部,焊接不等厚度时,电弧偏向厚板一侧 ③搭接平角焊　上板为薄板的搭接接头,电极与厚板夹角为45°~50°,与焊接方向夹角为60°~80°,焊丝轴线对准上板的上边缘。上板为厚板的搭接接头,电极与下板成45°的夹角,焊丝轴线对准焊缝的根部 ④板对接的立焊　采用自下而上的焊接方法,焊接熔深大,余高较大,用三角形摆动电弧适用于中、厚板的焊接。采用自上而下的焊接方法,熔池金属不易下坠,焊缝成形美观,适用于薄板焊接

不同焊接接头左焊法和右焊法的比较见表 6-26。

表 6-26　不同焊接接头左焊法和右焊法的比较

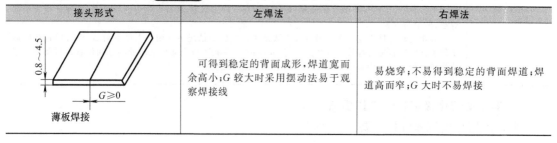

接头形式	左焊法	右焊法
薄板焊接	可得到稳定的背面成形,焊道宽而余高小;G 较大时采用摆动法易于观察焊接线	易烧穿;不易得到稳定的背面焊道;焊道高而窄;G 大时不易焊接

接头形式	左焊法	右焊法
中厚板的背面成形焊接	可得到稳定的背面成形, G 大时做摆动, 根部能焊得好	易烧穿; 不易得到稳定的背面焊道; G 大时最易烧穿
船形焊脚尺寸达10mm以下	余高呈凹形, 熔化金属向焊枪前流动, 焊趾处易形成咬边, 根部熔深浅(易造成未焊透); 摆动易造成咬边, 焊脚过大时难焊	余高平滑; 不易发生咬边; 根部熔深大; 易看到余高, 因熔化金属不向前流动, 焊缝宽度、余高均容易控制
水平角焊缝焊接焊脚尺寸8mm以下	易于看到焊接线而能正确地瞄准焊缝; 周围易附着细小的飞溅	不易看到焊接线, 但可看到余高; 余高易呈圆弧状; 基本上无飞溅; 根部熔深大
水平横焊	容易看清焊接线; 焊缝较大时, 也能防止烧穿; 焊道齐整	熔深大、易烧穿; 焊道成形不良、窄而高; 飞溅少; 焊道宽度和余高不易控制; 易生成焊瘤
高速焊接(平、立、横焊等)	可通过调整焊枪角度来防止飞溅	易产生咬边, 且易呈沟状连续咬边; 焊道窄而高

三、薄板、管板及管道氩弧焊的操作工艺

(一) 薄板氩弧焊的操作技能

1. 焊前准备

薄板水平对接采用钨极氩弧焊时, 通常采用 V 形坡口, 其坡口形式如图 6-16 所示。焊前要清除焊丝和坡口表面及其正反两侧 20mm 范围的油污、水锈等污物, 同时, 坡口表面及其正反 20mm 范围还需打磨至露出金属光泽, 然后再用丙酮进行清洗。定位焊在焊件反面进行, 焊点个数根据具体情况确定, 定位焊缝长度一般为 10~15mm。焊接时, 将装配好的焊件上间隙大的一端处于左侧, 并在焊件的右端开始引弧。引弧用较长的电弧(弧长为 4~7mm), 使坡口处预热 4~5s, 当定位焊缝左端形成熔池, 并出现熔孔后开始送丝。焊丝、焊枪与焊件的角度如图 6-17 所示, 其中钨极伸出长度为 3~5mm。

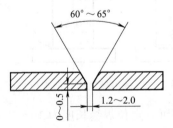

图 6-16　薄板水平对接钨极氩弧焊的坡口

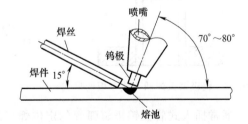

图 6-17　焊丝、焊枪与焊件的角度

2. 打底焊

打底焊要采用较小的焊枪倾角和较小的焊接电流, 而焊接速度和送丝速度较快, 以免使焊缝下凹和烧穿, 焊丝送入要均匀, 焊枪移动要平稳, 速度要一致, 焊接时要密切注意焊接熔池的变化。随时调节有关参数, 保证背面焊缝良好成形。当熔池增大、焊缝变宽并出现下

凹时，说明熔池温度过高，应减小焊枪与焊件夹角，加快焊接速度；当熔池减小时，说明熔池温度较低，应增加焊枪与焊件的倾角，减慢焊接速度。

更换焊丝时，松开焊枪上的按钮，停止送丝，借助焊机的焊接电流衰减熄弧，但焊枪仍需对准熔池进行保护，待其冷却后才能移开焊枪。然后检查接头处弧坑质量，若有缺陷时，则需将缺陷磨掉，并使其前端成斜面，然后在弧坑右侧 15～20mm 处引弧，并慢慢向左移动，待弧坑处开始熔化并形成熔池和熔孔后，开始送进焊丝进行正常焊接。

当焊到焊件左端时，应减小焊枪与焊件夹角，使热量集中在焊丝上，加大焊丝熔化量，以填满弧坑，松开焊枪按钮，借助焊机的焊接电流衰减熄弧。

3. 填充焊

填充层焊接时，其操作与焊打底层相同。焊接时焊枪可做适当的横向摆动，并在坡口两侧稍作停留。在焊件右端开始焊接，注意熔池两侧熔合情况，保证焊道表面平整并且稍下凹，填充层的焊道焊完后应比焊件表面低 1～1.5mm，以免坡口边缘熔化，导致盖面焊产生咬边或焊偏现象。焊完后需清理干净焊道表面。

4. 盖面焊

盖面焊时，在焊件右端开始焊接，操作与填充层相同。焊枪摆动幅度应超过坡口边缘 1～1.5mm，并尽可能保持焊接速度均匀，熄弧时要填满弧坑。

焊后用钢丝刷清理焊缝表面，观察焊缝表面有无各种缺陷，如有缺陷，要进行打磨修补。表 6-27 为板厚 6mm 时的薄板水平对接钨极氩弧焊的焊接规范。

表 6-27　薄板水平对接钨极氩弧焊的焊接规范（板厚 6mm）

焊接步骤	氩气流量 /(L/min)	喷嘴直径 /mm	焊丝直径 /mm	焊接电流 /A	电弧电压 /V	伸出长度 /mm
打底焊	7～9	8～12	2.0	70～100	9～12	4～5
填充焊	7～9	8～12	2.0	90～110	10～13	4～5
盖面焊	7～9	8～12	2.0	100～120	11～14	4～5

(二) 管板氩弧焊的操作技能

以插入式管极的氩弧焊为例，钨极氩弧焊插入式管板的形式如图 6-18 所示。装配前要清除管子待焊处和钢板孔壁及其周围 20mm 范围内的水锈、油污等污物，并打磨至露出金属光泽，然后将露出金属光泽处及焊丝用丙酮清洗干净。

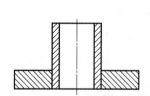

图 6-18　钨极氩弧焊插入式管板的形式

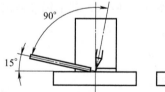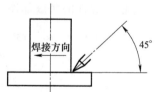

图 6-19　插入式管板钨极氩弧焊的焊枪角度

通常插入式管板钨极氩弧焊的定位焊只需焊一处即可，定位焊缝长度为 10～15mm，要求焊透且不能有各种缺陷。焊接时，在定位焊缝相对应的位置引弧，焊枪稍做摆动，待焊脚的根部两侧均匀熔化并形成熔池后，开始送进焊丝。采用左焊法，即从右向左沿管子外圆焊接。插入式管板钨板氩弧焊的焊枪角度如图 6-19 所示。

在焊接过程中，电弧以焊脚根部为中心线做横向摆动，幅度要适当，当管子和孔板熔化的宽度基本相同时，焊脚才能对称。通常板的壁厚比管子的壁厚要大，这时为防止咬边，电弧应稍偏离管壁，并从熔池上方加填焊丝，使电弧热量偏向孔板。

当更换焊丝时，松开焊枪上的按钮，停止送丝，借助焊机的焊接电流衰减熄弧，但焊枪仍对准熔池进行保护，待其冷却后才能移开焊枪。检查接头处弧坑质量，若有缺陷，则需将缺陷磨掉，并使其前端成斜面，然后在弧坑右侧 15～20mm 处引弧，并将电弧迅速左移到收弧处，先不加填充焊丝，待焊处开始熔化并形成熔池后，开始送进焊丝进行正常焊接。当一圈焊缝快结束时，停止送丝，等到原来的焊缝金属熔化与熔池连成一体后再加焊丝，填满熔池后，松开焊枪上的按钮，利用焊机的焊接电流衰减熄弧。

焊后先用钢丝刷清理焊缝表面，然后目测或用放大镜观察焊缝表面，不能有裂纹、气孔、咬边等缺陷，如有上述缺陷，要进行打磨修理或修补。插入式管板钨极氩弧焊的参考焊接规范见表6-28。

表 6-28　插入式管板钨极氩弧焊的参考焊接规范

管子规格 /mm	电极规格	板厚/mm	焊丝直径 /mm	氩气流量 /(L/min)	伸出长度 /mm	焊接电流 /A	电弧电压 /V
$\phi50\times6$	12	铈钨极 $\phi2.5$	2.0	6～8	3～4	70～100	11～13

（三）管道氩弧焊的操作技能

1. 小直径管子的钨极氩弧焊

小直径管子的钨极氩弧焊通常采用单面焊双面成形的工艺。为了使电弧燃烧稳定，钨极一般磨成圆锥形。坡口一般采用 V 形坡口，管子组对示意图见图6-20。装配时，要清除管子坡口及其端部内外表面 20mm 范围内的水锈、油污等污物，该范围内打磨至露出金属光泽并用丙酮清洗，焊丝同样用丙酮清洗。定位焊在组对合格后进行，一般定位焊接 1～2 点即可，焊缝长度为 10～15mm，要保证定位焊焊透且无任何缺陷。为提高效率，焊接时通常要借助滚轮架使管子转动。焊接时，将装配好的焊件装夹在滚轮架上，使定位焊缝处于 6 点钟的位置。在 12 点钟处引弧，管子不转动也不加填焊丝，待管子坡口处开始熔化并形成熔池和熔孔后开始转动管子，并加填焊丝。焊枪、焊丝与管子的角度如图6-21所示。

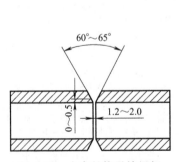

图 6-20　小直径管子钨级氩
弧焊的管子组对示意图

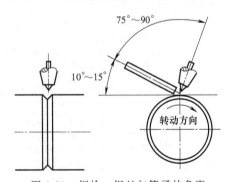

图 6-21　焊枪、焊丝与管子的角度

焊接时，电弧始终保持在 12 点钟位置，并对准坡口间隙，可稍做横向摆动。焊接过程中应保证管子的转速平稳。当焊至定位焊缝处时，应松开焊枪上的按钮，停止送丝，借助焊机的焊接电流衰减装置熄弧，但焊枪仍需对准熔池进行保护，待其冷却后，才能移开焊枪。然后检查接头处弧坑质量，若有缺陷，则需将缺陷磨掉，并使其前端成斜面，然后在斜面处引弧，管子暂时不转动，先不填充焊丝，待焊缝开始熔化并形成熔池后，开始送进焊丝进行接头正常焊接。当焊完一圈，打底焊快结束时，先停止送丝和管子转动，待起弧处焊缝头部开始熔化时，再加填焊丝，填满接头处再熄弧，并将打底层清理干净。

盖面焊的操作与打底焊基本相同，焊枪摆动幅度略大，使熔池超过坡口棱边 0.5～1.5mm，以保证坡口两侧熔合良好。焊后清理并观察焊缝表面，不能有裂纹、气孔、咬边等缺陷，如有这些缺陷，则要打磨修理或修补。管子壁厚为 3mm 时小直径管子钨极氩弧焊的参考焊接规范见表 6-29。

表 6-29   小直径管子钨极氩弧焊的参考焊接规范（管子壁厚 3mm）

焊接步骤	氩气流量 /(L/min)	焊丝直径 /mm	喷嘴直径 /mm	钨极伸出长度 /mm	焊接电流 /A	电弧电压 /V
打底焊	6～8	2.0	8～12	3～4	70～100	9～12
盖面焊	6～8	2.0	8～12	3～4	70～100	10～13

2. 管道氩弧打底焊

采用钨极氩弧焊焊接管道第一层（即打底焊），然后用焊条电弧焊盖面的方法，对提高管道焊接质量有明显的效果，尤其是对高、中合金钢管道及不锈钢管道的焊接更为显著，目前已广泛应用于机械制造、石油、化工等行业。

氩弧焊打底要求直流正接，采用小规范，电流不超过 150A。为了保护内壁金属在高温时不被氧化，对高合金钢管道打底焊时，管内要充氩气保护。而对于中、低合金钢管道，管内不充氩气保护，也能满足质量要求。

氩弧焊打底的坡口组对有两种情况：一种是坡口留有间隙，焊接过程中全部填丝，坡口组对加工简单，焊接质量可靠，但对焊工技术水平要求较高；另一种是坡口组对不留间隙，基本上不填丝，遇到局部地方有间隙或焊穿时才填丝，其优点是焊接速度快，操作简单，但对坡口组对加工要求很高，同时金属熔化部分较薄，容易产生裂纹。生产中，普遍采用第一种方法，即采用填丝的方法进行打底，效果较好。管道氩弧打底焊操作工艺见表 6-30。

表 6-30   管道氩弧打底焊操作工艺

工艺	说　明
焊前准备	壁厚小于 2mm 的薄壁管，一般不开坡口，不留间隙，加焊丝一次焊完。而锅炉受热面的薄壁管一般要采用 V 形坡口，大直径的厚壁管（如给水管道、蒸汽管道等）采用 U 形或 X 形坡口。坡口两侧、管壁内外要求无锈斑、油污等。如有条件，焊前最好用酒精清洗一下，以免产生气孔 焊丝采用与管道化学成分相同或相当的焊丝，焊丝直径以 $\phi 0.6 \sim 2.0 mm$ 为宜，焊丝表面不得有锈蚀和油污等 需要管内充氩气保护进行焊接的钢管，如高合金钢管要采取有效的充氩措施。对于可不充氩气保护的管道（中、低合金钢），不采取充氩措施，但要采取措施防止空气在管内流动，即防止"穿堂风"
打底焊	氩弧焊打底一般在平焊和两侧立焊位置点固 3 点，长 30～40mm，高 3～4mm。当采用无高频引弧装置的焊机进行接触引弧时，要看准位置，轻轻一点，不得用力过猛。电弧引燃后，移向始焊位置，稍微停顿 3～5s，待出现清晰熔池后，即可往熔池内送丝。小直径管道的填丝，应采用靠丝法或内填丝法；大直径管道由于焊丝消耗较多，应采用连续送丝法。送丝速度以充分熔化焊丝和坡口边缘为准，与喷嘴保持一定的角度。当焊接大直径厚壁管道时，应尽量由两名焊工对称焊接，如果由一人施焊，要注意采取一定的焊接顺序，以减少焊接应力。焊接结束时，逐渐减少电流，将电弧慢慢转移到坡口侧收弧，不允许突然断弧，防止上下焊缝出现裂纹而开裂
盖面焊	氩弧焊打底后，即进行盖面焊接，若不能及时盖面焊接，再次焊接时应注意检查打底焊表面无油污、锈蚀等污物。通常打底焊缝的高度为 3mm 左右，对于薄壁管来说，占总体壁厚的 50%～80%，这时的盖面焊既要填满低于表面部分的焊道，又要焊出一定的加强高度，难度较大。对于全位置坡口，施工时通常采用以下方法 ①在保证焊接质量的前提下，选用较小的焊接规范，以防止焊穿 ②焊接时，先在平焊部位焊一段 30～50mm 长的焊缝来为平焊加强面做准备 ③仰焊时，起头的焊缝要尽可能薄，同时仰焊的接头要叠加 10～20mm ④为增加中间部位的填充量，主要采用月牙形运条形式 大直径、厚壁管打底焊后的焊接，其工艺、技术与焊条电弧焊相同

四、氩弧焊的常见缺陷与防止方法

氩弧焊常见的缺陷有焊缝成形不良、烧穿、未焊透、咬边、气孔和裂纹等。钨极氩弧焊常见缺陷的产生原因及防止方法见表 6-31。熔化极氩弧焊常见缺陷的产生原因及防止方法见表 6-32。

表 6-31　钨极氩弧焊常见缺陷的产生原因及防止方法

缺陷	产生原因	防止方法
焊缝成形不良	①焊接参数选择不当 ②焊枪操作运走不均匀 ③送丝方法不当 ④熔池温度控制不好	①选择正确的焊接参数 ②提高焊枪与焊丝的配合操作技能 ③提高焊枪与焊丝的配合操作技能 ④焊接过程中密切关注熔池温度
咬边	①焊枪角度不对 ②氩气流量过大 ③电流过大 ④焊接速度太快 ⑤电弧太长 ⑥送丝过慢 ⑦钨极端部过尖	①采用合适的焊枪角度 ②减小氩气流量 ③选择合适的焊接电流 ④减慢焊接速度 ⑤压低电弧 ⑥配合焊枪移动速度同时,加快送丝速度 ⑦更换或重新打磨钨极端部形状
夹钨	①焊接电流密度过大,超过钨极的承载能力 ②操作不稳,钨极与熔池接触 ③钨极直接在工作上引弧 ④钨极与熔化的焊丝接触 ⑤钨极端头伸出过长 ⑥氩气保护不良,使钨极熔化烧损	①选择合适的焊接电流或更换钨极 ②提高操作技能 ③尽量采用高频或脉冲引弧,接触引弧时要在引弧板上进行 ④提高操作技术,认真施焊 ⑤选择合适的钨极伸出长度 ⑥加大氩气流量等保证氩气的保护措施
夹渣或氧化膜夹层	①氩气纯度低 ②焊件及焊丝清理不彻底 ③氩气保护层流被破坏	①更换使用合格的氩气 ②焊前认真清理焊丝及焊件表面 ③采取防风措施等保证氩气的保护效果
未焊透	①坡口、间隙太小 ②焊件表面清理不彻底 ③钝边过大 ④焊接电流过小 ⑤焊接电弧偏向一侧 ⑥电弧过长或过短	①1.3～10mm 的焊件应留 0.5～2mm 间隙;单面坡口大于 90° ②焊前彻底清理焊件及焊丝表面 ③按工艺要求修整钝边 ④按工艺要求选用焊接电流 ⑤采取措施防止偏弧 ⑥焊接过程中保持合适的电弧长度
焊瘤	①焊接电流太大 ②焊枪角度不当 ③无钝边或间隙过大	①按工艺要求选用焊接电流 ②调整焊枪角度 ③按工艺要求修整及组对坡口
裂纹	①弧坑未填满 ②焊件或焊丝中 C,S,P 含量 ③定位焊时点距太大,焊点分布不当 ④未焊透引起裂纹 ⑤收尾处应力集中 ⑥坡口处有杂质、脏物或水分等 ⑦冷却速度过快 ⑧焊缝过烧,造成铬镍比下降 ⑨结构钢性大	①收尾时采用合理的方法并填满弧坑 ②严格控制焊件及焊丝中 C,S,P 含量 ③选择合理的定位焊点数量和分布位置 ④采取措施保证根部焊透 ⑤合理安排焊接顺序,避免收尾处于应力集中处 ⑥焊前严格清理焊接区域 ⑦选择合适的焊接速度 ⑧选择合适的焊接参数,防止过烧 ⑨合理安排焊接顺序或采用焊接夹具辅助进行焊接
烧穿	①焊接电流太大 ②熔池温度过高 ③根部间隙过大 ④送丝不及时 ⑤焊接速度太慢	①选用合适的焊接电流 ②提高技能,焊接中密切关注熔池温度 ③按工艺要求组对坡口 ④协调焊丝进给与焊枪的运动速度 ⑤提高焊接速度

表 6-32   **熔化极氩弧焊常见缺陷的产生原因及防止方法**

缺陷	产生原因	防止方法
焊缝形状不规则	①焊丝未经校直或校直效果不好 ②导电嘴磨损造成电弧摆动 ③焊接速度过低 ④焊丝伸出长度过长	①检修、调整焊丝校直机构 ②更换导电嘴 ③调整焊接速度 ④调整焊丝伸出长度
夹渣	①前层焊缝焊渣未清除干净 ②小电流低速焊接时熔敷过多 ③采用左焊法操作时,熔渣流到熔池前面 ④焊枪摆动过大,使熔渣卷入熔池内部	①认真清理每一层焊渣 ②调整焊接电流与焊接速度 ③改进操作方法,使焊缝稍有上升坡度,使熔渣流向后方 ④调整焊枪摆动幅度,使熔渣浮到熔池表面
气孔	①焊丝表面有油、锈和水 ②氩气保护效果不好 ③气体纯度不够 ④焊丝内硅、锰含量不足 ⑤焊枪摆动幅度过大,破坏了氩气的保护作用	①认真进行焊件及焊丝的清理 ②加大氩气流量,清理喷嘴堵塞或更换保护效果好的喷嘴,焊接时注意防风 ③必须保证氩气纯度大于 99.5% ④更换合格的焊丝进行焊接 ⑤尽量采用平焊,操作空间不要太小,加强操作技能
咬边	①焊接参数不当 ②操作不熟练	①选择合适的焊接参数 ②提高操作技术
熔深不够	①焊接电流太小 ②焊丝伸出长度过长 ③焊接速度过快 ④坡口角度及根部间隙过小,钝边过大 ⑤送丝不均匀	①加大焊接电流 ②调整焊丝的伸出长度 ③调整焊接速度 ④调整坡口尺寸 ⑤检查、调整送丝机构
裂纹	①焊丝与焊件均有油、锈、水等 ②熔深过大 ③多层焊时第一层焊缝过小 ④焊后焊件内有很大的应力	①焊前仔细清除焊丝、焊件表面的油锈、水分等污物 ②合理选择焊接电流与电弧电压 ③加强打底层焊缝质量 ④合理选择焊接顺序及消除内应力热处理
烧穿	①对于给定的坡口,焊接电流过大 ②坡口根部间隙过大 ③钝边过小 ④焊接速度小,焊接电流大	①按工艺规程调节焊接电流 ②合理选择坡口根部间隙 ③按钝边、根部间隙情况选择焊接电流 ④合理选择焊接参数

第七章

二氧化碳气体保护焊

第一节 | 二氧化碳气体保护焊的基础知识

CO_2 气体保护焊（图 7-1）是用 CO_2 作为保护气体的一种气电焊方法，如图 7-1（a）所示。这种方法按焊丝直径，可分为细丝 CO_2 气体保护焊（焊丝直径＜1.6mm）和粗丝 CO_2 气体保护焊（焊丝直径≥1.6mm）。CO_2 气体保护焊以半自动和自动的形式进行操作，所用的设备大同小异。CO_2 气体保护半自动焊具有手工电弧焊的机动性，适用于各种焊缝的焊接。CO_2 气体保护自动焊主要用于较长的直缝、环缝以及某些不规则的曲线焊缝的焊接。

CO_2 气体保护焊的焊接过程如图 7-1（b）所示。焊接时使用成盘的焊丝，焊丝由送丝机构经软管和焊枪的导电嘴送出。电源的两输出端分别接在焊枪和工件上。焊丝与工件接触后产生电弧，在电弧高温作用下，工件局部熔化形成熔池，而焊丝端部也不断熔化，形成熔滴过渡到熔池中。同时，气瓶中送出的 CO_2 气体以一定的压力和流量从焊枪的喷嘴中喷出，形成一股

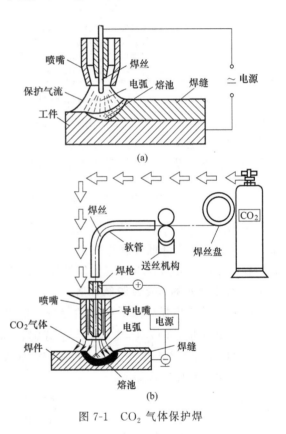

图 7-1 CO_2 气体保护焊

保护气流，使熔池和电弧区与空气隔离。随着焊枪的移动，熔池凝固成焊缝，从而将被焊工件连接成一个整体。

一、CO_2 气体保护焊的特点及应用范围

1. CO_2 气体保护焊的特点

CO_2 气体保护焊是 20 世纪 50 年代发展起来的一项工艺，并获得迅速推广和应用。CO_2 气体保护焊的优缺点见表 7-1。

2. 应用范围

CO_2 气体保护焊适用范围广，可进行各种位置焊接。常用于焊接低碳钢及低合金钢等

表 7-1 CO₂ 气体保护焊的优缺点

类	别	说 明
优点	生产率高	由于焊接电流密度较大,电弧热量利用率较高,以及焊后不需清渣,因此提高了生产率
	成本低	CO₂ 气体价格便宜,而且电能消耗少,故使焊接成本降低
	焊接变形和内应力小	由于电弧加热集中,工件受热面积小,同时 CO₂ 气流有较强的冷却作用,所以焊接变形和内应力小,一般结构焊后即可使用,特别适宜于薄板焊接
	焊接质量高	由于焊缝含氢量少,抗裂性能好,同时焊缝内不易产生气孔,所以焊接接头的力学性能良好,焊接质量高
	操作简便	焊接时可以观察到电弧和熔池的情况,故操作较容易掌握,不易焊偏,更有利于实现机械化和自动化
	适用范围广	CO₂ 气体保护焊常用于碳钢、低合金钢、高强度钢、不锈钢及耐热钢的焊接。不仅能焊接薄板,也能焊接中、厚板,同时可进行全位置焊接。除适用于焊接结构制造外,还适用于修理,如堆焊磨损的零件以及焊补铸铁等
缺点		①飞溅较大,并且焊缝表面成形较差,这是主要缺点 ②弧光较强,特别是大电流焊接时,电弧的光、热辐射均较强 ③很难用交流电源进行焊接,焊接设备比较复杂 ④不能在有风的地方施焊;不能焊接容易氧化的有色金属,如铝、铜、钛

钢铁材料和要求不高的不锈钢及铸铁焊补。不仅适用于焊接薄板,还常用于中厚板焊接。薄板可焊到 1mm 左右,厚板采用开坡口多层焊,其厚度不受限制。CO₂ 气体保护焊是目前广泛应用的一种电弧焊方法,主要用于汽车、船舶、航空、管道、机车车辆、集装箱、矿山和工程机械、电站设备、建筑等金属结构的焊接。

二、CO₂ 气体保护焊的冶金特点

常温下,CO₂ 气体化学性能呈中性,在高温 CO₂ 分解后具有强烈的氧化性,它会使合金元素氧化烧损,降低焊缝金属的力学性能,还可能成为产生气孔及飞溅的主要原因。因此,在焊接冶金方面,CO₂ 气体保护焊有其特殊性。

1. 合金元素的氧化及脱氧方法

CO₂ 气体在电弧高温下将发生分解,形成 CO 及 O_2,其分解度随温度的提高而加大。在 4000K 以上时,CO₂ 已基本上完全分解,到达 6000K 时,CO 及 O_2 约各占一半,其中 CO 在焊接条件下不会溶于金属,也不与金属发生作用,但原子状态的氧使铁及其他合金元素迅速氧化,其反应式如下:

$$Fe+O \Longrightarrow FeO$$
$$Si+2O \Longrightarrow SiO_2$$
$$Mn+O \Longrightarrow MnO$$
$$C+O \Longrightarrow CO\uparrow$$

以上氧化反应既发生在熔滴过渡过程中,也发生在熔池里。反应的结果是生成 FeO 并大量溶于熔池,致使焊缝金属中碳被氧化而产生 CO 气孔,并使锰、硅等合金元素减少,影响焊缝的力学性能。另外,因生成大量的 CO 气体,则引起强烈的飞溅。因此,必须采取有效的脱氧措施,在 CO₂ 气体保护焊的冶金过程中,通常的脱氧方法是采用含有足够数量脱氧元素的焊丝。常用的脱氧元素是硅、锰、铝和钛等,依靠这些元素来降低液态金属中 FeO 的浓度,抑制碳的氧化,从而防止 CO 气孔和减少飞溅,并得到性能合乎要求的焊缝。目前在焊接低碳钢和低合金钢时,一般都采用硅锰联合脱氧的方法。硅、锰脱氧后的生成物 SiO_2 和 MnO 是熔渣而不是气体,形成一层微薄的渣壳覆盖在焊缝表面。

2. 气孔问题

焊缝中产生气孔的根本原因是熔池金属中存在大量的气体，在熔池凝固过程中没有完全逸出，或者由于凝固过程中化学反应产生的气体来不及逸出，而残留在焊缝之中。

在 CO_2 气体保护焊时，如果使用化学成分不合格的焊丝、纯度不符合要求的 CO_2 气体及不正确的焊接工艺，焊缝中就可能产生气孔，气孔主要有 CO 气孔、N_2 孔和 H_2 孔 3 种。

CO_2 气体保护焊焊接时，由于电弧气氛具有较强的氧化性，形成 H_2 孔的可能性较小。当采用的焊丝含有适量的脱氧元素时，CO 气孔也不易产生。最常发生的是 N_2 孔，因 N_2 来自空气，因此，必须加强 CO_2 气流的保护效果，这是防止焊缝气孔的主要途径。

三、CO_2 气体保护焊的分类

二氧化碳气体保护焊的分类见表 7-2。

表 7-2　二氧化碳气体保护焊的分类

分类标准	说　明
按焊丝直径分	细丝焊($\phi<1.6mm$)、粗丝焊($\phi\geqslant1.6mm$)和药芯焊丝
按保护气体分	纯 CO_2 焊
	混合气体保护焊:$CO_2 + O_2$,$CO_2 + Ar + O_2$,$CO_2 + Ar$
按操作方式分	自动焊和半自动焊
按焊缝形式	连续电弧焊和断续电弧点焊

不同类别二氧化碳气体保护焊的比较见表 7-3。

表 7-3　不同类别二氧化碳气体保护焊的比较

类别	保护方式	焊接电源	熔滴过渡形式	喷嘴	焊接过程	焊缝成形
细丝(焊丝直径<1.6mm)	气保护	直流反接平或缓降外特性	短路过渡或颗粒过渡	气冷或水冷	稳定、有飞溅	较好
粗丝(焊丝直径≥1.6mm)	气保护	直流陡降或平特性	颗粒过渡	水冷为主	稳定、飞溅大	较好
药芯焊丝	气-渣联合保护	交、直流平或陡降外特性	细颗粒过渡	气冷	稳定、飞溅很少	光滑、平坦

四、常用 CO_2 气体保护焊焊机的型号参数和故障维修

1. CO_2 气体保护焊焊机型号及技术参数

① NZC2-Ⅱ型全功能 CO_2 气体保护焊常用电焊机型号及技术参数见表 7-4。

表 7-4　NZC2-Ⅱ型全功能 CO_2 气体保护焊常用电焊机型号及技术参数

电源类型	硅整流电源 ZPL1000A	硅整流电源 ZPL1250A	CO_2 气体保护电源 NBC-350K
焊接电压/V	28～44	28～44	17～37
焊接电流/A	250～1000	200～1250	70～350
额定容量/kV·A	95	118	24
负载持续率/%	60	—	—
输出电源	(三相四线)380V±38V,50Hz		
有效行程/m	垂直:2～5.5;水平:3～9(12种规格)		
横臂焊接速度/(cm/min)	12～100(直流无级调速)		
横臂升降速度/(cm/min)	110(交流恒速)		
最小焊接直径/mm	标准机头<650,特小机头<300		
滚轮架类型	调节式滚轮架		自调式滚轮架
载重量/t	10～150(8种规格)		
工件直径/mm	300～5500		
滚动速度/(mm/min)	100～1200		交流变频调速
用途	该设备由移动台车,360°转动立柱伸缩臂式焊接操作架,微电脑控制交流变频调速滚轮架(分自调式和调节式两种),焊接电源及机头组成(有 12 种不同规格成套系列)。它可对圆形焊件、方形长距离焊件做内外、纵、环缝自动焊接,是管道、容器、油罐、锅炉自动埋弧焊接、气刨及各种 2～6mm 厚度非铁金属结构件的自动 CO_2 气体保护焊专用设备		

② CO₂ 气体保护焊常用电焊机技术参数见表 7-5。

表 7-5　CO_2 气体保护焊常用电焊机技术参数

焊机名称	半自动 CO_2 气体保护电焊机						自动 CO_2 气体保护电焊机		
型号	NBC-200 (GD-1200)	NBC1-200	NBC1-300 (GD-300)	NBC1-500	NBC1-500-1	NBC4-500 (FN-1)	NZC-500-1 (AGA-500)	NZC3-500 (GDF-500)	NZC3-2×500-3 (GDB-2×500)
电源电压/V	380	220/380	380	380	380	380	380	380	380
空载电压/V	17~30	14~30	17~30	75	75	75	—	75	75
工作电压/V	17~30	14~30	17~30	15~42	15~40	15~42	15~40	15~40	15~40
电流调节范围/A	40~200	—	50~300	—	50~500	50~500	50~500	50~500	50~500
额定焊接电流/A	200	200	300	500	500	500	500	500	500
焊丝直径/mm	0.5~1.2	0.8~1.2	0.8~1.4	0.8~2	1.2~2.0	0.8~1.6	1~2	1.0~1.6	1.0~1.6
送丝速度/(m/min)	1.5~9	1.5~15	2~8	1.7~17	8	1.7~25	1.5~17	2~8	2~8
焊接速度/(m/min)	—	—	—	—	—	—	0.3~2.5	0.5~2.5	0.5~2.5
气体流量/(L/min)	—	25	20	25	25	25	10~20	25	25×2
额定负载持续率/%	—	100	70	60	60	—	60	60	60
配用电源	硅整流电源	ZPG-200 型电源	可控硅整流电源	ZPG1-500 型电源	硅整流电源	ZPG1-500 型电源	AP1-350 型电源埋弧焊配用 AX7-500 型电源	原 GD-500 型电源	原 GD-500 型电源两台
适用范围	拉式半自动焊机，适用于 0.6~4mm 厚低碳钢薄板的焊接	适用于低碳钢薄板的焊接，推式半自动焊机	推式半自动焊机，适用于低碳钢板焊接	推式半自动焊机，冷却水耗量 1L/min。适用于中、厚低碳钢板的焊接	推式半自动焊机，适用于中、厚低碳钢板	推式半自动焊机，适用于点焊或缝焊	可进行气焊，也可用于埋弧焊	汽车轴管兰专用焊机	汽车轴管方孔臂专用焊机

注:( )内为旧型号。

2. 二氧化碳气体保护焊焊机常见故障及排除

① 自动 CO_2 气体保护焊焊机常见故障及排除方法见表 7-6。

表 7-6　自动 CO_2 气体保护焊焊机常见故障及排除方法

故障特征	产生原因	排除方法
焊丝送给不均匀	①送丝滚轮压紧力调整不当 ②送丝滚轮磨损或槽口尺寸不对 ③焊丝弯曲或送丝软管接头处松动 ④导电嘴内径过小 ⑤焊炬开关或控制线路接触不良	①合理地调整压紧力 ②换用新滚轮 ③校直焊丝及修理软管 ④更换导电嘴 ⑤修复或更换开关
送丝电动机不转动或电动机转动而焊丝不送给	①熔丝烧断 ②电动机电源变压器损坏 ③送丝轮打滑 ④焊丝与导电嘴口熔合在一起 ⑤焊丝卷曲后卡在送丝软管进口处 ⑥调整电路发生故障 ⑦接触不良或控制电路断路 ⑧继电器的触点烧损或其线路烧损	①换用新熔丝 ②更换或修复 ③调整送丝轮压紧力 ④拧下导电嘴,剪断取出导电嘴,更换或修复 ⑤焊丝剪断,退出,重新送丝 ⑥修复 ⑦更换开关,修复控制线路 ⑧更换继电器及修复线路
气体保护不良或无保护气送出	①气路系统接头漏气(打开气瓶阀及打开流量计旋钮,流量计浮子上浮,说明漏气) ②气路系统堵塞(管路堵塞、电磁气阀不通) ③喷嘴被飞溅堵塞 ④气瓶内气体压力不足 ⑤气流流量不足 ⑥焊丝伸出太长 ⑦工作场地风力太大 ⑧预热器断电造成冻结	①找出漏气部位,紧固,直到浮子落到底部 ②疏通管路或更换管路,修理或更换电磁气阀 ③清理喷嘴 ④换用新气瓶 ⑤调节流量计加大流量 ⑥减小焊丝伸出长度 ⑦采取防风措施 ⑧热水解冻,修复电路
焊接电压低	①网络电压低 ②三相电源单相断路 ③三相变压器单相断电或短路 ④接触器接触不良	①改变供电状况,合理布置用电设备 ②检查及更换熔丝,检查硅元件 ③找出有关损坏部位,修复 ④修复接触器触点或更换接触器
焊接过程中发生熄弧现象和焊接参数不稳定	①送丝不均匀,导电嘴磨损严重 ②送丝滚轮磨损 ③焊丝弯曲太大 ④工件和焊丝不清洁,接触不良 ⑤焊接参数选择不合适	①修复送丝系统,更换导电嘴 ②更换 ③校直焊丝 ④清理工件待焊处与焊丝 ⑤调整焊接参数
焊接电流调节失灵	焊接回路故障;晶闸管调速线路故障;送丝电动机或其线路故障	用万用表按线路图分部逐级进行检测,并修复或更换损坏元件
未打开焊炬上的开关,仍可以焊接	①焊炬上的开关一直接通 ②交流接触器触点常闭	①修复或更换开关 ②修复或更换接触器
电压调节失灵	①线路接触不良或断线 ②三相多线开关损坏 ③继电器触点或线包损坏 ④变压器烧损或抽头接触不良 ⑤自饱和磁放大器故障 ⑥移相和触发电路故障 ⑦大功率晶体管击穿	①用万用表逐级检查并修复 ②更换 ③检查或更换 ④修复 ⑤修复 ⑥更换损坏元件,修复 ⑦更换
焊接电流小且波动幅度大	①焊接电缆与工件接触不良 ②电缆接头松动 ③焊炬导电嘴与焊丝间隙大 ④送丝电动机转速低 ⑤导电嘴与导电杆接触不良	①拧紧接触部位,使之接触良好 ②拧紧 ③调换合适的导电嘴 ④修复 ⑤拧紧螺母

② 半自动 CO_2 气体保护焊焊机常见故障、产生原因及排除方法见表 7-7。

表 7-7　半自动 CO_2 气体保护焊焊机常见故障、产生原因及排除方法

故障特征	产生原因	排除方法
空载电压过低	①单相运行 ②输入电压不正确 ③三相全波整流器元件损坏	①检修输入电源熔断器 ②检查输入电压,并调至额定值 ③检修元件
调不到正常空载电压范围	①粗调或细调的开关触点接触不良 ②变压器初级线圈抽头引线有故障	①检修虚接触点 ②检查各挡变压器是否正常,修复变压器线圈或引出线
送丝机构不运转	①焊炬开关失灵 ②控制电路或送丝电路的熔丝烧断 ③多芯插头虚接 ④接触器不动作 ⑤送丝电路有故障 ⑥电动机故障	①检修焊炬开关上的弹簧片位置 ②更换熔丝 ③拧紧各控制插头 ④检修接触器触点接触情况 ⑤检修控制电路 ⑥检修电动机
CO_2 气体不能流出或关不断	①电磁气阀失灵 ②流量计不通	①检修电磁气阀 ②检查 CO_2 预热器及减压流量计
焊接过程中送丝不均匀	①送丝轮槽口磨损或与焊丝直径不符 ②压丝手柄压力不够 ③送丝软管堵塞或损坏 ④送丝软管弯曲,直径过小	①更换送丝轮 ②调整压丝手柄压力 ③检修清理送丝软管 ④伸直送丝软管
焊接过程飞溅过大	①极性接反 ②焊丝伸出太长 ③焊丝给送不匀 ④导电嘴磨损	①负极接工件 ②压低喷嘴与工件的间距 ③更换送丝轮调整手柄压力 ④更换导电嘴

五、 CO_2 气体的性质、提纯措施及选用

1. CO_2 气体的性质

CO_2 气体是一种无色、无味的气体,在 0℃和 0.1MPa 气压时,它的密度为 1.9768 g/L,为空气的 1.5 倍。CO_2 气体在常温下很稳定,但在高温下几乎能全部分解。CO_2 有固态、液态和气态 3 种状态。气态 CO_2 只有受到压缩才能变成液态。当不加压力冷却时,CO_2 气体将直接变成固态(干冰)。由于干冰表面冷凝着空气里的水分,所以它不适用于焊接。CO_2 气体保护焊使用液态的 CO_2,其密度随温度变化而变化,常温下自己汽化(-780℃为液态变为气态的沸点),在 0℃和 0.1MPa 气压下,1kg 液态 CO_2 可以汽化成 509L 的气态 CO_2。CO_2 气体主要是酿造厂和化工厂的副产品。

液态 CO_2 中可溶解约占质量 0.05% 的水分。因此用于 CO_2 焊的保护气体,必须经过干燥处理。焊接用的 CO_2 气体的一般标准是 $CO_2>99\%$,$O_2<0.1\%$,水分 $<1.22g/m^3$,对于质量要求高的焊缝,CO_2 纯度应 $>99.5\%$。

2. CO_2 气体的提纯措施

焊接用 CO_2 气体都是钢瓶(外表漆成黑色,并标有黄字 CO_2 字样)充装,为了获得优质焊缝,应对瓶装 CO_2 气体进行提纯处理,以减少其中的水分和空气,提纯可采取以下措施。

① 将气瓶倒立静止 1~2h,然后打开瓶阀,把沉积于下部的自由状态的水排出,根据瓶中含水的不同,可放水 2~3 次,每隔 30min 放一次,放水结束后将气瓶放正。

② 经放水处理后的气瓶,在使用前先放气 2~3min,放掉气瓶上部的气体。

③ 在气路系统中，设置高压干燥器，进一步减少 CO_2 气体中的水分。一般用硅胶或脱水硫酸铜作干燥剂，用过的干燥剂经烘干后可反复使用。

④ 瓶中气压降到 1MPa 时不再使用，因为当瓶内气压降到 1MPa 以下时，CO_2 气体中所含水分将增加到原来的 3 倍左右，如继续使用，焊缝中将产生气孔，并降低焊接接头的塑性。

3. CO_2 保护气体的选用

由于 CO_2 在高温时具有氧化性，故所配用的焊丝应有足够的脱氧元素，以满足 Mn、Si 联合脱氧的要求。

对于低碳钢、低合金高强度钢、不锈钢和耐热钢等，焊接时可选用活性气体保护，以细化过渡熔滴，克服电弧阴极斑点飘移及焊道边缘咬边等缺陷。

焊接低碳钢或低合金钢时，在 CO_2 气体中加入一定量的 O_2，或者在 Ar 中加入一定量的 CO_2 或 O_2，可产生明显效果。采用混合气体保护，还可增大熔深，消除未焊透、裂纹及气孔等缺陷。焊接用 CO_2 保护气体及适用范围见表 7-8。

表 7-8　焊接用 CO_2 保护气体及适用范围

材料	保护气体	混合比	化学性质	焊接方法	简要说明
碳钢及低合金钢	$Ar+O_2+CO_2$	加 O_2 为 2% 加 CO_2 为 5%	氧化性	MAG	用于射流电弧、脉冲电弧及短路电弧
	$Ar+CO_2$	加 CO_2 为 2.5%			用于短路电弧。焊接不锈钢时加入 CO_2 的体积分数最大量应小于 5%，否则渗碳严重
	$Ar+CO_2$	加 O_2 为 1%~5% 或 20%			生产率较高，抗气孔性能优。用于射流电弧及对焊缝要求较高的场合
	$Ar+CO_2$	Ar 为 70%~80% CO_2 为 30%~20%			有良好的熔深，可用于短路过渡及射流过渡电弧
	$Ar+O_2+CO_2$	Ar 为 80% O_2 为 15% CO_2 为 5%			有较佳的熔深，可用于射流、脉冲及短路电弧
	CO_2	—			适于短路电弧，有一定飞溅

六、CO_2 气体保护焊的飞溅

CO_2 气体保护焊容易产生飞溅，这是由 CO_2 气体的性质决定的。通常颗粒状过渡的飞溅程度，要比短路过渡严重得多。当使用颗粒状过渡形式焊接时，飞溅损失应控制在焊丝熔化量的 10% 以内，短路过渡形式的飞溅量为 2%~4%。

CO_2 气体保护焊时的大量飞溅，不仅增加了焊丝的损耗，而且使焊件表面被金属熔滴溅污，影响外观质量及增加辅助工作量，而且更主要的是容易造成喷嘴堵塞，使气体保护效果变差，导致焊缝产生气孔。如果金属熔滴沾在导电嘴上，还会破坏焊丝的正常给送，引起焊接过程不稳定，使焊缝成形变差或产生焊接缺陷。因此，CO_2 气体保护焊必须重视飞溅问题，尽量降低飞溅的不利影响，才能确保 CO_2 焊的生产率和焊缝质量。

CO_2 气体保护焊产生飞溅的原因及减少飞溅的措施见表 7-9。

表 7-9　CO_2 气体保护焊产生飞溅的原因及减少飞溅的措施

原因	减少飞溅的措施
由冶金反应引起的飞溅	主要由 CO 气体造成。生产过程中产生的 CO 在电弧高温作用下，体积急速膨胀，压力迅速增大，使熔滴和熔池金属产生爆破，从而产生大量飞溅。采用含有锰硅脱氧元素的焊丝，并降低焊丝中的含碳量，可减少飞溅

续表

原因	减少飞溅的措施
由极点压力产生的飞溅	由极点压力产生的飞溅主要取决于电弧的极性。当使用正极性焊接时（焊件接正极、焊线接负极），正离子飞向焊丝端部的熔滴，机械冲击力大，形成大颗粒飞溅；而反极性焊接时，飞向焊丝端部的电子撞击力小，致使极点压力大为减小，因而飞溅较少，所以 CO_2 焊应选用直流反接焊接
熔滴短路时引起的飞溅	多发生在短路过渡过程中，当焊接电源的动特性不好时，则显得更严重。短路电流增长速度过快，或者短路最大电流值过大时，当熔滴刚与熔池接触，由于短路电流强烈加热及电磁收缩力的作用，结果使缩颈处的液态金属发生爆破，产生较多的细颗粒飞溅。如果短路电流增长速度过慢，则短路电流不能及时增大到要求的电流值。此时，缩颈处就不能迅速断裂，使伸出导电嘴的焊丝在电阻热的长时间加热下，成段软化而断落，并伴着较多的大颗粒飞溅。减少这种飞溅的方法，主要是调节焊接回路中的电感值，若串入焊接回路的电感值合适，则爆声较小，过渡过程比较稳定
非轴向颗粒状过渡造成的飞溅	多发生在颗粒状过渡过程中，是由于电弧的斥力作用而产生的。当熔滴在极点压力和弧柱中气流压力的作用下，熔滴被推到焊丝端部的一边，并抛到熔池外面去，产生大颗粒飞溅
焊接参数选择不当引起的飞溅	因焊接电流、电弧电压和回路电感等焊接参数选择不当引起。只有正确地选择 CO_2 气体保护焊的焊接参数，才会减少产生这种飞溅的可能性

七、CO_2 气体保护焊熔滴过渡形式

CO_2 气体保护焊的溶滴过渡形式有 3 种：短路过渡、滴状过渡及射流（射滴）过渡。

1. 短路过渡

熔滴短路过渡形式如图 7-2 所示。CO_2 气体保护焊时，在采用细焊丝、较小焊接电流和较低电弧电压下，熔化金属首先集中在焊丝的下端，并开始形成熔滴 [图 7-2 (a)]。然后熔滴的颈部变细加长 [图 7-2 (b)]，这时颈部的电流密度增大，促使熔滴的颈部继续向下伸延。当熔滴与熔池接触时发生短路 [图 7-2 (c)] 时，电弧熄灭，这时短路电流迅速上升，随着短路电流的增加，在电磁压缩力和熔池表面张力的作用下，使熔滴的颈部变得更细。当短路电流增大到一定数值后，部分缩颈金属迅速气化，缩颈即爆断，熔滴全部进入熔池。同时，电流电压很快回复到引燃电压，于是电弧又重新点燃，焊丝末端又重新形成熔滴 [图 7-2 (d)]，重复下一个周期的过程。短路过渡时，在其他条件不变的情况下，熔滴质量和过渡周期主要取决于电弧长度。随着电弧长度（电弧电压）的增加，熔滴质量和过渡周期增大。如果电弧长度不变，增加电流，则过渡频率增高，熔滴变细。

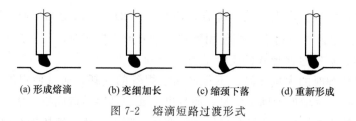

(a) 形成熔滴　　(b) 变细加长　　(c) 缩颈下落　　(d) 重新形成

图 7-2　熔滴短路过渡形式

2. 滴状过渡

CO_2 气体保护焊熔滴过渡过程如图 7-3 所示。如图 7-3 (a) 所示，熔滴开始形成，由于阴极喷射的作用，使熔滴偏离轴线位置；如图 7-3 (b) 所示，熔滴体积增大，仍然偏离轴线的位置；如图 7-3 (c) 所示，熔滴开始脱离焊丝；如图 7-3 (d) 所示时，熔滴断开，落于熔池或飞溅到熔池外面。

CO_2 气体保护焊在较粗焊丝、较大焊接电流和较高电弧电压焊接时，会出现颗粒状熔滴的滴状过渡。当电流在小于 400A 时，为大颗粒滴状过渡。这种大颗粒呈非轴向过渡，电

弧不稳定，飞溅很大，焊缝成形也不好，实际生产中不宜采用。当电流在 400A 以上时，熔滴细化，过渡频率也随之增大，虽然仍为非轴向过渡，但飞溅减小，电弧较稳定，焊缝成形较好，生产中应用较广。

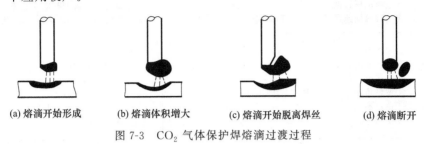

(a) 熔滴开始形成　(b) 熔滴体积增大　(c) 熔滴开始脱离焊丝　(d) 熔滴断开

图 7-3　CO_2 气体保护焊熔滴过渡过程

3. 射流（射滴）过渡

熔滴射流过渡和射滴过渡形式如图 7-4 所示。射流过渡在一定条件下形成，其焊丝端部的液态金属呈"铅笔尖"状，细小的熔滴从焊丝尖端一个接一个地向熔池过渡。射流过渡的速度极快，脱离焊丝端部的熔滴加速度可达到重力加速度的几十倍。射滴过渡时，过渡熔滴的直径与焊丝直径相近，并沿焊丝轴线方向过渡到熔池中，这时的电弧呈钟罩形，焊丝端部熔滴大部分或全部被弧根所笼罩。射流过渡和射滴过渡形式具有电弧稳定，没有飞溅，电弧熔深大，焊缝成形好，生产效率高等优点，因此适用粗丝气体保护焊。如果获得射流（射滴）过渡以后继续增加电流至某一值，则熔滴做高速螺旋运动，叫做旋转喷射过渡。CO_2 气体保护焊 3 种熔滴过渡形式的特点及应用范围如下。

（1）特点

① 短路过渡。电弧燃烧、熄灭和熔滴过渡过程稳定，飞溅小，焊缝质量较高。

② 滴状过渡。焊接电弧长，熔滴过渡轴向性差，飞溅严重，工艺过程不稳定。

③ 射流（射滴）过渡。焊接过程稳定，母材熔深大。

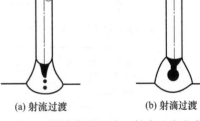

(a) 射流过渡　(b) 射滴过渡

图 7-4　熔滴射流过渡和射滴过渡形式

（2）应用范围

① 短路过渡。多用于 ϕ1.4mm 以下的细焊丝，在薄板焊接中广泛应用，适合全位置焊接。

② 滴状过渡。生产中很少应用。

③ 射流（射滴）过渡。中厚板平焊位置焊接。

八、CO_2 气体保护焊的常见焊接缺陷及预防措施

CO_2 气体保护焊的常见焊接缺陷、产生原因及预防措施见表 7-10。

表 7-10　CO_2 气体保护焊的常见焊接缺陷、产生原因及预防措施

焊接缺陷	产生原因	预防措施
咬边	①焊速过快 ②电弧电压偏高 ③焊炬指向位置不对 ④摆动时,焊炬在两侧停留时间太短	①减慢焊速 ②根据焊接电流调整电弧电压 ③注意焊炬的正确操作 ④适当延长焊炬在两侧的停留时间

续表

焊接缺陷	产 生 原 因	预 防 措 施
焊瘤	①焊速过慢 ②电弧电压过低 ③两端移动速度过快,中间移动速度过慢	①适当提高焊速 ②根据焊接电流调整电弧电压 ③调整移动速度,两端稍慢,中间稍快
熔深不够	①焊接电流太小 ②焊丝伸出长度太小 ③焊接速度过快 ④坡口角度及根部间隙过小,钝边过大 ⑤送丝不均匀 ⑥摆幅过大	①加大焊接电流 ②调整焊丝的伸出长度 ③调整焊接速度 ④调整坡口尺寸 ⑤检查送丝机构 ⑥正确操作焊炬
气孔	①焊丝或焊件有油、锈和水 ②气体纯度较低 ③减压阀冻结 ④喷嘴被焊接飞溅堵塞 ⑤输气管路堵塞 ⑥保护气被风吹走 ⑦焊丝内硅、锰含量不足 ⑧焊炬摆动幅度过大,破坏了 CO_2 气体的保护作用 ⑨CO_2 流量不足,保护效果差 ⑩喷嘴与母材距离过大	①仔细除油、锈和水 ②更换气体或对气体进行提纯 ③在减压阀前接预热器 ④清除喷嘴内壁附着的飞溅 ⑤检查输气管路有无堵塞和弯折处 ⑥采用挡风措施或更换工作场地 ⑦选用合格焊丝焊接 ⑧培训焊工操作技术,尽量采用平焊,焊工周围空间不要太小 ⑨加大 CO_2 气体流量,缩短焊丝伸出长度 ⑩根据电流和喷嘴直径进行调整
夹渣	①前层焊缝焊渣去除不干净 ②小电流低速焊时熔敷过多 ③采用左焊法焊接时,熔渣流到熔池前面 ④焊炬摆动过大,使熔渣卷入熔池内部	①认真清理每一层焊渣 ②调整焊接电流与焊接速度 ③改进操作方法使焊缝稍有上升坡度,使熔渣流向后方 ④调整焊炬摆动量,使熔渣浮到溶池表面
烧穿	①对于给定的坡口,焊接电流过大 ②坡口根部间隙过大 ③钝边过小 ④焊接速度小,焊接电流大	①按工艺规程调整焊接电流 ②合理选择坡口根部间隙 ③按钝边、根部间隙情况选择焊接电流 ④合理选择焊接参数
裂纹	①焊丝与焊件均有油、锈及水分 ②熔深过大 ③多层焊第一道焊缝过薄 ④焊后焊件内有很大内应力 ⑤CO_2 气体含水率过大 ⑥焊缝中 C、S 含量高,Mn 含量低 ⑦结构应力较大	①焊前仔细清除焊丝及焊件表面的油、锈及水分 ②合理选择焊接电流与电弧电压 ③增加焊道厚度 ④合理选择焊接顺序、消除内应力、热处理 ⑤焊前对储气钢瓶应进行除水,焊接过程中对 CO_2 气体应进行干燥 ⑥检查焊件和焊丝的化学成分,调换焊接材料,调整熔合比,加强工艺措施 ⑦合理选择焊接顺序,焊接时敲击、振动,焊后热处理
飞溅	①电感量过大或过小 ②电弧电压太高 ③导电嘴磨损严重 ④送丝不均匀 ⑤焊丝和焊件清理不彻底 ⑥电弧在焊接中摆动 ⑦焊丝种类不合适	①调节电感至适当值 ②根据焊接电流调整弧压 ③及时更换导电嘴 ④检查调整送丝系统 ⑤加强焊丝和焊件的焊前清理 ⑥更换合适的导电嘴 ⑦按所需的熔滴过渡状态选用焊丝

续表

焊接缺陷	产生原因	预防措施
电弧不稳	①导电嘴内孔过大或磨损过大 ②送丝轮磨损过大 ③送丝轮压紧力不合适 ④焊机输出电压不稳 ⑤送丝软管阻力大 ⑥网路电压波动 ⑦导电嘴与母材间距过大 ⑧焊接电流过低 ⑨接地不牢 ⑩焊丝种类不合适 ⑪焊丝缠结	①更换导电嘴,其内孔应与焊丝直径相匹配 ②更换送丝轮 ③调整送丝轮的压紧力 ④检查整流元件和电缆接头,有问题及时处理 ⑤校正软管弯曲处,并清理软管 ⑥一次电压变化不要过大 ⑦该距离应为焊丝直径的10～15倍 ⑧使用与焊丝直径相适应的电流 ⑨应可靠连接(由于母材生锈,有油漆及油污使得焊接处接触不好) ⑩按所需的熔滴过渡状态选用焊丝 ⑪仔细解开
焊丝与导电嘴粘连	①导电嘴与母材间距太小 ②起弧方法不正确 ③导电嘴不合适 ④焊丝端头有熔球时起弧不好	①该距离由焊丝直径决定 ②不得在焊丝与母材接触时引弧(应在焊丝与母材保持一定距离时引弧) ③按焊丝直径选择尺寸适合的导电嘴 ④剪断焊丝端头的熔球或采用带有去球功能的焊机
未焊透	①焊接电流太小 ②焊接速度太快 ③钝边太大,间隙太小 ④焊丝伸出长度太长 ⑤送丝不均匀 ⑥焊炬操作不合理 ⑦接头形状不良	①增加电流 ②降低焊接速度 ③调整坡口尺寸 ④减小伸出长度 ⑤修复送丝系统 ⑥正确操作焊炬,使焊炬角度和指向位置符合要求 ⑦接头形状应适合于所用的焊接方法
焊缝形状不规则	①焊丝未经校直或矫直不好 ②导电嘴磨损而引起电弧摆动 ③焊丝伸出长度过大 ④焊接速度过低 ⑤操作不熟练,焊丝行走不均匀	①检修焊丝矫正机构 ②更换导电嘴 ③调整焊丝伸出长度 ④调整焊接速度 ⑤提高操作水平,修复小车行走机构

第二节　二氧化碳气体保护焊的焊接工艺

一、CO_2 气体保护焊的焊接工艺参数

1. 电源极性的选择

CO_2 气体保护焊电源极性的选择见表 7-11。

表 7-11　CO_2 气体保护焊电源极性的选择

电源接法	应用范围	特　　点
反接(焊丝接正极)	短路过渡及颗粒过渡的普通焊接过程	电弧稳定、飞溅小、熔深大
正接(焊丝负极)	高速 CO_2 焊接、堆焊及铸铁衬焊	焊丝熔化率高、熔深小、熔宽及堆高较大

2. 焊接电流与电弧电压的选择

焊接电流的大小主要取决于送丝速度,随着送丝速度的增加,焊接电流也增加,另外焊

接电流的大小还与焊丝伸长、焊丝直径、气体成分等有关。

在 CO_2 气体保护焊中电弧电压是指导电嘴到工件之间的电压降。这一参数对焊接过程稳定性、熔滴过渡、焊缝成形、焊接飞溅等均有重要影响，短路过渡时弧长较短，随着弧长的增加，电压升高，飞溅也随之增加。再进一步增加电弧电压，可达到无短路的过程。相反，若降低电弧电压，则弧长缩短，直至引起焊丝与熔池的固体短路。

焊接电流的大小要与电弧电压匹配，不同直径焊丝 CO_2 气体保护焊对应的焊接电流和电弧电压见表 7-12。

表 7-12　不同直径焊丝 CO_2 气体保护焊对应的焊接电流和电弧电压

焊丝直径/mm	短路过渡		射流过渡	
	焊接电流/A	电弧电压/V	焊接电流/A	电弧电压/V
0.5	30～60	16～18	—	—
0.6	30～70	17～19	—	—
0.8	50～100	18～21	—	—
1.0	70～120	18～22	—	—
1.2	90～150	19～23	160～400	25～38
1.6	140～200	20～24	200～500	26～40
2.0	—	—	200～600	26～40
2.5	—	—	300～700	28～42
3.0	—	—	500～800	32～44

3. 焊接速度

焊接速度对焊缝成形、接头性能都有影响。速度过快会引起咬边、未焊透及气孔等缺陷。速度过慢则效率低，输入焊缝的热量过多，接头晶粒粗大，变形大，焊缝成形差。一般半自动焊速度为 15～40m/h。自动化焊时，焊接速度不超过 90m/h。

4. 焊丝直径

焊丝直径分细丝和粗丝两大类。半自动 CO_2 气体保护焊多用直径 0.4～1.6mm 的细丝；自动 CO_2 气体保护焊多用直径 1.6～5mm 的粗丝；焊丝直径大小根据焊件的厚度和施焊位置进行选择，见表 7-13。

表 7-13　焊丝直径大小的选择　　　　　　　　　　　　mm

焊丝直径	熔滴过渡形式	可焊板厚	焊缝位置
0.5～0.8	短路过渡	0.4～3.2	全位置
	射滴过渡	2.5～4	平焊、横角
1.0～1.2	短路过渡	2～8	全位置
	射滴过渡	2～12	平焊、横角
1.6	短路过渡	3～12	全位置
	射滴过渡	>8	平焊、横角
2.0～5.0	射滴过渡	>10	平焊、横角

5. 焊丝干伸长度

焊丝干伸长度应为焊丝直径的 10～20 倍。干伸长度过大，焊丝会成段熔断，飞溅严重，气体保护效果差；过小，不但易造成飞溅物堵塞喷嘴，影响保护效果，还会影响焊工视线。

6. 喷嘴至工件距离的选择

短路过渡 CO_2 焊时，喷嘴至工件的距离应尽量取得适当小一些，以保证良好的保护效果及稳定的过渡，但也不能过小。因为该距离过小时，飞溅颗粒易堵塞喷嘴，阻挡焊工的视线。喷嘴至工件的距离一般应取焊丝直径的 12 倍左右。

7. 气体流量及纯度

气体流量小，电弧不稳定，焊缝表面成深褐色，并有密集网状小孔；气体流量过大，会产生不规则湍流，焊缝表面呈浅褐色，局部出现气孔；适中的气体流量，电弧燃烧稳定，保护效果好，焊缝表面无氧化色。通常焊接电流在 200A 以下时，气体流量选用 $10\sim15\mathrm{L/min}$；焊接电流大于 200A 时，气体流量选用 $15\sim25\mathrm{L/min}$；粗丝大规范自动化焊时则为 $25\sim50\mathrm{L/min}$；CO_2 气体保护焊气体纯度不得低于 99.5%。

对接接头半自动、自动 CO_2 气体保护焊焊接参数的选用见表 7-14。

表 7-14　对接接头半自动、自动 CO_2 气体保护焊焊接参数的选用

焊件厚度/mm	坡口形式	焊接位置	有无垫板	焊丝直径/mm	坡口或坡口面角度/(°)	根部间隙/mm	钝边/mm	根部半径/mm	焊接电流/A	电弧电压/V	气体流量/(L/min)	自动焊接速度/(m/h)	极性
1.0~2.0	I	平	无	0.5~1.2	—	0~0.5	—	—	35~120	17~21	6~12	18~35	
		平	有	0.5~1.2	—	0~1.0	—	—	40~150	18~23	6~12	18~30	
		立	无	0.5~0.8	—	0~0.5	—	—	35~100	16~19	8~15	—	
		立	有	0.5~1.0	—	0~1.0	—	—	35~100	16~19	8~15	—	
2.0~4.5	I	平	无	0.8~1.2	—	0~2.0	—	—	100~230	20~26	10~15	20~30	
		平	有	0.8~1.6	—	0~2.5	—	—	120~260	21~27	10~15	20~30	
		立	无	0.8~1.2	—	0~1.5	—	—	70~120	17~20	10~15	—	
		立	有	0.8~1.0	—	0~2.0	—	—	70~120	17~20	10~15	—	
5.0~9.0	I	平	无	1.2~1.6	—	1.0~2.0	—	—	200~400	23~40	15~2.0	20~42	
		平	有	1.2~1.6	—	1.0~3.0	—	—	250~420	26~41	15~25	18~35	
10~12	I	平	无	1.6	—	1.0~2.0	—	—	350~450	32~43	20~25	20~42	
5~60	Y	平	无	1.2~1.6	45~60	0~2.0	0~5.0	—	200~450	23~43	15~25	20~42	直流反接
		平	有	1.2~1.6	30~50	4.0~7.0	0~3.0	—	250~450	26~43	20~25	18~35	
		立	无	0.8~1.2	45~60	0~3.0	—	—	100~150	17~21	10~15	—	
		立	有	0.8~1.2	35~50	4.0~7.0	2.0	—	100~150	17~21	10~15	—	
		横	无	1.2~1.6	40~60	0~2.0	0~5.0	—	200~400	23~40	15~25	—	
		横	有	1.2~1.6	30~50	4.0~7.0	0~3.0	—	250~400	26~40	20~25	—	
		平	无	1.2~1.6	45~60	0~2.0	0~5.0	—	200~450	23~43	15~25	20~42	
		平	有	1.2~1.6	35~60	2~6.0	0~3.0	—	250~450	26~43	20~25	18~35	
		立	无	0.8~1.2	45~60	0~2.0	—	—	100~150	17~21	10~15	—	
		立	有	0.8~1.2	35~60	3.0~7.0	2.0	—	100~150	17~21	10~15	—	
10~100	K	平	无	1.2~1.6	40~60	0~2.0	0~5.0	—	200~450	23~43	15~25	20~42	
		立	无	0.8~1.2	45~60	0~3.0	—	—	100~150	17~21	10~15	—	
		横	无	1.2~1.6	45~60	0~3.0	0~5.0	—	200~400	23~40	15~25	—	
	双V	平	无	1.2~1.6	45~60	0~2.0	0~5.0	—	200~450	23~43	15~25	20~42	
		立	无	1.0~1.2	45~60	0~3.0	—	—	100~150	19~21	10~15	—	
20~60	U	平	无	1.2~1.6	10~12	0~2.0	2.0~5.0	8.0~10	200~450	23~43	20~25	20~42	
40~100	双U	平	无	1.2~1.6	10~12	0~2.0	2.0~5.0	8.0~10	200~450	23~43	20~25	20~42	

8. 喷嘴至工件距离的选择

短路过渡 CO_2 气体保护焊时，喷嘴至工件的距离应尽量取得小一些，以保证良好的保护效果及稳定的过渡，但也不能过小。因为该距离过小时，飞溅颗粒易堵塞喷嘴，阻挡焊工的视线。喷嘴至工件的距离一般应取焊丝直径的 12 倍左右。

9. 焊炬位置及焊接方向的选择

CO_2 气体保护焊一般采用左焊法，焊接时焊炬的后倾角度应保持为 $10°\sim20°$。倾角过

大时，焊缝宽度增大而熔深变浅，而且还易产生大量的飞溅。右焊法时焊炬前倾 $10°\sim20°$，过大时余高增大，易产生咬边。

10. 短路过渡 CO_2 气体保护焊焊接参数的选择

短路过渡 CO_2 气体保护焊焊接参数的选择见表 7-15。

表 7-15 短路过渡 CO_2 气体保护焊焊接参数的选择

板厚/mm	接头形式	装配间隙/mm	焊丝直径/mm	伸出长度/mm	焊接电流/A	电弧电压/V	焊接速度/(mm/min)	气体流量/(L/min)	备注
1		0~0.5	0.8	8~10	60~65	20~21	50	7	1.5mm 厚垫板
1.5		0~0.3	0.8	6~8	35~40	18~18.5	42	7	单面焊双面成形
		0.5~0.8	1.0	10~12	110~120	22~23	45	8	2mm 厚垫板
		0~0.5	1.0	10~12	60~70	20~21	50	8	单面焊双面成形
			0.8	8~10	65~70	19.5~20.5	50	7	
		0~0.3	0.8	8~10	45~50	18.5~19.5	52	7	—
					55~60	19~20		7	
2		0.5~1	1.2	12~14	120~140	21~23	50	8	
		0~0.8	1.2	12~14	130~150	22~24	45	8	2mm 厚垫板
		0~0.5	1.2	12~14	85~95	21~22	50	8	单面焊双面成形
			1.0	10~12	85~95	20~21	45	8	
			0.8	8~10	75~85	20~21	42	7	
		0~0.5	1.0	10~12	50~60	19~20	50	8	
					60~70				
			0.8	8~10	55~60	19~20	50	7	
					65~70				
3		0~0.8	1.2	12~14	95~105	21~22	50	8	—
					110~130				
		0~0.8	1.0	10~12	95~105	21~22	42	8	
					100~110				
4		0~0.8	1.2	12~14	110~130	22~24	50	8	
					140~150				
6		0~1	1.2	15	190	10	25	15	
					210	20			

11. 射流过渡 CO_2 气体保护焊焊接参数（平焊）的选择

射流过渡 CO_2 气体保护焊焊接参数（平焊）的选择见表 7-16。

表 7-16 射流过渡 CO_2 气体保护焊焊接参数（平焊）的选择

钢板厚度/mm	焊丝直径/mm	坡口形式	焊接电流/A	电弧电压/V	焊接速度/(m/h)	气体流量/(L/min)	备注
3~5	1.6	0.5~2.0	1140~180	23.5~24.5	20~26	约15	—
			180~200	28~30	20~22	约24	焊接层数1~2
6~8	2.0	1.8~2.2	280~300	29~30	25~30	16~18	焊接层数1~2

钢板厚度/mm	焊丝直径/mm	坡口形式	焊接电流/A	电弧电压/V	焊接速度/(m/h)	气体流量/(L/min)	备注
8	1.6	90°（3）	320~350	40~42	20~40	16~18	
		90°（3）	450	40~41	29	16~18	用铜垫板,单面焊双面成形
	2.0	1.8~2.2	280~300	28~30	16~20	18~20	焊接层数2~3
		（I形）	400~420	34~36	27~30	16~18	—
		90°（3）	450~460	35~36	24~28	16~18	用铜垫板,单面焊双面成形
	2.5	90°（3）	300~650	41~42	24	16~20	用铜垫板,单面焊双面成形
8~12	2.0	1.8~2.2	280~300	28~30	16~20	18~20	焊接层数2~3
16	1.6	60°（3）	320~350	34~36	16~24	18~20	—
22	2.0	70°~80°（3）	380~400	38~40	24	16~18	双面分层堆焊
32	2.0	（3）	600~650	41~42	2	16~20	—
34	4.0	50°（1,4）	350~900（第一层）950（第二层）	34~36	20	35~40	—

12. CO_2 气体保护焊角焊缝的焊接参数的选择

CO_2 气体保护焊角焊缝的焊接参数的选择见表7-17。

表 7-17 CO_2 气体保护焊角焊缝的焊接参数的选择

板厚/mm	焊脚尺寸/mm	焊丝直径/mm	焊接电流/A	电弧电压/V	焊丝伸出长度/mm	焊接速度/(m/h)	气体流量/(L/min)	焊接位置
0.8~1	1.2~1.5	φ0.7~40.8	70~110	17~19.5	8~10	30~50	6	平、立、仰焊
1.2~2	1.5~2	φ0.8~1.2	110~140	18.5~20.5	8~12	30~50	6~7	
≥2~3	2~3	φ1~1.4	150~210	19.5~23	8~15	25~45	6~8	
4~6	2.5~4		170~350	21~32	10~15	23~45	7~10	平、立焊
≥5	5~6	φ1.6	260~280	27~29	18~20	20~26	16~18	平焊
	9~11（2层）	φ2	300~350	30~32	20~24	25~28	17~19	
	13~14（4~5层）						18~20	
	27~30（12层）					24~26		

注：采用直流反接、I形坡口、H08Mn2Si 焊丝。

13. 坡口的加工和清理

采用 CO_2 气体保护焊焊接的焊件，其坡口可用常规方法进行加工，如机械加工（刨边机、立式车床）、气体火焰加工（手工、半自动、自动切割）和等离子弧切割等方法。坡口表面应光滑平整，保持一定的精度，坡口表面不规则是熔深不足和焊缝不整齐的重要原因。

14. 定位焊

定位焊的作用是为装配和固定焊件上的接缝位置。定位焊前应把坡口面及焊接区附近的油污、油漆、氧化皮、铁锈及其他附着物用扁铲、錾子、回丝等清理干净，以免影响焊缝质量。

定位焊缝在焊接过程中将熔化在正式焊缝中，所以其质量将会直接影响正式焊缝的质量，因此，定位焊用焊丝与正式焊缝施焊用焊丝应该相同，而且操作时必须认真细致。为保证焊件的连接可靠，定位焊缝的长度及间隔距离，应该根据焊件的厚度进行选择，如图 7-5 所示。

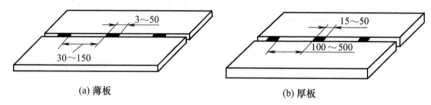

(a) 薄板　　　　　　　　　　　　(b) 厚板

图 7-5　定位焊焊件的厚度选择

二、CO_2 气体保护焊的基本操作

1. 焊枪操作的基本要领

（1）焊枪开关的操作

所有准备工作完成以后，焊工按合适的姿势准备操作，首先按下焊枪开关，此时整个焊机开始动作，即送气、送丝和供电，接着就可以引弧，开始焊接。焊接结束时，释放焊枪开关，随后就停丝、停电和停气。

（2）喷嘴与焊件间的距离

距离过大时保护不良，容易在焊缝中产生气孔，喷嘴高度与产生气孔的关系见表 7-18。从表 7-18 中可知，当喷嘴高度超过 30mm 时，焊缝中将产生气孔。但喷嘴高度过小时，喷嘴易黏附飞溅物并且妨碍焊工的视线，使焊工操作时难以观察焊缝。因此操作时，如焊接电流加大，为减少飞溅物的黏附，应适当提高喷嘴高度。不同焊接电流时喷嘴高度的选用见表 7-19。

表 7-18　喷嘴高度与产生气孔的关系

喷嘴高度/mm	气体流量/(L/min)	外部气孔	内部气孔	喷嘴高度/mm	气体流量/(L/min)	外部气孔	内部气孔
10	20	无	无	40	20	少量	较多
20		无	无	50		较多	很多
30		微量	少量	—		—	—

表 7-19　不同焊接电流时喷嘴高度的选用

焊丝直径/mm	焊接电流/A	气体流量/(L/min)	喷嘴高度/mm	焊丝直径/mm	焊接电流/A	气体流量/(L/min)	喷嘴高度/mm
1.2	100	15~20	10~15	1.6	300	20	20
	200	20	15		350	20	20
	300	20	20~25		400	20~25	20~25

（3）焊枪的倾角

焊枪倾角的大小，对焊缝外表成形及缺陷影响很大。平板对接焊时，焊枪对垂直轴的倾角应为 10°～15°，如图 7-6 所示。平角焊时，当使用 250A 以下的小电流焊接，要求焊脚尺寸为 5mm 以下，此时焊枪与垂直板的倾角为 40°～50°，并指向尖角处，如图 7-6（a）所示。当使用 250A 以上的大电流焊接时，要求焊脚尺寸为 5mm 以上，此时焊枪与垂直板的倾角应为 35°～45°，并指向水平板上距尖角 1～2mm 处，如图 7-6（b）所示。准确掌握焊枪倾角的大小，能保持良好的焊缝成形，否则，容易在焊缝表面产生缺陷。例如，当焊枪的指向偏向于垂直板时，垂直板上将会产生咬边，而水平板上易形成焊瘤，如图 7-7 所示。

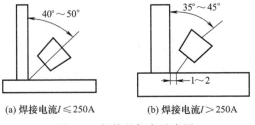

(a) 焊接电流 $I \leqslant 250A$ (b) 焊接电流 $I > 250A$

图 7-6 焊枪的倾角示意图

图 7-7 焊瘤的形成示意图

（4）焊枪的移动方向及操作姿势

为了焊出外表均匀美观的焊道，焊枪移动时应严格保持既定的焊枪倾角和喷嘴高度，如图 7-8 所示。同时还要注意焊枪的移动速度要保持均匀，移动过程中，焊枪应始终对准坡口的中心线。半自动 CO_2 气体保护焊时，因焊枪上接有焊接电缆、控制电缆、气管、水管和送丝软管等，所以焊枪的重量较大，焊工操作时很容易疲劳，时间一长就难以掌握焊枪，影响焊接质量。因此，焊工操作时，应尽量利用肩部、脚部等身体可利用的部位，以减轻手臂的负荷。

2. 引弧

CO_2 气体保护焊通常采用短路接触法引弧。由于平特性弧焊电源的空载电压低，又是光焊丝，在引弧时，电弧稳定燃烧点不易建立，使引弧变得比较困难，往往造成焊丝成段地爆断，所以引弧前要把焊丝伸出长度调好。如果焊丝端部有粗大的球形头，应用钳子剪掉。引弧前要选好适当的引弧位置，起弧后要灵活掌握焊接速度，以避免焊缝始段出现熔化不良和使焊缝堆得过高的现象。CO_2 气体保护焊的引弧过程如图 7-9 所示，具体操作步骤如下。

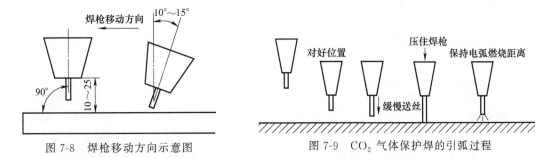

图 7-8 焊枪移动方向示意图

图 7-9 CO_2 气体保护焊的引弧过程

① 引弧前先按遥控盒上的点动开关或按焊枪上的控制开关，点动送出一段焊丝，伸出长度小于喷嘴与工件间应保持的距离。

② 将焊枪按要求（保持合适的倾角和喷嘴高度）放在引弧处，此时焊丝端部与工件未

接触。喷嘴高度由焊接电流决定。若操作不熟练，最好双手持枪。

③ 按焊枪上的控制开关，焊机自动提前送气，延时接通电源，保持高电压。当焊丝碰撞工件短路后，自动引燃电弧。短路时，焊枪有自动顶起的倾向，引弧时要稍用力下压焊枪，防止因焊枪抬高，电弧太长而熄火。

3. 左焊法和右焊法

半自动 CO_2 焊的操作方法，按其焊枪的移动方向可分为左焊法及右焊法两种，如图 7-10 所示。采用左焊法时，喷嘴不会挡住视线，焊工能清楚地观察接缝和坡口，不易焊偏。熔池受电弧的冲刷作用较小，能得到较大的熔宽，焊缝成形平整美观。因此，该方法应用得较为普遍。

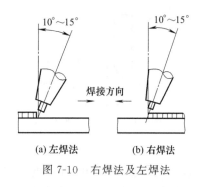

(a) 左焊法　　　　(b) 右焊法

图 7-10　右焊法及左焊法

采用右焊法时，熔池可见度及气体保护效果较好，但因焊丝直指焊缝，电弧对熔池有冲刷作用，易使焊波增高，不易观察接缝，容易焊偏。

4. 运弧

为控制焊缝的宽度和保证熔合质量，CO_2 气体保护焊施焊时也要像焊条电弧焊那样，焊枪要做横向摆动。通常，为了减小热输入、热影响区，减小变形，应采用大的横向摆动来获得宽焊缝，应采用多层多道焊来焊接厚板。焊枪的摆动形式及应用范围见表 7-20。

表 7-20　焊枪的摆动形式及应用范围

摆动形式	应用范围及要点
←	薄板及中厚板打底焊道
↔	薄板有间隙、坡口有钢垫板时
OOOO	多层焊时的第一层
WWWW	坡口小时及中厚板打底焊道，在坡口两侧需停留 0.5s 左右
MMMM	厚板焊接时的第二层以后横向摆动，在坡口两侧需停留 0.5s 左右
))))	坡口大时，在坡口两侧需停留 0.5s 左右
⑧ ⑥⑦④⑤② ③ ①	薄板根部有间隙、坡口有钢垫或板间间隙大时采用

5. 收弧

CO_2 气体保护焊机有弧坑控制电路，则焊枪在收弧处停止时接通此电路，焊接电流与电弧电压自动变小，待熔池填满时断电。如果焊机没有弧坑控制电路，或因焊接电流小没有使用弧坑控制电路，在收弧处焊枪停止，并在熔池未凝固时，反复断弧，引弧几次，直到弧坑填满为止。操作时动作要快，如果熔池已凝固才引弧，则可能产生未熔合及气孔等缺陷；收弧时应在弧坑处稍作停留，然后慢慢抬起焊枪，这样就可以使熔滴金属填满弧坑，并使熔池金属在未凝固前仍受到气体的保护。若收弧过快，容易在弧坑处产生裂纹和气孔。

6. 焊缝的始端、弧坑及接头处理

无论是短焊缝还是长焊缝，都有引弧、收弧（产生弧坑）和接头连接的问题。实际操作过程中，这些地方又往往是最容易出现缺陷之处，所以应给予特殊处理。焊缝的始端、弧坑及接头处理方法见表 7-21。

表 7-21　焊缝的始端、弧坑及接头处理方法

类别	说明
焊缝始端处理	焊接开始时，焊件温度较低，因此焊缝熔深就较浅，严重时会引起母材和焊缝金属熔合不良。因此，必须采取相应的工艺措施 ①使用引弧板　在焊件始端加焊一块引弧板，在引弧板上引弧后再向焊件方向施焊，将引弧时容易出现缺陷的部位留在引弧板上，如图1(a)所示。这种方法常用于重要焊件的焊接 ②倒退焊接法　在始焊点倒退焊接 15～20mm，然后快速返回按预定方向施焊，如图1(b)所示。这种方法适用性较广 ③环焊缝的始端处理　环焊缝的始端与收弧端有重叠，为了保证重叠处焊缝熔透均匀和表面圆滑，在始焊处应以较快的速度焊一条窄焊缝，然后在重叠时形成所需要的焊缝尺寸，始焊处的窄焊道长 15～20mm，如图1(c)所示 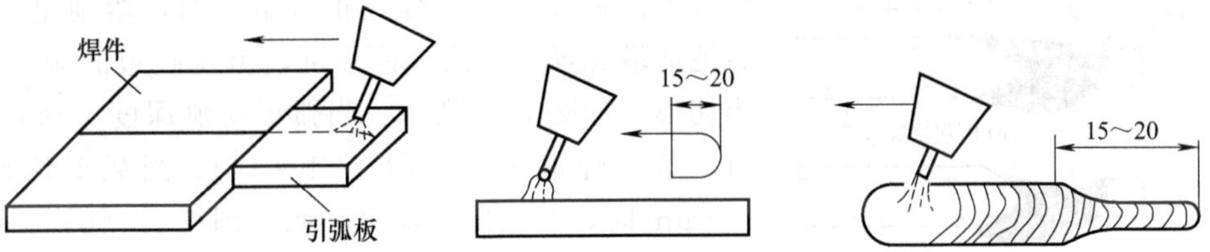 (a) 使用引弧板法　(b) 倒退焊接法　(c) 环焊缝的始端处理 图 1　焊缝始端处理示意图
弧坑处理	焊缝末尾的弧坑处残留的凹坑，由于熔化金属厚度不足，容易产生裂纹和缩孔等缺陷。根据施焊时所用焊接电流的大小，CO_2 气体保护焊时可能产生两种类型的弧坑，如图2所示。其中图2(a)所示为小焊接电流、短路过渡时的弧坑形状，弧坑比较平坦；图2(b)所示为大焊接电流、喷射过渡时的弧坑形状，弧坑较大且凹坑较深，这种弧坑危害较大，往往需要加以处理。处理弧坑的措施有两种：一种是使用带有弧坑处理装置的焊机，收弧时，弧坑处的焊接电流会自动地减少到正常焊接电流的 60%～70%，同时电弧电压也相应降低到匹配的合适值，将弧坑填平。另一种是使用无弧坑处理装置的焊机，这时采用多次断续引弧填充弧坑的方式，直到填平为止，如图3所示。此外，在采用引弧板的情况下，也可以在收弧处加引出板，将弧坑引出焊件 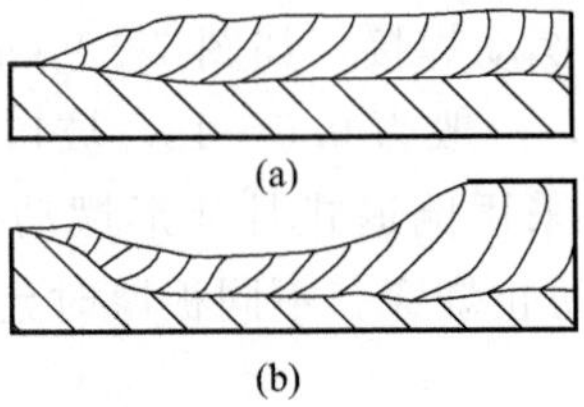 图 2　弧坑处理示意图 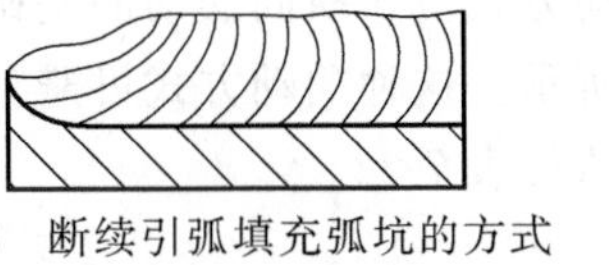　　图 3　断续引弧填充弧坑的方式
焊缝接头处理	长焊缝是由短焊缝连接而成的，连接处接头的好坏将对焊缝质量的影响较大，接头的处理如图4所示。直线焊道连接的方式是：在弧坑前方 10～20mm 处引弧，然后将电弧引向弧坑，到达弧坑中心时，待熔化金属与原焊缝相连后，再将电弧引向前方，进行正常操作，如图4(a)所示。摆动焊道连接的方式是：在弧坑前方 10～20mm 处引弧，然后以直线方式将电弧引向接头处，从接头中心开始摆动，在向前移动的同时，逐渐加大摆幅，转入正常焊接，如图4(b)所示 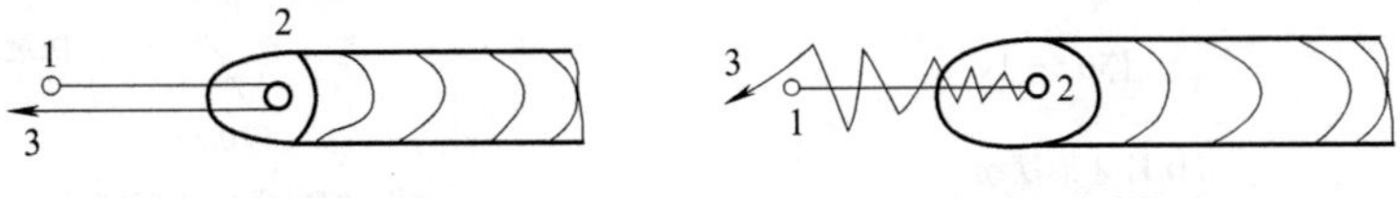 (a) 直线焊道连接时　　(b) 摆动焊道连接时 图 4　焊道连接处接头的处理

三、各种位置的焊接操作工艺

CO_2 气体保护焊可以分别进行平焊、横焊、立焊、仰焊等各种位置的操作，在严格掌握焊接参数的条件下，技术熟练的焊工可以完成单面焊双面成形技术。

（一）平板对接平焊操作工艺

1. 单面焊双面成形操作技能

（1）悬空焊的操作

无垫板的单面焊称为悬空焊。悬空焊时，一是要保证焊缝能够熔透，二是要保证焊件不致被烧穿，所以是一种比较复杂的操作技术，不但对焊工的操作水平有较高的要求，并且对坡口精度和焊接参数也提出了严格要求。

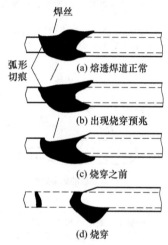

图 7-11　焊道的弧形切示意图

单面焊时，焊工只能看到熔池的上表面情况，对于焊缝能否焊透，是否将要发生烧穿等情况，只能依靠经验来判断。操作时，焊工可以仔细观察焊接熔池出现的情况，及时地改变焊枪的操作方式。焊缝正常熔透时，熔池呈白色椭圆形，熔池前端比焊件表面少许下沉，出现咬边的倾向，常称为弧形切痕，如图 7-11 所示。当弧形切痕深度达到 0.1～0.2mm 时，熔透焊道正常 [图 7-11（a）]。当弧形切痕深度达到 0.3mm 时，开始出现烧穿征兆 [图 7-11（b）]。随着弧形切痕的加深，椭圆形熔池也变得细长，直至烧穿，如图 7-11（c）、（d）所示。焊接过程中，弧形切痕的深度尺寸难以测量，焊工只能通过实践去掌握。一旦发现烧穿征兆，就应加大振幅或增大前、后摆动来调整对熔池的加热。

坡口间隙对单面焊双面成形有着重大的影响。坡口间隙小时，应设法增大穿透能力，使之熔透，所以焊丝应近乎垂直地对准熔池的前部。坡口间隙大时，应注意防止烧穿，焊丝应指向熔池中心，并适当进行摆动（图 7-12）。当坡口间隙为 0.2～1.4mm 时，采用直线式焊接或者是焊枪做小幅摆动。当坡口间隙为 1.2～2.0mm 时，采用月牙形的小幅摆动焊接，如图 7-12（a）所示。焊枪摆动时在焊缝的中心移动稍快，而在两侧要停留片刻，一般为 0.5～1s，坡口间隙更大时，摆动方式应在横向摆动的基础上增加前、后摆动，并采用倒退式月牙形摆动，如图 7-12（b）所示。这种摆动方式可避免电弧直接对准间隙，以防止烧穿。不同板厚时允许使用的根部间隙见表 7-22。

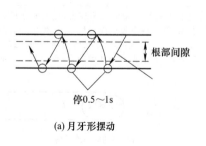

(a) 月牙形摆动

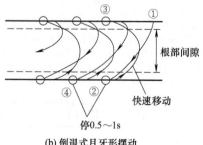

(b) 倒退式月牙形摆动

图 7-12　焊丝的摆动方式

单面焊双面成形的典型焊接参数见表 7-23。表 7-23 中所示数据均为细焊丝短路过渡，适用于平焊和向下立焊。薄板焊接时容易产生的缺陷及消除措施见表 7-24。

表 7-22　不同板厚时允许使用的根部间隙　　　　　　　　　　　　　　　　　mm

板厚	0.8	1.6	2.4	3.2	4.5	6.0	10.0
根部间隙	0.2	0.5	1.0	1.6	1.6	1.8	2.0

表 7-23　单面焊双面成形的典型焊接参数

坡口形状	焊丝直径/mm	焊接电流/A	电弧电压/V
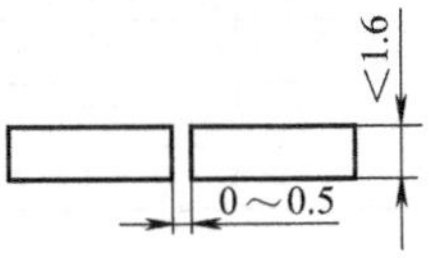	0.8～1.0	60～120	16～19
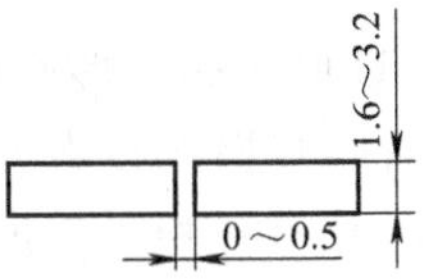	0.9～1.2	80～150	17～20
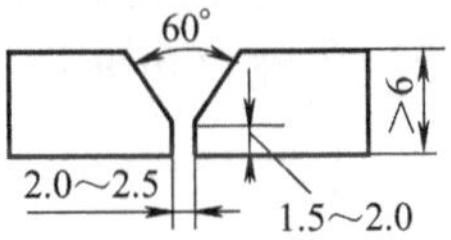	1.2	120～130	18～19

表 7-24　薄板焊接时容易产生的缺陷及消除措施

缺陷名称	产生原因	消除措施
未焊透 	①焊枪前倾角过大，使熔化金属流到电弧前方 ②焊接速度过快，焊枪摆幅过大	发现弧形切痕（0.1～0.2mm）后，再以小幅摆动前移焊枪
背面焊缝偏向一侧 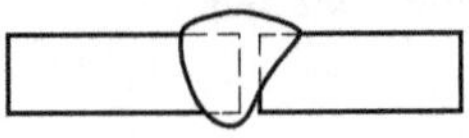	焊枪倾角不正确 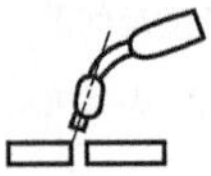	抬高小臂，使焊枪垂直焊件表面
塌陷	焊接速度过慢	仔细确认弧形切痕的特征
烧穿 	焊接速度过慢	焊道未冷却之前，使电弧断续发生引燃，填满孔洞
未焊满咬边 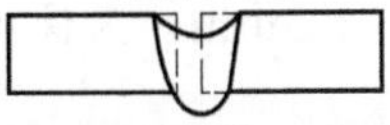	①背面焊缝余高过大（焊接速度过慢） ②焊接速度过快	在未焊满处再以摆动焊道焊 1 层，即用 2 层焊缝完成 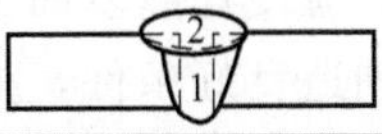

（2）加垫板的操作

加垫板的焊道由于不存在烧穿的问题，所以比悬空焊容易控制熔池，而且对焊接参数的要求也不十分严格。当坡口间隙较小时，可以采用较大的电流进行焊接；当坡口间隙较大时，应当采用比较小的电流进行焊接。

垫板材料通常为纯铜板。为防止纯铜板与焊件焊合到一起，在纯铜板的内腔可采用水冷

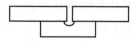

图 7-13 加垫板的熔透焊

却。加垫板的熔透焊如图 7-13 所示。如果要求焊件背面焊道有一定的余高，可使用表面带沟槽的铜垫板。施焊时，熔池表面应保持略高出焊件表面，一旦发现熔池表面下沉，说明有过熔倾向，这是产生焊缝塌陷的预兆。加垫板熔透焊道的焊接参数见表 7-25。其中厚度为 4mm 以下的薄板焊件采用短路过渡。

表 7-25 加垫板熔透焊道的焊接参数

板厚/mm	间隙/mm	焊丝直径/mm	焊接电流/A	电弧电压/V
0.8~1.6	0~0.5	0.9~1.2	80~140	18~32
2.0~3.2	0~1.0	1.2	100~180	18~23
4.0~6.0	0~1.2	1.2~1.6	200~420	23~38
8.0	0.5~1.6	1.6	350~450	34~42

2. 对接焊缝操作技能

坡口形式根据焊件厚度的不同，分别有 I 形、Y 形、K 形、双 Y 形、U 形和双 U 形等几种。

I 形坡口的对接焊缝可以采用单面焊或双面单层焊，采用单面焊时，其操作技术即为单面焊双面成形操作技术；开坡口的对接焊缝焊接时（图 7-14），由于 CO_2 气体保护焊的坡口角度较小（最小可为 45°），所以熔化金属容易流到电弧的前面造成未焊透，因此在焊接根部焊道时，应该采用右焊法，焊枪做直线式移动，如图 7-14（a）所示。当坡口角度较大时，应采用左焊法，小幅摆动，如图 7-14（b）所示。

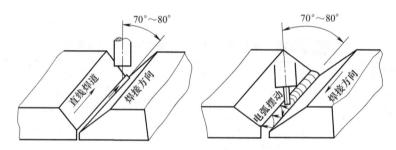

(a) 坡口角度及间隙小时，采用直线式右焊法 (b) 坡口角度及间隙大时，采用小幅摆动左焊法

图 7-14 开坡口的对接焊缝焊接方法

填充焊道采用多层多道焊，为避免在焊接过程中产生未焊透和夹渣，应注意焊接顺序和焊枪的摆动手法。多层焊的操作示意图如图 7-15 所示。图 7-15（a）表示由于焊缝中间凸起，两侧与坡口面之间出现尖角，在此处熔敷焊缝时易产生未焊透。解决的措施是焊枪沿坡口进行月牙式摆动，在两侧稍许停留、中间较快移动［图 7-12（b）］，也可采用直线焊缝填充坡口，但要注意焊缝的排列顺序和宽度，防止出现如图 7-15（b）所示的尖角。焊接盖面焊缝之前，应使焊缝表面平坦，并且使焊缝表面应低于焊件表面 1.5~2.5mm，为保证盖面焊道质量创造良好条件，如图 7-15（c）所示。

3. 水平角焊缝操作技能

根据工件厚度不同，水平角焊缝可分单道焊和多层焊。

（1）单道焊

当焊脚高度小于 8mm 时，可采用单道焊。单道焊时根据工件厚度的不同，焊枪的指向位置和倾角也不同，如图 7-16 所示。当焊脚高度小于 5mm 时，焊枪指向根部，如图 7-16（a）所示。当焊脚高度大于 5mm 时，焊枪指向如图 7-16（b）所示，距离根部 1~2mm。焊接

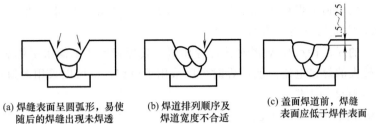

(a) 焊缝表面呈圆弧形，易使　　(b) 焊道排列顺序及　　(c) 盖面焊道前，焊缝
　　随后的焊缝出现未焊透　　　　焊道宽度不合适　　　　表面应低于焊件表面

图 7-15　多层焊的操作示意图

方向一般为左焊法。

　　水平角焊缝由于焊枪指向位置、焊枪角度及焊接工艺参数使用不当，将得到不良焊道。当焊接电流过大时，铁水容易流淌，造成垂直角的焊脚尺寸小和出现咬边，而水平板上焊脚尺寸较大，并容易出现焊瘤。为了得到等长度焊脚的焊缝，焊接电流应小于 350A，对于不熟练的焊工，电流应再小些。

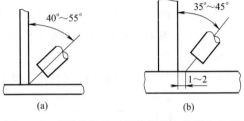

图 7-16　不同角焊缝时焊枪的指向位置和角度

　　（2）多层焊

　　由于水平角焊缝使用大电流受到一定的限制，当焊脚尺寸大于 8mm 时，就应采用多层焊。多层焊时为了提高生产率，一般焊接电流都比较大。大电流焊接时，要注意各层之间及各层与底板和立板之间要熔合良好。最终角焊缝的形状应为等焊脚，焊缝表面与母材过渡平滑。根据实际情况要采取不同的工艺措施。例如焊脚尺寸为 8～12mm 的角焊缝，一般分两层焊道进行焊接。第一层焊道电流要稍大些，焊枪与垂直板的夹角要小，并指向距离根部 2～3mm 的位置。第二次焊道的焊接电流应适当减小，焊枪指向第一层焊道的凹陷处（图 7-17），并采用左焊法，可以得到等焊脚尺寸的焊缝。

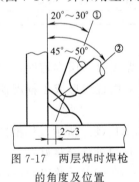

图 7-17　两层焊时焊枪的角度及位置

　　当要求焊脚尺寸更大时，应采用三层以上的焊道，焊接顺序如图 7-18 所示。图 7-18（a）所示为多层焊的第一层，该层的焊接工艺与 5mm 以上焊脚尺寸的单道焊类似，焊枪指向距离根部 1～2mm 处，焊接电流一般不大于 300A，采用左焊法。图 7-18（b）所示为第二层焊缝的第一道焊缝，焊枪向第一层焊道与水平板的焊趾部位，进行直线形焊接或稍加摆动。焊接该焊道时，注意在水平板上要达到焊脚尺寸要求，并保证在水平板一侧的焊缝边缘整齐，与母材熔合良好。图 7-18（c）所示为第二条焊道。如果要求焊脚尺寸较大，可按图 7-18（d）所示焊接第三条焊道。

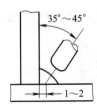  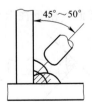 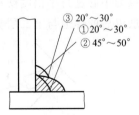

(a) 多层焊的第一层　(b) 第二层的第一道　(c) 第二层的第二道　(d) 第二层的第三道

图 7-18　厚板水平角焊缝的焊接顺序

一般采用两层焊道可焊接 14mm 以下的焊脚尺寸，当焊脚尺寸更大时，还可以按照图 7-18（d）所示，完成第三层、第四层的焊接。

船形角焊缝的焊接特点与 V 形对接焊缝相似，其焊脚尺寸不像水平焊缝那样受到限制，因此可以使用较大的焊接电流。船形焊时可以采用单道焊，也可以采用多道焊，采用单道焊时可焊接 10mm 厚度的工件。

（二）平板对接横焊操作工艺

横焊时，熔池金属在重力作用下有自动下垂的倾向，在焊道的上方容易产生咬边，焊道的下方易产生焊瘤。因此在焊接时，要注意焊枪的角度及限制每道焊缝的熔敷金属量。

1. 单层单道焊操作

对于较薄的工件，焊接时一般进行单层单道横焊，此时可采用直线形或小幅度摆动方式。单道焊一般采用左焊法，焊枪角度如图 7-19 所示。当要求焊缝较宽时，可采用小幅度的摆动方式，如图 7-20 所示。横焊时摆幅不要过大，否则容易造成铁水下淌，多采用较小的规范参数进行短路过渡。横向对接焊的典型焊接规范见表 7-26。

焊接方向
70°～90°
85°～90°

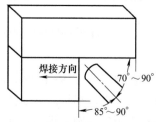

图 7-19　横焊时的焊枪角度

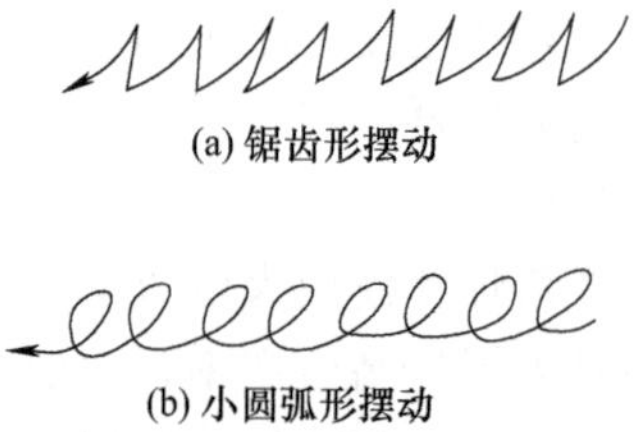

(a) 锯齿形摆动
(b) 小圆弧形摆动

图 7-20　横焊时的摆动方式

表 7-26　横向对接焊的典型焊接规范

工件厚度/mm	装配间隙/mm	焊丝直径/mm	焊接电流/A	电弧电压/V
≤3.2	0	1.0～1.2	100～150	18～21
3.2～6.0	1～2	1.0～1.2	100～160	18～22
≥6.0	1～2	1.2	110～210	18～24

2. 多层焊操作

对于较厚工件的对接横焊，要采用多层焊接，如图 7-21 所示。焊接第一层焊道时，焊枪的角度见图 7-21（a）。焊枪的仰角为 0°～10°，并指向顶角位置，采用直线形或小幅度摆动焊接，根据装配间隙调整焊接速度及摆动幅度。

焊接第二层焊道的第一条焊道时，焊枪的仰角为 0°～10°，如图 7-21（b）所示，焊枪杆以第一层焊道的下缘为中心做横向小幅度摆动或直线形运动，保证下坡口处熔合良好。

焊接第二层的第二条焊道时，如图 7-21（c）所示。焊枪的仰角为 0°～10°，并以第一层焊道的上缘为中心进行小幅度摆动或直线形移动，保证上坡口熔合良好。

第三层以后的焊道与第二层类似，由下往上依次排列焊道［图 7-21（d）］。在多层焊接

0°～10°
0°～10°
0°～10°
(a)
(b)
(c)
(d)

图 7-21　多层焊时焊枪的角度及焊道排布

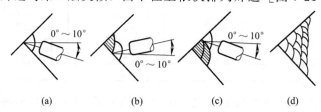

中，中间填充层的焊道焊接规范可稍大些，而盖面焊时电流应适当减小，接近于单道焊的焊接规范。

（三）平板对接立焊操作工艺

根据工件厚度不同，CO_2 气体保护焊可以采用向下立焊或向上立焊。一般小于 6mm 厚的工件采用向下立焊，大于 6mm 厚的工件采用向上立焊。立焊时的关键是保证铁水不流淌，熔池与坡口两侧熔合良好。

1. 向下立焊操作

向下立焊时，为了保证熔池金属不下淌，一般焊枪应指向熔池，并保持如图 7-22 所示的倾角。电弧始终对准熔池的前方，利用电弧的吹力来托住铁水，一旦铁水有下淌的趋势，应使焊枪前倾角增大，并加速移动焊枪。利用电弧力将熔池金属推上去。向下立焊主要使用细焊丝、较小的焊接电流和较快的焊接速度，典型的焊接规范如表 7-27 所示。

表 7-27 向下立焊时对接焊缝的焊接规范

工件厚度/mm	根部间隙/mm	焊丝直径/mm	焊接电流/A	电弧电压/V	焊接速度/(cm/min)
0.8	0	0.8	60～70	15～18	55～65
1.0	0	0.8	60～70	15～18	55～65
1.2	0	0.8	65～75	16～18	55～65
1.6	0	1.0	75～190	17～19	50～65
	0	1.2	95～110	16～18	80～85
2.0	1.0	1.085	85～95	18～19.5	45～55
	0.8	1.2110	110～120	17～18.5	70～80
2.3	1.3	1.090	90～105	18～19	40～50
	1.5	1.2120	120～135	18～20	50～60
3.2	1.5	1.2140	140～160	19～20	35～45
4.0	1.8	1.2140	140～160	19～20	35～40

薄板的立角焊缝也可采用向下立焊，与开坡口的对接焊缝向下立焊类似。一般焊接电流不能太大，电流大于 200A 时，熔池金属将发生流失。焊接时尽量采用短弧和提高焊接速度。为了更好地控制熔池形状，焊枪一般不进行摆动，如果需要较宽的焊缝，可采用多层焊。

向下立焊时的熔深较浅，焊缝成形美观，但容易产生未焊透和焊瘤。

2. 向上立焊操作

当工件的厚度大于 6mm 时，应采用向上立焊。向上立焊时的熔深较大，容易焊透。但是由于熔池较大，使铁水流失倾向增加，一般采用较小的规范进行焊接，熔滴过渡采用短路过渡形式。

向上立焊时焊枪位置及角度很重要，如图 7-22 所示。通常向上立焊时焊枪都要做一定的横向摆动。直线焊接时，焊道容易凸出，焊缝外观成形不良并且容易咬边，多层焊时，后面的填充焊道容易焊不透。因此，向上立焊时，一般不采用直线式焊接。向上立焊时的摆动方式如图 7-23 所示，如图 7-23（a）所示的小幅度锯齿形摆动，此时热量比较集中，焊道容易凸起，因此在焊接时，摆动频率和焊接速度要适当加快。严格控制熔池温度和大小，保证熔池与坡口两侧充分熔合。如果需要焊脚尺寸较大，应采用如图 7-23（b）所示的上凸月牙形摆动方式，在坡口中心移动速度要快，而在坡口两侧稍加停留，以防止咬边。要注意焊枪摆动要采用上凸的月牙形，不要采用如图 7-23（c）所示的下凹月牙形摆动方式。因为下凹月牙形的摆动方式容易引起铁水下淌和咬边，焊缝表面下坠，成形不好。向上立焊的单道焊时，焊道表面平整光滑，焊缝成形较好，焊脚尺寸可达到 12mm。

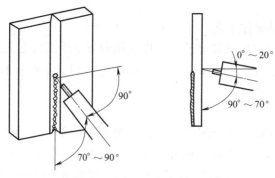

图 7-22 向上立焊焊枪角度

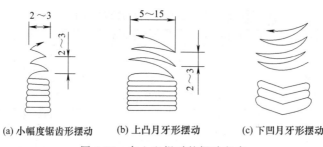

(a) 小幅度锯齿形摆动　　(b) 上凸月牙形摆动　　(c) 下凹月牙形摆动

图 7-23 向上立焊时的摆动方式

当焊脚尺寸较大时，一般要采用多层焊接。多层焊接时，第一层打底焊时要采用小直径的焊丝、较小的焊接电流和小摆幅进行焊接，注意控制熔池的温度和形状，仔细观察熔池和熔孔的变化，保证熔池不要太大。填充焊时焊枪的摆动幅度要比打底焊时大，焊接电流也要适当加大，电弧在坡口两侧稍加停留，保证各焊道之间及焊道与坡口两侧很好地熔合。一般最后一层填充焊道要比工件表面低 1.5～2mm，注意不要破坏坡口的棱边。

焊盖面焊道时，摆动幅度要比填充时大，应使熔池两侧超过坡口边缘 0.5～1.5mm。

（四）平板对接仰焊操作工艺

仰焊时，操作者处于一种不自然的位置，很难稳定操作；同时由于焊枪及电缆较重，给操作者增加了操作的难度；仰焊时的熔池处于悬空状态，在重力作用下很容易造成铁水下落，要靠电弧的吹力和熔池的表面张力来维持平衡，如果操作不当，容易产生烧穿、咬边及焊道下垂等缺陷。

1. 单面单道仰焊焊缝操作

薄板对接时经常采用单面焊，为了保证焊透工件，一般装配时要留有 1.2～1.6mm 的间隙，使用直径 0.9～1.2mm 的细焊丝，使用细焊丝短路过渡焊接。采用的焊接电流为 120～130A，电弧电压为 18～19V。

焊接时焊枪要对准间隙或坡口中心，焊枪角度如图 7-24 所示，采用右焊法。应以直线形或小幅度摆动焊枪，焊接时仔细观察电弧和熔池，根据熔池的形状及状态适当调节焊接速度和摆动方式。

单面仰焊时经常出现的焊接缺陷及原因如下。

① 未焊透　焊接速度过快；焊枪角度不正确或焊接速度过慢时，造成熔化金属流到前面所致。

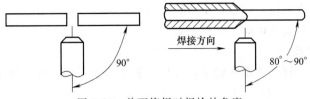

图 7-24 单面仰焊时焊枪的角度

② 烧穿 由焊接电流和电弧电压过大，或者是焊枪的角度不正确所致。

③ 咬边 焊枪指向位置不正确；摆动焊枪时两侧停留时间不够或在两侧没有停留；焊接速度过快以及规范过大。

④ 焊道下垂 焊道下垂一般是由焊接电流、电压过高或焊接速度过慢所致，焊枪操作不正确及摆幅过小时也可造成焊道下垂。

2. 多层仰焊的操作

厚板仰焊时采用多层焊。多层仰焊的接头形式有无垫板和有垫板两种，无垫板的第一层焊道类似于单面仰焊；有垫板时，焊件之间应留有一定的间隙，焊接电流值可略大些，通常为 130～140A，与之匹配的电弧电压为 19～20V，熔滴为短路过渡。

有垫板的第一层焊道施焊时，焊枪应对准坡口中心，焊枪与焊件之间的角度如图 7-25 所示。采用右焊法，焊枪匀速移动。操作时，必须注意垫板与坡口面根部必须充分熔透，且不应出现凸形焊道。焊枪采用小幅摆动，在焊道两侧应做少许停留，焊成的焊道表面要光滑平坦，以便为随后的填充焊道施焊创造良好的条件。

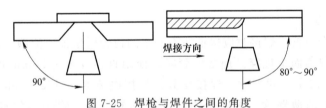

图 7-25 焊枪与焊件之间的角度

第二层、第三层焊道都以均匀摆动焊枪的方式进行焊接。但在前一层焊缝与坡口面的交界处应做短时停留，以保证该处充分熔透并防止产生咬边。选用的焊接参数：焊接电流 120～130A，电弧电压 18～19V。第四层以后，由于焊缝的宽度增大，所需的焊枪摆幅也随之要加大，这样很容易产生未焊透和气孔。所以在第四层以后，每层焊缝可焊两条焊道，如图 7-26 所示。在这两条焊道中，第一条焊道不应过宽，否则将造成焊道下垂且给第二条焊道留下的坡口太窄，使第二条焊道容易形成凸形焊道，产生未焊透。所以焊成的第一条焊道只能略过中心，而第二条焊道应与第一条焊道搭接上。

盖面焊道为修饰焊道，应力求美观。因此应确保盖面焊道的前一层焊道表面平坦，并使该焊道距焊件表面 1～2mm。盖面焊道也采用两条焊道完成，焊这两条焊道时，电弧在坡口两侧应稍作停留，防止产生咬边和余高不足。焊接第二条焊道时，应注意与第一条焊道均匀地搭接，防止焊道的高度和宽度

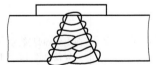

图 7-26 焊缝形式

不规整。盖面焊道的焊接参数应略小，常取焊接电流为 120～130A，电弧电压为 18～19V。

（五）环缝焊接操作工艺

CO_2 气体保护焊环缝焊接是指焊管子的技术。根据管子的位置及管子在焊接过程中是

否旋转，可以分为垂直固定管焊接、水平转动管焊接和水平固定管焊接 3 种方式，其中垂直固定管焊接的焊接位置属于横焊，这里不做介绍。

1. 水平转动管焊接

焊接时焊枪不动，管子做水平转动，焊接位置相当于平焊。焊接厚壁管时，焊枪应离时钟 12 点位置一定距离 l，以保证熔池旋转至 12 点处于平位时开始凝固，如图 7-27 所示。距离 l 是一个重要的参数，通过调节 l 值的大小可得到不同的焊道形状，如图 7-28 所示。

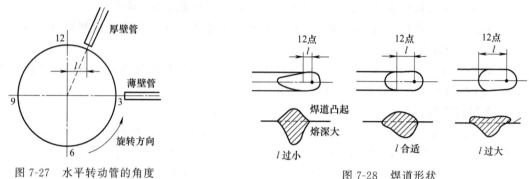

图 7-27 水平转动管的角度

图 7-28 焊道形状

当距离 l 过小时，焊道深而窄，余高增大。l 值过大时，熔深较浅，并且容易产生焊瘤。操作过程中，应通过观察焊道的形状，适当调整 l 值。管子直径增大时，l 值减小。焊接薄壁管时，焊枪应指向 3 点处，焊接位置相当于向下立焊，熔深浅，焊道成形良好，而且能以较高速度焊接。

2. 水平固定管焊接

焊接位置属于全位置。焊接时应保证在不同空间位置时熔池不流淌、焊缝成形良好、焊缝厚度均匀、充分焊透而不烧穿。焊薄壁管时，使用直径 $0.8 \sim 1.0$mm 的细焊丝，焊厚壁管时一律使用直径 1.2mm 的焊丝。焊接参数：焊接电流 $80 \sim 140$A，电弧电压 $18 \sim 22$V。管壁厚为 3mm 以下的薄壁管，可以采用向下立焊的焊接。管子全位置焊接的焊接参数见表 7-28。

表 7-28 管子全位置焊接的焊接参数

管子	I 形坡口	Y 形坡口
薄壁管	向下立焊焊接： 焊接电流 $80 \sim 140$A 电弧电压 $18 \sim 22$V 无间隙 焊丝 $\phi 0.9 \sim 1.2$mm	—
中、厚壁管	向上立焊焊接： 焊接电流 $120 \sim 160$A 电弧电压 $19 \sim 23$V 装配间隙 $0 \sim 2.5$mm 焊丝 $\phi 1.2$mm	单面焊双面成形： 第一层(向上焊接) 焊接电流 $100 \sim 140$A 电弧电压 $18 \sim 22$V 装配间隙 $0 \sim 2$mm 焊丝 $\phi 1.2$mm 第二层以上(向上焊接) 焊接电流 $120 \sim 160$A 电弧电压 $19 \sim 23$V 焊丝 $\phi 1.2$mm

第八章
其他焊接工艺方法

第一节 | 电阻焊

一、电阻焊的特点及应用范围

焊件组合后通过电极施加压力，利用电流通过接头的接触面及邻近区域产生的电阻热进行焊接的方法称为电阻焊。主要分为点焊、缝焊、凸焊及对焊。

1. 电阻焊的特点

① 电阻焊是利用焊件内部产生的电阻热由高温区向低温区传导，加热并熔化金属实现焊接的。电阻焊的焊缝是在压力下凝固或聚合结晶，属于压焊范畴，具有锻压特征。由于焊接热量集中，加热时间短，焊接速度快，所以热影响小，焊接变形与应力也较小，因此，通常焊后不需要校正及焊后热处理。

② 通常不需要焊条、焊丝、焊剂、保护气体等焊接材料，焊接成本低。电阻焊的熔核始终被固体金属包围，熔化金属与空气隔绝，焊接冶金过程比较简单。操作简单，易于实现自动化，劳动条件较好，生产率高，可与其他工序一起安排在组装焊接生产线上。但是闪光对焊因有火花喷溅，还需隔离。

③ 由于电阻焊设备功率大，焊接过程的程序控制较复杂。自动化程度较高，使得设备的一次性投资大，维修困难，而且常用的大功率单相交流焊机不利于电网的正常运行。

④ 点焊、缝焊的搭接接头不仅增加构件的质量，而且使接头的抗拉强度及疲劳强度降低。电阻焊质量目前还缺乏可靠的无损检测方法，只能靠工艺试样、破坏性试验来检查，以及靠各种监控技术来保证。

2. 电阻焊的应用范围

电阻焊广泛应用于航空、航天、能源、电子、汽车、轻工等各工业部门。

二、点焊

（一）点焊特点、应用范围及过程

点焊是将焊件组装成搭接接头，并在两电极之间压紧，电流在接触处便产生电阻热，当焊件接触加热到一定的程度时断电（锻压），使焊件可与圆点熔合在一起而形成焊点。焊点形成过程可分为焊件压紧、通电加热进行焊接、断电（锻压）3 个阶段。

1. 点焊的特点

① 焊件间靠尺寸不大的熔核进行连接。熔核应均匀、对称分布在两焊件的结合面上。焊接电流大，加热速度快，焊接时间短，仅需要千分之几秒到几秒。

② 焊接时不用填充金属、焊剂，焊接成本低。操作简单，易于实现自动化，生产效率高，劳动条件好。

2. 点焊的应用范围

广泛应用于汽车驾驶室、轿车车身、飞机机翼、建筑用钢筋、仪表壳体、电器元件引线、家用电器等。可焊接低碳钢、低合金钢、镀层钢、不锈钢、高温合金、铝及铝合金、钛及钛合金、铜及铜合金等。可焊不同厚度、不同材料的焊件。最薄可点焊 0.005mm，最大厚度低碳钢一般为 2.5～3.0mm，小型构件为 5～6mm，特殊情况可达 10mm；钢筋和棒料的直径可达 25mm；铝合金电阻点焊的最大厚度为 3.0mm；耐热合金厚度为 3.0mm，低合金钢、不锈钢厚度小于 6mm；不等厚度时，厚度比一般不超过 1.3。电阻点焊的种类及应用范围见表 8-1。

表 8-1　电阻点焊的种类及应用范围

点焊种类	图示	特点	所需设备			应用范围
			电源组成	控制开关	复杂程度	
工频交流点焊	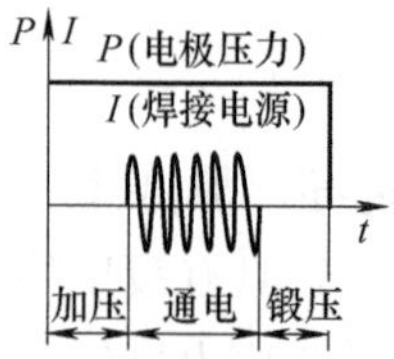 $P\,I$　P(电极压力) I(焊接电源) 加压　通电　锻压　t	电流幅值大小不变，通电时间较长，压力恒定	焊接变压器	机械或继电器式	最简单，一般为小型	各种钢材不重要件
				半同步电子离子式	较简单，一般为中、大型	各种钢材一般件
				同步电子离子式	较复杂，一般为中、大型	各种重要的钢材件，一般的铝及其合金件
工频交流多脉冲点焊	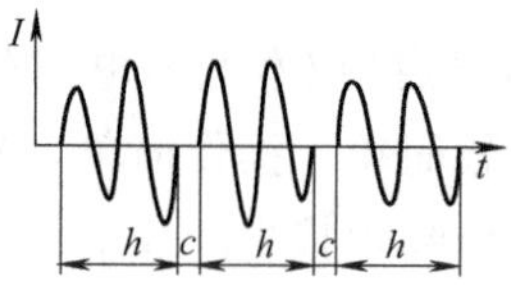 I　h　c　h　c　h　t	电流幅值可调，通电时间较长；可连续通电；压力恒定	焊接变压器	半同步电子离子式	较复杂	要求焊前预热和焊后缓冷的低合金钢和硬铝等
				同步电子离子式	复杂	
直流冲击波点焊	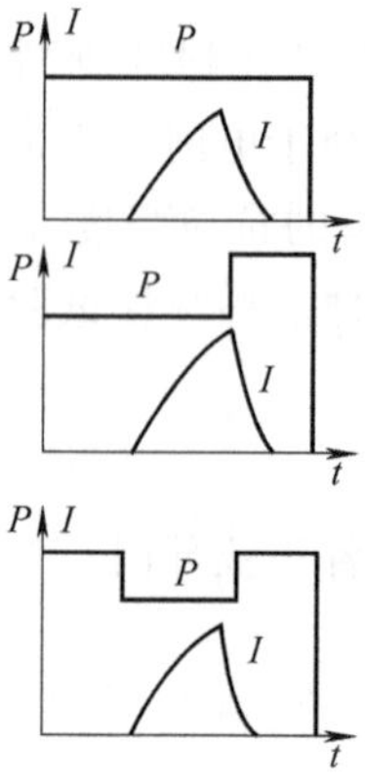 $P\,I$　P　I　t $P\,I$　P　I　t $P\,I$　P　I　t	电流渐增，通电时间较短，压力可分为恒定压力、提高预压力和提高锻压力	变压器、整流器和焊接变压器	同步电子离子式	很复杂，一般为大型	一般的和重要的铝及铝合金件
电容储能点焊	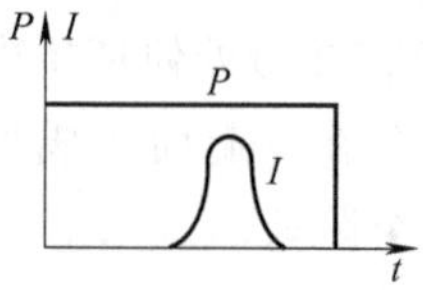 $P\,I$　P　I　t	电流渐增，通电时间极短	变压器、电容器和焊接变压器	机械、继电器或电子离子式	小型较简单，大型较复杂	异种金属、铝及铝合金不等厚件、精密件和重要件

3. 点焊的过程

点焊过程一般有预压、通电加热和冷却结晶 3 个阶段，见表 8-2。

表 8-2	点焊过程

过程	说　明
预压阶段	预压阶段又称加压阶段,作用是使焊件的焊接部位形成紧密的接触点。因此电极压力在焊接电流接通以前即应达到焊接参数规定的数值;否则,如电流闭合瞬间的电极压力不够大,则接触电阻就很大。于是在接触电阻处产生很多热量,造成金属熔化,产生初期飞溅,焊件与电极都可能被烧坏。点焊时电流 I 及电极压力 F 的变化如图 1 所示 (a) 电流过早接通　　(b) 正常情况　　(c) 采用锻压力 图 1　点焊时电流 I 及电极压力 F 的变化
通电加热阶段	加热阶段的时间很短,而且加热的不均匀性很大。由于中间金属柱部位的电流密度最大,所以加热最为强烈。在电阻热及电极的冷却作用下,使焊点的核心加热最快。如图 2 所示,焊点核心的金属熔化、结晶后,两个焊件之间牢固结合。核心内的熔化金属被塑性金属环包围,如果这个环不够紧密,就会造成液体金属外溢,形成飞溅。在正常情况下,熔核直径 d_m 与板厚 δ 有如下关系 $$d_m = 2\delta + 3$$ 式中　δ——两焊件中薄件的厚度 在电极压力 F 的作用下,焊件表面形成凹陷,其深度应当满足 $h = (0.1 \sim 0.15)\delta$。当焊点核心金属溢出较多时,凹陷深度增大。 焊点的熔透率为 $$A = \frac{h}{\delta} \times 100\%$$ 图 2　焊点
冷却结晶阶段	冷却结晶阶段又称锻压阶段,切断电流后,熔核在电极压力作用下,以极快的速度冷却结晶。熔核结晶是在封闭的金属模内(塑性环)进行的,结晶不能自由收缩,电极压力可以使正在结晶的组织变得致密,而不至于产生疏松或裂纹。因此,电极压力必须在结晶完全结束后才能解除。当钢板厚度为 $1 \sim 8mm$ 时,锻压时间一般为 $0.1 \sim 2.5s$,电极压力为 $1.5 \sim 10kN$。焊接较厚焊件时($\geqslant 1.5mm$ 的铝合金,$\geqslant 5mm$ 的钢板),在切断焊接电流后,间隙时间 t_i 为 $0 \sim 0.25s$,然后加大锻压力,如图 1(c)所示

（二）点焊结构设计

1. 接头形式和接头尺寸

① 接头形式　最常见的是板与板点焊时采用搭接和卷边接的形式,点焊接头形式如图 8-1 所示。圆棒的点焊也比较常用,圆棒与圆棒、圆棒与板材的点焊如图 8-2 所示。

② 接头尺寸　为保证点焊接头质量,点焊接头尺寸设计应该恰当。推荐点焊接头尺寸见表 8-3。

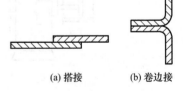

(a) 搭接　　　(b) 卷边接

图 8-1　点焊接头形式

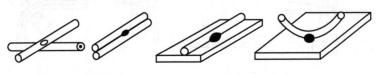

(a) 圆棒与圆棒的点焊　　　(b) 圆棒与板材的点焊

图 8-2　圆棒与圆棒、圆棒与板材的点焊

表 8-3 推荐点焊接头尺寸   mm

薄件厚度 δ	熔核直径 d	单排焊缝最小搭边[①] b		最小工艺点距[②] e		
		轻合金	钢、钛合金	轻合金	低合金钢	不锈钢、耐热钢、耐热合金
0.3	2.5^{+1}	8.0	6	8	7	5
0.5	3.0^{+1}	10	8	11	10	7
0.8	3.5^{+1}	12	10	13	11	9
1.0	4.0^{+1}	14	12	14	12	10
1.2	5.0^{+1}	16	13	15	12	11
1.5	6.0^{+1}	18	14	20	14	12
2.0	$7.0^{+1.5}$	20	16	25	18	14
2.5	$8.0^{+1.5}$	22	18	30	20	16
3.0	$9.0^{+1.5}$	26	20	35	24	18
3.5	10^{+2}	28	22	40	28	22
4.0	11^{+2}	30	26	45	32	24
4.5	12^{+2}	34	30	50	26	26
5.0	13^{+2}	36	34	55	40	30
5.5	14^{+2}	38	38	60	46	34
6.0	15^{+2}	43	44	65	52	40

① 搭边尺寸不包括弯边圆角半径 r;点焊双排焊缝或连接 3 个以上零件时,搭边应增加 25%～35%。
② 若要缩小点距,则应考虑分流而调整规范;焊件厚度比大于 2 或连接 3 个以上零件时,点距应增加 10%～20%。

2. 结构形式

被焊工件结构的设计应考虑以下因素。

① 伸入焊机回路内的铁磁体工件或夹具的断面面积应尽可能小,且在焊接过程中不能剧烈地变化,否则会增加回路阻抗,使焊接电流减小。

② 尽可能采用具有强烈水冷的通用电极进行点焊。可采用任意顺序来点焊各焊点,以防止变形。焊点离焊件边缘的距离不应太小。

③ 焊点应布置在难以形变的位置,点焊结构如图 8-3 所示。

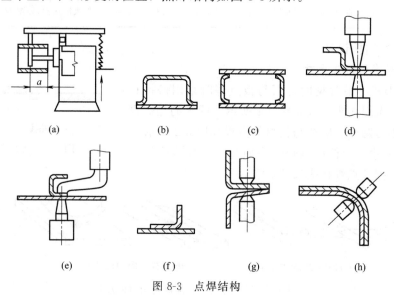

图 8-3 点焊结构

3. 焊点位置分布

一般要求在满足设计强度的情况下，尽量使焊点位置便于施焊。刚度较小的地方工艺性好，质量易保证。焊点位置分布如图 8-4 所示。

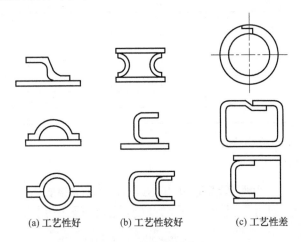

(a) 工艺性好　　　　(b) 工艺性较好　　　　(c) 工艺性差

图 8-4　焊点位置分布

4. 搭接的层数及搭接宽度

一般应尽可能在次级整流式焊机上采用多层搭接保证焊接质量。点焊接头的搭接宽度见表 8-4。

表 8-4　点焊接头的搭接宽度　　　　　　　　　mm

最薄零件厚度	单排焊点			双排焊点		
	结构钢	耐热钢及其合金	轻合金	结构钢	耐热钢及其合金	轻合金
0.5	8	6	12	16	14	22
0.8	9	7	12	18	16	22
1.0	10	8	14	20	18	24
1.2	11	9	14	22	20	26
1.5	12	10	16	24	22	30
2.0	14	12	20	28	26	34
2.5	16	14	24	32	30	40
3.0	18	16	26	36	34	46
3.5	20	18	28	40	38	48
3.0	22	20	30	42	40	50

5. 边距

边距是指熔核中心到板边的距离。该距离的母材金属应能承受焊接循环中由熔核内部产生的压力。最小的边距与母材金属的成分和强度、截面厚度、电极面的形状和焊接循环有关。

6. 焊点距

点焊时，两个相邻焊点间的中心距称为焊点距。为保证接头强度和减少电流分流，应控制焊点距。在保证强度的前提下，尽量增大焊点间距，多列焊点最好交错排列而不做矩形排列。常用金属材料推荐点距见表 8-5。

表 8-5 常用金属材料推荐点距

mm

板厚	不锈钢、耐热钢	钛合金	低碳钢、低合金钢	铝合金
0.5	8	8	10	15
0.8	9	10	12	17
1.0	10	10	13	20
1.5	12	12	15	25
2.0	14	15	16	27
2.5	16	16	18	30
3.0	18	18	20	30
3.5	20	20	22	30
4.0	22	23	24	35

7. 单焊点最小直径和剪切强度

单焊点最小直径和剪切强度见表 8-6。

表 8-6 单焊点最小直径和剪切强度

工作厚度 /mm	焊点直径 /mm	剪切强度/(N/点)					
		10 20	30Cr-Mn-SiA	1Cr18Ni-9Ti	LY12	LF2	LF21
0.5+0.5	3.0	1800	2200	2400	700	500	450
0.5+0.8	3.5	3500	4400	4800	1350	1000	900
1.0+1.0	4.0	4500	6000	6500	1600	1400	1200
1.2+1.2	5.0	7000	10000	10000	2100	1800	1400
1.5+1.5	6.0	10000	12000	12000	3000	2500	1700
2.0+2.0	7.0	14000	18000	18000	4200	3800	—
2.5+2.5	8.0	16000	22000	22000	5500	4500	—
3.0+3.0	9.0	20000	26000	26000	7000	6600	—
3.5+3.5	10.0	24000	34000	34000	9000	7200	—
4.0+4.0	12.0	32000	40000	40000	12000	8500	—

(三) 点焊机的正确使用方法

下面以一般工频交流点焊机为例说明点焊机的调节步骤。

① 检查气缸内有无润滑油，如无润滑油，会很快损坏压力传动装置的衬环。每天开始工作之前，必须通过注油器对滑块进行润滑。

② 接通冷却水，并检查各支路的流水情况和所有接头处的密封状况。检查压缩空气系统的工作状况。拧开上电极的固定螺母，调节好行程，然后把固定螺母拧紧。调整焊接压力，应按焊接参数选择适当的压力。

③ 断开焊接电流的小开关，踩下脚踏开关，检查焊机各元件的动作，再闭合小开关、调整好焊机。标有电流"通""断"的开关能断开和闭合控制箱中的有关电气部分，使焊机在没有焊接电源的情况下进行调整。在调整焊机时，为防止误接焊接电源，可取下调节级数的任何一个闸刀。

④ 焊机准备焊接前，必须把控制箱上的转换开关放在"通"的位置，待红色信号灯发亮。装上调节级数开关的闸刀，调节好焊接变压器。打开冷却系统阀门，检查各相应支路中是否有水流出，并调节好水流量。

⑤ 把焊件放在电极之间，踩下脚踏开关的踏板，使焊件压紧，做一工作循环，然后把焊接电源开关放在"通"的位置，再踩下脚踏开关，即可进行焊接。

⑥ 焊机次级电压的选择由低级开始，时间调节的"焊接""维持"延时，应由焊接参数

决定。"加压"及"停息"延时，应根据电极工作行程，在切断焊接电流后进行调节。

当焊机短时停止工作时，必须将控制电路转换开关放在"断"的位置，切断控制电路，关闭进气、进水阀门。当较长时间停止工作时，必须切断控制电路电源，并停止供应水和压缩空气。

（四）点焊顺序和点焊方法

1. 点焊顺序

① 所有焊点都尽量在电流分流值最小的条件下进行点焊。

② 焊接时应先进行定位点焊，定位点焊应选择在结构最难以变形的部位，如圆弧上、肋条附近等。尽量减小变形，当接头的长度较长时，点焊应从中间向两端进行。

③ 对于不同厚度铝合金焊件的点焊，除采用强规范外，不可以在厚件一侧采用球面半径较大的电极，以有利于改善电阻焊点核心偏向厚件的程度。

2. 点焊方法

点焊按一次形成的焊点数，可分为单点焊和多点焊；按对焊件的供电方向，可分为单面点焊和双面点焊，常用点焊方法见表 8-7。

表 8-7　常用点焊方法

方法	图示	说明
双面单点焊	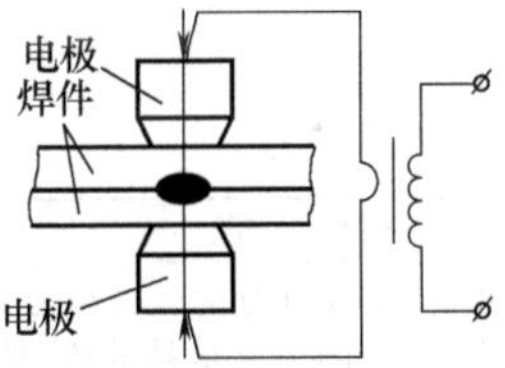	两个电极从焊件上、下两侧接近焊件并压紧，进行单点焊接。此种焊接方法能对焊件施加足够大的压力，焊接电流集中通过焊接区，减少焊件的受热体积，有利于提高焊点质量
单面双点焊	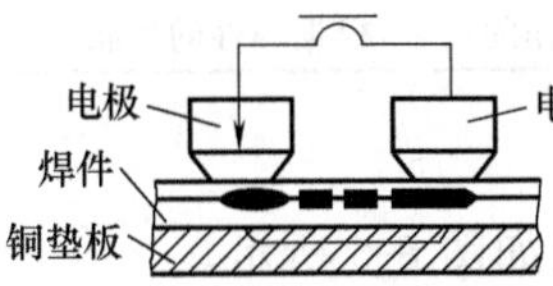	两个电极放在焊件同一面，一次可同时焊成两个焊点。其优点是生产率高，可焊接尺寸大、形状复杂和难以用双面单点焊的焊件，易于保证焊件一个表面光滑、平整、无电极压痕。缺点是焊接时部分电流直接经上面的焊件形成分流，使焊接区的电流密度下降。减小分流的措施是在焊件下面加铜垫板
单面单点焊	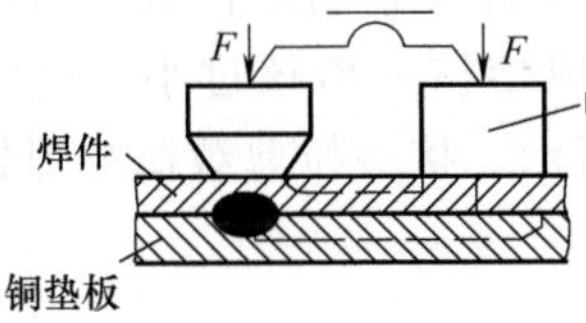	两个电极放在焊件的同一面，其中一个电极与焊件接触的工作面很大，仅起导电块的作用，对该电极也不施加压力。这种方法与单面双点焊相似，主要用于不能采用双面单点焊的场合
双面双点焊	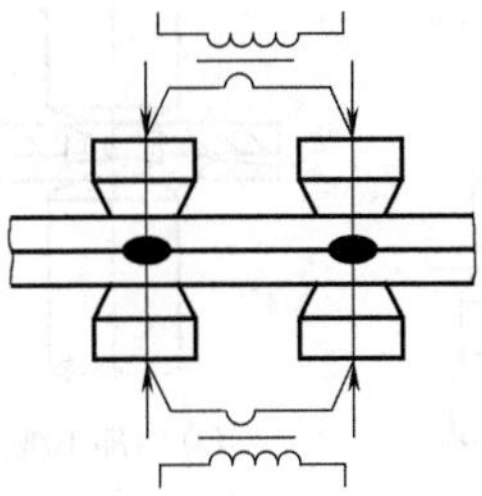	由两台焊接变压器分别对焊件上、下两面的成对电极供电。两台变压器的接线方向应保证上、下对准电极，并在焊接时间内极性相反。上、下两变压器的二次电压成顺向串联，形成单一的焊接回路。在一次点焊循环中可形成两个焊点。其优点是分流小，主要用于厚度较大、质量要求较高的大型部件的点焊

续表

方　法	图　示	说　明
多点焊	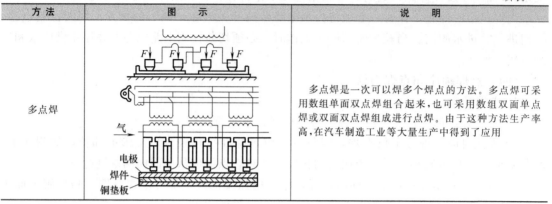	多点焊是一次可以焊多个焊点的方法。多点焊可采用数组单面双点焊组合起来，也可采用数组双面单点焊或双面双点焊组成进行点焊。由于这种方法生产率高，在汽车制造工业等大量生产中得到了应用

（五）点焊操作工艺

1. 焊前准备

① 焊件表面清理　焊接前应清除焊件表面的油、锈、氧化皮等污物，一般可采用机械打磨方法和化学清洗方法。

② 焊件装配　装配间隙一般为 0.5～0.8mm。采用夹具或夹子焊件夹牢。

2. 电极

电极的分类及特点见表 8-8。

表 8-8　电极的分类及特点

分类依据	类型	特　点
按电极工作表面形状分	平面电极、球面电极	①平面电极用于结构钢的电阻点焊，工作部分的圆锥角为 15°～30° ②球面电极用于轻合金的电阻点焊，它的优点是易散热、易使核心压固，并且当电极稍有倾斜时，不致影响电流和压力的均衡分布，不致引起内部和表面的飞溅
按电极结构形式分	直电极、特殊电极	①直电极加压时稳定，通用性好 ②特殊电极用于直电极难以工作的场合，根据焊件的形状、开敞性等因素设计特殊电极

注：1. 电极直接影响到电阻点焊的质量。

2. 电阻点焊电极多采用锥体配合，锥度为 1∶5 和 1∶10。

平面电极倾斜的影响如图 8-5 所示。特殊电极如图 8-6 所示。

3. 点焊焊接参数的选择

① 焊接电流　焊接电流决定了热量的大小，并直接影响熔核直径与焊透率，必然影响到焊点的强度。电流太小，则能量过小，无法形成熔核或熔核过小。电流太大，则能量过大，容易引起飞溅，电阻点焊时的飞溅如图 8-7 所示。接头拉剪载荷与焊接电流的一般关系如图 8-8 所示。

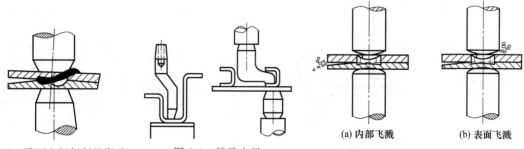

图 8-5　平面电极倾斜的影响　　图 8-6　特殊电极

(a) 内部飞溅　　(b) 表面飞溅

图 8-7　电阻点焊时的飞溅

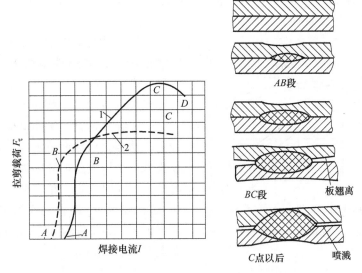

图 8-8　接头拉剪载荷与焊接电流的一般关系

1—板厚 1.6mm 以上；2—板厚 1.6mm 以下

② 焊接通电时间　焊接通电时间对产热与散热均产生一定的影响。在焊接通电时间内，焊接区析出的热量除部分分散失外，将逐步积累，用来加热焊接区，使熔核扩大到所要求的尺寸。如焊接通电时间太短，则难以形成熔核或熔核过小。点焊析热与散热对熔核尺寸的影响规律与焊接电流相似，拉剪载荷与焊接时间的关系如图 8-9 所示。

③ 电极压力　电极压力大小将影响焊接区的加热程度和塑性变形程度（图 8-10）。随着电极压力的增大，接触电阻减小，使电流密度降低，从而减慢加热速度，导致焊点熔核减小而致使强度降低，如图 8-10（a）所示。但当电极压力过小时，将影响焊点质量的稳定性，因此，如在增大电极压力的同时，适当延长焊接时间或增大焊接电流，可降低焊点强度的分散性，使焊点质量稳定，如图 8-10（b）所示。

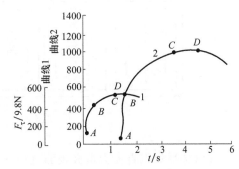

图 8-9　拉剪载荷与焊接时间的关系

1—板厚 1mm；2—板厚 5mm

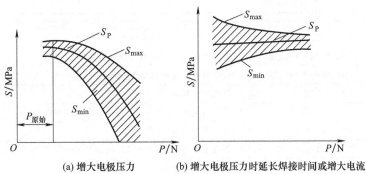

(a) 增大电极压力　　(b) 增大电极压力时延长焊接时间或增大电流

图 8-10　焊点拉剪力与电极压力的关系

S_P—焊点平均拉剪力；S_{max}—焊点最大拉剪力；S_{min}—焊点最小拉剪力

④ 电极工作端面的形状和尺寸　电极头的形状和尺寸影响焊接电流密度、散热效果、接触面积、焊点工件表面质量。

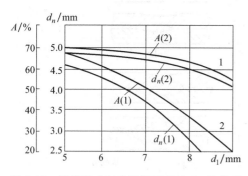

图 8-11　熔核尺寸与电极端面直径 d_n 的关系
1—1Cr18Ni9Ti 钢；2—BHC2 钢；板厚 $\delta=1+1mm$

熔核尺寸与电极端面直径 d_n 的关系如图 8-11 所示。根据焊件结构形式、厚度及表面质量要求等不同，使用电极端头的形状有所不同。点焊电极端头形状如图 8-12 所示。

焊接各种钢材用平面电极，焊接纯铝、铝合金、钛合金用球面电极。在点焊过程中，电极头易产生压溃变形和粘损，需要不断地修锉电极头。同时规定，锥台形电极头端面尺寸增加 $\Delta d<15\%\ d_1$ 时，端面到水冷端距离 l_1 的减小也要控制，低碳钢点焊 $l_1\geqslant3mm$，铝合金点焊 $l_1\geqslant4mm$。

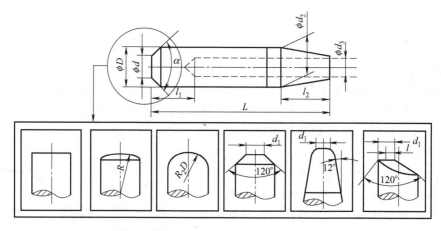

图 8-12　点焊电极端头形状

通常选择焊点直径为电极表面直径（指平面电极）的 0.9～1.4 倍。

⑤ 不等厚度和特殊钢板电阻点焊焊接参数　不等厚度和特殊钢板电阻点焊焊接参数见表 8-9。

表 8-9　不等厚度和特殊钢板电阻点焊焊接参数

项　　目		说　　明
不等厚度	一厚一薄	按薄件略增大焊接电流或通电时间
	三层,中间厚两边薄	按薄件略增大焊接电流或通电时间
	三层,中间薄两边厚	按厚件略减小焊接电流或通电时间
特殊钢板	涂漆	电极压力增加 20%
	镀铅	焊接电流增加 20%～50% 或通电时间增加 20%
	镀锌	电极压力增加 20%
	镀铜	焊接电流增加 20%～50% 或通电时间增加 20%
	磷化	焊接电流增加 30%～50%

⑥ 不同厚度、不同材料点焊操作要点及焊接参数见表 8-10。

表 8-10　不同厚度、不同材料点焊操作要点及焊接参数

类别	操作要点及焊接参数
不同厚度的两板点焊	不同厚度的两板点焊时，由于上、下板电流场分布不对称，加上两板散热条件不相同，导致熔核偏向厚板一侧。为了保证强度及薄件的焊透率（一般要求薄板一侧的焊透率＞10％，厚板的一侧达到 20％）和表面质量，可按不同情况设法调整熔核偏移量。调整的原则是提高焊件发热量、减少散热。常用方法有下列几种 　　①采用大电流、焊接通电时间短、焊接结合点密度高的规范 　　②在薄件侧，用小直径电极，但会增加压痕深度。如要求薄件侧表面光滑平整，就不能采用小直径电极。如材料热导率不高、厚度比不大（≤1∶3），厚板侧也可采用小直径的平面电极，但热导率高的材料或厚度比过大时，不采用此方法 　　③在薄件侧，采用热导率较低的电极，或增加从电极端面至冷却水孔底部的距离 　　④在薄件侧，放置导热性差的工艺垫片或冲工艺凸点。垫片的厚度为 0.2～0.3mm，垫片材质应根据焊件的材质决定，如不锈钢垫片，可用来点焊铜或铝合金。使用垫片时，注意规范不能过大，以免垫片粘在焊件上 　　⑤利用直流电进行点焊，如可用直流点焊机点焊铝合金
不同材料的点焊	不同材料点焊，如不锈钢与低碳钢或低合金钢点焊时，由于不锈钢的导电性和导热性差，熔核向不锈钢一侧偏移，使低碳钢或低合金钢的熔透率降低。当导电性差的金属比导热性好的金属厚时，熔核偏移更严重。为了获得满意的焊透率，可采取下列措施 　　①在导热性和导电性较差的一侧放置接触端面尺寸较大的电极 　　②在导热性和导电性较好的金属侧与电极接触处放置垫片 　　③采用硬焊接参数进行点焊 　　④为提高焊点的塑性，可在两焊件间加一层第三种金属。如低合金钢与铝点焊，可在钢表面上先镀一层铜或银；低碳钢与黄铜点焊时，可在钢表面先镀一层锡等

　　⑦ 超薄件点焊操作要点及焊接参数。

　　a. 为了防止烧穿或未焊透，必须严格控制每个焊点上的能量，并要求电极压力小，使热量主要在焊件间接触点产生。

　　b. 采用电容储能点焊机进行点焊时，焊接通电时间大大缩短。电容储能点焊机点焊超薄件焊接参数见表 8-11。

表 8-11　电容储能点焊机点焊超薄件焊接参数

材质	焊件厚度/mm	电容器容量/μF	电容器充电电压/V	电极压力/N	电极头直径/mm
低碳钢	0.1	50		90～100	
	0.2	90		90～100	
	0.3	150		90～100	
镀锡钢	0.1	30	600	70	2
	0.2	100		80～100	
	0.3	160		80～100	
黄铜	0.1	100		40～50	
	0.3	400		200～240	

4. 常用金属材料点焊时的操作要点

常用金属材料点焊时的操作要点见表 8-12。

表 8-12　常用金属材料点焊时的操作要点

材料	点焊时的操作要点
低碳钢	低碳钢通常指含碳量为 0.25％的钢材，点焊焊接性较好。厚度在 0.25～6.0mm 的低碳钢可用交流点焊机进行点焊。超过该范围的低碳钢，需采用特殊的点焊机和特殊的工艺进行点焊。当厚度大于 6mm 时，由于焊件的刚性大，要使两焊件可靠接触，必须要有很大的电极压力，另外，核心压实所需的锻压力也很大。当板厚 δ 大于 6mm 点焊困难时，需采取下列措施 　　①因焊件刚性大，需要增大电极压力 　　②电流分流加大，需要大容量焊机 　　③厚钢件伸入焊机回路，将减少焊接电流，需要增大焊接电流 　　④电极磨损加剧，需增加修锉电极次数

材料	点焊时的操作要点
中碳钢、低合金钢	中碳钢、低合金钢一般指含碳量大于 0.25% 的碳钢和碳当量大于 170.30% 的低合金钢。由于含碳量增加和合金元素的加入，使奥氏体稳定性增加。点焊时，高温停留时间短、冷却速度快，导致奥氏体内成分不均匀，冷却后会出现淬硬组织，使焊点硬度高、塑性低。同时，这些钢结晶温度宽，在熔核结晶时易形成热裂纹。为了提高焊点的塑性和防止裂纹的产生，可采取以下措施 ①降低冷却速度，或者采用局部和整体焊后热处理，以提高焊点塑性，对于焊前为淬火状态的低合金结构钢，点焊时的电极压力需提高 15%～20%。为了避免产生飞溅，可采用递增焊接电流或采用带预热电流的规范，对焊件进行预热，以提高塑变能力 ②采用软规范点焊。通电时间为焊接同厚度低碳钢的 3～4 倍。但软规范点焊存在着热影响区大、晶粒长大严重、焊接变形大、接头力学性能降低等缺点，因此，通常仅用于焊接质量要求一般的焊件 ③采用双脉冲范围点焊，可使熔核在凝固时受到补充加热，因而降低凝固速度，同时增加电极压力的压实效果
不锈钢	①奥氏体不锈钢点焊。奥氏体不锈钢电导率低，导热性差，淬硬倾向小且不带磁性，因此点焊焊接性良好。与低碳钢相比，一般采用小电流、短时间、普通工频交流点焊即可。但应注意，不锈钢的高温强度高，必须提高电极（推荐用 2 类或 3 类电极合金）压力。因不锈钢焊后变形大，故应注意焊接顺序，加强冷却，宜采用短时间加热规范 ②马氏体不锈钢。马氏体不锈钢由于有淬火倾向，点焊时要求采用较长的焊接时间。为消除淬硬组织，最好采用焊后回火的双脉冲点焊。点焊时一般不采用电极的外部水冷却，以免淬火而产生裂纹
高温合金钢	高温合金主要有镍基合金和铁基合金两类，电阻率和高温强度比不锈钢还大，所以可采用小电流、短时间、大电极压力。在点焊时要尽量避免重复过热，否则会产生裂纹，引起接头性能降低
铝合金	铝合金的电导率、热导率大，易产生氧化膜。点焊时，接头强度波动大，表面易过热并产生飞溅，塑性温度区窄，易于出现缺陷。对此，应采取以下措施予以解决 ①焊前应进行彻底的清理。接头区焊件表面清理宽度为 30～50mm，一般采用化学清理效果较好，清理后施焊时不能超过 3 天 ②点焊时，应选用短时、大电流的硬规范，但应采用较低的电极压力 ③必须精确控制点焊各阶段的时间和采用阶梯形或鞍形压力 ④应选用电导率和热导率均高的电极，电极头工作端面应经常清理，以加强电极对焊点的冷却作用
钛及钛合金	钛虽然容易与氧、氮、氢等气体相互作用，但在点焊时熔核金属不直接和气体接触，所以不必采取特殊保护措施。钛及钛合金的热物理性能与奥氏体不锈钢相似，其点焊焊接性良好，点焊焊接参数与奥氏体不锈钢相似
铜及铜合金	目前纯铜点焊很困难，其原因是纯铜的电导率及热导率相当高。铜合金焊接性取决于导电性，导电性越好，点焊则越困难。如铜镍合金和硅青铜则很容易点焊，H62 黄铜则较难点焊
镀锌钢板	镀锌钢板的熔点低（约为 419℃），在焊接过程中，锌层首先熔化，在电极与焊件接触面上流布，使接触面积增大。电极与焊件接触面上的锌层熔化后，与电极工作黏结，锌向电极中扩散，使铜电极合金化、导电、导热性能变坏。连续点焊时，电极头将迅速过热而变形，焊点强度逐渐降低，直至产生未焊透。点焊镀锌钢板与低碳钢相比，点焊规范有下列主要特点 ①焊接电流大，适用电流范围窄 ②焊接时间不宜过长，否则焊件与电极接触面上温度升高，破坏镀层，降低电极使用寿命和生产率 ③采用略高的电极压力，以便将熔化的锌层挤到焊区周围。同时降低残留在熔核内部的含锌量，减少发生裂纹的可能性 电极材料为 A 组 2 类，电极锥角为 100°～140°，电极头直径为较薄焊件厚度的 4～5 倍，冷却水流量为 10～12L/min。点焊过程中，在电极的端面或周围容易堆积一层锌，应根据情况进行清理或更换电极
镀铝钢板	镀铝钢板分为两类：第一类以耐热为主，表面镀有一层厚 20～25μm 的 Al-Si 合金（含 Si 6%～8.5%），可耐 640℃高温；第二类以耐腐蚀为主，为纯铝镀层，镀层厚为第一类的 1～3 倍。点焊这两类镀铝钢板时都可以获得强度良好的焊点 电极材料为 A 组 2 类，电极端面为球面电极，电极头球半径为 25mm（适合厚度≤0.6mm 的焊件）或 50mm（适合厚度＞0.6mm 的焊件）。电极用到一定程度时，需要采用 160 目或 240 目氧化铝砂布进行修正 由于镀层的导电、导热性好，因此需要较大的焊接电流。对于第二类镀铝钢板，由于镀层厚，应采用较大的电流和较低的电极压力

（六）点焊常见影响质量的因素及控制措施

1. 焊点质量

焊点质量（接头质量）直接影响焊件的强度和使用性能。焊点质量必须符合表 8-13 的要求。

表 8-13　焊点质量的影响因素

项　目		说　　明
焊点接头尺寸	熔核直径	低倍磨片上的熔核尺寸如右图所示。 熔核直径 d 与电极工作表面直径有关,只要采用合适的电极直径和正确的焊接参数,就能获得符合要求的熔核直径。熔核直径 d 与电极头直径 $d_极$ 的关系为 $d=(0.9\sim1.4)d_极$。熔核直径 d 应满足下列关系 $$d=2\delta+3 \qquad (1)$$ 式中　d——熔核直径,mm 　　　δ——焊件厚度,mm 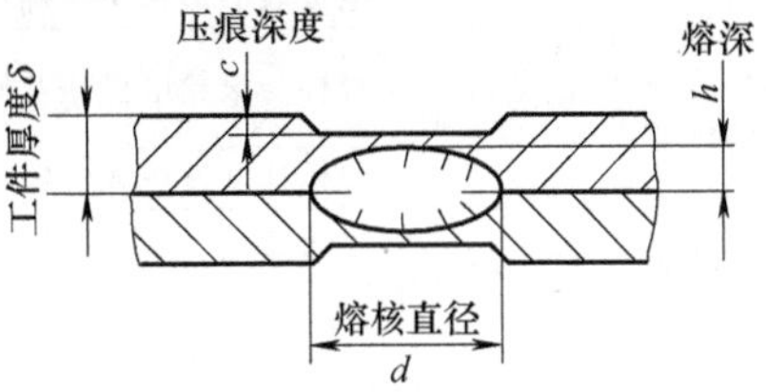
	焊透率	点焊、凸焊和缝焊时焊件的焊透程度,以熔深与板厚的百分比表示。焊透率的表达式为 $$n=h/(\delta-c)\times100\% \qquad (2)$$ 式中　n——焊透率,mm 　　　h——熔深,mm 　　　δ——焊件厚度,mm 　　　c——压痕深度,mm 两板上的焊透率应分别计算,一般焊透率应为 $20\%\sim80\%$,但镁合金的最大焊透率只能为 60%,而钛合金可达到 90%。焊接不同厚度焊件时,每一焊件上的最小焊透率可为薄件厚度的 20%
	压痕深度	在电极压力的作用下,焊件表面会形成凹陷。压痕深度指的是焊件表面至压痕底部的距离。其表达式 $h=(0.1\sim0.15)\delta$,式中,δ 为焊件厚度,单位为 mm。当两焊件厚度比 $>2:1$ 或在难以接近的部位施焊,以及在焊件一侧采用平头电极时,压痕深度可增大至 $(0.2\sim0.25)\delta$
焊点接头强度		通常以正拔强度和剪切强度之比作为判断接头延性的指标,比值增大,则接头的延性越好。国家相关标准规定了接头剪切拉伸疲劳试验方法。对于多个焊点形成的接头强度,还取决于焊点距、边距、搭接宽度和焊点分布

2. 点焊和缝焊常见缺陷及排除方法

点焊和缝焊常见缺陷及排除方法见表 8-14。

表 8-14　点焊和缝焊常见缺陷及排除方法

质量问题	产生的可能原因	排除方法	简图
熔核、焊缝尺寸缺陷			
未焊透或熔核尺寸小	焊接电流小,通电时间短,电极压过大	整焊接参数	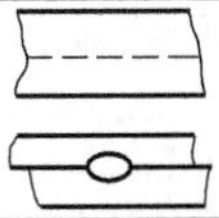
	电极接触面积过大	修整电极	
	表面清理不良	清理表面	
焊透率过大	焊接电流过大,通电时间过长,电极压力不足,缝焊速度过快	调整焊接参数	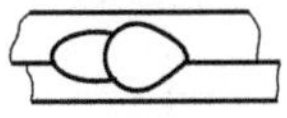
	电极冷却条件差	加强冷却,改换导热好的电极材料	
重叠量不够(缝焊)	焊接电流小,脉冲持续时间短,间隔时间长	调整焊接参数	
	焊点间距不当,缝焊速度过快		
外部缺陷			
焊点压痕过深及表面过热	电极接触面积过小	修整电极	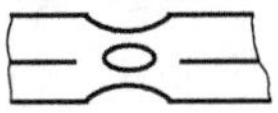
	焊接电流过大,通电时间过长,电极压力不足	调整焊接参数	
	电极冷却条件差	加强冷却	
表面局部烧穿、溢出、表面飞溅	电极修整得太尖锐	修整电极	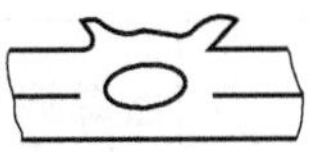
	电极或焊件表面有异物	清理表面	
	电极压力不足或电极与焊件虚接触	提高电极压力,调整行程	
	缝焊速度过快,滚轮电极过热	调整焊接速度,加强冷却	

质量问题	产生的可能原因	排除方法	简图
表面压痕形状及波纹度不均匀（缝焊）	电极表面形状不正确或磨损不均匀	修整滚轮电极	
	焊件与滚轮电极相互倾斜	检查机头刚度，调整滚轮电极倾角	
	焊接速度过快或焊接参数不稳定	调整焊接速度，检查控制装置	
焊点表面径向裂纹	电极压力不足，顶锻力不足或加得不及时	调整焊接参数	
	电极冷却作用差	加强冷却	
焊点表面环形裂纹	焊接时间过长	调整焊接参数	
焊点表面粘损	电极材料选择不当	调换合适电极材料	
	电极端面倾斜	修整电极	
焊点表面发黑，包覆层破坏	电极、焊件表面清理不良	清理表面	
	焊接电流过大，焊接时间过长，电极压力不足	调整焊接参数	
接头边缘压溃或开裂	边距过小	改进接头设计	
	大量飞溅	调整焊接参数	
	电极未对中	调整电极同轴度	
焊点脱开	焊件刚度大且装配不良	调整板件间隙，注意装配，调整焊接参数	
内部缺陷			
裂纹缩松、缩孔	焊接时间过长，电极压力不足，顶锻力加得不及时	调整焊接参数	
	熔核及近缝区淬硬	选用合适的焊接循环	
	大量飞溅	清理表面，增大电极压力	
	缝焊速度过快	调整焊接速度	
核心偏移	热场分布对贴合面不对称	调整热平衡（不等电极端面，不同电极材料，改为凸焊等）	
结合线伸入	表面氧化膜清除不净	高熔点氧化膜应严格清除，并防止焊前的再氧化	
板缝间有金属溢出（内部飞溅）	焊接电流过大、电极压力不足	调整焊接参数	
	板间有异物或贴合不紧密	清理表面、提高压力或用调幅电流波形	
	边距过小	改进接头设计	
脆性接头	熔核及近缝区淬硬	采用合适的焊接循环	
熔核成分宏观偏析（旋流）	焊接时间短	调整焊接参数	
环形层状花纹（洋葱环）	焊接时间过长		
气孔	表面有异物（镀层、锈等）	清理表面	
胡须	耐热合金焊接参数过小	调整焊接参数	

3. 点焊焊接结构的缺陷及改进措施

点焊焊接结构的缺陷及改进措施见表 8-15。

表 8-15	点焊焊接结构的缺陷及改进措施

缺陷种类	产生的可能原因	改进措施
接头过分翘曲	①装配不良或定位焊距离过大 ②参数过小、冷却不良 ③焊序不正确	①精心装配，增加定位焊点数量 ②调整焊接参数 ③采用合理焊序
搭接边错移	①没定位点焊或定位点焊不牢 ②定位焊点间距过大 ③夹具不能保证夹紧焊件	①调整定位点焊接参数 ②增加定位焊点 ③更换夹具
焊点间板件起 皱或鼓起	①装配不良、板间间隙过大 ②焊序不正确 ③机臂刚度差	①精心装配、调整 ②采用合理焊序 ③增强刚度

三、缝焊

(一) 缝焊特点、应用范围及基本形式

工件装配搭接或对接接头并置于两滚轮之间，滚轮加压工件并转动，连续或断续送电，使之形成一条连续焊缝的电阻焊方法称为缝焊，如图 8-13 所示。

1. 特点

缝焊实质上是一连续进行的点焊。缝焊时接触区的电阻、加热过程、冶金过程和焊点的形成过程都与点焊相似。缝焊与点焊相比有如下特点。

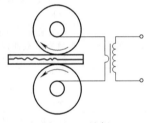

图 8-13　缝焊

① 焊件不是处在静止的电极压力下，而是处在滚轮旋转的情况下，因此会降低加压效果。

② 焊件的接触电阻比点焊小，而焊件与滚轮之间的接触电阻比点焊时大。

③ 前一个焊点对后一个焊点的加热有一定的影响。这种影响主要反映在分流影响和热作用两个方面。缝焊时有一部分焊接电流流经已经焊好的焊点，削弱了对下一个正在焊接的焊点加热。另外，由于焊点靠得很近，上一个焊点焊接时会对下一个焊点有预热作用，有利于加热。

④ 滚轮连续滚动，在焊件各点的停止时间短，焊件表面散热条件较差。焊件表面易过热，容易与滚轮黏结而影响表面质量。

2. 应用范围

① 缝焊广泛用于油桶、罐头桶、暖气片、飞机和汽车油箱等密封容器的薄板焊接。

② 可焊接低碳钢、合金钢、镀层钢、不锈钢、耐热钢、铝及铝合金、铜及铜合金等金属。

3. 基本形式

缝焊按滚轮转动与馈电方式不同可分为连续缝焊、断续缝焊和步进缝焊 3 种形式，见表 8-16。

表 8-16	缝焊的基本形式

缝焊形式	说　明
连续缝焊	焊件在两个滚轮电极之间连续移动(即滚轮连续转动)，焊接电流连续通过滚轮易发热和磨损，焊核周围易过热，熔核附近也容易过热，焊缝易下凹，这种工艺方法一般很少采用，但在高速缝焊时(4～15m/min)，50Hz交流电的每半周将形成一个焊点，其近似于断续缝焊，可在制桶、罐时采用

续表

缝焊形式	说　明
断续缝焊	焊件连续移动时,焊接电流断续通过,在这种情况下,滚轮和工件在电流休止时间内得到冷却,减小热影响区的宽度和焊件的变形,从而获得较好的焊接质量。但是在熔核冷却时,滚轮以一定速度离开焊件,不能充分地挤压,致使某些金属出现缩孔甚至裂纹,防止这种缺陷的方法是加大焊点与焊点之间的搭接量(>50%),即降低缝焊速度,但最后一点的缩孔需采取在焊缝收尾部分逐点减小焊接电流的方法解决
步进缝焊	将焊件置于两滚轮电极之间,滚轮电极连续加压,间隙滚动,当滚轮停止滚动时通电,滚动时断电,这种交替进行的缝焊方法称为步进缝焊。由于焊件断续移动(即滚轮间歇式滚动),电流在焊件静止时通过。因此金属的熔化和熔核的结晶均处于滚轮不动时进行,从而改善了散热及锻压条件,提高了焊接质量和滚轮的使用寿命。步进缝焊广泛应用于铝、镁合金和焊件厚度>4mm的其他金属

(二) 缝焊机的正确使用方法

缝焊机的正确使用方法见表 8-17。

表 8-17　　缝焊机的正确使用方法

操作	说　明
焊机的安装	以 FNI-150-1 型缝焊机为例 ①安装缝焊机和控制箱时,不必用专门的地基。缝焊机为三相电源时应接保护短路器,并与控制箱相连。将 0.5MPa 的压缩空气源和焊机进气阀门相连,压力变化为 0.05MPa,同时进行密封性检查 ②将水源接在焊机和控制箱的冷却系统,并检查密封状况,同时接好排水系统。缝焊机和控制箱应可靠接地
焊机的检查	①安装好后应进行外部检查,特别是二次回路的接触部分。对于横向焊接的缝焊机,在拧紧电极的减振弹簧时,使距焊轮较远的弹簧较紧,中间的次之,距焊轮较近的弹簧则较松 ②检查主动焊轮转动的方向,对于横向缝焊机一般从右到左
焊机的调整	①调整电极的支撑装置,保持正确的位置,使导电轴不承受焊轮的压力 ②为了使上下焊轮的边缘相互吻合,在横向缝焊机上,沿下导电轴的螺纹移动接触套筒,且用锁紧螺母固紧
焊接压力的调节	焊接压力由气缸上气室中压缩空气的压力决定,压缩空气用减压阀调节。当需要减小储气室内压缩空气压力时,要放松减压阀上的调节螺钉,旋开通过储气筒上的旋塞,把部分压缩空气从储气室放出,然后再提高压力到所需值。上电极部分的起落可用支臂上的前部开关纵控,但必须先踏下脚踏开关的踏板一次。在调节时,为了防止误接通焊接电流,应取下调节级数开关上的任一把闸刀
焊接速度的调节	用一定长度的板条通过焊轮的时间来计算焊接速度,但要考虑到焊接速度由主动焊轮的直径来决定,并且随着焊轮的磨损,焊接速度也相应减小 在电动机工作时,旋转手轮,即可调节焊接速度。顺时针旋转时,焊接速度增加,逆时针方向旋转时,焊接速度减小
焊接规范的调节	焊接电流的调节可通过改变焊接变压器级数和控制箱上的"热量调节"来进行。而焊接时间包括脉冲和停息周数,可用控制箱上相应的手柄调节。焊接时规范调节的原则是焊接变压器级数开始时应选得低一些,控制箱上"热量控制"手柄放在 1/4 刻度的地方,并使"脉冲"和"停息"时间各为 3 周,焊接压力偏高一些,然后再改变焊接电流和焊接压力,相互配合选择最佳规范
焊接启动和停止	①接上电源,将控制箱门上的开关放在"通"的位置,红色信号灯亮,绿色信号灯亮,冷却水接通正常。同时将"热量控制""脉冲"等手柄置于适当位置 ②加油润滑所有运动部分,选择好焊接变压器的级数,将压缩空气输入气路系统,并用减压阀确定电极压力 ③将焊件或试样放到下焊轮上,踩下脚踏开关的踏板使焊件压紧,将开关拨到焊接电流"通"的位置,第二次踩下踏板,焊接开始 ④当焊件焊好后,第三次踩下踏板,切断电流,使电极向上,并停止电极的转动
工作间断	如果短暂停歇,应把焊机控制电路转换开关放在"断"的位置,并把控制箱的控制开关放在"断"的位置。切断焊机开关,关闭压缩空气,关闭冷却水
停止工作	如焊机长期停用,必须将零件工作表面涂上油脂,并粘上纸,还应擦干净涂漆面

(三) 缝焊的操作工艺

1. 焊前准备

① 焊前清理　焊前应对接头两侧宽约 20mm 处进行清理。

② 焊件装配　采用定位销或夹具进行装配。

2. 定位焊点焊的定位

定位焊点焊或在缝焊机上采用脉冲方式进行定位，焊点间距为 75～150mm，定位焊点的数量应能保证焊件固定。定位焊的焊点直径应不大于焊缝的宽度，压痕深度小于焊件厚度的 10%。

3. 定位焊后的间隙

① 低碳钢和低合金结构钢　当焊件厚度<0.8mm 时，间隙<0.3mm；当焊件厚度>0.8mm 时，间隙<0.5mm。重要结构的环形焊缝<0.1mm。

② 不锈钢　当焊缝厚度<0.8mm 时，间隙<0.5mm，重要结构的环形焊缝<0.1mm。

③ 铝及合金　间隙小于较薄焊件厚度的 10%。

4. 缝焊的分类及选择各种缝焊方法

缝焊的分类及选择各种缝焊方法见表 8-18。

表 8-18　缝焊的分类及选择各种缝焊方法

缝焊类型	图　示	缝焊方法
搭接缝焊	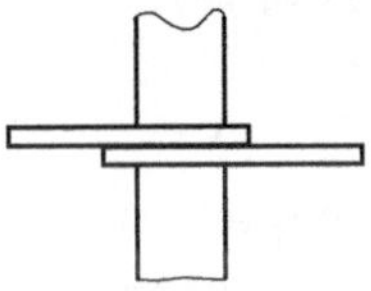	搭接缝焊可用一对滚轮或用一个滚轮和一根芯轴电极进行缝焊。接头的最小搭接量与点焊相同。搭接缝焊又可分为双面缝焊、单面单缝缝焊、单面双缝缝焊以及小直径圆周缝焊等
压平缝焊	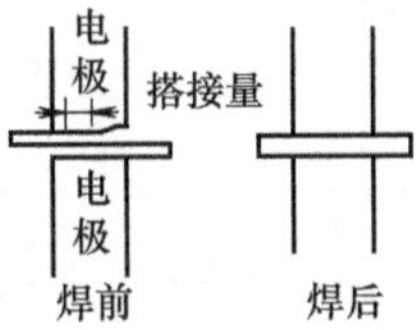	压平缝焊指两焊件少量地搭接在一起，焊接时将接头压平，压平缝焊时的搭接量一般为焊件厚度的 1～1.5 倍。焊接时可采用圆锥形面的滚轮，其宽度应能覆盖接头的搭接部分。另外，要使用较大焊接压力和连续电流。压平缝焊常用于食品容器和冷冻机衬套等产品的焊接
铜线电极缝焊	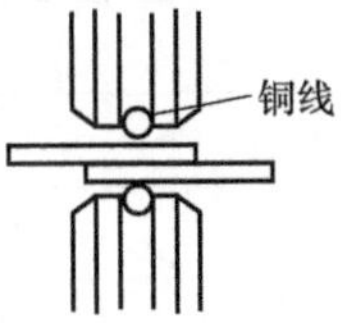	铜线电极缝焊是解决镀层钢板缝焊镀层黏着滚轮的有效方法。焊接时，将圆铜线不断地送到滚轮和焊件之间，再连续地盘绕在另一个绕线盘上，使镀层仅黏附在铜线上，不会污染滚轮。由于这种方法焊接成本不高，主要应用于制造食品罐头。如果先将铜线轧成扁平线再送入焊区，搭接接头和压平缝焊一样
垫箔对接缝焊	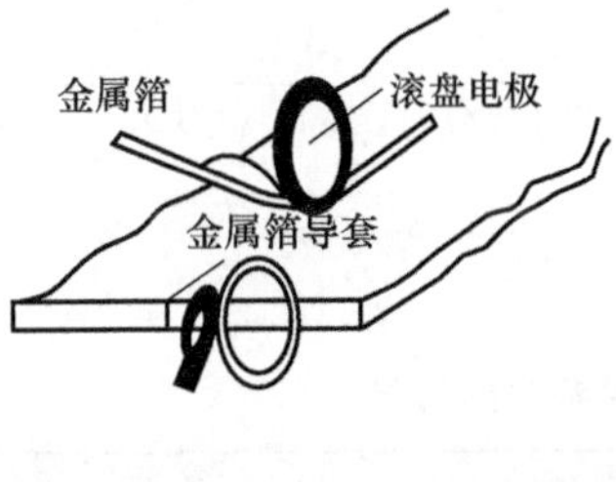	这是解决厚板缝焊的有效方法。当板厚>3mm 时，若采用常规的搭接缝焊，就必须采用较大的电流和电极压力以及较慢的焊接速度，因而造成焊件表面过热及电极黏附。如采用垫箔对接缝焊，则可解决上述问题。采用垫箔缝焊这种工艺方法时，先将焊件边缘对接，在接头通过滚轮时，不断将两条箔带垫于滚轮与板件之间。由于箔带增加了焊接区的电阻，使散热困难，因而有利于熔核的形成。使用的箔带尺寸宽为 4～6mm，厚为 0.2～0.3mm。这种方法的优点是不易产生飞溅，减小电极压力，焊接后变形小，外观良好等。缺点是装配精度高，焊接时将箔带准确地垫于滚轮和焊件之间也有一定的难度

5. 接头形式与尺寸

缝焊的接头形式如图 8-14 所示，最常用的缝焊接头形式是卷边接头和搭接接头。卷边宽度不宜过小，板厚为 12mm 时，卷边≥12mm；板厚为 1.5mm 时，卷边≥16mm；板厚为 2mm 时，卷边≥18mm。搭接接头的应用最广，搭边长度为 12～18mm。常用缝焊接头推荐尺寸见表 8-19。

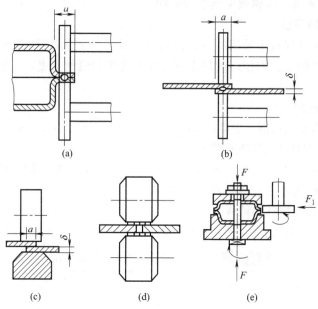

图 8-14　缝焊的接头形式

表 8-19　常用缝焊接头推荐尺寸　　　　　　　　　　　　mm

简　图	薄件厚度 δ	焊缝宽度 c	最小搭边宽度 b	
			轻合金	钢、钛合金
	0.3	2.0^{+1}	8	6
	0.5	2.5^{+1}	10	8
	0.8	3.0^{+1}	10	10
	1.0	3.5^{+1}	12	12
	1.2	4.5^{+1}	14	13
	1.5	5.5^{+1}	16	14
	2.0	$6.5^{+1.5}$	18	16
	2.5	$7.5^{+1.5}$	20	18
	3.0	$8.0^{+1.5}$	24	20

注：搭边尺寸不包括弯边圆角半径；缝焊双排焊缝和连接 3 个以上零件时，搭边应增加 25%～35%。

6. 缝焊焊接参数的选择

缝焊焊接参数的选择见表 8-20。

表 8-20　缝焊焊接参数的选择

焊接参数	选 择 方 法
焊点间距	焊点间距通常为 1.5～4.5mm，随着焊件厚度的增加而增大，对于不要求气密性的焊缝，焊点间距可适当增大
焊接电流	焊接电流的大小，决定了熔核的焊透率和重叠量，焊接电流随着板厚的增加而增加，在缝焊 0.4～3.2mm 钢板时，适用的焊接电流为 8.5～28kA。焊接电流还要与电极压力相匹配。在焊接低碳钢时，熔核的平均焊透率控制在钢板厚度的 45%～50%，有气密性要求的焊接重叠量为 15%～20%，以获得气密性较好的焊缝。缝焊时，由于熔核互相重叠而引起较大的分流，因此焊接电流比点焊的电流提高 15%～30%，但过大的电流，会导致压痕过深和烧穿等缺陷

焊接参数	选　择　方　法
电极压力	电极压力对熔核尺寸和接头质量的影响与点焊相同。在各种材料缝焊时,电极压力至少要达到规定的最小值,否则接头的强度会明显下降。电极压力过低,会使熔核产生缩孔,引起飞溅,并因接触电阻过大而加剧滚轮的烧损;电极压力过高,会导致压痕过深,同时会加速滚轮变形和损耗。所以要根据板厚和选定的焊接电流,确定合适的电极压力
焊接通电时间和休止时间	缝焊时,熔核的尺寸主要决定于焊接时间,焊点的重叠量可由休止时间来控制。因此,焊接通电时间和休止时间应有一个适当的匹配比例。在较低的焊接速度下,焊接通电时间和休止时间的最佳比例为$(1.25\sim2):1$。以较高速度焊接时,焊接时间与休止时间之比应在$3:1$以上
焊接速度	焊接速度决定了滚轮与焊件的接触面积和接触时间,也直接影响接头的加热和散热 　当焊接速度增加时,为了获得较高的焊接质量,必须增加焊接电流,如焊接速度过快,则会引起表面烧损、电极黏附,从而影响焊缝质量 　通常焊接速度根据被焊金属种类、厚度和对接头强度的要求来选择。在焊接不锈钢、高温合金钢和非铁金属时,为获得致密性高的焊缝,避免飞溅,应采用较低的焊接速度;当对接头质量要求较高时,应采用步进缝焊,使熔核形成的全过程在滚轮停转的情况下完成。缝焊机焊接速度的调节范围为$0.5\sim3m/min$ 　缝焊焊接参数的选择与点焊类似,通常是按焊件板厚、被焊金属的材质、质量要求和设备能力来选取。通常可参考已有的推荐数据初步确定,再通过工艺试验加以修正 　滚轮尺寸的选择与点焊电极尺寸的选择一致。为减小搭边尺寸,减轻结构重量,提高热效率,减少焊机功率,近年来多采用接触面积宽度为$3\sim5mm$的窄边滚轮

7. 焊接周期

断续焊接时,一个焊接周期的总时间用下式确定

$$T=t_{焊}+t_{歇} \tag{8-1}$$

式中　$t_{焊}$——焊接电流脉冲的时间,s;

　　　$t_{歇}$——间歇时间,s。

也可根据下式的关系推算焊接周期的总时间

$$a=vt$$

$$t=\frac{a}{v} \tag{8-2}$$

式中　a——所给定的焊点间距,mm;

　　　v——焊接速度,mm/s。

若将v换成常用单位m/min,则$t=0.06a/v$。

8. 常用金属材料焊接操作要点

常用金属材料焊接操作要点见表8-21。

表 8-21　**常用金属材料焊接操作要点**

要点	说　　明
低碳钢缝焊操作要点	低碳钢的缝焊性最好。对于没有油和锈的冷轧钢,焊前可以不进行特殊清理,而热轧低碳钢则应在焊前进行喷丸或酸洗。对于较长的纵缝,由于在缝焊过程中会引起焊接电流的变化,从而影响到缝焊质量。因此,应注意从中间向两端焊;把长缝分成几段,用不同的焊接参数;采用次级整流式焊机;采用具有恒流控制功能的控制箱
淬火合金钢缝焊操作要点	可淬硬合金钢缝焊时,为消除淬火组织,也需要采用焊后回火的双脉冲加热方式。在焊接和回火时,工件应停止移动,且在步进焊机上进行。如果缺少这种设备,只能在断续缝焊机上进行时,建议采用焊接时间较长的软规范进行焊接
镀锌钢板缝焊操作要点	焊镀锌钢板时,当温度超过锌的沸点(906℃),由于锌的蒸发会向热影响区扩散而引起接头脆性的增加,甚至会产生裂纹,而且焊件表面的熔化锌层与铜滚轮形成铜锌合金,既增大了滚轮表面电阻,造成散热差,又会粘连在滚轮上。所以缝焊镀锌钢板时应采用小电流、低速焊和强烈的外部水冷却,以及采用压花钢滚轮等。对于第二类镀铝钢板,也和点焊一样,必须将电流增大$15\%\sim20\%$,同时还必须经常修整滚轮

续表

要点	说　明
高温合金缝焊操作要点	高温合金缝焊时,由于电阻率高和缝焊的重复加热,更容易产生结晶偏析和过热组织,甚至使工件表面挤出毛刺。应采用很慢的焊接速度、较长的休止时间以利于散热
不锈钢缝焊操作要点	由于不锈钢的电导率和热导率低,高温强度高,线胀系数大,所以缝焊时应采用小的焊接电流、短的焊接通电时间、大的电极压力和中等的焊接速度,同时应注意防止变形。不锈钢的缝焊困难较小,通常可以在交流缝焊机上进行
非铁金属缝焊参数	①铝及其合金的缝焊。由于铝及其合金的电阻率小,热导率大,分流严重,焊件表面容易过热,滚轮粘连严重,容易造成裂纹、缩孔等缺陷。缝焊铝及其合金时,焊接电流要比点焊增加5％～10％,电极压力提高5％～10％,且降低焊接速度。宜采用交流及三相供电的直流脉冲或次级整流步进缝焊机和球形端面滚轮,且必须用外部水冷 ②钛及其合金的缝焊。钛及其合金缝焊时没有太大困难。焊接规范与不锈钢大致相同,但电极压力要低一些 ③铜及其合金的缝焊。铜及其合金由于电导率和热导率高,几乎不能采用缝焊。对于电导率低的铜合金,如磷青铜、硅青铜和铝青铜等可以缝焊,但需要采用比低碳钢高的电流和较低的电极压力

四、凸焊

(一) 凸焊特点及应用范围

凸焊是在一个工件的贴合面上,预先加工出一个或多个凸起点,使其与另一个工件表面相接触加压并通电加热,然后压塌,使这些接触点形成焊点的电阻焊方法。

1. 凸焊的特点

一般情况下,凸焊可以代替点焊将小零件相互焊接或将小零件焊到大零件上。凸焊的主要优点如下。

① 在一个焊接循环内,可同时焊接多个焊点,不仅生产率高,而且可在窄小的部位上布置焊点而不受点距的限制。

② 由于电流密集于凸点,电流密度大,能获得可靠成形较小的熔核。

③ 凸焊焊点的位置比点焊焊点更为准确,尺寸一致,而且由于凸点大小均匀,凸焊焊点质量更为稳定。因此,凸焊焊点的尺寸可以比点焊焊点小。

④ 由于在规定凸点的尺寸和位置方面有很大灵活性,所以至少焊接6∶1厚度比的工件是可能的。凸点通常设在较厚的零件上。

⑤ 由于可以将凸点设置于一个零件上,所以可以最大限度地减轻另一个零件外露表面的压痕。工件表面上的任何轻微变形,可用砂纸打磨,并与母材找平。

⑥ 凸焊采用平面大电极,其磨损程度比点焊电极小得多,因而降低了电极保养费用。在某些情况下,焊接小零件时,可把夹具或定位件与焊接模块或电极结合起来。

⑦ 对油、锈、氧化皮以及涂层等的敏感性比点焊小,因为在焊接循环开始阶段,凸点的尖端可将这些外部物质压碎。工件表面干净时,焊缝的质量将会更高。

常用凸焊方法及特点见表8-22。

表 8-22　常用凸焊方法及特点

凸焊类型	特　点	应　用
单点凸焊	凸点设计成球面形、圆锥形和方形,并预先压制在薄件或厚件上	应用最广,一般在凸焊机上进行,单点凸焊也可在点焊机上进行
多点凸焊		
环焊	在一个工件上预制出凸环或利用工件原有的型面、倒角构成的锐边,焊后形成一条环形焊缝	最好用次级整流焊机焊接,环缝直径＜25mm时可用交流焊机

续表

凸焊类型	特 点	应 用
T形焊	在杆形件上预制出单个或多个球面形、圆锥形、弧面形及齿形等凸点,一次加压通电焊接	可用点焊机或凸焊机焊接
线材交叉焊	利用线材($\phi<10mm$)凸起部分相接触进行焊接	主要用于钢筋网焊接,可采用通用点焊机或专用钢筋多点焊机

2. 凸焊的应用范围

凸焊主要应用于焊接低碳钢和低合金钢的冲压焊。除板材的凸焊外,还有螺母、螺钉、销子、托架和的手柄等零件的凸焊,线材的交叉焊,管子的凸焊等。

(二)凸焊参数的选择

1. 焊接电流

凸焊每一焊点所需电流比点焊同样的一个焊点时小,在采用合适的电极压力下不至于挤出过多金属产生最大电流。在凸点完全压溃之前,电流必须能使凸点熔化。焊件的材质及厚度是选择焊接电流的主要依据。多点凸焊时,总的焊接电流为凸点所需电流总和。

2. 电极压力

电极压力应满足凸点达到焊接温度时全部压溃,并使两焊件紧密贴合。电极压力过大,会过早地压溃凸点,失去凸焊的作用,同时因电流密度减小而降低接头强度;压力过小,又会造成严重的喷溅。电极压力的大小,同时影响吸热和散热。电极压力的大小应根据焊件的材质和厚度来确定。

3. 焊接通电时间

凸焊的焊接通电时间比点焊长,如果缩短通电时间,就应增大焊接电流,过大的焊接电流会使金属过热并引起喷溅。对于给定的工件材料和厚度,焊接通电时间应根据焊接电流和凸点的刚度来确定。

4. 凸点所冲的焊件

焊接同种金属时,凸点应冲在较厚的焊件上,焊接异种金属时,凸点应冲在电导率较高的焊件上。尽量做到两焊件间的热平衡。

5. 常用金属材料焊接参数

低碳钢、镀层钢、不锈钢均可采用凸焊,其中低碳钢凸焊应用最广泛。厚度<0.25mm的薄钢板采用点焊比凸焊容易。

① 低碳钢单点凸焊焊接参数见表 8-23。

表 8-23 低碳钢单点凸焊焊接参数

焊件厚度/mm	焊接电流/A	焊接通电时间/s	电极压力/N	电极头直径/mm
0.5	5500~6500	0.14~0.18	1300~1400	4
1.0	6500~7500	0.28~0.32	1750~1800	6
1.5	8500~9500	0.36~0.40	2800~2900	7
2.0	12500~13000	0.48~0.52	5400~5600	10
2.5	14500~15000	0.48~0.52	6800~7100	12
3.0	16000~16500	0.48~0.52	7500~7800	14
4.0	16000~16500	0.98~1.04	9200~9600	16
5.0	18500~19000	1.58~1.64	12500~13000	16
6.0	23000~23500	2.38~2.42	16200~16800	18

② 低碳钢圆球和圆锥形凸焊焊接参数见表 8-24。

表 8-24　低碳钢圆球和圆锥形凸焊焊接参数

板厚/mm	电极接触面最小直径/mm	电极压力/kN	焊接通电时间/周	维持时间/周	焊接电流/kA
0.36	3.18	0.80	6	13	5
0.53	3.97	1.36	8	13	6
0.79	4.76	1.82	13	13	7
1.12	6.35	1.82	17	13	7
1.57	7.94	3.18	21	13	9.5
1.98	9.53	5.45	25	25	13
2.39	11.1	5.45	25	25	14.5
2.77	12.7	7.73	25	38	16
3.18	14.3	7.73	25	38	17

③ 低碳钢螺母凸焊焊接参数见表 8-25。

表 8-25　低碳钢螺母凸焊焊接参数

焊接的螺纹直径/mm	平板厚度/mm	级别 A		
		电极压力/kN	焊接通电时间/周	焊接电流/kA
4	1.2	3.0	3	10
4	2.3	3.2	3	11
8	2.3	4.0	3	15
8	4.0	4.3	3	16
12	1.2	4.8	3	18
12	4.0	5.2	3	20

螺母的螺纹直径/mm	级别 B			接头剪切强度/N·m
	电极压力/kN	焊接时间/周	焊接电流/kA	
4	2.4	6	8	—
4	2.6	6	9	—
8	2.9	6	10	80.2
8	3.2	6	12	80.2
12	4.0	6	15	210
12	4.2	6	17	210

④ 低碳钢丝交叉接头凸焊焊接参数见表 8-26。

表 8-26　低碳钢丝交叉接头凸焊焊接参数

低碳钢丝	钢丝直径/mm	焊接通电时间/周	15%压下量时的参数			30%压下量时的参数		
			电极压力/N	焊接电流/kA	焊点拉切力/N	电极压力/N	焊接电流/kA	焊点拉切力/N
冷拔丝	1.6	4	445	0.6	2000	670	0.8	2224
	3.2	8	556	1.8	4300	1160	2.7	5000
	4.8	14	1600	3.3	8900	2670	5.0	10700
	6.4	19	2600	4.5	16500	3780	6.7	18700
	7.9	25	3670	6.2	22700	6450	9.3	27100
	9.5	33	4890	7.4	29800	9170	11.3	37000
	11.1	42	6300	9.3	42700	12900	13.8	50200
	12.7	50	7600	10.3	54300	15100	15.8	60500
热拔丝	1.6	4	445	0.8	1600	670	0.8	1780
	3.2	8	556	2.8	3300	1160	2.8	3800
	4.8	14	1600	5.1	6700	2670	5.1	7500
	6.4	19	2600	7.1	12500	3780	7.1	13400
	7.9	25	3670	9.6	20500	6450	9.6	22300
	9.5	33	4890	11.8	27600	9170	11.8	30300
	11.1	42	6300	14.8	39100	12900	14.8	42700
	12.7	50	7600	16.5	51200	15100	16.5	55170

注：压下量是电阻焊中一根钢丝压入另一根钢丝的量。

⑤ 镀锌钢板凸焊焊接参数见表 8-27。

表 8-27　镀锌钢板凸焊焊接参数

凸点所在板厚/mm	平均板厚/mm	凸点尺寸/mm		电极压力/kN	焊接通电时间/周	焊接电流/kA	剪切强度/N	熔核直径/mm
		直径 d	高度 h					
0.7	0.4	4.0	1.2	0.5	7	3.2	—	—
	1.6	4.0		0.7	7	4.2	—	—
1.2	0.8	4.0		0.35	10	2.0	—	—
	1.2	4.0		0.6	6	7.2	—	—
1.0	1.0	4.2	1.4	1.15	15	10.0	4.2	3.8
1.6	1.6	5.0		1.8	20	11.5	9.3	6.2
1.8	1.8	6.0		2.5	25	16.0	14	6.2
2.3	2.3	6.0		3.5	30	16.0	19	7.5
2.7	2.7	6.0		4.3	33	22.0	22	7.5

⑥ 不锈钢单点凸焊焊接参数见表 8-28。

表 8-28　不锈钢单点凸焊焊接参数

焊件厚度/mm	焊接电流/A	焊接通电时间/s	电极压力/N	电极头直径/mm
0.5	3800~4200	0.14~0.18	1800~2200	4
0.8	5600~6000	0.22~0.26	3000~3400	4
1.0	6400~6800	0.24~0.28	3800~4200	5
1.5	8800~9200	0.34~0.38	5800~6200	6
2.0	10800~11200	0.40~0.44	7800~8200	8
2.5	12200~12600	0.44~0.48	9800~10200	10
3.0	13800~14200	0.46~0.50	11800~12200	10

(三) 凸焊焊接工艺

1. 凸点接头的形成过程

凸点接头的形成过程与点焊、缝焊类似，可分为预压、通电加热和冷却结晶 3 个阶段。

① 预压阶段　在电极压力作用下，凸点与下板贴合面增大，使焊接区的导电通路面积稳定，破坏了贴合面上的氧化膜，形成良好的物理接触。

② 通电加热阶段　该阶段由压溃过程和成核过程组成。凸点压溃、两板贴合后形成较大的加热区，随着加热的进行，由个别接触点的熔化逐步扩大，形成足够尺寸的熔化核心和塑性区。

③ 冷却结晶阶段　切断焊接电流后，熔核在压力作用下开始结晶，其过程与点焊熔核的结晶过程基本相同。

2. 凸点 (凸环) 的选择制备

凸焊接头形式如图 8-15 所示。凸点形状如图 8-16 所示。以半圆形及圆锥形凸点应用最广。凸点形状和尺寸见表 8-29。

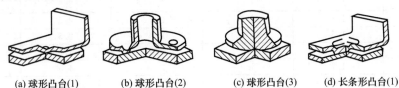

(a) 球形凸台(1)　　　(b) 球形凸台(2)　　　(c) 球形凸台(3)　　　(d) 长条形凸台(1)

图 8-15

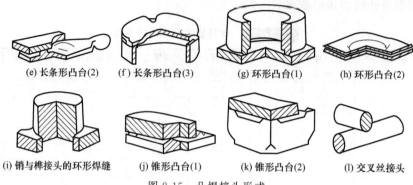

(e) 长条形凸台(2)　(f) 长条形凸台(3)　(g) 环形凸台(1)　(h) 环形凸台(2)

(i) 销与榫接头的环形焊缝　(j) 锥形凸台(1)　(k) 锥形凸台(2)　(l) 交叉丝接头

图 8-15　凸焊接头形式

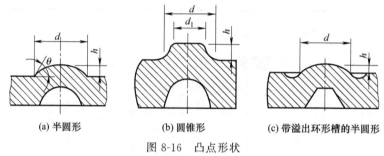

(a) 半圆形　　　　(b) 圆锥形　　　(c) 带溢出环形槽的半圆形

图 8-16　凸点形状

表 8-29　凸点形状和尺寸　　　　　　　　　　　　　　mm

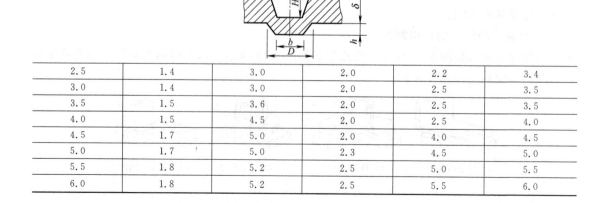

δ	h	D	b	H	d
0.6	0.6	2.6	—	0.6	—
1.0	1.0	3.0		0.9	
1.5	1.0	4.0		1.2	
2.0	1.2	4.5		1.6	
2.5	1.4	3.0	2.0	2.2	3.4
3.0	1.4	3.0	2.0	2.5	3.5
3.5	1.5	3.6	2.0	2.5	3.5
4.0	1.5	4.5	2.0	2.5	4.0
4.5	1.7	5.0	2.0	4.0	4.5
5.0	1.7	5.0	2.3	4.5	5.0
5.5	1.8	5.2	2.5	5.0	5.5
6.0	1.8	5.2	2.5	5.5	6.0

凸点（凸环）的选择和制备还应注意以下几点。

① 检查凸点的形状和尺寸及凸点有无异常现象。为保证各点的加热均匀性，凸点的高度差应不超过±0.1mm。各凸点间及凸点到焊件边缘的距离不小于2D。

② 不等厚件凸焊时，凸点应在厚板上，但厚度比超过1：3时，凸点应在薄板上。异种金属凸焊时，凸点应在导电性和导热性好的金属上。

③ 应按点焊要求进行焊件清理。

3. 电极设计

点焊用的圆形平头电极用于单点凸焊时，电极头直径应不小于凸点直径的两倍。大平头棒状电极适用于局部位置的多点凸焊。具有一组局部接触面的电极，将电极在接触部位加工出突起接触面，或将较硬的铜合金嵌块固定在电极的接触部位。

（四）凸点位移的原因及预防措施

1. 凸点位移的原因

一般凸点熔化时电极要相应跟随移动，若不能保证足够的电极压力，则凸点之间的收缩效应将引起凸点的位移，凸点位移使焊点强度降低。

2. 预防凸点位移的措施

① 凸点尺寸相对于板厚不应太小。为减小电流密度而使凸点过小，易造成凸点熔化而母材不熔化的现象，难以达到热平衡，甚至出现位移，因而，焊接电流不能低于某一限度。

② 多点凸焊时，凸点高度如不一致，最好先通预热电流使凸点变软。

③ 为达到良好的随动性，最好采用提高电极压力或减小加压系统可动部分量的措施。

④ 凸点的位移与电流的平方成正比，因此在能形成熔核的条件下，最好采用较低的电流值。

⑤ 尽可能增大凸点间距，但不宜大于板厚的10倍。

⑥ 要充分保证凸点尺寸、电极平行度和焊件厚度的精度是较困难的。因此，最好采用可转动电极（即随动电极）。

五、对焊

（一）对焊的特点及应用范围

对焊可分为电阻对焊和闪光对焊两种。将工件装配成对接接头，使其端面紧密接触，利用电阻加热至塑性状态，然后迅速施加顶锻力使之完成焊接的方法称为电阻对焊。对焊如图8-17所示。工件装配成对接接头，接通电源，并使其端面逐渐移近达到局部接触；利用电阻加热这些接触点（产生闪光），使端面金属熔化，直至端部在一定深度范围内达到预定温度时，迅速施加顶锻力完成焊接的方法称为闪光对焊。

电阻对焊过程是由预压、加热、顶锻、保持、休止等阶段组成。电阻对焊焊接循环原理如图8-18所示。

闪光对焊分为连续闪光对焊和预热闪光对焊两种，如图8-19所示。连续闪光对焊是由闪光和顶锻两个阶段组成的，如图8-19（a）所示。预热闪光对焊是在闪光前，通过预热电流将两焊件端面多次接触、分开，可以减小设备功率和闪光量，缩短闪光时间，焊接较大截面工件，预热闪

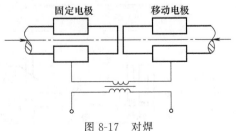

图 8-17　对焊

光对焊如图 8-19 (b) 所示。

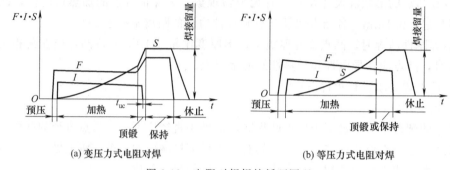

(a) 变压力式电阻对焊　　　　　　　　(b) 等压力式电阻对焊

图 8-18　电阻对焊焊接循环原理

(a) 连续闪光对焊　　　　　　　　(b) 预热闪光对焊

图 8-19　闪光对焊循环原理

I—电流；F—压力；S—位移；Δ—留量；t_f—烧化时间；t_p—预热时间；t_u—顶锻时间

对焊的特点及应用范围见表 8-30。

表 8-30　**对焊的特点及应用范围**

类别	原理图示	说　明
电阻对焊（工频交流）	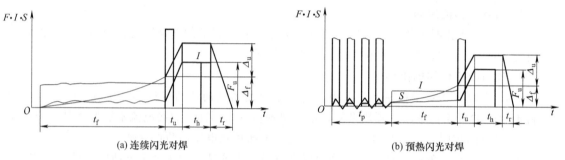	电阻对焊（工频交流）的特点是：焊件先接触并加压，后通电，到一定塑性状态时，顶锻完成焊接；焊接面需严格清理干净，焊后接头外形匀称，但接头质量较差，所需电功率很大。所需设备最简单，一般为小型；所有对焊机均可采用电阻对焊。应用范围在直径 20mm 以下的低碳钢棒料和管子，直径 8mm 以下的非铁金属
连续闪光对焊		连续闪光对焊的特点是：先通电，再使两焊件接触，首先在接触处形成"过梁"而加热熔化，呈火花射出（闪光），并不断接近，成连续闪光；加热足够时，迅速移近，进行带电顶锻完成焊接；接头质量较高，焊前不需要对焊件进行清理，所需电功率较大。所需设备为小型可手动；大型多采用液压和焊接参数的程序控制。应用在各种材料重要件上，如棒料、管子、板材、型材、钢筋、钢轨、钻杆、锚链、刀具、汽车轮缘等
预热闪光对焊		预热闪光对焊的特点是：先用闪光法或电阻法进行预热，再按连续闪光对焊法焊接，接头质量较高，加热区较大，金属烧化量较少，所需功率较小。所需设备为小型可手动；大型多采用液压和焊接参数的程序控制。应用在各种材料重要件上，如棒料、管子、板材、型材、钢筋、钢轨、钻杆、锚链、刀具、汽车轮缘等

类别	原理图示	说　明
储能对焊	—	储能对焊的特点是:对接焊件以瞬时(毫秒级)大电流产生电弧,接合面的熔化薄层在冲击能的作用下结合成焊缝;存在电磁储存能量、电容储存能量。应用于同种金属或异种金属;电工接触器或电子元器件触点;杠杆、丝与销、轴以及引线端与平面导体或端子的连接

(二) 对焊焊接参数的选择

1. 电阻对焊焊接参数的选择

① 伸出长度　焊件伸出夹具电极端面的长度称为伸出长度。如果伸出长度过长,则顶锻时工件会失稳旁弯;伸出长度过短,则由于夹钳口的散热增强,使工件冷却过于强烈,导致塑性变形困难。伸出长度应根据不同金属材质决定。如低碳钢为 $(0.5\sim1)D$,铝为 $(1\sim2)D$,铜为 $(1.5\sim2.5)D$ (其中,D 为焊件的直径)。

② 焊接电流密度和焊接通电时间　在电阻对焊时,工件的加热主要取决于焊接电流密度和焊接时间。两者可在一定范围内调配,可以采用大焊接电流密度和短焊接时间(硬规范),也可以采用小焊接电流密度和长焊接时间(软规范)。但是规范过硬时,容易产生未焊透缺陷;过软时,会使接口端面严重氧化,接头区晶粒粗大,影响接头强度。

③ 焊接压力和顶锻压力　它们对接头处的发热和塑性变形都有影响。宜采用较小的焊接压力进行加热,而采用较大的顶锻压力进行顶锻。但焊接压力不宜太低,否则会产生飞溅,增加端面氧化。

2. 闪光对焊焊接参数的选择

闪光对焊焊接参数的选择见表 8-31。

表 8-31　闪光对焊焊接参数的选择

参数	说　明
伸出长度	闪光对焊伸出长度如下图所示,主要是根据散热和稳定性确定。在一般情况下,棒材和厚壁管材为 $(0.7\sim1.0)D$(D 为直径或边长) 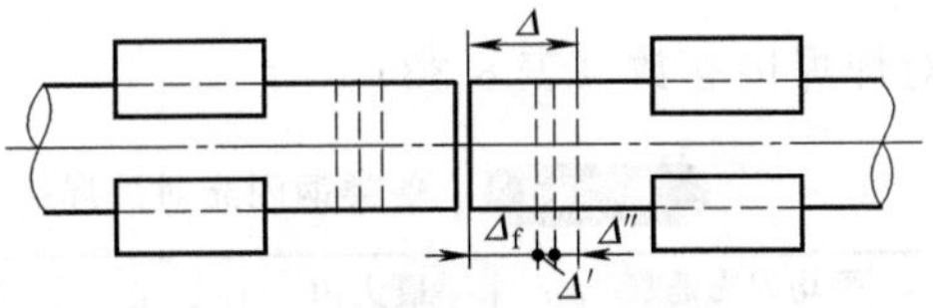 闪光对焊伸出长度 Δ—总留量;Δ_f—烧化留量;Δ'—有电顶锻留量;Δ''—无电顶锻留量
闪光留量	选择闪光留量时,应满足在闪光结束时整个焊件端面有一层熔化金属,同时在一定深度上达到塑性变形温度。闪光留量过小,会影响焊接质量,过大会浪费金属材料,降低生产率。另外,在选择闪光留量时,预热闪光对焊比连续闪光对焊小 30%～50%
闪光电流	闪光对焊时,闪光阶段通过焊件的电流,其大小取决于被焊金属的物理性能、闪光速度、焊件端面的面积和形状,以及加热状态。随着闪光速度的增加,闪光电流随之增加
闪光速度	具有足够大的闪光速度才能保证闪光的强烈和稳定。但闪光速度过大,会使加热区过窄,增加塑性变形的困难。因此,闪光速度应根据被焊材料的特点,以保证端面上获得均匀金属熔化层为标准。一般情况下,导电、导热性好的材料闪光速度较大
顶锻压力	一般采用顶锻压强来表示。顶锻压强的大小应保证能挤出接口内的液态金属,并在接头处产生一定塑性变形。同时还取决于金属的性能,温度分布特点,顶锻留量和顶锻速度,工件端面形状等因素。顶锻压强过大,则变形量过大,会降低接头冲击韧性;顶锻压强过低,则变形不足,接头强度下降。一般情况下,高温强度大的金属需要较大的顶锻压强,导热性好的金属也需要较大的顶锻压强

参数	说　明
顶锻留量	顶锻留量的大小影响到液态金属的排除和塑性变形的大小。顶锻留量过大,降低接头的冲击韧性;过小则使液态金属残留在接口中,易形成疏松、缩孔、裂纹等缺陷。顶锻留量应根据工件截面积选取,随焊件截面的增大而增加
顶锻速度	一般情况下,顶锻速度应越快越好。顶锻速度取决于焊件材料的性能,如焊接奥氏体钢的最小顶锻速度约是珠光体钢的两倍。导热性好的金属需要较高的顶锻速度
夹具夹持力	必须保证在整个焊接过程中不打滑,它与顶锻压力和焊件与夹具间的摩擦力有关
预热温度	预热温度是根据焊件截面的大小和材料的性质来选择,对低碳钢而言,一般为 700～900℃,预热温度太高,因材料过热使接头的冲击韧性和塑性下降。焊接大截面焊件时,预热温度应相应提高
预热时间	预热时间与焊机功率、工件断面积和金属的性能有关,预热时间取决于所需的预热温度

3. 常用金属材料焊接参数

① 电阻对焊焊接参数 (表 8-32)。

表 8-32　电阻对焊焊接参数

焊件材料	截面积/mm²	伸出长度(单侧)/mm	电流密度/(A/mm²)	焊接通电时间/s	焊接压强/MPa	顶锻留量/mm 有电	顶锻留量/mm 无电
低碳钢	25	6	200	0.6	10～20	0.5	0.9
	50	8	160	0.8	10～20	0.5	0.9
	100	10	140	1.0	10～20	0.5	1.0
	250	12	90	1.5	10～20	1.0	1.8
铜	25	7.5	70～20	—	30	1.0	1.0
	100	12.5				1.5	1.5
	500	30				2.0	2.0
黄铜	25	5	50～150	—		1.0	1.0
	100	7.5				1.5	1.5
	500	15				2.0	2.0
铝	25	5	40～120	—	15	2.0	2.0
	100	7.5				2.5	2.5
	500	15				4.0	4.0

② 各类钢闪光对焊焊接参数 (表 8-33)。

表 8-33　各类钢闪光对焊焊接参数

类别	平均闪光速度/(mm/s) 预热闪光	平均闪光速度/(mm/s) 连续闪光	最大闪光速度/(mm/s)	顶锻速度/(mm/s)	顶锻压力/MPa 预热闪光	顶锻压力/MPa 连续闪光	焊后热处理
低碳钢	1.5～2.5	0.8～1.5	4～5	15～30	40～60	60～80	不需要
低碳钢及低合金钢	1.5～2.5	0.8～1.5	4～5	≥30	40～60	100～110	缓冷,回火
高碳钢	≤1.5～2.5	≤0.8～1.5	4～5	15～30	40～60	110～120	缓冷,回火
珠光体高合金钢	3.5～4.5	2.5～3.5	5～10	30～150	60～80	110～180	回火,正火
奥氏体钢	3.5～4.5	2.5～3.5	5～8	50～160	100～140	150～220	一般不需要

(三) 对焊焊接工艺

1. 对焊常用接头形式

电阻对焊接头均设计成等截面对接接头。常用对焊接头如图 8-20 所示,闪光对焊常见的接头形式如图 8-21 所示。对于大截面的焊件,为增大电流密度,易于激发闪光,应将其中一个焊件的端部倒角。闪光对焊焊件推荐端部倒角尺寸如图 8-22 所示。

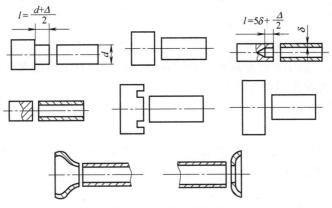

图 8-20　常用对焊接头

d—直径；δ—壁厚；Δ—总留量

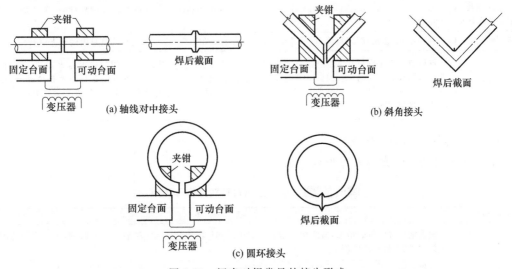

图 8-21　闪光对焊常见的接头形式

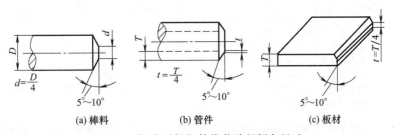

图 8-22　闪光对焊焊件推荐端部倒角尺寸

2. 焊前准备

（1）电阻对焊的焊前准备

① 两焊件对接端面的形状和尺寸应基本相同，使表面平整并与夹钳轴线成 90°直角。

② 焊件的端面以及与夹具的接触面必须清理干净。与夹具接触的工件表面的氧化物和脏物可用砂布、砂轮、钢丝刷等机械方法清理，也可使用化学清洗方法（如酸洗）。

③ 电阻对焊接头中易产生氧化物夹杂，焊接质量要求高的稀有金属、某些合金钢和非铁金属时，可采用氢、氦等保护气体来解决。

（2）闪光对焊的焊前准备

① 闪光对焊时，由于端部金属在闪光时被烧掉，所以对端面清理要求不高，但对夹具和焊件接触面的清理要求应和电阻对焊相同。

② 对大截面焊件进行闪光对焊时，最好将一个焊件的端部倒角，使电流密度增大，以利于激发闪光。

③ 两焊件断面形状和尺寸应基本相同，其直径之差应≤15%，其他形状应≤10%。

3. 闪光对焊的焊后加工

闪光对焊的焊后加工方法见表8-34。

表 8-34 闪光对焊的焊后加工方法

方法	说　明
切除毛刺及多余的金属	通常采用机械方法，如车、刮、挤压等，一般在焊后趁热切除。焊大截面合金钢焊件时，多在热处理后切除
零件的校形	有些零件（强轮箍、刀具等）焊后需要校形，校形通常在压力机、压胀机或其他专用机械上进行
焊后热处理	焊后热处理根据材料性能和焊件要求而定。焊接大型零件和刀具，一般焊后要求退火处理，调质钢焊件要求回火处理，镍铬奥氏体钢，有时要进行奥氏体化处理。焊后热处理可以在炉中做整体处理，也可以用高频感应加热进行局部热处理，或焊后在焊机上通电加热进行局部热处理，热处理规范根据接头硬度或显微组织来选择

4. 常用金属材料对焊操作要点

常用金属材料对焊操作要点见表8-35。

表 8-35 常用金属材料对焊操作要点

材料	操作要点
碳素钢	随着钢中含碳量的增加，需要相应增加顶锻压强和顶锻留量。为了减轻淬火的影响，可采用预热闪光对焊，并进行焊后热处理
不锈钢	对焊不锈钢闪光对焊的顶锻压力应比焊低碳钢大1～2倍，闪光速度和顶锻速度也较高
铸铁	铸铁对焊采用预热闪光对焊或一般连续闪光对焊焊接，用一般连续闪光对焊容易产生白口。采用预热闪光对焊时，预热温度为970～1070K，焊后接头的强度、硬度和塑性都接近于基体金属
合金钢	合金元素含量对闪光对焊的影响如下 ①钢中的铝、铬、硅、钼等元素易形成高熔化点的氧化物，因此，顶锻压力应比低碳钢大25%～50%，同时应采用较大的闪光和顶锻速度，尽可能地减小其氧化 ②钢中合金元素含量增加，材料的高温强度提高，应增加顶锻压强 ③对于珠光体类合金钢，随着合金元素含量增加，淬火倾向增大。焊接时，应采取消除淬火影响的措施。对易于淬火的钢，焊后必须进行回火处理
铝及铝合金	闪光对焊时，必须采用很高的闪光和顶锻速度、大的顶锻留量和强迫形成的顶锻模式，所需功率也比钢件大得多
铜	纯铜的闪光对焊时，必须采取比钢件更大的闪光和顶锻速度 黄铜和青铜必须采用较高的闪光和顶锻速度。为了降低接头的硬度，焊后应进行热处理
铝和铜	铝和铜闪光对焊要相应增大铝的伸出长度；铝和铜对焊时，要求闪光速度和顶锻速度尽量高，有电顶锻应严格控制

（四）对焊常见缺陷及预防措施

对焊常见缺陷及预防措施见表8-36。

表 8-36　对焊常见缺陷及预防措施

缺陷	说　　明
错位	产生的原因可能是焊件装配时未对准或倾斜、焊件过热、伸出长度过大、焊机刚性不够大等。主要预防措施是提高焊机刚度,减小伸出长度,并适当限制顶锻留量。错位的允许误差一般<0.1mm,或厚度<0.5mm
裂纹	产生的原因可能是在对焊高碳钢和合金钢时,淬火倾向大。可采用预热、后热和及时退火措施来预防
未焊透	产生的原因可能是顶锻前接口处温度太低、顶锻留量太小、顶锻压力和顶锻速度低,金属夹杂物太多而引起的未焊透。预防措施是采用合适的对焊焊接参数
白斑	白斑是对焊特有的一种缺陷,在断口上表现有放射状灰白色斑。这种缺陷极薄,不易在金相磨片中发现,在电镜分析中才能发现。白斑对冷弯较敏感,但对拉伸强度的影响很小,可采取快速或充分顶锻措施消除

第二节 | 电渣焊

一、电渣焊的特点、分类与应用范围

1. 电渣焊的特点

电渣焊是利用电流通过液态熔渣所产生的电阻热进行焊接的一种熔焊方法, 如图 8-23 所示。电渣焊根据电极形式的不同, 可分为丝极电渣焊、板极电渣焊、熔嘴电渣焊和管极电渣焊等几种。电渣焊具有以下特点。

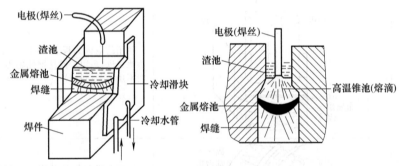

图 8-23　电渣焊过程

① 焊缝处于垂直位置, 或最大倾斜角 30°左右。

② 焊件均可制成 I 形坡口, 只留一定尺寸的装配间隙。特别适合于大厚度焊件的焊接, 生产率高, 劳动卫生条件较好。

③ 金属熔池的凝固速度低, 熔池中的气体和杂质较易浮出, 焊缝不易产生气孔和夹渣。

④ 焊缝及近缝区冷却速度缓慢, 对碳当量高的钢材, 不易再现淬硬组织和冷裂纹倾向, 故焊接低合金强度钢及中碳钢时, 通常可以不预热。

⑤ 液相冶金反应比较弱。由于渣池温度低, 熔渣的更新率也很低, 液相冶金反应比较弱, 所以焊缝化学成分主要通过填充焊丝或板极合金成分来控制。此外, 渣池表面与空气接触, 熔池中活性元素容易被氧化烧损。

⑥ 渣池的热容量大, 对短时间的电流波动不敏感, 使用的电流密度大, 一般为 $0.2 \sim 300 A/mm^2$。

⑦ 焊接线能量大, 热影响区在高温停留时间长, 易产生晶粒粗大和过热组织。焊缝金属呈铸态组织。焊接接头的冲击韧性低, 一般焊后需要正火加回火处理, 以改善接头的组织

与性能。

2. 电渣焊的分类

根据电渣焊使用的电极形状及是否固定等特点进行分类，见表8-37。

表 8-37　电渣焊的分类及特点

分类	图　　示	特　　点
手工电渣焊	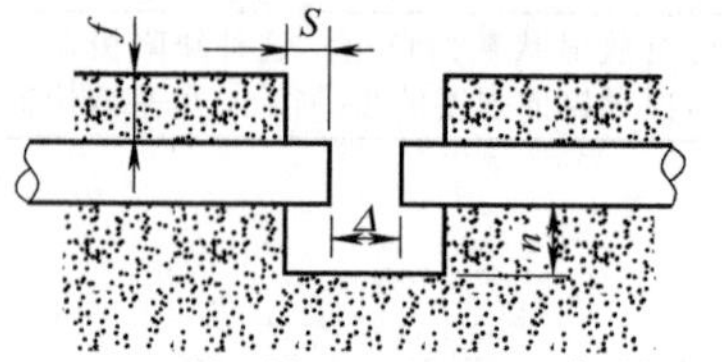 $S=5mm$; $n=10\sim20mm$; $f=50mm$; $\Delta\geqslant20mm$	用于断面形状简单，直径小于150mm的焊件。焊件一般都直接固定在带有夹紧装置的铜垫上或砂箱中
丝极电渣焊	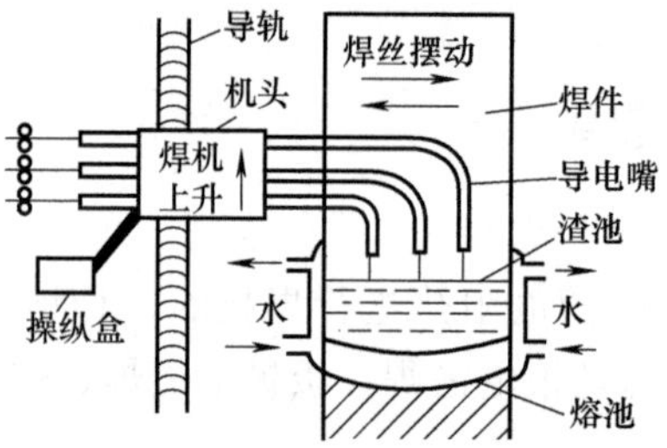	使用的电极为焊丝，它是通过导电嘴送入熔池。熔深和熔宽比较均匀。更适于环缝焊接，对接及T形接较少用，设备及操作较复杂
板极电渣焊	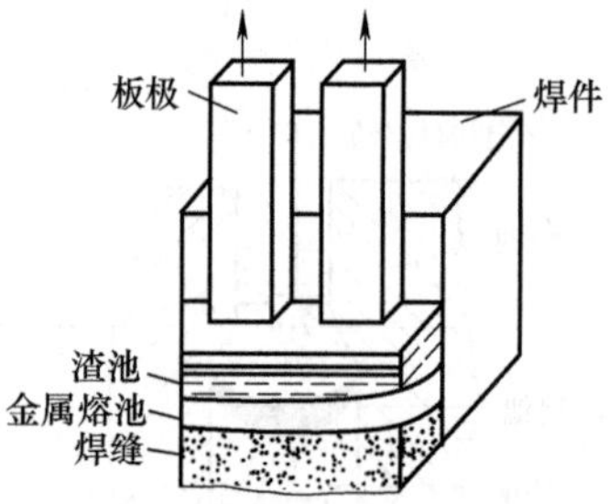	使用的电极为板状，板极由送进机构不断向熔池送进，多用于模具钢轧辊等。操作复杂，一般不用于普通材料
熔嘴电渣焊	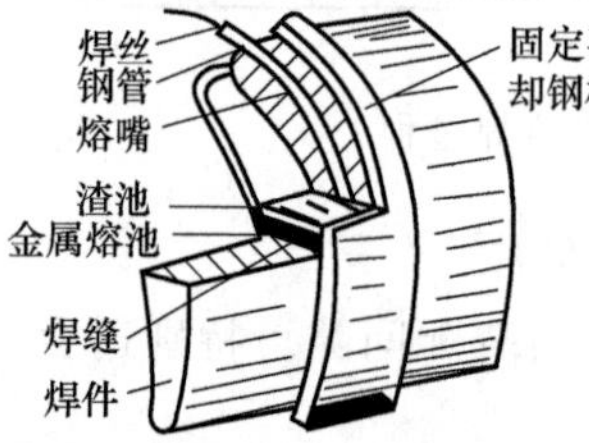	熔化电极为焊丝及固定于装配间隙中的熔嘴。焊接时熔嘴不用送进，与焊丝同时熔化进入熔池，适于变断面焊件和对接及角接焊缝的焊接。设备简单，操作方便，但熔嘴制作及安装费时
管极电渣焊	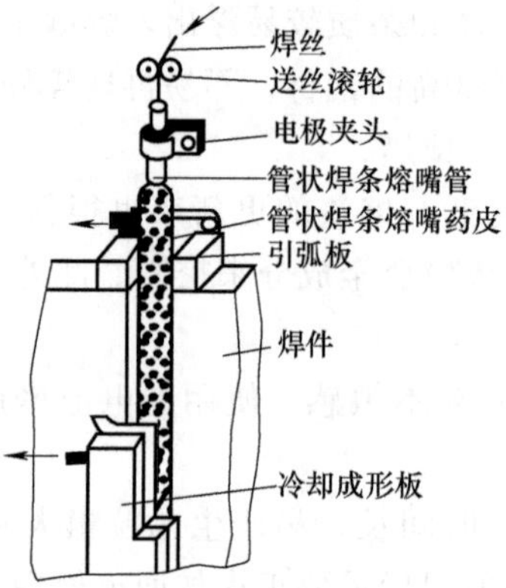	电极是固定在装配间隙中带有涂料的钢管和管中不断向渣池中送进的焊丝，多用于薄板及曲线焊缝的焊件。通过涂料中的合金元素，可以改善焊缝组织及细化晶粒

3. 电渣焊的应用范围

电渣焊主要用于厚壁压力容器纵缝和环焊缝的焊接，以及重型机械制造中大型铸-焊、锻-焊、组合件焊接和厚板拼焊等大型结构件的制造。可以焊接碳钢、低合金高强度钢、合金钢、珠光体型耐热钢，还可焊接铬镍不锈钢、铝及铝合金、钛及钛合金、铜和铸铁等。

焊件厚度为 30～450mm 的均匀断面（纵缝环缝），多采用丝极电渣焊。焊件厚度大于450mm 的均匀断面及断面焊件，可采用熔嘴电渣焊。

二、电渣焊焊接工艺参数

1. 熔嘴电渣焊焊接工艺参数

熔嘴电渣焊焊接工艺参数见表 8-38。

表 8-38　熔嘴电渣焊焊接工艺参数

工艺参数	说　明
丝极数量及熔嘴	丝极的数量受焊接设备容量的限制，当丝极数量多时，可使整条焊缝的熔深较均匀，一般丝极之间的最小间距为 50～60mm。丝极数量可由下式计算得出： $$n = \frac{(\delta - 40)}{d'} + 1 \qquad (1)$$ 式中　n——丝极数量 　　　δ——焊件厚度，mm 　　　d'——丝极间距，mm 由上式求得的 n 值取整数，然后将 n 值再代入上式，这样最终确定丝极间距 d'。根据经验在装配间隙内，焊丝间距一般不超过 170mm，焊丝距离工件边缘一般不大于 20mm 熔嘴的结构形式很多，常用的有单丝熔嘴和多丝熔嘴两种。熔嘴的材料应根据对焊缝金属化学成分的要求和焊丝一起综合考虑，例如焊接 20Mn2SiMo 钢，应选用 H10Mn2 焊丝，熔嘴则选用 15Mn2SiMo。熔嘴的厚度一般为装配间隙的 30%。丝极间距与熔嘴厚度的最佳匹配见表 1，生产中最常用的熔嘴厚度是5mm 和 10mm **表 1　丝极间距与熔嘴厚度的最佳匹配**　　　　　　　　　　mm {{TABLE1}} 熔嘴的长度为焊缝长度与引入板、引出板三者总和再加上 350mm。而熔嘴的宽度 S_g 和数量则由焊缝厚度来决定，如果熔嘴宽度增大，虽然减少了焊丝的根数，使送丝机构简化，但却需要较大功率的焊接电源，同时也增加了熔嘴的矫正工作量，特别是当熔嘴呈弯曲状时，工作量更大，因此熔嘴的截面不能过大
焊接电流	焊接电流与丝极数量、送丝速度、熔嘴断面积、焊接速度、焊接电压和渣池深度等有关。例如：直径为3mm 丝极，焊接电流可按下式进行粗略计算 $$I = (2.2v_f + 90)n + 120v_w\delta_g S_g \qquad (2)$$ 式中　I——焊接电流，A 　　　n——丝极数量 　　　v_f——送丝速度，m/h 　　　v_w——焊接速度，m/h 　　　δ_g——熔嘴厚度，mm 　　　S_g——熔嘴宽度，mm
焊接电压	焊接电压一般为 35～45V，当焊件厚度大而送丝速度较低时，焊接电压要接近上限值。焊接开始时，焊接电压要比正常焊接电压高，然后再逐渐降到正常值，这样可以加速造渣过程并保证焊透
焊接速度	焊接速度 v_w 与焊件厚度和材质有关，厚度大时应选择较低的焊接速度，不同材料的常用焊接速度见表 2 **表 2　不同材料的常用焊接速度** {{TABLE2}}

表 1（丝极间距与熔嘴厚度的最佳匹配）：

丝极间距 d'	4～6	8～10	12～14	18～20
熔嘴厚度 δ_g	50～100	90～120	120～150	150～180

表 2（不同材料的常用焊接速度）：

材料	40CrNi	20MnSiMo	20MnMo	20MnSi	低碳钢
焊接速度 v_w/(m/h)	0.3	0.4～0.7	0.45～0.8	0.4～0.7	0.7～1.2

工艺参数	说　明
送丝速度	焊丝的焊接速度 v_w 确定后,可根据下式来确定送丝速度 v_f $$v_f = \frac{v_w(A_d - A_g)}{\sum A}$$　　　　(3) 式中　v_w——焊接速度,m/h 　　　v_f——送丝速度,m/h 　　　A_d——焊接金属的横截面积,mm² 　　　$\sum A$——全部丝极的截面积之和,mm²
渣池深度	在保证电渣过程稳定的前提下,尽可能用较浅的渣池。熔嘴电渣焊的渣池深度一般为 40～50mm,随着送丝速度的提高,渣池深度可适当增加,最深可达 60mm

2. 丝极电渣焊焊接工艺参数

丝极电渣焊的焊接规范选择要遵循"三保证"的原则,即保证电渣焊过程具有良好的稳定性,保证焊接接头的质量,保证生产效率要高。同时,要获得稳定的电渣过程,首先应设法避免电弧放电现象的发生,以免电渣过程变为"电渣-电弧"夹杂交替的过程。一旦"电渣-电弧"交替产生,就破坏了电渣焊的正常进行,严重时可使焊接中断,还可能产生未焊透、夹渣等缺陷。为防止电弧放电现象发生,应当对焊剂、焊接规范和焊接电源等方面加以控制。例如:一是焊剂的稳弧性应较低,当熔化成渣后,应具有合适的黏度和导电度;二是渣池应有一定的深度;三是应选择合适的工作电压和送丝速度;四是焊机空载电压不宜过高等。但是,也不希望电弧产生的条件过于不好,因为在开始建立渣池或焊接过程中发生漏渣现象时,如不用导电焊剂,常需要先发生电弧来建立和恢复渣池,从而建立或恢复电渣过程。丝极电渣焊焊接工艺参数见表 8-39。

表 8-39　丝极电渣焊焊接工艺参数

工艺参数	说　明
装配间隙	间隙大小影响熔宽、焊机导嘴在其间运动的方便性以及焊接生产效率等,装配间隙不应小于 25mm(一般取 25～35mm),最常用的是 28～32mm。随着焊件厚度和焊缝长度的增加,装配间隙可略增加
焊丝根数、直径及其摆动	为了保证焊透,单根焊丝所担负的焊件金属厚度不应超过 150mm。当采用 HS-1000 型电渣焊机时,不同的金属厚度范围所采用的焊丝根数见表 1 **表 1　焊丝根数与焊件金属厚度的关系**　　mm [见下表] 焊丝的摆动速度一般为 30～40m/h。为保证焊缝边缘能够焊透,焊丝在滑块旁应停留 3～6s;焊丝直径一般为 3mm。焊丝伸出长度根据试验及生产经验确定,一般以 60～80mm 为宜

表 1　焊丝根数与焊件金属厚度的关系（mm）

焊丝根数	焊件金属的厚度	
	不摆动	摆动
1	40～60	60～150
2	60～100	100～300
3	100～150	150～450

工艺参数	说　明
焊接电压和送丝速度	为了保证焊缝金属具有足够的热抗裂纹性能以及焊件边缘熔透,必须根据基本金属的化学成分及单根焊丝所担负的焊件厚度来选择送丝速度和焊接电压。随着焊件金属含碳量或合金元素增加,以及单根焊丝所焊的板厚减小,焊接电压和送丝速度(焊接电流)必须相应降低,见表 2 **表 2　焊接电压和送丝速度的变化关系** [见下表]

表 2　焊接电压和送丝速度的变化关系

基本金属中的含碳量 /%	焊接金属的厚度/mm					
	50		75		100	
	送丝速度临界值/(m/h)	最小电压/V	送丝速度临界值/(m/h)	最小电压/V	送丝速度临界值/(m/h)	最小电压/V
0.13	280	45～47	420	50～52	500	54～56
0.14～0.17	250	44～46	365	49～51	480	54～56

续表

工艺参数	说　明

续表

基本金属中的含碳量/%	焊接金属的厚度/mm					
	50		75		100	
	送丝速度临界值/(m/h)	最小电压/V	送丝速度临界值/(m/h)	最小电压/V	送丝速度临界值/(m/h)	最小电压/V
0.18～0.22	230	43～45	335	48～50	440	52～54
0.23～0.26	200	42～44	290	46～48	380	50～52
0.27～0.30	170	42～43	250	45～47	320	48～50
0.31～0.35	155	—	225	43～45	290	48～50
0.36～0.40	140	—	200	43～45	260	46～48

焊接电压和送丝速度（工艺参数列标题）

焊丝间的距离

进行多丝焊时,焊丝间的距离 L 可按下式计算确定

当冷却滑块槽深 2～3mm 时

$$L=\frac{\delta+10}{n}$$

当冷却滑块槽深 8～10mm 时

$$L=\frac{\delta+18}{n}$$

式中　δ——焊件厚度,mm

n——焊丝根数

L——焊丝间距,mm

一般情况下滑块槽深 2mm

渣池深度

渣池深度主要与焊件厚度、送丝速度有关。表3为 HJ430 焊接低碳钢的渣池深度的选择

表 3　HJ430 焊接低碳钢的渣池深度的选择

焊件厚度/mm	送丝速度/(m/h)	渣池深度/mm	焊件厚度/mm	送丝速度/(m/h)	渣池深度/mm
50	100～150	40	100	100～150	35
	170～220	45		170～220	40
	270～320	50		270～320	45
	370～420	60		370～420	55
	470～520	70		470～520	65

3. 板极电渣焊焊接工艺参数

板极电渣焊焊接工艺参数见表8-40。

表 8-40　板极电渣焊焊接工艺参数

工艺参数	说　明
焊接电流	板极电渣焊的电流密度低,一般为 $0.4～0.8A/mm^2$,焊接电流通常按下式计算得出 $$I=1.2(v_w+0.2v_p)\delta_p S_p \qquad (1)$$ 式中　I——焊接电流,A 　　　v_w——焊接速度,约为 $1/3v_p$ 　　　v_p——板极送进速度,一般取 $1.2～3.5m/h$ 　　　δ_p——板极厚度,mm 　　　S_p——板极宽度,mm 在实际生产中,由于板极电渣焊时焊接电流波动范围大,难以测量准确和进行控制,可根据试焊时焊接电流与板极送进速度之间的比例关系控制板极送进速度,一般取 0.5～2m/h,较常用的板极送进速度为 1m/h
焊接电压	板极电渣焊的焊接电压一般为 30～40V。电压过高,由于板极端部深入渣池浅,电渣过程不稳定,还会使母材熔深过大,造成母材金属在焊缝中的比例降低,降低了焊缝的抗裂纹性能
装配间隙	板极与工件被焊断面之间距离一般为 7～8mm,工件装配间隙视板极厚度和焊接断面而定,一般为 28～40mm。工件装配间隙下部较小,上部较大,用以补偿焊接时引起的变形

工艺参数	说　明
板极数目及位置	板极的数目取决于被焊工件的厚度和板极宽度,单板极焊接工件的厚度一般小于 110～150mm;工件厚度较大时,最好采用多板极。为使电源三相负荷均匀,板极数目尽可能取 3 的倍数。为了获得较为均匀的熔宽,板极与电源的连接应采用跳极接线法,如果有 6 个板极,分别按 1、2、3、4、5、6 顺序排列,那么应该使 1 与 4,2 与 5,3 与 6 分别接在电源的三相上
板极尺寸	板极厚度一般为 8～16mm,板极宽度一般不大于 110mm。在焊接更大厚度工件时,板极宽度不应小于 70mm,这样可避免因板极数目过多而带来操作上的困难。板极长度可由下式确定 $$L_p = \frac{L_s b}{\delta_p} + L_c \qquad (2)$$ 式中　L_p——板极长度,mm 　　　L_s——焊缝长度总和(包括引入和引出部分的长度),mm 　　　b——装配间隙,mm 　　　δ_p——板极厚度,mm 　　　L_c——板极夹持部分长度,mm
渣池深度	渣池深度一般控制在 30～35mm,过浅容易产生飞溅,造成电渣过程不稳定,而过深则会引起焊缝表面成形不良和未焊透。但是,当板极送进速度很大或者工件很厚时,要适当增加渣池深度。下表为铝板的板极电渣焊焊接规范参数的选择 **铝板的板极电渣焊焊接规范参数的选择**

线材厚度/mm	焊接电流/A	焊接电压/V	板极截面积/mm²	装配间隙/mm	焊剂量/g	焊接速度/(m/h)
80	3200～3500	30～33	30×60	50～55	500	4
100	4500～5000	30～35	30×70	50～60	700	4
120	5500～6000	30～35	30×90	55～65	800	3.75
160	8000～8500	31～35	29×140	55～65	1250	3.75
220	10000～11000	32～35	29×190	60～65	1600	3.7

4. 管极电渣焊焊接工艺参数

管极电渣焊由于焊后通常直接使用,而不进行热处理,因此,其接头的力学性能主要决定于焊接热过程,必须选择和调整合适的工艺参数来避免晶粒过于长大的倾向。管极电渣焊焊接工艺参数见表 8-41。

表 8-41　管极电渣焊焊接工艺参数

工艺参数	说　明
焊接电压	焊接电压一般为 38～55V,焊件较厚时可相应增加电压。在焊接焊缝下部的电压应比上部的电压大一些,这样可以补偿管极钢管电压下降的影响,从而维持渣池电压不变,使熔深均匀
焊接电流	焊接电流过大,会使管极温度过高,药皮失去绝缘性能,易于焊件产生电弧,导致焊接过程中断;电流过小,会产生未熔合缺陷,并且容易因焊接速度过低而导致晶粒长大严重。实际生产中,通常根据下式来估算焊接电流的大小 $$I = (5-7)A_t$$ 式中　A_t——管极截面积,mm²
装配间隙	在保证焊透的情况下,减小装配间隙,可以增加焊接速度,从而降低焊接线能量,有利于提高接头的力学性能。管极电渣焊的装配间隙通常为 20～35mm。间隙不能过小,过小会由于渣池太小而影响电渣过程的稳定性
送丝速度	管极电渣焊的送丝速度比其他电渣焊方法要高,通常为 200～300m/h,焊丝一般为 φ3mm。但送丝速度也不能过高,过高容易使焊缝表面成形不良,甚至会产生裂纹缺陷
渣池深度	通常管极电渣焊所焊工件厚度较小,渣池体积也小,渣池深度在焊接过程中波动较大,为了保证电渣过程稳定,管极电渣焊的渣池深度比一般电渣焊的要大一些,通常为 33～55mm。管极电渣焊的焊接规范参数的选择见下表

续表

工艺参数	说　明

管极电渣焊的焊接规范参数的选择

工件材质	接头形式	工件厚度/mm	管极数量/根	装配间隙/mm	焊接电压/V	焊接速度/(m/h)	送丝速度/(m/h)	渣池深度/mm
渣池深度 Q235A Q345(16Mn) 20	对接接头	40	1	28	42～46	2	230～250	55～60
		60	2	28	42～46	1.5	120～140	40～45
		80	2	28	42～46	1.5	150～170	45～55
		100	2	30	44～48	1.2	170～190	45～55
		120	2	30	46～50	1.2	200～220	55～60
	T形接头	60	2	30	46～50	1.5	80～100	30～40
		80	2	30	46～50	1.2	130～150	40～45
		100	2	30	48～52	1	150～170	45～55

三、电渣焊焊前准备

电渣焊焊前准备见表 8-42。

表 8-42　电渣焊焊前准备

项目	说　明

电渣焊的接头形式如图 1 所示。电渣焊接头边缘的加工可以采用热切割法,热切割后去除切割面的氧化皮后即可焊接。但低合金钢和中合金钢焊件接缝边缘切割后,切割面应做磁粉探伤,如发现裂纹,要清除补焊后再焊接。电渣焊接头的尺寸见下表

电渣焊接头的尺寸

接头尺寸/mm								备注
δ	b	B	δ_0	e	θ	R	α	
50～60	24^{+2}_{0}	28±1	≥60	2±0.5	约45°	5^{+1}_{0}	约15°	适用于各种形式的接头
61～120	26^{+2}_{0}	30±1	≥δ					
121～200	28^{+2}_{0}	32±1	≥120					
201～400	28^{+2}_{0}	32±1	≥150					
>400	30^{+2}_{0}	34±1	≥200					

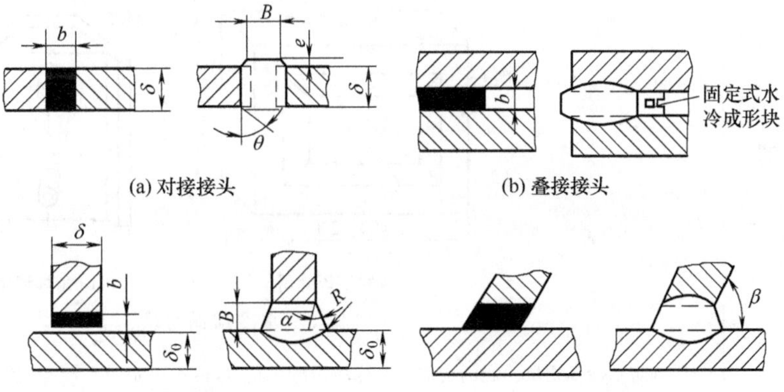

（接头形式及制备方法）

(a) 对接接头　　(b) 叠接接头

(c) T字接头　　(d) 斜角接头

图 1

项目	说　明
接头形式及制备方法	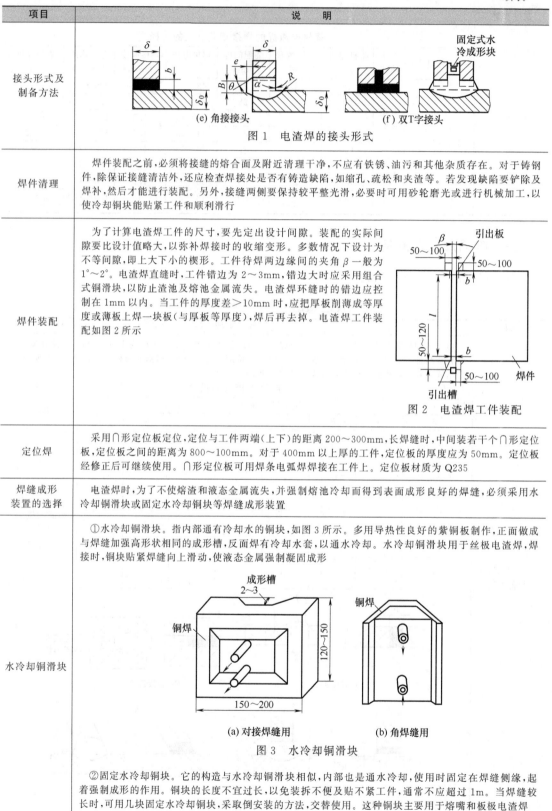 图 1　电渣焊的接头形式
焊件清理	焊件装配之前,必须将接缝的熔合面及附近清理干净,不应有铁锈、油污和其他杂质存在。对于铸钢件,除保证接缝清洁外,还应检查焊接处是否有铸造缺陷,如缩孔、疏松和夹渣等。若发现缺陷要铲除及焊补,然后才能进行装配。另外,接缝两侧要保持较平整光滑,必要时可用砂轮磨光或进行机械加工,以使冷却铜块能贴紧工件和顺利滑行
焊件装配	为了计算电渣焊工件的尺寸,要先定出设计间隙。装配的实际间隙要比设计值略大,以弥补焊接时的收缩变形。多数情况下设计为不等间隙,即上大下小的楔形。工件待焊两边缘间的夹角 β 一般为 $1°\sim2°$。电渣焊直缝时,工件错边为 $2\sim3$mm,错边大时应采用组合式铜滑块,以防止渣池及熔池金属流失。电渣焊环缝时的错边应控制在 1mm 以内。当工件的厚度差>10mm 时,应把厚板削薄成等厚度或薄板上焊一块板(与厚板等厚度),焊后再去掉。电渣焊工件装配如图 2 所示 图 2　电渣焊工件装配
定位焊	采用∩形定位板定位,定位与工件两端(上下)的距离 $200\sim300$mm,长焊缝时,中间装若干个∩形定位板,定位板之间的距离为 $800\sim100$mm。对于 400mm 以上厚的工件,定位板的厚度应为 50mm。定位板经修正后可继续使用。∩形定位板可用焊条电弧焊接在工件上。定位板材质为 Q235
焊缝成形装置的选择	电渣焊时,为了不使熔渣和液态金属流失,并强制熔池冷却而得到表面成形良好的焊缝,必须采用水冷却铜滑块或固定水冷却铜块等焊缝成形装置
水冷却铜滑块	①水冷却铜滑块。指内部通有冷却水的铜块,如图 3 所示。多用导热性良好的紫铜板制作,正面做成与焊缝加强高形状相同的成形槽,反面焊有冷却水套,以通水冷却。水冷却铜滑块用于丝极电渣焊,焊接时,铜块贴紧焊缝向上滑动,使液态金属强制凝固成形 图 3　水冷却铜滑块 ②固定水冷却铜块。它的构造与水冷却铜滑块相似,内部也是通水冷却,使用时固定在焊缝侧缘,起着强制成形的作用。铜块的长度不宜过长,以免装拆不便及贴不紧工件,通常不应超过 1m。当焊缝较长时,可用几块固定水冷却铜块,采取倒安装的方法,交替使用。这种铜块主要用于熔嘴和板极电渣焊

续表

项目	说　明
电极用量的准备	根据焊件接缝的体积,可以确定电极的用量,即焊丝质量与板极尺寸。每次焊接前所准备的电极材料,必须保证能足够焊完一条焊缝。焊丝如需接头,要事先焊好,并且接头要牢固和光顺。熔嘴与板极的数量、宽度、厚度,熔嘴中焊丝的根数,可结合焊接电源容量、接缝形状与尺寸等因素考虑 焊丝与板极的准备比较容易,而熔嘴的制作比较麻烦。一般是将钢管焊在熔嘴板上,并使其外形与焊缝断面相似。常用的有单丝熔嘴和双丝熔嘴两种。熔嘴的构造如图4所示 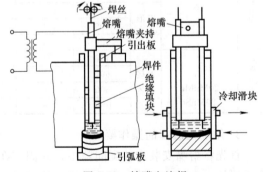 (a) 双丝熔嘴　　(b) 单丝熔嘴 图4　熔嘴的构造
装引弧槽和引出板	直缝丝极电渣焊,工件底部应装有引弧槽,以便在引弧槽内建立渣池。为了保证工件焊缝的质量,引弧槽的高度为150mm,板厚大于60mm,宽度同焊接端面,材质尽量与母材一致。在焊缝结尾处应装有引出板,以便引出渣池和引出易于产生缩孔、裂纹和杂质较多的收尾部分,引出板的高度为100mm,厚度大于80mm,宽度同焊接端面。材质尽量和母材一致
其他方面的准备	根据工件要求确定电极和焊剂的牌号,并选定焊接规范。导电嘴、板极、熔嘴在焊缝中的位置要找准对中,保证焊接过程中位置不偏移,并要放置绝缘块,避免与工件接触而发生短路。应对焊机各部分进行检查调试,水冷却铜块要预先通水试验 要有应急措施,如准备适量石棉泥,以便发生漏渣时及时堵塞,不破坏电渣过程的稳定性

四、电渣焊操作工艺

(一) 熔嘴电渣焊的操作工艺

熔嘴电渣焊是一种丝极电渣焊,不同的是,熔嘴电渣焊的熔化电极除焊丝外,还包括固定于装配间隙中,并与焊件绝缘而又起导丝、导电作用的熔嘴,如图8-24所示。

1. 熔嘴电渣焊的操作特点

熔嘴电渣焊虽属丝极电渣焊,但由于增加了熔嘴,所以在操作上具有自身的特点。

① 由于熔嘴固定安装在装配间隙中不用送进,故可以制成与焊接断面相似的形状,用来焊接变断面的焊件。

② 因装配间隙是依靠熔嘴和连续送进的焊丝熔化后填充的,使焊接断面尺寸不像板极电渣焊那样受板极长度的限制,所以焊接断面尺寸比板极电渣焊更大。

图8-24　熔嘴电渣焊

③ 设备比较简单,不需要机头爬行、冷却滑块提升、焊丝横向摆动等机构,除焊接电源外,只要有合适的送丝机构,就可以进行焊接,所以操作方便,容易掌握。

④ 因熔嘴固定在装配间隙中,不易与焊件发生短路,所以操作可靠,但熔嘴的制作和安装较费时间。

熔嘴电渣焊设备由焊接电源、焊丝送进装置、熔嘴夹持机构等组成。

2. 焊接参数的选用

熔嘴电渣焊的焊接参数是指熔嘴数目、送丝速度、焊接电压、焊接速度、装配间隙、渣池深度等。操作前，应根据结构形式、焊件材料、接头形式和焊件厚度进行选用，见表8-43。

表 8-43 焊接参数的选用

结构形式	焊件材料	接头形式	焊件厚度/mm	熔嘴数目/个	装配间隙/mm	焊接电压/V	焊接速度/(m/h)	送丝速度/(m/h)	渣池深度/mm
非刚性固定结构	Q235A Q345(16Mn) 20	对接接头	80	1	30	40~44	约1	110~120	40~45
			100	1	32	40~44	约1	150~160	45~55
			120	1	32	42~46	约1	180~190	45~55
		T形接头	80	1	32	44~48	约0.8	100~110	40~45
			100	1	34	44~48	约0.8	130~140	40~45
			120	1	34	46~52	约0.8	160~170	45~55
	25 20MnMo 20MnSi	对接接头	80	1	30	38~42	约0.6	70~80	30~40
			100	1	32	38~42	约0.6	90~100	30~40
			120	1	32	40~44	约0.6	100~110	40~45
			180	1	32	46~52	约0.5	120~130	40~45
			200	1	32	46~54	约0.5	150~160	45~55
		T形接头	80	1	32	42~46	约0.5	60~70	30~40
			100	1	34	44~50	约0.5	70~80	30~40
			120	1	34	44~50	约0.5	80~90	30~40
	35	对接接头	80	1	30	38~42	约0.5	50~60	30~40
			100	1	32	40~44	约0.5	65~70	30~40
			120	1	32	40~44	约0.5	75~80	30~40
			200	1	32	46~50	约0.4	110~120	40~45
		T形接头	80	1	32	44~48	约0.5	50~60	30~40
			100	1	34	46~50	约0.4	65~75	30~40
			120	1	34	46~52	约0.4	75~80	30~40
刚性固定结构	Q235A Q345(16Mn) 20	对接接头	80	1	30	38~42	约0.6	65~75	30~40
			100	1	32	40~44	约0.6	75~80	30~40
			120	1	32	40~44	约0.5	90~95	30~40
			150	1	32	44~50	约0.4	90~100	30~40
		T形接头	80	1	32	42~46	约0.5	60~65	30~40
			100	1	34	44~50	约0.5	70~75	30~40
			120	1	34	44~50	约0.4	80~85	30~40
大断面结构	25 35 20MnMo 20MnSi	对接接头	400	3	32	38~42	约0.4	65~70	30~40
			600	4	34	38~42	约0.3	70~75	30~40
			800	6	34	38~42	约0.3	65~70	30~40
			1000	6	34	38~44	约0.3	75~80	30~40

3. 熔嘴电渣焊的操作要点

首先将熔嘴安装在装配间隙中，并固定在熔嘴夹持机构上。强迫成形装置采用固定式水冷成形块，在焊接过程中交替更换。使用时，先将成形块支撑架焊在焊件上，然后用螺钉将水冷成形块顶紧。成形块支撑架的形状如图8-25所示。开始焊接时接通电源，再将焊丝送下，当焊丝与焊件底部引弧板接触后，开始引燃电弧，此时立即往装配间隙中加入2～3把焊剂，熔化后成为液态熔渣（即渣池），当渣池浸没焊丝端头时，电弧熄灭，电渣过程正式开始。

厚度大于400mm的大断面焊件，采用平板引弧板时引弧造渣较困难，可改用阶梯式引弧板和斜形引弧板，如图8-26所示。先送入焊件两侧焊丝，引弧后逐渐形成渣池，渣池加深后向装配间隙内部流动，再依次送入其他焊丝。

引弧造渣时，因焊件温度较低，所以要采用较高的焊接电压（比正常焊接电压高3～

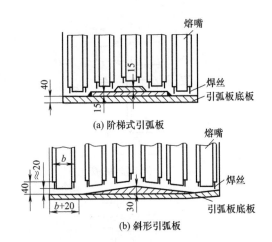

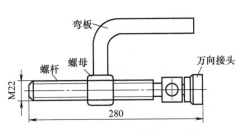

图 8-25　成形块支撑架的形状

图 8-26　阶梯式引弧板和斜形引弧板

5V）和较慢的送丝速度（为 80～100m/h）。但引弧电压也不能太高，否则会引起严重的爆渣。当陆续加入的焊剂不断熔化时，渣池达到一定深度之后，即可将焊接参数调到正常范围，随即进入正常的焊接过程。在焊接过程中，熔嘴的长度将会不断地缩短，因此在熔嘴上的电压降也不断减小（熔嘴上的电压降约为 0.5V/m），所以随着熔嘴长度的变短，应同时适当减小焊接电压，但送丝速度和渣池深度应保持不变。焊接过程中应经常测量渣池深度，适时添加焊剂。

　　为了把可能产生凹坑、裂纹等缺陷的收尾部分金属引出焊件外，焊缝的上部尾端也应设置引出板。收尾焊接时，应逐渐减小送丝速度和焊接电压。停止焊接后，割除引弧板（起焊槽）、引出板、定位板、整个焊接过程宣告结束。

（二）直缝丝极电渣焊的操作工艺

　　丝极电渣焊能够进行直缝和环缝的焊接，目前生产中以直缝用得最多。直缝丝极电渣焊的接头形式有对接接头、T 形接头和角接接头，其中以对接接头应用最为广泛。

1. 焊前准备

　　直缝丝极电渣焊的焊前准备工作包括坡口制备、焊件装配、正确选用焊接参数等几个方面。

　　（1）坡口制备

　　直缝丝极电渣焊采用 I 形坡口。坡口面的加工比较简单，一般钢板经热切割并清除氧化物后即可进行电渣焊接，铸、锻件由于尺寸误差大，表面不平整等原因，焊前需进行机械切削加工，焊接面的加工要求及加工最小宽度如图 8-27 所示。图中 B 为加工面的最小宽度，当不作为超声探伤面时，$B \geqslant 60mm$，加工粗糙度为 $Ra2.5\mu m$；当需要采用斜探头超声探伤时，$B \geqslant 1.5$ 倍焊件厚度（$B_{min} \geqslant \delta + 50mm$），其加工面粗糙度为 $Ra6.3\mu m$。

　　焊后需要进行机械加工的焊接面，焊前应留有一定的加工余量，余量的大小取决于焊接变形量和热处理变形量。焊缝少的简单构件，加工余量取 10～20mm；焊缝较多的复杂结构件，加工余量取 20～30mm。

　　（2）焊件装配

　　直缝丝极电渣焊有对接接头、T 形接头和角接接头三种接头形式，焊件的装配方式如图 8-28 所示。

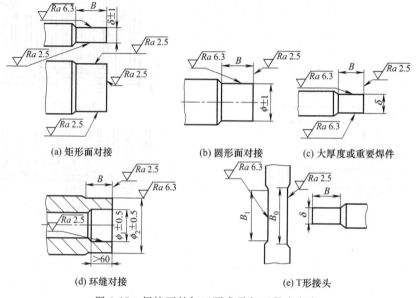

(a) 矩形面对接　　(b) 圆形面对接　　(c) 大厚度或重要焊件

(d) 环缝对接　　　　　(e) T形接头

图 8-27　焊接面的加工要求及加工最小宽度

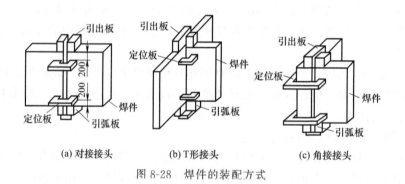

(a) 对接接头　　　　(b) T形接头　　　　(c) 角接接头

图 8-28　焊件的装配方式

　　焊件的一侧焊上定位板（如圆筒形结构，应为内侧），另一侧由于电渣焊机的送丝机构要移动行走，所以不能安放定位板。定位板的形状及尺寸如图 8-29 所示。装配时，定位板距焊件两端约 200mm。较长的焊缝中间要设数个定位板，其间距为 1～1.5m。厚度大于 400mm 的大断面焊件，定位板的厚度可增大至 70～90mm，其余尺寸也应相应加大。焊接结束后，割去定位板与焊件的连接焊缝后，定位板仍可重复使用。

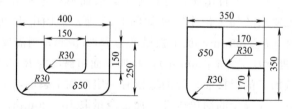

图 8-29　定位板的形状及尺寸

　　在焊件下端应焊上引弧板，上端焊上引出板。对于厚度大于 400mm 的大断面焊件，引弧板和引出板的宽度为 120～150mm，长度为 150mm。焊件的装配间隙值，根据焊件的厚度确定，见表 8-44。

表 8-44		焊件的装配间隙值						mm
	焊件厚度		50～80	80～120	120～200	200～400	400～1000	＞1000
接头	对接接头	装配间隙	28～32	30～32	31～33	32～34	34～36	36～38
形式	T 形接头		30～32	32～34	33～35	34～36	36～38	38～40

由于沿焊缝高度焊缝的横向收缩值不同,越往上越大,所以焊缝上部装配间隙应比下端大。其差值当焊件厚度小于 150mm 时,约为焊缝长度的 0.1%;焊件厚度为 150～400mm 时,一般为焊缝长度的 0.5%～1%。对于非规则断面的焊件,焊前应将焊接面改为矩形断面后再进行焊接。

（3）强迫成形装置的选用

直缝丝极电渣焊时,强迫成形装置的作用是使渣池和熔池内的液态熔渣和液态金属不向外流失,并强制熔池冷却凝固形成具有一定余高、表面光洁平整的焊缝。目前使用的有固定式成形块和移动式成形滑块两种。

① 选用固定式成形块　这种成形块用厚铜板制成,其一侧加工成和焊缝余高部分形状相同的成形槽,另一侧焊上冷却水套,长度为 300～500mm,如图 8-30 所示。若焊缝较长时,可用几块固定式成形块倒换安装,交替使用。

② 选用移动式成形滑块　成形滑块的基本形状与固定式成形块相同,但长度较短,能安装在电渣焊机的机头上。焊接时,滑块紧贴焊缝,由机头带动向上滑动。移动式成形滑块如图 8-31 所示。

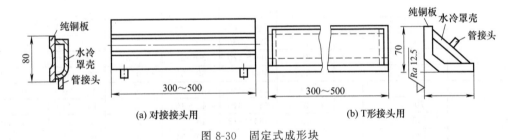

图 8-30　固定式成形块

直缝丝极电渣焊时常用移动式成形滑块,因为固定式成形块较长,操作时会阻碍导电嘴由焊件侧面伸入焊件间隙。强迫成形装置使用时的注意事项如下。

① 水源必须具有足够的压力和流量,保证在施焊过程中不会断水。

② 水管应安置于不被压坏和容易踏扁的地方,水管与强迫成形装置以及水管彼此之间的连接要牢固。

③ 出水口离工作地要近,以便随时测量水温和控制冷却水流量。

④ 冷却水的进水管应接在强迫成形装置的下端,出水管接在上端。

⑤ 焊丝与强迫成形装置不能相碰,以免使强迫成形装置烧坏而引起漏水,这将会造成渣池"爆炸",

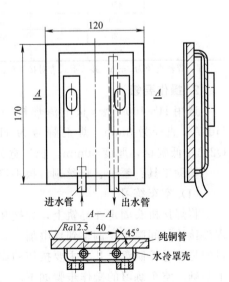

图 8-31　移动式成形滑块

严重时会造成事故。

(4) 焊接参数的选用

直缝丝极电渣焊的焊接参数是指焊接电流、焊接电压、焊接速度、送丝速度、渣池深度、装配间隙、焊丝数目等。操作前，应根据焊件材料和焊件厚度进行选用，见表8-45。

表 8-45　焊接参数的选用

焊件材料	焊件厚度/mm	焊丝数目/根	装配间隙/mm	焊接电流/A	焊接电压/V	焊接速度/(m/h)≤	送丝速度/(m/h)	渣池深度/mm
QZ35A Q345(16Mn) 20	50	1	30	520~550	43~47	1.5	270~290	60~65
	70	1	30	650~680	49~51	1.5	360~380	60~70
	100	1	33	710~740	50~54	1	400~420	60~70
	120	1	33	770~800	52~56	1	440~460	60~70
25 20MnMo 20MnSi 20MnV	50	1	30	350~360	42~44	0.8	150~160	45~55
	70	1	30	370~390	44~48	0.8	170~180	45~55
	100	1	33	500~520	50~54	0.7	260~270	60~65
	120	1	33	560~570	52~56	0.7	300~310	60~70
	370	3	36	560~570	50~56	0.6	300~310	60~70
	400	3	36	600~620	52~58	0.6	330~340	60~70
	430	3	38	650~660	52~58	0.6	360~370	60~70
	450	3	38	680~700	52~58	0.6	380~390	60~70
35	50	1	30	320~340	40~44	0.7	130~140	40~45
	70	1	30	390~410	42~46	0.7	180~190	45~55
	100	1	33	460~470	50~54	0.6	230~240	55~60
	120	1	33	520~530	52~56	0.6	270~280	60~65
	370	3	36	470~490	50~54	0.5	240~250	55~60
	400	3	36	520~530	50~55	0.5	270~280	60~65
	430	3	38	560~570	50~55	0.5	300~310	60~70
	450	3	38	590~600	50~55	0.5	320~330	60~70
45	50	1	30	240~280	38~42	0.5	90~110	40~45
	70	1	30	320~340	42~46	0.5	130~140	40~45
	100	1	33	360~380	48~52	0.4	160~180	45~50
	120	1	33	410~430	50~54	0.4	190~210	50~60
	370	3	36	360~380	50~54	0.3	160~180	45~55
	400	3	36	400~420	50~54	0.3	190~210	55~60
	430	3	38	450~460	50~55	0.3	220~240	50~60
	450	3	38	470~490	50~55	0.3	240~260	60~65

注：焊丝直径为3mm，接头形式为对接接头。

2. 操作要领

选用 HS-1000 型丝极电渣焊机一台，配以 BP1-3×1000 型焊接变压器，焊丝牌号为 H08A，直径为 3mm，焊剂牌号为 HJ360，焊剂焊前经 250℃ 烘干 1~2h，焊件材质为 Q235A 低碳钢，厚度 60mm，长×宽为 2000mm×300mm，共两块。

辅助工具：錾子、钢丝刷、扳手等。

(1) 空车练习

将焊接机头固定在导轨上，并把装配好的焊件放于机头输送焊丝的一侧，将导电嘴伸入焊件接缝的间隙中，调整到导电嘴、焊丝与焊件、移动式成形滑块不相碰为止。空车练习的目的是熟悉控制盘上几个主要按钮的作用及使用方法，了解焊机的工作性能，为正式焊接打下基础。空车练习的操作步骤如下。

① 按动焊接机头的"上升"按钮，此时焊接机头即沿导轨缓慢上升，至上升高度超过

焊件高度后，再按"下降"按钮，此时焊接机头又沿导轨缓慢下降，重复数次，直到熟练为止。练习过程中要观察焊接机头行走齿轮与导轨齿条的啮合状况，不得有异常声音产生，焊接机头的升降要平稳，中间不能有停顿现象。焊接机头在行走过程中，若发现导电嘴与焊件或移动式成形滑块相碰，则应立即停车，并调整焊件的方位，直到不相碰为止。

② 按动送丝机构中的送丝按钮，使焊丝从导电嘴中平稳输出，观察焊丝输出后是否能垂直下降，没有抛射式弯曲，否则就应调节送丝机构中压紧滚轮的压紧力，直到消除为止。

③ 按动焊丝横向摆动机构的按钮，使导电嘴在焊件装配间隙中来回摆动，调节导电嘴在间隙中的位置，使其处于间隙的中心处，并且要求焊丝从导电嘴输出后离开两侧母材的距离应相等，以免正式焊接时造成一侧产生未熔合现象。

④ 旋开移动式成形滑块冷却水进水开关，观察出水口是否有水流出以及水流量的大小。

（2）焊接操作

直缝丝极电渣焊的焊接操作见表8-46。

表 8-46　直缝丝极电渣焊的焊接操作

操作步骤	说　明
引弧造渣	全部焊接电路接通后，按动"送丝"按钮，使焊丝从导电嘴中慢慢伸出，与引弧板的底板接触短路，焊丝与底板间立即引燃电弧，此时从焊件接缝中倒入焊剂，焊剂量要适当，不能压住电弧使电弧熄灭。倒入的焊剂在电弧热的作用下开始熔化，在引弧板底部出现渣池。再加入少量焊剂，使渣池深度逐渐增加、缓慢上升，直至使焊丝浸于渣池中，电弧熄灭，电渣过程正式开始。引弧造渣时焊件温度较低，为使电渣过程较快建立，应采用较高的焊接电压（比正常的焊接电压高3~5V）和较慢的送丝速度（通常为80~100m/h）。但焊接电压也不宜太高，否则会引起严重的爆渣，使造渣过程发生困难。当渣池达到所需的深度之后，即可将焊接电压、送丝速度调到正常参数，进行正常焊接 　　电渣过程也可用导电焊剂来建立。开始阶段在引弧板底部安放一块固体导电焊剂，其牌号为HJ170，这种焊剂在固态即能导电，将焊丝与其接触短路，电流通过固体导电焊剂产生的电阻热使其熔化成液态熔渣（即为渣池），此时将焊丝插入渣池中，电渣过程开始
正常焊接	直缝丝极电渣焊属于自动焊接，当引弧造渣过程结束，只要焊接参数选用恰当，焊机各部件的动作正常，整个焊接过程会相当平稳地进行。正常焊接过程中，操作者应注意下列事项 　　①施焊过程中，由于网路电压的变化会引起焊接电流值发生波动，结果就会影响到焊接质量。通常，允许的焊接电流变化值不得超过30A，否则就要适当调整送丝速度，使焊接电流恢复到预先选定的数值 　　②保持适当的渣池深度，是保证电渣过程稳定进行的重要条件。焊接时，熔渣有少量损耗，应随时进行观察：如果渣池沸腾过于激烈，说明渣池过浅；如果渣池表面很平静，则说明渣池过深。渣池的深度可用一根铁丝弯成90°后，从间隙中插入渣池，提起后测量焊丝端头沾渣部分的长度来确定，如右图所示。测量渣池深度时，插入位置应远离丝极，以免造成丝极与焊件短路；当发现渣池深度小于40mm时，应立即向渣池补充焊剂，否则会使电渣过程不稳定。添加焊剂时，一次加入量不宜过多，否则会使熔池温度突然降低，造成未焊透。添加焊剂时不得使用金属工具，以免不慎造成焊丝与焊件短路。通常可采用竹片作为添加焊剂的工具。操作者应注意，添加的焊剂必须保持干燥，若将带有水分的焊剂加入渣池，会引起爆渣事故，容易烫伤人体 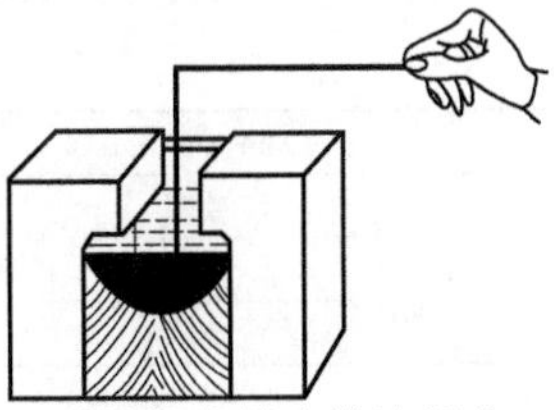 　　③焊接过程中，如中途被迫中断焊接（停电、漏渣、设备故障），应立即将熔渣全部放掉，用钢楔打入间隙，以防止间隙因收缩变得过小而无法焊接，然后用气割把可能产生气孔、夹渣等缺陷的末尾金属割除；再重新造渣继续焊接
收尾结束	电渣焊由于金属熔池体积较大，凝固时要产生较大的收缩，所以在焊缝结束时，要产生一个很大的收缩凹坑，影响焊缝质量。因此，收尾时要采取两项措施 　　①在焊件末端加两块有一定高度的引出板，如图8-28所示，收尾时将凹坑引至焊件外部 　　②在收尾阶段采取断续送丝、降低送丝速度和减小电压等措施，使熔池热量降低，减少收缩 　　焊接工作全部结束后，割除引弧板、引出板和定位板

（图中文字：测量焊丝端头沾渣部分）

（三）环缝丝极电渣焊的操作工艺

厚壁圆筒形焊件对接时采取环缝丝极电渣焊。焊接时，圆筒形焊件转动，焊接机头只需完成送丝动作，不需沿导轨上升。环焊缝的首、尾端相接，收尾工作比较复杂，这就增加了操作难度。

1. 焊前准备

环缝丝极电渣焊的焊前准备工作包括焊件的装配、吊装装配件、安装水冷成形滑块支撑装置，以及正确选用焊接参数等几方面。

（1）焊件的装配

装配时，将焊件的外圆先划分8等分，然后焊上引弧板及定位塞铁，如图8-32所示。再将另一段焊件装配好，与引弧板及定位塞铁焊牢。为保证焊接过程中不产生漏渣，两段焊件内、外圆的平面度误差应小于1mm。

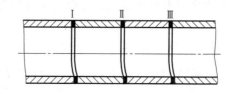

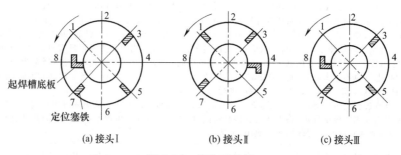

图 8-32　接头示意图

由于环缝的横向收缩不同，故应采用不同的装配间隙，见表8-47。

表 8-47　焊件的装配间隙值　　　　　　　　　　mm

焊件厚度			50～80	80～120	120～200	200～300	300～450
位置	8 号线	装配间隙	29	32	33	34	36
	5 号线		31	34	35	36	40
	7 号线		30	33	34	35	37

当焊件上有多条环缝时，为减少弯曲变形，相邻焊缝引弧板的位置应错开180°。

（2）吊装装配件

焊件装配结束后，应将焊件吊运至焊机旁，并使装配间隙处于垂直位置。环缝丝极电渣焊应采用焊接滚轮架，将焊接滚轮架固定在刚度大的平台上，如图8-33所示。

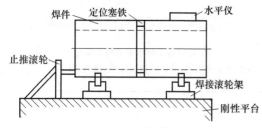

图 8-33　焊接滚轮架固定在刚度大的平台上

焊接滚轮架应安放在每段焊件的近中心处，以保持稳定。焊件放于焊接滚轮架上后，应用水平仪测量焊件是否处于水平位置，并转动焊件几圈，以确定焊件转动时其轴向移动的方向，面对其移动方向应顶上止推滚轮，以防止焊接时焊件产生轴向移动。

（3）安装水冷成形滑块

环缝丝极电渣焊时，焊件转动，渣池及金属熔池基本保持在固定位置，故内、外圆强迫成形装置采用固定式水冷成形滑块。一种水冷内成形滑块的形状及尺寸如图 8-34 所示，它可以根据焊件的内圆尺寸制成相应的弧形。内、外圆水冷成形滑块使用前应进行认真检查：首先检查并校平水冷成形滑块，使其与焊件之间无明显的缝隙，保证焊接过程中不产生漏渣；其次要保证没有渗漏，以免焊接过程中漏水，迫使焊接过程中止；最后应检查进、出水方向，确保下端进水、上端出水，以防焊接时水冷成形滑块内产生蒸汽，造成爆渣，发生伤人事故。

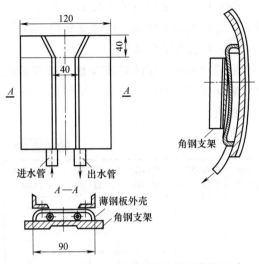

图 8-34 一种水冷内成形滑块的形状及尺寸

内、外圆水冷成形滑块需采用支撑装置顶牢在焊件上（图 8-35）。外圆水冷成形滑块支撑装置由滑块顶紧装置 9，滑块上、下移动机构 13 及滑块前、后移动机构 14 组成。整个机构固定在焊机底座上。

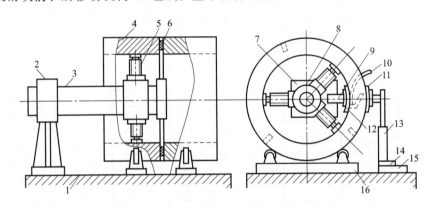

图 8-35 内、外圆水冷成形滑块采用的支撑装置

1—焊接平台；2—夹紧架；3—固定钢管；4—焊件；5—可调节螺钉；6—定位塞铁；7—固定板；
8—滚珠轴承；9—滑块顶紧装置；10—导电杆；11—外圆水冷成形滑块；12—内圆水冷成形滑块；
13—滑块上、下移动机构；14—滑块前、后移动机构；15—焊机底座；16—焊接滚轮架

内圆水冷成形滑块支撑装置的作用是，确保滑块在整个焊接过程中始终紧贴焊件内壁，同时在焊件转动时，滑块始终固定不动，在焊接过程中不会产生漏渣。内圆水冷成形滑块 12 靠悬挂在固定板 7 上的滑块顶紧装置 9 顶紧在内圆焊缝处，固定板 7 焊在固定钢管 3 上，固定钢管靠近焊缝的一端，由套在固定钢管上的滚珠轴承 8 和 3 个成 120°分布的可调节螺钉 5，固定在与焊件同心圆的位置上。当焊件转动时，由于固定钢管和可调节螺钉之间有滚珠轴承，故可调节的螺钉随焊件转动而固定钢管不动，因而固定在钢管固定板上的内圆水冷成形滑块也固定不动，固定钢管另一端则由夹紧架 2 固定不动。

焊前必须认真调节 3 个可调节螺钉 5，使其伸出长度相等，以使右端钢管中心和焊件中心相重合。同时调节夹紧架 2 的高度，使钢管中心线和焊件中心线相重合，以确保焊接过程中焊件转动而内圆水冷成形滑块始终贴紧焊件内圆，而不致漏渣。

焊接以前应通过调节滑块上、下移动机构13的高低，使滑块中心线和焊件水平中心线重合，通过调节滑块前、后移动机构14，使滑块贴紧在焊件外圆上。

（4）焊接参数的选用

环缝丝极电渣焊的焊接参数是指焊接电流、焊接电压、焊接速度、送丝速度、渣池深度、装配间隙、焊丝数目等。操作前，应根据焊件材料和焊件外圆直径、焊件厚度进行选用，见表8-48。

表 8-48 焊接参数的选用

焊件材料	焊件外圆直径/mm	焊件厚度/mm	焊丝数目/根	装配间隙/mm	焊接电流/A	焊接电压/V	焊接速度≤/(m/h)	送丝速度/(m/h)	渣池深度/mm
25	600	80	1	33	400～420	42～46	0.8	190～200	45～55
		120	1	33	470～490	50～54	0.7	240～250	55～60
	1200	80	1	33	420～430	42～46	0.8	200～210	55～60
		120	1	33	520～530	50～54	0.7	270～280	60～65
		160	2	34	410～420	46～50	0.7	190～200	45～55
		200	2	34	450～460	46～52	0.7	220～230	55～60
		240	2	35	470～490	50～54	0.7	240～250	55～60
	2000	300	3	35	450～460	46～52	0.7	220～230	55～60
		340	3	36	490～500	50～54	0.7	250～260	60～65
		380	3	36	520～530	52～56	0.6	270～280	60～65
		420	3	36	550～560	52～56	0.6	290～300	60～65
35	600	50	1	30	300～320	38～42	0.7	120～130	40～45
		100	1	33	420～430	46～52	0.7	200～210	55～60
		120	1	33	450～460	50～54	0.7	220～230	55～60
	1200	80	1	33	390～410	44～48	0.6	180～190	45～55
		120	1	33	460～470	50～54	0.6	230～240	55～60
		160	2	34	350～360	48～52	0.6	150～160	45～55
		240	2	35	450～460	50～54	0.6	220～230	55～60
		300	3	35	380～390	46～52	0.6	170～180	45～55
	2000	200	2	35	390～400	48～54	0.6	180～190	45～55
		240	2	35	420～430	50～54	0.6	200～210	55～60
		280	3	35	380～390	46～52	0.6	170～180	45～55
		380	3	36	450～460	52～56	0.5	220～230	45～55
		400	3	36	460～470	52～56	0.5	230～240	55～60
		450	3	38	520～530	52～56	0.5	270～280	60～65
45	600	60	1	30	260～280	38～40	0.5	100～110	40～45
		100	1	33	320～340	46～52	0.4	135～145	40～45
	1200	80	1	33	320～340	42～46	0.5	130～140	40～45
		200	2	34	320～340	46～52	0.4	135～145	40～45
		240	2	35	350～360	50～54	0.4	155～165	45～55
	2000	340	3	35	350～360	52～56	0.4	150～160	45～55
		380	3	36	360～380	52～56	0.3	160～170	45～55
		420	3	36	390～400	52～56	0.3	180～190	45～55
		450	3	38	410～420	52～56	0.3	190～200	45～55

注：焊丝直径为3mm。

2. 操作要点

环缝丝极电渣焊的操作特点和操作过程见表8-49。

表 8-49　环缝丝极电渣焊的操作特点和操作过程

项目		说　明
操作特点		环缝丝极电渣焊与直缝丝极电渣焊虽同属丝极电渣焊,但操作上又有自身的特点,这些特点可归纳如下 ①环缝丝极电渣焊焊接时,焊件需放在焊接滚轮架上转动,转动速度就是焊接速度。焊接厚壁件时,由于内、外圆周线速度差较大,使焊接熔池金属从内圆向外圆方向移动,因此靠近外圆处母材的熔深变小,没有直缝丝极电渣焊时熔深均匀 ②焊接机头在焊接过程中大部分时间静止不动,只完成焊丝的送丝和摆动动作,仅在收尾时暂作上升运动 ③焊缝的首、尾相接,使操作时产生一系列困难。引弧处不能引至焊缝之外,要从焊件上建立渣池引弧,然后在焊接过程中需切割引弧部分,将未焊透部分切除,并按照收尾处的要求切割成形。收尾时与直缝丝极电渣焊相仿,要在收尾处引出,此时要采用一种特殊的收尾模,在焊接过程中装焊上
操作过程	引弧造渣	环缝引弧造渣除采用平底板外,当焊件厚度大于 100mm 时,常采用斗式引弧板,以减少引弧部分的切割工作量,如图 1 所示 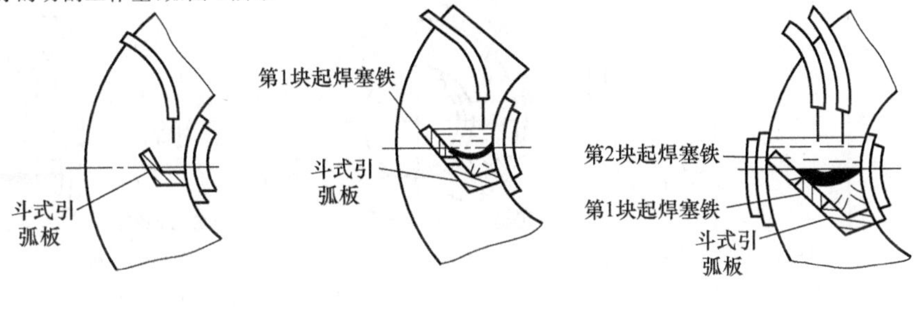 (a) 斗式引弧板引弧造渣　　(b) 随着渣池的形成焊件　　(c) 放入第2块起焊塞铁 　　　　　　　　　　　　　转动放入第1块起焊塞铁 图 1　引弧部分的切割工作量 　　开始先用 1 根焊丝引弧造渣,渣池形成后,逐渐转动焊件,待渣池液面扩大后,放入第 1 块起焊塞铁,在塞铁和装配间隙中的焊件侧面用定位焊焊牢,随着焊件的不断转动,渣池液面的不断扩大,送入第 2 根焊丝,再随渣池液面的进一步扩大,依次放入第 2 块起焊塞铁,定位焊牢,并安上外圆水冷成形滑块,逐步摆动焊丝,进入正常焊接过程
	切割定位塞铁	随着焊接过程的进行和焊件不断地转动,要依次割去焊件间隙中的定位塞铁,并沿内圆切线方向割掉始焊部分,以形成引出部分的侧面(图 2) 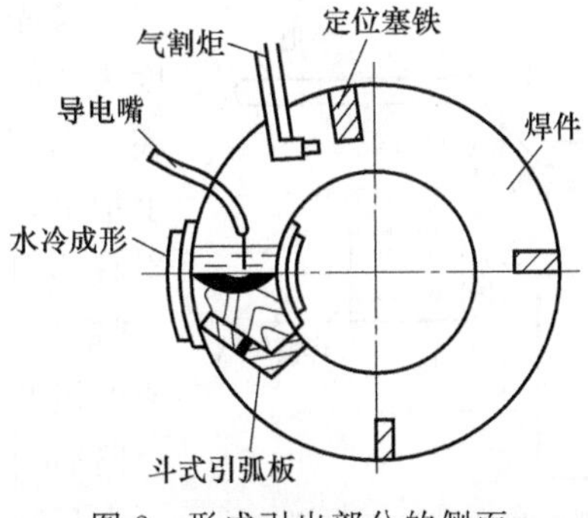 图 2　形成引出部分的侧面
	引出部分的操作	在引出部分焊上⌐形引出板,将渣池引出焊件。⌐形引出板的形状如图 3 所示 　　引弧部分切割后即清除氧化皮,并将⌐形引出板焊在焊件上。当⌐形引出板转至和地面垂直位置时,焊件停止转动(此时焊件内切割好的引出部分也与地面垂直),随着渣池上升,逐步放上外部挡板,焊接机头随之上升(图4)。此时不能降低焊接电流和焊接电压,否则内壁易产生未焊透。操作时应注意:导电嘴不能与内壁相碰短路,同时又要使焊丝尽量靠近内壁,以保证焊透;待渣池全部引出焊件后,再逐渐降低焊接电流、焊接电压

项目		说　　　明
操作过程	引出部分的操作	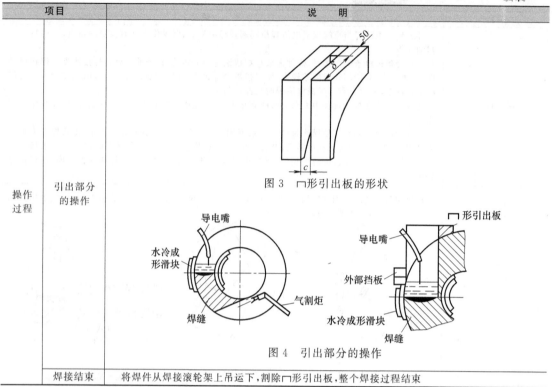图 3　┌┐形引出板的形状 图 4　引出部分的操作
	焊接结束	将焊件从焊接滚轮架上吊运下，割除┌┐形引出板，整个焊接过程结束

（四）丝极电渣焊的操作工艺

利用电流通过液体熔渣所产生的电阻热进行焊接的一种熔焊方法称为电渣焊。根据其使用的电极形状，可分为丝极电渣焊、熔嘴电渣焊和板极电渣焊等。

1. 电渣过程的建立

将一厚度为 100mm 的低碳钢板，中间钻一深度为 70~80mm、直径为 20mm 的圆孔，作为焊件。将弧焊变压器的出线端连接在手把和焊件之间，如图 8-36 所示。

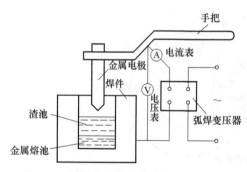

图 8-36　弧焊变压器的出线端连接示意图

首先在焊件的圆孔内放入少量铁屑，将长度为 300~400mm、直径为 8mm 的低碳钢圆钢底端加工成圆锥状，作为金属电极。并夹持在手把上，启动焊机，电压表上指针标出焊机的空载电压值，此时焊工手持手把将金属电极（圆钢）从焊件圆孔中慢慢伸入，应注意，不要使电极和焊件周围的金属相碰，以免造成接触短路而引发电弧，接着迅速从焊件圆孔端口加入少量牌号为 HJ431 的焊剂，当电极轻轻接触圆孔底部的铁屑时，就开始发生电弧，焊剂在电弧热作用下迅速熔化成为液态熔渣，称为渣池，覆盖在由铁屑熔化的金属上面。经过 1~2min 后，渣池已达到一定的深度时，将电极插在熔融的渣池内，于是电弧消失，电流从电极末端通过渣池经过焊件金属形成一回路，于是电渣过程就正式建立。

为了保持正常的电渣过程，使用的焊接参数为：焊接电流 130~150A，焊接电压 30~

34V，渣池深度 35～40mm。整个操作过程可以通过电压表指针的指示值来进行控制。当发现焊接电压值过低（即电极离开金属熔池表面的距离太短），可稍微放慢电极的送进速度或临时将电极向上提拉一下。当发现焊接电压过高时，应加快电极的送进速度。送进电极的过程中，应避免电极与金属熔池短路（此时电压表指示值为 0）或电极露出渣池表面：前者时间一长，会造成电极和金属熔池焊合在一起；后者使电极在渣池表面打弧，使熔渣飞溅，破坏电渣过程。操作结束时，只要迅速将电极拉出渣池，电渣过程即宣告中断。整个电渣过程的操作示意图如图 8-37 所示。

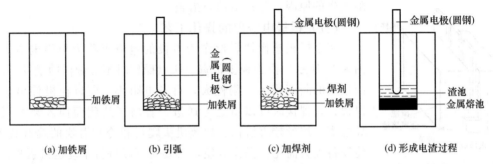

图 8-37　整个电渣过程的操作示意图

2. 丝极电渣焊的操作要点

丝极电渣焊是利用焊丝（为使焊丝通过导电嘴时易于弯曲，焊丝直径不超过 3mm）作为电极形成电渣过程而进行焊接的一种电渣焊方法，如图 8-38 所示。

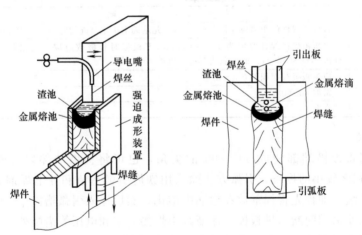

图 8-38　丝极电渣焊

焊接电源的一个极接在焊丝的导电嘴上，另一个极接在焊件上。焊丝由机头上送丝机构的送丝滚轮带动，通过导电嘴送入渣池。焊丝在其自身的电阻热和渣池热的作用下被加热熔化，形成熔滴后穿过渣池进入渣池下面的金属熔池。电流通过渣池时，将渣池内熔渣的温度加热到 2000～2400K，使焊件的边缘加热熔化，焊件的熔化金属也进入金属熔池。随着焊丝金属向金属熔池的过渡，金属熔池液面及渣池表面不断升高。为使焊接机头上的送丝导电嘴与金属熔池液面之间的相对高度保持不变，焊接机头亦应随之同步上升，上升速度应该与金属熔池的上升速度相等，这个速度就是焊接速度。随着金属熔池液面的上升，金属熔池底部的液态金属开始冷却结晶，形成焊缝。丝极电渣焊在操作过程中具有如下特点。

① 丝极电渣焊的焊接方向是由下往上，呈垂直状态，所以焊接接头的轴线是垂直的。但是从某一瞬时看，实际上是一种垂直移动的平焊位置焊接法。

② 全部焊接动作均通过丝极电渣焊机来完成，所以它属于一种自动焊接法，操作者只需通过操纵盘上的按钮来进行控制整个焊接过程，仅仅在必要时通过人工测量一下渣池深度和添加必要的焊剂即可。

③ 丝极电渣焊焊工的操作技能，主要表现在会熟练地使用操纵焊机、选择合理的焊接参数焊接不同厚度的焊件，能及时排除焊接过程中可能出现的各种故障，以及能分析焊接缺陷产生的原因，并提出预防措施。

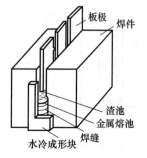

图 8-39　板极电渣焊

（五）板极电渣焊的操作工艺

用金属板条代替焊丝作为电极的电渣焊称为板极电渣焊，如图 8-39 所示。由于板极很宽，所以操作时不必做横向摆动。此外，因板极的断面积大，刚性大，自身电阻小，所以板极伸出长度可以很长，焊接时可以由上方送进，省略了从侧面伸入装配间隙的导电嘴、焊丝校直机构、焊接机头爬行和冷却滑块的提升装置等，使设备大为简化，操作方便，必要时可以进行手动送进板极。

1. 焊接参数的选用

板极电渣焊的焊接参数有焊件装配间隙、板极数目及尺寸、焊接电流、焊接电压、渣池深度等，见表 8-50。

表 8-50　焊接参数

参数	说　明
焊件装配间隙	板极与焊件间距离应保持 7～8mm，在此基础上决定装配间隙为 28～40mm
板极数目及尺寸	单板极焊接焊件厚度为 110～150mm，多板极时板极数应取 3 的倍数；板极尺寸厚为 8～16mm，宽为 70～110mm，长为焊缝长度的 4～5 倍
焊接电流	应为板极截面积的 0.4～0.8
焊接电压	常取 30～40V
渣池深度	常取 30～35mm

2. 操作要领

引弧造渣时将板极端部切成 60°～90° 的尖角，也可将板极端部切出或焊上一块长为 100mm 左右而宽度较小的板条。引弧方法除采用铁屑引弧造渣和导电焊剂无弧造渣外，还可采用注入熔渣法，即预先将焊剂放在坩埚内熔化，然后注入引弧槽内。

焊缝的收尾除采用间断送进板极、逐渐减小焊接电流和电压等措施外，还可以采用间断供电的方法，停电时间为 5～15s，依次增加；供电时间为 10～5s，依次减小。重复进行 5～7 次。

（六）管极电渣焊的操作工艺

用一根涂有药皮的管子代替熔嘴板的电渣焊称为管极电渣焊。管极电渣焊是熔嘴电渣焊的一个特例。其电极为固定在接头间隙中的涂料钢管和不断地向渣池中送进的焊丝。因涂料药皮有绝缘作用，故管极不会和焊件短路，装配间隙可缩小，能节省焊接材料，提高焊接生产率。由于只用 1～2 根管极，故操作方便。

1. 焊接参数的选用

管极电渣焊的焊接参数有送丝速度、焊接电压、焊接速度、装配间隙、渣池深度、管极数目。操作前，应根据结构形式、焊件材料、接头形式和焊件厚度进行选用，见表 8-51。

表 8-51　管极电渣焊的焊接参数

结构形式	焊件材料	接头形式	焊件厚度/mm	管极数目/根	装配间隙/mm	焊接电压/V	焊接速度/(m/h)	送丝速度/(m/h)	渣池深度/mm
非刚性固定结构	Q235A Q345 (16Mn) 20	对接接头	40	1	28	42~46	约2	230~250	55~60
			60	2	28	42~46	约1.5	120~140	40~45
			80	2	28	42~46	约1.5	150~170	45~55
			100	2	30	44~48	约1.2	170~190	45~55
			120	2	30	46~50	约1.2	200~220	55~60
		T形接头	60	2	30	46~50	约1.5	80~100	30~40
			80	2	30	46~50	约1.2	130~150	40~45
			100	2	32	48~52	约1.0	150~170	45~55
刚性固定结构	Q235A Q345 (16Mn) 20	对接接头	40	1	28	42~46	约0.6	60~70	30~40
			60	2	28	42~46	约0.6	60~70	30~40
			80	2	28	42~46	约0.6	75~80	30~40
			100	2	30	44~48	约0.6	85~90	30~40
			120	2	30	46~50	约0.5	95~100	30~40

2. 操作要点

将焊件按选定的装配间隙用定位板安装在一起，在下部焊上引弧板，上部焊上引出板，再将管极夹持装置固定在焊件上。管极用铜夹头夹紧，以利于导电。管极离引弧槽底板的距离为 15~25mm。引弧造渣时，为防止因渣池上升太快产生始焊段未焊透，故采用较低的送丝速度（约 200m/h）；为保证电渣过程的稳定进行和焊缝的上、下熔宽基本一致，在送丝速度一定的情况下，焊接过程中应尽量保持焊接电压和渣池深度不变。

收尾时，同样应对焊缝进行补缩，即适当降低焊接电压并断续送进焊丝。

五、电渣焊操作时的注意事项

电渣焊操作时的注意事项见表 8-52。

表 8-52　电渣焊操作时的注意事项

项目	说　明
电渣焊时的安全用电	电渣焊时，单相空载电压超过 60V，两相之间的电压可达 100V 以上，均超过 36V 的安全电压。因此，焊工在作业过程中，具有触电的危险性，必须遵循下列安全用电规则 ①焊工应避免在带电情况下触及电极，当必须在带电情况下触及电极时，应戴有干燥的皮手套，使用的扳手、钢丝钳等应用黑胶布绝缘 ②不允许焊工在带电情况下，同时接触两相电极
电渣焊时防止有害气体的产生	电渣焊用焊剂 HJ360 内含 CaF_2 10%~19%（质量分数），固态导电焊剂 HJ170 内含 CaF_2 27%~40%（质量分数），焊接时，焊剂中的 CaF_2 发生分解，产生有毒气体 HF，影响焊工身体健康。因此，应采取如下预防措施 ①电渣焊作业区应加强通风措施，尽量排除有毒气体 ②焊工进入半封闭的筒体、梁柱进行操作时，时间不能过长，并应有人在外面接应 ③通风不良的焊件应开排气孔
防止烧伤的措施	(1)产生爆渣或漏渣的原因 ①焊接面附近有缩孔，焊接时熔穿，气体进入渣池 ②引弧板、引出板和焊件之间间隙大，熔渣流入间隙 ③水分进入渣池：进、出水管阻塞或压扁，引起水冷成形滑块熔穿；焊丝、熔嘴板、板极将水冷成形滑块击穿；耐火泥太湿，焊剂潮湿，水冷成形滑块漏水 ④电渣过程不稳定 ⑤焊件错边太大，水冷成形滑块与焊件不密合

续表

项目	说　明
防止烧伤的措施	（2）防止爆渣或漏渣的措施 ①焊前对焊件应严格检查有无缩孔等孔洞或裂纹等缺陷。若有缺陷，要清除干净，被焊后方能进行电渣焊 ②提高装配质量 ③焊前仔细检查供水系统，焊剂应烘干 ④正确选择焊接参数，确保电渣过程稳定进行 ⑤焊件应按工艺要求装配，水冷成形滑块应与焊件密合

六、电渣焊焊后热处理

常规电渣焊由于其热循环的特点，焊后使焊缝晶粒长大，焊接接头的力学性能有所降低，并存在一定的内应力，因此通常要进行焊后热处理。

1. 退火处理

热处理温度为 $500\sim700℃$，处理后不发生相变，只能消除焊接应力，力学性能无明显变化，可用于复杂工件的中间热处理和冲击性能要求不高的工件。

2. 高温退火处理

热处理温度为 $A_{c3}+(30\sim50)℃$，处理后魏氏体组织基本消除，冲击韧性提高，但不如正火＋回火处理完善，在无法正火的条件下采用。

3. 正火＋回火处理

先进行正火处理，温度为 $A_{c3}+(30\sim50)℃$，经空冷后再接着进行回火处理，温度为 $500\sim700℃$。处理后不仅魏氏体组织消除，晶体细化，而且冲击韧性提高。

单熔嘴电渣焊和管状电渣焊由于热输入量减少，可以考虑不进行热处理或只进行消除应力处理。是否热处理，也可由用户同制造商或工艺设计部门协商决定。

七、电渣焊常见缺陷、产生原因及预防措施

电渣焊常见缺陷、产生原因及预防措施见表 8-53。

表 8-53　电渣焊常见缺陷、产生原因及预防措施

缺陷名称	产生原因	预防措施
热裂纹	①焊缝中杂质偏析 ②焊丝送进速度过大，造成熔池过深，是产生热裂纹的主要原因 ③母材中的 S、P 等杂质元素含量过高 ④焊丝选用不当 ⑤引出结束部分裂纹主要是由于焊接结束时，焊接送丝速度没有逐步降低造成 ⑥含碳量较高的碳钢及低合金钢焊后未及时热处理	①选择优质的电极材料、合适的焊接规范 ②降低焊丝送进速度 ③降低母材中 S、P 等杂质元素含量 ④选用抗热裂纹性能好的焊丝 ⑤焊接结束前应逐步降低焊丝送进速度 ⑥及时热处理
气孔	①水冷成形滑块漏水进入渣池 ②焊剂潮湿 ③采用无硅焊丝焊接沸腾钢，或含硅量低的钢 ④大量氧化铁进入渣池	①焊前仔细检查水冷成形滑块，注意水冷滑块不能漏水 ②焊剂应烘干 ③焊接沸腾钢时采用硅焊丝 ④焊件焊接面应仔细清除氧化皮，焊接材料应去锈

续表

缺陷名称	产生原因	预防措施
夹渣	①焊接参数变动较大或电渣过程不稳定 ②熔嘴电渣焊时,绝缘块熔入渣池过多,使熔渣黏度增加 ③焊剂熔点过高	①保持焊接参数和电渣过程的稳定 ②尽量减少绝缘块熔入渣池的量 ③选择适当焊剂
咬边	①热量过大 ②滑块冷却不良 ③滑块装配不准确	①降低电压,提高焊接速度,缩短摆动焊丝在两侧的停留时间 ②增加水流量及滑块接触面积 ③改进滑块结构,用石棉泥填封
未焊透	①电渣过程及送丝不稳定 ②焊接参数不当,如渣池太深等 ③焊丝或熔嘴距水冷成形滑块太远,或在装配间隙中位置不正确	①保持稳定的电渣过程 ②焊接选择合且保持稳定 ③调整焊丝或熔嘴,使其距水冷成形滑块距离及在焊缝中位置符合工艺要求
未熔合	①焊接电压过高,送丝速度过低,渣池过深 ②电渣过程不稳定 ③焊剂熔点过高	①选择适当的焊接参数 ②保持电渣过程稳定 ③选择适当的焊剂
冷裂纹	冷裂纹是由于焊接应力过大,金属较脆,因而沿着焊接接头的应力集中处开裂(缺陷处) ①焊接结构设计不合理,焊缝密集,或焊缝在板的中间停焊 ②复杂结构,焊缝很多,没有进行中间热处理 ③高碳钢、合金钢焊后未及时进行热处理 ④焊缝有未焊透、未熔合缺陷,又没有及时清理 ⑤焊接过程中断,咬口未及时补焊	①设计时,结构上避免密集焊缝及在板中间停焊 ②焊缝很多的复杂结构,焊接一部分焊缝后,应进行中间消除应力热处理 ③高碳钢、合金钢焊后应及时进炉,有的要采取焊前预热、焊后保温措施 ④焊缝上缺陷要及时清理,停焊处的咬口要趁热挖补 ⑤室温低于 0℃时,电渣焊后要尽快进行热处理

第三节 | 等离子弧焊接与切割

一、等离子弧的形成

等离子弧是电弧的一种特殊形式,是借助水冷喷嘴的外部拘束作用使电弧的弧柱区横截面受到约束,从而使电弧的温度、能量密度以及等离子流速等得到显著增加。电弧在等离子枪中受到压缩,能量更加集中,其横截面的能量密度可提高到 $10^5 \sim 10^6 \, \mathrm{W/cm^2}$,弧柱中心温度可达到 $15000 \sim 33000 \mathrm{K}$。这种情况下,弧柱中的气体随着电离度的提高而转化为等离子体,这种压缩电弧称为等离子弧。

等离子弧的形成机理如图 8-40 所示。

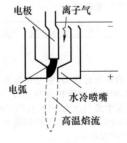

(a) 非转移型等离子弧的产生

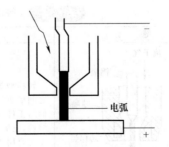

(b) 转移型等离子弧的产生

图 8-40 等离子弧的形成机理

等离子弧在形成过程中受到 3 种压缩效应，即人们常常提到的机械压缩效应、热压缩效应以及磁压缩效应，见表 8-54。

表 8-54 等离子弧的形成

类别	说　明
机械压缩效应	所谓机械压缩，是指在电弧通路上增加了水冷的铜喷嘴，并且送入工作气体，使电弧在发射过程中受到喷嘴孔径的拘束而不能自由扩散，这种拘束作用就是机械压缩效应
热压缩效应	当电弧通过水冷的喷嘴时，它受到外部不断送来的冷气流及导热性很好的水冷喷嘴孔道壁的冷却作用，弧柱外围气体的温度降低，导电截面缩小，这就是热压缩效应。如果在已变小的截面上通过与原来同样大小的电流，单位截面上的电流值就变大，这实际就是带电粒子密度的提高，自然也就是温度的升高。但是，要想在已经缩小的截面上通过同样的电流，则必须提高供给电压，这时弧柱的电场强度才会增高
磁压缩效应	磁压缩效应是指电弧电流自己产生的磁场对弧柱的压缩作用。把弧柱看成一束平行的导线，在流过同方向电流时，该束互相平行的导线就会力图互相靠紧，其作用随电流密度的提高而增强。磁压缩效应在自由燃烧的电弧中也存在，但由于等离子弧有较高的电流密度，磁压缩应比前者要强些。但是它是以热压缩效应为前提的，在已经收缩的较细弧柱中，这种压缩效应得到进一步增强

二、等离子弧的类型与特点

1. 等离子弧类型

① 等离子弧进行的分类及其用途　按工作气体对等离子弧进行的分类及其用途见表 8-55。

表 8-55 按工作气体对等离子弧进行的分类及其用途

切割方法	工作气体	主要用途	切割厚度/mm
氢等离子弧	$Ar, Ar + H_2$ $Ar + N_2$ $Ar + N_2 + H_2$	切割不锈钢、有色金属及其合金	$4 \sim 140$
氮等离子弧	$N_2, N_2 + H_2$		$0.5 \sim 100$
空气等离子弧	压缩空气	切割碳钢和低合金钢，也适用于切割不锈钢和铝	$0.1 \sim 40$ （碳钢和低合金钢）
氧等离子弧	O_2 或非纯氧		$0.5 \sim 40$
双重气体等离子弧	N_2（工作气体） CO_2（保护气体）	切割不锈钢、铝和碳钢，不常用	$\leqslant 25$
水再压缩等离子弧	N_2（工作气体） H_2O（压缩电弧用）	切割碳钢和低合金钢、不锈钢以及铝合金等有色金属	$0.5 \sim 100$

② 根据电源的不同接法　等离子弧主要有三种形式，见表 8-56。

表 8-56 等离子弧的三种形式

类别	图　示	说　明
转移型等离子弧	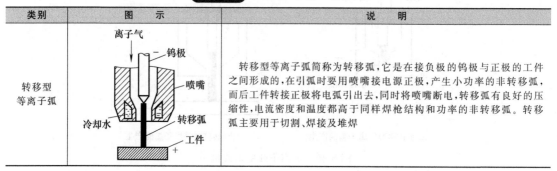	转移型等离子弧简称为转移弧，它是在接负极的钨极与正极的工件之间形成的，在引弧时要用喷嘴接电源正极，产生小功率的非转移弧，而后工件转接正极将电弧引出去，同时将喷嘴断电，转移弧有良好的压缩性，电流密度和温度都高于同样焊枪结构和功率的非转移弧。转移弧主要用于切割、焊接及堆焊

类别	图　　示	说　　明
非转移型等离子弧	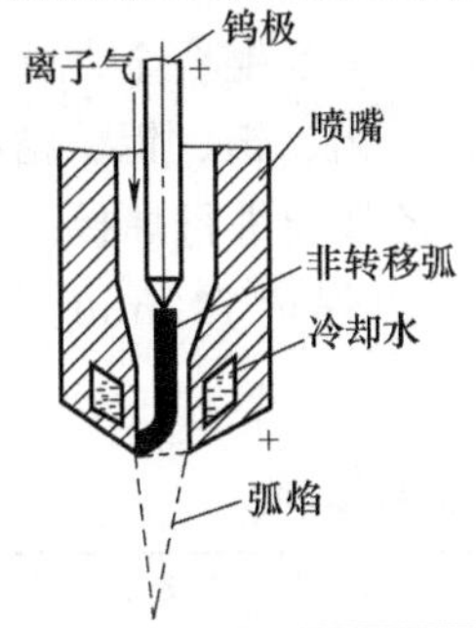 离子气　钨极 喷嘴 非转移弧 冷却水 弧焰	非转移型等离子弧简称为非转移弧,它是在接负极的钨极与正极的喷嘴之间形成的,工件不带电。等离子弧在喷嘴内部不延伸出来,但从喷嘴中喷射出的高速焰流。非转移弧常用于喷涂、表面处理及焊接或切割的金属或非金属
联合型等离子弧	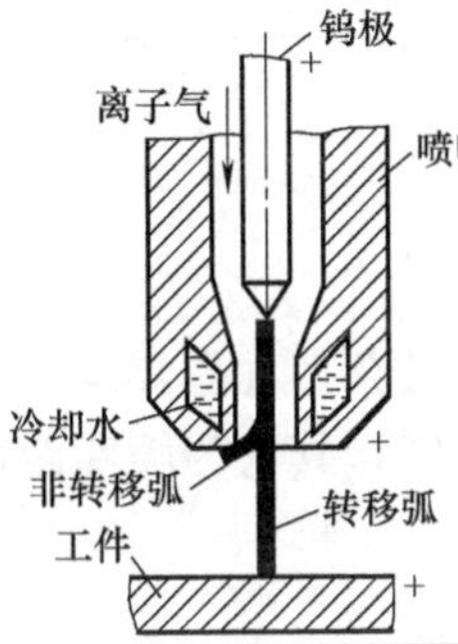 钨极 离子气　喷嘴 冷却水 非转移弧　转移弧 工件	联合型等离子弧由转移弧和非转移弧联合组成,它主要用于电流在100A以下微束等离子焊接,以提高电弧的稳定性。在用金属粉末材料进行等离子堆焊时,联合型等离子弧可以提高粉末的熔化速度而减少熔深和焊接热影响区

2. 等离子弧的特点

等离子弧的特点见表 8-57。

表 8-57　　等离子弧的特点

特点	说　　明
温度非常高,能量集中	等离子弧最引人注目的特点就是温度非常高,典型的等离子弧温度为 10000～20000K。如下图显示的是非转移型等离子弧的温度测量结果。氩气流量为 10L/min。由下图中可以看出,在喷嘴出口处的中心温度已达到 20000K 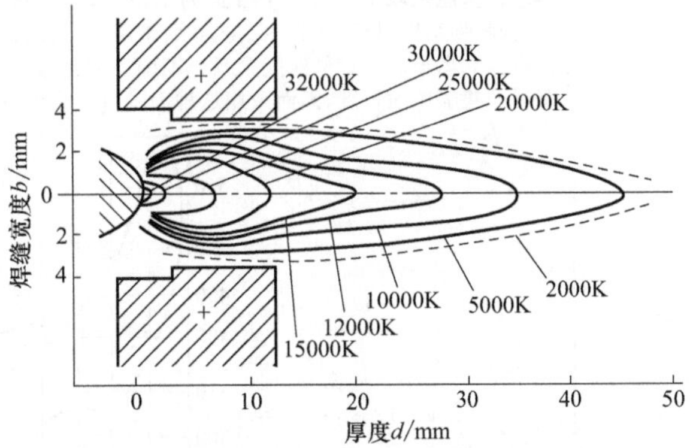 非转移型等离子弧的温度测量结果
等离子弧焰流速度非常高	进入喷枪中的离子气体被加热到上万摄氏度的高温,其体积迅速膨胀,因而等离子弧焰流自喷枪中以极高速度喷出。在喷嘴附近,其速度有时可以接近音速,具有很大的冲击力
等离子弧稳定性好	等离子弧是一种压缩型电弧,弧柱刚度较大、电离度高,因而等离子弧位置、形状以及电弧电压、电弧电流都比电弧稳定,外界干扰对电弧的影响较小
等离子弧可调节性好	等离子弧的可调节因素较多,可在很广的范围内稳定工作,因此可以满足等离子工艺的要求

三、等离子弧焊接的应用范围

等离子弧焊可焊接低碳钢、低合金钢、不锈钢、耐热钢、铜及铜合金、镍及镍合金、钛及钛合金、铝及铝合金等。充氩箱内等离子弧还可以焊接钨、钼、钽、铌、锆及其合金，微束等离子弧焊接薄件具有明显的优势，0.01mm 的板厚或直径都能进行焊接。大电流等离子弧焊时，不开坡口，不留间隙，不填焊丝，不加衬垫，一次可焊透 712mm。大电流等离子弧焊一次可焊透的厚度见表 8-58。

表 8-58　大电流等离子弧焊一次可焊透的厚度　　　　　　　mm

材料	不锈钢	低合金钢	钛及钛合金	铝及铝合金	镍及镍合金	低合金锡	低碳钢	铜合金
焊接厚度	≤8	≤8	≤12	≤12	≤6	≤7	≤8	≤2.5

四、等离子弧焊接工艺

1. 等离子弧焊接工艺参数

小孔型等离子弧焊接时，焊接过程中确保小孔的稳定，是获得优质焊缝的前提。影响小孔稳定性的主要工艺参数有离子气流量、焊接电流及焊接速度，其次为喷嘴距离和保护气体流量等，其说明见表 8-59。

表 8-59　等离子弧焊接工艺参数

工艺参数	说　明
离子气流量	离子气流量增加，可使等离子流力和熔透能力增大。在其他条件不变时，为了形成小孔，必须要有足够的离子气流量。但是离子气流量过大也不好，会使小孔直径过大而不能保证焊缝成形。喷嘴孔径确定后，离子气流量大小视焊接电流和焊接速度而定，亦即离子气流量、焊接电流和焊接速度三者之间要有适当的匹配
焊接电流	焊接电流增加，等离子弧穿透能力增加。和其他电弧方法一样，焊接电流总是根据板厚或熔透要求来选定。电流过小，不能形成小孔。电流过大，又将因小孔直径过大而使熔池金属坠落。此外，电流过大还可能引起双弧现象。因此，在喷嘴结构确定后，为了获得稳定的小孔焊接过程，焊接电流只能被限定在某一个合适的范围内，而且这个范围与离子气的流量有关，见下图。如图(a)为喷嘴结构，板厚和其他工艺参数给定时，用试验方法在 8mm 厚不锈钢板上测定的小孔型焊接电流和离子气流量的匹配关系。图中 1 为普通圆柱形喷嘴，2 为三孔型收敛扩散型喷嘴，后者降低了喷嘴压缩程度，因而采用这种喷嘴可提高工件厚度和焊接速度 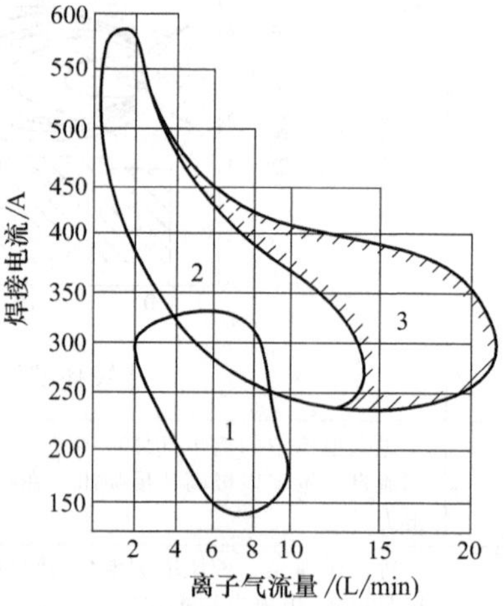 (a)焊接电流-离子气流量匹配 1—普通圆柱形喷嘴；2—三孔型收敛扩散型喷嘴；3—加填充金属可消除咬肉的区域

续表

工艺参数	说　　明

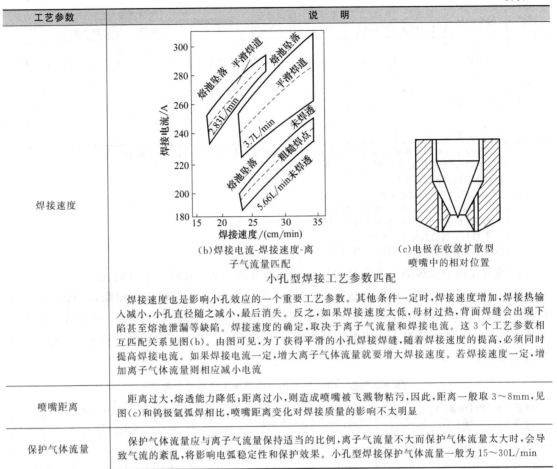

(b)焊接电流-焊接速度-离子气流量匹配　　(c)电极在收敛扩散型喷嘴中的相对位置

小孔型焊接工艺参数匹配

焊接速度	焊接速度也是影响小孔效应的一个重要工艺参数。其他条件一定时,焊接速度增加,焊接热输入减小,小孔直径随之减小,最后消失。反之,如果焊接速度太低,母材过热,背面焊缝会出现下陷甚至熔池泄漏等缺陷。焊接速度的确定,取决于离子气流量和焊接电流。这3个工艺参数相互匹配关系见图(b)。由图可见,为了获得平滑的小孔焊接焊缝,随着焊接速度的提高,必须同时提高焊接电流。如果焊接电流一定,增大离子气体流量就要增大焊接速度。若焊接速度一定,增加离子气体流量则相应减小电流
喷嘴距离	距离过大,熔透能力降低;距离过小,则造成喷嘴被飞溅物粘污,因此,距离一般取3～8mm,见图(c)和钨极氩弧焊相比,喷嘴距离变化对焊接质量的影响不太明显
保护气体流量	保护气体流量应与离子气流量保持适当的比例,离子气流量不大而保护气体流量太大时,会导致气流的紊乱,将影响电弧稳定性和保护效果。小孔型焊接保护气体流量一般为15～30L/min

　　常用的4类金属（碳钢和低合金钢、不锈钢、钛合金、铜和黄铜）小孔型等离子弧焊接工艺参数参考值如表8-60所示。

表 8-60　小孔型等离子弧焊接工艺参数参考值

材料	厚度/mm	接头及坡口形式	电流(直流正接)/A	电弧电压/V	焊接速度/(cm/min)	气体成分	气流流量/(L/min) 离子气	气流流量/(L/min) 保护气体	备注[①]
碳钢和低合金钢	3.2	I形对接	185	28	30	Ar	6.1	28	小孔技术
	4.2		200	29	25		5.7	28	
	6.4[②]		275	33	36		7.1	28	
不锈钢[③]	2.4	I形对接	115	30	61	Ar95%+H₂5%	2.8	17	小孔技术
	3.2		145	32	76		4.7	17	
	4.8		165	36	41		6.1	21	
	6.4		240	38	36		8.5	24	
	9.5 根部焊接 填充焊道	V形对接[④]	230	36	23	Ar95%+ H₂5%He	5.7	21	小孔技术 填充丝[⑤]
			220	40	18		11.8	83	
钛合金[⑥]	3.2	V形对接	185	21	51	Ar	3.8	28	小孔技术
	4.8		175	25	33	Ar	3.5	28	
	9.9		225	38	25	Ar75%+Ar25%	15.1	28	
	12.7		270	36	25	Ar50%+Ar50%	12.7	28	
	15.1	V形坡口[⑦]	250	39	18	Ar50%+Ar50%	14.2	28	

续表

材料	厚度/mm	接头及坡口形式	电流(直流正接)/A	电弧电压/V	焊接速度/(cm/min)	气体成分	气流流量/(L/min) 离子气	保护气体	备注①
铜和黄铜	2.4	V形对接	180	28	25	Ar	4.7	28	小孔技术
	3.2		300	33	25	He	3.8	5	一般熔焊技术⑧
	6.4		670	46	51	He	2.4	28	一般熔焊技术
	2.0③ (Cu70-Zn30)		140	25	51	Ar	3.8	28	小孔技术
	3.2③ (Cu70-Zn30)		200	27	41	Ar	4.7	28	小孔技术

① 碳钢和低合金钢焊接时喷嘴高度为1.2mm，焊接其他金属时为4.8mm；采用多孔喷嘴。
② 预热到316℃，焊后加热至339℃，保温1h。
③ 焊缝背面需做保护气体保护。
④ 60°V形坡口，钝边高度为4.8mm。
⑤ 直径1.1mm的填充金属丝，送丝速度为152cm/min。
⑥ 要求采用保护焊缝背面的气体保护装置和带后拖的气体保护装置。
⑦ 30°V形坡口，钝边高度为9.5mm。
⑧ 采用一般常用的熔化技术和石墨支撑衬垫。

　　熔透型等离子弧焊的工艺参数项目和小孔型等离子基本相同。工件熔化和焊缝成形过程与钨极氩弧焊相似，中、小电流（0.2～100A）熔透型等离子弧焊常采用联合型弧。由于非转移弧（维弧）的存在，使得主弧在很小电流下（<1A）也能稳定燃烧。弧的阳极斑点位于喷嘴孔壁上，弧电流过大，容易损坏喷嘴，一般选用2～5A。熔透型等离子弧焊接工艺参数参考值见表8-61。

表 8-61　熔透型等离子弧焊接工艺参数参考值

厚度/mm	焊接电流/A	电弧电压/V	焊接速度/(cm/min)	离子气(Ar)/(L/min)	保护气/(L/min)	喷嘴孔径/mm	备注
不锈钢							
0.025	0.3	—	12.7	0.2	8(Ar99%+H₂1%)	0.75	
0.075	1.6	—	15.2	0.2	8(Ar99%+H₂1%)	0.75	
0.125	1.6	—	37.5	0.28	7(Ar99.5%+H₂0.5%)	0.75	卷边焊
0.175	3.2	—	77.5	0.28	9.5(Ar96%+H₂4%)	0.75	
0.25	5	30	32.0	0.5	7(Ar100%)	0.6	
1.6	46	—	25.4	0.47	12(Ar95%+H₂5%)	1.3	
2.4	90	—	20.0	0.7	12(Ar95%+H₂5%)	2.2	手工对接焊
3.2	100	—	25.4	0.7	12(Ar95%+H₂5%)	2.2	
镍合金							
0.15	5	22	30.0	0.4	5(Ar100.5%)	0.6	
0.56	4～5	—	15.0～20.0	0.28	7(Ar92%+H₂8%)	0.8	
0.71	5～7	—	15.0～20.0	0.28	7(Ar92%+H₂8%)	0.8	对接焊
0.91	6～8	—	12.5～17.5	0.33	7(Ar92%+H₂8%)	0.8	
1.2	10～12	—	12.5～15.0	0.38	7(Ar92%+H₂8%)	0.8	
钛							
0.75	3	—	15.5	0.2	8(Ar100%)	0.75	
0.2	5	—	15.5	0.2	8(Ar100%)	0.75	
0.37	8	—	12.5	0.2	8(Ar100%)	0.75	手工对接焊
0.55	12	—	25.0	0.2	8(He75%+Ar25%)	0.75	
哈斯特洛依合金							
0.125	4.8	—	25.0	0.28	8(Ar100%)	0.75	
0.25	5.8	—	20.0	0.28	8(Ar100%)	0.75	
0.5	10	—	25.0	0.28	8(Ar100%)	0.75	对接焊
0.4	13	—	50.0	0.28	4.2(Ar100%)	0.9	

续表

厚度 /mm	焊接电流 /A	电弧电压/V	焊接速度 /(cm/min)	离子气(Ar) /(L/min)	保护气/(L/min)	喷嘴孔径 /mm	备注
不锈钢丝							
0.75	1.7	—	—	0.28	7(Ar85%＋$H_2$15%)	0.75	搭接时间 1s
0.75	0.9	—	—	0.28	7(Ar85%＋$H_2$15%)	0.75	端接时间 0.6s
镍丝							
0.12	0.1	—	—	0.28	7(Ar100%)	0.75	搭接热
0.37	1.1	—	—	0.28	7(Ar100%)	0.75	电偶焊
0.37	1.0	—	—	0.28	7(Ar98%＋$H_2$2%)	0.75	
钽丝与镍丝							
0.5	2.5	—	焊 1 点 为 0.2s	0.2	9.5(Ar100%)	0.75	点焊
纯铜							
0.025	0.3	—	12.5	0.28	9.5(Ar99.5%＋$H_2$0.5%)	0.75	卷边焊
0.075	10	—	15.0	0.28	9.5(Ar92.5%＋$H_2$7.5%)	0.75	对接焊

2. 等离子弧焊接操作要点

等离子弧焊接操作要点见表 8-62。

表 8-62　等离子弧焊接操作要点

操作	说　明
焊前	准备手工焊时,头戴头盔式面罩,右手持焊枪,左手拿焊丝 ①检查焊机气路并打开气路,检查水路系统并接通电源上的电源开关 ②检查电极和喷嘴的同轴度,接通高频振荡器回路,高频火花应在电极与喷嘴之间均匀分布且达80%以上
引弧	①接通电源后提前送气至焊枪,接通高频回路,建立非转移弧 ②一种方法是:焊枪对准工件达适当的高度,建立起转移弧,形成主弧电流,进行等离子弧焊接,随即非转移弧回路、高频回路自动断开,维弧电流被切断。另一种方法是:电极与喷嘴相触。当焊接电源、气路、水路都进入开机状态时,按下操作按钮,加上维弧回路空载电压,使电极与喷嘴短路,然后回抽向上,在电极与喷嘴之间产生电弧,形成非转移电弧。焊枪对准工件,等离子弧形成(转移弧),引弧过程结束,维弧回路自动切断,进入施焊阶段 ③小孔型等离子弧焊的引弧,板厚<3mm 的纵缝和环缝,可直接在工件上引弧,工件厚度较大的纵缝可采用引弧板引弧。但由于环缝不便加引弧板,必须在工件上引弧,因此,应采用焊接电流和离子气递增的办法,完成引弧建立小孔的过程。厚板环缝小孔型焊接电流及离子气流量斜率控制曲线如下图所示 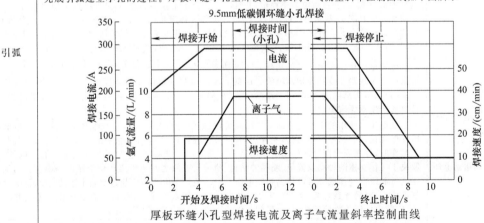 厚板环缝小孔型焊接电流及离子气流量斜率控制曲线
焊接	操作方法与钨极氩弧焊相同
收尾	采用熔透法焊,收尾可在工件上进行,但要求焊机具有离子气流量和焊接电流递减功能,避免产生弧坑等缺陷。若收尾处可能会产生弧坑,应适当添加与工件相匹配的焊丝来填满弧坑。采用穿透法焊收尾时,纵缝厚板应在引出板上收尾,环缝只能在工件上收尾,但要采取焊接电流和离子气流量递减的方法来解决小孔问题

续表

操作	说　明
不同位置的等离子弧焊操作要点	对接焊操作焊炬与焊接方向的夹角为70°～80°，焊炬与两侧平面各为90°的夹角，采用左焊法。自动焊焊炬与工件可成90°的夹角。等离子弧焊各种位置的操作方法与钨极氩弧焊相似 操作应注意在引弧后，等离子弧加热工件达到一定的熔深时，较高压力的等离子气流从熔池反面流出，把熔池内的液体金属推向熔池的后方，形成隆起的金属壁，从而破坏焊缝成形，使熔池金属严重氧化，甚至产生气孔，这就是引弧时的翻弧现象。为了避免这种现象，在焊接刚开始时，选用较小的焊接电流和较小的离子气流，使焊缝的熔深逐渐增加，等焊到一定的长度后再增加焊接电流并达到一定的工艺定值，同时工件或焊枪暂停移动，增加离子气流量达到规定值。此时工件温度较高，受到等离子弧热量和等离子流力的作用，便很快形成穿透型小孔，一旦小孔形成，工件移动（或焊枪移动）进入正常焊接过程。为防止翻弧，可先在起焊部位钻一个 $\phi2mm$ 的小孔

五、等离子弧切割工艺

等离子弧切割的工艺参数包括工作气体的种类及流量、切割电流、空载电压及切割电压、切割速度以及喷嘴到工件的高度，其说明见表8-63。

表 8-63　等离子弧切割的工艺参数

工艺参数	说　明
工作气体的种类及流量	等离子弧切割最常用的气体为氩气、氮气、氮和氩混合气体、氮和氢混合气体以及氩和氢混合气体等，使用时根据不同的切割材料和工艺条件选用合适的气体。空气等离子弧切割采用压缩空气或离子气为常用气体，而外喷射为压缩空气。水再压缩和等离子弧切割采用常用气体为工作气体，外喷射为高压水。等离子弧切割常用气体的选择见表1。由于氮气是双原子气体，热压缩效应好，动能大，但引弧和稳弧性差。氢气的引弧和稳弧性更差，且使用安全要求高，常作为切割大厚度板材的辅助气体。氩气是单原子气体，引弧性和稳弧性好，但切割气体流量大，不经济，常与双原子气体混合使用 表 1　等离子弧切割常用气体的选择 {{TABLE1}} 气体流量应该与喷嘴孔径大小相适应。气体流量较大，有利于压缩电弧，使等离子弧的能量更加集中，从而使切割电压得到提高，有利于提高切割速度和获得较好的切割质量。但是，如果切割气体流量太大，会造成电弧不稳定，并且冷空气会带走较多的热量，从而降低了切割能力 通常情况下，某一种割炬在设计时已经定好工作气体流量的大小，一般按规定值供给气体即可。当切割材料的厚度差别较大时，可以做适当的调整。如用非氧化性气体切割厚度100mm以下不锈钢，气体常用流量为42～59L/min，而厚度为100～250mm时，气体流量可增大至50～130L/min
切割电流	电流和电压决定等离子弧的功率。随着功率的提高，切割速度和切割厚度都相应增加。一般依据厚度及切割速度选择切割电流。切割电流应该与一定尺寸的电极和喷嘴相对应，对于厚度一定的板材，切割电流越大，切割速度也越快，但是切割电流过大，容易导致电极和喷嘴烧损，并且容易产生双弧现象
空载电压和切割电压	空载电压与使用的工作气体的电离度有关，根据预定使用的工作气体种类及切割厚度，空载电压在电源设计时已经确定，它影响着切割电压。较高的空载电压，容易引弧，但电压高，尤其是手工操作时，存在安全问题。切割电压不是一个独立的工艺参数，它除了与空载电压有关以外，还取决于工作气体的种类及流量、喷嘴的结构、喷嘴与工件之间的距离和切割速度等因素。增加气体流量和改变气体成分可以提高切割电压。但一般切割电压不应超过空载电压的2/3，否则电弧就不稳定，容易导致熄弧。在切割大厚度板材和采用双原子气体时，空载电压相应要高些。此外，空载电压还与割枪的结构，喷嘴到工件的距离、气体流量等因素有关
切割速度	切割速度是指切割过程中割炬与工件的相对移动速度，它是衡量切割生产率的主要指标。同时切割速度影响着切割质量，合适的切割速度可以获得良好的切口表面。在切割功率一定的情况下，提高切割速度可以使切口变窄，热影响区变小，但如果速度过快，就不能割透工件。过慢的切割速度不仅影响生产，同时对切口的质量有严重的影响。切割速度是一个取决于板材厚度、切割电流、切割电压、气体种类和流量，以及喷嘴结构等因素的量

表 1　等离子弧切割常用气体的选择

工件厚度/mm	气体种类及含量	空载电压/V	切割电压/V
≤120	N_2	250～350	150～200
≤150	N_2 60%～80%＋Ar	200～350	120～200
≤200	N_2 50%～80%＋H_2	300～500	180～300
≤200	Ar＋H_2 35%	350～500	150～300

工艺参数	说　明
喷嘴到工件的高度	喷嘴到工件的距离增加时,会导致有效热量减少,对熔融金属的吹力减少,使得熔融在切口下端形成熔瘤,影响切割质量,还会导致双弧现象的出现。但当距离过小时,喷嘴与工件间又容易造成短路,从而导致喷嘴烧坏 在电极的内缩量一定时(一般为2~4mm),喷嘴到工件的距离应该保持在6~8mm。除正常切割外,空气等离子弧切割时,喷嘴与工件可以相互接触,使喷嘴紧贴着工件表面滑动,这种切割方式叫做接触切割或笔式切割,其切割厚度约为正常切割时的一半
切割工艺参数	几乎所有的金属材料和非金属材料都可以用等离子弧切割,表2给出了各种不同厚度材料的等离子弧切割工艺参数

表2　各种不同厚度材料的等离子弧切割工艺参数

材料	工件厚度 /mm	喷嘴孔径 /mm	空载电压 /V	切割电流 /A	切割电压 /V	氮气流量 /(L/h)	切割速度 /(m/h)
不锈钢	8	3	160	185	120	2100~2300	45~50
	20	3	160	220	120~125	1900~2200	32~40
	30	3	230	280	135~140	2700	35~40
	45	3.5	240	340	145	2500	20~25
铝及铝合金	12	2.8	215	250	125	4400	784
	21	3.0	230	300	130	4400	75~80
	34	3.2	240	350	140	4400	35
	80	3.5	245	350	150	4400	10
紫铜	5	—	—	310	70	1420	94
	18	3.2	180	340	84	1660	30
	38	3.2	252	304	106	1570	11.3
低碳钢	50	7	252	300	110	1050	10
	80	10	252	300	110	1230	5
铸铁	5	—	—	300	70	1450	60
	18	—	—	360	73	1510	25
	35	—	—	370	100	1500	8.4

六、等离子弧焊接与切割基本方法

(一)等离子弧焊接

借助水冷喷嘴对电弧的拘束作用,获得较高能量密度的等离子弧进行焊接的方法叫等离子弧焊。等离子弧具有温度高(16000~30000℃)、能量密度大、电弧挺度好、机械冲刷力强等特点。

按焊缝成形原理,等离子弧焊分为小孔型等离子弧焊、熔透型等离子弧焊和微束等离子弧焊3种基本方法。

1. 小孔型等离子弧焊

小孔型等离子弧焊又称穿孔、锁孔或穿透焊,焊缝成形是利用等离子弧能量密度大和等离子流力大的特点,将工件完全熔透,并产生一个贯穿工件的小孔。被熔化的金属的电弧吹力、液体金属重力与表面张力在相互作用下保持平衡。焊枪前进时,小孔在电弧后方锁闭,形成完全熔透的焊缝。穿孔效应只有在足够的能量密度条件下才能形成,板厚增加,所需能量密度也增加,由于等离子弧能量密度的提高有一定限制,因此小孔型等离子弧焊只能在有限板厚内进行,见表8-60。

2. 熔透型等离子弧焊

当离子气流量较小、弧柱压缩程度较弱时,各种等离子弧在焊接过程中只熔化工件而不产生小孔效应。焊缝成形原理和钨极氩弧类似,称为熔透、熔入型或熔融法等离子弧焊,主要用于薄板单面焊双面焊成形式及厚板的多层焊、角焊缝的焊接。

3. 微束等离子弧焊

30A 以下熔透型焊接通常称为微束等离子弧焊。采用小孔径压缩喷嘴（直径 0.6～1.2mm）及联合型弧。微束等离子弧又称针状等离子弧焊。采用小孔径压缩仍有较好的稳定性（喷嘴至工件的距离可达 2mm 以上），能够焊接细丝和箔材。

等离子弧焊与钨极氩弧焊类似，可手工焊也可自动焊；可加填充金属或不加填充金属。等离子弧焊可以焊接碳钢、不锈钢、铜合金、镍合金、钛合金等（铝合金采用交流微束等离子弧焊接）。不开坡口对接，能一次焊透的厚度见表 8-58。当金属厚度超过 8～9mm 后，从费用上考虑，不宜采用等离子弧焊。对于质量要求较高的厚板焊缝（尤其是单面焊双面成形），可用等离子弧焊封底，然后采用熔敷效率更高、更经济的焊接方法焊完其余各层焊缝。

对于不锈钢，等离子弧焊的最薄工件为 0.025mm。熔点和沸点低的金属（如铅和锌），不适合用等离子弧焊。

（二）等离子弧切割

1. 等离子弧切割原理及特点

等离子弧切割是利用等离子电弧的高温，一般为 10000～14000℃，由于一般的金属及非金属的熔点都不会超过这个温度，故该方法几乎用于切割所有材料。

等离子弧切割的原理与一般的气体切割原理不同，它是利用高速、高温和高能量的等离子焰流来加热并熔化被切割的材料，在内部或外部的高速气流或水流的作用下，熔化的材料被吹离基体，伴随着等离子弧割炬的向前移动，在其背后形成一道裂缝，基体材料就被切割开来。

等离子切割所用的割枪和等离子弧焊枪相似，其基本构造如图 8-41 所示，用等离子弧切割时，只能采用电流正接法，即工件接电源正极。切割金属时采用转移弧，引燃转移弧的方法与割枪有关。割枪分为有维弧割枪和无维弧割枪两种，有维弧割枪的基本电路如图 8-42 所示，无维弧割枪的电路接线没有电阻支路，其余与有维弧割枪的电路接线相同。

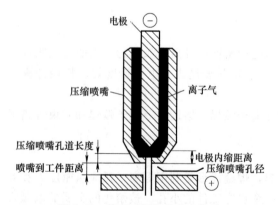

图 8-41 等离子割枪的基本构造

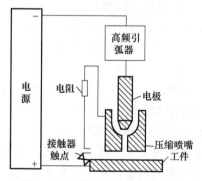

图 8-42 有维弧割枪的基本电路

如图 8-42 中的电阻的作用是限制维弧电流，将维弧电流限制在能够顺利引燃转移弧的最低值，维弧引燃后，当割枪接近工件时，从喷嘴喷出的高速等离子焰流接触到工件便形成电极到工件间的通路，使电弧转移到电极与工件之间，当转移弧建立后，维弧就自动熄灭。

等离子弧切割方法具有切割厚度大、机动灵活等优点，与氧-乙炔焰切割相比，等离子弧能量集中，切割变形小，起始切割时不用预热，几乎能切割所有的材料，而且切割碳钢的速度比氧-乙炔焰快。但是，由于切割熔掉的金属较多，板材较厚时，切口不如氧-乙炔焰切割的光滑平整。

等离子弧切割的特点主要有以下几点。

① 能切割氧-乙炔焰难以切割的各种金属材料，以及非金属材料。

② 切割厚度不大的金属时，切割速度快，尤其是在切割碳素钢薄板时，速度可以达氧-乙炔焰气割法的5～6倍。

③ 切割面光洁，热变形小，尤其适合加工各种成形零件。

④ 切口宽度和切割面斜角较大，但切割薄板时，采用特种切割割炬或工艺可以得到接近垂直的切割面。

⑤ 切割厚板的能力比氧-乙炔焰切割差。

等离子弧切割也存在一些缺点，如切割面粗糙不精确，公差较大，切割过程中会产生弧光、烟尘并且伴随着噪声。与氧-乙炔焰切割相比，等离子弧切割设备较贵，切割用的电源空载电压很高，耗电量大，而且危险性大。

2. 等离子弧切割分类

等离子弧切割方法除一般等离子弧切割外，派生出的形式有水再压缩等离子弧切割、空气等离子弧切割或水再压缩空气等离子弧切割等。

（1）一般等离子弧切割

图8-43所示为一般等离子弧切割原理。等离子弧切割可采用转移型电弧或非转移型电弧。非转移型电弧适宜于切割非金属材料。但由于工件不带电，电弧挺度差，所以非转移型电弧切割金属材料的切割厚度小。因此，切割金属材料通常都采用转移型等离子弧。一般的等离子弧切割不用保护气，工作气体和切割气体从同一喷嘴内喷出。引弧时，喷出小气流离子气体作为电离介质；切割时，则同时喷出大气流气体以排除熔化金属。

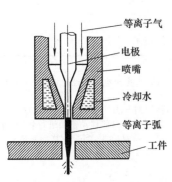

图8-43 一般等离子弧切割原理

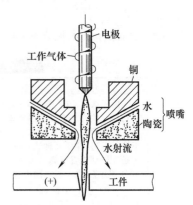

图8-44 水再压缩等离子弧切割原理

（2）水再压缩等离子弧切割

水再压缩等离子弧切割时，由喷嘴喷出的除工作气体外，还伴随着高速流动的水束，共同迅速地将熔化金属排开。图8-44所示为水再压缩等离子弧切割原理。喷嘴喷出的高速水流有两种进水形式：一种为高压径向进入喷嘴孔道后，再由割枪中喷出；另一种为轴向进入喷嘴外围后，以环形水流从割枪中喷出。高压高速水流由一高压水源提供。高压高速水流在割枪中，一方面对喷嘴起冷却作用，另一方面对电弧起再压缩作用。

喷出的水束一部分被电弧蒸发，部分分解成氧和氢，它们与工作气体共同组成切割气体，使等离子弧具有更高的能量；另一部分未被弧蒸发或分解，但对电弧有着强烈的冷却作用,因此可以增加切割速度。喷出割枪的工作气体采用压缩空气时,为水再压缩空气等离子弧切割,它利用空气热熔值高的特点,可进一步提高切割速度。

水再压缩等离子弧切割的水喷溅严重,一般在水槽中进行,工件位于水面下 200mm 左右。切割时,利用水的特性,可以使切割噪声降低 15dB 左右,并能吸收切割过程中形成的强烈弧光、金属粒子、灰尘、紫外线等,因此大大改善了工作条件。另外,水还能冷却工件,使割口处平整,并且切割后工件的热变形减小,割口宽度也比等离子弧切割的割口宽度窄许多。

水再压缩等离子弧切割时,由于水的充分冷却以及水中切割时水的压力作用,降低了电弧的热能效率,因此,要保持足够的切割效率,在切割电流一定的条件下,其切割电压比一般等离子弧切割电压要高许多。此外,为了消除水的不利因素,必须增加引弧功率、引弧高频强度和设计合适的割枪结构来保证可靠引弧和稳定切割电弧。

（3）空气等离子弧切割

空气等离子弧切割是利用压缩空气作为离子气,其特点是气体来源方便,切割成本低。由于空气等离子弧的热熔值较高,再加上氧与金属相互作用过程中的放热,使切割速度提高,切口质量也很好,特别适宜切割厚度在 30mm 以下的碳钢,也可以切割铜、不锈钢、铝及其他材料。因此,此切割方法一出现就引起了人们的极大关注,近年来已发展成为等离子弧切割方法中应用最广泛的一种。

3. 等离子弧切割质量要求及操作技术

（1）质量要求

等离子弧切割切口质量主要以切口宽度、切口垂直度、切口的表面粗糙度、切纹深度、切口底部熔瘤及切口热影响区硬度和宽度来评定。良好的切口标准应该是：切口宽度要窄,切口横断面呈矩形,切口表面光洁、没有熔瘤,切口表面硬度不会对以后的加工造成影响。

（2）操作技术

等离子弧切割操作技术见表 8-64。

表 8-64　等离子弧切割操作技术

操作项目	操作技术
切割和打孔操作	等离子弧切割时,其切割过程与氧气切割不同,无预热阶段,主要电弧一经建立就可实行切割 切割方式有从工件边缘割入和在工件中打孔后再开始切割两种 工件边缘割入方式即从工件边缘开始切割,它包括两种切割方法,如图 1 所示。图 1(a)方法是将割炬置于板边,并使其轴线对准端面,一旦等离子弧建立,就向工件内部移动割炬进行切割。图 1(b)方法是先把割炬置于离板边 20～30mm 处,点燃小弧并向工件移动割炬,当割炬移动到板边缘时,即可引燃等离子弧(大弧),随即进行切割。这种方法在引燃大弧时冲击电流比较大,容易损伤电极 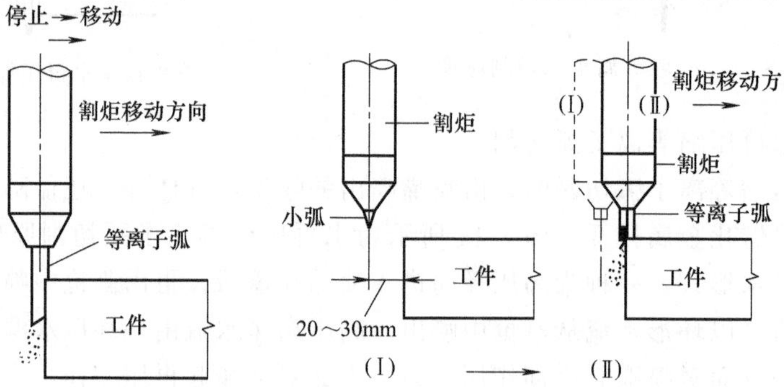 图 1　从板边缘割入的切割方法

操作项目	操作技术
切割和打孔操作	工件中打孔后割入方式是指在工件内部先打出一小孔,然后再沿着小孔进行切割。打孔的主要问题是熔融金属会翻溅出来并黏附到喷嘴上或堵住喷嘴孔。因此,割炬需要上下左右移动,即把割炬稍微抬高,开始打孔时,将割炬一边向右(或向左)移动一边向下移,使飞溅出的金属不能黏附到喷嘴上。等孔打穿以后,再将割炬调节到规定的距离,并转入正式切割 另外,有的割炬说明书中规定不可用于打孔,或金属厚度超过规定的打孔厚度范围,则只能采用其他方法进行打孔
割炬后倾切割	等离子弧切割时,通常把割炬置于与工件表面垂直的状态下进行切割。如果所使用的割炬功率较大,而且又是切割直线时,为提高切割效率和质量,也可像气割时那样,将割炬向切割线后方倾斜某个角度(后倾角)进行切割。后倾角的大小取决于工件的厚度,切割薄板时,最大后倾角可取45°,板厚时应相应取小些
坡口切割	空气和氧等离子弧也可用来切割直线边的焊接坡口,切割坡口的要点是掌握好割炬的倾角。因为等离子弧切割时切割面的倾斜角较大,且下部的平面也差,割炬设定角与割出的实际坡口存在差别。除坡口角为30°的场合外,其他角度时,实际坡口通常都大于割炬的倾斜角,因此需对割炬倾角进行修正。切割坡口的工艺参数按与坡口面实际厚度同等的板厚来选用
转角点自动连续切割	等离子弧是圆柱形电弧,其切口前沿成圆弧形,加上切割速度快,在切割带有直角或锐角的零件时,通常在这些转角处割不出所要求的尖角形状,而带有一定的圆弧。在内侧直角转角处也呈圆角,同时在切割面下部会产生凹凸现象,影响零件质量 因此,可以适当降低切割电流或者采用绕弯切割工艺,即在割炬即将到达转角处时,向左(或向右)偏离切割线一小段距离,拐角后再沿割线进行。另外,在切割过程中,切割速度不可变动,放慢或加快速度都会影响切割质量,更不能中途停歇,否则停顿处切割面的金属会部分熔损,甚至会使电弧熄灭
切口熔瘤消除方法	切割之后容易在切割面的下缘形成一些小瘤状的氧化物金属渣,使均匀的切割面产生中断,这些氧化物渣称为挂渣 以切割不锈钢为例,由于熔融状态的不锈钢金属液流动性差,在切割过程中熔化的液态金属不容易被全部吹掉,又由于不锈钢导热性差,很容易导致切口底部过热,这样就会在切口内部残留有未被吹掉的熔化金属,冷却后就和切口下部熔合成一体,形成所谓的熔瘤或挂渣。因为不锈钢的韧性特别好,这些熔瘤十分坚韧,不容易去除,给后来的机械加工带来很大困难。因此,去除不锈钢等离子弧切割后残留的熔瘤显得非常重要 在切割铜、铝及其合金时,由于其导热性好,切口底部不易和熔化金属重新熔合。因此,即使形成熔瘤,也很容易去除 采用等离子弧切割工艺,去除熔瘤的具体措施如下 ①保证钨极与喷嘴具有较好的同心度。钨极与喷嘴的对中性不好,会破坏气体和电弧的对称性,使等离子弧不能很好地压缩或产生弧偏吹,切割能力下降,切口不对称,引起熔瘤增多 ②保证等离子有足够的功率。等离子功率提高,即等离子弧能量增加,弧柱拉长,有利于提高切割过程中熔化金属的温度,改善其流动性,这时在高速气流吹力的作用下,熔化金属就很容易被吹掉。增加弧柱功率还可提高切割速度和切割过程的稳定性,这样就可能采用更大的气流量来增加气流的吹力,因此更有利于消除切口熔瘤 ③选择合适的气流量和切割速度。气流量小的吹力不够,容易产生熔瘤。当其他条件不变时,随着气体流量增加,切口质量会得到提高,可获得没有熔瘤的切口。但太大的气流量又会导致等离子弧变短,使等离子弧对工件下部的熔化能力变差,割缝拖量增大,切口呈 V 形,反而又容易形成熔瘤
大厚度工件切割	在实际生产过程中可以用等离子弧切割厚度为100~200mm的不锈钢,为了保证大厚度板切割质量,应注意以下工艺特点 ①随切割厚度的增加,需熔化的金属量也增加,因此所要求的等离子弧功率比较大。切割厚度在80mm 以上的板材,一般为50~100kW。为减少喷嘴与钨极的烧损,在相同功率时,以提高等离子弧的切割电压为好。因此,要求保证切割电源的空载电压为220V 以上 ②要求等离子弧呈细长形,挺度好,轴向温度梯度要小,弧柱上温度分布均匀,这样,切口底部能得到足够的热量保证割透。在切割过程中,若采用热熔值较大、热导率较高的氮气和氢气的混合气体,可进一步改善切割工艺 ③在转弧时,由于电流会发生较大的突变,会引起电弧中断、喷嘴烧坏等现象,因此要求设备采用电流递增转弧或分极转弧的办法。一般可在切割回路中串入限流电阻(约 0.4Ω),以降低转弧时的电流值,然后再把电阻短路掉 ④切割开始时要预热,预热时间根据被切割材料的性能和厚度确定,对于不锈钢,当工件厚度为200mm 时,要预热 8~20s;当工件厚度为 50mm 时,要预热 2.5~3.5s。大厚度工件切割开始后,要等到沿工件厚度方向都割透后再移动割炬,实现连续切割,否则工件将切割不透。收尾时要待完全割开后才能断弧

操作项目	操作技术
大厚度工件切割	大厚度工件切割的工艺参数见下表

大厚度工件切割的工艺参数

材料	厚度 /mm	空载 电压 /V	切割 电流 /A	切割电 压/V	功率 /kW	切割 速度 /(cm/ min)	气体流量 /(L/h) 氮	气体流量 /(L/h) 氢	气体混合比 /% 氮	气体混合比 /% 氢	喷嘴孔径 /mm
铸铁	100	240	400	160	64	13.2	3170	960	77	23	5.0
	120	320	500	170	85	10.9	3170	960	77	23	5.5
	140	320	500	180	90	8.6	3170	960	77	23	5.5
不锈钢	110	320	500	165	82.5	12.5	3170	960	77	23	5.5
	130	320	550	175	87.5	9.8	3170	960	77	23	5.5
	150	320	440~480	190	91	6.6	3170	960	77	23	5.5

避免双弧现象的产生

转移型等离子弧的双弧现象的产生与具体的工艺条件有关。等离子弧切割过程中,双弧现象的发生必然会导致喷嘴迅速烧损,破坏切割过程的进行,因此必须力求避免双弧现象的发生

产生双弧的原因有割炬的结构设计不合理、制造精度差、操作工艺不当等。通常,在其他条件基本正常的情况下,使用过大的切割电流是产生双弧的一个主要原因。喷嘴孔径一定时,引起双弧的最大电流值称为临界电流。当切割电流小于临界电流时,一般不会发生双弧现象

割炬的临界电流值除取决于喷嘴孔径外,工作气体的种类和流量也有相当大的影响。图 2 所示为 Ar 和 N_2 两种工作气体及不同流量时的临界电流值。由图可见,N_2 的临界值高于 Ar,一般为 Ar 的 1.5~2.0 倍。当电流密度超过 60~70A/mm^2 时,就会产生双弧现象

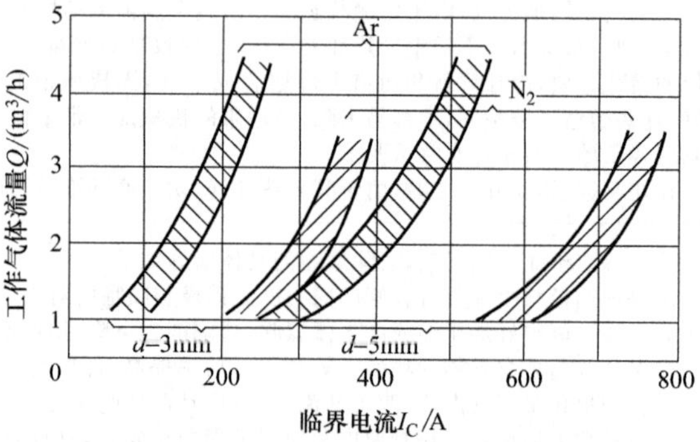

图 2　工作气体种类和流量与临界电流的关系

除切割电流大小要与喷嘴孔径相适应外,防止产生双弧的其他措施有以下几点
①电极与喷嘴尽可能同轴,以保证电弧得到良好的压缩
②喷嘴孔道长度在保证电弧获得充分压缩的前提下应尽可能短些,孔道出口端做成扩口型圆角
③电极内缩量要保持适中,不可太大
④加强对喷嘴和电极的冷却
⑤在大电流切割时,喷嘴高度不要太小
⑥保持喷嘴表面光洁,随时清除飞溅和油污
⑦在弧柱周围附加辅助气体,以降低周围气体的温度
⑧喷嘴下部表面涂以耐高温绝缘材料(如喷涂氧化铝陶瓷)或采用陶瓷喷嘴
⑨采用适当的电源控制电路,防止启动时小弧转为主电弧瞬间产生过大的冲击电流

电极材料及损耗

在等离子弧切割中使用的电极一般为钨极,在空气等离子弧切割中,由于这种切割方法的电极受到强烈的氧化腐蚀,一般采用镶嵌式纯锆或纯铬电极

电极分为笔形电极和镶嵌电极两种。笔形电极的损耗状况如图 3 所示,使用前端头为圆锥状,使用后端头逐渐变钝,一旦端头熔损成平面[图 3(c)],就会引起电弧不稳定。这时需将电极卸下修磨,然后继续使用

续表

操作项目	操作技术
电极材料及损耗	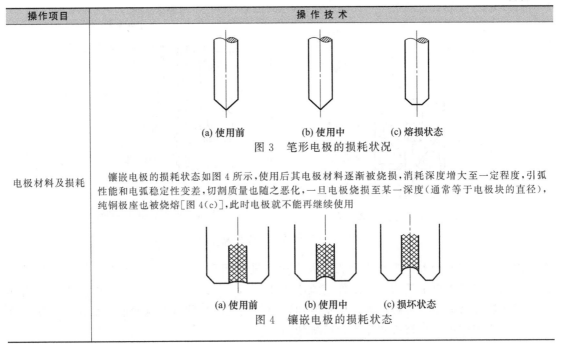

(a) 使用前　　　　(b) 使用中　　　　(c) 熔损状态

图 3　笔形电极的损耗状况

镶嵌电极的损耗状态如图 4 所示,使用后其电极材料逐渐被烧损,消耗深度增大至一定程度,引弧性能和电弧稳定性变差,切割质量也随之恶化,一旦电极烧损至某一深度(通常等于电极块的直径),纯铜极座也被烧熔[图 4(c)],此时电极就不能再继续使用

(a) 使用前　　　　(b) 使用中　　　　(c) 损坏状态

图 4　镶嵌电极的损耗状态

4. 空气等离子弧切割

空气等离子弧切割是利用空气压缩机提供的压缩空气作为工件气体和排除熔化金属的气流。压缩空气在电弧中加热分解和电离,生成的氧和切割金属产生化学放热反应,加快了切割速度。空气等离子弧切割有两种形式:一种是单一式空气等离子弧切割;另一种是复合式空气等离子弧切割。空气等离子弧切割原理如图 8-45 所示。

空气等离子弧切割采用具有陡降或恒流外特性的直流电源,大多数切割都采用转移弧。与等离子弧焊电源相比,切割电源的空载电压更高。为了获得满意的引弧及稳弧效果,电源空载电压一般为切割时电弧电压的 2 倍,常用切割电源空载电压为 150～400V。国产切割电源的空载电压都在 200V 以上,水压缩等离子弧切割电源的空载电压为 400V。

用这种方法充分电离的空气等离子体的热熔值较高,因而电弧的能量大,与等离子弧切割方法相比,其切割速度快,特别适于切割 30mm 以下的碳钢,也适于切割铜、铝和不锈钢。复合式空气等离子弧切割中有内、外两层喷嘴,内喷嘴内通入常用的工作气体,外喷嘴内通入压缩空气。这样一方面利用压缩空气在切割区的化学放热反应,提高切割速度;另一方面又避免了空气与电极的直接接触,因而可采用纯钨电极或氧化钨电极,从而简化了电极结构。

由于在这种切割方法中电极受到强烈的氧化腐蚀,因此,电极一般采用直接水冷的镶嵌式纯锆或纯铬电极,不能采用纯钨电极或氧化物钨电极。小电流切割时,也可不用水冷。采用铜、锆镶嵌电极时,阴极端面的直径应大于阴极镶嵌件直径的 2～5 倍,而镶嵌件的直径应小于喷嘴孔径,镶嵌件的长度可为直径的 0.8～4 倍。即使采用锆、铬电极,它的工作寿命一般也只有 5～10h。

空气等离子弧切割按所使用的工作电流大小一般分为大电流切割法和小电流切割法。大电流空气等离子弧切割的工作电流在 100A 以上,实用上多为 150～300A,采用水冷式割

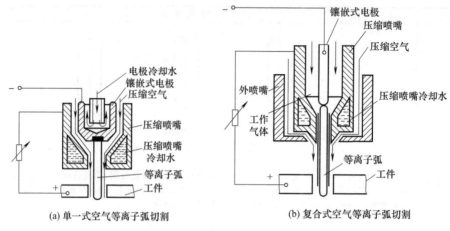

(a) 单一式空气等离子弧切割　　(b) 复合式空气等离子弧切割

图 8-45　空气等离子弧切割原理

炬，因尺寸和重量较大，主要适合装在大型切割机上切割厚度为 30mm 以下的碳钢和不锈钢。小电流空气等离子弧切割的工件电流小于 100A，可小至 10A，因切割电流小，喷嘴和电极等受热大为减小，一般不需使用水冷却，而用空气冷却即可，从而使割炬结构简化、重量减轻、体积缩小，甚至可制作成微型笔状割炬。

空气等离子弧切割的主要缺点如下。

① 切割上附有氮化物层，焊接时焊缝中会产生气孔。因此用于焊接坡口的切割时，需用砂轮打磨，较耗费工时。

② 电极和喷嘴易损耗，使用寿命短，需经常更换。

七、等离子弧切割常见故障、原因及改善措施

对于等离子弧切割过程中一些常见的故障和切割缺陷，在表 8-65 中给出了其产生原因及相应的改善措施。

表 8-65　等离子弧切割常见故障和切割缺陷的产生原因及改善措施

故障和缺陷	产生原因	改善措施
产生"双弧"	①电极对中不良 ②喷嘴冷却差 ③切割时等离子弧气流上翻或熔渣飞溅到喷嘴上 ④钨极内缩量过大或气流量太小 ⑤电弧电流超过临界电流 ⑥喷嘴离工件太近	①调整电极和喷嘴孔的同心度 ②增加冷却水(气)流量 ③掌握正确的切割和打孔要领，适当改变割炬角度或在工件上钻孔后切割 ④减小内缩量，适当增加气体流量 ⑤减小电流 ⑥适当抬高割炬，保持合适的喷嘴高度
"小弧"引不燃	①高频振荡器放电间隙不合适或放电电极端面太脏 ②钨极内缩量太大或与喷嘴短路 ③引弧气路未接通	①调整高频振荡器放电间隙，打磨放电电极端部至露出金属光泽 ②调整钨极内缩量 ③检查引弧气路系统
断弧(主要是小弧转为切割电弧)	①喷嘴高度过大 ②电源空载电压偏低 ③钨极内缩量达大 ④气体流量太大 ⑤工件表面有污垢或焊接工件的电缆与工件接触不良	①适当减小喷嘴高度 ②提高电源空载电压或增加电源串联台数 ③适当减小内缩量 ④减少气体流量 ⑤切割前把工件表面清理干净或用小弧烘烧待切割区域，焊接工件电缆与工件可靠地连接

续表

故障和缺陷	产生原因	改善措施
钨极烧损严重	①钨极材质不合适 ②工作气体纯度不高 ③电流密度太大 ④气体流量太小 ⑤钨极头部磨得太尖	①应采用钨棒等作电极 ②改用纯度符合要求的气体 ③改用直径大一些的钨极或减小电流 ④适当加大气体流量 ⑤钨极端头重磨成合适角度
喷嘴使用寿命短	①钨极与喷嘴对中不良 ②气体纯度不高 ③喷嘴冷却不良 ④在所用的切割电流下喷嘴孔径偏小	①切割前调整好两者的同心度 ②改用纯度符合要求的气体 ③设法增强冷却水对喷嘴的冷却,若喷嘴壁厚,应适当减薄 ④改用孔径大一些的喷嘴
喷嘴迅速烧坏	①产生"双弧" ②气体严重不纯,钨极成段烧熔而使电极与喷嘴短路 ③操作不当,喷嘴与工件短路 ④忘记通水或切割过程中突然断水;转弧时未加大工作气体流量或突然停气	①出现"双弧"时应立即切割电源,找出产生"双弧"的原因并加以克服 ②换用纯度好的气体 ③注意操作 ④装置中应安装水压开关,保持电磁气阀良好,气(水)软管应采用硬橡胶管
切口熔瘤	等离子弧功率不够	适当加大功率
切口太宽	①气体流量过小或过大 ②切割速度过慢 ③切割薄板时窄边导热慢 ④电极偏心或割炬在切口中有偏斜,在切口的一侧就出现熔瘤 ⑤电流太大	①调节到合适的流量 ②适当提高切割速度 ③加强窄边的散热 ④调整电极的同心度,把割炬保持在切口所在的平面内 ⑤适当减小电流
切割面不光洁	①气体流量不够,电弧压缩不好 ②喷嘴孔径太大 ③喷嘴高度太大 ④工件表面有油脂、污垢或锈蚀等	①适当增加气体流量 ②改用孔径小些的喷嘴 ③把割炬压低些 ④切割前将工件清理干净
割不透	①切割速度不均匀或喷嘴高度上下波动 ②等离子弧功率不够 ③切割速度太快 ④气体流量太大 ⑤喷嘴高度过大 ⑥气体流量过小	①熟练操作技术 ②增大功率 ③降低切割速度 ④适当减小气体流量 ⑤把割炬压低些 ⑥适当增大气体流量

第四节　钎焊和扩散焊

一、钎焊

(一) 钎焊的特点、原理与分类

1. 钎焊的特点

钎焊是完成材料连接的一种重要方法,它与熔焊和压焊一起构成了现代焊接技术的3个重要组成部分。表8-66列出了三种焊接方法的主要特征对比情况。

连接方法	图形	母材受热	填充材料	热源	压力	接头的可拆卸性	结合特征
熔焊		熔化	有或无	外加	无	不可拆卸	
压焊		熔融或不熔	无	内部	有	不可拆卸	冶金结合
钎焊		不熔化	有	外加	无	部分可拆卸	

表 8-66 三种焊接方法的主要特征对比情况

钎焊与熔焊、压焊相比，虽有一些共同之处，但却存在本质上的差异。钎焊与其他熔焊方法相比较，具有如下特点。

① 钎焊工艺的加热温度低于焊件金属的熔点，因此钎焊后焊件的应力与变形小，易保证焊件的尺寸精度，同时对焊件母材的组织与性能的影响也较小。

② 可一次完成多个零件或多个钎缝的焊接，生产效率高。

③ 钎焊接头好，外形美观。

④ 钎焊不仅可以焊接同种金属，也适宜焊接异种金属，甚至可以焊接金属与非金属。

⑤ 既可以钎焊极细极薄的零件，也可钎焊厚薄及粗细差别很大的零件。

⑥ 根据需要可将某些材料的钎焊接头拆开，经过修整后可重新钎焊。

目前钎焊技术获得了很大的发展，解决了其他焊接方法所不能解决的问题。在电机、机械、无线电真空、仪表等工业部门都得到广泛的应用，特别是在航空、火箭、空间技术中发挥着重要的作用，成为一种不可替代的工艺方法。

钎焊的主要缺点是：一般情况下，钎焊接头的强度较低，耐热能力都比基体金属低。另外，钎焊对工件连接表面的清理工作和工件装配质量要求都很高。

2. 钎焊的基本原理

钎焊时，钎焊接头的形成过程是：熔点比焊件金属低的钎料与焊件同时被加热到钎焊温度，在焊件不熔化的情况下，钎料和钎剂熔化并润湿钎焊接触面，依靠两者的扩散作用而形成新的合金，钎料在钎缝中冷却和结晶，形成钎焊接头，如图 8-46 所示。

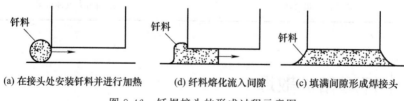

(a) 在接头处安装钎料并进行加热　　(d) 钎料熔化流入间隙　　(c) 填满间隙形成焊接头

图 8-46　钎焊接头的形成过程示意图

从图 8-46 可以看出，钎焊整个过程是交叉进行的，要想获得牢固的钎焊接头，一方面是熔化的钎料要能很好地流入接头间隙中去；另一方面是熔融的钎料流入接头间隙后，能与焊件金属相互作用及随后冷却结晶，形成牢固的接头。

熔化钎料的填缝过程及钎焊与焊件金属之间的相互作用见表 8-67。

3. 钎焊的分类

按加热的方式，钎焊可分为普通烙铁钎焊、火焰钎焊、浸渍钎焊和炉中钎焊等，其中以火焰钎焊应用较为普遍。

表 8-67 **熔化钎料的填缝过程及钎焊与焊件金属之间的相互作用**

项目	说明
熔化钎料的填缝过程	要使熔化的钎料能很好地流入间隙，就必须具备一定的条件，而润湿性和毛细管作用就是填缝的最基本条件 　　①润湿性。钎焊时，液态钎料对母材浸润和附着的能力称为润湿性。润湿性表示了液态钎料是否能够和固态焊件金属表面很好接触的性质。因此，要使熔化钎料能顺利地流入缝隙，首先必须使熔化钎料能黏附在固态金属表面。如果液态钎料在固态焊件金属表面呈球状，好像水珠在荷叶上一样滚来滚去，其润湿性就差，或不润湿。这就要求液态钎料本身具有较小的表面张力，同时固态焊件金属的原子对液态钎料的原子作用力（即附着力）要大。即液态钎料必须具备良好的润湿性和铺展性（液态钎料在母材表面上流动展开的能力，通常以一定重量的钎料熔化后覆盖母材表面的面积来衡量）。一般来说，钎料与焊件金属能相互形成固溶体或者化合物的润湿性就好，否则其润湿性就差 　　钎料和钎焊工件表面的氧化膜破坏润湿的作用很大，因此焊前必须做好清理工作。钎焊时，要使用钎剂来去除氧化膜，并使钎焊在熔化的钎剂保护下进行，或者在保护气体或真空条件下进行钎焊，不使熔化钎料和焊件表面氧化，以免影响钎焊的质量 　　②毛细管作用。把两根粗细不同的玻璃管插入液体中，液体会沿着玻璃管自动上升，直径越小的管子，液体上升的高度越高，这种现象称为毛细管作用。毛细管作用越强，熔化钎料的填缝能力越好 　　一般来讲，钎料在固态金属上润湿性好的，其毛细管作用也强。然而，间隙大小对毛细管作用影响也较大。较小的间隙，毛细管作用较强，填缝也充分。但并不是说间隙越小越好，因为钎焊时，焊件金属受热膨胀，如果间隙过小，反而使填缝困难
钎焊与焊件金属之间的相互作用	钎焊时，熔化的钎料在填充缝隙的过程中与焊件金属发生相互作用，这种作用可归纳为两种：一种是固态的焊件金属向液态的钎料溶解；另一种是液态钎料向固态焊件金属扩散。这两种作用对钎焊接头性能的影响极大 　　①焊件金属溶解于液态钎料。钎焊时，如果钎料和焊件金属在液态下能够相互溶解，则钎焊过程中焊件金属就溶于液态钎料。如在铜散热器浸入液态锡钎料中进行钎焊时发现，随着钎焊次数增多及钎焊温度升高，液态钎料中的铜量增加。又如用铜钎料钎焊钢时，在1150℃保温2min后，钎缝中的钎料含铁量由零增加到 4.7％。这就说明焊件金属的溶解在钎焊过程中是存在的。这种溶解的作用相当于"清理"了焊件表面，使熔化钎料与焊件有良好的接触，有利于提高润湿性。同时，对钎料起着合金化作用，可提高钎焊接头强度 　　但在钎焊的过程中，如果焊件金属很容易被溶解，就会破坏熔化钎料的毛细管作用，使钎焊发生困难。焊件金属溶解太多，还会出现"熔蚀"与"烧穿"等缺陷，有时还会引起钎缝的晶间腐蚀。所以，必须控制钎料成分、钎焊的温度、加热时间、间隙大小与钎料填充量，从而达到控制焊件金属的溶解量的目的，防止缺陷的产生 　　②钎料向焊件金属的扩散。钎焊过程中，在焊件金属溶解于液态钎料的同时，也存在钎料向焊件金属的扩散。如用黄铜钎焊铜时，在贴近液态钎料的焊件接触面，发现有锌在铜中的固溶体。与此类似，用锡钎料钎焊铜及铜合金时，在焊件与钎缝的交界面上，发现有金属间化合物形成。这都说明在钎焊时发生钎料向焊件的扩散过程 　　如果扩散过程形成的是固溶体，则接头的强度和塑性都好，对钎焊接头没有不良的影响；如果扩散过程形成的是化合物，则由于化合物大多是硬而脆，使钎焊接头变脆，对质量不利。如果形成共晶，由于共晶熔点低、较脆，故钎缝性能不如固溶体 　　因此，钎焊时钎料与焊件相互溶解、扩散的结果，形成了钎缝

　　火焰钎焊具有设备简单、燃气来源广、灵活性大的特点。火焰钎焊所用焊炬可以是通用的气焊炬，也可以是专用钎焊炬。专用钎焊炬的特点是火焰比较分散，加热集中程度较低，因而加热比较均匀。钎焊比较大的工件或机械化火焰钎焊时，可采用装有多焰喷嘴的专门钎焊炬。

　　按照使用钎料的不同分为软钎焊、硬钎焊和高温钎焊。

　　以电加热的方式，钎焊分为电阻钎焊、感应钎焊和电烙铁钎焊等。

　　各种钎焊方法的特点及应用见表 8-68。

表 8-68 各种钎焊方法的特点及应用

钎焊方法	特点	应用范围
电烙铁钎焊	温度低	钎焊温度低于 300℃ 的软钎焊(用锡铅或铅基钎料);钎焊薄件、小件需用钎剂
电阻钎焊	加热快、生产率高,操作技术易掌握	可在焊件上通低电压,由焊件上产生的电阻热直接加热,也可用碳电极通电,由碳电阻放出的电阻热间接加热焊件;钎焊接头面积小于 65~380mm² 时,经济效果最好;特别适用于钎焊某些不允许整体加热的焊件;最宜焊铜,使用铜磷钎料可不用钎剂;也可用于焊银合金、铜合金、钢、硬质合金等;使用的钎料有铜锌、铜磷、银基,常用于钎焊刀具、电器触头、电机定子线圈、仪表元件、导线端头等
火焰钎焊	设备简单,通用性好,生产率低(手工操作时),要求操作技术高	适用于钎焊某些受焊件形状、尺寸及设备等的限制而不能用其他方法钎焊的焊件;可采用火焰自动钎焊;可焊接钢、不锈钢、硬质合金、铸铁、铜、银、铝等及其合金;常用钎料有铜锌、铜磷、银基、铝基及锌铝钎料
炉中钎焊	炉内气氛可控,炉温易控制准确、均匀,焊件整体加热,变形量小,可同时焊多件、多缝,适于大量生产,成本低,焊件尺寸受设备大小的限制	①在空气炉中钎焊,如软钎料钎焊钢和铜合金、铝基钎料焊铝合金,虽用钎剂,焊件氧化仍较严重,应用少 ②在还原性气体如氢、分解氨的保护气氛中,不需焊剂,可用铜基、银基钎料钎焊钢、不锈钢、无氧铜 ③在惰性气体,如氩的保护气氛中钎焊,不用钎剂,可用含锂的银基钎料钎焊钢,以银基钎料钎焊钢、铜钎料焊不锈钢;使用钎剂时,可用镍基钎料焊不锈钢、高温合金、钛合金,用铜钎料焊钢 ④在真空炉中钎焊,不需钎剂,以铜、镍基钎料焊不锈钢、高温合金(尤以含钛、铝高的高温合金)为宜;用银铜钎料焊铜、镍、可伐合金(也称铁镍钴合金)、银合金;用铝基钎料焊铝合金、钛合金
感应钎焊	加热快,生产效率高,可局部加热,零件变形小,接头洁净,易满足电子电器产品的要求,受零件形状及大小的限制	钎料需预置,一般需用钎剂,否则应在保护气体或真空中钎焊;因加热时间短,宜采用熔化温度范围小的钎料;适用于除铝、镁外各种材料及异种材料的钎焊,特别适宜于焊接形状对称的管接头、法兰接头等;钎焊异种材料时,应考虑不同磁性及膨胀系数的影响;常用的钎料有银基、铜基
浸渍钎焊	加热快、生产效率高,当设备能力大时,可同时焊多件、多缝,宜大量连续生产,如制氧机铝制大型板式热交换器,单件或非连续生产	①在熔融的钎料槽内浸渍钎焊:软钎料用于钎焊钢、铜和合金,特别适用于钎焊焊缝多的复杂焊件,如换热器、电机电枢导线等;硬钎料主要用于焊小件。其缺点是钎料消耗量大 ②在熔盐槽中浸渍钎焊:焊件需预置钎料及钎剂,钎焊焊件浸入熔盐中预置钎料,在熔融的钎剂或含钎剂的熔盐中钎焊。所有的熔盐不仅起到钎剂的作用,而且能在钎焊的同时向焊件渗碳、渗氮 ③适于焊钢、铜及其合金、铝及其合金,使用铜基、银基、铝基钎料

软钎焊是使用软钎料(熔点低于 4500℃ 的钎料)进行的钎焊;硬钎焊是使用硬钎料(熔点高于 450℃ 的钎料)进行的钎焊;高温钎焊是钎料熔点＞900℃,并且不使用钎剂的钎焊。

一般情况下,习惯于用被连接的母材种类来区分钎焊方法,如铝钎焊、不锈钢钎焊、钛合金钎焊、高温合金钎焊、陶瓷钎焊、复合材料钎焊等。但平常所说的银钎焊,一般并不是指银母材的钎焊,而是指用银基钎料进行钎焊。同样铜钎焊的说法,也指铜基钎料钎焊。

(二)钎焊焊接工艺

1. 钎焊接头的设计

钎焊接头设计应当考虑接头的强度,焊件的尺寸精度,以及进行钎焊的具体工艺等。钎焊接头的合理设计对于保证良好的钎焊工艺性以及钎焊接头的综合性能有重要作用。

（1）接头的基本形式

由于钎焊结构的千变万化，实际钎焊接头可能有很多种形式。但就被连接两工件之间的相对位置来看，可分为对接、搭接、角接和 T 形接头等几种基本形式。这几种基本形式的变化和组合就形成了各种各样的接头。钎焊接头的基本形式如图 8-47 所示。

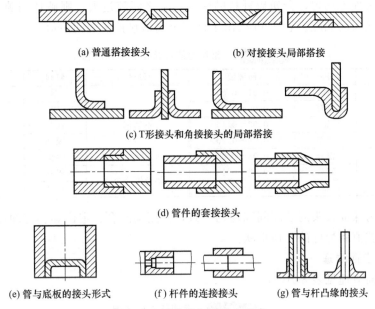

（a）普通搭接接头　　　　　　　　　　（b）对接接头局部搭接

（c）T形接头和角接接头的局部搭接

（d）管件的套接接头

（e）管与底板的接头形式　　　（f）杆件的连接接头　　　（g）管与杆凸缘的接头

图 8-47　钎焊接头的基本形式

对接的钎焊接头，其强度远比母材低，受力时主要是沿钎缝破坏，所以，只用于较低载荷的零件。为了更充分地利用钎焊的各种优点，钎焊接头多采用搭接接头，它可以通过改变搭接长度，达到钎焊接头与母材等强度。如果结构需要对接，也要设法将接头改成局部搭接型。为了使搭接接头与母材具有相等的承载能力，搭接长度可按下式计算

$$L = \alpha \frac{\sigma_b}{\sigma_\tau} \delta \qquad (8\text{-}3)$$

式中　　L——搭接长度，mm；

$\quad\quad\alpha$——安全系数；

$\quad\quad\sigma_b$——母材的抗拉强度，MPa；

$\quad\quad\sigma_\tau$——钎焊接头的剪切强度，MPa；

$\quad\quad\delta$——母材板厚，mm。

钎焊生产中，对于采用银基、铜基、镍基等强度较高的钎焊接头，按经验式 $L=(2\sim3)\delta$ 选取搭接长度；对于薄壁件及锡铅等软钎料钎焊接头，可取 $L=(4\sim5)\delta$，但是搭接长度 L 很少超过 15mm。因为超过 15mm 时，钎料很难填满间隙，经常会形成大量的缺陷。

设计钎焊接头时，应当考虑以下几个方面。

① 应力集中。在承受动载或较大应力时，其设计原则是不在接头边缘处造成任何过大的应力集中，将应力转移到母材上去。另外，增大钎缝面积，尽量使受力方向垂直于钎缝面积，也可以增加钎焊接头的承载能力。

② 考虑接头的装配定位、钎料的安置、限制钎料的流动、工艺孔的位置等有关钎接工艺方面的要求。对于封闭性接头，开设工艺孔可以使受热膨胀的空气逸出。尤其是密闭的容

器，内部的空气受热膨胀，阻碍钎料的填隙，或者使已填满间隙的钎料重新排出，造成不致密性的缺陷。

（2）接头间隙

装配钎焊接头时，正确选择间隙大小是决定钎缝的致密性和强度的重要因素。间隙太小，由于接触表面不均匀，会妨碍钎料的流入；反之间隙过大，则破坏间隙的毛细管作用，钎料不能填满接头的间隙。表 8-69 列出了常用金属搭接接头的间隙值。

表 8-69　常用金属搭接接头的间隙值　　　　　　　　　　　　mm

母材	钎料	间隙值	母材	钎料	间隙值
碳钢	铜	0.01～0.05	不锈钢	铜	0.01～0.05
	铜锌	0.05～0.20		银	0.05～0.20
	银	0.03～0.15		锰基	0.01～0.05
	锡铅	0.05～0.20		镍基	0.02～0.10
铜及铜合金	铜锌	0.05～0.20		锡铅	0.05～0.20
	铜磷	0.03～0.15	铝及铝合金	铝基	0.10～0.25
	银	0.05～0.20		锌基	0.10～0.30

在生产中为保证接头的装配间隙均匀一致，常用动配合、定位焊、打冲点、夹具固定等方法来保证间隙值和焊件的几何形状。

2. 焊前的表面清理

焊前的表面清理见表 8-70。

表 8-70　焊前的表面清理

类别		说　明
焊件的表面去油	有机溶剂去油	常用的有机溶剂有三氯乙烯、汽油、丙酮等。三氯乙烯去油效果最好，但毒性最大，最常用的是汽油和丙酮。具体操作如下 ①用汽油擦去焊件表面油污 ②将焊件放入三氯乙烯中浸洗 5～10min，然后擦干 ③将焊件放入无水乙醇中浸泡 ④浸泡后在碳酸镁溶液中煮沸 3～5min ⑤用酒精脱水并烘干
	碱溶液去油	低碳钢、低合金钢铁、铜、镍、钛及其合金等可放入质量分数为 10% 的 NaOH 水溶液中(80～90℃)浸洗 8～10min；铝及铝合金可放在 50～70g/L 的 Na_3PO_4 (70～80℃)和 25～30g/L 的 Na_2SiO_3 以及 3～5g/L 的肥皂水溶液中浸洗 10～15min，然后用清水冲洗干净，均可达到去油目的
氧化膜的化学清理		焊件表面的锈斑、氧化物通常用锉刀、砂布、砂轮、喷砂或化学浸蚀等方法清除。对于大批量生产及必须快速清除氧化膜的场合，可采用化学浸蚀的方法。使用化学浸蚀的方法要防止焊件表面腐蚀过度，化学浸蚀和电化学浸蚀后，还应进行光亮处理或中和处理，随后在冷水或热水中洗净，并加以干燥

接合面处理后不得再用手摸，清理后的接头应尽快进行钎焊，以避免焊件在常温下发生氧化。常用材料表面氧化膜的化学清理方法见表 8-71，电化学浸蚀见表 8-72，光泽处理或中和处理见表 8-73。

表 8-71　常用材料表面氧化膜的化学清理方法

焊件材料	浸蚀溶液配方	化学清理方法
低碳钢和低合金钢	H_2SO_4 10% 水溶液	40～60℃下浸蚀 10～20min
	H_2SO_4 5%～10%，HCl 2%～10% 水溶液，加碘化亚钠 0.2%(缓蚀剂)	室温下浸蚀 2～10min

续表

焊件材料	浸蚀溶液配方	化学清理方法
不锈钢	NHO_3 150mL,NaF 50g,H_2O 850mL	20~90℃下浸蚀到表面光亮
	H_2SO_4 10%（浓度 94%~96%） HCl 15%（浓度 35%~38%） HNO_3 5%（浓度 65%~68%）,H_2O 64%	100℃下浸蚀 30s,再在 $HNO_3$15% 的水溶液中光化处理,然后 100℃下浸 10min,适用于厚壁焊件
	HNO_3 10%,H_2SO_4 6% HF 50g/L,余量 H_2O	室温下浸蚀 10min 后,在 60~70℃ 热水中洗 10min,适用于薄壁焊件
	HNO_3 3%,HCl 7%,H_2O 90%	80℃下浸蚀后热水冲洗,适用于含钨、钼的不锈钢深度浸蚀
铜及铜合金	H_2SO_4 12.5%,Na_2CO_3 1%~3%,余量 H_2O	20~77℃下浸蚀
	HNO_3 10%,Fe_2SO_4 10%,余量 H_2O	50~80℃下浸蚀
铝及铝合金	NaOH 10%,余量 H_2O	60~70℃下浸蚀 1~7min 后用热水冲洗,并在 HNO_3 15% 的水溶液中光亮处理 2~5min,最后在流水中洗净
	NaOH 20~35g/L Na_2CO_3 20~30g/L,余量 H_2O	先在 40~55℃下浸蚀 2min,然后用上述方法清理
	Cr_2O_3 150g/L,H_2SO_4 30g/L,余量 H_2O	50~60℃下浸蚀 5~20min
镍及镍合金	H_2SO_4（密度 1.87g/L）1500mL,HNO_3（密度 1.36g/L）2250mL,NaCl 30g,H_2O 1000mL	—
	HNO_3 10%~20%,HF 4%~8%,余量 H_2O	
钛及钛合金	HNO_3 20%,HF（浓度 40%）1%~3%,余量 H_2O	适用于氧化膜薄的零件
	HCl 15%,HNO_3 5%,NaCl 5%,余量 H_2O	适用于氧化膜厚的零件
	HF 2%~3%,HCl 3%~4%,余量 H_2O	—
钨、钼	HNO_3 50%,H_2SO_4 30%,余量 H_2O	—

表 8-72　电化学浸蚀

成分	时间/min	电流密度（A/cm²）	电压/V	温度/℃	用途
正磷酸 65% 硫酸 15% 铬酐 5% 甘油 12% 水 3%	15~30	0.06~0.07	4~6	室温	用于不锈钢
硫酸 15g 硫酸铁 250g 氯化钠 40g 水 1L	15~30	0.05~0.1	—	室温	零件接阳极,用于有氧化皮的碳钢
氯化钠 50g 氯化铁 150g 盐酸 10g 水 1L	10~15	0.05~0.1	—	20~50	零件接阳极,用于有薄氧化皮的碳钢
硫酸 120g 水 1L	—	—	—	—	零件接阴极,用于碳钢

表 8-73　光泽处理或中和处理

成分	温度/℃	时间/min	用途
HNO_3 30% 溶液	室温	3~5	铝、不锈钢、铜和铜合金、铸铁
Na_2CO_3 15% 溶液		10~15	
H_2SO_4 8%,HNO_3 10% 溶液			

3. 钎焊焊接参数

钎焊温度和保温时间是钎焊的主要参数。钎焊温度通常高于钎料熔点 25～60℃，以保证钎料能填满间隙。

钎焊保温时间与焊件尺寸、钎料与母材相互作用的剧烈程度有关。大件的保温时间应当长些，如果钎料与母材作用强烈，则保温时间应短些。一定的保温时间促使钎料与母材相互扩散，形成优质接头。保温时间过长会造成熔蚀等缺陷。

4. 钎焊后的清洗

钎剂的残渣大多数对钎焊接头起腐蚀作用，也妨碍对钎缝的检查，应清除干净。火焰钎焊用的硼砂和硼酸钎剂残渣基本上不溶于水，很难去除。一般用喷砂去除，也可以把已钎焊的工件在热态下放入水中，使钎焊残渣开裂而易于去除，但这种方法不适应于所有的工件。还可将工件放在 70～90℃的 2%～3%的重铬酸钾溶液中较长时间清洗。

含氟硼酸钾或氟化钾的硬钎剂（如钎剂 102）残渣可用水煮或在 10%柠檬酸热水中清除。

铝用硬钎剂残渣对铝具有很大的腐蚀性，钎焊后必须清除干净。铝用硬钎剂残渣的清洗方法有以下几种。

① 在 60～80℃的热水中浸泡 10min，用毛刷仔细清洗钎缝上的残渣，冷水冲洗后在 15%的硝酸（HNO_3）溶液中浸泡 30min，再用冷水冲洗。

② 用 60～80℃流动热水冲洗 10～15min。然后放在 65～75℃的含 2%三氧化铬（CrO_3）、5%的磷酸（H_3PO_4）水溶液中浸泡 5min，再用冷水冲洗，热水煮，冷水浸泡 8h。

③ 用 60～80℃流动热水冲洗 10～15min，流动冷水冲洗 30min。放在草酸 2%～4%、氟化钠（NaF）1%～7%、海鸥牌洗涤剂 0.05%溶液中浸泡 5～10min，再用流动冷水冲洗 20min，然后放在 10%～15%的硝酸（HNO_3）溶液中浸泡 5～10min。取出后再用冷水冲洗。

对于氟化物组成的无腐蚀性铝钎剂，可将工件放在 7%的草酸、7%的硝酸组成的水溶液中，先用刷子刷洗钎缝，再浸泡 1.5h，后用冷水冲洗。

5. 焊件的装配

钎焊前需要将焊件装配和定位，以确保它们之间的相对位置。典型的焊件定位方法如图 8-48 所示。对于结构复杂的焊件，一般采用专用夹具来定位。钎焊夹具的材料应具有良好的耐高温及抗氧化性，应与钎焊焊件材质有相近的热膨胀系数。

6. 钎焊质量的检验

钎焊接头的检验方法可分为无损检验和破坏检验等，下面主要是无损检验的方法。

① 外观检查。

② 有色检验和荧光检验　这两种方法主要用来检查因外观检查发现不了的微小裂纹、气孔、疏松等缺陷。

③ 射线检验　用来判定接头内部的气孔、夹渣、未钎透等缺陷。

④ 超声检验　超声检验所能发现的缺陷与射线检验相同。

⑤ 密封性检验　密封性分 3 种，水压检验适用于高压、气压检验适用于低压、煤油检验适用不受压容器。

7. 钎料的放置

除烙铁钎焊、火焰钎焊之外，大多数钎焊方法都是将钎料预先放置在接头上。安置钎料

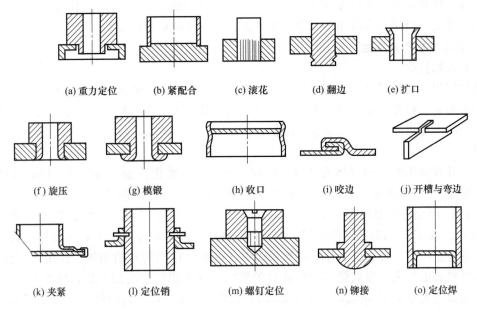

(a) 重力定位　　(b) 紧配合　　(c) 滚花　　(d) 翻边　　(e) 扩口

(f) 旋压　　(g) 模锻　　(h) 收口　　(i) 咬边　　(j) 开槽与弯边

(k) 夹紧　　(l) 定位销　　(m) 螺钉定位　　(n) 铆接　　(o) 定位焊

图 8-48　典型的焊件定位方法

时，应尽量利用间隙的毛细作用、钎料的重力作用使钎料填满装配间隙。钎料的放置方法如图 8-49 所示，为避免钎料沿平面流失，应将环状钎料放在稍高于装配间隙的部位［图 8-49 中（a）、（b）。将钎料放置在孔内可以防止钎料沿法兰平面流失［8-49 中（c）、（d）］，对于水平位置的焊件，钎料只有紧靠接头才能在毛细作用下吸入间隙［图 8-49 中（e）、（f）］。在接头上加工出钎料放置槽的方法，适用于紧密配合及搭接长度较大的焊件［图 8-49 中（g）、（h）］。箔状钎料可直接放入接头间隙内［图 8-49 中（i）～（k）］，并应施加一定的压力，以确保钎料填满面间隙。膏状钎料直接涂抹在钎焊处。粉末钎料可选用适当的黏结剂调和后黏附在接头上。

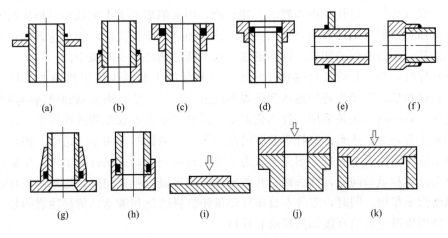

(a)　　(b)　　(c)　　(d)　　(e)　　(f)

(g)　　(h)　　(i)　　(j)　　(k)

图 8-49　钎料的放置方法
注：（a）～（h）为环状钎料的设置；（i）～（k）为箔状钎料的放置。

涂阻流剂是为了防止钎料的流失。阻流剂由氧化铝、氧化钛等稳定的氧化物与适当的黏结剂组成。钎焊前将糊状阻流剂涂在靠近接头的零件表面上，由于钎料不能润湿这些物质，即被阻止流动。阻流剂多应用于真空炉中钎焊及气体保护炉中钎焊。

8. 钎焊焊接操作要点

（1）火焰钎焊

火焰钎焊是使用可燃气体与氧气（或压缩空气）混合燃烧的火焰进行加热的钎焊。其所用的设备简单、操作方便、燃气来源广、焊件结构及尺寸不受限制。但是这种方法的生产率低、操作技术要求高。适于碳素钢、不锈钢、硬质合金、铸铁，以及铜、铝及其合金等材料的钎焊。

火焰钎焊所用的可燃气体有乙炔、丙烷、石油气、雾化汽油、煤气等。助燃气体有氧气、压缩空气。不同的混合气体所产生的火焰温度也不同。例如，氧-乙炔火焰温度为3150℃；氧-丙烷火焰温度为2050℃；氧-石油气火焰温度为2400℃；氧-汽油蒸汽火焰温度为2550℃。氧-乙炔焰是常用的火焰，由于钎料熔点一般不超过1200℃，为使钎焊接头均匀加热，并防止母材及钎料的氧化，应当采用中性焰或碳化焰的外焰加热，使用黄铜钎料时，为了在钎料表面形成一层氧化锌以防止锌的蒸发，可采用轻微的过氧焰，压缩空气-雾化汽油火焰的温度低于氧-乙炔焰，适用于铝焊件焊或采用低熔点钎料的钎焊。液化石油气与氧气或空气混合燃烧的火焰也常用于火焰钎焊，使用软钎料钎焊时，也可采用喷灯加热作为钎焊的热源。

火焰钎焊的操作通常是用手工填加丝状钎料，也可在接头上预先安置钎料。钎剂在加热前便加在钎焊焊件上，在加热过程中保护母材不被氧化。钎焊时应先将焊件均匀地加热到钎焊温度，然后再加钎料，否则钎料不能均匀地填充间隙。对于预置钎料的接头，也应先加热工件，避免因火焰与钎料直接接触，使其过早熔化。

为了防止钎剂被火焰吹掉，可用水或酒精将钎剂调成糊状，钎焊操作时，应在接头间隙周围缓慢加热使钎剂中的水分先蒸发。此外，也可以在钎焊时把丝状钎料的加热端周期地浸入干钎剂中沾上钎剂，然后把钎剂带到加热的母材上。为了均匀加热母材，通常焊嘴与母材加热区的距离控制在70～80mm为宜。特别指出的是，火焰钎焊与一般气焊（熔焊）的操作不同。气焊（熔焊）时往往由焊缝的一端开始，用火焰焰心集中加热一点形成熔池，然后连续地向前加热；而火焰钎焊则首先用火焰的外焰加热整个接头区，使之达到钎焊温度，然后用火焰从其一端继续向前加热，钎料迅速流入不断加热的接头间隙中。

火焰钎焊时，为了补偿良导热体接头零件的热量散失和减少由于热冲击引起的应力开裂，除了正确加热，使接头均匀地达到钎焊温度范围，钎料能自由流动和填满间隙外，为避免工件过热，最好的方法是采用一种熔化温度比钎料熔点低不太多的活性钎剂，此钎剂的熔化可以用来作为表明已达到正确钎焊温度的指示剂。如果钎料采用手工送给，则对钎剂的外表状态应予以特别注意，一旦钎剂完全成为流体，钎料就立刻接触钎焊工件，施加钎料一直到钎料完全流动和填满间隙，然后稍经几秒继续加热保温后停止加热。这种办法可以让熔融钎剂起温度指示作用，同时，零件本身供应热量使钎料熔化和流动。值得注意的是，在钎焊过程中，特别要避免火焰直接加热钎剂和钎料。

（2）炉中钎焊

炉中钎焊是将装配好钎料的焊件放在炉中加热并进行钎焊的方法。其特点是焊件整体加热、焊件变形小、加热速度慢。但是一炉可同时钎焊多个焊件，适于批量生产。

① 真空炉中钎焊　焊件周围的气氛纯度很高，可以防止氧、氢、氮对母材的作用。高

真空的条件可以获得优良的钎焊质量。一般情况下钎焊温度的真空度不低于 $13.3 \times 10^{-3} Pa$。钎焊后冷却到150℃以下方可出炉，以免焊件氧化。真空钎焊设备包括真空系统及钎焊炉，钎焊炉可分为热壁型和冷壁型两类，真空钎焊设备的投资较大、设备维修困难，因此钎焊成本也比较高。

② 空气炉中钎焊　使用一般的工业电阻炉将焊件加热到钎焊温度，依靠钎剂去除氧化物。

③ 保护气氛炉中钎焊　根据所用气氛不同，可分为还原性气体炉中钎焊和惰性气体炉中钎焊。还原性气体的主要组分是氢及一氧化碳，它的作用不仅防止空气侵入，而且能还原焊件表面的氧化物，有助于钎料润湿母材。表8-74列出了钎焊用还原性气体。放热型气体是可燃气体与空气不完全燃烧的产物。吸热型气体是碳氢化合物气体与空气于加热温度很高的热罐内在镍催化剂的作用下反应形成的产物。进行还原性气体炉中钎焊时，应注意安全操作。为防止氢与空气混合引起爆炸，钎焊炉在加热前应先通10～15min还原性气体，以充分排出炉内的空气。炉子排出的气体应点火燃烧掉，以消除在炉内聚集的危险。钎焊结束后，待炉温降至150℃以下再停止供气。

惰性气体炉中钎焊通常采用氩气。氩气只起保护作用，其纯度 Ar 高于99.99%。

表 8-74　钎焊用还原性气体

气体	主要成分(体积分数)/%				露点/℃	用途		备注
	H_2	CO	N_2	CO_2		钎料	母材	
放热气体	14～15	9～10	70～71	5～6	室温	铜、铜磷、黄铜、银基	无氧铜、碳素铜、镍、蒙乃尔	脱碳性
放热气体	15～16	10～11	73～75	—	-40		无氧铜、碳素铜、镍、蒙乃尔、高碳钢、镍基合金	渗碳性
吸热气体	38～40	17～19	41～45	—	-40			
氢气	97～100	—	—	—	室温	铜、铜磷、黄铜、银基、镍基	无氧铜、碳素铜、镍、蒙乃尔、高碳钢、不锈钢、镍基合金	脱碳性
干燥氢气	100	—	—	—	-60			
分解氨	75	—	25	—	-54			

（3）浸渍钎焊

浸渍钎焊是将工件局部或整体浸入熔态的高温介质中加热进行钎焊。其特点是加热迅速、生产率高、液态介质保护零件不受氧化，有时还能同时完成淬火等热处理工艺。这种钎焊方法特别适用于大量生产。

浸渍钎焊的缺点是耗电多、熔盐蒸气污染严重、劳动条件差。浸渍钎焊有以下几种形式。

① 金属浴钎焊　主要用于软钎焊。将装配好的焊件浸入熔态钎料中，依靠熔态钎料的热量使焊件加热，同时钎料渗入接头间隙完成钎焊，其优点是装配容易、生产率高，适用于钎缝多而复杂的焊件。其缺点是焊件沾满钎料，增加了钎料消耗量，并给钎焊后的清理增加了工作量。

② 盐浴钎焊　主要用于硬钎焊。盐液应当具有合适的熔化温度、成分和性能应当稳定，对焊件能起到防止氧化的保护作用。钎焊钢、低合金钢时所用的盐液成分见表8-75。钎焊铝及铝合金用的盐液既是导热的介质，又是钎焊过程的钎剂。盐浴钎焊的主要设备是盐浴槽。各种盐浴槽型号和技术数据见表8-76。放入盐浴前，为了去除焊件及焊剂的水分，以防盐液飞溅，应将焊件预热到120～150℃。为了减小焊件浸入时盐浴温度的降低，缩短钎

焊时间，预热温度可适当增高。

表 8-75　钎焊钢、低合金钢时所用的盐液成分

盐类	成分(质量分数)/%	钎焊温度/℃	适用钎料
中性	BaCl$_2$ 100	1100～1150	铜
	BaCl$_2$ 95，NaCl 5	1100～1150	铜
	NaCl 100	850～1100	黄铜
	BaCl$_2$ 80，NaCl 20	670～1000	黄铜
含钎剂	BaCl$_2$ 80，NaCl 20，硼砂 1	900～1000	黄铜
中性	NaCl 5，KCl 50	730～900	银基钎料
	BaCl$_2$ 55，NaCl 25，KCl 20	620～870	银基钎料
氰化	Na$_2$CO$_3$ 20～30，KCl 20～30，NaCN 30～60	650～870	银基钎料
渗碳	NaCl 30，KCl 30，碳酸盐 Na$_2$CO$_3$ 15～20，活化剂余量	900～100	黄

表 8-76　各种盐浴槽型号和技术数据

名称	型号	功率/kW	电压/V	相数	最高工作温度/℃	盐熔槽尺寸($A×B×C$，$D×h$)/mm	最大技术生产率/(kg/h)	质量/kg
插入式电极盐浴槽	RDM2-20-13	20	380	1	1300	180×180×430	90	740
	RDM2-25-8	25				300×300×490		842
	RDM2-35-13	35		3	850	200×200×430	100	893
	RDM2-45-13	45		1	1300	260×240×600	200	1395
	RDM2-50-6	50		3	600	500×920×540	100	2690
	RDM2-75-13	75			1300	310×350×600	250	1769
	RDM2-100-8	100			850	500×920×540	160	2690
	RYD-20-13	20		1	1300	245×150×430	—	1000
	RYD-25-8	25			850	380×300×490	—	1020
	RYD-35-13	35		3	1300	305×200×430	—	1043
	RYD-45-13	45		1		340×60×600	—	1458
	RYD-50-6	50			600	920×600×540	—	3052
	RYD-75-13	75		3	1300	525×350×600	—	1652
	RYD-100-8	100				920×600×540	—	3052
坩埚式盐浴槽	RGY-10-8	10	220	1	850	ϕ200×350		1200
	RGY-20-8	20	380	3		ϕ300×555		1350
	RGY-30-8	30				ϕ400×575		1600

③ 波峰钎焊　波峰是金属浴钎焊的一个特例，主要用于印制电路板的钎焊。依靠泵的作用使熔化的钎料向上涌动，印制电路板随传送带向前移动时与钎料波峰接触，进行元器件引线与铜箔电路的钎焊连接。由于波峰上没有氧化膜，钎料与电路板保持良好的接触，并且生产率高。

二、扩散焊

扩散焊是在一定的温度和压力下使待焊表面相互接触，通过微观塑性变形或通过待焊面产生的微量液相而扩大待焊表面的物理接触，然后，经较长时间的原子相互扩散来实现冶金结合的一种焊接方法。

（一）扩散焊的特点

1. 扩散焊特点

① 焊接温度一般为母材熔化温度的 0.4～0.8，因此，排除了由于熔化给母材带来的

影响。

② 可焊接不同种类的材料。

③ 可焊接结构复杂，封闭型焊缝，厚薄相差悬殊，要求精度很高的各种工件。

④ 根据需要可使接头的成分、组织和母材均匀化，接头的性能与母材相同。

⑤ 由于扩散焊要求表面十分平整、光洁，并能均匀加压，因而适用范围受到一定限制。

2. 扩散焊优点

① 接头质量好。

② 零部件变形小。

③ 可一次性焊接多个接头。

④ 可焊接大断面接头。

⑤ 可焊接其他焊接方法难以焊接的材料。

⑥ 与其他热加工、热处理工艺结合，可获得较大的经济效益。

3. 扩散焊缺点

① 对零件待焊表面的制备和装配的要求较高。

② 接热循环时间长，生产率低。

③ 设备一次投资较大，而且焊接工件的尺寸受到设备的限制。

④ 对焊缝的焊接质量尚无可靠的无损检测手段。

(二) 焊接工艺及参数

为获得优质的扩散焊接头，除根据所焊部件的材料、形状和尺寸等选择合适的扩散焊方法和设备外，精心制备待焊零件，选取合适的焊接条件并在焊接过程中控制主要工艺参数是极其重要的。另外从冶金因素考虑仔细选择合适的中间层和其他辅助材料也是十分重要的。焊接的加热温度、对工件施加的压力以及扩散的时间是主要的工艺参数。

(1) 工件待焊表面的制备和清理

工件的等焊表面状态对扩散焊过程和接头质量有很大影响，特别是固态扩散焊。因此，在装配焊之前，待焊表面应做如下处理。

① 表面机加工　表面机加工的目的是获得平整光洁的表面，保证焊接间隙极小，微观上紧密接触点尽可能地多。对普通金属零件，可采用精车、精刨（铣）和磨削加工。通常使用表面粗糙度 $Ra \leqslant 3.2\mu m$。Ra 大小的确定还与材料本身的硬度有关，对硬度高的材料，Ra 应更小。对加有软中间层的扩散焊和出现液相的扩散焊，粗糙度要求可放宽。对冷轧板叠合扩散焊，因冷轧板表面粗糙度 Ra 较小（通常低于 $0.8\mu m$），故可不用补充加工。

② 除油污和表面浸蚀　去除表面油污的方法很多。通常用酒精、丙酮、三氯乙烯或金属清洗剂除油。有些场合还可采用超声净化方法。

为去除各种非金属表面膜（包括氧化膜）或机加工产生的冷加工硬化层，待焊表面通常用化学浸蚀方法清理。虽然硬化层内晶体缺陷密度高，再结晶温度低，对扩散焊有利，但对某些不希望产生再结晶的金属仍有必要将该层去掉。化学浸蚀方法随被焊材料而异，可参考金相浸蚀剂配方和热轧、热处理后表皮去除浸蚀液的配方，但熔液浓度要做调整，以保证适当浸蚀速度而又不产生过大过多的腐蚀坑，防止产生如吸氢等其他有害的副作用。工件浸蚀至露出金属光泽之后，应立即用水（或热水）冲净。对某些材料，可用真空烘烤、辉光放电、离子轰击等方法来清理表面。

清洗干净的待焊零件应尽快组装焊接。如需长时间放置，则应对待焊表面加以保护，如置于真空或保护气氛中。

（2）中间层材料的选择

中间层的作用是：①改善表面接触，从而降低对待焊表面的制备质量要求，降低所需的焊接压力；②改善扩散条件，加速扩散过程，从而可降低焊接温度，缩短焊接时间；③改善冶金反应，避免（或减少）形成脆性金属间化合物和不希望有的共晶组织；④避免或减少因被焊材料之间物理和化学性能差异过大所引起的问题，如热应力过大，出现扩散孔洞等。

因此，所选择的中间层材料是：①容易塑性变形；②含有加速扩散的元素，如硼、铍、硅等；③物理和化学性能与母材差异较被焊材料之间的差异小；④不与母材产生不良的冶金反应，如产生脆性相或不希望有的共晶相；⑤不会在接头上引起电化学腐蚀问题。

通常，中间层是熔点较低（但不低于焊接温度）、塑性好的纯金属，如铜、镍、铝、银等，或与母材成分接近的含有少量易扩散的低熔点元素的合金。

中间层厚度一般为几十微米，以利于缩短均匀化扩散时间。厚度为 $30\sim100\mu m$ 时，可以箔片形式夹在两待焊表面之间，不能轧成箔的中间层材料，可用电镀、真空蒸镀、等离子喷涂方法直接将中间层材料涂覆在待焊表面，镀层厚可仅数微米。中间层厚度可根据最终成分来计算，初选，通过试验修正确定。

（3）止焊剂

扩散焊中，为了防止压头与工件或工件之间某些待定区域被扩散黏结在一起，需加止焊材料（片状或粉状）。这种辅助材料应具有以下性能。

① 高于焊接温度的熔点或软化点。

② 有较好的高温化学稳定性，高温下不与工件、夹具或压头起化学反应。

③ 应不释放出有害气体污染附近待焊表面，不破坏保护气氛或真空度，例如钢与钢扩散焊时，可涂一层氮化硼或氧化钇粉。

④ 焊接工艺参数。

a. 温度。温度是扩散焊最重要的工艺参数，温度的微小变化会使扩散焊速度产生较大的变化。在一定的温度范围内，温度高，扩散过程快，所获得的接头强度也高。从这点考虑，应尽可能选用较高的扩散焊温度。但加热温度受被焊工件和夹具的高温强度、工件的相变、再结晶等冶金特性所限制，而且温度高于一定值之后再提高时，接头质量提高不多，有时反而下降。对许多金属的合金，扩散焊温度为 $0.6\sim0.8T_{m}$ （K），式中，T_{m} 为母材熔点。对出现液相的扩散焊，加热温度比中间层材料熔点或共晶反应温度稍高一些，但填充间隙后的等温凝固和均匀化扩散温度略为下降。

b. 压力。在其他参数固定时，采用较高压力能产生较好的接头。压力上限取决于对焊件总体变形量的限度、设备吨位等。对于异种金属扩散焊，采用较大的压力对减少或防止扩散孔洞有作用。除热等静压扩散焊外，通常扩散焊压力为 $0.5\sim50MPa$。对出现液相的扩散焊，可以选用较低一些的压力。压力过大时，在某些情况下，可能导致液态金属被挤出，使接头成分失控。由于扩散压力对第二、三阶段影响较小，在固态扩散时，允许在后期将压力减小，以便减小工件变形。

c. 扩散时间。扩散时间是指被焊工件在焊接温度下保持的时间。在该焊接时间内，必须保证扩散过程全部完成，以达到所需的强度。扩散时间过短，则接头强度达不到稳定的、与母材相等的强度。但过高的高温高压持续时间，对接头质量不起任何进一步提高的作用，反而会使母材晶粒长大。对可能形成脆性金属间化合物的接头，应控制扩散时间，以求控制脆性层的厚度，使之不影响接头性能。扩散焊时间并非一个独立参数，它与温度、压力是密切相关的。温度较高或压力较大，则时间可以缩短。对于加中间层的扩散焊，焊接时间取决于中间层厚度和对接并没有成分组织均匀度的要求（包括脆性相的允许量）。实际焊接过程中，焊接时间可在一个非常宽的范围内变化。采用某种工艺参数时，焊接时间有数分钟即足够，而用另一种工艺参数时则需数小时。

　　d. 保护气氛。焊接保护气氛纯度、流量、压力或真空度、漏气率均会影响扩散焊接头质量。常用保护气体是氩气，常用真空度为（1～20）×10^{-3}Pa。对有些材料也可用高纯氮、氢和氦气。在超塑成形和扩散焊组合工艺中，常用氩气氛负压（低真空）保护金属板表面。另外，冷却过程中有相变的材料以及陶瓷类脆性材料扩散焊时，加热和冷却速度应加以控制。共晶反应扩散中，加热速度过慢，则会因扩散而使接触面上成分变化，影响熔融共晶生成。

　　在实际生产中，所有工艺参数的确定均应根据试焊所得接头性能挑选出一个最佳值（或最佳范围）。表 8-77 列出了几种常用材料组合扩散焊接工艺参数。

表 8-77　**几种常用材料组合扩散焊接工艺参数**

被焊材料	中间层材料	温度/℃	压力/MPa	时间/min	真空度/Pa
Al+Al	Si	580	10	1	1.333×10^{-3}
5A05+5A05	无	500	15	10	1.333×10^{-3}
（铝 1035）+TU1	无	400	8	20	1.333×10^{-1}
Al+Ni	无	500	10	30	1.333×10^{-3}
5A06+不锈钢	无	550	14	15	1.333×10^{-2}
Cu+Cu	无	850	5	5	1.333×10^{-3}
Cu+Mo	无	850	20	10	1.333×10^{-2}
Cu+Ti	无	860	5	15	1.333×10^{-3}
Mo+Mo	无	1100	160～400	5	1.333×10^{-2}
	Ti	915	70	20	1.333×10^{-2}
	Ta	915	67	20	1.333×10^{-2}
TA6+TA6	无	900	2	60	1.333×10^{-1}
Nb+Nb	无	1200	70～100	180	1.333×10^{-4}
	In	985	1	60	1.333×10^{-4}
W+W	Nb	927	70	20	1.333×10^{-2}
Ni+Ni	无	1580	62	45	1.333×10^{-2}
Ta+Ta	Ti	870	70	10	1.333×10^{-2}
（Zr-2）+（Zr-2）	Cu	1040	0.21	90	1.333×10^{-3}
95 瓷+Cu	无	960	9.8	17	1.333×10^{-4}
95 瓷+TA1	Al	900	9.8	25	1.333×10^{-4}

第五节　高频焊

　　高频焊是专用性很强的焊接方法，生产中应用最多的是钢管的高频焊接，其效率很高。

一、高频焊的原理、特点、分类及应用范围

1. 高频焊的原理

高频焊是一种电阻焊。它是利用高频电流流经金属连接面产生的电阻热，并施加适当的

压力达到金属结合的一种电阻焊方法。根据焊接区高频电的来源不同，高频焊分高频电阻焊和高频感应焊两种，其原理说明见表8-78。

表 8-78 高频焊原理

类别	说　明
高频电阻焊原理	高频电阻焊加热焊件的高频电流是直接通过触头导入焊件的。管材纵缝高频电阻焊原理如图1所示。待焊工件的两边缘必须预制成V形会合角，焊接时高频电源通过会合角两边的一对滑动触头导入工件，由于高频电流的集肤效应，使电流沿着会合角两边的表面层形成往复回路，产生了电阻热，在会合角附近电流密度最大，被快速加热到焊接温度，在挤压辊轮的作用下将管坯两边挤在一起，挤出了氧化物和熔化金属，并在管坯周长上留有一定的挤压量，产生强烈的顶锻，促使金属原子之间形成牢固地结合。挤压辊轮旋转使管坯沿箭头所示方向前移，然后由焊接机组前边设置的刨刀将挤出的氧化物和部分的金属切削除去。如焊接产生金属火花喷溅，则为闪光对焊，此方法易于排除金属氧化物，焊接质量高且稳定 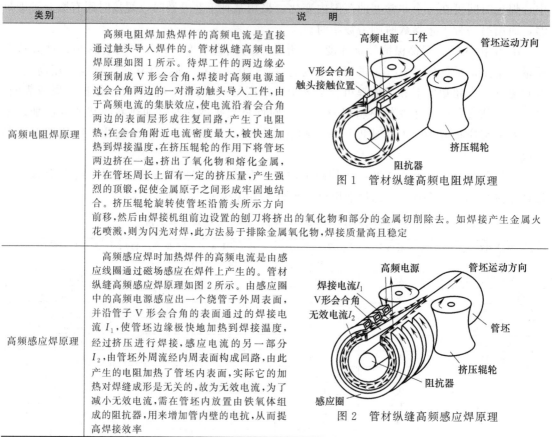 图 1　管材纵缝高频电阻焊原理
高频感应焊原理	高频感应焊时加热焊件的高频电流是由感应线圈通过磁场感应在焊件上产生的。管材纵缝高频感应焊原理如图2所示。由感应圈中的高频电源感应出一个绕管子外周表面，并沿管子V形会合角的表面通过的焊接电流I_1，使管坯边缘极快地加热到焊接温度，经过挤压进行焊接，感应电流的另一部分I_2由管坯外周流经内周表面构成回路，由此产生的电阻加热了管坯内表面，实际它的加热对焊缝成形是无关的，故为无效电流，为了减小无效电流，需在管坯内放置由铁氧体组成的阻抗器，用来增加管内壁的电抗，从而提高焊接效率

图 2　管材纵缝高频感应焊原理

2. 高频焊的特点、分类及应用范围

高频焊的特点、分类及应用范围说明见表8-79。

表 8-79 高频焊的特点、分类及应用范围

项目	说　明
高频焊的特点	①焊接接头的热影响区比电阻焊更窄，接头强度高。在焊接热循环的顶锻或锻压阶段，所有熔化金属会从接头处挤出，可消除引起焊接裂纹的低熔点相 ②用摩擦接触或感应导电，其电能的利用率较高。热影响区窄且没有铸造组织，可使一些合金不必进行焊后热处理。焊接薄材料工件不易被压弯或压溃 ③高频焊设备投资费用较高，对工件装配的要求严格，且对连续焊要求制备适当形状的V形坡口。必须采取对高频电流的防护措施和避免电波辐射干扰
高频焊的分类	①按高频电流导入焊件的方式不同，分为接触高频焊和感应高频焊 ②按焊接所得到焊缝长度的不同，分为高频连续缝焊、高频短缝对接焊和高频点焊等 ③按焊接加热、加压状态不同，分为高频闪光对焊、高频锻压焊和高频熔化焊
高频焊的应用范围	①高频电阻焊可用于碳钢、铜、铝、锆、钛、镍等多种材料和多种结构类型工件的焊接。高频感应焊用于能全部形成闭合电流通路或完整回路的场合 ②广泛应用于管材的制造，如各种材料的有缝管、异型管、散热片管、螺旋散热片管、电缆套管等 ③能生产各种端面的型材、双金属板和一些机械产品，如汽车轮圈、汽车车厢板、工具钢和碳钢组成的锯条等

续表

项目	说 明
高频焊的 应用范围	下图所示是高频焊的基本应用,其中图(b)、(h)、(i)是用高频感应焊,这种焊接方法只适用于能全部在工件内部形成闭合电流通路或完整回路的场合 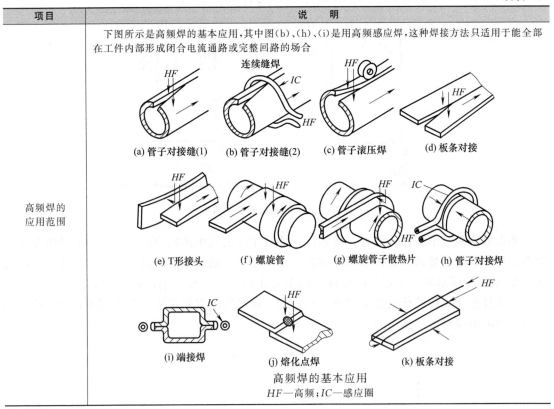 (a) 管子对接缝(1)　(b) 管子对接缝(2)　(c) 管子滚压焊　(d) 板条对接 (e) T形接头　(f) 螺旋管　(g) 螺旋管子散热片　(h) 管子对接焊 (i) 端接焊　(j) 熔化点焊　(k) 板条对接 高频焊的基本应用 *HF*—高频;*IC*—感应圈

二、高频焊的特性

(一) 高频电流的特性

高频焊必须用高频电流才能完成焊接,这是因为高频电流具有集肤效应和邻近效应。

1. 集肤效应

电流在导线内通过,低频电流(工频电流)或直流在导体的任一截面内的电流密度是相等的,但高频电流则出现电流集中在导体表皮的现象,这种现象称为集肤效应或趋肤效应。随着频率的升高,集肤效应愈加严重。集肤效应用电流的透入深度来度量,其值越小,表面集肤效应越显著。电流的透入深度与电流频率、材料的电阻率及磁导率 T 有关。电流频率增加,电流透入深度则减少,集肤效应显著。

不同的金属材料有不同的磁导率和电阻率,且都和温度有关。同一种材料随温度的上升,电阻率也上升,集肤效应下降。

2. 邻近效应

当高频电流彼此反向流动或在一个往复导体中流动时,会发现电流集中流动于导体邻近侧的奇异现象,此现象称邻近效应,如图 8-50 所示。电流从一根绕金属板边的导线流过,并从 A 点导入金属板,从 B 点导出。图 8-50 (a) 所示为通入直流或低频电流,故在金属板内电流大部分都走最短路径,集中在下部流动(虚线所示)。图 8-50 (b) 所示为通入高频电流,电流大部分沿板边(靠导线最近)流动。产生这种邻近效应的原因是感抗在高频电路的阻抗中起决定性作用。对高频电流而言,当邻近导体与金属板边间构成往复导体时(流向相反），其间形成的感抗最小，而电流趋向于走感抗最小的路径。

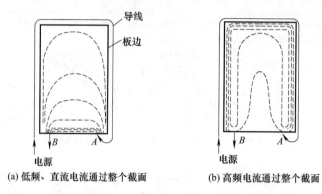

图 8-50　高频电流的邻近效应

邻近效应随频率增加而增大，随邻近导体与工件之间距离减少而增强，因而使电流更为集中，加热程度更显著。若在邻近导体周围加一磁芯，则高频电流将会更窄地集中于工件表层。如图 8-51 所示的是高频对接焊缝中的电流走向。由于高频电流的邻近效应，无论导电滑块与工件焊接点前的什么部位接触，电流都迅速流向内侧的板边，对内侧的板边加热。其焊接点处的电流密度是最大的。

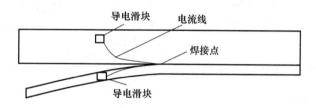

图 8-51　高频对接焊缝中的电流走向

（二）高频焊的优缺点

高频焊的优缺点见表 8-80。

表 8-80　高频焊的优缺点

特点	内容	说　明
优点	焊接速度高	高频电流的集肤效应和邻近效应，使电流高度集中于焊接区，加热速度快，一般焊接速度达 150～200m/min
	焊接热影响区小	焊接速度快，热输入小，热量集中在很窄的连接表面上。由于工件的自冷作用强，焊后焊缝能迅速冷却到 300℃ 以下，所以热影响区一般都很窄
	对工件的清理没有要求	其他焊接方法多数对焊目的清理都有严格的要求，而高频焊的焊口完全可以不清理。因为高频电流的电压很高，表面氧化膜不会影响导电，且焊接时表面的氧化物可从接缝中被挤出去
	功耗少	焊接同样的管子所需的功率比用工频电阻焊时的小，且可以焊接 0.75mm 的薄壁管子
	应用广	能焊接的金属范围广，碳钢、合金钢、不锈钢、铜、铝、镍、锆及其合金等，都能进行异种金属焊接
缺点	装配质量要求高	焊接时对接头装配质量要求高，尤其是连续高频焊接型材时，装配和焊接都是自动化的，任何因素造成 V 形开口形状的变化都会引起焊接质量问题
	需加保护	电源回路中高压部分对人身和设备的安全有威胁，要有特殊保护措施
	有辐射干扰	高频焊设备在无线电广播频率范围工作，易造成辐射干扰

三、高频焊工艺参数

高频焊的焊接速度一般很快，焊接缺陷的动态检查十分困难，因此，设计出最佳的接头形式、焊接参数和焊接装置显得十分重要。

（一）接头形式

高频焊是高速焊接的方法，适用于外形规则、简单、能在高速运动中保持恒定的接头形式，如对接、角接等。

（二）焊接参数的选择

高频焊广泛应用于管材制造，下面以管材纵缝高频焊为例选择高频焊焊接参数。

1．电源频率

高频焊的频率范围很广，有利于集肤效应和邻近效应的发挥，同时也会使电能高度集中于连接面的表层并快速加热到焊接温度。但频率的选择决定了管坯材质和壁厚。

因有色金属热导率大，需要比钢材更大的焊接速度和更为集中的能量，因此其焊接用的频率要比碳钢管材的高些。此外，焊接薄壁管宜选用高一些的频率，厚壁管材可用低一些的频率，这样易保证接缝两边加热宽度适中，沿厚度方向加热易均匀。

一般焊接电源的频率越高，越能充分利用趋表效应和邻近效应，达到节省焊接功率和保证焊接质量的目的，但频率过高将使加热时间延长，加热宽度过窄，焊缝强度下降。通常在焊接中小型管时一般为$170\sim500kHz$。

2．焊接速度

由于焊接速度越快，加热时间越短，从而使焊接过程中形成的氧化物进入焊缝金属中的机会大大减少，焊缝质量越高。因此，在焊接装置和机械的能力允许下，尽可能选择最大速度。高频电阻焊焊接不同壁厚管子的焊接速度见表8-81。

表 8-81　高频电阻焊焊接不同壁厚管子的焊接速度

壁厚/mm	焊接速度/(mm/s)	
	钢	铅
0.75	4500	5000
1.5	2500	3000
2.5	1500	1800
4	875	1120
6.4	500	620

3．会合角

会合角的大小对高频焊闪光过程的稳定性、焊缝质量和焊接效率都有较大的影响。通常应取$2°\sim6°$，会合角小，邻近效应显著，有利于提高焊接速度，但不能过小，过小时闪光过程不稳定，使过梁爆破后易形成难以压合的深孔或针孔等缺陷；会合角过大时，邻近效应减弱，使得焊接效率下降，功率增加，同时易引起管坯边缘产生褶皱。

4．管坯坡口形状

薄壁管的管坯坡口用I形坡口即可，厚壁管用X形坡口，以使整个截面加热均匀，若采用I形坡口，在坡口横截面的中心部分会加热不足，而上、下边缘则相反，会造成加热过度。

5．触头、感应圈和阻抗器的安放

① 电极触头位置　触头尽可能靠近挤压辊，以提高效率。它与两挤压辊中心连线的距

离一般取 20～150mm。焊铝管时取下限，焊壁厚在 10mm 以上的低碳钢管时取下限，且随管径增大而适当增大，可参考表 8-82 选择。通常两电极触头间的电压为 50～200V，焊接电流为 1000～3000A。

表 8-82　电极触头位置（低碳钢） mm

管外径	16	19	25	50	100
至两挤压辊中心连线的距离	25	25	30	30	32

② 感应圈位置　感应圈应与管子同心放置，其前端与两挤压辊中心连线的距离也影响焊接质量和效率，其值也随管径和壁厚而定，见表 8-83。

表 8-83　感应圈位置（低碳钢） mm

管外径	25	50	75	100	125	150	175
至两挤压辊中心连线的距离	40	55	65	80	90	100	110

③ 阻抗器位置　阻抗器也应与管坯同轴安放，其头部与两挤压辊中心连线重合或离开中心连线 10～20mm，以保持较高的焊接效率。阻抗器与管壁之间的间隙一般为 6～15mm，间隙小可提高效率，但不能太小。

6. 输入功率

焊接所需的输入功率必须能在较短时间内将连接面加热到焊接温度。它取决于管材的材质和壁厚，铝管焊接所需功率要比钢管的大，厚壁的管子要比薄壁的焊接功率大。对给定的管子焊接时，若输入功率过小，则管坯坡口面加热不足，达不到焊接温度而产生未焊合；若输入功率过大，则管坯坡口面加热温度高于焊接温度而发生过热或过烧，甚至焊缝击穿，造成熔化金属严重喷溅，形成针孔和夹渣等缺陷。

7. 焊接装置功率

焊接装置功率主要根据焊接装置的频率、工作频率、焊接速度、工件的材料和厚度来确定。实际设计中可按下式估算

$$P = k_1 k_2 tv \tag{8-4}$$

式中　P——焊机功率，kW；

　　　k_1——材质系数，见表 8-84；

　　　k_2——尺寸系数，接触焊时，$k_2=1$，感应焊时，k_2 值见表 8-85；

　　　t——壁厚，mm；

　　　b——加热宽度，一般取 1cm；

　　　v——焊接速度，m/min。

表 8-84　材质系数 k_1

材料	软钢	奥氏体不锈钢	铝	钢
k_1	0.8～1	1.0～1.2	0.5～0.7	1.4～1.8

表 8-85　尺寸系数 k_2

钢管外径/mm	25.4	50.8	76.2	101.6	127	152.4
k_2	1	1.11	1.25	1.43	1.67	2

8. 焊接压力

管坯坡口两边被加热到焊接温度后，就必须对其施加压力才能实现焊接。加压是为了使

V形开口结构封闭,产生塑性变形,使连接界面原子间产生结合。压力是通过两旁挤压辊轮实现的,一般焊接压力以100～300MPa为宜。有些焊机上没有直接测量焊接压力的装置,于是用接头管坯被挤压的量来代替焊接压力。其做法是通过改变挤压辊的间距来控制挤压量。通常挤压量随管壁厚度不同而异,可参考表8-86所示的经验值选取。

表 8-86 管子高频焊挤压量的经验值

管壁厚 δ/mm	$\leqslant 1$	$1\sim 4$	$4\sim 6$
挤压量	δ	$2/3\delta$	$1/2\delta$

四、常用金属材料的焊接要点

(一)常用金属管子焊接的要点

1. 碳钢和低合金高强度钢管的焊接

通常用碳当量评估其焊接性。计算材料碳当量的公式为

$$CE = \omega(C) + \frac{1}{4}\omega(Si) + \frac{1}{4}\omega(Mn) + 1.07\omega(P) +$$

$$0.13\omega(Cu) + 0.05\omega(Ni) + 0.23\omega(Cr) \tag{8-5}$$

当材料的碳当量<0.2%时,其焊接性好,焊后不需进行热处理;碳当量>0.65%时,焊接性差,焊缝硬脆易裂,禁止焊接;碳当量为0.2%～0.5%时,焊接性较好,但焊后需在线正火处理,使焊缝硬度与母材一致。

2. 不锈钢管的焊接

不锈钢导热性差、电阻率高,焊接同样直径和壁厚的管子,所需热功率比其他材料的小,在输入功率相同的情况下,能很快达到焊接温度,焊接速度较高。其管坯在成形辊系作用下,易冷作硬化,且回弹大,需正确设计辊系机件,恰当调整辊轮之间的间隙和加大挤压力。另外,为使接头具有良好的耐蚀性,应采用焊前固溶处理、高的焊接速度和焊后使管材通过冷却器急冷等措施来避免和抑制热影响区析出碳化物。

3. 铝及铝合金管的焊接

铝及铝合金熔点低,易氧化,焊接时结合面很快被加热到熔化温度,且发生剧烈氧化而生成高熔点的 Al_2O_3 膜。

为缩短铝及铝合金在液态温度下的停留时间,同时保证母材能在固相线温度以上焊合,并减少散热所引起温度降低,常提高焊接速度和挤压速度,将 Al_2O_3 膜挤出去。

4. 铜及铜合金管的焊接

铜及铜合金也是非导磁材料,且又都具有良好的导热性,焊接时需采用较高的频率和较高的焊接速度,以使电能更集中于结合面而减少热量散失。焊接黄铜时,结合面加热到熔化时,锌易氧化和蒸发,也需快速加热和挤压,把熔化或氧化的金属挤出去。

(二)散热片与管的高频焊焊接的要点

为增加散热器用管的散热表面积,常用高频焊在管外表面焊上螺旋状的散热片或纵向的散热片,俗称翅(鳍)片管。

图8-52所示为翅片与管的高频电阻焊示意图。0.3～0.5mm厚的薄翅片可在焊接之前轧制成各种形状,也可在成形的同时连续进行焊接。焊接时管子做前进与回转运动,散热片

以一定角度送向管壁，并由挤压辊轮挤到管壁上。当散热片与管壁上的电极触头通有高频电时，会合角边缘金属被加热，经挤压而焊接起来。

图 8-53 所示为纵向鳍片与管的高频焊示意图。鳍片的厚度与其高度及与其相焊的管子壁厚有关（一般在 6mm 以下）。管子必须能承受加在鳍片上的挤压力而无明显变形。为了防止管子焊后发生弯曲变形，应同时在管子两侧焊接两条鳍片。

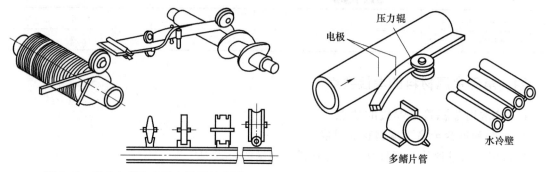

图 8-52　翅片与管的高频电阻焊示意图　　　　图 8-53　纵向鳍片与管的高频焊示意图

散热片与管高频焊接的速度非常快，其速度范围为 50～150m/min，可焊管子直径为 16～254mm，可焊材料很多。低碳钢散热片一般用于低合金钢管，不锈钢散热片可焊到碳钢或不锈钢管上。

（三）型钢的高频电阻焊焊接的要点

高频电阻焊也用于结构型钢的生产，如 T 形、I 形和 H 形梁的生产。图 8-54 所示为用高频电阻焊生产 I 形或 H 形梁的生产线（图中右下角示出了焊接挤压辊和矫直辊工作的局部放大图）。可生产腹板高度达 500mm，厚度达 9.5mm，生产时将 3 卷带钢抽出送入焊接滚轧机，由两台高频焊机同时将腹板和两个翼板间的 T 形接头焊成，其焊接速度为 125～1000mm/s。

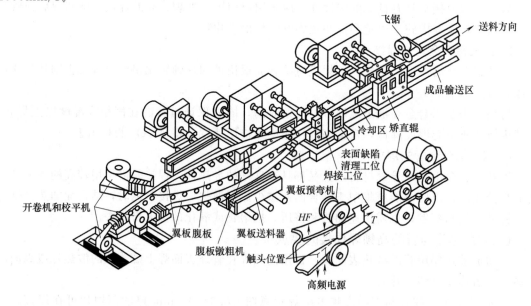

图 8-54　用高频电阻焊生产 I 形或 H 形梁的生产线

五、高频焊常见缺陷及预防措施

高频焊时熔化金属几乎全部被挤出焊口，所以不会产生气孔、偏析之类的缺陷。高频焊常见缺陷及预防措施见表8-87。

表 8-87 高频焊常见缺陷及预防措施

缺陷名称	产生原因	预防措施
未焊合	①加热不足 ②挤压力不够 ③焊接速度太快	①提高输入功率 ②适当增加挤压力 ③选用合适的焊接速度
夹渣	①输入功率太大 ②焊接速度太慢 ③挤压力不够	①选用适当的输入功率 ②提高焊接速度 ③适当增加挤压力
近缝区开裂	①热态金属受强挤压,使其中原有的纵向分布的层状恶化 ②层状夹渣物向外弯曲过大	①保证母材的质量 ②挤压力不能过大
错边(薄壁管)	①设备精度不高 ②挤压力过大	①修整设备,使其达到精度要求 ②适当降低挤压力

第六节 | 激光焊

激光焊指以聚焦的激光束作为能源轰击焊件所产生的热量进行焊接的方法。激光焊是利用大功率相干单色光子流聚焦而成的激光束热源进行焊接，通常用连续功率激光焊和脉冲功率激光焊两种方法。

激光焊的优点是不需要在真空中进行。缺点则是穿透力比电子束焊弱。激光焊能进行精确的能量控制，因而可以实现精密微型器件的焊接。它能应用于很多金属，特别是能焊接一些难焊接金属及异种金属。

一、激光焊的特点及应用范围

1. 激光焊的特点

① 由于激光束的频谱宽度窄，经汇聚后的光斑直径可小到 0.01mm，功率密度可达 $10^9 W/cm^2$，它和电子束焊同属于高能焊。可焊 0.1~50mm 厚的工件。

② 脉冲激光焊加热过程短、焊点小、热影响区小。

③ 与电子束焊相比，激光焊不需要真空，也不存在 X 射线防护问题。

④ 能对难以接近的部位进行焊接，能透过玻璃或其他透明物体进行焊接。

⑤ 激光不受电磁场的影响。

⑥ 激光的电子光转换效率低（一般为 0.1%~0.3%）。工件的加工和组装精度要求过高，夹具要求精密，因此焊接成本高。

2. 应用范围

① 用脉冲激光焊能够焊接铜、铁、锆、钽、铝、钛、铌等金属及其合金。主要用于微型件、精密元件和微电子元件的焊接。低功率脉冲激光焊常用于直径 0.5mm 以下金属丝与

丝（或薄板）之间的焊接。

② 用脉冲激光焊可以把金属丝或薄板焊接在一起。连续激光焊的应用见表8-88。

③ 用连续激光焊，除铜、铝合金难得外，其他金属与合金都能焊接。

④ 主要应用于电子工业领域，如微电器件外壳及精密传感器外壳的封焊、精密热电偶的焊接、波导元件的定位焊等。

⑤ 用来焊接石英、玻璃、陶瓷、塑料等非金属材料。

⑥ 激光焊接还有其他形式的应用，如激光钎焊、激光-电弧焊、激光填丝焊、激光压焊等。激光钎焊主要用于印制电路板的焊接，激光压焊主要用于薄板或薄钢带的焊接。

表 8-88　连续激光焊的应用

应用领域	材料	激光焊接的性能	应用理由	优点	实例
钢铁生产	低碳钢、中碳钢、不锈钢、硅钢	低变形，深熔焊	无后热处理，替代MIG、电阻焊、等离子焊	A B C	钢卷带、钢管
机器生产（汽车、机械）	镀锌钢、低碳钢、中碳钢、低合金钢	低变形，高焊接速度	替代电阻缝焊，简单部件装配焊接	A C D	油箱、变速箱齿轮、传运齿轮，发动机部件
精密设备（飞机测试设备）	铜合金、不锈钢	精密焊接，低变形	精加工后焊接部件	B C E	轮子、油压部件、飞机部件、测试部件
大型结构（重型机械、电机）	不锈钢、低碳钢	深熔焊，低热输入	焊后无须消除应力	A B C	压力容器、真空室、机械部件

注：A表示改善操作性，B表示提高生产率，C表示改善可靠性，D表示减小或减轻部件，E表示提高精度。

在电厂建造和化工行业，有大量的管-管、管-板接头，用激光焊可得到高质量的单面焊双面成形焊缝。在舰船制造业，用激光焊焊接大厚度板（可加填充金属），接头性能优于普通的电弧焊，能降低产品成本，提高构件的可靠性，有利于延长舰船的使用寿命。激光焊还应用于电动机定子铁芯的焊接，发动机壳体、机翼隔架等飞机零件的生产，航空涡轮叶片的修复等。

二、激光焊工艺参数

激光焊的焊接工艺可分为脉冲激光焊和连续激光焊两种类型。

（一）脉冲激光焊焊接工艺及参数

1. 脉冲激光焊焊接工艺

脉冲激光焊特别适用于微型件的点焊及连续焊，如薄片与薄片之间的焊接、薄膜的焊接、丝与丝之间的焊接及密封缝焊。脉冲激光焊的焊接工艺一般根据金属的性能、需要的熔深量和焊接方式来决定激光的功率密度、脉冲宽度和波形。脉冲激光焊加热斑点很小，约为微米数量级，每个激光脉冲在金属上形成一个焊点。主要用于微型、精密元件和一些微电子元件的焊接，它是以点焊或由点焊点搭接成的缝焊方式进行的。常用于脉冲激光焊的激光器有红宝石、钕玻璃和YAG等几种。

脉冲激光焊所用激光器输出的平均功率低，焊接过程中输入工件的热量小，因而单位时间内所能焊合的面积也小，可用于薄片（0.1mm左右）、薄膜（几微米至几十微米）和金属丝（直径可小于 0.02mm）的焊接，也可进行一些零件的封装焊。

（1）影响脉冲激光焊的因素

影响脉冲激光焊的因素及说明见表 8-89。

表 8-89　影响脉冲激光焊的因素及说明

因素	说　明
焊接加热时的能量密度范围	激光是高能量热源，在焊接时要尽量避免焊点金属的蒸发和烧穿，因此必须严格控制它的能量密度，使焊点温度始终保持高于熔点而低于沸点。金属本身的熔点和沸点之间的距离越大，能量密度的范围越宽，焊接过程越容易控制。控制光束能量密度的主要方法有调整输入量、调整光斑大小、改变光斑中的能量分布、改变脉冲宽度和衰减波的陡度
反射率	反射率的大小说明了一种波长的光有多少能量被母材料吸收，有多少能量被反射而损失。大多数金属在激光开始照射时，能将激光束的大部分能量反射回去，所以焊接过程开始的瞬间，就相应的需要较高功率的光束，而当金属表面开始熔化和气化后，其反射率将迅速降低，从而相应地降低光束的能量密度。反射率与温度、激光束的波长、材料的直流电阻率、激光束的入射角、材料的表面状态等因素有关。其具体影响是：温度越高，反射率越低，当接近沸点时，反射率降低到 10% 左右；大多数金属的反射率随波长的增加而增加，但波长的影响只在熔化前产生，一旦金属熔化，就不产生影响；母材的直流电阻率越大，反射率越低；激光束的入射角越大，反射率越大；表面光洁度越高，反射率越大。但是，单从外表来看，粗糙的表面也不一定是良好的吸收表面，如对于 1.06μm 波长的激光束来说，粗糙表面也可能是一种散射的表面
焊接时的穿入深度	脉冲激光焊接时，激光束本身对金属的直接穿入深度是有限的。传热熔化成形方式焊接的焊点最大穿入深度主要取决于材料的导温系数，导温系数大的穿入深度大，而导温系数则与传热系数成正比、与密度和比热容成反比。同一种金属，其穿入深度取决于脉冲宽度，脉冲宽度越大，则穿入深度也越大，但脉冲宽度的下限应在 1ms 以上，否则有可能成为打孔，而上限应在 10ms 左右，最大熔深可达 0.7mm
聚焦性和离焦量	由于光束的传播方向能够成为非常窄的一束，对于焊接来说，就可以得到很小的焊点，这对微型焊件是很重要的。随着波长缩短、工作物质的直径增大，光束的发散角随之变小，光束的宽度相应变窄，焊点尺寸减小。但工作物质的直径不能增加太大，应有一个合适的范围。另外，光斑直径的大小还可以通过缩短焦距而变小。所谓离焦量，指的是以聚集后的激光焦点位置与工件表面相接时为零，离开这个零点的距离量，如激光焦点超过零点时，定位负离焦，其距离的数值为负离焦量，反之为正离焦量。激光焦点上的光斑最小，能量密度最大。通过离焦量可调整能量密度

（2）脉冲激光焊接工艺

脉冲激光焊接工艺说明见表 8-90。

表 8-90　脉冲激光焊接工艺说明

因素	说　明
薄片与薄片之间的焊接	厚度在 0.2mm 以上的薄片之间的焊接，可以是同种材料，也可以是异种材料，主要采用搭接形式。在选择参数时，主要考虑上片材料的性质、片厚和下片的熔点。将厚度较小、热扩散率较大的金属作为下片，其所需的脉冲宽度和总能量可适当小些，将沸点高而且与沸点距离大的金属作为上片，其所要求的能量密度大些，将对激光波长反射率低的材料作为上片，可减少反射率损失。薄片与薄片之间的焊接的接头形式为对接和端接两种，见图 1 对接：两片金属接缝对齐，激光束从中间同时直接照射两片金属，使其熔化而连接起来，如图 1(a) 所示。这种方法受结构的限制太大，要求间隙很小，尽量能做到无间隙 端接：属搭接中的一种形式，两片金属重叠一部分，激光束照射在上片端部，使其熔化，上片金属向下片流动而形成焊缝，如图 1(b) 所示。端接法熔深较小，脉冲宽度较窄，能量较小 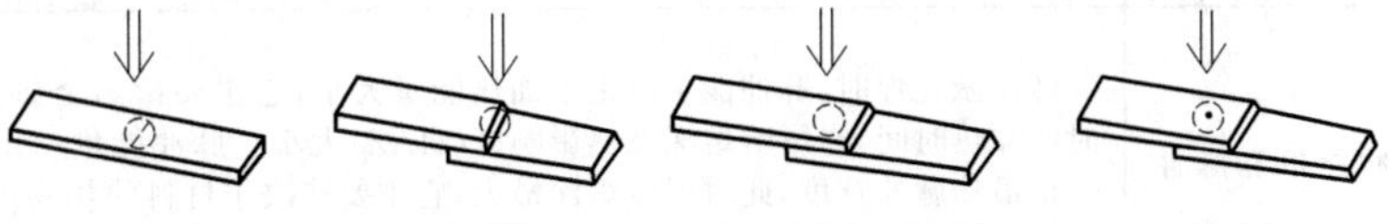 (a) 对接　　(b) 端接　　(c) 深穿入熔化焊　　(d) 穿孔焊 图 1　薄片与薄片的焊接方式

续表

因素	说　明
薄片与薄片之间的焊接	深穿入熔化焊:两片金属重叠在一部分,激光束直接照射在上片上,使上片金属的下表面和下片金属的上表面同时熔化而形成焊缝,如图 1(c)所示 穿孔焊:两片金属重叠一部分,激光束直接照射在上片,初始激光峰值很高,使斑光中心蒸发成一小孔,随后激光束通过小孔直接照射下片表面,使两片金属熔化而形成焊缝,见图 1(d)。焊时有少量飞溅,此法适用于厚片的焊接
丝与丝之间的焊接	适用于脉冲激光焊接的细丝,直径为 0.02～0.2mm 细丝之间的焊接,对激光束能量的控制是很严格的。如能量密度稍大,金属稍有蒸发就会引起断丝,影响焊接质量。如能量密度太大,又可能焊不牢。金属丝越细,对能量要求越严格,对激光器输出的稳定性的要求就高。细丝之间的焊接,焊点的质量主要是焊点的抗拉强度,它与激光能量和脉冲宽度的关系很大。要保持完全没有蒸发,就需要在较低功率密度、较大脉冲宽度的情况下进行熔化焊。但脉冲宽度太大,会产生后期蒸发,而脉冲宽度太小,则功率密度就必须提高,又容易产生前期蒸发。丝与丝之间的焊接的接头形式有对接、重叠、十字形和 T 字形。其中以粗细不等的十字形接头的焊接难度最大,这是因为细丝受激光照射部分吸收光能熔化后容易流走而造成断裂。此类接头要采用短焦距、大离焦量,光斑尺寸应比细丝直径大 4 倍左右的参数来进行焊接。以便使细丝和粗丝同时熔化,球化收缩而不致引起细丝断裂
密封焊接	脉冲激光密封焊接是以单点重叠方式进行的,其焊点重叠度与密封深度有关。图 2 所示为焊点的重叠度。由于脉冲激光焊点熔化区的空间形状呈圆锥体,所以当焊点的间距 l_1,大于光斑在金属下表面的熔融直径 d_1 时,密封深度 h_1,小于金属片厚度 δ,如图 2(a)所示,这时,虽然焊上了,但还有可能没有密封住。两焊点的间距 l_1,小于或等于在金属下表面的熔融直径 d_2 时,其密封深度将大于金属的上片厚度,如图 2(b)所示,这时的光斑密封焊最好 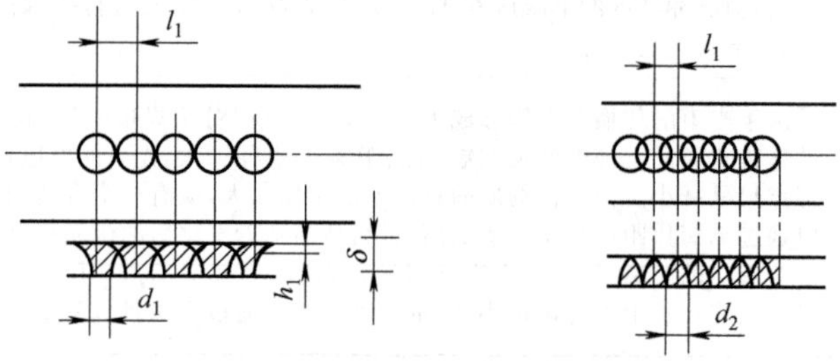 (a) 焊点重叠度小于金属下表面的熔融直径　(b) 焊点重叠度大于金属下表面的熔融直径 <center>图 2　焊点的重叠度</center>
异种金属的焊接	对于可以形成合金的结构,熔点及沸点分别相近的两种金属,能够形成牢固接头的激光焊参数范围较大,温度范围可选择在熔点和沸点之间。如果一种金属的熔点比另一种金属的沸点还要高得多,则这两种金属形成牢固接头的激光焊参数范围就很窄。甚至不可能进行焊接,这是由于一种金属开始熔化时,另一种金属已经蒸发。在这种情况下进行的焊接,可采用过渡金属来解决

2. 脉冲激光焊焊接参数

脉冲激光焊有 4 个主要焊接参数,它们是脉冲能量、脉冲宽度、功率密度和离焦量,见表 8-91。

表 8-91　脉冲激光焊焊接参数

类别	说　明
脉冲能量和脉冲宽度	脉冲激光焊时,脉冲能量决定了加热能量大小,它主要影响金属的熔化量;脉冲宽度决定焊接时的加热时间,它影响熔深及热影响区(HAZ)大小。脉冲能量一定时,对于不同材料,各存在着一个最佳脉冲宽度,此时焊接熔深最大,它主要取决于材料的热物理性能,特别是热导率和熔点。导热性好、熔点低的金属易获得较大的熔深。脉冲能量和脉冲宽度在焊接时有一定的关系,而且随着材料厚度与性质的不同而变化。焊接时,激光的平均功率 P 由如下公式决定

续表

类别	说 明
脉冲能量和脉冲宽度	$$P = \frac{E}{\Delta\tau} \qquad (1)$$ 式中 P——激光功率，W 　　E——激光脉冲量，J 　　$\Delta\tau$——脉冲宽度，s 可见，为了维持一定的功率，随着脉冲能量的增加，脉冲宽度必须相应增加，才能获得较好的焊接质量
功率密度	激光焊时功率密度决定焊接过程和机理。在功率密度较小时，焊接以传热焊的方式进行，焊点的直径和熔深由热传导所决定，当激光斑点的功率密度达到一定值（$10^{-6} \mathrm{W/cm^2}$）后，焊接过程中将产生小孔效应，形成深宽比大于 1 的深熔焊点，这时金属虽有少量蒸发，并不影响焊点的形成。但功率密度达大后，金属蒸发剧烈，导致气化金属过多，在焊点中形成一个不能被液态金属填满的小孔，不能形成牢固的焊点。脉冲激光焊时，功率密度由如下公式决定 $$P_d = \frac{4E}{\pi d^2 \Delta\tau} \qquad (2)$$ 式中 P_d——激光光斑上的功率密度，$\mathrm{W/cm^2}$ 　　E——激光脉冲能量，J 　　d——光斑直径，cm 　　$\Delta\tau$——脉冲宽度，s
离焦量	离焦量 ΔF 是指焊接时焊接表面离聚焦光束最小斑点的距离，又称为焦量。激光束通过透镜聚焦后，有一个最小光斑直径。如果焊件表面与之重合，则 $\Delta F = 0$。如果焊件表面在它下面，则 $\Delta F > 0$，称为正离焦量。若 $\Delta F < 0$，则称为负离焦量。改变离焦量，可以改变激光加热斑点的大小和光束入射状况，焊接较厚板时，采用适当的负离焦量，可以获得最大熔深。但离焦量太大，会使光斑直径变大，降低光斑上的功率密度，使熔深减小。离焦量的影响，在下面连续激光焊的有关部分还会进一步论述

（二）连续激光焊焊接工艺及参数

连续激光焊所使用的焊接设备一般为 CO_2 激光器，因为它输出的功率比其他激光器高，效率也比其他激光器高，且输出稳定，所以可进行薄板精密焊及 50mm 厚板深穿入焊。CO_2 激光器广泛应用于材料的激光加工。激光焊用的高频 CO_2 激光器连续输出功率为数千瓦至数十千瓦（最大可有 25kW）。

1. 连续激光焊焊接工艺

（1）接头形式及装配要求

常用的 CO_2 激光焊接头形式如图 8-55 所示。在激光焊时，用得最多的是对接接头。为

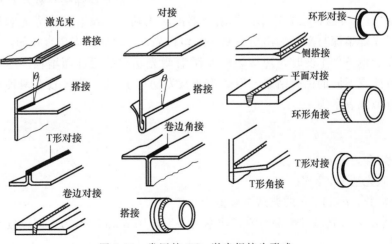

图 8-55　常用的 CO_2 激光焊接头形式

了获得良好的焊缝，焊前必须将焊件装配好。各类接头的装配要求见表8-92。对接时，如果接头错边太大，会使入射激光在板角处反射，焊接过程不稳定。薄板焊时，间隙太大，焊后焊缝表面成形不饱满，严重时形成穿孔。搭接时板间间隙过大，则易造成上下板间熔合不良。

表 8-92　各类接头的装配要求

接头形式	允许最大间隙	允许最大上下错边量	接头形式	允许最大间隙	允许最大上下错边量
对接接头	0.1δ	0.25δ	搭接接头	0.25δ	—
角接接头	0.1δ	0.25δ	卷边接头	0.1δ	0.25δ
T 形接头	0.25δ	—			

注：δ 为板厚。

在激光焊过程中，焊件应夹紧，以防止热变形。光斑垂直于焊接运动方向对焊缝中心的偏离量应小于光斑半径。对于钢铁等材料，一般焊前对焊件表面进行除锈、脱脂处理即可；在要求较严格时，可能需要酸洗，焊前用乙醇、丙酮或四氯化碳清洗。

激光深熔焊可以进行全位置焊，在起焊和收尾的渐变过渡，可通过调节激光功率的递增和衰减过程或改变焊接速度来实现；在焊接环缝时，可实现首尾平滑连接。利用内反射来增强激光吸收的焊缝，常常能提高焊接过程的效率和熔深。

（2）填充金属

尽管激光焊适合于自熔焊，但在一些应用场合，仍需要填充金属。其优点是：能改变焊缝化学成分，从而达到控制焊缝组织，改善接头力学性能的目的。在有些情况下，还能提高焊缝抗结晶裂纹敏感性。另外，允许增大接头装配公差，改善激光焊接头准备的不理想状态。实践表明，间隙超过板厚的3%，自熔焊缝将不饱满。激光填丝焊如图8-56所示。填充金属常常以焊丝的形式加入，可以是冷态，也可以是热态。填充金属的施加量不能过大，以免破坏小孔效应。

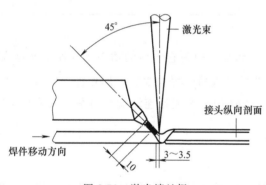

图 8-56　激光填丝焊

（3）激光焊焊接参数及其对熔深的影响

① 激光功率 P　通常激光功率是指激光器的输出功率，没有考虑导光和聚焦系统所引起的损失。激光焊熔深与激光输出功率密度密切相关，是功率和光斑直径的函数。对一定的光斑直径，在其他条件不变时，焊接熔深 h 随着激光功率的增加而增加。尽管在不同的试验条件下，可能有不同的试验结果，但熔深随激光功率 P 的变化大致有两种典型的试验曲线，用公式近似地表示为

$$h \approx P^k \tag{8-6}$$

式中　h——熔深，mm；

　　　P——激光功率，kW；

　　　k——常数，$k \leqslant 1$，k 的典型试验值为 0.7 和 1.0。

图 8-57 所示为激光焊时熔深与激光功率的关系，图 8-58 所示为不同厚度材料焊接时所需的激光功率。

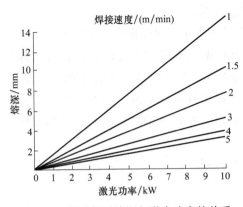

图 8-57 激光焊时熔深与激光功率的关系

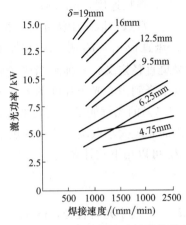

图 8-58 不同厚度材料焊接时所需的激光功率

② 焊接速度 v 在一定的激光功率下，提高焊接速度，热输入下降，焊接熔深减小，如图 8-59 所示。一般焊接速度与熔深有下面的近似关系

$$h \approx \frac{r}{v}$$

式中 h——焊接熔深，mm；

v——焊接速度，mm/s；

r——小于 1 的常数。

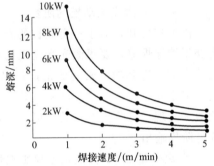

图 8-59 焊接速度对焊接熔深的影响

尽管适当降低焊接速度可加大熔深，但若焊接速度过低，熔深却不会再增加，反而使熔宽增大，如图 8-60 所示。其主要原因是，激光深熔焊时，维持小孔存在的主要动力是金属蒸气的反冲压力，在焊接速度低到一定程度后，热输入增加，熔化金属越来越多，当金属气化所产生的反冲压力不足以维持小孔的存在时，小孔不仅不再加深，甚至会崩溃，焊接过程蜕变为传热焊型焊接，因而熔深不会再增大。

v=0.5m/min

v=0.6m/min

v=0.75m/min

v=0.9m/min

v=1.25m/min v=1.5m/min

v=2.0m/min

图 8-60 不同焊接速度下所得到的熔深（P＝8.7kW，δ＝12mm）

另一个原因是随着金属气化的增加，小孔区温度上升，等离子体的浓度增加，对激光的吸收增加。这些原因使得低速焊时，激光焊熔深有一个最大值。也就是说，对于给定的激光功率等条件，存在一维持深熔焊接的最小焊接速度。熔深与激光功率和焊接速度的关系如下

$$h = \beta P^{1/2} v^{-r} \tag{8-7}$$

式中 h——焊接熔深，mm；

P——激光功率，W；

v——焊接速度，mm/s；

$\beta，r$——常数，取决于激光源、聚焦系统和焊接材料。

③ 光斑直径 d_0 d_0 指照射到焊接表面的光斑尺寸大小。对于高斯分布的激光，有几种不同的光斑直径定义：一种是当光子强度下降到中心光子强度 e^{-1} 时的直径；另一种是当光子速度下降到中心光子强度的 e^{-2} 时的直径。前者在光斑中包含光束总量的 60%，后者则包含 86.5% 的光辉能量，此处推荐使用 e^{-2} 束径，在激光器结构一定的条件下，照射到焊件表面的光斑大小取决于透镜的焦距 f 和离焦量 Δf，根据光的衍射理论，聚焦后最小光斑直径 d_0 可以用下式计算

$$d_0 = 2.44 f\lambda \frac{(3m+1)}{D} \tag{8-8}$$

式中　d_0——最小光斑直径，mm；

f——透镜的焦距，mm；

λ——激光波长，mm；

D——聚焦前光束直径，mm；

m——激光振动模的阶数。

由上式可知，对于一定波长的光束，f/D 和 m 值越小，光斑直径越小。通常，焊接时为获得熔深焊缝，要求激光光斑上的功率密度高。提高功率密度的方式有两个：一是提高激光功率 P，它和功率密度成正比；二是减小光斑直径，功率密度与直径的平方成反比。因此，减小光斑直径比增加功率有效得多。减小 d_0 可以通过使用短焦距镜和降低激光束横模阶数来实现。低阶模聚焦后，可以获得更小的光斑。对焊接和切割来说，希望激光器以基模或低阶模输出。

④ 离焦量 Δf 离焦量不仅影响焊件表面光辉光斑大小，而且影响光束的入射方向，因对焊接熔深、焊缝宽度和焊缝横截面形状有较大影响。在 Δf 很大时，熔深很小，属于传热焊，当 Δf 减小到某一值后，熔深发生踊跃性增加，此处标志着小孔产生，在熔深发生跳跃性变化的地方，焊接过程是不稳定的，熔深随着 Δf 的微小变化而改变很大。激光深熔焊时，熔深最大时的焦点位置是位于焊件表面下方某处，此时焊缝成形也最好。在 $|\Delta f|$ 相等的地方，激光光斑大小相同，但其熔深并不相同。其主要原因是孔壁聚焦效应对 Δf 的影响。在 $\Delta f < 0$ 时，激光经孔壁反射后散向四面八方，并且随着孔深的增加，光束是发散的，孔底处功率密度比前种情况低得多，因此熔深变小，焊缝成形也变差，铝合金激光焊时，在不同焊接速度下，离焦量对焊接熔深的影响如图 8-61 所示。

⑤ 保护气体 激光焊时采用保护气体有两个作用：一是保护焊缝金属不受有害气体的侵袭，防止氧化污染，提高接头的性能；二是影响焊接过程中的等离子体，这直接与光能的吸收和焊接机理有关。前面曾指出，高功率 CO_2 光辉深熔焊过程中形成的光辉等离子体对激光束产生吸收、折射和散射等。从而降低焊接过程的效率，其影响程度与等离子体形态有关。等离子体形态又直接与焊接参数特别是焊件功率密度、焊接速度和环境气体有关。功率密度越大，焊接速度越低，金属蒸气和电子密度越大，等离子体越稠密，对焊接过程的影响也就越大。在激光焊过程中吹保护气体，可以抑制等离子体，其作用机理如下。

第一，通过增加电子与离子、中性原子三体碰撞来增加电子的复合速率，降低等离子体中的电子密度。中性原子越轻，碰撞频率越高，复合速率越高。另外，所吹气体本身的电离能要较高，才不致因气体本身的电离而增加电子密度。

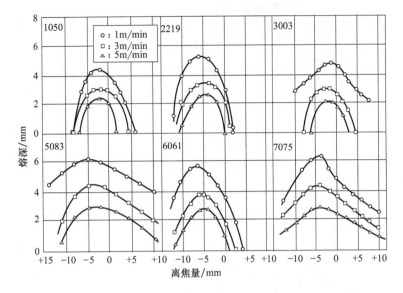

图 8-61　离焦量对焊接熔深的影响

图中 1050、2219、3003、5083、6061、7075 为铝合金牌号。

氦气最轻而且电离能量高，因而使用氦气作为保护气体，对等离子体的抑制作用最强，焊接时熔深最大，氩气的效果较差。但这种差别只是在激光功率密度较高，焊接速度较低，等离子体密度大时，才较明显。在较低功率、较高焊接速度下，等离子体很弱，不同保护气体的效果差别很小。

第二，利用流动的保护气体，将金属蒸气和等离子体从加热区吹除。气体流量对等离子体的吹除有一定的影响。气体流量太小，不足以驱除熔池上方的等离子体云，随着气体流量的增加，驱除效果增强，焊接熔深也随之加大。但也不能过分增加气体流量，否则会引起不良后果和浪费，特别是在薄板的焊接时，过大的气体流量会使熔池下落形成穿孔。图 8-62 所示为不同气体流量下的熔深。由图 8-62 可知，气体流量大于 17.5L/min 后，熔深不再增加。

吹气喷嘴与焊件的距离不同，熔深也不同。

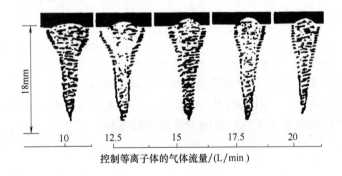

图 8-62　不同气体流量下的熔深

（4）连续 CO_2 激光焊焊接参数

连续 CO_2 激光焊焊接参数见表 8-93。

表 8-93　连续 CO_2 激光焊焊接参数

材料	厚度/mm	焊速/(cm/s)	缝宽/mm	深宽比	功率/kW
对接焊缝					
321 不锈钢	0.13	3.81	0.45	全焊透	
	0.25	1.48	0.71	全焊透	
	0.42	0.47	0.76	部分焊透	
17-7 不锈钢	0.13	4.65	0.45	全焊透	5
	0.13	2.12	0.50	全焊透	
	0.20	1.27	0.50	全焊透	
	0.25	0.42	1.00	全焊透	
302 不锈钢	6.35	2.14	0.70	7	3.5
	8.9	1.27	1.00	3	8
	12.7	0.42	1.00	5	20
	20.3	21.1	1.00	5	20
	6.35	8.47	—	6.5	16
因康镍合金 600	0.10	6.35	0.25		
	0.25	1.69	0.45		
镍合金 200	0.13	1.48		全焊透	5
蒙乃尔合金 400	0.25	0.60	0.60		
工业纯钛	0.13	5.92	0.38		
	0.25	2.12	0.55		
低碳钢	1.19	0.32	—	0.63	0.65
搭接焊缝					
镀锡钢	0.30	0.85	0.76	全焊透	0
	0.40	7.45		部分焊透	
302 不锈钢	0.76	1.27	0.60		5
	0.25	0.60		全焊透	
角焊缝					
321 不锈钢	0.25	0.85	—	—	5
端接焊缝					
321 不锈钢	0.13	3.60	—	—	
	0.25	1.06	—	—	
	0.42	0.60	—	—	
17-7PH 不锈钢	0.13	1.90	—	—	
因康镍合金 600	0.10	3.60	—	—	5
	0.25	1.06	—	—	
	0.42	0.60	—	—	
镍合金 200	0.18	0.76	—	—	
蒙乃尔合金 400	0.25	1.06	—	—	
TC4 钛合金	0.50	1.14	—	—	

2. 激光焊焊接参数、熔深及材料热处理性能之间的关系

对于激光焊焊接参数，如激光功率、焊接速度、焊接熔深、焊缝宽度以及焊接材料性质等，已有大量的经验数据建立了它们之间关系的回归方程

$$\frac{P}{vh} = a + \frac{b}{r} \tag{8-9}$$

式中　P——激光功率，kW；

　　　h——焊接熔深，mm；

　　　v——焊接速度，mm/s；

　　　a——参数，kJ/mm；

b——参数，kW/mm；

r——回归系数。

几种材料的 a、b 和回归系数 r 的值见表 8-94。

表 8-94 几种材料的 a、b、r 值

材料	激光类型	$a/(kJ/mm^2)$	$b/(kW/mm)$	r
304 不锈钢	CO_2	0.0194	0.356	0.82
低碳钢	CO_2	0.016	0.219	0.81
	YAG	0.009	0.309	0.92
铝合金	YAG	0.0065	0.526	0.99

三、典型构件的激光焊

1. 汽车组合齿轮的激光焊

激光焊接齿轮具有焊速快、效率高、焊缝窄、热影响区小、变形小等优点。除电子束焊接以外，没有任何焊接方法能与之相比，然而电子束焊接需要超尺寸的真空室和等待时间，且产生的 X 射线对操作人员不利，故激光焊接是汽车组合齿轮焊接的有效手段之一。目前激光焊接齿轮已在菲亚特、福特、奔驰等大汽车公司运行多年，目前我国也有汽车公司开始采用它。

2. 轿车车身板的激光拼焊

在轿车车身和底板的激光焊接中，可根据轿车车身复杂形状采用激光拼焊技术，可使不同形状、材质、厚度，甚至不同覆层的钢板在生产中实现成形工艺性和结构强度的最佳组合。这不仅优化了轿车用的钢板用材，减轻了轿车重量，而且简化了冲压工艺，提高了材料的利用率，节省了费用，易于实现生产柔性化。激光焊接范围为轿车车身（包括上、下盖板，侧围板、车门等）和轿车底板。例如丰田、德韦尔（DEVILE）、通用、奥迪（AUDI）等汽车公司都在轿车车身生产线上采用了激光拼焊技术。

第九章
常用金属材料的焊接

第一节 | 铸铁的焊接

一、铸铁的种类及性能特点

铸铁按碳在铸铁中的存在形式分为灰铸铁、白口铸铁和麻口铸铁；按石墨的形态分为普通灰铸铁、球墨铸铁、蠕墨铸铁及可锻铸铁；按化学成分分为普通铸铁和合金铸铁。

普通灰铸铁中碳是以片状石墨的形式存在，断口呈黑灰色。它具有一定的力学性能和良好的耐磨性、减振性和切削加工性。

球墨铸铁由于石墨以球状分布而得名。它是在铁液中加入稀土金属、镁合金及硅铁等球化剂处理后使石墨球化而成。球墨铸铁的强度接近于碳钢，具有良好的耐磨性和一定的塑性，并能通过热处理改善性能。目前铸铁的焊接主要就是针对上述两种铸铁的焊接。

白口铸铁中碳完全是以渗碳体的形式存在，断口呈亮白色。它的性质硬而脆，切削加工很困难。

可锻铸铁中石墨呈团絮状，它是由一定成分的白口铸铁经长时间的石墨化退火而得到的。与灰铸铁相比，它有较好的强度和塑性，特别是低温冲击韧性较好，耐磨性和减振性优于碳素钢。

蠕墨铸铁是近十几年发展起来的新型铸铁，生产方式与球墨铸铁相似，石墨呈蠕虫状。它的力学性能介于灰铸铁与球墨铸铁之间。

铸铁的性能主要取决于石墨的形状、大小、数量及分布特点。由于石墨的强度极低，在铸铁中相当于裂缝和空洞，破坏了基本金属的连续性，使基体的有效承载面积减小。

铸铁中的碳能以石墨或渗碳体两独立相的形式存在，渗碳体相是不稳定相，石墨相是相对稳定的相，因此，在熔融状态下的铁液中的碳有形成石墨的趋势。铸铁中的碳以石墨形式析出的过程称为铸铁的石墨化。铸铁石墨化主要与铁液的冷却速度和其化学成分（主要是碳硅含量）有关，当具有相同成分的铁液冷却时，冷却速度越慢，析出石墨的可能性越大，而碳硅的存在有利于铁液的石墨化进程，所以对于铸铁来说，要求碳硅含量较高。

二、铸铁的焊接性及焊接工艺

（一）铸铁的焊接性

灰铸铁的应用最为广泛，普通灰铸铁化学成分为：$\omega(C)=2.7\%\sim3.5\%$，$\omega(Si)=1.0\%\sim2.7\%$，$\omega(Mn)=0.5\%\sim1.2\%$，$\omega(S)<0.15\%$，$\omega(P)<0.3\%$。其特点是碳高及硫、磷杂质高，增大了焊接接头对冷却速度变化的敏感性及对冷热裂纹的敏感性。并且铸铁

强度低，基本无塑性。铸铁焊接时的主要问题是焊接接头易出现白口组织和裂纹，其说明见表 9-1。

表 9-1　　铸铁焊接时的主要问题

项目	说　　明
焊接接头的白口组织	铸铁焊接时，由于熔池体积小，存在时间短，加之铸铁内部的热传导作用，使得焊缝及近缝区的冷却速度远远大于铸件在砂型中的冷却速度。因此，在焊接接头中的焊缝及半熔化区将会产生大量的渗碳体，形成白口铸铁组织 ①焊缝区白口组织　焊接时，由于所用焊接材料不同，焊缝材质有两种类型：一种是铸铁成分；另一种是非铸铁(钢、镍、镍铁、镍铜或铜铁等)成分。对于焊缝为非铸铁成分时，不存在白口组织。当焊缝为铸铁成分时，熔池冷却速度太快，或碳、硅含量较低，Fe_3C 来不及分解析出石墨，仍以 Fe_3C(渗碳体)形态存在，即产生白口组织 ②半熔化区白口组织　该区域很窄，是固相奥氏体与部分液相并存的区域，温度为 1150～1250℃，石墨全部溶解于奥氏体。焊缝冷却时，奥氏体中的碳往来不及析出形成石墨，以 Fe_3C 的形态存在而成为白口组织。冷却速度越快，越易形成白口组织 当焊缝为铸铁成分时，如果冷却速度太快，半熔化区与焊缝区一样，会产生白口组织。当焊缝为非铸铁成分时，由于一般都是冷焊，半熔化区的冷却速度必然很快，该区的白口组织也必然出现，只不过随所用焊条的不同(钢、钝镍、镍铁、镍铜或铜铁焊条等)或焊接工艺不同，白口组织带的宽度有差别。目前铸铁冷焊用的 Z308 纯镍焊条，引起的白口组织带很窄，且为间断出现 铸铁焊接接头中存在白口组织，不仅会造成加工困难，还会引起裂纹等缺陷的产生。因此铸铁焊接应尽量避免产生白口组织。 防止铸铁焊接接头产生白口组织的主要途径如下 ①改变焊缝化学成分　主要是增加焊缝的石墨化元素含量或使焊缝成为非铸铁组织，以促进焊缝石墨化；或使用异质材料，让焊缝分别形成奥氏体、铁素体、有色金属等非铸铁组织。这样可改变焊缝中碳的存在形式，以使其不出现冷硬组织，并具有一定的塑性 ②减缓冷却速度　延长半熔化区处于红热状态的时间，便于石墨的充分析出，实现半熔化区的石墨化过程。常采用的是焊前预热和焊后保温缓冷。对焊缝为铸铁时，一般预热温度为 400～700℃；焊缝为非铸铁时，一般采用不预热的冷焊方法，有时可略加预热，预热温度为 100～200℃或稍高一些
焊接接头裂纹	灰铸铁焊接接头的裂纹主要是冷裂纹，其产生原因如下 ①灰铸铁本身强度较低，塑性更差，承受塑性变形的能力几乎为零，易引起开裂 ②对焊件来说，焊接过程属于局部加热和冷却，焊件必然产生焊接应力，焊接应力的存在导致裂纹产生 ③焊接接头的白口组织又硬又脆，不能产生塑性变形，容易引起开裂，严重时会使焊缝及热影响区交界整个界面开裂而分离

(二) 灰铸铁的焊接工艺

灰铸铁的焊接方法有焊条电弧焊、气焊、钎焊和手工电渣焊，其中最常用的是焊条电弧焊、气焊及钎焊。

1. 同质焊缝的焊条电弧焊

同质焊缝是指焊后形成铸铁型焊缝，它的焊条电弧焊工艺分为热焊（包括半热焊）和冷焊两种。

（1）热焊及半热焊

针对灰铸铁焊接时白口组织和冷裂纹的问题，最先采用热焊及半热焊工艺，以达到减小铸件温度，降低接头冷却速度的目的。热焊一般预热温度为 600～700℃，半热焊预热温度为 300～400℃。

热焊及半热焊焊接工艺见表 9-2。

表 9-2　热焊及半热焊焊接工艺

工艺		说　明
热焊及半热焊焊条		热焊及半热焊的焊条有两种类型：一种是铸铁芯石墨化铸铁焊条(Z408)，主要用于焊补厚大铸件的缺陷；另一种是钢芯石墨化铸铁焊条(Z208)，外涂强石墨化药皮
热焊工艺	预热	电弧热焊时，一般将铸件整体或焊补区局部预热到 600～700℃，然后再进行焊接，焊后保温缓冷 对结构复杂的铸件，由于焊补区刚性大，焊缝无自由膨胀收缩的余地，宜采用整体预热；对结构简单的铸件，焊补处刚性小，焊缝有一定膨胀收缩的余地，可采用局部预热
	焊前清理	用砂轮、扁铲、风铲等工具将缺陷中的型砂、氧化皮、铁锈等清除干净，直至露出金属光泽，离缺陷 10～20mm 处也应磨干净。对有油污的，用气焊火焰烧掉，以免焊条熔滴焊不上或产生气孔
	造型	对边角部位及穿透缺陷，焊前为防止熔化金属流失，保证一定的焊缝成形，应在待焊部位造型，其形状尺寸如下图所示。造型材料可用型砂加水玻璃或黄泥，内壁最好放置耐高温的石墨片，并在焊前进行烘干 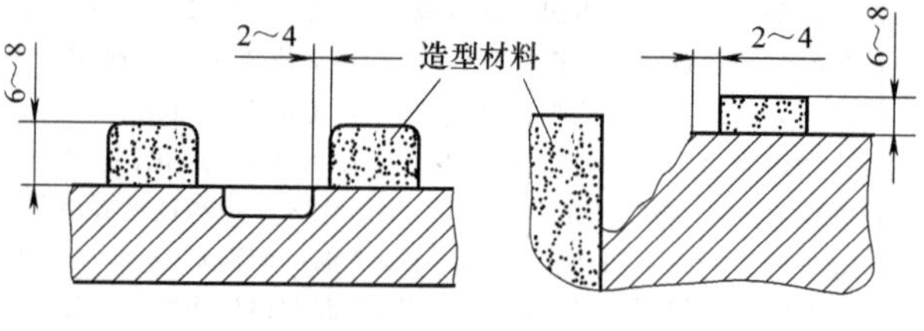 (a) 中间缺陷焊补　　　(b) 边缺陷焊补 热焊焊补区造型
	焊接	焊接时，为了保持预热温度，缩短高温工作时间，要求在最短时间内焊完，因此应采用大电流、长弧、连续焊。焊接电流一般取焊条直径 d 的 40～60 倍
	焊后缓冷	要求焊后采取缓冷措施，一般用保温材料(如石棉灰等)覆盖，最好随炉冷却 电弧热焊焊缝力学性能可以达到与母材基本相同，且具有良好的切削加工性，焊后残余应力小，接头质量高。但热焊法铸件预热温度高，焊工操作条件差，因此其应用和发展受到一定的限制
半热焊工艺		半热焊采用 300～400℃整体或局部预热。与热焊相比，可改善焊工的劳动条件。半热焊由于预温度比较低，在加热时铸件的塑性变形不明显，因而在焊补区刚性较大时，不易产生变形；但焊接应力增大，可能导致接头产生裂纹等缺陷。因此，半热焊只适用于焊补区刚度较小或形状较简单的铸件 半热焊由于预热温度低，铸件焊接时的温差比热焊条件下大，故焊接区的冷却速度加快，易产生白口组织。为了防止白口组织及裂纹的产生，焊缝中石墨化元素含量应高于热焊时的含量，一般情况下可采用 Z208 或 Z248 焊条。半热焊工艺过程基本与热焊时相同，即大电流、长弧、连续焊，焊后保温缓冷

(2) 电弧冷焊

电弧冷焊工艺见表 9-3。

表 9-3　电弧冷焊工艺

工艺		说　明
电弧冷焊即不预热焊法		它是在提高焊缝石墨化能力的基础上，采用大直径焊条、大焊接能量的连续焊工艺，以增加熔池存在时间，达到降低接头冷却速度，防止白口组织产生的目的。这种方法用于中厚度以上铸件的一般大缺陷焊补，可避免白口组织产生，获得了较好的效果
电弧冷焊焊条		电弧冷焊时，由于焊缝冷却速度较快，为了防止出现白口组织，同质焊缝冷焊焊条的石墨化元素碳、硅的含量应比热焊焊条高
冷焊工艺要点	焊前清理及坡口制备	焊接前应对焊补区进行清理并制备好坡口。为防止冷焊时因熔池体积过小而冷却速度增大，焊补区的面积需大于 $8cm^2$，深度应大于 7mm，铲挖出的型槽形状应光滑，并为上大下小呈一定的角度。其形状、尺寸如图 1 所示

续表

工艺		说　明
冷焊工艺要点	焊前清理及坡口制备	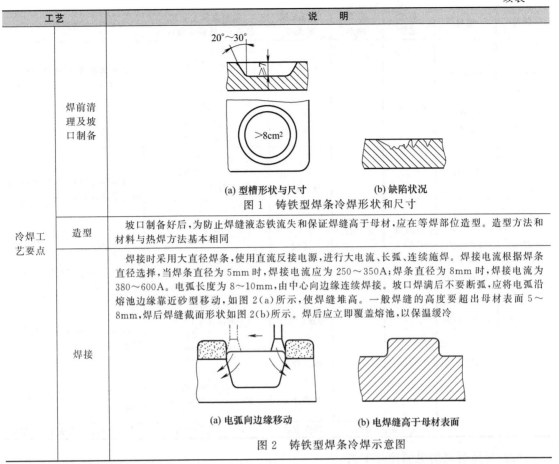 (a) 型槽形状与尺寸　　　　　(b) 缺陷状况 图1　铸铁型焊条冷焊形状和尺寸
	造型	坡口制备好后,为防止焊缝液态铁流失和保证焊缝高于母材,应在等焊部位造型。造型方法和材料与热焊方法基本相同
	焊接	焊接时采用大直径焊条,使用直流反接电源,进行大电流、长弧、连续施焊。焊接电流根据焊条直径选择,当焊条直径为5mm时,焊接电流应为250～350A;焊条直径为8mm时,焊接电流为380～600A。电弧长度为8～10mm,由中心向边缘连续焊接。坡口焊满后不要断弧,应将电弧沿熔池边缘靠近砂型移动,如图2(a)所示,使焊缝堆高。一般焊缝的高度要超出母材表面5～8mm,焊后焊缝截面形状如图2(b)所示。焊后应立即覆盖熔池,以保温缓冷 (a) 电弧向边缘移动　　　　　(b) 电焊缝高于母材表面 图2　铸铁型焊条冷焊示意图

2. 异质焊缝的焊条电弧冷焊

异质焊缝即焊后形成非铸铁焊缝。电弧冷焊由于焊前不预热,焊接工艺过程得到了简化。改善了操作者的工作条件,具有适应范围广、可进行全位置焊接及焊接效率高的特点。

（1）异质焊缝电弧冷焊焊条

常用铸铁焊条的型号与主要用途见表9-4。

表9-4　常用铸铁焊条的型号与主要用途

牌号	型号	药皮类型	电源种类	焊缝金属的类型	熔敷金属主要化学成分(质量分数)/%	主要用途
Z100	EDFe	氧化型	交、直流	碳钢	—	一般灰铸铁件非加工面的焊补
Z116	EZV	低氢钠型	交、直流	高矾钢	C≤0.25,Si≤0.7, V8～13,Mn≤1.5	高强度灰铸铁件及球墨铸铁的焊补
Z117	EZV	低氢钾型	直流			
Z122Fe	EZFe-2	铁粉钛钙型		碳钢	—	一般灰铸铁非加工面的焊补
Z208	EZC	石墨型	交、直流	钛铁	C 2.0～4.0, Si 2.5～6.5	一般灰铸铁件的焊补
Z238	EZCQ			球墨铸铁	C 3.2～4.2, Si 3.2～4.0, Mn≤0.8, 球化剂0.04～0.15	球墨铸铁件的焊补

牌号	型号	药皮类型	电源种类	焊缝金属的类型	熔敷金属主要化学成分(质量分数)/%	主要用途
Z238SnC	E3ZCQ			球墨铸铁	C3.5~4.0，Si≈3.5，Mn≤0.8，Sn、Cu、Re、Mg适量	球墨铸铁、蠕墨铸铁、合金铸铁、可锻铸铁、灰铸铁的焊补
Z248	EZC			铸铁	C2.0~4.0，Si2.5~6.5	灰铸铁的焊补
Z258	EZCQ			球墨铸铁	C3.2~4.2，Si3.2~4.0，球化剂0.04~0.15	球墨铸铁件的焊补，Z268也可用于高强度灰铸铁的焊补
Z268	EZCQ	石墨型	交、直流		C≈2.0，Si≈4.0，球化剂适量	
Z308	EZNi-1			纯镍	C≤2.0，Si≤2.5，Ni≥90	重要灰铸铁薄壁件和加工面的焊补
Z408	EZNiFe-1			镍铁合金	C≤2.0，Si≤2.5，Ni45~60，Fe余量	重要高强度灰铸铁件及球墨铸铁件的焊补
Z408A	EZNiFeCu			镍铁铜合金	C≤2.0，Si≤2.5，Fe余量，Cu 4~10，Ni45~60	重要灰铸铁及球墨铸铁的焊补
Z438	EZNiFe			镍铁合金	C≤2.0，Si≤3.0，Ni45~60，Fe余量	
Z508	EZNiCu			镍铁合金	C≤1.0，Si≤0.8，Fe≤6.0，Ni60~70，Cu24~35	强度要求不高的灰铸铁件的焊补
Z607	—	低氢钠型	直流	镍铁混合	Fe≤30，Cu余量	一般灰铸铁件非加工面的焊补

（2）异质焊缝的电弧冷焊工艺

异质焊缝电弧冷焊的质量不仅需要对焊接材料正确选择，而且还需采取正确的工艺措施，否则，会因工艺措施不当而促使裂纹、白口等缺陷产生，影响接头的加工性能和使用性能。

异质焊缝的电弧冷焊工艺见表9-5。

表 9-5　异质焊缝的电弧冷焊工艺

工艺	说　明
焊前清理	焊前应将铸件缺陷周围的型砂、油污清除干净。铸铁组织疏松，晶粒间隙大，尤其是旧铸件，在长期使用过程中会渗入油污、水分和杂质，如不清理干净，会使焊缝产生气孔。另外，由于焊缝中油质碳化，会使接头熔化金属间浸润不良，影响焊缝与母材的熔合，使接头质量下降。清理方法和要求与同质焊缝的焊条电弧焊相同
坡口制备	电弧冷焊焊补裂纹缺陷时，坡口常用U形，也有用V形的，U形比V形的熔合比小。坡口形式与尺寸如图1所示。开坡口前应先在裂纹两端钻孔，以免裂纹扩展，坡口表面在进行机械加工时，要尽量平整，以减少基本金属的熔入量 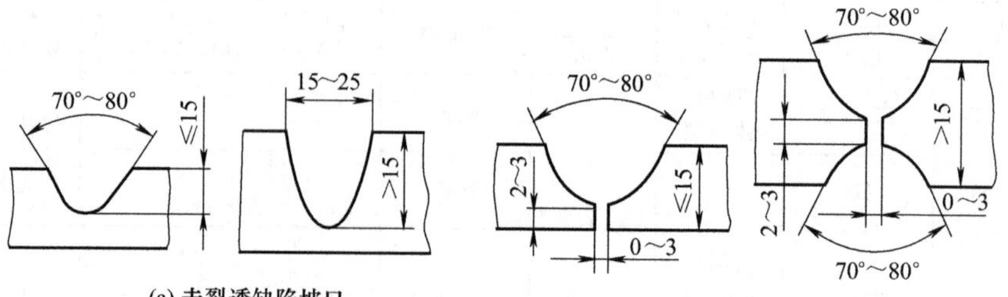 (a) 未裂透缺陷坡口　　　　　　　　(b) 裂透缺陷坡口 图 1　裂纹缺陷的坡口

工艺	说　　明
焊接	采用短段、断续施焊。焊接铸铁时很容易开裂，为了减小热应力和防止冷裂纹，必须减小焊接区与母材的温差。冷焊法不是通过预热的办法，而是通过降低焊接区温度来达到降低焊接区与母材温差的目的。因此焊接电流应尽可能小。若电流大，一方面会增加熔深，母材铸铁熔入焊缝过多，影响焊缝成分，使熔合区白口层增厚，不仅难以加工，甚至引起裂纹和焊缝剥离；另一方面还会加大焊接区与母材的温差，导致开裂 焊接过程中，每焊一小段后，应立即采用带圆角的尖头小锤快速锤击焊缝。焊缝底部锤击不便，可用圆刃扁铲轻捻，这样既可松弛焊接应力，防止裂纹，又可锤紧焊缝微孔，增加焊缝致密性 电弧冷焊时对温度比较敏感，难焊的铸件应在室内进行，防止风吹。另外，可将工件放置炉旁，稍许提高其整体温度。要求更高时，可将工件整体预热 200～250℃。对于深坡口（其壁厚为 15～20mm 时），因焊缝体积大，不能一次焊满，焊接后应力增大，容易引起焊缝剥离，还需采取以下措施 ①多层焊，采用如图 2 所示的多层焊焊接顺序，以减小焊接应力 　　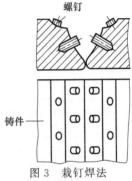 图 2　多层焊焊接顺序　　　　图 3　栽钉焊法 ②当母材材质差、焊缝强度高时，或工件受力大、要求强度高时，可采用栽钉焊法。即在铸件坡口钻孔攻螺纹，然后拧入钢质螺钉（一般用 M8 的螺钉，间距 20～30mm），如图 3 所示 ③坡口内装加强筋条，如图 4 所示。焊接厚大焊件时，坡口较深较大，可将加强筋钢条改成加强板，且叠加几层。采用这种内装加强筋钢条或加强板的方法，可以承受巨大应力，提高焊补接头的强度和刚性。同时大大减少了焊缝金属，减小了焊接应力，更有效地防止焊缝剥离 ④当铸件上集中较多裂纹，不便逐条补焊时，可采用镶块焊补法。即将焊补区域挖出，用比铸铁壁厚稍薄的低碳钢制备一块尺寸与补焊区相同的镶块，整体焊在铸件上 ⑤当焊补较大的缺陷时，为了节约价格昂贵的镍基焊条或高钒焊条，可在第一、二层采用镍基焊条或高钒焊条，以后各层用低碳钢焊条焊满，称为组合焊法，如图 5 所示 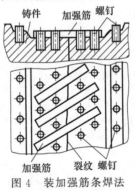　　 图 4　装加强筋条焊法　　　　图 5　组合焊法

3. 灰铸铁的钎焊

　　铸件钎焊时母材本身不熔化，对避免铸铁焊接接头出现白口非常有利，使接头有优良的机加工性能；另外，钎焊温度较低，焊接接头应力较小，而接头上又无白口组织，使发生裂纹的敏感性很小。

铸铁常用的是氧乙炔钎焊。最常用的钎料是铜锌钎料"HL103"，它的含铜量$\omega(Cu)=53\%\sim55\%$，其余为锌，熔点为$885\sim890℃$。钎剂一般采用硼砂，也可用50%硼砂加50%硼酸（质量分数）。

铸铁钎焊工艺要求见表9-6。

表 9-6　铸铁钎焊工艺要求

工艺	说　明
钎焊前准备	对坡口进行严格清理，一般用汽油洗净焊补区油污，用扁铲或砂轮等彻底清除焊补区的其他杂物
坡口形式及尺寸	铸铁钎焊坡口
火焰选择	用氧化焰将坡口加热至$900\sim930℃$（樱红色），使坡口表面石墨烧去，以便钎料深入母材，提高接头强度
钎焊	在已加热的坡口上撒钎剂，并将烧红的钎料蘸上钎剂，用轻微氧化焰先用铜锌钎料在坡口上焊一薄层铺底，然后逐渐填满焊缝。为了防止锌被烧损和产生气孔，焊补区不要过热，并使焰心与熔池保持$8\sim10mm$的距离。另外，火焰指向钎料，不要指向熔池，不做往复运动，填加钎料要快，加热部位要小
钎焊顺序	应由内向外、左右交替，以减小焊接应力。长焊缝应分段钎焊，每段长度以800mm为宜。第一段焊满后待温度降低到300℃以下，再焊第二段
焊后	用火焰适当加热焊缝周围使其缓冷，以防止近缝区奥氏体相变后淬火。并用小锤锤击焊缝，使焊缝组织紧密，达到松弛应力的目的

4. 灰铸铁的气焊

气焊时由于氧-乙炔火焰的温度比电弧焊低得多，而且火焰分散，热量不集中，焊接加热时间长，焊补区加热体积大，焊后冷却速度缓慢，有利于焊接接头的石墨化过程。然而，由于加热时间长，局部区域过热严重，导致加热区产生很大的热应力，容易引起裂纹。因此，气焊铸铁时，对刚度较小的薄壁铸件可不预热；对结构复杂或刚度较大的焊件，应采用整体或局部预热的热焊法；有些刚度较大的铸件，可采用"加热减应区"法施焊。

灰铸铁气焊焊接材料及气焊工艺要点见表9-7。

表 9-7　灰铸铁气焊焊接材料及气焊工艺要点

项目		说　明
焊接材料	焊丝	为保证气焊的焊缝处不产生白口组织，并有良好的切削加工性，铸铁焊丝成分应有高的含碳量和含硅量，常用焊丝RZC-1，由于碳、硅量较低，适用于热焊；焊丝RZC-2，碳、硅含量较高，适用于冷焊
	熔剂	焊接铸铁用气焊熔剂的牌号统一为"CJ201"，其熔点较低约为650℃，呈碱性，能将气焊铸铁时产生的高熔点SiO_2复合成易熔的盐类。其中配方中各成分的质量分数分别为H_3BO_3 18%、Na_2CO_3 40%、$NaHCO_3$ 20%、MnO_2 7%、$NaNO_3$ 15%，有潮解性
气焊工艺要点		铸铁气焊也分为热焊和冷焊两种，都应注意以下事项 ①焊前应对焊件进行清理 ②为提高火焰能率，增大加热速度，气焊时应根据铸件厚度选用较大号码的相应焊炬及焊嘴。气焊火焰应选用中性焰或轻微的碳化焰。焊接中应尽量保持水平位置，以防熔池金属流失 ③铸件焊后可自然冷却，但不可放在空气流通的地方加速冷却，以防产生白口和裂纹 由于热焊法与冷焊法在适用范围与工艺方法上有所不同，除上面几点外，还应注意以下事项　加热减应区焊接示意图

项目	说　明
气焊工艺要点	①热焊法　一般用于焊补区位于铸件中间、接头刚性较大或铸件形状较复杂时。长期在常温、腐蚀条件下工作，且内部有变质的铸件；材质较差、组织疏松粗糙的铸件；厚度较大，不预热难以施焊或焊接太慢的铸件。预热温度一般为 600～700℃ ②冷焊法　采用加热减应区法，并注意好焊接方向和速度，运用热胀冷缩规律，使焊补区在焊接过程中能够比较自由地伸缩，从而减小焊接应力，避免热应力裂纹 这种方法在焊接前要在铸件上选定加热后可使接头应力减小的部位，该部位称为"减应区"。减应区一般应选在阻碍焊缝热胀冷缩的部位，如上图所示。为加热减应区，气焊时应注意以下事项 ①边加热减应区边焊接 ②不焊接时，气焊火焰应对着空间或减应区，绝不能对着其他不焊的部位 ③减应区温度不宜过高，一般不超过 250℃，以免降低该区性能 ④在室内避风处进行焊接

三、球墨铸铁的焊接特点及焊接工艺

球墨铸铁与灰铸铁相比，具有强度高、塑性和韧性好的特点。

1. 球墨铸铁的焊接特点

球墨铸铁焊接与灰铸铁相比，有很多相似之处，也有其本身的特点。球墨铸铁可认为是一种包含有球状石墨的低碳钢，其本身的强度和塑性较好，所以从等强度观点出发，补焊球墨铸铁时应保证焊缝有较好的强度和塑性。

球墨铸铁常用镁和稀土元素作为球化剂，由于球化元素镁及铈、钇等都是强阻碍石墨化的元素，所以焊接时焊接区的白口倾向比灰铸铁大。

球墨铸铁焊接时，若热影响区冷却速度过快，会使奥氏体转变为马氏体，即形成淬火组织，其硬度可高达 620～700HBS，使焊后机械加工困难。

球墨铸铁的焊接性比灰铸铁差，但球墨铸铁本身的强度和塑性好，不易产生裂纹，这是其有利的一面。球墨铸铁焊接时，除应防止白口及淬硬组织外，为了保证焊接接头的强度和塑性，主要应考虑焊缝的石墨球化和焊后热处理的问题。

2. 球墨铸铁的焊接工艺

球墨铸铁最常用的焊接方法是焊条电弧焊和气焊，其工艺说明见表 9-8。

表 9-8　球墨铸铁的焊接工艺说明

工艺	工艺说明
焊条电弧焊	焊条电弧焊焊接球墨铸铁时，根据所用焊条不同，分为同质焊缝和异质焊缝两种形式 （1）同质焊缝的焊条电弧焊 同质焊缝即焊后形成球墨铸铁焊缝，系采用含有球化及石墨化剂的钢芯铸铁焊条（Z238）配合一定的工艺而取得。同质焊缝一般用于补焊较大的缺陷，为防止白口及冷裂等缺陷，一般采用热焊工艺 焊前清理方法和要求与灰铸铁相同。焊接电源采用直流反接或交流。焊件焊前应进行预热，对较小焊件预热温度一般约为 500℃；较大焊件预热温度为 700℃。焊接电流的大小应考虑既不严重烧损焊条药皮中的球化剂，又不致影响焊缝的熔合，并考虑提高焊接生产率，一般应略低于灰铸铁热焊时的电流值。焊后应注意保温缓冷 为了保证焊接接头具有足够的强度、塑性和韧性，球墨铸铁焊后应进行正火或退火热处理。正火处理是为了得到珠光体基体组织，以获得足够的强度，其方法是将铸件加热到 900～920℃，保温后随炉冷至 730～750℃，然后取出空冷。退火处理是为了得到铁素体基体组织，以得到较高的塑性和韧性，其方法是将铸件加热到 900～920℃，保温后随炉冷却 （2）异质焊缝的焊条电弧焊 异质焊缝即焊后形成非铸铁焊缝。在补焊非加工面时，可采用高钒铸铁焊条（Z117），获得高钒钢焊缝；补焊加工面时，可采用镍铁焊条（Z408），获得镍基焊缝。其工艺与灰铸铁冷焊工艺基本相同。由于球墨铸铁的淬硬倾向比较大，在气温低或焊接厚大的加工铸件时，应适当预热，预热温度为 100～200℃。焊接电流在保证焊缝熔合的前提下应尽可能小

续表

工艺	工艺说明
气焊	气焊火焰温度低,焊缝中镁的蒸发烧损量减小,有利于石墨球化;另外,由于加热和冷却过程比较缓慢,故可以减小白口及淬硬倾向,对石墨化过程也较为有利 气焊球墨铸铁应采用球铁焊丝。目前常用的球铁焊丝有 RZCQ-1、RZCQ-2。气焊时可采用"CJ201"铸铁熔剂 焊接时,为了减少母材及焊丝中球化元素的烧损,气焊火焰一般应采用中性焰或轻微碳化焰。因球墨铸铁接头的白口及淬硬倾向大,焊前要对焊接区进行预热,一般预热温度为 600℃左右,刚性大的铸件应在较大范围预热或整体预热 球墨铸铁的气焊一般用于壁厚不大铸件的焊接,生产中常用于壁厚小于 50mm,或者缺陷不大且接头质量要求较高的中小铸件的焊补

第二节 碳钢的焊接

碳钢以铁为基础,以碳为合金元素,碳的质量分数一般不超过 1.0%。碳钢按碳含量可分为低碳钢、中碳钢、高碳钢,其焊接性主要取决于碳含量的高低,随着碳含量的增加,焊接性逐渐变差,碳钢焊接类型、用途及焊接性见表 9-9。

表 9-9　碳钢焊接类型、用途及焊接性

类型	含碳量 $\omega(C)$/%	典型硬度(HBS)	典型用途	焊接性
低碳钢	≤0.15	60	特殊板材的型材薄板、带材、焊丝	优
	0.15~0.25	90	结构用型材、板材和棒材	良
中碳钢	0.25~0.60	25	机器部件的工具	中
高碳钢	≥0.60	40	弹簧、模具、钢轨	劣

一、低碳钢的焊接特点、材料及工艺

(一)焊接特点

低碳钢的含碳量低(≤0.25%),其他合金元素含量也较少,故是焊接性最好的钢种。采用常规的焊接方法焊接后,接头中不会产生淬硬组织或冷裂纹。只要焊接材料选择适当,便能得到满意的焊接头。

用电弧焊焊接低碳钢时,为了提高焊缝金属的塑性、韧性和抗裂性能,通常都是使焊缝金属的碳含量低于母材,依靠提高焊缝中的硅、锰含量和电弧焊所具有较高的冷却速度来达到与母材等强度。因此,焊缝金属会随着冷却速度的增加,其强度会提高,而塑性和韧性会下降。为了防止过快的冷却速度,当厚板单层角焊缝时,其焊脚尺寸不宜过小;多层焊时,应尽量连续施焊;焊补表面缺陷时,焊缝应具有一定的尺寸,焊缝长度不得过短,必要时应采用 100~150℃的局部预热。

当母材成分中碳含量偏高或在低温下焊接大刚性结构时,不能产生冷裂纹,这时应采取预热或采用低氢型焊条(焊条电弧焊时)等措施。

低碳钢弧焊焊缝通常具有较高的抗热裂纹能力,但当母材含碳量已接近上限(0.25%)时,在接头设计或工艺操作上要避免焊缝具有窄而深的形状,因这样形状的焊缝易产生热裂纹。

沸腾钢氧含量较高,板厚中心有显著偏析带,焊接时易产生裂纹和气孔,厚板焊接有一定的层状撕裂倾向,时效敏感性也较大,焊接接头的脆性转变温度也较高。因此,沸腾钢一般不用于制作受动载或在低温下工作的重要结构。

某些焊接方法热源不集中或线能量过大，如气焊和电渣焊等，引起焊接热影响区的粗晶区晶粒更加粗大，从而降低接头的冲击韧性，因此，重要结构焊后往往要进行正火处理。

（二）焊接材料

1. 电弧焊用焊条

用于焊接结构的低碳钢是 Q325 钢，其抗拉强度平均为 417.5MPa。按等强度原则应选用 E43×× 系列焊条，它的熔敷金属抗拉强度不小于 420MPa（43kgf/mm^2），在力学性能上与母材恰好相匹配。

在 GB/T 5117—1995《碳钢焊条》中 E43×× 系列焊条按药皮类型、焊接位置和焊接电流种类分成若干种型号，其商品牌号则更多。通常根据产品结构和材料的特点、载荷性质、工作条件、施焊环境等因素进行选用。当焊接重要的或裂纹敏感性较大的结构时，常选用低氢型的碱性焊条，如 E4316、E4315、E5016、E5015 等，因这类焊条具有较好的抗裂性能和力学性能，其韧性和抗时效性能也很好。但这类焊条工艺性能较差，对油、锈和水分很敏感，焊前需要在 350～400℃下烘干 1～2h，并需对接头坡口做彻底清理干净。所以对于一般的焊接结构，推荐选用工艺性能较好的酸性焊条，如 E4301、E4303、E4313、E4320 等。这些焊条虽然气体杂质较高，焊缝金属的塑性、韧性及抗裂性不及碱性焊条，但一般都能满足使用性能要求。

表 9-10 是根据产品的一般结构、承载特点和施焊条件选用低碳钢焊条的举例。

表 9-10　低碳钢焊条选用举例

钢号	一般结构（包括壁厚不大的中、低、压容器）		动载荷、复杂和厚板结构,重要的受压容器、低温下焊接		施焊条件
	型号	牌号	型号	牌号	
Q235			E4303	J422	一般不预热
Q255	E4313	J421	E4301	J423	厚板结构预热 150℃以上
	E4303	J422	E4320	J424	
	E4301	J423	E4311	J425	
	E4320	J424	E4316	J426	
	E4311	J425	E4315	J427	
08、10、10、20	E4303	J422	E4316	J426	一般不预热
	E4301	J423	E4315	J427	
	E4320	J424	E5016	J506	
	E4311	J425	E5015	J507	
25	E4316	E426	E5016	E506	厚板结构预热 150℃以上
	E4315	E427	E5015	E507	
20g、22g、20R	E4303	J422	E4316	J426	一般不预热
	E4301	J423	E4315	J427	

此外，对于同一个强度等级的低碳钢，由于产品结构上的差别，所选用的焊条也有不同。例如，随着板厚增加，接头的冷却速度加快，促使焊缝金属硬化，接头内残余应力增大，就需要选用抗裂性能好的焊条，如低氢型焊条；厚板为了焊透，需开坡口焊接，这样填充金属量增加，为了提高生产效率，就可以选铁粉焊条。

同样板厚的对接接头与 T 形接头的散热条件各不相同，后者的角焊缝冷却快，需考虑抗裂问题；随着焊脚尺寸的加大，填充金属量是以平方数增加，也需相应选用较大的焊条直径。

2. 气体保护焊用焊丝

二氧化碳（CO_2）气体保护焊用焊丝分实心焊丝和药芯焊丝两大类。焊接低碳钢用的实心焊丝目前主要有 H08Mn2Si 和 H08Mn2SiA 两种；药芯焊丝主要是钛钙型渣系和低氢型渣系两类，药芯焊丝中，又分气体保护、自保护和其他方式保护等几种。

惰性气体保护焊（如 TIG、MIG）焊接低碳钢的成本较高，一般用于质量要求比较高的焊接结构或特殊焊缝。遇到焊接沸腾钢或半镇静钢时，为防止钢中氧的有害作用，应选用有脱氧能力的焊丝作填充金属，如 H08Mn2SiA 等。

表 9-11 为低碳钢气体保护焊用的焊接材料（焊丝）选例。

表 9-11　低碳钢气体保护焊用的焊接材料（焊丝）选例

保护气体	焊　　丝	说　　明
CO_2	H08Mn2Si、H08Mn2SiA YJ502-1、YJ502R-1、YJ507-1 PK-YJ502、PK-YJ507	目前我国用于 CO_2 焊的实心和药芯焊丝，焊接低碳钢的焊缝金属强度略偏高
自保护	YJ502R-2、YJ507-2 PK-YZ502、PK-YZ506	自保护药芯焊丝，一般烟雾较大，适于室外作业用。有较大抗风能力
Ar+$CO_2$20%	H08Mn2SiA	混合气体保护焊，用于如锅炉水冷系统
Ar	H05MnSiAlTiZr	用于 TIG 焊，焊接锅炉集箱、换热器等打底焊缝

3. 埋弧焊用焊丝和焊剂

埋弧焊时，在给定焊接工艺参数条件下，熔敷金属的力学性能主要取决于焊丝、焊剂两者的组合。因此，选择埋弧焊用焊接材料时，必须按焊缝金属性能要求匹配适当的焊剂和焊丝。选择的方法通常是：首先按接头提出的强度、韧性和其他性能要求，选择适当的焊丝，然后根据该焊丝的化学成分选配焊剂。例如，当选用 $\omega(Si)<0.1\%$ 的焊丝时，如用 HO8A 或 H08MnA 等，必须与高硅焊剂（如 HJ431）配用；若用 $\omega(Si)>0.1\%$ 的焊丝，则必须与中硅或低硅焊剂（如 HJ350、HJ250 或 SJ101 等）相配。此外，当接头拘束度较大时，应选用碱度较高的焊剂，以提高焊缝金属的抗裂性能；对于一些特殊的应用场合，应选配满足相应要求的专用焊剂。如厚壁窄间隙埋弧焊，必须选配脱渣性良好的焊剂，如 SJ101 焊剂。

表 9-12 所示为几种低碳钢埋弧焊常用焊接材料举例。

表 9-12　几种低碳钢埋弧焊常用焊接材料举例

钢号	熔炼焊剂与焊丝组合		烧结焊剂与焊丝组合	
	焊丝	焊剂	焊丝	焊剂
Q235	H08A		H08A H08E	SJ401
Q255	H08A	HJ430	H08A H08E	SJ402（薄板、中厚板）
Q275	H08A		H08A H08E	SJ403
15、20	H08MnA			SJ301
25	H08A、H08MnA	HJ430 HJ431 HJ330	H08A H08E H08MnA	SJ302
20g、22g	H08MnA、H08MnSi、H10Mn2			SJ501
20R	H08MnA			SJ502 SJ503（中厚板）

注：本表的焊接材料均用我国《焊接材料产品样本》规定的牌号表示。焊剂型号的表示方法 GB/T 5293—1999《埋弧焊用碳钢焊丝和焊剂》另有规定。

4. 电渣焊用焊丝和焊剂

电渣焊工熔池温度较低，焊接过程中，焊剂更新量少，故焊剂中的硅、锰还原作用弱，因此，焊接低碳钢时，一般采用含锰或硅、锰焊丝，依靠焊丝中的 Si、Mn 或其他元素来保证焊缝金属的强度，再选用渣焊专用的 HJ360 焊剂与之配合，有时也用 HJ252 焊剂相配合。

表 9-13 为碳钢电渣焊用的焊接材料。

表 9-13　碳钢电渣焊用焊接材料

钢　　号	焊接材料	
Q235 Q235R	HJ360 HJ252 HJ431	H08MnA
10、15、20、25		H08MnA H08Mn2
30、35 ZG25 ZG35		H08Mn2SiA H10MnSi H10Mn2

（三）焊接工艺

1. 焊接工艺要点

低碳钢几乎可以采用所有的焊接方法进行焊接，并都能保证焊接接头的良好质量，用得最多的是焊条电弧焊、埋弧焊、电渣焊及 CO_2 气体保护焊等。

为确保低碳钢焊接质量，在焊接工艺方面需注意以下几点。

① 焊前清除焊件表面铁锈、油污、水分等杂质，焊接材料用前必须烘干。

② 角焊缝、对接多层焊的第一层焊缝以及单道焊缝要避免采用窄而深的坡口形式，以防止现出裂纹、未焊透或夹渣等焊接缺陷。

③ 焊接刚性大的构件时，为了防止产生裂纹，宜采取焊前预热和焊后消除应力的措施。表 9-14 所示为低碳钢焊接时预热及焊后消除应力热处理温度，可供参考。表 9-15 所示为低碳钢低温下焊接时的预热温度。

表 9-14　低碳钢焊接时预热及焊后消除应力热处理温度

钢号	材料厚度/mm	预热温度和层间温度/℃	焊后消除应力热处理温度/℃
Q235、Q255、08、10、15、20	约 50	—	—
	>50～100	>100	600～650
25、20g、22g、20R	约 25	>50	600～650
	>25	>100	600～650

表 9-15　低碳钢低温下焊接时预热温度

环境温度/℃	焊件厚度/mm		预热温度/℃
	梁、柱、桁架	管道、容器	
−30℃以下	≤30	≤60	100～150
−30～−20℃	31～34	17～30	100～150
−20～−10℃	35～50	31～40	100～150
−10～0℃	51～70	41～50	100～150

④ 在环境温度低于 −10℃时，焊接低碳钢结构的接头冷却速度较快，为了防止产生裂纹，应采取以下减缓冷却速度的措施。

a. 焊前预热，焊时保持层间措施。

b. 采用低氢型或超低氢型焊接材料。

c. 点固焊时需加大焊接电流，适当加大点固焊的焊缝截面和长度，必要时焊前也需预热。

d. 整条焊缝连续焊完，尽量避免中断。熄弧时要填满弧坑。

2. 低碳钢典型零件焊接举例

油田输油管线材质为 20 无缝钢管，其外径为 ϕ60mm、壁厚 3.5mm，采用手工钨极氩

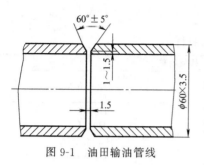

图 9-1 油田输油管线

弧焊打底，焊条电弧焊盖面进行施焊。

① 坡口形式及加工方法。坡口为 Y 形，坡口角度为 $60°\pm5°$，钝边厚 1.5mm，间隙 1.5mm，如图 9-1 所示。坡口用机械加工或砂轮机打磨均可，要求光滑、平整。对坡口两侧 20mm 范围内要清除铁锈、油污及水分，且露出金属光泽。

② 焊接材料及电源的选择焊条可用 E5015（J507）或 E5016（J506）碱性低氢型焊条，直径为 $\phi3.2$mm。焊丝选用 H08Mn2SiA，直径为 $\phi2.0$mm。焊接电源选择弧焊整流器。

③ 焊接工艺参数。焊接工艺参数见表 9-16。

表 9-16 焊接工艺参数

焊接方法	焊接层数	焊接材料		电源种类与极性	焊接电流/A	电弧电压/V	焊接速度/(cm/min)
		型号	直径规格/mm				
手工钨极氩弧焊	1	H08Mn2Si	2.0	直流正接	100～110	10～2	12～16
焊条电弧焊	2	E5015	3.2	直流反接	80～100	22～26	10～12

④ 焊接检验焊缝表面不允许有气孔、裂纹、夹渣等缺陷。焊缝外观尺寸要求按表 9-17 确定。

表 9-17 焊缝外观尺寸要求

焊缝余高/mm	焊缝宽度/mm	错边量/mm	咬边深度/mm	变形角度/(°)
0～1.5	此坡口每侧增宽 0.5～2.5	0～1.0	≤0.5	≤3

二、中碳钢的焊接特点、材料及工艺

1. 焊接特点

中碳钢含量较高，其焊接性比低碳钢差。当 $w(C)$ 接近下限（0.25%）时，焊接性良好，随着含碳量增加，其淬硬倾向随之增大，在热影响区容易产生低塑性的马氏体组织。当焊件刚性较大或焊接材料、工艺参数选择不当时，容易产生冷裂纹。多层焊焊接第一层焊缝时，由于母材金属熔合到焊缝中的比例大，使其含量及硫、磷含量增高、容易产生热裂纹。此外，碳含量高时，气孔敏感性也增大。

2. 焊接材料

应尽量选用抗裂性能好的低氢型焊接材料。焊条电弧焊时，若要求焊缝与母材等强，宜选用强度级别相当的低氢型焊条；若不要求等强时，则选用强度级别约比母材低一级的低氢型焊条，以提高焊缝的塑性、韧性和抗裂性能。

如果选用非低氢型焊条进行焊接，则必须有严格的工艺措施配合，如控制预热温度、减少母材熔合比等。

当工件不允许预热时，可选用塑性优良的铬镍奥氏体不锈钢焊条。这样可以减少焊接接头应力，避免热影响区冷裂纹产生。

表 9-18 所示为中碳钢焊接用焊条、预热及消除应力热处理温度。

二氧化碳气体保护焊时，当 $\omega(C)\leq0.4\%$ 时，仍可按低碳钢选用焊丝；当强度要求高时，可选用 ER502、ER503、…、ER507 等实心焊丝或相当等级的药芯焊丝；当用 $Ar+CO_2$ 20% 混合保护气体时，可用 GHS-600 焊丝。

表 9-18　中碳钢焊接用焊条、预热及消除应力热处理温度

钢号	焊条						板厚/mm	预热及层间温度/℃	消除应力热处理温度/℃
	不要求等强度		要求等强度		要求高塑、韧性[①]				
	型号	牌号	型号	牌号	型号	牌号			
25	E4303	J422	E5016	J506			≤25	>50	600~650
	E4301	J423	E5015	J507					
30	E4316	J426	—	—			25~50	>100	600~650
	E4315	J427							
35	E4303	J422	E5016	J506			50~100	>150	600~650
	E4301	J423	E5015	J507	E308-16	A102			
ZG270-500	E4316	J426	E5516	J556	E309-6	A302			
	E4315	J427	E5515	J557	E309-15	A307			
45	E4316	J426	E5516	J556	E310-16	A402	≤100	>200	600~650
	E4315	J427	E5515	J557	E310-15	A407			
ZG310-570	E5016	J506	E6016	J606					
	E5015	J507	E6015	J607					
55	E4316	J426	E6016	J606			≤100	>250	600~650
	E4315	J427	E6015	J607					
ZG340-640	E5016	J506	—	—					
	E5015	J507							

① 用铬-镍奥氏体不锈钢焊条时，预热温度可降低或不预热。

3. 焊接工艺要点

焊接工艺要点见表 9-19。

表 9-19　焊接工艺要点

工艺要点	说　　明
预热和层间温度	预热是焊接和焊补中碳钢防止裂纹的有效工艺措施。因为预热可降低焊缝金属和热影响区的冷却速度、抑制马氏体的形成。预热温度取决于碳含量、母材厚度、结构刚性、焊条类型和工艺方法等，见表 9-18。最好是整体预热，若局部预热，其加热范围应为焊口两侧 150~200mm 多层焊时，要控制层间温度，一般不低于预热的温度
浅熔深	为了减少母材金属熔入焊缝中的比例，焊接接头可做成 U 或 V 形坡口。如果是焊补铸件缺陷，所铲挖的坡口外形应圆滑，多层焊时应采用小直径焊条、小焊接电流，以减小熔深
焊后处理	最好是焊后冷却到预热温度之前就进行消除应力热处理，尤其是大厚度工件或大刚性的结构，更应如此。消除应力热处理温度一般为 600~650℃。如果焊后不能立即消除应力热处理，则应先进行后热，以便扩散氢逸出，后热温度约 150℃ 保温 2h
锤击焊缝金属	没有热处理消除焊接应力的条件时，可在焊接过程中，用锤击热态焊缝金属的方法去减小焊接应力，并设法使焊缝缓冷

4. 中碳钢典型零件焊接

中碳钢典型零件焊接见表 9-20。

表 9-20　中碳钢典型零件焊接

焊接方法	零件简图	焊接要求
焊条电弧焊	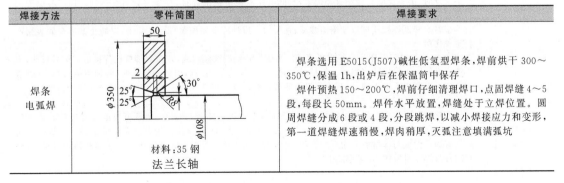 材料：35 钢 法兰长轴	焊条选用 E5015(J507)碱性低氢型焊条，焊前烘干 300~350℃，保温 1h，出炉后在保温筒中保存 焊件预热 150~200℃，焊前仔细清理焊口，点固焊缝 4~5 段，每段长 50mm。焊件水平放置，焊缝处于立焊位置。圆周焊缝分成 6 段或 4 段，分段跳焊，以减小焊接应力和变形，第一道焊缝焊速稍慢，焊肉稍厚，灭弧注意填满弧坑

续表

焊接方法	零件简图	焊接要求
焊条电弧焊	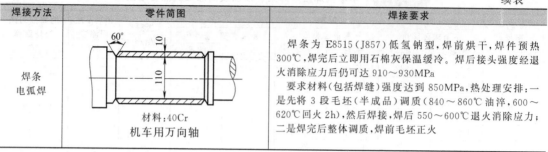材料:40Cr 机车用万向轴	焊条为 E8515(J857) 低氢钠型,焊前烘干,焊件预热 300℃,焊完后立即用石棉灰保温缓冷。焊后接头强度经退火消除应力后仍可达 910~930MPa 要求材料(包括焊缝)强度达到 850MPa,热处理安排:一是先将 3 段毛坯(半成品)调质(840~860℃油淬,600~620℃回火 2h),然后焊接,焊后 550~600℃退火消除应力;二是焊完后整体调质,焊前毛坯正火

三、高碳钢的焊接特点及焊接工艺

高碳钢由于碳含量很高,因此焊接性很差,多为焊补和堆焊。一般采用焊条电弧焊和气焊。对于结构件,尤其是承受动载荷的结构,一般不采用高碳钢作为结构材料。

1. 高碳钢的焊接特点

① 高碳钢比中碳钢焊接时产生热裂纹的倾向更大。

② 高碳钢对淬火更加敏感,在近缝区极易形成马氏体淬硬组织,如工艺措施不当,则在近缝区会产生冷裂纹。

③ 高碳钢焊接时,由于受焊接高温的影响,晶粒长大快,碳化物容易在晶界上积聚、长大,焊缝脆弱,使焊接接头强度降低。

④ 高碳钢导热性能比低碳钢差,因此在熔池急剧冷却时,会在焊缝中引起很大的内应力,易导致形成裂纹。

2. 高碳钢的焊接工艺

高碳钢的焊接工艺见表 9-21。

表 9-21　高碳钢的焊接工艺

类别	说　明
高碳钢的焊条电弧焊工艺	① 高碳钢焊接时,一般不要求接头与基本金属等强度,常选用低氢型焊条。若接头强度要求低时,可选用 E5016(J506)、E5015(J507)焊条;接头强度要求高时,可选用含碳量低于高碳钢的低合金高强度钢焊条,如 E6015(J607)、E7015(J707)等。如不能进行焊前预热和焊后回火,也可选用 E3019-16(A302)、E309-15(A307)等不锈钢焊条焊接 ② 焊前要严格清理待焊处的铁锈和油污,焊件厚度大于 10mm 时,焊前应预热至 200~300℃,一般直流反接,焊接电流应比焊低碳钢小 10%左右 ③ 焊条在焊接前应进行 400~450℃烘干 1~2h,以除去药皮中的潮气及结晶水,并在 100℃下保温,随用随取,以便减小焊缝金属中氧和氢的含量,防止裂纹和气孔的产生 ④ 焊件厚度在 5mm 以下时,可不开坡口从两边焊接,焊条应做直线往返摆动 ⑤ 为了降低熔合比,以减少焊缝中的含碳量,高碳钢最好开坡口多层焊接。对 U 形和双 Y 形坡口多层焊时,第一层应采用小直径焊条,压低电弧沿坡口根部焊接,焊条仅做直线运动。以后各层焊接应根据焊缝宽度,采用环形运条法,每层焊缝应保持 3~4mm 厚度。对双 Y 形坡口应两边交替施焊,焊接时要降低焊接速度以使熔池缓冷,在最后一道焊缝上要加盖"退火"焊道,以防止基本金属表面产生硬化层 ⑥ 定位焊时应采用小直径焊条焊透。由于高碳钢裂纹倾向大,定位焊缝应比焊接低碳钢时长些,定位焊点的间距也应适当缩短。焊接时不允许在基本金属的表面引弧。收弧时,必须将弧坑填满,熔敷金属可以高出正常焊缝,以减少收弧处的气孔和裂纹。焊件焊后应进行 600~650℃的回火处理
高碳钢的气焊工艺	高碳钢气焊前应对焊件进行预热,焊后整体退火以消除焊接应力,然后再根据需要进行其他热处理;也可焊后进行高温回火(700~800℃),以消除应力,防止裂纹产生并改善焊缝组织。气焊时采用低碳钢焊丝或与母材成分相近的焊丝,火焰采用碳化焰。焊前彻底清除焊接区表面的污物,焊接时要制备与焊件材质相同、等厚的引出板

第三节 │ 不锈钢的焊接

一、不锈钢的分类、性能及用途

耐蚀和耐热高合金钢统称为不锈钢。不锈钢含有 Cr（≥12％）、Ni、Mn、Mo 等元素，具有良好的耐腐蚀性、耐热性能和较好的力学性能，适于制造要求耐腐蚀、抗氧化、耐高温和超低温的零件和设备，应用十分广泛。

不锈钢的类型较多，主要按化学成分、组织类型和用途 3 种方法分类。

不锈钢的分类、性能及用途见表 9-22。

表 9-22　不锈钢的分类、性能及用途

分类依据	类别	性能及用途
按化学成分分类	铬不锈钢	Cr≥12％，如 Cr13、Cr17 等
	铬镍不锈钢	在铬不锈钢中加入 Ni，以提高耐腐性、焊接性和冷变形性，如 1Cr18Ni9Ti、1Cr18Ni12Mo3Ti 等
	铬锰氮不锈钢	含有 Cr、Mn、N 元素，不含 Ni，如 Cr17Mn13Mo2N 等
按组织类型分类	奥氏体钢	它是应用最广的一类，以高 Cr-Ni 钢最为典型。主要分为 18-8 系列（如 0Cr19Ni9、1Cr18Ni9Ti、1Cr18Mn8Ni5N、0Cr18Ni12Mo2Cu 等）和 25-20 系列（如 2Cr25Ni20Si2、4Cr25Ni20 和 00Cr25Ni22Mo2 等）两大类。供货状态多为固溶处理态。此外，还包括沉淀硬化钢，如 0Cr17Ni4CuNb（简称 17-4PH）和 0Cr17Ni7A1（简称 17-7PH） 奥氏体不锈钢在各种类型的不锈钢中应用最广泛，品种也最多。奥氏体不锈钢的塑韧性优良，冷热加工性能好，焊接性优于其他类型的不锈钢。广泛应用于石油化工、建筑装饰、食品工业、医疗器械、纺织机械、核动力工业领域
	铁素体钢	含 Cr17％～30％。主要用作耐热钢，也用作耐蚀钢，如 1Cr17、1C25Si2 及 00Cr30Mo2 高纯铁素体钢。铁素体钢多以退火状态供货 铁素体不锈钢的应用也较广泛，主要用于腐蚀环境不十分苛刻的场合，如室内装饰、厨房设备、家用电器等，超低碳铁素体不锈钢可用于热交换器、耐海水设备、有机酸及制碱设备等。马氏体不锈钢主要用于硬度、强度要求高，耐腐蚀性要求不太高的场合，如量具、刀具、餐具、弹簧、轴承、汽轮机叶片、水轮机转轮、泵、阀等
	马氏体钢	含 Cr13 系列最为典型，如 1Cr13、2Cr13、3Cr13、4Cr13 及 1Cr17Ni12。以 Cr12 为基的 1Cr12MoWV 多元合金马氏体钢，用作热强钢。热处理对马氏体钢力学性能影响很大，应根据要求规定供货状态，或者是退火状态、淬火回火状态。主要用于防锈的手术器械及刀具
	铁素体-奥氏体双相不锈钢	钢中 δ 铁素体占 60％～40％，奥氏体占 40％～60％，这类钢具有优异的抗腐蚀性能。最典型的有 18-5、22-5 型、25-5 型，如 00Cr18Ni5Mo3Si2、00Cr22Ni5Mo3N、0Cr25Ni7Mo4WCuN。与 18-8 钢相比，主要特点是提高 Cr 而降低 Ni，同时添加 Mo 和 N。这类双相不锈钢以固熔处理态供货。奥氏体-铁素体双相不锈钢适用于海水处理设备、冷凝器、热交换器，在石油化工领域应用广泛
按用途分类	不锈钢	仅指在大气环境下及浸蚀性化学介质中使用的钢，工作温度一般不超过 500℃，要求耐腐蚀，对强度要求不高。应用最广的有 Cr13 系列不锈钢和低碳 Cr-Ci 钢（如 0Cr19Ni9、1Cr18Ni9Ti）或超低碳 Cr-Ni 钢（如 00Cr25Ni22Mo2、00Cr22Ni5Mo3N 等）
	热稳定钢	在高温下具有抗氧化性能，它对高温强度要求不高。工作温度可高达 900～1100℃。常用的有 Cr 钢（如 1Cr17、1Cr25Si2）和 Cr-Ni 钢（如 2Cr25Ni20、2Cr25Ni20Si2）
	热强钢	在高温下既要有抗氧化能力，又要具有一定的高温强度，工作温度 600～800℃。广泛应用的是 Cr-Ni 奥氏体钢（1Cr18Ni9Ti、1Cr16Ni25Mo6、4Cr25Ni20、4Cr25Ni34 等）

二、不锈钢的腐蚀形式和影响

1. 不锈钢的腐蚀形式

金属受介质的化学及电化学作用而破坏的现象称为腐蚀，不锈钢的腐蚀形式有均匀腐蚀、晶间腐蚀、点状腐蚀和应力腐蚀开裂等，见表9-23。

表 9-23　不锈钢的腐蚀形式

腐蚀形式	图　示	说　明
均匀腐蚀		是指接触腐蚀介质的金属整个表面产生腐蚀的现象,受腐蚀的金属由于截面不断缩小而最后破坏
点状腐蚀		腐蚀集中于金属表面的局部范围,并迅速向内部发展,最后穿透。不锈钢的表面缺陷,是引起点状腐蚀的重要原因之一
晶间腐蚀		一种起源于金属表面沿晶界深入金属内部的腐蚀现象。它主要是因为晶界的电极电位低于晶粒电极电位而产生的。此类腐蚀在金属外观未有任何变化时就造成突然破坏,危险性最大
应力腐蚀开裂		是一种金属在拉应力与电化学介质共同作用下所产生的延迟开裂现象。应力腐蚀开裂的一个最重要的特点是腐蚀介质与金属材料的组合有选择性,即一定的金属只有在一定的介质中才会发生此种腐蚀

2. 合金元素对不锈钢接头耐蚀性的影响

不锈钢中常用的合金元素有C、Cr、Ni、Mo、Ti、Nb、Mn、Si等，其中C、Ni是保证不锈钢耐蚀性能的最重要元素。

合金元素对不锈钢接头耐蚀性的影响见表9-24。

表 9-24　合金元素对不锈钢接头耐蚀性的影响

合金元素	接头耐蚀性的影响
铬(Cr)	铬是决定不锈钢耐蚀性最重要的元素。钢中有一定铬时,在氧化性介质中可在表面形成致密、稳定的氧化膜,使其具有良好的耐蚀性。此外,铬是形成和稳定铁素体的元素,它与 α-Fe 可完全互溶,当 $\omega(Cr)>$ 12.7% 时,可得到从高温到低温不发生相变的单一 α 固溶体,而且铬以固溶状态存在时,可提高基体的电极电位,从而使钢的耐蚀性显著增加,一般在不锈钢中 $\omega(Cr)\geqslant13\%$
镍(Ni)	镍也是不锈钢中的主要元素,当 $\omega(Ni)>15\%$ 时,对硫酸和盐酸有很高的耐蚀性。镍还能提高钢对碱、盐和大气的抗腐蚀能力。镍是形成和稳定奥氏体的元素,但其作用只有与铬配合时才能充分发挥出来,当 $\omega(Cr)=$ 18%、$\omega(Ni)=8\%$ 时,经固溶处理就可得到单一的奥氏体组织。因此,在不锈钢中,镍总是和铬配合使用
碳(C)	碳一方面是稳定奥氏体的元素,作用相当于镍的30倍;另一方面,碳与铬的亲和力较大,能与铬形成一系列的碳化物,而使固溶于基体中的铬减少,使钢的耐蚀性下降。因此,钢中碳越高,耐蚀性就越低,因而一般 $\omega(C)=0.1\%\sim0.2\%$,最多不超过 0.4%
锰(Mn)和氮(N)	锰和氮都是形成和稳定奥氏体的元素,锰的作用是镍的1/2,氮的作用是镍的40倍,有时用锰和氮部分或全部代替镍,组成 Cr-Mn-N 系不锈钢
钛(Ti)和铌(Nb)	钛和铌都是强碳化物形成元素,一般作为稳定剂加入不锈钢中,防止碳与铬形成碳化物,以保证钢的耐蚀性
钼(Mo)	钼可以增强钢的钝化作用,对提高抗点状腐蚀有显著效果

三、不锈钢的焊接性与焊接工艺

（一）奥氏体不锈钢的焊接性

1. 焊接接头的晶间腐蚀倾向

奥氏体不锈钢在 400~800℃ 范围内加热后对晶间腐蚀最为敏感，此温度区间一般称为敏化温度区间。对于奥氏体不锈钢的焊接接头，晶间腐蚀可发生在焊缝、熔合线和峰值温度

在 $600\sim1000℃$ 的热影响区中，如图 9-2 所示。

在熔合线上产生的晶间腐蚀又称为刀蚀，因腐蚀形状如刀刃而得名。刀蚀只产生于含有稳定剂的奥氏体钢的焊接接头上，而且一般发生在焊后再次在敏化温度区间加热的情况下，即在高温过热与中温敏化连续作用的条件下产生。

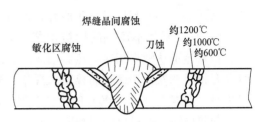

图 9-2　奥氏体不锈钢焊接接头的晶间腐蚀

2. 提高焊接接头耐晶间腐蚀能力的措施

① 降低含碳量。

② 加入稳定剂。

③ 焊后进行固溶处理。

④ 减少焊接热输入。

3. 焊接接头的应力腐蚀开裂

这是不锈钢在静应力（内应力或外应力）与腐蚀介质同时作用下发生的破坏现象。纯金属一般没有应力腐蚀开裂倾向，而在不锈钢中，奥氏体不锈钢比铁素体或马氏体不锈钢的应力腐蚀倾向大。因为奥氏体不锈钢导热性差，线胀系数大，所以焊后会产生较大的焊接残余应力，因而容易造成应力腐蚀开裂。

防止应力腐蚀开裂的措施如下。

① 根据介质特性选用对应力腐蚀开裂敏感性低的材料。

② 采用锤击焊件表面来消除焊件残余应力，也可以进行消除应力热处理。

③ 对材料进行防蚀处理，通过电镀、喷镀、衬里等方法，用金属或非金属覆盖层将金属与腐蚀介质隔离开。

④ 接头设计要避免缝隙的存在。

4. 焊接接头的热裂纹

热裂纹是奥氏体不锈钢焊接时比较容易产生的一种缺陷，特别是含镍量较高的奥氏体不锈钢更易产生。其产生的主要原因是由于奥氏体不锈钢的液、固相线区间较大、结晶时间较长，而且奥氏体结晶方向性强，使低熔点杂质偏析严重而集中于晶界处；此外，奥氏体不锈钢的线胀系数大，冷却收缩时应力大，所以易产生热裂纹。

防止奥氏体不锈钢产生焊接热裂纹的措施如下。

① 严格限制焊缝中的 S、P 等杂质的含量。

② 产生双相组织提高的抗裂性。

③ 合理调整焊缝金属的合金成分。

④ 制定合理的焊接工艺措施。

5. 焊接接头的脆化

① σ 相脆化　奥氏体或铁素体不锈钢在高温（$375\sim875℃$）下长时间加热就会形成一种 Fe-Cr 金属间化合物，即 σ 相。σ 相本身系脆性相且分布在晶界处，使不锈钢的脆性大大增加。通过把焊接接头加热到 $1000\sim1050℃$，然后快速冷却，可消除 σ 相。

② 粗大的原始晶粒　高铬铁素体钢在加热与冷却过程中不发生相变，晶粒很容易长大，而且用热处理也无法消除，只能用压力加工，才能使粗大的晶粒破碎。

③ 475℃脆性　$\omega(Cr)>15\%$ 的铁素体不锈钢，在 $400\sim550℃$ 范围内长期加热后，钢在室温变得很脆，其冲击韧性和塑性接近于零。脆化最敏感的温度接近 475℃，故一般称之为

475℃脆性。475℃脆性具有还原性，通过 900℃淬火后可以消除。

（二）铁素体不锈钢的焊接工艺

铁素体不锈钢焊接时，热影响区晶粒急剧长大而形成粗大的铁素体。由于铁素体钢加热时没有相转变发生，这种晶粒粗大现象会造成明显脆化，而且也使冷裂纹倾向加大。此外，焊接时，在温度高于 1000℃的熔合线附近快速冷却时，会产生晶间腐蚀，但经 650～850℃加热并随后缓冷就可以加以消除。

1. 铁素体不锈钢的焊接特点

铁素体不锈钢分为普通铁素体不锈钢和超纯铁素体不锈钢两大类，钢中的铁素体形成元素（Cr、Mo、Al 或 Ti 等）较多，奥氏体形成元素（C、Ni、Mn 等）含量较低。铁素体不锈钢成本低，抗氧化性好，尤其是抗拉应力腐蚀开裂性能强于奥氏体不锈钢。

铁素体不锈钢在熔点下加热过程中几乎始终是铁素体组织，不能通过热处理强化。在焊后冷却过程中，不会出现奥氏体向马氏体转变的淬硬现象，但热影响区近缝区由于高温而促成铁素体晶粒粗大，明显降低接头的韧性，焊接性较差。随着真空和保护气氛精炼技术的发展，已经生产出间隙元素（C+N）含量极低、焊接性良好的超纯高铬铁素体不锈钢，并得到日益广泛的应用。铁素体不锈钢焊接中最大的问题是焊接接头晶间腐蚀和热影响区脆化。

（1）焊接接头晶间腐蚀

焊接接头晶间腐蚀类别及说明见表 9-25。

表 9-25　焊接接头晶间腐蚀类别及说明

项目	说　明
高铬铁素体不锈钢	与奥氏体不锈钢相比，普通高铬铁素体不锈钢必须加热到 950℃以上温度冷却，否则将产生敏化腐蚀，而在 700～850℃短时保温退火处理，耐蚀性恢复。由 1100℃水淬或空冷都将产生严重腐蚀，因此普通高铬铁素体不锈钢焊接热影响区，由于受到热循环高温作用产生敏化，在强氧化性酸中产生晶间腐蚀，产生晶间腐蚀的邻近焊缝的高温区。热处理对 Cr26（C≤0.2%，N≤0.25%）在沸腾硝酸溶液中腐蚀性能和塑性的影响见下表。 **热处理对 Cr26 在沸腾硝酸溶液中腐蚀性能和塑性的影响** 见下方表格
超纯铁素体不锈钢	C+N 总含量是影响超纯铁素体不锈钢晶间腐蚀的最主要因素。在超纯铁素体不锈钢中严格控制了钢中的 C+N 含量，一般控制在 0.035%～0.045%、0.030%、0.010%～0.015% 三个水平。还添加必要的合金元素进一步提高耐腐蚀性及其他综合性能 超纯铁素体不锈钢在 1100℃水淬后，腐蚀率很低，不产生晶间腐蚀，晶界上也无富铬碳化物和氮化物析出。在 1100℃空冷，晶界上有碳、氮化物析出，晶间腐蚀严重。在 900℃保温，析出物聚集长大并变得不连续，但没有晶间腐蚀。在 600℃短时保温，晶界上有析出物，可能产生晶间腐蚀。在 600℃长时保温，晶间上虽有析出物，但消除了晶间腐蚀。因此，晶界上富铬碳化物和氮化物析出与超纯铁素体不锈钢的晶间腐蚀不存在对应关系 对高铬铁素体不锈钢最容易引起敏化的加热温度是 1100～1200℃，正是碳、氮化物大量溶解的温度。冷却过程中，在 950～500℃时，过饱和的碳、氮将重新析出。这种析出是否引起贫铬现象与碳氮含量，即过饱和程度、冷却速度以及其他合金元素（如 Mo、Ti、Nb 等）含量有关。能引起敏化的温度为 700～500℃

热处理状态	普通纯度钢 腐蚀率/(mm/h)	普通纯度钢 伸长率/%	超高纯度钢 伸长率/%
退火状态	0.76	25	30
1100℃×30min 水淬	19.8	2	30
1100℃×30min 空冷	20.3	27	32
1100℃×30min 水淬＋850℃×30min 水淬	1.1	27	30
1100℃×30min 慢冷(2.5℃/min)至 1000℃水淬	19.8	—	—
900℃水淬	0.69	—	—
850℃水淬	—	33	29
800℃水淬	0.51	—	—
700℃水淬	0.46	—	—
600℃水淬	0.46	—	—

项　目		说　明
防止晶间腐蚀措施	控制化学成分	①降低母材及焊缝的含 C 量,可采用超低碳母材(C≤0.03%)和超低碳焊丝(C≤0.02%) ②将工件再次加热到 650～850℃,并缓慢冷却,使晶粒内部的高铬原子充分向晶界贫铬区扩散补充,可消除晶间腐蚀 ③在母材中加入强碳化物元素,如 Ti(Ti=C5%)、Nb 等,通过 Ti、Nb 与 C 的结合,降低碳的含量和避免形成 $Cr_{23}C_6$,可以提高抗晶间腐蚀能力
	工艺措施	通过采用小的线能量、强制冷却等方法,降低热影响区敏化温度区的停留时间,使之处于一次稳定状态
	焊后热处理	①固溶处理。加热到 1050～1150℃,使 $Cr_{23}C_6$ 重新溶入奥氏体中,然后通过水淬快冷,使之来不及析出,从而达到一次稳定状态 ②稳定化处理。加热到 850℃,保温 2h,然后空冷,使 $Cr_{23}C_6$ 充分析出,奥氏体中的 Cr 扩散均匀达到一次稳定状态,消除晶间腐蚀

(2) 热影响区脆化

铁素体不锈钢焊接热影响区脆化主要包括粗晶脆化、σ 相脆化和 475℃脆化。热影响区脆化类别与说明见表 9-26。

表 9-26　热影响区脆化类别与说明

项　目	说　明
粗晶脆化	铁素体不锈钢在熔化前几乎不会发生相变,加热时有强烈的晶粒长大倾向。焊接时,焊缝和热影响区的近缝区被加热到 950℃以上,产生晶粒严重长大,又不能用热处理的方法使之细化,降低了热影响区的韧性,导致粗晶脆化。一般来讲,晶粒粗化的程度取决于停留的最高加热温度和时间。因此,焊接时尽量缩短在 950℃以上高温的停留时间
σ 相脆化	σ 相是一种 Fe、Cr 金属间化合物,具有复杂的晶体结构。如果焊后在 850℃至 650℃温度区间的冷却速度缓慢,铁素体会向 σ 相转化。在纯 Fe-Cr 合金中,Cr>20%时即可产生 σ 相。当存在其他合金元素,特别是存在 Mn、Si、Mo、W 时,会促使在较低含 Cr 量下形成 σ 相,而且可以由三无形组成,如 FeCrMo。σ 相硬度高达 38HRC 以上,并主要析于柱状晶的晶界,从而导致接头的韧性降低
475℃脆化	Cr 含量超过 15%的铁素体不锈钢,在 430～480℃的温度区间长时间加热并缓慢冷却,就导致在常温时或负温时出现 475℃脆化现象。造成 475℃脆化的主要原因是在 Fe-Cr 合金系中以共析反应的方式沉淀析出富 Cr 的 σ 相(体心立方结构)所致。此外,杂质的存在也会促进 475℃脆化
防止焊缝和热影响区的脆化措施	①选用含有少量 Ti 元素的母材,以防止粗晶脆化 ②减小 475℃脆化,无论是母材或焊缝金属,均应最大限度地提高其纯度 ③采用小焊接线能量,缩短在 950℃以上高温停留的时间,焊件避免用冷冲击整形 ④缩短在 475℃下 σ 相脆化温度区间停留的时间。一旦产生 475℃脆化,可以在 600℃以上短时加热,然后空冷。当产生 σ 相脆化,可采用加热到 930～980℃后急冷的方法进行消除 ⑤采用不锈钢焊条时,预热温度一般不超过 150℃

2. 焊接方法和焊接材料

(1) 焊接方法

普通高铬铁素体不锈钢通常采用手工电弧焊、气体保护焊、埋弧焊、等离子弧、电子束等焊接方法。超高纯铁素体不锈钢主要采用氩弧焊、等离子弧焊、电子束焊等获得良好保护的焊接方法,也可以采用手工电弧焊。

(2) 焊接材料

在焊接铁素体不锈钢及其他与异种钢焊接时,填充金属主要有同质铁素体、奥氏体不锈钢和镍基合金 3 类。

同质焊缝与母材有一样的颜色,相同的线胀系数和近似的耐腐蚀性,但抗裂性能不高。当要求焊缝有更好的塑性时,通常采用铬镍奥氏体类型的焊条和焊丝。使用奥氏体型焊丝,铁素体不锈钢有时也可以采用埋弧焊,此时应参考舍勒焊缝组织图,控制好母材对奥氏体焊缝的稀释。对于耐腐蚀及韧性要求高的铁素体不锈钢，为防止过热和碳、氮的污染，一般不用埋弧形焊。

铁素体不锈钢常用的焊条见表9-27。

表9-27　铁素体不锈钢常用的焊条

钢号	接头性能要求	焊条	预热与焊后热处理
00Cr12	耐硝酸及耐热	E430-16（G302）	预热120～200℃,焊后750～800℃回火
1Cr15 1Cr17Mo	提高焊缝塑性	E308-15（A107） E316-16（A207）	不预热,不热处理
Y1Cr17	抗氧化性	E309-15（A307）	不预热,焊后760～780℃回火
1Cr17	提高焊缝塑性	E310-16（A402） E310-15（A407） E310Mo-16（A412）	不预热,不热处理

3. 铁素体不锈钢的焊接工艺

（1）铁素体不锈钢手工电弧焊工艺

铁素体不锈钢手工电弧焊工艺见表9-28。

表9-28　铁素体不锈钢手工电弧焊工艺

工艺	说　明
焊前预热	由于高铬钢固有的低塑性以及焊接热循环引起的热影响区晶粒长大和碳氮化物在晶界聚集,焊接接头的塑韧性都很低,在采用同成分焊接材料,特别在拘束度大时,很容易产生冷裂纹。因此,要求在70～150℃范围内预热,有明显的效果。铬含量越高,预热温度应越高
焊接工艺参数	由于铁素体不锈钢具有强烈的晶粒长大、475℃脆化及σ相脆化的倾向。因此要求用小电流、快速度,焊条不横向摆动,多层焊;严格控制层间温度,一般待层间温度冷至预热温度时,再焊下一道,不宜连续施焊;厚大的焊件焊接时,可在每道焊缝焊好后,用小锤轻轻锤击焊缝,以减少焊缝的收缩应力
焊后热处理	为消除焊接应力和获得均匀的铁素体组织,铁素体不锈钢焊后应进行热处理。但焊后热处理不能使已经粗化的铁素体晶粒重新细化。铁素体不锈钢焊后热处理有如下两种 第一种:在750～800℃加热后空冷的退火处理,使组织均匀化,可以提高韧性和抗腐蚀性能。退火后应快冷,以防止出现σ相及475℃脆化 第二种:在900℃以下加热水淬,使析出脆性相重新溶解,得到均一的铁素体组织,提高接头的韧性

铁素体不锈钢对接焊缝手工电弧焊的工艺参数见表9-29。

表9-29　铁素体不锈钢对接焊缝手工电弧焊的工艺参数

板厚 /mm	坡口形式	层数	焊接材料			焊接电流 /A	焊接速度 /(cm/min)	焊接直径 /mm	备注
			间隙 /mm	钝边 /mm	坡口角 /(°)				
2	对接（不开坡口）	2 1 1	0～1 2 0～1	— — —	— — —	40～60 80～110 60～80	14～16 10～14 10～14	2.6 3.2 2.6	反面挑焊根垫板 —
3	对接（不开坡口）	2 1 2	3 2 3	— — —	— — —	80～110 110～150 90～110	10～14 15～20 14～16	3.2 4 3.2	反面挑焊根垫板 —
5	对接（不开坡口） 对接（不开坡口,加垫板） 对接（开V形坡口）	2 2 2	3 4 2	— — 2	— — 75	80～110 120～150 90～110	12～14 14～18 14～18	3.2 4 3.2	反面挑焊根垫板 —
6	对接（开V形坡口）	4 2 3	0 4 2	2 2 2	80 60 75	90～140 140～180 90～140	16～18 14～15 14～16	3.2、4 4、5 3.2、4	反面挑焊根垫板 —

续表

板厚/mm	坡口形式	层数	焊接材料			焊接电流/A	焊接速度/(cm/min)	焊接直径/mm	备注
			间隙/mm	钝边/mm	坡口角/(°)				
9	对接(开V形坡口)	4	0	3	80	130～140	14～16	4	反面挑焊根垫板
		3	4	—	60	140～180	14～16	4,5	
		4	2	2	75	90～140	14～16	3.2、4	—
12	对接(开V形坡口)	5	0	4	80	140～180	12～18	4,5	反面挑焊根垫板
		4	4	—	60	140～180	12～16	4,5	
		5	2	2	75	90～140	13～16	3.2、4	—
16	对接(开V形坡口)	7	0	6	80	140～180	12～18	4,5	反面挑焊根垫板
		6	4	—	60	160～200	11～16	4,5	
		7	2	2	75	90～180	11～16	3.2、4、5	—
22	对接(开双面V形坡口)	7	—	—	—	140～180	13～18	4,5	反面挑焊根垫板
	对接(开V形坡口)	9	4	—	45	160～200	11～17	5	
	对接(开V形坡口)	10	2	2	45	90～180	11～16	3.2、4、5	—
32	对接(开双面V形坡口)	14	—	—	—	160～200	14～17	5	反面挑焊根垫板

（2）高纯铁素体不锈钢的焊接工艺要点

同钢种焊接时，一般采用与母材同成分的焊丝作为填充材料。焊丝间隙元素含量最好低于母材，焊前应去除焊丝加工和保管过程产生的表面沾污。由于高纯系列铁素体不锈钢的间隙元素极低，对高温热作用引起的脆化不显著，焊接接头有很好的塑性和韧性，不需预热。焊接的关键是防止焊接过程的污染，以免增加焊缝 C、N、O 含量。焊接工艺措施要点如下。

① 增加熔池保护，如采用双层气体保护、用气体透镜、增大喷嘴直径、增加氩气流量（28L/min）等。填充焊丝时，要特点注意防止焊丝高温端离开保护区。

② 用尾气保护，这对多层焊尤为必要。

③ 焊缝背面通氩气保护，最好采用通氩的水冷铜热垫，减少过热，增加冷却速度。

④ 尽量减小线能量，多层焊时控制层间温度低于100℃。

（三）奥氏体不锈钢的焊接工艺

对奥氏体不锈钢结构，多数情况下都有耐蚀性的要求。因此，为保证焊接接头的质量，在编制工艺规程时，必须考虑备料、装配、焊接各个环节对接头质量可能带来的影响。此外，奥氏体不锈钢本身的物理性能特点，也是编制焊接工艺时必须考虑的重要因素。

1. 焊接材料的选择

奥氏体不锈钢焊接材料的选用原则，应使焊缝金属的合金成分与母材成分基本相同，并尽量降低焊缝金属中的碳含量和 S、P 等杂质的含量。

部分奥氏体不锈钢弧焊用焊接材料选例见表 9-30。几种奥氏体不锈钢用药芯焊丝见表9-31。

表 9-30　部分奥氏体不锈钢弧焊用焊接材料选例

钢号	电焊条		氩弧焊丝	埋弧焊	
	型号	牌号		焊丝	焊剂
0Cr18Ni9 0Cr19Ni0	E30L-16	A002	H002Cr21Ni10	H002Cr21Ni10	HJ260，HJ151 SJ601～SJ608

钢号	电焊条		氩弧焊丝	埋弧焊	
	型号	牌号		焊丝	焊剂
0Cr18Ni9Ti 1Cr18Ni9Ti	E308-16 E437-16	A102 A132	H0Cr20Ni10Ti H0Cr20Ni10Nb	H0Cr20Ni10Ti H0Cr20Ni10Nb	HJ172,SJ608 SJ701
0Cr18Ni11Nb 1Cr18Ni11Nb	E437-16	A132	H10Cr20Ni10Nb	H10Cr20Ni10Nb	HJ172
0Cr18Ni12Mo2Ti 1Cr18Ni12Mo2Ti	E316L-16	A022	H00Cr19Ni12Mo2	H00Cr19Ni12Mo2	HJ260,HJ172 SJ601
0Cr18Ni12Mo3Ti 0Cr18Ni12Mo3Ti	E316L-16 E317-16	A022 A242	H00Cr19Ni12Mo2 H0Cr20Ni14Mo3	H00Cr19Ni12Mo2 H0Cr20Ni14Mo3	HJ260,HJ172 SJ601
00Cr17Ni14Mo2	E316L-16	A022	H00Cr19Ni12Mo2	H00Cr19Ni12Mo2 H0Cr20Ni14Mo3	HJ260,HJ172 SJ601
00Cr17Ni14Mo3 00Cr19Ni13Mo3	E308L-16	A002	H00Cr19Ni12Mo2	H00Cr19Ni12Mo2 H00Cr20Ni14Mo3	HJ260,HJ172 SJ601
0Cr18Ni14Mo2Cu2	E317Mo CuL-16	A032	—	—	—
0Cr18Ni18Mo2Cu2Ti	—	A802	—	—	—
0Cr18Ni10	E308L-16	A002	H00Cr21Ni10	H00Cr21Ni10	SJ601

表 9-31　几种奥氏体不锈钢用药芯焊丝

钢号	药芯焊丝牌号	保护气体
0Cr19Ni9 0Cr19Ni11Ti	YA102-1,YA107-1 PK-YB102,PK-YB107	CO_2
00Cr19Ni10 0Cr18Ni11Ti	YB002-2	自保护
0Cr18Ni11Ti	YA1/32-1,PK-YB132	CO_2

2. 焊接工艺参数的选择

① 焊条电弧焊对接焊缝平焊的坡口形式及焊接工艺参数见表 9-32。

表 9-32　焊条电弧焊对接焊缝平焊的坡口形式及焊接工艺参数

板厚 /mm	坡口形式	层数	坡口尺寸			焊接电流 /A	焊接速度 /(mm/min)	焊接直径 /mm	备注
			间隙 c/mm	钝边 f/mm	坡口角 α/(°)				
2		2	0～1	—	—	40～160	140～160	2.5	反面铲焊根
		1	2	—	—	80～110	100～140	3.2	加垫板
		1	0～1	—	—	60～80	100～140	2.5	
3		2	2	—	—	80～110	100～140	3.2	反面铲焊根
		1	3	—	—	110～150	150～200	4.0	加垫板
		2	2	—	—	90～110	140～160	3.2	
5		2	3	—	—	80～110	120～140	3.2	反面铲焊根
		2	4	—	—	120～150	140～180	4.0	加垫板
		2	2	2	75	90～110	140～180	3.2	

续表

板厚/mm	坡口形式	层数	坡口尺寸 间隙 c/mm	坡口尺寸 钝边 f/mm	坡口尺寸 坡口角 α/(°)	焊接电流/A	焊接速度/(mm/min)	焊接直径/mm	备注
6		4	0	0	80	90～140	160～180	3.2、4.0	反面铲焊根
		2	4	—	60	140～180	140～150	4.0、5.0	加垫板
		3	2	2	75	90～140	140～160	3.2、4.0	
9		4	0	3	80	130～140	140～160	4.0	反面铲焊根
		3	4	—	60	140～180	140～160	4.0、5.0	加垫板
		4	2	2	75	90～140	140～160	3.2、4.0	
12		5	0	4	80	140～180	120～180	4.0、5.0	反面铲焊根
		4	4	—	60	140～180	120～160	4.0、5.0	加垫板
		4	2	2	75	90～140	130～160	3.2、4.0	
16		7	0	6	80	140～180	120～180	4.0、5.0	反面铲焊根
		6	4	—	60	140～180	110～160	4.0、5.0	加垫板
		7	2	2	75	90～140	110～160	3.2、4.0、5.0	
22		7	—	—	—	140～180	130～180	4.0、5.0	反面铲焊根
		6	4		45	160～200	110～175	5.0	加垫板
		7	2	2	45	90～180	110～160	3.2、4.0、5.0	
32		14	—	—	—	160～200	140～170	4.0、5.0	反面铲焊根

注：TIC 焊时，主要用纯 Ar 气体保护焊，稍厚工件可采用 Ar+He，MIG 焊射过渡时用 Ar+$O_2$2%，短路过渡时用 Ar+$CO_2$5%。

② 焊条电弧焊角焊缝的坡口形式及焊接工艺参数如表 9-33 所示。

表 9-33　焊条电弧焊角焊缝的坡口形式及焊接工艺参数

板厚/mm	坡口形式	焊脚 L/mm	焊接位置	焊接层数	坡口尺寸 间隙 c/mm	坡口尺寸 钝边 f/mm	焊接电流/A	焊接速度/(mm/min)	焊条直径/mm	备注
6		4.5	平焊	1	0~2	—	160~190	150~200	5.0	
		6	立焊	1	0~2	—	80~100	60~100	3.2	
9		7	平焊	2	0~2	—	160~190	150~200	5.0	
12		9	平焊	3	0~2	—	160~190	150~200	5.0	
		10	立焊	2	0~2	—	80~110	50~90	3.2	
16		12	平焊	5	0~2	—	160~190	150~200	5.0	
22		16	立焊	9	0~2	—	160~190	150~200	5.0	
6		2	平焊	1~2	0~2	0~3	160~190	150~200	5.0	
		2	立焊	1~2	0~2	0~3	80~110	40~80	3.2	
12		3	平焊	8~10	0~2	0~3	160~190	150~200	5.0	
		3	立焊	3~4	0~2	0~3	80~110	40~80	3.2	
22		5	平焊	18~20	0~2	0~3	160~190	150~200	5.0	
		5	立焊	5~7	0~2	0~3	80~110	40~80	3.2、4.0	
12		3	平焊	3~4	0~2	0~2	160~190	150~200	5.0	
		3	立焊	2~3	0~2	0~2	80~110	40~80	3.2、4.0	
22		5	平焊	7~9	0~2	0~2	160~190	150~200	5.0	
		5	立焊	3~4	0~2	0~2	80~110	40~80	3.2、4.0	
6		3	平焊	2~3	3~6	—	160~190	150~200	5.0	加垫板
		3	立焊	2~3	3~6	—	80~110	40~80	3.2、4.0	加垫板
12		4	平焊	10~12	3~6	—	160~190	150~200	5.0	加垫板
		4	立焊	4~6	3~6	—	80~110	40~80	3.2、4.0	加垫板
22		6	平焊	22~25	3~6	—	160~190	150~200	5.0	加垫板
		6	立焊	10~12	3~6	—	80~110	40~80	3.2、4.0	加垫板

③ 埋弧焊的坡口形式及焊接工艺参数如表 9-34 所示。

表 9-34　埋弧焊的坡口形式及焊接工艺参数

板厚/mm	坡口形式	焊丝直径/mm	焊道 A:外面 B:里面	焊接条件 电流/A	焊接条件 电压/V	焊接条件 速度/(cm/min)
6		3.2	A	350	33	65
			B	450	33	65
9		4.0	A	450	33	65
			B	520	33	65
		4.0	A	400	33	65
			B	520	33	65
12		4.0	A	450	33	60
			B	550	33	50
16		4.0	A	550	34	40
			B	650	34	47

续表

板厚/mm	坡口形式	焊丝直径/mm	焊道 A:外面 B:里面		焊接条件 电流/A	电压/V	速度/(cm/min)
16	60° 10 6 清根约4mm A B	4.0	A	1	550	33	45
				2	550	33	40
			B		650	33	43
20	90° 6 7 7 90° A B	4.8	A		650	33	30
			B		800	30	35
	60° 14 6 清根约4mm A B	4.0	A	1	500	33	45
				2	550	35	40
				3	600	35	40
			B		650	35	35
24	90° 8 8 8 90° A B	4.8	A		720	32	20
			B		950	34	27
	60° 17 7 清根约4mm A B	4.0	A	1	500	33	40
				2	600	34	35
				3	600	35	30
			B		700	34	35
24 以上	1~2mm 1~3层手工焊或 TIG焊	4.0	—		450~600	32~36	25~50

④ 手工 TIG 焊对接平焊坡口形式及焊接工艺参数见表 9-35。

表 9-35　手工 TIG 焊对接平焊坡口形式及焊接工艺参数

坡口形状代号	坡口形式	板厚/mm	使用坡口形式	钨电极直径/mm	焊接电流/A	焊接速度/(cm/min)	焊条直径/mm	氩气 流量/(L/min)	喷嘴直径/mm	备注
A	0~2	1	A (间隙为0)	1.6	50~80	10~12	1.6	4~6	11	单面焊接气体垫
B	60°~90° 0~2	2.4	A (间隙为 0~1mm)	1.6	80~120	10~12	1.6	6~10	11	单面焊接气体垫
		3.2	A	2.4	105~150	10~12	1.6~3.2	6~10	11	双面焊
C	60°~90° 0~2	4	A	2.4	150~200	10~15	1.4~4.0	6~10	11	双面焊
			B	2.4	150~200	10~15	2.4~4.0	6~10	11	清根
			C	2.4	180~230	10~15	2.4~4.0	6~10	11	垫板
		6	D	2.4	140~160	12~16	2.4~4.0	6~10	11	单面焊接气体垫
D	60°~90° 0~2		E	1.6	115~150	6~8	2.4~3.2	6~10	11	可熔镶块焊接
				2.4	150~200	10~15				
		12	B	2.4	150~200	15~20	2.4~4.0	6~10	11	清根

坡口形状代号	坡口形式	板厚/mm	使用坡口形式	钨电极直径/mm	焊接电流/A	焊接速度/(cm/min)	焊条直径	氩气 流量/(L/min)	喷嘴直径/mm	备注
E	60°~90°	12	C	2.4 3.2	200~250	10~20	2.2~4.0	6~10	11~13	垫板
F	60°~90° 0~1	22	F	2.4 3.2	200~250	10~20	3.2~4.0	6~10	11~13	清根
G	2~3 0~2	38	C	2.4 3.2	250~300	10~20	3.2~4.0	10~15	11~13	清根

⑤ 自动 TIG 焊管子对接与管板焊接工艺参数如表 9-36 所示。

表 9-36   自动 TIG 焊管子对接与管板焊接工艺参数

接头种类	坡口形式	管子尺寸/mm	钨极直径/mm	层次	焊接电流/A	电弧电压/V	焊接速度/(s/周)	填充丝直径/mm	送丝速度/(mm/min)	氩气流量/(L/min) 喷嘴	氩气流量/(L/min) 管内
管子对接（全位置）	管子扩口	φ18×1.25	2	1	60~62	9~10	12.5~13.5	—	—	8~10	1~3
		φ32×1.5	2	1	54~59	9~10	18.6~21.6	—	—	10~13	1~3
	V形	φ32×3	2~3	1	110~120	10~12	24~28			8~10	4~6
			2~3	2~3	110~120	12~14	24~28	φ0.8	760~800	8~10	4~6
管板	管子开槽	φ13×1.25	2	1	65	9.6	14	—	—	7	—
		φ18×1.25	2	1	90	9.6	19	—	—	7	

⑥ 自动脉冲 TIG 焊管子对接与管板焊接工艺参数如表 9-37 所示。

表 9-37   自动脉冲 TIG 焊管子对接与管板焊接工艺参数

接头种类	坡口形式	管子尺寸/mm	钨极直径/mm	层次	平均电流/A 基本	平均电流/A 脉冲	频率/Hz	脉冲宽度/%	焊接速度/(/s/周)	氩气流量/(L/min) 喷嘴	氩气流量/(L/min) 管内
管子对接	管子扩口	φ8×1	1.6	1	9	36	2	50	12	6~8	1~3
		φ15×1.5	1.6	1	27	80	2.5	50	15	6~8	1~3
管子管板	管板开槽	φ13×1.25	2	1	8	70~80	3~4	50	10~15	8~10	—
		φ25×2	2	1	25	100~130	3~4	5075	16~17	8~10	

⑦ 脉冲 MIG 焊对接工艺参数如表 9-38 所示。

表 9-38   脉冲 MIG 焊对接工艺参数

板厚/mm	坡口形式	层次	焊丝直径/mm	平均电流/A 基本	平均电流/A 脉冲	电压/V 脉冲	电压/V 电弧	焊接速度/(m/h)	气体流量/(L/min) Ar	气体流量/(L/min) CO₂
6	I形	1~2（正反各1）	1.6	40~50	120~130	34	28~29	15~18	25~29	3.5~4.0
8	V形	1~2（正反各1）	1.6	40~50	130	36	32	14~18	25~29	3.5~4.0

⑧ 不锈钢大电流等离子弧焊工艺参数如表 9-39 所示。

⑨ 不锈钢薄板小电流等离子弧焊工艺参数如表 9-40 所示。

表 9-39　不锈钢大电流等离子弧焊工艺参数

焊透方式	焊件厚度/mm	焊接电流/A	电弧电压/V	焊接速度/(mm/min)	离子气流量/(L/min)			保护气体流量/(L/min)		孔道比 l/d/(mm/mm)	钨极内缩/mm	备注
					基本气流	衰减气	正面	尾罩	反面			
熔透法	1	60	—	270	0.5	—	3.5	—	—	2.5 / 2.5	1.5	悬空焊
小孔法	3	170	24	600	3.8	—	25	8.4	—	3.2 / 2.8	3	喷嘴带两个 $\phi0.8mm$ 小孔,间距 6mm
	5	245	28	340	4.0	—	27			3.2 / 2.8	3	
	8	280	30	217	1.4	2.9	17			3.2 / 2.9	3	
	10	300	29	200	1.7	2.9	20			3.2 / 3	3	

表 9-40　不锈钢薄板小电流等离子弧焊工艺参数

焊透方式	板厚/mm	焊接电流/A	焊接速度/(cm/min)	喷嘴孔径/mm	离子气及其流量/(L/min)	保护气体及其流量/(L/min)
熔透法	0.8	25	25	0.8	Ar0.2	12(Ar + 5%H$_2$)
	1.6	46	25	1.3	Ar0.5	12(Ar + 5%H$_2$)
	2.4	90	25	2.2	Ar0.7	12(Ar + 5%H$_2$)
	3.2	100	20	2.2	Ar0.7	12(Ar + 5%H$_2$)
小孔法	1.6	25	10~15	0.8	Ar0.4	Ar9.5
	2.4	50		1.3	Ar0.7	Ar9.5
	3.2	75		1.3	Ar0.9~1.4	Ar9.5
	4.8	100		1.8	Ar2.4~3.8	Ar9.5

3. 焊前准备

① 下料方法的选择　奥氏体不锈钢中有较多的铬，用一般的氧乙炔切割有困难，可用机械切割、等离子弧切割及碳弧气刨等方法进行下料或坡口加工，机械切割最常用的有剪切、刨削等。

② 坡口的制备　在设计奥氏体不锈钢焊件坡口形状和尺寸时，应充分考虑奥氏体不锈钢较大的线胀系数会加剧接头的变形，应适当减小 V 形坡口角度。当板厚大于 10mm 时，应尽量选用焊缝截面较小的 U 形坡口。

③ 焊前清理　为了保证焊接质量，焊前应将坡口及其两侧 20~30mm 范围内的焊件表面清理干净。对表面质量要求特别高的焊件，应在适当范围内涂上用白垩粉调制的糊浆，以防止飞溅金属损伤不锈钢表面。

④ 表面防护　在搬运、坡口制备、装配及定位焊过程中，应注意避免损伤钢材表面，以免使产品的耐蚀性降低。

4. 焊接方法

① 焊接方法的选择　奥氏体不锈钢具有较好的焊接性，可以采用焊条电弧焊、埋弧焊、惰性气体保护焊和等离子弧焊等熔焊方法，并且焊接接头具有相当好的塑性和韧性。因为电渣焊的热过程特点，会使奥氏体不锈钢接头的抗晶间腐蚀能力降低，并且在熔合线附近易产生严重的刀蚀，所以一般不应用电渣焊。

② 焊接方法　奥氏体不锈钢具有优良的焊接性，适用各种弧焊方法进行焊接，见表 9-41。奥氏体不锈钢的焊接方法见表 9-42。

5. 奥氏体不锈钢的焊后处理

为增加奥氏体不锈钢的耐蚀性，焊后应对其进行表面处理。

① 表面抛光　表面粗糙度值越小，抗腐蚀性能就越好。因为粗糙度值小的表面能产生

一层致密而均匀的氧化膜，这层氧化膜能保护内部金属不再受到氧化和腐蚀。将不锈钢表面抛光，就能提高其抗腐蚀能力。

表 9-41　不锈钢对各种弧焊方法的适应性

焊接方法		不锈钢类型		适应厚度 /mm	说　明
	马氏体型	铁素体型	奥氏体型		
焊条电弧焊	很少应用	较适用	适用	>1.5	薄板不易焊透，焊缝余高大
手工 TIG 焊	较适用	较适用	适用	0.5～3	大于 3mm 可多层焊，但效率不高
自动 TIG 焊	较适用	较适用	适用	0.5～3	大于 4mm 可多层焊；小于 0.5mm，操作要求严格
脉冲 TIG 焊	—		适用	0.5～4	焊接线能量低，工艺参数调节范围大
				<0.5	卷边接头
MIG 焊	较适用	较适用	适用	3～8	开坡口，可单面焊双面成形
				>8	开坡口，多层焊
脉冲 MIG 焊	较适用	较适用	适用	>2	焊接线能量小，工艺参数调节范围宽
等离子弧焊	小孔法	—	适用	适用	3～8	开 I 型坡口，单面焊双面成形
	熔透法		适用	适用	≤3	同手工和自动 TIG 焊
微束等离子弧焊	—	—	适用	<0.5	卷边接头
埋弧焊	很少应用	很少应用	适用	>6	效率高，劳动条件好，但焊缝冷却速度慢

表 9-42　奥氏体不锈钢的焊接方法

焊接方法	说　明
焊条电弧焊	厚度 2mm 以上的不锈钢板用焊条电弧焊居多。焊条的选用可参照母材的材质型号，选用与母材成分相同或相近的焊条，其熔敷金属含量不高于母材的焊条。焊接施工需注意下列事项 ①焊条焊前需按规定温度烘干 ②尽量采用平焊位置，当立、仰焊时，应选用比平焊时较小的直径焊条 ③不允许焊条在非焊接部位引弧，收弧时弧坑需填满，或在引出板上收弧 ④采用短弧快速焊，弧长一般为 2～3mm，不允许焊条做横向摆动 ⑤焊道清渣时，必须用不锈钢丝刷，不准使用碳钢丝刷 ⑥多层焊时，层间温度不宜过高，可待冷却到 60℃ 以下，再清理焊渣和飞溅物。对工件表面质量要求高时，可在坡口两侧涂上石灰水或专用防飞溅剂 ⑦有必要时，焊后进行固溶处理或消除应力处理（800～1000℃，保温 2min/mm 后空冷）
埋弧焊	对于等离子弧焊，焊接参数调节范围很宽，可用大电流（200A 以上），利用小孔效应，一次焊接厚度可达 12mm，并实现单面焊双面成形。用很小的电流适于中厚板不锈钢的焊接，有时也用于薄板。由于埋弧焊热输入大，熔深大，冷却速度慢，应防止焊缝中心区热裂纹和热影响区耐蚀性的降低。因此，对热裂纹敏感的纯奥氏体不锈钢，一般不推荐采用埋弧焊 对于埋弧焊，由于热输入大，金属易过热，对不锈钢的耐蚀性有一定的影响。18-8 型奥氏体不锈钢埋弧焊工艺参数见表 1 **表 1　18-8 型奥氏体不锈钢埋弧焊工艺参数** | 板厚/mm	钨极直径/mm	焊接电流/A	焊丝直径/mm	氩气流量/(L/min)
---	---	---	---	---
8	1.5	500～600	32～34	46
10	1.5	600～650	34～36	42
12	1.5	650～700		36
16	2.0	750～800	36～38	31
18	3.0	800～850		25	
氩弧焊	氩弧焊保护效果好，焊缝成分易控制；热影响区晶粒长大倾向小；焊后不用清渣，可全位置焊接和机械化焊接，是奥氏体不锈钢较为理想的焊接方法 　TIG 焊最适合 3mm 以下不锈钢薄板的焊接。厚度小于 0.5mm 的薄板，应采用脉冲 TIG 焊，厚度大于 3mm 时，宜采用开坡口或多层多道焊。板厚大于 13mm，不宜采用 TIG 焊，主要是成本高 　板厚大于 6mm 的不锈钢，宜采用射流过渡的 MIG 焊，焊丝直径可选 ϕ0.9～1.6mm，只适合平焊和横焊。薄板宜采用短路过渡，可全位置焊接。焊丝直径可选 ϕ0.8mm、ϕ0.9mm 和 ϕ1.2mm 　为保证背面焊道质量，底层焊时，宜在背面附加氩气保护 　对于钨极氩弧焊，一般采用直流正接，以防因电极过热而造成焊缝中渗钨的现象。不锈钢钨极氩弧焊工艺参数见表 2

焊接方法	说　明

表 2　不锈钢钨极氩弧焊工艺参数

板厚/mm	钨极直径/mm	焊接电流/A	焊丝直径/mm	氩气流量/(L/min)
0.3	1	18～20	1.2	
1	2	20～25	1.6	5～6
1.5		25～30		
2		35～45	1.6～2	
2.5	3	60～80		
3		70～85		
4		75～90	2	6～8
6～8	4	100～140		
>8		100～140	3	

　　对于熔化极氩弧焊,一般采用直流反极性接法。为获得稳定的喷射过渡形式,要求电流大于临界电流值。奥氏体不锈钢熔化极氩弧焊工艺参数见表3

表 3　奥氏体不锈钢熔化极氩弧焊工艺参数

板厚/mm	焊丝直径/mm	焊接电流/A	电弧电压/V	焊接速度/(m/h)	氩气流量/(L/min)
2.0	1.0	140～180	18～20	20～40	6～8
3.0	1.6	200～280	20～22		
4.0		220～320	22～25		7～9
6.0	1.6～2.0	280～360	23～27	15～30	9～12
8.0	2.0	300～380	24～28		11～5
10.0		320～440	25～30		12～17

等离子弧焊：厚度10～12mm的奥氏体不锈钢采用等离子弧焊是比较理想的焊接方法。0.5mm 以下薄板采用微束等离子弧焊最为合适。因为等离子弧热集中,利用小孔效应可不开坡口,不加填充焊丝单面焊一次成形,尤其适合奥氏体不锈钢管的纵缝焊接

　　② 酸洗　经热加工的不锈钢和不锈钢焊接热影响区都会产生一层氧化皮,这层氧化皮会影响耐蚀性,所以焊后必须将其除去。

　　③ 钝化处理　酸洗后,为增加不锈钢的耐蚀性,在其表面用人工方法形成一层氧化膜的方法称为钝化处理。

6. 焊后检验

　　奥氏体不锈钢一般都具有耐蚀性的要求,所以焊后除要进行一般焊接缺陷的检验外,还要进行耐蚀性试验。

(四) 马氏体不锈钢的焊接

1. 马氏体不锈钢的焊接特点

　　马氏体不锈钢可分为 Cr13 型马氏体不锈钢、低碳马氏体不锈钢和超低马氏体不锈钢。马氏体不锈钢的焊接冶金性能主要与碳含量和铬含量有关。常见马氏体不锈钢均有脆硬倾向,并且含碳量越高,脆硬倾向越大。超低碳马氏体钢无脆硬倾向,并且有较高的塑韧性。对于铬含量较高的马氏体不锈钢 (≥17%),奥氏体区域已被缩小,淬硬倾向较小。

　　Cr13 型马氏体不锈钢主要作为具有一般耐蚀性的不锈钢使用,随着碳含量的不断增加,其强度与硬度提高,塑性与韧性降低,焊接性变差。以 Cr12 型为基的马氏体不锈钢,因加入 Ni、Mo、W、V 等合金元素,除具有一定的耐蚀性之外,还具有较高的高温强度及高温抗氧化性。低碳、超低碳马氏体不锈钢是在 Cr13 型基础上,大幅度降低碳含量的同时,将 Ni 含量控制在 4%～6%,再加入少量的 Mo、Ti 等合金元素的一类高强马氏体钢。超级马

氏体不锈钢的成分特点是超低碳、低氮，Ni 含量控制在 4%～7%，还加入少量的 Mo、Ti、Si、Cr 等合金元素，这类钢具有高强度、高韧性及良好的抗腐蚀性能。

焊接碳含量较高、铬含量较低的马氏体不锈钢时，常见问题是焊接冷裂纹和热影响区脆化，其说明见表 9-43。

表 9-43 防止焊接冷裂纹的措施和防止热影响区脆化的措施说明

类别	说　明
防止焊接冷裂纹的措施	马氏体不锈钢一般经调质处理,显微组织为马氏体。焊接接头区域表现出明显的淬硬倾向。焊缝及热影响区焊后的组织通常为硬而脆的马氏体组织,含碳量越高,淬硬倾向越大。焊接接头区很容易导致冷裂纹的产生,尤其是当焊接接头刚度大或有氢存在时,马氏体不锈钢更易产生延迟裂纹 　对于焊接镍含量较少,含 Cr、Mo、W、V 较多的马氏体不锈钢,焊后除获得马氏体组织外,还形成一定量的铁素体组织。这部分铁素体组织使马氏体回火后的冲击韧性降低。在粗大焊缝组织过热区中的铁素体,往往分布在粗大的马氏体晶间,严重时可呈网状分布,这会使焊接接头对冷裂纹更加敏感 　防止焊接冷裂纹的措施如下 ①正确选择焊接材料。为了保证使用性能,最好采用同质填充金属;为了防止冷裂纹,也可采用 Cr-Ni 奥氏体型填充金属 ②焊前预热。预热是防止焊缝硬脆和产生裂纹的一个很有效的措施。预热温度可根据工件的厚度和刚性大小来决定,一般为 200～400℃,含碳量越高,预热温度也越高。但从接头质量看,预热温度过高,会在接头中引起晶界碳化物沉淀和形成铁素体,对韧性不利,尤其是焊缝含碳量偏低时,这种铁素体＋碳化物的组织,仅通过高温回火不能改善,必须进行调质处理 ③提高焊接线能量。采用较大的焊接电流,减缓冷却速度,以提高焊接线能量 ④焊后热处理。焊后缓冷到 150～200℃,并进行焊后热处理,以消除焊接残余应力,去除接头中扩散氢,同时也可以改善接头的组织和性能
防止热影响区脆化的措施	马氏体不锈钢尤其是铁素体形成元素含量较高的马氏体不锈钢,具有较大的晶粒成长倾向。冷却速度较小时,焊接热影响区易产生粗大的铁素体和碳化物;冷却速度较大时,热影响区会产生硬化现象,形成粗大的马氏体。这些粗大的组织都使马氏体不锈钢焊接热影响区塑性和韧性降低并导致脆化。此外,马氏体不锈钢还具有一定的回火脆性,因此焊接马氏体不锈钢时,要严格控制冷却速度 　防止热影响区脆化的措施如下 ①正确选择预热温度。预热温度不应超过 450℃,以避免产生 475℃脆化 ②合理选择材料。合理选择焊接材料调整焊缝的成分,尽可能避免焊缝中产生粗大的铁素体组织

2. 焊接方法与焊接材料

（1）焊接方法

常用手工电弧焊、气体保护焊和电阻焊等方法焊接马氏体不锈钢，其中电弧焊方法及其适用性见表 9-44。

表 9-44 马氏体不锈钢电弧焊方法及其适用性

电弧焊方法	适用性	适用板厚/mm	说　明
手工电弧焊	适用	＞1.5	焊条需经过 300～350℃高温烘干,以减少扩散氢的含量,降低焊接冷裂纹的敏感性。薄板手工电弧焊易焊透,焊缝余高大
手工钨极氩弧焊	较适用	0.5～3	主要用于薄壁构件及其他重要部件的封底焊,焊接质量高,焊缝成形美观。对于重要部件的接头,封底焊时通常采用氩气背面保护的措施。大于 3mm 时,可以用多层焊,但效率不高
自动钨极氩弧焊	较适用	0.5～3	大于 4mm 时可以用多层焊,小于 0.5mm 的则操作要求严格
熔化极氩弧焊	较适用	3～8	开坡口,可以单面焊双面成形。Ar＋CO_2 或 Ar＋O_2 的富氩混合气体保护焊也应用于马氏体钢的焊接
		＞8	开坡口,多层焊
脉冲熔化极氩弧焊	较适用	＞2	线能量小,工艺参数调节范围广

（2）焊接材料

马氏体不锈钢焊接可以采用 Cr13 型和 Cr-Ni 型不锈钢焊条和焊丝。

① Cr13 型不锈钢焊条和焊丝。当焊缝强度要求较高时，通常采用 Cr13 型焊条和焊丝，

可使焊缝金属的化学成分与母材相近，但焊缝的冷裂倾向大。因此要求焊前预热和焊后热处理，预热温度不能超过450℃，以防止475℃脆性；焊后热处理是冷至150～200℃时，保温2h，使奥氏体各部分转变为马氏体，然后立即进行高温回火，加热到730～790℃，保温时间每1mm板厚为10min，但不少于2h，最后空冷。

为了防止裂纹，焊条和焊丝中S、P的含量应＜0.015％，Si的含量应≤0.3％，碳的含量一般应低于母材的含碳量，以降低淬透性。

② Cr-Ni奥氏体不锈钢型焊条和焊丝。Cr-Ni奥氏体不锈钢型焊缝对氢的溶解度大，可以减少氢从焊缝金属向热影响区的扩散，有效地防止冷裂纹，因此焊前不需预热。此外，Cr-Ni奥氏体不锈钢型焊缝金属具有良好的塑性，可以缓和热影响区马氏体转变时产生的应力。但焊缝的强度较低，也不能通过焊后热处理来提高。

马氏体不锈钢常用的焊接材料及焊接工艺见表9-45。

表9-45　马氏体不锈钢常用的焊接材料及焊接工艺

母材牌号	对焊接性能的要求	焊接材料				预热及层间温度/℃	焊后热处理
		焊条		焊丝	焊缝类型		
		型号	牌号				
1Cr13 2Cr13	抗大气腐蚀	E1-13-16 E1-13-16	G202 G207	H0Cr14	Cr13	150～300	700～730℃回火,空冷
	耐有机酸腐蚀并耐热	—	G211	—	Cr13Mo2	150～300	—
	要求焊缝具有良好的塑性	E0-9-10-16 E0-19-10-15 E1-13-16 E1-13-16 E2-26-21-16 E2-26-21-15 E1-23-13-15 E1-23-13-16	A102、A107 A202、A207 A402、A407 A302、A307	H0Cr18Ni9 H0Cr18Ni12 Mo2 HCr25Ni20 HCr25Ni13	18-9 18-12Mo2 25-20 25-13	补预热(厚大件预热200℃)	不进行热处理
1Cr17Ni2	—	E0-19-10-16 E0-19-10-15 E2-26-21-16 E2-26-21-15 E1-23-13-15 E1-23-13-16	A402、A407 A302、A307 A102、A107	HCr25Ni13 HCr25Ni20 H0Cr18Ni9	25-13 25-20 18-9	200～300	700～730℃回火,空冷
Cr11MoV	540℃以下有良好的热强性	—	G117	—	Cr10Mo NiV	300～400	焊后冷至100～200℃,立即在700℃以上高温回火
Cr12WMoV	600℃以下有良好的热强性	E2-11MoVNiW-15	R817	—	Cr11W Mo-NiV	300～400	焊后冷至100～120℃,立即在740～760℃高温回火

3. 马氏体不锈钢的焊接工艺

（1）焊接工艺要求

① 正确选择方法和焊接材料。为了保证接头的使用性能要求，焊缝成分应与母材成分相同。为了防止冷裂，也可采用奥氏体不锈钢作为填充金属，此时由于焊缝成分为奥氏体组织，焊缝强度不可能与母材匹配。而且奥氏体焊缝与母材相比，在物理、化学、冶金性能上存在很大差异，所以在选用奥氏体焊接材料焊接马氏体不锈钢时，必须考虑母材稀释的影响

以及凝固过渡层的形成问题。

② 正确选择工艺参数。保证全部焊透，如采用钨极氩弧焊进行打底焊，要避免产生根部裂纹。注意填满弧坑，防止出现火口裂纹。

③ 严格控制层间温度，以防止在熔敷后续焊道前发生冷裂纹。

④ 避免强制装配和采用刚性过大的焊接接头设计。

马氏体不锈钢对接焊缝手工电弧焊的工艺参数见表 9-46。

表 9-46　马氏体不锈钢对接焊缝手工电弧焊的工艺参数

| 板厚 /mm | 层数 | 焊接材料 | | | 焊接电流 /A | 焊接速度 /(cm/min) | 焊接直径 φ/mm | 备注 |
		间隙 /mm	钝边 /mm	坡口角 /(°)				
3	2	2	—	—	80～110	10～14	3.2	反面挑焊根 垫板
	1	3	—	—	110～150	15～20	4	
	2	2	—	—	90～110	14～15	3.2	
5	2	3	—	—	80～110	12～14	3.2	反面挑焊根 垫板
	2	4	—	—	120～150	14～18	4	
	2	2	2	75	90～110	14～18	3.2	
6	4	0	2	80	90～140	16～18	3.2、4	反面挑焊根 垫板
	2	4	—	60	140～180	14～15	4、5	
	3	2	2	75	90～140	14～16	3.2、4	—
9	2	0	2	80	130～140	14～16	4	反面挑焊根 垫板
	3	4	—	60	140～180	14～16	4、5	
	4	2	2	75	90～140	14～16	3.2、4	—
12	5	0	4	80	140～180	12～18	4、5	反面挑焊根 垫板
	4	4	—	60	140～180	11～16	4、5	
	4	2	2	75	90～140	11～16	3.2、4	—
16	7	0	6	80	140～180	12～18	4、5	反面挑焊根 垫板
	6	4	—	60	140～180	11～16	4、5	
	7	2	2	75	90～180	11～16	3.2、4、5	—
22	7	0	—	—	140～180	13～18	4、5	反面挑焊根 垫板
	8	4	—	45	160～200	11～17	5	
	10	2	2	45	90～180	11～16	3.2、4、5	—
32	14	—	—	—	160～200	14～17	5	反面挑焊根

对于低碳及超级马氏体不锈钢，焊接裂纹敏感性小，在通常的焊接条件下，不需要预热或后热。当在大拘束度或焊缝金属中的氢含量难以严格控制的条件下，为了防止焊接裂纹，应采取预热甚至后热措施，一般预热温度为 100～150℃。为了保证焊接接头的塑韧性，该类钢焊后需进行回火热处理，热处理温度一般为 590～620℃。

对于耐蚀性有特别要求的焊接接头，如用于油气输送的 00Cr13Ni4Mo 管道，为了保证焊接接头的抗应力腐蚀性能，需经过 760℃＋610℃ 的二次回火热处理，以保证焊接接头的硬度不超过 22HRC。

（2）焊后热处理

马氏体不锈钢焊后不允许直接冷却到室温，必须进行焊后热处理，以消除焊接残余应力，去除接头中的扩散氢，防止延迟裂纹的产生。同时对接头进行回火处理，以减小硬度，改善组织和力学性能。

焊后热处理有两种：一种是焊后进行调质处理，这种处理是在焊后立即进行，不必再进行高温回火；另一种是焊前已进行调质处理，因此焊后只进行高温回火，而且回火的温度应比调质的回火温度略低，使之不至于影响母材原有的组织状态。

回火温度的选择应适应工程项目对接头力学性能和耐蚀性的要求。回火温度一般为 650～750℃，至少保温 1h，空冷。回火温度不应高于 A_{c1} 点，防止再次发生奥氏体转变。对高温使用的焊接结构常采用较高的回火温度。高温回火时，析出较多的碳化物，对耐蚀性不利。对于主要用于耐蚀的结构，应进行较低温度的消除应力退火。焊后热处理对 1Cr13 和 2Cr13 钢焊接热影响区韧性的影响见表 9-47。

表 9-47 焊后热处理对 1Cr13 和 2Cr13 钢焊接热影响区韧性的影响

| 母材 | 焊接接头状态 | 距熔合区不同距离(mm)的冲击韧性 A_{kV}/(J/cm^2) | | | | | 接头弯曲角 /(°) |
		0	1	2	3	8	
1Cr13	焊态	32.3～37.2	26.5～35.3	20.6～24.5	20.6～22.5	72.5～76.4	180～180
	焊后 720℃回火	55.9～63.7	48～50	38.2～46.1	37.2～44.1	74.5～77.4	180～180
2Cr13	焊态	5.9～7.8	5.9～6.9	3.9～5.9	5.9～6.9	67.6～77.4	120～100
	焊后 720℃回火	57.8～61.7	44.1～47	31.4～39.3	32.3～41.2	66.6～71.5	180～180
	焊后 720℃回火	53.9～59.8	40.2～49	30.4～35.3	28.4～36.3	63.7～73.5	180～180
	焊后 720℃回火	46.1～50	31.4～36.3	28.4～34.3	26.5～34.3	61.7～69.6	180～180
	焊后 1050℃回火＋720℃回火	68.6～71.5	64.7～66.6	64.9～67.6	62.7～62.7	68.6～70.6	180～180

对于焊后不再进行调质处理的焊后回火处理，等到接头冷却到马氏体转变基本完成的温度 M_f 时，立即进行回火。对于刚度小的构件，可以冷却至室温后再回火。对于大厚度的结构，特别是当含碳量较高时，需采用复杂的工艺；焊后冷却至 100～150℃。回火处理需保温足够的时间，可按每 1mm 厚度保温 4min 计算。保温后以 3～5℃/min 的速度冷却至 300℃，然后空冷。

第四节 合金结构钢的焊接

一、合金结构钢的分类

用于制造工程结构和机器零件的钢统称为结构钢。合金结构钢是在碳钢的基础上加入一种或几种合金元素冶炼而成的。在研究焊接结构用合金结构的焊接性和焊接工艺时，在综合考虑化学成分、力学性能及用途等因素的基础上，将合金结构钢分为高强度钢和专业用钢两大类。

1. 高强度钢

高强度钢的种类很多，强度差别也很大，在讨论焊接时，按照钢材供货的热处理状态，将其分为热轧及正火钢、低碳调质钢和中碳调质钢 3 类，其说明见表 9-48。采用这样的分类方法，是因为钢的供货热处理状态是由其合金系统、强化方式、显微组织所决定的，而这些因素又直接影响钢的焊接性与力学性能，所以同一类钢的焊接性是比较接近的。

表 9-48 高强度钢的类型

类别	说明
低碳调质钢	这类钢在调质状态下供货和使用,属于热处理强化钢。它的屈服点 σ_s＝441～980MPa,具有较高的强度、优良的塑性和韧性,可直接在调质状态下焊接,焊后不需再进行调质处理。在焊接结构中,低碳调质钢越来越受到重视,是具有广阔发展前途的一类钢

类别	说　明
中碳调质钢	这类钢属于热处理强化钢,其碳含量较高,屈服点 $\sigma_s = 880 \sim 1170 \mathrm{MPa}$,与低碳钢相比,合金系统比较简单。碳含量高,可有效地提高调质处理后的强度,但塑性、韧性相应下降,而且焊接性变差。一般需要在退火状态下进行焊接,焊后要进行调质处理。这类钢主要用于制造大型机器上的零件和要求强度高而自重小的构件
热轧及正火钢	以热轧或正火供货和使用的钢称为热轧及正火钢。这类钢的屈服点 $\sigma_s = 295 \sim 490 \mathrm{MPa}$,主要包括 GB/T 1591—2008《低合金结构钢》中的 Q295~Q460 钢。这类钢通过合金元素的固溶强化和沉淀强化而提高强度,属非热处理强化钢。它的冶炼工艺比较简单,价格低廉,综合力学性能良好,具有优良的焊接性,同时也是品种和质量发展最快的一类钢

2. 专业用钢

满足某些特殊工件条件的钢种总称为专业用钢。按用途的不同,其分类品种很多,常用于焊接结构制造的专业用钢的类型见表 9-49。

表 9-49　专业用钢的类型

类别	说　明
低温用钢	用于制造在 $-196 \sim -20\mathrm{℃}$ 低温下工作的设备。主要特点是韧脆性转变温度低,具有良好的低温韧性。目前应用最多的是低碳的含镍钢
珠光体耐热钢	这类钢主要用于制造工作温度为 $500 \sim 600\mathrm{℃}$ 的设备,具有一定高温度强度和抗氧化能力
低合金耐蚀钢	主要用于制造在大气、海水、石油、化工产品等腐蚀介质中工作的各种设备,除要求钢材具有合格的力学性能外,还应对相应的介质有耐蚀能力。耐蚀钢的合金系统随工作介质不同而不同

二、合金结构钢的焊接工艺

(一) 低碳调质钢的焊接

低碳调质钢属于热处理强化钢。这类钢强度高,具有优良的塑性和韧性。可直接在调质状态下焊接,焊后不需再进行调质处理。但低碳调质钢生产工艺复杂,成本高,进行热加工(成形、焊接等)时对焊接参数限制比较严格。然而,随着焊接技术的发展,在焊接结构制造中,低碳调质钢越来越受到重视,具有广阔的发展前景。

1. 低碳调质钢的焊接性

由于冷却速度较高引起的冷裂纹;由于成分(如 Cr、Mo、V 等元素)引起的消除应力裂纹;在焊接热影响区,还会产生脆化和软化现象。一般低碳调质钢的热裂纹的倾向较小。

2. 低碳调质钢的焊接工艺

低碳调质钢多用于制造重要焊接结构,对焊接质量要求高。同时,这类钢的焊接性对成分变化与 [H] 都很敏感,如同一牌号钢而炉号不同时,合金成分不同,所需的预热温度不同;当 [H] 上升时,预热温度亦需相应提高。为了保证焊接质量,防止焊接裂纹或热影响区性能下降,从焊前准备到焊后热处理的各个环节都需要进行严格控制。

低碳调质钢的焊接工艺见表 9-50。

表 9-50　低碳调质钢的焊接工艺

工艺	说　明
接头与坡口 形式设计	对于 $\sigma_s \geqslant 600 \mathrm{MPa}$ 的低碳调质钢,焊缝布置与接头的应力集中程度都对接头质量有明显影响。合理的接头设计应使应力集中系数尽可能小,且具有好的可焊性,便于焊后检验,一般来说,对接焊缝比角焊缝更为合理,同时更便于进行射线或超声波探伤。坡口形式以 U 形或 V 形为佳,单边 V 形也可采用,但必须在工艺规程中注明要求两个坡口面必须完全焊透。为了降低焊接应力,可采用双 V 形或双 U 形坡口。对强度较高的低碳调质钢,无论用何种形式的接头或坡口,都必须要求焊缝与母材交界处平滑过渡 低碳调质钢的坡口可用气割切制,但切割边缘的硬化层,要通过加热或机械加工消除。板厚<100mm 时,切割前不需预热;板厚≥100mm 时,应进行 100~150℃ 预热。强度等级较高的钢,最好用机械切割或等离子弧切割

续表

工艺	说　明
焊接方法 选用	为了使调质状态的钢焊后的软化降到最低程度，应采用比较集中的焊接热源。对于 $\sigma_s \geqslant 600$MPa 的钢，可用焊条电弧焊、埋弧焊、钨极或熔化极气体保护焊等方法焊接，其中 $\sigma_s \geqslant 686$MPa 的钢最好用熔化极气体保护焊；$\sigma_s \geqslant 980$MPa 的钢，则必须采用钨极氩弧焊或电子束焊等方法。如果由于结构形式的原因必须采用大焊接热输入的焊接方法（如多丝埋弧焊或电渣焊），焊后必须进行调质处理

低碳调质钢焊接材料的选用，一般按等强原则确定。低碳调质钢在调质状态下进行焊接时，选用的焊接材料应保证焊缝金属与调质状态的母材具有相同的力学性能。在接头拘束度很大时，为了防止冷裂纹，可选用强度略低的填充金属，具体焊接材料选用举例见下表

低碳调质钢焊接材料选用举例

牌号	焊条电弧焊	埋弧焊	气体保护焊	电渣焊
14MnMoVN	J707 J857	H08Mn2MoA、 H08Mn2NiMoVA 配合 HJ350； H08Mn2NiMoA 配合 HJ250	H08Mn2Si H08Mn2Mo	—
14MnMoNbB	J857	H08Mn2MoA H08Mn2NiCrMoA 配合 HJ350	—	H10Mn2MoA、 H08Mn2Ni2CrMoA 配合 HJ360、HJ431
WCF-62	新 607CF CHE62CF(L)	—	H08MnSiMo Mn-Ni-Mo 系	—
HQ70A HQ70B	E7015	—	H08Mn2NiMo Mn2-Ni2-Cr-Mo 保护气体：CO_2 或 Ar+$CO_2$20%	—

焊接低碳调质钢时，氢的危害更加突出，必须严格控制。随着母材强度的提高，焊条药皮中允许的含水率降低。如焊接 $\sigma_s \geqslant 850$MPa 的钢所用的焊条，药皮中允许的含水率 $\leqslant 0.2\%$，而焊接 $\sigma_s \geqslant 980$MPa 的钢，规定含水率 $\leqslant 0.1\%$。因此，一般低氢焊条在焊前必须按规定烘干，烘干后放置在保温筒内。耐吸潮低氢型焊条在烘干后，可在相对湿度 80% 的环境中放置 24h 以内，药皮含水率不会超过规定标准

预热温度	对低碳调质钢预热的目的主要是防止冷裂，对改善组织没有明显作用。为了防止高温时冷却速度过低而产生脆性组织，预热温度不宜过高，一般不超过 200℃。预热温度过高，将使韧性下降

（二）中碳调质钢的焊接

中碳调质钢也是热处理强化钢，虽然其较高的碳含量可以有效提高调质处理后的强度，但塑性、韧性相应下降，焊接性能变差，所以这类钢需要在退火状态下焊接，焊后还要进行调质处理。为保证钢的淬透性和防止回火脆性，这类钢含有较多的合金元素。

中碳调质钢在调质状态下具有良好的综合性能，常用于制造大型齿轮、重型工程机械的零部件、飞机起落架及火箭发动机外壳等。

1. 中碳调质钢的焊接性

① 焊接热影响区的脆化和软化　中碳调质钢由于碳含量高、合金元素多，钢的淬硬倾向大，在淬火区产生大量脆硬的马氏体，导致严重脆化。

② 冷裂纹　中碳钢的淬硬倾向大，近缝区易出现的马氏体组织，增大了焊接接头的冷裂倾向，在焊接中常见的低合金钢中，中碳调质钢具有最大的冷裂纹敏感性。

③ 热裂纹　中碳调质钢的碳及合金元素含量高，偏析倾向较大，因而焊接时具有较大的热裂纹敏感性。

2. 中碳调质钢的焊接工艺

由于中碳调质钢的焊接性较差，对冷裂纹很敏感，热影响区的性能也难以保证。因此，只有在退火（正火）状态下进行焊接，焊后整体结构进行淬火和回火处理，才能比较全面地

保证焊接接头的性能与母材相匹配。中碳调质钢主要用于要求高强度而塑性要求不太高的场合，在焊接结构制造中，应用范围远不如热轧及正火钢或低碳调质钢那样广泛。

(1) 中碳调质钢在退火状态下的焊接工艺要点

① 焊接材料的选用　为了保证焊缝与母材在相同的热处理条件下获得相同的性能，焊接材料应保证熔敷金属的成分与母材基本相同。同时，为了防止焊缝产生裂纹，还应对杂质和促进金属脆化元素（如 S、P、C、Si 等）更加严格限制。对淬硬倾向特别大的材料，为了防止裂纹或脆断，必要时采用低强度填充金属，常用中碳调质钢焊接材料选用举例见表 9-51。

表 9-51　常用中碳调质钢焊接材料选用举例

牌号	焊条电弧焊	气体保护焊		埋弧焊		备注
		CO_2 焊丝	氩弧焊焊丝	焊丝	焊剂	
30CrMnSi-Ni2A	HT-3(H18CrMoA 焊芯) HT-4(HGH41 焊芯) HT-4(HGH30 焊芯)	—	H18CrMoA	H18CrMoA	HJ350-1 HJ260	HJ350-1 为 80%～82%的 HJ350 与 18%～20%黏结焊剂 1 号的混合物
30CrMn-SiA	J107-Cr E10015-G HT-1(H08A 焊芯) HT-1(H08CrMoA 焊芯) HT-3(H08A 焊芯) HT-3(H08CrMoA 焊芯) HT-4(HGH41 焊芯) HT-4(HGH30 焊芯)	H08Mn2-SiMoA H08Mn2-SiA	H18CrMoA	H20CrMoA H18CrMoA	HJ431 HJ431 HJ260	HT 型焊条为航空用牌号，HT-4(HGH41)和 HT-4(HGH30)为用于调质状态下焊接的镍基合金焊条
40CrMnSi-MoVA	J107-Cr HT-3(H18CrMoA 焊芯) HT-2(H18CrMoA 焊芯)	—	—	—	—	—
35CrMoA	J107-Cr	—	H20CrMoA	H20CrMoA	HJ260	—
35CrMoVA	E8515-B2-VNb E8815-G J107 Cr	—	H20CrMoA			—
34CrNi3-MoA	E8515-G E11MoVNb-15	—	H20Cr3MoNiA	—	—	—

② 焊接工艺要点　在选用焊接方法时，由于不强调焊接热输入对接头性能的影响，因而基本上不受限制。采用较大的焊接热输入，并适当提高预热温度，可以有效地防止冷裂。一般预热温度及层间温度可控制在 250～300℃。

为了防止延迟裂纹，焊后要及时进行热处理。若及时进行调质处理有困难，可进行中间退火或在高于预热的温度下保温一段时间，以排除扩散氢，并软化热影响区组织。中间退火还有消除应力的作用。对结构复杂、焊缝较多的产品，为了防止由于焊接时间过长而在中间发生裂纹，可在焊完一定数量的焊缝后，进行一次中间退火。

Cr-Mn-Si 钢具有回火脆性，这类型钢焊后回火温度应避开回火脆性的温度范围（250～400℃），一般采用淬火＋高温回火，并在回火时注意快冷，以避免第二类回火脆性。在强度要求较高时，可进行淬火＋低温回火处理。

(2) 中碳调质钢在调质状态下的焊接工艺要点

在调质状态下焊接，要全面保证焊接质量比较困难，而同时解决冷裂纹、热影响区脆化及软化三方面的问题，所采用的工艺措施相互间有较大矛盾。因此，只有在保证不产生裂纹的前提下，尽量保证接头的性能。

一般采用热量集中、能量密度高的焊接热源，在保证焊透的条件下，尽量用小焊接热输入，以减小热影响区的软化，如选用氩弧焊、等离子弧焊和电子束焊效果较好。预热温度、层间温度及焊后回火温度均应低于焊前回火温度50℃以上。同时为了防止冷裂纹，可以用奥氏体不锈钢焊条或镍基焊条。

（三）热轧及正火钢的焊接

热轧及正火钢属于非热处理强化钢，其冶炼工艺简单，价格较低，综合力学性能良好，具有优良的焊接性，应用广泛。但是受其强化方式的限制，这类钢只有通过热处理强化，才能在保证综合力学性能的基础上进一步提高强度。

热轧及正火钢包括热轧钢和正火钢。正火钢中的含钼钢需在正火+回火条件下才能保证良好的塑性和韧性。因此，正火钢又可分为在正火状态下使用和正火+回火状态下使用两类。

1. 热轧及正火钢的焊接性

热轧及正火钢属于非热处理强化钢，碳及合金元素的含量都比较低，总体来看焊接性较好。但随着合金元素的增加和强度的提高，焊接性也会变差，使热影响区母材性能下降，产生焊接缺陷。

① 粗晶区脆化　热影响区中被加热到1100℃以上的粗晶区是焊接接头的薄弱区。热轧及正火钢焊接时，如热输入过大或过小，都可能使粗晶区脆化。

② 冷裂纹　热轧钢虽然含少量的合金元素，但其碳当量比较低，一般情况下，其冷裂倾向不大。

③ 热裂纹　一般情况下，热轧及正火钢的热裂倾向小，但有时也会在焊缝中出现热裂纹。

④ 层状撕裂　大型厚板焊接结构如在钢材厚度方向承受较大的拉伸应力，可能沿钢材轧制方向发生阶梯状的层状撕裂。

2. 热轧及正火钢的焊接工艺

热轧及正火钢的焊接性较好，表现在对焊接方法的适应性强，工艺措施简单，焊接缺陷敏感性低且较易防止，产品质量稳定。

① 焊接方法的选择　热轧及正火钢可以用各种焊接方法焊接，不同的焊接方法对产品质量无显著影响。通常根据产品的结构特点、批量、生产条件及经济效益等综合效果选择焊接方法。生产中常用的焊接方法有焊条电弧焊、埋弧焊、CO_2气体保护焊和电渣焊等。

热轧及正火钢可以用各种切割方法下料，如气割、电弧气刨、等离子弧切割等。强度级别较高的钢，虽然在热切割边缘会形成淬硬层，但在后续的焊接时，可熔入焊缝而不会影响焊接质量。因此，切割前一般不需预热，割后可直接焊接而不必加工。

热轧及正火钢焊接时，对焊接质量影响最大的是焊接材料和焊接参数。

② 焊接材料的选用　热轧及正火钢主要用于制造受力构件，要求焊接接头具有足够的强度、适当的屈强比、足够的韧性和低的时效敏感性，即具有与产品技术条件相适应的力学性能。因此，选择焊接材料时，必须保证焊接金属的强度、塑性、韧性等力学性能指标下不低于母材，同时满足产品的一些特殊要求，如中温强度、耐大气腐蚀等，并不要求焊缝金属的合金系统或化学成分与母材相同。常用的热轧及正火钢焊接材料选用举例见表9-52。

表 9-52 常用的热轧及正火钢焊接材料选用举例

钢号	焊条型号	埋弧焊		电渣焊		CO_2 气体保护焊
		焊丝	焊剂	焊丝	焊剂	
Q295	E43××型	H08,H10MnA	HJ430 SJ301	—	—	H10MnSi H08Mn2Si
Q345	E50××型	不开坡口对接： H08A 中板开坡口对接： H08MnA H10Mn2	HJ431 SJ101 SJ102	H08MnMoA	HJ431 HJ360	H08Mn2Si
		厚板深坡口对接： H10Mn2	HJ350			
Q390	E50××型 E50××-G型	不开坡口对接： H08MnA 中板开坡口对接： H08Mn2 H10MnSi	HJ431 SJ101 SJ102	H08Mn2MoVA	HJ431 HJ360	H08Mn2SiA
		厚板深坡口对接： H10MnMoA	HJ250 HJ350			
Q420	E55××型 E60××型	H10MnMoA H04MnVTiA	HJ431 HJ350	H10Mn2MoVA	HJ431 HJ350	—
18MnMoNb	E60××型 E70××型	H08Mn2MoA H08Mn2MoVA	HJ431 HJ350	H08Mn2MoA H08Mn2MoVA	HJ431 HJ360	—
X60	E4311型	H08Mn2MoVA	HJ431 SJ101 SJ102	—	—	

③ 预热温度的确定　焊前预热可以控制焊接冷却速度，减少或避免热影响区淬硬马氏体的产生，降低热影响区硬度，降低焊接应力，并有助于氢从焊接接头中逸出。但预热常常恶化劳动条件，使生产工艺复杂化，尤其是不合理的、过高的预热还会损害焊接接头的性能。预热温度受母材成分、焊件厚度与结构、焊条类型、拘束度以及环境温度等因素的影响。因此，焊前是否需要预热以及合理的预热温度，都需要认真考虑或通过试验确定。

④ 焊后热处理　热轧及正火钢常用的热处理制度有消除应力退火、正火或正火＋回火等。通常要求热轧及正火钢进行焊后热处理的情况较多，如母材屈服点≥490MPa，为了防止延迟裂纹，焊后要立即进行消除应力退火或消氢处理。

厚壁压力容器为了防止由于焊接时在厚度方向存在温差，而形成三向应力场所导致脆性破坏，焊后要消除应力退火；电渣焊接头为了细化晶粒，提高接头韧性，焊后一般要求进行正火或正火＋回火处理；对可能发生应力腐蚀开裂或要求尺寸稳定的产品，焊后要进行消除应力退火。同时焊后要进行机械加工的构件，在加工前还应消除应力退火。

在确定退火温度时，应注意退火温度不应超过焊前的回火温度，以保证母材的性能不发生变化。对有回火脆性的钢，应避开回火脆性的温度区间。

（四）低温用钢的焊接

1. 低温用钢的成分和性能

低温用钢主要用于低温下，即在−273～−20℃之间工作的容器、管道和结构。因此要求这种钢具有以下特点：低温下有足够的强度，特别是它的屈服点；低温下具有足够的韧性；对所容纳物质有耐蚀性；低温用钢的绝大部分是板材，都要经过焊接加工，所以焊接性十分重要。此外，为保证冷加工成形，还要求钢材有良好的塑性，一般伸长率不低于11%，合金钢不低于14%。

低温用钢大部分是接近铁素体型的低合金钢，因此从化学成分来看，其明显特点是低碳（<0.06%），主要通过加入铝、钡、铌、钛、稀土等元素固溶强化，并经过正火、回火处理获得细化晶粒均匀的组织，从而得到良好的低温韧性。为保证低温韧性，还应严格限制磷、硫等杂质含量。

低温用钢可按韧性和达到的最低使用温度分类；低温韧性与合金化及显微组织密切相关，因此也常按显微组织来分类。低温用钢按显微组织又可分为铁素体型、低碳马氏体型和奥氏体型等多种。

2. 低温用钢的焊接性

低温用钢的碳含量低，硫磷含量也限制在较低范围内，其淬硬倾向和冷裂倾向小，具有良好的焊接性。焊接主要问题是防止焊缝和过热区出现粗晶过热组织，保证焊缝和过热区（粗晶区）的低温韧性；其次由于镍能促成热裂，所以焊接含镍钢，特别是Ni9%钢要注意液化裂纹问题。

3. 低温用钢的焊接工艺

① 焊接材料　低温用钢对焊接材料的选择必须保证焊缝含有杂质硫、磷、氧、氮最少，尤其含镍钢更应严格控制杂质含量，以保证焊缝金属良好的韧性。由于对低温条件要求不同，应针对不同类型低温钢选择不同的焊接材料。焊接低温用钢的焊条见表9-53，焊接－40℃级16Mn低温用钢可采用E5015-G或E5016-G高韧性焊条。

表 9-53　焊接低温用钢的焊条

焊条牌号	焊条型号	焊缝金属合金系统	主　要　用　途
W707	—	低碳 Mn-Si-Cu 系	焊接－70℃工作的 09Mn2V 及 09MnTiCuRe 钢
W707Ni	E5515-C$_1$	低碳 Mn-Si-Ni 系	焊接－70℃工作的低温钢及 2.5%Ni 钢
W907Ni	E5515-C$_2$	低碳 Mn-Si-Ni 系	焊接－90℃工作的 3.5%Ni 钢
W107Ni	—	低碳 Mn-Si-Mo-Cu 系	焊接－100℃工作的 06MnNb、06AlNbCuN3.5%Ni 钢

注：1. 焊条牌号前加 "W"，表示低温用钢焊条。

2. 焊条和牌号第一、第二位数字，表示低温用钢焊条的工作温度等级，如 W707 的低温温度等级为－70℃。

3. 表中焊条为低氢钠型药皮，采用直流电源。

埋弧焊时，可用中性熔炼焊剂配合 Mn-Mo 焊丝或碱性熔炼焊剂配合含 Ni 焊丝；也可采用 C-Mn 钢焊丝配合碱性熔炼焊剂，由焊剂向焊缝渗入微量 Ti、B 合金元素，以保证焊缝金属获得良好的低温韧性。

② 低温用钢焊接工艺要点　低温用钢焊接工艺要点见表9-54。

表 9-54　低温用钢焊接工艺要点

工艺要点	说　　明
焊前预热	板厚和刚性较大时，焊前要预热，Ni3.5%钢要求 150℃，Ni9%钢要求 100～150℃，其余低温用钢均不需预热
严格控制热输入	焊接热输入如过大，会使焊缝金属韧性下降，为最大限度减少过热，应采用尽量小的热输入
适当增加坡口角度和焊缝道数	采用无摆动快速多层、多道焊，控制层间温度，减轻焊道过热，通过多层焊的重热作用细化晶粒
在焊接结构制造过程中减少应力集中	采取种种措施，尽量防止在接头的过热区和工件上应力集中，例如填满弧坑、避免咬边、焊缝表面圆滑过渡、产品各种角焊缝必须焊透等；工件表面装配用的定位块和楔子去除后留的焊疤均应打磨
焊后消除应力处理	镍钢及其他铁素体型低温用钢，当板厚或其他因素造成残余应力较大时，需进行消除应力热处理，有利于改善焊接接头的低温韧性，其余不考虑

（五）珠光体耐热钢的焊接

高温下具有足够强度和抗氧化性的钢称为耐热钢。珠光体耐热钢是以铬、钼为主要合金元素的低合金钢，由于它的基体组织是珠光体（或珠光体＋铁素体），故称珠光体耐热钢。

1. 珠光体耐热钢的性能

① 高温强度　普通碳钢长时间在温度超过400℃情况下工作时，在不太大的应力作用下就会破坏，因此不能用来制造工作温度大于400℃的容器等设备。铬和钼是组成珠光体耐热钢的主要合金元素，其中钼本身的熔点很高，因而能显著提高金属的高温强度，就是在此基础上500～600℃时仍保持有较高的强度。衡量高温强度的指标有蠕变强度和持久强度。

② 高温抗氧化性　在钢中加入铬，则由于铬和氧的亲和力比铁和氧的亲和力大，高温时，在金属表面首先生成氧化铬，由于氧化铬非常致密，这就相当于在金属表面形成了一层保护膜，从而可以防止内部金属受到氧化，所以耐热钢中一般都含有铬。

耐热钢中还可加入钨、铌、铝、硼等合金元素，以提高高温强度。

2. 珠光体耐热钢的焊接性

珠光体耐热钢的焊接性见表9-55。

表 9-55　珠光体耐热钢的焊接性

焊接性	说　明
淬硬性	主要合金元素铬和钼都显著地提高了钢的淬硬性，在焊接热循环决定的冷却条件下，焊缝及热处理区易产生冷裂纹
再热裂纹	由于含有铬、钼、钒等合金元素，焊后热处理过程中，易产生再热裂纹，再热裂纹常产生于热影响区的粗晶区
回火脆性	铬钼钢及其焊接接头在350～500℃温度区间长期运行过程中发生剧烈脆变的现象称为回火脆性

3. 珠光体耐热钢的焊接工艺

珠光体耐热钢的焊接工艺见表9-56。

表 9-56　珠光体耐热钢的焊接工艺

工艺	说　明
焊接方法	一般的焊接方法均可焊接珠光体耐热钢，其中焊条电弧焊和埋弧自动焊的应用较多，CO_2气体保护焊也日益增多，电渣焊在大断面焊接中得到应用。在焊接重要的高压管道时，常用钨极氩弧焊封底，然后用熔化气体保护焊或焊条电弧焊盖面
焊接材料	选配低合金耐热钢焊接材料的原则是焊缝金属的合金成分与强度性能基本上与母材相应指标一致或应达到产品技术条件提出的最低性能指标。焊条的选择见表9-51。使用焊条时应严格遵守碱性焊条的各项规则，主要是焊条的烘干、焊件的仔细清理、使用直流反接电源、用短弧焊接等。另外，焊接后不能进行热处理，而铬含量又高时，可以选用奥氏体不锈钢焊条焊接 铬钼耐热钢埋弧焊时，可选用与焊件成分相同的焊丝配焊剂HJ350进行焊接
预热	焊接珠光体耐热钢一般都需要预热。预热是焊接珠光体耐热钢的重要工艺措施。为了确保焊接质量，不论是在点固焊或焊接过程中，都应预热并保持在150～300℃，见下表 **常见珠光体耐热钢的焊条的选用及预热、焊后热处理**

常见珠光体耐热钢的焊条的选用及预热、焊后热处理

材料牌号	焊接工艺		焊后热处理温度/℃
	预热温度/℃	电焊条	
16Mo	200～250	E5015-A1	690～710
12CrMo	200～250	E5515-B1	680～720
15CrMo	200～250	E5515-B2	680～720
20CrMo	250～350	E5515-B2	650～680
12Cr1MoV	200～250	E5515-B2-V	710～750
13Cr3MoVSiTiB	300～350	E5515-B3-VNb	740～760
12Cr2MoWVB	250～300	E5515-B3-VWB	760～780
12MoVWBSiRe(无铬8号)	250～300	E5515-B2-V	750～770

续表

工艺	说　　明
焊后缓冷	这是焊接珠光体耐热钢必须严格遵循的原则,即使在炎热的夏季,也必须做到这一点。一般是焊后立即用石棉布覆盖焊缝及近缝区,小的焊件可以直接放在石棉灰中,覆盖必须严实,以确保焊后缓冷
焊后热处理	焊后应立即进行焊后热处理,其目的是为了防止冷裂纹、消除应力和改善组织。对于厚壁容器及管道,焊后常进行高温回火,即将焊件加热至700~750℃,保温一定时间,然后在静止空气中冷却,见上表

另外,在整个焊接过程中,应使焊件(焊缝附近30~100mm 范围)保持足够的温度。实行连续焊和短道焊,并尽量在自由状态下焊接。

(六)低合金耐腐蚀钢的焊接

低合金耐腐蚀钢包括的范围很广,根据用途可分为耐大气腐蚀钢、耐海水腐蚀钢和石油化工中用的耐硫和硫化物腐蚀钢。这里只对前两种耐腐蚀钢的焊接作简单介绍。

1. 耐大气腐蚀钢、耐海水腐蚀钢的成分和性能

许多建筑、码头、桥梁、铁路、车辆、矿山机械等结构长期暴露在室外,受自然大气和工业大气作用,特别是受潮湿空气侵蚀,因此要求它们有良好的耐大气腐蚀性能,也称为耐候钢;又如船舶、码头建筑、海上勘探设备、海上石油平台、海底电缆设施等,则要求耐海水浸蚀和耐海洋性气氛腐蚀。这两种耐蚀钢既要有足够的强度,又要求良好的耐大气、海水腐蚀的性能,这就需要在低合金高强钢的基础上添加上引起能提高抗腐蚀能力的元素。钢和磷是提高钢材耐大气、海水腐蚀最有效的合金元素,加入铬也能有效提高钢耐海水腐蚀的能力。为了降低含磷多的冷脆敏感和改善焊接性,要限制钢中的碳含量(C≤0.16%)。

2. 耐大气腐蚀钢、耐海水腐蚀钢的焊接特点

铜、磷耐蚀钢对焊接热循环不敏感,焊接性良好,其焊接工艺与强度较低(σ_s=343~392MPa)的热轧钢相同。

焊接耐候和耐海水腐蚀用钢的焊条见表 9-57,埋弧焊时,采用 H08MnA、H10Mn2 焊丝配合 HJ431 焊剂。

表 9-57　焊接耐候和耐海水腐蚀用钢的焊条

牌号	型号	药皮类型	焊接电源	主　要　用　途
J422CrCu	E4303	钛钙型	交直流	焊接 12CrMoCu 等
J502CuP	—	钛钙型	交直流	焊接 Cu-P 系耐候海水腐蚀钢 10MnPNbRE、08MnP、09MnCuPTi 等
J502NiCu	E5003-G	钛钙型	交直流	焊接耐候铁道车辆 09MnCuPTi 及日本 SPA 钢
J502WCr	E5003-G	钛钙型	交直流	焊接耐候铁道车辆 09MnCuPTi
J502CrNiCu	E5003-G	钛钙型	交直流	焊接耐候及近海工程结构
J506WCu	E5016-G	低氢钾型	交直流	焊接耐候钢 09MnCuPTi
J506NiCu	E5016-G	低氢钾型	交直流	焊接耐候钢
J507NiCu	E5015-G	低氢钾型	直流反接	焊接耐候钢
J507CrNi	E5015-G	低氢钾型	直流反接	焊接耐海水腐蚀钢的海洋重要结构

第五节　低温钢的焊接

一、低温钢的分类和加工性能

1. 低温钢的分类

用在-253~-20℃低温下工作焊接结构的专用钢材,称为低温钢。低温用钢可分为两

大类。

① 铁素体加少量珠光体类，这类钢含碳量较低，属于低合金结构钢，使用温度在－70～120℃。

② 铁-锰-铝系列的单相奥氏体类，属于高合金钢，使用温度在－196～253℃。典型产品的使用温度见表 9-58。

表 9-58　典型产品的使用温度　　　　　　　　　　　　　℃

介质	温度	介质	温度	介质	温度	介质	温度
自然环境	≥－40	硫化氢	－61	氢	－151	液态氮	－195.8
氨	－33.4	液态二氧化碳	－78.5	甲烷	－163	氖	－246
丙烷	－45	乙炔	－84	液氧	－183	重氢	－249.6
丙烯	－44.7	乙烷	－88.3	氩	－186	液态氢	－252.8
硫化碳酰	－50	乙烯	－103.8	氟	－187	氦	－269

2. 低温钢的加工性能

由于低温钢的含碳量不高，在常温下有较好的塑性和韧性，因此，一般加工工艺如剪切、车、铣、磨、碳弧气刨、冷或热成形加工均能满足制造要求。铁素体及马氏体低温钢的加工工艺性能与低碳钢及强度钢相近；奥氏体低温钢的加工工艺性能与普通铬、镍奥氏体不锈钢相近。对具有一定时效脆性敏感和回火脆性敏感的低温钢，应控制冷卷、冷压及其他冷加工时的变形量，防止由于变形量过大造成的低温韧性下降。例如 Ni2.5 钢经冷加工后变形量超过 5% 时，－70℃冲击值从 130.34N・m/cm^2 下降到 20.58N・m/cm^2，在这种情况下，必须经消除应力退火处理，才能恢复其韧性。对具有回火脆性敏感的钢种，如 06AlCuNbN 钢经 550～650℃回火后，在－100℃时 V 形缺口冲击值从 151.9N・m/cm^2 急剧下降到 9.8～17.64N・m/cm^2，因此应注意合理地选择回火温度和回火时间。

二、低温钢的焊接特点

低温钢的焊接特点见表 9-59。

表 9-59　低温钢的焊接特点

类别	焊接特点
铁素体低温钢	铁素体低温钢属于低合金系统，含碳量较低，大多为 0.06%～0.20%，合金元素总含量＜5%，碳当量为 0.27%～0.57。淬硬倾向小，室温下焊接时，不易形成冷裂纹；钢中硫、磷等杂质含量控制得较低，也不易产生热裂纹，故其可焊性良好
低碳马氏体低温钢	低碳马氏体低温用钢的焊接性优于一般高强钢，即使在刚度较大的情况下焊接，也不会在热影响区产生裂纹。一般焊前不预热，焊后也不用消除应力热处理
奥氏体低温钢	奥氏体钢可焊性良好。由于这种钢热导率低，存在着过热区，450～850℃之间为敏化区，650～850℃之间为 σ 相脆化区，焊接时应控制线能量和冷却速度，以防止晶粒长大和析出脆性相，导致焊接接头塑性和韧性的下降，同时也要防止晶粒边界处形成碳化铬，使晶粒边界局部贫铬，引起抗晶间腐蚀能力下降

三、低温钢的焊接工艺

1. 焊接材料的选择

部分低温钢的焊接材料匹配见表 9-60。

2. 焊接规范

手工电弧焊规范和埋弧自动焊规范见表 9-61 和表 9-62。

表 9-60　部分低温钢的焊接材料匹配

温度级别/℃	钢号	手工电弧焊焊条牌号	埋弧自动焊	
			焊丝牌号	焊剂
-40	6MnDR	结 502　结 507	H10Mn2	HJ101
-70	09Mn2V 09MnTiCuXt	特 107　温 707　结 557 锰	H08Mn2MoVA	HJ102
-90	06MnNb	温 117 镍		
	Ni3.5	温 907 镍		
-120	06MnNbCuN	温 117　温 117 镍		
-196	20Mn23Al	铁-锰-铝焊条		
	Ni9	因科镍-112　低 407		
-253	15Mn26Al4	铁-锰-铝焊条　奥 407		

表 9-61　手工电弧焊规范

焊缝金属类型	焊条直径/mm	焊接电流/A
铁素体-珠光体	3.2	90～120
	4.0	140～180
180 铁-锰-铝奥氏体类	3.2	80～100
	4.0	100～120

表 9-62　埋弧自动焊规范

温度级别/℃	焊丝		焊剂	焊接电流/A	电弧电压/V
	牌号	直径/mm			
-40	H10Mn2	5.0	HJ101	250～820	35～40
-70	H08Mn2MoVA	3.0	HJ102	320～450	32～38
-253～-196	铁-锰-铝丝	4.0	HJ173	400～420	32～34

3. 焊接工艺要点

① Ni3.5、Ni9 钢焊前应预热 100～150℃。

② 定位点焊时，焊缝长度不应小于 40mm。

③ 采用小电流、快焊速及多层多道焊法。由于线能量小，焊缝可得到较细晶粒、热影响区窄，过热区晶粒长大情况可得到改善。同时，由于结晶方向随着每道焊缝位置的变化杂质偏析比较分散，可避免产生中心线裂纹，如图 9-3 所示。此外，多层多道焊时，由于后焊的焊道对前道焊道及其热影响区进行再加热，在 A_{c3} 线上的再加热区内发生相变、相变重结晶，使焊缝中原有的柱状晶消失，形成细小的等轴晶；在回火温度区的再加热，可随温度的高低产生不同的回火进行。这些因素会使焊接接头的强度、硬度下降，塑性和韧性得到改善。

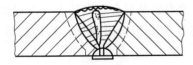

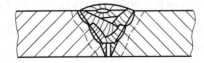

(a) 单层单道焊　　　　　　　(b) 多层多道焊

图 9-3　单层单道焊与多层多道焊的结晶特点

④ 对于有再加热裂纹敏感性的低温钢，多层焊时应控制层间温度，一般为 200～300℃。需要焊后消除焊接残余应力热处理时，要合理选择加热速度，避免产生脆化或再热裂纹。当

采用板厚度小于 16mm 的铁素体、珠光体低温钢制造压力容器时，需要进行焊后热处理。板厚度小于 50mm 的马氏体低温钢，一般不需焊后热处理。

⑤ 焊接时，注意不要在非焊接部位引弧，因为电弧擦伤的部位会留有表面伤痕，易形成淬硬组织，这正是易发生低温断裂的起源点。焊缝收弧时，必须填满弧坑，以免引起裂纹。

⑥ 尽量避免产生焊接缺陷，焊缝与母材的过渡应平整光滑。

第六节 | 耐热钢的焊接

耐热钢指具有稳定性和热强性的钢，耐热钢与普通碳素钢相比较有两个特殊性能：高温强度和高温抗氧化性。

耐热钢按组织状态分类，可分为珠光体耐热钢、奥氏体耐热钢、马氏体耐热钢和铁素体耐热钢 4 种。以珠光体耐热钢的使用最广泛。

一、耐热钢焊接特点

1. 珠光体耐热钢

焊接时，如果冷速较大，则易形成淬硬组织，焊接接头脆性增大。在有较大的拘束应力时，常导致裂纹，焊接前需预热。由于两次硬化元素的影响，在焊后热处理过程中也有再热裂纹倾向，应采取防止再热裂纹措施。

2. 奥氏体耐热钢

奥氏体耐热钢焊接时，焊缝和热影响区易产生热裂纹，对于稳定型奥氏体耐热钢以及铸造奥氏体耐热钢，还存在毗邻熔合线的近缝区裂纹。这些热裂纹，尤其是近缝区的裂纹防止非常困难，它们虽与焊接工艺有关，但更主要取决于母材的性能、组织、成分及纯度。钢的晶粒越细，低熔点杂质及非金属、夹杂物越少，出现热裂纹的倾向也越小，防止这些热裂纹的工艺方法与奥氏体不锈钢相同。

3. 马氏体耐热钢

焊接后易得到高硬度的马氏体和贝氏体，容易产生冷裂纹，含碳量越高，裂纹敏感性越大。焊前必须进行预热及层间保温，焊后尚未冷却前就应进行高温回火。焊后冷却速度不宜过慢，防止晶粒粗化，引起脆性。

4. 铁素体耐热钢

焊接时没有硬化，但在高温作用下，熔合线附近的晶粒会急剧长大，使钢脆化，且不能通过焊后热处理细化。焊后缓冷会产生 475℃脆性和 σ 相析出脆化，当焊接接头刚性较大时，很容易产生裂纹。

二、耐热钢的焊接性及工艺措施

耐热钢中含有不同的合金元素，碳与合金元素共同作用导致焊接过程中形成淬硬组织，焊缝的塑性、韧性降低，焊接性较差，所以耐热钢的焊接需要一定的工艺措施。常用耐热钢的焊接性及工艺措施见表 9-63。

表 9-63　常用耐热钢的焊接性及工艺措施

类别	牌号	焊接性	工艺措施
珠光体耐热钢	10Cr2Mo1 12CrMo 12Cr5Mo 12Cr9Mo1 12Cr1MoV 12Cr2MoWVB 12Cr3MoVSiTiB 15CrMo 15Cr1Mo1V 17CrMo1V 20Cr3MoWV	珠光体耐热钢由于含碳及合金元素较多,焊缝及热影响区容易出现淬硬组织,使塑性和韧性降低,焊接性变差。当焊件刚度及接头应力较大时,容易产生冷裂纹。焊后热处理过程中,易产生再热裂纹	①按焊缝与母材化学成分及性能相近的原则选用低氢型焊条 ②焊前应清除焊件待焊处油、污、锈 ③焊件焊前应预热,包括装配定位焊前的预热 ④焊接过程中,层间温度应不低于预热温度 ⑤焊接过程应避免中断,尽量一次连续焊完 ⑥焊后应缓冷,为了消除应力,焊后需要进行高温回火 ⑦焊件、焊条应严格保持低氢状态
马氏体耐热钢	1CrSMo 1Cr11MoV 1Cr11Ni2W2MoV 1Cr12 1Cr12WMoV 1Cr13 1Cr13Mo 1Cr17Ni2	马氏体耐热钢淬硬倾向大,焊缝及热影响区极易产生硬度很高的马氏体和奥氏体组织,使接头脆性增大,残余应力增大,容易产生冷裂纹,含碳量越高,淬硬和裂纹倾向也越大	①仔细消除焊件待焊处油、污、锈、垢 ②按与母材化学成分及性能相近的原则,选用低氢型焊条。为防止冷裂纹,可选用奥氏体焊条 ③焊接时宜用大电流,减慢焊缝冷却速度 ④焊前应预热(包括装配定位焊),层间温度应保持在预热温度之上 ⑤焊后应较缓慢地冷却到150~200℃,再进行高温回火处理 ⑥焊件、焊条应严格保持在低氢状态
铁素体耐热钢	00Cr12 0Cr11Ti 0Cr13Al 1Cr17 1Cr19Al3 2Cr25N	在高温作用下,近缝区晶粒急剧长大而引起475℃脆化,还会析出σ脆化相。接头室温冲击韧性低,容易产生裂纹	①仔细清除焊件待焊处油、污、锈、垢 ②采用低温预热并严格控制层间温度 ③采用小热输入、窄焊道、高速焊接,减少焊接接头高温停留时间 ④多层焊时,不宜采取连续施焊,应待前层焊缝冷却后,再焊下一道焊缝 ⑤采取冷却措施,提高焊缝冷却速度 ⑥为确保焊缝塑性、韧性,选用奥氏体不锈钢焊条
奥氏体耐热钢	0Cr18Ni13Si4 0Cr23Ni13 1Cr16Ni35 1Cr20Ni14Si2 1Cr22Ni20Co20 Mo3W3NbN 1Cr25Ni20Si2 2Cr20Mn9Ni2N2N 2Cr23Ni13	焊缝金属及热影响区容易产生热裂纹。在600~850℃长时间停留会出现σ脆化相和475℃脆化倾向	①仔细清除焊件待焊处的油、污、锈、垢 ②限制S、P等杂质含量 ③为防止热裂纹产生,应采用短弧、窄焊道操作方法,还要用小电流、高速焊来减少过热 ④焊接过程中,可采用强制冷却措施来减少过热 ⑤焊后可不进行热处理,但对刚度较大的焊件,必要时可进行800~900℃稳定化处理 ⑥对固溶+时效处理的耐热钢焊件,焊后应做固溶+时效热处理

三、耐热钢焊条的选用原则、焊前预热目的及焊后热处理的目的

耐热钢的组织不同,焊条的选用及焊前预热及焊后热处理也有所不同。耐热钢焊条的选用原则、焊前预热目的及焊后热处理的目的见表9-64。

表 9-64　耐热钢焊条的选用原则、焊前预热目的及焊后热处理的目的

分类	焊条的选用原则	焊前预热目的	焊后热处理目的
低合金耐热钢	焊缝金属的合金成分、力学性能应基本上与母材的相应指标一致或应达到产品技术条件的最低性能指标。如果焊缝焊后需要进行热处理或热加工,则应选择合金成分或强度级别较高的焊条。为提高焊缝金属的抗裂能力,焊条中碳的总含量应控制在略低于母材	防止低合金耐热钢焊接冷裂纹和消除应力裂纹。为防止氢致裂纹的产生,规定预热温度最高不应高于马氏体转变结束的温度	不仅消除焊接残余应力,而且更重要的是改善组织、提高接头的综合力学性能,包括提高接头的高温。蠕变强度和组织稳定性,降低焊缝及热影响区硬度等

分类		焊条的选用原则	焊前预热目的	焊后热处理目的
中合金耐热钢		焊条应是超低氢型的,在保证焊接接头与母材相同的高温蠕变强度和抗氧化性的前提下,提高其抗裂性;为防止铌在铬钢内会急剧提高焊缝金属的热裂倾向,中铬钢焊条的含铌质量分数一般控制在 0.2% 以下;钒是对碳亲和力最大的活性元素,也能作为脱氧剂和细化晶粒的元素起到有利作用,降低空淬倾向,焊条中钒含量控制在碳含量的 2~3 倍为宜;碳含量应控制在能保证焊接接头具有足够蠕变强度的低水平	是防止裂纹、降低焊接接头各区硬度和应力峰值以及提高韧性的有效措施	改善焊缝金属及其热影响区的组织,降低焊接接头各区的硬度,提高焊接接头的韧性、变形能力和高温持久强度以及消除焊接内应力
高合金耐热钢	马氏体耐热钢	由于这种钢具有相当高的冷裂倾向,所以要选用超低氢型焊条、要具有防止产生冷裂纹的措施。通常采用铬含量和母材基本相同的焊条,如 E410-16(G202)、E410-15(G207)两种,此时,焊缝与母材线胀系数相差不大	防止产生焊接裂纹。预热温度的高低对焊缝及热影响区硬度影响很小,但过高的预热温度(马氏体转变点以上)将导致焊接接头韧性丧失	首先是降低焊缝和热影响区的硬度和改善韧性或提高强度,其次是降低焊接残余应力
	铁素体耐热钢	焊接这种耐热钢有 3 种焊条,即奥氏体铬镍高合金焊条、镍基合金焊条和成分基本与母材匹配的高铬钢焊条。我国标准中的铁素体耐热钢焊条有 E430-16(G302)和 E430-15(G307)两种,适用于含铬质量分数在 17% 以下的各种铁素体耐热钢的焊接	对厚度小于 6~8mm 的焊件,焊前可不必预热,如需要应采用尽可能低的预热温度,慎重选择预热和层间温度,防止焊接接头影响区晶粒过热而急剧长大,并在缓慢冷却时丧失韧性	通常在亚临界温度范围内进行,防止晶粒更加粗大。对于厚度在 10mm 以下的高纯度铁素钢焊件,焊后一般不做焊后热处理
	奥氏体耐热钢	焊接这类钢的焊条,焊后在无裂纹的前提下,保证焊缝金属的热强性与母材基本等强。这就要求其合金成分大致与母材成分匹配,同时,还要控制焊缝金属内的铁素体含量,使长期处在高温运行的奥氏体焊缝金属内含铁素体质量分数小于 5%。为方便焊后清渣,焊道表面光滑,最好选用工艺性能良好的钛钙型药皮焊条	可不进行预热	消除焊接残余应力,提高焊接结构尺寸稳定性;消除 σ 相;提高焊接接头的蠕变强度

四、耐热钢的类型与焊接工艺

(一) 铁素体耐热钢的焊接

1. 焊接工要点

① 用铬钢焊条焊接时,要求对母材低温预热,不超过 150℃。对含铬量较高的铁素体钢,预热温度相应提高一些 (200~300℃)。

② 可以选用与母材相近的铁素体铬钢焊条,也可以选用奥氏体钢焊条。

③ 焊接时尽量减少焊接接头在高温下的停留时间,采用小的焊接线能量,大的焊速和尽量少的横向摆动窄道焊接,不要连续焊,前一道焊缝冷却到预热温度后才允许焊下一道。

④ 焊接接头不得受到严重撞击。

⑤ 为了提高塑性和韧性,焊后采有空冷的退火处理。一旦焊接接头出现了脆化,短时间加热到 600℃ 后空冷可消除 475℃ 脆性,加热到 930~950℃ 后急冷可以消除 σ 相脆性,得到均匀的铁素体组织。

2. 焊接材料选择及预热、焊后回火温度

焊接材料选择及预热、焊后回火温度见表 9-65。

表 9-65　焊接材料选择及预热、焊后回火温度

钢号	焊接接头性能	焊条	预热/℃	焊后回火/℃
0Cr17 Cr17Ti Cr17Mo2Ti	与母材性能相等	G302 G307 G311	200	750～800
00Cr17 1Cr25Ti 1Cr28	提高焊缝塑性、韧性	A107　A207 A402　A407 A317 A402　A407	100～150	

(二) 奥氏体耐热钢的焊接

1. 焊接工艺要点

① 一般采用手工电弧焊、气电焊及埋弧自动焊，也可采用电阻焊、钎焊、等离子弧焊等，其焊接工艺可参考奥氏体不锈钢的焊接。

② 尽量采用低线能量的工艺参数。

③ 手弧焊采用短弧焊，焊条不做摆动。

④ 焊接过程中可强制采取冷却措施。

⑤ 对热裂纹敏感的奥氏体耐热钢，尽量避免选择埋弧焊。

⑥ 焊后一般不进行热处理，对于刚性大的焊接件，可根据性能要求，选用奥氏体退火（一般在钢的固溶温度）或 800～900℃ 稳定化处理。对于要求固溶加时效处理的耐热钢，宜在固溶状态下焊接，焊后再做固溶加时效处理。

2. 焊接材料的选择

奥氏体耐热钢焊接材料的选择见表 9-66。

表 9-66　奥氏体耐热钢焊接材料的选择

钢　号	焊　接　性	焊　条
Cr17Ni14W	良好	A202
Cr19Ni9WMoNbTi	良好	A237
Cr14Ni14Mo2WNb	薄板较好，厚板有裂纹倾向	A237
Cr16Ni25Mo6	良好	A507
Cr15Ni25W4Ti2B	薄板较好，厚板有裂纹倾向	A507
Cr15Ni36W3Ti	有裂纹倾向，应在固溶状态焊接	与母材成分相近并含 Nb 的焊条
Mn17Cr7MoVNbBZr	良好	与母材成分相近的焊条
1Cr25Ni20Si2	有裂纹倾向	A402　　A407
3Cr18Mn11Si2N	良好	A402　　A407
2Cr20Mn9Ni2Si2N	良好	A402　　A407

3. 奥氏体耐热钢 Cr18Ni25Si2 钢制炉罐的焊接

Cr18Ni25Si2 钢制炉罐铸焊结构如图 9-4。

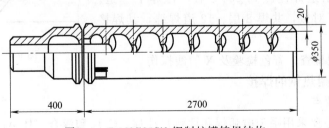

图 9-4　Cr18Ni25Si2 钢制炉罐铸焊结构

坡口形式及尺寸如图9-5所示。装配时按图留间隙（用2mm厚的塞铁），两端用托架支承，以外圆找正中心，在圆周上定位焊4～6处，焊缝

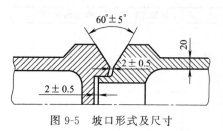

图9-5 坡口形式及尺寸

长度25～35mm，焊条用A407，直流反接，多层焊接顺序如图9-6所示。采用小的线能量，尽量加快焊接速度，焊条不做横向或纵向摆动，熄弧前将弧坑填满。多层焊时，每焊完一道，彻底清除渣壳，等到温度降至250～300℃时继续下一层焊道的焊接。

图9-6 多层焊接顺序

图9-7 弯头

4. Cr16Ni36 钢管弯头的焊接

弯头是由3片瓦和2直边，共5件组成（图9-7）。

焊接材料采用与母材料化学成分相近的焊条，如从日本进口的NCF-30焊条，再加入Mo元素3%～4%，NCF-30焊条化学成分为C0.19%、Si0.514%、Cr15.37%、Ni33.05%。

焊接管的坡口用车削加工成双V形及U形两种（图9-8）。加工好的管子用着色法检查，不得有裂纹等缺陷。

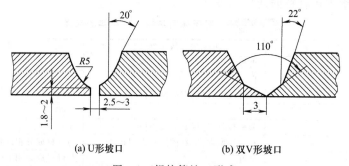

(a) U形坡口　　　　　　(b) 双V形坡口

图9-8 焊接管坡口形式

焊前坡口及管口两端50mm处用丙酮清洗。距焊口15mm外的管壁涂上水玻璃，宽度40mm左右，防止飞溅造成点状微裂和点腐蚀。

焊接参数采用小电流、短弧焊、快速焊接，焊层要薄。多层焊需等前道焊缝冷到200℃后，再焊下一道。ϕ245～18mm管子对接，共焊8层、12道焊缝，其焊接顺序见图9-9。

焊后进行外观检查、着色检验及X射线探伤。

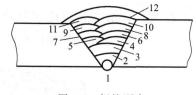

图9-9 焊接顺序

（三）珠光体耐热钢的焊接

1. 焊接工艺要点

① 焊接方法主要采用手工电弧焊和埋弧自动焊。CO_2和混合气体$Ar+CO_2$保护焊的应

用逐渐增多，电渣焊在大断面的焊接中也有应用，电阻焊和摩擦焊在锅炉管子焊接中应用较多，气焊在一些薄壁小直径管子焊接中是大量应用，但重要的高压管道大多采用氩弧焊封底，然后用熔化极气电焊焊满。

② 定位焊和焊前都需预热（小薄壁管可不进行预热）。焊接过程间断，应使焊件经保温后再缓慢均匀冷却，再施焊前重新按原要求预热。

③ 气焊用中性焰，焊道不宜太厚，保持较小的熔池，焊接结束后要逐渐移去火焰。

④ 为了简化焊后热处理，珠光体耐热钢补焊时，常进行锤击和用氧-乙炔焰加热，锤击应在不低于预热温度下进行。

⑤ 尽量减少对焊接接头的拘束度，以降低裂纹倾向。

⑥ 焊后要采取保温措施，重要的结构件焊后还需热处理。

⑦ 焊缝正面的余高不允许过大，以减少焊接接头的缺口敏感性。

⑧ 焊后必须尽快进行热处理，一般采用高温回火，有时采取正火加回火。

2. 珠光体耐热钢焊接材料选择及预热、焊后热处理规范

珠光体耐热钢焊接材料选择及预热、焊后热处理规范见表 9-67。

表 9-67　珠光体耐热钢焊接材料选择及预热、焊后热处理规范

钢号	手工电弧焊 焊条	埋弧焊 焊丝	埋弧焊 焊剂	气焊 焊丝	预热/℃	焊后回火/℃
15CrMo	R200 R202 R207	H10CrMo	HJ350 HJ430	H10CrMo	—	680～720
20CrMo	R302 R307	H08CrMo H13CrMo	HJ350 HJ250	H08CrMo H13CrMo	—	680～720
12Cr1MoV	R207 R307	H08CrMo	HJ250 HJ251	H08CrMoV	250～350	650～680
12Cr2MoV	R310 R317 R312	H08MnMoV	HJ250 HJ251	H08CrMoV	250～350	710～750
12Cr3MoVSiTiB	R419	—	—	H08Cr2MoVNb	250～350	740～760
12Cr3MoWVB	R347	—	—	H08Cr2MoVNb	250～350	760～780
12MoVWBSiRe(无铬 8 号)	R317 R327	—	—	H08CrMoV	250～350	750～770
13SiMnWVB(无铬 7 号)	R317	—	—	—	250～350	750～770
ZG15Cr1MoV	R327 R337	—	—	—	350～400	720
ZG20CrMoV	R327 R317	—	—	—	350～400	690～710

注：12Cr1MoV、12Cr3MoWVB 钢的气焊接头焊后应做正火＋回火处理。

3. 珠光体耐热钢焊接举例

（1）12Cr1MoV 钢锅炉联箱环缝焊接实例

联箱环缝坡口形式见图 9-10，采用手工电弧焊打底和自动埋弧焊盖面。打底焊前，用定位块将联箱筒节固定在一起，沿圆周每间隔 200～300mm 装一块定位块，均匀分布。定位块焊接时，工件应预热至 250℃。

严格控制焊品钝边厚度和装配间隙。钝边过大、间隙过小，易产生未焊透；钝边过小，间隙过大，则烧穿。

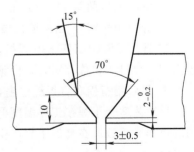

图 9-10　联箱环缝坡口形式

联箱放在滚轮支架上，采用气焊火焰或感应加热法，将焊口预热至 300℃。打底焊时，从时钟 10 点半位置开始进行下坡焊时，焊接电流略比立焊时小些，ϕ3.2mm 焊条选用 100～110A；ϕ4mm 焊条选用 130～140A。随时观察熔池，判断熔透情况，并以合适的运条方法保证根部焊透。第二层起，可在时钟 11 点 45 分位置开始进行下坡焊，一直焊到 10mm 厚的焊缝为止，随后再进行自动埋弧焊。

环缝自动埋弧焊的焊丝偏心距见表 9-68，焊丝直径 4mm，焊接电流 450～500A，电弧电压 28～30V，焊接速度 28～30m/h。

表 9-68　环缝自动埋弧焊的焊丝偏心距　　　　　　　　　　　　mm

焊件直径	偏心距 d
300～1000	20～25
1000～1500	25～30
1500～2000	30～35
2000～3000	35～40

环缝焊后，经外观、表面磁粉和射线或超声检查合格，进行 710～750℃ 的焊后回火。

（2）12Cr3MoWVB 钢的焊接工艺

① 焊接方法。可采用手工电弧焊、气焊、电阻对焊、气体保护焊和等离子弧焊等。

② 焊接材料选择。手工电弧焊用 R347 焊条，气焊选用 H08Cr2MNb 或 H08Cr2MoVCo 焊丝，用中性焰或偏氧化性火焰施焊，不宜用碳化焰焊接，气焊时尽可能提高焊接速度，减少焊缝金属在高温下的停留时间。

③ 预热。焊胶预热至 250～300℃，小口管径也可不预热。

④ 焊后热处理。手工电弧焊后必须经 770～790℃ 回火处理，保温时间 4min/mm，气焊后应在 1030℃±30℃ 下正火加 770～790℃ 回火。

（3）15CrMo 钢软层焊接工艺

某单位焊接管径为 700mm、长为 2m 的 15CrMo 钢管时，采用软层焊接工艺。所谓软层焊接，就是内层采用与母材等强的焊条焊接，而表面 2～6mm 采用略低于母材强度（约达到母材强度的 0.82）的焊条，以增加焊缝的塑性储备，降低拘束应力，从而提高焊缝的抗裂性能。

焊接工艺如下。

① 选用 R307 焊条作为内层焊条和 A022 焊条作为盖面层焊条，直径均为 4mm。焊条在焊前经 350～400℃ 烘干 1～2h，装入 120～150℃ 的保温筒内保温。随用随取。

② 清除坡口两侧 15～25mm 表面水、锈、油以及其他脏物，露出金属光泽。

③ 焊前预热用氧-乙炔焰在坡口两侧 150mm 内加热至 160～200℃。

④ 选用 ESABLHF-630 焊机，直流反接，焊第一层和第二层时，电流为 160A，第三层盖面层焊接过程要连续进行，保证焊接场地无穿堂风，以免加快焊缝的冷却。

⑤ 焊后用石棉布将焊缝包裹，缓慢冷却。

该工艺适合于焊接工作温度低于 400℃、温差较小的焊件。否则，两种金属因其具有不同的热膨胀系数而在高温下易产生较大的热应力，从而使接头产生热应力损伤，导致接头可能失效。

（四）马氏体型耐热钢的焊接

1. 焊接工艺要点

① 常采用手工电弧焊、气电焊和埋弧自动焊，不宜用气焊。

② 必须进行预热。多层焊时，层间温度保持在预热温度以上，且焊后应缓冷。

③ 焊后应等焊接接头冷至 100～150℃ （对厚度小于 10mm 的焊件，可冷至室温），保持 1～2h，再进行高温回火。

④ 工艺参数可参阅马氏体不锈钢的焊接。

2. 焊接材料及预热、焊后热处理规范

焊接材料及预热、焊后热处理规范见表 9-69。

表 9-69　焊接材料及预热、焊后热处理规范

钢号	焊接接头性能	焊条	预热/℃	焊后回火/℃
1Cr5Mo	与母材性能相等	R507	250～350	740～760
	与母材性能不等	A102　A107　A302 A307　A402　A407	—	—
1Cr9Mo1	与母材性能相等	R402　R407　R707	300～400	730～750
1Cr11MoV		R807　R802	300～400	680～720
2Cr12MoWV	与母材性能相等	R817	350～450	740～760
2Cr12MoV		R827	350～450	740～760

3. 1Cr5Mo 耐热钢管的焊接

（1）手工电弧焊

① 接头制备　坡口用机械加工方法或用氧-乙炔切割。气割时，坡口表面要磨去 2～3mm 淬硬层。当壁厚≤14mm 时，开 Y 形坡口；当壁厚＞14mm 时，可开成带钝边的 U 形坡口，当管子＜ϕ19mm×ϕ10mm 时，管口端面不齐度不得大于 0.5mm。高压管接头组对，壁厚≤15mm 时，错口＜0.5mm；壁厚＞15mm 时，错口＜1.0mm。

② 焊接工艺　采用同材质的低氢型 R507 焊条或 A302、A307 不锈钢焊条，将坡口及其附近 10～20mm 处清除干净并预热 200℃以上。定位焊采用与正式焊接同样的焊条，定位焊缝高度一般不超过 3～4mm，长为 10～20mm，管子直径小于 ϕ210mm，可定位焊 3～4 处，定位焊缝两端头要削成缓坡形，不允许有裂纹、夹渣，如发现裂纹，必须铲掉重焊。A302 焊条烘干温度 150～200℃，保温 1h。A307 焊条烘干温度为 250℃，保温 1h，烘干后的焊条应放在 80～100℃保温筒内，随用随取。焊接过程中，不使工件受风、雨的侵袭，管子两端堵死，避免穿堂风影响。每个接头要连续焊完，不得已中断时，焊口要用石棉布包好，使其缓冷，再焊时需重新预热。多层多道焊时，电弧长度小于焊条直径，层间焊道接头互相错开 30～50mm。弧坑填满，不得随意多次引弧和断弧。焊完一层后要彻底清渣，再焊下一层。焊接过程中，焊口两侧各 100mm 处应不低于预热温度，焊后缓冷，采用 R507 焊条，烘干温度为 350～400℃，保温 2h 后放入 100～150℃ 的保温筒中，随用随取。当壁厚＜16mm 时，预热 200～250℃；壁厚 16～24mm 时，预热 250～300℃；壁厚＞24mm 时，预热 300～350℃。采用直流反接，焊接过程中，工件温度不得低于 200～250℃。焊后立即进行高温回火，升温速度不大于 200℃/h，升至 750℃±10℃，保温 2～4h，降至 250℃后空冷。

（2）气焊

管壁较薄的 1Cr5Mo 钢管采用气焊，坡口准备与手工电弧焊相同。先用气焊火焰预热焊口达到 200℃以上。加热时，不要使火焰直接加热坡口，应离开坡口 1/2 管径处对着管子加热，火焰不断摆动。采用 1Cr5Mo 焊丝时，焊后要进行热处理，高温回火温度 7500℃±10℃，保温 1～1.5h，缓冷至 450～500℃后在空气中自然冷却。如采用 Cr25Ni13 或 Cr25Ni20 型不锈钢丝做气焊焊丝，焊前需预热，焊后可不进行热处理。

第七节　铝及铝合金的焊接

一、铝及铝合金的分类

铝具有密度小，耐腐蚀性好，导电性及导热性高等良好性能。铝的资源丰富，常用的铝及铝合金主要有工业纯铝和铝合金，其说明见表 9-70。

表 9-70　铝及铝合金的分类

类别		说　明
工业纯铝		工业纯铝的含铝量高，其纯度 $\omega(Al)=99\%\sim99.7\%$，工业纯铝中的主要杂质是铁和硅，随着杂质含量的增加，强度增加，而塑性、导电性和耐蚀性下降。纯净的牌号有 1070A（一号工业纯铝 L1）、1060（二号工业纯铝 L2）、1050A（三号工业纯铝 L3）以及 1A85（一号工业高纯铝 LG1）、1A90（二号工业高纯铝 LG2）、1A99（五号工业纯铝 LG5）等
铝合金	—	纯铝的强度比较低，不能用来制造随载荷很大的结构，所以使用受到限制。纯铝中加入少量合金元素，能大大改善铝的各项性能，如 Cu、Mg 和 Mn 能提高强度，Ti 能细化晶粒，Mg 能防止海水腐蚀，Ni 能提高耐热性。铝合金分为变形铝合金和铸造铝合金两大类
	变形铝合金	在加热时能形成单相固溶体组织，其塑性较高，能进行各种压力加工，在变形铝合金中又分为非热处理强化和热处理强化两类 属于非热处理强化铝合金的牌号有 5A02（LF2）、5A03（LF3）、3A21（LF21）等 属于热处理强化铝合金的牌号有 2A01（LY1）、2A02（LY2）等
	铸造铝合金	适宜于铸造而不能进行压力加工，铸造铝合金按其所含主要合金元素的不同，可分为铝镁合金 ZL301（ZAlMg10）、铝铜合金 ZL202（ZAlCu10）和铝硅 ZL102（ZAlSi12）合金等。铸造铝合金中，应用最多的是铝硅合金。其特点是有足够的强度、抗腐蚀和耐热性良好、焊接性较好，主要进行铸造铝合金零件的衬焊修复 非热处理强化变形铝合金（铝镁、铝锰合金），通过加工硬化和固溶强化来提高力学性能。其特点是强度中等、塑性及抗蚀性好、焊接性良好，是目前铝合金焊接结构中应用最广的两种铝合金 铝合金种类繁多，其中 5A02（LF2）、5A03（LF3）、5A05（LF5）、5A06（LF6）、3A21（LF21）等铝合金，由于强度中等、塑性和耐腐蚀性好，特别是焊接性好，而广泛用于焊接结构的材料 其他铝合金因焊接性较差，在焊接结构中应用较少

二、铝及铝合金的焊接性

铝及铝合金有易氧化、导热性高、热容量和热膨胀系数大、熔点低以及温强度小等特点，因而给焊接工艺带来了一定困难。铝及铝合金的焊接性说明见表 9-71。

表 9-71　铝及铝合金的焊接性说明

焊接性	说　明
铝的氧化	铝和氧的化学亲和力很大，常温就能被氧化生成一层厚度为 $0.1\sim0.2\mu m$ 的氧化铝（Al_2O_3）薄膜，在焊接高温时氧化更加激烈，氧化铝的熔点高达 2050℃，远远超过了铝及铝合金的熔点（660℃）。覆盖在熔池表面妨碍着焊接过程的正常进行。此外，氧化铝的密度（$3.85g/cm^3$）也比铝及铝合金的密度（一般为 $2.6\sim2.8g/cm^3$）大
易烧穿	铝及铝合金在液态时，表面颜色没有明显的变化，焊接时不易判断母材及熔池的温度，因此，焊接时常因温度控制不当而导致烧穿
气孔	焊接铝及铝合金时，易产生氢气孔。因为氢能大量地溶于液态铝中，但几乎不溶于固态铝，熔池结晶时，原来溶于液态铝中的氢大量析出，形成气泡。由于铝合金的密度小，气泡在熔池中上浮速度慢，加上铝的导热性好，熔池冷却快，所以焊接时易形成氢气孔。氮不溶于液态铝，而且铝合金中不含碳，因此，焊接铝及铝合金时，不会产生 N_2 以及 CO 气孔，只可能产生氢气孔

续表

焊接性	说　明
热裂纹	铝的线胀系数比钢大将近1倍,而凝固时的收缩率又比钢大2倍,因此焊接时会产生较大的应力;当铝及铝合金成分中的杂质超过规定范围时,在熔池中将形成较多的低熔点共晶。两者共同作用的结果,在焊缝中就容易产生热裂纹 实践证明,纯铝及非热处理强化铝合金焊接时很少产生热裂纹,只有焊接热处理强化铝合金时,热裂纹倾向才比较大
接头不等强度	铝及铝合金焊接时,由于热影响区受热而发生软化,强度降低,而使接头与母材无法达到同等强度

三、铝及铝合金的焊前及焊后清理

清理的目的是去除焊件表面的氧化膜和油污,防止气孔的产生。铝及铝合金的焊前及焊后清理说明见表9-72。

表 9-72　**铝及铝合金的焊前及焊后清理说明**

项目	说　明
机械清理	先用有机溶剂(丙酮、松香或汽油)擦拭焊件表面除油污,然后用细钢丝刷刷至表面露出金属光泽,最好用刮刀在母材焊接区的表面修刮一薄层,直至露出新鲜光泽
化学清洗	化学清洗是采用清洗剂进行清洗,通常有脱脂去油和除氧化膜两个步骤。具体处理方法和所用溶液配方,各生产单位不尽相同。常用清洗剂的成分及清洗工艺见下表 **常用清洗剂的成分及清洗工艺** 值得注意的是,清洗后到焊前的间隔时间,对气孔的产生有一定的影响。存放时间延长,焊丝及母材吸附的水分增多,所以,化学清洗后2~3h内就要进行焊接,最多不超过24h。焊丝清洗后,最好放在150~200℃烘箱中,随用随取
焊后清理	焊后留在焊缝及附近的残存熔剂和焊渣需要及时清理干净,否则在空气、水分的作用下会破坏具有防腐作用的氧化膜。铝制容器焊后要彻底清除焊缝表面附着的污物,促使氧化膜重新生成,提高容器的耐蚀性 常用的清洗方法有以下几种 ①在热水中用硬毛刷仔细刷洗焊接处 ②在温度为60~80℃,质量分数为2%~3%的铬酐水溶液或重铬酸钾溶液中浸洗5~10min ③在干燥箱中烘干或自然干燥 铝制容器常需要在焊后做脱脂处理,此项处理应在清洗并检查合格后进行

常用清洗剂的成分及清洗工艺

材料	除油	碱洗			冲洗	中和光化			冲洗	干燥
		溶液 ω(NaOH)/%	温度/℃	时间/min		溶液(HNO₃)/%	温度/℃	时间/min		
纯　铝	汽油煤油	6~10	40~50	≥20	清水	30	室温	1~3	清水	风干或低温干燥
铝镁、铝锰合金	汽油煤油	6~10	40~50	≥7	清水	30	室温	1~3	清水	风干或低温干燥

四、各种焊接方法焊接铝及铝合金的比较

铝及铝合金可采用多种方法进行焊接,由于铝合金的成分各不相同,所以焊接性也不一样,总的来说,工业纯铝、铝锰合金、铝镁合金焊接性能良好,铝铜合金较差。因此,每种焊接方法适用的铝合金也不一样,具体比较和适用范围见表9-73。

表 9-73　**各种焊接方法焊接铝及铝合金时的比较及适用范围**

焊接方法	工业纯铝 1035、1200 8A06	铝锰合金 3A21	铝镁合金 5A05 5A06	铝镁合金 5A02 5A03	铝铜合金 2A11 2A12	适用厚度范围/mm 适宜范围	一般厚度界限	说明
钨极氩弧焊	很好	很好	很好	很好	不好	1~10	0.9~2.5	厚板焊接需要预热,常用
熔化极氩弧焊	很好	很好	很好	很好	尚好	≥8	≥4	不预热,常用

续表

焊接方法	工业纯铝 1035、1200 8A06	铝锰合金 3A21	铝镁合金 5A05 5A06	铝镁合金 5A02 5A03	铝铜合金 2A11 2A12	适用厚度范围/mm 适宜范围	适用厚度范围/mm 一般厚度界限	说明
熔化极脉冲氩弧焊	很好	很好	很好	很好	尚好	≥2	1.6～8	适宜薄板
焊条电弧焊	好	好	很好	很好	不好	3～8	—	无氩弧焊时使用

五、铝及铝合金的氩弧焊工艺

氩弧焊是焊接铝及铝合金较完善的焊接方法。氩弧焊时可以利用氩离子的阴极破碎作用，有效地去除熔池表面的氧化铝薄膜，焊接时没有熔渣，不会发生焊后残渣对接头的腐蚀。氩气流对焊接区域有冲刷作用，使焊接接头冷却加快，从而改善了接头的组织和性能，并减少了焊件变形。此外，氩弧焊还具有保护效果好、电弧稳定、热量集中、焊缝成形美观等一系列优点，所以在生产中应大力推广使用氩弧焊来焊接铝及铝合金。

（一）机械化钨极氩弧焊

机械化钨极氩弧焊的特点是熔深大，生产率高，焊缝平直美观，质量可靠。机械化钨极氩弧焊的焊接材料及焊接工艺与手工钨极氩弧焊基本相同，所选用的焊接电流、喷嘴直径、氩气流量均较手工钨极氩弧焊大。铝和铝合金机械化钨极氩弧焊的焊接参数见表9-74。

表9-74　铝及铝合金机械化钨极氩弧焊的焊接参数

焊件厚度 /mm	焊接层次	钨极直径 /mm	焊丝直径 /mm	喷嘴直径 /mm	氩气流量 /(L/min)	焊接电流 /A	送丝速度 /(m/h)	焊接速度 /(m/h)
2	1	3	1.6～2	8～10	12～14	180～220	65～70	28～32
3～5	1～2	4～5	2～3	10～16	14～18	220～300	65～80	24～30
6～8	2～3	5～6	3	14～18	18～24	280～320	78～80	18～24
9～12	>2	6	3～4	14～18	18～24	300～340	74～83	18～24

焊接过程中钨极尖端应始终处于焊缝中心线上，并与焊件间距保持在0.8～2.0mm，钨极伸出喷嘴长度为6～10mm，根据焊件厚度及焊接参数，可采用不填丝或填丝两种。厚板结构的第一层焊缝不填丝，只用机械化焊枪熔化一次，第二层开始填丝。

（二）手工钨极氩弧焊（TIG）

手工钨极氩弧焊的优点是操作灵活、方便，焊缝成形美观，变形小，特别是在焊接尺寸较精密的小零件时更为合适。缺点是电流密度受到限制，熔深浅，只适用于薄板的焊接。

1. 接头形式和坡口准备

钨极氩弧焊铝及铝合金的接头形式有对接、搭接、角接和T形接等，接头几何形状与焊接钢材相似。但因铝及铝合金的流动性更好并且焊枪喷嘴尺寸较大，所以一般都采用较小的根部间隙和较大的坡口角度。

表9-75列出了钨极氩弧焊的坡口形式及尺寸。

表9-75　钨极氩弧焊的坡口形式及尺寸

焊件厚度/mm	坡口形式	坡口尺寸 间隙 b/mm	坡口尺寸 钝边 p/mm	坡口尺寸 角度 α/(°)	备注
1～2		<1	2～3	—	不加填充焊丝

焊件厚度/mm	坡口形式	坡口尺寸			备注
		间隙 b/mm	钝边 p/mm	角度 α/(°)	
1～3	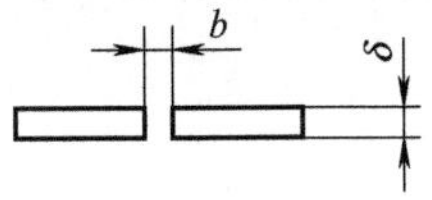	0～0.5	—	—	双面焊,反面铲焊根
4～5		1～2	—	—	
3～5	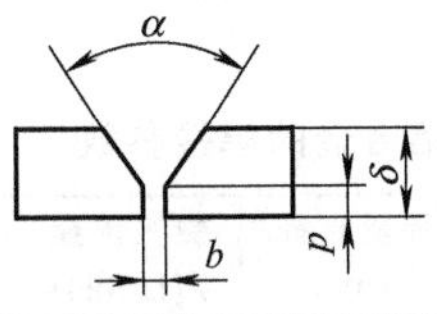	0～1	1～1.5	70±5	双面焊,反面铲焊根
6～10		1～3	1～2.5	70±5	
11～20		1.5～3	2～3	70±5	
14～25	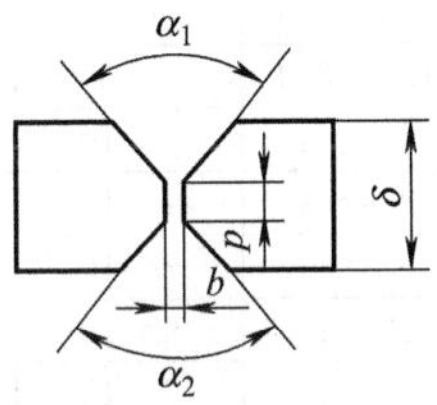	1.5～3	2～3	α_1:80±5 α_2:70±5	双面焊,反面铲焊根,每面焊 2 层以上
管子壁厚≤3.5	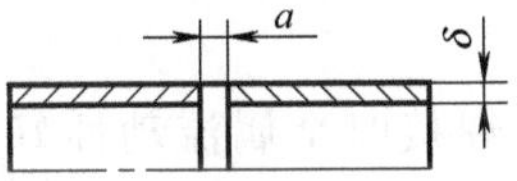	1.5～2.5	—	—	用于使管子可旋转的平焊
3～10(管子外径30～300)	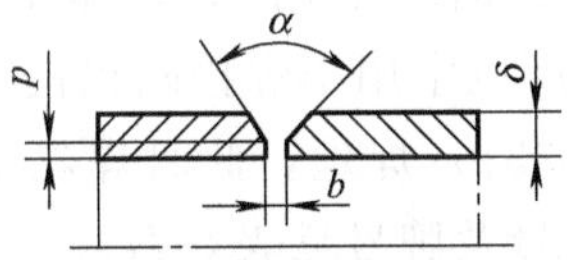	<4	<2	75±5	管子内壁可用固定垫板
4～12	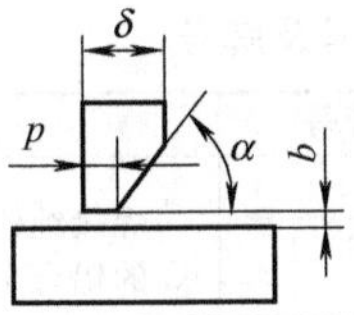	1～2	1～2	50±5	共焊 1～3 层
8～25	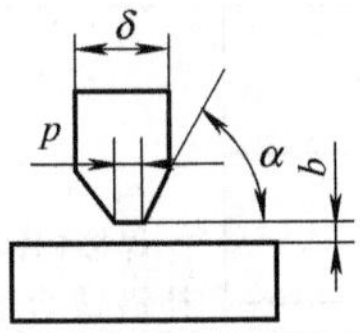	1～2	1～2	50±5	每面焊 2 层以上

  坡口加工方法包括剪切、锯切、机加工、电弧切割、磨削、凿和锉等。厚度在 12mm 以下铝板可剪切,但剪切刃应保持清洁和锋利,以提供清洁光滑的边缘。

  板边可用等离子切割,其切割速度高且精确。用水喷射等离子切割更是如此。碳弧只可进行气刨,不适于切割。因表面质量低,且有残余碳,必须用钢丝刷清除。

  复杂的坡口,如 T 形或 U 形用机械加工,如铣或靠模铣等。锉仅用于去除表面过于粗糙或局部修理。

  坡口角度、钝边高和间隙三者相互关系,当厚度相同,而坡口角度较小时,间隙就要增大;坡口角度较大且钝边较小时,间隙应适当减小,以防止烧穿。

2. 电流极性

为利用阴极破碎作用,使正离子撞击熔池表面的氧化膜,电流应采用交流或直流反接,但直流反接时，钨极承载能力较低，电弧稳定性差，熔池浅而宽，生产率较低，所以一般应选用交流电源。近年来由于大厚度铝合金焊接的需要，也在研究应用直流正接的 TIG 方法，主要是利用其熔深大的特点，同时焊缝截面成形好且气孔倾向相对较小。但是，这时采用的是双层气体保护，并且以纯氩为好。

3. 焊接参数

焊接电流应有所控制，过大的焊接电流会使钨极烧损，并可造成焊缝夹钨。手工钨极氩弧焊焊接铝及铝合金的焊接参数见表 9-76。

表 9-76　**手工钨极氩弧焊焊接铝及铝合金的焊接参数**

板厚 /mm	接头形式	坡口尺寸/mm		钨极直径 /mm	焊接电流 /A	焊丝直径 /mm	氩气流量 /(L/min)	喷嘴直径 /mm	焊接层次
		钝边	间隙						
1.2	I形	—	0～1	1.6～2.4	45～60	1.6～2.4	5～8	6～11	1
2	I形	—	0～1	1.6～2.4	80～110	1.6～2.4	6～9	6～11	1
3	I形	—	0～2	2.4～3.2	100～140	2.4～4	7～10	7～12	1
4	I形	—	0～2	3.2～4	160～210	2.4～4	7～10	7～12	1
4.5	I形	—	0～2	3.2～4	180～230	2.4～4	7～10	7～12	1
5	I形	—	0～3	4～6	220～270	3～4	9～15	8～12	2
6	V形	1～3	0～3	4～6	250～300	3～4	9～15	8～12	—

4. 焊丝选择

SAlSi（HS311）是一种通用焊丝，采用这种焊丝焊接时金属流动性好、焊缝金属有较高的抗热裂性能，并能保证一定的力学性能。但在焊接铝镁合金时，在焊缝中会出现脆性化合物（如 Mg2Si 等），降低接头的塑性和抗腐蚀性，所以常用于焊接除铝镁合金以外的其他各种铝合金。焊接铝镁合金时，应采用 SAlMg（HS331）焊丝，此时焊丝中含有一定量的镁，可以补偿焊接时镁的烧损。铝及铝合金焊丝的型号及牌号见表 9-77。

表 9-77　**铝及铝合金焊丝的型号及牌号**

名称	型号	主要化学成分(质量分数)/%	牌号	用途与特性
纯铝焊丝	SAl-1	Al≥99.0,Fe≤0.25,Si≤0.20		焊接纯铝及对接接头性能要求不高的铝合金。塑性好,耐蚀,强度低
	SAl-2	Al≥99.7,Fe≤0.30,Si≤0.30	HS301	
	SAl-3	Al≥99.5,Fe≤0.30,Si≤0.35	—	
铝镁合金焊丝	SAlMg-1	Mg2.4～3.9,Mn0.5～1.0,Fe≤0.4,Si≤0.4,Al余量	—	焊接铝镁合金和铝锌镁合金。焊补铝镁合金铸铁。耐蚀、抗裂,强度高
	SAlMg-2	Mg3.1～3.9,Mn0.01,Fe≤0.5,Si≤0.5,Al余量	—	
	SAlMg-3	Mg4.3～5.2,Mn0.5～1.0,Fe≤0.4,Si≤0.5,Al余量	—	
	SAlMg-5	Mg4.7～5.7,Mn0.2～0.6,Fe≤0.4,Si≤0.4,Al余量	HS331	
铝硅合金焊丝	SAlSi-1	Si4.5～6.0,Al余量	HS311	焊接铝镁合金以外的铝合金,特别是对易产生裂纹的热处理强化铝合金更合适,抗裂
铝锰合金焊丝	SAlMn	Mn1.0～1.6,Al余量	HS321	焊接铝锰及其他铝合金。耐蚀,强度较高
铝铜合	SAlCu	Cu5.8～6.8,Al余量		焊接铝铜合金

5. 操作要点

铝及铝合金手工钨极氩弧焊一般采用交流电源，氩气纯度（体积分数）应不低于

99.9%，操作要点见表 9-78。

表 9-78　铝及铝合金手工钨极氩弧焊操作要点

工艺	操作要点
焊前检查	开始焊接以前，必须检查钨极的装夹情况，调整钨极的伸出长度为 5mm 左右。钨极应处于焊嘴中心，不准偏斜，端部应磨成网锥形，使电弧集中，燃烧稳定
引弧、收弧和熄弧	采用高频振荡器引弧，为了防止引弧处产生裂纹等缺陷，可先在石墨板或废铝板上点燃电弧，当电弧稳定地燃烧后，再引入焊接区。焊接中断或结束时，应特别注意防止产生弧坑裂纹或缩孔。收弧时，应利用氩弧焊机上的自动衰减装置，控制焊接电流在规定的时间内缓慢衰减和切断。衰减时间通过安装在控制箱面板上的"衰减"旋钮调节。弧坑处应多加些填充金属，使其填满。如条件许可，可采用引出板 熄弧后，不能立即关闭氩气，必须要等钨极呈暗红色后才能关闭，这段时间为 5～15s，以防止母材及钨极在高温时被氧化
焊接操作	焊枪、焊丝和焊件的相对位置，既要便于操作，又要能良好地保护熔池。焊丝相对于焊件的倾角在不影响送丝的前提下，越小越好。若焊丝倾角太大，容易扰乱电弧及气流的稳定性，通常以保持 10° 为宜，最大不要超过 15°，如右图所示 操作时，钨极不要直接触及熔池，以免形成夹钨。焊丝不要进入弧柱区，否则焊丝容易与钨极接触而使钨极氧化、焊丝熔化的熔滴易产生飞溅并破坏电弧的稳弧性，但焊丝也不能距弧柱太远，否则不能预热焊丝，而且容易卷入空气，降低熔化区的热量。最适当的位置，是将焊丝放在弧柱周围的火焰层内熔化。施焊过程中，焊丝拉出时，不能拉离氩气保护范围之外，以免焊丝端部氧化。焊接过程中断重新引弧时，应在弧坑的前面 20～30mm 的焊缝上引弧，使弧坑得到充分的再熔化 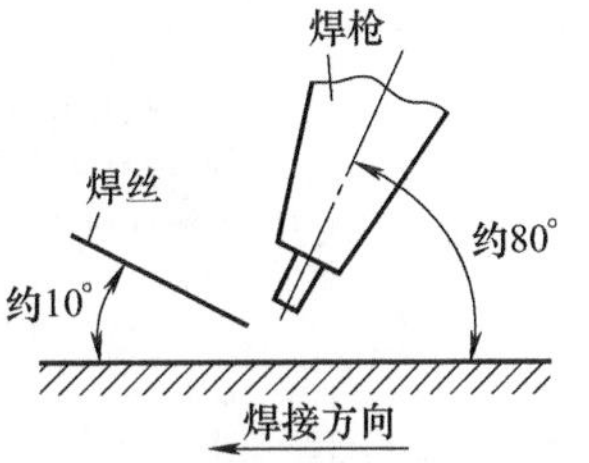

焊枪、焊丝和焊件的相对位置

6. 基本手法的操作

铝及铝合金手工钨极氩弧焊基本手法的操作见表 9-79。

表 9-79　铝及铝合金手工钨极氩弧焊基本手法的操作

工艺	基本手法的操作
定位焊	定位焊缝采用点接触式引弧。定位焊缝的宽度不得超过正式焊缝宽度的 2/3，定位焊缝距离视焊件厚度、管径而定。板状焊件和管状工件定位焊缝尺寸和数量的选用见下表 板状焊件和管状工件定位焊缝尺寸和数量的选用 参见下表
引弧	焊机上装有高频振荡器时，应采用高频引弧。操作时，焊工将焊枪移近焊件，待钨极端头与焊件的距离为 2～3mm 时，按动焊枪上的电源开关，电弧就开始引燃。当焊机没有装设高频振荡器时，只能采用短路引弧，方法是：将焊枪喷嘴下面一点部分与待焊部位接触，以此接触点为支点，焊枪绕支点使钨极与焊件瞬间接触短路，引燃电弧，抬起焊枪并保持与焊件间距 2～4mm，进行正常焊接，如图 1 所示 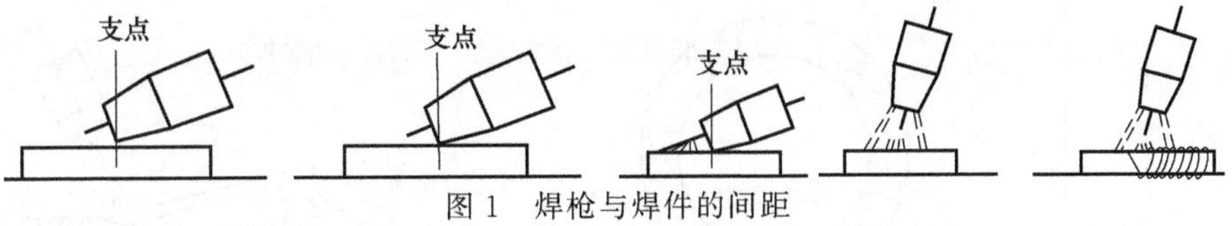 图 1　焊枪与焊件的间距
始焊与接头	先从距焊件端部 10～30mm 处采用右向焊法焊至端面收尾，然后用左向焊法从始焊处开始焊接。接头应从始焊处引弧，待电弧稳定燃烧后向右移 5～15mm，再往左移动焊枪，待始焊处形成熔池后，即添加填充焊丝，进行焊接，如图 2 所示。接头处焊缝的余高和宽度不宜过高和过宽，否则影响焊缝的外形

板状焊件和管状工件定位焊缝尺寸和数量的选用

板状	定位焊缝形状	板材厚度/mm	定位焊缝尺寸及间距/mm		管状	管子直径/mm	定位焊缝点数
			尺寸 a	间距 b			
		<1.5	3～7	10～30		10～20	2～3
		1.6～3.0	6～10	30～50		22～60	4～6
		3.1～5.0	6～15	50～80		—	—

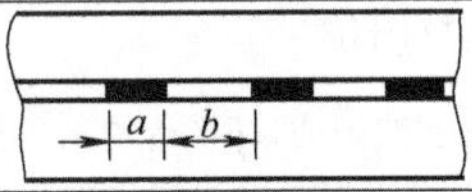

工艺	基本手法的操作
始焊与接头	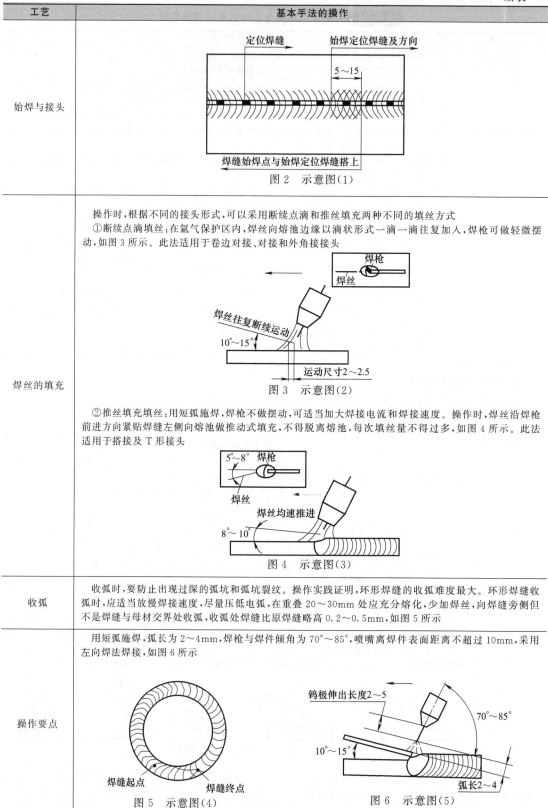

操作时,根据不同的接头形式,可以采用断续点滴和推丝填充两种不同的填丝方式

①断续点滴填丝:在氩气保护区内,焊丝向熔池边缘以滴状形式一滴一滴往复加入,焊枪可做轻微摆动,如图3所示。此法适用于卷边对接、对接和外角接头

②推丝填充填丝:用短弧施焊,焊枪不做摆动,可适当加大焊接电流和焊接速度。操作时,焊丝沿焊枪前进方向紧贴焊缝左侧向熔池做推动式填充,不得脱离熔池,每次填丝量不得过多,如图4所示。此法适用于搭接及T形接头

焊丝的填充

收弧　收弧时,要防止出现过深的弧坑和弧坑裂纹。操作实践证明,环形焊缝的收弧难度最大。环形焊缝收弧时,应适当放慢焊接速度,尽量压低电弧,在重叠20～30mm处应充分熔化,少加焊丝,向焊缝旁侧但不是焊缝与母材交界处收弧,收弧处焊缝比原焊缝略高0.2～0.5mm,如图5所示

操作要点　用短弧施焊,弧长为2～4mm,焊枪与焊件倾角为70°～85°,喷嘴离焊件表面距离不超过10mm,采用左向焊法焊接,如图6所示

(三) 熔化极氩弧焊

熔化极氩弧焊有自动焊和半自动焊两种形式。前者由自动焊接小车持焊枪移动完成焊接，后者由焊工手持焊枪操作，焊丝均从送丝机械经由焊枪自动送进。主要用于中等厚度以上铝及铝合金的焊接，自动焊适于形状规则的纵缝或环缝且处于水平位置的焊接。半自动焊较机动灵活，适于短焊缝、断续焊缝或较复杂结构的全位置焊缝的焊接。

通常使用直流电源，而且多数是直流揉搓（即焊丝接正）。如果用直流脉冲电源，就可以实现对焊丝熔化和熔滴过渡进行控制，即可以改善电弧稳定性，又可以在小于平均焊接电流下，实现熔滴喷射过渡和全位置焊接。

半自动焊多用小直径焊丝，这时应采用恒压（即平特性）电源和等速送丝。通过调节送丝速度来获得所需的焊接电流，以达到良好的熔合的喷射过渡。大直径焊丝只能用于平焊位置的自动焊，这时应采用恒流（陡降特性）电源和变速送丝，焊接时主要调节电流大小，而送丝速度的维持弧长是由自动系统调节。

1. 坡口准备

铝板厚度小于6mm不需开坡口，间隙应小于0.5mm；厚度在6mm以上需加工成V形或X形坡口；自动焊时，钝边较大，这时坡口角度应加大到100°左右，或采用窄间隙等特殊坡口和焊接工艺。自动焊的装配质量要高于半自动焊，间隙大于1mm时，可用半自动焊预堆一层焊缝，以免焊穿。

2. 焊接工艺要点

(1) 自动MIG焊

自动熔化极氩弧焊的主要工艺参数有焊丝直径、焊接电流、电弧电压、送丝速度、焊接速度、喷嘴孔径和氩气流量等。通常是先根据焊件厚度选择坡口形状和尺寸，再选焊丝直径和焊接电流。

为了获得优质焊接接头，自动熔化极氩弧焊焊接铝合金时，一般采用较低的电弧电压（27～31V）和较大的电流，使熔滴呈亚喷射状过渡，即介乎喷射过渡与短路之间的一种过渡形式。一般认为这种过渡形式可使电弧稳定、飞溅少，熔深大，阴极破碎区宽，焊缝成形美观等。由于焊接电流和焊接速度较大，氩气流量也相应加大。

钝铝、铝镁合金、硬铝的自动熔化极氩弧焊工艺参数见表9-80。

表 9-80　钝铝、铝镁合金、硬铝的自动熔化极氩弧焊工艺参数

板材牌号	焊丝牌号	板材厚度/mm	坡口形式	坡口尺寸			焊丝直径/mm	喷嘴孔径/mm	氩气流量/(L/min)	焊接电流/A	电弧电压/V	焊接速度/(m/h)	备注
				钝边/mm	坡口角度/(°)	间隙/mm							
5A05 (LF5)	SAlMg5	5	—	—	—	—	2.0	22	28	240	21～22	42	单面焊双面成形
1060 (L2)、1050A (L3)	1060 (L2)	6	—	—	—	0～0.5	2.5	22	30～35	230～260	26～27	25	正反面均焊一层
		8	V形	4	100	0～0.5	2.5	22	30～35	300～320	26～27	24～28	
		10	V形	6	100	0～1	3.0	28	30～35	310～330	27～28	18	
		12	V形	8	100	0～1	3.0	28	30～35	320～340	28～29	15	
		14	V形	10	100	0～1	4.0	28	40～45	380～400	29～31	18	
		16	V形	12	100	0～1	4.0	28	40～45	380～420	29～31	17～20	
		20	V形	16	100	0～1	4.0	28	50～60	450～500	29～31	17～19	
		25	V形	21	100	0～1	4.0	28	50～60	490～550	29～31		
		28～30	双V形	16	100	0～1	4.0	28	50～60	460～570	29～31	13～15	

续表

板材牌号	焊丝牌号	板材厚度/mm	坡口形式	坡口尺寸			焊丝直径/mm	喷嘴孔径/mm	氩气流量/(L/min)	焊接电流/A	电弧电压/V	焊接速度/(m/h)	备注
				钝边/mm	坡口角度/(°)	间隙/mm							
5A02 (LF2)	5A03 (LF3)	12	V形	8	120	0~1	3.0	22	30~35	320~350	28~30	24	正反面均焊一层
		18	V形	14	120	0~1	4.0	28	50~60	450~470	29~30	18.7	
5A03 (LF3)	5A05 (LF5)	20	V形	16	120	0~1	4.0	28	50~60	450~700	28~30	18	
		25	V形	16	120	0~1	4.0	28	50~60	490~520	29~31	16~19	
2A11 (LY11)	SAl Si5	50	双V形	6~8	75	0~0.5	4.2	28	50	450~500	24~27	15~18	也可采用双面U形坡口,钝边6~8mm

注: 1. 正面焊完后必须清根,然后进行反面焊接。

2. 焊炬向前倾斜 $10°~15°$。

在平板对接或筒体纵缝的焊接前,应在接缝两端焊上与母材成分和厚度相同的引弧板和收弧板。焊接时,喷嘴端部至焊件间的距离应保持在 12~22mm。距离过高,气体保护不良;过低则会恶化焊缝成形。焊接环焊缝时,收弧处可与起弧处重叠 100mm 左右,这种重熔起弧处有利于排除可能存在的缺陷。收弧处过高的部分用风铲修平。

（2）半自动 MIG 焊

半自动 MIG 焊接工艺参数,除焊接速度由操作者控制外,其余和自动 MIG 焊相似。对于相同厚度的铝锰、铝镁合金,焊接电流应降低 20~40A,而氩气流量应增大 10~15L/min。铝及铝合金熔化极半自动氩弧焊工艺参数见表 9-81。

表 9-81　铝及铝合金熔化极半自动氩弧焊工艺参数

板厚/mm	坡口形式			焊丝直径/mm	氩气流量/(L/min)	焊接电流（直流反接）/A	电弧电压/V	焊道数
	形式	钝边/mm	间隙/mm					
3.2	I	—	0~3	1.2	14	110	20	1
4.8	60°V形	1.6	0~1.6	1.2	14	170	20	1
6.4	60°V形	1.6	0~3	1.6	19	200	25	1
9.5	60°V形	1.6	0~4	1.6	24	290	25	2
12.7	60°V形	1.6	0~3	2.4	24	320	25~31	2
19	60°V形	1.6	0~4.8	2.4	28	350	25~29	4
25.4	90°V形	3.2	0~4.8	2.4	28	380	25~31	6

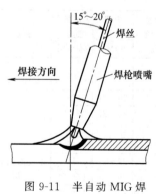

图 9-11　半自动 MIG 焊焊枪喷嘴倾角

半自动熔化极氩弧焊的焊接速度（即焊枪向前移动速度）,与板厚、焊接电流和电弧电压等有关。掌握焊枪移动速度应使得电弧永远保持在熔池上面,移动过快熔合不良,过慢易烧穿或熔宽过大。一般采用左向焊法,焊枪喷嘴略向前倾,倾角为 $15°~20°$,见图 9-11。

焊厚板时角度小些,几近于垂直,以获得较大熔深;焊薄板时角度宜大些。喷嘴端部与工件间的距离宜保持在 8~20mm,焊接铝镁合金时宜短,以减小镁合金的烧损。焊丝伸出导电嘴的长度为 10~25mm。

（3）脉冲熔化极氩弧焊

脉冲熔化极氩弧焊和脉冲钨极氩弧焊原理上是相似的。脉冲特征参数也相同。但是,脉冲熔化极氩弧焊用的电源是直流脉冲,而脉冲钨极氩弧焊用的是交流脉冲。

利用脉冲 MIG 焊除可实现对焊丝熔化及熔滴过渡的控制、改善电弧稳定性、可用小的平均焊接电流实现熔滴喷射过渡、可以进行全位置焊接外，脉冲 MIG 焊还有一重要优点是可用粗焊丝焊接薄铝板。例如，普通熔化极氩弧焊焊接 2mm 厚的铝板时，一般使用 $\phi0.8mm$ 的铝细焊丝，这样的焊丝刚性小，送丝困难，焊接过程不稳定。而脉冲熔化极氩弧焊可用 $\phi1.6mm$ 的粗铝焊丝焊接，实现了稳定送丝要求，况且粗丝比细丝焊接气孔倾向小。

脉冲熔化极氩弧焊可对 3～6mm 厚的铝板实现 I 形坡口单面焊双面成形工艺，厚度大于 6mm 的铝板（或铝管），一般需开坡口。

选择焊丝直径、送丝速度、焊接速度和氩气流量等参数时需考虑母材的种类、厚度、焊缝的空间位置及熔滴过渡形式等。熔化极氩弧焊是以喷射过渡为主要熔滴过渡形式，因此焊接电流一定要大于喷射过渡临界电流值，才能实现稳定的焊接过程。在脉冲焊接情况下，无论脉冲电流是什么样的波形，其脉冲峰值电流一定要大于在此条件下喷射过渡的临界电流值。脉冲电流和脉冲通电时间都是决定焊缝形状和尺寸的主要参数，随着脉冲电流增大和脉冲通电时间的延长，焊缝熔深和熔宽增大，调节这两个参数，就可以获得不同的焊缝熔深和熔宽。基值电流主要是用以维持电弧稳定燃烧，在脉冲 MIG 焊中还可以用以调节焊接热输入，以控制预热和冷却速度。平焊对接焊缝时，宜用较大基值电流。空间位置焊时，宜用较低的基值电流。脉宽比宜选 25%～50%，对空间位置焊缝应选择较小的脉宽比，以保证电弧有一定的挺直度。对热裂倾向大的铝合金，也宜选用较小的脉宽比。根据实现稳定的喷射过渡要求，脉冲频率可在 30～120 次/s 范围选取。

纯铝和铝镁合金半自动脉冲熔化极氩弧焊工艺参数见表 9-82。

表 9-82　纯铝和铝镁合金半自动脉冲熔化极氩弧焊工艺参数

合金牌号	板厚 /mm	焊丝直径 /mm	基值电流 /A	脉冲电流 /A	电弧电压 /V	脉冲频率 /Hz	氩气流量 /(L/min)	备　注
1035 (L4)	1.6	1.0	20	110～130	18～19	50	18～20	焊丝牌号 1053(L4)，喷嘴孔径 16mm
1035 (L4)	3.0	1.2	20	140～160	19～20	50	20	焊丝牌号 1053(L4)
5A03 (LF3)	1.8	1.0	20～25	120～140	18～19	50	20	喷嘴孔径 16mm，焊丝 5A03(LF3)
5A05 (LF5)	4.0	1.2	20～25	160～180	19～20	50	20～22	喷嘴孔径 16mm，焊丝 5A05(LF5)

（四）熔化极氩弧点焊

所有能用普通熔化极氩弧焊焊接的铝合金均适于采用熔化极氩弧点焊。点焊时需要更换普通熔化极氩弧焊焊枪的喷嘴，并增高控制电路以对送丝、电弧和通气时间进行自动控制。按焊件厚度和所要求的熔深去调整焊接电流、送丝速度和其他操作条件后，将喷嘴与焊件的上板接触并施以足够压力使上、下两板贴紧。接着启动焊接，送进焊丝，引燃电弧。电弧熔透上板，直达下板，从而形成焊点。弧坑的填补由自动控制完成。为了可靠引弧，最好采用拉丝式送丝，并由慢速送进控制。停焊时，先停止送丝，再切断电流的延时控制。可防止在切断电源时焊丝凝固在焊接熔池中，一个焊点的焊接时间通常为 1s 或更少。

最好采用平面图特性直流电源，用直流反接（焊丝接正），不推荐用垂降特性电源，因灭弧时铝焊丝端部易结球。

当上面焊件厚度等于或小于 3mm 时，不需做特殊准备。大于 3mm 后，预先钻一导通孔。下板的厚度最好等于或大于上板，最理想是大于上板厚度的 2～3 倍。下板厚度小于0.8mm 时要用衬垫。

各种厚度铝合金熔化极氩弧点焊工艺参数见表 9-83。

表 9-83　各种厚度铝合金熔化极氩弧点焊工艺参数

板厚/mm		不　熔　透				熔　透			
上板	下板	空载电压/V	送丝速度/(m/h)	焊接电流/A	焊接时间/s	空载电压/V	送丝速度/(m/h)	焊接电流/A	焊接时间/s
0.5	0.8	—	—	—	—	28	450	150	0.3
0.8	0.8	25.5	428	143	0.3	28	495	165	0.3
0.8	1.6	30	540	180	0.3	31	675	225	0.3
1.6	1.6	32	630	210	0.4	32	825	275	0.5
1.6	3.2	32.5	975	325	0.5	34.5	1015	337	0.5
1.6	6.4	39	1162	387	0.5	41	1200	400	0.5
3.2	3.2	39.5	1200	400	0.5	41	1275	425	0.6
3.2	6.4	41	1350	450	1.0	—	—	—	—

注：焊丝直径 1.2mm，成分的质量分数（%），Mg2.4～3.0，Cr0.05～0.2，Ti0.05～0.2，Mn0.5～1，Si0.4+Fe。

第八节　铜及铜合金的焊接

一、铜及铜合金的焊接性

铜及铜合金的焊接性说明见表 9-84。

表 9-84　铜及铜合金的焊接性说明

项目	说　明
焊缝难熔、成形能力差	铜的熔点比钢低，但其热导率特别高。焊接时若采用与一般钢材相同的焊接参数，由于大量的热将散失于工件内部，坡口边缘难以熔化，造成填充金属与母材不能很好地熔合，易出现未焊透，并且随工件板厚增加而更加严重，所以铜及铜合金焊接时，需要采用较大功率的热源，同时焊接纯铜时要充分预热
	铜在熔化温度时的表面张力比铁小 1/3，流动性比钢大 1～1.5 倍，表面成形能力差，因此焊接纯铜及大多数铜合金时，除采用大能量、高能束的焊接方法外，其他方法单面焊时，反面必须附加垫板成形装置，不允许采用悬空单面焊接
易产生焊接裂纹	裂纹一般出现于焊缝上，也出现在熔合区及热影响区，裂纹呈晶间破坏特征，从断面上可看到明显的氧化颜色。其主要原因是铜及铜合金的热膨胀系数几乎比低碳钢大 50%，由液态的熔池金属转变为固态的焊缝金属过程中的收缩率很大所致
	对于刚性大的工件，焊接时会产生很大的内应力；其次，由于铜的氧化，在焊缝结晶过程中晶界易形成低熔点的氧化亚铜-铜的共晶物；另外，由于氢的融入，焊缝金属在凝固和冷却过程中过饱和的氢向金属微晶隙中扩散，造成很大的压力，削弱了焊缝金属的晶间结合力，从而产生裂纹；还有母材中低熔点的杂质铅和铋，由于不溶于铜，少量存在于铜液中就可形成低熔点共晶体 Cu+Pb(326℃) 和 Cu+Bi(270℃)。这些低熔点物质在结晶后期，以液态形式分布于枝晶间或晶界处，割断了晶粒之间的联系，使铜的高温强度降低，热脆性增加，在焊接应力的作用下很容易产生裂纹
气孔倾向严重	焊接铜及铜合金时，气孔倾向比低碳钢严重得多。主要是由溶解在金属中的氢直接引起的扩散性气孔和氧化还原反应引起的反应气孔。另外，由于铜自身的特性，也使铜的焊接气孔倾向加剧，成为铜熔焊的主要困难之一
	铜在高温下溶解氢的能力很大，凝固时溶解度大幅度下降。由于铜的热导率大，焊缝冷却的速度很快，在高温时所溶解的大量气体未能及时逸出，便会在焊缝中形成气孔
	另外，由于冶金反应所生的气体所致。在焊接高温下铜与氧反应生成的氧化亚铜(Cu_2O)与溶解在熔池中的氢反应，生成水蒸气($Cu_2O+2H \longrightarrow 2Cu+H_2O\uparrow$)，而水蒸气不溶于铜液中，在焊缝金属凝固时，未能及时逸出，便会在焊缝中形成气孔

续表

项目	说　明
焊接接头 性能下降	铜合金焊接时,容易发生铜的氧化和合金元素的蒸发、烧损现象。氧化生成的氧化亚铜与 α 铜的共晶体处于晶粒间界,削弱了金属间的结合能力。另外,低熔点的合金元素(如锌、锡、铝、镉等)氧化、烧损后,不仅降低了合金元素的含量,还会形成脆硬的夹杂物(如铝氧化后生成 Al_2O_3,锡氧化后生成 SnO_2 等)、气孔及未焊透等缺陷。从而将导致焊接接头强度、塑性、耐蚀性及导电性的降低

二、焊接材料和焊接方法选择

铜及铜合金的焊接材料选择见表 9-85。其焊接方法及适用的厚度范围见表 9-86。

表 9-85　铜及铜合金的焊接材料选择

焊接方法	焊接材料	母材				白铜
		紫铜	黄铜	锡青铜	铝青铜	
气焊	焊丝	HS201、HS202 或与母材同	HS221、HS222、HS224	与母材同	与母材同	—
	熔剂	CJ301	硼砂 20%、硼酸 80% 或硼酸甲酯 75%、甲醇 25%	CJ301	CJ401	
手工电弧焊	电焊条	T107、T237、T227、T207	T207、T227、T237	T227	T237	T237
碳弧焊	焊丝	HS201、HS202 或与母材同	HS221、HS222、HS224	—	与母材同	
	熔剂	CJ301	硼砂 94%、镁粉 6%	—	氯化钠 20%、冰晶石 80%	—
钨极氩弧焊	焊丝	HS201、HS202 或含 Si、P 的紫铜丝	HS221、HS222、HS224 或 QSi3-1	与母材同	与母材同	与母材同
熔化极氩弧焊	焊丝	含 Si、P 的紫铜丝	高锌黄铜采用锡青铜为焊丝,低锌黄铜采用硅青铜为焊丝	与母材同	与母材同	与母材同
埋弧焊	焊丝	HS201、HS202 或磷脱氧铜	H62 黄铜采用 QSn-3	—	—	—
	焊剂	HJ431、HJ150、HJ260	HJ431、HJ150、HJ260	—	—	—

表 9-86　铜及铜合金的焊接方法及适用的厚度范围

焊接方法	材料牌号及其焊接性				适用的厚度范围 /mm
	紫铜	黄铜	青铜	镍白铜	
钨极氩弧焊(手工、自动)	好	较好	较好	好	1～12
熔化极自动氩弧焊	好	较好	较好	好	4～50
气焊	差	较好	差	—	0.5～10
碳弧焊	尚可	尚可	较好	—	2～20
手工电弧焊	差	差	尚可	较好	2～10
埋弧自动焊	较好	尚可	较好	—	6～30
等离子弧焊	较好	较好	较好	好	1～16

三、铜及铜合金的焊接工艺

(一)焊前准备

焊前应仔细清除焊丝和被焊工件的氧化膜、水和油污等脏物。消除方法有两种。

① 机械清理法　去油污后,再用钢或不锈钢丝轮流将焊丝和焊件表面的氧化膜打磨直到露出金属光泽为止。

② 化学清理法 首先用四氯化碳丙酮等溶剂擦拭，或将焊丝、焊件置于 10％氢氧化钠的水溶液中除油。溶液加热温度为 30～40℃，然后用清水冲洗干净，再置于含 35％～40％硝酸或含 10％～15％硫酸水溶液中浸蚀 2min，再用清水洗刷干净，并烘干。

（二）手工电弧焊

1. 焊接工艺要点

① 使用直流反极性进行焊接，采用短弧，焊条一般不做横向摆动，但应做直线往复运动。

② 焊接对接接头时，需要使用金属垫板或石棉垫板。紫铜工件厚度＞3mm 时，需预热 400～500℃；黄铜工件厚度＞14mm 时，需预热 250～350℃；锡青铜厚件或刚度大的需预热 150～200℃；含铝 7％的铝青铜厚件需预热 200℃，含铝 7％的铝青铜厚件需预热 620℃；硅青铜、白铜不预热。

③ 尽可能采用最大焊接速度，更换电焊条或焊接过程中断时，应尽快恢复焊接，保证焊接区有足够的温度。

④ 紫铜和青铜焊后，也可采用锤击焊缝方法来改善焊接接头的力学性能。

⑤ 厚度＜4mm 的铜件，焊接时不开坡口；厚度达 10mm 时，开单面坡口，坡口角度为 60°～70°，钝边为 1.5～3mm；焊接大厚度金属时，开 X 形坡口。

⑥ 焊条 T207 和 T227 焊前烘干温度为（200～250℃）×2h。

⑦ 对铜和大多数铜合金的焊接，由于其接头性能较差，故一般不推荐采用手工电弧焊方法。

2. 手工电弧焊工艺参数

铜及铜合金手工电弧焊工艺参数见表 9-87。

表 9-87 铜及铜合金手工电弧焊工艺参数

焊条直径 /mm	焊接电流/A			
	紫铜	黄铜	锡青铜	铝青铜
3.2	120～140	90～130	90～130	4×焊条直径
4.0	150～170	110～160	110～160	
5.0	180～200	150～200	150～220	
7.0～8.0	—	—	220～260	

（三）点焊、缝焊

1. 焊接工艺要点

工业纯铜的点焊和缝焊在生产中很少应用。焊接铜合金宜采用硬规范。点焊焊接硅青铜和白铜时，比焊接低碳钢时的焊接电流大 25％，功率大 50％，电极单位压力与焊接钢相同。在电极和被焊工件放置绝热垫板或在工件接触的表面镀一层银，可提高点焊焊缝的质量。

2. 点焊和缝焊工艺参数

0.9mm 厚铜合金板点焊工艺参数见表 9-88。

表 9-88 0.9mm 厚铜合金板点焊工艺参数

牌号	名称	电极力/N	焊接时间/周	焊接电流/kA
H85	85 黄铜	1820	5	25
H80	80 黄铜	1820	5	24
H70	70 黄铜	1820	4	23
H60	60 黄铜	1820	4	22
H59	59 黄铜	1820	4	19
QSn7-0.2	7-0.2 锡青铜	2320	5	19.5
QAl10-2-1.5	10-2-1.5 铝青铜	2320	4	19

续表

牌号	名称	电极力/N	焊接时间/周	焊接电流/kA
QSi1-3	1-3 硅青铜	1820	5	16.5
QSi3-1	3-1 硅青铜	1820	5	16.5
HMn58-2	58-2 锰黄铜	1820	5	22
HAl77-2	77-2 铝青铜	1820	4	22

注：电极材料为 ISOA 组 1 类，锥角 30°的锥形平面电极，电极端面直径 5mm。

缝焊焊接 H62 黄铜的工艺参数见表 9-89。

表 9-89　缝焊焊接 H62 黄铜的工艺参数

板件厚度/mm	焊轮宽度/mm	焊轮压力/N	焊接电流/A	需用功率/kA
0.5 + 0.5	3	2451.6	22 300	110
0.5 + 0.5	3～4	2451.6	25 500	140
1.0 + 1.0	4～5	3720.5	27 000	160

（四）氩弧焊

1. 焊接工艺要点

① 钨极氩弧焊　厚度小于 5～6mm 铜件，可不开坡口；大厚度的铜件开 V 形或 X 形坡口，坡口角度 60°～70°。采用短弧（3～5mm）焊接，焊件反面加垫板。采用左焊法，电极向前倾斜，与工件成 80°～90°，填充焊丝倾斜角度为 10°～15°，钨极伸出 5～7mm。焊嘴不摆动，开始焊速应较小，多层焊时第一层焊缝不宜太大。焊接黄铜时，应适当加大喷嘴直径和氩气流量。

② 熔化极氩弧焊　采用直流反接，铜件最好开 V 形或 X 形坡口，焊接黄铜时，利用含铝和含磷的青铜作为焊丝，并采用低电压和小电流防止锌蒸发。铝青铜、硅青铜、镍青铜的流动性较差，可用细丝熔化极氩弧焊。

2. 氩弧焊工艺参数

铜及铜合金钨极氩弧焊工艺参数见表 9-90。

表 9-90　铜及铜合金钨极氩弧焊工艺参数

母材	焊件厚度/mm	坡口形式	焊丝直径/mm	钨极直径/mm	焊接电流/A	电源极性	氩气流量/(L/min)
紫铜	<1.5	I 形	2.0	2.5	140～180	直流正接	6～8
	2.0～3.0		3.0	2.5～3.5	160～280		6～10
	4.0～5.0	V 形	3.0～4.0	4.0	250～350		8～12
	6.0～10		4.0～5.0	5.0	300～400		10～14
黄铜 锡黄铜	1.2	端接	1.6～4.0	3.2	185	直流正接	7
	2.0	V 形			180		
锡磷 青铜	<1.6	I 形		3.2	90～150	直流正接	7～14
	1.6～3.2				100～220		
铝青铜	<1.6	I 形	1.6	1.6	25～80	直流正接	9～13
	3.2		4.0	4.5	210		
	9.5	V 形			210～330		13
硅青铜	1.6	I 形	1.6	1.6	100～120	直流正接	7
	3.2				130～150		
	6.4				250～350		
	9.5	形	3.2	3.2	230～280		9
	12.7				250～300		
镍白铜	<3.2	I 形	3.2	4.7	300～310	直流正接	12～14
	3.2～9.5	V 形					

注：紫铜厚度 4～5mm，预热 100～150℃；6～10mm，预热 300～500℃。

铜及铜合金熔化极氩弧焊工艺参数见表9-91。

表 9-91　铜及铜合金熔化极氩弧焊工艺参数

| 母材 | 焊件厚度/mm | 坡口 | | | 焊丝直径/mm | 焊接电流（直流反接）/A | 电弧电压/V | 氩气流量/(L/min) | 预热温度/℃ |
		形式	钝边/mm	间隙/mm					
紫铜	3.2	I形	—	0	1.6	310	27	14	—
	6.4				2.4	460	26		93
	12.7	V形	3.2	0～3.2	1.6	400～425	32～36	14～16	200～260
			0～3.2		1.6	425～450	35～40		425～480
			6.4	0	2.4	600	27	14	200
低锌黄铜	3.2～12.7	V形		0	1.6	275～285	25～28	12～13	—
高锌黄铜（锡、镍黄铜等）	3.2	I形		0	1.6	275～280	25～28	14	
	9.5～12.7	V形	0	3.2					
铝青铜	3.2	I形		0	1.6	280～290	27～30	14	可稍加热
	9.5～12.7	V形	0	3.2					
硅青铜	3.2	I形	—	0	1.6	260～270	27～30	14	
	9.5～12.7	V形		3.2					
白铜	3.2	I形		0	1.6	280	27～30	14	
	9.5～12.7	V形	0～0.08	3.2～6.4					

（五）气焊

1. 焊接工艺要点

① 采用大能率的火焰，焊接铜件厚度小于3～4mm时，火焰能率按每1mm厚气体流量为150～175L/h进行确定；焊接厚度为8～10mm的金属时，火焰能率按1mm厚气体流量为170～225L/h确定。

② 薄紫铜件焊缝不预热，焊后立即锤击；中等厚度的紫铜焊缝预热到500～600℃，也可进行锤击，锤击后再进行热处理（加热到500～600℃后水冷），可改善焊接接头的力学性能。

2. 气焊工艺规范

铜及铜合金气焊工艺规范见表9-92。

表 9-92　铜及铜合金气焊工艺规范

母材	火焰性质	预热温度	焊后处理
紫铜	中性	400～500℃（中、小件） 600～700℃（厚、大件）	500～600℃锤击水韧处理
黄铜	中性或弱氧化碳	薄板不预热 一般焊件预热400～500℃ 板厚>15mm，预热550℃	退火：270～560℃
锡青铜	中性	350～450℃	焊后缓冷
	中性	500～600℃	焊后锤击或退火

（六）埋弧焊

1. 焊接工艺要点

① 被焊接头处和焊丝必须仔细进行清理，直到露出金属光泽为止。焊接材料（焊剂、石墨垫板）在焊前要烘干。

② 厚度<20mm的铜及其合金可在不预热和不开坡口下进行单面焊或双面焊，大厚度最好开U形坡口，钝边为5～8mm。

③ 为了防止液态金属的流失和获得理想的焊缝反面成形，应采用石墨垫板或焊剂垫。

④ 焊接黄铜时采用青铜丝或黄铜丝作为焊丝。厚度接近 20mm 的黄铜，可不开坡口，采用两面焊进行焊接；厚度小于 12mm 的黄铜，采用单道焊进行焊接；在厚度大于 14mm 时，应开 V 形或 X 形坡口。

⑤ 焊接青铜时，为了改善焊缝成形和消除焊缝表面的缺陷，焊剂层应有一定的厚度，采用大颗粒的焊剂（2.3～3.0mm）。

2. 埋弧自动焊工艺参数

铜和铜合金埋弧自动焊工艺参数见表 9-93。

表 9-93　铜和铜合金埋弧自动焊工艺参数

材料	厚度/mm	焊丝牌号	焊剂牌号	预热温度/℃	电流极性	焊丝直径/mm	焊接层数	焊接电流/A	电弧电压/V	焊接速度/(m/h)	备注
纯铜	810	丝201 丝202	焊剂431	不预热	直流反极性	φ5	1	500～550	30～34	18～23	用垫板单面单层焊，反面焊透
	16	丝201 TUP脱氧铜	焊剂150或焊剂431	不预热	直流反极性	φ6	1	950～1000	50～54	13	用垫板单面单层焊，反面焊透
	20～24	丝201 TUP脱氧铜	焊剂150或焊剂431	260～300	直流反极性	φ4	3～4	650～700	40～42	13	用垫板单面多层焊，反面焊透
62黄铜	6	QSn4-1	焊剂431	不预热	直流反极性	φ1.2	1	290～300	20	40	焊接接头塑性差，700℃退火可明显改善

（七）碳弧焊

1. 焊接工艺要点

① 碳极电弧焊用于焊接厚度小于 15mm 的铜件。石墨极电弧焊能焊接大厚度的焊件，且效果较好。电极应修磨成圆锥形，顶角为 20°～30°，采用直流正极性。

② 采用长弧，填充焊丝与焊件成 30°，距离熔池表面为 5～6mm。碳电极与被焊件成 90°。

③ 根据金属厚度不同，选用不同接头形式。厚度小于 1～2mm 的金属，大厚度金属，采用开 V 形坡口的对接接头，坡口角度为 60°～80°，钝边为 2～3mm。

④ 选用大的焊接电流和高焊速。焊剂可涂在填充丝上，亦可撒在坡口中。为了避免锌的烧损，黄铜宜采用埋弧焊进行焊接。

⑤ 焊接时主要采用平焊，或者在带有沟槽的石墨垫板上使工件呈稍微倾斜的位置进行焊接，也可以用钢垫板。

2. 碳弧焊工艺参数

铜及铜合金碳弧焊工艺参数见表 9-94。

表 9-94　铜及铜合金碳弧焊工艺参数

母材	厚度/mm	焊丝直径/mm	碳极直径/mm	电源极性	焊接电流/A	电弧电压/V	预热温度/℃
紫铜	2.0～5.0	5.0	10～12	直流正接	250～350	32～40	200～400
	6.0～8.0		14～16		350～450	32～45	
	9.0～10		18～20		450～600	35～45	

续表

母材	厚度/mm	焊丝直径/mm	碳极直径/mm	电源极性	焊接电流/A	电弧电压/V	预热温度/℃
黄铜	16～20	3.5	8.0～9.0	直流正接	240～300	25～30	300～500
铝青铜	<12	5.0～6.0	10	直流正接	200～280	20～25	
	>12	7.0～8.0	12		200～350	20～25	150～300

第九节 钛及钛合金的焊接

一、钛及钛合金的分类

常用钛及钛合金主要分为工业纯钛和钛合金，其说明见表 9-95。

表 9-95 钛及钛合金的分类

类别	说　明
工业纯钛	工业纯钛的熔点高、比强度大，有一层致密的、非常稳定的氧化膜，具有很好的耐蚀性。工业纯钛有 3 种牌号：TA1、TA2、TA3。TA1 的纯度最高，TA3 最低，随杂质含量增加，纯钛的抗拉强度增加，但伸长率下降
钛合金	为提高强度和改善纯钛性能，往往需加入合金元素。根据合金元素稳定 α 和 β 相的作用不同，常将钛合金分为 α 型（包括近 α 型）、β 型（包括近 β 型）和 α+β 型三大类，其牌号分别由字母 TA、TB、TC 与编号数字组合表示

二、钛及钛合金的焊接性

1. 焊接接头的脆化

为掌握钛及钛合金的焊接工艺，提高焊接接头的质量，必须了解钛及钛合金的焊接特点。钛的化学活性强，在 400℃ 以上的高温（固态）下极易被空气、水分、油脂、氧化皮污染，由表面吸收氧、氮、氢、碳等杂质，以致降低焊接接头的塑性和韧性。

造成焊接接头脆化的主要元素有氧、氮、氢、碳等元素。钛在常温下能保持很高的稳定性和耐蚀性。但在高温下，钛与氧、氮、氢反应速度加快，钛在 300℃ 以上快速吸氢，600℃ 以上快速吸氧，700℃ 以上快速吸氮。保温温度越高，保温时间越长，吸收的氧、氮、氢越多，塑性下降越多。焊接接头在凝固、结晶过程中，在正、反面得不到有效保护的情况下，焊缝金属很容易吸收氮、氢。如果氩气纯度达不到要求或焊接区保护不好，会使焊缝氢、氮含量增加而引起脆化。

碳主要来源于母材、焊丝表面的油污。焊前应仔细清理焊件和焊丝上的油污，避免焊缝增碳，引起脆化。

各种元素的影响见表 9-96。

表 9-96 各种元素的影响

元素	影　响　说　明
氧	氧在钛的 α 相或 β 相中都有很高的溶解度，并能形成间隙固溶相，使钛的晶格严重扭曲，从而提高了钛及钛合金的硬度、强度，但塑性却显著降低。例如：1.5mm 的 TA2 工业纯钛的 $\omega(O)$ 从 0.15% 增至 0.38% 时，其抗拉强度从 568.4N/mm^2 增至 735N/mm^2，冷弯角由 180° 降至 100°。在 600℃ 的高温下，氧与钛发生强烈的作用，当温度高于 800℃ 时，氧化膜开始向钛中溶解、扩散。为了保证焊接接头的性能，除在焊接过程中严防焊缝及热影响区发生氧化外，同时还应限制基体金属及焊丝中的含氧量

元素	影 响 说 明
氮	在 700℃ 以上的高温下,氮和钛发生剧烈的反应,形成脆硬的氮化钛(TiN),而且氮与钛形成间隙固溶体时所引起的晶格歪扭程度比同量的氧所引起的更为严重。因此,氮更剧烈地提高钛的变形抗力,降低钛的塑性。氮的含量尤为明显。氩气中杂质含量对工业纯钛焊缝硬度的影响较大,随着氩气中的氧、氮含量的增加,焊缝硬度增加
碳	常温时 $\omega(C)$ 在 α-钛中的溶解度为 0.13%,碳以间隙形式固溶于 α-钛中,使强度提高,塑性下降,但作用不如氮、氧显著,碳对钛的变形抵抗力的影响比氧和氮小,碳量超过溶解度时生成硬而脆的 TiC,呈网状分布,易于引起裂纹。国家标准规定,钛及其合金中 $\omega(C)$ 不得超过 0.1%,焊接时,工件及焊丝上的油污能使焊缝增碳,因此焊前应注意清理。若钛材中 $\omega(C)$ 高达 0.28% 时,接头的性能变得很脆
氢	氢是稳定 β 相的元素,在 β 相中有较大的溶解度,而在 α 相中的溶解度很小,$\omega(H)$ 大约只有 0.002%,溶于 α-Ti 中的氢,随着温度的下降,以 γ 相(TiH$_2$)形式析出。所析出的 γ 相呈片状,断裂强度很低,在金属中起微裂纹的作用。在 α-钛合金中存在微量的氢就可形成 γ 相,使合金的塑性特别是冲击韧性急剧降低

为了避免钛合金焊缝中出现氢脆,焊接时要严防氢的侵入,一方面要严格控制氢的来源,从原材料入手,要限制基体金属及焊丝中的氢含量以及表面吸附的水分,并提高氩气的纯度。其次可适当采取焊缝冶金措施,例如:向焊缝添加铝、锡等合金元素,以增加氢在 α-Ti 中的溶解度,或添加 β 稳定元素钼、钒等,使合金的室温组织中残留少量 β 相来溶解更多的氢,降低焊缝氢脆,减少钛合金焊缝的氢脆倾向。另一方面要可靠地保护好焊接熔池及近缝区正反面免受空气的作用。

对于质量要求较高且重要的构件,可将焊件和焊丝放入真空度为 0.0130～0.0015Pa 的真空退火炉中加热至 800～900℃ 保温 5～6h 进行脱氢处理。经处理后,焊缝金属中氢的质量分数控制在 0.0012% 以下,从而提高焊接接头的塑性和韧性。

2. 焊接接头的裂纹

焊接接头的裂纹分为热裂纹和冷裂纹,其说明见表 9-97。

表 9-97　焊接接头的裂纹说明

类别	说 明
热裂纹	钛及钛合金中硫、碳等杂质含量较少,很少有低熔点共晶在晶界生成,有效结晶的温度区间窄,焊缝凝固时收缩量小,热裂纹敏感性低。当母材和焊丝质量不合格,特别是当焊丝有裂纹、夹层等缺陷时,由于这些缺陷处往往积聚大量有害杂质,易使焊缝产生热裂纹,因此要特别注意焊丝质量
冷裂纹	当焊缝中含氧、氮量较多,焊缝和热影响区性能变脆,在较大的焊接应力作用下,会产生裂纹。焊接钛合金时,热影响区有时也会出现延迟裂纹,其原因是熔池中的氢和母材金属低温区中的氢向热影响区扩散,引起氢在热影响区含量增加,由于氢气的溶解度变化引起 β 相过饱和析出,TiH$_2$ 析出量增加,使脆性增大。另外,由焊接过程中氢化物析出的同时体积膨胀引起较大的组织应力的作用,再加上氢原子的扩散与聚集,以致最后形成裂纹。对接接头的冷裂纹一般处于焊缝横断面上。为防止冷裂纹的产生,需控制焊接接头中的氢含量。首先要选用含氢量低的材料(焊丝、母材、氩气),并注意焊前清理。必要时,也可进行真空退火处理,以减少焊接接头的含氢量。对于复杂的焊接结构,应进行焊后消除应力处理

3. 焊缝气孔

焊缝有形成气孔的倾向,氢气孔是钛合金焊接时最常见的焊接缺陷,大部分产生在焊缝中部和熔合线附近。它占钛合金整个焊接缺陷的 70% 以上,尽管国内外对气孔进行了大量的研究,在焊接过程中常采用多种预防措施,但是气孔仍不能完全避免。气孔不仅是造成应力集中的因素,而且气孔边缘的金属含氢量高、塑性低,结果是使整个接头的塑性和疲劳寿命降低,甚至导致某些钛合金结构发生断裂、破坏。

形成气孔的因素很多且很复杂,影响钛及钛合金焊缝气孔的有诸多因素,一般认为氢气是产生气孔的主要原因。经电弧高温分解出来的氢溶于熔池,在焊缝金属冷却过程中,冷却结晶时过饱和的氢来不及从熔池逸出时，便聚集在一起形成焊缝气孔。焊接时熔池中部比熔池边缘的温度高，使熔池中部的氢除向气泡核扩散外，同时也向熔合线扩散，熔池边缘容易因为氢过饱和而形成熔合线气孔。

随着焊接电流的增大，形成气孔的倾向增加，不同焊接速度也对气孔有影响，无论是单层焊还是双层焊，焊速增大，气孔将增多。

减少气孔的措施有如下几点。

① 严格控制原材料中氢、氧、氮等杂质气体的含量。

② 焊前仔细清除焊丝、母材表面上的氧化膜及油污等有机物质，不得留有擦拭坡口时的残留物等。

③ 正确选择焊接工艺参数，延长熔池的高温停留时间，便于气泡浮出。一般可减少50%～60%的气孔。

④ 在有条件的地方可采用等离子弧焊。因等离子弧焊能量集中，熔池温度高，对熔池前沿的焊接坡口热清理作用大，有利于气泡析出及清理杂质气体的含量。

⑤ 尽量缩短焊件清理后到焊接的时间间隔，一般不要超过2h，最好是临焊前对焊件、焊丝清理，以防吸潮。

⑥ 采用机械方法加工坡口端面，并除去剪切痕迹，去掉毛刺和减少表面粗糙度。

⑦ 控制氩气的流量，对熔池施以良好的气体保护，防止紊流现象。

⑧ 焊前对焊丝进行真空去氢处理，降低焊丝的含氢量，改善焊丝表面状态。

⑨ 采用低露点氩气，纯度（体积分数）大于99.99%。焊枪上通氩气的管道不宜采用橡皮管，以尼龙软管为好。

综述以上内容，焊丝和坡口表面的清洁度是影响气孔的最主要因素。

焊接方法不同，气孔敏感性也不同。在氩弧焊、等离子弧焊和电子束焊3种焊接方法中，电子束焊气孔最多，等离子弧焊最少。

4. 焊接时的相变引起性能的变化

焊接时的相变引起性能的变化见表9-98。

表 9-98　焊接时的相变引起性能的变化

项目	说　明
含较多β相的α+β钛合金	对于含较多β相的α+β钛合金，在焊后快速冷却条件下，除由β相转变成α相（即焊缝金属中产生的马氏体组织）外，还可能形成脆硬的超显微介稳ω相，使接头的脆性急剧增大，塑性明显下降。为防止上述介稳组织的产生，可采用焊前预热、调整焊接参数等措施，设法减慢焊缝金属的冷却速度，避免在焊接接头中形成ω介稳组织（钛马氏体）。如果已经产生介稳组织，可在焊后进行退火处理（加热至650～700℃，保温1h）
钛的熔化温度高、热容量大，电阻系数大，热导率比铝、铁等金属低得多	上述物理特性使钛的焊接具有更高的温度、较大的尺寸，热影响区金属在高温下的停留时间长，因此，易引起焊接接头的过热倾向，使晶粒变得十分粗大，接头的塑性显著降低。故在选择焊接工艺参数时，应尽量保证焊接接头既不过热又不产生淬硬组织，一般采用小电流、高焊速的焊接工艺参数
钛的纵向弹性模数比不锈钢小	钛的纵向弹性模数比不锈钢小（约为不锈钢的50%），在同样的焊接应力作用下，钛及钛合金的焊接变形量比不锈钢约大一倍。因此，焊接时宜采用垫板和压板将焊件压紧，以减少焊接变形量，同时可起到加强焊缝的冷却效果，焊接5～6mm厚钛板所用的夹具需通水冷却。由试验证明：有循环水冷却的夹具与无循环水冷却的夹具相比，前者可使焊接区的高温停留时间缩短，焊缝的表面色泽得以进一步改善（即氧化程度减轻）
粗晶倾向	焊接钛易形成较大的熔池，热影响区金属高温停留时间长，晶粒长大倾向较大，长大的晶粒难以用热处理方法恢复，所以应采用较小的焊接电流，较快且合适的焊接速度

项目	说　明
焊缝为铸造组织，它比轧制状态塑性低	钛及钛合金用相对焊接性衡量，如采用焊接接头强度来评价焊接性，那么几乎所有退火状态的钛合金，其接头强度系数都可接近100%，难分优劣。因此采用焊接接头的韧、塑性和获得无缺陷焊缝的难易来评价钛及钛合金的焊接性。钛及钛合金的相对焊接性如下表所示 **钛及钛合金的相对焊接性** 见下表

钛及钛合金的相对焊接性

合金	相对焊接性
工业纯钛	焊接性优良
TA7	焊接性尚可
TA7(杂质含量很低)	焊接性优良
Ti-0.2Pd	焊接性优良
TB2	焊接性尚可
TB1	焊接性尚可
TC3	焊接性尚可
TC4	焊接性尚可
TC4(杂质含量很低)	焊接性优良
TC6	焊接性较差，限于特种场合应用
TC10	焊接性较差，限于特种场合应用

　　提示：焊接接头的热量在很大程度上取决于接头坡口表面粗糙度和边缘清洁度及钛材的焊前准备工作。

三、钛及钛合金焊接材料

钛及钛合金焊接材料的选择见表9-99。

表 9-99　钛及钛合金焊接材料的选择

材料	说　明
氩气	适用于钛及钛合金焊接的氩气为一级纯氩(纯度体积分数为99.99%)，露点在−40℃以下，杂质总含量<0.02%，相对湿度<5%，水分<0.001mL/L。氩气的纯度将直接影响到钛焊缝的硬度、冷弯角及氢含量等 当氩气瓶中的压力降至0.981MPa时，应停止使用，以防止降低钛材焊接接头的质量。对于钛材深熔焊和仰焊位置焊接时，也可采用氦气，这样可以增加熔深和改善保护效果
焊丝	钛及钛合金钨极手工氩弧焊时所使用的焊丝，原则上是选择与母材金属成分相同的钛丝。常用的焊丝牌号有TA1、TA2、TA3、TA4、TA5、TA6及TC3等，这些焊丝均以真空退火状态供应。TA1、TA2、TA3等纯钛焊丝的纯度为99.9%。如缺乏上述标准号的钛丝时，则可从母材金属上剪下狭条作为填充焊丝，狭条的宽度相同于板厚。为提高钛焊缝金属的塑性，改善焊接金属的韧性，可采用强度低于母材金属的焊丝。例如：焊接TA7及TC4等钛合金时，可选用纯钛(TA1、TA2及TA3)焊丝。由于改变了焊缝成分(焊缝中的α相增多)，而使接头的塑性显著提高。TC3钛合金氩弧焊时，一般选用与基体金属同质的TC3焊丝，但也可用TA7或工业纯钛丝。钛丝的杂质含量要少，焊丝的间隙元素含量较低，可改善焊缝金属的韧性、塑性，其表面不得有烧皮、裂纹、氧化色、金属或非金属夹杂等缺陷，允许有轻微的银灰色彩、划痕或擦伤等现象，但确保焊丝表面清洁

四、焊前的准备及焊接工艺

（一）焊前的准备

焊前的准备说明见表9-100。

（二）钛及钛合金焊接工艺

钛及钛合金采用的焊接工艺方法有钨极氩弧焊、埋弧焊、等离子弧焊和真空电子束焊，电阻点焊和缝焊、钎焊、扩散焊、激光焊等。不能采用普通的焊条电弧焊、气焊、CO_2 气体保护焊。

表 9-100 　焊前的准备说明

项目	说　明
坡口制备	在选择坡口形式及尺寸时，要尽量减少焊接层数和填充金属量，随着焊接层数的减少，就可以降低焊缝的累积吸气量，防止接头的塑性下降，V 形坡口是一种常用的坡口形式，V 形坡口的钝边宜小，在单面焊时，甚至可不留钝边，坡口角度为 60°～65° 钛板的坡口可用刨边机、刨床或铣床等设备加工。其粗糙度以 $Ra6.3～3.2\mu m$ 为宜。对于较厚的钛板，虽可用等离子弧切割，但易出现钛板边缘硬度增高的倾向，给随后的机械加工带来困难，所以最好采用刨、铣等加工工艺；对小型件如螺旋桨叶片、环向接头等形状较复杂的焊件坡口，用锉刀进行手工加工。钛管端面的坡口，可用电动刮刀刮削或在车床上加工
焊件、焊丝清理	钛板及钛丝的清理质量对焊接接头的力学性能有很大的影响，清理质量不高时，往往在钛板及钛丝面上表面上生成一层灰白色的吸气层，并导致形成裂纹、气孔。钛板及钛丝的清理可分为机械清理及化学清理两种方法 ①机械清理　对于焊接质量要求不高或酸洗有困难的焊件，可用不锈钢丝刷擦拭，或用硬质合金刮刀刮削待焊边缘，刮深 0.025mm 即可去除氧化膜。氧化皮的清理，在 600℃ 以上形成的氧化皮很难用化学方法清除，除用不锈钢丝刷或锉刀清理，也可用喷丸或蒸汽喷砂进行清理，还可采用磨削，但要选用碳化硅材质的砂轮。然后再进行酸洗，确保无氧化皮和油脂污染。也可用丙酮或乙醇、四氯化碳或甲醇等溶剂去除坡口两侧的手印、有机物质及焊丝表面的油污等 如清理后的储存时间需要延长，可将其存放在有干燥剂的容器有可控湿度的储存室中，如无此条件，在焊前还需轻微酸洗 ②化学清理　在焊接前，待焊区及其周围必须仔细清理，去除污物并干燥 去除油脂酸洗，在焊前先用丙酮、乙醇、四氯化碳、甲醇等溶剂擦拭钛板坡口及其两侧（各在 50mm 以内），除焊丝、工夹具与钛板相接触的部分外，还应彻底清除钛脂，焊丝的水分、手印痕迹，油污、灰尘及氧化物等污染物。当金属表面无氧化皮时，仅需除油脂；有氧化皮时，应先除氧化皮，后除油脂。对油污、油脂、油化、挂印等污染物，可采用适当的溶剂清洗，最常用 $\omega(HF)$ 为 3%～5%、$\omega(HNO_3)$ 为 35%～40% 水溶液，温度为室温，时间为 10min 左右，酸洗后用清水冲洗、烘干。当存在应力腐蚀危险时，不能用自来水冲洗，应当用不含氯离子水冲洗，机械磨光，刮削待焊表面并随后用无水乙醇清洗的方法也可代替酸洗处理 如果钛板热轧后已经酸洗，但存放较久又生成新的氧化膜，可在质量分数 HF2%～4%＋$HNO_3$30%～40%＋H_2O（余量）溶液中浸泡 15～20min（室温），然后用清水冲洗干净并烘干 热轧后未经酸洗的钛板，氧化膜较厚，应先进行碱洗，在质量分数烧碱为 80%、碳酸氢钠 20% 的浓碱水溶液中浸泡 10～15min，溶液的温度保持在 40～50℃，取出冲洗后再进行酸洗。酸洗液的配方为：每升溶液中，硝酸 55～60mL，盐酸 340～350mL，氢氟酸 5mL。室温下浸泡 10～15min，取出后分别用热水、冷水冲洗，并用白布擦拭、晾干 经酸洗的焊件、焊丝应在短时间内焊完，对焊件的坡口处应采用塑料布覆盖防止污染。对已污染的焊件，可用丙酮或酒精擦洗。焊丝可放在温度为 150～200℃ 的烘箱内保存，随用随取，取用钛焊丝需戴洁净的白手套，以免污染焊丝
定位焊与装配	定位焊是为减少焊件变形的方法之一，焊前可在接头坡口间进行点固焊，一般焊点间距为 100～150mm，长度为 10～15mm。点固焊所用的填充焊丝、焊接工艺参数及气体保护条件等与正式焊接时相同，在每一位定焊点停弧时，应延时关闭氩气。法兰盘、管接头及平板角接接头装配时，要保证焊件接头有紧密的装配间隙。在装配时严禁用铁器敲击和划伤焊件的表面

1. 钨极氩弧焊

在许多的焊接方法中应用最广的是手工钨极氩弧焊。它主要用于 10mm 以下钛板的焊接，大于 10mm 的钛板，可采用熔化极自动氩弧焊。真空充氩焊用于形状复杂且难以使用夹具保护的较小部件或零件的焊接。厚度为 0.5～2.5mm 的钛板，可不开坡口、不加焊丝进行双面焊或单面焊。3mm 以上的钛板，一般加工成 V 形坡口；10mm 以上的钛板，加工成对称 X 形坡口。焊接时在坡口正面底层不加钛焊丝，先用焊枪熔焊一道，以后各层再添加钛焊丝。

钛及钛合金氩弧焊工艺参数的选择，既要防止焊缝在电弧热的作用下出现晶粒粗化的倾向，又要避免焊后冷却过程中形成脆硬组织。纯钛及所有的钛合金焊接时，都有晶粒长大的倾向，尤以 β-钛合金最为显著，而晶粒长大后难以用热处理方法调整，所以焊接参数的选择主要着重于防止晶粒粗化，焊接时应用较小的焊接热输入。如焊接规范选择不适当，容易在焊缝中形成缺陷。钨极氩弧焊采用的电流为直流正极性，熔化极宜采用直流反极性。

自动、手动钨极氩弧焊工艺相同，工艺参数的选择，主要避免焊后冷却过程中形成脆硬组织。焊接工艺参数要适当，在焊接 2mm 厚纯钛板时，由于母材中氢含量较高，在不加钛丝时，焊缝中产生了气孔，但当采用添加钛丝焊接时，气孔数量就显著减少。在焊接 6mm 厚的纯钛板时，如选用较小电流焊接时，在焊缝中出现气孔，焊接电流稍增大，就可消除气孔缺陷。但焊接电流过大，焊缝金属易发生氧化，形成气孔及引起晶粒长大倾向。

氩气流量的选择以达到良好的焊缝表面色泽为准，过大过小都有不利的影响。拖罩中的氩气流量不足时，焊接接头表面呈现出不同的氧化色泽，在焊接过程中，如发现焊缝呈浅蓝色，应停止焊接。流量过大时，将会对主喷嘴的气流产生影响。焊缝背面的氩气流量也不能太大，否则会影响到正面第一层焊缝的气体保护效果。

钛及钛合金板的手工和自动钨极氩弧焊的焊接工艺参数见表 9-101、表 9-102。该工艺参数主要适用于对接长焊缝及环焊缝。焊接长焊缝时，当焊接电流大于 200A 时，在拖罩下端帽檐处需设置冷却水管，以防过热，避免烧坏铜丝网和外壳。焊接过程中可加焊丝或不加焊丝，一般第一层均不加焊丝，从第二层起加焊丝。在不影响可见度和能方便地填充钛丝的情况下，应尽量降低喷嘴与焊件间的距离，一般取 6~10mm，焊接速度应控制在确保350℃以上的接头高温区置于氩气保护层下。焊接速度太快时，气体保护效果减弱，且焊缝表面成形不良。

表 9-101　钛及钛合金板的手工钨极氩弧焊的焊接工艺参数

板厚 /mm	坡口形式	钨极直径 / mm	焊丝直径 /mm	焊接层数	焊接电流 /A	氩气流量/(L/min³) 正面	拖罩	背面	喷嘴孔径 /mm	备注
0.5	I 形坡口对接	1.5	1.0	1	30~50	8~10	14~16	6~8	10	对接接头的间隙 0.5mm
1.0		2.0	1.0~2.0	1	40~60	8~10	14~16	6~8	10	
1.5		2.0	1.0~2.0	1	60~80	10~12	14~16	8~10	10~12	
2.0		2.0~3.0	1.0~2.0	1	80~110	12~14	16~20	10~12	12~14	
2.5		2.0~3.0	2.0	1	110~120	12~14	16~20	10~12	12~14	
3.0	V 形坡口对接	3.0	2.0~3.0	1~2	120~140	12~14	16~20	10~12	14~18	坡口间隙 2~3mm，钝边 0.5mm。焊缝背面衬有钢垫板，坡口角度 60°~65°
3.5		3.0~4.0	2.0~3.0	1~2	120~140	12~14	16~20	10~12	14~18	
4.0		3.0~4.0	2.0~3.0	2	130~150	14~16	20~25	12~14	18~20	
5.0		4.0	3.0	2~3	130~150	14~16	20~25	12~14	18~20	
6.0		4.0	3.0~4.0	2~3	140~180	14~16	25~28	12~14	18~20	
7.0		4.0	3.0~4.0	2~3	140~180	14~16	25~28	12~14	20~22	
8.0		4.0	3.0~4.0	3~4	140~180	14~16	25~28	12~14	20~22	

焊接层数越少越好，增加焊接层数容易引起晶粒长大及过多的焊缝吸气量。在厚板多层多道焊时，为防止焊件过热，应在前一层焊缝冷却到室温后再焊下一层焊缝。

纯钛及合金的中、厚板采用 MIG 焊可减少焊接层数，提高焊接速度和生产率，降低成本，也可减少焊缝中的气孔。但此法的缺点是飞溅较大，影响焊缝成形和保护效果。焊薄板采用短路过渡，厚板采用射流过渡。对于熔化极焊接，由于焊速较高、高温区较长，拖罩要适当加长，并用流动水冷却。

表 9-102　钛及钛合金板的自动钨极氩弧焊的焊接工艺参数

板厚/mm	钨极直径/mm	焊接直径/mm	焊接电流/A	电弧电压/A	焊接速度/(m/min)	送丝速度/(m/min)	坡口形式	焊接层数	氩气流量/(L/min) 正面	氩气流量/(L/min) 背面	氩气流量/(L/min) 拖罩
0.5	1.5		25～40		—				—		
0.8	1.5	—	45～55	8～10	0.2～0.4				8～12	2～4	10～15
1.0	1.6		50～65		0.3～0.5						
1.2	2.0		75～90	10～12	0.15～0.45	0.25～0.5	—	1	10～15	3～6	12～18
1.5	2.0	1.2～1.6	90～120								
2.0	2.5	1.6～2.0	140～160	10～14	0.15～0.40	0.25～0.6					
2.5	3.0	1.6～2.0	180～220			0.25～0.75					
3.0	3.0	2.0～3.0	200～240	14～16	0.30～0.33	0.30～0.85			12～14	10～12	16～18
4.0	3.0	3.0	200～260			—	12mm 间隙	2	12～14	18～20	
6.0	4.0	3.0	240～280	14～18	0.30～0.35	—	V 形 60°	3	14～16	14～16	20～24
10.0	4.0	3.0	200～260		0.15～0.2	—	V 形 60°	3		14～16	20～24

　　脉冲钨极氩弧焊焊接厚度为 0.1～2.0mm 的纯钛及钛合金板材、对焊接热循环敏感的钛合金以及薄壁钛管全位置焊接时，宜采用脉冲钨极氩弧焊。这种方法可成功地控制钛焊缝的成形，减少焊接接头过热，提高接头塑性，易于实现单面焊双面成形，获得质量高、变形量小的焊接接头，见表 9-103。

表 9-103　钛及钛合金板的脉冲钨极自动氩弧焊工艺参数

板厚/mm	电流强度/A 脉冲	电流强度/A 基值	钨极直径/mm	脉冲通电时间/s	休止时间/s	焊接电压/V	弧长/mm	焊接速度/(m/h)	氩气流量/(L/min)
0.8	50～80	4～6	2	0.1～0.2	0.2～0.3	10～11	1.2	18～25	6～8
1.0	66～100	4～5		0.14～0.22	0.2～0.34				
1.5	120～170	4～6	3	0.16～0.24	0.2～0.36	11～12		16～24	8～10
2.0	160～210	6～8					1.2～1.5	14～22	10～12

2. 埋弧焊

　　采用埋弧焊进行焊接时，焊接设备可采用普通的埋弧焊机，交、直流均可，但用直流反接时，焊缝成形较好，效率较高。埋弧焊焊剂可采用 CaF_2 79.5％＋$BaCl_2$ 19％＋NaF 1.5％ 的配方，也可采用 CaF_2 87％＋$SrCl_2$ 10％＋$LiCl_2$ 3％ 的配方。要求焊剂使用前应于 300～400℃ 下烘干。工业纯钛埋弧焊的工艺参数见表 9-104。

表 9-104　工业纯钛埋弧焊的工艺参数

板厚/mm	接头形式	焊丝直径/mm	焊接电流/A	电弧电压/V	焊接速度/(m/h)
1.55～1.8		1.5	160～180	30～34	60～65
2～2.5		2～2.5	190～200	32～34	50
2.5～3	对接		220～250		
3～3.5		2.5～3	250～320	34～36	45～50
5～8			320～400		
8～12			400～580		
2～3	搭接	2～2.5	250～300	30～34	40～5
3～5	角接	2.5～3			

3. 等离子弧焊接

　　等离子弧焊接具有能量密度高、线能量大、效率高、单面焊双面成形，无钨夹杂、气孔少和接头性能好等优点，非常适于钛及钛合金的焊接。可采用"小孔型"和"熔透型"两种方法进行焊接。"小孔型"一次焊透的适合厚度为 2.5～10mm 的钛材，因为纯钛在液态下的表面张力大，更适合采用小孔效应等离子弧焊。"熔透型"适于各种厚度，但一次焊透的厚度较小，3mm 以上一般需开坡口，填丝焊多层，同样可使用氩弧焊拖罩，提高气体保护效果，随着板的厚度增加和焊速提高，拖罩长度要适当加长。由于高温等离子焰流过小孔，为保证小孔的稳定，等离子弧焊时背面不用垫板，这主要是由于等离子弧焊缝背面容易成形。背面沟槽尺寸要大大增加，一般取宽、深各 20～30mm 即可，背面保护气流量也要增加。15mm 以上钛材焊接时，可以开 V 形或 U 形坡口，钝边取 6～8mm，用"小孔型"等离子弧焊封底，然后用埋弧焊、钨极氩弧焊或"熔透型"等离子弧焊填满坡口。用等离子弧焊封底可显著减少焊接层数、填丝量和焊接角变形，并能提高生产率和降低成本。"熔透型"多用于 3mm 以下薄件焊接，它比钨极氩弧焊容易保证焊接质量。

在我国，等离子弧焊接已成功用于航天压力容器、30 万吨合成氨成套设备和 24 万吨尿素汽提塔。钛材等离子弧焊接工艺参数见表 9-105。等离子弧焊时，焊接速度的选择很重要，根据板的厚度，要选择合适的速度，太慢焊件易被烧穿，太快焊缝变窄，气体保护效果减弱。电源采用直流正接。

表 9-105　钛材等离子弧焊接工艺参数

厚度 /mm	喷嘴孔径 /mm	焊接电流 /A	焊接电压 /V	焊接速度 /(m/min)	焊丝直径 /mm	氩气流量/(L/min^3)			
						离子气	保护气	拖罩	背面
0.2	0.8	5	—	7.5	—	0.25	10	—	2
0.4	0.8	6	—	7.5	—	0.25	10	—	2
1	1.5	35	18	12	—	0.5	12	15	2
3	3.5	150	24	23	1.5	4	15	20	6
6	3.5	160	30	18	1.5	7	20	25	15
8	3.5	172	30	18	1.5	7	20	25	15
10	3.5	250	25	9	1.5	7	20	25	15

等离子弧焊不填丝，焊接接头去掉余高。氩弧焊的填丝金属为 TC3；拉伸试样均断于过热区。两种焊接方法接头强度系数皆可达到 93%，接头塑性等离子弧焊可达到母材的 70%左右，比氩弧焊好，提高了约 50%。TC4 合金钨极氩弧焊和等离子弧焊的接头力学性能如表 9-106 所示。

表 9-106　TC4 合金焊接接头力学性能

材料	抗拉强度/MPa	屈服强度/MPa	伸长率/%	断面收缩率/%	冷弯角/(°)
等离子弧焊接接头	1005	954	6.9	21.8	13.2
钨极氩弧焊接头	1006	957	5.9	14.6	6.5
母材	1072	983	11.2	27.3	16.9

第十章
异种金属材料的焊接

第一节 | 异种金属焊接的特点、问题、方法及接头

一、异种金属焊接的特点

金属焊接性是金属是否适应焊接而形成完整的、具备一定使用性能的焊接接头的特性。从理论上讲，只要在熔化状态下能够互相形成熔液或共晶的任意两种金属都可通过熔化焊接形成接头。但如果两种金属之间形成金属间化合物（脆性相），则熔化焊接接头就不好，需要用固态焊接或熔化焊接时采用过渡层等。因此，异种金属焊接接头存在以下特点。

1. 异种金属焊接接头熔合区附近的化学成分

异种金属焊接熔合区的化学成分可分为 3 个阶段来说明它的变迁，以碳元素的迁移为例。

第一阶段：焊缝金属还处于液态熔池的状态，碳在固态金属中的溶解度远远低于液态金属，所以碳由基本金属的固态向焊缝金属的液态过渡。

第二阶段：从熔池结晶开始，由于碳在焊缝固溶体中浓度大，而熔合线靠近基本金属一侧的浓度小，随着冷却的过程碳又从焊缝向基本金属方向位移，这种反向位移有可能与第一种迁移阶段的结果达到平衡。

第三阶段：这是异种金属焊接所特有的，随着焊接接头继续冷却下来，碳从固溶体中析出，并与其他元素结合生成碳化物，一直到 $350\sim400℃$ 为止，当降到这个温度以下时，碳元素的扩散能力下降。

如果采用多层焊，复合结构经焊后热处理或在高温条件下工作，就会出现类似第二阶段的碳迁移，这一熔合线成分的变化为第四阶段。但总的来说，如果复合结构焊后不进行热处理，又不是在长时间的高温下工作，异种金属焊接结构还是能够具有一定的工作性能的，熔合线化学成分的变化可不必过多考虑。

2. 焊接接头熔合区的组织

同种金属的焊接接头由于基体金属的轧制或锻、铸状态与焊缝的快速冷却，快速结晶铸态组织有较大的差距，加上填充金属的化学成分与基本金属总是有差异的，所以从基体过渡到焊缝的交界处能够从金相磨片上看到一个界面，宏观上为"熔合线"，微观上认为是尺寸很小的"熔合区"。但同种金属焊接接头各部分差异毕竟不大，特别是它们的晶格常数比较接近，在结晶过程中伴随发生的结晶物质的晶格扭曲变形层很薄，而且随着结晶物质的继续增长而很快使晶格扭曲的程度变小了。因此，它的变形层厚度只相当于单个分子或几十个原子的直径。"熔合线"就显得不那么鲜明，从金相磨片上看，熔合线处不那么截然分明。

异种金属焊接结构的破坏多半发生在熔合区。这是因为基体金属和焊缝合金化方面有差别，不可避免地在分界面上引起过渡层中晶格的畸变，从而造成晶格的各种缺陷。由于靠近熔合区各段上焊缝结晶特点的不同，又易形成性能不好的、成分变化的过渡层；另外，由于处在高温的时间长，这一区域的扩散层会扩大，会进一步使金属的不均匀性增加。

决定熔合区组织的性能主要有两个过程：一是异种金属结晶过程本身，这一过程决定着熔合区的组织和近缝区可能出现的成分逐渐变化的过渡层；二是一些扩散过程，它能够在熔合区引起成分和性能与基体金属不同的过渡层，从微观组织分析的观点来看，相互接触的两种金属，尽管化学成分相差不大，但只要它们的晶格类型相同，基体金属与焊缝熔合区就有相容性，如两种金属的晶格相差较大，但在晶格中有结合物也会有共同的结晶，这时在熔合区内就会出现一种晶格向另一种晶格过渡的单分子层，由于这里发生了晶格畸变，所以过渡层是受力的。组织类型不同的异种金属接头中，仍存在 α 与 γ 的结晶晶格方向相适应的结晶条件，因此该类异种金属接头的熔合区内也应有共同的结晶方向。

3. 异种金属焊接接头的裂纹

异种金属结构常选用具有淬火倾向的高合金马氏体的一般低、中合金的珠光体钢。对于淬火钢来说，主要是近缝区有裂纹。它是指平行于熔合线略有一点距离处所出现的裂纹。一种可能是出于焊接加热后引起基体金属淬火而产生，因为淬火钢在焊接时近缝区产生马氏体，其比热容增大造成组织应力加大，导致近缝区出现微观裂纹，在焊接应力的作用下，微观裂纹扩大发展成为宏观裂纹。另一种可能是氢致裂纹，因为淬火钢近缝区的冷裂纹是由于氢从焊缝金属中扩散到近缝区并使之饱和，增加了近缝区的脆性而开裂。

还有一种裂纹是指焊缝金属本身的热裂纹，这是高合金钢焊缝金属中易出现的缺陷，特别是纯奥氏体组织的焊缝最易出现焊缝中心裂纹。

4. 碳迁移现象

异种金属焊接时或焊后经热处理或经高温运行后，经常发现低合金一侧的碳通过焊缝边界向高温合金焊缝中"迁移"的现象，分别在熔合线两侧形成脱碳层和增碳层，在低合金一侧母材形成脱碳层，在高合金焊缝一侧形成增碳层。

碳迁移是造成接头高温力学性能降低，高温下失效断裂增加，影响高温使用寿命的主要原因之一。增碳层的韧性下降易发生脆性断裂，脱碳层的强度下降也易导致断裂。

为减小异种金属焊接中碳迁移现象和碳迁移过渡层宽度，应在焊缝中含有能增大碳活度系数的元素。影响碳迁移的现象除温度和时间外，主要是化学成分。实践表明，焊缝中含有一定的镍可显著减小增碳层与脱碳层宽度，而且要控制焊后热处理，焊后加热温度与加热时间对碳迁移的影响也非常明显。

二、异种金属焊接的主要问题

由于异种金属之间的物理性能、化学性能及化学成分等有着显著的差异，异种金属焊接无论从焊接原理和操作技术上都比同种金属焊接复杂得多。异种金属焊接的主要问题见表10-1。

表 10-1　异种金属焊接的主要问题

问题	说　明
异种金属熔点相差越大越难以进行焊接	由于熔点低的金属达到熔化状态时，熔点高的金属仍为固体状态，已熔化的金属容易渗入过热区的晶界，使过热区的力学性能降低；而当熔点高的金属熔化时，熔点低的金属会流失，合金元素易烧损或蒸发，使得焊接接头难以焊合

续表

问题	说　明
异种金属的线胀系数相差越大越难以进行焊接	由于线胀系数大的金属热膨胀率大,冷却时收缩程度也大,因而在熔池结晶时会产生很大的焊接应力。这样,造成了焊缝两侧金属承受的应力状态不同,所以易使焊缝和热影响区产生裂纹,甚至导致焊缝金属与母材金属剥离
异种金属的热导率和比热容相差越大越难以进行焊接	金属的热导率和比热容相差过大,会使焊缝金属结晶条件变坏,造成晶粒粗化严重,并会影响难熔金属的润湿性能。因此应选用强力热源进行焊接,而且在焊接时,热源的位置应偏向导热性能好的母材一侧
异种金属的氧化性越强越难以进行焊接	当用熔焊方法焊接铜和铝时,熔池中极易形成铜和铝的氧化物(CuO、Cu_2O 和 Al_2O_3)。冷却结晶时,存在于晶粒间的氧化物会使晶间的结合力降低。CuO 和 Cu_2O 均会与铜形成低熔点共晶体($Cu+CuO$ 和 $Cu+Cu_2O$),使焊缝产生夹渣和裂纹。铜和铝形成的 $CuAl_2$ 和 Cu_9Al_4 脆性化合物,能显著降低焊缝的强度和塑性。因此,采用熔焊的方法焊接铜和铝是相当困难的
异种金属之间形成的金属化合物越多越难以进行焊接	由于金属间的化合物均具有很大的脆性,容易使焊缝产生裂纹,甚至折断
异种金属的电磁性相差越大越难以进行焊接	由于金属的电磁性相差较大,使焊接电弧不稳定,造成焊缝成形不良。如在 20 钢与纯铜的焊接过程中,若将电子束指向纯铜母材金属,会出现电子束向钢母材一侧移动的现象,这是由于两种母材金属存在磁性差异造成的
异种金属合金成分含量相差越大越难以进行焊接	当低碳钢与奥氏体不锈钢焊接时,焊缝金属两侧的含铬量不同,加热到一定温度后,碳原子就从含铬量低的碳素钢一侧向含铬量高的不锈钢一侧迁移,这种现象称为碳迁移。这样,在焊缝熔合区含铬量低的碳素钢一侧就会形成脱碳层,而含铬量高的不锈钢一侧就会形成渗碳层。碳迁移的程度与相近钢材含铬量的浓度差、加热温度和加热时间等因素有关。由于碳迁移的结果,造成脱碳层软化、渗碳层硬化,致使焊接接头的冲击韧性和塑性降低
异种金属焊缝和两种母材金属不易达到等强度	由于焊接时熔点低的金属元素容易烧损、蒸发,从而使焊缝的化学成分发生变化、力学性能降低。尤其是焊接异种有色金属时,这种现象就更为明显

三、异种金属焊接性与焊接接头

1. 异种金属接头的焊接性

有些异种金属焊接时,接头的焊接性优良,只需在正常的焊接条件下,就能获得良好的焊接接头;有些异种金属接头焊接性很差,即使采取特殊的焊接工艺措施,也很难获得满意的焊接接头;还有些异种金属,目前采取任何焊接方法都不能形成焊接接头,或者根本就不能进行焊接。因此,了解异种金属接头焊接组合的可能性,对焊接异种金属采用什么焊接方法、制定怎样的焊接工艺措施,使用何类焊接设备,选用什么成分的填充材料,以及采取什么样的操作技术等,都具有重要的意义,对指导异种金属的焊接生产提供了科学依据。

2. 异种金属焊接接头

图 10-1 所示为异种金属焊接接头组成。图中 A 为填充材料,B 和 C 分别表示被焊接的异种母材金属。整个焊接接头包括焊缝区和热影响区两部分。采用熔化焊焊接异种金属时,熔化的金属凝固后成为焊缝。焊接时由于局部加热,与焊缝区邻近的母材金属因热传导而受到热的影响,这个部分因受热但未熔化而发生金相组织和力学性能的变化的区域称为热影响区。焊缝区与热影响区的交界线称为熔合线。实际上在焊缝区与热影响区

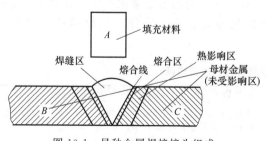

图 10-1　异种金属焊接接头组成

的交界处具有一定尺寸的半熔化区（即过渡区），通常把这一过渡区称为熔合区。通过以上分析可知，异种金属的焊接接头是由焊缝区、熔合线、熔合区和热影响区组成的。

（1）焊缝区

焊缝区的成分为填充材料和母材金属，其性能除取决于填充材料及母材金属对熔池的稀释率外，还与焊接方法、焊接工艺有关。异种金属焊接时形成焊缝的熔池一般具有以下特点。

① 熔池温度高。异种金属焊接时，弧柱温度可高达 $5000\sim8000℃$（等离子弧中心温度可达 24000K）。高温会使熔池中合金成分强烈烧损、蒸发，导致焊缝的组织成分发生变化。

② 熔池体积小。采用焊条电弧焊焊接时，熔池体积为 $2\sim10cm^3$；采用埋弧焊时，熔池体积为 $9\sim30cm^3$。除电渣焊外，一般熔池金属的质量不超过 100g，因而冶金反应非常强烈。

③ 熔池结晶时间短。这是由于熔池随焊接源做同步运动，熔池头部熔化，尾部开始凝固，使整个熔池停留在液态的时间很短，一般只有几秒或十几秒，这样容易造成焊缝的化学成分不均匀，很容易形成偏析。

④ 焊接时熔池金属始终处于运动状态，不断有新的填充材料和母材金属熔入熔池中参加反应，从而使异种金属的焊接在焊缝区的组织成分变化很大，熔池金属不断更换，增加了焊接冶金反应的复杂性。

（2）熔合区

熔合区的成分为焊缝和母材金属的成分，熔合区的宽度只有 $0.1\sim0.15mm$，而且固、液两相共存，具有以下特点。

① 熔合区是焊缝与母材交接的过渡区，熔合区的组织成分和冶金反应较同种金属的焊接要复杂得多。

② 具有明显的化学不均匀性，特别是对于异种钢的焊接接头，由于化学成分的不均匀，在熔合区存在碳迁移现象。所谓碳迁移是指碳在熔合线处有突变，在母材金属一侧出现脱碳层，而在焊缝一侧出现增碳层。

③ 熔合区结晶组织粗大，具有金相组织不均匀性，容易产生焊接裂纹和脆性断裂，是异种金属焊接接头最薄弱的区域。

（3）热影响区

热影响区的成分为母材金属的成分，其主要特点如下。

① 热影响区晶粒粗大，具有组织和性能的不均匀性，使得塑性和冲击韧性明显下降。

② 热影响区是应力集中的部位，具有应力、应变分布的不均匀性，焊后极易产生焊接变形和残余应力。

③ 热影响区具有硬化、软化和脆化同时存在的现象，是焊接接头力学性能最差的部位。

3. 异种金属焊接接头的连接形式

异种金属焊接接头的连接形式见表10-2。

四、异种金属的焊接方法

异种金属的焊接方法很多，归纳起来有熔化焊、压焊和钎焊 3 大类，见表10-3。

表 10-2   异种金属焊接接头的连接形式

类别	说　明
异种金属焊接接头的直接连接	所谓异种金属焊接接头的直接连接,就是两种金属不通过第三种金属直接焊接在一起,形成一个不可拆卸的永久性接头。直接连接可采用熔化焊、压焊或钎焊的方法,在生产中有很大的实用价值,因而广泛应用 异种金属 A 和 B 直接连接主要有如图 1 所示的几种形式 ①如图 1(a)所示,在金属 A 上先堆焊一层金属 B ②如图 1(b)所示,在金属 A 上先喷焊一层金属 B ③如图 1(c)所示,在金属 A 上先喷涂一层金属 B ④如图 1(d)所示,在金属 A 上先镀一层金属 B 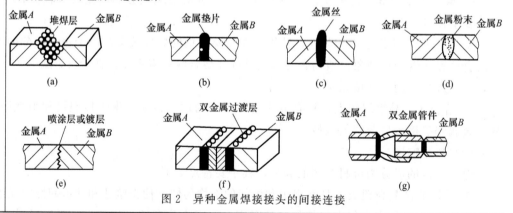 图 1　异种金属焊接接头的直接连接
异种金属焊接接头的间接连接	所谓异种金属的间接连接是通过填加第三种金属把两种金属焊接在一起,形成不可拆卸的永久性接头。异种金属接头的间接连接,通常采用熔化焊、钎焊等方法,填加的第三种金属是预先制备好的金属粉末、丝、棒、板和垫片等,因此焊接工艺复杂,要求操作技术水平更高 异种金属焊接接头主要有如图 2 所示的几种形式 ①如图 2(a)所示,在金属 A 的坡口上先堆焊一层中间金属,然后用与中间金属和金属 B 性能相近的填充金属再把中间金属与金属 B 焊接起来 ②如图 2(b)所示,在金属 A 与金属 B 之间填加金属垫片,通过焊接金属垫片,将金属 A 和金属 B 连接起来 ③如图 2(c)所示,在金属 A 与金属 B 之间填加金属丝,通过焊接金属丝使金属 A 和金属 B 连接起来 ④如图 2(d)所示,在金属 A 与金属 B 之间填加金属粉末,把金属 A 和金属 B 连接起来 ⑤如图 2(e)所示,在金属 A 的接头表面上,先喷涂或镀上一层金属,然后将涂层或镀层再与金属 B 焊接起来,焊接时可填充金属或不填充金属 ⑥如图 2(f)所示,在金属 A 与金属 B 之间加一个双金属过渡段(过渡段预先用爆炸焊或其他方法复合而成),然后利用过渡段分别通过焊接将金属 A 和金属 B 连接起来 ⑦如图 2(g)所示,在金属 A 与金属 B 之间加一个双金属管件,通过金属 A 和金属 B 与双金属管件分别进行焊接把金属 A 和金属 B 连接起来 图 2　异种金属焊接接头的间接连接

表 10-3   异种金属的焊接方法

焊接方法	说　明
熔化焊	熔化焊是将待焊处的母材金属熔化以形成焊缝的焊接方法,它包括焊条电弧焊、气体保护电弧焊、电渣焊、埋弧焊、真空电子束焊、等离子弧焊和气焊等
压焊	压焊是在焊接过程中必须对焊件施加压力,通常异种金属采用的压焊方法有电阻焊、摩擦焊、爆炸焊、扩散焊、超声波焊和冷压焊等
钎焊	钎焊是采用比母材金属熔点低的金属材料作钎料,将焊件和钎料加热到高于钎料熔点,低于母材金属熔化的温度,利用液态钎料润湿母材,填充接头间隙,并与母材相互扩散实现连接的焊接方法,钎料熔点低于450℃的钎焊为软钎焊,钎料熔点高于 450℃的钎焊称为硬钎料

第二节 钢与铸铁的焊接

一、钢与铸铁的焊接性

钢与铸铁焊接时，由于铸铁在冷却结晶过程中，对冷却速度的敏感性很强，而且具有强度低、塑性差、脆而硬的特点，因而焊接性很差。铸铁与钢焊接时存在的主要问题有以下几方面。

1. 铁与钢的焊接接头出现白口组织

铸铁与钢焊接时，在焊接接头出现白口组织的主要原因见表 10-4。

表 10-4 焊接接头出现白口组织的主要原因

原因	说　明
钢与铸铁化学成分的影响	铸铁中含碳、硅量比钢高很多（通常含碳的质量分数在 3.0% 以上）。用低碳钢填充材料焊接铸铁与钢，即使选择较小的焊接电流，在焊缝中的铸铁成分所占比例也能达到 1/4～1/3，使之平均含碳量的质量分数为 0.7%～1.0%，属于高碳钢（含碳的质量分数大于 0.6%）成分，冷却结晶后产生脆硬的马氏体组织，其布氏硬度高达 500HB 左右。在焊接时，由于在电弧高温的作用下熔池中促进石墨化元素（Si、Al、Ti、Ni 及 Cu 等）严重烧损和蒸发，使液态金属中的碳元素石墨化减小，甚至以完全渗碳体（Fe₃C）的形式存在，即焊缝出现白口组织。而且白口组织在两种母材金属的熔合线附近更为明显。当用低碳钢作填充材料时，半熔化区的碳和硅含量高于熔池，并向熔池扩散，从而降低了石墨化的能力。同时半熔化区是热影响区中温度最高、宽度最窄的区域，冷却速度很快，极易出现白口组织
焊接冷却速度的影响	在焊接的过程中，由于冷却速度很快，使两种母材金属熔合线附近的液态金属首先结晶，由奥氏体直接转变成马氏体，碳来不及析出，不能充分进行石墨化过程，形成了 Fe₃C 脆性组织。由于碳在奥氏体中的浓度不同，加热温度较高的区域（靠近半熔化区），奥氏体中含碳也高，当焊接冷却速度较快时，会从奥氏体中析出二次渗碳体，当冷却速度过快时，就会产生马氏体组织。采用低碳钢焊条焊接铸铁时，钢的焊接接头组织与碳的含量和冷却速度的关系如下图所示 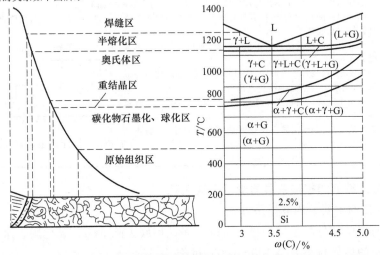 <div style="text-align:center">铸铁与钢的焊接接头组织变化</div>铸铁与钢焊接时，为防止焊接接头出现白口组织及脆硬组织，应从焊接冶金和工艺两方面采取措施，即控制焊缝金属的化学成分和冷却速度，采取的措施以下两点： ①选用塑性大、抗裂性能高的填充材料，如镍基合金、高钒合金和铜钢合金等，使焊缝金属中的铸铁成分减小 ②选择合适的焊接方法。选用气焊时，由于加热和冷却速度比较缓慢，减少碳和硅的烧损，可防止产生白口组织。选用 CO₂ 气体保护焊进行多层焊时，前层对后层起预热作用，能避免焊缝产生白口组织。选用钎焊时，由于两种母材金属被焊部位不熔化，只是钎料熔化，对防止焊缝区和热影响区的白口及脆硬组织很有效

2. 钢与铸铁的焊接接头容易产生裂纹

钢与铸铁的焊接接头容易产生裂纹的主要原因见表 10-5，可以看出，它主要是由填充材料、母材金属的收缩量和焊接变形等方面的影响造成的。

表 10-5　钢与铸铁的焊接接头容易产生裂纹的主要原因

类别	说　明
填充材料的影响	用纯铸铁焊条焊接铸铁与钢时，由于填充材料和母材金属的强度低、塑性差，当焊缝存在脆硬组织时，很容易产生裂纹；用纯钢焊条焊接铸铁与钢时，由于钢中的碳和硅比铸铁少，靠近铸铁母材金属侧半熔化区的碳和硅向焊缝中扩散，使半熔化区的促进石墨化元素减少，从而形成白口组织
母材金属收缩量和焊接变形的影响	焊接钢与铸铁时，靠近钢母材金属一侧，钢的收缩量比铸铁大 2.17%，使焊接应力状态加剧，易产生裂纹；用钢焊条焊接时，第一层焊缝含碳的质量分数在 0.7% 以上，靠近铸铁母材金属上的白口区较宽，其收缩率（2.3%）比相邻的奥氏体收缩率（0.9%～1.3%）大得多，使两个区间产生很大的切应力，极易产生裂纹，甚至引起母材金属与异质焊缝金属的剥离。随着母材金属厚度和焊接层数的增加，其剥离的危险性加大。钢与铸铁焊接时半熔化区与奥氏体区切应力的形成如图 1 所示，钢与铸铁多层焊时焊缝与母材金属的剥离见图 2 图 1　钢与铸铁焊接时半熔化区与奥氏体区形成切应力　　图 10-2　钢与铸铁多层焊时焊缝与母材金属的剥离 总之，铸铁与钢焊接时，由于热作用和相变等因素引起很大的焊接应力和焊接变形，这种焊接应力是产生裂纹的根本原因。防止铸铁与钢焊接接头产生裂纹的有效措施如下 ①改善焊缝的化学成分，使其具有较好的塑性和较低的硬度。选用的填充材料要降低磷、硫的含量，加入稀土、锰、铁进行脱硫 ②焊接时要使焊缝能自由膨胀和收缩，避免产生过大的焊接应力 ③焊前预热，改善焊缝形状，坡口底部为圆弧形，坡口开成阶梯形，见图 3，可有效地防止剥离 ④采用小电流、短弧、窄焊缝、不摆动，提高焊接速度，收弧填满弧坑等工艺 ⑤焊后缓冷，并锤击异质焊缝周围，消除焊接应力，防止产生焊接裂纹 图 3　防止产生异质焊缝剥离的阶梯形坡口

3. 钢与铸铁的焊接接头异质焊缝形成气孔

形成气孔的主要原因有以下几种。

① 焊前将两种母材金属的接头清理干净，彻底去除油污、氧化膜、水分及杂质。

② 选用的填充材料要经 100～200℃ 烘干。

③ 焊接时，焊接速度要均匀，压低电弧，不做横向摆动，提高操作技术。

④ 焊接收尾时焊接速度要慢，以排除熔渣，填满弧坑。

钢与铸铁焊接后，都需要进行机械加工，如车、铣、刨、磨等。但在焊缝的熔合线附近出现大量的白口组织，其硬度达 600～800HBW。在钢母材金属侧的焊缝或热影响区产生脆而硬的马氏体组织，其硬度达 500HBW。这些都给机加工带来很大困难。

钢与铸铁的焊接接头的白口层厚度为 0.2～0.5mm 时，尚可进行机械加工；当白口层厚度大于 0.5mm 时，则机械加工相当难，经常出现打刀或让刀现象。采用高速钢的钻头进行钻孔时，钻头也难以通过焊缝的白口区。如果焊接接头加工表面现出现凸台或突起，这对于质量要求较高的焊接接头是不允许的。因此，钢与铸铁的焊接接头常采用"电火花"加工方法。

二、钢与铸铁的焊接方法

(一) 钢与灰铸铁的焊接

钢与灰铸铁焊接时，应根据钢和灰铸铁两种母材的化学成分、填充材料类型、对结构的具体要求、接头形式来选用焊接方法。常用的焊接方法有气焊、焊条电弧焊、CO_2 气体保护焊及各种固相焊，如钎焊、真空扩散焊等。

1. 焊条电弧焊

焊条电弧焊可分为热焊法及冷焊法两类：热焊法即将灰铸铁预热到某一温度的焊接方法，冷焊法是在室温下进行焊接的方法，见表 10-6。

表 10-6　钢与灰铸铁的焊条电弧焊的方法

方法	内容	说明
热焊法	预热温度的选择	预热温度不应低于 400℃，如果灰铸铁的预热温度过高，会导致灰铸铁母材的过度石墨化，使珠光体基体中的渗碳体分解而析出石墨，且随着体积增大、变形，还会降低基体的强度、硬度和耐磨性
	焊接材料的选择	焊接灰铸铁用铸 208 及铸 248 焊条，也可以用钢-铸铁异种金属的焊接，铸 208 焊条为低碳钢芯加石墨化型药皮，铸 248 焊条为铸铁芯加石墨化型药皮。铸 208 焊条直径在 5mm 以下，铸 248 焊条直径在 6mm 以下
	焊后热处理	为消除焊接残余应力及防止出现冷裂纹，钢灰铸铁的焊接接头应当进行焊后热处理，方法是冷至 100～200℃时，再将其加热到 600～750℃，保温 1～1.5h，然后缓冷
冷焊法	提高石墨化元素含量	提高焊缝金属的石墨化程度，可防止焊缝金属的白口化。而提高焊缝金属的石墨化程度，就要提高石墨化元素含量
	减慢冷却速度	采用大直径焊条及大电流连续焊接工艺，可减慢冷却速度来提高焊缝金属的石墨化程度
	坡口制备	钢与灰铸铁对接时，钢母材侧开 15°～25°的半 V 形坡口，灰铸铁侧开 35°～45°的半 V 形坡口；搭接时，灰铸铁侧开 20°～25°的半 V 形坡口
	装配	钢与灰铸铁焊接装配时，为提高接头的强度，可在坡口上钻孔、攻螺纹、安装螺钉。螺钉可在钢与灰铸铁两侧安装，也可在灰铸铁单侧安装，如下图所示 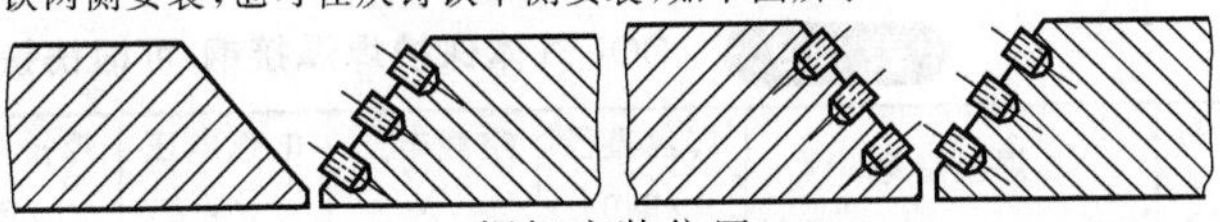 螺钉安装位置

2. 钎焊

用钎焊来焊接钢与灰铸铁时，由于灰铸铁表面的石墨能恶化其润湿性和流动性，因此焊前应对灰铸铁表面的石墨进行清除。

钢与灰铸铁的钎焊可选用 Ag 基或 Cu 基钎料，特别是含 Ni 的 Ag 基钎料 315，它与灰铸铁有良好的亲和力，钎缝强度高于灰铸铁的强度。

软钎焊时可选用氯化锌水溶液作为钎剂，配方为 $ZnCl_2$ 19％＋NH_4Cl 13％＋HCl 3％＋HF 1％。硬钎焊时，如采用 Cu 钎料，可选用硼砂作为钎剂；如采用 Ag 钎料，可选用 102 作为钎剂。

软钎焊时，可用烙铁加热。硬钎焊时，可用氧乙炔焰或炉中加热。钎焊后，为提高钎焊缝强度，可在700～750℃下保温20min退火，以增强钎料与钢或灰铸铁的相互扩散。

3. 真空扩散焊

低碳钢与灰铸铁以及中碳钢与灰铸铁真空扩散焊的焊接参数见表10-7和表10-8。

表 10-7　低碳钢与灰铸铁真空扩散焊的焊接参数

材料组合	焊接温度/℃	焊接时间/mm	压力/MPa	真空度/$\times 10^{-10}$MPa
Q235＋HT100	700、750、775、800、825、850、875、900、950、975、1000	10	9.8	267～1067

表 10-8　中碳钢与灰铸铁真空扩散焊的焊接参数

材料组合	焊接温度/℃	焊接时间/min	压力/MPa	真空度/$\times 10^{-10}$MPa
45钢＋HT150	850、875、900	5	14.5	133.2～1332
50钢＋HT200	900、950、975			

（二）钢与可锻铸铁的焊接

钢与可锻铸铁可采用电弧热焊和电弧冷焊、氧-乙炔气焊、钎焊、CO_2气体保护焊、真空扩散焊等焊接工艺。

1. 电弧热焊和电弧冷焊

钢与可锻铸铁的电弧热焊和电弧冷焊与钢-灰铸铁的电弧热焊和电弧冷焊基本相似。

2. CO_2气体保护焊

用细丝CO_2气体保护焊焊接钢-可锻铸铁，可获得良好的焊接接头，其原因如下。

① CO_2气体保护焊时，将发生$CO_2 \longrightarrow CO+O$的分解反应，这是一个吸热反应，对电弧有冷却作用，减少钢-可锻铸铁母材的熔化，防止裂纹。

② CO_2气体保护焊一般都采用短路过渡，减少熔滴过热，降低母材熔化量，降低熔合比，可防止白口化。

③ 细丝CO_2气体保护焊的热量集中，焊接热输入小，约为10kJ/cm。可防止焊接接头过热和降低高温停留时间，使可锻铸铁母材侧的半熔化区、热影响区变窄，可防止焊接接头出现白口组织及裂纹。

CO_2气体保护焊焊接钢-可锻铸铁的焊接参数见表10-9。

表 10-9　CO_2气体保护焊焊接钢-可锻铸铁的焊接参数

材料	焊丝牌号	焊丝直径/mm	空载电压/V	电弧电压/V	焊接电流/A	焊接速度/(m/h)	气体压力/MPa	气体流量/(L/h)
35钢＋KT350-10	H08Mn2SiA	1.0	26	20	100	7.2	0.1	660
			26.5	21	80		0.15	
			27	22	98		0.2	
			27.5	23	95		0.25	

注：焊丝的干伸长度为8～12mm，CO_2气体纯度为98.5%（体积分数）。

35钢母材侧的热影响区组织为珠光体＋铁素体＋石墨（团絮状或球状）；KT350-10可锻铸铁母材侧的热影响区组织为马氏体＋碳化物（针状）＋铁素体＋石墨（团絮状或球状）＋贝氏体。

（三）不锈钢与铸铁的焊接

1. 铸铁与不锈钢焊接存在的问题

生产实践表明，采用电弧焊和电阻焊焊接铸铁与不锈钢都不能获得满意的焊接接头。铸铁与不锈钢焊接存在的主要问题有：在不锈钢母材金属侧容易产生晶间腐蚀，严重时引发裂纹；焊接接头脆化，力学性能明显降低；在铸铁母材金属侧容易出现白口组织；焊缝金属容易产生裂纹，如不采取特殊工艺措施，焊缝金属很可能与两种母材金属剥离。铸钢与不锈钢两种母材金属的线胀系数、冷却收缩量不同，焊后产生变形严重，容易产生裂纹甚至断裂。

铸铁与不锈钢的焊接采用真空扩散焊或钎焊可获得良好的焊接接头。

2. 真空扩散焊焊接铸铁和不锈钢技术

扩散焊是在一定的温度和压力下使待焊表面相互接触，通过微观塑性变形或通过待焊表面产生的微量液相而扩大待焊表面的物理接触，然后经过较长时间的原子相互扩散来实现冶金结合的一种焊接方法。

图10-2所示为真空扩散焊机的结构，它主要由真空室、加热器（高频加热线圈）、加压系统、真空抽气系统和高频电源等组成。真空扩散焊机是通用性好的常用扩散焊机。

真空扩散焊要求两种母材金属待焊表面必须紧密接触，两种母材的被焊接头必须经精细加工清理干净，去掉油污和锈斑等，使之露出金属光泽。在焊接铸铁与不锈钢时，焊接温度不能超过900℃，否则，在不锈钢母材金属侧的晶间腐蚀严重；扩散焊时，通常要求真空度不低于1.333×10^{-1}MPa，否则焊缝容易出现脆性化合物，用真空扩散焊焊接HT150与1Cr18Ni9Ti时，焊接接头抗拉强度可达147～317MPa。

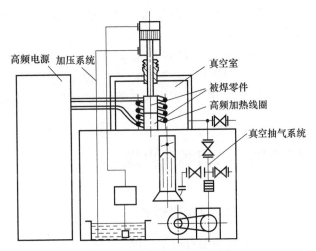

图10-2 真空扩散焊机的结构

铸铁与不锈钢的真空扩散焊焊接工艺参数见表10-10。

表 10-10 铸铁与不锈钢的真空扩散焊焊接工艺参数

金属牌号	焊接温度/℃	焊接时间/min	压力/MPa	真空度/MPa
HT150-32＋14Ci17Ni2	850	15	14.7	1.3332×10^{-7}
KTH300-6＋14Cr17Ni2	850	18	29.4	1.3332×10^{-7}
HT150-32＋12Cr18Ni9Ti	900	10	14.7	1.3332×10^{-7}
KTH300-6＋12Cr18Ni9Ti	900	7	29.4	1.3332×10^{-7}
QT400-15＋12Cr18Ni9Ti	900	8	26.5	1.3332×10^{-7}

（四）钢与球墨铸铁的焊接

1. 钢与球墨铸铁的焊接性

焊接钢-球墨铸铁时，由于球墨铸铁中加入了一定量的球化，因而增加了焊缝金属的白口化倾向。若加入Mo，还能增加热影响区的淬硬倾向。此外，钢与球墨铸铁的物理性能和化学成分有很大不同，焊接时碳钢熔合区附近会产生很大应力，因此，焊接接头容易产生裂纹，严重时焊缝金属与母材甚至会出现剥离现象。

为了防止钢-球墨铸铁焊接接头产生白口化倾向及裂纹，球墨铸铁焊前预热温度应高一些。通常小件预热温度为500℃，大件预热温度为700℃，而且焊后要缓冷。

2. 钢-球墨铸铁的焊接工艺

钢-球墨铸铁可采用电弧热焊、电弧冷焊、氧-乙炔气焊、CO_2 气体保护焊、真空扩散焊及钎焊等焊接工艺。

① 电弧冷焊。由于球墨铸铁中的球化剂严重阻碍石墨化过程，电弧冷焊时，冷却速度快，因此焊缝金属容易出现白口组织。白口组织不仅脆硬，而且收缩率大，焊接应力大，因此焊缝金属容易出现裂纹，靠近球墨铸铁的焊缝金属尤为严重。为了减少焊缝金属出现白口组织，应选用高钒焊条或 N-Fe 焊条施焊。

② CO_2 气体保护焊。采用 CO_2 气体保护焊可获得高质量的焊接接头。因为 CO_2 气体保护焊一般都采用短弧焊、短路过渡、熔深浅、熔合比小。此外，CO_2 气体分解为吸热反应，对焊接接头有明显的冷却作用，有利于减少焊接接头的应力及热影响区宽度，可以防止产生焊接裂纹等。

③ 钎焊。用钎焊法焊接钢-球墨铸铁与焊接钢灰铸铁相似。采用次氯酸钾或者 50% $NaNO_3$＋50% KNO_3 加热至 600℃、保温 15min 的方法，相比采用喷砂处理或用氧乙炔焰的氧化焰灼烧的方法，可大大改善钎料在球墨铸铁表面的润湿性。

第三节 | 异种钢的焊接

一、异种钢的焊接形式

异种钢焊接主要有以下几种。
① 碳素钢、低合金结构钢与珠光体耐热钢的焊接。
② 碳素钢、珠光体耐热钢与奥氏体不锈钢、奥氏体-铁素体不锈钢的焊接。
③ 珠光体耐热钢与高铬马氏体钢和高铬铁素体不锈钢的焊接。
④ 奥氏体不锈钢与奥氏体-铁素体不锈钢的焊接。
⑤ 高铬马氏体钢、高铬铁素体不锈钢与奥氏体-铁素体不锈钢的焊接。

二、常用异种钢焊接的焊条的选用原则

异种钢的焊条电弧焊焊接质量的好坏，除与焊工技术水平有关外，还与焊条的选用、焊前预热温度、焊后热处理温度有很大的关系。常用异种钢焊接的焊条选用原则见表 10-11。

表 10-11　常用异种钢焊接的焊条选用原则

异种钢	焊条选用原则
异种珠光体的焊接	原则上应满足强度较低一侧钢材的要求，选用与强度较低钢材成分接近的焊条，但焊缝的热强性应等于或高于母材金属。在某些情况下，为防止焊后热处理或在使用过程中出现碳迁移，应选用合金成分介于两种母材金属之间的焊条 如果焊件不允许进行预热和焊后热处理时，可以采用奥氏体钢焊缝，奥氏体钢焊缝的塑性、韧性都很好，既满足了焊缝金属的力学性能，又可以有效地防止产生冷裂纹
异种低合金结构钢的焊接	低合金结构钢的化学成分和物理性能都较接近，焊接性较好。焊接时只要采用相应的低合金结构钢焊条及合理的焊接工艺，就能获得满意的焊接接头
异种奥氏体钢的焊接	选用奥氏体钢焊条。对于在低温下工作和承受冲击载荷的异种奥氏体钢接头，要选用镍量较高的焊条，以减少熔合线附近脆性马氏体层的宽度和冲击韧性下降的温度

续表

异种钢	焊条选用原则
碳钢与低合金结构钢或异种低合金结构钢的焊接	一般要求焊缝及接头的强度高于较低母材的强度,选用的焊条应能保证焊缝及接头强度高于强度较低一侧的钢材,而焊缝的塑性及冲击韧性不低于强度较高而塑性、韧性较低的钢材
珠光体钢与铁素体钢的焊接	通常既可以选用珠光体钢焊条,又可以选用铁素体钢焊条。这类钢焊接时,不仅需要预热,而且需要焊后缓冷或及时回火处理
珠光体钢与铬镍奥氏体钢的焊接	选用镍含量较高的铬镍奥氏体钢焊条,为防止焊缝产生热裂纹,焊条中应含有质量分数为5%～10%的一次铁素体
不锈钢与低碳钢的焊接	防止熔合区产生脆性层的主要措施:其一,在满足工艺要求的前提下,选用大的焊接电流,增加熔池搅拌作用和熔池边缘金属的流动性,改善结晶条件,使熔合区域脆性的宽度变小;其二,选用含镍量高的填充材料,如选用奥氏体能力较强的焊条焊接,脆性层宽度将显著减小。若填充用镍基焊条焊接,脆性层宽度会完全消失
含镍量 $\omega(Ni)=$ 2.5%～3.5% 的低温钢与奥氏体不锈钢的焊接	选择焊条的原则是确保焊接区域的低温韧性

三、异种钢焊接接头裂纹和工艺措施

1. 异种钢焊接接头裂纹形式

异种钢焊接时,接头通常出现表 10-12 所示的裂纹形式。

表 10-12　异种钢焊接接头裂纹形式

裂纹形式		说　明
焊接热影响区裂纹	渗透性裂纹	由于成分不同的焊缝金属与热影响区金属相互作用而引起的裂纹称为热影响区裂纹。当用黄铜焊丝焊接钢-铜接头时,特别是在气焊的条件下,如果高温停留时间过长,有可能由于高温,液态黄铜沿钢的热影响区、过热区的奥氏体晶界往母材金属深处渗透,导致母材金属的晶界裂纹,因此又称为渗透性裂纹
	熔合区的裂纹	异种钢焊接接头熔合区的裂纹,与该部位成分的不均匀性和组织的不均匀性有直接关系。由一种材料 A 过渡到另一种材料 B(或 D)的所有中间成分合金,在母材金属 A、B 能形成连续无限互溶的场合下(此时焊缝成分 D),必属于 A、B 的二元固溶体,这些中间成分也都有性能良好的固溶合金,通常不会产生裂纹。若母材金属 A(或 B)、D 两种成分构成复杂时,其中存在着导致裂纹的硬脆化合物中间相或产生易淬火硬化的合金,则可能在此萌生裂纹
	冷裂纹	在合金钢母材的焊接热影响区过热区有可能形成冷裂纹,这是因为在焊接热影响区过热区形成硬脆的马氏体组织,在焊接应力和氢的共同作用下产生冷裂纹
	液化裂纹	焊接热影响区过热区也有可能形成热裂纹。例如在焊接碳钢-奥氏体不锈钢接头时,在焊接热影响区过热区的低熔点物质(夹杂或共晶体)或反应生成的低熔点物质被熔化,在收缩拉应力的作用下出现晶间热裂纹,又称液化裂纹
焊缝金属中的热裂纹		为了使焊接接头具有良好的塑性,一般视焊缝金属为纯奥氏体组织,而此时恰恰最易出现焊缝中心裂纹。其形成机理与奥氏体不锈钢焊接形成的热裂纹一样。在焊缝尚未完全结晶之前,熔池中存在低熔点液膜,在结晶过程中,熔池收缩,焊缝受拉,低熔点液态薄膜被破坏又得不到补充所形成的结晶裂纹
焊接接头中残余应力引起的热疲劳裂纹		异种钢焊接时,由于两种母材金属的热物理性能不同,焊接温度场及焊接变形不对称,就造成焊接接头的热疲劳裂纹

2. 获取优质异种材料焊接接头的工艺措施

为了获得没有裂纹的异种材料焊接接头,其焊缝金属的线胀系数应接近母材金属,并应尽量排除异种材料焊接接头中熔合区的组织与焊缝金属的不一致性,希望高合金焊缝一侧没有显著的稀释现象。因此，在工艺上应采取下列措施。

① 正确地选择焊接材料，以获得成分优良的焊缝金属，确保无裂纹形成。

② 选择合理的过渡层材料。

③ 根据焊接构件的特点和焊接接头的形式来选择焊接坡口，焊接坡口加工尺寸和装配尺寸的精度要高于同材料焊接的要求。

④ 根据被焊材料的焊接性，制定合理的焊接参数。同时考虑它对熔合比的影响，以确保焊缝金属的成分和组织。

⑤ 尽量提高焊工的操作技能，维持焊接参数在施焊过程中的高度稳定性，以保证焊缝金属成分的稳定性，尤其要尽量控制熔合区成分的不均匀层的厚度，而且要连续稳定。在可能的条件下，尽量提高焊接自动化程度。

四、异种钢焊接材料的选择

正确选择焊接材料是异种金属焊接的关键，接头质量与焊接材料的关系十分密切。由于异种金属焊接的特性，必须根据母材的化学成分、性能、接头形式和使用要求来选择焊接材料。

异种钢焊接时对焊接材料的要求及材料的选择准则见表 10-13。

表 10-13　异种钢焊接时对焊接材料的要求及材料的选择准则

项目	说明
对焊接材料的要求	①焊接材料的选择最重要的是不使焊接接头产生不允许的焊接缺陷 ②要保持焊缝金相组织的稳定性，即在使用条件下不会发生明显的组织转变 ③应满足使用性能的要求，特别是要保证焊缝金属及过渡区的性能 ④在焊接工艺受到限制时（如不能焊前预热和焊后热处理），可选用镍基焊接材料或奥氏体焊接材料，以提高焊缝金属的塑性和韧性
焊接材料的选择准则	①所选择的焊接材料必须满足结构的使用性能，特别是特殊性能（如力学性能、耐蚀性等）的要求 ②所选择的焊接材料必须有利于改善焊接性，具有适宜的熔化温度等热物理性能，被稀释后仍能满足结构的使用性能 ③所选择的焊接材料中有害杂质及气体（碳、氧、氢、氮）含量要低 ④异种金属焊接时，焊接材料的选择通常是就高不就低 ⑤当两种金属材料的焊接性相差太远，没有可采用的焊接材料时，应选用过渡材料，先与一种金属焊接，再选择合适的焊接材料将过渡材料与另一种金属焊接起来

五、异种钢焊接参数及焊接方法的选择

1. 焊接参数的选择

焊接参数的选择要考虑两个因素：一是熔合比，这一点对异种金属（包括异种钢）的熔化焊来说尤为重要，特别是对过渡层（即多层焊之第一层）的焊接。焊缝金属的化学成分由所采用的焊接材料及熔合比来决定，而熔合比要通过接头坡口形式及焊接参数（如预后热温度及焊接热输入）来调整。二是焊接接头的组织，这一点由化学成分及焊接热循环来决定，特别是对于焊接热影响区。

（1）减少焊缝稀释率和控制熔合比

异种钢焊接前，坡口角度的设计应有助于焊缝稀释率的减少，应避免在某些焊缝中产生应力集中。焊接参数的选择应以减少母材金属熔化和提高焊缝的堆积量为主要原则。对于异类异种钢接头，在选择焊接规范时，应设法降低熔合比。因此，应选择小直径焊条或焊丝，尽量选用小电流快速焊。

（2）焊接预热要求和焊后热处理（PWHT）温度的确定

① 异种钢焊前的预热目的。降低焊接接头的淬火裂纹倾向，当被焊接的异种钢中有淬硬钢时必须预热，具体的预热温度应根据焊接性差的钢种来选择。同类异种钢预热温度的确定，一般按预热要求高的一侧来确定焊接预热温度，但对于异类异种钢接头，可以适当降低预热温度，必要时经试验确定。

② 焊后热处理。对于异种钢焊接接头，进行焊后热处理的目的是提高接头淬硬区的塑性，以及减少焊接应力。一般是当母材的金相组织相同且焊缝金属的金相组织也基本相同时，可以按照热处理温度要求高的一侧母材来选定异种钢接头的热处理温度，但当金相组织不同时，若按上述原则进行热处理，就有可能使接头局部应力升高而产生裂纹。异种钢焊后热处理是一个比较复杂的问题，因此焊后的热处理规范选择一定要事先做焊接工艺评定，以防强度低的一侧母材强度严重下降，出现强度不合格。

（3）采用预堆边焊的方法进行焊接

有时为了解决异种钢接头预热和焊后热处理难的问题，往往采用预堆边焊的方法进行焊接。其工艺顺序为：在需要热处理的一侧母材坡口先预堆边焊 1～2 层与焊缝同种钢的焊条→此侧进行热处理→冷态焊接整个焊缝，然后接头不再进行热处理。这种做法可减少熔合区成分不均匀所带来的一些问题，也给接头的热处理带来方便，但切记此时预堆边焊层的厚度一定要保证大于或等于 4mm，以起到隔离层的作用。

2. 焊接方法的选择

在保证焊接质量的前提下，选择易于操作、工艺简单、成本低廉的方法。首先考虑传统的焊接方法——熔化焊，熔化焊中优先考虑焊条电弧焊。因为焊条电弧焊技术成熟、操作简便、焊条种类繁多、适应性强、选择余地大。焊接方法的选择，对任何材料的焊接都是同等重要的。由于异种金属焊接是由两种以上的金属组成的，因此，必须兼顾这些金属，首先要满足焊接性较差金属的要求。由于熔化焊对金属加热的温度较高，化学成分变化较大，还要经过一个结晶过程，因此接头的组织性能会发生较大的变化。另外，由于异种金属的焊接是将不同的金属焊在一起，存在它们相溶的问题，所以熔化焊用于焊接异种金属具有相当的局限性，而非熔化焊（即固相焊接，如压力焊，包括电阻焊、摩擦焊、扩散焊、钎焊等）以及熔-钎焊（即一种母材熔化而另一种母材不熔化）将得到较多的应用。由于不同钢种的基本元素是铁，因此，一般来说，熔化焊还是能够满足要求的。

六、常用异种钢焊接的焊条型号、焊前预热及焊后热处理

常用异种钢焊接的焊条型号、焊前预热及焊后热处理见表 10-14。

表 10-14　常用异种钢焊接的焊条型号、焊前预热及焊后热处理

类别	钢材牌号	焊条型号(牌号)		预热温度/℃	焊后热处理温度/℃	备注
碳素钢、低合金结构钢与珠光体钢的焊接	Q195 Q215A Q235A Q255A 08 10 15 20 25	Q275 Q345 Q390 15Cr 20Cr 30Cr 20CrV	E4315(J427) E5015(J507)	不预热或预热 100～200℃，$\omega(C)\leqslant 0.3\%$ 可不预热	不处理或 600～640℃回火	板厚≥35mm 或要求机加工精度时必须回火

类别	钢材牌号	焊条型号(牌号)		预热温度/℃	焊后热处理温度/℃	备注
碳素钢、低合金结构钢与珠光体钢的焊接	Q195 Q215A Q235A Q255A 08 10 15 20 25	35、40、45、50 40Cr、45Cr、50Cr 35Mn2、40Mn2 45Mn2、50Mn2 30CrMnTi 40CrMn 40CrV 25CrMnSi 30CrMnSi 35CrMnSiA	E4316(J426) E4315(J427) E5015(J507)	300～400	焊后立即进行热处理 600～650℃	—
			E310-15(A407)	200～300℃, $\omega(C) \leqslant 0.3\%$ 不预热	不回火	
	Q195 Q215A Q235A Q255A 08 10 15 20 25	12CrMo 15CrMo 20CrMo 30CrMo 35CrMo 38CrMoAl	E4316(J426) E4315(J427) E5015(J507)	150～250℃, $\omega(C) \leqslant 0.3\%$ 不预热(工作在450℃以下温度)	640～670	—
	Q195 Q215A Q235A Q255A 08 10 15 20 25	12Cr1MoV 20Cr3MoWVA	E5015-A1(R107)	250～350	670～690	工作温度 ≤400℃
珠光体钢与珠光体钢焊接	12CrMo 15CrMo 20CrMo 30CrMo 35CrMo 38CrMoAl	12Cr1MoV 20Cr3MoWVA	E5015-A1(R107) E5515-B1(R207) E5515-B2(R307)	250～350	700～720	工作温度 500～520℃, 焊后立即回火
	12CrMo 15CrMo 20CrMo 30CrMo 35CrMo 38CrMoAl	35、40、45、50 40Cr、45Cr、50Cr 35Mn2、40Mn2 45Mn2、50Mn2 30CrMnTi 40CrMn 40CrV 25CrMnSi 30CrMnSi 35CrMnSiA	E7015-G(J707)	300～400	640～670	工作温度 ≤400℃,焊后立即回火
			E16-25MoN-15 (A507)	200～300	不回火	工作温度 ≤350℃,无法热处理时采用
	12CrMo 15CrMo 20CrMo 30CrMo 35CrMo 38CrMo	12CrMo 15CrMo 20CrMo 30CrMo 35CrMo 38CrMo	E5015-A1(R107) E6015-B3(R407) E5515-B1(R207) E5515-B2(R307)	150～250	660～700	$\omega(C) \leqslant 0.3\%$, 工作温度 ≤530℃ 可不预热

续表

类别	钢材牌号	焊条型号(牌号)	预热温度/℃	焊后热处理温度/℃	备注
珠光体钢与珠光体钢焊接	35、40、45、50 40Cr、45Cr、50Cr 35Mn2、40Mn2 45Mn2、50Mn2 30CrMnTi 40CrMn 40CrV 25CrMnSi 30CrMnSi 35CrMnSiA	35、40、45、50 40Cr、45Cr、50Cr 35Mn2、40Mn2 45Mn2、50Mn2 30CrMnTi 40CrMn 40CrV 25CrMnSi 30CrMnSi 35CrMnSiA E6015-G(J607) E7015-G(J707) E310-15(A407)	300～400 200～300	600～650℃ 不回火	焊后立即回火
	12Cr1MoV 20Cr3MoWVA	12Cr1MoV 20Cr3MoWVA E5515-B2-V (R317) E5515-B1(R207) E5515-B2(R307)	250～350	720～750	工作温度 ≤550℃,焊后 立即回火
	Q345 (16Mn)	Q390 (15MnV、15MnTi) E5016(J506) E5015(J507) E5003(J502) E5001(J503)	不预热	550～650℃ 回火	—
		40Cr　E5015(J507)	200		
		20CrMo　E5515-G(J557)	300～400		
异种高铬不锈钢焊接	0Cr13 1Cr13 2Cr13 3Cr13	0Cr13 1Cr13 2Cr13 3Cr13 E410-15(G207)	200～300	700～740℃ 回火	
	0Cr13 1Cr13 2Cr13 3Cr13	1Cr17 1Cr17Ni2	E410-15(G207)	200～300	700～740℃ 回火	—
			E309-15(A307)	不预热或预热 150～200℃	不回火	
	1Cr17 1Cr17Ni2	1Cr17Ni2 1Cr17	E309-15(A307)	150～200	不回火	焊缝不耐晶 间腐蚀,用于 干燥浸蚀性 介质中
珠光体钢与铁素体钢的焊接	Q195 Q215A Q235A Q255A 08、10、15、20、25	1Cr17 1Cr17Ni2	E5515-B1(R207) E5515-B2(R307)	不预热	不回火	焊缝不耐晶间 腐蚀,不能承受 冲击载荷,不能 用于浸蚀性液体
	Q275 09Mn2 Q645(16Mn、 14MnBb) 15Cr 20Cr 30Cr 20CrV	1Cr17 1Cr17Mo	E309-16(A302) E309-15(A307)	不预热	不回火	

续表

类别	钢材牌号	焊条型号(牌号)		预热温度/℃	焊后热处理温度/℃	备注
珠光体钢与铁素体钢的焊接	35、40、45、50 40Cr、45Cr、50Cr 35Mn2、40Mn2 45Mn2、50Mn2 30CrMnTi 40CrMn 40CrV 25CrMnSi 30CrMnSi 35CrMnSiA	1Cr17 1Cr17Mo	E309-16(A307) E309-15(A302)	250～350	不回火	焊缝不耐晶间腐蚀,工作温度<350℃,不能用在浸蚀性液体中
	12CrMo 15CrMo 20CrMo 30CrMo 35CrMo 38CrMoAl	1Cr17 1Cr17Mo	E309-16(A302) E309-15(A307)	不预热和预热150～200℃	不回火	焊缝不耐晶间腐蚀,不能承受冲击载荷,不能用于浸蚀性
	12Cr1MoV 20Cr3MoWVA	1Cr17 1Cr17Mo	E309-16(A302) E309-15(A307)	150～200	不回火	焊缝不耐晶间腐蚀,不能承受冲击载荷,不能用于浸蚀性

第四节 | 钢与有色金属的焊接

一、钢与铝及铝合金的焊接

(一) 钢与铝及铝合金的焊接性

钢与铝熔焊困难,压焊较易。在冶金方面,铝能与钢中的铁、锰、铬、镍等元素形成有限固溶体,但也会形成金属间化合物,还能与钢中的碳形成化合物。这些化合物对接头性能有不利影响;在工艺方面,由于两种金属物理性能相差很大 (表 10-15),给焊接造成下列困难。

① 两者熔点相差达 800～1000℃,同时达到熔化很困难。

② 热导率相差 2～3 倍,同一热源很难加热均匀。

③ 线胀系数相差 1.4～2 倍,在接头界面两侧必然产生热应力,无法通过热处理消除。

④ 铝及铝合金表面受热能迅速生成氧化膜,给金属熔合造成困难。

表 10-15　钢与铝及其合金的物理性能

材　　料		熔点/℃	热导率/[W/(m·K)]	线胀系数/×10^{-6}K^{-1}
钢	碳钢	1500	77.5	11.76
	1Cr18Ni9Ti 不锈钢	1450	16.3	16.6
铝及铝合金	1060 纯铝	658	217.3	24.0
	5A03(LF3)纯铝	610	146.5	23.5
	5A06(LF6)防锈铝	580	117.2	24.7
	5A12(LF12)防锈铝	690	163.3	23.2
	2A12(LY12)硬铝	502	121.4	22.7
	2A14(LD10)硬铝	510	159.1	22.5

（二）钢与铝及铝合金的焊接工艺要点

1. 钢与铝及铝合金的钨极氩弧焊

采用钨极氩弧焊，焊前在钢表面镀上一层与铝相匹配的第三种金属作中间层。对碳钢或低合金钢中间层多为锌、银等，对奥氏体不锈钢最好渗铝。对焊接时，宜使用 K 形坡口，坡口开在钢板一侧。用交流电源。钨极直径 2～5mm，用含少量硅的纯铝焊丝。对氩弧与焊丝的操作是使铝为熔焊，而钢为钎焊。熔化的铝漫流到已镀层的钢表面上去。焊接电流按板厚确定，一般板厚 3mm 取 110～130A，6～8mm 取 130～160A。若在钢的坡口表面先镀一层铜或银，然后再镀锌，效果更好，能提高接头强度。

2. 钢与铝的电子束焊接

钢与铝可以采用电子束焊进行焊接，由于电子束焊具有能量密度高、熔透能力强、焊接速度高等特点，使钢与铝焊缝成形窄而深，母材热影响区窄。

为了提高钢与铝焊接接头的使用性能，可选用 Ag 作为中间过渡层的电子束焊接方法，焊后焊接接头的抗拉强度可提高到 117.6～156.8MPa。因为 Ag 不会与 Fe 生成金属间化合物，所以拉伸试件均断裂在铝母材一侧。钢与铝的电子束焊的工艺参数见表 10-16。

表 10-16　钢与铝的电子束焊的工艺参数

被焊材料	板厚/mm	电子束电流/A	焊接速度/(cm/s)	加速电压/N	中间层金属
铝＋低碳钢	12～13	80～150	0.5～1.2	40～50	Ag
铝＋不锈钢	5.5～6.5	95～1	1.5～1.7	30～50	

3. 钢与铝及铝合金的爆炸焊

钢与铝及铝合金的爆炸焊也是一种有效的焊接方法。一般以厚度为 1.5～4mm 的纯铝与 1.5～15mm 厚的 1Cr18Ni9Ti 不锈钢进行爆炸焊，能获得质量良好的焊接接头，接头的剪切强度可达 70.56MPa。碳钢复合板与铝也可采用爆炸焊方法焊接，接头质量优良。图 10-13 所示为 18-8 奥氏体不锈钢与 Al-Mg 合金管子爆炸焊接示意图。

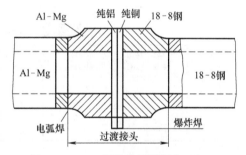

图 10-3　18-8 奥氏体不锈钢与 Al-Mg 合金管子爆炸焊接示意图

在接头过渡区中，加纯铝和纯铜作为中间层则可以获得最佳的接头强度。用夹有钛中间层的爆炸焊接方法可以制造铝镁合金复合钢板。

爆炸焊接头金属在爆炸冲击波的作用下，接头两种金属之间的接触面上，由于金属塑性变形的流动，形成了带有波浪形的金相界面，没有金属间化合物析出，而且具有波浪形的熔合线。所以，钢与铝进行爆炸焊是有效的焊接方法之一。

4. 钢与铝及铝合金的压焊

压焊是钢和铝焊接较适用的方法，尤其是冷焊、超声波焊和扩散焊等，一般焊接界面都不形成金属间化合物。

钢和铝焊接较适用的方法见表 10-17。

5. 钢与铝及铝合金的摩擦焊

接头多为对接，且其中一个焊件需旋转。连接面经摩擦升温，可能形成金属间化合物。因此，摩擦焊时，在保证获得足够塑性变形量的前提下，尽可能缩短摩擦加热时间，并施加较大的顶锻压力，将可能形成的金属间化合物挤出去。纯铝与 Q235 钢摩擦焊的工艺参数见表 10-18。

表 10-17 钢和铝焊接较适用的方法

类别	说　明
冷压焊	焊前连接表面必须清洁;焊时接头处有足够塑性变形量,对铝及铝合金的最小变形量为 60%～80%,对于塑性差别很大的异种金属冷压对接焊,为了增加接头的连接面积,常把较硬的焊件加工成尖楔形,焊接时把它压入较软的焊件中去。下图是铝-钢、钛-钢管楔焊接头示意图 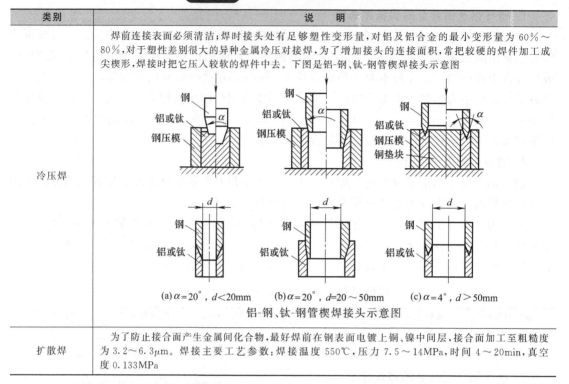 (a) $\alpha=20°$, $d<20mm$　　(b) $\alpha=20°$, $d=20～50mm$　　(c) $\alpha=4°$, $d>50mm$ 铝-钢、钛-钢管楔焊接头示意图
扩散焊	为了防止接合面产生金属间化合物,最好焊前在钢表面电镀上铜、镍中间层,接合面加工至粗糙度为 3.2～6.3μm。焊接主要工艺参数:焊接温度 550℃,压力 7.5～14MPa,时间 4～20min,真空度 0.133MPa

表 10-18 纯铝与 Q235 钢摩擦焊的工艺参数

焊件直径 /mm	钳口处伸出长度/mm	转速 /(r/min)	压力/MPa		加热时间 /s	顶锻量/mm		接头弯曲角 /(°)
			加热	顶锻		加热	总量	
20	15	1000	5	12	4	10	14	180
30	16	750	5	5	4.5	10	15	180
40	20	750	5	5	5	12	13	1480
50	26	400	5	12	7	10	15	100～180

二、钢与铜及铜合金的焊接

(一) 钢与铜及铜合金的焊接性

铜及铜合金主要有纯铜（即紫铜）、黄铜、青铜和白铜等，它们都具有良好的导电性、导热性，而且有一定的强度和良好的加工性能，有些合金还具有较高的强度和耐蚀性。

钢与铜焊接性较好，因为铜与铁不能形成脆性化合物，相互间有一定溶解度，晶格类型相同，晶格参数相近。但由于两者熔点、热导率、线胀系数等热物理性能差别大，而且铜在高温时极易氧化和吸收气体等，给熔焊工艺带来许多困难。主要是铜一侧熔合区易产生气孔和母材晶粒长大；由于存在低熔点共晶和较大热应力，故有裂纹倾向；钢一侧熔合区经常发生液态铜向钢晶粒之间渗透导致形成热裂纹。含镍、铝、硅的铜合金焊缝金属对钢的渗透较少，而含锡的青铜则渗透较严重。液态铜能浸润奥氏体不能浸润铁素体，所以铜与奥氏体不锈钢焊接易发生热裂纹，与奥氏体-铁素体双相钢则不易生热裂纹。焊缝金属的塑性随铁的含量增加而下降，因此，要求铁的含量控制在 $\omega(Fe)<20\%$。铜母材含氧量应尽量低。填充金属除与单相奥氏体钢焊接外，一般是选用铜或铜合金焊丝。

铜与钢用摩擦焊、扩散焊、爆炸焊等固态焊均能获得优良的焊接接头。

（二）钢与铜及铜合金的焊接工艺要点

1. 低碳钢与铜的焊接

（1）低碳钢与铜的手工电弧焊

低碳钢与铜焊接可以选择低碳钢焊条，低碳钢板厚度小于 4mm 时，一般不开坡口，厚度大于 4mm 时都要开 V 形坡口，坡口角度为 60°～70°，钝边为 1～2mm，可不留间隙，焊接时电弧指向钢管一侧，尽量减少钢管一侧的熔化。采用碳钢焊条对低碳钢与铜手工电弧焊对接焊的工艺参数见表 10-19。

表 10-19　采用碳钢焊条对低碳钢与铜手工电弧焊对接焊的工艺参数

被焊材料	厚度 /mm	接头形式	焊条	焊条直径 /mm	焊接电压 /V	焊接电流 /A
低碳钢板＋铜板	3＋3	对接，不开坡口	J422 (E4303)	2.5	25～27	66～70
	4＋4			3.2	27～29	70～80
	5＋5	对接，开 V 形坡口		3.2	30～32	80～85
	1＋1	对接，不开坡口		3.2	32～34	75～80
	2＋2			2.5	23～25	75～80

（2）低碳钢与铜的埋弧焊

对于厚度大于 10mm 的钢-铜异种结构件，可以采用埋弧焊进行焊接，开 V 形坡口，坡口角度为 60°～70°。由于钢与铜的热导率相差较大，可将 V 形坡口改为不对称形状，铜侧角度稍大于钢侧，可以为 40°，如图 10-4 所示。钝边 3mm，间隙 0～2mm，焊丝偏向铜一侧，距离焊缝中心 5～8mm，减少钢的熔化量。焊接坡口可以放置铝丝或镍丝，作为填充焊丝。低碳钢与铜埋弧自动焊的工艺参数见表 10-20。

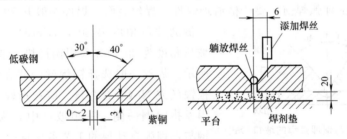

图 10-4　低碳钢与铜的对接接头形式

表 10-20　低碳钢与铜埋弧自动焊的工艺参数

被焊材料	接头形式	板厚 /mm	填充焊丝	焊丝直径 /mm	填充材料	焊接电流 /A	焊接电压 /V	焊接速度 /(cm/s)
Q235＋T2 （紫铜）	对接，V 形	10＋10	T2	4	1 根 Ni 丝	600～660	40～42	0.33
		12＋12			2 根 Ni 丝	650～700	42～43	
					2 根 Al 丝	600～650	40～42	
					3 根 Al 丝	660～750	42～43	
						700～750		0.32
	对接	4＋4			—	300～360	42～34	0.92
	对接，V 形	6＋6			—	450～500	34～36	0.53
		12＋12			1 根 Ni 丝	650～700	40～42	0.33
					2 根 Ni 丝	700～750	42～43	

（3）低碳钢与铜的电子束焊

Q235 低碳钢可与铜直接进行电子束焊接。焊接最好采用中间过渡层（Ni 及 Al 或 Ni-Cu 等），且 Ni-Cu 中间过渡层比 Ni-Al 中间层的焊接质量好。Q235 低碳钢与紫铜电子束焊的工艺参数见表 10-21。

表 10-21　Q235 低碳钢与紫铜电子束焊的工艺参数

被焊材料	厚度/mm	电子束电流/A	焊接速度/(cm/s)	加速电压/V	中间层金属
Q235＋紫铜	8～10	90～120	1.2～1.7	30～50	Ni-Al 或 Ni-Cu
	12～18	150～250	0.3～0.5	50～60	

2. 不锈钢与铜的焊接

（1）不锈钢与铜的手工电弧焊

不锈钢与铜采用电弧焊进行焊接时，若选择奥氏体不锈钢焊条，易引起热裂纹。最好选择镍-铜焊条（70%Ni、30%Cu）或镍基合金焊条，也可选用铜焊条（T237），但应采用小直径、小电流、快速焊，不摆动的焊接工艺，且电弧指向铜一侧，以避免产生渗透裂纹。选择奥氏体不锈钢焊条易引起热裂纹。不锈钢与铜手工电弧焊的工艺参数见表 10-22。

表 10-22　不锈钢与铜手工电弧焊的工艺参数

被焊材料	板厚/mm	焊条直径/mm	焊接电流/A	焊接速度/(cm/s)	焊接电压/V
不锈钢＋紫铜		3.2 或 4	100～160	0.25～0.3	25～27
不锈钢＋黄铜	3	3.2	75～80	0.35～0.38	24～25
不锈钢＋青铜		3.2 或 4	10～150	0.25～0.3	25～30

（2）不锈钢与铜的埋弧焊

不锈钢与铜的埋弧焊前，要严格清理焊件、焊丝表面。焊件一般开 70°的 V 形坡口，铜一侧的坡口角度为 40°，1Cr18Ni9Ti 不锈钢一侧的坡口角度为 30°，并采用铜衬垫，坡口形式如图 10-5 所示。焊丝一般选择铜焊丝，并在坡口内放置 1～3 根镍丝或 Ni-Cu 合金丝。应选择较大的焊接线能量，焊丝指向铜一侧，并距坡口中心为 5～6mm。不锈钢与铜埋弧自动焊的工艺参数见表 10-23。

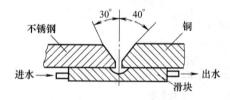

图 10-5　不锈钢与铜埋弧焊的坡口形式

表 10-23　不锈钢与铜埋弧自动焊的工艺参数

被焊材料	接头形式	厚度/mm	焊丝直径/mm	焊接电流/A	焊接电压/V	焊接速度/(cm/s)	送丝速度/(cm/min)
1Cr18Ni9Ti＋T(紫铜)	对接，开 V 形	10＋10	4	600～650	36～38	0.64	232
		12＋12		650～680	38～42	0.60	227
		14＋14		680～720	40～42	0.56	223
		16＋16		720～780	42～44	0.50	217
		18＋18	5	780～820	44～45	0.45	213
		20＋20		820～850	45～46	0.43	210

注：焊剂为 HJ431，焊丝为 T2，坡口中添加 ϕ2mm 的 Ni 焊丝 2 根。

（3）不锈钢与铜的钨极氩弧焊

不锈钢与铜 TIG 焊时，需注意以下问题：

① 采用 TIG 方法，钨极电弧必须偏离不锈钢一侧，而指向铜一侧，距坡口中心 5～8mm，以控制不锈钢的熔化量。

② 选择铜焊丝或 Cu-Ni 焊丝作为填充材料。根据生产条件，也可以选择含 Al 的青铜焊丝。其目的是改善焊缝金属的软性能，防止产生铜渗透裂纹。

③ 选择合适的焊接工艺，采用快速焊、不摆动的焊法。

④ 采用氩弧焊-钎焊的工艺，尽量减少不锈钢一侧的熔化量。对不锈钢来说，它是一种钎焊焊接，而对铜一侧来说属于熔焊连接。

三、钢与钛及钛合金的焊接

钛及钛合金密度小，强度高，在很多腐蚀介质中具有很强的耐蚀性，因而在石油、化工、航空航天以及原子能工业生产中得到了广泛应用，尤其是钢＋铁的双金属焊接结构应用更为广泛。

（一）焊接特点

铁在钛中的溶解度极低，焊接时焊缝金属中容易形成金属间化合物 FeTi、Fe_2Ti，使接头金属塑性严重下降，脆性增加。与不锈钢焊接时，钛还会与 Fe、Cr、Ni 形成更加复杂的金属间化合物，使焊缝严重脆化，甚至产生裂纹、气孔。因此，最好避免采用熔焊方法，尽量采用压焊或钎焊等方法。

高温下钛易于吸收氢、氧、氮。从 250℃ 开始吸收氢，从 400℃ 开始吸收氧，从 600℃ 开始吸收氮，使焊接区被这些气体污染而脆化，甚至产生气孔。焊接时，加热到 400℃ 以上的区域必须用惰性气体保护。钛及钛合金的热导率大约只有钢的 1/6，弹性模量只有钢的 1/2。由于热导率较小，焊接时容易引起变形。可以采用刚性夹具、冷却压块、反变形及选用合适的焊接工艺等方法防止和减少变形。

焊后应进行退火消除内应力。退火工艺应根据合金牌号、结构形式和应力大小及分布状态诸因素来决定，一般在 550～650℃ 下保温 1～4h。退火处理最好在真空或氩气中进行，在空气中热处理的零件要进行酸洗，以清除氧化膜。

（二）焊接工艺

钢与钛及钛合金的焊接工艺见表 10-24。

表 10-24 **钢与钛及钛合金的焊接工艺**

工艺	说　明
钢与钛及钛合金的氩弧焊	①钢与钛的熔焊主要采用中间过渡层，以避免金属间化合物的产生。过渡层可以采用两种方法：一是采用轧制钢-钛复合板；二是加入中间层。厚 1～1.5mm 的钛与不锈钢氩弧焊时，可采用钽、青铜复合中间层，接头强度 $\sigma_b \geqslant 588MPa$。也可以采用 Ni-Cu 合金作为中间层 ②碳钢、不锈钢与钛焊接时，还可以采用钒作为中间层。先在钢板上加工出一定形状的凹槽，然后在凹槽中焊上钒的中间层，再用氩弧焊（不加丝）把钛板焊在钒中间层上，采用这种工艺的接头力学性能好，而且还具有良好的塑性。采用自动氩弧焊焊接 Cr15Ni5AlTi 不锈钢与钛合金时，可以选用加钨的钒合金作为中间金属层。中间金属层宽度为 8～10mm，厚度为 1～1.5mm，用直流正接电源，外加氩气保护。焊接电流为 70～80A，焊接速度为 0.83cm/s ③在焊接钒与钢时，钨极要偏向钒一侧 1/2 钨极直径的距离。焊缝含钒量在 6%～12% 时，焊接接头的弯曲角可达 140°。如果电极偏向钒一侧时，增加钒的熔化量，焊缝中钒的含量可达 40%～45%，焊缝金属中形成稳定的 β 相，弯曲角可达 150°～180°

续表

工艺	说　明
钢与钛及钛合金真空电子束焊	钢与钛及钛合金的真空电子束焊的最大特点是获得窄而深的焊缝（1∶3 或 1∶20），而且热影响区很窄。在真空中焊接，避免了由于钛在高温中吸收氢、氧、氮而产生的焊缝脆化。在电子束的焊缝中有可能生成金属间化合物（FeTi、Fe₂Ti），使接头塑性降低。由于焊缝比较窄，在工艺上加以控制可以减少生成 FeTi 和 Fe₂Ti。因此，钢与钛的电子束焊接可以获得良好质量的焊接接头 钢与钛及钛合金真空电子束焊接时，一般选用 Nb 和青铜作为填充材料，可获得不出现金属间化合物的焊缝，接头强度高并具有一定的塑性，焊缝不出现裂纹和其他缺陷。采用中间层的焊接工艺比较复杂，一般应用得较少
钢与钛及钛合金的扩散焊	采用真空扩散焊方法焊接钢与钛及钛合金，一般情况下，多采用中间扩散层或复合填充材料。这些中间扩散层材料一般采用 V、Nb、Ta、Mo、Cu 等，复合层有 V＋Cu、Cu＋Ni、V＋Vu＋Ni 以及 Ta 和青铜等。最常用的中间扩散层金属是 Cu。在高温下，Cu 与 Ti 之间产生扩散，而且铜在钛中具有一定的溶解度。此外，加入铜还可以控制碳向钛中扩散，并且钢具有良好的塑性，有助于形成良好的界面
钢与钛及钛合金的钎焊	钛及钛合金焊接过程中，高温时易吸收氢、氧、氮等气体而产生脆化，而在钢与钛及钛合金钎焊时也同样要防止高温时受氢、氧、氮的侵害，钎焊过程必须在氩或氦气保护下的炉中进行，可以获得优质的焊接接头

四、钢与镍及镍合金的焊接

由于镍及镍合金的优良性能，在与钢进行焊接时形成的焊接接头力学性能良好，且可以节省材料，降低成本。

（一）焊接特点

铁与镍可互相无限固溶，两者结晶性能、晶格类型、原子半径、外层电子数目均相近，所以焊接性良好，但焊接中常会遇到与镍金属焊接时相同的问题，以及钢和镍中的杂质或合金元素对焊缝金属的不良影响等。钢与镍焊接时，主要是在焊缝易出现裂纹和气孔。

钢与镍及镍基合金焊接时，焊缝成分主要是铁和镍。在高温下，镍很容易夺氧形成 NiO_3，在结晶时容易形成气孔，焊缝金属中含 Mn、Ti、Al 等元素有脱氧作用，含 Cr、Mn 则有利于防止气孔。所以，镍与不锈钢焊接比镍和碳钢焊接时的抗气孔能力强。

钢与镍焊接产生的裂纹主要是热裂纹，这与镍的低熔点共晶有关，焊缝中 O、S、P、Pb 等杂质会增大热裂倾向。为提高焊缝抗裂性，常向焊缝中加入一些变质剂，如 Mo、Mn、Cr、Al、Ti 及 Nb，以细化晶粒，减弱 O、S 的有害作用，对防止气孔的产生也有一定的作用。

纯镍与钢焊接时，若焊缝金属中含有 Ni30％～40％、Mn1.8％～2.0％、Mo3.4％～4.0％时，焊缝具有很高的抗裂性和抗气孔能力，接头强度 $\sigma_b \geqslant 529MPa$，接头的冷弯角可达 180°。

（二）焊接工艺

钢与镍及镍基合金的焊接可以采用焊条电弧焊、埋弧焊、惰性气体保护焊等熔焊方法，也可以采用点焊、缝焊、爆炸焊等压焊方法。为保证焊接接头性能良好，必须正确选择焊接方法、焊接材料和焊接工艺参数。

钢与镍及镍合金的焊接工艺见表 10-25。

表 10-25 钢与镍及镍合金的焊接工艺

工艺	说明
低碳钢与镍的焊接	①焊接之前必须仔细地清理表面。对厚板来说,为减少钢的熔化量,一般都要开坡口。坡口形式可参照低碳钢与耐热钢的焊接 ②为了减少钢与镍的焊接温度差和裂纹倾向,可对母材(镍)施行适当的预热,预热温度一般为100~300℃ ③焊接时要采用较小焊接线能量施焊,以避免接头的热影响区过热和晶粒长大 ④为提高焊缝质量,应合理选择填充材料,一般焊缝金属含镍在30%以上,低碳钢与纯镍埋弧焊时,选择的焊丝和焊剂对焊缝裂纹的影响倾向应当是最小的
不锈钢与镍及镍基合金的氩弧焊	不锈钢与镍及合金焊接时,可以采用手工电弧焊、TIG 焊、埋弧焊和压焊。TIG 焊时,采用管状焊丝,焊缝金属含一定量 Mo 时可消除热裂纹
钢与镍及镍基合金的电阻焊	钢与镍及镍基合金进行压焊,最常用的是电阻焊。电阻焊加热时间比较短,热量较集中,焊接过程中产生的应力和变形小,通常在焊后不必进行校正和热处理。不需要焊丝、焊条、保护气体、焊剂等焊接材料,成本比较低

第十一章

典型钢结构的焊接

第一节 钢结构的类型和焊接结构设计基础

一、钢结构的类型

以热轧型钢（角钢、工字钢、槽钢、钢管等）、钢板、冷加工成形的薄壁型钢以及钢索作为基本元件，通过焊接、螺栓或铆钉连接等方式，按一定的规律连接起来制成基本构件后，再用焊接、螺栓或铆钉连接将基本构件连接成能够承受外载荷的结构作为钢结构。目前钢结构特别是焊接钢结构在国民经济各部门获得非常广泛的应用。

钢结构应用在各种建筑物和工程构筑物上，类型很多，通常可以根据钢结构基本元件的几何特征、结构外形、连接方式及建立的力学计算模型、外载荷与结构构件在空间的相互位置以及计算方法等几种情况来区分。

钢结构的分类方法见表 11-1。

表 11-1　钢结构的分类方法

分类依据	类别	说　　明
按钢结构外形的不同分		可分为臂架结构、车架结构、塔架结构、人字架转台、桅杆、门架结构、网架等
按钢结构构件的连接方式及建立的力学计算模型的不同分		可分为铰接结构、钢接结构和混合结构
按钢结构连接方法的不同分	焊接连接结构	焊接连接是目前钢结构最主要的连接方法，其优点是构造简单、省材料、易加工，并可采用自动化作业，但焊接会引起结构的变形和产生残余应力
	铆钉连接结构	铆钉连接是一种较古老的连接方法，由于它的塑性和韧性较好，便于质量检查，故经常用于承受动力载荷的结构中。但制造费工，用料多，钉孔削弱构件截面，因此目前在制造业中已逐步由焊接所取代
	螺栓连接结构	螺栓连接也是一种较常用的连接方法，有装配便利、迅速的优点，可用于结构安装连接或可拆卸式结构中，缺点是构件截面削弱、易松动
按钢结构构造的不同分	格构式结构	构件的截面组成部分是分离的，常以角钢、槽钢、工字钢作为肢件，肢件间由缀材相连。根据肢件数目，又可分为双肢式、三肢式和四肢式。其中双肢式外观平整，易连接，多用于大型桁架的拉、压杆和受压杆；四肢式由于两个主轴方向能达到等强度、等刚度和等稳定性，广泛用于塔机的塔身、轮胎起重机的臂架等，以减小质量。根据缀件形式不同，又可分为缀板式和缀条式。缀条采用角钢或钢管，在大型构件上则用槽钢。缀板采用钢板
	实腹式结构	构件的截面组成部分是连接的，一般由轧制型钢制成，常采用角钢、工字钢、T 字形钢、圆钢管、方形钢管等。构件受力较大时，可用轧制型钢或钢板焊接成工字形、圆管形、箱形等组合截面，如汽车起重机箱形伸缩臂架

分类依据	类别	说　　明
按构成钢结构的基本元件的几何特征分	杆系结构	若干根杆件按照一定的规律组成几何不变结构,称为杆系结构。其特征是每根杆件的长度远大于宽度和厚度,即截面尺寸较小。常见的塔式起重机的臂架和塔身是杆系结构;高压输电线路塔架、变电构架、广播电视发射塔架也是杆系结构 网架结构是一种高次超静定的空间杆系结构,也称为网格结构。网架结构空间刚度大、整体性强、稳定性好、安全度高,具有良好的抗震性能和较好的建筑造型效果,同时兼有质量小、材料省、制作安装方便等优点,因此是适用于大、中跨度屋盖体系的一种良好的结构形式。近 30 年来,网架结构在国内外得到了普遍推广应用。 网架结构按外形可分为平板网架(简称网架,如图 1 所示)和曲面网架(简称网壳,如图 2 所示),平板网架在设计、计算、构造和施工制作等方面都比曲面网架简便,应用范围较广 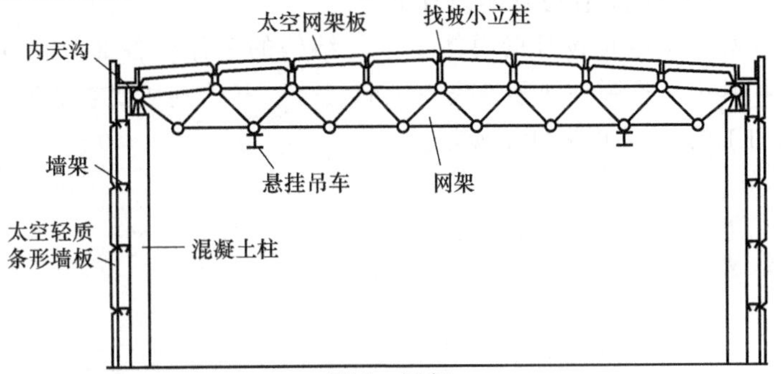 图 1　网架 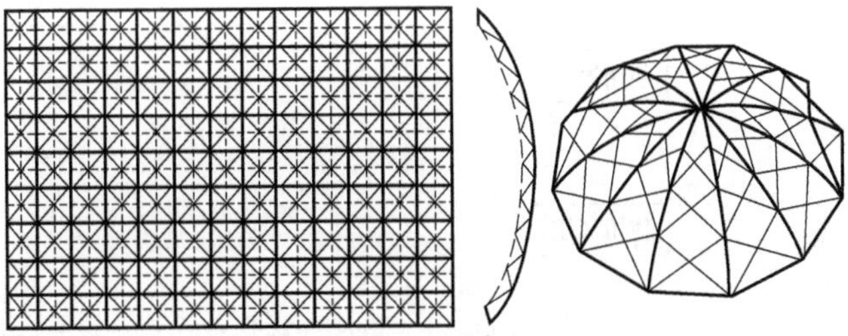 图 2　网壳
	板壳结构	由钢板焊接而成,钢板的厚度远小于其他两个尺寸,按照中面的几何形状,板又分为薄板和薄壳。薄板是中面为平面的板;薄壳是中面为曲面的板。因为板壳结构是由薄壳组成的,所以板壳结构又称薄壁结构。板壳结构有储气罐、储液罐等要求密闭的容器,大直径高压输油管、输气管等,以及高炉的炉壳、轮船的船体等。另外还有汽车式起重机箱形伸缩臂、转台、车架、支腿等,如图 3 所示。挖掘机的动臂、斗杆、铲斗,门式起重机的主梁、刚性支腿、挠性支腿等也都属于板壳结构 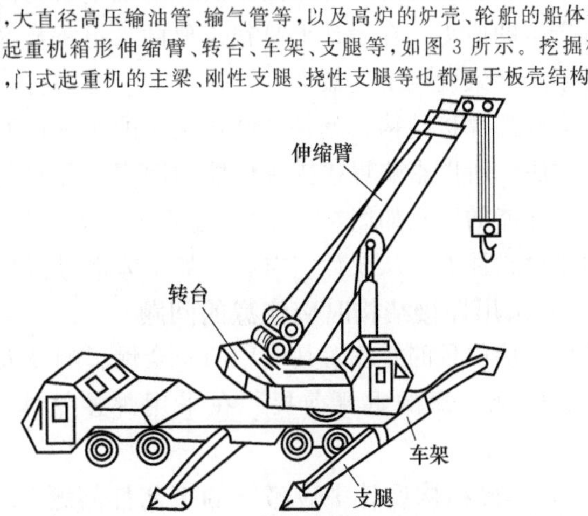 图 3　汽车式起重机

续表

分类依据	类别	说　　明
按钢结构承受的外载荷与结构杆件在空间的相互位置不同分	平面结构	外载荷的作用线和全部杆件的中心轴线都处在同一平面内,则结构称为平面结构。在实际结构中,直接应用平面结构的情况较少,但许多实际结构通常由平面结构组合而成,故可简化为平面结构来计算
	空间结构	当结构件的中心轴线不在同一平面,或者结构杆件的中心轴线虽位于同一平面,但外载荷作用线却不在其平面内,这种结构称为空间结构。如轮胎式起重机车架即为空间结构

二、焊接结构设计基础

(一) 焊接结构总体设计要求

对焊接结构设计的总体要求是结构的整体或各部分在其使用过程中不应产生致命的破坏,其中包括弹性、塑性失效及断裂等,并达到所要求的使用性能。焊接结构的设计与材料及加工的关系如图 11-1 所示。

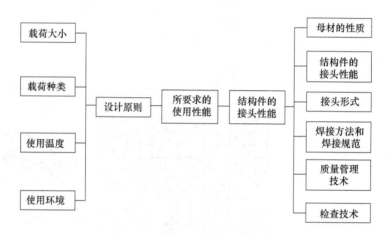

图 11-1　焊接结构的设计与材料及加工的关系

结构所要求的使用性能取决于以下因素：载荷的大小和种类、使用温度、使用环境以及由这些条件相应确定的设计原则。所以,确定载荷的大小和种类,并分析与此相应的结构各部分所产生的应力,在设计上是很重要的。更重要的是,要探讨对应力构件各部分产生的应力 σ 会不会导致发生上述破坏。

一个好的焊接结构,就是其结构接头的实际性能较好地达到所要求的性能。由于焊接是热加工方法,所以影响焊接接头性能的因素,除材料选择外,还受到一些加工技术的影响,影响接头性能的因素如图 11-1 的右边所示,为了提高焊接结构的可靠性,应对焊接结构构件的焊接接头性能,从设计、材料、加工方面进行综合考虑。

(二) 采用焊接结构时应注意的问题

结构焊接质量的好坏对其使用的安全性影响极大,而合理、正确进行焊接结构的设计,是保证其安全可靠的重要前提。在采用焊接结构时,表 11-2 所列因素必须给予考虑及注意。

(三) 焊接结构设计中应考虑的工艺性问题

为了有效地进行焊接质量控制,在焊接结构设计中应考虑的工艺性问题见表 11-3。

表 11-2　采用焊接结构时应注意的问题

问题	说　明
材料的焊接性	作为构成焊接结构的材料,首先必须考虑材料的焊接性。钢材的焊接性可以用它的碳当量作为初步评价。碳含量和合金含量较高的钢,一般有较高的强度和硬度,但它的碳当量 C_{eq} 值也较高,焊接性较差,焊接难度增加,焊缝可靠性降低,因此采用时应慎重考虑,同时在设计和工艺中应采取必要的措施
结构的刚度和吸振能力	普通钢材的抗拉强度和弹性模量都比铸铁高,但吸振能力则远低于铸铁。当用焊接结构来代替对刚度和吸振性能有高要求的铸铁部件时,不能按许用应力消减其截面,而必须考虑结构的刚度和振动。必要时还应在接头设计中采取增大刚度和阻尼的特殊措施,在有这类要求的结构中,采用高强度钢并无益处
降低应力集中	焊接结构常常截面变化大,变化处过渡急剧,圆角小,设计不当将可能产生很大的应力集中,严重时可导致结构失效。在动载和低温工作条件下的高强度钢结构,更需采取磨削或堆焊等措施进行圆滑过渡,以降低应力集中
尽量避免焊接缺陷	焊接缺陷是降低焊接质量的最主要的原因。在结构设计时应考虑方便焊接操作和合理的焊接工艺,避免仰焊,焊缝布置应尽量避开高应力区,以避免产生裂纹等焊接缺陷,保证焊接质量。另外,也不要对焊缝质量提出过高要求,以免造成浪费
控制和减小焊接应力与变形	焊接应力可能导致裂纹和严重变形,变形后还会留有残余应力,对结构强度有一定影响,它的逐步释放又会引起尺寸和精度的变化,严重时会影响产品使用。较重要的焊接结构,尤其是采用焊接性和塑性、韧性较差的钢材时,焊后应进行热处理或采取其他消除、减小残余应力的措施。但首先必须合理设计结构的形状,使之有利于降低接头的刚性(以减小焊接应力),有利于控制焊接变形
克服焊接接头处的不均匀性	焊缝及热影响区的化学成分、金相组织、力学性能等都可能不同于母材,并且是一个变化的具有不均匀性的地区。因而在选择焊接材料、制定焊接工艺时,应保证接头处性能符合设计要求,克服和减小其不均匀程度
减小和合理布置焊缝	在可能情况下可用冲压件来代替一部分焊接件,尽量多用轧制的板、管和型材,它们质量可靠,尺寸较精确,表面平整光洁,价格低廉 另外应合理布置焊缝,使其对称布置,尽量和中性轴一致。要避免焊缝汇交和密集,让次要的焊缝中断而主要焊缝连续,使其有利于主要焊缝的自动焊接

表 11-3　焊接结构设计中应考虑的工艺性问题

问题	说　明
焊接工艺能否满足对结构所提出的要求	在焊接结构设计中,必须了解一般焊接技术的特点以及由此产生的后果 ①分析结构设计的技术条件,研究焊接工艺能否满足技术条件的要求 ②对比各种焊接方法的优缺点,寻求合适的焊接工艺 ③结合结构特点,分析实现焊接工艺的难易程度,或提出改变设计的方案 ④选择合理的接头分布和设计
焊接结构设计的工艺性考虑	焊接结构设计的工艺性主要涉及以下几方面 ①组装是否切实可行 ②焊缝是否都焊到 ③能否保证焊接质量 ④无损探伤是否可行 ⑤焊接变形是否可以控制 ⑥焊工操作是否方便及安全
提高焊接结构的抗裂性	提高结构的抗裂性是结构设计的关键之一,影响焊接结构抗裂性的因素有以下几方面 ①结构形式。球形容器的抗裂能力比圆筒形容器差,这是由结构形式所决定的。因此,在同样的工作条件下,球形容器结构的选材应比圆筒形容器严格 ②结构的工作条件。结构的介质条件、温度条件、载荷条件均可对结构的抗裂性能产生不同的影响,在结构和接头设计时应加以考虑 ③焊接接头的匹配。对于抗裂性要求高的接头,可采用韧性的预堆焊方法,以提高接头的抗裂性 ④选用韧性好的母材和抗裂性高的焊接材料

（四）合理的接头设计

焊接接头是构成焊接结构的关键部分，其性能好坏直接影响到整个焊接结构的质量，所以选择合理的接头形式是十分重要的。在保证焊接质量的前提下，接头设计应遵循以下原则。

① 接头形式应尽量简单，焊缝填充金属要尽可能少，接头不应设在最大应力可能作用的截面上，否则由于接头处几何形状的改变和焊接缺陷等原因，会在焊缝局部区域引起严重的应力集中。

② 接头设计要使焊接工作量尽量少，且便于制造与检验。

③ 合理选择和设计接头的坡口尺寸，如坡口角度、钝边高度、根部间隙等，使之有利于坡口加工和焊透，以减小各种焊接缺陷（如裂纹、未熔合、变形等）产生的可能性。

④ 若有角焊缝接头，要特别重视焊角尺寸的设计和选用。这是因为大尺寸角焊缝的单位面积承载能力较低，而填充金属的消耗却不与焊脚尺寸的平方成正比。

⑤ 焊接接头设计要有利于焊接防护，尽可能改善劳动条件。

⑥ 复合钢板的坡口应有利于降低过渡层焊缝金属的稀释率，应尽量减少复层的焊接量。

⑦ 按等强度要求，焊接接头的强度应不低于母材标准规定的抗拉强度的下限值。

⑧ 焊缝外形应尽量连续、圆滑，以减少应力集中。

⑨ 焊接残余应力对接头强度的影响通常可以不考虑，但是对于焊缝和母材在正常工作时缺乏塑性变形能力的接头以及承受重载荷的接头，仍需考虑残余应力对焊接接头强度的影响。

表 11-4 是部分合理焊接接头设计和选用范例，供学习和使用时参考。焊接接头形式的选用，主要根据焊件的结构形式、结构和零件的几何尺寸、焊接方法、焊接位置和焊接条件等情况而定，其中焊接方法是焊接接头形式的主要依据。

表 11-4　部分合理焊接接头设计和选用范例

合理设计的效果	合理的设计	不合理的设计
焊缝避开最大应力作用的截面		
焊缝不在应力集中处		
焊缝布置在工作时最有效的地方，有少量的焊接金属得到最佳的承载效果		
焊缝应便于制造与检验	$t_1=t_2$ 时，$\alpha=45°$ $t_1>t_2$ 时，$\alpha<45°$ $t_1<t_2$ 时，$\alpha>45°$	

续表

合理设计的效果	合理的设计	不合理的设计
焊缝排列对称于截面重心,以减小应力和变形		
避免相邻焊缝过近,以减小焊接应力		
避免焊缝交于一点,以减小结构的局部刚性,有利于接头工作		
避免焊缝产生尖角,降低应力集中,提高接头的抗裂性		
避免焊缝集中,降低焊接残余应力,便于焊接生产		
避免焊趾裂纹,利用预堆边焊接法,改善接头性能	预堆边焊道层	

第二节　网架结构的焊接

　　网架节点是网架结构的一个重要组成部分,它起着连接汇交杆件,传递杆件内力和载荷的作用。由于网架结构属于空间杆件体系,在节点上往往汇交着许多杆件,一般至少有 6 根(如蜂窝形三角锥网架),多的可达 13 根(如三向网架),因而其节点构造比较复杂,节点的用钢量在整个网架中所占比重较大,一般为网架总用钢量的 1/5～1/4。网架的节点形式很多,现介绍两种焊接节点形式;焊接空心球节点和焊接钢板节点,如图 11-2 所示。

一、焊接钢板节点

　　焊接钢板节点(图 11-3)的刚度较大,用钢量较少,造价较低,制作较简单,适用于两向网架 [图 11-3(a)] 和

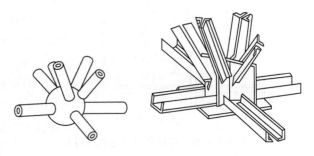

(a) 焊接空心球节点　　　　(b) 焊接钢板节点

图 11-2　网架节点

由四角锥组成的网架［图 11-3 （b）］，一般多用于连接角钢杆件。图 11-3 （a） 所示适用于地面全部焊成，然后整体吊装或全部在高空拼装的中、小跨度的网架；图 11-3 （b） 所示适用于在地面分片或分块焊成单元体，然后在空中用高强螺栓连成整体的大跨度网架。

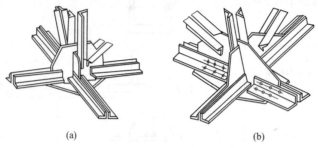

(a)　　　　　　　　　(b)

图 11-3　两向网架的焊接钢板节点

1. 节点组成及构造要求

焊接钢板节点一般由十字节点板和盖板组成。十字节点板宜由两块带企口的钢板对插焊成，也可由 3 块钢板焊成，如图 11-4 所示。小跨度过网架的受拉节点，可不设置盖板。十字节点板与盖板所用钢材应与网架杆件钢材一致。

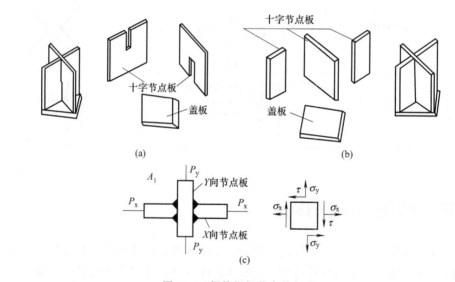

(a)　　　　　　　　　(b)

图 11-4　焊接钢板节点的组成

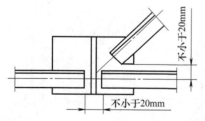

图 11-5　十字节点板与杆件之间的连接结构

焊接钢板节点上弦杆与腹杆，腹杆与腹杆之间以及弦杆端部与节点板中心线之间的间隙均不宜小于 20mm，如图 11-5 所示。

当网架弦杆内力较大时，网架弦杆应与盖板和十字节点板共同连接。当网架跨度较小时，弦杆也直接与十字节点板连接。

十字节点板的竖向焊缝应具有足够的强度，并宜采用 K 形坡口的对接焊缝。

杆件与十字节点板或盖板应采用角焊缝连接。

2. 节点板的受力特点及其尺寸确定

根据对十字节点板的加荷试验研究结果表明，十字节点板在两个方向外力作用下，每一个向节点板中的应力分布只与该方向作用的外力有关。因此对于双向受力的十字节点板，设计时只需考虑自身平面内作用力的影响。当无盖板时，十字节点板可按平截面假定进行设计。当有盖板时，则应考虑十字节点与盖板的共同工作。

节点板的厚度一般可根据作用于节点上的最大杆力由表 11-5 选用。节点板的厚度还应较连接杆件的厚度大 2mm，并不得小于 6mm。

节点板的平面尺寸应适当考虑制作和装配的误差。

表 11-5　节点板厚度选用

杆件最大内力/kN	≤150	160～300	310～400	410～600	>600
节点板厚度/mm	8	8～10	10～12	12～14	14～16

3. 节点的连接焊缝

十字节点板的竖向焊缝主要承受两个方向节点板传来的内力，受力情况比较复杂。对于坡口焊缝，当两个方向节点板传来的应力同为拉（或压）时，焊缝主要受拉或受压，切应力不起控制作用；当两个方向节点板传来的应力一向为拉，另一向为压时，焊缝除受拉、压应力外，还存在较大切应力，其大小随两个方向传来的应力比值而变。

杆件与十字节点板及盖板间主要为角焊缝，当角焊缝强度不足，节点板尺寸又不宜增大时，可采用槽焊缝与角焊缝相结合并以角焊缝为主的连接方案（图 11-6），槽焊缝的强度由试验确定。

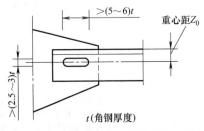

图 11-6　杆件与节点板的槽焊缝连接

二、焊接空心球节点

焊接空心球节点是目前应用最为普遍的一种点形式（图 11-7）。焊接空心球体是两块圆钢板经热压或冷压成两个半球后再对焊而成 [图 11-7 (a)]，当球径等于或大于 300mm 且杆件内力较大时，可在球体内加衬环肋，并与两个半球焊成一体 [图 11-7 (b)]，以提高节点承载能力。加环肋后，承载能力一般可提高 15%～40%。

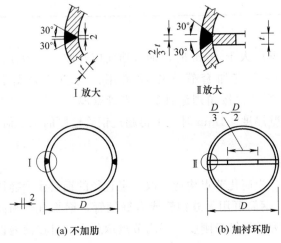

(a) 不加肋　　(b) 加衬环肋

图 11-7　焊接空心球节点

由于球体没有方向性，可与任意方向的杆件相连，对于圆钢管，只要切割面垂直杆件轴线，杆件就能在空心球体上自然对中而不产生偏心，因此它的适应性强，可用于各种形式的网架结构（包括各种网壳结构）。采用焊接空心球节点时，杆件与球体的连接一般均在现场焊接、仰焊和立焊点有相当的比重，焊接工作量大、质量要求较高，杆件长度尺寸要求高，故难度较大，因焊接变形而引起的网格尺寸偏差也往往难于处理，故施工时必须注意。

1. 球体尺寸

球体尺寸的确定方法见表 11-6。

表 11-6　球体尺寸的确定方法

确定方法	说　明
空心球的外径主要根据构造要求确定	连接于同一球体的各杆件之间的缝隙一般不小于 10～20mm,据此,空心球外径可初步按下式估算,然后再验算其容许承载力,如图所示 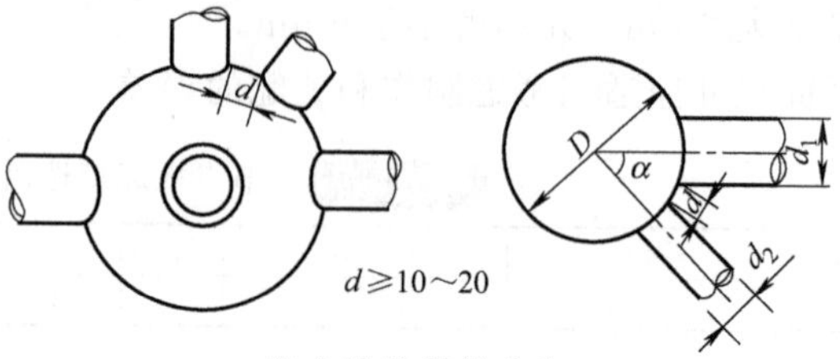 空心球外径的确定 $$D=\frac{1.03(d_1+\alpha+d_2)}{\alpha} \qquad (1)$$ 式中　d_1,d_2——组成 C 角的钢管外径,mm 　　　α——汇集于球节点任意两管的夹角,rad 　当 $d=20$mm 时,$\alpha=40$rad;$d=10$mm 时,$\alpha=20$rad 　在一个网架结构中,空心球的规格数不宜超过 2～4 种 　空心球外径与其壁厚的比值一般取 25～45,空心球壁厚一般不宜小于 4mm,空心球壁厚应为钢管最大壁厚的 1.2～2.0 倍 　当选用加环肋的空心球时,其环肋的厚度不应小于球壁厚度,并应使内力较大的杆件置于环平面内
空心球的外径还应根据节省网架总造价的原则确定	由式（1）可知,空心球的外径与钢管外径呈线性关系。设计中为提高压杆的承载能力,常选用管径较大、管壁较薄的杆件,而管径的加大,势必引起空心球外径的增大。一般国内空心球的造价是钢管造价的 2～3 倍,因而可能使网架总造价提高。反之,如果选择管径较小,管壁较厚的杆件,空心球的外径虽可减少,但钢管用量增大,总造价也不一定经济。根据研究结果,有关文献给出了合理的压杆长度 l 与空心球外径 D 的关系式 $$D=\frac{l}{k} \qquad (2)$$ 式中　l——压杆长度,mm 　　　k——系数 　当按式（2）求得空心球外径后（取整数）,再由式 $D=1.03(d_1+\alpha+d_2)/\alpha$ 可得到合理的大杆管径

2. 钢管杆件与空心球连接

钢管与空心球间采用焊缝连接。当钢管壁厚大于 4mm 时,钢管端面应开坡口,为保证焊缝焊透,并符合焊缝质量标准,钢管端头宜加套管（作衬垫用）与空心球焊接（图 11-8）,这时焊缝可认为与钢管等强,否则一律按角焊缝计算。当管壁厚度≤4mm 时,角焊缝高度不得超过钢管壁厚 1.5 倍,当管壁厚度＞4mm 时,不得超过钢管壁厚的 1.2 倍。

三、焊接钢管节点

在小跨度网架中,其杆件内力一般较小,为简化节点构造,取一定直径的钢筒作为连接杆件的节点,即为焊接钢管节点（图 11-9）。钢筒可用无缝钢管或有缝钢管,钢管直径和高度由构造决定,筒壁厚度则根据受力确定。为增强筒身刚度,提高节点承载力,可在筒内设加强环或在两端设封板。

四、焊接鼓节点

和钢管节点类似，利用曲鼓筒和封板组成空间封闭结构，筒身和封板互相支撑，共同工作，具有较大的承载能力和刚度（图 11-10）。它利用焊在鼓筒端部的封板来连接网架腹板，因而鼓筒的直径和高度均可较小，腹杆也只需将端面斜切，因而这种节点取材方便，构造简单，耗钢量较省，适用于中小跨度的斜放四角锥网架。鼓节点的承载能力目前均由试验确定。

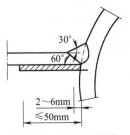

图 11-8 加套管连接

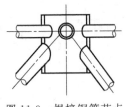

图 11-9 焊接钢管节点

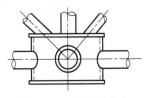

图 11-10 焊接鼓节点

第三节 | 柱和梁的焊接

一、柱的焊接

在多层及高层框架中，常为实腹柱的拼接，在单层钢厂房结构中，有时遇到实腹上柱与格构式下柱的拼接。

柱子的拼接接头应能承受拼接处的全部内力并具有足够的刚度。为便于制造，一般把柱接头设在离开平台或地面 500~1000mm 处，高层框架中。为避开风载作用下产生的较大弯矩，柱的拼接接头宜设在柱的中间部位。

柱拼接头有焊接接头与承压接头两种基本类型，如图 11-11～图 11-13 所示。

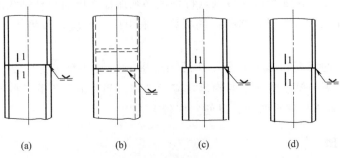

(a)　　　　　(b)　　　　　(c)　　　　　(d)

图 11-11 柱的焊接拼接（1）

焊接接头的构造形式如图 11-11 所示。图 11-11（a）表示 H 形柱的拼接，上柱翼缘开 V 形坡口与下柱翼缘焊接，上柱腹板以 K 形坡口焊缝与下柱腹板相焊；也可采用上、下柱翼缘坡口全焊透焊缝连接，腹板采用高强螺栓连接。焊接时应在翼缘加引弧板，如图 11-12（a）所示。

箱形截面柱的焊缝拼接与 H 形柱类似，如图 11-11（b）所示。

为保证焊透，箱形柱的坡口形式如图 11-12（b）所示，下部箱形柱的上端应设置盖板，并与柱齐平。厚度一般不小于 16mm，其边缘与柱口截面一起刨平，以便与上柱的焊接垫板有良好的接触面。如要箱形柱安装在单元的下部附近，还应设置上柱横隔板，以防止运输、堆放和焊接时截面变形，其厚度通常不小于 10mm。

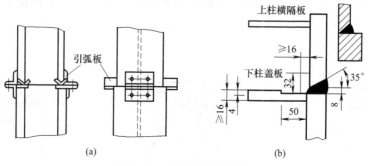

图 11-12　柱的焊接拼接（2）

当柱截面板件厚度较大时，宜采用上、下柱端面铣平顶紧的承压拼接。图 11-13 所示为承压接头的构造，在上柱翼缘处附加有小焊缝或在上下柱翼缘上采用少量的附加螺栓，这是为了抵抗柱在特殊载荷组合下可能产生的拉力作用。图 11-13（c）所示用于上、下柱截面尺寸相差较大情况，图 11-13（d）所示用于特别大的柱子拼接。

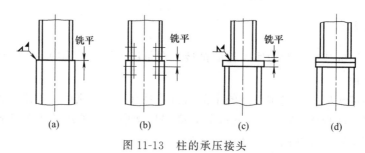

图 11-13　柱的承压接头

承压拼接中，必须保证全截面接触，特别是必须保证承压面与柱轴线的垂直。当无端板时，接触面必须在锯切后用刨床修整；端板则应采用压力平整，厚度大于 10mm 的端板必须用刨床加工。

为保证柱接头的安装和施工安全，柱的工地拼接必须设置安装耳板（钢板或角钢槽钢等）临时固定。耳板的厚度或规格的确定，应考虑阵风和其他施工载荷的影响，并不得小于 10mm。耳板宜设置于柱翼缘两侧，以便发挥较大功用。

二、梁的焊接

工作时承受弯曲载荷的杆件叫做梁。焊接梁是由钢板或型钢焊接而成的实腹受弯构件，可在一个主平面内受弯，也可在两个主平面内受弯，有时还可承受弯扭的联合作用。

（一）梁的分类及特点

焊接梁常根据其受力特点设计成不同的截面形式，如图 11-14 所示。最常用的是由 3 块钢板焊接成的对称工字形截面组合梁［图 11-14(a)］，必要时也可采用双层翼板组成的组合

梁 [图 11-14(b)]。当梁在其上翼板平面内还受到侧向力作用时，也可采用不对称的工字形截面 [图 11-14（c）] 或由槽钢和工字钢组成的截面组合梁 [图 11-14（d）]。对于需承受较大载荷且要求具有较高的抗扭刚度的梁，可采用焊接 Y 形截面 [图 11-14（e）]、焊接箱形截面 [图 11-14（f）、（g）] 或型钢组合箱形截面 [图 11-14（h）、（i）] 组合梁。

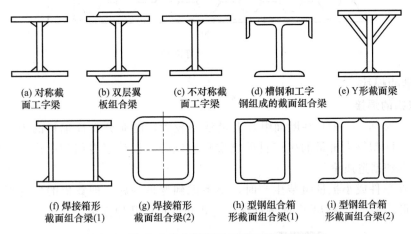

|(a) 对称截
面工字梁|(b) 双层翼
板组合梁|(c) 不对称截
面工字梁|(d) 槽钢和工字
钢组成的截面组合梁|(e) Y 形截面梁|

|(f) 焊接箱形
截面组合梁(1)|(g) 焊接箱形
截面组合梁(2)|(h) 型钢组合箱
形截面组合梁(1)|(i) 型钢组合箱
形截面组合梁(2)|

图 11-14 常用焊接梁截面形式

带折线腹板的梁（图 11-15）的抗弯刚度与工字梁相近，而抗扭刚度和减振性能则优于工字梁。为了更充分地发挥钢材的性能，也可做成异种钢组合梁。例如受力较大处的翼缘板采用强度较高的钢材，而腹板采用强度稍低的钢材，如图 11-16 所示。

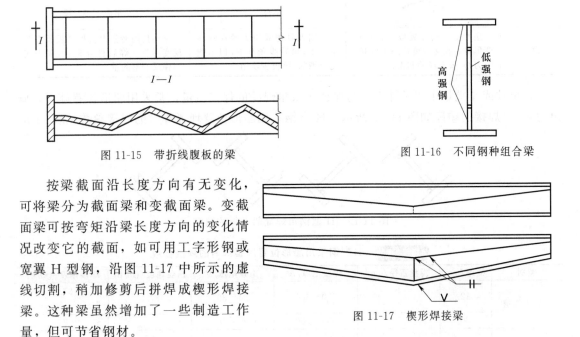

图 11-15 带折线腹板的梁

图 11-16 不同钢种组合梁

按梁截面沿长度方向有无变化，可将梁分为截面梁和变截面梁。变截面梁可按弯矩沿梁长度方向的变化情况改变它的截面，如可用工字形钢或宽翼 H 型钢，沿图 11-17 中所示的虚线切割，稍加修剪后拼焊成楔形焊接梁。这种梁虽然增加了一些制造工作量，但可节省钢材。

图 11-17 楔形焊接梁

将工字钢或宽翼级 H 型钢沿图 11-18（a）所示虚线切开，错位后焊成空腹梁 [图 11-18（b）]，俗称蜂窝梁（图 11-18）。这种梁由于增加了截面高度，提高了承载能力，腹板的孔洞又可供管道通过，是一种较为经济、合理的构造形式，在国内外得到了广泛的应用。

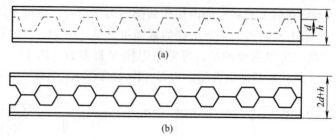

(a)

(b)

图 11-18　蜂窝梁

（二）梁的焊接

1. H 型钢的焊接

H 型钢（又称工字钢）在断面组合上灵活性较大，能充分发挥钢材的力学性能，是常用的梁构件。H 型钢大批量的生产目前已实现自动焊，设计了专门的生产流水线，具有很高的生产效率和制造质量。

H 型钢在单件或小批量组装生产时，要考虑到变形问题，即翼板的角变形和长度方向上的扭曲变形。表 11-7 列出了 H 型钢焊接防止角变形的几种方法。

表 11-7　H 型钢焊接防止角变形的几种方法

方法名称	翼板预置反变形	刚性固定	夹紧反变形
示意图		平台	平台　小圆棒
说明	用冲压方法在翼板上预置反变形量。在无拘束状态下焊接，应力小，要有经验和设备条件	利用夹具把翼板夹紧在刚性平台上，可减少角变形，但不能完全消除，故很少使用	靠夹具的夹紧力获得翼板所需要反变形量。焊后松开夹具，翼板应回弹反变形的量

在单件或小批量生产条件下，为保证 4 条角焊缝的焊接质量，常采用船形位置施焊，倾角为 45°，焊接的顺序如图 11-19 所示。H 型钢采用船形位置埋弧焊时的焊接参数见表 11-8。

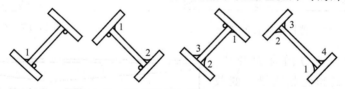

图 11-19　H 型钢角焊缝船形焊的顺序

表 11-8　H 型钢采用船形位置埋弧焊时的焊接参数

类别	板厚/mm	焊丝直径/mm	焊接电流/A	电弧电压/V	送丝速度/(m/h)	焊接速度/(m/h)
不要求焊透	12	4 4	550～600	34～36	87.5	37.5 38
	20	5	650～700	32～36	—	25
要求焊透	20	—	700～720 700～750	—	95 103～111	37.5 25

对于 H 型钢，若采用二氧化碳气体保护焊接工艺，则具有效率高、成本低、变形小的优点。H 型钢的焊接质量应符合《焊接 H 型钢》和《钢结构工程施工及验收规范》的要求。

焊缝的外观不得有裂纹、气孔和夹渣等缺陷。钢板对接焊缝及角焊缝内部质量可根据要求采用射线或超声波进行探伤。H 型钢船位置二氧化碳气体保护焊的焊接参数见表 11-9。

表 11-9　H 型钢船位置二氧化碳气体保护焊的焊接参数

焊丝直径/mm	焊接电流/A	电弧电压/V	气体流量/(L/min)	焊丝伸出长度/mm	焊接速度/(cm/min)
1.6	280~300	30~32	15~18	25~30	28

2. 桥式起重机箱形主梁的焊接

箱形主梁是桥式起重机中最主要的受力元件，其断面形状多为矩形，如图 11-20 所示。

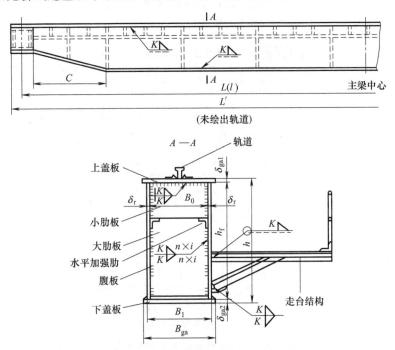

图 11-20　桥式起重机箱形主梁的焊接结构

桥式起重机箱形主梁制造的主要技术要求（图 11-21）主梁具有的上挠 $S = L/700 \sim L/1000$；对角线偏差 $\Delta D = D_1 - D_2 = \pm 5\text{mm}$；主梁的腹板垂直度 $a_1 \leqslant H/200$，端梁向内

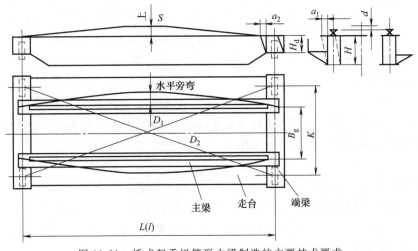

图 11-21　桥式起重机箱形主梁制造的主要技术要求

倾斜度 $a_2 \leqslant H/200$；车机轨道的高低差 $d < 2\,mm$；小车轨距偏差 $\Delta B_g = 5 \sim 7\,mm$；上盖水平度 $C \leqslant B_g/250$；腹板波浪变形量 e，在受压区 $e < 0.7$ 腹板厚，受拉区 $e < 1.2$。

从这些技术条件看，制造箱形梁的主要技术问题是焊接变形量的控制。从梁断面结构形状和焊缝分布来看，断面重心轴线左右基本对称，焊后生产旁弯的可能性较小，而且比较容易控制。而断面水平轴线上部，焊后易产生下挠变形，这和技术要求上挠是相反的，如果腹板较薄，则容易失稳而产生波浪变形。大、小肋板与腹板连接的角焊缝在焊后要产生角变形，这些角变形也会构成腹板的波浪变形，如果再加上焊接压应力的作用，则产生的波浪变形可能较大。因此，制造主梁的关键是防止下挠并满足上梁之间对角线偏差要求等规定。一般情况下，起重行业主梁的装焊工艺要求见表 11-10。

表 11-10　起重行业主梁的装焊工艺要求

工艺	工艺要求
备料	采用剪切下料，预置上挠为 $1.5L/1000 \sim 1.7L/1000$，L 为主梁跨度，见下图。预置挠度根据梁的结构形状、生产条件以及工艺程序综合确定 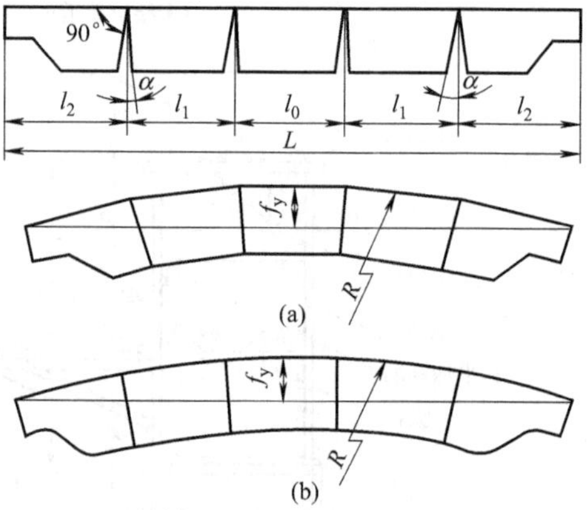 制备腹板上挠度的方法
剪切下料	组装好上盖板，并置于平台上，用压板固定，装配并焊接大、小横向加强肋板。焊接时，使可能造成最大下挠的大、小横向加强肋板与上盖板的焊缝先完成，这样盖板只有缩短而无挠曲
装配腹板	将盖板与腹板贴合严密后进行定位焊，形成有预置上挠的 H 型梁后向一侧放平，然后焊接肋板与腹板之间的角焊缝
装配下板盖	控制好盖板和腹板的倾斜度，保证一定的预置上挠，进行定位焊。最后焊接盖板与腹板的 4 条角焊缝 为了较好地控制焊接变形，应控制焊接热输入。对于肋板的焊接，采用 CO_2 是较为适宜的方法，而板材的拼接和 4 条纵向长角焊缝应尽量用埋弧焊进行焊接

3. 组合梁的焊接工艺

（1）梁与梁的连接

梁与梁的连接形式有对接和 T 形连接两种。后者两根梁的轴线互相垂直。除工地施工条件差或有拆卸要求，需要铆钉、螺栓等方法连接外，一般都采用焊接方法进行连接。这 3 种连接方法受力各不相同，不应混合采用。

梁与梁的连接方法见表 11-11。

（2）梁焊接变形的控制

梁通常是由低碳钢板制成，而且厚度也不大，所以焊接变形是制造梁的主要工艺问题。梁的长度与高度之比较大，焊后的变形主要是弯曲变形，当焊接方向不正确时，也会产生扭曲变形。控制梁的焊接变形方法见表 11-12。

表 11-11　梁与梁的连接方法

连接类别	连接方法
梁与梁的对接	常用的连接形式如图 1 所示。在一般情况下,翼板与腹板对接缝不必错开,如图 1(a)所示。如果为了使焊缝避开应力集中区和使焊缝不至于密集,可互相错开,焊缝之间的距离 S 约为 200mm[图 1(b)],或在腹板的焊缝处开间断圆弧形缺口[图 1(c)],对于不同高度梁的对接,应有一过渡段,焊缝尽可能避开过渡段部位,如图 1(d)～(f)所示 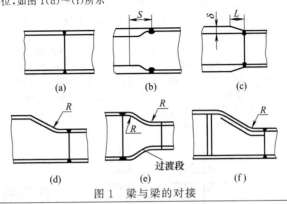 图 1　梁与梁的对接
梁与梁的 T 形连接	常用 T 形连接的形式如图 2 所示。图 2(a)、(c)适用于承受静载荷梁的连接。对于承受动载荷的等高梁,为减少应力集中,应该把翼板对接缝的拐角处避开,并在该处翼板的两侧设计较大圆弧的过渡部分,如图 2(b)所示。对于高度不同的梁,可用图 2(d)所示的结构。图 2(e)所示的是两个箱形梁的T 形连接的结构,一个箱形梁的上、下翼板搭在另一箱形梁的上、下翼板上。图 2(f)所示结构适用于工地上简化装配的连接形式,留有 Δ=10～15mm 的装配间隙,上翼板上加一块连接盖板 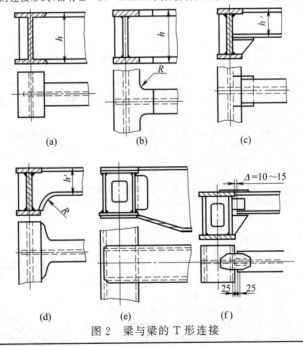 图 2　梁与梁的 T 形连接

表 11-12　控制梁的焊接变形方法

方法	说　明
减小焊缝尺寸	焊缝尺寸直接关系到焊接工作量和焊接变形的大小。焊缝尺寸较大时,不但焊接量大,而且焊接变形也大。因此,在保证梁的承载能力的前提下,应该采用较小的焊缝尺寸。不合理地加大焊缝尺寸的现象主要表现在角焊缝上。角焊缝在许多情况下受力并不大,例如梁的肋板和腹板之间的角焊缝并不承受很大的应力,因此没有必要采取大尺寸的焊缝,一般可按板的厚度来选择工艺上可能的最小焊缝尺寸。下表 1 给出了不同厚度低碳钢板的最小角焊缝尺寸,仅供参考

方法	说　明

表 1　不同厚度低碳钢板的最小角焊缝尺寸　　　　mm

板厚	≤6	7~18	19~30	31~50	51~100
最小焊脚	3	4	6	8	10

注：1. 表中的板厚指的是焊板中较厚的厚度

2. 低合金钢由于对冷却速度敏感，在同样厚度的条件下，最小焊脚尺寸应该比表中的数值更大一些

减小焊缝尺寸

对于受力较大的 T 形接头和十字接头，在保证相同强度的条件下，开坡口的焊缝比一般角焊缝减少焊缝金属，如图 1 所示。这对减少变形是有利的，但是应该根据具体情况安排。例如，箱形梁的不同接头形式（图 2），由于箱形梁的上、下盖板较厚，而两块侧板较薄，如采用图 2（a）所示的接头形式，虽然开坡口，但由于坡口开在较厚的盖板上，则焊缝尺寸较大；如用图 2（b）所示的接头形式，虽然是不开坡口的角焊缝，但焊缝尺寸却可减小；如采用图 2（c）所示的接头形式，在侧板上开坡口，则焊缝尺寸最小

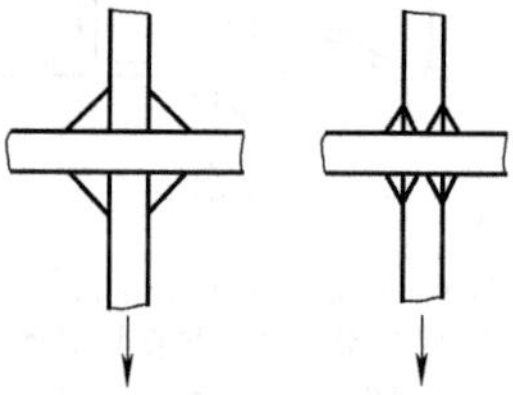

(a) 不开坡口　　(b) 开坡口
图 1　相同承载能力的 T 形接头　　图 2　箱形梁的不同接头形式

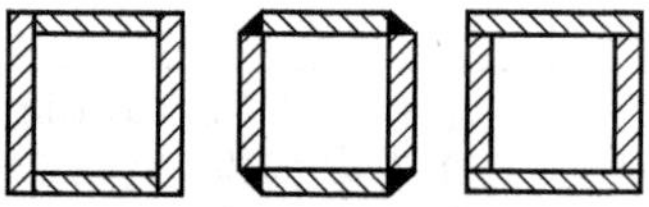

采取正确的焊接方向

焊接方向对焊接变形有很大影响。同样一道焊缝可以从一端向另一端进行"直通"焊接，也可以从中间向两头或从两头向中间焊接。不同方向的焊接会引起不同的变形，如图 3 所示。这是一台桥式起重机的主梁上盖板与大、小隔板的焊接示意图，每块隔板与上盖板形成一个 T 形接头。焊接时原先采取朝同一方向的"直通"焊接法，由于每道焊缝都是始焊端的横向收缩略大于终焊端的横向收缩，结果整个上盖板就出现终焊端向外凸出的旁弯变形（如图中虚线所示）。若轮流改变每条焊缝的焊接方向，旁弯变形就能得以克服

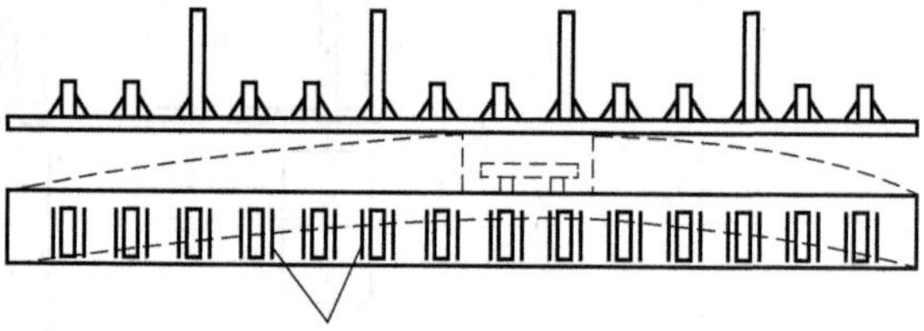

焊接方向
图 3　桥式起重机主梁上盖与大、小隔板的焊接

采用正确的装配、焊接顺序

采用合理的装配、焊接顺序来减少变形具有重要意义。对于同一个焊接梁，采用不同的装配、焊接顺序，焊后产生的变形就不一样

[实例 1]　一焊接梁由两根槽钢、若干隔板和一块盖板组成，如图 4 所示

槽钢与盖板间用角焊缝 1 来连接，隔板与盖板及槽钢间分别用角焊缝 2 和 3 来连接。该焊接梁可用 3 种不同的装配、焊接顺序进行生产

第一种方案：先把隔板与槽钢装配在一起，然后焊接角焊缝 3。由于焊缝 3 的大部分位于槽钢中性轴以下，焊缝的横向收缩会产生上挠度 f_3。再将盖板与槽钢加隔板装配起来，焊接焊缝 1，由于焊缝 1 位于梁断面中性轴以下，焊缝 1 的纵向收缩会产生上挠度 f_1。最后焊接焊缝 2，由于焊缝 2 也位于梁断面中性轴以下，焊缝 2 的横向收缩会产生上挠度 f_2。整个梁最终产生上挠变形，其数值为 $f_1 + f_2 + f_3$

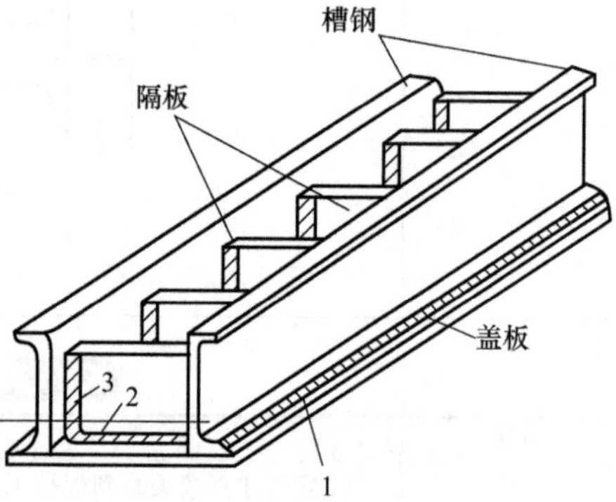

槽钢
隔板
盖板
图 4　焊接梁的组成

方法	说　明
采用正确的装配、焊接顺序	第二种方案：先将槽钢与盖板装配在一起，焊接焊缝1，由于焊缝1位于梁断面中性轴以下，它的纵向收缩会使梁产生上挠度f_1。再装配隔板，焊接焊缝2，焊缝2的横向收缩会引起上挠度f_2。最后焊接焊缝3，此时由于槽钢与盖板已经形成一个整体，其中性轴从槽钢的本身上移，使焊缝3的大部分处于中性轴以上，因此焊缝3的横向收缩将引起构件下挠，其数值为f_3。焊后梁的最终挠度为$f_1+f_2-f_3$

　　第三种方案：先将隔板与盖板装配起来，焊接焊缝2。盖板在自由状态下焊接，只能产生横向收缩和角变形。若采用压板将盖板压紧在平台上，角变形是可以控制的。此时由于盖板没有和槽钢连接，因此它的收缩并不引起挠度，即$f_2=0$。在此基础上装配槽钢，焊接焊缝1，引起上挠度f_1。再装配隔板，焊接焊缝3，引起下挠度f_3。梁的最终挠度为f_1-f_3

　　这三种方案可归纳在一起，其不同装配、焊接顺序见表2

表2　三种方案焊接梁的不同装配、焊接顺序

方案	装配、焊接顺序		变形情况
	第一步	第二步	
第一种方案	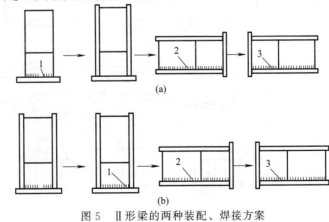		焊缝3、2、1均在中性轴$a-a$以下，造成上拱挠度$f_1\uparrow+f_2\uparrow+f_3\uparrow$
第二种方案			焊缝1、2均在中性轴$b-b$以下，造成上拱挠度；而焊缝3大部分处于中性轴以上，造成下弯挠度$f_1\uparrow+f_2\uparrow-f_3\downarrow$
第三种方案			焊缝2不造成挠度，即$f_2=0$；焊缝3大部处于中性轴$c-c$以上，造成下弯挠度$f_1\uparrow-f_3\downarrow$

　　比较上述三种方案，可见第一种方案的弯曲变形最大，第三种方案最小，第二种方案介于两者之间

　　[实例2]　一桥式起重机主梁为封闭的箱形结构，内部需焊上大、小隔板，因此必须制成Ⅱ形梁，然后才能加上盖板制成箱形。Ⅱ形梁的两种装配、焊接方案如图5所示

　　第一种方案：属于边装边焊的装配顺序，如图5（a）所示。先装配上盖板与大、小隔板，焊接焊缝1。然后装配块腹板，焊接焊缝2和焊缝3

　　第二种方案：属于整装后焊的装配顺序，如图5（b）所示。首先把Ⅱ形梁全部装配好，然后焊接焊缝1、接头焊接焊缝2和焊缝3

　　两种方案的比较结果是第一种方案焊后的弯曲变形最小。第二种方案产生较大弯曲变形的原因是焊缝1的位置在Ⅱ形梁截面上，离中性轴距离较大，而第一种方案焊缝1的位置几乎与上盖板重心重合，焊接焊缝1时对Ⅱ形梁的弯曲变形没有影响

（a）

（b）

图5　Ⅱ形梁的两种装配、焊接方案

方法	说　明
采用合理的焊接顺序	

有一些简单的梁，只有一种装配方案，此时就应该用合理的焊接顺序来控制变形

［实例3］　一工字梁，截面形状对称，焊缝布置也对称，但如果焊接顺序不正确，也会产生较大的焊接变形，如图6所示。焊后发生的变形有：整个梁的长度由于4条纵向焊缝纵向收缩而缩短；由于角焊缝横向收缩，引起上、下盖板的角变形；由于先焊好焊缝1和焊缝2，再焊焊缝3和焊缝4，引起上拱弯曲变形；由于先焊完焊缝1和焊缝3，再焊焊缝2和焊缝4，引起旁弯变形

工字梁正确的焊接顺序如图7所示。先把工字梁装配好，然后把它垫平［图7(a)］，如果梁很长，为了防止因自重而发生下垂，可在梁的下盖板适当位置增加垫木。如果只有一个焊工进行操作，应按1、3、4、2的顺序进行焊接。在焊接每一条焊缝时都从中间向外分段焊，每段长度为1m左右，如图7(b)所示。两个焊工操作时的焊接顺序和方向如图7(c)所示，这时两个焊工在互对称的位置上，采用相同的电流、焊速和方向进行焊接

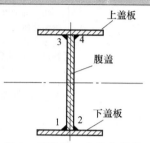

图6　工字梁4条纵向焊缝

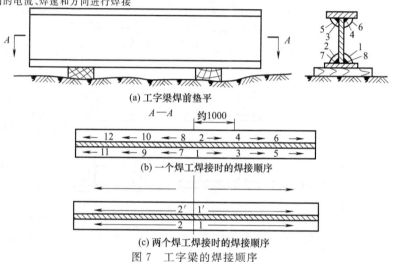

(a) 工字梁焊前垫平

(b) 一个焊工焊接时的焊接顺序

(c) 两个焊工焊接时的焊接顺序

图7　工字梁的焊接顺序

［实例4］　一带有导轨的封闭箱形梁(图8)，由于焊缝不对称，焊后产生下挠弯曲变形。正确的焊接顺序为两个对称地先焊两条焊缝的一侧，如图8(b)中所示的1和1'所示。焊后就造成一上拱变形，如图8(c)所示。由于这两条焊缝焊后增加了梁的刚性，当焊接另一侧的两条焊缝时［图8(d)］，先焊焊缝2和2'，再焊焊缝3和3'，由于所引起的变形方向与对侧焊缝1和1'引起的变形方向相反，焊后基本上防止了下挠弯曲变形

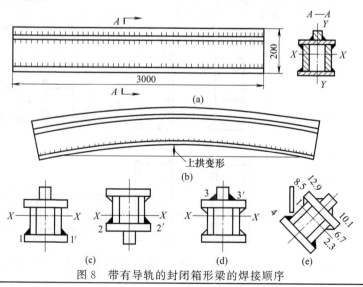

图8　带有导轨的封闭箱形梁的焊接顺序

方法	说　明
刚性固定法	刚性固定法对减小变形很有效,且焊接时不必考虑焊接顺序,但其缺点是有些大梁不易固定且焊后撤除固定后还有少许变形 　　焊接较小型的工字梁时(图 9),采用刚性固定法可以减小弯曲变形和角变形,如图 9(a)所示。也可以把两个装配好的工字梁利用夹具组成一组合梁[图 9(b)],把两个翼板夹紧(每隔 500~600mm 对称地布置一套),然后由两名焊工对称地按图 9(c)所示的顺序和方向进行焊接 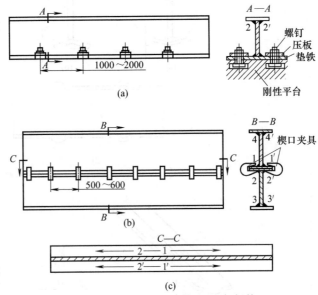 图 9　工字梁在刚性夹紧下进行焊接 　　T 形梁刚性较小(图 10),焊后主要产生上拱和角形,有时也可能会出现旁弯,可以用螺旋夹具进行固定[图 10(b)],也可利用 T 形梁本身"背靠背"地进行刚性固定[图 10(c)] 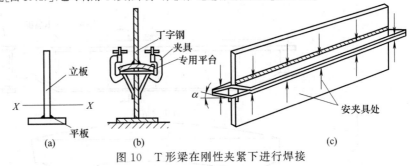 图 10　T 形梁在刚性夹紧下进行焊接
反变形法	反变形法可以用来克服梁的角变形和弯曲变形,见图 11。工字梁焊后,由于角焊缝横向收缩,会引起上、下盖板的角变形,如图 11(a)所示,会有一定效果。但若夹具较少,未夹紧仍然有角变形,然后盖板会出现波浪变形,如图 11(d)所示。经修复后盖板边缘可以达到水平,但中部却存在"三道弯",如图 11(e)所示。最好在焊前预先把上、下盖板用顶床或其他设备压出反变形[图 11(f)],然后进行装配和焊接。由于焊接顺序对角变形有影响,所以应该进行对称角焊接,如图 11(g)所示 　　桥式起重机有两根梁,是由左、右腹板和上、下两块盖板组成的箱形结构,如图 12 所示。为了提高刚性,梁内设有大、小隔板。由于焊缝大部分集中在梁的上部,焊后会引起下挠的弯曲变形。但该起重机的技术要求是,当两根主梁装配、焊接成桥架后,要具有 $L_k/1000$ 的上挠(L_k 为桥式起重机的跨度)。焊后引起的变形与技术要求发生了矛盾。解决的办法是用反变形法,最简单的是采用腹板预置上拱度的方法,即在备料时预先把两块腹板拼接成具有大于 $L_k/1000$ 的上拱,如图 12(b)所示。腹板预置上拱度值的大小,不仅与梁的结构形状和尺寸大小有关,而且与装配顺序和焊接方法等有关

续表

方法	说　明

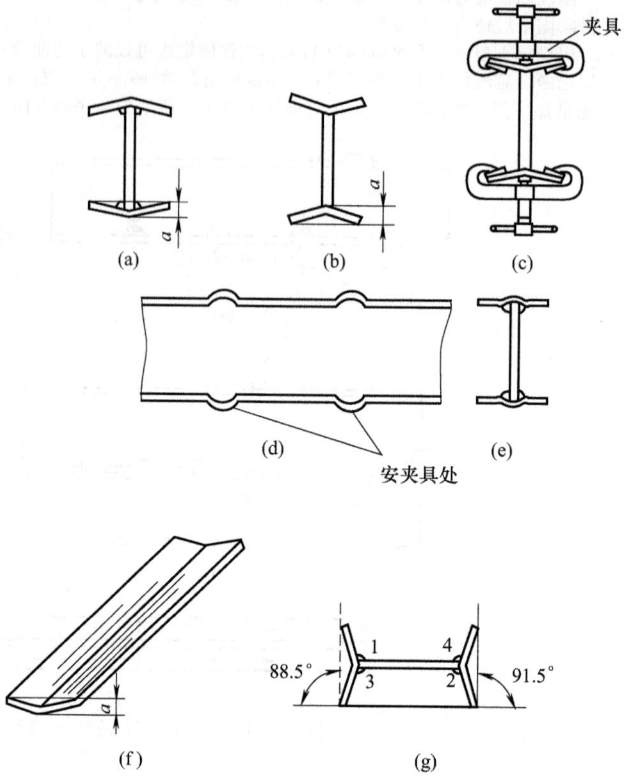

图 11　焊接工字梁的反变形法

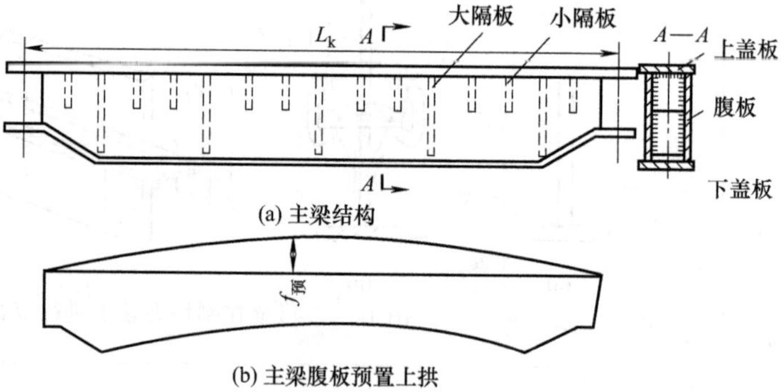

(a) 主梁结构

(b) 主梁腹板预置上拱

图 12　桥式起重机主梁

5t 桥式起重机主梁制造时腹板预置上拱度值见表 3

表 3　起重机主梁腹板预置上拱度值

跨度 L_k/m	10.5	13.5	16.5	19.5	22.5	25.5	28.5	31.5
预置上拱度值 $f_{预}$/mm	21	30	45	53	60	85	100	125

（3）焊接梁变形的矫正

矫正焊接梁残余变形的方法有机械矫正和火焰矫正两种，其说明见表 11-13。

表 11-13 矫正焊接梁残余变形的方法

类别	说 明
机械矫正	机械矫正就是利用机械力的作用来矫正变形。机械矫正梁需要用一定的大型加压设备,而且结构不同时,矫正的方法和施力的部位也不一样
火焰矫正	火焰矫正设备简单,易于推广,但技术难度较大。T形梁焊后产生的上拱、旁弯和角变形等复杂变形,可采用火焰矫正的方法加以消除,如下图所示 矫正时,先在两道焊缝的背面,用火焰沿着焊缝方向烧一道,如下图(b)所示。若板较厚,则烧两道,如下图(c)所示。加热线不能太宽,应小于两焊脚总宽度,加热深度不能超过板厚。加热后,角变形立即消失 在立板上用三角形加热法矫正上拱,如下图(d)所示。如果第一次加热还有上拱,再进行第二次加热,加热位置选用第一次加热位置之间,加热方向由里指向边缘。若不均匀弯曲,则只在弯曲部分进行加热,且加热位置放在最高处。在水平板背面用线状加热(或三角形加热),加热位置分布在外突的一侧,进行旁弯矫正,如下图(e)所示。由于矫正旁弯以后,又会引起新的上拱变形,因此应再次用上面的方法矫正上拱 角变形 加热线 加热位置 旁弯 上拱 (a)　(b)　(c) 上拱 旁弯 (d)　(e) T形梁复杂变形的火焰矫正

第四节 | 压力容器结构的焊接

一、锅炉压力容器焊接的特点、分类及要求

1. 锅炉压力容器结构的特点

对焊接质量要求高,局部结构受力复杂,钢材品种多,焊接性差,新工艺、新技术应用广,对操作工人技术素质要求高,有关焊接管理制度完备,要求严格。

2. 压力容器的分类

内装某种介质(气态或液态,有毒或无毒)且需承受一定工作压力(内压或外压)的容器叫压力容器。通常压力容器由筒体、封头、接管和入孔圈等部件组成,如图 11-22 所示。

根据容器设计压力(p)的大小,压力容器可分为低压、中压、高压和超高压 4 个等级。具体划分如下。

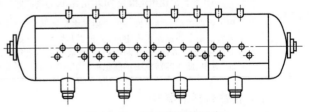

图 11-22 压力容器的组成

① 低压容器　0.1MPa≤p<1.6MPa。

② 中压容器　1.6MPa≤p<10MPa。

③ 高压容器　10MPa≤p<100MPa。

④ 超高压容器　p>100MPa。

按容器压力、介质危害程度以及在生产过程中的重要作用，可将容器划分为表 11-14 所示 3 类。

表 11-14　容器分类

类别	说　明
第一类压力容器	低压容器
第二类压力容器	①大部分中压容器 ②易燃介质或毒性程度为中度危害程度的介质的低压反应容器和储存容器 ③毒性程度为极高和高度危害程度的介质的低压容器 ④低压管壳式余热锅炉 ⑤搪玻璃压力容器
第三类压力容器	①毒性程度为极度和高度危害程度的介质的中压容器和 pV 不低于 0.2MPa·m^3 的低压容器（p 为容器内压力，V 为容器容积） ②易燃或毒性程度为中度危害程度的介质且 pV 不低于 0.5MPa·m^3 的中压反应容器和 pV 大于或等于 10MPa·m^3 的中压储存容器 ③高压、中压管壳式余热锅炉 ④高压容器 按容器在生产工艺过程中的作用，可分成反应容器、换热容器、分离容器和储运容器 4 种

3. 压力容器的要求

压力容器内部承受很高的压力，并且往往还盛有有毒的介质，所以应比一般的金属结构具有更高的要求，其说明见表 11-15。

表 11-15　压力容器的要求

要求	说　明
强度	压力容器是有爆炸危险的设备，为了保证生产和工人的人身安全，容器的每个部件都必须具有足够的强度，并且在应力集中的地方（如筒体上的开孔处）必要时还要进行适当的补强。但为了保证强度而过多地增加容器壁厚也是不必要的，因为这样会造成材料的很大浪费。有关标准规定，不论容器内压力为何值，抗拉强度的安全系数 η_b≥3。屈服强度的安全系数 η_b≥1.6。为了保证安全，通常还将容器上某一部件的强度设计得低一些，一旦设备超载，这个部件就首先被破坏，使整个设备不受影响。这个低强部件称为保安部件，例如常用的防爆膜
刚性	刚性是指构件在外力作用下保持原来形状的能力（或者指结构抵抗变形的能力）。刚性越好，抵抗变形的能力越大，结构的变形就越小。有时刚性的要求要大于强度，例如塔设备的塔盘板，其厚度通常由刚性而不是由强度来决定的，因为塔盘板的允许挠度很小，一般为 3mm，如挠度过大，塔盘上液层的高度就不会均匀，影响塔盘的工作效率
耐久性	容器的耐久性是指容器的使用年限。影响容器使用年限的因素是设备的被腐蚀情况，在某些特殊情况下，还取决于容器工作时的疲劳、蠕变以及振动等因素。容器的使用年限设计过长是不必要的，因为随着技术的飞速发展，新型设备不断出现，现行的设备有可能被淘汰。通常一般压力容器的使用年限为 10 年左右，高压容器的使用年限为 20 年左右，因为高压容器的外壳成本较高，一般只需更换内件
密封性	压力容器内部储存或处理的物质很多是易燃、易爆或有毒的，一旦泄漏出来，不但会造成生产上的损失，更重要的是会使操作工人中毒，甚至引起爆炸。因此对容器的密封性要特别给予注意，一方面要严格保证焊缝质量；另一方面，容器制成后，一定要按规定进行水压试验。值得注意的是，不能只注意高压容器的密封性，对中、低压容器也决不能忽视，其原因为近几年引发爆炸事故的因素多数不是前者而是后者

4. 压力容器材料的要求

压力容器广泛采用的材料是低碳钢、普通低合金高强度钢、奥氏体不锈钢以及铝及其合金等，其中普通低合金高强度钢的使用最为普遍。压力容器对材料的具体要求见表 11-16。

表 11-16　压力容器对材料的具体要求

要求	说明
材料的使用温度	由于不同压力容器工作温度相差很大，因此对于不同工作温度的压力容器，选用不同的材料
材料的韧性	为了防止压力容器产生脆性断裂，对容器材料的缺口冲击韧性都有一定的要求。冲击韧性的试验试样有 V 形夏氏试样和 U 形梅氏试样两种，目前这两种试样都在同时使用。由于夏氏试样更能准确地反映材料缺口韧性，所以相关标准规定，在低温容器（工作温度小于或等于−20℃）用钢时，一律以 V 形夏氏冲击韧性作为为材料的验收标准
非压力容器用钢的使用	由于冶炼技术的发展，一些非压力容器用钢已经在一定程度上允许用于制造压力容器，但是受到严格的限制。如沸腾钢、Q235AF 钢板的使用温度为 0～250℃，容器的设计压力不大于 0.6MPa，用于制造壳体、封头的钢板厚度不大于 12mm，且不允许用于制造盛装易燃、有毒或剧毒介质的压力容器。镇静钢 Q235Z（氧气转炉钢）、Q235 钢板的使用范围为：容器的设计压力不得大于 1MPa，钢板的使用温度为 0～350℃，用于制造壳体、封头的钢板厚度不得大于 16mm
材料的含碳量	压力容器都是焊制容器，为了确保容器的焊接质量，容器材料应有良好的焊接性，所以规定含碳量大于 0.24% 的材料不得用于制造压力容器

目前，工业生产中最典型和最常用的结构形式是圆筒形和球形容器。下面重点介绍这两种焊接结构的生产工艺。

二、圆筒形压力容器的生产焊接工艺

1. 圆筒形压力容器的基本结构

根据结构特点和工作要求，圆筒形压力容器主要由筒体、封头及附件（如法兰、开孔补强、接管、支座）等部分组成，如图 11-23 所示。圆筒形压力容器的基本结构见表 11-17。

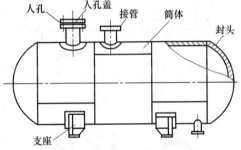

图 11-23　圆筒形压力容器结构

2. 圆筒形压力容器的制造工艺过程

由于圆筒形压力容器的基本结构都是由容器主体和一些零部件组成，因而各种圆筒形压力容器的制造过程基本相同。下面以图 11-24 所示的典型压力容器——储槽为例介绍其具体制造工艺过程。

表 11-17　圆筒形压力容器的基本结构

结构	说明
筒体	筒体是圆筒形压力容器的主要承压元件，它构成了完成化学反应或储存物所需的最大空间。筒体一般由钢板卷制或压制成形后组装焊接而成。当筒体直径较小时，可采用无缝钢管制作。对于轴向尺寸较大的筒体，利用环缝将几个筒节拼焊制成。根据筒体的承载要求和钢板厚度，其纵向焊缝和环向焊缝可采用开坡口或不开坡口的对接接头。对于承受高压的厚壁容器筒体，除采用单层厚钢板制作外，也可采用层板包扎、热套、绕带或绕板等工艺制作多层筒体结构
封头	封头即是容器的端盖。根据形状的不同，分为球形封头、椭圆形封头、碟形封头、锥形封头和平板封头等结构形式，如下图所示 （a）球形封头　　　　（b）椭圆形封头　　　　（c）碟形封头

结构	说 明
封头	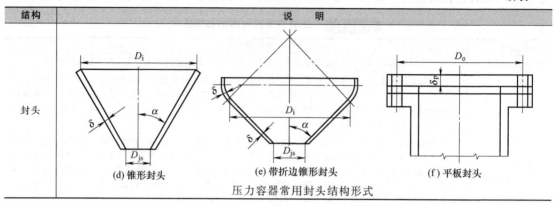 (d) 锥形封头　　(e) 带折边锥形封头　　(f) 平板封头 压力容器常用封头结构形式

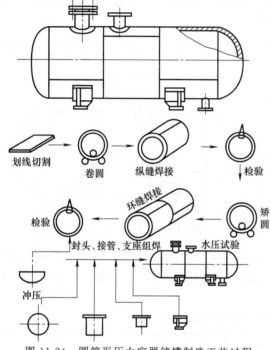

图 11-24　圆筒形压力容器储槽制造工艺过程

（1）封头的制造

封头的制造工艺见表 11-18。

（2）筒体节的制造

当筒体直径在 800mm 以下时，可以采用单张钢板卷制圆筒体，这时筒体节上只有一条纵向焊缝（筒体纵向焊缝与可供使用的钢板的最大尺寸有关）；当筒体直径为 800～1600mm 时，可用两个半圆筒合成，筒体节上有两条纵焊缝；若筒体直径为 1000～3000mm 或更大，应视钢板的规格确定筒体节上采用一条或两条纵焊缝。筒体节的制造工艺见表 11-19。

（3）容器的总装

容器总装包括筒节与筒节、筒节与封头以及接管、法兰、人孔、支座等附件的装配，其总装工艺见表 11-20。

（4）容器的焊接

容器环焊缝焊接，可以采用各种焊接操作机进行双面焊。但在焊接容器最后一道环焊缝时，应采用手工封底的或带热板的单面自动埋弧焊。其他附件与筒体的焊接，一般采用焊条电弧焊。

表 11-18　封头的制造工艺

工艺	说 明	
坯料拼焊	封头一般多用整块板料冲压,但当钢板宽度不够时,可采用锡板拼接。通常有两种方法:一种是用瓣片和顶圆板拼接而成,这时焊缝方向只允许为径向或环向,如图 1 所示。按相关规范要求,其径向焊缝之间最小距离应不小于名义厚度 δ_n 的 3 倍,且不小于 100mm;另外一种是用两块或左右对称的 3 块板材拼焊,其焊缝必须布置在直径或弦的方向上。拼焊后,焊缝不能太高,否则冲压时模具与焊缝间将产生很大的摩擦,阻碍金属流动,同时可能因变形不均匀产生鼓包现象。加上冲压时边缘部分增厚,摩擦和压力都很大。因此,靠边缘部分的焊缝也应打磨平整	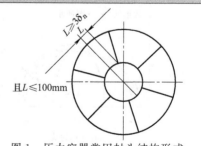 图 1　压力容器常用封头结构形式

工艺	说　明
坯料加热成形	在封头冲压过程中,为避免加热时变形太大和氧化损失过大,以及冲压时坯料丧失稳定性,除薄板坯料采用冷冲压外,绝大多数封头是利用金属坯料塑性变形大的特点,多选择热冲压成形。热冲压时,为保证成形质量,对坯料采用快速加热,并控制加热的起始温度。对低碳钢加热温度为 900～1050℃,终止温度约为 700℃。由于冲压变形量大,一般应取上限值。另外坯料加热时,为防止脱碳及产生过多的氧化皮等,可在坯料表面涂抹一层加热保护剂。封头压制是在水压机或油压机上,用凹凸模具一次压制成形。在设备条件允许的情况下,还可以采用旋压或爆炸成形的工艺制作封头
封头边缘的切割加工	由于封头压延变形量很大,坯料尺寸很难确定,因而在压制前,坯料必然放有余量,同时,为了与筒体装配,对已经成形的封头,还要正确切削其边缘。有时切割封头边缘可与焊接坡口加工合在同一工序中完成(当封头不再用机械加工方法加工时)。切削边缘时,一般应先在平台上划出保证封头直边高度的加工位置线,然后用氧气切割或等离子切割割去加工余量,具体可采用图2所示的立式自动火焰切割装置来完成 图2　立式自动火焰切割装置
封头的机械加工	若封头的断面坡口精度要求较高或其他形式坡口需机加工,可以在立式车床上车削,以适合筒体焊接。如果封头上开设有人孔密封面,也可一并加工。封头加工完后,应对主要尺寸进行检验,以保证能与筒体装配焊接。封头制造的工艺流程如下: 划线→气割下料→拼焊→压制成形→划出余量→切割→机械加工→检验→装配

表 11-19　筒体节的制造工艺

工艺	说　明
划线	筒体卷制成形后应是一个精确的圆柱形,因此在划线时,应考虑板厚及坯料弯曲变形对直径的影响。通常筒节下料的展开长度 L 按筒节中性层直径 D_m 作为计算依据。当筒节尺寸要求较高时,还要考虑其他影响尺寸精度的因素。另外还要注意留出各加工余量。筒体在划线时,最好先在图纸上做出划线方案,即确定筒体节数(每节长应与钢板规格相适应)、每一节上的装配中心线、焊缝分布位置、开孔位置及其他装配位置等。划完线后,在轮廓线、创边线上每隔 40～60mm 打一个样冲眼。开孔中心和圆周也要打出样冲眼,最后用油漆标出件号及加工符号
下料	一般采用热切割(包括氧气切割、等离子切割和碳弧气刨)方法下料
边缘加工	划线下料后的钢板,由于边缘受到气割的热影响,需要刨去热影响区及切割时产生的缺陷;同时考虑歪料加工到规定尺寸和开设坡口,采用刨边机或铣边机进行边缘加工。也可以采取在筒体滚圆后再进行边缘加工的方法
筒节弯卷	对本例薄壁筒节,可在三辊或四辊卷板机上冷卷制作。卷制过程中要经常用样板检查曲率,卷制后保证其纵缝处的棱角、径纵向错边量均符合规范中的有关技术要求
纵缝组对与焊接	纵缝组对要求比环缝高得多,但纵缝的组对比环缝简单。对薄壁小直径筒节,可在卷板后直接在卷板机上组对焊接。对厚壁大直径筒节,要在滚轮架上进行。组对时需要一些装配夹具或机械化装置,如螺钉拉紧器、杠杆螺旋拉紧器等,利用它们来校正两板边的偏移、对口错边量和对口间隙,以保证对口错边量和棱角度的要求。组对好后即可进行定位焊和纵缝焊接,筒节的纵焊缝坡口可以根据焊接工艺要求,在卷制前加工好。筒体纵缝一般采用双面焊,并按照从里到外的顺序施焊
筒节矫圆	纵向焊缝焊接后,筒节的圆形可能产生变形或偏差,对此需要用卷板机进行滚轧矫形以满足圆度要求。滚轧矫形可以采用热滚矫形或冷滚矫形。对于壁厚在 25mm 以上的低碳钢材料,或壁厚在 10mm 以上的低合金钢材料,一般可采用热滚矫形。接下来,还应按要求对筒节焊缝进行无损探伤 筒节制造的工艺流程如下: 划线→气割下料→边缘加工→卷制→纵缝组对 　　　　　　　　　　　　　　　　　　　↓ 　　　装配←缺陷返修←探伤←矫圆←焊接

表 11-20　容器的总装工艺

工艺	说　明
筒节间的装配	这种装配是在完成筒节纵向焊缝，并对筒节已经检验矫形后进行。筒节间的环缝装配要比纵缝装配困难得多。虽然筒节在前述加工过程中已利用卷板机、推拉夹具等工艺装备对其进行过矫形，但仍有可能会出现各种不太精确的情况，因此筒节间装配时，仍需要使用压板、螺栓、推撑器等夹具。筒节间的装配一般采用立装或卧装方式，装配前可先测量其周长，然后根据测量尺寸采用选配法进行装配，以减小错边量。也可以在筒体两端使用径向推撑器，把筒体两端撑圆后进行装配。另外，相邻筒节的纵向焊缝应错开一定的距离
封头与筒节的装配	封头与筒节的装配仍然可以采用立装或卧装。在小批量生产时，封头与筒节一般采用手工的卧式装配方法，如图 1 所示。即在滚轮支架上旋转筒体，并使筒节端部伸出支架 400~500mm。在封头上焊一个吊环，用起重机吊起封头，移至筒体端部，相互对准后横跨焊缝焊一些刚性不大的小板，用于固定封头与筒节间的相互位置。移去起重机后，用螺栓压板等将环向焊缝逐段对准到适合于焊接的位置，再用Ⅱ形横跨焊缝，并用点固焊固定 　　在成批生产时，用上述装配方法显然很费事，所以一般采用专用的封头装配台来完成 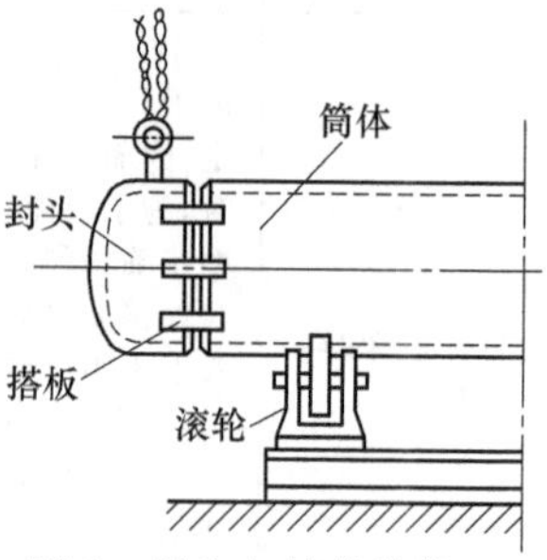 图 1　封头与筒节的装配
筒体开孔	容器附件主要是设备上的各种接管、人孔及支座等，附件装焊前，要在筒体上按图样要求确定开孔中心，划出中心线和圆周开孔线，打上冲眼，并用色漆标上主中心线的编号，然后切出孔和坡口。按照规定要求，开孔中心位置允许偏差为±10mm。开孔可用手工气割开孔机开孔
接管组焊	接管与筒体组对时，先把接管插入筒体开孔内，然后用点焊在短管上的支板或用磁性装配手定位好，如图 2 所示。接下来按筒体内表面形状在短管上划相贯线，将接管多余部分切去，再把接管插入筒体内，用磁性装配手或支板定位好，先从内部焊满，而后从外面挑焊根后焊满。对接管上需要连接法兰时，安装接管应保证法兰面的水平和垂直，其偏差不得超过法兰外径的 1%，且不大于 3mm。若设计有专用夹具，可以直接准确地将接管装焊在筒体上 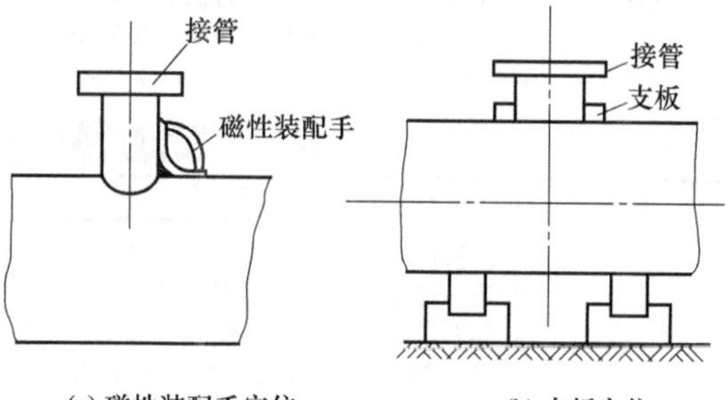 (a) 磁性装配手定位　　(b) 支板定位 图 2　接管在筒体上的安装方法
支座组焊	本例卧式设备采用鞍式支座，其基本结构如图 3 所示。在底板上划好线，焊上腹板和纵向立肋，组焊时需保证各零件与底板垂直。然后将弯制好的托板与腹板和纵向立肋组焊，最后，将支座组合件焊在筒体预先划好的支座位置线上 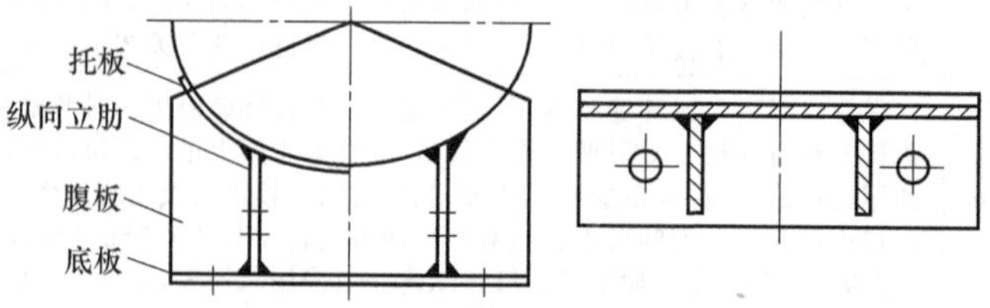 图 3　鞍式支座

　　为保证焊接接头质量，对已编制的将用于生产的每项焊接工艺，需要进行焊接工艺评定。

　　容器焊接完成后，必须严格按照国家规定的相关标准中的压力容器制造与验收要求，用各种方法进行检验，以确定焊缝质量是否合格。

三、球形压力容器的焊接生产工艺

1. 球形容器的结构及特点

球形容器是一种先进的大型压力容器，通常又称为球罐，如图 11-25 所示。它主要用来储存带有压力的气体或液体。

球形容器的结构按分瓣方案不同分为足球式、橘瓣式、三环带橘瓣式和足球橘瓣混合式等形式，如图 11-26 所示。其中足球式球罐分为四边形和六边形两种，四边形球瓣有 24 块，六边形球瓣共有 48 块，如图 11-26（a）所示。这种结构的优点是球瓣只有一种形式，尺寸都一样，制造方便，材料利用率高，焊缝总长度较短。但由于焊缝布置较复杂，对现场组对和采用自动焊不方便，现在国内较少使用。

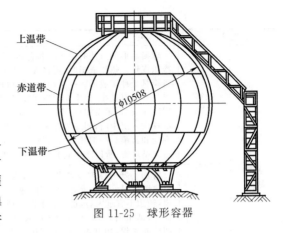

图 11-25 球形容器

橘瓣式球罐根据直径大小和钢板尺寸，可制作成单环带、双环带直至九环带结构。目前工业上应用较多的是三环带橘瓣式球罐，如图 11-26（b）、（c）所示。它的主要优点是只有水平和垂直方向两种焊缝，安装方便，利用自动焊焊接。不足的是各带球瓣的形状和尺寸不同，互换性差，制造工作量较大。

足球橘瓣混合式球罐的中部采用橘瓣式，南北极各有 3 块与赤道带不同的橘瓣片，温带为尺寸相同的足球瓣，如图 11-26（d）所示。这种结构有 4 种规格的球瓣，瓣材利用率高，制造方便，现场组装工作量不大，常用作大型球罐。

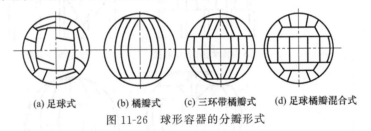

| (a) 足球式 | (b) 橘瓣式 | (c) 三环带橘瓣式 | (d) 足球橘瓣混合式 |

图 11-26 球形容器的分瓣形式

2. 球形容器的制造工艺

由于球形容器直径较大，受运输条件限制，一般不能在容器制造厂全部完全制造和组装工作。通常是制造厂制作完球瓣及其他零件后在厂内预装，然后将零件编号，分瓣片在现场组装焊接。因此，球瓣的分片方案、瓣片的下料、坡口加工、装配精度等尺寸必须确保质量。同时制造工艺还必须满足球形容器现场组装的要求。

球形容器制造的工艺流程如下：

下料→球瓣制造→对焊组装→焊接→焊缝检验→安装附件→水压试验。

球形容器的制造工艺见表 11-21。

表 11-21 球形容器的制造工艺

工艺		说　明
球瓣制造	球瓣划线下料	由于球面是不可展曲面，所以球片的划线下料有多种方法。常用的下料方法是瓣片法，又称为经纬线下料法或西瓜瓣法。利用此法展开为近似平面后，压延成球面，再经简单修整即成为一个瓣片。另外也可以按计算周边适当放大，切割毛料，然后压制成形后二次划线，精确切割出瓣片，此法称为二次下料，目前应用比较普遍

续表

工艺		说　明
球瓣制造	球瓣成形	球瓣成形的方法有模压法和卷制法两种,生产中主要采用模压法。模压法又分为热压成形和冷压成形。热压成形时,可将板坯放入加热炉内均匀加热到 900～1000℃,取出坯料放到冲压设备模具上冲压成形。一次冲压成形后再进行冷矫。由于热压成形操作费用较高,劳动条件差,所以只有当直径小、曲率大和板坯较厚,并受压力机能力限制无法冷压时,才采用热压成形。如采用冷压成形,无需加热,直接将板坯放在模具上,往复移动,压力机每次冲压坯料的一部分,压一次移动一定距离,相继两次加压行程范围要有一定重叠面积,这样可以避免工件局部产生过大的突变和折痕。一般压到 3 遍即可成形。冷压成形无氧化皮,成形美观,制造精度高,比较适合制造大型球瓣,所以冷压成形已经成为球形容器球瓣加工的主要方法
	切割坡口	将加工好的球瓣按划出的切割线切出坡口,如图 1 所示。对薄壁球瓣可用 V 形坡口。对厚壁球瓣一般采用偏 X 形坡口,钝边不宜过大,赤道带和下温带环缝以上的焊缝,大坡口在里,即里面先焊;下温带环缝及以下的焊缝,大坡口在外,即外面先焊,切割坡口时最好用 3 支割具同时进行,以减少球瓣的受热次数,同时也可以缩短加工时间 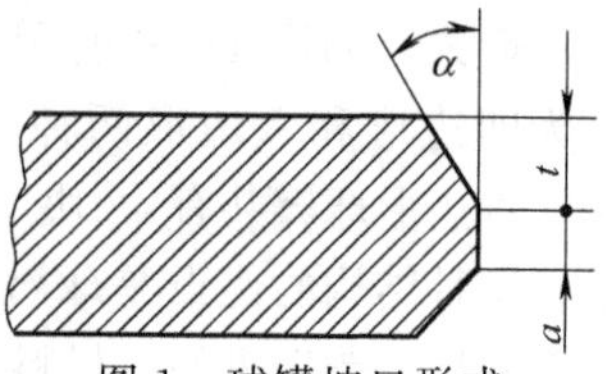
	检验	球瓣成形的好坏,将直接影响组装的质量和难度。因此在球瓣成形加工中必须严格检验,除符合 GB 150 钢制压力容器的有关规定外,还应满足球形容器制造的有关技术要求

图 1　球罐坡口形式

球罐的组装	球罐一般直径较大,多属超限设备,在容器制造厂,只能完成球瓣和附件的加工,组装工作需要在现场进行。球罐的装配方法很多,包括散装法(亦称逐片或组合件吊装法)、胎装法和球带组装法,目前以现场散装法使用较为普遍。散装法就是借用中心立柱将瓣片或组合瓣片直接吊装成球体的一种安装方法。其特点是以先安装的赤道带为基准,以此向上下两端装配。整个球罐的质量由支柱来承担,有利于球罐定位,稳定性好,且辅助工具较少。图 2 所示为散装法的组装示意图

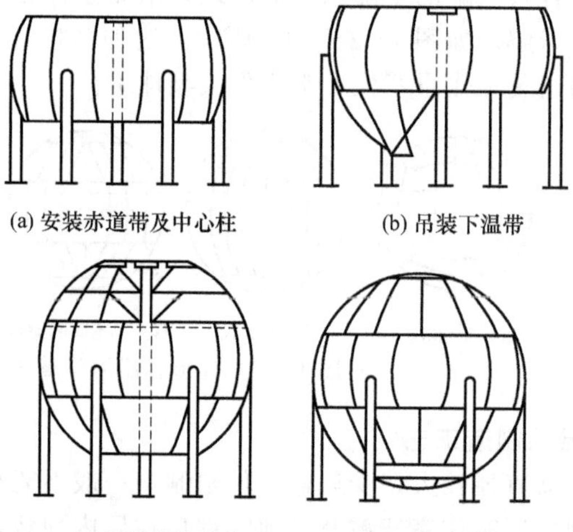

(a) 安装赤道带及中心柱　　　　(b) 吊装下温带

(c) 吊装上温带　　　　(d) 上、下极顶吊装

图 2　球罐散装法的组装示意图

球罐现场散装时,在基础中心放一根作为装配或定位用的支柱,如图 3 所示。它由直径为 300～400mm 的无缝钢管制成,分段用法兰连接。装赤道板时,用于拉住瓣片中部,并用花篮螺钉调节和固定位置。装下温带时,先把下温带板上口挂在赤道板下口,再夹住瓣片下口,通过钢丝绳吊在中心柱上。为了调节和拉住下温带板,可以在钢丝绳中间加一手拉葫芦。装上温带板时,它的下口搁在赤道板上口,再固定在中心柱上的顶杆顶住上口,通过中间的双头螺钉调节位置。温带板全装好后,拆除中心柱

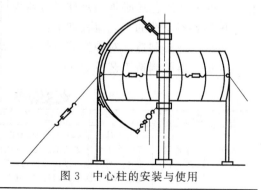

图 3　中心柱的安装与使用

工艺	说　明
球罐的组装	由于棱角、错边和强制装配都会导致应力集中，因此球罐组装时应避免，并应达到如下技术要求：手工电弧焊的装配间隙为(3±2)mm；等厚度球壳板的错边量 $e \leqslant 0.1\delta$(式中，δ 为板厚)且不大于3mm；相邻板厚度差小于3mm时，错边量 $e \leqslant 0.1\delta + (\delta_2 - \delta_1)$ 且不大于4mm；组装后用样板测量对接接头的棱角(包括错边量)，应不大于7mm
球罐的焊接	一般情况下球罐的焊接采用焊条电弧焊完成，焊前应严格控制接头处的质量，并在焊缝两侧预热，预热温度一般为100～200℃。同时应按国家有关规范进行焊接工艺评定 　球罐的焊接，可以将壳体完全组装后，先焊纵缝，后焊环缝；或先焊每个环带的纵缝，然后再焊各环带间的环缝，以减小焊接变形。但实际球体的制造、焊接过程总是交替进行的。其安装、焊接过程是： 　支柱组合→吊装赤道板→吊装下温带板→吊装上温带板→装里外脚手→赤道纵缝焊接→下温带纵缝焊接→上温带纵缝焊接→赤道下环缝焊接→过道上环缝焊接→上极板安装→上极板环缝焊接→下极板安装→下极板环缝焊接 　球罐焊接完成后，必须按规范进行射线和磁粉探伤(赤道带焊接结束即可穿插探伤)以及水压试验和气密性试验
球罐焊后的整体热处理	球罐焊接完以后，为消除热应力，对某些材质和一定壳体厚度的球罐需要进行整体热处理，即整体退火。一般方法是：加热前先将球罐支座上的地脚螺栓松开，以便罐体热膨胀以及支柱能向外移动。然后在球罐外面包上保温层，并用压缩空气将柴油喷成雾状，在罐内点燃后进行加热，加热温度一般为620℃左右。为防止球罐顶部过热，罐内上部加设挡热板。另外在球罐的上、中、下部等多处安装测温计，当达到温度要求时停止加热，并保温24h后缓慢冷却 　球罐的整体热处理，还可以采用火焰加热的退火装置，如图4所示。即将整个球罐作为炉体，在上人孔处安装一个带可调挡板的烟囱；同样在此球罐外加保温层，并安装测温热电偶。在下人孔口处安装一只高速烧嘴，它的喷射速度极快，燃料喷出后点火即可燃烧，其喷射热流呈旋涡状态，能对球罐进行均匀加热，实现整体退火处理 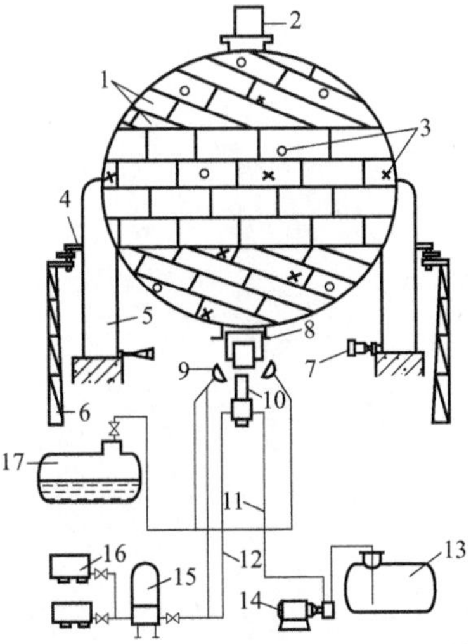 图4　火焰加热退火装置示意图 1—保温毡；2—烟囱；3—热电偶布置点(图上共16个点，分别布置在球面的两侧，其中○为内侧，×为外侧)；4—指针和底盘；5—支柱；6—支架；7—千斤顶；8—内外套筒；9—点燃器；10—烧嘴；11—油路软管；12—气路软管；13—储油罐；14—泵组；15—储气罐；16—空气压缩机；17—液化气储罐

参 考 文 献

[1]　张能武. 焊工入门与提高全程图解. 北京：化学工业出版社，2018.

[2]　刘森. 简明焊工技术手册. 北京：金盾出版社，2006.

[3]　刘春玲. 焊工实用手册. 合肥：安徽科学技术出版社，2009.

[4]　史春光，等. 异种金属的焊接. 北京：机械工业出版社，2012

[5]　徐越兰. 电焊工实用技术手册. 南京：江苏科学技术出版社，2006.

[6]　朱学忠. 焊工（高级）. 北京：人民邮电出版社，2003.

[7]　王兵. 实用焊工技术手册. 北京：化学工业出版社，2014

[8]　范绍林. 焊工操作技巧. 北京：化学工业出版社，2008.

[9]　张应立. 气焊工初级技术. 北京：金盾出版社，2008.

[10]　刘云龙. 焊工（中级）. 北京：机械工业出版社，2007.

[11]　陈祝年. 焊接工程师手册. 北京：机械工业出版社，2002.

[12]　龚国尚，严绍华. 焊工实用手册. 北京：中国劳动社会保障出版社，1993.

[13]　孙景荣. 实用焊工手册. 北京：化学工业出版社，2007.

[14]　徐越兰. 焊工简明实用手册. 南京：江苏科学技术出版社，2008.

[15]　王亚君. 电焊工操作技能. 北京：中国电力出版社，2009.

[16]　机械工业职业教育研究中心组编. 电焊工技能实战训练. 北京：机械工业出版社，2008.

[17]　张应立. 新编焊工实用手册. 北京：金盾出版社，2004.

[18]　朱兆华，郭振龙. 焊工安全技术. 北京：化学工业出版社，2005.

[19]　李亚江. 焊接材料的选用. 北京：化学工业出版社，2004.

[20]　王洪军. 焊工技师必读. 北京：人民邮电出版社，2005.